I0874701

Vorrede.

Vorliegendes Werk hat das eigenthümliche Schicksal erfahren, daß der Verfasser kurz vor Vollendung desselben aus dem Leben geschieden ist, ohne daß sich unter seinen Manuscripten eine Angabe über den von ihm gewünschten Titel, noch eine Vorrede oder ein Inhaltsverzeichniß zu seinem Buche vorgefunden haben. Von dem Verleger aufgefordert, das Fehlende zu ergänzen, übernahm ich diese letzte Hinterlassenschaft des mir einst befreundeten Verfassers, und habe ich, gestützt auf den Rath des leider jetzt ebenfalls verstorbenen Professor Jacobi und anderer Gelehrten, diesem Werke die Gestalt gegeben, in der es hier dem mathematischen Publicum vorgelegt wird.

In der Absicht des Verfassers lag es, sein Buch in zwei Abtheilungen zu bringen, deren erste den theoretischen Theil, die allgemeinen Gesetze der sieben Operationen in der Urzahlenlehre und an den Rechnungsformen, der zweite die Realisirung dieser Gesetze an den bestimmt angegebenen Zahlen enthalten sollte. Da sich jedoch der Inhalt der zweiten Abtheilung dem theoretischen Theil nicht genau anpassen ließ, indem sich die numerischen Anwendungen nur auf die vier ersten, nicht aber auf die drei höheren Operationen erstrecken konnten, welche letzteren, wie z. B. die Berechnung der Logarithmen ganz andere nicht im Plane dieses Werkes liegende theoretische Kenntnisse voraussetzen: so schien es mir so wie Denen, welche ich um

Rath befragte, geeigneter, eine andere Fassung zu wählen und die für die zweite Abtheilung bestimmten Gegenstände in einem besonderen Anhange als Elemente des numerischen Rechnens abzuhandeln. Dieser Anhang, welcher sich demnach mit den Regeln (der Realisirung) des numerischen Addirens, Subtrahirens, Multiplicirens und Dividirens beschäftigt, ist reich an praktischen Kunstgriffen und Rechnungsvortheilen und einer großen Menge von Uebungs-Beispielen. — Bei der Wahl des Titels leitete mich zum Theil die Bekanntschaft mit früheren Arbeiten desselben Verfassers. Das von mir angefertigte Inhaltsverzeichniß wird Denen erwünscht sein, welche sich in dem Buche zurecht finden oder über bestimmte Gegenstände belehren wollen, da der Verfasser es leider unterlassen hat, die einzelnen Paragraphen mit geeigneten Ueberschriften zu versehen.

Indem ich mir die schwierige Aufgabe gestellt habe, mich möglichst in den Geist des Verfassers hineinzudenken, um ein in seinen Theilen harmonirendes Ganze zu erhalten, wünschte ich jedoch keinesweges, daß das hier Gesagte als mein eigenes mathematisches Glaubensbekenntniß angesehen würde, da ich im Gegentheil in wesentlichen Punkten von den Ansichten des Verfassers abweiche. Dessenungeachtet dürfte vorliegendes Werk den zahlreichen Mathematikern aus der Schule des Verfassers namentlich wegen seiner scharfen Begriffsbestimmungen und der auf dieselben gegründeten neuen Bezeichnungen sowohl zur Selbstbelehrung als für den Unterricht angelegentlich empfohlen werden.

Alt-Schöneberg im Juli 1851.

Dr. G. Eisenstein,
Privatdocent a. d. Universität zu Berlin.

Inhalts-Verzeichniß.

Erster Abschnitt.

Zweiter Abschnitt.

Verallgemeinerung der Gesetze des Potenzirens, Radicirens und Logarithmirens.

Anhang enthaltend die Elemente des numerischen Rechnens.

Allgemeine Zahlenlehre.

Erster Abschnitt.
Urzahlenlehre.

1. Erklärung. Das unterschiedslose leere nur mit sich allein übereinstimmende Etwas sei mit

$$1$$

bezeichnet und heiße Einheit.

2. Erklärung. Da durch solche nichts weiter gegeben ist, als 1 ist 1, so entsteht durch die fortwährende Rückkehr derselben zu ihrem Begriffe

$$1, 1, 1, \ldots \sim *)$$

welche endlose Reihe der wiederholten Einheit Einheiten-Schema heißen möge.

3. Erklärung. Dasselbe ist aber nur wieder dadurch, daß es einzelne unmittelbar auf einander folgende Inbegriffe der wiederholten Einheit unterscheiden läßt, wodurch die Reihe

$$(1, 1,); \quad (1, 1, 1,); \quad (1, 1, 1, 1,); \quad (1, 1, 1, 1, 1,); \ldots \sim$$

entsteht, für deren Glieder späterhin bezüglich

$$2; \qquad 3; \qquad 4; \qquad 5; \ldots \sim$$

gesetzt werden kann.

Dieselbe heiße Zahlenreihe, jedes ihrer Glieder Zahl, und diese heiße kleiner oder größer in Rücksicht einer andern, je nachdem sie letzterer voran oder nachsteht; es giebt demnach eine kleinste Zahl, nämlich 2, aber keine größte.

Um aber zu finden, was von allen Zahlenverbindungen — Abhängigkeiten — gilt, wollen wir die Buchstaben irgend eines Alphabets, z. B. a, b, c, . . ., α_k **) zur Bezeichnung allgemeiner oder

*) Die Punkte mögen den Fortgang ausdrücken, und das Zeichen $\sim$, daß er ins Endlose statt finden soll.

**) Das Zeichen α_k (ausgesprochen α tief k) möge in der Verbindung: a, b, c, . . ., α_k darstellen, daß man sich k Repräsentanten gedacht hat und der letzte unter ihnen α ist.

unbestimmter Zahlen wählen. Es drücke also z. B. a irgend ein Glied der Zahlenreihe (oder auch in besondern Fällen die Einheit) aus, und jedes Zahlzeichen, es sei von welcher Form es wolle, heiße Zahlausdruck, kurzweg Ausdruck.

4. Erklärung. Wenn wir aber finden wollen, was überhaupt von allen Zahlenverbindungen gilt, unter welchen Bedingungen sie übereinstimmen oder nicht (also gleichgiltig von dem, was da übereinstimmt), so dürfen wir unsere Untersuchung nicht auf einzelne Zahlenverknüpfungen richten, sondern wir müssen zunächst diejenigen allgemeinen Beziehungen suchen, die vom Übereinstimmen an sich selbst stattfinden.

Bezeichnet demnach irgend ein Ausdruck a stets die Zahl, die ein anderer z. B. b vorstellt, so soll dies durch das Zeichen

$$a = b$$

ausgedrückt sein. Dasselbe heiße, in untrennbarer Verbindung mit seinem Begriffe, Gleichung, a die linke und b die rechte Seite, ferner „=" das Gleichheitszeichen derselben und a = b werde a ist gleich b ausgesprochen.

Was gilt nun vom Gleichsein? Antwort:

5. Lehrsatz u. Erklärung. Aus voriger Erkl. folgt zugleich, da a immer das sein soll was b ist, daß wenn b = c gedacht wird, a = c sein muß. Man hat also aus

$$\begin{array}{c} a = b \text{ und} \\ \underline{b = c;\ ^{*)}} \\ a = c; \end{array}$$

d. h.

„Sind zwei Ausdrücke a und c einzeln einem dritten b gleich, so sind sie selbst einander gleich."

Was gilt vom Ungleichsein? Antwort:

Betrachten wir nun auch den Fall, wo a und b nicht gleiche, sondern verschiedene Ausdrücke bezeichnen (also a entweder größer (a > b) oder (a < b) a kleiner als b ist, und wo jedes dieser Zeichen a > b, a < b Ungleichung, a die linke, b die rechte Seite der-

*) Der Strich oder auch das Zeichen ⟶ bedeutet so viel wie „folglich" oder „hieraus fließt", „hieraus ergiebt sich u. s. w.".

selben heißen möge), so hat man aus $a > b$ und $b > c$, da die Zahlen, welche a, b, c bezeichnen, in der Zahlenreihe so

$$\ldots c \ldots b \ldots a \ldots$$

nacheinander folgen, offenbar $a > c$;
d. h.

„Ist von zwei Ausdrücken a und c der erstere größer, der zweite hingegen kleiner als ein dritter Ausdruck b, so ist auch der erste a größer als der zweite c".

6. Erklärung u. Lehrsatz. Jetzt, nachdem die allgemeinsten Gesetze des Gleich- und Ungleich-Seins entwickelt sind, können wir sie auf die Zahlenverbindungen beziehen, und es kommt wieder zunächst darauf an, die allgemeinste unter ihnen hervorgehen zu lassen. Um deshalb beliebig viele Ausdrücke mit einander verbinden zu können, seien a, b, c, . . ., α_k gegeben.

In dem Augenblicke, wo aber die Repräsentanten a, b, c, . . ., α_k gedacht sind, hat man zu gleicher Zeit die Zahl, die so viele Einheiten enthält, wie deren durch a, b, c, . . ., α_k vorgestellt sind, und wir wollen solche durch das Zeichen

$$a + b + c + \ldots + \alpha_k$$

ausdrücken. Diese bloße Form *), in untrennbarer Verbindung mit dem durch sie repräsentirten Begriffe, heiße Summe, so wie a, b, c, . . ., α_k die Summanden derselben, und sie werde a plus b plus c plus . . . plus α_k, oder zu a addirt b, dazu addirt c, . . ., dazu addirt α_k ausgesprochen. Da die Summanden a, b, c, . . ., α_k der Summe $a + b + c + \ldots + \alpha_k$ in jedem Augenblicke nur eine einzige Bedeutung haben, so ändert sie sich zwar mit der Veränderung ihrer Summanden selbst oder erscheint als Abhängigkeit von ihnen, jedoch so, daß sie in jedem Augenblicke nur eine einzige Zahl bezeichnet oder eindeutig ist. Die einzelnen Pausen die bei der geistigen Thätigkeit — Addition genannt — des Bildens und Vollendens der Summe $a + b + c + \ldots + \alpha_k$ obwalten, können noch besonders durch das Einschließen in Bogen „( )" oder Haken (Klammern) „[ ]" angedeutet wer-

*) Es wird hierbei ausdrücklich aufmerksam gemacht, daß nicht die durch die Summe vorgestellte Zahl selbst Summe heißt, denn diese ist der Summe nur gleich, oder erscheint als ihr Resultat.

den. Man hat z. B. $a+b+c+d = ((a+b)+c)+d = [[a+b]+c]+d$. Diese Bogen (Haken oder Klammern) drücken nur die unmittelbare Folge beim Addiren aus und man darf sie deshalb entweder hinzufügen oder fortlassen. Es fragt sich zunächst, was gilt für die Operation des Addirens überhaupt oder an sich selbst? Betrachten wir deshalb ihren einfachsten Fall, welchen $a+b$ ausspricht, so ist die Zahl, die $a+b$ vorstellt dadurch entstanden, daß zu den a Einheiten die b Einheiten hinzugedacht sind, und es fragt sich nun, wie diese Zahl noch entstehen kann? Zunächst fällt in die Augen, daß $a+b$ von nichts anderm als von a und b auf die gegebene Weise abhängt, daß es also gleichgiltig bleibt, ob man zuerst a und zuletzt b oder zuerst b und zuletzt a denkt, denn man hat in beiden Fällen weder mehr noch weniger Einheiten gedacht als durch a und b gegeben sind. In dem Augenblicke wo man also an der durch $a+b$ vorgestellten Zahl a Einheiten und b Einheiten hat, hat man auch an ihr b und a Einheiten oder $b+a$ Einheiten und es ist also $a+b = b+a$.

Oder so:

$$a = 1+1+\ldots+1_a,$$
$$b = 1+1+\ldots+1_b,$$

Addirt man zu den a Einheiten der ersten Reihe die b Einheiten der zweiten, so kommt $a+b$, und addirt man ferner zu den b Einheiten der untern Reihe die a Einheiten der obern, so kommt $b+a$. Da man nun an $a+b$ wie auch an $b+a$ alle Einheiten beider Reihen hat, so ist

$$a+b = b+a.$$

Bemerk. Das sich hier an der Summe von zwei Summanden zeigende Gesetz $a+b = b+a$ gilt auch für die Summe von beliebig vielen Summanden, oder „man darf beliebig viele Ausdrücke $a, b, c, \ldots, \alpha_k$ in beliebiger Folge addiren, und erhält immer einander gleiche Summen *).“

Es fragt sich aber nun hiernach erstens wieder, wie lassen sich alle diese der Form nach verschiedene Summen, welche sich aus einer gegebe-

*) Wollte man dies Gesetz entwickeln, so zeigt die Analyse, daß dargethan werden muß, daß die beiden äußersten Summanden zur Linken und die beiden äußersten zur Rechten und dann noch zwei beliebige ebenfalls unmittelbar nebeneinander stehende Summanden zwischen dem äußersten zur Linken und Rechten ihre Stellen vertauschen dürfen. Zur Vermittlung der beiden letztern Fälle muß vorher gezeigt werden, daß $a+b+c =$ ist $a+c+b$.

nen bilden lassen, systematisch darstellen, und wie bestimmt man zweitens ihre Anzahl?

Der erste Punkt erledigt sich leicht aus dem in folgenden Beispielen beobachteten Gesetze.

1) $a+b+c = a+c+b = b+a+c = b+c+a = c+a+b = c+b+a.$

2) $a+a+b+b = a+b+a+b = a+b+b+a = b+a+a+b$
$= b+a+b+a = b+b+a+a.$

Was nun den zweiten Punkt oder die Bestimmung der Anzahl der Summen betrifft, die sich aus einer gegebenen bilden lassen, so fügen wir nur kurz hinzu, daß wenn eine Summe von $k+1$ Summanden, z. B. $a+b+c+\ldots+\alpha+\beta_{k+1}$ gegeben ist, und sich aus der Summe ihrer k letzten Summanden, nämlich $b+c+\ldots+\alpha+\beta_k$ z. B. x Summen durch das Versetzen ihrer Summanden formiren lassen, sich dann aus der gegebenen $a+b+c+\ldots+\alpha_{k+1}$, weil jeder der $k+1$ Summanden der erste werden kann, $x+x+\ldots+x_{k+1}$ Summen bilden lassen. Da nun x für $k=2$ bekannt ist, oder sich aus der Summe von zwei Summanden $a+b$ nur zwei Summen $a+b$ und $b+a$ bilden lassen, so kann man nach der gefundenen Relation diese Anzahl für jeden gegebenen Fall bestimmen.

7. Aufgaben u. Lehrsätze. Wir haben an der Summe $a+b+c+\ldots+\alpha_k$ das Addiren an sich selbst betrachtet, und es bleibt uns deshalb noch das bezogene oder spezielle Addiren übrig.

In der Summe $a+b$ kann nämlich, während b noch allgemein ist, a gleich einer Summe, und während a noch allgemein ist, b gleich einer Summe gedacht sein; ferner können a und b zugleich durch Summenformen ausgedrückt erscheinen, und endlich kann noch der Begriff des Addirens auf das vergleichende Prinzip, d. h. auf die Gleichung und Ungleichung bezogen werden. Um alle die sich so begriffsmäßig bildenden Aufgaben des speziellen Addirens festzustellen, brauchen wir nur diese Operation auf die bisher entstandenen Begriffe, nämlich des Ausdrucks (bezeichnet mit **a**), der Summe (**s**), der Gleichung (**g**) und der Ungleichung (**u**) zu beziehen, wodurch nun folgende Aufgaben entspringen.

a,	**s**,	**g**,	**u**.
a′ *)+**a**,	**s**+**a**,	**g**+**a**,**)	**u**+**a**,
	s′+**s**,	**g**+**s**,	**u**+**s**,
		g′+**g**,	**u**+**g**,
			u′+**u**.

Ehe wir zur Erforschung der möglicherweise für diese Verbindungen stattfindenden Gesetze schreiten, werden wir vorher ihre begriffsmäßige Abhängigkeit von einander zu bestimmen suchen, um dadurch diejenigen unter diesen Aufgaben zu entdecken, von deren Lösung die der übrigen dependirt. Bezeichnet man daher die Abhängigkeit durch „|", das Wort Gesetz mit „G", und bemerkt man zugleich, daß aus $a > b$ fließt $a = b + x$, also das Ungleichsein durch das Gleichsein gegeben ist oder näher charakterisirt wird, so kommt

G. (**u**+**a**) | G. (**g**+**a**), ***)
G. (**g**+**s**) | G. (**g**+**a**),
G. (**u**+**s**) | G. (**u**+**a**), oder ****)
G. (**u**+**s**) | G. (**g**+**a**),
G. (**u**+**g**) | G. (**g**′+**g**),
G. (**u**′+**u**) | G. (**g**′+**g**), oder
G. (**u**′+**u**) | G. (**u**+**g**);

Da die Gesetze für **a**′+**a**, **s**+**a** bereits aus 6. Erkl. u. Lehrs. bekannt sind, so kommt es blos noch darauf an, wie aus vorstehendem Abhängigkeits-System fließt, die für **s**′+**s**, **g**+**a**, **g**′+**g** zu finden.

1) Für **s**′+**s** oder für $(a+b+\ldots+\alpha_m)+(p+q+\ldots+\beta_k)$.

*) Der Strich am **a**, **s**, **g**, **u** bedeutet, daß man sich bezüglich unter **a**′, **s**′, **g**′, **u**′ einen andern Ausdruck (als der durch **a** bezeichnet gedachte), eine andere Summe, eine andere Gleichung, und endlich eine andere Ungleichung denken kann.

) Hier ist **g+**a** keine Summe — weil **g** kein Ausdruck ist — sondern bezeichnet eine Gleichung; man hat an **g**+**a** blos die Aufgabe „zu einer Gleichung einen Ausdruck durch die Addition zu verbinden."

Dies gilt auch von **u**+**a**, **g**+**s**, **u**+**s**, **g**′+**g**, **u**+**g**, **u**′+**u**.

***) Gelesen: Gesetz für das Verbinden eines Ausdrucks **a** zu einer Ungleichung **u** durch die Addition ist abhängig vom Gesetz für das Verbinden eines Ausdrucks **a** zu einer Gleichung **g** durch die Addition.

****) Hieraus erkennt man gleichzeitig die verschiedenen zum Ziele führenden Wege.

Addiren wir in anderer Ordnung mit Beibehaltung der Bogen, so kommt nichts Neues. Einfacher ist es, das Resultat der Addition beider Summen durch eine einzige auszudrücken, mithin die Bogen fortzuschaffen. Man hat deshalb für

$$(a+b+\ldots+\alpha_m)+(p+q+\ldots+\beta_k),$$

weil die ersten Bogen die unmittelbare Folge der Addition andeuten,

$$a+b+\ldots+\alpha_m+(p+q+\ldots+\beta_k) = (\text{nach } 6.)\ (p+q+\ldots+\beta_k)+a+b+\ldots+\alpha$$
$$= p+q+\ldots+\beta+a+b+\ldots+\alpha_{m+k} = a+b+\ldots+\alpha+p+q+\ldots+\beta_{m+k} \hookrightarrow$$
$$(a+b+\ldots+\alpha_m)+(p+q+\ldots+\beta_k) = a+b+\ldots+\alpha+p+q+\ldots+\beta_{m+k};$$

d. h.

„Sind zwei Summen zu einander addirt, so darf man die Bogen auf einmal fortlassen."

Bemerk. Diese Wahrheit gilt allgemein, wenn auch ein Ausdruck beliebig durch die Addition vermittelst der Bogen (Klammern), zusammengesetzt ist, d. h. man darf beim Addiren beliebig Bogen setzen oder fortlassen, wenn nur immer alles addirt wird.

Beispiele.

1) $[a+(p+x)]+[(b+m)+[(t+c)+f]+(k+w)+u]$
$= a+b+c+f+k+m+p+t+u+w+x;$

2) $q+\big[v+[g+(m+(n+p))]+[(h+k)+[(a+b)+(c+d)]]\big]$
$= a+b+c+d+g+h+k+m+n+p+q+v.$

2) Um G. (g+a) zu finden, sei $a=b$ die gegebene Gleichung, und c der mit ihr durch die Addition zu verbindende Ausdruck. Da jede Gleichung (in ihrer Ursprünglichkeit), also auch $a=b$ nichts weiter als ein Zeichen für die Übereinstimmung jedes Ausdrucks mit sich selbst ist, so hat man zu $a=a$ oder zu a ist a den Ausdruck c, wie gefordert, durch die Addition zu verbinden, und erhält $a+c$ ist $a+c$, oder da a in der Gleichung $a=b$ die Form b angenommen hat, $a+c$ ist $b+c$, d. h. $a+c=b+c$.

Man hat demnach

$$\{a=b\}+c \hookrightarrow a+c=b+c;$$

d. h.

„Zu einander gleichen Ausdrücken a, b ein und denselben Ausdruck c addirt, giebt wieder einander gleiche Ausdrücke: $a+c = b+c$."

3) Es fragt sich nun wieder rückwärts (indirekt), wenn $a + c = b + c$ vorausgesetzt ist, ob dann auch $a = b$ sein muß.

Ist dies nicht der Fall, so kann a entweder größer oder kleiner als b sein. Die Unmöglichkeit dieser Annahme $a \gtrless b$ (a ist entweder größer oder wenn dies nicht ist kleiner b) nachzuzeigen, erfordert, wie der erste Schritt zeigt, daß wir vorher G. (**u** + **a**) gefunden haben.

Man hat deshalb aus

$$\{a > b\} + c \hookrightarrow \{a = b + x\} + c, \text{ nach 7. Erkl. u. Lehrs. 2.)},$$

$$a + c = (b + c) + x \hookrightarrow a + c > b + c;$$

d. h.

„Ist a größer als b, und addirt man zu beiden c, so ist erstere Summe $a + c$ größer als letztere $b + c$, oder $a + c > b + c$."

Jetzt erst, nachdem das Gesetz für **u** + **a** gefunden ist, sind wir im Stande aus der Voraussetzung $a + c = b + c$ die Beziehung des a zu b zu entnehmen. Wäre nämlich a nicht $= b$, also a entweder $\gtrless b$, so hätte man $a + c$ entweder $\gtrless b + c$, was gegen die Voraussetzung $a + c = b + c$ streitet; mithin kann a von b nicht verschieden sein, d. h. man hat aus $a + c = b + c$ allemal $a = b$.

Ebenso fragt es sich aber auch, ob, wenn $a + c > b + c$ gegeben ist, dann auch $a > b$ sein muß? Wäre nun a nicht größer b, so könnte $a \leqq b$ sein, aber dann hätte man, nach dem Vorhergehenden, $a + c \leqq b + c$, was unmöglich ist, da wir $a + c > b + c$ vorausgesetzt haben. Es kann also a weder gleich, noch kleiner als b sein, weshalb $a > b$ ist.

4) Ebenso hat man leicht für G. (**g**′ + **g**)

$$\{a = b\} + \{c = d\} \hookrightarrow a + c = b + d,$$

und es leuchtet ein, daß wenn $a + c = b + d$ gegeben ist, nicht nothwendig $a = b$ und $c = d$ zu sein braucht.

Bemerk. Für die übrigen Aufgaben **g** + **s**, **u** + **s**, **u** + **g**, **u**′ + **u** übersieht man leicht die folgenden Beziehungen.

1) $\{a = b\} + (c + d + \ldots) \hookrightarrow a + (c + d + \ldots) = b + (c + d + \ldots);$

2) $\{a > b\} + (c + d + \ldots) \hookrightarrow a + (c + d + \ldots) > b + (c + d + \ldots);$

3) $\{a=b\}+\{c>d\} \hookrightarrow a+c>b+d$;

4) $\{a>b\}+\{c>d\} \hookrightarrow a+c>b+d$.

Schlußbemerk. Im Vorhergehenden ist namentlich gelehrt:

1) Man darf in beliebiger Ordnung addiren $a+b=b+a$; die Bogen dürfen fortgelassen oder hinzugefügt werden.

2) Aus
$$\begin{array}{rcl} a & = & b \text{ und} \\ c & = & c \\ \hline a+c & = & b+c. \end{array}$$

3) Aus
$$\begin{array}{rcl} a & > & b \text{ und} \\ c & = & c \\ \hline a+c & > & b+c. \end{array}$$

4) Ist
$$\begin{array}{rcl} a & > & b \text{ und} \\ c & > & d \\ \hline a+c & > & b+d. \end{array}$$

5) Außerdem sind noch die indirekten Sätze von $\mathfrak{g}+\mathfrak{a}$ und $\mathfrak{u}+\mathfrak{a}$, und die bedingten indirekten von $\mathfrak{g}'+\mathfrak{g}$ und $\mathfrak{u}'+\mathfrak{u}$ festzuhalten.

8. Erklärung u. Lehrsatz. Das Addiren an sich, wie es sich an der Summe $a+b+c+\ldots+\alpha_k$ entwickelt, so wie auch das bezogene Addiren, welches an den Aufgaben (Beziehungen) $\mathfrak{g}+\mathfrak{a}$, $\mathfrak{u}+\mathfrak{a}$, 2c. auftrat, ist nun hiermit vollendet; aber es ist auch gleichzeitig mit dem Abgeschlossensein dieser Gedankengruppe eine neue eröffnet, indem wir wieder zur Quelle aus denen diese Aufgaben entsprangen, d. h. zur Summe zurückkehren müssen um den einzelnen Fall des Addirens in $a+b+c+\ldots+\alpha_k$ zu betrachten, wo alle Summanden einander gleich sind.

Ist nämlich ein und derselbe Ausdruck a so oft als Summand gesetzt, wie ein anderer z. B. k anzeigt, und hat man demnach $a+a+a+\ldots+a_k$, so leuchtet ein, daß man mit solchen Summen, wegen ihrer größern Einförmigkeit, offenbar dann leichter operiren kann, wenn dafür ein kürzeres Zeichen, welches wir aus a und k zusammensetzen müssen, wie z. B. ak oder $a.k$ oder $a\times k$, einführen.

Jedes dieser Zeichen ak, $a.k$ oder $a\times k$, in untrennbarer Verbindung mit seinem Begriffe, heiße ein Produkt, a der Multiplikand *) und k der Multiplikator desselben, und werde a mal k,

*) Oder a der Produktand und k der Produktator.

oder a **multiplizirt** mit k ausgesprochen; ferner ist a bereits mit k multiplizirt, nachdem ak hingeschrieben ist.

Endlich heiße die beim Bilden und Vollenden des Produkts in uns erzeugte Thätigkeit „**Multiplikation.**“

Da das Produkt ak blos ein kürzeres Zeichen für die Summe $a+a+a+\ldots+a_k$ ist, und da **jede** Summe (nach 6. Erkl. u. Lehrs.) also auch diese, nämlich $a+a+a+\ldots+a_k$ **eindeutig** ist, so ist auch das ihr gleiche Produkt ak **eindeutig**, oder bezeichnet in jedem Augenblicke nur eine einzige Zahl, welche jedoch (eben weil ak der Repräsentant der Summe $a+a+\ldots+a_k$ ist) von a und k abhängt. Das Produkt ab ist in Rücksicht der Glieder-Anzahl ein spezielles, es treibt sich wie folgt zum Allgemeinen hin:

Nachdem a mit b multiplizirt ist, kann man, da ab eine Zahl bezeichnet, dies Produkt wieder mit c multipliziren, welches giebt (ab)c, so kann man fortfahren und erhält

$$(\ldots(((a.b).c).d)\ldots)\alpha;$$

oder wenn man hier wieder übereinkommt, die Bogen, welche wie hier, blos die **unmittelbare** Multiplikations-Folge andeuten, fortzulassen, so hat man

$$a.b.c.d\times\ldots\times\alpha,$$

d. h. ein Produkt von beliebig vielen Gliedern $a, b, c, \ldots, \alpha$.

Zunächst ist zu finden, was überhaupt vom Produkt a.b oder vom Multipliziren gilt. Nun ist aber das **Unbekannte** auf das **Bekannte** zurückführend $ab = a+a+a+\ldots+a_b$. Für **jede** Summe, also auch für **diese** $a+a+a+\ldots+a_b$ gilt, daß man in beliebiger Ordnung addiren darf. Am ab hat man, die rechte Seite der vorstehenden Gleichung betrachtend, **jede** der a Einheiten b mal gedacht; die **erste** unter diesen a Einheiten b mal gedacht, giebt b; die **zweite** der a Einheiten b mal, giebt wieder b, und so erhalten wir also b Einheiten so oft, wie a Einheiten enthält, oder $b+b+\ldots+b_a$ oder ba. Es ist also $ab = ba$.

Oder so:

$$ab = \left\{\begin{matrix} 1+1+\ldots+1_a = a; \\ 1+1+\ldots+1_a = a; \\ \cdot\ \cdot\ \cdot\ \cdot\ \cdot\ \cdot\ \cdot\ \cdot\ \cdot\ \cdot \\ (1+1+\ldots+1_a = a)_b \end{matrix}\right\}$$

In jeder der Vertikalreihen rechts stehen b Einheiten; solcher Vertikalreihen sind a, also hat man $b+b+\ldots+b_a = ba$; d. h.

„Zwei Ausdrücke a und b dürfen in beliebiger Ordnung multiplizirt werden, oder a mit b multiplizirt, stellt so viele Einheiten vor, wie b mit a multiplizirt.“

Untersucht man nun, ob dies sich hier zeigende Gesetz, daß nämlich $ab = ba$ ist, auch noch stattfindet für ein Produkt von beliebig vielen Gliedern, so wird man zunächst mit Nothwendigkeit darauf geführt, zu finden, ob es noch für $(ab)c$ gilt.

Es ist deshalb

$$(ab)c = ab+ab+\ldots+(ab)_c$$
$$= (a+a+\ldots+a_b)+(a+a+\ldots+a_b)+\ldots+(a+a+\ldots+a_b)_c.$$

Addirt man nun alle ersten Summanden dieser c Summen rechts, so kommt $a+a+\ldots+a_c$, d. h. ac. Ebenso durch Addition aller zweiten Summanden kommt wieder $a+a+\ldots+a_c$ oder ac; mithin erhält man ac so oft, wie Summanden in der Summe $a+a+\ldots+a_b$ sind, d. h. b mal. Es ergiebt sich also

$$ac+ac+\ldots+(ac)_b \text{ oder } (ab)c = (ac)b.$$

Um nun zu untersuchen, ob das Multipliziren in beliebiger Ordnung noch für jedes Produkt statt findet, sei das allgemeine $a.b.c\times\ldots\times\alpha.\beta.\gamma$ gegeben, und es fragt sich demnach, ob je zwei beliebige unmittelbar neben einander stehende Glieder ihre Stelle in $abc\times\ldots\times\alpha\beta\gamma$ vertauschen dürfen. Diese Glieder mögen aber vorkommen wo sie wollen, so sind hier nur drei Fälle zu unterscheiden, nämlich erstens „Verwechselung der beiden äußersten Glieder a, b zur Linken,“ zweitens „Verwechselung der beiden äußersten Glieder β, γ zur Rechten,“ und endlich drittens „Verwechselung zweier Glieder, die zwischen dem äußersten zur Linken, nämlich a, und dem äußersten zur Rechten, nämlich γ stehen.“

Für den ersten Fall:
$a.b.c\times\ldots\times\alpha.\beta.\gamma = (a.b).c\times\ldots\times\alpha.\beta.\gamma = (b.a).c\times\ldots\times\alpha.\beta.\gamma =$ (weil die Bogen um b.a nur die unmittelbare Multiplikations-Folge andeuten) $b.a.c\times\ldots\times\alpha.\beta.\gamma$, also ist

$$a.b.c\times\ldots\times\alpha.\beta.\gamma = b.a.c\times\ldots\times\alpha.\beta.\gamma,$$

Für den zweiten:

$a.b.c \times \ldots \times \alpha.\beta.\gamma = (a.b.c \times \ldots \times \alpha).\beta.\gamma =$, nach $a.b.c = a.c.b$,
$(a.b.c \times \ldots \times \alpha).\gamma.\beta = a.b.c \times \ldots \times \alpha.\gamma.\beta \hookrightarrow$

$$a.b.c \times \ldots \times \alpha.\beta.\gamma = a.b.c \times \ldots \times \alpha.\gamma.\beta.$$

Für den dritten:

$a.b.c \times \ldots \times p.q \times \ldots \times \alpha.\beta.\gamma = (a.b.c \times \ldots \times p.q) \times \ldots \times \alpha.\beta.\gamma =$
$(a.b.c \times \ldots \times q.p) \times \ldots \times \alpha.\beta.\gamma$ nach dem zweiten Fall:

$$= a.b.c \times \ldots \times q.p \times \ldots \times \alpha.\beta.\gamma \hookrightarrow$$

$a.b.c \times \ldots \times p.q \times \ldots \times \alpha.\beta.\gamma = a.b.c \times \ldots \times q.p \times \ldots \times \alpha.\beta.\gamma$;
d. h.

„In dem Produkte $a.b.c \times \ldots \times \alpha.\beta.\gamma$ dürfen zwei beliebige neben einander stehende Glieder ihre Plätze mit einander vertauschen, oder man darf in willkürlicher Ordnung multipliziren."

Während also jedes Produkt als Abhängigkeit seiner Glieder erscheint, ist es zu gleicher Zeit unabhängig von deren Folge *). Aus diesem Grunde mögen die Glieder eines Produkts den gemeinschaftlichen Namen **Faktoren** führen **).

---

*) Hiernach ist der (in 6. Erkl. u. Lehrs. Bemerk.) allgemeine Fall zu vermitteln.

**) Um $a.b = b.a$ abzuleiten, kann man auch so schließen: Sind a und b einander gleich, so ist augenfällig $ab = ba$, weil $a.a = a.a$ ist.

Sind a und b von einander verschieden, so muß einer dieser Ausdrücke (z. B. a) größer als der andere sein.

Es sei also $a = b + x$, so fragt es sich, ob

$$(b+x)b = b(b+x) \text{ ist.}$$

Setzt man hier **a.a** und **a.a** voraus, oder entwickelt sie gleich mit, so wird $(b+x).b = b.(b+x)$ sein, sobald $x.b = b.x$ ist. Ist $x = b$, so ist kein Zweifel. Ist hingegen z. B. x noch größer als b, so sei wieder $x = b + y$, und man hat also zu zeigen, ob $(b+y)b = b(b+y)$, d. h. ob $yb = by$ ist, wo aber wieder $x > y$ ist u. s. f. Auf diese Weise fortschließend gelangt man zu der Frage, ob $t.1 = 1.t$ ist, von welcher leicht die Bejahung einleuchtet.

Hat man ferner gezeigt, daß $(ab)c = (ac)b$ ist, so läßt sich das Multipliziren in beliebiger Ordnung (wenn der Begriff der Subtraktion vorausgesetzt wird) auch so darthun:

Stellen M_m und N_m zwei Produkte von den nämlichen m Gliedern, aber bei jedem in andrer Ordnung mit einander verbunden vor, und setzt man voraus, daß es überhaupt bei Produkten von $m-2$ und $m-1$ Gliedern nicht auf ihre Ordnung in Betreff der Bedeutung des Produkts ankommt, so hat

9. Aufgaben u. Lehrsätze. Wir wissen nun freilich was vom Multipliziren an sich selbst gilt, wo nämlich in $a.b = b.a$ sowohl a als auch b allgemein gedacht sind. Das Gesetz verlangt aber auch für die einzelnen Fälle modifizirt zu werden, wo a, b die Form einer Summe oder eines Produktes annimmt, oder a und b zugleich in diese Formen übergehn. Dann kann auch das Produkt mit **a**, **s**, **p** (**p** bedeutet Produkt) durch die Addition verbunden werden, eben weil auch diese Operation verlangt, für solche Fälle erweitert zu werden. Endlich ist auch noch der Begriff des Multiplizirens auf die Gleichung und Ungleichung zu beziehn. Auf diese Weise formirt sich aus dem Multipliziren an sich das bezogene Multipliziren, und alle diese besonderen Aufgaben des Multiplizirens gehen also hervor, indem man **a**, **s**, **g**, **u**, **p** wechselseitig durch die Addition und Multiplikation mit einander verbindet. Dieselben sind daher

a,	**s**,	**g**,	**u**,	**p**
p+**a**,	**p**+**s**,	**p**+**g**,	**p**+**u**,	**p**′+**p**,
a′.**a**,	**s**.**a**,	**g**.**a**,	**u**.**a**,	**p**.**a**,
	s′.**s**,	**g**.**s**,	**u**.**s**,	**p**.**s**,
		g′.**g**,	**u**.**g**,	**p**.**g**,
			u′.**u**,	**u**.**p**,
				p′.**p**,

---

man, wenn α und β bezüglich die äußersten Glieder zur Rechten in M_m und N_m bezeichnen,

$$M_m = F.\alpha,$$
$$N_m = G.\beta,$$

wo F und G Produkte von $m-1$ Glieder repräsentiren.

Nun ist aber nach der Voraussetzung

$$F = v.\beta \text{ und}$$
$$G = u.\alpha,$$

wo v und u Produkte von denselben $m-2$ Gliedern darstellen, weshalb $v = u$ sein muß.

Man hat nun

$$M_m = F.\alpha = (v.\beta).\alpha \text{ und}$$
$$N_m = G.\beta = (u.\alpha).\beta,$$

mithin, da $(a.b)c = (a.c)b$ vorausgesetzt wird

$$M_m = N_m,$$

d. h. für zwei Produkte von gleich vielen und denselben Gliedern ist ihre Folge willkürlich, weil dies schon für ein Produkt von 2 und 3 Gliedern erwiesen ist, mithin nach diesen Schlüssen auch für eins von vier Glieder gilt u. s. w.

1) Von $\mathbf{p} + \mathbf{a}$ gilt was von jeder Summe gilt, $a + p = p + a$, und ist $\mathbf{p}$ gegeben, so darf man die Faktoren verwechseln. Eben so für $\mathbf{p} + \mathbf{s}$ und $\mathbf{p}' + \mathbf{p}$. Ferner S. $(\mathbf{g} + \mathbf{p})$ | S. $(\mathbf{g} + \mathbf{a})$ und S. $(\mathbf{u} + \mathbf{p})$ | S. $(\mathbf{u} + \mathbf{a})$ | S. $(\mathbf{g} + \mathbf{a})$. Man wendet also bei diesen in der ersten Horizontalreihe vorkommenden Aufgaben die vom Addiren gelehrten Gesetze an, und weiter findet sich in dieser Allgemeinheit nichts heraus.

2) Für $\mathbf{a}' . \mathbf{a}$ haben wir schon $a' . a = a . a'$.

3) S. $(\mathbf{s} . \mathbf{a})$ | S. $(\mathbf{s} + \mathbf{s} + \ldots \mathbf{s}_{\mathbf{a}})$. Man hat $(a+b+c+\ldots+\alpha_k)m$. Dies Produkt bezeichnet eine Summe von m Summanden, jeder ist $a+b+c+\ldots+\alpha_k$, enthält also so viele Einheiten, wie $a, b, c, \ldots, \alpha_k$ zusammengenommen. Jeder einzelne dieser m Summanden enthält das $a, b, c, \ldots, \alpha_k$ einmal, also enthalten alle m Summanden das $a, b, c, \ldots, \alpha_k$ auch m mal; man hat demnach $(a+b+c+\ldots+\alpha_k) . m$ $= (a+b+c+\ldots+\alpha_k)+(a+b+c+\ldots+\alpha_k)+\ldots+(a+b+c+\ldots+\alpha_k)_m$; also da man in b. Ord. addiren darf, und in allen diesen m Summen das a, m mal, das b ebenfalls m mal ..., endlich das α auch m mal vorkommt:

$$=(a+a+\ldots+a_m)+(b+b+\ldots+b_m)+(c+c+\ldots+c_m)+\ldots+(\alpha+\alpha+\ldots+\alpha_m)_k$$
$$= am+bm+cm+\ldots+(\alpha m)_k,$$

oder

$$(a+b+c+\ldots+\alpha_k)m = am+bm+cm+\ldots+(\alpha m)_k;$$

d. h.

„Ist eine Summe $a+b+c+\ldots+\alpha_k$ mit einem Ausdruck m multiplizirt, so sind dadurch eben so viele Einheiten bezeichnet, als wenn man jeden der Summanden $a, b, c, \ldots, \alpha_k$ mit m einzeln multiplizirt und aus diesen Produkten am, bm, cm, ..., $(\alpha m)_k$ die Summe $am + bm + cm + \ldots + (\alpha m)_k$ gebildet hat."

Oder, von rechts nach links gelesen:

„Hat man eine Summe $am + bm + cm + \ldots + (\alpha m)_k$, in der jeder ihrer Summanden ein Produkt ist, und haben alle diese Produkte einen gemeinschaftlichen Faktor m, so hat man eben so viele Einheiten vorgestellt, nachdem man die

Summe $a+b+c+\ldots+\alpha_k$ aus den nicht gemeinschaftlichen Faktoren mit dem gemeinschaftlichen Faktor m multiplizirt hat."

4) $\mathfrak{S}.(\mathfrak{s}'.\mathfrak{s}) \mid \mathfrak{S}.(\mathfrak{s}.\mathfrak{a})$. Es sei

$$(a+b+c+\ldots+\alpha_k).(h+v+u+\ldots+\beta_m)$$

gegeben.

Dies Produkt bezeichnet $h+v+u+\ldots+\beta_m$ Summen, deren jede $a+b+c+\ldots+\alpha_k$ ist. Man hat also $a+b+c+\ldots+\alpha_k$ Einheiten so oft, wie h und v und u und . . . und β_m anzeigt, d. h. $a+b+c+\ldots+\alpha_k$ erst h mal, dann noch v mal, dann noch u mal . . . dann noch β mal, oder es ist

$$(a+b+c+\ldots+\alpha_k).(h+v+u+\ldots+\beta_m)$$
$$=(a+b+c+\ldots+\alpha_k).h+(a+b+c+\ldots+\alpha_k).v+\ldots+(a+b+c+\ldots+\alpha_k)\beta,$$

nach 9. 3),

$$= ah+bh+ch+\ldots+\alpha h+av+bv+cv+\ldots+\alpha v+au+bu+cu$$
$$+\ldots+\alpha u+\ldots+a\beta+b\beta+c\beta+\ldots+\alpha\beta_{k.m} \frown$$
$$(a+b+c+\ldots+\alpha_k).(h+v+u+\ldots+\beta_m)$$
$$= ah+bh+ch+\ldots+\alpha h+av+bv+cv+\ldots+\alpha v+au+bu+cu$$
$$+\alpha u+\ldots+a\beta+b\beta+c\beta+\ldots+\alpha\beta_{k.m}$$ *);

d. h.

„Sind zwei Summen $a+b+c+\ldots+\alpha_k$ und $h+v+u+\ldots+\beta_m$ mit einander multiplizirt, so hat man dadurch eben so viele Einheiten vorgestellt, als wenn man jeden einzelnen Summanden der einen Summe mit jedem einzelnen Summanden der andern multiplizirt, und alle so entstandenen Produkte zu einer Summe verbindet."

Bemerk. Hieraus ist auch leicht zu entnehmen, wie man ein Produkt aus beliebig vielen Summen auf **Einmal** **) in eine Summe umformen kann.

---

*) Denn man hat ja jeden der k Summanden so oft wie m anzeigt, also $k+k+\ldots+k_m$ oder k.m einzelne Produkte.

**) Dies Gesetz ist ganz elementar, setzt die Kombinatorische-Analysis durchaus nicht voraus, und ist unmittelbar auf

$$(a\pm b\pm c\pm\ldots)(d\pm e\pm f\pm\ldots)(g\pm h\pm k\pm\ldots)\times\ldots\times(x\pm y\pm z\pm\ldots)$$

anwendbar.

Es sei z. B.

$$(a+b+c).(f+g).(h+k)$$

gegeben.

Man multiplizire die ersten Summanden aller gegebenen Summen mit einander; dies giebt afh. Hierin setze man statt des ersten Summanden a der ersten Summe, alle übrigen Summanden der ersten Summe, und addire die erhaltenen Produkte bfh, cfh zu afh, dies giebt afh + bfh + cfh. Hierin setze man wieder statt des ersten Summanden f der zweiten Summe, die noch übrigen der zweiten Summe, d. h. statt f jetzt g, und addire das Erhaltene zu afh + bfh + cfh, so kommt afh + bfh + cfh + agh + bgh + cgh. Hierin statt h endlich k gesetzt, und wieder zum Vorigen addirt, giebt

$$afh+bfh+cfh+agh+bgh+cgh+afk+bfk+cfk+agk+bgk+cgk.$$

Auf diese Weise kann man für $(a+b+\ldots+\alpha_m).(c+d+\ldots+\beta_n)$ $(f+g+\ldots+\gamma_p)\times\ldots\times(x+y+\ldots+s_k)_v$ auf einmal die diesem Produkte gleiche Summenform, von $mnp\times\ldots\times k_v$ Gliedern, entwickeln.

Beispiele.

1) $(a+b)(c+d)(f+g)(h+k)(m+n) =$

$$\begin{aligned}
&a.c.f.h.m + a.c.f.k.m + a.c.f.h.n + a.c.f.k.n +\\
&b.c.f.h.m + b.c.f.k.m + b.c.f.h.n + b.c.f.k.n +\\
&a.d.f.h.m + a.d.f.k.m + a.d.f.h.n + a.d.f.k.n +\\
&b.d.f.h.m + b.d.f.k.m + b.d.f.h.n + b.d.f.k.n +\\
&a.c.g.h.m + a.c.g.k.m + a.c.g.h.n + a.c.g.k.n +\\
&b.c.g.h.m + b.c.g.k.m + b.c.g.h.n + b.c.g.k.n +\\
&a.d.g.h.m + a.d.g.k.m + a.d.g.h.n + a.d.g.k.n +\\
&b.d.g.h.m + b.d.g.k.m + b.d.g.h.n + b.d.g.k.n.
\end{aligned}$$

2) $(a+b+c)(d+f)(g+h)(k+m+n) =$

$$\begin{aligned}
&a.d.g.k+b.d.g.k+c.d.g.k+a.f.g.k+b.f.g.k+c.f.g.k+\\
&a.d.h.k+b.d.h.k+c.d.h.k+a.f.h.k+b.f.h.k+c.f.h.k+\\
&a.d.g.m+b.d.g.m+c.d.g.m+a.f.g.m+b.f.g.m+c.f.g.m+\\
&a.d.h.m+b.d.h.m+c.d.h.m+a.f.h.m+b.f.h.m+c.f.h.m+\\
&a.d.g.n+b.d.g.n+c.d.g.n+a.f.g.n+b.f.g.n+c.f.g.n+\\
&a.d.h.n+b.d.h.n+c.d.h.n+a.f.h.n+b.f.h.n+c.f.h.n.
\end{aligned}$$

Auf dem gewöhnlichen Wege muß man z. B. 99 einzelne Multiplikationen machen, wenn 100 solcher Ausdrücke mit einander multiplizirt sind, und erhält dann endlich das Resultat, was hier auf einmal erfolgt.

Dies Gesetz findet man in seiner Art zuerst entwickelt in meiner Wissenschaft der Math., Berlin bei Dümler 1838. Dort findet sich auch der vollständige Beweis.

3) $(a.b+c).(f.g+h.k)[((m+n)p+t)x] =$

$$a.b.f.g.m.p.x + c.f.g.m.p.x + a.b.h.k.m.p.x + c.h.k.m.p.x +$$
$$a.b.f.g.n.p.x + c.f.g.n.p.x + a.b.h.k.n.p.x + c.h.k.n.p.x +$$
$$a.b.f.g.t.x + c.f.g.t.x + a.b.h.k.t.x + c.h.k.t.x.$$

4) $[(b+d.e).(g+i.k)].(l+n)+(c.t+p).(q+r)(v+y) =$

$$b.g.l+d.e.g.l+b.i.k.l+d.e.i.k.l+b.g.n+d.e.g.n+$$
$$b.i.k.n+d.e.i.k.n+c.t.q.v+p.q.v+c.t.r.v+p.r.v+$$
$$c.t.q.y+p.q.y+c.t.r.y+p.r.y.$$

5) $[\delta.(i+g)+q.(b+c)].[(e.f+d).(n.u+w).s] =$

$$n.u.d.b.s.q+w.d.b.s.q+n.u.e.f.b.s.q+w.e.f.b.s.q+$$
$$n.u.d.c.s.q+w.d.c.s.q+n.u.e.f.c.s.q+w.e.f.c.s.q+$$
$$n.u.d.i.s.\delta+w.d.i.s.\delta+n.u.e.f.i.s.\delta+w.e.f.i.s.\delta+$$
$$n.u.d.g.s.\delta+w.\delta.g.s.d+n.u.e.f.g.s.\delta+w.e.f.g.s.\delta.$$

6) $[u.k.(x+y)+z].(b+\delta)+[(m+n).q+w].[(n.u+v).s+r.(t.l+i)] = ?$

7) $[(a+b.c+d.c).(f+gh(i+k))].t+(u+mn).(p+qx+y) = ?$

8) $(a+b).(a+b)\times\ldots\times(a+b)_m = ?$

5) Es sei hinsichtlich des Gesetzes G. (**g.a**), die gegebene Gleichung $a = b$, und der mit ihr durch die Multiplikation zu verbindende Ausdruck c. Nun hat man aber am $a = b$ nichts weiter als a ist a; mithin a ist a mit c in Multiplikations-Verbindung gesetzt, giebt ac ist ac oder $ac = ac$. Der Forderung gemäß soll a in der Form b erscheinen, also $ac = bc$. Oder symbolisch so:

$$\{a = b\}.c \hookrightarrow \{a \text{ ist } a\}.c \hookrightarrow a.c \text{ ist } a.c, \text{ wegen } a = b \text{ kommt}$$
$$\{a = b\}.c \hookrightarrow a.c = b.c;$$

d. h.

„Gleiche Ausdrücke a und b mit ein und demselben dritten Ausdruck c multiplizirt, giebt einander gleiche Produkte $ac = bc$.“

6) In dem Augenblicke wo wir aus $ac = bc$ auf a und b zurückschließen wollen, und der Zweifel rege wird, daß doch a vom b verschieden sein könne, werden wir zur Erforschung von G. (**u.a**) hingetrieben. Aus dem Begriffe von **u** ergiebt sich aber G. (**u.a**) | G. (**g.a**). Es sei deshalb $\{a > b\}.c$ gegeben, so kommt

$\{a > b\} . c \hookrightarrow \{a = b + x\} . c \hookrightarrow$, nach 9. Lehrs. 5) u. 3),

$ac = bc + xc \hookrightarrow ac > bc$, oder

$$\{a > b\} . c \hookrightarrow ac > bc;$$

d. h.

„Ist ein Ausdruck a größer als ein zweiter b, und multiplizirt man beide mit einem dritten c, so ist auch ersteres Produkt ac größer als letzteres bc;" oder „von zwei Produkten ac, bc von gleichem Multiplikator, ist das, welches den größern Multiplikand hat, das größere."

Nun hat man für 5): Ist $ac = bc$, so kann a nicht $<$ oder $>$ als b sein; denn dann hätte man aus $a \lessgtr b$, daß $ac \lessgtr bc$ sein müsse, was wegen $ac = bc$ unmöglich ist; folglich ist $a = b$. Gleichzeitig verlangt aber auch unser Gesetz **u . a** rückwärts erörtert zu werden, und es fragt sich, wenn $ac > bc$ vorausgesetzt wird, ob dann a größer als b sein muß. Wäre dies nicht, mithin $a \overline{\overline{<}} b$, so hätte man, nach 9. Lehrs. 5) und dem Satz von **u . a**, $ac \overline{\overline{<}} bc$. Es muß also $a > b$ sein.

7) Für **p′ . p**. Man hat $(a . b . c \times \ldots \times \alpha_k) . (p . q . r \times \ldots \times \beta_m)$, und der Zweck kann hier nur sein, die Bogen fortzuschaffen (vergl. **s′ + s**). Da die beiden ersten die unmittelbare Multiplikations-Folge andeuten, so ist $(a . b . c \times \ldots \times \alpha_k) . (p . q . r \times \ldots \times \beta_m) = a . b . c \times \ldots \times \alpha . (p . q . r \times \ldots \times \beta_m)$, weil man in bel. Ord. multipl. darf $= (p . q . r \times \ldots \times \beta_m) . a . b . c \times \ldots \times \alpha = p . q . r \times \ldots \times \beta . a . b . c \times \ldots \times \alpha_{m+k}$ $= a . b . c \times \ldots \times \alpha . p . q . r \times \ldots \times \beta_{m+k} \hookrightarrow$

$(a . b . c \times \ldots \times \alpha_k)(p . q . r \times \ldots \times \beta_m) = a . b . c \times \ldots \times \alpha . p . q . r \times \ldots \times \beta_{k+m}$;

d. h.

„Sind zwei Produkte (auch können es beliebig viele sein) mit einander multiplizirt, so hat man eben so viele Einheiten vorgestellt, wenn man statt dessen das erste mit dem ersten Faktor p des zweiten Produkts, das Herauskommende mit dem zweiten Faktor q des zweiten u. s. f., das Herauskommende endlich mit dem letzten Faktor β des zweiten Produkts multiplizirt;"

und umgekehrt folgt

„Ist ein Produkt $a . b . c \times \ldots$ gegeben, so darf man (wenn blos die Multiplikation vorkommt) beliebig viele Faktoren desselben in Bogen schließen, oder Produkte absondern z. B. $a.b.c.d.e = a.b(c.d).e = a.(b.c.d).e = (de)[c(ba)]$. U. s. w.

Bemerkung. Für die übrigen Aufgaben übersieht man leicht:

1) $a+c.d = a+d.c = d.c+a$, also für **a+p**;
2) $(a+b)+c.d = d.c+b+a = b+c.d+a$. U. s. w. " " **s+p**;
3) $\{a=b\}+c.d \hookrightarrow a+c.d = b+c.d$. U. s. w. " " **g+p**;
4) $\{a>b\}+c.d \hookrightarrow a+c.d > b+c.d$. U. s. w. " " **u+p**;
5) $ab+cd = b.a+d.c$. U. s. w. " " **p'+p**;
6) $\{a=b\}.(c+d+\ldots) \hookrightarrow ac+ad+\ldots = bc+bd+\ldots$, also für **g . s**;
7) $\{a>b\}.(c+d+\ldots) \hookrightarrow ac+ad+\ldots > bc+bd+\ldots$, " " **u . s**;
8) $(a.b.c\times\ldots\times\alpha_k).(f+g+\ldots) = abc\times\ldots\times\alpha f + abc\times\ldots\times\alpha g + \ldots$ **p . s**;
9) $\{a=b\}.\{c=d\} \hookrightarrow ac = bd$, " " **g'. g**;
10) $\{a>b\}.\{c=d\} \hookrightarrow ac > bd$, " " **u . g**;
11) $\{a=b\}.(cd\times\ldots) \hookrightarrow a.(cd\times\ldots) = b.(cd\times\ldots)$ " " **g . p**;
12) $\{a>b\}.\{c>d\} \hookrightarrow ac > bd$, " " **u'. u**;
13) $\{a>b\}.(c.d\times\ldots) \hookrightarrow a.(cd\times\ldots) > b.(cd\times\ldots)$ " " **u . p**.

Schlußbemerkung. Was ist vom Multipliziren gelehrt? Wesentlich:

1) Der wichtige Übergang vom allgemeinen Addiren zum besonderen, d. h. vom Addiren zum Multipliziren:

$$a+a+\ldots+a_b = ab.$$

2) Daß das Multipliziren (ebenso wie das Addiren) in beliebiger Folge geschehen darf: $a.b\times\ldots = b.a\times\ldots$, und die Bogen, wenn blos die Multiplikation allein vorkommt, gesetzt oder fortgelassen werden dürfen.

3) $(a+b+\ldots).m = a.m+b.m+\ldots$

4) $\{a \overset{=}{>} b\}.m \hookrightarrow a.m \overset{=}{>} b.m$.

5) Indirekte Sätze:

I. Aus $am = bm \hookrightarrow a = b$;
II. " $am > bm \hookrightarrow a > b$;
III. " $ac = bd$ und $a > b \hookrightarrow c < d$;
IV. " $ac > bd$ und $a < b \hookrightarrow c > d$.

10. Erklärung u. Lehrsatz. Nachdem sich nun der Begriff des Multiplizirens an sich selbst oder am Produkte $a.b.c\times\ldots\times\alpha_k$ entwickelte, und dann das bezogene Multipliziren in den spe-

ziellen Aufgaben sein Ziel suchte, sehen wir uns jetzt genöthigt, zur Quelle zurückzukehren, der sie ihr Entstehen verdanken, d. h. am Produkte $a.b.c\times\ldots\times\alpha_k$ selbst dadurch spezieller zu werden, daß wir alle Faktoren einander gleich denken, nämlich $a=b=c=\ldots=\alpha_k$, wodurch $a.b.c\times\ldots\times\alpha_k$ in $a.a.a\times\ldots\times a_k$ übergeht. Da nun bei solchen Produkten nichts weiter festzuhalten ist, als der gleiche Faktor, und die Zahl welche anzeigt, wie oft er vorkommt, so wird das Operiren mit ihnen übersichtlicher ausfallen, wenn wir dafür ein bequemeres Zeichen einführen. Aus diesem Grunde wollen wir an den gleichen Faktor stets die Zahl welche anzeigt, wie oft er wiederholt ist, oben zur Rechten schreiben, und man hat demnach statt $a.a\times\ldots\times a_k$ kürzer a^k. Dies Zeichen a^k, in untrennbarer Verbindung mit seinem Begriffe gedacht, oder der Repräsentant des Produkts $aa\times\ldots\times a_k$ von k Faktoren deren jeder a ist, heiße eine Potenz, a ihr Dignand *), k ihr Dignator. Die Potenz a^k werde a hoch k, oder a potenzirt mit k gelesen; ferner ist a bereits mit k potenzirt, nachdem wir das Zeichen a^k hingeschrieben haben. Die Potenz a^k ist nur ein Zeichen, und da sie gleich einem Produkte $aaa\times\ldots\times a_k$, welches wie jedes eindeutig ist, so ist auch die Potenz a^k eindeutig, und abhängig von den bestimmten Zahlen, die a und k in jedem Augenblicke vorstellen.

Was das Potenziren an sich selbst betrifft, so übersieht man hier leicht, daß $aa\times\ldots\times a_b$ oder a^b nicht immer gleich sein wird $bbb\times\ldots\times b_a$ oder b^a; daß also von einem Potenziren in beliebiger Ordnung (wie dies beim Addiren und Multipliziren der Fall war: $a \underset{\times}{+} b = b \underset{\times}{+} a$), keine Rede sein kann **).

11. Aufgaben u. Lehrsätze. Da sich nun für a^k in dieser Allgemeinheit (wo nämlich der Dignand a und der Dignator k noch keine spezielle Zahlformen angenommen haben), kein Gesetz ergiebt, welches für alle Zahlformen in die a und k übergehen können, zu-

*) Oder: a Potestand und k Potestator.

**) Wäre allgemein $a^b = b^a$, oder $a.a\times\ldots\times a_b = b.b\times\ldots\times b_a$, so müßte es auch, nach spätern Sätzen, noch der Fall sein, wenn a und b relative Primzahlen zu einander sind, dann würde aber folgen, daß a durch b theilbar sei, was wegen ihrer primären Relativität unmöglich ist; mithin kann nicht immer $a^b = b^a$ sein.

gleich gilt *), so müssen wir das Potenziren an sich *selbst* aufgeben, und wenigstens am *bezogenen* oder *speziellen* diejenigen Gesetze überhaupt zu erfassen suchen, die für *besondere* Potenzirungen gelten.

Wenn sich nun auch a^k nicht auf einmal entwickeln läßt, so muß doch k einer der Zahlformen $\mathbf{s}, \mathbf{p}, \mathbf{P}$ ($\mathbf{P}$ bedeutet Potenz) gleich sein, während a noch allgemein gedacht ist, woraus die Aufgaben $\mathbf{a}^{\mathbf{s}}, \mathbf{a}^{\mathbf{p}}, \mathbf{a}^{\mathbf{P}}$ entspringen. Eben so entstehen die Aufgaben $\mathbf{s}^{\mathbf{a}}, \mathbf{p}^{\mathbf{a}}, \mathbf{P}^{\mathbf{a}}$, wenn man den Dignator noch allgemein denkt. Auch können, am a^k, Dignator und Dignand in ihrem Speziellgewordensein betrachtet werden, und die Potenzirung stellt sich also von selbst wieder die Aufgaben $\mathbf{s}^{\mathbf{s}'}, \mathbf{p}^{\mathbf{s}}, \mathbf{s}^{\mathbf{p}}, \mathbf{s}^{\mathbf{P}}, \mathbf{P}^{\mathbf{s}}, \mathbf{p}^{\mathbf{p}'}, \mathbf{p}^{\mathbf{P}}, \mathbf{P}^{\mathbf{p}}, \mathbf{P}^{\mathbf{P}'}$. Da ferner in der Summe, so wie im Produkte (also beim Addiren und Multipliziren), bezüglich einer oder beide Summanden, einer oder beide Faktoren als Potenzen erscheinen können, so verlangt auch die Addition, so wie die Multiplikation, für diesen Fall modifizirt zu werden, woraus sich die Aufgaben $\mathbf{P}+\mathbf{a}, \mathbf{P}+\mathbf{s}, \mathbf{P}+\mathbf{p}, \mathbf{P}'+\mathbf{P}, \mathbf{P}.\mathbf{a}, \mathbf{P}.\mathbf{s}, \mathbf{P}.\mathbf{p}, \mathbf{P}'.\mathbf{P}$, von selbst ergeben. Endlich hat man auch noch den Begriff des Potenzirens auf die Gleichung und Ungleichung zu beziehn. Alle diese Aufgaben des Potenzirens gehen demnach hervor, indem man $\mathbf{a}, \mathbf{s}, \mathbf{g}, \mathbf{u}, \mathbf{p}, \mathbf{P}$ wechselseitig mit einander durch die Addition, Multiplikation und Potenzirung verbindet. Dieselben sind daher

$\mathbf{a}$,	$\mathbf{s}$,	$\mathbf{g}$,	$\mathbf{u}$,	$\mathbf{p}$,	$\mathbf{P}$,
$\mathbf{P}+\mathbf{a}$,	$\mathbf{P}+\mathbf{s}$,	$\mathbf{P}+\mathbf{g}$,	$\mathbf{P}+\mathbf{u}$,	$\mathbf{P}+\mathbf{p}$,	$\mathbf{P}'+\mathbf{P}$,
$\mathbf{P}.\mathbf{a}$,	$\mathbf{P}.\mathbf{s}$,	$\mathbf{P}.\mathbf{g}$,	$\mathbf{P}.\mathbf{u}$,	$\mathbf{P}.\mathbf{p}$,	$\mathbf{P}'.\mathbf{P}$,
$\mathbf{a}^{\mathbf{a}'}$,	$\mathbf{a}^{\mathbf{s}}$,	$\mathbf{a}^{\mathbf{g}}$,	$\mathbf{a}^{\mathbf{u}}$,	$\mathbf{a}^{\mathbf{p}}$,	$\mathbf{a}^{\mathbf{P}}$,
	$\mathbf{s}^{\mathbf{a}}$,	$\mathbf{g}^{\mathbf{a}}$,	$\mathbf{u}^{\mathbf{a}}$,	$\mathbf{p}^{\mathbf{a}}$,	$\mathbf{P}^{\mathbf{a}}$,
	$\mathbf{s}^{\mathbf{s}'}$,	$\mathbf{s}^{\mathbf{g}}$,	$\mathbf{s}^{\mathbf{u}}$,	$\mathbf{s}^{\mathbf{p}}$,	$\mathbf{s}^{\mathbf{P}}$,
		$\mathbf{g}^{\mathbf{s}}$,	$\mathbf{u}^{\mathbf{s}}$,	$\mathbf{p}^{\mathbf{s}}$,	$\mathbf{P}^{\mathbf{s}}$,
		$\mathbf{g}^{\mathbf{g}'}$,	$\mathbf{g}^{\mathbf{u}}$,	$\mathbf{g}^{\mathbf{p}}$,	$\mathbf{g}^{\mathbf{P}}$,
			$\mathbf{u}^{\mathbf{g}}$,	$\mathbf{p}^{\mathbf{g}}$,	$\mathbf{P}^{\mathbf{g}}$,
			$\mathbf{u}^{\mathbf{u}'}$,	$\mathbf{u}^{\mathbf{p}}$,	$\mathbf{u}^{\mathbf{P}}$,
				$\mathbf{p}^{\mathbf{u}}$,	$\mathbf{P}^{\mathbf{u}}$,
				$\mathbf{p}^{\mathbf{p}'}$,	$\mathbf{p}^{\mathbf{P}}$,
					$\mathbf{P}^{\mathbf{p}}$,
					$\mathbf{P}^{\mathbf{P}'}$.

*) Für die Addition und Multiplikation fand sich $a + b = b + a$ und $a . b = b . a$, was auch a und b sein mochten. Hierdurch ist der Begriff beider Operationen ganz allgemein ausgesprochen. Nicht so ist es bei der Potenz.

Ihre Entwicklung macht keine Schwierigkeit; denn so wie der Begriff des Produkts in dem des Addirens gründete, eben so auch hier, indem für jede Potenz das ihr gleiche Produkt gesetzt wird, mit welchem wir bereits operiren können.

1) Die Lösung der in den beiden ersten Horizontalreihen vorkommenden Aufgaben, findet durch die bereits für das Addiren und Multiplizirén entwickelten Gesetze statt. Hinsichtlich der übrigen ergiebt sich

2) Für S. ($\mathfrak{a}^{\mathfrak{s}}$) hat man, da $\mathfrak{a}^{\mathfrak{s}} = \mathfrak{a}\mathfrak{a} \times \ldots \times \mathfrak{a}_{\mathfrak{s}}$ ist, S. ($\mathfrak{a}^{\mathfrak{s}}$) $|$ S. ($\mathfrak{p}$). Ist nun $a^{b+c+\ldots\alpha_k}$ gegeben, so ist dies eine Potenz, die als solche nichts weiter bezeichnet, als ein Produkt von $b+c+\ldots+\alpha_k$ Faktoren, deren jeder a ist. Der Begriff des Produkts besteht aber erstens darin, daß wir in beliebiger Ordnung multipliziren dürfen, woraus sich dann zweitens das Einschließen beliebig vieler Faktoren in Bogen ergiebt. In ersterer Beziehung findet sich für $aa \times \ldots \times a_{b+c+\ldots+\alpha_k}$ nichts Neues. Da nun aber in $aa \times \ldots \times a_{b+c+\ldots+\alpha_k}$ der Faktor a nicht blos so oft vorkommt, wie b Einheiten hat, sondern noch außerdem $c, \ldots, \alpha$ mal, so hat man $aa \times \ldots \times a_{b+c+\ldots+\alpha_k} = (aa \times \ldots \times a_b).(aa \times \ldots \times a_c) \times \ldots \times (aa \times \ldots \times a_\alpha)_k$. Denkt man sich rechts die Bogen fort, so kommt ebenfalls ein Produkt von $b+c+\ldots+\alpha_k$ Faktoren. Die rechte Seite dieser Gleichung ist aber kürzer durch $a^b . a^c \times \ldots \times (a^\alpha)_k$ ausgedrückt, weshalb

$$a^{b+c+\ldots+\alpha_k} = a^b . a^c \times \ldots \times (a^\alpha)_k \text{ ist;}$$

d. h.

„Ist ein Ausdruck a mit einer Summe $b+c+\ldots+\alpha_k$ potenzirt, so hat man eben so viele Einheiten vorgestellt, nachdem derselbe mit jedem der Summanden $b, c, \ldots, \alpha_k$ einzeln potenzirt, und diese k Potenzen $a^b, a^c, \ldots, (a^\alpha)_k$ zum Produkte $a^b a^c \times \ldots \times (a^\alpha)_k$ verbunden sind;"

oder

„Sind k Potenzen $a^b, a^c, \ldots, (a^\alpha)_k$, die einen gleichen Dignanden a haben, zu einem Produkte $a^b a^c \times \ldots \times (a^\alpha)_k$ verbunden, so hat man eben so viele Einheiten vorgestellt, nachdem man den gleichen Dignanden a, mit der Summe $b+c+\ldots+\alpha_k$, aus sämmtlichen Dignatoren, potenzirt hat."

3) Um S. ($\mathfrak{a}^{\mathfrak{p}}$) abzuleiten, folgt leicht, daß dies ein spezieller Fall von S. ($\mathfrak{a}^{\mathfrak{s}}$) ist: denn man braucht nur im Dignator von $a^{b+c+\dots+\alpha_k}$, sämmtliche Summanden b, c, ..., α_k einander gleich zu denken, und hat dann $a^{b+b+\dots+b_k}$, oder, nach 10. 2), $a^b a^b \times \dots \times (a^b)_k$. Dies ist aber ein Produkt von k Faktoren, jeder ist a^b; wir bezeichnen es also kürzer mit $(a^b)^k$; mithin ist $a^{b+b+\dots+b_k} = (a^b)^k$, oder da $b+b+\dots+b^k = bk = kb$ ist, $a^{bk} = a^{kb} = (a^b)^k = (a^k)^b$.

Man hat demnach

$$a^{bk} = (a^b)^k = (a^k)^b;$$

d. h.

„Ein Ausdruck ist mit einem Produkte potenzirt, nachdem wir ihn mit dem einen Faktor potenzirt haben, und die erhaltene Potenz mit dem andern.“

Bemerkung. Leicht läßt sich zeigen, daß allgemein

$$a^{bc\times\dots\times\alpha_k} = (\dots((a^b)^c)\dots)^\alpha \text{ ist.}$$

Man schließe nämlich, daß wenn $a^{bc\times\dots\times\alpha_k} = (\dots((a^b)^c)\dots)^\alpha$ wäre, dann nothwendig $a^{bc\times\dots\times\alpha\beta_{k+1}} = ((\dots((a^b)^c)\dots)^\alpha)^\beta$ sein muß. Auf eine entsprechende Weise verfahre man in allen ähnlichen Fällen.

4) Ferner ist S. ($\mathfrak{p}^{\mathfrak{a}}$) | S. ($\mathfrak{p}\mathfrak{p}\times\dots\times\mathfrak{p}_{\mathfrak{a}}$) | S. ($\mathfrak{p}'.\mathfrak{p}$). Um deshalb zu finden, was für $(abc\times\dots\times\alpha_k)^m$ stattfindet, muß man natürlich den Begriff dieser Potenz wieder in sich erzeugen, d. h. das derselben entsprechende Produkt

$$(abc\times\dots\times\alpha_k).(abc\times\dots\times\alpha_k)\times\dots\times(abc\times\dots\times\alpha_k)_m$$

dafür setzen.

Der Begriff jedes Produkts, also auch dieses, besteht aber darin, daß man in beliebiger Ord. multipl. darf; man hat also dafür

$$(aa\times\dots\times a_m).(bb\times\dots\times b_m)\times\dots\times(\alpha\alpha\times\dots\times\alpha_m)_k$$
$$= a^m.b^m.c^m\times\dots\times(\alpha^m)_k \curvearrowright$$
$$(abc\times\dots\times\alpha_k)^m = a^m.b^m.c^m\times\dots\times(\alpha^m)_k;$$

d. h.

„Ist ein Produkt $abc\times\dots\times\alpha_k$ von k Faktoren, mit einem Ausdruck m potenzirt, so ist dies auch geschehen, nachdem man jeden der Faktoren a, b, c, ..., α_k mit m potenzirt, und aus diesen k Potenzen a^m, b^m, c^m, ... $(\alpha^m)_k$ das Produkt $a^m.b^m.c^m\times\dots\times(\alpha^m)_k$ gebildet hat;“

oder

„Hat man ein Produkt $a^m . b^m . c^m \times \ldots \times (\alpha^m)_k$, dessen Faktoren Potenzen mit einem gleichen Dignator m sind, so darf man dafür die Potenz $(a . b . c \times \ldots \times \alpha_k)^m$ setzen.“

5) Für $\mathfrak{g}^{\mathfrak{a}}$ hat man, wenn $a = b$ als Gleichung, und c als Ausdruck, gegeben ist, a ist a, mit c durch die Potenzirung zu verbinden, und erhält $a^c = a^c$; da nun a in der Form b erscheinen soll, so kommt $a^c = b^c$. Es ist also, wenn $\frown$ das Potenziren ebenfalls ausdrückt:

$$\{a = b\} \frown c \hookrightarrow a^c = b^c;$$

d. h.

„Sind zwei Ausdrücke a und b einander gleich, so sind es auch ihre cten Potenzen, oder $a^c = b^c$.“

In dem Augenblicke wo wir aus $a^c = b^c$ rückwärts, auf die Beziehung des a zum b, schließen wollen, werden wir zur Erforschung von $\mathfrak{u}^{\mathfrak{a}}$ hingetrieben; man hat deshalb

6) G. ($\mathfrak{u}^{\mathfrak{a}}$) | G. ($\mathfrak{g}^{\mathfrak{a}}$). Es ergiebt sich demnach

$$\{a > b\} \frown c \hookrightarrow \{a = b + x\} \frown c \hookrightarrow a^c$$

$$= (b+x)^c = (b+x).(b+x) \times \ldots \times (b+x)_c = bb \times \ldots \times b_c + \mathfrak{A} = b^c + \mathfrak{A},$$

wo $\mathfrak{A}$ die Summe der noch übrigen Glieder bezeichnen möge, die nach 9. Bemerk. zu 4), wirklich existirt.

Man hat also

$$\{a > b\} \frown c \hookrightarrow a^c > b^c;$$

d. h.

„Von zwei Potenzen a^c und b^c mit gleichem Dignator, ist die mit dem größern Dignanden a auch die größere.“

Jetzt hat man für 5), wenn $a^c = b^c$ ist, daß a vom b nicht verschieden sein kann: denn wäre $a \gtrless b$, so käme, nach dem eben Gefundenen, $a^c \gtrless b^c$, was gegen die Annahme $a^c = b^c$ streitet.

Man hat also aus

$$a^c = b^c \hookrightarrow a = b;$$

d. h.

„Sind zwei Potenzen von gleichem Dignator einander gleich, so sind es auch ihre Dignanden.“

Aber auch das Gesetz für $\mathbf{u}^{\mathbf{a}}$ verlangt in seinem Indirektsein untersucht zu werden.

Ist nun $a^c > b^c$, so kann a nicht = oder < als b sein; denn man hätte aus $a \leqq b \hookrightarrow a^c \leqq b^c$, gegen die Annahme $a^c > b^c$, mithin aus

$$a^c > b^c \hookrightarrow a > b;$$

d. h.

„Von zwei Potenzen mit gleichem Dignator und verschiedenen Dignanden, ist die mit dem größern Dignanden die größere."

7) G. ($\mathbf{a}^{\mathbf{u}}$) | G. ($\mathbf{a}^{\mathbf{g}}$). Man hat demnach

$$a \frown \{b > c\} \hookrightarrow a \frown \{b = c + x\} \hookrightarrow$$
$$a^b = a^{c+x} = a^c . a^x = a^c + a^c + \ldots + (a^c)_{a^x} \hookrightarrow a^b > a^c.$$

Es kommt

$$a \frown \{b > c\} \hookrightarrow a^b > a^c;$$

d. h.

„Von zwei Potenzen mit gleichem Dignanden und verschiedenen Dignatoren, ist die mit dem größern Dignator auch die größere."

Umgekehrt ergiebt sich auch leicht aus

$$a^b > a^c \hookrightarrow b > c;$$

d. h.

„Sind zwei Potenzen mit gleichem Dignanden von einander verschieden, so hat die größere auch allemal den größern Dignator."

8) G. ($\mathbf{g}^{\mathbf{g}'}$). Man hat

$$\{a = b\} \frown \{c = d\} \hookrightarrow \{a = a\} \frown \{c = c\} \hookrightarrow a^c = a^c.$$

Da aber a einmal in der Form b, und c einmal in der Form d erscheinen soll, so hat man aus

$$\{a = b\} \frown \{c = d\} \hookrightarrow a^c = b^d.$$

Wie heißt dies Gesetz wörtlich? und darf man von $a^c = b^d$ wieder schließen: a = b, c = d?

Die Beantwortung der letztern Frage führt zur Erforschung von G. ($\mathbf{u}^{\mathbf{u}'}$).

Man hat G. ($\mathbf{u}^{\mathbf{u}'}$) | G. ($\mathbf{g}^{\mathbf{g}'}$), oder G. ($\mathbf{u}^{\mathbf{u}'}$) | G. ($\mathbf{g}^{\mathbf{u}}$), oder

G. ($\mathbf{u}^{\mathbf{u}'}$) | G. ($\mathbf{u}^{\mathbf{s}}$). Benutzen wir die erste unter diesen Bestimmungen, so folgt

$$\{a>b\} \frown \{c>d\} \hookrightarrow \{a=b+x\} \frown \{c=d+y\} \hookrightarrow a^c=(b+x)^{d+y}$$
$$= b^{d+y} + \mathfrak{A} \text{ (wo } \mathfrak{A} \text{ die Summe der noch übrigen Glieder bezeichnet)}$$
$$= b^d . b^y + \mathfrak{A} = b^d + b^d + \ldots + (b^d)_{b^y} + \mathfrak{A} \hookrightarrow a^c > b^d, \text{ also aus}$$

$$\{a>b\} \frown \{c>d\} \hookrightarrow a^c > b^d.$$

Wie heißt dies Gesetz wörtlich? und findet dasselbe indirekt statt?

Bemerkung. Hiernach ist es nun leicht die übrigen Potenzirungs-Aufgaben zu behandeln, und es möge deshalb hier nur kurz auf sie Rücksicht genommen werden:

1) Für $\mathbf{a} \dot{+} \mathbf{P}$ ist

$$a \dot{+} b^c = b^c \dot{+} a;$$

2) „ $\mathbf{s} \dot{+} \mathbf{P}$ ist

$$(a+b)+c^d = c^d+a+b = b+c^d+a. \text{ u. s. w.};$$
$$(a+b) . c^d = a.c^d+b.c^d = c^d.a+c^d.b. \text{ u. s. w.};$$

3) „ $\mathbf{g} \dot{+} \mathbf{P}$ ist

$$\{a=b\} \dot{+} c^d \hookrightarrow a \dot{+} c^d = b \dot{+} c^d. \text{ u. s. w.}$$

4) „ $\mathbf{u} \dot{+} \mathbf{P}$ ist

$$\{a>b\} \dot{+} c^d \hookrightarrow a \dot{+} c^d > b \dot{+} c^d. \text{ u. s. w.}$$

5) „ $\mathbf{p} + \mathbf{P}$ ist

$$a.b+c^d = c^d+b.a = c^d+a.b. \text{ u. s. w.}$$

6) „ $\mathbf{p} . \mathbf{P}$ ist

$$(a.b).c^d = a.c^d.b = c^d.b.a. \text{ u. s. w.}$$

7) „ $\mathbf{P}' \dot{+} \mathbf{P}$ ist

$$a^b \dot{+} c^d = c^d \dot{+} a^b.$$

8) Für $\mathbf{a}^{\mathbf{a}'}$ findet sich, wie schon bemerkt, in dieser Allgemeinheit, kein Gesetz.

9) Für $\mathbf{s}^{\mathbf{a}}$ ist, nach 9. 4)

$$(a+b+c+\ldots+\alpha_k)^m = (a+b+c+\ldots+\alpha_k).(a+b+c+\ldots+\alpha_k) \times$$
$$(a+b+c+\ldots+\alpha_k) \times \ldots \times (a+b+c+\ldots+\alpha_k)_m$$
$$= aaa \times \ldots \times a_m + baa \times \ldots \times a_m + caa \times \ldots \times a_m + \ldots + \alpha aa \times \ldots \times a_m + \ldots$$

Diese Summe wird kurz so gebildet:

Das Produkt aller m ersten Summanden, nämlich $aa \times \ldots \times a_m$, heiße $\mathfrak{A}$.

In $\mathfrak{A}$ setze man statt des ersten Summanden, der ersten Summe, alle übrig. Summanden b, c, ..., α, u. addire alle diese Produkte zu $\mathfrak{A}$. Die Summe aller dieser Produkte heiße $\mathfrak{A}_1$.

In $\mathfrak{A}_1$ setze man statt des ersten Summanden, der zweiten Summe, alle übrig. Summanden b, c, ..., α, u. addire alle diese Produkte zu $\mathfrak{A}_1$. Die Summe aller dieser Produkte heiße $\mathfrak{A}_2$.

In $\mathfrak{A}_2$ setze man statt des ersten Summanden, der dritten Summe, alle übrig. Summanden b, c, ..., α, u. addire alle diese Produkte zu $\mathfrak{A}_2$

u. s. w. f. u. s. w. f. u. s. w. f.

bis zu $\mathfrak{A}_m$. Die Anzahl der Glieder der Summe die $\mathfrak{A}_k$ repräsentirt ist — ursprünglich — k^m. Vergl. 9. 4).

Durch spätere Operationen gelingt es, die für $(a+b+c+\ldots+\alpha_k)^m$ hingestellte Umformung kürzer zusammenzuziehn, ohne daß das allgemeine Gesetz der Fortschreitung aufgeopfert wird *).

10) Für $\mathbf{a^s}$ hat man

$$a \frown \{b = c\} \;\llcorner\!\!\rightarrow\; a^b = a^c.$$

Wie lautet dies Gesetz wörtlich? und findet es indirekt statt?

11) Für $\mathbf{a^p}$ giebt es jedoch keine hierhergehörende bemerkenswerthe Umformung (warum?)

12) Für $\mathbf{s^{s'}}$ ist

$$(a+b+c+\ldots+\alpha_\mu)^{q+r+s+\ldots+\beta_\psi}$$
$$= (a+b+c+\ldots+\alpha_\mu)^q . (a+b+c+\ldots+\alpha_\mu)^r . (a+b+c+\ldots+\alpha_\mu)^s \times \ldots \times (a+b+c+\ldots+\alpha_\mu)^{\beta}_{\psi};$$

nun ist

$$(a+b+c+\ldots+\alpha_\mu)^q = (a+b+c+\ldots+\alpha_\mu) . (a+b+c+\ldots+\alpha_\mu) \times \ldots \times (a+b+c+\ldots+\alpha_\mu)_q = a.a \times \ldots \times a_q + b.a \times \ldots \times a_q + c.a \times \ldots \times a_q + \ldots + \alpha.a \times \ldots \times a_q + a.b \times \ldots \times a_q + b.b \times \ldots \times a_q + c.b \times \ldots \times a_q + \ldots + \alpha.b \times \ldots \times a_q + \ldots$$

Eben so entwickelt man die übrigen Potenzen $(a+b+c+\ldots+\alpha_\mu)^r$, ..., $(a+b+c+\ldots+\alpha_\mu)^\beta$, und multiplizirt zuletzt alle erhaltenen Summen, so daß die diesem Produkte gleiche Summe, nach 9. 4), auf ein-

*) Diese Entwicklung heißt dann der polynomische Lehrsatz, und für den Spezialfall $(a+b)^m$ der binomische. Setzte man hier die Bezeichnung der Differenz voraus, so fände sich auf den ersten Blick:

$$(a+b)^m = a^m + ma^{m-1}b + \ldots + b^m.$$

Die Zwischenglieder ergeben sich, sobald die Division erklärt ist, sehr leicht.

mal hingeschrieben wird. Das Auffinden der ersten Glieder dieser Summe von $\mu^{q+r+s+\ldots+\beta_\psi}$ Summanden ist hiernach noch etwas mühsam, und es gelingt erst späterhin, durch den erwähnten polynomischen Lehrsatz, von dem der binomische ein Spezialfall ist, $\mathbf{s}^{\mathbf{s}'}$ in eine nach einem bestimmten Gesetze fortschreitende Summe zu entwickeln, die nachher selbst wieder, bestimmten Operationszwecken gemäß, formirt werden kann.

13) Für $\mathbf{g}^{\mathbf{s}}$ und $\mathbf{s}^{\mathbf{g}}$ ist

$$\{a = b\} \frown (c+d) \hookrightarrow a^{c+d} = b^{c+d} \hookrightarrow a^c . a^d = b^c . b^d. \text{ u. s. w.};$$
$$(a+d) \frown (c = d) \hookrightarrow (a+b)^c = (a+b)^d.$$

14) Für $\mathbf{u}^{\mathbf{s}}$ und $\mathbf{s}^{\mathbf{u}}$ ist

$$\{a > b\} \frown (c+d) \hookrightarrow a^{c+d} > b^{c+d} \hookrightarrow a^c . a^d > b^c . b^d. \text{ u. s. w.};$$
$$(a+b) \frown \{c > d\} \hookrightarrow (a+b)^c > (a+b)^d.$$

15) Für $\mathbf{p}^{\mathbf{s}}$ und $\mathbf{s}^{\mathbf{p}}$ ist

$$(a.b.c)^{d+f} = a^d . a^f . b^d . b^f . c^f . c^d = a^{d+f} b^{d+f} c^{d+f}. \text{ u. s. w.};$$
$$(a+b)^{c.d} = ((a+b)^c)^d = ((a+b)^d)^c. \text{ u. s. w.}$$

16) $\mathbf{P}^{\mathbf{s}}$ und $\mathbf{s}^{\mathbf{P}}$ ist

$$(a^b)^{c+d} = (a^c . a^d)^b = (a^b)^c . (a^b)^d = a^{bc+bd}. \text{ u. s. w.};$$
$$(a+b)^{c^d} = (b+a)^{c^d} \text{ *)}.$$

17) Für $\mathbf{u}^{\mathbf{g}}$ und $\mathbf{g}^{\mathbf{u}}$ ist

$$\{a > b\} \frown \{c = d\} \hookrightarrow a^c > b^d \hookrightarrow a^d > b^c. \text{ u. s. w.}$$
$$\{a = b\} \frown \{c > d\} \hookrightarrow a^c > b^d. \text{ u. s. w.}$$

18) Für $\mathbf{p}^{\mathbf{g}}$ und $\mathbf{g}^{\mathbf{p}}$ ist

$$(a.b) \frown \{c = d\} \hookrightarrow (a.b)^c = (a.b)^d \hookrightarrow a^c . b^c = a^d . b^d. \text{ u. s. w.};$$
$$\{a = b\} \frown (c.d) \hookrightarrow a^{c.d} = b^{c.d} \hookrightarrow (a^c)^d = (b^c)^d. \text{ u. s. w.}$$

19) Für $\mathbf{P}^{\mathbf{g}}$ und $\mathbf{g}^{\mathbf{P}}$ ist

$$a^b \frown \{c = d\} \hookrightarrow a^{bc} = a^{bd} \hookrightarrow (a^b)^c = (a^b)^d. \text{ u. s. w.};$$
$$\{a = b\} \hookrightarrow c^d \hookrightarrow a^{c^d} = b^{c^d}. \text{ u. s. w.}$$

---

*) Diese Potenz ist von der Form b^{a^c} und bedeutet, daß b mit a^c potenzirt ist; hingegen $(b^a)^c$ ist $= b^{ac}$ und hier ist b mit ac potenzirt. Da nun a^c von ac verschieden ist, so gilt dies auch von b^{a^c} und $(b^a)^c$.

20) Für $\mathbf{p}^{\mathbf{u}}$ und $\mathbf{u}^{\mathbf{p}}$ ist

$(a.b) \frown \{c > d\} \hookrightarrow (a.b)^c > (a.b)^d \hookrightarrow a^c.b^c > a^d.b^d$. U. s. w.;

$\{a > b\} \frown (c.d) \hookrightarrow a^{cd} > b^{cd}$. U. s. w.

21) Für $\mathbf{P}^{\mathbf{u}}$ und $\mathbf{u}^{\mathbf{P}}$ ist

$a^b \frown \{c > d\} \hookrightarrow a^{bc} > a^{bd}$. U. s. w.;

$\{a > b\} \frown c^d \hookrightarrow a^{c^d} > b^{c^d}$;

22) Für $\mathbf{p}^{\mathbf{p}'}$, $\mathbf{P}^{\mathbf{P}}$, $\mathbf{p}^{\mathbf{P}}$ und $\mathbf{P}^{\mathbf{P}'}$ ist bezüglich

$(a.b)^{cd} = a^{cd}.b^{cd} = ((a.b)^c)^d$. U. s. w.;

$(a^b)^{cd} = a^{bcd} = ((a^b)^c)^d$. U. s. w.;

$(ab)^{c^d} = a^{c^d}.b^{c^d}$. U. s. w.;

$(a^b)^{c^d} = a^{b.c^d} = (a^{c^d})^b$. U. s. w. *)

Schlußbemerkung. Vom Potenziren ist hier wesentlich gelehrt:

1) Der wichtige Übergang vom allgemeinen Multipliziren $a.b.c \times \ldots \times \alpha_k$, zum speziellen $a.a \times \ldots \times a_k$, und er ist darum wichtig, weil für $a.a \times \ldots \times a_k$ ein charakteristisches Zeichen a^k (Potenz) gewählt, und deshalb das Operiren mit Produkten von gleichen Faktoren einfacher wurde, wie die folgenden Gleichungen 2) 3) 4) zeigen.

2) $a^{b+c} = a^b.a^c$;

3) $(ab)^c = a^c.b^c$;

4) $(a^b)^c = (a^c)^b = a^{bc}$.

5) Indirekte Sätze:

I. Aus $a^c = b^c \hookrightarrow a = b$;

II. „ $a^b = a^c \hookrightarrow b = c$;

III. „ $a^c > b^c \hookrightarrow a > b$;

IV. „ $a^c > a^d \hookrightarrow c > d$;

V. „ $a^c = b^d$ und $a > b \hookrightarrow c < d$; **)

VI. „ $a^c = b^d$ und $c > d \hookrightarrow a < b$;

VII. „ $a^c > b^d$ und $a < b \hookrightarrow c > d$;

VIII. „ $a^c > b^d$ und $c < d \hookrightarrow a > b$.

---

*) Diese Umformungen, so einfach sie auch sind, stehen hier theils zur Übung, theils des Zusammenhanges wegen u. s. w. da. Der richtige Gebrauch der Bogen soll dadurch ebenfalls vermittelt werden, und was für diese Verbindungen gilt muß man wissen, weil sonst das Kalkuliren mit ihnen unmöglich wird.

**) Der Fall, daß aus $a^c = b^d$ und $a < b \hookrightarrow c > d$, liegt schon in dem aufgestellten; denn man hat ja ebenfalls ausgedrückt: „aus $a^c = b^d$ und $b < a \hookrightarrow d > c$. Diese Bemerkung ist wichtig, und gilt in ähnlichen Fällen. Man wird deshalb hier keine Lücke finden wollen.

12. Erklärung u. Lehrsatz. Wir könnten nun wieder beim Potenziren spezieller werden, wie dies beim Addiren und Multipliziren durch Gleichsetzung der Summanden und Faktoren geschehen ist, d. h. in

$$a^{b^{c^{\cdot^{\cdot^{\cdot^{\alpha_k}}}}}}$$

$a = b = c = \ldots = \alpha_k$ setzen, wodurch $a^{a^{a^{\cdot^{\cdot^{\cdot^{a_k}}}}}}$ hervorginge. Diese Potenzform erhielt dann sowohl einen besonderen Namen, als auch ein kürzeres Zeichen (z. B. $\overset{k}{a}$), und man hätte dann das Operiren mit solchen Ausdrücken zu entwickeln. So könnte man mit der Erweiterung der Operationen ins Endlose fortfahren, indem man wieder zu $\overset{a}{a}$ überginge u. s. w. Jedoch fordert uns das Bedürfniß der Wissenschaft — wie man sich oft entschuldigt — dazu noch nicht auf, aber am allerwenigsten hier, wo wir nur beabsichtigen, dem gewöhnlichen Rechnen seinen rechten Platz anzuweisen. Wir haben im Vorhergehenden die Thätigkeit der Zusammenfassung zuerst in ihrem allgemeinsten Auftreten, d. h. in der Addition betrachtet, und dann zweitens in den speziellen Formen, nämlich in der produktiven und potensiven. Dachten wir uns a und b gegeben, so gingen die bis jetzt entwickelten Operationen die $a+b$, $a.b$, a^b ausdrücken, zu den ihnen gleich gedachten Resultaten hin. Setzt man nun $a+b = c$, oder denkt sich aus dem gegebenen a und b, das c gefunden, so könnte man wieder rückwärts, aus dem gegebenen c allein, a und b finden wollen; man sieht aber leicht, daß dies nicht angeht, weil nach den indirekten Sätzen des Addirens, $c =$ sein kann $a' + b'$, wo z. B. $a' > a$ und $b' < b$ ist, d. h. c aus der Addition zweier andern Ausdrücke als a und b hervorgehn kann. Weil aber c entstanden sein soll, nachdem zu a ein Ausdruck addirt ist, so muß letzterer offenbar existiren. Dabei wäre es aber immer möglich, so lange noch nicht das Gegentheil gezeigt ist, daß außer b, noch ein anderer Ausdruck $x \gtrless b$, existiren könnte, für welchen $a + x$ ebenfalls $= c$ wäre. Man hätte aber dann, aus $x \gtrless b \frown a+x \gtrless a+b$, oder $a + x \gtrless c$; mithin giebt es nur einen einzigen Ausdruck der eine mit c übereinstimmende Summe liefert, nachdem er zu a addirt ist. Da nun aus c und a das b vollkommen bestimmt ist, d. h. b sein **Bestimmtsein** in c und a findet, so können und dürfen wir dieses **Bestimmtsein**, oder dieses **Rückschreiten** von c und a zu b, durch ein aus c und a formirtes Zeichen, z. B. durch $c-a$, anzeigen. Man hat also $c-a=b$, oder, da $c=a+b$ ist, $(a+b)-a=b$, und eben so $c-b=a$, oder $(a+b)-b=a$.

Da nun $c-a$ nichts weiter bedeutet als b, und b nichts anders ist, als der Ausdruck, der zu a addirt, c giebt, so ist der Begriff von $c-a$ durch die Gleichung

$$a+(c-a) = c,$$

oder durch

$$(c-a)+a = c$$

ausgesprochen.

Hieraus fließt eben so, wenn $\alpha > \beta$ *) gedacht ist:

$$\text{I.} \quad (\alpha-\beta)+\beta = \alpha \text{ und}$$
$$\text{II.} \quad (\alpha+\beta)-\beta = \alpha.$$

Man nennt das Zeichen oder die Zahlform $\alpha-\beta$, in untrennbarer Verbindung mit dem Begriffe, eine **Differenz**, α den **Minuend** **), β den **Subtrahend**; ferner „—" das **Minuszeichen** derselben, und versteht unter „β **subtrahirt** von α," nichts weiter, als $\alpha-\beta$ hinzuschreiben. Die Differenz $\alpha-\beta$ (ausgesprochen α **minus** β), ist **eindeutig**, d. h. sie bezeichnet in jedem Augenblicke nur eine einzige Zahl, die durch α und β bestimmt ist. Die durch $a-b$ ausgesprochne Operation heißt **Subtraktion**.

Hiernach lauten die Gleichungen in I. und II. bezüglich

„Ist zu einer Differenz $\alpha-\beta$ ihr Subtrahend β addirt, so giebt es den Minuenden α;"
oder — von rechts —

„Ein Ausdruck α ist unverändert geblieben, nachdem man von ihm erst einen andern β subtrahirt, und zu dieser Differenz denselben wieder addirt hat."

---

*) Aus $\alpha > \beta \;\lrcorner\; \alpha = \beta + x$. Die Bestimmung des x, aus α und β, wird so: $\alpha-\beta$ angezeigt; in der Ungleichung liegt also schon das Prinzip des Subtrahirens.

) Oder: α **Differentiand und β **Differentiator**.

„Ist von einer Summe einer ihrer beiden Summanden subtrahirt, so hat man den andern;"
oder — von rechts —

„Ein Ausdruck β ist unverändert geblieben, nachdem man zu ihm erst einen andern addirt, und dann denselben von dieser Summe wieder subtrahirt hat."

In I. und II. ist der Begriff des Subtrahirens enthalten, und alles was von dieser Operation gilt, muß hieraus, in Verbindung mit dem Vorhergehenden, fließen.

13. Aufgaben u. Lehrsätze. Zunächst hätte sich der Begriff des Subtrahirens an sich selbst zu entwickeln. Nachdem wir nämlich den Begriff von $a + b$ und von $a . b = a + a + ... + a_b$ aufgestellt hatten, lag in ihnen bezüglich das Addiren und Multipliziren in beliebiger Ordnung, und hierdurch waren die Begriffe dieser beiden Operationen an sich selbst erschöpft. Schon bei der Potenz a^b war es nicht möglich ein Potenziren an sich selbst aufzustellen, sondern was vom Potenziren gilt, mußte im Speziellgewordensein des a und b am a^b erkannt werden. Eben so ist es auch beim Subtrahiren. Es darf nicht in beliebiger Ordnung verrichtet werden: denn während $a > b$ ist, hat $a - b$ eine Bedeutung, und $b - a$ keine. Der Begriff des Subtrahirens kann sich nur dadurch weiter entwickeln, daß a und b in diejenigen Zahlformen übergehen, welche bisher betrachtet sind. Während nämlich eines der beiden Glieder a, b in $a - b$ noch allgemein ist, kann das jedesmalige andere — oder auch beide zugleich — in **s**, **p**, **P**, **d** (**d** bedeutet Differenz) übergehn. Ferner müssen die frühern Operationen, die **s**, **p**, **P** aussprechen, auch für den neu hinzugekommenen Begriff der Differenz vervollständigt werden, oder man muß wissen, was sich für $a + b$, $a . b$, a^b setzen läßt, wenn a oder b oder a und b zugleich Differenzen werden. Endlich ist der Begriff der Subtraktion noch auf das Gleich- und Ungleichsein zu beziehn. Alle diese Aufgaben des speziellen oder bezogenen Subtrahirens ergeben sich also leicht, wenn man **a**, **s**, **g**, **u**, **p**, **P**, **d**, wechselseitig mit einander durch die Addition, Multiplikation, Potenzirung und Subtraktion verbindet, und es sind daher folgende.

a,	s,	g,	u,	p,	P,	d.
$d+a$,	$d+s$,	$d+g$,	$d+u$,	$d+p$,	$d+P$,	$d'+d$,
$d\,.\,a$,	$d\,.\,s$,	$d\,.\,g$,	$d\,.\,u$,	$d\,.\,p$,	$d\,.\,P$,	$d'\,.\,d$,
d^a,	d^s,	d^g,	d^u,	d^p,	d^P,	$d^{d'}$,
a^d,	s^d,	g^d,	u^d,	p^d,	P^d,	
$a'-a$,	$a-s$,	$a-g$,	$a-u$,	$a-p$,	$a-P$,	$a-d$,
	$s-a$,	$g-a$,	$u-a$,	$p-a$,	$P-a$,	$d-a$,
	$s'-s$,	$s-g$,	$s-u$,	$s-p$,	$s-P$,	$s-d$,
		$g-s$,	$u-s$,	$p-s$,	$P-s$,	$d-s$,
		$g'-g$,	$g-u$,	$g-p$,	$g-P$,	$g-d$,
			$u-g$,	$p-g$,	$P-g$,	$d-g$,
			$u'-u$,	$u-p$,	$u-P$,	$u-d$,
				$p-u$,	$P-u$,	$d-u$,
				$p'-p$,	$p-P$,	$p-d$,
					$P-p$,	$d-p$,
					$P'-P$,	$P-d$,
						$d-P$,
						$d'-d$.

Bei der Auflösung der Aufgaben für das bezogene oder spezielle Addiren, Multipliziren und Potenziren kam es stets darauf an, das Unbekannte auf das Bekannte, d. h. Summe, Produkt und Potenz bezüglich auf Zahl, Summe und Produkt zurückzuführen. Einen ähnlichen Weg gehen wir auch hier, und überhaupt durch die ganze Wissenschaft. Aus diesem Grunde müssen wir, um sämmtliche Subtraktionsaufgaben zu lösen, zu dem Begriff der Differenz zurückkehren, welcher durch

$$\text{I.}\quad (a-b)+b = a \text{ und}$$
$$\text{II.}\quad (a+b)-b = a$$

ausgesprochen ist, d. h. vermöge dieses Begriffs, und des Vorhergehenden, die in diesen Aufgaben vorkommende Subtraktion entweder durch die Addition fortschaffen, das Erhaltene so umformen, daß bei wieder hergestellter Subtraktion ein neues Operationsgesetz entspringt, oder wenn bloße Beziehungen der Subtraktion auf g und u gesucht werden, dem Begriffe der Forderungen gemäß, die Subtraktion weiter verfolgen.

Übrigens wird bei allen diesen Umformungen stets ausdrücklich

— ein für alle Mal — vorausgesetzt, daß die Subtraktionen immer möglich, d. h. die Minuenden stets größer als die Subtrahenden sind.

Stellt z. B. $\zeta_{(c)}$ eine dieser Aufgaben vor, in der c als Subtrahend erscheint, so setze man $\zeta_{(c)} = x$, wo x die gesuchte andere Operationsverbindung bezeichnet, die für $\zeta_{(c)}$ gefunden werden soll. Gesetzt nun, man erreichte dadurch seinen Zweck, daß die Subtraktion fortfällt, sobald man zur Gleichung $\zeta_{(c)} = x$ den Subtrahend c addirt, so hat man $\zeta_{(c)} + c = x + c$. Nachdem aus der linken Seite die Subtraktion verschwunden ist, forme man den dadurch erhaltenen Ausdruck, wenn es nöthig ist, erst so um, daß dadurch ein neues Gesetz hervorgeht, sobald zum x zurückgeschritten wird. Dieser so um- oder nicht umgeformte Ausdruck heiße ζ'. Man hat jetzt $\zeta' = x + c$. Um nun aus dieser Gleichung wieder x zu finden, muß man vom $x + c$ das c, durch die der Addition entgegengesetzte Operation, d. h. durch die Subtraktion, wieder trennen. Dies bewirken zu können, sehen wir uns zunächst genöthigt, die Aufgabe (Forderung) $\mathfrak{g} - \mathfrak{a}$ zu lösen, oder eine Gleichung $a = b$ mit einem Ausdruck c, durch die Subtraktion zu verbinden.

1) Man sucht demnach

$$\{a = b\} - c,$$

und es ergiebt sich

$$\{a = b\} - c \hookrightarrow \{a \text{ ist } a\} - c \hookrightarrow a - c = a - c.$$

Da aber a nur einmal in der Form b erscheinen soll, so kommt

$$\{a = b\} - c \hookrightarrow a - c = b - c;$$

d. h.

„Von einander gleichen Ausdrücken a, b ein und denselben Ausdruck c subtrahirt, giebt einander gleiche Ausdrücke $a - c = b - c$."

Dieser Satz gilt auch umgekehrt. Denn man hat: Aus $a - c = b - c \hookrightarrow (a - c) + c = (b - c) + c \hookrightarrow a = b$; mithin

$$a - c = b - c \hookrightarrow a = b;$$

d. h.

„Sind zwei Differenzen mit gleichem Subtrahenden einander gleich, so sind es auch ihre Minuenden."

Jetzt hat man: Aus $\zeta' = x + c \hookrightarrow \zeta' - c = (x + c) - c$ oder $\zeta' - c = x$, also ist

$$\zeta_{(c)} = \zeta' - c.$$

Hiernach sind nun die mehrsten der übrigen Aufgaben zu lösen.

2) Für **d + a**. Es sei

$$(a-b)+c \text{ *)}$$

gegeben. Hier sind a weniger b und noch c Einheiten gegeben, also im Ganzen offenbar $a+c$ weniger b, oder c weniger b und noch a Einheiten. Demnach ist $(a-b)+c=(a+c)-b=(c-b)+a$. Dies läßt sich auch so zeigen:

Setzt man:

$(a-b)+c=x$ und addirt

$b=b$ um d. Subtr. fortzuschaffen, so kommt nach (7.2))

$[(a-b)+c]+b=x+b$, oder um seinen Zweck zu erreichen (nach 6.)

$[(a-b)+b]+c=x+b$, oder nach 12. Erkl.

$a+c=x+b$, und um x zu finden

$b=b$ subtrahirt (12. Lehrs. u. **g — a**)

$(a+c)-b=x$, also ist, nach 5. Lehrs.

$$(a-b)+c=(a+c)-b \text{ daher auch } =(c-b)+a;$$

d. h.

„Ist zu einer Differenz $a-b$ ein Ausdruck c addirt, so ist es auch geschehn, nachdem man ihn zum Minuend a addirt, und von dieser Summe $a+c$ den Subtrahenden b subtrahirt hat;"

oder

„Ist von einer Summe $a+c$ ein Ausdruck b subtrahirt, so ist es auch geschehn, nachdem man ihn von einem Summanden subtrahirt, und zu dieser Differenz den andern addirt hat." **)

*) Die Bogen sind hier gesetzt, um die Differenz $a-b$ zu erkennen, und $(a-b)+c$ bedeutet: Nachdem vom a das b subtrahirt ist, soll man c zu dieser Differenz addirt denken; nun ist vom a, b subtrahirt, sobald $a-b$ hingeschrieben, d. h. die Zahl bezeichnet ist, die zu b addirt a giebt, und zu dieser soll man c addirt denken.

) Würde **s — a gesucht, und dabei von **d + a** ausgegangen, so wäre ein solches Verfahren zu tadeln, weil man schon voraussetzt was erst gefunden werden soll, und es erschiene als ein Kunststückchen. Wird **s — a** gesucht, so hat man

$$(a+b)-c=(a+t+c)-c,$$

(nämlich $b=t+c$ gedacht) oder $((a+t)+c)-c=a+t=a+(b-c)$. Diese Bemerkung ist für die Methode von Wichtigkeit, und für die spätern Entwicklungen in ähnlichen Fällen zu beherzigen. Ferner ist zu berücksichtigen, daß $(a-b)+c$ nur dann $=(a+c)-b$, wenn $a>b$ ist, indem sonst

3) Für **d—a**. Es sei

$$(a-b)-c$$

gegeben. Hier hat man zuerst a—b, d. h. a weniger b, und dann noch c Einheiten weniger als a—b Einheiten. Man hat offenbar b und noch c, oder b+c Einheiten weniger als a Einheiten, d. h. im Ganzen a—(b+c) Einheiten. Da ich aber a weniger b weniger c Einheiten denken soll, so ist dies eben so viel, als wenn ich a weniger c weniger b Einheiten denke, also haben wir auch $(a-b)-c=(a-c)-b$. Dies läßt sich auch so zeigen:

Es sei

$(a-b)-c=x$

$c=c$ addirt, um die Subtraktion fortzuschaffen:

$a-b=x+c$. Wollte man jetzt x bestimmen, so würde sich nichts Neues ergeben, addirt man deshalb

$b=b$, so kommt

$a=x+(b+c)$; also

$b+c=b+c$ subtrahirt:

$a-(b+c)=x$, daher

$(a-b)-c=a-(b+c)$; also auch, da $b+c=c+b$ ist, $=(a-c)-b$; d. h.

„Ist von einer Differenz a—b ein Ausdruck c subtrahirt, so ist dies auch geschehn, nachdem man ihn zum Subtrahenden b addirt, und diese Summe b+c vom Minuenden subtrahirt hat u. s. w.;"

oder

„Ist vom Ausdruck a eine Summe b+c subtrahirt, so ist es auch geschehn, nachdem man von ihm erst den einen Summanden subtrahirt hat, und von dieser Differenz den andern."

4) Für **a—d**. Es sei

$$a-(b-c)$$

gegeben. Es sind hier a Einheiten gegeben, wovon nicht b, sondern blos b weniger c subtrahirt sind. Subtrahirt man demnach von

---

das Zeichen =, so wie die Differenz und Summe, keinen Sinn mehr hat, und also mit Zeichen deren frühere Bedeutung aufgehoben wäre, operirt würde. Dies ist stets bei der Subtraktion (späterhin bei allen indirekten Operationen) zu beachten.

a, b Einheiten, so ist das Erhaltene, nämlich $a-b$, um c zu klein, wir müssen also diese c Einheiten wieder zu $a-b$ addiren und erhalten so $(a-b)+c$ Einheiten, mithin

$$a-(b-c) = (a-b)+c.$$

Dies läßt sich auch so finden:

Es sei

$a-(b-c)=x$. Um die Subtraktion fortzuschaffen addiren wir

$$\begin{array}{l} b-c=b-c \\ \hline a=x+(b-c), \text{ und nun} \\ c=c \text{ addirt, weil sonst nichts Neues folgt:} \\ \hline a+c=x+[(b-c)+c]=x+b, \text{ oder} \\ a+c=x+b, \text{ also um } x \text{ zu finden,} \\ b=b \text{ subtrahirt, kommt} \\ \hline (a+c)-b=x, \text{ d. h. } = a-(b-c); \text{ mithin} \\ a-(b-c)=(a+c)-b; \end{array}$$

d. h.

„Ist von einem Ausdruck a eine Differenz $b-c$ subtrahirt, so ist dies auch geschehn, nachdem man zu ihm den Subtrahend c addirt, und von dieser Summe $a+c$ den Minuenden b subtrahirt hat;"

oder

„Ist von einer Summe ein Ausdruck subtrahirt, so hat man eben so viele Einheiten vorgestellt, nachdem man von letzterem einen der Summanden, und diese Differenz von dem andern Summanden subtrahirt hat."

5) Für $\mathbf{d}'+\mathbf{d}$. Es sei

$$(a-b)+(c-d)$$

gegeben. Hier sind a weniger b, und dann noch c weniger d Einheiten, also im Ganzen a und c, weniger b und d Einheiten gegeben; es ist demnach

$$(a-b)+(c-d) = (a+c)-(b+d).$$

Oder so:

$$(a-b)+(c-d)=x.$$

Um die Subtraktion fortzuschaffen, muß man b zu $a-b$, und d zu $c-d$ Einheiten addiren, also sind im Ganzen, um diesen Zweck zu erreichen, $b+d$ Einheiten zu $(a-b)+(c-d)$ zu addiren.

Man hat demnach aus

$$(a-b)+(c-d)=x, \text{ wenn}$$
$$b+d=b+d \text{ addirt wird,}$$
$$[(a-b)+b]+[(c-d)+d]=x+(b+d) \curvearrowright$$
$$a+c=x+(b+d); \text{ also wieder}$$
$$b+d=b+d \text{ subtrahirt, giebt}$$
$$(a+c)-(b+d)=x, \text{ oder}$$
$$(a-b)+(c-d)=(a+c)-(b+d);$$

d. h.

„Sind zwei Differenzen (oder beliebig viele) zu einander addirt, so kann man auch statt dessen von der Summe ihrer Minuenden die ihrer Subtrahenden subtrahiren."

6) Für **d . a**. Man hat

$$(a-b).m.$$

Hier sind $a-b$ Einheiten m mal genommen. Nimmt man nun a Einheiten m mal, so kommt am; dies ist offenbar zu viel, weil nicht a, sondern nur $a-b$, d. h. die von $a-b$ übrig bleibenden Einheiten m mal zu nehmen sind. Nimmt man aber a Einheiten m mal, so ist es eben so gut als wenn man $(a-b)+b$ Einheiten m mal nimmt, was nach 9. 3), $(a-b)m+bm=am$ giebt. Nun ist aber $(a-b)m+bm$ oder am um bm größer als $(a-b)m$; also muß man um $(a-b)m$ zu erhalten, von am noch die bm Einheiten subtrahiren, und hat daher

$$(a-b)m = am - bm.$$

Oder auch so: Da $(a-b)m$ als Produkt nichts anders bezeichnet als eine Summe von m Summanden, deren jeder $a-b$ ist, so hat man $(a-b)m=(a-b)+(a-b)+\ldots+(a-b)_m =$, nach 13. 5), $(a+a+\ldots+a_m)-(b+b+\ldots+b_m) = am - bm \curvearrowright$

$$(a-b)m = am - bm;$$

d. h.

„Ist eine Differenz $a-b$ mit einem Ausdrucke m multiplizirt, so ist dies auch geschehn, nachdem man den Minuenden a und Subtrahenden b mit ihm multiplizirt, und letzteres Produkt bm von ersterm am subtrahirt hat;"

oder, von rechts nach links gelesen:

„Von einem Produkt am ist ein anderes bm subtrahirt, welches denselben Multiplikator m hat, nachdem man vom Multiplikanden a des erstern den Multiplikanden b des letztern subtrahirt, und diese Differenz $a - b$ mit dem gleichen Multiplikator m multiplizirt hat."

7) Für **d'** . **d** ist: G. (**d'** . **d**) | G. (**d** . **a**).

Man hat

$$(a - b) . (c - d).$$

Hier ist die Differenz $a - b$ mit der Differenz $c - d$ multiplizirt. Da aber $c - d$ eine Zahl vorstellt, so darf sie als Ausdruck betrachtet werden, und wir wissen (nach 13. 6)) schon, wie man eine Differenz mit einem Ausdrucke multiplizirt. Man hat demnach $(a - b).(c - d) = a.(c - d) - b.(c - d) = (ac - ad) - (bc - bd)$. Hier ist nun wieder von einem Ausdrucke $ac - ad$ eine Differenz $bc - bd$ subtrahirt. Dies ist, nach 13. 4), geschehn, indem man zum Ausdruck $ac - ad$ den Subtrahenden bd addirt, und hiervon den Minuenden bc subtrahirt.

Man hat also für $(ac - ad) - (bc - bd)$ jetzt $[(ac - ad) + bd] - bc$, oder, nach 13. 2), $[(ac + bd) - ad] - bc$ oder, nach 13. 3), $(ac + bd) - (ad + bc) \hookrightarrow$

$$(a - b).(c - d) = (a.c + b.d) - (a.d + b.c).$$

Wie heißt dies Gesetz wörtlich?

8) Für **u** — **a**. Da die Ungleichung **u** durch die Gleichung bestimmt wird, so hat man G. (**u** — **a**) | G. (**g** — **a**).

Es sei

$$\{a > b\} - c$$

gegeben. Man hat

$$a = b + x \text{ setzend:}$$

$$\{a > b\} - c \hookrightarrow \{a = b + x\} - c \hookrightarrow a - c = (b + x) - c.$$

Da nach der Voraussetzung c mit der Ungleichung $a > b$ in subtraktive Beziehung gesetzt werden soll, und c bereits von der linken Seite a subtrahirt ist, so gehen wir von $(b + x) - c$ zu $(b - c) + x$ über, und man hat $a - c = (b - c) + x \hookrightarrow a - c > b - c$, mithin

$$\{a > b\} - c \hookrightarrow a - c > b - c;$$

d. h.

„Von zwei Differenzen $a - c$ und $b - c$ mit gleichem Subtrahenden, stellt die, mit dem größern Minuenden $(a > b)$, auch mehr Einheiten vor, oder $a - c$ ist $> b - c$."

Bemerkung. Man hätte auch u. A. so schließen können:

$$(a-c)+c > (b-c)+c;$$

mithin, nach dem indirekten Satz von $\mathfrak{u}+\mathfrak{a}$,

$$a-c > b-c.$$

Umgekehrt hat man auch aus

$a-c > b-c \hookrightarrow (a-c)+c > (b-c)+c \hookrightarrow a > b$, also

$$a-c > b-c \hookrightarrow a > b;$$

d. h.

„Von zwei verschiedenen Differenzen mit gleichem Subtrahenden hat die größere den größern Minuenden."

9) Man sucht G. $(\mathfrak{a}-\mathfrak{u})$. Nun ist aber G. $(\mathfrak{a}-\mathfrak{u})$ | G. $(\mathfrak{a}-\mathfrak{g})$. Es sei deshalb a als Ausdruck, und $b > c$ als Ungleichung gegeben.

Subtrahirt man von a Einheiten erst b, und dann besonders von a, c Einheiten, so hat man $a-b$ und $a-c$. Nun ist $b > c$, und es bedarf daher bei $a-b$ weniger Einheiten, die man zu b addiren muß, um a zu bekommen, als man zu c in $a-c$ zu addiren braucht, um ebenfalls a zu erhalten; es ist demnach $a-b < a-c$.

Diese Schlüsse symbolisch gefaßt:

$$a-\{b > c\} \hookrightarrow a-\{b = c+x\} \hookrightarrow a-b = a-(c+x) = (a-c)-x.$$

Da nun von $a-c$ noch x subtrahirt ist, um $a-b$ zu erhalten, so ist $a-b < a-c$. Demnach

$$a-\{b > c\} \hookrightarrow a-b < a-c;$$

d. h.

„Von zwei Differenzen $a-b$ und $a-c$ von gleichen Minuenden und verschiedenen Subtrahenden, ist die mit dem größern Subtrahenden, die kleinere."

Bemerkung. Oder auch so kann man schließen: Da wir $b > c$ bereits mit a durch die Addition verbinden können, so werden wir, nach dem es geschehn, leicht zum Gegensatze gelangen.

Man hat deshalb aus

$$b > c \hookrightarrow a+b > a+c \hookrightarrow \{a+b > a+c\}-c \hookrightarrow$$
$$(a+b)-c > (a+c)-c \hookrightarrow (a-c)+b > a \hookrightarrow a-c > a-b.$$

Oder u. A. noch so:

$$(a-b)+b = (a-c)+c.$$

Da nun in dieser Gleichung $b > c$ ist, so folgt, nach dem indirekten Satze von $\mathfrak{g} + \mathfrak{a}$ (5), Seite 9), daß $a - b < a - c$ ist.

Umgekehrt hat man auch: Ist $a - b < a - c$, so kommt $a - (a - b) > a - (a - c)$ oder $b > c$, also aus

$$a - b < a - c \hookrightarrow b > c;$$

d. h.

„Von zwei verschiedenen Differenzen mit gleichem Minuenden hat die kleinere den größern Subtrahenden."

10) Für $\mathfrak{g}' - \mathfrak{g}$. Man hat

$$\{a = b\} - \{c = d\} \hookrightarrow a - c = b - c \hookrightarrow a - c = b - d;$$

d. h.

„Zwei Differenzen von gleichen Minuenden und Subtrahenden sind einander gleich."

Gilt aber dieser Satz auch immer umgekehrt?

11) Für $\mathfrak{u}' - \mathfrak{u}$. Es sei

$$\{a > b\} - \{c > d\}$$

gegeben.

Da d kleiner als c ist, so muß schon $b - d > b - c$ sein (nach 13. 9)); da aber a noch größer als b ist, so ist nun auch um so mehr $a - d > b - c$ (nach 5.).

Man hat also

$$\{a > b\} - \{c > d\} \hookrightarrow a - d > b - c;$$

d. h.

„Von zwei Differenzen $a - d$ und $b - c$ ist die mit dem größern Minuenden und kleinern Subtrahenden die größere."

Bemerkung. Man kann auch schließen: Es erhellt, daß sich für $a - c$ und $b - d$ nichts Bestimmtes heraus stellt. Aber da $\mathfrak{G}.(\mathfrak{u}' - \mathfrak{u}) \,|\, \mathfrak{G}\,(\mathfrak{g}' - \mathfrak{g})$ ist, so kommt

$$\{a>b\}-\{c>d\} \hookrightarrow \{a>b\}-\{d<c\} \hookrightarrow \{a=b+x\}-\{d=c-y\} \hookrightarrow a-d=(b+x)-(c-y)=(b-c)+(x+y) \hookrightarrow a-d>b-c.$$

Oder so: Aus $a > b$ und $c > d \hookrightarrow a + c > b + d \hookrightarrow (a + c) - d > b \hookrightarrow (a - d) + c > b \hookrightarrow a - d > b - c$.

Oder so: Da $a > b$, so heißt dies $(a - d) + d > (b - c) + c$, und da $d < c$, so folgt, nach dem indirekten Satze von $\mathfrak{u}' + \mathfrak{u}$, daß $a - d > b - c$ ist.

Oder u. A. so: Es sei $a - b = x$ und $c - d = y$, so ist $(a - b) + (c - d) = x + y = (a - d) - (b - c) \hookrightarrow a - d > b - c$.

Gilt dieser Satz **immer** umgekehrt, d. h. folgt aus $a - d > b - c$, daß $a > b$ und zugleich $c > d$ sein müßte?

Bemerkung 1. Die sonst übliche Methode, die synthetische, besteht meistens darin die Gesetze schon voraus zu setzen — nicht erst zu suchen — um sie dann wieder zu beweisen. So stellt sie z. B., nach der Entwicklung der Differenz, die Sätze auf:

$$\text{I. } (a + b) - c = (a - c) + b;$$
$$\text{II. } (a - b) - c = a - (b + c);$$
$$\text{III. } a - (b - c) = (a - b) + c;$$
$$\text{IV. } (a - b) + (c - d) = (a + c) - (b + d).$$

Der Beweis besteht nun in Folgendem. Bezeichnen A und B irgend zwei Ausdrücke, und will man untersuchen, ob sie einander gleich sind, so überlege man zunächst, was mit einem derselben vorgenommen werden muß, wenn er ganz einfach werden soll. Findet sich, daß diesem Zwecke dadurch entsprochen wird, daß wir zu A den Ausdruck c addiren, so addire man c auch zu B, und vergleiche nun $A + c$ mit $B + c$. Ergiebt sich nun, daß $A + c = B + c$ ist, so hat man $(A + c) - c = (B + c) - c$ oder $A = B$.

Hiernach ist $[(a + b) - c] + c = a + b$ und $[(a - c) + b] + c = [(a - c) + c] + b = a + b$, also findet I. Statt. Ein Ähnliches für die übrigen Aufgaben. *)

Apagogisch hätte man so schließen können: Wäre $(a + b) - c \gtrless (a - c) + b$, so hätte man $[(a + b) - c] + c \gtrless [(a - c) + b] + c$

*) Daß die synthetische Methode meistens kürzer zur Einsicht in die Richtigkeit der Behauptungen führt, leuchtet ein, aber auch eben so sehr, daß sie nur in einem **bloßen** Beweisen besteht, und dadurch den Erfindungsgeist **wenig**, hingegen das Gedächtniß **bedeutend** in Anspruch nimmt. Nach ihr hat man — streng genommen — keine wissenschaftliche Entwicklung mehr, eben weil sie **nicht** entwickelt, sondern Alles schon fertig in einem Tableau von Sätzen niederlegt, die dann freilich für den Anfänger wie aus den Wolken herab geschneit erscheinen müssen. Denn das bloße nachherige Beweisen derselben, zeigt ihm nicht die Quelle des Entstehens dieser Sätze, eben so wenig ist auch die Methode des Schließens jeder Zeit dazu geeignet, zur Wahrheit zu leiten. Wenn daher die Anfänger und Vertheidiger der synthetischen Methode, oft meinen, daß das Gebäude der Wissenschaft zu umfangreich werden würde, wenn die heuristisch-genetische (erfindende und zugleich begründende) dabei dominirt, so sollten sie wenigstens **weniger** von dem großen formellen Nutzen erwähnen, den die synthetische auf die **freie** Geistesentwicklung ausübt. Was schadet es übrigens, wenn ein Werk ein Paar Bogen mehr enthält, aber dabei seinem Zweck möglichst näher kommt, der doch in Rücksicht auf Wissenschaftlichkeit immer derselbe sein muß?

oder $a+b \gtrless a+b$, was unmöglich ist, also muß $(a+b)-c=(a-c)+b$ sein. Ein Ähnliches hinsichtlich der übrigen Aufgaben.

Bemerkung 2. Aus dem Vorhergehenden fließen leicht die Gesetze und Umformungen der noch übrigen Verbindungen.

1) Für $\mathbf{d} \overset{+}{\times} \mathbf{s}$:

$(a-b)+(c+d)=(a+c+d)-b=(c-b)+(a+d)=(d-b)+(a+c)$. U. s. w.;
$(a-b).(c+d)=a(c+d)-b(c+d)=(ac+ad)-(bc+bd)$. U. s. w.

2) Für $\mathbf{g} \overset{+}{\times} \mathbf{d}$ und $\mathbf{u} \overset{+}{\times} \mathbf{d}$:

$\{a \overset{=}{>} b\}+(c-d) \hookrightarrow (a+c)-d \overset{=}{>} (b+c)-d \hookrightarrow (a-d)+c \overset{=}{>} (b-d)+c$. U. s. w.;
$\{a \overset{=}{>} b\}\times(c-d) \hookrightarrow ac-ad \overset{=}{>} bc-bd \hookrightarrow ac+bd \overset{=}{>} bc+ad$. U. s. w.

3) Für $\mathbf{d} \overset{+}{\times} \mathbf{p}$:

$(a-b)+cd = (a+cd)-b = (cd-b)+a$. U. s. w.;
$(a-b).c^d = a.c^d-b.c^d$. U. s. w.

4) Für $\mathbf{d} \overset{+}{\times} \mathbf{P}$ gilt dasselbe.

5) G. $(\mathbf{a}^{\mathbf{d}})$ sieht seiner Entwicklung noch entgegen.

6) Für $\mathbf{d}^{\mathbf{a}}$, oder $(a-b)^c=(a-b).(a-b)\times\ldots\times(a-b)_c$, kann man beliebig viele Glieder, vermöge des allgemeinen Gesetzes für $s_1.s_2\times\ldots$ in Verbindung mit $\mathbf{d}'.\mathbf{d}$ (siehe 13. 7)) auf einmal angeben, ohne erst nöthig zu haben die erste Differenz mit der zweiten, dies mit der dritten u. s. w. zu multipliziren, und man findet auf diesem einfachen Wege leicht $(a-b)^c = a^c - ca^{c-1}b +$ u. s. w.; jedoch liefert der binomische Lehrsatz späterhin die eleganteste und allgemeinste Entwicklung, welche mit $a^c - ca^{c-1}b$ beginnt.

7) Für $\mathbf{s}^{\mathbf{d}}$ und $\mathbf{d}^{\mathbf{s}}$ gilt ein Ähnliches.

8) Für $\mathbf{g}^{\mathbf{d}}$ und $\mathbf{u}^{\mathbf{d}}$, und für $\mathbf{d}^{\mathbf{g}}$ und $\mathbf{d}^{\mathbf{u}}$:

$\{a \overset{=}{>} b\} \frown (c-d) \hookrightarrow a^{c-d} \overset{=}{>} b^{c-d}$;
$(a-b) \frown \{c \overset{=}{>} d\} \hookrightarrow (a-b)^c \overset{=}{>} (a-b)^d$.

9) Für $\mathbf{p}^{\mathbf{d}}$ und $\mathbf{d}^{\mathbf{p}}$:

$(ab)^{c-d} = a^{c-d}.b^{c-d}$;
$(a-b)^{cd} = [(a-b)^c]^d$. U. s. w.

10) Für **P**$^{\mathbf{d}}$ und **d**$^{\mathbf{P}}$:

$(a^b)^{c-d} = (a^{c-d})^b = a^{bc-bd}$. U. s. w.;

$(a-b)^{c^d}$ (s. binom. Satz).

11) Für **d**$^{\mathbf{d}'}$:

$(a-b)^{c-d}$ (binom. Satz).

12) Für **a**' — **a**:

$a-b=(a+m)-(b+m)=(a-m)-(b-m)$; (warum?)

13) Für **p** — **a**:

$a.b-c=b.a-c$. Es ergiebt sich in dieser Allgemeinheit keine bemerkenswerthe Umformung. Dies gilt auch von **a** — **p**, **P** — **a** und **a** — **P**. Vergl. **a**' — **a** in 12), Bemerk. 2.

14) Für **s**' — **s**:

$(a+b)-(c+d)=(a-c)+(b-d)=(b-c)+(a-d)$. Vgl. 12), Bemk. 2. U. s. w.

15) Für **g** — **s** und **u** — **s**, und für **s** — **g** und **s** — **u**:

$\{a \gtreqless b\}-(c+d) \hookrightarrow a-(c+d) \gtreqless b-(c+d) \hookrightarrow$
$(a-c)-d \gtreqless (b-c)-d$. U. s. w.;

$(a+b)-\{c \gtreqless d\} \hookrightarrow (a+b)-c \lesseqgtr (a+b)-d \hookrightarrow$
$(a-c)+b \lesseqgtr (a-d)+b$. U. s. w.

16) Für **s** — **p** und **p** — **s**:

$(a+b)-cd=(a-cd)+b=(b-cd)+a$. U. s. w.;

$ab-(c+d)=(ab-c)-d=(ab-d)-c$. U. s. w.

17) Für **s** — **P** und **P** — **s**:

$(a+b)-c^d=(a-c^d)+b=(b-c^d)+a$. U. s. w.;

$a^b-(c+d)=(a^b-c)-d=(a^b-d)-c$. U. s. w.

18) Für **d** — **s** und **s** — **d**:

$(a-b)-(c+d)=(a-d)-(b+c)$. U. s. w.;

$(a+b)-(c-d)=(a+b+d)-c$. U. s. w.

19) Für **p** — **g** und **p** — **u**, und für **g** — **p** und **u** — **p**:

$ab-\{c \gtreqless d\} \hookrightarrow ab-c \lesseqgtr ab-d$. U. s. w.;

$\{a \gtreqless b\}-cd \hookrightarrow a-cd \gtreqless b-cd$. U. s. w.

20) Für **P** — **g** und **P** — **u**, und für **g** — **P** und **u** — **P**:

$a^b-\{c \gtreqless d\} \hookrightarrow a^b-c \lesseqgtr a^b-d$. U. s. w.;

$\{a \gtreqless b\}-c^d \hookrightarrow a-c^d \gtreqless b-c^d$. U. s. w.

21) Für **d** — **g** und **d** — **u**, und für **g** — **d** und **u** — **d**:

$(a-b)-\{c \overset{\equiv}{>} d\} \hookrightarrow a-(b+c) \overset{\equiv}{<} a-(b+d)$. U. s. w.;

$\{a \overset{\equiv}{>} b\}-(c-d) \hookrightarrow (a-c)+d \overset{\equiv}{>} (b-c)+d$. U. s. w.

22) Für **p**′ — **p**:

$ab-cd = ba-cd$. Vergl. 12), Bemerk. 2.

Für **P** — **p** und **p** — **P** gilt ein Gleiches.

23) Für **d** — **p** und **p** — **d**:

$(a-b)-cd = (a-cd)-b = a-(b+cd)$. U. s. w.;

$ab-(c-d) = (ab-c)+d = (ab+d)-c$. U. s. w.

24) Für **P**′ — **P** (Vergl. 12), Bemerk. 2.).

25) Für **P** — **d** und **d** — **P**:

$a^b-(c-d) = (a^b+d)-c = (a^b-c)+d$. U. s. w.;

$(a-b)-c^d = (a-c^d)-b = a-(c^d+b)$. U. s. w.

Für **d**′ — **d**:

$(a-b)-(c-d) = (a+d)-(b+c) = (a-c)+(d-b)$. (Warum?) *)

Schlußbemerkung. Was ist von der Subtraktion gelehrt? Der Begriff dieser Operation besteht in

$$\text{I. } (a-b)+b = a;$$
$$\text{II. } (a+b)-b = a,$$

und hieraus, in Verbindung mit dem Vorhergehenden, ging hervor:

1) $(a-b)+c = (a+c)-b = (c-b)+a$;
2) $(a-b)-c = (a-c)-b = a-(b+c)$;
3) $a-(b-c) = (a-b)+c = (a+c)-b$;
4) $(a-b)+(c-d) = (a+c)-(b+d)$;
5) $(a-b)m = am-bm$;
6) $(a-b).(c-d) = (ac+bd)-(bc+ad)$;
7) $\{a>b\}-c \hookrightarrow a-c>b-c$;
8) $a-\{b>c\} \hookrightarrow a-b<a-c$;
9) $\{a>b\}-\{c>d\} \hookrightarrow a-d>b-c$.

---

*) Hier, wie überall bei jeder Aufgabe oder Untersuchung, übe man seine Kräfte selbst, d. h. suche Alles durch eignes Denken, ehe man über das hier Gegebene nachdenkt. Das Hiesige muß nur Anleitung geben, den Weg zeigen, wenn es nöthig ist u. s. w.

Wir werden deshalb nicht überall Fragezeichen setzen, und kann man ohne sie nicht umhin, so denke man sich solche hinzu.

10) Indirekte Sätze:

I. Aus $a-m=b-m \rightharpoondown a=b$;
II. „ $m-a=m-b \rightharpoondown a=b$;
III. „ $a-m>b-m \rightharpoondown a>b$;
IV. „ $m-a>m-b \rightharpoondown a<b$;
V. „ $a-c=b-d$ und $a>b \rightharpoondown c>d$;
VI. „ $a-c=b-d$ und $c>d \rightharpoondown a>b$;
VII. „ $a-c>b-d$ und $a<b \rightharpoondown c<d$;
VIII. „ $a-c>b-d$ und $c>d \rightharpoondown a>b$.

14. Erklärung u. Lehrsatz. Wir haben nun den Gegensatz des speziellen Addirens, nämlich den des Multiplizirens zu betrachten. Letztere Operation ging vom gegebenen a und b, in $a.b=c$, zum c über, und wir können uns nun wieder vornehmen, wenn wir c als gegeben denken, daraus a und b finden zu wollen. Da aber $a.b=a'.b'$ sein kann, auch wenn $a>a'$ und $b<b'$ ist, so kann aus c allein nicht a und b bestimmt werden, eben weil gezeigt ist, daß c durch die Multiplikation zweier andern Ausdrücke a' und b' entstanden sein kann. Ist aber außer c noch a, oder außer c noch b, gegeben, so kann man daraus bezüglich b und a finden wollen.

Ist c wirklich entstanden durch die Multiplikation eines Ausdrucks a mit einem andern, so ist klar, daß letzterer auch wirklich bestimmt ist. Dessen ungeachtet fragt es sich aber, ob es nur einen einzigen Ausdruck b giebt, mit dem a multiplizirt, c hervorgehen ließ: denn so lange diese Frage nicht verneinend beantwortet ist, erscheint die Möglichkeit, daß außer b noch einer oder mehrere Ausdrücke der Art existiren können.

Gäbe es aber außer b noch einen andern, z. B. $x \gtrless b$, so wäre $ax \gtrless ab$, d. h. ax nicht $=c$; mithin giebt es nur einen einzigen Ausdruck, der in Beziehung auf sein Bestimmtsein aus c und a betrachtet, als eindeutig erscheint. Die andere Aufgabe „aus c und b wieder zum a überzugehn," ist dieselbe, wegen $ab=ba$. Weil es uns nun darum zu thun sein muß, alle Beziehungen festzustellen, die aus dem Zurückschreiten vom c und a zum b fließen, so müssen wir den reinen Gedanken dieses Zurückschreitens zunächst symbolisch erfassen.

Da zum Denken des b, nur c und a nöthig ist, d. h. aus ihnen der Ausdruck b auf die gegebene Weise vollkommen bestimmt ist, so müssen wir auch dieses Bestimmtsein des b aus c und a, durch ein daraus formirtes, übrigens beliebiges, Zeichen bilden, und es sei $\frac{c}{a}$ oder c : a. Indem nun $\frac{c}{a}$ den Gedanken des Bestimmtseins (der Abhängigkeit des b, von c und a auf die gegebene Weise) des b aus c und a anzeigt, so hat man $\frac{c}{a} = b$ und $\frac{c}{b} = a$.

In dem Augenblicke aber, wo $ab = c$, also b oder $\frac{c}{a}$ der Ausdruck ist, der mit a multiplizirt c giebt, hat man $\frac{c}{a} . a = c$, und zugleich aus $\frac{c}{a} = b$ und $\frac{c}{b} = a$, weil $c = ab$ ist, bezüglich $\frac{ab}{a} = b$ und $\frac{ab}{b} = a$. Der Begriff des Rückschreitungsweges vom Multiplizieren besteht demnach in $\frac{c}{a} . a = c$ und $\frac{a . b}{b} = a$.

Oder, ist α ebenfalls entstanden durch die Multiplikation eines bestimmten Ausdrucks mit β:

$$\text{I.} \quad \frac{\alpha}{\beta} . \beta = \alpha;$$

$$\text{II.} \quad \frac{\alpha . \beta}{\beta} = \alpha.$$

Nennt man nun die Zahlform $\frac{\alpha}{\beta}$, in untrennbarer Verbindung mit dem durch sie repräsentirten Begriff, einen Quotienten, α seinen Dividend (Quotiand), β seinen Divisor (Quotiator), und versteht man unter α durch β dividirt, nichts weiter, als den Quotienten $\frac{\alpha}{\beta}$ oder $\alpha : \beta$ hinzuschreiben, so lauten vorstehende Gleichungen in I. und II. bezüglich:

„Ist ein Quotient $\frac{\alpha}{\beta}$ mit seinem Divisor β multiplizirt, so giebt es den Dividend α;“ oder — von rechts —

„Ein Ausdruck α ist, in Betreff seiner Bedeutung, unverändert geblieben, nachdem man ihn durch einen andern β dividirt, und diesen Quotienten $\frac{\alpha}{\beta}$ wieder mit β multitiplizirt hat.“

„Ist ein Produkt $\alpha\beta$ durch einen seiner Faktoren dividirt, so giebt es den andern;" oder — von rechts —

„Die Bedeutung eines Ausdrucks α ist dieselbe geblieben, nachdem man ihn mit einem andern multiplizirt, und das Produkt wieder durch letztern dividirt hat."

Der Begriff des Dividirens, oder der Division (als derjenigen Geistesoperation, vermöge welcher aus dem gegebenen α und β zu der Zahl zurückgeschritten wird die mit β multiplizirt α giebt), ist durch I. und II. ausgesprochen.

15. Aufgaben u. Lehrsätze. Da vom Dividiren an sich selbst, d. h. für $\frac{\alpha}{\beta}$ nichts weiter gilt, als daß $\frac{\alpha}{\beta} . \beta = \alpha$ ist, dies aber zu keiner allgemeinen Entwicklung für $\frac{\alpha}{\beta}$ führt *), so haben wir das Dividiren in dem Speziellgewordensein des Dividends und Divisors zu betrachten.

Während nämlich eines der beiden Glieder α, β in $\alpha : \beta$ noch allgemein ist, kann das jedesmalige andere — oder auch beide zugleich — in **s**, **p**, **P**, **d**, **q** (**q** bedeutet Quotient) übergehn. Ferner müssen die frühern Operationen, die **s**, **p**, **P**, **d** aussprechen, auch für den neu hinzugekommenen Begriff des Quotienten vervollständigt werden, oder man muß wissen, was sich für $a + b$, $a . b$, a^b, $a - b$ setzen läßt, wenn a oder b oder a und b zugleich Quotienten werden. Endlich ist der Begriff der Division noch auf das Gleich- und Ungleichsein zu beziehen. Alle diese Aufgaben gehn demnach hervor, wenn man **a**, **s**, **g**, **u**, **p**, **P**, **d**, **q** wechselseitig durch die Addition, Multiplikation, Potenzirung, Subtraktion und Division mit einander verbindet, und es sind daher folgende

---

*) Sowohl für die Summe $\alpha + \beta + \ldots$ als auch für das Produkt $\alpha \times \beta \times \ldots$ hatten wir, was auch α und β bedeuten mochten: $\alpha \underset{\times}{+} \beta \underset{\times}{+} \ldots = \beta \underset{\times}{+} \alpha \underset{\times}{+} \ldots$ Da hingegen, wenn $\frac{\alpha}{\beta}$ eine Zahl, z. B. a vorstellen soll, $\frac{\alpha}{\beta} = a$, mithin $\alpha = \beta . a = \beta + \beta + \ldots + \beta_a$ und daher zugleich $\alpha > \beta$ sein muß, so kann $\frac{\alpha}{\beta}$ nicht $= \frac{\beta}{\alpha}$ sein, weil sonst $\alpha\alpha = \beta\beta$ und zugleich $\alpha\alpha > \beta\beta$ wäre, was unmöglich ist. Bezeichnet daher $\frac{\alpha}{\beta}$ eine Zahl, so bedeutet $\frac{\beta}{\alpha}$ keine.

a,	s,	g,	u,	p,	P,	d,	q,
q+a,	q+s,	q+g,	q+u,	q+p,	q+P,	q+d,	q′+q,
q×a,	q×s,	q×g,	q×u,	q×p,	q×P,	q×d,	q′×q,
q^a,	q^s,	q^g,	q^u,	q^p,	q^P,	q^d,	$q^{q'}$,
a^q,	s^q,	g^q,	u^q,	p^q,	P^q,	d^q,	
q—a,	q—s,	q—g,	q—u,	q—p,	q—P,	q—d,	q′—q,
a—q,	s—q,	g—q,	u—q,	p—q,	P—q,	d—q,	
a′ : a,	a : s,	a : g,	a : u,	a : p,	a : P,	a : d,	a : q,
	s : a,	g : a,	u : a,	p : a,	P : a,	d : a,	q : a,
	s′ : s,	s : g,	s : u,	s : p,	s : P,	s : d,	s : q,
		g : s,	u : s,	p : s,	P : s,	d : s,	q : s,
		g′ : g,	g : u,	g : p,	g : P,	g : d,	g : q,
			u : g,	p : g,	P : g,	d : g	q : g,
			u′ : u,	u : p,	u : P,	u : d,	u : q,
				p : u,	P : u,	d : u,	q : u,
				p′ : p,	p : P,	p : d,	p : q,
					P : p,	d : p,	q : p,
					P′ : P,	P : d,	P : q,
						d : P,	q : P,
						d′ : d,	d : q,
							q : d,
							q′ : q.

Das bei der Auflösung dieser Aufgaben allein in Anspruch zu nehmende Prinzip besteht wieder darin: die frühern Operationen, in Verbindung mit $\frac{a}{b} . b = a$, nebst $\frac{ab}{b} = a$, anzuwenden, und die vorkommenden Divisionen durch die Multiplikation fortzuschaffen, wodurch dann Ausdrücke entstehen, mit denen man schon umzugehen weiß. Kommt z. B. in $\zeta_{(c)} = x$, eine Division vor, und fällt dieselbe durch die Multiplikation mit c (dem Divisor) fort, so hat man $\zeta_{(c)} . c = cx$, oder $\zeta_{(c)} . c = \zeta'$ setzend, $\zeta' = cx$, wo ζ' den Divisor c nicht mehr enthalten möge.

Ist es nöthig ζ' erst umzuformen, um ein neues Gesetz zu finden, so geschieht dies, vermöge der schon bekannten Operationen, leicht, wo nicht, so bestimme man x unmittelbar. Dies führt zur Erforschung von g : a.

1) Es sei $a = b$ mit c durch die Division zu verbinden. Setzt man deshalb a ist a, mit c in Divisionsbeziehung, so kommt $a:c = a:c$, oder weil a nur einmal in der Form des b erscheint

$$a : c = b : c;$$

d. h.

„Einander gleiche Ausdrücke a, b durch ein und denselben Ausdruck c dividirt, giebt einander gleiche Quotienten $a:c = b:c$."

Dies Gesetz gilt auch wieder indirekt; denn aus

$a:c = b:c \hookrightarrow (a:c).c = (b:c).c \hookrightarrow a = b$; mithin aus

$$a:c = b:c \hookrightarrow a = b;$$

d. h.

„Sind zwei Quotienten von gleichem Divisor einander gleich, so sind es auch ihre Dividenden."

2) Eben so findet sich für $\mathfrak{a} : \mathfrak{g}$

$$a:\{b = c\} \hookrightarrow a:b = a:c;$$

d. h.

„Ein und denselben Ausdruck einzeln durch zwei einander gleiche Ausdrücke dividirt, giebt einander gleiche Quotienten."

Umgekehrt ergiebt sich aus:

$a:b = a:c \hookrightarrow (a:b).(b.c) = (a:c)(b.c) \hookrightarrow ((a:b)\,b)\,c = ((a:c)\,c)\,b \hookrightarrow a.c = a.b \hookrightarrow b = c$, also aus

$$a:b = a:c \hookrightarrow b = c;$$

d. h.

„Sind zwei Quotienten von gleichen Dividenden einander gleich, so sind es auch ihre Divisoren."

3) Man sucht G. ($\mathfrak{g}' : \mathfrak{g}$). Es ergiebt sich aus 1)

$$\{a = b\} : \{c = d\} \hookrightarrow a:c = b:d;$$

d. h.

„Zwei Quotienten von gleichen Dividenden und Divisoren, sind einander gleich."

Da rückwärts aus $a:c = b:d \hookrightarrow (a:c).(c.d) = (b:d).(c.d)$ oder $((a:c).c).d = ((b:d).d).c$ oder $a.d = b.c$, so sieht man, daß aus $a:c = b:d$ nicht nothwendig $a = b$ und $c = d$ folgt: denn es kann $a > b$ und zugleich $d < c$, oder $a < b$ und zugleich $d > c$ sein. U. s. w. Vgl. den indirekten Satz Seite 19. Nr. III. Das Gesetz für $\mathfrak{g}' : \mathfrak{g}$ gilt also nicht nothwendig umgekehrt.

4) S. ($\mathfrak{a}' : \mathfrak{a}$). Es sei

$$\frac{a}{b} = x, \hookrightarrow a = bx \hookrightarrow ac = (bc)x \hookrightarrow \frac{ac}{bc} = x \hookrightarrow$$

$$\frac{a}{b} = \frac{a.c}{b.c}, \text{ also auch } = \frac{a:c}{b:c}\,{}^{*});$$

d. h.

„Die Bedeutung eines Quotienten ändert sich nicht, nachdem dessen Dividend und Divisor mit ein und demselben Ausdruck entweder multiplizirt, oder dadurch dividirt ist."

5) S. ($\mathfrak{q} \pm \mathfrak{a}$). Man hat

$$\frac{a}{b} \pm c = x, \hookrightarrow \text{ mit}$$

$$b = b \text{ multiplizirt:}$$

$$\left(\frac{a}{b} \pm c\right).b = bx \hookrightarrow$$

$$\frac{a}{b}.b \pm b.c = b.x \hookrightarrow$$

$$a \pm b.c = b.x \hookrightarrow$$

$$\frac{a \pm b.c}{b} = x \hookrightarrow$$

$$\frac{a}{b} \pm c = \frac{a \pm b.c}{b};$$

---

*) Denn es ist $\frac{a:c}{b:c} = \frac{(a:c).c}{(b:c).c} = \frac{a}{b}$. Man darf nie nach einer unbegründeten Analogie schließen. Setzte man z. B., da $\frac{a}{b} = \frac{c.a}{c.b}$ ist, nun auch $\frac{a}{b} = \frac{c:a}{c:b}$, so käme $\frac{a}{b}.(c:b) = \frac{c:a}{c:b}(c:b) \hookrightarrow \frac{a}{b}.(c:b) = c:a \hookrightarrow$

$\left(\frac{a}{b}.(c:b)\right)a = (c:a)\,a \hookrightarrow \frac{a}{b}.a(c:b) = c \hookrightarrow$

$\left[\frac{a}{b}.a(c:b)\right].(bb) = bbc \hookrightarrow \left(\frac{a}{b}.b\right).a[(c:b).b] = bbc \hookrightarrow$

$aac = bbc \hookrightarrow aa = bb \hookrightarrow a = b$, weil aus $a \gtrless b \hookrightarrow$ (nach $\mathfrak{a}'\times\mathfrak{a}$) $aa \gtrless bb$.

Da nun nach dem Begriff von $\frac{a}{b}$, $a > b$ ist, so ist die Annahme: $\frac{a}{b} = \frac{c:a}{c:b}$, falsch.

Wollte man eben so untersuchen, ob $\frac{a}{b} = \frac{a+c}{b+c}$ ist, so käme

$\frac{a}{b}.(b+c) = \frac{a+c}{b+c}.(b+c) \hookrightarrow \frac{a}{b}.(b+c) = a+c \hookrightarrow$

$\frac{a}{b}.(b+c)b = (a+c)b \hookrightarrow \left(\frac{a}{b}.b\right)(b+c) = (a+c)b \hookrightarrow$

d. h.

„Mit einem Quotienten $\frac{a}{b}$ ist ein Ausdruck c durch die Addition oder Subtraktion verbunden, nachdem man letztern mit dem Divisor b multiplizirt, dies Produkt bc zum Dividend a addirt oder davon subtrahirt, und in ersterm Falle die Summe $a + bc$, im zweiten, die Differenz $a - bc$ durch den Divisor b dividirt."

6) S. $(\mathbf{q}' \pm \mathbf{q})$. Man hat

$$\frac{a}{b} \pm \frac{c}{d} = x, \hookrightarrow \text{ mit}$$
$$bd = bd \text{ multiplizirt:}$$
$$\left(\frac{a}{b} \pm \frac{c}{d}\right).(bd) = (bd).x \hookrightarrow$$
$$\frac{a}{b}(bd) \pm \frac{c}{d}(bd) = (bd).x \hookrightarrow$$
$$\left(\frac{a}{b}.b\right).d \pm \left(\frac{c}{d}.d\right).b = (bd).x \hookrightarrow$$
$$ad \pm bc = (bd).x \hookrightarrow$$
$$\frac{a.d \pm b.c}{b.d} = x \hookrightarrow$$
$$\frac{a}{b} \pm \frac{c}{d} = \frac{a.d \pm b.c}{b.d}.$$

Wie heißen diese beiden Gesetze für $\frac{a}{b} + \frac{c}{d}$ und $\frac{a}{b} - \frac{c}{d}$ wörtlich?

7) Aus diesen beiden Gesetzen für $\mathbf{q}' + \mathbf{q}$ und $\mathbf{q}' - \mathbf{q}$ in 6), fließen leicht die für $\mathbf{s} : \mathbf{a}$ und $\mathbf{d} : \mathbf{a}$. Denn setzt man in

---

$ab + ac = ab + bc \hookrightarrow ac = bc \hookrightarrow a = b$, was hier, wegen $a > b$, unmöglich ist. Schließt man also nach der Analogie, so braucht man sich nicht zu wundern, daß sich ein solches unmathematisches Verfahren von selbst bestraft. Will man demnach untersuchen, ob irgend zwei Ausdrücke A und B einander gleich sind, so setze man (hypothetisch) $A = B$. Verfährt man nun hiermit richtig, und vereinfacht immer mehr und mehr, so gelangt man zuletzt entweder zu etwas Richtigem (wenn nirgends ein Widerspruch mit der Annahme, oder schon erwiesenen Sätzen stattfindet) oder Falschem. In ersterm Falle ist die Voraussetzung richtig, in anderm, hingegen falsch. Eben so verfahre man, wenn untersucht werden soll, ob $A >$ oder $<$ als B ist.

$$\frac{a}{b} \pm \frac{c}{d} = \frac{a.d \pm b.c}{b.d},$$

$$b = d, \text{ so } \hookrightarrow$$

$$\frac{a}{b} \pm \frac{c}{b} = \frac{a.b \pm c.b}{b.b} =$$

$$\frac{(a \pm c).b}{b.b} = \frac{a \pm c}{b}, \text{ nach 4), mithin}$$

$$\frac{a \pm c}{b} = \frac{a}{b} \pm \frac{c}{b}.$$

Wie lauten diese beiden Gesetze wörtlich?

8) S. (**a** — **q**). Man hat aus

$$a - \frac{b}{c} = x, \text{ wenn man mit}$$

$$c = c \text{ multiplizirt:}$$

$$\left(a - \frac{b}{c}\right).c = c.x \hookrightarrow$$

$$a.c - \frac{b}{c}.c = c.x \hookrightarrow$$

$$a.c - b = c.x \hookrightarrow$$

$$\frac{a.c - b}{c} = x \hookrightarrow$$

$$a - \frac{b}{c} = \frac{a.c - b}{c};$$

d. h.

„Von einem Ausdruck ist ein Quotient subtrahirt, nachdem man erstern mit dem Divisor des letztern multiplizirt, vom erhaltenen Produkte den Dividenden subtrahirt, und diese Differenz durch den Divisor dividirt."

Man kann aber auch so schließen:

$$a - \frac{b}{c} = \frac{a.c}{c} - \frac{b}{c}, \text{ nach 7), } = \frac{a.c - b}{c}.$$

9) S. ($\mathbf{q}^{\mathbf{a}}$). Man hat aus

$$\left(\frac{a}{b}\right)^c = x, \text{ wenn man mit}$$

$$b^c = b^c \text{ multiplizirt:}$$

$$\left(\frac{a}{b}\right)^c.b^c = b^c.x \hookrightarrow, \text{ nach 11. 4):}$$

$$\left(\frac{a}{b}\cdot b\right)^c = b^c . x \quad ¬$$
$$a^c = b^c . x \quad ¬$$
$$\frac{a^c}{b^c} = x \quad ¬$$
$$\left(\frac{a}{b}\right)^c = \frac{a^c}{b^c};$$

d. h.

„Ist ein Quotient $a:b$ mit einem Ausdruck c potenzirt, so ist dies auch geschehn, nachdem man den Dividend a, und Divisor b, mit c einzeln potenzirt, und erstere Potenz a^c durch letztere b^c dividirt hat;“

oder, von rechts nach links:

„Ist eine Potenz a^c durch eine andere b^c, mit demselben Dignator c, dividirt, so ist es auch geschehn, nachdem man den Dignanden a, der erstern Potenz, durch den Dignanden b der letztern dividirt, und den Quotienten $\frac{a}{b}$ mit dem gleichen Dignator c potenzirt hat.“

Man hätte auch so schließen können:

$$\text{Aus } \frac{a}{b} = x, \quad ¬$$
$$a = b . x \quad ¬$$
$$a^c = b^c . x^c \quad ¬$$
$$\frac{a^c}{b^c} = x^c = \left(\frac{a}{b}\right)^c .$$

10) G. $(\mathbf{a}^{\mathbf{d}})$. Man hat aus

$$a^{b-c} = x, \quad ¬ \text{ mit}$$
$$a^c = a^c \text{ multiplizirt:}$$
$$a^{b-c} . a^c = x . a^c \quad ¬, \text{ nach 11. 2):}$$
$$a^{(b-c)+c} = x . a^c \quad ¬$$
$$a^b = x . a^c \quad ¬$$
$$\frac{a^b}{a^c} = x \quad ¬$$
$$a^{b-c} = \frac{a^b}{a^c};$$

d. h.

„Ist ein Ausdruck a mit einer Differenz $b-c$ potenzirt, so ist es auch geschehn, nachdem man ihn mit dem Minuenden b, und Subtrahenden c, einzeln potenzirt, und erstere Potenz a^b durch letztere a^c dividirt hat;"

oder, von rechts nach links:

„Ist eine Potenz a^b durch eine andere a^c, mit demselben Dignanden a, dividirt, so ist es auch geschehn, nachdem man letztern mit der Differenz $b - c$ potenzirt hat."

Bemerkung. Dies Gesetz sah seiner Auflösung bei den Subtraktions-Verbindungen noch entgegen, und aus ihm fließen nun leicht die Gesetze und Umformungen von $\mathbf{s}^{\mathbf{d}}$, $\mathbf{g}^{\mathbf{d}}$, $\mathbf{u}^{\mathbf{d}}$, $\mathbf{p}^{\mathbf{d}}$, $\mathbf{P}^{\mathbf{d}}$, $\mathbf{d}^{\mathbf{d}'}$.

11) G. ($\mathbf{q}$. $\mathbf{a}$). Aus

$$\frac{a}{b} . c = x, \hookrightarrow$$

mit $b = b$ multiplizirt:

$$\left(\frac{a}{b} . c\right) . b = b . x \hookrightarrow, \text{ nach } 8:$$

$$\left(\frac{a}{b} . b\right) . c = b . x \hookrightarrow$$

$$a . c = b . x \hookrightarrow$$

$$\frac{a . c}{b} = x \hookrightarrow$$

$$\frac{a}{b} . c = \frac{a . c}{b}.$$

Da dies Gesetz für $\mathbf{p} : \mathbf{a}$ — nämlich $\frac{a . c}{b}$ — als einseitig erscheint, so treibt es sich zu seiner Verallgemeinerung, wie folgt, hin.

$\frac{a . c}{b} = \frac{c . a}{b} =$, nach vorstehender Gleichung, $\frac{c}{b} . a$, also ist

$$\frac{a}{b} . c = \frac{c}{b} . a = \frac{a . c}{b};$$

d. h.

„Ist ein Quotient $\frac{a}{b}$ mit einem Ausdruck c multiplizirt, so kann man statt dessen entweder den letztern durch den Divisor b dividiren, diesen Quotienten $\frac{c}{b}$ mit dem Dividend a multipliziren, oder den Dividend a mit dem Ausdruck c multipliziren, und dies Produkt a . c durch den Divisor b dividiren;"

oder, von rechts nach links:

„Ein Produkt a.c ist durch einen Ausdruck b dividirt, sobald der eine Faktor dadurch dividirt, und der erhaltene Quotient mit dem andern multiplizirt ist."

Bemerkung. Man hätte auch so schließen können:

$$\frac{a}{b}.c = \frac{a}{b}+\frac{a}{b}+\ldots+\left(\frac{a}{b}\right)_c, \text{ nach 15. 7):}$$

$$= \frac{a+a+\ldots+a_c}{b} = \frac{ac}{b}.$$

Oder wie folgt. Es sei:

$$\frac{a}{b}=x, \hookrightarrow a=bx \hookrightarrow ac=(cx)b \hookrightarrow \frac{ac}{b}=cx \hookrightarrow \frac{ac}{b}=c.\frac{a}{b}.$$

Oder so:

$$\frac{a}{b}.c = \frac{\left(\frac{a}{b}.c\right)b}{b} = \frac{\left(\frac{a}{b}.b\right)c}{b} = \frac{ac}{b}!.$$

12) S. ($\mathfrak{q}'.\mathfrak{q}$). Man hat aus

$$\frac{a}{b}.\frac{c}{d} = x, \hookrightarrow$$

$$\left(\frac{a}{b}.\frac{c}{d}\right).(b.d) = (b.d).x \hookrightarrow$$

$$\left(\frac{a}{b}.b\right).\left(\frac{c}{d}.d\right) = (b.d).x \hookrightarrow$$

$$a.c = (b.d).x \hookrightarrow$$

$$\frac{a.c}{b.d} = x \hookrightarrow$$

$$\frac{a}{b}.\frac{c}{d} = \frac{a.c}{b.d}, \text{ also auch } = \frac{c}{b}.\frac{a}{d}.$$

Wie heißt dies Gesetz wörtlich? und warum ist hier noch allgemein $\frac{a}{b}.\frac{c}{d}\times\ldots\times\left(\frac{\alpha}{\beta}\right)_m = \frac{ac\times\ldots\times\alpha_m}{bd\times\ldots\times\beta_m}$?

Bemerkung. Dies Gesetz läßt sich auch noch so ableiten: Aus $\frac{a}{b}=x$, und $\frac{c}{d}=y$, $\hookrightarrow$ $a=bx$, und $c=dy$; daher, weil x mit y multiplizirt werden soll:

$$\{a=bx\}.\{c=dy\} \hookrightarrow ac=(bd).(xy) \hookrightarrow \frac{ac}{bd}=x.y=\frac{a}{b}.\frac{c}{d}.$$

Oder so:

$$\frac{a}{b}\cdot\frac{c}{d}=\frac{\left(\frac{a}{b}\cdot\frac{c}{d}\right).(b.d)}{b.d}=\frac{\left(\frac{a}{b}.b\right).\left(\frac{c}{d}.d\right)}{b.d}=\frac{a.c}{b.d}.$$

Oder so:

$$\frac{a}{b}\cdot\frac{c}{d}=\frac{a.\frac{c}{d}}{b}=\frac{\frac{a.c}{d}}{b}=\frac{\frac{a.c}{d}.d}{b.d}=\frac{a.c}{b.d}.$$

13) S. ($\mathfrak{q}:\mathfrak{a}$). Man hat aus

$$\frac{a}{b}:c = x, \text{ wenn man mit}$$

$$bc = bc \text{ mpl. um d. Div. fortzuschaffen:}$$

$$\left(\frac{a}{b}:c\right).(bc) = (bc).x \hookrightarrow \text{in belieb. Ord. multipl.:}$$

$$\left(\left(\frac{a}{b}:c\right).c\right).b = (bc).x, \text{ oder}$$

$$\frac{a}{b}.b = (bc).x, \text{ oder}$$

$$a = (bc).x \hookrightarrow$$

$$\frac{a}{b.c} = x \hookrightarrow$$

$$\frac{a}{b}:c=\frac{a}{b.c}; \text{ aber da } \frac{a}{b.c}=\frac{a}{c.b} \text{ ist, so kommt}$$

$$\frac{a}{b}:c=\frac{a}{b.c}=\frac{a}{c}:b;$$

hierdurch sind die Gesetze für $\mathfrak{q}:\mathfrak{a}$ und $\mathfrak{a}:\mathfrak{p}$ gegeben; wie lauten sie wörtlich? und warum ist allgemein

$$\frac{a}{bcd\times\ldots\times\alpha}=\left(\ldots\left(((a:b):c):d\right)\ldots\right):\alpha\;?$$

Bemerkung. Man kann auch noch, u. A., so schließen: Aus $\frac{a}{b}=x \hookrightarrow a=bx$. Da nun $x:c$ gesucht wird, so hat man, nach 15. 1) und 11),

$$\{a=bx\}:c \hookrightarrow a:c=(x:c)b \hookrightarrow \frac{a:c}{b}=x:c=\frac{a}{b}:c.$$

Oder so:

$$\frac{a}{b}:c=\frac{\left(\frac{a}{b}:c\right).(bc)}{bc}=\frac{\left(\left(\frac{a}{b}:c\right).c\right).b}{bc}=\frac{\frac{a}{b}.b}{bc}=\frac{a}{bc}.$$

14) G. ($\mathfrak{a} : \mathfrak{q}$). Es sei

$$a : \frac{b}{c} = x, \hookrightarrow \text{ mit}$$

$$\frac{b}{c} = \frac{b}{c} \text{ multiplizirt:}$$

$$a = \frac{b}{c} . x, \hookrightarrow \text{ mit}$$

$$c = c \text{ multiplizirt:}$$

$$a . c = \left(\frac{b}{c} . x\right) . c; \text{ in belieb. Ord. multipl.:}$$

$$a . c = \left(\frac{b}{c} . c\right) x \hookrightarrow$$

$$a . c = b . x \hookrightarrow \text{ durch}$$

$$b = b \text{ dividirt:}$$

$$\frac{a . c}{b} = x \hookrightarrow$$

$$a : \frac{b}{c} = \frac{a . c}{b} = \frac{a}{b} . c, \text{ nach 15. 11);}$$

d. h.

„Ein Ausdruck a ist durch einen Quotienten $\frac{b}{c}$ dividirt, nachdem man ihn entweder mit dem Divisor c multiplizirt, und dies Produkt ac durch den Dividenden b dividirt, oder nachdem man den Ausdruck a durch den Dividenden b dividirt, und den Quotienten $\frac{a}{b}$ mit dem Divisor c multiplizirt."

15) G. ($\mathfrak{q}' : \mathfrak{q}$). Man hat aus

$$\frac{a}{b} : \frac{c}{d} = x, \text{ wenn man mit}$$

$$\frac{c}{d} = \frac{c}{d} \text{ multiplizirt:}$$

$$\frac{a}{b} = \frac{c}{d} . x. \text{ Wenn man mit}$$

$$b . d = b . d \text{ multiplizirt:}$$

$$\frac{a}{b} (b . d) = \left(\frac{c}{d} . x\right) . (b . d). \text{ In belieb. Ord. mult.:}$$

$$\left(\frac{a}{b} . b\right) . d = \left(\left(\frac{c}{d} . d\right) . b\right) x \hookrightarrow$$

$$a.d = (b.c)x \hookrightarrow$$

$$\frac{a.d}{b.c} = x \hookrightarrow$$

$$\frac{a}{b} : \frac{c}{d} = \frac{a.d}{b.c} \text{ auch } = \frac{a:c}{b:d} \text{ (warum?)}$$

Wie lauten diese Gesetze für **q′ : q** und **p′ : p** wörtlich?

Bemerkung. Späterhin, nach der Verallgemeinerung des Quotienten, wird man auch für $a : \frac{b}{c}$, und deshalb dann auch für $\frac{a}{b} : \frac{c}{d}$ bezüglich $a . \frac{c}{b}$, und $\frac{a}{b} . \frac{d}{c}$ setzen dürfen. Soll nämlich $\frac{b}{c}$ eine Zahl bezeichnen, so muß $b = cx$ (wo x eine Zahl vorstellt), und also zugleich $b > c$ sein. Betrachtet man nun $\frac{c}{b}$, wo $c < b$ ist, so kann $\frac{c}{b}$ keine Zahl ausdrücken, denn sollte eine Zahl y existiren, also $\frac{c}{b} = y$ sein, so folgte $c = by$, und zugleich, da $b > c$ ist, $by > c$, was unmöglich ist. In diesem Falle ist dann $\frac{c}{b}$ ein bis jetzt begriffloses Zeichen, und wollte man auf dasselbe die bisherigen Gesetze anwenden, so würde man, möglicher Weise, auf Widersprüche stoßen. Späterhin muß es demnach wünschenswerth sein, einen allgemeinern Begriff des Quotienten so aufzustellen, daß der bisherige nur als Spezialfall von ihm erscheint, so daß also ein allgemeineres Operiren überhaupt möglich wird, und von der Bedeutung der einzelnen Zahlzeichen nach und nach immer mehr und mehr abstrahirt werden darf, ohne Widersprüche befürchten zu müssen. Diese Bemerkung ist von außerordentlicher Wichtigkeit, da sie, wenn über die hier zum Grunde gelegten Begriffe hin ausgegangen wird, auf die Beschränktheiten der bisherigen aufmerksam macht, und dadurch den Keim zur Idee der nothwendigen Verallgemeinerung der Operationen in sich trägt.

16) Für **u : a**. Es ist G. (**u : a**) | G. (**g : a**).

Man hat deshalb

$$\{a > b\} : c \hookrightarrow \{a = b + x\} : c \hookrightarrow \frac{a}{c} = \frac{b+x}{c} = \frac{b}{c} + \frac{x}{c},$$

also

$$\{a > b\} : c \hookrightarrow \frac{a}{c} > \frac{b}{c};$$

d. h.

„Von zwei Quotienten mit gleichem Divisor und verschiedenen Dividenden, ist der mit dem größern Dividend auch der größere."

Warum gilt dies Gesetz auch umgekehrt?

Bemerkung. Oder G. ($\mathfrak{u}:\mathfrak{a}$) läßt sich auch so finden:

Aus $a > b$, $\curvearrowright \frac{a}{c} \cdot c > \frac{b}{c} \cdot c \curvearrowright$, nach II. Seite 19: $\frac{a}{c} > \frac{b}{c}$.

Oder u. A. so: Dividirt man sowohl a als b, einzeln durch c, so kommt $\frac{a}{c}$ und $\frac{b}{c}$. Da aber $a > b$, so ist die Zahl, welche mit c multiplizirt das größere a giebt, offenbar größer als die, welche mit demselben c multiplizirt, das kleinere b giebt.

17) Man sucht G. ($\mathfrak{a}:\mathfrak{u}$). Es ist G. ($\mathfrak{a}:\mathfrak{u}$) | G. ($\mathfrak{a}:\mathfrak{g}$).

Aus $$a:\{b > c\} \curvearrowright a:\{b = c + x\} \curvearrowright \frac{a}{b} = \frac{a}{c+x}.$$

Nun ist offenbar $\frac{a}{c+x} < \frac{a}{c}$. Denn aus $\frac{a}{c+x} \geqq \frac{a}{c} \curvearrowright$ $ac \geqq ac + ax$, was unmöglich ist, folglich $\frac{a}{c+x} < \frac{a}{c}$, oder $\frac{a}{b} < \frac{a}{c}$, mithin

$$a:\{b > c\} \curvearrowright \frac{a}{b} < \frac{a}{c};$$

d. h.

„Von zwei Quotienten mit gleichen Dividenden und verschiedenen Divisoren, ist der mit dem **kleinern** Divisor der **größere**."

Warum gilt dies Gesetz auch indirekt?

Bemerkung. Oder so für $\mathfrak{a}:\mathfrak{u}$ hat man auch:

Aus a, und $b > c$, $\curvearrowright ab > ac \curvearrowright$ nach 16): $\frac{ab}{cb} > \frac{ac}{bc} \curvearrowright \frac{a}{c} > \frac{a}{b}$.

Oder so: $\frac{a}{b} \cdot b = \frac{a}{c} \cdot c$, aber da $b > c$ ist, so kommt, nach S. 19., III. $\frac{a}{b} < \frac{a}{c}$.

Oder so: Aus a, und $b > c$ folgt offenbar $\frac{a}{b} < \frac{a}{c}$. Denn wäre $\frac{a}{b} \geqq \frac{a}{c}$, so käme $\frac{a}{b} \cdot (bc) \geqq \frac{a}{c} (bc) \curvearrowright \left(\frac{a}{b} \cdot b\right) c \geqq \left(\frac{a}{c} \cdot c\right) b \curvearrowright$ $ac \geqq ab \curvearrowright c \geqq b$, was unmöglich ist, wegen $c < b$.

Oder u. A. so: Dividirt man a ein Mal durch b, und ein anderes Mal durch c, so kommt $\frac{a}{b}$, und $\frac{a}{c}$. Da nun $b > c$, so ist die Zahl die mit der größern b multiplizirt a giebt, offenbar kleiner als die, welche mit der kleinern c (nämlich $c < b$) multiplizirt, dasselbe a giebt.

18) Man sucht G. ($\mathfrak{u}' : \mathfrak{u}$). Es ist G. ($\mathfrak{u}' : \mathfrak{u}$) | G. ($\mathfrak{g}' : \mathfrak{g}$). Man hat also

$$\{a > b\} : \{c > d\} \hookrightarrow \{a = b + x\} : \{d + y = c\} \hookrightarrow$$

$$\frac{a}{d+y} = \frac{b+x}{c} = \frac{b}{c} + \frac{x}{c} \hookrightarrow \frac{a}{d+y} > \frac{b}{c}.$$

Nun ist aber, nach 17), $\frac{a}{d} > \frac{a}{d+y}$, mithin aus

$$\frac{a}{d+y} > \frac{b}{c}, \text{ und}$$

$$\frac{a}{d} > \frac{a}{d+y} \hookrightarrow, \text{ nach 5. Lehrs.}$$

$$\frac{a}{d} > \frac{b}{c}.$$

Man hat also

$$\{a > b\} : \{c > d\} \hookrightarrow \frac{a}{d} > \frac{b}{c};$$

d. h.

„Von zwei Quotienten mit verschiedenen Dividenden und Divisoren ist derjenige der größere, der den größern Dividend und kleinern Divisor hat."

Warum gilt dies Gesetz nicht immer umgekehrt?

Bemerkung. Man hätte auch in Betreff $\mathfrak{u}' : \mathfrak{u}$, so schließen können: Aus $a > b$, und $c > d \hookrightarrow ac > bd$ *) $\hookrightarrow$ nach 16), $\frac{ac}{dc} > \frac{bd}{cd} \hookrightarrow \frac{a}{d} > \frac{b}{c}$.

Oder so: Aus $a > b \hookrightarrow \frac{a}{d} . d > \frac{b}{c} . c$; da nun $d < c$ ist, so $\hookrightarrow$ nach Seite 19., II., $\frac{a}{d} > \frac{b}{c}$.

Oder u. A. auch so: Da $a > b$, so ist $\frac{a}{d} > \frac{b}{d}$. Nun ist aber $c > d$, also $\frac{b}{c} < \frac{b}{d}$, mithin nach 5), $\frac{a}{d} > \frac{b}{c}$.

19) Es soll $\frac{a}{b+c}$ entwickelt werden. Wäre c nicht vorhanden, so hätte man $\frac{a}{b}$, dies ist aber offenbar zu groß, weil a nicht durch b, sondern durch eine größere Zahl, die $b + c$ ausdrückt, dividirt ist.

*) Man verbindet $a > b$, und $c > d$ darum durch die Multiplikation, um nachher zu ihrem Gegensatze, d. h. zur Divisions-Verbindung, übergehn zu können.

Um also zu finden, um wie viel $\frac{a}{b}$ größer ist als $\frac{a}{b+c}$, so hat man dafür $\frac{a}{b} - \frac{a}{b+c}$, aber da $\frac{p}{q} - \frac{v}{m} = \frac{mp - qv}{mq}$ ist, so ist $\frac{a}{b} - \frac{a}{b+c} = \frac{a(b+c) - ab}{b(b+c)} = \frac{ac}{bb+bc}$, mithin ist $\frac{a}{b+c}$ um $\frac{ac}{bb+bc}$ kleiner als $\frac{a}{b}$, weshalb $\frac{a}{b+c} = \frac{a}{b} - \frac{ac}{bb+bc}$ ist.

Jetzt entwickelt man $\frac{ac}{bb+bc}$ eben so. Setzte man nämlich statt $\frac{ac}{bb+bc}$ wieder $\frac{ac}{bb}$, so wäre dies zu groß, weil ac nicht durch bb, sondern durch einen größern Ausdruck bb+bc dividirt ist. Will man nun wissen, um wie viel $\frac{ac}{bb}$ größer ist als $\frac{ac}{bb+bc}$, so muß man von $\frac{ac}{bb}$ jetzt $\frac{ac}{bb+bc}$ subtrahiren, und erhält

$$\frac{ac}{bb} - \frac{ac}{bb+bc} = \frac{ac(bb+bc) - (ac)bb}{bb(bb+bc)} = \frac{(abbc+abcc) - abbc}{bb(bb+bc)} =$$
$$\frac{abcc}{bb(bb+bc)} = \frac{abcc:b}{[bb(bb+bc)]:b} = \frac{acc}{bbb+bbc}.$$

Es ist also $\frac{ac}{bb} - \frac{ac}{bb+bc} = \frac{acc}{bbb+bbc}$, $\frac{ac}{bb+bc} = \frac{ac}{bb} - \frac{acc}{bbb+bbc}$, d. h. $\frac{ac}{bb}$ ist um $\frac{acc}{bbb+bbc}$ größer als $\frac{ac}{bb+bc}$.

Wir haben nun schon oben gefunden:

$$\frac{a}{b+c} = \frac{a}{b} - \frac{ac}{bb+bc},$$

und hierin statt $\frac{ac}{bb+bc}$ die eben angegebene Differenz $\frac{ac}{bb} - \frac{acc}{bbb+bbc}$ gesetzt, giebt

$$\frac{a}{b+c} = \frac{a}{b} - \left(\frac{ac}{bb} - \frac{acc}{bbb+bbc}\right),$$ oder da

$p - (v - k) = (p - v) + k$ ist, so kommt

$$\frac{a}{b+c} = \left(\frac{a}{b} - \frac{ac}{bb}\right) + \frac{acc}{bbb+bbc}.$$

Auf demselben Wege kann man nun $\frac{acc}{bbb+bbc}$ wieder in eine Differenz verwandeln und so beliebig fortschließen.

Diese nämliche Auseinandersetzung diene zum leichtern Verständniß des Folgenden.

Man sucht G. (**a** : **s**) oder $\frac{a}{b+c}$. Aus

$$\frac{a}{b+c} = x, \curvearrowright$$

$$a = bx + cx, \text{ dividirt durch}$$

$$b = b \curvearrowright$$

$$\frac{a}{b} = x + \frac{c}{b} . x \curvearrowright$$

$$x = \frac{a}{b} - \frac{c}{b} . x \curvearrowright$$

$$x = \frac{a}{b} - \frac{c}{b} . \left(\frac{a}{b} - \frac{c}{b} x\right)$$

$$= \left(\frac{a}{b} - \frac{ac}{bb}\right) + \frac{cc}{bb} x$$

$$= \left(\frac{a}{b} - \frac{ac}{bb}\right) + \frac{cc}{bb}\left[\left(\frac{a}{b} - \frac{ac}{bb}\right) + \frac{cc}{bb} x\right]$$

$$= \left[\left(\left(\frac{a}{b} - \frac{ac}{bb}\right) + \frac{acc}{bbb}\right) - \frac{accc}{bbbb}\right] + \frac{cccc}{bbbb} x \curvearrowright$$

$$\frac{a}{b+c} = \left[\left(\left(\frac{a}{b} - \frac{ac}{bb}\right) + \frac{acc}{bbb}\right) - \frac{accc}{bbbb}\right] + \frac{cccc}{bbbb} . \frac{a}{b+c},$$

nachdem man $\frac{a}{b+c}$ für x gesetzt hat;

und so kann man mit dieser Entwicklung, deren Fortgang übrigens einleuchtet, fortfahren, indem man stets für x in der zuletzt erhaltenen Gleichung, die rechte Seite derselben, die ebenfalls x ausdrückt, setzt (substituirt).

Bemerkung. Da $b + c > b$, so ist, nach 17), $\frac{a}{b+c} < \frac{a}{b}$, und es sei deshalb

$$\frac{a}{b+c} = \frac{a}{b} - x, \curvearrowright$$

$$x = \frac{a}{b} - \frac{a}{b+c} = \frac{a(b+c) - ab}{b(b+c)} = \frac{ac}{bb+bc} \curvearrowright$$

$$\frac{a}{b+c} = \frac{a}{b} - \frac{ac}{bb+bc};$$

aus demselben Grunde sei wieder

$$\frac{ac}{bb+bc} = \frac{ac}{bb} - y, \text{ so } \frown$$

$$y = \frac{ac}{bb} - \frac{ac}{bb+bc} = \frac{ac(bb+bc)-abbc}{bb(bb+bc)} = \frac{acc}{bbb+bbc} \frown$$

$$\frac{a}{b+c} = \left(\frac{a}{b} - \frac{ac}{bb}\right) + \frac{acc}{bbb+bbc},$$

und so kann man fortfahren.

Oder auch so: Da aus $b+c > b \frown \frac{a}{b+c} < \frac{a}{b}$, so ist $\frac{a}{b+c}$ = einer Differenz zu denken, deren Minuend $\frac{a}{b}$ $\left(\text{oder } \frac{a}{c}\right)$ sein kann. Um demnach ein für alle mal einen Quotienten $\frac{D}{d}$ in eine Differenz zu verwandeln, deren Minuend beliebig angenommen werden darf, setze man

$$\frac{D}{d} = x - y, \text{ so } \frown$$

$$y = x - \frac{D}{d} \frown$$

$$\frac{D}{d} = x - \left(x - \frac{D}{d}\right).$$

$$= x - \frac{dx-D}{d} \frown$$

$$(\mathfrak{A}) \ldots \frac{D}{d} = x - \frac{dx-D}{d} \text{ (Vergl. 8));}$$

d. h.

„Ein Quotient $\frac{D}{d}$ ist gleich einer Differenz deren Minuend x beliebig ist, deren Subtrahend $\frac{dx-D}{d}$ erhalten wird, wenn man den Divisor d mit dem angenommenen x multiplizirt, von diesem Produkte dx den Dividend D subtrahirt, und diese Differenz dx — D durch den Divisor d dividirt."

Durch wiederholte Anwendung dieser Gleichung (A) hat man nun

$$\frac{a}{b+c} = \frac{a}{b} - \frac{(b+c).\frac{a}{b} - a}{b+c} = \frac{a}{b} - \frac{\left(a + \frac{ac}{b}\right) - a}{b+c} = \frac{a}{b} - \frac{\left(\frac{ac}{b}\right)}{b+c}.$$

Nun ist wieder:

$$\frac{\left(\frac{ac}{b}\right)}{b+c} = \frac{ac}{bb} - \frac{(b+c).\frac{ac}{bb} - \frac{ac}{b}}{b+c} = \frac{ac}{bb} - \frac{\left(\frac{ac}{b} + \frac{acc}{bb}\right) - \frac{ac}{b}}{b+c}$$

$$= \frac{ac}{bb} - \frac{\left(\frac{acc}{bb}\right)}{b+c};$$

also, wenn man nicht weiter fortschreitet:

$$\frac{a}{b+c} = \frac{a}{b} - \frac{\left(\frac{ac}{b}\right)}{b+c} = \frac{a}{b} - \left[\frac{ac}{bb} - \frac{(acc):(bb)}{b+c}\right] = \left(\frac{a}{b} - \frac{ac}{bb}\right) + \frac{\left(\frac{acc}{bb}\right)}{b+c}$$

$$= \left(\frac{a}{b} - \frac{ac}{bb}\right) + \frac{acc}{bb(b+c)}.$$

Da nach dem ersten Schritte

$$\frac{a}{b+c} = \frac{a}{b} - \frac{c}{b}.\frac{a}{b+c}$$

ist, so braucht man von hier ab, wie vorhin, die Gleichung $\frac{D}{d} = x - \frac{dx-D}{d}$ gar nicht weiter anzuwenden, indem sich aus vorstehender: $\frac{a}{b+c} = \frac{a}{b} - \frac{c}{b} \frac{a}{b+c}$, wenn in die rechte Seite statt $\frac{a}{b+c}$ der Ausdruck rechts, nämlich $\frac{a}{b} - \frac{c}{b}.\frac{a}{b+c}$, gesetzt wird $\frac{a}{b+c}$ von selbst entwickelt.

20) Man soll $\frac{a}{b-c}$ umformen. Wäre der Divisor um c größer als $b-c$, d. h. $(b-c)+c$ oder b, mithin c gar nicht im Divisor vorhanden, so hätte man statt $\frac{a}{b-c}$ jetzt $\frac{a}{b}$. Wollten wir also $\frac{a}{b}$ statt $\frac{a}{b-c}$ setzen, so würde der für $\frac{a}{b-c}$ angenommene Ausdruck $\frac{a}{b}$ zu klein sein, eben weil wir a nicht durch b, sondern durch einen um c kleinern Ausdruck dividiren sollen. Wir brauchen also nur zu bestimmen, um wie viele Einheiten $\frac{a}{b}$ kleiner ist als $\frac{a}{b-c}$, weshalb

wir von $\frac{a}{b-c}$ den kleinern Ausdruck $\frac{a}{b}$ subtrahiren müssen, dies giebt $\frac{a}{b-c} - \frac{a}{b}$, oder, da $\frac{p}{q} - \frac{v}{m} = \frac{mp - qv}{mq}$ ist, $\frac{a}{b-c} - \frac{a}{b} = \frac{ab - (b-c)a}{b(b-c)} = \frac{ab - (ab - ac)}{bb - bc} = \frac{ac}{bb - bc} \hookrightarrow \frac{a}{b-c} - \frac{a}{b} = \frac{ac}{bb - bc}$, d. h. $\frac{a}{b}$ ist um $\frac{ac}{bb - bc}$ kleiner als $\frac{a}{b-c}$, mithin $\frac{a}{b-c} = \frac{a}{b} + \frac{ac}{bb-bc}$. Hierdurch wäre nun $\frac{a}{b-c}$ in eine Summe $\frac{a}{b} + \frac{ac}{bb-bc}$ umgeformt. Da aber beim zweiten Summanden $\frac{ac}{bb-bc}$ wieder ein Ausdruck ac durch eine Differenz bb — bc dividirt ist, gerade so wie dies bei $\frac{a}{b-c}$ der Fall war, so können wir auch $\frac{ac}{bb-bc}$ auf demselben Wege wieder in eine Summe umformen. Wäre nun in $\frac{ac}{bb-bc}$ das bc gar nicht vorhanden, so hätte man statt $\frac{ac}{bb-bc}$, jetzt $\frac{ac}{bb}$; nun ist es aber vorhanden, und wir müssen es also auch mit in Betracht ziehn. Da aber bb — bc kleiner ist als bb, eben weil von bb noch bc subtrahirt ist, so ist auch $\frac{ac}{bb}$ kleiner als $\frac{ac}{bb-bc}$, eben weil hier dasselbe ac durch einen kleinern Ausdruck, $bb - bc < bb$, dividirt ist. Um daher wieder zu finden, um wie viel $\frac{ac}{bb-bc}$ größer ist als $\frac{ac}{bb}$, hat man $\frac{ac}{bb-bc} - \frac{ac}{bb} = \frac{(ac).(bb) - ac(bb-bc)}{bb(bb-bc)} = \frac{abbc - (abbc - abcc)}{bbbb - bbbc} = \frac{abcc}{bbbb - bbbc} = \frac{abcc : b}{(bbbb - bbbc) : b} = \frac{acc}{bbb - bbc} \hookrightarrow \frac{ac}{bb-bc} = \frac{ac}{bb} + \frac{acc}{bbb - bbc}$.

Substituiren wir nun in die rechte Seite der vorhin entwickelten Gleichung $\frac{a}{b-c} = \frac{a}{b} + \frac{ac}{bb-bc}$, statt $\frac{ac}{bb-bc}$, die eben dafür gefundene Summe $\frac{ac}{bb} + \frac{acc}{bbb-bbc}$, so kommt

$$\frac{a}{b-c} = \frac{a}{b} + \frac{ac}{bb} + \frac{acc}{bbb - bbc}.$$

Eben so findet sich wieder

$$\frac{acc}{bbb-bbc}=\frac{acc}{bbb}+\frac{accc}{bbbb-bbbc}\hookrightarrow$$

$$\frac{a}{b-c}=\frac{a}{b}+\frac{ac}{bb}+\frac{acc}{bbb}+\frac{accc}{bbbb-bbbc},$$

u. s. w. f.

Diese Schlüsse zusammengezogen, sind kurz folgende. Da $b-c<b$, so ist, nach 17), $\frac{a}{b-c}>\frac{a}{b}$.

Es sei deshalb

$$\frac{a}{b-c}=\frac{a}{b}+x,\hookrightarrow x=\frac{a}{b-c}-\frac{a}{b}=\frac{ac}{bb-bc}\hookrightarrow$$

$$\frac{a}{b-c}=\frac{a}{b}+\frac{ac}{bb-bc}.$$

Nun sei wieder, aus denselben Gründen,

$$\frac{ac}{bb-bc}=\frac{ac}{bb}+y,\hookrightarrow y=\frac{ac}{bb-bc}-\frac{ac}{bb}=\frac{acc}{bbb-bbc}\hookrightarrow$$

$$\frac{a}{b-c}=\frac{a}{b}+\frac{ac}{bb}+\frac{acc}{bbb-bbc}.$$

Diese wörtliche Auseinandersetzung diene hier ebenfalls zum leichtern Verständniß der Gründe, die diesen Gegenstand hier noch weiter betreffen.

Man sucht **a : d** oder $\frac{a}{b-c}$. Da aus $b-c<b$, $\hookrightarrow \frac{a}{b-c}>\frac{a}{b}$ (nach 17)), so darf $\frac{a}{b-c}$ = einer Summe gedacht werden, deren erster Summand $\frac{a}{b}$ ist. Es kommt demnach hier wieder darauf an, einen Quotienten in eine Summe umzuformen, und es werde, um jedem speziellen Entwicklungszwecke zu entsprechen, der erste Summand wieder beliebig z. B. $=x$ gedacht, so hat man aus

$$\frac{D}{d}=x+y,\hookrightarrow$$

$$y=\frac{D}{d}-x=\frac{D-dx}{d}\ \text{(nach 5))}\hookrightarrow$$

$$(\mathfrak{B})\ \dots\ \frac{D}{d}=x+\frac{D-dx}{d};$$

d. h.

„Ein Quotient $\frac{D}{d}$ ist gleich einer Summe deren erster Summand x ganz beliebig angenommen werden darf, deren zweiter hingegen gebildet wird, indem man vom Dividend D das Produkt dx subtrahirt, und diese Differenz D — dx durch den Divisor d dividirt."

Durch wiederholte Anwendung dieser Gleichung (B) hat man nun

$$\frac{a}{b-c} = \frac{a}{b} + \frac{a-(b-c)\cdot\frac{a}{b}}{b-c} = \frac{a}{b} + \frac{a-\left(a-\frac{ac}{b}\right)}{b-c} = \frac{a}{b} + \frac{\left(\frac{ac}{b}\right)}{b-c},$$

und wieder

$$\frac{\left(\frac{ac}{b}\right)}{b-c} = \frac{ac}{bb} + \frac{\frac{ac}{b}-(b-c)\cdot\frac{ac}{bb}}{b-c} = \frac{ac}{bb} + \frac{\left(\frac{acc}{bb}\right)}{b-c},$$

$$\frac{a}{b-c} = \frac{a}{b} + \frac{ac}{bb} + \frac{\left(\frac{acc}{bb}\right)}{b-c},$$ ferner

$$\frac{\left(\frac{acc}{bb}\right)}{b-c} = \frac{acc}{bbb} + \frac{\frac{acc}{bb}-(b-c)\cdot\frac{acc}{bbb}}{b-c} = \frac{acc}{bbb} + \frac{\left(\frac{accc}{bbb}\right)}{b-c},$$

$$\frac{a}{b-c} = \frac{a}{b} + \frac{ac}{bb} + \frac{acc}{bbb} + \frac{\left(\frac{accc}{bbb}\right)}{b-c},$$

und so kann man mit dieser Entwicklung, vermöge der Gleichung (B), beliebig weiter fortschreiten.

Stellt man das bei dieser Entwicklung beobachtete Verfahren kurz zusammen, so ergiebt sich folgendes Divisionsschema:

Dividend: a	Divisor: b — c.
	Die dem Quotienten $\frac{a}{b-c}$ gleiche Summe:
$(\alpha) \ldots a - \frac{ac}{b}$	$\frac{a}{b} + \frac{ac}{bb} + \frac{acc}{bbb} + \frac{accc}{bbb(b-c)}$;
$(\beta) \ldots \frac{ac}{b}$	
$(\alpha') \ldots \frac{ac}{b} - \frac{acc}{bb}$	
$(\beta') \ldots \frac{acc}{bb}$	
$(\alpha'') \ldots \frac{acc}{bb} - \frac{accc}{bbb}$	
$(\beta'') \ldots \frac{accc}{bbb}$.	

Erläuterung. Man soll $\frac{a}{b-c}$ in eine Summe verwandeln. Man setze ein für alle Mal den Dividend a zur Linken, und den Divisor b — c oben zur Rechten des Vertikalstrichs. Der Dividend a durch das erste Glied b des Divisors b — c dividirt, giebt $\frac{a}{b}$. Da wir a nicht durch b, sondern durch einen kleinern Ausdruck b — c dividiren sollen, so ist auch $\frac{a}{b}$ zu klein gefunden, d. h. $\frac{a}{b} < \frac{a}{b-c}$. Weil aber $\frac{a}{b-c}$ nichts weiter als ein Ausdruck ist, der mit b — c multiplizirt a giebt, so müssen wir auch einen solchen für $\frac{a}{b-c}$ finden. Wir haben aber für $\frac{a}{b-c}$ vorläufig einen zu kleinen Ausdruck, nämlich $\frac{a}{b}$ angenommen, und um zu bestimmen, um wie viel er zu klein ist, werden wir $\frac{a}{b}$, nachdem er rechts vom Vertikalstrich gesetzt ist, mit dem darüber stehenden Divisor b — c multipliziren, und zu sehen, um wie viel das Produkt von a abweicht. Nun giebt $\frac{a}{b}$ mit b — c multiplizirt: $\frac{a}{b}(b-c) = \frac{a}{b}.b - \frac{a}{b}.c = a - \frac{ac}{b}..(\alpha)$. Subtrahiren wir jetzt α oder $a - \frac{ac}{b}$ von a, so finden wir dadurch, um wie viel $a - \frac{ac}{b}$ von a abweicht, und es kommt

$$\begin{array}{lcl} & a & \\ \text{subtrahirt } (\alpha) \ldots & a - & \frac{ac}{b}, \\ \hline \text{bleibt } (\beta) \ldots & & \frac{ac}{b} = a - \left(a - \frac{ac}{b}\right). \end{array}$$

Nach diesem ersten Schritte haben wir also $\frac{a}{b-c} = \frac{a}{b} + \frac{\left(\frac{ac}{b}\right)}{b-c}$.

Dividirt man nun wieder β oder $\frac{ac}{b}$, durch das erste Glied b des Divisors b — c, um $\frac{\left(\frac{ac}{b}\right)}{b-c}$ weiter zu entwickeln, so kommt $\frac{ac}{b}:b = \frac{ac}{bb}$.

Dies $\frac{ac}{bb}$ wird zu $\frac{a}{b}$, rechts vom Vertikalstrich, addirt. Da aber $\frac{ac}{bb}$ aus demselben Grunde wieder kleiner ist als $\frac{\left(\frac{ac}{b}\right)}{b-c}$, so multipliziren wir $\frac{ac}{bb}$ mit dem darüber stehenden Divisor b — c, welches giebt $\frac{ac}{bb} \cdot (b-c) = \frac{ac}{b} - \frac{acc}{bb} \ldots (\alpha')$, und subtrahiren dies von (β), um zu finden, um wie viel $\frac{ac}{b} - \frac{acc}{bb}$ von $\frac{ac}{b}$ abweicht. Man hat daher

$$(\beta) \ldots \frac{ac}{b}$$

$$\text{subtrahirt } (\alpha') \ldots \frac{ac}{b} - \frac{acc}{bb}$$

$$\text{bleibt } (\beta') \ldots \frac{acc}{bb} = \frac{ac}{b} - \left(\frac{ac}{b} - \frac{acc}{bb}\right).$$

Nach diesem zweiten Schritte haben wir

$$\frac{a}{b-c} = \frac{a}{b} + \frac{ac}{bb} + \frac{\left(\frac{acc}{bb}\right)}{b-c}.$$

Dividirt man nun wieder β' oder $\frac{acc}{bb}$ durch das erste Glied b des Divisors b — c, um $\frac{\left(\frac{acc}{bb}\right)}{b-c}$ weiter zu entwickeln, so kommt $\frac{acc}{bb} : b = \frac{acc}{bbb}$. Dies $\frac{acc}{bbb}$ wird zu $\frac{a}{b} + \frac{ac}{bb}$, rechts vom Vertikalstrich, addirt. Da aber $\frac{acc}{bbb}$ aus demselben Grunde wieder kleiner ist als $\frac{\left(\frac{acc}{bb}\right)}{b-c}$, so multipliziren wir $\frac{acc}{bbb}$ mit dem darüber stehenden Divisor b — c, welches giebt $\frac{acc}{bbb} \cdot (b-c) = \frac{acc}{bbb} \cdot b - \frac{acc}{bbb} \cdot c = \frac{acc}{bb} - \frac{accc}{bbb} \ldots (\alpha'')$, und subtrahiren dies von β' oder $\frac{acc}{bb}$, um zu finden, um wieviel $\frac{acc}{bb} - \frac{accc}{bbb}$ von $\frac{acc}{bb}$ abweicht. Man hat daher

$$(\beta') \ldots \frac{acc}{bb}$$

subtrahirt $(\alpha'') \ldots \frac{acc}{bb} - \frac{accc}{bbb}$

bleibt $(\beta'') \ldots \frac{accc}{bbb} = \frac{acc}{bb} - \left(\frac{acc}{bb} - \frac{accc}{bbb}\right).$

Nach diesem dritten Schritte haben wir daher

$$\frac{a}{b-c} = \frac{a}{b} + \frac{ac}{bb} + \frac{acc}{bbb} + \frac{accc}{bbb\,(b-c)}.$$

Auf diesem Wege kann man mit der Entwicklung fortschreiten. Weil dies Schema für die Divisions-Entwicklungen späterhin oft angewendet werden wird, so ist auch hier, wie überall, die Einsicht in die Richtigkeit des Verfahrens die Hauptsache, und wer da denkt, daß das bloße mechanische Manöver genügt, irrt sich unendlich *).

Bemerkung 1. Man kann auch so schließen:

Aus $\frac{a}{b-c} = x,$

$$a = bx - cx, \text{ divid. durch}$$
$$b = b,$$
$$\frac{a}{b} = x - \frac{c}{b}.x$$
$$x = \frac{a}{b} + \frac{c}{b}.x \text{ **)},$$

und in die rechte Seite statt x den Ausdruck rechts, nämlich $\frac{a}{b} + \frac{c}{b}.x$ gesetzt.

$$x = \frac{a}{b} + \frac{c}{b}\left(\frac{a}{b} + \frac{c}{b}x\right)$$
$$= \frac{a}{b} + \frac{ac}{bb} + \frac{cc}{bb}.x.$$

Setzt man nun wieder in die rechte Seite, statt x, den Ausdruck in der rechten Seite selbst, und schließt auf ähnliche Weise fort, so kommt

*) Absichtlich haben wir die Entwicklungen von a:s und a:d etwas ausführlich behandelt, weil uns die Erfahrung gelehrt hat, daß dieselben dem Anfänger in der Regel schwer fallen. Wer mit Ruhe und Einsicht der hier gegebenen Auseinandersetzung folgt, wird gewiß nirgends eine Dunkelheit erblicken.

**) Hierdurch ist schon die Entwicklung von $\frac{a}{b-c}$ gegeben; denn man hat, da $x = \frac{a}{b-c}$ ist: $\frac{a}{b-c} = \frac{a}{b} + \frac{c}{b}.\frac{a}{b-c}$, und darf nur für $\frac{a}{b-c}$ rechts, den Ausdruck rechts selbst setzen u. s. f.

$$x = \frac{a}{b} + \frac{ac}{bb} + \frac{cc}{bb}\left(\frac{a}{b} + \frac{ac}{bb} + \frac{cc}{bb}x\right)$$

$$= \frac{a}{b} + \frac{ac}{bb} + \frac{acc}{bbb} + \frac{accc}{bbbb} + \frac{cccc}{bbbb}x =$$

$$\frac{a}{b} + \frac{ac}{bb} + \frac{acc}{bbb} + \frac{accc}{bbbb} + \frac{cccc}{bbbb}\left[\frac{a}{b} + \frac{ac}{bb} + \frac{acc}{bbb} + \frac{accc}{bbbb} + \frac{cccc}{bbbb}x\right] =$$

$$\frac{a}{b} + \frac{ac}{bb} + \frac{acc}{bbb} + \frac{accc}{bbbb} + \frac{acccc}{bbbbb} + \frac{accccc}{bbbbbb} + \frac{acccccc}{bbbbbbb} + \frac{accccccc}{bbbbbbbb}$$
$$+ \frac{cccccccc}{bbbbbbbb}x.$$

Man hat also, wenn für x wieder $\frac{a}{b-c}$ gesetzt wird:

$$\frac{a}{b-c} = \frac{a}{b} + \frac{a}{b}\cdot\frac{c}{b} + \frac{a}{b}\cdot\frac{cc}{bb} + \frac{a}{b}\cdot\frac{ccc}{bbb} + \frac{a}{b}\cdot\frac{cccc}{bbbb} + \frac{a}{b}\cdot\frac{ccccc}{bbbbb}$$
$$+ \frac{a}{b}\cdot\frac{cccccc}{bbbbbb} + \frac{a}{b}\cdot\frac{ccccccc}{bbbbbbb} + \frac{cccccccc}{bbbbbbbb}\cdot\frac{a}{b-c},$$

und so kann man mit der Substitution beliebig weiter fortschreiten.

In der Entwicklung von $\frac{a}{b-c}$ zeigt sich — so weit wir sie hier verfolgt haben — ein bestimmtes Gesetz. Wäre es für jede weitere Entwicklung von $\frac{a}{b-c}$ giltig, so könnten wir unmittelbar, ohne erst die Substitution vorzunehmen, von der dem Quotienten $\frac{a}{b-c}$ gleichen Summe, so viele Summanden angeben, wie man verlangt. Um zur Überzeugung zu gelangen, daß dies Gesetz allgemein wahr ist, schließen wir, wie folgt.

Gesetzt es wäre

$$\frac{a}{b-c} = \frac{a}{b} + \frac{a}{b}\cdot\frac{c}{b} + \frac{a}{b}\cdot\frac{cc}{bb} + \ldots + \frac{a}{b}\left(\frac{c}{b}\right)^{m-1} + \left(\frac{c}{b}\right)^{m}\cdot\frac{a}{b-c},$$

wo m nicht jede, sondern nur eine (einzige) bestimmte Zahl bezeichnet. Ist nun diese Voraussetzung richtig, so folgt aus ihr, wenn rechts, statt $\frac{a}{b-c}$, die diesem Quotienten gleiche Summe $\frac{a}{b} + \frac{c}{b}\cdot\frac{a}{b-c}$ gesetzt wird:

$$\frac{a}{b-c} = \frac{a}{b} + \frac{a}{b}\cdot\frac{c}{b} + \frac{a}{b}\cdot\frac{cc}{bb} + \ldots + \frac{a}{b}\left(\frac{c}{b}\right)^{m-1} + \left(\frac{c}{b}\right)^{m}\left[\frac{a}{b} + \frac{c}{b}\cdot\frac{a}{b-c}\right]$$
$$= \frac{a}{b} + \frac{a}{b}\cdot\frac{c}{b} + \frac{a}{b}\cdot\frac{cc}{bb} + \ldots + \frac{a}{b}\cdot\left(\frac{c}{b}\right)^{m-1} + \frac{a}{b}\cdot\left(\frac{c}{b}\right)^{m} + \left(\frac{c}{b}\right)^{m+1}\cdot\frac{a}{b-c}\ {}^{*)}.$$

*) Man konnte auch beide Seiten der vorausgesetzten Gleichung mit b — c multipliziren und hätte dadurch einen direkten Beweis erhalten.

Hieraus folgt, daß wenn unser Gesetz für m richtig ist, es auch dann für $m+1$ wahr sein muß. Nun ist dasselbe für $m=2$ bereits wahr, weil $\frac{a}{b-c} = \frac{a}{b} + \frac{a}{b}\cdot\frac{c}{b} + \frac{cc}{bb}\cdot\frac{a}{b-c}$ gefunden ist, mithin gilt es auch für $m+1$, d. h. für 3. Nachdem man sich diese Schlüsse bis ins Endlose ($\sim$) fortgesetzt gedacht hat, leuchtet die Allgemeinheit dieses Gesetzes (welches vom zweiten Gliede beginnt) ein. —

Auf diesem Wege läßt sich auch das Gesetz des Fortgangs für die in 19) angegebene Entwicklung von $\frac{a}{b+c}$ erweisen.

Da nach 19):

$$\frac{a}{b+c} = \frac{a}{b} - \frac{c}{b}\cdot\frac{a}{b+c}$$

ist, so könnte man auch hieraus unmittelbar $\mathfrak{a}:\mathfrak{d}$ ableiten, indem in beide Seiten dieser Gleichung $b-c$ statt b gesetzt wird. Es kommt

$$\frac{a}{(b-c)+c} = \frac{a}{b-c} - \frac{c}{b-c}\cdot\frac{a}{(b-c)+c} \hookrightarrow$$

$$\frac{a}{b} = \frac{a}{b-c} - \frac{a}{b-c}\cdot\frac{c}{b} \hookrightarrow$$

$$\frac{a}{b-c} = \frac{a}{b} + \frac{c}{b}\cdot\frac{a}{b-c}.$$

Eben so hätte man von dieser Gleichung zu $\frac{a}{b+c}$ dadurch übergehn können, daß man $b+c$ statt b in dieselbe setzt.

Bemerkung 2. Um späterhin alle zusammengesetzteren Divisions-Aufgaben behandeln zu können, so wie des Zusammenhanges wegen, ist es nöthig sich Rechenschaft von den noch folgenden einfachen zu geben.

1) G. $(\mathfrak{q}+\mathfrak{s})$ | G. $[\mathfrak{q}+\mathfrak{a}$ oder $\mathfrak{a}+\mathfrak{s}$ oder $\mathfrak{a}'+\mathfrak{a}] \hookrightarrow$ *).

$$\frac{a}{b}+(c+d) = \frac{a+b(c+d)}{b} = \frac{a+bc+bd}{b} = \frac{a}{b}+c+d. \text{ u. s. w.}$$

2) G. $(\mathfrak{g}+\mathfrak{q})$ | G. $(\mathfrak{g}+\mathfrak{a})$, und G. $(\mathfrak{u}+\mathfrak{q})$ | G. $(\mathfrak{u}+\mathfrak{a}) \hookrightarrow$

$$\{a \overset{=}{>} b\} + \frac{c}{d} \hookrightarrow a+\frac{c}{d} \overset{=}{>} b+\frac{c}{d} \hookrightarrow \frac{ad+c}{d} \overset{=}{>} \frac{bd+c}{d}. \text{ u. s. w.}$$

3) G. $(\mathfrak{q}+\mathfrak{p})$ | G. $[\mathfrak{q}+\mathfrak{a}$ oder $\mathfrak{a}+\mathfrak{p}$ oder $\mathfrak{a}'+\mathfrak{a}] \hookrightarrow$

$$\frac{a}{b}+cd = \frac{a+bcd}{b} = \frac{a}{b}+dc = dc+\frac{a}{b}. \text{ u. s. w.}$$

*) Bedeutet: G. $(\mathfrak{q}+\mathfrak{p})$ ist abhängig vom Gesetze für $\mathfrak{q}+\mathfrak{a}$, oder abhängig von $\mathfrak{a}+\mathfrak{p}$, oder abhängig vom Gesetze für $\mathfrak{a}'+\mathfrak{a}$. So in ähnlichen Fällen.

4) $\mathfrak{G}$. $(\mathfrak{q}+\mathfrak{P})$ | $\mathfrak{G}$. $[\mathfrak{q}+\mathfrak{a}$ oder $\mathfrak{a}'+\mathfrak{a}]$ ↪

$\frac{a}{b}+d^c = \frac{a+b.d^c}{b} = d^c+\frac{a}{b}$. u. s. w.

5) $\mathfrak{G}$ $(\mathfrak{q}+\mathfrak{d})$ | $\mathfrak{G}$. $[\mathfrak{q}+\mathfrak{a}, \mathfrak{a}+\mathfrak{d}, \mathfrak{a}'+\mathfrak{a}]$ ↪

$\frac{a}{b}+(c-d)=\frac{a+b(c-d)}{b} = \frac{(a+bc)-bd}{b} = \left(\frac{a}{b}+c\right)-d$. u. s. w.

6) $\mathfrak{G}$. $(\mathfrak{q}\,.\,\mathfrak{s})$ | $\mathfrak{G}$. $[\mathfrak{q}\,.\,\mathfrak{a}$, oder $\mathfrak{a}\,.\,\mathfrak{s}$, oder $\mathfrak{a}'.\,\mathfrak{a}]$ ↪

$\frac{a}{b}.(c+d) = \frac{ac+ad}{b} = \frac{a}{b}.c+\frac{a}{b}.d$. u. s. w.

7) $\mathfrak{G}$. $(\mathfrak{g}\,.\,\mathfrak{q})$ | $\mathfrak{G}$. $(\mathfrak{g}\,.\,\mathfrak{a})$, und $\mathfrak{G}$. $(\mathfrak{u}\,.\,\mathfrak{q})$ | $\mathfrak{G}$. $(\mathfrak{u}\,.\,\mathfrak{a})$ ↪

$\{a \overset{=}{>} b\}.\frac{c}{d}$ ↪ $\frac{ac}{d} \overset{=}{>} \frac{bc}{d}$. u. s. w.

8) $\mathfrak{G}$. $(\mathfrak{q}\,.\,\mathfrak{p})$ | $\mathfrak{G}$. $[\mathfrak{q}\,.\,\mathfrak{a}$ oder $\mathfrak{a}\,.\,\mathfrak{p}, \mathfrak{a}'.\,\mathfrak{a}]$ ↪

$\frac{a}{b}.(cd) = \frac{acd}{b} = \left(\frac{a}{b}.c\right)d = \frac{c}{b}.a.d$. u. s. w.

9) $\mathfrak{G}$. $(\mathfrak{q}\,.\,\mathfrak{P})$ | $\mathfrak{G}$. $[\mathfrak{q}\,.\,\mathfrak{a}$ oder $\mathfrak{a}'.\,\mathfrak{a}]$ ↪

$\frac{a}{b}.d^c = \frac{a.d^c}{b} = \frac{d^c}{b}.a$. u. s. w.

10) $\mathfrak{G}$. $(\mathfrak{q}\,.\,\mathfrak{d})$ | $\mathfrak{G}$. $[\mathfrak{q}\,.\,\mathfrak{a}$ oder $\mathfrak{a}\,.\,\mathfrak{d}, \mathfrak{a}'.\mathfrak{a}]$ ↪

$\frac{a}{b}.(c-d) = \frac{ac-ad}{b} = \frac{a}{b}.c-\frac{a}{b}.d$. u. s. w.

11) $\mathfrak{G}$. $(\mathfrak{q}^{\mathfrak{s}})$ | $\mathfrak{G}$. $(\mathfrak{q}^{\mathfrak{a}}$ oder $\mathfrak{a}^{\mathfrak{s}})$ ↪

$\left(\frac{a}{b}\right)^{c+d} = \frac{a^{c+d}}{b^{c+d}} = \frac{a^c.a^d}{b^c.b^d} = \left(\frac{a}{b}\right)^c.\left(\frac{a}{b}\right)^d$. u. s. w.

12) $\mathfrak{G}$. $(\mathfrak{q}^{\mathfrak{g}})$ | $\mathfrak{G}$. $(\mathfrak{a}^{\mathfrak{g}})$, und $\mathfrak{G}$. $(\mathfrak{q}^{\mathfrak{u}})$ | $\mathfrak{G}$. $(\mathfrak{a}^{\mathfrak{u}})$ ↪

$\frac{a}{b} \frown \{c \overset{=}{>} d\}$ ↪ $\left(\frac{a}{b}\right)^c \overset{=}{>} \left(\frac{a}{b}\right)^d$.

13) $\mathfrak{G}$. $(\mathfrak{q}^{\mathfrak{p}})$ | $\mathfrak{G}$. $[\mathfrak{a}^{\mathfrak{p}}$ oder $\mathfrak{q}^{\mathfrak{a}}]$ ↪

$\left(\frac{a}{b}\right)^{cd} = \left(\left(\frac{a}{b}\right)^c\right)^d = \frac{a^{cd}}{b^{cd}}$. u. s. w.

14) $\mathfrak{G}$. $(\mathfrak{q}^{\mathfrak{P}})$ | $\mathfrak{G}$. $(\mathfrak{q}^{\mathfrak{a}})$ ↪

$\left(\frac{a}{b}\right)^{d^c} = \frac{a^{d^c}}{b^{d^c}}$.

15) $\mathfrak{G}$. $(\mathfrak{q}^{\mathfrak{d}})$ | $\mathfrak{G}$. $[\mathfrak{a}^{\mathfrak{d}}$ oder $\mathfrak{q}^{\mathfrak{a}}]$ ↪

$\left(\frac{a}{b}\right)^{c-d} \doteq \left(\frac{a}{b}\right)^c : \left(\frac{a}{b}\right)^d = \frac{a^c.b^d}{b^c.a^d} = \frac{a^{c-d}}{b^{c-d}} = \frac{a^c:a^d}{b^c:b^d}$. u. s. w.

16) $\mathfrak{G}. (\mathfrak{q}^{\mathfrak{q}'}) \mid \mathfrak{G}. (\mathfrak{q}^{\mathfrak{a}}$ oder $\mathfrak{a}^{\mathfrak{q}}) \hookrightarrow$

$$\left(\frac{a}{b}\right)^{\frac{c}{d}} = \frac{a^{\frac{c}{d}}}{b^{\frac{c}{d}}}.$$

In Betreff der zweiten Abhängigkeit, sei $a^{\frac{b}{c}} = x, \hookrightarrow \left(a^{\frac{b}{c}}\right)^c = x^c \hookrightarrow a^b = x^c$. Um aber x aus dieser Gleichung darzustellen, oder vom x^c zu x zurückschreiten zu können, bedarf es des Gegensatzes der Potenzirung, den wir erst späterhin der nähern Untersuchung unterwerfen werden, eben weil sich nicht Alles auf ein Mal systematisch entwickeln läßt.

17) $\mathfrak{G}. (\mathfrak{s}^{\mathfrak{q}}) \mid \mathfrak{G}. (\mathfrak{s}^{\mathfrak{a}}$ oder $\mathfrak{a}^{\mathfrak{q}}) \hookrightarrow$

$$(a+b)^{\frac{c}{d}} = a^{\frac{c}{d}} + \frac{c}{d} \cdot a^{\frac{c}{d}-1} b + \mathfrak{A} \text{ (binomischer Satz).}$$

18) $\mathfrak{G}. (\mathfrak{g}^{\mathfrak{q}}) \mid \mathfrak{G}. (\mathfrak{g}^{\mathfrak{a}})$, und $\mathfrak{G}. (\mathfrak{u}^{\mathfrak{q}}) \mid \mathfrak{G}. (\mathfrak{u}^{\mathfrak{a}}) \hookrightarrow$

$\{a \geqq b\} \frown \frac{c}{d} \hookrightarrow a^{\frac{c}{d}} \geqq b^{\frac{c}{d}}$, u. d. weitere Umform. ist abhängig v. $\mathfrak{a}^{\mathfrak{q}}$.

19) $\mathfrak{G}. (\mathfrak{p}^{\mathfrak{q}}) \mid \mathfrak{G}. (\mathfrak{p}^{\mathfrak{a}}$ oder $\mathfrak{a}^{\mathfrak{q}}) \hookrightarrow$

$$(a.b)^{\frac{c}{d}} = a^{\frac{c}{d}} . b^{\frac{c}{d}}.$$

20) $\mathfrak{G}. (\mathfrak{P}^{\mathfrak{q}}) \mid \mathfrak{G}. (\mathfrak{P}^{\mathfrak{a}}$ oder $\mathfrak{a}^{\mathfrak{q}}) \hookrightarrow$

$(a^b)^{\frac{c}{d}} = a^{\frac{bc}{d}} = \left(a^{\frac{c}{d}}\right)^b = \left(a^{\frac{b}{d}}\right)^c$. U. s. w.

21) $\mathfrak{G}. (\mathfrak{d}^{\mathfrak{q}}) \mid \mathfrak{G}. (\mathfrak{d}^{\mathfrak{a}}$ oder $\mathfrak{a}^{\mathfrak{q}}) \hookrightarrow$

$$(a-b)^{\frac{c}{d}} = a^{\frac{c}{d}} - \frac{c}{d} \cdot a^{\frac{c}{d}-1} b + \mathfrak{A} \text{ (binom. Satz)}$$

22) $\mathfrak{G}. (\mathfrak{q} - \mathfrak{s}) \mid \mathfrak{G}. (\mathfrak{q} - \mathfrak{a}$ oder $\mathfrak{a} - \mathfrak{s}) \hookrightarrow$

$\frac{a}{b} - (c+d) = \frac{(a-bc)-bd}{b} = \left(\frac{a}{b} - c\right) - d$. U. s. w.

23) $\mathfrak{G}. (\mathfrak{q} - \mathfrak{g}) \mid \mathfrak{G}. (\mathfrak{a} - \mathfrak{g})$, und $\mathfrak{G}. (\mathfrak{q} - \mathfrak{u}) \mid \mathfrak{G}. (\mathfrak{a} - \mathfrak{u}) \hookrightarrow$

$\frac{a}{b} - \{c \geqq d\} \cdot, \frac{a-bc}{b} \leqq \frac{a-bd}{b}$. U. s. w.

24) $\mathfrak{G}. (\mathfrak{q} - \mathfrak{p}) \mid \mathfrak{G}. (\mathfrak{q} - \mathfrak{a}$ oder $\mathfrak{a} - \mathfrak{p}) \hookrightarrow$

$\frac{a}{b} - cd = \frac{a - bcd}{b} = \frac{a}{b} - dc$. U. s. w.

25) $\mathfrak{G}. (\mathfrak{q} - \mathfrak{P}) \mid \mathfrak{G}. (\mathfrak{q} - \mathfrak{a}) \hookrightarrow$

$$\frac{a}{b} - d^c = \frac{a - b.d^c}{b}.$$

26) S. $(\mathfrak{q}-\mathfrak{d})$ | S. $(\mathfrak{a}-\mathfrak{d}$ oder $\mathfrak{q}-\mathfrak{a}) \hookrightarrow$

$$\frac{a}{b}-(c-d)=\left(\frac{a}{b}-c\right)+d=\frac{(a-bc)+bd}{b}.$$ u. s. w.

27) S. $(\mathfrak{s}-\mathfrak{q})$ | S. $(\mathfrak{a}-\mathfrak{q}$ oder $\mathfrak{s}-\mathfrak{a}) \hookrightarrow$

$$(a+b)-\frac{c}{d}=\frac{(ad+bd)-c}{d}=\left(a-\frac{c}{d}\right)+b.$$ u. s. w.

28) S. $(\mathfrak{g}-\mathfrak{q})$ | S. $(\mathfrak{g}-\mathfrak{a})$, und S. $(\mathfrak{u}-\mathfrak{q})$ | S. $(\mathfrak{u}-\mathfrak{a}) \hookrightarrow$

$$\{a \overset{=}{>} b\}-\frac{c}{d} \hookrightarrow \frac{ad-c}{d} \overset{=}{>} \frac{bd-c}{d}.$$

29) S. $(\mathfrak{p}-\mathfrak{q})$ | S. $(\mathfrak{a}-\mathfrak{q}$ oder $\mathfrak{p}-\mathfrak{a}) \hookrightarrow$

$$a.b-\frac{c}{d}=\frac{a.b.d-c}{d}=b.a-\frac{c}{d}.$$ u. s. w.

30) S. $(\mathfrak{P}-\mathfrak{q})$ | S. $(\mathfrak{a}-\mathfrak{q}) \hookrightarrow$

$$b^a-\frac{c}{d}=\frac{b^a.d-c}{d}.$$ u. s. w.

31) S. $(\mathfrak{d}-\mathfrak{q})$ | S. $(\mathfrak{a}-\mathfrak{q}$ oder $\mathfrak{d}-\mathfrak{a}) \hookrightarrow$

$$(a-b)-\frac{c}{d}=\frac{(ad-bd)-c}{d}=a-\frac{bd+c}{d}.$$ u. s. w.

32) S. $(\mathfrak{P}:\mathfrak{a})$ | S. $(\mathfrak{a}':\mathfrak{a}) \hookrightarrow$

$$b^a:c=\frac{b^a.m}{c.m}=\frac{b^a:m}{c:m}.$$

33) S. $(\mathfrak{a}:\mathfrak{P})$ | S. $(\mathfrak{a}':\mathfrak{a}) \hookrightarrow$

$$a:b^c=\frac{a.m}{b^c.m}=\frac{a:m}{b^c:m}.$$

34) S. $(\mathfrak{s}':\mathfrak{s})$ | S. $(\mathfrak{a}:\mathfrak{s}$ oder $\mathfrak{s}:\mathfrak{a}) \hookrightarrow$

$$\frac{a+b}{c+d}=\frac{a+b}{c}-\frac{(a+b)d}{c(c+d)}=\frac{a}{c+d}+\frac{b}{c+d}$$

$$=\left(\frac{a}{c}-\frac{ad}{c(c+d)}\right)+\left(\frac{b}{c}-\frac{bd}{c(c+d)}\right)=\left[\left(\frac{a}{c}-\frac{ad}{cc}\right)+\frac{add}{ccc+ccd}\right]$$

$$+\left[\left(\frac{b}{c}-\frac{bd}{cc}\right)+\frac{bdd}{ccc+ccd}\right].$$ u. s. w.

35) S. $(\mathfrak{g}:\mathfrak{s})$ | S. $(\mathfrak{g}:\mathfrak{a})$, und S. $(\mathfrak{u}:\mathfrak{s})$ | S. $(\mathfrak{u}:\mathfrak{a}) \hookrightarrow$

$$\{a \overset{=}{>} b\}:(c+d) \hookrightarrow \frac{a}{c+d} \overset{=}{>} \frac{b}{c+d} \hookrightarrow$$

$$\frac{a}{c}-\frac{ad}{c(c+d)} \overset{=}{>} \frac{b}{c}-\frac{bd}{c(c+d)}.$$ u. s. w.

36) 𝔖. (𝔭:𝔰) | 𝔖. (𝔭:𝔞 oder 𝔞:𝔰 oder 𝔞′:𝔞) ⤷

$$\frac{ab}{c+d} = \frac{a}{c+d} . b = \frac{ab}{c} - \frac{abd}{c(c+d)} = \frac{abm}{(c+d)m}.$$ u. s. w.

37) 𝔖. (𝔓:𝔰) | 𝔖. (𝔞:𝔰 oder 𝔞′:𝔞) ⤷

$$b^a:(c+d) = \frac{b^a}{c} - \frac{b^a . d}{c(c+d)} = \frac{b^a . m}{(c+d) . m}.$$ u. s. w.

38) 𝔖. (𝔡:𝔰) | 𝔖. (𝔡:𝔞 oder 𝔞:𝔰 oder 𝔞′:𝔞) ⤷

$$\frac{a-b}{c+d} = \frac{a}{c+d} - \frac{b}{c+d} = \left(\frac{a}{c} - \frac{ad}{c(c+d)}\right) - \left(\frac{b}{c} - \frac{bd}{c(c+d)}\right).$$ u. s. w.

39) 𝔖. (𝔮:𝔰) | 𝔖. (𝔮:𝔞 oder 𝔞:𝔰 oder 𝔞′:𝔞) ⤷

$$\frac{a}{b} : (c+d) = \frac{a:(c+d)}{b} = \frac{a}{bc+bd} = \frac{a}{bc} - \frac{ad}{c(bc+bd)}.$$ u. s. w.

40) 𝔖. (𝔤:𝔲) | 𝔖. (𝔤′:𝔤) ⤷

$\{a = b\} : \{c > d\}$ ⤷ $a : c < b : d$. u. s. w.

41) 𝔖. (𝔰:𝔤) | 𝔖. (𝔞:𝔤), und 𝔖. (𝔰:𝔲) | 𝔖. (𝔞:𝔲) ⤷

$(a + b) : \{c \gtreqless d\}$ ⤷ $\frac{a}{c} + \frac{b}{c} \lesseqgtr \frac{a}{d} + \frac{b}{d}$. u. s. w.

42) 𝔖. (𝔰:𝔭) | 𝔖. (𝔰:𝔞 oder 𝔞:𝔭 oder 𝔞′:𝔞) ⤷

$$\frac{a+b}{cd} = \frac{a}{cd} + \frac{b}{cd} = \left(\frac{a}{c} + \frac{b}{c}\right) : d = \frac{(a+b)m}{cdm}.$$ u. s. w.

43) 𝔖. (𝔰:𝔓) | 𝔖. (𝔰:𝔞 oder 𝔞′:𝔞) ⤷

$$\frac{a+b}{d^c} = \frac{a}{d^c} + \frac{b}{d^c} = \frac{(a:m)+(b:m)}{d^c:m} = \frac{am+bm}{d^c \times m}.$$ u. s. w.

44) 𝔖. (𝔰:𝔡) | 𝔖. (𝔰:𝔞 oder 𝔞:𝔡) ⤷

$$\frac{a+b}{c-d} = \frac{a}{c-d} + \frac{b}{c-d} = \frac{a}{c} + \frac{ad}{c(c-d)} + \frac{b}{c} + \frac{bd}{c(c-d)}$$

$$= \frac{a}{c} + \frac{d}{c} . \frac{a}{c-d} + \frac{b}{c} + \frac{d}{c} . \frac{b}{c-d}$$

$$= \frac{a}{c} + \frac{ad}{cc} + \frac{dd}{cc} . \frac{a}{c-d} + \frac{b}{c} + \frac{bd}{cc} + \frac{dd}{cc} . \frac{b}{c-d}.$$ u. s. w.

45) 𝔖. (𝔰:𝔮) | 𝔖. (𝔞:𝔮 oder 𝔰:𝔞) ⤷

$$(a + b) : \frac{c}{d} = \frac{ad+bd}{c} = \left(a : \frac{c}{d}\right) + \left(b : \frac{c}{d}\right).$$ u. s. w.

46) 𝔖. (𝔲:𝔤) | 𝔖. (𝔤′:𝔤) ⤷

$\{a > b\} : \{c = d\}$ ⤷ $a : c > b : d$.

47) G. (**p**:**g**) | G. (**a**:**g**), und G. (**p**:**a**) | G. (**a**′:**a**) $\hookrightarrow$

$(ab):\{c \gtreqless d\} \hookrightarrow \frac{ab}{c} \lesseqgtr \frac{ab}{d}$. u. s. w.

48) G. (**P**:**g**) | G. (**a**:**g**), und G. (**P**:**a**) | G. (**a**′:**a**) $\hookrightarrow$

$b^n:\{c \gtreqless d\} \hookrightarrow b^n:c \lesseqgtr b^n:d$. u. s. w.

49) G. (**d**:**g**) | G. (**a**:**g**), und G. (**d**:**u**) | G. (**a**:**u**) $\hookrightarrow$

$(a-b):\{c \gtreqless d\} \hookrightarrow \frac{a}{c} - \frac{b}{c} \lesseqgtr \frac{a}{d} - \frac{b}{d}$. u. s. w.

50) G. (**q**:**g**) | G. (**a**:**g**), und G. (**q**:**u**) | G. (**a**:**u**) $\hookrightarrow$

$\frac{a}{b}:\{c \gtreqless d\} \hookrightarrow \frac{a}{bc} \lesseqgtr \frac{a}{bd}$. u. s. w.

51) G. (**g**:**p**) | G. (**g**:**a**), und G. (**u**:**p**) | G. (**u**:**a**) $\hookrightarrow$

$\{a \gtreqless b\}:(cd) \hookrightarrow \frac{a}{cd} \gtreqless \frac{b}{cd}$. u. s. w.

52) G. (**g**:**P**) | G. (**g**:**a**), und G. (**u**:**P**) | G. (**u**:**a**) $\hookrightarrow$

$\{a \gtreqless b\}:d^c \hookrightarrow a:d^c \gtreqless b:d^c$. u. s. w.

53) G. (**g**:**d**) | G. (**g**:**a**), und G. (**u**:**d**) | G. (**u**:**a**) $\hookrightarrow$

$\{a \gtreqless b\}:(c-d) \hookrightarrow \frac{a}{c-d} \gtreqless \frac{b}{c-d}$. u. s. w.

54) G. (**g**:**q**) | G. (**g**:**a**), und G. (**u**:**q**) | G. **u**:**a**) $\hookrightarrow$

$\{a \gtreqless b\}:\frac{c}{d} \hookrightarrow \frac{ad}{c} \gtreqless \frac{bd}{c}$. u. s. w.

55) G. (**P**:**p**) | G. (**a**:**p** oder **a** :**a**) $\hookrightarrow$

$b^n:(cd) = (b^n:c):d$. u. s. w.

56) G. (**p**:**P**) | G. (**p**:**a**) $\hookrightarrow$

$\frac{ab}{c^d} = \frac{a}{c^d}.b = \frac{b}{c^d}.a$. u. s. w.

57) G. (**p**:**d**) G. (**p**:**a** oder **a**:**d**) $\hookrightarrow$

$\frac{ab}{c-d} = \frac{a}{c-d}.b = \frac{b}{c-d}a$. u. s. w.

58) G.(**p**:**q**) | G. (**a**:**q** oder **p**:**a**) $\hookrightarrow$

$ab:\frac{c}{d} = \frac{abd}{c} = \frac{ad}{c}.b$. u. s. w.

59) G. (**d**:**p**) G. (**d**:**a**, oder **a**:**p** oder **a**′:**a**) $\hookrightarrow$

$\frac{a-b}{cd} = \frac{a}{cd} - \frac{b}{cd} = \frac{a-b}{c}:d$. u. s. w.

60) G. (**q**:**p**) | G. (**q**:**a**, oder **a**:**p** oder **a**′:**a**) ↩

$$\frac{a}{b}:(cd) = \frac{a}{bcd} = \frac{a}{cd}:b.$$ u. s. w.

61) G. (**P**′:**P**) | G. (**a**′:**a**) ↩

$$\frac{a^b}{c^d} = \frac{a^b.m}{c^d.m} = \frac{a^b:m}{c^d:m}.$$ u. s. w.

62) G. (**d**:**P**) | G. (**d**:**a** oder **a**′:**a**) ↩

$$\frac{a-b}{d^c} = \frac{a}{d^c} - \frac{b}{d^c} = \frac{am-bm}{d^c.m}.$$ u. s. w.

63) G. (**q**:**P**) | G. (**q**:**a** oder **a**′:**a**) ↩

$$\frac{a}{b}:d^c = \frac{a:d^c}{b} = \frac{a}{b.d^c}.$$ u. s. w.

64) G. (**P**:**d**) | G. (**a**:**d** oder **a**′:**a**) ↩

$$\frac{b^a}{c-d} = \frac{b^a}{c} + \frac{b^a.d}{c(c-d)}.$$ u. s. w.

65) G. (**P**:**q**) | G. (**a**:**q** oder **a**′:**a**) ↩

$$b^a:\frac{c}{d} = \frac{b^a.d}{c} = \frac{b^a}{c}.d.$$ u. s. w.

66) G. (**d**′:**d**) | G. (**d**:**a**, oder **a**:**d** oder **a**′:**a**) ↩

$$\frac{a-b}{c-d} = \frac{a}{c-d} - \frac{b}{c-d} = \left(\frac{a}{c} + \frac{ad}{c(c-d)}\right) - \left(\frac{b}{c} + \frac{bd}{c(c-d)}\right)$$ u. s. w.

67) G. (**q**:**d**) | G. (**q**:**a** oder **a**:**d** oder **a**′:**a**) ↩

$$\frac{a}{b}:(c-d) = \frac{a}{bc-bd} = \frac{a}{bc} + \frac{ad}{bc(c-d)}.$$ u. s. w.

68) G. (**d**:**q**) | G. (**a**:**q**, oder **d**:**a** oder **a**′:**a**) ↩

$$(a-b):\frac{c}{d} = \frac{ad-bd}{c} = \frac{ad}{c} - \frac{bd}{c}.$$ u. s. w.

Schlußbemerkung. Was ist von der Division gelehrt? Wesentlich:

$$\text{I.}\quad \frac{a}{b}.b = a,$$

$$\text{II.}\quad \frac{a.b}{b} = a.$$

Hierin bestand der Begriff der Division und aus ihm, in Verbindung mit dem Vorhergehenden, ging hervor:

1) $\frac{a}{b} = \frac{a \times m}{b \times m} = \frac{a : m}{b : m} = \frac{a \divideontimes m}{b \divideontimes m}$ *);

2) $\frac{a}{b} \pm c = \frac{a \pm bc}{b}$;

3) $\frac{a}{b} \pm \frac{c}{d} = \frac{a.d \pm b.c}{b.d}$;

4) $a - \frac{b}{c} = \frac{a.c - b}{c}$;

5) $\frac{a}{b} \divideontimes c = \frac{a \divideontimes c}{b} = \frac{a}{b \divideontimes c}$;

6) $a : \frac{b}{c} = \frac{ac}{b} = \frac{a}{b} . c$ (siehe 5));

7) $\frac{a}{b} \divideontimes \frac{c}{d} = \frac{a \divideontimes c}{b \divideontimes d}$, und noch $\frac{a}{b} : \frac{c}{d} = \frac{a.d}{b.c}$;

8) $\frac{a}{b.c} = \frac{a}{b} : c = \frac{a : c}{b}$ (siehe 5));

9) $\frac{a.c}{b} = \frac{a}{b} . c = \frac{c}{b} . a$ (siehe 5));

10) $a^{m-n} = \frac{a^m}{a^n}$;

11) $\left(\frac{a}{b}\right)^c = \frac{a^c}{b^c}$;

12) $\frac{a \pm b}{c} = \frac{a}{c} \pm \frac{b}{c}$;

13) $\frac{D}{d} = x + \frac{D - d.x}{d} = x - \frac{dx - D}{d}$ (wenn hier $dx > D$ wäre);

14) $\frac{a}{b \pm c} = \frac{a}{b} \mp \frac{c}{b} . \frac{a}{b + c}$;

15) $\{a > b\} : c \hookrightarrow a : c > b : c$;

16) $a : \{b > c\} \hookrightarrow a : b < a : c$;

17) $\{a > b\} : \{c > d\} \hookrightarrow a : d > b : c$.

*) Dies Zeichen $\divideontimes$ kommt zuerst in meiner „Wissenschaft der Math., Berlin, bei Dümmler 1838" vor. Man kann sich desselben eben so gut wie des schon gebräuchlichen $\pm$ da mit Nutzen bedienen, wo es auf Kürze, und Veranschaulichung der Übereinstimmung der Operationen abgesehn ist. So sind z. B. durch 5), nämlich $\frac{a}{b} \divideontimes c = \frac{a \divideontimes c}{b} = \frac{a}{b \divideontimes c}$, folgende Gesetze:

$$\frac{a}{b} \times c = \frac{a \times c}{b}; \quad \frac{a}{b} : c = \frac{a}{b \times c};$$

$$\frac{a}{b} \times c = \frac{a}{b : c}; \quad \frac{a}{b} : c = \frac{a : c}{b}$$ ausgesprochen.

18) Indirekte Sätze:

I. Aus $a:m = b:m \hookrightarrow a = b$;
II. „ $a:b = a:c \hookrightarrow b = c$;
III. „ $a:m > b:m \hookrightarrow a > b$;
IV. „ $a:b > a:c \hookrightarrow b < c$;
V. „ $a:b = c:d$ und $a \gtrless c \hookrightarrow b \gtrless d$;
VI. „ $a:b = c:d$ und $b \gtrless d \hookrightarrow a \gtrless c$;
VII. „ $a:b > c:d$ und $a < c \hookrightarrow b < d$;
VIII. „ $a:b > c:d$ und $b > d \hookrightarrow a > c$.

16. Erklärung u. Lehrsatz. Wir haben in 13. und 14. diejenigen Beziehungen betrachtet, die aus den Gegensätzen des Addirens und Multiplizirens hervorgingen. Dachten wir uns nämlich in $a \overset{+}{\times} b = c$ den Ausdruck c, und eines der beiden Glieder a oder b gegeben, so drückten wir dadurch das jedesmalige andere aus, und sowohl die beiden Subtraktions- als auch Divisions-Aufgaben „aus c und b das a, oder aus c und a das b darzustellen," fielen, wegen $a \overset{+}{\times} b = b \overset{+}{\times} a$, bezüglich in eine zusammen. Mit dem Abgeschlossensein des Bisherigen eröffnet sich uns aber gleichzeitig eine neue Gedankengruppe, nämlich die Untersuchung des Gegensatzes vom Potenziren, nebst den daraus fließenden Beziehungen.

Betrachten wir a und b als gegeben, so ist der Gedanke der Potenzirungs-Operation durch die Gleichung $a^b = c$ ausgesprochen, und es fragt sich natürlich zunächst wieder, ob wir eben so sicher, wie aus a und b hier c bestimmt ist, auch umgekehrt aus c nun wieder a und b bestimmen können. Da nun aber auch c durch die Potenzirung zweier andern Ausdrücke z. B. h und k entstanden sein kann, so daß $a^b = h^k$, und während $a \gtrless h$ doch zugleich $b \lessgtr k$ ist, so sieht man, daß die Aufgabe „aus c das a und b zu bestimmen," im Allgemeinen, nicht eine, sondern mehrere Antworten zulassen kann.

Betrachten wir aber die beiden Gegensätze des Potenzirens, nämlich „aus dem gegebenen c und b den Ausdruck a, oder aus dem gegebenen c und a den Ausdruck b darzustellen," so ergiebt sich zunächst, weil a^b nicht immer $= b^a$ ist, daß beide nicht in einen zusammen fallen können, obgleich dies bei der Subtraktion und Division der Fall ist. Es möge hier zunächst der erstere Gegensatz betrachtet werden.

Ist nun, in $a^b = c$, das Resultat der Potenzirung, nämlich c, und auch noch außerdem der Dignator b gegeben, so fragt es sich, ob dadurch der zugehörige Dignand a schon vollkommen bestimmt ist, oder ob etwa noch ein anderer Dignand, außer a, z. B. $x \gtrless a$ existiren kann, für welchen ebenfalls $x^b = c$ ist.

Man hat aber aus $x \gtrless a$ ⌐ (nach 11. 6)) $x^b \gtrless a$ ⌐ $x^b \gtrless c$; mithin giebt es nur einen einzigen Ausdruck der eine mit c übereinstimmende Potenz liefert, nachdem er mit b potenzirt ist.

Da nun durch c und b das a vollkommen bestimmt ist, d. h. a sein Bestimmtsein in c und b findet, so können und dürfen wir dieses Bestimmtsein, oder dieses Rückschreiten von c und b zu a, durch ein aus c und b formirtes Zeichen, z. B. durch

$$\sqrt[b]{c},$$

anzeigen. Man hat also $\sqrt[b]{c} = a$, oder, da $c = a^b$ ist, $\sqrt[b]{(a^b)} = a$.

Da ferner $\sqrt[b]{c}$ nichts weiter bedeutet als a, und a nichts anders ist, als der Ausdruck, der mit b potenzirt, c giebt, so ist der Begriff von $\sqrt[b]{c}$ durch die Gleichung

$$(\sqrt[b]{c})^b = c,$$

ausgesprochen.

Hieraus fließt eben so, wenn man sich α entstanden denkt durch die Potenzirung eines Ausdrucks mit β:

$$\text{I.} \quad (\sqrt[\beta]{\alpha})^\beta = \alpha \text{ und}$$

$$\text{II.} \quad \sqrt[\beta]{(\alpha^\beta)} = \alpha.$$

Man nennt das Zeichen oder die Zahlform $\sqrt[\beta]{\alpha}$, in untrennbarer Verbindung mit dem Begriffe, eine Wurzel (Radikalie), α ihren Radikand *), β ihren Radikator; ferner „$\sqrt{}$" das Wurzel-

---

*) Was hier Radikator heißt, nennt man gewöhnlich Wurzel-Exponent.

zeichen derselben, und versteht unter „α radizirt durch β," nichts weiter, als $\sqrt[\beta]{\alpha}$ hinzuschreiben. Die Wurzel $\sqrt[\beta]{\alpha}$ (ausgesprochen α radizirt durch β, oder βte Wurzel aus α) ist eindeutig, wie wir eben gesehn haben, d. h. sie bezeichnet in jedem Augenblicke nur eine einzige Zahl, die durch α und β bestimmt ist.

Die durch $\sqrt[\beta]{\alpha}$ ausgesprochne Operation heißt Radikation (Wurzelausziehung). Hiernach lauten die Gleichungen I. und II. bezüglich:

„Ist eine Wurzel $\sqrt[\beta]{\alpha}$ mit ihrem Radikator β potenzirt, so giebt es den Radikanden α;"

oder — von rechts —

„Ein Ausdruck α ist unverändert geblieben, nachdem man ihn erst durch einen andern β radizirt, und diese Wurzel wieder mit demselben potenzirt hat."

„Ist eine Potenz durch ihren Dignator radizirt, so hat man ihren Dignanden;"

oder — von rechts —

„Ein Ausdruck α ist unverändert geblieben, nachdem man ihn erst mit einem andern potenzirt, und diese Potenz wieder durch letztern radizirt hat."

In I. und II. ist der Begriff der Radikation enthalten, und alles was von dieser Operation gilt, muß hieraus, in Verbindung mit dem Vorhergehenden, fließen.

17. Aufgaben u. Lehrsätze. Zunächst hätte sich der Begriff des Radizirens an sich selbst weiter zu entwickeln. Schon bei der Potenz a^b, Differenz $a-b$ und beim Quotienten $a:b$ war es nicht möglich ein Potenziren, Subtrahiren und Dividiren an sich selbst aufzustellen, sondern was von diesen Operationen gilt, mußte im Speziellgewordensein des a und b in a^b, $a-b$, $a:b$ erkannt werden. Eben so ist es auch beim Radiziren. Es darf zunächst nicht in beliebiger Ordnung verrichtet werden; denn wäre $\sqrt[b]{a} = \sqrt[a]{b}$, so käme $(\sqrt[b]{a})^{ab} = (\sqrt[a]{b})^{ab} \rightarrow \left((\sqrt[b]{a})^b\right)^a = \left((\sqrt[a]{b})^a\right)^b \rightarrow a^a = b^b$,

mithin muß $a = b$ sein; denn wären in $a^a = b^b$ die Dignanden verschieden, d. h. $a \gtrless b$, so müßte zu gleicher Zeit (nach 11. Schlußb. V.) $a \lessgtr b$ sein, was unmöglich ist. Im Allgemeinen ist also $\sqrt[b]{a}$ nicht $= \sqrt[a]{b}$, sondern nur in dem einzigen Falle, wo $a = b$ gedacht wäre, welcher Fall jedoch nicht vorausgesetzt ist, weil $\sqrt[b]{a}$ eine Zahl vorstellen soll. (Siehe 16. Erkl.) *).

Der Begriff der Radikation kann sich nur dadurch weiter in seinen speziellen Beziehungen entwickeln, daß in $\sqrt[b]{a}$ der Radikand a und Radikator b, in diejenigen Zahlenformen übergehe, welche bisher betrachtet sind. Während nämlich eines der beiden Glieder a, b in $\sqrt[b]{a}$ noch allgemein ist, kann das jedesmalige andere — oder auch beide zugleich — in **s**, **p**, **P**, **d**, **q**, **w** (**w** bedeutet Wurzel) übergehn. Ferner müssen die frühern Operationen, die **s**, **p**, **P**, **d**, **q** aussprechen, auch für den neu hinzugekommenen Begriff der Wurzel vervollständigt werden. Endlich ist der Begriff der Radikation noch auf das Gleich- und Ungleichsein zu beziehn. Alle diese Aufgaben gehn demnach hervor, wenn man **a**, **s**, **g**, **u**, **p**, **P**, **d**, **q**, **w** wechselseitig mit einander durch die *Addition*, *Multiplikation*, *Potenzirung*, *Subtraktion*, *Division* und *Radikation* verbindet, und es sind daher folgende.

---

*) Unter dieser Bedingung muß in $\sqrt[b]{a}$ der Radikand a einer der Potenzen $2^b, \ldots k^b$ gleich, und mithin dann $a > b$ sein; denn für $b = a$ hätte man, da $k = 1 + t$ gedacht ist, nach 11. 9), $k^a = (1 + t)^a = 1 + at + \mathfrak{A} > a$; und für $b = a + x$ wäre $k^b > k^a$, also da $k^a > a$ ist $\hookrightarrow$ $k^b > a$. Es kann daher, sobald a, k, b Ausdrücke sind und $a = k^b$ ist, nicht $b \overline{\overline{>}} a$ sein, d. h. es ist dann in $\sqrt[b]{a}$, $b < a$. Man kann auch u. A. so schließen: Giebt es einen Ausdruck k, so daß $k^b = a$ ist, so kann *erstens* b nicht $= a$ sein; denn da schon $2^2 > 2$, so *scheint* $2^a > a$ zu sein. Wäre wirklich $2^a > a$, so hätte man aus $2 > 1$, auch $2^a > 1$, mithin $2^a + 2^a > a + 1$ oder $2^{a+1} > a + 1$, d. h. wäre unsere Annahme für a richtig, so wäre sie es auch für $a + 1$. Sie gilt aber für $a = 2$, folglich für 3 u. s. f., wodurch unser Satz: $2^a > a$ für endlos viele Zahlen erwiesen ist. Man hat nun $2^a > a$, und für $k > 2$ $\hookrightarrow$, nach **u**$^{\mathbf{a}}$, $k^a > 2^a$, mithin $k^a > a$. Es ist demnach für $k \overline{\overline{>}} 2$ bewiesen, daß $k^a > a$ ist. *Zweitens* kann in $k^b = a$, b nicht $> a$ sein; denn für $b = a + x$ $\hookrightarrow$ $k^b = k^{a+x} = k^a . k^x$ $\hookrightarrow$ $k^b > k^a$, $\hookrightarrow$, da $k^a > a$ ist, daß $k^b > a$ sein muß, d. h. es kann in $k^b = a$, b nicht $> a$ sein. Stellt demnach $\sqrt[b]{a}$ eine Zahl vor, d. h. ist $a = k^b$, so muß mit dieser Annahme gleichzeitig der Radikand a größer als der Radikator b sein. Der obige Schluß, daß $2^a > a$ sein muß, erfolgt auch kürzer aus $(1 + 1)^a = 1 + a + \mathfrak{A}$.

a,	s,	g,	u,	p,	P,	d,	q,	w.
$w+a$,	$w+s$,	$w+g$,	$w+u$,	$w+p$,	$w+P$,	$w+d$,	$w+q$,	$w'+w$,
$w\times a$,	$w\times s$,	$w\times g$,	$w\times u$,	$w\times p$,	$w\times P$,	$w\times d$,	$w\times q$,	$w'\times w$,
w^a,	w^s,	w^g,	w^u,	w^p,	w^P,	w^d,	w^q,	$w^{w'}$,
a^w,	s^w,	g^w,	u^w,	p^w,	P^w,	d^w,	q^w,	
$w-a$,	$w-s$,	$w-g$,	$w-u$,	$w-p$,	$w-P$,	$w-d$,	$w-q$,	$w'-w$,
$a-w$,	$s-w$,	$g-w$,	$u-w$,	$p-w$,	$P-w$,	$d-w$,	$q-w$,	
$w:a$,	$w:s$,	$w:g$,	$w:u$,	$w:p$,	$w:P$,	$w:d$,	$w:q$,	$w':w$,
$a:w$,	$s:w$,	$g:w$,	$u:w$,	$p:w$,	$P:w$,	$d:w$,	$q:w$,	
$\sqrt[a]{a'}$,	$\sqrt[s]{a}$,	$\sqrt[g]{a}$,	$\sqrt[u]{a}$,	$\sqrt[p]{a}$,	$\sqrt[P]{a}$,	$\sqrt[d]{a}$,	$\sqrt[q]{a}$,	$\sqrt[w]{a}$,
	$\sqrt[a]{s}$,	$\sqrt[a]{g}$,	$\sqrt[a]{u}$,	$\sqrt[a]{p}$,	$\sqrt[a]{P}$,	$\sqrt[a]{d}$,	$\sqrt[a]{q}$,	$\sqrt[a]{w}$,
	$\sqrt[s]{s'}$,	$\sqrt[g]{s}$,	$\sqrt[u]{s}$,	$\sqrt[p]{s}$,	$\sqrt[P]{s}$,	$\sqrt[d]{s}$,	$\sqrt[q]{s}$,	$\sqrt[w]{s}$,
		$\sqrt[s]{g}$,	$\sqrt[s]{u}$,	$\sqrt[s]{p}$,	$\sqrt[s]{P}$,	$\sqrt[s]{d}$,	$\sqrt[s]{q}$,	$\sqrt[s]{w}$,
		$\sqrt[g]{g'}$,	$\sqrt[u]{g}$,	$\sqrt[p]{g}$,	$\sqrt[P]{g}$,	$\sqrt[d]{g}$,	$\sqrt[q]{g}$,	$\sqrt[w]{g}$,
			$\sqrt[g]{u}$,	$\sqrt[g]{p}$,	$\sqrt[g]{P}$,	$\sqrt[g]{d}$,	$\sqrt[g]{q}$,	$\sqrt[g]{w}$,
			$\sqrt[u]{u'}$,	$\sqrt[p]{u}$,	$\sqrt[P]{u}$,	$\sqrt[d]{u}$,	$\sqrt[q]{u}$,	$\sqrt[w]{u}$,
				$\sqrt[u]{p}$,	$\sqrt[u]{P}$,	$\sqrt[u]{d}$,	$\sqrt[u]{q}$,	$\sqrt[u]{w}$,
				$\sqrt[p]{p'}$,	$\sqrt[P]{p}$,	$\sqrt[d]{p}$,	$\sqrt[q]{p}$,	$\sqrt[w]{p}$,
					$\sqrt[p]{P}$,	$\sqrt[p]{d}$,	$\sqrt[p]{q}$,	$\sqrt[p]{w}$,
					$\sqrt[P]{P'}$,	$\sqrt[d]{P}$,	$\sqrt[q]{P}$,	$\sqrt[w]{P}$,
						$\sqrt[P]{d}$,	$\sqrt[P]{q}$,	$\sqrt[P]{w}$,
						$\sqrt[d]{d'}$,	$\sqrt[q]{d}$,	$\sqrt[w]{d}$,
							$\sqrt[d]{q}$,	$\sqrt[d]{w}$,
							$\sqrt[q]{q'}$	$\sqrt[w]{q}$,
								$\sqrt[q]{w}$,
								$\sqrt[w]{w'}$.

Bei den drei direkten Operationen, nämlich der Addition, Multiplikation und Potenzirung, kam es stets darauf an, das *Unbekannte* auf das *Bekannte*, d. h. Summe, Produkt und Potenz bezüglich auf Zahl, Summe und Produkt zurückzuführen, und bei den bisher betrachteten indirekten Operationen, nämlich der Subtraktion und Division gingen wir zu ihren bezüglichen Gegensätzen über. Das Allgemeine hierbei bestand also nur darin: Bei jeder neu hinzutretenden Operation zu ihrem Begriffe, der im Vorhergehenden gründete, zurückzukehren. Einen ähnlichen Weg gehen wir auch hier, und überhaupt durch die ganze Wissenschaft *). Aus diesem Grunde müssen wir, um sämmtliche Radikations-Aufgaben zu lösen, zu dem Begriffe der Wurzel zurückkehren, welcher durch

$$\text{I.}\quad (\sqrt[b]{a})^b = a \text{ und}$$

$$\text{II.}\quad (\sqrt[b]{a})^b = a$$

ausgesprochen ist, d. h. vermöge dieses Begriffs, und des Vorhergehenden, die in diesen Aufgaben vorkommende Radikation entweder durch die entgegengesetzte Operation, nämlich durch die Potenzirung fortschaffen, das Erhaltene so umformen, daß bei wieder hergestellter Radikation ein neues Operationsgesetz entspringt, oder die Radikation weiter verfolgen, was auch in dem Falle geschicht, wo bloße Beziehungen der Radikation auf **G** und **U**, dem Begriffe der Forderungen gemäß, gesucht werden.

---

*) Die besondern Formationen die für alle diese Verbindungen existiren, liegen in dem bisher *Entwickelten*, weshalb wir dasselbe für diesen einzelnen Fall spezialisiren müssen; und es werden nur *dann* für das Verhalten des Besondern zum Allgemeinen, *harmonische* Formationen (Gesetze) erforscht werden können, sobald die bisherigen Operations-Gesetze nach allen *möglichen verschiedenen* Richtungen auf diese Radikations-Verbindungen — die wir vorher, wenn uns nichts weiter übrig bleibt, bis in ihre letzten Bestimmungsstücke zerlegt, und alle Kombinationen derselben aufgestellt denken, — angewandt, dergleichen zur Existenz fördern. Hat man nun diesen Weg des Erfindens vergeblich durchwandert, hinsichtlich eines für eine gegebene *Verbindung* möglicherweise existirenden harmonisches Gesetzes, und bleibt nur die *unmittelbare* Vorstellung der durch *dieselbe* bezeichneten Zahl übrig, so ist die Möglichkeit noch da, daß für *besondere* Fälle, die in der gegebenen allgemeinen Verbindung liegen, entsprechende harmonische Gesetze existiren können, eben weil wir blos wissen, daß für die endlos vielen Fälle, welche hervorgehn, wenn die in der gegebenen Verbindung construirten Zahlenbegriffe jede beliebige durch sie schon bestimmte Form annehmen, *nicht ein und dasselbe* für *alle* passende harmonische Gesetze existiren kann.

Stellt z. B. $\zeta_{(c)}$ eine dieser Aufgaben vor, in der c als Radikator erscheint, so setze man $\zeta_{(c)} = x$, wo x die gesuchte andere Operations-Verbindung bezeichnet, die für $\zeta_{(c)}$ gefunden werden soll. Gesetzt nun, man erreichte dadurch seinen Zweck, daß die Radikation fortfällt, sobald man beide Seiten der Gleichung $\zeta_{(c)} = x$ mit dem als Radikator vorkommenden Ausdruck c potenzirt, so hat man $[\zeta_{(c)}]^c = x^c$. Nachdem aus der linken Seite die Radikation verschwunden ist, forme man den dadurch erhaltenen Ausdruck, wenn es nöthig ist, erst so um, daß dadurch ein neues Gesetz hervorgeht, sobald zum x zurückgeschritten wird. Dieser so um- oder nicht umgeformte Ausdrnck heiße ζ'. Man hat jetzt $\zeta' = x^c$. Um nun aus dieser Gleichung wieder x zu finden, muß man vom x^c das c, durch die der Potenzirung entgegengesetzte Operation, d. h. durch die Radikation, trennen. Dies bewirken zu können, sehen wir uns zunächst genöthigt, die Aufgabe (Forderung) $\mathbf{g} \smile$[*] $\mathbf{a}$ zu lösen, oder eine Gleichung a = b mit einem Ausdruck c, durch die Radikation zu verbinden.

1) Man sucht demnach

$$\{a = b\} \smile c,$$

und es ergiebt sich

$$\{a = b\} \smile c \hookrightarrow \{a \text{ ist } a\} \smile c \hookrightarrow \sqrt[c]{a} = \sqrt[c]{a}.$$

Da aber a nur einmal in der Form b erscheinen soll, so kommt

$$\{a = b\} \smile c \hookrightarrow \sqrt[c]{a} = \sqrt[c]{b};$$

d. h.

„Einander gleiche Ausdrücke a, b durch ein und denselben Ausdruck c radizirt, giebt einander gleiche Wurzeln $\sqrt[c]{a} = \sqrt[c]{b}$."

Dies Gesetz gilt auch umgekehrt; denn man hat aus

$$\sqrt[c]{a} = \sqrt[c]{b} \hookrightarrow (\sqrt[c]{a})^c = (\sqrt[c]{b})^c \hookrightarrow a = b, \text{ mithin}$$

$$\sqrt[c]{a} = \sqrt[c]{b} \hookrightarrow a = b;$$

d. h.

„Sind zwei Wurzeln, mit gleichem Radikator, einander gleich, so sind es auch ihre Radikanden."

---

*) Dies Zeichen soll ebenfalls die Radikation ausdrücken.

Jetzt hat man aus $\zeta' = x^c \hookrightarrow \zeta' \smile c = x^c \smile c$ oder $\zeta' \smile c = x$, also ist

$$\zeta_{(c)} = \zeta' \smile c.$$

Hiernach sind nun die mehrsten der übrigen Aufgaben zu lösen.

2) Man sucht G. $(\sqrt[\mathbf{a}]{\mathbf{a}'})$.

$$\begin{aligned} \text{Es sei } \sqrt[a]{b} &= x. \text{ Mit} \\ a &= a \text{ potenzirt} \hookrightarrow \\ (\sqrt[a]{b})^a &= x^a. \text{ Nach 16. Erkl.} \hookrightarrow \\ b &= x^a. \text{ Potenziren wir mit} \\ c &= c \text{ um eine neue Relation zu finden:} \\ b^c &= x^{ac}, \text{ und nun durch} \\ ac &= ac \text{ radizirt} \hookrightarrow \\ \sqrt[ac]{(b^c)} &= \sqrt[ac]{(x^{ac})} = x \hookrightarrow \\ \sqrt[a]{b} &= \sqrt[ac]{(b^c)}; \end{aligned}$$

d. h.

„Eine Wurzel $\sqrt[a]{b}$ ist, ihrer Bedeutung nach, unverändert geblieben, nachdem man ihren Radikanden b mit einem Ausdruck c potenzirt, den Radikator hingegen damit multiplizirt, und erstere Potenz b^c durch das Produkt ac radizirt hat.“

Bemerkung. Die Gleichung $\sqrt[a]{b} = \sqrt[ac]{(b^c)}$ enthält zugleich das Gesetz für $\sqrt[\mathbf{q}]{\mathbf{a}}$ in sich. Setzt man nämlich darin statt a durchweg a : c, so kommt $\sqrt[a:c]{b} = \sqrt[(a:c).c]{(b^c)}$ oder $\sqrt[a:c]{b} = \sqrt[a]{b^c}$.

3) Man sucht G. $(\mathbf{w}' \times \mathbf{w})$.

$$\begin{aligned} \text{Es sei } \sqrt[a]{b} \times \sqrt[c]{d} &= x. \text{ Um die Radikation fortzuschaffen} \\ \text{mit } ac &= ac \text{ potenzirt} \hookrightarrow \\ (\sqrt[a]{b} \times \sqrt[c]{d})^{ac} &= x^{ac}. \text{ Nach 11. 4)} \hookrightarrow \\ (\sqrt[a]{b})^{ac} \times (\sqrt[c]{d})^{ac} &= x^{ac} \hookrightarrow \\ ((\sqrt[a]{b})^a)^c \times ((\sqrt[c]{d})^c)^a &= x^{ac} \hookrightarrow \\ b^c \times d^a &= x^{ac} \hookrightarrow \\ \sqrt[ac]{(b^c \times d^a)} &= x \hookrightarrow \\ \sqrt[a]{b} \times \sqrt[c]{d} &= \sqrt[ac]{(b^c \times d^a)}; \end{aligned}$$

d. h.

„Zwei Wurzeln $\sqrt[a]{b}$ und $\sqrt[c]{d}$ sind mit einander durch die Multiplikation oder Division verbunden, nachdem man jeden einzelnen Radikanden bezüglich mit dem Radikator der jedesmaligen andern Wurzel potenzirt, diese Potenzen ebenso durch die Multiplikation und Division mit einander verbindet, und das Erhaltene, nämlich $b^c \times d^a$ durch das Produkt ac der Radikatoren radizirt."

In $\sqrt[a]{b} \times \sqrt[c]{d} = \sqrt[ac]{(b^c \times d^a)}$ liegen zunächst die Spezialfälle:

I. $\sqrt[a]{b} \times \sqrt[c]{d} = \sqrt[ac]{(b^c \times d^a)}$ und

II. $\sqrt[a]{b} : \sqrt[c]{d} = \sqrt[ac]{(b^c : d^a)}$.

Betrachten wir den einzelnen Fall, wo in $\sqrt[a]{b} \times \sqrt[c]{d} = \sqrt[ac]{(b^c \times d^a)}$ die Radikatoren a und c einander gleich sind, so kommt

$\sqrt[a]{b} \times \sqrt[a]{d} = \sqrt[aa]{(b^a \times d^a)} = \sqrt[aa]{[(b \times d)]^a} =$ (nach 2)) $\sqrt[a]{(b \times d)}$ ↪

$\sqrt[a]{b} \times \sqrt[a]{d} = \sqrt[a]{(b \times d)}$, und hierin liegen wieder zwei Spezialfälle:

III. $\sqrt[a]{b} \times \sqrt[a]{d} = \sqrt[a]{(bd)}$ und

IV. $\sqrt[a]{b} : \sqrt[a]{d} = \sqrt[a]{(b : d)}$.

Hier lauten III. und IV. bezüglich:

„Zwei Wurzeln die einen gleichen Radikator haben, sind mit einander multiplizirt, nachdem man das Produkt aus den Radikanden durch den gleichen Radikator radizirt hat;"

oder — von rechts —

„Ein Produkt ist durch einen Ausdruck radizirt, nachdem man die Faktoren einzeln dadurch radizirt, und diese Wurzeln mit einander multiplizirt hat."

„Eine Wurzel ist durch eine andere, die denselben Radikator hat, dividirt, nachdem der Radikand der erstern durch den der zweiten dividirt, und dieser Quotient durch den gleichen Radikator radizirt ist;"

oder — von rechts —

„Ein Quotient ist durch einen Ausdruck radizirt, nachdem Dividend und Divisor einzeln dadurch radizirt, und erstere Wurzel durch letztere dividirt ist."

4) Durch die Verallgemeinerung des in der Gleichung III. liegenden Gesetzes ist offenbar $\sqrt[\mathbf{a}]{\mathbf{P}}$ gegeben; denn man hat hiernach leicht

$$\sqrt[a]{b}\times\sqrt[a]{b}\times\sqrt[a]{b}\times\ldots\times(\sqrt[a]{b})_k = \sqrt[a]{(bbb\times\ldots\times b_k)} \hookrightarrow$$

$$(\sqrt[a]{b})^k = \sqrt[a]{(b^k)};$$

d. h.

„Eine Wurzel ist mit einem Ausdruck potenzirt, nachdem man damit ihren Radikanden potenzirt, und diese Potenz durch den Radikator radizirt hat;"

oder — von rechts —

„Eine Potenz ist durch einen Ausdruck radizirt, nachdem man durch letztern den Dignanden radizirt, und diese Wurzel mit dem Dignator potenzirt hat."

Da die vorstehende Gleichung das Gesetz für $\sqrt[\mathbf{a}]{\mathbf{P}}$ ausspricht, so muß hierin das für $\sqrt[\mathbf{a}]{\mathbf{W}}$ liegen. Setzt man nämlich in

$$(\sqrt[a]{b})^k = \sqrt[a]{(b^k)}$$

statt b durchweg $\sqrt[k]{b}$ *), so kommt

$$[\sqrt[a]{(\sqrt[k]{b})}]^k = \sqrt[a]{[(\sqrt[k]{b})^k]} \hookrightarrow$$

$$[\sqrt[a]{(\sqrt[k]{b})}]^k = \sqrt[a]{b}, \hookrightarrow, \text{ durch k radizirt:}$$

$$\sqrt[a]{(\sqrt[k]{b})} = \sqrt[k]{(\sqrt[a]{b})},$$

Setzt man ferner in jene Gleichung durchweg ak statt a, so kommt

$$(\sqrt[ak]{b})^k = \sqrt[ak]{(b^k)} \hookrightarrow, \text{ nach 2):}$$

$$(\sqrt[ak]{b})^k = \sqrt[a]{b}. \text{ Durch k radizirt} \hookrightarrow$$

$$\sqrt[ak]{b} = \sqrt[k]{(\sqrt[a]{b})};$$

---

*) Da nämlich in der Gleichung $(\sqrt[a]{b})^k = \sqrt[a]{(b^k)}$, b **jeden** Ausdruck bezeichnen kann, so darf man auch $\sqrt[k]{b}$ statt b durchweg substituiren. Oder so: Da $(\sqrt[a]{b})^k = \sqrt[a]{(b^k)}$ ist, so hat man auch, wenn darin $\sqrt[k]{c}$ statt b gesetzt wird $(\sqrt[a]{(\sqrt[k]{c})})^k = \sqrt[a]{((\sqrt[k]{c})^k)} \hookrightarrow (\sqrt[a]{(\sqrt[k]{c})})^k = \sqrt[a]{c} \hookrightarrow \sqrt[a]{(\sqrt[k]{c})} = \sqrt[k]{(\sqrt[a]{c})}$, also statt c, b gesetzt $\sqrt[a]{(\sqrt[k]{b})} = \sqrt[k]{(\sqrt[a]{b})}$.

mithin hat man

$$\sqrt[a]{(\sqrt[k]{b})} = \sqrt[k]{(\sqrt[a]{b})} = \sqrt[ak]{b}.$$

Wie lauten die hierdurch gegebenen Gesetze wörtlich? und warum ist allgemein:

$$p \smile (abc\times\ldots\times\alpha) = \sqrt[\alpha]{\left(\cdots(\sqrt[c]{(\sqrt[b]{(\sqrt[a]{p})})})\cdots\right)}\,?$$

5) Das Gesetz für $\mathfrak{a}^{\mathfrak{q}}$, welches bei den Divisions-Verbindungen noch nicht entwickelt werden konnte, findet jetzt seine Auflösung.

Man hat aus

$$\begin{aligned} a^{\frac{b}{c}} &= x, \text{ wenn mit} \\ c &= c \text{ potenzirt wird:} \\ \hline (a^{b:c})^{c} &= x^{c} \rightharpoondown \\ a^{\frac{b}{c}\cdot c} &= x^{c} \rightharpoondown \\ a^{b} &= x^{c} \rightharpoondown \\ \sqrt[c]{(a^{b})} &= x \rightharpoondown \\ a^{\frac{b}{c}} &= \sqrt[c]{(a^{b})}, \text{ nach 4) auch } = (\sqrt[c]{a})^{b}. \end{aligned}$$

Wie lauten die hierdurch symbolisch ausgedrückten Gesetze wörtlich? und wie lassen sich hiernach die bei der Division zurückgebliebenen Verbindungen: $\mathfrak{s}^{\mathfrak{q}}$, $\mathfrak{g}^{\mathfrak{q}}$, $\mathfrak{u}^{\mathfrak{q}}$, $\mathfrak{p}^{\mathfrak{q}}$, $\mathfrak{P}^{\mathfrak{q}}$, $\mathfrak{q}^{\mathfrak{q}'}$ behandeln?

Bemerkung. Durch die Gleichung in 3), nämlich $\sqrt[a]{b}\times\sqrt[a]{d} = \sqrt[a]{(b\times d)}$, sind auch die Gesetze für $\mathfrak{a}\,.\,\mathfrak{w}$, $\mathfrak{a}:\mathfrak{w}$ und $\mathfrak{w}:\mathfrak{a}$ gegeben.

Setzt man nämlich in

$$\sqrt[a]{b}\times\sqrt[a]{d} = \sqrt[a]{(b\times d)},$$

statt b durchweg b^{a}, so kommt

$$\sqrt[a]{(b^{a})}\times\sqrt[a]{d} = \sqrt[a]{(b^{a}\times d)}, \text{ oder}$$

$$b\times\sqrt[a]{d} = \sqrt[a]{(b^{a}\times d)}.$$

Wie lauten diese Gesetze wörtlich?

Setzt man ferner in

$$\sqrt[a]{b}:\sqrt[a]{d} = \sqrt[a]{(b:d)},$$

statt d durchweg d^a, so kommt

$$\sqrt[a]{b} : \sqrt[a]{(d^a)} = \sqrt[a]{(b : d^a)} \hookrightarrow$$
$$(\sqrt[a]{b}) : d = \sqrt[a]{(b : d^a)}.$$

Wie heißt dies Gesetz wörtlich?

Die im Vorhergehenden entwickelten Gesetze der Radikation ließen sich auch speziell wie folgt entwickeln *).

Man hat

$$(1) \quad \sqrt[m]{a} \times \sqrt[m]{b} = x. \text{ Mit}$$
$$m = m \text{ potenzirt} \hookrightarrow$$
$$(\sqrt[m]{a} \times \sqrt[m]{b})^m = x^m \hookrightarrow$$
$$(\sqrt[m]{a})^m \times (\sqrt[m]{b})^m = x^m \hookrightarrow$$
$$a \times b = x^m. \text{ Durch}$$
$$m = m \text{ radizirt} \hookrightarrow$$
$$\sqrt[m]{(ab)} = \sqrt[m]{a} \times \sqrt[m]{b}.$$

Oder so: Da $\sqrt[m]{\alpha}$ als ein Ausdruck x gedacht werden muß, welcher mit m potenzirt α giebt, d. h. $x^m = \alpha$ ist, so können wir bei jeder einzelnen Wurzel zu ihrem Gegensatze übergehn, und dann wieder zurückschreiten. Es sei deshalb:

$$\frac{\sqrt[m]{a} = x}{a = x^m} \text{ und } \frac{\sqrt[m]{b} = y}{b = y^m}.$$

Da nun x mit y multiplizirt ist, so werden wir diese beiden Gleichungen ebenfalls mit einander durch die Multiplikation verbinden, und es kommt

$$a . b = x^m . y^m = (x . y)^m. \text{ Und nun durch}$$
$$m = m \text{ radizirt} \hookrightarrow$$
$$\sqrt[m]{(ab)} = x . y = \sqrt[m]{a} . \sqrt[m]{b}.$$

Oder u. A. kurz so:

$$\sqrt[m]{a} \times \sqrt[m]{b} = \sqrt[m]{[(\sqrt[m]{a} \times \sqrt[m]{b})^m]} = \sqrt[m]{[(\sqrt[m]{a})^m \times (\sqrt[m]{b})^m]} = \sqrt[m]{(ab)}.$$

(2) Es sei

$$\sqrt[m]{a} : \sqrt[m]{b} = x. \text{ Mit}$$
$$m = m \text{ potenzirt} \hookrightarrow$$

*) Dem Anfänger ist zu rathen diese Darstellung zuerst durchzugehn, und dann die im Text.

$$(\sqrt[m]{a}:\sqrt[m]{b})^m = x^m \hookrightarrow$$
$$(\sqrt[m]{a})^m:(\sqrt[m]{b})^m = x^m \hookrightarrow$$
$$a:b = x^m \hookrightarrow$$
$$\sqrt[m]{(a:b)} = \sqrt[m]{a}:\sqrt[m]{b}.$$

Oder so:

$$\underline{\sqrt[m]{a} = x} \quad \text{und} \quad \underline{\sqrt[m]{b} = y}$$
$$\underline{a = x^m \quad \text{und} \quad b = y^m}$$
$$\underline{a:b = x^m:y^m = (x:y)^m.}$$
$$\sqrt[m]{(a:b)} = x:y = \sqrt[m]{a}:\sqrt[m]{b}.$$

Oder u. A. noch so:

$$\sqrt[m]{a}:\sqrt[m]{b} = \sqrt[m]{[(\sqrt[m]{a}:\sqrt[m]{b})^m]} = \sqrt[m]{[(\sqrt[m]{a})^m:(\sqrt[m]{b})^m]} = \sqrt[m]{(a:b)}.$$

(3) Es sei

$$(\sqrt[m]{a})^n = x. \quad \text{Mit}$$
$$m = m \text{ potenzirt} \hookrightarrow$$
$$[(\sqrt[m]{a})^n]^m = x^m \hookrightarrow$$
$$[(\sqrt[m]{a})^m]^n = x^m \hookrightarrow$$
$$a^n = x^m \hookrightarrow$$
$$\sqrt[m]{(a^n)} = x = (\sqrt[m]{a})^n.$$

Oder so:

$$\text{Es sei } \sqrt[m]{a} = x. \quad \text{Mit}$$
$$m = m \text{ potenzirt} \hookrightarrow$$
$$a = x^m. \quad \text{Mit}$$
$$n = n \text{ potenzirt} \hookrightarrow$$
$$a^n = x^{nm} = (x^n)^m \hookrightarrow$$
$$\sqrt[m]{(a^n)} = x^n = (\sqrt[m]{a})^n.$$

Oder so:

$$\sqrt[m]{(a^n)} = \sqrt[m]{[((\sqrt[m]{a})^m)^n]} = [\sqrt[m]{((\sqrt[m]{a})^n)}]^m = (\sqrt[m]{a})^n.$$

Oder u. A. nach (1), so:

$$\sqrt[m]{(a^n)} = \sqrt[m]{(a.a\times\ldots\times a_n)} = \sqrt[m]{a}\times\sqrt[m]{a}\times\ldots\times(\sqrt[m]{a})_n = (\sqrt[m]{a})^n.$$

(4) Es sei

$$\sqrt[m]{(\sqrt[n]{a})} = x. \quad \text{Mit}$$

$$mn = mn \text{ potenzirt } \hookrightarrow$$

$$[\sqrt[m]{(\sqrt[n]{a})}]^{mn} = x^{mn} \hookrightarrow$$

$$[[\sqrt[m]{(\sqrt[n]{a})}]^{m}]^{n} = x^{mn} \hookrightarrow$$

$$a = x^{mn} \hookrightarrow$$

$$\text{durch } mn = mn \text{ radizirt:}$$

$$\sqrt[mn]{a} = x = \sqrt[m]{(\sqrt[n]{a})}. \quad \text{Wegen } mn = nm \hookrightarrow$$

$$\sqrt[mn]{a} = \sqrt[m]{(\sqrt[n]{a})} = \sqrt[n]{(\sqrt[m]{a})}.$$

Oder so:

$$\text{Es sei } \sqrt[n]{a} = x, \text{ so } \hookrightarrow$$

$$a = x^{n}. \quad \text{Durch}$$

$$m = m \text{ radizirt:}$$

$$\sqrt[m]{a} = \sqrt[m]{(x^{n})} = (\sqrt[m]{x})^{n} \hookrightarrow$$

$$\sqrt[n]{(\sqrt[m]{a})} = \sqrt[m]{(\sqrt[n]{a})} \text{ und auch } = \sqrt[nm]{a}.$$

Oder u. A. so:

$$\sqrt[m]{(\sqrt[n]{a})} = \sqrt[mn]{[[\sqrt[m]{(\sqrt[n]{a})}]^{mn}]} = \sqrt[mn]{\Big[[[\sqrt[m]{(\sqrt[n]{a})}]^{m}]^{n}\Big]} = \sqrt[mn]{[(\sqrt[n]{a})^{n}]} = \sqrt[mn]{(a)}.$$

(5) Es sei

$$a \times \sqrt[b]{c} = x. \quad \text{Potenzirt mit}$$

$$b = b \hookrightarrow$$

$$(a \times \sqrt[b]{c})^{b} = x^{b} \hookrightarrow$$

$$a^{b} \times c = x^{b} \hookrightarrow$$

$$\sqrt[b]{(a^{b} \times c)} = a \times \sqrt[b]{c}.$$

Oder so:

$$a \times \sqrt[b]{c} = \sqrt[b]{[(a \times \sqrt[b]{c})^{b}]} = \sqrt[b]{[a^{b} \times (\sqrt[b]{c})^{b}]} = \sqrt[b]{(a^{b} \times c)}.$$

Oder u. A. so:

$$a \times \sqrt[b]{c} = \sqrt[b]{(a^{b})} \times \sqrt[b]{c} = \sqrt[b]{(a^{b} \times c)}. \quad \text{(Nach (1) u. (2))}$$

(6) Es sei

$$(\sqrt[a]{b}) : c = x. \quad \text{Potenzirt mit}$$

$$a = a \hookrightarrow$$

$$[(\sqrt[a]{b}) : c]^{a} = x^{a} \hookrightarrow$$

$$b : c^{a} = x^{a} \hookrightarrow$$

$$\sqrt[a]{(b : c^{a})} = (\sqrt[a]{b}) : c.$$

Oder so:

$$(\sqrt[n]{b}):c = \sqrt[n]{[((\sqrt[n]{b}):c)^n]} = \sqrt[n]{(b:c^n)}.$$

Oder u. A. so:

$$(\sqrt[n]{b}):c = \sqrt[n]{b}:\sqrt[n]{(c^n)} = \sqrt[n]{(b:c^n)}. \text{ Nach Bemerk. (2).}$$

6) Man sucht **u ⌣ a**. Es ist G. (**u ⌣ a**) | G. (**g ⌣ a**); mithin

$$\{a>b\}\smile c \hookrightarrow \{a=b+x\}\smile c \hookrightarrow \sqrt[c]{a}=\sqrt[c]{(b+x)}.$$

Nun ist aber offenbar $\sqrt[c]{(b+x)}>\sqrt[c]{b}$, weil für $\sqrt[c]{(b+x)} \leqq \sqrt[c]{b} \hookrightarrow$ $(\sqrt[c]{(b+x)})^c \leqq (\sqrt[c]{b})^c \hookrightarrow b+x \leqq b$, was unmöglich ist.

Man hat demnach

$$\{a>b\}\smile c \hookrightarrow \sqrt[c]{a}>\sqrt[c]{b};$$

d. h.

„Ist ein Ausdruck a größer als ein zweiter b, und hat man beide durch einen dritten c radizirt, so ist auch die erstere Wurzel $\sqrt[c]{a}$ größer als die zweite $\sqrt[c]{b}$."

Indirekt:

Ist $\sqrt[c]{a}>\sqrt[c]{b}$, so $\hookrightarrow (\sqrt[c]{a})^c>(\sqrt[c]{b})^c \hookrightarrow a>b$, also aus

$$\sqrt[c]{a}>\sqrt[c]{b} \hookrightarrow a>b;$$

d. h.

„Sind zwei Wurzeln die einen gleichen Radikator haben, von einander verschieden, so hat die größere auch den größern Radikanden."

Bemerkung. Dies Gesetz für **u ⌣ a** läßt sich auch so entwickeln:

Da die Ungleichung $a>b$ mit c durch die Radikation verbunden werden soll, so radizire man ihre beiden Seiten einzeln durch c, und suche die Beziehung dieser beiden Wurzeln in Rücksicht der gegebenen Voraussetzung, daß $a>b$ ist. Es sei deshalb

$$\sqrt[c]{a}=x \quad \text{und} \quad \sqrt[c]{b}=y$$

$$a=x^c \qquad b=y^c. \text{ Wegen } a>b$$

$$x^c>y^c. \text{ Nach 11 6)} \hookrightarrow$$

$$x>y \hookrightarrow$$

$$\sqrt[c]{a}>\sqrt[c]{b}.$$

Oder so: Aus

$$a>b \hookrightarrow a=b+x \hookrightarrow \sqrt[c]{a}=\sqrt[c]{(b+x)}=\sqrt[c]{\left[b\cdot\frac{b+x}{b}\right]}=\sqrt[c]{b}\cdot\sqrt[c]{\frac{b+x}{b}} \hookrightarrow$$

$$\sqrt[c]{a}>\sqrt[c]{b}.$$

Oder u. A. so:

Aus $a > b \hookrightarrow (\sqrt[c]{a})^c > (\sqrt[c]{b})^c \hookrightarrow$ (nach 11. 6)) $\sqrt[c]{a} > \sqrt[c]{b}$.

Setzt man schon voraus, daß aus $a > b \hookrightarrow \sqrt[c]{a} > \sqrt[c]{b}$, und will man diese Annahme blos rechtfertigen, so kann dies apagogisch so geschehn:

Wäre $\sqrt[c]{a}$ nicht $> \sqrt[c]{b}$, so hätte man aus $\sqrt[c]{a} \leqq \sqrt[c]{b} \hookrightarrow$ $(\sqrt[c]{a})^c \leqq (\sqrt[c]{b})^c \hookrightarrow a \leqq b$, was unmöglich ist, also muß $\sqrt[c]{a} > \sqrt[c]{b}$ sein.

7) Man sucht $\mathbf{a} \smile \mathbf{u}$. Es ist S. $(\mathbf{a} \smile \mathbf{u}) \mid$ S. $(\mathbf{a} \smile \mathbf{g})$, mithin

$$a \smile \{b > c\} \hookrightarrow a \smile \{b = c + x\} \hookrightarrow \sqrt[b]{a} = \sqrt[c+x]{a}.$$

Nun ist offenbar $\sqrt[c+x]{a} < \sqrt[c]{a}$; denn aus

$$\sqrt[c+x]{a} \geqq \sqrt[c]{a} \hookrightarrow$$
$$a \geqq \sqrt[c]{(a^{c+x})} \hookrightarrow$$
$$a^c \geqq a^{c+x} \hookrightarrow$$
$$a^c \geqq a^c . a^x, \text{ was unmöglich ist, also}$$

$$a \smile \{b > c\} \hookrightarrow \sqrt[b]{a} < \sqrt[c]{a};$$

d. h.

„Haben zwei Wurzeln einen gleichen Radikanden aber verschiedene Radikatoren, so ist die mit dem größern Radikator die kleinere."

Indirekt fließt auch wieder aus

$\sqrt[b]{a} < \sqrt[c]{a}$, wenn man mit
$bc = bc$ potenzirt:

$$(\sqrt[b]{a})^{bc} < (\sqrt[c]{a})^{bc} \hookrightarrow$$
$$((\sqrt[b]{a})^b)^c < ((\sqrt[c]{a})^c)^b \hookrightarrow$$
$$a^c < a^b. \text{ Nach 11. 7)} \hookrightarrow$$
$$c < b.$$

Man hat also aus

$$\sqrt[b]{a} < \sqrt[c]{a} \hookrightarrow b > c.$$

d. h.

„Sind zwei Wurzeln die einen gleichen Radikanden haben, von einander verschieden, so hat die kleinere den größern Radikator."

Bemerkung. Dies Gesetz für $\mathbf{a} \smile \mathbf{u}$ kann man auch so entwickeln:

Da der Ausdruck a mit den Ausdrücken b und c in Radikations-Beziehung gesetzt werden soll, und darauf reflectirt werden muß, daß $b > c$ ist, so hat man $\sqrt[b]{a}$ und $\sqrt[c]{a}$ in dieser Rücksicht zu untersuchen. Da nun $\sqrt[b]{a}$ und $\sqrt[c]{a}$ bezüglich Ausdrücke x und y repräsentiren, für welche $x^b = a$ und $y^c = a$, also $x^b = y^c$ sein muß, so ist die gesuchte Beziehung zwischen $\sqrt[b]{a}$ und $\sqrt[c]{a}$ durch die Gleichung $x^b = y^c$ ausgesprochen, und es fließt aus ihr, wegen $b > c$ (nach Seite 29. VI.), daß $x < y$, d. h. $\sqrt[b]{a} < \sqrt[c]{a}$ sein muß.

Oder kurz so: Es ist $(\sqrt[b]{a})^b = (\sqrt[c]{a})^c$; mithin wegen $b > c$, nach Seite 29. VI., $\sqrt[b]{a} < \sqrt[c]{a}$.

Oder auch so: Setzt man schon voraus, daß aus $b > c \rightarrow \sqrt[b]{a} < \sqrt[c]{a}$, und will man diese Behauptung blos rechtfertigen, so schließe man: Wäre $\sqrt[b]{a} \overline{\overline{>}} \sqrt[c]{a}$, so käme, wenn man mit bc potenzirt: $(\sqrt[b]{a})^{bc} \overline{\overline{>}} (\sqrt[c]{a})^{bc}$. Hieraus folgt aber $((\sqrt[b]{a})^b)^c \overline{\overline{>}} ((\sqrt[c]{a})^c)^b$, oder $a^c \overline{\overline{>}} a^b \rightarrow c \overline{\overline{>}} b$, was unmöglich ist, weshalb $\sqrt[b]{a} < \sqrt[c]{a}$ sein muß.

Oder u. A. so: Aus $a \smile \{b > c\} \rightarrow a \smile \{b = c + x\} \rightarrow \sqrt[b]{a} = \sqrt[c+x]{a}$. Nun sei $\sqrt[c+x]{a} = z$, so $\rightarrow a = z^{c+x} = z^c . z^x \rightarrow a > z^c \rightarrow \sqrt[c]{a} > z \rightarrow \sqrt[c]{a} > \sqrt[c+x]{a} \rightarrow \sqrt[c]{a} > \sqrt[b]{a}$.

8) Man sucht G. $(\mathbf{g}' \smile \mathbf{g})$, und es sei deshalb $a = b$, und $c = d$ gegeben. Es ist also $a = b$ mit c durch die Radikation zu verbinden, und darauf zu reflectiren, daß c in der Form d erscheint. Nun folgt aber, nach 1), $\{a = b\} \smile c \rightarrow \sqrt[c]{a} = \sqrt[c]{b}$, mithin $\sqrt[c]{a} = \sqrt[d]{b}$.

Man kann auch so schließen:

$$\{a = b\} \smile \{c = d\} \rightarrow \{a \text{ ist } a\} \smile \{c \text{ ist } c\} \rightarrow \sqrt[c]{a} = \sqrt[c]{a}.$$

Reflectirt man aber auf die gegebene Voraussetzung, daß a nur einmal in der Form b, und c nur einmal in der Form d erscheinen soll, so ist diesen Forderungen durch die Gleichung: $\sqrt[c]{a} = \sqrt[d]{b}$ genügt.

Man hat deshalb aus

$$\{a = b\} \smile \{c = d\} \rightarrow \sqrt[c]{a} = \sqrt[d]{b};$$

d. h.

„Hat eine Wurzel denselben Radikand und Radikator wie eine andere, so sind sie einander gleich."

Daß dies Gesetz nicht nothwendig indirekt gilt, leuchtet ein; denn aus $\sqrt[c]{a} = \sqrt[d]{b} \hookrightarrow (\sqrt[c]{a})^{cd} = (\sqrt[d]{b})^{cd} \hookrightarrow ((\sqrt[c]{a})^c)^d = ((\sqrt[d]{b})^d)^c \hookrightarrow a^d = b^c$, und deshalb braucht nicht $a = b$ und zugleich $c = d$ zu sein, indem $a > b$ und $d < c$, oder $d > c$ und $a < b$ sein kann.

Wäre aber außer $\sqrt[c]{a} = \sqrt[d]{b}$ noch $a < b$, oder $c > d$ gegeben, so folgte bezüglich, nach Seite 29. V. u. VI. $c < d$ und $a > b$.

Wie lauten beide Gesetze wörtlich?

9) Man sucht G. $(\mathfrak{u}' \smile \mathfrak{u})$, und es sei deshalb $a > b$ und $c > d$ gegeben.

Da $a > b$ ist, so hat man auch daran $(\sqrt[d]{a})^d > (\sqrt[c]{b})^c$; mithin, wegen $d < c$ (nach VIII. Seite 29.) muß auch $\sqrt[d]{a} > \sqrt[c]{b}$ sein; man hat also aus

$$\{a > b\} \smile \{c > d\} \hookrightarrow \sqrt[d]{a} > \sqrt[c]{b};$$

d. h.

„Von zwei Wurzeln mit verschiedenen Radikanden und Radikatoren ist die, welche den größern Radikand und kleinern Radikator hat, die größere."

Bemerkung. Man kann auch so schließen: Verbindet man $a > b$ erst mit der rechten Seite *) d der zweiten Ungleichung $c > d$, so kommt, nach 6), $\sqrt[d]{a} > \sqrt[d]{b}$; da nun aber $c > d$ ist, so folgt, nach 7), $\sqrt[d]{b} > \sqrt[c]{b}$, mithin aus

$$\begin{aligned} &\sqrt[d]{a} > \sqrt[d]{b} \text{ und} \\ &\sqrt[d]{b} > \sqrt[c]{b} \hookrightarrow \\ &\sqrt[d]{a} > \sqrt[c]{b}. \end{aligned}$$

---

*) Daß man $a > b$ nicht mit der linken Seite c der zweiten Ungleichung $c > d$ durch die Radikation verbindet, liegt darin, daß wenn $a > b$ und $c > d$ ist, dann nicht nothwendig $\sqrt[c]{a} > \sqrt[d]{b}$ zu sein braucht.

Oder u. A. auch so: Aus

$$\{a>b\} \smile \{c>d\} \hookrightarrow \{a=b+x\} \smile \{d=c-y\} \hookrightarrow \sqrt[d]{a} = \sqrt[c-y]{(b+x)};$$

nun ist aber, nach 6), $\sqrt[c-y]{(b+x)} > \sqrt[c-y]{b}$, und nach 7), $\sqrt[c-y]{b} > \sqrt[c]{b}$; mithin $\sqrt[d]{a} > \sqrt[c]{b}$.

Apagogisch hat man: Wäre unter der Voraussetzung $a>b$ und $c>d$ nicht $\sqrt[d]{a} > \sqrt[c]{b}$, so hätte man aus $\sqrt[d]{a} \leqq \sqrt[c]{b} \hookrightarrow (\sqrt[d]{a})^{cd} \leqq (\sqrt[c]{b})^{cd} \hookrightarrow [(\sqrt[d]{a})^d]^c \leqq [(\sqrt[c]{b})^c]^d \hookrightarrow a^c \leqq b^d$, was gegen die Voraussetzung streitet, da aus ihr $a^c > b^d$ fließt; mithin muß $\sqrt[d]{a} > \sqrt[c]{b}$ sein.

Man sieht leicht ein, daß das für $\sqrt[\mathfrak{u}]{\mathfrak{u}'}$ gefundene Gesetz nicht immer indirekt gilt, d. h. aus $\sqrt[d]{a} > \sqrt[c]{b}$ folgt nicht nothwendig $a>b$ und zugleich $c>d$; um dies noch leichter zu übersehn, gehe man von den Wurzeln zu den Potenzen über, und schließe wie folgt. Aus

$$\sqrt[d]{a} > \sqrt[c]{b} \hookrightarrow (\sqrt[d]{a})^{cd} > (\sqrt[c]{b})^{cd} \hookrightarrow [(\sqrt[d]{a})^d]^c > [(\sqrt[c]{b})^c]^d \hookrightarrow a^c > b^d.$$

Mit $\sqrt[d]{a} > \sqrt[c]{b}$ ist also zugleich $a^c > b^d$ gegeben, und nach den indirekten Sätzen der Potenzen (11. Schlußbemerk.) folgt, daß $a^c > b^d$, unter folgenden Bedingungen sein kann: $a>b$ und $c>d$; $a>b$ und $c=d$; $a>b$ und $c<d$; $a=b$ und $c>d$; $a<b$ und $c>d$. Gleichzeitig folgt aber hieraus noch, daß wenn außer $\sqrt[d]{a} > \sqrt[c]{b}$ noch eine der beiden Bedingungen $a<b$, $d>c$ gegeben ist, dann bezüglich $d<c$ und $a>b$ sein muß.

Man hat also aus

$$\sqrt[d]{a} > \sqrt[c]{b} \text{ und } a<b \hookrightarrow d<c;$$

$$\sqrt[d]{a} > \sqrt[c]{b} \text{ und } d>c \hookrightarrow a>b.$$

Wie lauten diese indirekten Sätze?

Bemerkung. Hiernach ist es nun leicht die noch übrigen Radikations-Aufgaben zu behandeln, sie mögen deshalb, der Kürze wegen, hier fortfallen, und dem Leser zur Übung überlassen bleiben.

Schlußbemerkung. Was ist von der Radikation gelehrt? Der Begriff dieser Operation besteht in

$$\text{I.} \quad (\sqrt[\beta]{\alpha})^{\beta} = \alpha;$$

$$\text{II.} \quad \sqrt[\beta]{(\alpha^{\beta})} = \alpha,$$

und in Verbindung mit dem Vorhergehenden ging wesentlich hervor:

1) $\sqrt[b]{a} = \sqrt[bc]{(a^c)}$;

2) $\sqrt[b]{a} \times \sqrt[b]{c} = \sqrt[b]{(a \times c)}$;

3) $\sqrt[b]{(a^c)} = (\sqrt[b]{a})^c = a^{\frac{c}{b}}$;

4) $\sqrt[b]{(\sqrt[c]{a})} = \sqrt[c]{(\sqrt[b]{a})} = \sqrt[bc]{a}$;

5) $\{a > b\} \smile c \hookrightarrow \sqrt[c]{a} > \sqrt[c]{b}$;

6) $a \smile \{b > c\} > \sqrt[b]{a} < \sqrt[c]{a}$;

7) $\{a > b\} \smile \{c > d\} \hookrightarrow \sqrt[d]{a} > \sqrt[c]{b}$.

8) Indirekte Sätze:

I. Aus $\sqrt[c]{a} = \sqrt[c]{b} \hookrightarrow a = b$;

II. „ $\sqrt[b]{a} = \sqrt[c]{a} \hookrightarrow b = c$;

III. „ $\sqrt[c]{a} > \sqrt[c]{b} \hookrightarrow a > b$;

IV. „ $\sqrt[b]{a} < \sqrt[c]{a} \hookrightarrow b > c$;

V. „ $\sqrt[c]{a} = \sqrt[d]{b}$ und $a > b \hookrightarrow c > d$;

VI. „ $\sqrt[c]{a} = \sqrt[d]{b}$ und $c > d \hookrightarrow a > b$;

VII. „ $\sqrt[c]{a} > \sqrt[d]{b}$ und $a < b \hookrightarrow c < d$;

VIII. „ $\sqrt[c]{a} > \sqrt[d]{b}$ und $c > d \hookrightarrow a > b$.

18. Erklärung u. Lehrsatz. Wir haben hier noch den in 16. Erkl. u. Lehrs. berührten zweiten Gegensatz des Potenzirens zu betrachten. Hat man nämlich $a^b = c$, so wissen wir zunächst aus 16., daß wenn blos das Resultat der Potenzirung, nämlich c, als gegeben angesehn wird, die beiden Ausdrücke die mit einander potenzirt dies c hervorbrachten, hierdurch nicht vollkommen bestimmt sind.

Denkt man sich aber c und zugleich a gegeben, so fragt es sich, ob hierdurch der Ausdruck mit dem a potenzirt c gab, vollkommen bestimmt ist. Existirte aber außer dem einen Ausdruck b noch ein anderer z. B. x, für welchen ebenfalls $a^x = c$ wäre, so müßte, wegen $a^b = c$, nun auch $a^x = a^b$, d. h. $x = b$ sein (nach Seite 29. II.), mithin kann außer dem b kein anderer Ausdruck existiren mit dem a potenzirt c giebt. Dies folgt auch so: Aus $x \gtrless b \hookrightarrow a^x \gtrless a^b$ oder $a^x \gtrless c$, mithin kann a^x nicht $= c$ sein. Da nun aus c und a, in Rücksicht der Gleichung $a^b = c$, das b vollkommen bestimmt ist, d. h. b sein **Bestimmtsein** in c und a findet, so können und dürfen wir **dieses** Bestimmtsein, oder dieses **Rückschreiten** von c und a zu b, durch ein aus c und a formirtes Zeichen, z. B. durch

$$c \rceil a \text{ *)}$$

anzeigen. Man hat also $c \rceil a = b$, und zugleich, da $c = a^b$ ist, $a^b \rceil a = b$.

Da ferner $c \rceil a$ nichts weiter bedeutet als b, und b nichts anders ist, als der Ausdruck, mit dem a potenzirt c giebt, so ist der Begriff von $c \rceil a$ durch die Gleichung

$$a^{c \rceil a} = c$$

ausgesprochen.

Aus $\alpha \rceil \beta = x \hookrightarrow \beta^{\alpha \rceil \beta} = \beta^x \hookrightarrow \alpha = \beta^x \hookrightarrow \alpha = \beta\beta \times \ldots \times \beta_x \hookrightarrow \alpha > \beta$, weil nämlich x oder $\alpha \rceil \beta$ einen Ausdruck bezeichnen soll. Stellt also $\alpha \rceil \beta$ einen Ausdruck vor, so ist stets $\alpha > \beta$. Es ergiebt sich auch, daß wenn in $\alpha \rceil \beta$ der Ausdruck $\alpha, \overline{\overline{<}} \beta$ wäre, dann auch $\alpha \rceil \beta$ keinen Ausdruck vorstellen kann. Denn man hätte aus $\alpha \rceil \alpha = x, \hookrightarrow \alpha = \alpha^x$, oder für $\beta > \alpha$ wäre $\alpha = (\alpha + k)^x = \alpha^x + \mathfrak{A}$, was in beiden Fällen unmöglich ist, wenn x ein Ausdruck b ist, welcher eine Zahl vorstellt. Dies gilt aber nicht umgekehrt, d. h. wenn $\alpha > \beta$ ist, dann allemal $\alpha \rceil \beta$ eine Zahl bezeichnen müßte, da dies nur der Fall ist, wenn α einer der Potenzen $\beta^2, \beta^3, \ldots, \beta^k, \ldots$ gleich ist.

Hieraus folgt eben so, wenn man sich α entstanden denkt durch die Potenzirung des β mit einem Ausdruck:

$$\text{I.} \quad \beta^{\alpha \rceil \beta} = \alpha \text{ und}$$

$$\text{II.} \quad \beta^{\alpha} \rceil \beta = \alpha.$$

---

*) Die sonst übliche Bezeichnung ist: $\overset{a}{\log}$. c. **Euler** bediente sich des Buchstabens l und fügte den Logarithmator durch Worte hinzu. **Rothe** schrieb zuerst c?a u. s. w. Diese Bezeichnungen sind aber theils unbequem, theils können sie zu Zweideutigkeiten veranlassen. In einem noch rohen Manuscripte zu der Wissenschaft der Math., Berlin, bei Dümmler 1838, bediente ich mich des Zeichens $\overset{a}{\ell}.(c)$. Mein früherer Schüler, Herr Dr. Karl W. E. Mager, gegenwärtig zu Arau, der mir eine Abschrift von meinem Manuscripte zu machen versprach, hat dasselbe unter seinem Namen, bis auf ein Paar Noten, auf die ich keine Ansprüche mache, wiederrechtlich wörtlich abdrucken lassen.

Man nennt das Zeichen oder die Zahlform $\alpha \mathfrak{l} \beta$, in untrennbarer Verbindung mit dem Begriffe, Logarithme, α dessen Logarithmand, β dessen Logarithmator *); ferner „$\mathfrak{l}$" das Logarithmationszeichen, und versteht unter „α logarithmirt durch β," nichts weiter, als $\alpha \mathfrak{l} \beta$ hinzuschreiben. Der Logarithme $\alpha \mathfrak{l} \beta$ (ausgesprochen: der Logarithme von α für den Logarithmator β, oder α logarithmirt durch β) ist, wie wir eben gesehn haben, eindeutig, d. h. er bezeichnet in jedem Augenblicke nur eine einzige Zahl, die durch α und β bestimmt ist.

Die durch $\alpha \mathfrak{l} \beta$ ausgesprochene Operation heißt Logarithmation.

Hiernach lauten die Gleichungen I. und II. bezüglich:

„Nachdem der Logarithmator β eines Logarithmen $\alpha \mathfrak{l} \beta$, mit letzterm selbst potenzirt ist, hat man den Logarithmand α;"

oder — von rechts —

„Ein Ausdruck α ist, seiner Bedeutung nach, unverändert geblieben, nachdem man ihn erst durch einen andern β logarithmirt, und dann mit diesem Logarithmen $\alpha \mathfrak{l} \beta$, wieder β potenzirt hat."

„Nachdem eine Potenz β^α durch ihren Dignanden β logarithmirt ist, ergiebt sich wieder ihr Dignator α;"

oder — von rechts —

„Ein Ausdruck α ist, seiner Bedeutung nach, unverändert geblieben, nachdem man erst mit ihm einen andern β potenzirt, und dann diese Potenz β^α wieder durch letztern logarithmirt hat."

In I. und II. ist der Begriff der Logarithmation enthalten, und alles was von dieser Operation gilt, muß hieraus, in Verbindung mit dem Vorhergehenden, fließen.

19. Aufgaben u. Lehrsätze. Zunächst hätte sich der Begriff des Logarithmirens an sich selbst weiter zu entwickeln. Schon bei der Potenz a^b, der Differenz $a-b$, dem Quotienten $a:b$ und der Wurzel $\sqrt[b]{a}$ war es nicht möglich ein Potenziren, Subtrahiren,

*) Was hier Logarithmator genannt ist, heißt gewöhnlich „Basis oder Grundzahl."

Dividiren und Radiziren *an sich selbst* (in demselben Sinne wie beim Addiren und Multipliziren) aufzustellen, sondern was von diesen Operationen gilt, mußte am *Speziellgewordensein* des a und b in a^b, $a-b$, $a:b$, $\sqrt[b]{a}$ erkannt werden. Eben so ist es auch beim Logarithmiren. Es darf zunächst *nicht* in beliebiger Ordnung verrichtet werden, denn da $a \mathfrak{l} b$ eine Zahl vorstellen soll, so muß $a > b$ sein, und $a \mathfrak{l} b$ hat eine Bedeutung, während dann $b \mathfrak{l} a$ keine hat, weshalb $a \mathfrak{l} b$ nicht $=$ sein kann $b \mathfrak{l} a$ *); und auch *das*, was für diese Operation an sich selbst allgemein gilt, muß in ihrem Begriffe $b^{a \mathfrak{l} b} = a$ liegen.

Der Begriff der Logarithmation kann sich nur dadurch in seinen speziellen Beziehungen weiter entwickeln, daß in $a \mathfrak{l} b$ der Logarithmand a und Logarithmator b, in diejenigen Zahlenformen übergehe, welche bisher betrachtet sind. Während nämlich eines der beiden Glieder a, b in $a \mathfrak{l} b$ noch allgemein ist, kann das jedesmalige andere — oder auch beide zugleich — in **s**, **p**, **P**, **d**, **q**, **w**, **l** (**l** bedeutet Logarithme) übergehn. Ferner müssen die frühern Operationen, die **s**, **p**, **P**, **d**, **q**, **w** aussprechen, auch für den neu hinzugekommenen Begriff der Logarithmation vervollständigt werden. Endlich ist der Begriff der Logarithmation auch noch auf das Gleich- und Ungleichsein zu beziehn. Alle diese Aufgaben gehn demnach hervor, wenn man **a**, **s**, **g**, **u**, **p**, **P**, **d**, **q**, **w**, **l** wechselseitig mit einander, auf nachstehende Weise, durch die *Addition*, *Multiplikation*, *Potenzirung*, *Subtraktion*, *Division*, *Radikation* und *Logarithmation* verbindet, und es sind daher folgende

---

*) Aus dem Begriffe der Summe floß unmittelbar das Addiren in beliebiger Ordnung, und hieraus wieder das Multipliziren in belieb. Ordnung, indem wir nämlich das Produkt auf die darunter vorgestellte Summe zurückführten. Hierdurch waren diese beiden Operationen *an sich selbst* erfaßt. Verfahren wir bei der Potenz a^b ebenso, d. h. führen wir sie auf ihren Begriff $aa \times \ldots \times a_b$ zurück, so stellt sich in dieser Allgemeinheit kein einfaches Gesetz des Potenzirens *unmittelbar* heraus. Das Potenziren an sich selbst muß aber in a^b oder $(1+1+\ldots+1_a)^b$ liegen. Die dem Potenziren hier vorangeschickten Operationen reichen jedoch noch nicht aus, das Gesetz für $(1+1+\ldots+1_a)^b$ zu entwickeln, welches als ein Spezialfall vom polynomischen Lehrsatz erscheint. Es sind deshalb vom Potenziren nur im Wesentlichen die Gesetze für $\mathbf{a}^{\mathbf{s}}$, $\mathbf{p}^{\mathbf{a}}$, $\mathbf{a}^{\mathbf{p}}$ entwickelt worden.

Eine ähnliche Betrachtung schließt sich an die indirekten Operationen.

a, s, g, u, p, P, d, q, w, l.

---

l+a, l+s, l+g, l+u, l+p, l+P, l+d, l+q, l+w, l′+l,

l×a, l×s, l×g, l×u, l×p, l×P, l×d, l×q, l×w, l′×l,

l^a, l^s, l^g, l^u, l^p, l^P, l^d, l^q, l^w, $l^{l'}$,

a^l, s^l, g^l, u^l, p^l, P^l, d^l, q^l, w^l,

l−a, l−s, l−g, l−u, l−p, l−P, l−d, l−q, l−w, l′−l,

a−l, s−l, g−l, u−l, p−l, P−l, d−l, q−l, w−l,

l : a, l : s, l : g, l : u, l : p, l : P, l : d, l : q, l : w, l′ : l,

a : l, s : l, g : l, u : l, p : l, P : l, d : l, q : l, w : l,

$\sqrt[a]{l}$, $\sqrt[s]{l}$, $\sqrt[g]{l}$, $\sqrt[u]{l}$, $\sqrt[p]{l}$, $\sqrt[P]{l}$, $\sqrt[d]{l}$, $\sqrt[q]{l}$, $\sqrt[w]{l}$, $\sqrt[l]{l'}$,

$\sqrt[l]{a}$, $\sqrt[l]{s}$, $\sqrt[l]{g}$, $\sqrt[l]{u}$, $\sqrt[l]{p}$, $\sqrt[l]{P}$, $\sqrt[l]{d}$, $\sqrt[l]{q}$, $\sqrt[l]{w}$,

a′ʅa, aʅs, aʅg, aʅu, aʅp, aʅP, aʅd, aʅq, aʅw, aʅl,

sʅa, gʅa, uʅa, pʅa, Pʅa, dʅa, qʅa, wʅa, lʅa,

s′ʅs, sʅg, sʅu, sʅp, sʅP, sʅd, sʅq, sʅw, sʅl,

gʅs, uʅs, pʅs, Pʅs, dʅs, qʅs, wʅs, lʅs,

g′ʅg, gʅu, gʅp, gʅP, gʅd, gʅq, gʅw, gʅl,

uʅg, pʅg, Pʅg, dʅg, qʅg, wʅg, lʅg,

u′ʅu, uʅp, uʅP, uʅd, uʅq, uʅw, uʅl,

pʅu, Pʅu, dʅu, qʅu, wʅu, lʅu,

p′ʅp, pʅP, pʅd, pʅq, pʅw, pʅl,

Pʅp, dʅp, qʅp, wʅp, lʅp,

P′ʅP, Pʅd, Pʅq, Pʅw, Pʅl,

dʅP, qʅP, wʅP, lʅP,

d′ʅd, dʅq, dʅw, dʅl,

qʅd, wʅd, lʅd,

q′ʅq, qʅw, qʅl,

wʅq, lʅq,

w′ʅw, wʅl,

lʅw,

l′ʅl.

Bei den drei direkten Operationen, nämlich der Addition, Multiplikation und Potenzirung, kam es stets darauf an, das Unbekannte auf das Bekannte, d. h. Summe, Produkt und Potenz bezüglich auf Zahl, Summe und Produkt zurückzuführen, und bei den bisher betrachteten indirekten Operationen, nämlich der Subtraktion, Division und Radikation gingen wir zu ihren bezüglichen Gegensätzen über. Das Allgemeine hierbei bestand also nur darin: Bei jeder neu hinzutretenden Operation zu ihrem Begriffe, der im Vorhergehenden gründete, zurückzukehren. Einen ähnlichen Weg gehen wir auch hier *).

Aus diesem Grunde müssen wir, um sämmtliche Logarithmations-Aufgaben zu lösen, zu dem Begriffe des Logarithmen zurückkehren, welcher durch

$$\text{I.}\quad b^{a\mathfrak{l}b} = a \text{ und}$$
$$\text{II.}\quad b^{a}\mathfrak{l}b = a$$

ausgesprochen ist, d. h. vermöge dieses Begriffs, und des Vorhergehenden, die in diesen Aufgaben vorkommende Logarithmation entweder durch die entgegengesetzte Operation, nämlich durch die Potenzirung (Siehe I.) fortschaffen, das Erhaltene so umformen, daß bei wieder hergestellter Logarithmation (Siehe II.) ein neues Operationsgesetz entspringt, oder die Logarithmation weiter verfolgen, was auch in dem Falle geschieht, wo bloße Beziehungen der Logarithmation auf $\mathfrak{g}$ und $\mathfrak{u}$, dem Begriffe der Forderungen gemäß, gesucht werden.

Stellt z. B. $\zeta_{(c)}$ eine dieser Aufgaben vor, in der c als Logarithmator erscheint, so setze man $\zeta_{(c)} = x$, wo x die gesuchte andere Operations-Verbindung bezeichnet, die für $\zeta_{(c)}$ gefunden werden soll. Gesetzt nun, man erreichte dadurch seinen Zweck, daß die Logarithmation fortfällt, sobald man den als Logarithmator vorkommenden Ausdruck c mit beiden Seiten der Gleichung $\zeta_{(c)} = x$ potenzirt, so hat man $c^{\zeta_{(c)}} = c^x$. Nachdem aus der linken Seite die Logarithmation verschwunden ist, forme man den dadurch erhaltenen Ausdruck, wenn es nöthig ist, erst so um, daß dadurch ein neues Gesetz hervorgeht, sobald zum x zurückgeschritten wird. Dieser so um- oder nicht umgeformte Ausdruck heiße ζ'. Man hat jetzt $\zeta' = c^x$. Um nun aus dieser Gleichung wieder x zu finden, muß man vom c^x das c durch die der Potenzirung entgegengesetzte Operation, d. h. durch die Logarithmation (Siehe II.), trennen. Dies bewirken zu können, sehen wir uns zunächst genöthigt, die Aufgabe (Forderung) $\mathfrak{g}\mathfrak{l}\mathfrak{a}$ zu lösen, oder eine Gleichung $a = b$ mit einem Ausdruck c, durch die Logarithmation zu verbinden.

1) Man sucht demnach

$$\{a = b\}\mathfrak{l}c,$$

*) Auch hier gilt die Note zu Seite 86.

und es ergiebt sich

$$\{a = b\}\mathfrak{l}c \hookrightarrow \{a \text{ ist } a\}\mathfrak{l}c \hookrightarrow a\mathfrak{l}c = a\mathfrak{l}c.$$

Da aber a nur einmal in der Form b erscheinen soll, so kommt

$$\{a = b\}\mathfrak{l}c \hookrightarrow a\mathfrak{l}c = b\mathfrak{l}c;$$

d. h.

„Einander gleiche Ausdrücke a, b durch ein und denselben Ausdruck c logarithmirt, giebt einander gleiche Logarithmen $a\mathfrak{l}c = b\mathfrak{l}c$.“ *)

Dies Gesetz gilt auch umgekehrt; denn man hat aus

$$a\mathfrak{l}c = b\mathfrak{l}c \hookrightarrow c^{a\mathfrak{l}c} = c^{b\mathfrak{l}c} \hookrightarrow a = b;$$

d. h.

„Sind zwei Logarithmen, mit gleichem Logarithmator, einander gleich, so sind es auch ihre Logarithmanden.“

Jetzt hat man aus $\zeta' = c^x \hookrightarrow \zeta'\mathfrak{l}c = c^x\mathfrak{l}c = x$, also ist

$$\zeta_{(c)} = \zeta'\mathfrak{l}c.$$

Hiernach sind nun die mehrsten der übrigen Aufgaben zu lösen.

2) Man sucht G. (**$a\mathfrak{l}g$**).

Aus $a\mathfrak{l}\{b = c\} \hookrightarrow a\mathfrak{l}b = a\mathfrak{l}b \hookrightarrow a\mathfrak{l}b = a\mathfrak{l}c$; deshalb

$$a\mathfrak{l}\{b = c\} \hookrightarrow a\mathfrak{l}b = a\mathfrak{l}c.$$

Wie lautet dies Gesetz wörtlich?

Dasselbe gilt auch umgekehrt; denn aus

$a\mathfrak{l}b = a\mathfrak{l}c \hookrightarrow (bc)^{a\mathfrak{l}b} = (bc)^{a\mathfrak{l}c} \hookrightarrow b^{a\mathfrak{l}b} . c^{a\mathfrak{l}b} = b^{a\mathfrak{l}c} . c^{a\mathfrak{l}c} \hookrightarrow$
$a . c^{a\mathfrak{l}b} = a . b^{a\mathfrak{l}c} \hookrightarrow c^{a\mathfrak{l}b} = b^{a\mathfrak{l}c} \hookrightarrow$, weil $a\mathfrak{l}b = a\mathfrak{l}c$ sein soll, $c = b$;
oder so: $b^{a\mathfrak{l}b} = b^{a\mathfrak{l}c} \hookrightarrow a = b^{a\mathfrak{l}c} \hookrightarrow \sqrt[a\mathfrak{l}c]{a} = b \hookrightarrow c = b$; man hat also aus

$$a\mathfrak{l}b = a\mathfrak{l}c \hookrightarrow b = c;$$

d. h.

„Haben zwei einander gleiche Logarithmen einen gleichen Logarithmand, so sind auch ihre Logarithmatoren einander gleich.“

---

*) Es folgt zugleich noch, wenn man beide Seiten der Gleichungen $(\sqrt[b]{a})^b = a$ und $b^{a\mathfrak{l}b} = a$ bezüglich durch $\sqrt[b]{a}$ logarithmirt, oder durch $a\mathfrak{l}b$ radizirt: $b = a\mathfrak{l}\sqrt[b]{a}$, und $b = \sqrt[a\mathfrak{l}b]{a}$.

3) Man sucht G. (**pla**). Es sei deshalb $(ab)\mathfrak{l}c = x$, wo also auch x den Ausdruck bezeichnet, der, nachdem c mit ihm potenzirt ist, eine Potenz liefert, die $= a.b$ ist. Es ergiebt sich $c^{(ab)\mathfrak{l}c} = c^x$ oder $a.b = c^x$. Wollten wir von dieser Gleichung $a.b = c^x$ wieder zum x zurückkehren, so hätten wir $(ab)\mathfrak{l}c = c^x\mathfrak{l}c$ oder $(ab)\mathfrak{l}c = x$, mithin nichts Neues. Da aber $c^x = a.b$, also x erstens so gefunden werden muß, daß mit ihm c potenzirt, ein Produkt hervorgehe, welches zweitens $= a.b$ ist, so hat man nachzudenken, auf welchem Wege beiden Anforderungen genügt wird. Da aber erstens c^x gleich einem Produkte werden soll, so muß x dieser Forderung gemäß angenommen werden, da c schon gegeben ist. Man wird deshalb das x gleich einer Summe z. B. $= y + z$ denken müssen.

Jetzt hat man also $c^x = c^y . c^z$. Um der zweiten Forderung zu genügen, muß gleichzeitig y und z so bestimmt sein, daß $a.b =$ ist $c^y . c^z$. Dies ist aber wieder der Fall, sobald man y und z so angenommen denkt, daß $a = c^y$ und $b = c^z$ ist. Bestimmen wir nun aus diesen beiden Gleichungen ebenfalls x d. h. $y+z$, so kommt

$$\{a = c^y\}\mathfrak{l}c \rightharpoondown a\mathfrak{l}c = y \text{ und } \{b = c^z\}\mathfrak{l}c \rightharpoondown b\mathfrak{l}c = z, \text{ mithin}$$
$$y+z = x = a\mathfrak{l}c + b\mathfrak{l}c = (ab)\mathfrak{l}c.$$

Man hat daher

$$(ab)\mathfrak{l}c = a\mathfrak{l}c + b\mathfrak{l}c;$$

d. h.

„Ist ein Produkt $a.b$ durch einen Ausdruck c logarithmirt, so hat man dasselbe, nachdem die Faktoren a, b einzeln durch c logarithmirt, und beide Logarithmen $a\mathfrak{l}c$, $b\mathfrak{l}c$ zu einander addirt sind;"

oder — von rechts —

„Ist zu einem Logarithmen $a\mathfrak{l}c$ ein anderer $b\mathfrak{l}c$, mit demselben Logarithmator c, addirt, so hat man dasselbe, nachdem die beiden Logarithmanden a, b mit einander multiplizirt sind, und dieses Produkt $a.b$ durch den gleichen Logarithmator c logarithmirt ist."

Mit dem Gesetze für **pla** ist also gleichzeitig G. (**l′+l**) für den Fall gegeben, in welchem beide Logarithmen einen gleichen Logarithmator haben.

Bemerkung. Man hat auch

$$(a.b)\mathfrak{l}c = [c^{a\mathfrak{l}c} \times c^{b\mathfrak{l}c}]\mathfrak{l}c = c^{a\mathfrak{l}c + b\mathfrak{l}c}\mathfrak{l}c = a\mathfrak{l}c + b\mathfrak{l}c.$$

Suchte man $a\rceil c + b\rceil c$, so kann so geschlossen werden: Es sei $a\rceil c + b\rceil c = x$. Um die Logarithmation fortzuschaffen, werden wir c mit beiden Seiten potenziren und erhalten

$$c^{a\rceil c + b\rceil c} = c^x \hookrightarrow c^{a\rceil c} \times c^{b\rceil c} = c^x \hookrightarrow a.b = c^x \hookrightarrow$$
$$(a.b)\rceil c = x = a\rceil c + b\rceil c.$$

Oder so: Aus $a\rceil c = x$ und $b\rceil c = y \hookrightarrow a = c^x$ und $b = c^y$; weil nun $x + y$ gefunden werden soll, so werden wir letztere Gleichungen mit einander durch die Multiplikation verbinden, und erhalten

$$a.b = c^x . c^y = c^{x+y} \hookrightarrow (a.b)\rceil c = x + y = a\rceil c + b\rceil c.$$

Oder u. A. so:

$$a\rceil c + b\rceil c = c^{a\rceil c + b\rceil c}\rceil c = [c^{a\rceil c} \times c^{b\rceil c}]\rceil c = (a.b)\rceil c.$$

Wollte man apagogisch beweisen, daß $(a.b)\rceil c =$ ist $a\rceil c + b\rceil c$, so hat man: Aus

$$(ab)\rceil c \gtrless a\rceil c + b\rceil c \hookrightarrow c^{(ab)\rceil c} \gtrless c^{a\rceil c + b\rceil c} \hookrightarrow ab \gtrless c^{a\rceil c} \times c^{b\rceil c} \hookrightarrow$$

$a.b \gtrless a.b$, daher u. s. w.

4) Man sucht S. ($q\rceil a$). Es sei deshalb $(a:b)\rceil c = x$. Da nun x der Ausdruck ist, mit dem c potenzirt $a:b$ giebt, so hat man $c^{(a:b)\rceil c} = c^x$ oder $a:b = c^x$. Wollten wir aus dieser Gleichung wieder unmittelbar x bestimmen, so würde sich uns nichts Neues ergeben. Da aber x so zu bestimmen ist, daß sobald c mit ihm potenzirt ist, eine Potenz c^x hervorgeht, die dem Quotienten $a:b$ gleich ist, so hat man zunächst darüber nachzudenken von welcher Form x anzunehmen ist, damit $c^x =$ einem Quotienten wird. Diese Frage muß aber schon durch die Gesetze des Potenzirens beantwortet sein, und wir erinnern uns augenblicklich, daß x gleich einer Differenz z. B. $= y - z$ gedacht werden muß: denn c^{y-z} ist $= c^y : c^z$. Man hat also nur noch y und z so zu denken, daß $c^x = c^y : c^z = a:b$ ist, was der Fall sein wird, wenn man $c^y = a$ und $c^z = b$ nimmt, und aus diesen beiden Gleichungen ist nun y und z zu bestimmen. Wir finden $y = a\rceil c$, $z = b\rceil c$, mithin $y - z = a\rceil c - b\rceil c = x$, daher

$$\frac{a}{b}\rceil c = a\rceil c - b\rceil c;$$

d. h.

„Ist ein Quotient $a:b$ durch einen Ausdruck c logarithmirt, so hat man dasselbe, nachdem der Dividend a, und Divisor b, einzeln durch c logarithmirt, und letzterer Logarithme $b\rceil c$ von ersterm $a\rceil c$ subtrahirt ist;"

oder — von rechts —

„Ist von einem Logarithmen $a\mathfrak{l}c$ ein anderer $b\mathfrak{l}c$, mit demselben Logarithmator c, subtrahirt, so hat man dasselbe, nachdem der Logarithmand a, des erstern, durch den Logarithmand b des letztern dividirt, und dieser Quotient $a:b$ durch den gleichen Logarithmator c logarithmirt ist.“

Durch die Gleichung $(a:b)\mathfrak{l}c = a\mathfrak{l}c - b\mathfrak{l}c$ ist mit dem Gesetze für $\mathbf{q\mathfrak{l}a}$ gleichzeitig ein spezielles für $\mathbf{\mathfrak{l}' - \mathfrak{l}}$ gegeben. Welches?

Bemerkung. Man kann auch so schließen: Da $a:b$ durch c logarithmirt werden soll, so lasse man in a und b die Logarithmation erscheinen, d. h. führe für a und b, in $a:b$, Logarithmen ein, deren Logarithmator c ist. Man hat deshalb

$$(a:b)\mathfrak{l}c = [c^{a\mathfrak{l}c}:c^{b\mathfrak{l}c}]\mathfrak{l}c = c^{a\mathfrak{l}c - b\mathfrak{l}c}\mathfrak{l}c = a\mathfrak{l}c - b\mathfrak{l}c.$$

Oder so: Da der Begriff von $a:b$ in a, b, und in ihrem Verbundensein gründet, so werden wir, um $a:b$ durch c zu logarithmiren, zunächst die Ausdrücke a und b durch c logarithmiren, und dann dadurch $(a:b)\mathfrak{l}c$, darzustellen suchen. Aus $a\mathfrak{l}c = x$ und $b\mathfrak{l}c = y \hookrightarrow$ $a = c^x$ und $b = c^y \hookrightarrow a:b = c^x:c^y = c^{x-y} \hookrightarrow$ $(a:b)\mathfrak{l}c = x - y = a\mathfrak{l}c - b\mathfrak{l}c$.

Oder so: Da wir schon G. ($\mathbf{p\mathfrak{l}a}$) kennen, so liegt hierin G. ($\mathbf{q\mathfrak{l}a}$); betrachten wir nämlich in der Gleichung $(a\times b)\mathfrak{l}c = a\mathfrak{l}c + b\mathfrak{l}c$ den einzelnen Fall, wo rechts und links $a:b$ statt a steht, so kommt

$$[(a:b).b]\mathfrak{l}c = (a:b)\mathfrak{l}c + b\mathfrak{l}c \hookrightarrow a\mathfrak{l}c = (a:b)\mathfrak{l}c + b\mathfrak{l}c \hookrightarrow$$
$$a\mathfrak{l}c - b\mathfrak{l}c = (a:b)\mathfrak{l}c.$$

Oder u. A. so: Da $(a:b)\mathfrak{l}c$ gesucht wird, so ist der Ausdruck, den $a:b$ bezeichnet, durch c zu logarithmiren; aber letzterer läßt sich durch eine Gleichung zwischen a und b vorstellen, indem wir $c = b.x$ denken, wo x dieser Ausdruck ist. Da er aber durch c zu logarithmiren ist, so haben wir

$$\{a = bx\}\mathfrak{l}c \hookrightarrow a\mathfrak{l}c = (bx)\mathfrak{l}c = b\mathfrak{l}c + x\mathfrak{l}c \hookrightarrow$$
$$a\mathfrak{l}c - b\mathfrak{l}c = x\mathfrak{l}c = (a:b)\mathfrak{l}c.$$

Suchte man für $a\mathfrak{l}c - b\mathfrak{l}c$ eine Relation, so kann man so schließen: Aus $a\mathfrak{l}c - b\mathfrak{l}c = x \hookrightarrow$, um die Logarithmation erst fortzuschaffen, $c^{a\mathfrak{l}c - b\mathfrak{l}c} = c^x \hookrightarrow c^{a\mathfrak{l}c}:c^{b\mathfrak{l}c} = c^x \hookrightarrow a:b = c^x \hookrightarrow$ $(a:b)\mathfrak{l}c = x = a\mathfrak{l}c - b\mathfrak{l}c$.

Oder u. A. kurz so:

$$a\mathfrak{l}c - b\mathfrak{l}c = c^{a\mathfrak{l}c - b\mathfrak{l}c}\mathfrak{l}c = [c^{a\mathfrak{l}c}:c^{b\mathfrak{l}c}]\mathfrak{l}c = (a:b)\mathfrak{l}c.$$

Beide Gesetze für $\mathbf{p\mathfrak{l}a}$ und $\mathbf{q\mathfrak{l}a}$ konnten auch auf einmal auf verschiedenen Wegen abgeleitet, und auch bewiesen werden.

Setzt man z. B. in $(a \times b)\mathfrak{l}c$, $a\mathfrak{l}c = x$ und $b\mathfrak{l}c = y$, so $\hookrightarrow$ $a = c^x$ und $b = c^y$ $\hookrightarrow$ $a \times b = c^x \times c^y = c^{x \pm y}$ $\hookrightarrow$ $(a \times b)\mathfrak{l}c = x \pm y = a\mathfrak{l}c \pm b\mathfrak{l}c$.

Oder so: Es ist

$$(a \times b)\mathfrak{l}c = [c^{a\mathfrak{l}c} \times c^{b\mathfrak{l}c}]\mathfrak{l}c = c^{a\mathfrak{l}c \pm b\mathfrak{l}c}\mathfrak{l}c = a\mathfrak{l}c \pm b\mathfrak{l}c.$$

Setzte man ferner schon voraus, daß $(a \times b)\mathfrak{l}c = a\mathfrak{l}c \pm b\mathfrak{l}c$ ist, so können diese Gesetze durch die Synthesis, oder auf dem apagogischen Wege bewiesen werden. Wie?

Endlich konnte auch aus dem Gesetze für **q l a**, das für **p l a** abgeleitet werden. Wie?

5) Man sucht G. (**l** $\times$ **a**). Es sei

$$(a\mathfrak{l}b) \times c = x. \text{ Mit beiden Seiten}$$

$$b = b \text{ potenzirt, um erst die Logarithm. fortzuschaffen} \hookrightarrow$$

$$b^{(a\mathfrak{l}b).c} = b^x \hookrightarrow$$

$$(b^{a\mathfrak{l}b})^c = b^x \hookrightarrow$$

$$a^c = b^x \hookrightarrow$$

$$a^c\mathfrak{l}b = x \hookrightarrow$$

$$(a\mathfrak{l}b) \times c = a^c\mathfrak{l}b;$$

d. h.

„Ist ein Logarithme $a\mathfrak{l}b$ mit einem Ausdruck c multiplizirt, so hat man dasselbe, nachdem der Logarithmand a mit ihm potenzirt, und diese Potenz a^c durch den Logarithmator b logarithmirt ist;"

oder — von rechts —

„Ist eine Potenz a^c durch einen Ausdruck b logarithmirt, so hat man dasselbe, nachdem der Dignand a dadurch logarithmirt, und dieser Logarithme $a\mathfrak{l}b$ mit dem Dignator c multiplizirt ist."

Bemerkung. Man hat auch nach 3):

$$(a\mathfrak{l}b) \times c = a\mathfrak{l}b + a\mathfrak{l}b + \ldots + (a\mathfrak{l}b)_c = (aa \times \ldots \times a_c)\mathfrak{l}b = a^c\mathfrak{l}b.$$

Oder so: Aus $a\mathfrak{l}b = x$ $\hookrightarrow$ $a = b^x$. Da nun $a\mathfrak{l}b$ mit c multiplizirt ist, so kommt es darauf an in der Gleichung $a = b^x$ den Dignator x mit c zu multipliziren, d. h. dieselbe mit c durch die Potenzirung zu verbinden, und es kommt

$$a^c = b^{cx} \hookrightarrow a^c\mathfrak{l}b = cx = (a\mathfrak{l}b).c.$$

Oder u. A. so: Es ist

$$(a\mathfrak{l}b).c = b^{(a\mathfrak{l}b)c}\mathfrak{l}b = (b^{a\mathfrak{l}b})^c\mathfrak{l}b = a^c\mathfrak{l}b.$$

Wie läßt sich dies Gesetz noch synthetisch und apagogisch beweisen?

Ginge man von $a^c\mathfrak{l}b$ aus, so kommt

$$a^c\mathfrak{l}b = (aa\times\ldots\times a_c)\mathfrak{l}b = a\mathfrak{l}b + a\mathfrak{l}b + \ldots + (a\mathfrak{l}b)_c = (a\mathfrak{l}b)c.$$

Oder so: Aus

$$a^c\mathfrak{l}b = x \hookrightarrow a^c = b^x \hookrightarrow a = b^{\frac{x}{c}} \hookrightarrow a\mathfrak{l}b = \frac{x}{c} \hookrightarrow$$
$$(a\mathfrak{l}b)c = x = a^c\mathfrak{l}b \text{ *)}.$$

6) Man sucht G. ($\mathbf{w}\mathfrak{l}\mathbf{a}$). Es sei

$(\sqrt[b]{a})\mathfrak{l}c = x.$ Mit beiden Seiten

$c = c$ potenzirt, um zuerst d. Logarithm. fortzuschaffen $\hookrightarrow$

$\sqrt[b]{a} = c^x$, mit b potenzirt $\hookrightarrow$

$a = c^{bx} \hookrightarrow$

$a\mathfrak{l}c = bx \hookrightarrow$

$(a\mathfrak{l}c):b = (\sqrt[b]{a})\mathfrak{l}c;$

d. h.

„Ist ein Logarithme $a\mathfrak{l}c$ durch einen Ausdruck b dividirt, so hat man dasselbe, nachdem der Logarithmand a dadurch radizirt, und diese Wurzel $\sqrt[b]{a}$ durch den Logarithmator c logarithmirt ist;"

oder — von rechts —

„Ist eine Wurzel $\sqrt[b]{a}$ durch einen Ausdruck c logarithmirt, so hat man dasselbe, nachdem der Radikand a dadurch logarithmirt, und dieser Logarithme $a\mathfrak{l}c$ durch den Radikator b dividirt ist."

Mit dem Gesetze für $\mathbf{w}\mathfrak{l}\mathbf{a}$ ist gleichzeitig das für $\mathbf{l}:\mathbf{a}$ gegeben.

Bemerkung. Um $\sqrt[b]{a}\mathfrak{l}c$ zu finden, kann man auch so schließen: Da wir nämlich schon eine Potenz logarithmiren können, und die Wurzel $\sqrt[b]{a}$ durch die sie charakterisirende Gleichung $a = x^b$ bestimmt ist, so

---

*) Da $(ab)\mathfrak{l}c = a\mathfrak{l}c + b\mathfrak{l}c$ ist, so setze man a^{m-1} statt b, und es kommt: $a^m\mathfrak{l}c = a\mathfrak{l}c + a^{m-1}\mathfrak{l}c$, und hieraus wieder: $a^{m-1}\mathfrak{l}c = a\mathfrak{l}c + a^{m-2}\mathfrak{l}c$, mithin $a^m\mathfrak{l}c = a\mathfrak{l}c + a\mathfrak{l}c + a^{m-2}\mathfrak{l}c$. So kann man mit der Substitution fortfahren und man erhält zuletzt $a^m\mathfrak{l}c = a\mathfrak{l}c + a\mathfrak{l}c + \ldots + (a\mathfrak{l}c)_m = (a\mathfrak{l}c)\times m$.

brauchen wir nur, um x d. h. $\sqrt[b]{a}$, durch c zu logarithmiren, beide Seiten durch c zu logarithmiren, und es kommt

$$a\mathfrak{l}c = x^b\mathfrak{l}c = (x\mathfrak{l}c)\,b \hookrightarrow x\mathfrak{l}c = (a\mathfrak{l}c):b \text{ oder } (\sqrt[b]{a})\mathfrak{l}c = (a\mathfrak{l}c):b.$$

Oder zusammengezogen kurz so:

$$[(\sqrt[b]{a})^b]\mathfrak{l}c = [(\sqrt[b]{a})\mathfrak{l}c].b \hookrightarrow (a\mathfrak{l}c):b = (\sqrt[b]{a})\mathfrak{l}c.$$

Oder u. A. so: Es ist $a = c^{a\mathfrak{l}c}$, daher

$$(\sqrt[b]{a})\mathfrak{l}c = (\sqrt[b]{c^{a\mathfrak{l}c}})\mathfrak{l}c = c^{(a\mathfrak{l}c):b}\mathfrak{l}c = (a\mathfrak{l}c):b.$$

Suchen wir hingegen **I : a**, so kann wie folgt geschlossen werden:

Aus $(a\mathfrak{l}c):b = x \hookrightarrow c^{(a\mathfrak{l}c):b} = c^x \hookrightarrow \sqrt[b]{c^{a\mathfrak{l}c}} = c^x \hookrightarrow \sqrt[b]{a} = c^x \hookrightarrow$ $(\sqrt[b]{a})\mathfrak{l}c = x \hookrightarrow (\sqrt[b]{a})\mathfrak{l}c = (a\mathfrak{l}c):b.$

Oder kürzer so:

$$(a\mathfrak{l}c):b = c^{(a\mathfrak{l}c):b}\mathfrak{l}c = (\sqrt[b]{c^{a\mathfrak{l}c}})\mathfrak{l}c = (\sqrt[b]{a})\mathfrak{l}c.$$

Oder so: Aus $(a\mathfrak{l}c):b = x \hookrightarrow a\mathfrak{l}c = bx \hookrightarrow a = c^{bx} \hookrightarrow$ $\sqrt[b]{a} = c^x \hookrightarrow (\sqrt[b]{a})\mathfrak{l}c = x = (a\mathfrak{l}c):b.$

Oder so: Aus $a\mathfrak{l}c = x \hookrightarrow a = c^x \hookrightarrow \sqrt[b]{a} = c^{x:b} \hookrightarrow$ $(\sqrt[b]{a})\mathfrak{l}c = x:b = (a\mathfrak{l}c):b.$

Oder u. A. so: Aus

$$(a\mathfrak{l}c):b \hookrightarrow [[(\sqrt[b]{a})^b]\mathfrak{l}c]:b = [((\sqrt[b]{a})\mathfrak{l}c).b]:b = (\sqrt[b]{a})\mathfrak{l}c.$$

Ferner kann das Gesetz für **w l a** synthetisch, oder apagogisch bewiesen werden. Wie?

Endlich konnten die beiden Gesetze in 5) und 6) auf einmal ausgedrückt werden. Es sei nämlich:

$$\begin{aligned} (a \bigcirc b)\mathfrak{l}c &= x \hookrightarrow \\ a \bigcirc b &= c^x \hookrightarrow \\ a &= c^{x \times b} \hookrightarrow \\ a\mathfrak{l}c &= x \times b \hookrightarrow \\ (a\mathfrak{l}c)\times b &= x = (a \bigcirc b)\mathfrak{l}c. \end{aligned}$$

Oder u. A. so: Es ist

$$(a \bigcirc b)\mathfrak{l}c = (c^{a\mathfrak{l}c} \bigcirc b)\mathfrak{l}c = c^{(a\mathfrak{l}c)\times b}\mathfrak{l}c = (a\mathfrak{l}c)\times b.$$

Eben so konnten wir auch aus der rechten Seite $(a\mathfrak{l}c)\times b$, die linke $(a \bigcirc b)\mathfrak{l}c$, der vorstehenden Gleichung entwickeln.

$$\text{Aus}\quad (a \ell c) \times b = x \hookrightarrow$$
$$c^{(a \ell c) \times b} = c^x \hookrightarrow$$
$$c^{a \ell c} \frown b = c^x \hookrightarrow$$
$$a \frown b = c^x \hookrightarrow$$
$$(a \frown b) \ell c = x = (a \ell c) \times b.$$

Oder so: Aus

$$(a \ell c) \times b = x \hookrightarrow$$
$$a \ell c = x \ast b \hookrightarrow$$
$$c^{a \ell c} = c^{x \ast b} \hookrightarrow$$
$$a = c^{x \ast b} \hookrightarrow$$
$$a \frown b = c^{(x \ast b) \times b} = c^x \hookrightarrow$$
$$(a \frown b) \ell c = x = (a \ell c) \times b.$$

Oder u. A. so: Es ist

$$(a \ell c) \times b = c^{(a \ell c) \times b} \ell c = (c^{a \ell c} \frown b) \ell c = (a \frown b) \ell c.$$

Wie läßt sich synthetisch, als auch apagogisch, auf ein Mal beweisen, daß $(a \frown b) \ell c = (a \ell c) \times b$ ist? und wie kann **wla** aus **Pla** durch Substitution abgeleitet werden?

7) Man sucht S. (**ula**). Da $a > b$ mit c durch Logarithmation verbunden werden soll, so hat man offenbar die Beziehung zwischen $a \ell c$ und $b \ell c$ zu suchen. Wir müssen demnach zu den Ausdrücken hingehn, die $a \ell c$ und $b \ell c$ darstellen, eben weil wir von diesen wissen wollen, welche Stelle die Zahlen, die sie repräsentiren, in der Zahlenreihe, blos in Rücksicht ihrer Folge, einnehmen. Der erstere Logarithme $a \ell c$ bezeichnet einen Ausdruck x, mit dem c potenzirt, a giebt; der zweite, nämlich $b \ell c$, stellt einen Ausdruck y vor, mit dem c potenzirt, b giebt. Man hat also aus $a \ell c = x$, und $b \ell c = y$ bezüglich $a = c^x$, und $b = c^y$.

Da wir nun durch diese beiden Gleichungen zu den Ausdrücken, die $a \ell c$ und $b \ell c$ vorstellen, hingegangen sind, so haben wir noch zu untersuchen, wie die Zahlen, die x und y bezeichnen, in der Zahlenreihe nach einander folgen, wozu die Voraussetzung, daß $a > b$ ist, dienen muß. Man hat deshalb $c^x > c^y$ d. h. nach 11. 7), auch $x > y$ oder $a \ell c > b \ell c$.

Diese Schlüsse kurz zusammengefaßt sind:

$$c^{a \ell c} > c^{b \ell c} \hookrightarrow, \text{ nach 11. 7)}, \ a \ell c > b \ell c.$$

Man hat also aus

$$\{a > b\} \rceil c \hookrightarrow a \rceil c > b \rceil c;$$

d. h.

„Haben zwei Logarithmen $a \rceil c$ und $b \rceil c$ einen gleichen Logarithmator c, aber verschiedene Logarithmanden a, b, so ist der mit dem größern Logarithmanden a der größere."

Dies Gesetz gilt wieder indirekt; denn aus

$$a \rceil c > b \rceil c \hookrightarrow c^{a \rceil c} > c^{b \rceil c} \hookrightarrow a > b.$$

Wie läßt sich dies auch dadurch zeigen, daß man $a \rceil c = x$, und $b \rceil c = y$ setzt? und wie kann hiervon ein Beweis apagogisch geführt werden?

Bemerkung. Um G. ($\mathbf{u \rceil a}$) abzuleiten, kann man auch so schließen: Aus $\{a > b\} \rceil c \hookrightarrow \{a = b + x\} \rceil c \hookrightarrow a \rceil c = (b + x) \rceil c$, und es muß $(b + x) \rceil c > b \rceil c$ sein; denn für $(b + x) \rceil c \leqq b \rceil c \hookrightarrow c^{(b+x) \rceil c} \leqq c^{b \rceil c} \hookrightarrow b + x \leqq b$, was unmöglich ist, daher $a \rceil c > b \rceil c$.

Oder u. A. kurz so: Für $a \rceil c \leqq b \rceil c$ wäre $c^{a \rceil c} \leqq c^{b \rceil c}$, $\hookrightarrow a \leqq b$, gegen die Annahme $a > b$, deshalb folgt aus $a > b$ nothwendig $a \rceil c > b \rceil c$ *).

8) Man sucht G. ($\mathbf{a \rceil u}$) oder

$$a \rceil \{b > c\}.$$

Nach der Voraussetzung hat man erstens den Ausdruck a mit b und c in logarithmative Beziehung zu setzen, und dann zweitens darauf zu reflectiren, daß $b > c$ ist. Um dem ersten Punkt zu genügen, sei $a \rceil b = x$ und $a \rceil c = y$, daher $a = b^x$ und $a = c^y$ oder $b^x = c^y$. Verbinden wir nun hiermit den zweiten Punkt der Voraussetzung **), daß nämlich $b > c$ ist, so kommt aus $b^x = c^y$, und $b > c$, nach 11. Schlußbem. V., $x < y$ d. h. $a \rceil b < a \rceil c$.

Man hat also aus

$$a \rceil \{b > c\} \hookrightarrow a \rceil b < a \rceil c;$$

---

*) Wollte man mit $a > b$ zugleich $a = bm$ voraussetzen, so ist $a \rceil c = b \rceil c + m \rceil c$, $\hookrightarrow a \rceil c > b \rceil c$. Vergl. Seite 95. Bemerk., wo dieselbe Annahme zum Grunde liegt.

**) Jeder Zeit muß man aus der gegebenen Voraussetzung die gesuchte Wahrheit zu entnehmen suchen, sich aber wohl hüten, weder mehr noch weniger, als gerade vorausgesetzt ist, zu berücksichtigen.

d. h.

„Haben zwei Logarithmen einen gleichen Logarithmand, aber verschiedene Logarithmatoren, so ist der, mit dem größern Logarithmator, der kleinere.“

Dies Gesetz gilt auch wieder indirekt; denn aus $a\mathfrak{l}b < a\mathfrak{l}c \rightarrow b^{a\mathfrak{l}b} < b^{a\mathfrak{l}c} \rightarrow a < b^{a\mathfrak{l}c} \rightarrow \sqrt[a\mathfrak{l}c]{a} < b \rightarrow c < b$.

Man kann dies auch u. A. so darthun: Es sei $a\mathfrak{l}b = x$ und $a\mathfrak{l}c = y$, so ist $a = b^x$ und $a = c^y$, $\rightarrow b^x = c^y$; da nun $x < y$ ist, so folgt $b > c$.

Man hat also aus

$$a\mathfrak{l}b < a\mathfrak{l}c \rightarrow b > c;$$

d. h.

„Haben zwei verschiedene Logarithmen einen gleichen Logarithmand, so hat der kleinere den größern Logarithmator.“

Bemerkung. Das Gesetz für $\mathfrak{alu}$ kann auch so abgeleitet werden: Es ist G. ($\mathfrak{alu}$) | G. ($\mathfrak{alg}$), und es ergiebt sich deshalb aus

$$a\mathfrak{l}\{b > c\} \rightarrow a\mathfrak{l}\{b = c+x\} \rightarrow a\mathfrak{l}b = a\mathfrak{l}(c+x).$$

Da nun $c+x > c$, so ist, nach G. 29. V.), der Ausdruck mit dem $c+x$ potenzirt a giebt, kleiner als der, mit welchem das kleinere c potenzirt dasselbe a hervorbringt, d. h. $a\mathfrak{l}(c+x) < a\mathfrak{l}c$ oder $a\mathfrak{l}b < a\mathfrak{l}c$.

Oder mehr symbolisch so: Es sei $a\mathfrak{l}(c+x) = y$, und $a\mathfrak{l}c = z$, so ist $a = (c+x)^y$, und $a = c^z$, mithin $c^z = (c+x)^y \rightarrow$, nach G. 29. V. $z > y$ d. h. $a\mathfrak{l}c > a\mathfrak{l}(c+x)$, oder da $a\mathfrak{l}b = a\mathfrak{l}(c+x)$ ist, $\rightarrow a\mathfrak{l}c > a\mathfrak{l}b$.

Oder so: Setzt man in $a\mathfrak{l}b = a\mathfrak{l}(c+x)$, $a\mathfrak{l}(c+x) = y$, so kommt $a = (c+x)^y$, $\rightarrow a\mathfrak{l}c = y \times (c+x)\mathfrak{l}c \rightarrow a\mathfrak{l}c > y \rightarrow a\mathfrak{l}c > a\mathfrak{l}(c+x)$ oder $a\mathfrak{l}c > a\mathfrak{l}b$.

Hier konnte der letztere Schluß auch so geführt werden: Aus

$$a = (c+x)^y = c^y + \mathfrak{A} \rightarrow a\mathfrak{l}c = c^y\mathfrak{l}c + [(c^y+\mathfrak{A})\mathfrak{l}c - c^y\mathfrak{l}c] \rightarrow$$
$$a\mathfrak{l}c > c^y\mathfrak{l}c \rightarrow a\mathfrak{l}c > y \rightarrow a\mathfrak{l}c > a\mathfrak{l}(c+x) \rightarrow a\mathfrak{l}c > a\mathfrak{l}b.$$

Oder so: Es ist

$$a\mathfrak{l}c = b^{a\mathfrak{l}b}\mathfrak{l}c = (a\mathfrak{l}b) \times (b\mathfrak{l}c) \rightarrow a\mathfrak{l}c > a\mathfrak{l}b.$$

Oder u. A. so: Man hat

$$b^{a\mathfrak{l}b} = c^{a\mathfrak{l}c}, \text{ und da } b > c, \text{ so } \rightarrow a\mathfrak{l}b < a\mathfrak{l}c.$$

Oder apagogisch kann man so schließen: Folgte aus $b > c$ nicht, daß $a\mathfrak{l}b < a\mathfrak{l}c$ ist, so hätte man aus $a\mathfrak{l}b \overset{=}{>} a\mathfrak{l}c \rightarrow b^{a\mathfrak{l}b} \overset{=}{>} b^{a\mathfrak{l}c} \rightarrow$

$a \geqq b^{a\mathfrak{l}c} \hookrightarrow \sqrt[a\mathfrak{l}c]{a} \geqq b \hookrightarrow c \geqq b$, was gegen die Annahme $b > c$ streitet, daher ist $a\mathfrak{l}b < a\mathfrak{l}c$.

9) Für G. ($\mathfrak{g}'\mathfrak{l}\mathfrak{g}$) ergiebt sich

$\{a = b\}\mathfrak{l}\{c = d\} \hookrightarrow \{a = a\}\mathfrak{l}\{c = c\} \hookrightarrow a\mathfrak{l}c = a\mathfrak{l}c \hookrightarrow a\mathfrak{l}b = c\mathfrak{l}d$.

Man hat also aus

$$\{a = b\}\mathfrak{l}\{c = d\} \hookrightarrow a\mathfrak{l}c = b\mathfrak{l}d.$$

Wie lautet dies Gesetz wörtlich?

Dasselbe gilt aber nicht nothwendig indirekt.

Um dies näher zu untersuchen, sei $a\mathfrak{l}c = x$ und $b\mathfrak{l}d = x$, $\hookrightarrow$ $a = c^x$ und $b = d^x$. Es kann nun $a > b$ sein, dann folgt $c^x > d^x$ oder $c > d$. Ist ferner $a < b$, so muß auch $c^x < d^x$ und $c < d$ sein. Ist endlich $c \gtrless d$, so folgt $c^x \gtrless d^x$, mithin zugleich $a \gtrless b$.

Man kann auch so schließen: Aus $a\mathfrak{l}c = b\mathfrak{l}d \hookrightarrow (cd)^{a\mathfrak{l}c} = (cd)^{b\mathfrak{l}d}$ $\hookrightarrow c^{a\mathfrak{l}c} \times d^{a\mathfrak{l}c} = c^{b\mathfrak{l}d} \times d^{b\mathfrak{l}d} \hookrightarrow a \,.\, d^{a\mathfrak{l}c} = b \,.\, c^{b\mathfrak{l}d}$. Hieraus folgen ebenfalls die oben gefundenen Beziehungen. Wie?

Man hat zugleich,

aus: $a\mathfrak{l}c = b\mathfrak{l}d$ und $a > b \hookrightarrow c > d$,
$a\mathfrak{l}c = b\mathfrak{l}d$ und $c > d \hookrightarrow a > b$;

diese beiden Gesetze lauten:

„Sind zwei Logarithmen einander gleich, so hat der mit dem größern Logarithmanden, zugleich den größern Logarithmator, und der mit dem größern Logarithmator, zugleich den größern Logarithmanden.“

Wie können diese Gesetze noch auf andern Wegen abgeleitet und bewiesen werden? und wie sind diese Beziehungen aus der Betrachtung der für $\mathfrak{u}\mathfrak{l}\mathfrak{a}$ und $\mathfrak{a}\mathfrak{l}\mathfrak{u}$ gefundenen Gesetze unmittelbar zu entnehmen, wenn man bedenkt, daß ein Logarithme größer wird, sobald sein Logarithmand ebenfalls zunimmt und sein Logarithmator derselbe bleibt, und daß ein Logarithme abnimmt, sobald sein Logarithmator zunimmt und der Logarithmand derselbe bleibt? Hieraus folgt dann wieder, daß ein Logarithme immer größer wird, wenn dessen Logarithmand zu- und dessen Logarithmator hingegen zugleich abnimmt, und daß er kleiner wird, wenn der Logarithmand ab-, und zugleich sein Logarithmator zunimmt.

10) Man sucht G. $(\mathfrak{u}'\mathfrak{l}\mathfrak{u})$. Es ist G. $(\mathfrak{u}'\mathfrak{l}\mathfrak{u})$ | G. $(\mathfrak{g}'\mathfrak{l}\mathfrak{g})$. Deshalb hat man aus

$$a > b \hookrightarrow a = b + x,$$
$$c > d \hookrightarrow d = c - y \text{ *)}$$
$$a\mathfrak{l}d = (b+x)\mathfrak{l}(c-y) \hookrightarrow, \text{ nach 7)},$$

$a\mathfrak{l}d > b\mathfrak{l}(c-y)$; nun ist nach 8), $b\mathfrak{l}(c-y) > b\mathfrak{l}c$, mithin $a\mathfrak{l}d > b\mathfrak{l}c$.

Man hat also aus

$$\{a > b\}\mathfrak{l}\{c > d\} \hookrightarrow a\mathfrak{l}d > b\mathfrak{l}c;$$

d. h.

„Von zwei Logarithmen mit verschiedenen Logarithmanden und Logarithmatoren ist der, welcher den größern Logarithmanden und zugleich den kleinern Logarithmator hat, der größere."

*) Es erhellt augenblicklich, daß wenn $a > b$ und $c > d$ gegeben ist, dann für $a\mathfrak{l}c$ und $b\mathfrak{l}d$ nichts Bestimmtes folgt, indem $a\mathfrak{l}c \gtreqless b\mathfrak{l}d$ sein kann; denn setzt man $a\mathfrak{l}c = x$ und $b\mathfrak{l}d = y$, so folgt $a = c^x$ und $b = d^y$, mithin ist auch, wegen $a > b$ jetzt $c^x > d^y$, und da in dieser Ungleichung ebenfalls nach der Voraussetzung, $c > d$ ist, so weiß man aus den indirekten Sätzen der Potenzen, daß $x \gtreqless y$, d. h. $a\mathfrak{l}c \gtreqless b\mathfrak{l}d$ sein kann. Hierin liegt der Grund, weshalb a durch d logarithmirt ist.

Wollte man die Seiten a und b der einen Ungleichung, mit den Gliedern c und d der andern, durch die Logarithmation verbinden, um dadurch die Beziehung zu finden, die zwischen einem oder mehreren dieser Logarithmen-Paare stattfindet, so könnte man letztere zunächst bilden, aber dabei auch darauf achten, daß in jedem der Logarithmand größer als der Logarithmator sein muß, man hätte so die Paare: $a\mathfrak{l}c$, $b\mathfrak{l}d$; $c\mathfrak{l}a$, $b\mathfrak{l}d$; $c\mathfrak{l}a$, $d\mathfrak{l}b$; $a\mathfrak{l}c$, $d\mathfrak{l}b$; $a\mathfrak{l}d$, $b\mathfrak{l}c$; $d\mathfrak{l}a$, $b\mathfrak{l}c$; $a\mathfrak{l}d$, $c\mathfrak{l}b$; $d\mathfrak{l}a$, $c\mathfrak{l}b$. Untersucht man nun jedes eben so wie vorhin, so ergeben sich nur Relationen für $a\mathfrak{l}d$, $b\mathfrak{l}c$, und für $d\mathfrak{l}a$, $c\mathfrak{l}b$, wo aber im ersten Paare $a > d$, und $b > c$ im andern hingegen $d > a$, $c > b$ gedacht werden muß, weil dann die Logarithmen die hier zum Grunde liegende Bedeutung haben können. Zugleich ist durch die eine Relation die andere gegeben. Übrigens wäre dies eine etwas ungeschickte Weise des Forschens, indem sich aus der gegebenen Voraussetzung, mit einem Blick die im Text aufgestellte Relation ergiebt. Wir haben hier absichtlich diesen Weg vorgezeichnet, um ihn bei schwierigern Untersuchungen zu benutzen, bei denen man nicht gleich auf einen Blick sieht, für welche Spezialfälle sich Wahrheiten herausstellen.

Dies Gesetz gilt aber nicht nothwendig indirekt, d. h. aus $a \mathfrak{l} d > b \mathfrak{l} c$ fließt nicht immer $a > b$ und zugleich $c > d$. Um dies zu untersuchen, werden wir von den Logarithmen $a \mathfrak{l} d$ und $b \mathfrak{l} c$ zu den Ausdrücken übergehn, die sie vorstellen, d. h. diese Logarithmen als Dignatoren von Potenzen in den entsprechenden Gleichungen erscheinen lassen. Es sei deshalb $a \mathfrak{l} d = x$ und $b \mathfrak{l} c = y$, so hat man $a = d^x$ und $b = c^y$. Beachtet man nun die Voraussetzung, daß $x > y$ sein soll, so kommt:

Wäre $a = b$, so ist $c^y = d^x \rightarrow c > d$,
" $a > b$, " " $c^y < d^x \rightarrow c \gtreqless d$,
" $a < b$, " " $c^y > d^x \rightarrow c > d$,
" $c = d$, " " $a > b$,
" $c > d$, " " $a \gtreqless b$,
" $c < d$, " " $a > b$.

Man sieht hieraus, daß aus $a \mathfrak{l} d > b \mathfrak{l} c$ nicht nothwendig $a > b$ und $c > d$ folgt. Zugleich ergeben sich aus vorstehender Untersuchung die beiden indirekten Sätze, nämlich

aus $a \mathfrak{l} d > b \mathfrak{l} c$ und $a < b \rightarrow c > d$;
$a \mathfrak{l} d > b \mathfrak{l} c$ und $d > c \rightarrow a > b$.

Dieselben lassen sich noch besonders auf verschiedene Weise ableiten und beweisen. So hat man z. B. aus $a \mathfrak{l} d > b \mathfrak{l} c$ und $b > a \rightarrow a \mathfrak{l} d > (a+x) \mathfrak{l} c$, weil $b = a + x$ gedacht werden kann, und nun wieder $a \mathfrak{l} d > a \mathfrak{l} c + [(a+x) \mathfrak{l} c - a \mathfrak{l} c] \rightarrow a \mathfrak{l} d > a \mathfrak{l} c$, $\rightarrow d < c$.

Oder u. A. so: Wäre unter den Bedingungen $a \mathfrak{l} d > b \mathfrak{l} c$ und $a < b$, der Ausdruck $c = d$, so hätte man hieraus nach 7), $a \mathfrak{l} d < b \mathfrak{l} d$ oder $a \mathfrak{l} d < b \mathfrak{l} c$, gegen die Annahme, daß $a \mathfrak{l} d > b \mathfrak{l} c$ sein soll. Ferner hätte man, wenn $c < d$ wäre, da $a < b$ ist, nach vorstehendem Gesetze für $\mathfrak{u}' \mathfrak{l} \mathfrak{u}$, $b \mathfrak{l} c > a \mathfrak{l} d$, was ebenfalls gegen die Annahme $b \mathfrak{l} c < a \mathfrak{l} d$ streitet; folglich muß aus $a \mathfrak{l} d > b \mathfrak{l} c$ und $a < b$ nothwendig folgen, daß $c > d$ ist;
d. h.

„Ist ein Logarithme $a \mathfrak{l} d$ größer als ein anderer $b \mathfrak{l} c$ und außerdem der Logarithmand a des erstern kleiner als der des letztern, so ist auch der Logarithmator d des erstern Logarithmen kleiner als der des letztern."

Ferner aus $a \ell d > b \ell c$ und $d > c \hookrightarrow$

$$d^{a \ell d} > c^{b \ell c} \hookrightarrow a > b.$$

Oder u. A. indirekt: Aus $a \leqq b$ und $c < d \hookrightarrow b \ell c > a \ell d$, was gegen die Annahme streitet, daher u. s. w.

Man hat also wörtlich:

„Ist ein Logarithme $a \ell d$ größer als ein zweiter $b \ell c$ und außerdem der Logarithmator d des erstern größer als der Logarithmator c des zweiten, so ist auch der Logarithmand a des erstern Logarithmen größer als der Logarithmand b des zweiten."

Wie lassen sich beide Gesetze noch auf andern Wegen ableiten und beweisen?

Bemerkung 1. Das Gesetz für **u'ln** läßt sich auch so ableiten. Weil $a > b$ und $c > d$ ist, so sind hierdurch nur Beziehungen zwischen a und b, und zwischen c und d gegeben, man sieht deshalb mit einem Blick, daß unter allen den Logarithmen-Paaren, die sich aus den Ausdrücken a, b, c, d formiren lassen, nur die Paare $a \ell d$, $b \ell d$; $b \ell d$, $b \ell c$ mit einander verbunden, zu einer Wahrheit führen. Denn man hat, wegen $a > b$, nach 7), $a \ell d > b \ell d$, da nun c noch größer ist als d, so kommt nach 8), $b \ell d > b \ell c$, mithin $a \ell d > b \ell c$.

Oder man kann auch so schließen: Da $a > b$, so heißt dies nichts weiter, als $d^{a \ell d} > c^{b \ell c}$, und da in dieser Ungleichung $d < c$ ist, so hat man, nach 11. Schlußb. VII., $a \ell d > b \ell c$.

Oder u. A. so: Aus $a \ell d = x$ und $b \ell c = y \hookrightarrow a = d^x$, $b = c^y$, und wegen $a > b$, ist auch $d^x > c^y$, mithin da $d < c$ ist, muß $x > y$, d. h. $a \ell d > b \ell c$ sein.

Apagogisch kann man so schließen: Folgte aus $a > b$ und $c > d$ nicht $a \ell d > b \ell c$, so hätte man für $a \ell d \leqq b \ell c$, da $d < c$ ist: $d^{a \ell d} \leqq c^{b \ell c} \hookrightarrow a \leqq b$, gegen die Voraussetzung, daß $a > b$ ist. Es ist also $a \ell d > b \ell c$.

Bemerkung 2. Nach dieser mehr speziellen Entwicklung der Logarithmations-Gesetze, wird es nun auch leicht sein, folgende etwas allgemeinere Darstellung der Hauptgesetze*) **pla**, **Pla**, **qla**, **wla** zu verstehn.

*) Weshalb wir diese Gesetze Hauptgesetze nennen, kann freilich erst in der Folge besser eingesehn werden, wo von der Anwendung der Logarithmen die Rede sein wird. Zum vorläufigen Verständniß diene:

(1) Man sucht **a'la**. Es sei

$$a\,\mathfrak{l}\,b = x.$$ Mit beiden Seiten
$$b = b$$ potenzirt $\urcorner$
$$a = b^x.$$ Potenzirt und nachher radizirt durch
$$c = c$$ um eine Relation zu finden $\urcorner$

Denkt man sich nämlich für c eine bestimmte Zahl, übrigens beliebige, erwählt, und bis zu einer möglichst hohen Grenze hinaus die aufeinander folgenden Potenzen von c, d. h. c^2, c^3, c^4, ..., c^k, ..., c^v, ..., c^{k+v}, ... wirklich berechnet in einer Tafel aufgeführt, so daß $c^2 = a_2$, $c^3 = a_3$, ..., $c^k = a_k$, ..., $c^v = a_v$, ..., $c^{k+v} = a_{k+v}$ wäre, so hat man

$$a_k \times a_v = c^k \times c^v = c^{k \pm v} = a_{k \pm v};$$

d. h.

„Um zwei durch a_k und a_v ausgedrückte bestimmte Zahlen mit einander zu multipliziren, oder die erste durch die zweite zu dividiren, braucht man nur bezüglich $a_k\,\mathfrak{l}\,c \pm a_v\,\mathfrak{l}\,c$ zu bilden, d. h. die diesen Logarithmen $a_k\,\mathfrak{l}\,c$ und $a_v\,\mathfrak{l}\,c$ entsprechenden Zahlen, nämlich k und v zu addiren oder v von k zu subtrahiren und in der Tabelle nachzusehn, welchen Zahlen $c^{k \pm v}$ gleich ist."

Eben so hat man, wenn z. B. a_v mit n zu potenziren, oder dadurch zu radiziren ist $a_v \bigcirc n = c^{v \times n}$, und in der Tabelle finden sich nun die dem Dignator $v \times n$ zugehörenden Zahlen. Man hat daher in beiden Fällen nur nöthig in der Tabelle nachzusehn, welchen Zahlen $(a_v\,\mathfrak{l}\,c) \times n$ entspricht.

Dies würde aber immer nur für die Zahlen gelten, die sich in der Tabelle als Potenzen von c vorfinden, also nur auf eine sehr beschränkte Sphäre anwendbar sein. Soll daher von einem allgemeinern Gebrauch die Rede sein, so muß sich mittelst solcher Tabelle jede gegebene Zahl als eine gewisse Potenz einer angenommenen, wenigstens bis auf eine beliebige Grenze genau, darstellen lassen. Wie dies aber möglich wird, kann erst späterhin entwickelt werden. Durch eine solche vollständigere Tabelle gelingt es dann leicht, das Multipliziren, Potenziren, Dividiren und Radiziren bezüglich durch das Addiren, Multipliziren, Subtrahiren und Dividiren *bedeutend* zu erleichtern. Dies gilt — nach des berühmten *Gauß* Erfindung — sogar von *allen* Operationen mit bestimmten Zahlen; jedoch können wir auch mitunter kürzer und schneller zum Ziele kommen, als dies durch den Gebrauch der gewöhnlichen oder Gaußischen Tafeln (für **sla** und **dla**) möglich wird.

Wegen der hier berührten großen Wichtigkeit der für **pla**, **Pla**, **qla** und **wla** gefundenen Gesetze, haben wir sie *Hauptgesetze* genannt.

Geht man in der logarithmischen Theorie von den Gleichungen $a\,\mathfrak{l}\,m + b\,\mathfrak{l}\,m = x$ und $a\,\mathfrak{l}\,m - b\,\mathfrak{l}\,m = y$ aus, so ist dieser Weg zu tadeln, weil man fragen kann, weshalb gerade *diese* Spezialfälle betrachtet werden, obgleich der Erfolg, den jedoch der Anfänger nicht gleich weiß, die Sache rechtfertigt.

$$(a \supset c) = (b \supset c)^x \hookrightarrow$$
$$(a \supset c)\mathfrak{l}(b \supset c) = x = a\mathfrak{l}b \hookrightarrow$$
$$a\mathfrak{l}b = a^c\mathfrak{l}b^c = \sqrt[c]{a}\,\mathfrak{l}\sqrt[c]{b} \text{ *)};$$

d. h.

„Ein Logarithme $a\mathfrak{l}b$ ist, seiner Bedeutung nach, unverändert geblieben, nachdem man dessen Logarithmand und Logarithmator entweder mit demselben Ausdruck c potenzirt, oder dadurch radizirt hat.“

Wie lautet dies Gesetz von rechts nach links?

(2) Man sucht G. $(\mathbf{I}' \pm \mathbf{I})$. Es sei

$$a\mathfrak{l}b \pm c\mathfrak{l}d = x. \text{ Mit beiden Seiten}$$
$$bd = bd \text{ potenzirt} \hookrightarrow$$
$$(bd)^{a\mathfrak{l}b \pm c\mathfrak{l}d} = (bd)^x \hookrightarrow$$
$$(bd)^{a\mathfrak{l}b} \times (bd)^{c\mathfrak{l}d} = (bd)^x \hookrightarrow$$
$$(b^{a\mathfrak{l}b} . d^{a\mathfrak{l}b}) \times (b^{c\mathfrak{l}d} . d^{c\mathfrak{l}d}) = (bd)^x \hookrightarrow$$
$$(a . d^{a\mathfrak{l}b}) \times (c . b^{c\mathfrak{l}d}) = (bd)^x \hookrightarrow$$
$$(a \times c) \times (d^{a\mathfrak{l}b} \times b^{c\mathfrak{l}d}) = (bd)^x \hookrightarrow$$
$$[(a \times c) \times (d^{a\mathfrak{l}b} \times b^{c\mathfrak{l}d})]\mathfrak{l}(bd) = x \hookrightarrow$$
$$a\mathfrak{l}b \pm c\mathfrak{l}d = [(a \times c) \times (d^{a\mathfrak{l}b} \times b^{c\mathfrak{l}d})]\mathfrak{l}(bd).$$

Man sieht mit einem Blick, daß für den Spezialfall, wo die Logarithmatoren einander gleich sind, ein einfaches Gesetz entspringt, und man hat deshalb für $b = d$:

$$a\mathfrak{l}b \pm c\mathfrak{l}b = [(a \times c) \times (b^{a\mathfrak{l}b} \times b^{c\mathfrak{l}b})]\mathfrak{l}(b.b) = [(a \times c) \times (a \times c)]\mathfrak{l}(b.b),$$
$$\text{nach (1),} \quad = (a \times c)\mathfrak{l}b \hookrightarrow$$
$$a\mathfrak{l}b \pm c\mathfrak{l}b = (a \times c)\mathfrak{l}b,$$

und hierin liegen zunächst die Spezialfälle:

$$\text{I.} \quad a\mathfrak{l}b + c\mathfrak{l}b = (a \times c)\mathfrak{l}b, \text{ und}$$
$$\text{II.} \quad a\mathfrak{l}b - c\mathfrak{l}b = (a : c)\mathfrak{l}b.$$

Aus I. folgt nun wieder:

$$a\mathfrak{l}b + c\mathfrak{l}b + \ldots + (\alpha\mathfrak{l}b)_m = (ac \times \ldots \times \alpha_m)\mathfrak{l}b,$$

---

*) Hiernach hat man $a^b\mathfrak{l}a = a\mathfrak{l}\sqrt[b]{a} = b$; oder auch dadurch, daß man beide Seiten der Gleichung $(\sqrt[b]{a})^b = a$ durch $\sqrt[b]{a}$ logarithmirt, wie schon gezeigt ist. Ferner fließt aus $b^{a\mathfrak{l}b} = a$, nachdem beide Seiten durch $a\mathfrak{l}b$ radizirt sind: $b = \sqrt[a\mathfrak{l}b]{a}$.

Wäre endlich $a^b = b^a$, so hätte man auch $(a\mathfrak{l}b)^b = b^{a\mathfrak{l}b} = a$, und nun durch $a\mathfrak{l}b$ logarithmirt: $b = a\mathfrak{l}(a\mathfrak{l}b)$. Dies entspräche dann offenbar den beiden in $b = a \,\bar{:}\, (a \,\bar{:}\, b)$ begriffenen Gleichungen.

und hieraus, für $a = c = \ldots = \alpha_m$, daß

$$\text{III.}\quad (a\mathfrak{l}b).m = a^m\mathfrak{l}b \text{ ist.}$$

In III. liegt wieder das Gesetz für $\mathbf{w\mathfrak{l}a}$. Setzt man nämlich darin $\sqrt[m]{a}$ statt a, so kommt

$$[(\sqrt[m]{a})\mathfrak{l}b].m = [(\sqrt[m]{a})^m]\mathfrak{l}b \text{ oder}$$

$$\text{IV.}\quad (\sqrt[m]{a})\mathfrak{l}b = (a\mathfrak{l}b):m.$$

Die Gesetze in I. bis IV. sind dieselben wie die in 3) bis 6) gefundenen.

Bemerkung 3. Zur Übung möge der Leser die folgenden Umformungen, mittelst des Vorhergehenden, selbst aufsuchen; sie betreffen noch einige der übrigen Logarithmations-Verbindungen.

1) $(a \times b)\mathfrak{l}(c \times d) = \dfrac{a\mathfrak{l}t \pm b\mathfrak{l}t}{c\mathfrak{l}t \pm d\mathfrak{l}t}$;

2) $a^m\mathfrak{l}b^n = a^{\frac{m}{n}}\mathfrak{l}b = (a\mathfrak{l}b).\dfrac{m}{n} = \sqrt[n]{a}\,\mathfrak{l}\sqrt[m]{b}$;

3) $a\mathfrak{l}b^n = \sqrt[n]{a}\,\mathfrak{l}b = (a\mathfrak{l}b):n$;

4) $a\mathfrak{l}\sqrt[n]{b} = a^n\mathfrak{l}b = (a\mathfrak{l}b) \times n$;

5) $a\mathfrak{l}(b \times c) = \dfrac{a\mathfrak{l}t}{b\mathfrak{l}t \pm c\mathfrak{l}t}$;

6) $a\mathfrak{l}b = \dfrac{a\mathfrak{l}t}{b\mathfrak{l}t} = a^t\mathfrak{l}b^t = \sqrt[t]{a}\,\mathfrak{l}\sqrt[t]{b} \hookrightarrow a\mathfrak{l}t = (a\mathfrak{l}b) \times (b\mathfrak{l}t)$;

7) $a\mathfrak{l}b = \dfrac{t\mathfrak{l}b}{t\mathfrak{l}a}$;

8) $a\mathfrak{l}b = (a\mathfrak{l}t) \times (t\mathfrak{l}b)$;

9) $a^{b\mathfrak{l}c} = b^{a\mathfrak{l}c}$;

10) $a^{b\mathfrak{l}c} = \sqrt[c\mathfrak{l}a]{b}$;

11) $(a\mathfrak{l}b) \times (c\mathfrak{l}d) = (a\mathfrak{l}d) \times (c\mathfrak{l}b)$;

12) $(a\mathfrak{l}b) : (c\mathfrak{l}d) = (a\mathfrak{l}c) \times (d\mathfrak{l}b)$;

13) $(a\mathfrak{l}b)^{c\mathfrak{l}d} = c^{(a\mathfrak{l}b)\mathfrak{l}d}$;

14) $a\mathfrak{l}b + c\mathfrak{l}d = \dfrac{a\mathfrak{l}c + b\mathfrak{l}d}{b\mathfrak{l}c}$;

15) $a\mathfrak{l}b \pm a\mathfrak{l}c = [(c \times b)\mathfrak{l}a] \times (a\mathfrak{l}b).(a\mathfrak{l}c)$;

16) $(a\mathfrak{l}b)\mathfrak{l}c = \dfrac{a\mathfrak{l}c}{b\mathfrak{l}c}\mathfrak{l}c = (a\mathfrak{l}b)^{(bc)\mathfrak{l}c}\mathfrak{l}bc$;

17) $a\mathfrak{l}(b\mathfrak{l}c) = a\mathfrak{l}\frac{a\mathfrak{l}c}{a\mathfrak{l}b}$;

18) $\sqrt[a\mathfrak{l}b]{(c^d)} = c^{b^d\mathfrak{l}a} = c^{b\mathfrak{l}\sqrt[d]{a}} = b^{c^d\mathfrak{l}a} = c^{\frac{d}{a\mathfrak{l}b}}$;

19) $(a\mathfrak{l}b)+\frac{c}{d} = \frac{(a^d\mathfrak{l}b)+c}{d} = \frac{(a^d . b^c)\mathfrak{l}b}{d}$;

20) $(a\mathfrak{l}b).(a\mathfrak{l}b).(a\mathfrak{l}b) = a^{a^{a\mathfrak{l}b}\mathfrak{l}b}\mathfrak{l}b$;

21) $(a\mathfrak{l}b)^m = (a\mathfrak{l}b).(a\mathfrak{l}b)\times\ldots\times(a\mathfrak{l}b)_m$;

22) $a:(b\mathfrak{l}c) = c\mathfrak{l}\sqrt[a]{b} = c^a\mathfrak{l}b$;

23) $c^a\mathfrak{l}(c \supset b) = a \times b$.

Bemerkung 4. Zur kurzen Übersicht möge hier zunächst eine symbolische Zusammenstellung der einander ähnlichen Gesetze folgen.

1) Aus $a \overset{=}{>} b \hookrightarrow$

$$\left.\begin{pmatrix} a+c \overset{=}{>} b+c, \\ a\times c \overset{=}{>} b\times c, \\ a\frown c \overset{=}{>} b\frown c, \\ a-c \overset{=}{>} b-c, \\ a:c \overset{=}{>} b:c, \\ a\smile c \overset{=}{>} b\smile c, \\ a\mathfrak{l}c \overset{=}{>} b\mathfrak{l}c. \end{pmatrix}\right\} \begin{matrix} c\frown a \overset{=}{>} c\frown b. \\ \left.\begin{pmatrix} c-a \overset{=}{<} c-b, \\ c:a \overset{=}{<} c:b, \\ c\smile a \overset{=}{<} c\smile b, \\ c\mathfrak{l}a \overset{=}{<} c\mathfrak{l}b. \end{pmatrix}\right\} \end{matrix}$$

; oder kürzer $c \overset{-}{\underset{\mathfrak{l}}{\vdots}} a \overset{=}{<} c \overset{-}{\underset{\mathfrak{l}}{\vdots}} b$.

Kürzer $a \begin{smallmatrix}+\\-\\\times\\\frown\\\smile\\\mathfrak{l}\end{smallmatrix} c \overset{=}{>} b \begin{smallmatrix}+\\-\\\times\\\frown\\\smile\\\mathfrak{l}\end{smallmatrix} c$;

oder a (VI.) $c \overset{=}{>} b$ (VII.) c *).

Diese Gesetze gelten sämmtlich indirekt.

*) Man könnte auch ein Zeichen für alle sieben Operationen erwählen, z. B. (7) Die drei direkten und vier indirekten Operationen ließen sich bezüglich dadurch, daß man $\begin{smallmatrix}+\\\times\\\frown\end{smallmatrix}$ oder $\begin{smallmatrix}-\\\vdots\\\smile\\\mathfrak{l}\end{smallmatrix}$ in das O (Operation) setzte, oder kürzer wie folgt bezeichnen. Aus $a > b$ und $c > d \hookrightarrow a \, (i) \, d > b \, (i) \, d$. Dies wäre in allen den Fällen vortheilhaft, wo es auf bildliche Kürze ankommt.

2) Aus $a \overset{=}{>} b$ und

$c \overset{=}{>} d$

$$\left.\begin{array}{l} a+c \overset{=}{>} b+d, \\ a\times c \overset{=}{>} b\times d, \\ a\frown c \overset{=}{>} b\frown d. \end{array}\right\}$$

; oder kürzer $a \substack{+\\ \times\\ \frown} c \overset{=}{>} b \substack{+\\ \times\\ \frown} d$. Hieraus indirekt, wenn $a < b$ ist: $c > d$.
Ist in $a\frown c \overset{=}{>} b\frown d$, $c < d$, so folgt $a > b$.

Aus $a = b$ und

$c = d$

$$\left.\begin{array}{l} a-c = b-d, \\ a : c = b : d, \\ a\smile c = b\smile d, \\ a\,\mathfrak{l}\,c = b\,\mathfrak{l}\,d. \end{array}\right\}$$

; oder kürzer $a \substack{-\\ :\\ \smile\\ \mathfrak{l}} c = b \substack{-\\ :\\ \smile\\ \mathfrak{l}} d$. Hieraus indirekt, je nachdem $\substack{a > b\\ c > d}$ gegeben ist, bezüglich $\substack{c > d\\ a > b}$.

Aus $a > b$ und

$c > d$

$$\left.\begin{array}{l} a-d > b-c, \\ a : d > b : c, \\ a\smile d > b\smile c, \\ a\,\mathfrak{l}\,d > b\,\mathfrak{l}\,c. \end{array}\right\}$$

; oder kürzer $a \substack{-\\ :\\ \smile\\ \mathfrak{l}} d > b \substack{-\\ :\\ \smile\\ \mathfrak{l}} c$. Hieraus indirekt, je nachdem $\substack{a < b\\ d > c}$ gegeben ist, bezüglich $\substack{d < c,\\ a > b.}$

3) $a \substack{+\\ \times} b \substack{+\\ \times} \ldots = b \substack{+\\ \times} a \substack{+\\ \times} \ldots$

4) $(a \substack{+\\ \times} b) \substack{+\\ \times} (c \substack{+\\ \times} d) = a \substack{+\\ \times} b \substack{+\\ \times} c \substack{+\\ \times} d.$

5) Es ist

$$(a \substack{\underline{\pm}\\ \underline{\pm}\\ \divideontimes\\ \divideontimes\\ \times\\ :} b) \substack{\divideontimes\\ \divideontimes\\ \frown\\ \smile\\ \mathfrak{l}\\ \mathfrak{l}} c = (a \substack{\divideontimes\\ \divideontimes\\ \frown\\ \smile\\ \mathfrak{l}\\ \mathfrak{l}} c) \substack{\underline{\pm}\\ \underline{\pm}\\ \divideontimes\\ \divideontimes\\ +\\ -} (b \substack{\divideontimes\\ \divideontimes\\ \frown\\ \smile\\ \mathfrak{l}\\ \mathfrak{l}} c).$$

6) Es ist

$$(a \substack{:\\ \smile\\ :\\ \smile} b) \substack{+\\ \times\\ -\\ :} (c \substack{:\\ \smile\\ :\\ \smile} d) = [(a \substack{\times\\ \frown\\ \times\\ \smile} d) \substack{+\\ \times\\ -\\ :} (c \substack{\times\\ \frown\\ \times\\ \smile} b)] \substack{:\\ \smile\\ :\\ \smile} (b \substack{\times\\ \times\\ \times\\ \times} d).$$

7) Es ist

$$a \substack{+\\ \times\\ -\\ :} (b \substack{:\\ \smile\\ :\\ \smile} c) = [(a \substack{\times\\ \frown\\ \times\\ \frown} c) \substack{+\\ \times\\ -\\ :} b] \substack{:\\ \smile\\ :\\ \smile} c.$$

8) Es ist

$$a \substack{-\\ :\\ \smile\\ \mathfrak{l}} b = (a \substack{+\\ \times\\ \frown\\ \frown} c) \substack{-\\ :\\ \smile\\ \mathfrak{l}} (b \substack{+\\ \times\\ \times\\ \frown} c) = (a \substack{-\\ :\\ \smile\\ \smile} c) \substack{-\\ :\\ \smile\\ \mathfrak{l}} (b \substack{-\\ :\\ :\\ \smile} c).$$

9) Es ist

$$(a \substack{-\\ :\\ \frown\\ \smile} b) \substack{-\\ :\\ \frown\\ \smile} c = (a \substack{-\\ :\\ \frown\\ \smile} c) \substack{-\\ :\\ \frown\\ \smile} b = a \substack{-\\ :\\ \frown\\ \smile} (b \substack{+\\ \times\\ \times\\ \times} c).$$

10) Es ist

$$(a \substack{:\\ \smile} b) \substack{-\\ :} c = [a \substack{-\\ :} (c \substack{\times\\ \frown} b)] \substack{:\\ \smile} b.$$

11) Es ist

$$a \frown (b \pm c) = (a \frown b) \times (a \frown c).$$

12) Es ist

$$(a \substack{\frown\\ \times} b) \substack{\smile\\ :} c = (a \substack{\smile\\ :} c) \substack{\frown\\ \times} b = a \substack{\frown\\ \times} (b : c).$$

13) Es ist

$$(a \substack{\frown\\ \smile} b) \mathfrak{l} c = (a \mathfrak{l} c) \times b.$$

14) Es ist

$$(a \substack{-\\ :} b) \substack{+\\ \times} c = (a \substack{+\\ \times} c) \substack{-\\ :} b = a \substack{+\\ \times} (c \substack{-\\ :} b).$$

15) Es ist

$$a \substack{-\\ :} (b \substack{-\\ :} c) = (a \substack{-\\ :} b) \substack{+\\ \times} c = (a \substack{+\\ \times} c) \substack{-\\ :} b.$$

16) Es ist

$$(a \substack{-\\ :} b) \substack{+\\ \times} (c \substack{-\\ :} d) = (a \substack{+\\ \times} c) \substack{-\\ :} (b \substack{+\\ \times} d).$$

17) Es ist

$$(a \substack{-\\ :} b) \substack{-\\ :} (c \substack{-\\ :} d) = (a \substack{-\\ :} c) \substack{-\\ :} (b \substack{-\\ :} d) = (a \substack{+\\ \times} d) \substack{-\\ :} (b \substack{+\\ \times} c).$$

In 5) liegen zehn; in jeder der Nummern von 6) bis 9), vier, und in jeder der Nummern von 10) bis 17) hingegen zwei Gesetze. Hierdurch sind in der Kürze sämmtliche Hauptgesetze der Urzahlenlehre vorgestellt *).

---

*) Nach der gewöhnlichen Bezeichnung ist es nicht möglich, die Symmetrie der Gesetze symbolisch auf einmal darzustellen. Man versuche es z. B. nur bei 11).

Wissenschaftliche Einheit *).

In dem Augenblicke, wo wir die Nothwendigkeit erkannt hatten, den Begriff eines nur mit sich allein übereinstimmenden Etwas, nämlich der Einheit, zum Anfang zu nehmen, trieb sich dieselbe fortwährend, am Einheiten-Schema, zu sich selbst hin, und so erzeugten sich gleichzeitig mit dieser Bewegung des endlosen Wiederholens der Einheit bestimmte unmittelbar auf einander folgende Resultate oder Inbegriffe dieser zur Ruhe gekommenen Thätigkeit, und hieran hatten wir die Zahlenreihe nebst ihren Gliedern, die dann in Beziehung auf ihren Ort, den sie in dieser Reihe einnehmen, in kleinere und größere unterschieden werden mußten. Wollten wir nun bei der Zahlenreihe beharren, und die gegenseitige Abhängigkeit ihrer Glieder suchen, so müßte dies Vorhaben nothwendig scheitern, eben weil wir dann unsere Betrachtungen nur an einzelne bestimmte Inbegriffe von

---

Nach dieser Bezeichnung lassen sich dann auch u. A. sämmtliche Gesetze der Radikation und Logarithmation auf einmal ableiten, wenn man von

$$(a \underset{\wr}{\overset{\smile\smile}{\wr}} m) \underset{-}{\overset{\times}{+}} (b \underset{\wr}{\overset{\smile\smile}{\wr}} m) \underset{-}{\overset{\times}{+}} (c \underset{\wr}{\overset{\smile\smile}{\wr}} m) \underset{-}{\overset{\times}{+}} \ldots \underset{-}{\overset{\times}{+}} (\alpha \underset{\wr}{\overset{\smile\smile}{\wr}} m)_{\mu},$$

oder

$$(a \overset{\smile}{\wr}{}^{m}) \overset{\times}{\underline{\pm}} (b \overset{\smile}{\wr}{}^{m}) \overset{\times}{\underline{\pm}} (c \overset{\smile}{\wr}{}^{m}) \overset{\times}{\underline{\pm}} \ldots \overset{\times}{\underline{\pm}} (\alpha \overset{\smile}{\wr}{}^{m})_{\mu}$$

ausgeht, wo sich $\times$ u. $:$ auf $\smile$, und $+$ u. $-$ auf $\wr$ bezieht. Die Gesetze der Subtraktion können mit den ihnen entsprechenden Divisionsgesetzen zugleich entwickelt werden. Um z. B. $(a-b)-c = (a-c)-b = a-(b+c)$ und $(a:b):c = (a:c):b = a:(b \times c)$ auf einmal zu entwickeln, gehe man von $(a \overset{-}{:} b) \overset{-}{:} c$ aus.

Überhaupt konnten die sieben Operationen in anderer Folge bearbeitet werden, z. B. Addition und Subtraktion; Multiplikation und Division; Potenzirung, Radikation und Logarithmation. Diese Darstellung wäre aber, nach unserer Ansicht, dem Begriffe des Ganzen weniger angemessen gewesen, als die hiesige, weil man an der Summe direkt das Produkt, und an diesem direkt die Potenz hat. Das Betrachten der Gegensätze scheint dem entwickelnden Geiste ferner zu liegen und erst nachdem die direkten Operationen vollendet sind, wird man auf die indirekten mit einer gewissen Nothwendigkeit geleitet.

*) Unter dieser Benennung wird nichts weiter verstanden, als erstens ein die Hauptmomente des bisher Entwickelten kräftig bezeichnender Überblick, und zweitens der in der Kürze angedeutete Übergang zu den nachfolgenden Untersuchungen.

Einheiten knüpfen könnten, und deshalb das Hervorgehende nur für diese einzelnen Fälle gelten würde. Daher mußten wir uns allgemeine Zahlen denken, zu deren Bezeichnung die Buchstaben irgend eines Alphabets, z. B. a, b, c, . . ., α_k dienten. In dem Augenblicke aber, wo diese allgemeinen Zahlzeichen a, b, c, . . ., α_k erwählt waren, hatten wir in Wahrheit an ihnen zugleich die Zahl, die so viele Einheiten enthält, wie sie zusammengenommen vorstellen. Dies „Zusammengenommen" mußte verbildlicht werden, wozu das Zeichen „+" diente, und so gelangten wir zur Summe $a+b+c+\ldots+\alpha_k$, so wie mit ihr zum Begriff des Addirens. Ehe wir weiter gehn konnten, war natürlich vorher zu untersuchen, was von dieser Operation überhaupt gilt, d. h. wir mußten finden, womit die Summe übereinstimmt. Dies erforderte aber zunächst die Gesetze des Übereinstimmens zu erforschen, wodurch sich dann der Begriff der Gleichung und Ungleichung, und was dafür Statt findet, ergab. Mit diesen Relationen des Vergleichens ausgerüstet, analysirten wir den Begriff der Summe und fanden das wichtige Gesetz „man darf in beliebiger Ordnung addiren." In demselben lagen aber gleichzeitig zwei Fragen, nämlich erstens: „wie kann man alle die Summen wirklich darstellen, die sich aus einer gegebenen bilden lassen," und „wie bestimmt man zweitens ihre Anzahl. Mit dem Abgeschlossensein der Gedankengruppe des Addirens an und für sich selbst, war nun gleichzeitig eine neue Sphäre eröffnet, nämlich die des bezogenen oder speziellen Addirens. In der Summe $a+b$ konnte nämlich der eine oder der andere Summand (oder beide) gleich einer Summe sein. Ferner mußte auch noch der Begriff des Addirens auf die Gleichung und Ungleichung bezogen werden, und alle diese Aufgaben gingen deshalb hervor, indem wir **a**, **s**, **g**, **u** wechselseitig mit einander durch die Addition verbanden *). Nachdem ihre begriff-

*) Auch folgende Betrachtung würde uns, freilich auf einem etwas längern Wege zu vorstehenden Aufgaben geführt haben.

I. In den Summanden α, β der Summe $\alpha+\beta$ kann die Addition selbst wieder auftreten. Hieraus ergeben sich zwei Aufgaben, nämlich **s** + **a** und **s**′ + **s**.

II. In den Seiten der Gleichung $\alpha=\beta$ kann die Addition erscheinen, denn beide können Summen sein. Man hat dann $a+c=b+d$ und für den Spezialfall, wo $c=d$ ist, $a+c=b+c$; auch kann hier $c =$ einer Summe sein.

mäßige Abhängigkeit von einander untersucht, und jede derselben aufgelöst war, sahen wir uns genöthigt zu ihrer Quelle, d. h. zur Summe zurückzukehren, um an ihr auch den speziellen Fall zu berücksichtigen, wo alle Summanden einander gleich sind, indem offenbar, sobald $a+b+c+\ldots+\alpha_m$ in ${}^m\mathbf{s}^{=a}$ d. h. in $a+a+a+\ldots+a_m = a.m$ übergeht, eine bedeutende Abkürzung für das Operiren mit solchen Summen entspringt. So gelangten wir zum Begriff des Produkts und des Multiplizirens, und von dieser Operation stellte sich dann zunächst wieder das Gesetz heraus „man darf in beliebiger Ordnung multipliziren." Nach Vollendung des Multiplizirens an und für sich, gingen wir zum speziellen Multipliziren über, indem in $a.b$ entweder der eine oder der andere Faktor (oder auch beide zugleich) einer Summe oder einem Produkte gleich sein konnte u. s. w. Alle diese Aufgaben gingen demnach hervor, indem wir **a**, **s**, **g**, **u** mit dem Produkte durch die Addition, und dann noch außerdem **a**, **s**, **g**, **u**, **p** wechselseitig mit einander durch die Multiplikation verbanden. Nachdem diese Aufgaben durch bloße Modifikation des Vorhergehenden, gelöst waren, trat — unter demselben Gesichtspunkte wie

---

III. In den Seiten der Ungleichung $\alpha > \beta$ kann die Addition vorkommen, wenn beide = Summen sind. Man hat dann $a+c>b+d$ oder auch, für $c=d$, $a+c>b+c$, wo auch z. B. c wieder = einer Summe sein kann. Hieraus erzeugen sich die Fragen:

1) Was kann für **s**+**a** und **s**'+**s** gesetzt werden?

2) Ist $a+c \gtreqless b+d$, welche Beziehungen können zwischen den Summanden zur Linken und Rechten stattfinden?

3) Ist $a+c \gtreqless b+c$, welche Beziehung findet zwischen a und b Statt?

Will man dieselben systematisch beantworten, so führt dies, jedoch auf einem indirekten Wege, ebenfalls zu den obigen Aufgaben. Denn ist z. B. $a+c=b+c$, so ist offenbar $a=b$; wäre dies nicht, so könnte a entweder größer oder, wenn nicht, kleiner als b sein. Dann folgte aber aus $a \gtrless b$, daß u. s. w. Um diesen Schluß zu vollenden, muß vorher das Gesetz für **u**+**a** erforscht sein, und so formirt sich die Aufgabe **u**+**a**. Um ferner aus $a+c>b+c$ schließen zu können, daß $a>b$ ist, muß vorher welches Gesetz gefunden sein? Auf diesem Wege formiren sich auch die übrigen oben durch das kombinatorische Prinzip gefundenen Aufgaben, welches sich dann hierauf zurückführen läßt. Man kann also auch, im Vortrage, diese Betrachtungen voranschicken und hieraus das kombinatorische Verfahren ableiten. Ähnliche Untersuchungen führen auch zu den Aufgaben der übrigen sechs Operationen.

beim Addiren — für ${}^{m}\mathbf{p}^{=a}$ oder für das spezielle Produkt $aaa \times \ldots \times a_m$, indem wir es mit a^m bezeichneten, eine Abkürzung hervor, und so gelangten wir zum Begriff der Potenz und des Potenzirens. Was nun für a^m oder $(1+1+\ldots+1_a)^m$ in dieser Allgemeinheit *immer* gilt, konnte hier noch nicht auf *einmal* beantwortet werden, obgleich dies für die Summe und für das Produkt anging. Der Grund hiervon lag darin, daß sich $\mathbf{s}^{\mathbf{a}}$, vermöge der bis dahin betrachteten Operationen, nicht allgemein entwickeln läßt, sondern unter dem Namen des binomischen Satzes, *späterhin* betrachtet werden wird, eben weil dazu noch *spätere* Operationen erfordert werden. Wir gingen deshalb gleich zum relativen Potenziren über, indem in a^b der Dignand oder Dignator — oder beide zugleich — auf **s**, **p**, **P** bezogen werden konnten; ferner mußte die Potenzirung in $a+b$ und $a \times b$ auftreten, und darauf Rücksicht genommen werden, daß auch während dessen, a oder b in **s** oder **p** übergehn kann. Endlich hatte man die Potenz mit **g** und **u** durch Addition und Multiplikation zu verbinden, und außerdem noch die Potenzirung auf **g** und **u** zu beziehn. Alle diese Aufgaben gingen demnach hervor, indem wir **a**, **s**, **g**, **u**, **p** mit **P** durch die Addition und Multiplikation, und **a**, **s**, **g**, **u**, **p**, **P** wechselseitig mit einander durch die Potenzirung verbanden. Die Auflösung derselben konnte mit keinen eigenthümlichen Schwierigkeiten verknüpft sein, indem das Potenziren gleich ist, dem bezüglichen speziellen Multipliziren, mithin die uns anfänglich noch unbekannten Potenzirungs-Gesetze, auf die schon bekannten entsprechenden der Multiplikation zurückgeführt wurden. Nachdem nun der, der Thätigkeit des Zusammenfassens entsprechende Begriff des Addirens, sowohl *erstens*, nach seiner allgemeinsten, als auch *zweitens*, nach seinen speziellern Richtungen hin, am Produkte und an der Potenz, unserm *hiesigen* Zwecke gemäß, vollständig erfaßt war, konnten wir bis ins Endlose spezieller werden, indem wir zur Potenz $a^{a^{\cdot^{\cdot^{\cdot^{a_m}}}}}$ übergingen. U. s. w. Bemühen wir uns aber *noch so sehr*, außer der Operation der Addition, eine *neue* und *eigenthümliche* zu finden, so wird unser Streben fruchtlos sein, indem jede, die noch gefunden werden könnte, aus ihr hervorgehn muß, wovon die Nothwendigkeit einleuchtet. Sie ist deshalb die allgemeinste Operation, und die durch ihr spezielles Auffassen entspringenden besondern Fälle, können freilich kürzere charakteristische Bezeichnungen und *neue Namen*

(z. B. wie hier Multiplikation und Potenzirung) erhalten, sind und bleiben jedoch deshalb immer nur Einzelnheiten der Addition. Hierdurch waren nun die direkten Operationen in ihrer Allgemeinheit erfaßt, und es blieb uns nur noch der Rückschreitungs-Weg übrig, nämlich von den bereits entstandenen dieser Activität entsprechenden Resultaten, zurückzukehren zu den ihnen zugehörigen Elementen, aus welchen sie hervorgegangen sind; und um auch hier vom Allgemeinen auf das Speziellere zu kommen, betrachteten wir zunächst den absoluten Gegensatz des Zusammengefaßtseins, die absolute Trennung, indem wir uns z. B. c durch die Addition zweier Ausdrücke entstanden dachten, von denen außer c, der eine gegeben sein mußte, wenn man den andern bestimmen wollte. Wir hatten hieran ursprünglich zwei Bestimmungen, nämlich erstens „aus c und dem gegebenen ersten Summanden, den zweiten, und ferner, aus dem gegebenen c und dem zweiten Summanden, den ersten darzustellen." Da aber c unabhängig ist von der Folge der darin als vorkommend gedachten Summanden, es also gleichgiltig blieb, welcher von beiden der erste oder der zweite war, so fielen beide Rückschreitungs-Wege in einen zusammen, und wir stellten den zweiten Summanden durch $c - a$ vor, wenn a der erste war, so daß also $c = a + (c - a)$ ist. Auf diese Weise gelangten wir zur Differenz $c - a$, deren Begriff die Gleichung $c = a + (c - a)$ aussprach. Wir hatten nun in der Differenz $\alpha - \beta$ die einzelnen Fälle der Subtraktion aufzusuchen, wo α oder β, oder α und β zugleich in **s**, **p**, **P**, **d** übergingen. Ferner mußten die frühern Gesetze, nämlich die der Addition, Multiplikation und Potenzirung, für den neu hinzugetretenen Begriff der Differenz vervollständigt werden. Endlich konnte man auch die Subtraktion auf die Gleichung und Ungleichung beziehn u. s. w. Alle diese Aufgaben gingen demnach hervor, indem wir **a**, **s**, **g**, **u**, **p**, **P** mit der Differenz durch die drei direkten Operationen, und dann noch außerdem **a**, **s**, **g**, **u**, **p**, **P**, **d** wechselseitig mit einander durch die Subtraktion verbanden. Hinsichtlich der Auflösung dieser Aufgaben schickten wir **g** — **a** voran oder, wenn hierdurch die Lösung nicht gelang, verfolgten die Subtraktion weiter. Jetzt gingen wir zum zweiten Gegensatze über, nämlich zu dem des speziellen Addirens $a + a + \ldots + a_b = a . b = c$. Dachten wir nämlich c durch die Multiplikation zweier Ausdrücke entstanden, so mußte außer c noch einer derselben gegeben sein, um den andern hieraus darstellen zu können. Ursprünglich hatten wir auch hier zwei Rückschreitungs-Wege, nämlich aus c und dem gegebenen ersten Faktor den zweiten, oder aus c und dem gegebenen zweiten Faktor den ersten darzustellen. Da aber $a.b = b.a$ ist, so fielen beide Rückschreitungs-Wege in einen zusammen. So gelangten wir zum Quotienten $c:a$, dessen Begriff die Gleichung $c = (c:a).a$ aussprach. Die Divisions-Aufgaben gingen auf demselben Wege hervor, und ihre Auflösung hing theils von **g : a** ab, theils mußten wir die Division weiter verfolgen (vgl. **a:s** und **a:d**). In Betreff der Gegensätze des Potenzirens stellte sich heraus, daß beide hier nicht, wie beim Addiren und Multipliziren, in einen zusammenfallen, eben weil die Bestimmung des x aus den Gleichungen $x^b = c$ und $b^x = c'$ gänzlich von einander verschieden ist, da nicht immer $x^b = b^x$ ist. Der erstere Gegensatz führte zum Begriff der Wurzel: $(\sqrt[b]{c})^b = c$, und der zweite zu dem des Logarithmen $b^{c'lb} = c'$. Die Radikations- und Logarithmations-Aufgaben gingen auf dem schon öfter bezeichneten Wege hervor, und ihre Auflösung hing theils bezüglich von **g ⌣ a** und **gla**, theils von der weitern Verfolgung beider Operationen ab.

Schlußfragen über die Urzahlenlehre.

1) Warum ist die bisher entwickelte Wissenschaft im strengsten Sinne selbstständig, d. h. warum setzt sie auch nicht das Mindeste aus irgend einer andern z. B. der Philosophie voraus? und warum kann in letzterer gar nichts geleistet werden, wenn man nicht die Mathematik vorher gründlich studirt hat? *)

2) Warum konnte nicht mit dem Zusammengesetzten begonnen werden, oder weshalb mußte mit dem hier zum Grunde gelegten Begriff der Anfang gemacht werden? wie unterscheidet sich die abstrakte Einheit von der konkreten?

*) Es ist wahrhaft ergreifend, wenn man aus der Erfahrung weiß, welch ein endloser Schaden für die Jünglinge erwächst, die, ohne die zum Studium der Philosophie erforderlichen Vorkenntnisse zu besitzen, sich mehrere Jahre hindurch damit beschäftigen, und dann mitunter erst zu spät einsehn, daß sie durch die verführerische unhaltbare Polemik ganz irre geführt sind, deren Grundprinzip kein anderes ist, als die andern Wissenschaften herabzuwürdigen.

3) Wie entstand die **Zahlenreihe**? was ist sie? warum geht sie ins Endlose fort? was versteht man darunter, wenn es heißt eine Zahl sei sehr groß? und warum kann keine unendlich große aber wohl eine ins Endlose größer werdende Zahl gedacht werden?

4) Welcher Unterschied findet zwischen Zahl und Zahlzeichen Statt? warum sind wir gezwungen Zeichen einzuführen, denen wir einen allgemeinern Zahlenbegriff unterlegen, so daß jedes derselben eine Zahl vorstellt, aber es dabei ganz gleichgiltig bleiben muß, welche gemeint ist? was ist Ausdruck? und worin liegt der eigentliche Vortheil, wenn eine Wahrheit aus der Verbindung allgemeiner Zahlen dargethan ist?

5) Welche Veranlassung lag zum Grunde den Begriff der **Gleichung** und **Ungleichung** gleich nach der Definition der **Summe** aufzustellen? warum müssen aus dem Begriff der Summe alle übrigen Begriffe der Zahlformen fließen? und warum würde es zu Irrthümern veranlassen, wenn man die durch die Summe vorgestellte Zahl **selbst**, Summe nennen wollte?

6) Warum giebt es nicht zwei gleiche Zahlen? welcher Unterschied findet zwischen Zahl und Größe Statt? weshalb ist die Benennung „Zahlengröße" ganz widersinnig? warum kann man **nie** mit **Größen** rechnen? *)

7) Welches sind die Summen (systematisch entwickelt) die sich aus $a+a+b+b+c$, $a+a+b+b+c$, $a+a+b+b+c+c+d+d$ entwickeln lassen? und wie leitet man das Gesetz allgemein ab, die Anzahl vorher zu bestimmen? **)

---

*) Dem Vortrag bleibt es überlassen, kritisch auf die frühern Ansichten einzugehn, und überhaupt diejenigen Punkte zu erörtern, auf welche wir im Vorhergehenden nicht besonders eingegangen sind.

**) Um die Begriffe über die Anzahl der Ausdrücke festzustellen, die sich aus beliebig vielen neben einander stehenden, durch ihre Versetzung bilden lassen, erwählen wir, der Kürze halber, folgende Bezeichnung.

Erstens möge $A(^{b+c+d+\ldots+\alpha_s}\mathfrak{a})$ die Anzahl bezeichnen, die sich aus $b+c+d+\ldots+\alpha_s$ neben einander stehenden, von einander verschiedenen Ausdrücken, durch das Versetzen derselben bilden lassen. Betrachtet man aber die b ersten, oder die c folgenden, oder u. s. w. Glieder als unter einander gleich, so wollen wir dies durch einen an b oder c oder u. s. w. angehängten Strich andeuten. Hiernach bezeichnet $A(^{b'+c'+d'+\ldots+\alpha'_s}\mathfrak{a})$ die Anzahl der Folgen

8) Wie entstanden sämmtliche Aufgaben der sieben Operationen? worauf kam es bei ihrer Auflösung im Wesentlichen an? welches sind

---

die sich bilden lassen, wenn unter den $b+c+d+\ldots+\alpha_s$ Gliedern, b einander gleiche einer Art, c einander gleiche einer zweiten Art u. s. w. endlich α einander gleiche der sten Art vorkommen.

Zweitens möge das Produkt $1.2.3\times\ldots\times n$, in welchem nach der Einheit die Zahlen in natürlicher Ordnung als Faktoren folgen, mit $n!$ (ausgesprochen n Fakultät) bezeichnet werden.

Hiernach hat man in Vergleichung mit Seite 5:

Aus $\mathcal{A}({}^{s}\mathfrak{a}) = x$, $\mathcal{A}({}^{s+1}\mathfrak{a}) = x.(s+1)$, und aus diesen beiden Gleichungen wieder:

$\mathcal{A}({}^{s+2}\mathfrak{a}) = x.(s+1).(s+2)$, $\mathcal{A}({}^{s+3}\mathfrak{a}) = x.(s+1).(s+2).(s+3)$, und es scheint

$$\mathcal{A}({}^{s+n}\mathfrak{a}) = x.(s+1).(s+2)\times\ldots\times(s+n)$$

zu sein. Wäre dies richtig, so hätte man, nach den beiden ersten Gleichungen

$$\mathcal{A}({}^{s+(n+1)}\mathfrak{a}) = x.(s+1).(s+2)\times\ldots\times(s+n).(s+(n+1)).$$

Dies Gesetz gilt also für $s+(n+1)$, wenn es für $s+n$ richtig ist.

Nun hat man aber $\mathcal{A}({}^{2}\mathfrak{a}) = 1.2$, und hieraus $\mathcal{A}({}^{2+1}\mathfrak{a}) = 2.(2+1)$ oder $\mathcal{A}({}^{3}\mathfrak{a}) = 2\times 3$; mithin ist allgemein

$$\mathcal{A}({}^{m}\mathfrak{a}) = 1.2.3\times\ldots\times m = m!$$

Dies ergiebt sich auch u. A. so: Aus ab hat man zwei Folgen, nämlich ab und ba. Kommt ein drittes Glied c hinzu, so kann es in jeder der vorigen zwei Folgen das dritte, zweite und erste sein, mithin liefert abc, 2.3 Folgen. Kommt ein viertes Glied d hinzu, so kann dasselbe in jeder der vorigen 2.3 Folgen, das vierte, dritte, zweite und erste sein, d. h. jede dieser 2.3 Folgen liefert vier, also lassen sich aus abcd nur 2.3.4 Folgen finden. Wäre nun $\mathcal{A}({}^{m}\mathfrak{a}) = m!$, so könnte ein $m+1$tes Glied in jeder der $m!$ Folgen von der $m+1$ten bis in die erste rücken, wodurch sich $\mathcal{A}({}^{m+1}\mathfrak{a})=(m+1)!$ ergiebt. Nun ist bereits $\mathcal{A}({}^{2}\mathfrak{a}) = 1.2$, daher u. s. w. gilt dies Gesetz allgemein.

Es kommt nur noch darauf an $\mathcal{A}({}^{b+c+d+\ldots+\alpha_s}\mathfrak{a})=(b+c+d+\ldots+\alpha_s)!$, für den speziellen Fall $\mathcal{A}({}^{b'+c'+d'+\ldots+\alpha'_s}\mathfrak{a})$ zu modifiziren, wozu sich zwei Wege darbiethen, von denen der eine durch die Gleichung $\mathcal{A}({}^{s'}\mathfrak{a}) = 1$ gebahnt wird.

Der andere ist der umgekehrte vom vorigen, nämlich von $\mathcal{A}({}^{b'+c'+d'+\ldots+\alpha'_s}\mathfrak{a})$ zu $\mathcal{A}({}^{b+c+d+\ldots+\alpha_s}\mathfrak{a})$ dadurch wieder aufzusteigen, daß wir die in jeder der s Gruppen vorkommenden gleichen Glieder, nach und nach, und zuletzt alle als von einander verschieden annehmen. Denken wir uns deshalb, daß wir bereits alle x Verbindungen, die sich aus ${}^{b'+c'+d'+\ldots+\alpha'_s}\mathfrak{a}$ bilden lassen, wirk-

die wichtigsten unter ihnen auf die sich die übrigen leicht zurückführen lassen? und welcher Unterschied findet Statt zwischen dem Ausführen der Operationen an allgemeinen, oder an gegebenen bestimmten Zahlen?

9) Warum gelten sämmtliche Additions- (Multiplikations-) Gesetze noch für den Fall, daß lauter einander gleiche Ausdrücke addirt (multiplizirt) sind? weshalb mußten diese Fälle $a + a + \ldots + a_m$ und $aa \times \ldots \times a_m$ berücksichtigt werden? welcher Unterschied findet zwischen Summe, Produkt und Potenz Statt? und warum wäre es ganz unzulässig die Multiplikation vor der Addition, und die Potenzirung vor der Multiplikation zu betrachten?

---

sich vor uns hätten, und daß die in jeder derselben vorkommenden b einander gleichen Ausdrücke, in b von einander verschiedene übergehn, so werden aus jeder dieser x Verbindungen, so viel entstehn, wie sich b verschiedene Ausdrücke darin versetzen lassen, (während die übrigen jedoch in ihren Stellen stehn bleiben); man hat also statt einer Verbindung unter den x, jetzt b!, also statt aller x Verbindungen offenbar xmal so viel, d. h. b!x. Denkt man sich nun wieder, daß die c einander gleichen Ausdrücke, die in b!x vorkommen, nun in c von einander verschiedene übergehn, so hat man statt jeder der b!x, jetzt c! also statt aller b!x Verbindungen, jetzt b!c!x Verbindungen. U. s. w. Hiernach findet sich nach und nach: Aus $\Lambda(^{b'+c'+d'+\ldots+\alpha'_s}\mathbf{a}) = x$, $\hookrightarrow$ $\Lambda(^{b+c'+d'+\ldots+\alpha'_s}\mathbf{a}) = b!x$ $\hookrightarrow$ $\Lambda(^{b+c+d'+\ldots+\alpha'_s}\mathbf{a}) = b!c!x$ $\hookrightarrow \ldots$ $\hookrightarrow$ $\Lambda(^{b+c+d+\ldots+\alpha_s}\mathbf{a}) = b!c!d! \times \ldots \times (\alpha!)_s \,.x$; denn dieselben Schlüsse gelten auch für $\Lambda(^{b'+c'+d'+\ldots+\alpha'+\beta'_{s+1}}\mathbf{a})$.

Nun fanden wir aber oben $\Lambda(^{b+c+d+\ldots+\alpha_s}\mathbf{a}) = (b+c+d+\ldots+\alpha_s)!$, weshalb

$$b!c!d! \times \ldots \times (\alpha!)_s x = (b+c+d+\ldots+\alpha_s)!$$

oder

$$x = \frac{(b+c+d+\ldots+\alpha_s)!}{b!c!d! \times \ldots \times (\alpha!)_s}$$

ist. Nach dieser Gleichung kann jeder spezielle Fall behandelt werden. Da es bei unserer Aufgabe gleichgiltig blieb, welche Ausdrücke als die zu versetzenden betrachtet werden, so wählten wir statt der gewöhnlichen Bezeichnung, die obige. Will man aber noch besonders die Anzahl der Versetzungen ausdrücken, die man für $\alpha + \beta + \gamma + \ldots$ Glieder erhält, unter denen sich α einander gleiche der Art a, β einander gleiche der Art b, u. s. w. befinden, so kann man

$$\overset{m}{\Lambda}[\alpha^{=a}, \beta^{=b}, \gamma^{=c}, \ldots] \text{ oder } \overset{m}{\Lambda}(\alpha_a, \beta_b, \gamma_c, \ldots)$$

statt der gewöhnlichen Bezeichnung Ns. $\overset{m}{P}`(a^\alpha, b^\beta, c^\gamma, \ldots)$ wählen, und hat dann nicht nöthig hinzuzufügen, daß $\alpha, \beta, \gamma, \ldots$ nicht Dignatoren, sondern Wiederholungs-Anzeiger sein sollen. Eben so schreiben wir

$$\Lambda(a, b, c, d, \ldots, \alpha_m) \text{ statt Ns. } \overset{m}{P}(a, b, c, d, \ldots).$$

10) Welche Substitution muß vorgenommen werden, wenn $bc = cb$ aus $(ab)c = (ac)b$ gefunden werden soll?*) welche Substitutionen müssen ferner vorgenommen werden, wenn man die Gesetze für $\mathbf{a}+\mathbf{q}$, $\mathbf{a}-\mathbf{q}$, $\mathbf{q}-\mathbf{a}$, $\mathbf{q}'+\mathbf{q}$, $\mathbf{q}'-\mathbf{q}$, $\mathbf{a}\times\mathbf{q}$, $\mathbf{q}'\times\mathbf{q}$, $\mathbf{a}:\mathbf{q}$, $\mathbf{q}:\mathbf{a}$, $\mathbf{q}':\mathbf{q}$ aus $\frac{a}{b} \pm \frac{c}{d} = \frac{a.d \pm b.c}{b.d}$ und $\frac{a}{b} \times \frac{c}{d} = \frac{a \times c}{b \times d} = \frac{a \times d}{b \times c}$ ableiten will?

11) Welche Begriffe verbindet man bezüglich mit den Wörtern: Summe, Produkt, Potenz, Differenz, Quotient, Wurzel, Logarithmus, Summanden, Multiplikand, Multiplikator, Faktoren, Dignand, Dignator, Minuend, Subtrahend, Dividend, Divisor, Radikand, Radikator, Logarithmand, Logarithmator, addiren, multipliziren, potenziren, subtrahiren, dividiren, radiziren (wurzeliren, wurzeln), logarithmiren, Addition, Multiplikation, Potenzirung, Subtraktion, Division, Radikation, Logarithmation? welche Bedeutung haben die Zeichen $+$, $\times$, $\frown$, $-$, $:$, $\surd$, $\mathfrak{l}$? und warum gilt die Eindeutigkeit von $\mathbf{a}$, $\mathbf{s}$, $\mathbf{p}$, $\mathbf{P}$, $\mathbf{d}$, $\mathbf{q}$, $\mathbf{w}$, $\mathbf{l}$?

12) Wie lassen sich sämmtliche Verbindungen von $\mathbf{a}$, $\mathbf{s}$, $\mathbf{p}$, $\mathbf{P}$, $\mathbf{d}$, $\mathbf{q}$, $\mathbf{w}$, $\mathbf{l}$ zu je drei und drei (ohne Wiederholungen zuzulassen) in Rücksicht aller sieben Operationen systematisch finden? und warum ist sowohl ihre Behandlung als aller Zahlformen, sie mögen aus noch so vielen Gliedern bestehn, schon im Vorhergehenden enthalten?

13) Ursprünglich hatten wir neun Operationen, worin liegt der Grund, daß sie auf sieben zurückgeführt sind? In welcher Beziehung stehn die indirekten Operationen zu den direkten? und warum giebt es in Wahrheit nur eine einzige Operation, insofern die indirekten blos die Gegensätze aussprechen?

14) Man hätte auch u. A. folgende Operationen zugleich behandeln können, nämlich die Addition mit der Subtraktion, ferner die Multiplikation mit der Division, und endlich die Potenzirung, Radikation und Logarithmation, und es fragt sich nun worin die Vortheile und Nachtheile eines solchen Gangs bestehn? worin bestehn die Vortheile, aber zugleich größern Nachtheile, der synthetischen Methode gegen die hiesige?

*) Um abzuleiten, daß man in belieb. Ordnung multipliziren darf, hat man nur nöthig, $bc = cb$ aus $(ab)c = (ac)b$ zu entnehmen, und dann gelingt es, vermöge der beiden Gleichungen $\alpha\beta = \beta\alpha$, $(\alpha\beta)\gamma = (\alpha\gamma)\beta$.

15) Welches sind die symmetrischen Gesetze? und worin gründet sich diese Symmetrie?

16) Die gesammte Urzahlenlehre ließe sich auch u. A. nach folgenden Andeutungen entwickeln.

Bis. Nr. 7. bleibt Alles unverändert.

Die Nr. 8. betrachtet die spezielle Summe ${}^{\mu}\mathbf{s}^{=a} = a+a+\ldots+a_{\mu}$ d. h. sie entwickelt den Begriff des Produkts, so wie dessen Eindeutigkeit.

Die Nr. 9. stellt das allgemeine Produkt auf, und begründet das Multipliziren in beliebiger Ordnung.

Die Nr. 10. stellt den Begriff der Potenz und ihre Eindeutigkeit fest.

Die Nr. 11. stellt die Additions-, Multiplikations- und Potenzirungs-Verbindungen auf, die sich aus **a, s, g, u, p, P** formiren lassen.

Die Nr. 12. untersucht die Abhängigkeit dieser zweigliedrigen Verbindungen.

Die Nr. 13. erforscht die Gesetze dieser Verbindungen auf eine möglichst allgemeine Weise. So z. B. fließt aus

$$\begin{array}{c} a = b \\ c = d \\ \hline a \mathbin{\substack{+\\ \times\\ \frown}} c = x, \\ b \mathbin{\substack{+\\ \times\\ \frown}} d = x, \\ \hline a \mathbin{\substack{+\\ \times\\ \frown}} c = b \mathbin{\substack{+\\ \times\\ \frown}} d. \end{array}$$

Der Kürze halber denkt man sich hier die drei verschiedenen Ausdrücke $a+c$, $a\times c$, $a \frown c$ nach einander mit x bezeichnet; so in ähnlichen Fällen. Ferner hat man

$$(a \mathbin{\substack{+\\ \times}} b \mathbin{\substack{+\\ \times}} c \mathbin{\substack{+\\ \times}} \ldots \mathbin{\substack{+\\ \times}} \alpha_k) \mathbin{\substack{\times\\ \frown}} m =$$

$$(a \mathbin{\substack{+\\ \times}} b \mathbin{\substack{+\\ \times}} c \mathbin{\substack{\times\\ +}} \ldots \mathbin{\substack{+\\ \times}} \alpha_k) \mathbin{\substack{+\\ \times}} (a \mathbin{\substack{+\\ \times}} b \mathbin{\substack{+\\ \times}} c \mathbin{\substack{+\\ \times}} \ldots \mathbin{\substack{+\\ \times}} \alpha_k) \mathbin{\substack{+\\ \times}} \ldots$$

$$\mathbin{\substack{+\\ \times}} (a \mathbin{\substack{+\\ \times}} b \mathbin{\substack{+\\ \times}} c \mathbin{\substack{+\\ \times}} \ldots \mathbin{\substack{+\\ \times}} \alpha_k)_m =$$

$$(a \mathbin{\substack{\times\\ \frown}} m) \mathbin{\substack{+\\ \times}} (b \mathbin{\substack{\times\\ \frown}} m) \mathbin{\substack{+\\ \times}} (c \mathbin{\substack{\times\\ \frown}} m) \mathbin{\substack{+\\ \times}} \ldots \mathbin{\substack{+\\ \times}} (\alpha \mathbin{\substack{\times\\ \frown}} m)_k \hookleftarrow$$

$$(a \overset{+}{\times} b \overset{+}{\times} c \overset{+}{\times} \dots \overset{+}{\times} \alpha_k) \underset{\frown}{\overset{\times}{}} m = (a \underset{\frown}{\overset{\times}{}} m) \overset{+}{\times} \left(b \frac{x}{m}\right) \overset{+}{\times} \dots \overset{+}{\times} (\alpha \underset{\frown}{\overset{\times}{}} m)_k.$$

Auf eine ähnliche Weise für die übrigen Verbindungen.

Die Nr. 14. entwickeln den Begriff der Differenz und des Quotienten und die Eindeutigkeit beider. Man hat hier:

$$\text{I.} \quad (\alpha \overset{-}{:} \beta) \overset{+}{\times} \beta = \alpha,$$

$$\text{II.} \quad (\alpha \overset{+}{\times} \beta) \overset{-}{:} \beta = \alpha,$$

$$\text{III.} \quad \alpha \overset{-}{:} (\alpha \overset{-}{:} \beta) = \beta.$$

Die Nr. 15. stellt die Subtraktions- und Divisions-Verbindungen auf.

Die Nr. 16. untersucht die Abhängigkeit dieser Verbindungen von einander.

In Nr. 17. werden die Gesetze derselben erforscht. Man hat in dieser Hinsicht z. B.

I. Ist:
$$\begin{array}{l} a = b, \\ \underline{c = d,} \end{array}$$

so sei
$$\begin{array}{l} a \overset{-}{:} c = x \curvearrowright \\ \underline{b \overset{-}{:} d = x} \\ a \overset{-}{:} c = b \overset{-}{:} d. \end{array}$$

II. Man sucht das Gesetz für $(a \overset{-}{:} b) \overset{-}{:} c$.

Aus $(a \overset{-}{:} b) \overset{-}{:} c = x, \curvearrowright$

$$[[(a \overset{-}{:} b) \overset{-}{:} c] \overset{+}{\times} c] \overset{+}{\times} b = x \overset{+}{\times} (b \overset{+}{\times} c) \curvearrowright$$

$$a = x \overset{+}{\times} (b \overset{+}{\times} c) \curvearrowright$$

$$a \overset{-}{:} (b \overset{+}{\times} c) = x \curvearrowright$$

$$(a \overset{-}{:} b) \overset{-}{:} c = a \overset{-}{:} (b \overset{+}{\times} c) \curvearrowright$$

$$(a \overset{-}{:} b) \overset{-}{:} c = (a \overset{-}{:} c) \overset{-}{:} b = a \overset{-}{:} (b \overset{+}{\times} c).$$

III. Man sucht das Gesetz für $a \overset{-}{:} (b \overset{-}{:} c)$.

Es sei deshalb:

$$a \overset{-}{:} (b \overset{-}{:} c) = x, \hookrightarrow$$

$$a = x \overset{+}{\times} (b \overset{-}{:} c) \hookrightarrow$$

$$a \overset{+}{\times} c = x \overset{+}{\times} [(b \overset{-}{:} c) \overset{+}{\times} c] = x \overset{+}{\times} b \hookrightarrow$$

$$(a \overset{+}{\times} c) \overset{-}{:} b = x \hookrightarrow$$

$$a \overset{-}{:} (b \overset{-}{:} c) = (a \overset{+}{\times} c) \overset{-}{:} b = (a \overset{-}{:} b) \overset{+}{\times} c.$$

IV. Man sucht das Gesetz für $(a \overset{-}{:} b) \overset{+}{\times} (c \overset{-}{:} d)$.

Aus: $(a \overset{-}{:} b) \overset{+}{\times} (c \overset{-}{:} d) = x, \hookrightarrow$

$$[(a \overset{-}{:} b) \overset{+}{\times} (c \overset{-}{:} d)] \overset{+}{\times} (b \overset{+}{\times} d) = x \overset{+}{\times} (b \overset{+}{\times} d) \hookrightarrow$$

$$[(a \overset{-}{:} b) \overset{+}{\times} b] \overset{+}{\times} [(c \overset{-}{:} d) \overset{+}{\times} d] = x \overset{+}{\times} (b \overset{+}{\times} d) \hookrightarrow$$

$$a \overset{+}{\times} c = x \overset{+}{\times} (b \overset{+}{\times} d) \hookrightarrow$$

$$(a \overset{-}{:} b) \overset{+}{\times} (c \overset{-}{:} d) = (a \overset{+}{\times} c) \overset{-}{:} (b \overset{+}{\times} d).$$

V. Man sucht das Gesetz für $(a \overset{-}{:} b) \overset{-}{:} (c \overset{-}{:} d)$.

Aus:

$$(a \overset{-}{:} b) \overset{-}{:} (c \overset{-}{:} d) = x, \hookrightarrow$$

$$a \overset{-}{:} b = x \overset{+}{\times} (c \overset{-}{:} d) \hookrightarrow$$

$$(a \overset{-}{:} b) \overset{+}{\times} (b \overset{+}{\times} d) = x \overset{+}{\times} (b \overset{+}{\times} c) \hookrightarrow$$

$$a \overset{+}{\times} d = x \overset{+}{\times} (b \overset{+}{\times} c) \hookrightarrow$$

$$(a \overset{-}{:} b) \overset{-}{:} (c \overset{-}{:} d) = (a \overset{+}{\times} d) \overset{-}{:} (b \overset{+}{\times} c) = (a \overset{-}{:} c) \overset{-}{:} (b \overset{-}{:} d).$$

Auf eine ähnliche Weise ergeben sich die übrigen hierher gehörenden Gesetze.

Die Nr. 18. entwickelt den Begriff der Wurzel $\sqrt[\beta]{a}$ und den des Logarithmen $\alpha \mathfrak{l} \beta$, sie macht ferner auf die Eindeutigkeit beider aufmerksam.

Die Definitionen sind in dieser Hinsicht:

$$\text{I.}\quad (a \underset{\iota}{\overset{\smile}{\top}} m) \frown \underline{m}^{*}) = a,$$

$$\text{II.}\quad (a \frown \underline{m}) \underset{\iota}{\overset{\smile}{\top}} m \quad = a.$$

Die Nr. 19. stellt sämmtliche Radikations- und Logarithmations-Verbindungen auf.

Die Nr. 20. untersucht ihre Abhängigkeit.

In Nr. 21. werden die Gesetze derselben erforscht.

Man hat in dieser Hinsicht z. B.:

I. Ist: $a = b$
und $c = d$,

so ist: $a \underset{\iota}{\overset{\smile}{\top}} c = x, \hookrightarrow$

$b \underset{\iota}{\overset{\smile}{\top}} d = x \hookrightarrow$

$a \underset{\iota}{\overset{\smile}{\top}} c = b \underset{\iota}{\overset{\smile}{\top}} d.$

II. Man sucht die Gesetze für: $(a \underset{\iota}{\overset{\smile}{\underset{\smile}{\top}}} m) \underset{-}{\overset{\times}{+}} (b \underset{\iota}{\overset{\smile}{\underset{\smile}{\top}}} m)$, ganz allgemein **).

Hieraus ergeben sich dann die Gesetze für eine Menge spezieller Fälle.

Zur Übung lasse man nun die ganze Urzahlenlehre, diesen kurzen Andeutungen gemäß, durchführen.

17) Was erhält man, wenn aus folgendem Produkte die Bogen und Klammern fortbleiben, welche nach der festgestellten Übereinkunft die unmittelbare Folge der Addition und Multiplikation andeuten

$$\Big[\Big[\Big(\Big(((a+b)c).(d.e)\Big)f\Big).g.(h+i)\Big]+[((k+l)(m+n))p+q]\Big].(u.v) = ?$$

18) Was gilt vom Fortlassen der Bogen, hinsichtlich der zum Grunde gelegten Übereinkunft die unmittelbare Folge betreffend, wenn

---

*) $A \frown \underline{m}$ möge — im Allgemeinen — zunächst A^{m} und dann noch m^{A} ausdrücken.

**) Man sehe hierüber die Wissenschaft der Math. des Verfassers.

blos die direkten Operationen mit einander in Verbindung treten? und welche Bogen dürfen deshalb aus folgenden Ausdrücken fortbleiben, und welche müssen beibehalten werden?

$(a+b)+c$, $a+(b+c)$, $a+(bc)$, $(bc)+a$, $a+(b^c)$, $(b^c)+a$, $(a+b)+(c+d)$, $(a+b)+(cd)$, $(cd)+(a+b)$, $(a+b)+(c^d)$, $(ab)+(cd)$, $(ab)+(c^d)$, $(c^d)+(ab)$, $(a^b)+(c^d)$, $(ab)c$, $a(bc)$, $a(b^c)$, $(a+b)(c+d)$, $(a+b)(cd)$, $(cd)(a+b)$, $(a+b)(c^d)$, $(c^d)(a+b)$, $(ab)(cd)$, $(ab)(c^d)$, $(c^d)(ab)$, $(a^b)(c^d)$, $(ab)^{c^d}$, $(a)^{b^c}$, $(a^b)^c$, $(a+b)^{c+d}$, $(ab)^{c+d}$, $(a+b)^{cd}$, $(a+b)^{c^d}$, $(c^d)^{a+b}$, $(ab)^{cd}$, $(ab)^{c^d}$, $(c^d)^{ab}$, $(a^b)^{c^d}$.

Antwort:

$a+b+c$, $a+(b+c)$, $a+bc$, $bc+a$, $a+b^c$, b^c+a, $a+b+(c+d)$, $a+b+cd$, $cd+(a+b)$, $a+b+c^d$, $ab+cd$, $ab+c^d$, c^d+ab, a^b+c^d, abc, $a(bc)$, $a.b^c$, $(a+b)(c+d)$, $(a+b)(cd)$, $cd.(a+b)$, $(a+b)c^d$, $c^d(a+b)$, $ab.(cd)$, $a.b.c^d$, $c^d(ab)$, $a^b.c^d$, $(ab)^c$, $(a)^{b^c}$, $(a^b)^c$, $(a+b)^{c+d}$, $(ab)^{c+d}$, $(a+b)^{cd}$, $(a+b)^{c^d}$, $(c^d)^{a+b}$, $(ab)^{cd}$, $(ab)^{c}$, $(c^d)^{ab}$, $(a^b)^{c^d}$.

19) Was gilt überhaupt von der Bedeutung der Bogen, wenn alle sieben Operationen mit einander in Verbindung treten?

20) Die indirekten Sätze können durch Verschmelzung der gegebenen Voraussetzungen in einander unmittelbar abgeleitet werden. Wie?

21) Denkt man sich die folgenden Verbindungen in Summen aufgelöst, mithin die angedeuteten Operationen in so weit ausgeführt, so fragt es sich, aus wie vielen Summanden diese Summen, in ihrer Urform, bestehn.

Diese Anzahl sei mit $\mathit{\Lambda}^{\backprime}$ bezeichnet.

(1) $\mathit{\Lambda}^{\backprime}[{}^a\mathbf{s} \times {}^b\mathbf{s}'] = a.b;$

(2) $\mathit{\Lambda}^{\backprime}[{}^a\mathbf{s} \times {}^b\mathbf{s}' + {}^c\mathbf{s}'' \times {}^d\mathbf{s}'''] = ab + cd;$

(3) $\mathit{\Lambda}^{\backprime}[({}^a\mathbf{s} \times {}^b\mathbf{s}')^c + ({}^d\mathbf{s}'' + {}^e\mathbf{s}''')^f] = (ab)^c + (de)^f;$

(4) $\mathit{\Lambda}^{\backprime}\big[[({}^a\mathbf{s})^b \times ({}^c\mathbf{s}')^d + ({}^e\mathbf{s}'' \times {}^f\mathbf{s}''')^g]^h \times ({}^k\mathbf{s}^{IV} \times {}^m\mathbf{s}^V)^p\big]$
$= [a^b.c^d + (ef)^g]^h \times (km)^p;$

(5) $\mathit{\Lambda}^{\backprime}\big[[({}^a\mathbf{s}.{}^b\mathbf{s}')^c + ({}^d\mathbf{s}'' + k)^e.{}^f\mathbf{s}''']^g.[(h + m + {}^n\mathbf{s}^{IV}({}^p\mathbf{s}^V + {}^q\mathbf{s}^{VI})^r]^s\big]$
$= [(ab)^c + (d+1)^e.f]^g.[1 + 1 + n(p+q)^r]^s.$

22) Welche Gesetze werden angewendet, um die folgenden Verbindungen zu entwickeln?

(1) $(\mathbf{P}^{\mathbf{a}}.\mathbf{s}.\mathbf{p}^{\mathbf{s}'} - \mathbf{d}).[(\mathbf{d}' + \mathbf{d}'')(\mathbf{p}' - \mathbf{p}'')^{\mathbf{s}''}];$

(2) $(\mathbf{q}^{\mathbf{p}} \pm \mathbf{q}'.\mathbf{s}) \times (\mathbf{q}'' + \mathbf{a});$

$$(3)\quad \left[(\mathbf{q} {\pm \atop \times} \mathbf{q}')^{\mathbf{p}} {\pm \atop \times} (\mathbf{a} {\times \atop \pm} \mathbf{d})^{\mathbf{p}'} {\pm \atop \times} \left(\frac{\mathbf{p}'' : \mathbf{q}''}{\mathbf{q}'''.(\mathbf{a}'' : \mathbf{q}^{\mathrm{IV}})} {\pm \atop \times} \frac{\mathbf{a}'}{\mathbf{s}}\right)^{\mathbf{d}'}\right]^{\mathbf{a}'''};$$

$$(4)\quad \left[\left(\frac{\mathbf{w} \times \mathbf{w}'}{\mathbf{w}''}\right)^{\mathbf{q}} \cdot \frac{\mathbf{a}'^{\mathbf{s}} + \mathbf{a}^{\mathbf{q}'}}{\left[\mathbf{q}'' \smile \left(\frac{\mathbf{p} \times \mathbf{p}'}{\mathbf{q}''' \pm \mathbf{a}''} \times \frac{\mathbf{s}' . \mathbf{s}''}{\mathbf{p}'' \times \mathbf{w}'''}\right)\right]^{\mathbf{s}'''}}\right]^{\mathbf{d}};$$

$$(5)\quad \left[\frac{\mathbf{p} \ell \mathbf{a}}{\mathbf{w} \ell \mathbf{a}'} \times \frac{\mathbf{q} \ell \mathbf{a}''}{\mathbf{P} \ell \mathbf{a}'''}\right] \ell_{\mathbf{q}'} \text{ *)}.$$

23) Der Lehrer wird seine Schüler jetzt schon in dem Grade in der Abstraktion und im schnellen aber auch zugleich sichern Überblick geübt haben, daß sie die folgenden Aufgaben mit einem oder höchstens zwei Schritten auflösen, indem das weitläuftige öftere Reduziren leicht in ein mechanisches Bewegen der Finger ausartet, und durchaus zu verwerfen ist. Der Schüler muß sich von jedem Schritte die strengste Rechenschaft geben können.

(1) $a^m . a^n + b^m . b^n = a^{m+n} + b^{m+n}$;

(2) $a^b . c^b + d^k . f^k = (ac)^b + (df)^k$;

(3) $a^b . a^c + h^m . k^m = a^{b+c} + (hk)^m$;

(4) $(a^b . c^b - a^m . a^n) + a^p . d^p = [(ac)^b - a^{m+n}] + (ad)^p$;

(5) $f^r . a^{mt} . b^p . a^n . g^r . b^q . u^r . v^s . a^{km} = a^{(k+t)m+n} b^{p+q} (gfu)^r . v^s$;

(6) $(a^b + a^c) a^d = a^{b+d} + a^{c+d}$;

(7) $(a^m b^{nt} c^{pq} + b^n) a^n b^{cn} c^{ps} = a^{m+n} b^{(c+t)n} c^{(q+s)p} + (ab^{c+1})^n c^{ps}$;

(8) $(b^c + h^d) h^c = (bh)^c + h^{c+d}$;

(9) $(a^b k^v n^p + g^c k^t m^u) . (a^c k^d m^p) = a^{b+c} k^{d+v} (mn)^p + (ag)^c k^{d+t} m^{p+u}$;

(10) $(h+k)^m + h^m (h+k)^m + (f+g)^{mn} (h+k)^m = [1 + h^m + (f+g)^{mn}](h+k)^m$;

(11) $[(a^b . a^c . a^d)^{f+g}]^k = a^{bfk+cfk+dfk+bgk+cgk+dgk}$;

(12) $[(a^b c^d + f^g h^i) - k^m n^p] . (a^q s^g k^n v^p)$

$= (a^{b+q} c^d s^g k^n v^p + a^q (fs)^g h^i k^n v^p) - a^q s^g k^{m+n} (nv)^p$;

(13) $(a^m + b^n)(a^n b^p) + (a^n + b^m) c^n d^m = a^{m+n} b^p + a^n b^{n+p} + (ac)^n d^m + c^n (bd)^m$;

(14) $(a^m)^n (a^p)^n + (b^t)^v c^v d^{tv} = a^{(m+p)n} + [(bd)^t c]^v$;

(15) $[(hr + qs)(a+b)^n + hs(a+b)^n + qr(a+b)^n]^m$

$= [(h+q)(r+s)(a+b)^n]^m$;

(16) $((a^b)^c)^d . ((h^b))^c + ((p^q)^v)^s . ((p^v)^t)^q = (a^d h)^{bc} + p^{qv(s+t)}$;

---

*) Diese Aufgaben sind von Wichtigkeit, indem an ihnen die Gesetze von den verschiedensten Seiten eingeübt werden können.

(17) $a^{m+n}b^p + a^{k+m}a^n c^k = a^{m+n}((ac)^k + b^p)$;

(18) $(a^m + a^n)(a^p + a^q) = a^{m+p} + a^{n+p} + a^{m+q} + a^{n+q}$;

(19) $(c+d).(c+d).(c+d).(c+d)$
$= cccc + dccc + cdcc + ddcc + ccdc + dcdc + cddc + dddc +$
$cccd + dccd + cdcd + ddcd + ccdd + dcdd + cddd + dddd$;

(20) $(a^b c^d f^g h^i + k^m p^q r^s)(c^t k^u p^v + a^w f^x r^y) = a^b c^{d+t} f^g h^i k^u p^v +$
$c^t k^{m+u} p^{q+v} r^s + a^{b+w} c^d f^{g+x} h^i r^y + a^w f^x k^m p^q r^{s+y}$;

(21) $[(a+cd).(g+hi)].(k+m) + (bs+n).(p+q).(r+x)$
$= agk + cdgk + ahik + cdhik + agm + cdgm + ahim + cdhim +$
$bspr + npr + bsqr + nqr + bspx + npx + bsqx + nqx$;

(22) $[(nt+v)r.(c+de)].[(a+b).p + x.(h+f)]$
$= ntcarp + vcarp + ntdearp + vdearp + ntcbrp + vcbrp + ntdebrp +$
$vdebrp + ntchrx + vchrx + ntdehrx + vdehrx + ntcfrx + vcfrx +$
$ntdefrx + vdefrx$;

(23) $[(u+n).p + w].[(mt+v)r + q(sk+b)] + [ti(x+y) + z](a+d)$
$= mturp + vurp + mtnrp + vnrp + skupq + bupq + sknpq + bnpq +$
$mtwr + vrw + skwq + qbw + xati + yati + xdti + ydti + az + dz$;

(24) $[(m+np+rs)(a + bt(c+u))]v + (h+n)(x+yi)(kt+s)$
$= mav + npav + rsav + mcbtv + npcbtv + rscbtv + mubtv +$
$npubtv + rsubtv + hxkt + nxkt + hyikt + nyikt + hxs +$
$nxs + hyis + nyis$;

(25) $a^m b^{s+u} + b^v a^t b^s + b^g a^m b^u a^q + a^{q+t} b^{g+v} = (a^q b^g + b^s).(a^t b^v + a^m b^u)$;

(26) $(a + a + \dots + a_b)^k (dd \times \dots \times d_e)^m .(c + c + \dots + c_d)^n [(a+b) \times$
$(a+b) \times \dots \times (a+b)_v]^{s+s+\dots+s_t} = (ab)^k c^n d^{em+n}.(a+b)^{stv}$;

(27) $((a^b)^c)^d.((k^b)^d)^f.((a^c)^b)^t.((k^m)^n)^b = [a^{(d+t)c} k^{df+mn}]^b$;

(28) $(a+b)^{cn}.a^n (t+u)^n b^c a^m (a+b)^{dn} (m+n)^n d^c$
$= a^{m+n}(bd)^c.[(a+b)^{c+d}(t+u)(m+n)]^n$;

(29) $[[(a^b.c^d)^e]^f.[(a^h c^k)^v]^d]^m.[c^n (ag)^q.(cg)^h]^t$
$= a^{(bef+dhv)m+qt}.c^{(ef+kv)dm+(h+n)t}.g^{(h+q)t}$;

(30) $[(m.a^b + k.w^u) - na^b] + t.w^u = (m-n)a^b + (k+t)w^u$;

(31) $[(a^b.m^c).(a^d.m^b).(m^d.a^c)]^p.(f^{bp}.g^{cp}.h^{dp})]^n = [(am)^{b+c+d} f^b g^c h^d]^{np}$;

(32) $(h^m k^n + t^n u^q)(h^r k^s + t^t u^u)(h^v k^w + t^g u^h) = h^{m+r+v} k^{n+s+w} + h^{r+v} k^{s+w} t^n u^q + h^{m+v} k^{n+w} t^t u^u + h^v k^w t^{n+t} u^{q+u} + h^{m+r} k^{n+s} t^g u^h + h^r k^s t^{g+n} u^{h+q} + h^m k^n t^{g+t} u^{h+u} + t^{g+n+t} u^{h+q+u}$;

(33) $a^{(b+c)b}(p+q)^{bt}.(g^b)^{d+e}.i^{bkm}.(u+v)^{bty}.(a^b)^{d+e}.m^{bmn}.g^{b(f+b)}.h^{bm} \times (w+x)^{abt} g^{bc} p^{bmq} = [(ag)^{b+c+d+e}.g^f.(hi^k.m^n.p^q)^m[(p+q)(u+v)^y(w+x)^a]^t]^b$;

(34) $[(aa\times\ldots\times a_g)\times\ldots\times(aa\times\ldots\times a_g)_u].[(a+b)+\ldots+(a+b)_m]+(t+v)m+(1+1+\ldots+1_{t+v})n+(a+b)n = (a+b).[a^{gu}.m+n]+(t+v).(m+n)$;

(35) $a^{b+d+kv}.c^{d+e+pv}.f^{rv}.g^{sv}+a^{b+kv}.c^{d+pv}.f^{b+rv}.g^{d+sv}+a^{kv}.k^i g^{sv}.f^{rv}.c^{pv} = [a^b.c^d(a^d.c^e+f^b.g^d)+k^i].(a^k.c^p.f^r.g^s)^v$;

(36) $(achx^u+bdhx^u+bchx^u+adhx^u)^m+[(a+b)(c+d)h]^m k^u+(kqs^{c+t}+khs^t+kqs^c v+khv)^u+(qs^{c+t}x^m+qs^c vx^m+hvx^m+hs^t x^m)^u = [[(a+b).(c+d).h]^m+[(s^c.q+h).(s^t+v)]^u].(x^{mu}+k^u)$;

(37) $a^{m+n+p}+a^p(bs)^n+(bcs)^n+a^{m+n}c^n+a^{m+p}b^n+a^m(bc)^n+a^{n+p}s^n+(acs)^n = (a^n+b^n).(a^m+s^n).(a^p+c^n)$;

(38) $(a^b+c^d+f^g+h^i).(a^k+c^m+f^n+h^p).(a^q+c^r+f^s+h^t) = ?$
(Ist auf einmal durchzuführen.)

(39) $(aa+ab+bb).(a-b) = aaa-bbb$;

(40) $(ddd+dde+dee+eee)^n.(ppp+ppq+pqq+qqq)^n[(d-e)t(p-q)]^n = [(dddd-eeee).(pppp-qqqq)t]^n$;

(41) $(aaa+aab+abb+bbb).(a-b) = aaaa-bbbb$;

(42) $(a+b)(a+b) = aa+(a+a)b+bb$;

(43) $(a+b)(a+b)(a+b) = aaa+(aa+aa+aa)b+(a+a+a)bb+bbb$;

(44) $(a-b)(a-b) = (aa-(a+a)b)+bb$;

(45) $(aa-bb)(aa+bb) = aaaa-bbbb$;

(46) $(a-b).(a^n+a^{n-1}b+a^{n-2}b^2+\ldots+a^2b^{n-2}+ab^{n-1}+b^n)=a^{n+1}-b^{n+1}$ *);

(47) $(a+b).[(aa-ab)+bb] = aaa+bbb$,

---

*) Man findet außerdem späterhin:

$(a+b).(a^n-a^{n-1}b+a^{n-2}b^2-\ldots+a^2b^{n-2}-ab^{n-1}+b^n)=a^{n+1}+b^{n+1}$, und
$(a+b).(a^n-a^{n-1}b+a^{n-2}b^2-\ldots-a^2b^{n-2}+ab^{n-1}-b^n)=a^{n+1}-b^{n+1}$,

je nachdem bezüglich in der ersten oder zweiten Gleichung, n eine gerade oder ungerade Zahl, oder n in der letztern auch 1 bezeichnet. Diese beiden Gleichungen nebst der in Nr. (46), sind von der größten Wichtigkeit.

(48) $[(((aaaa-aaab)+aabb)-abbb)+bbbb].(a+b) = aaaaa+bbbbb;$

(49) $(hhhh+hhh+hh+h+1)(h-1) = hhhhh-1;$

(50) $(x+1)[(((xxxx-xxx)+xx)-x)+1] = xxxxx+1;$

(51) $[(a+b)h^d.(a-b)m^h+b.h^d.m^h b]^v+[(nnk^t-gg)-(n-g)k^t(n+g)]^u$
$= (aah^d m^h)^v+((k^t-1)gg)^u;$

(52) $a^{g-m}b^{k-n}c^{x-p}[(a^m b^n c^p-a^q b^v c^s).(a^m b^n c^p+a^q b^v c^s)+a^{q+q}b^{v+v}c^{s+s}]$
$= a^{g+m}b^{n+k}c^{p+x};$

(53) $(a^n b^n e^q-d^g e^h)(b^r d^i-a^k e^w)+d^g e^h(b^r d^i-a^k e^w)$
$= (ab)^n e^q[b^r d^i-a^k e^w];$

(54) $[[((a-b)+c)d^h f^g+((h+b)-c)d^h f^g-ad^h]]-hd^h f^g=(f^g-1)ad^h;$

(55) $[[((a+b+c)-d)k^f(a+b+(d-c))+(cc+dd)k^f]-$
$[abc+(aa+bb+ab+cd)k^f+cdk^f]]^m = [ab(k^f-c)]^m;$

(56) $[(v-w)(a-b)^c m+m(a-b)^c w](a+b)^c(((d-e)+f)^h)^c \times$
$((sv+v((r-s)+t))-tv)[((d-e)+f)^g]^c$
$= mrvv[(aa-bb)((d-e)+f)^{g+h}]^c;$

(57) $[((a-b)+c)^h]^m k^a(((s^h)^t)^u)^{mv+vn}k^t[(f+g)((a+c)-b)^n]^h \times$
$[((w^{(m+n)h})^t)^u]^v(f-g)^h=[[((a-b)+c)(sw)^{tuv}]^{m+n}(ff-gg)]^h k^{a+t};$

(58) $a^m:a^n+b^q:b^t = a^{m-n}+b^{q-t};$

(59) $\frac{ab}{cd}\cdot\frac{df}{b}:a+\frac{uv}{hk}:\frac{tv}{ku} = \frac{f}{c}+\frac{uu}{ht};$

(60) $\left(\frac{a}{b}\right)^m\cdot\left(\frac{c}{a}\right)^m+\left(\frac{pq}{rs}\right)^n:\left(\frac{q}{s}\right)^n = \left(\frac{c}{b}\right)^m+\left(\frac{p}{r}\right)^n;$

(61) $\frac{a^m}{a^n}\cdot\frac{a^p}{a^m}+\frac{b^m}{c^n}\cdot\frac{c^n}{d^m}+\frac{q^h}{v^g}(x:q^h) = a^{p-n}+\left(\frac{b}{d}\right)^m+\frac{x}{v^g};$

(62) $c+\frac{(a+b)^m}{(c+d)^p}\cdot\left(\frac{c+d}{a+b}\right)^p+\frac{a-bc}{b} = (a+b)^{m-p}+\frac{a}{b};$

(63) $\frac{a(a+b)^{c+v}(f+g)^{u+v}}{a^{b+c}d^{e+f}h^k}\times\frac{h^{k+v}a^b d^e}{(a+b)^c(m+n)^u}\times\frac{h^x}{a(f+g)^u}$
$= \frac{[(a+b)(f+g)h]^v h^x}{a^c d^f(m+n)^u};$

(64) $\frac{\left(\frac{m}{n}:\frac{h}{k}\right)^t.n^t}{\left(\frac{m}{h}\right)^t} = k^t;$

(65) $\left(\frac{a^m b^n}{c^v d^u}+\frac{f^k n^g}{x^p b^t}\right).\frac{a^i b^t n^p}{c^m d^n x^f} = \frac{a^{m+i}b^{n+t}n^p}{c^{m+v}d^{n+u}x^f}+\frac{a^i n^{g+p}f^k}{c^m d^n x^{f+p}};$

$$(66)\quad \frac{adfk+adgh+bcgh+bcfk}{bdgk} = \left(\frac{a}{b}+\frac{c}{d}\right)\left(\frac{f}{g}+\frac{h}{k}\right);$$

$$(67)\quad \frac{\frac{a}{b}+c}{\frac{m}{b}+h} = \frac{a+bc}{m+bh};$$

$$(68)\quad \frac{\frac{a}{b}+\frac{c}{d}}{\frac{k}{b}-\frac{n}{d}} = \frac{ad+bc}{dk-bn};$$

$$(69)\quad \frac{a}{b}+\frac{c}{d}+\frac{f}{g} = \frac{adg+bcg+bdf}{bdg} = \frac{adg+b(cg+df)}{bdg};$$

$$(70)\quad \frac{a}{bcdf}+\frac{h}{cd}+\frac{m}{bf} = \frac{a+bfh+cdm}{bcdf};$$

$$(71)\quad ((a^m bc^n)^h)^k+\left(\frac{a^t b^v}{u^k}\right)^h = \frac{(a^{mhk} b^{hk} c^{nhk})u^{hk}+a^{ht} b^{hv}}{a^{hk}};$$

$$(72)\quad \frac{ma+nb}{k}+\frac{pa-nb}{k} = \frac{(m+p)a}{k};$$

$$(73)\quad \left(\frac{a+b}{c-d}+\frac{a-b}{c+d}\right)-\frac{ac+bd}{cc-dd} = \frac{ac+bd}{cc-dd};$$

$$(74)\quad \frac{(a^{m+t}+a^m b^n)-(a^t b^m+b^{m+n})}{b^{m+n}+a^m b^n+a^{m+t}+a^t b^m} = \frac{a^m-b^m}{a^m+b^m};$$

$$(75)\quad \frac{\left(\frac{b}{c}-\frac{b}{e}\right).\left(\frac{k}{g}-e\right)}{\left(\frac{k}{g}+e\right).\left(\frac{b}{c}+\frac{b}{e}\right)} = \frac{(e-c).(k-eg)}{(e+c).(k+eg)};$$

$$(76)\quad \frac{b}{(b+c)(b+c)}-\frac{d}{(b+c)(d+f)} = \frac{bf-cd}{(b+c)(b+c)(d+f)};$$

$$(77)\quad \frac{aa-bb}{a+b}+\left[\left(\frac{cc-dd}{c-d}-a\right)+\frac{aa-bb}{a-b}\right] = a+c+d;$$

$$(78)\quad \frac{aaa-bbb}{a-b}-(a+b)b = aa;$$

$$(79)\quad \frac{k^p:(k^m:k^n):k^{q-m}}{\left(\frac{k}{b}\right)^m:\left[k^v:\left[\left(\frac{b}{k}\right)^n:k^{n-p}\right]\right]}\times\frac{k^{m+q}b^n}{k^{n+n+v}} = k^n b^m;$$

$$(80)\quad \frac{tk^{m+n}}{b^n}+\frac{k^m f^g}{c^v h^x}+\frac{k^m}{b^n c^v} = \frac{[(k^n c^v t+1)h^x+b^n f^g]k^m}{b^n c^v h^x};$$

(81) $\dfrac{\left(\frac{a}{b}:c\right)^n-\left(\frac{d}{c}:b\right)^n}{\left(\frac{f}{c}:b\right)^n-(g:(bc))^n} = \dfrac{a^n-d^n}{f^n-g^n}$;

(82) $\dfrac{\left(\left(\frac{a}{b}:c\right)^m:\left(\frac{b}{c}g\right)^{n-m}\right)(bg)^n}{\left(\left(\frac{a}{c}:\frac{g}{b}\right)^m.\left(c:\frac{g}{b}\right)^n\right):b^m} = \left(\frac{g}{b}\right)^n:\left(\frac{gg}{c}\right)^m$;

(83) $\dfrac{aaaabbbb-cccc}{ab+c} = ((aaabbb-aabbc)+abcc)-ccc$;

(84) $\left[\left[\left(\frac{a}{b}:\frac{ce}{b}\right)^m.\left(\frac{c}{d}:\frac{e}{d}\right)^m\right]:\left(\left(\frac{ax-c}{x}-\frac{kq}{ks}\right)+\frac{cs+qx}{sx}\right)^n\right]\times$
$\left[\left(\frac{ad^n p^s-x^v}{d^n p^s}-\frac{c^m}{d^n}\right)+\frac{x^v+c^m p^s}{d^n p^s}\right]^t.(ee)^m = a^{(m-n)+t}$;

(85) $\dfrac{\left(\frac{a^m}{a^n}\times\frac{a^p}{a^q}\right)^v:\left(\frac{a^m}{a^k}\times\frac{a^p}{a^s}\right)^v}{\left(\frac{a^b}{a^c}:\frac{a^b}{a^d}\right)\times\left(\frac{a^c}{a^h}:\frac{a^v}{a^t}\right)} = a^{[(k+s)-(n+q)]v+[(h+v)-(d+t)]}$;

(86) $\dfrac{a^{m+n}+a^m b^n+a^n b^m+b^{m+n}}{a^n+b^n} = a^m+b^m$;

(87) $\frac{a}{b}+\frac{c}{d}+\left(\frac{a}{bb}+\frac{c}{dd}\right)x+\left(\frac{a}{bbb}+\frac{c}{ddd}\right)xx+$
$\left(\frac{a}{bbb\,(b-x)}+\frac{c}{ddd\,(d-x)}\right)xxx = \frac{a}{b-x}+\frac{c}{d-x}$;

(88) $\left[\left(\frac{c^{h+w}}{t:x^{k+q}}:\frac{(p^{m+n}:(c^w:b^g)).c^{h+h}}{(x^k:b^q):(c^v:(x^m:b^{q-k}))}\right):\frac{c^v\,x^h}{q^{r+s}:p^n}\right]\times$
$\left[\frac{(b^{q+q}:b^k)p^{m+n+nt}}{c^{w+w}\,x^{(k-h)+q}}:\frac{q^r}{(b^g:x^{k+m}).c^{v+v+h}}\right] = q^s$;

(89) $\left[\dfrac{b^{d-b}:\left[\left(\frac{a^n}{b^m}\right)^p\times\left(\frac{a^p}{b^t}\right)^n\right]}{a^{rt}.a^{st}}:\frac{a^s}{a^b b^d}\right]:\left[\frac{a^b}{b^b}:\frac{a^{np+s}}{b^{d+d}}\right]=\left(\frac{b^n}{a^{r+s}}\right)^t:\left(\frac{a^n}{b^m}\right)^p$;

(90) $a:[b+(c:(d+(e:f)))]\pm a':[b'+(c':(d'+(e':f')))]$

$= \dfrac{a}{b+\dfrac{c}{d+\dfrac{e}{f}}} \pm \dfrac{a'}{b'+\dfrac{c'}{d'+\dfrac{e'}{f'}}}$

$= \dfrac{a(df+e)[b'(d'f'+e')+c'f']\pm a'(d'f'+e')[b(df+e)+cf]}{[b(df+e)+cf]\times[b'(d'f'+e')+c'f']}$ *);

*) Dieser Ausdruck spricht das Gesetz aus, wie man in diesem Falle unmittel-

$$(91)\quad \frac{a^m(a^{k+q}+a^v)}{a^n(a^{k+q}+a^v)+a^{p+k}} = \cfrac{a^m}{a^n+\cfrac{a^p}{a^q+\cfrac{a^v}{a^k}}};$$

$$(92)\quad (a^{h+m}b^{k+n}+a^{h+p}b^{k+q}+a^{c+h}b^{d+k}+a^{m+t}b^{n+v}+a^{p+t}b^{q+v}+ a^{c+t}b^{d+v}+a^{f+m}b^{g+n}+a^{f+p}b^{g+q}+a^{c+f}b^{d+g}):(a^m b^n+a^p b^q+a^c b^d) = a^f b^g+a^h b^k+a^t b^v;$$

$$(93)\quad \left(\frac{a^p}{c^r}+a^n b^{q-m}+a^m b^{q-n}+\frac{a^{p+v}}{b^q c^r}+\frac{a^{n+v}}{b^m}+\frac{a^{m+v}}{b^n}+ a^{p-(m+n)}b^{(m+n)-q}+\frac{b^n c^r}{a^m}+\frac{b^m c^r}{a^n}\right):\left(b^q+a^v+\frac{b^{m+n}c^r}{a^{m+n}}\right) = \frac{a^m}{b^n}+\frac{a^n}{b^m}+\frac{a^p}{b^q c^r};$$

$$(94)\quad \frac{(b^{n+t}c^{(g+m+v+k)-p}+a^{m+k}c^k d^{(e+g)-p})-a^{k+v}b^{m+n}c^{m-p}d^{e-p}}{a^k b^n c^{(m+k)-p}d^{(e-p)+g}} - = \left(\frac{b^t c^{g+v}}{a^k d^{(e-p)+g}}+\frac{a^m}{b^n c^{m-p}}\right)-\frac{a^v b^m}{c^k d^g};$$

$$(95)\quad \frac{(a^m.a^n)^k.(ab)^t}{a^{mk}}+\left(a^m:\frac{a^n}{b^t}\right)c^v+\frac{a^m b^t}{b^n}:\frac{a^n}{b^m} = b^t[a^{nk+t}+a^{m-n}(c^v+b^{m-n})];$$

$$(96)\quad \frac{\left(\frac{a^m b^n}{c^p d^r}-\frac{c^h d^k}{a^t b^m}\right)+\frac{c^v d^w}{a^x b^s}}{\left(\frac{a^v x^u}{b^m c^p}+\frac{c^q d^s}{a^t b^s d^r}\right)-\frac{b^q}{a^x}} = \frac{a^x b^s(a^{m+t}b^{m+n}-c^{h+p}d^{k+r})+a^t b^m c^{p+v}d^{r+w}}{a^t b^s d^r(a^{x+v}x^u-b^{m+q}c^p)+a^x b^m d^s c^{p+q}};$$

$$(97)\quad \frac{\frac{a^m b^n}{c^n d^m}+a^m+\frac{a^{m+k}}{b^n d^m}}{\frac{a^k b^t}{c^n d^{m+t}}+a^m+\frac{a^k}{b^n d^m}} = \frac{a^{m-k}[d^t[b^n(b^n+c^n d^m)+a^k c^n]]}{b^{n+t}+(a^{m-k}b^n d^m+1)c^u d^t};$$

---

bar die gegebenen Ausdrücke durch Addition oder Subtraktion verbinden kann, und es wäre wünschenswerth für alle Fälle ein einfaches Gesetz aufzufinden nach welchem man mit den sogenannten Kettenbrüchen, die wir späterhin betrachten werden, unmittelbar operiren könnte, ohne erst nöthig zu haben, dieselben auf gewöhnliche zurückzuführen. In manchen Fällen ist dies leicht, z. B. für $e^x.e^y = e^{x+y}$, wo e der Logarithmator der sogenannten natürlichen Logarithmen ist. —

(98) $$\frac{a^m + b^n}{b^n} + \frac{c^n}{b^{n-1}} + \frac{bb - ab}{aa} + \frac{d^n}{b^{(n-1)-c}} + \frac{aax - bbb}{aa(a+b)} = \frac{(a^m + bc^n + b^{c+1}d^n)(a+b) + (a+x)b^n}{b^n(a+b)};$$

(99) $$\frac{a}{\frac{a+bc}{c} - b} = c;$$

(100) $$\left(\frac{(a-b)(a+b)}{b+b} + b\right) - \frac{aa-bb}{b+b} = b;$$

(101) $$\frac{b}{c - \left(d : \frac{ad}{ac-b}\right)} = a;$$

(102) $$\frac{\left(a + \frac{b}{c}\right)d}{b+ac} = \frac{d}{c};$$

(103) $$\frac{aam + abm}{aa - bb} = \frac{am}{a-b};$$

(104) $$\frac{aaa + aab + abb + bbb}{aaaaa + aaaab + aaabb + aabbb + abbbb + bbbbb} = \frac{aaaa - bbbb}{aaaaaa - bbbbbb};$$

(105) $$\frac{a}{b^m cff} + \frac{d}{b^{m-1} cf} + \frac{h}{b^{m-n} ccd} = \frac{cd(a + bdf) + b^n ffh}{b^m ccdff};$$

(106) $$\frac{aaa - abb}{hh(a+b)(a+b)} + \frac{a-b}{h(a+b)} = \frac{(a+h)(a-b)}{hh(a+b)};$$

(107) $$\frac{am}{(a+b)(a+b)(a+b)} + \frac{a}{(a+b)(a+b)} = \frac{a(a+b+m)}{(a+b)(a+b)(a+b)};$$

(108) $$\frac{(a+b)(a-b)d}{aa-bb} \times \frac{(aaaa - bbbb)c}{aa-bb} = cd(aa+bb);$$

(109) $$\left(\frac{a}{b} + \frac{c}{d}\right)\left(b + \frac{f}{g}\right) \times \frac{bdg}{ad+bc} = bg + f;$$

(110) $$\left(\frac{a}{b} - \frac{c}{d}\right)\left(\frac{d}{f} + \frac{g}{h}\right)\left(\frac{k}{m} - \frac{n}{p}\right) . \frac{bdfhmp}{(ad-bc)(kp-mn)} = dh + fg;$$

(111) $$\left[\left(a - \frac{a(b-f)}{d + b(f+1) + f}\right)\frac{b}{f} - \frac{abd - adf}{df + ff + bf(f+1)}\right] - \left[\frac{b(ab-af)}{d + bf + b + f} + \frac{a(b-f)}{d + bf + b + f}\right] = a;$$

(112) $$\left(\frac{a}{(b-c) . \frac{ap}{m}} - \frac{u}{p . \frac{ap}{m}}\right) - \frac{ap - [u(b-c) + ap(b-c)p]}{app(b-c)} m = m;$$

$$(113)\quad \left[\frac{a(fm+d)k}{bbf}+\frac{b}{k}\cdot\frac{(fm+d)k}{bf}\right]-\left[\left(d-\frac{(fm+d)k}{bf}\right):f+\frac{(af+b)k}{bfk}\cdot\frac{(fm+d)k}{bf}\right]=m;$$

$$(114)\quad \frac{a-bc}{p-b}-\left[\frac{(a-bc)p}{p-b}-a\right]:b=c;$$

$$(115)\quad \frac{b(df+c)}{ad+b}\cdot\frac{a}{b}-\left(\frac{c}{d}-\frac{b(df+c)}{(ad+b)d}\right)=f;$$

$$(116)\quad \left(h-\frac{m-hk}{h-k}\right)\times\left(k+\frac{m-hk}{h-k}\right)+\left(\frac{m-hk}{h-k}\right)\left(\frac{m-hk}{h-k}\right)=m;$$

$$(117)\quad \left(\frac{af}{(c-1)f-cd}+a\right):c+\left(\frac{d}{f}\times\frac{af}{c(f-d)-f}\right)=\frac{af}{(c-1)f-cd};$$

$$(118)\quad \frac{[d(c+b(cp+1))-bc]}{bcd}-\frac{b+c}{bc}=\frac{dp-1}{d};$$

$$(119)\quad \frac{abcdfe}{cdf(b-a)+ab[f(d-c)+cd]}\times\left[\frac{cf+af+ac}{acf}-\frac{b+d}{bd}\right]=e;$$

$$(120)\quad \frac{\left[(a+b)-\left(\frac{bc}{d}+\frac{ac}{d}+\frac{bb}{a}\right)\right]adf}{a(a+b)(d-c)-bbd}=f;$$

$$(121)\quad \frac{\left(v-\frac{(v-kw)m}{m+kw}\right)m}{\left(m+\frac{(v-kw)m}{m+kw}\right)k}=w;$$

$$(122)\quad \left[\left(\frac{a}{h}+\frac{(ft-mv)hkw-fv(ak-bh)}{((h+k)fv-hkw(v-f))h}\right)-\left(\frac{b}{k}-\frac{fk(htw-av)+hv(bf-kmw)}{hkf(kw+v)+kkv(f-hw)}\right)\right]:\left[\frac{ft-mv}{fv}+\frac{v-f}{fv}\cdot\frac{(bfhv+fhktw)-kv(hmw+af)}{fhkw+v[h(f-kw)+fk]}\right]=w;$$

$$(123)\quad \frac{ahv-b}{c}+\frac{bh+v[c+h(c-a)]h}{chv}v=(1+h)v;$$

$$(124)\quad \left[\frac{p}{b}-\left(\frac{c}{d}+k\right)\right]a\alpha+\frac{ac\alpha}{d}+a\alpha k=\frac{a\alpha p}{b};$$

$$(125)\quad \frac{h}{t-\frac{tu}{u+\frac{k}{a-\alpha}}}-\frac{(a-(a-\alpha))\,[(hu(a-\alpha)+hk)m-\alpha tk]}{km\alpha t}=\frac{\alpha}{m};$$

$$(126)\quad \frac{mqy-[(h-t)qw+mpw]}{mq}-\left(\frac{(t-h)w}{m}-\frac{pw+f}{q}\right)=v+\frac{f}{q}$$

$$(127)\quad \frac{a^m : \left[\left(\frac{a}{b}\right)^k : \left(a^h : \left[\left(\frac{a}{b}\right)^f : \left(a^d : \left(\frac{a}{b}\right)^c\right)^e\right]^g\right)^h\right]}{a^m : \left[\left(\frac{a}{b}\right)^t : \left(a^f : \left[a^d : \left(a^e : \left(\frac{a}{b}\right)^c\right)^e\right]^g\right)^h\right]}$$
$$= a^{[t-(f-(d-(e-c)e)g)h]-[k-(h-(f-(d-c)e)g)h]}\, b^{(k+(f+ce)gh)-(f+cegh)};$$

$$(128)\quad \frac{a^{m+t} b^g + a^{h+m} + a^{n+t} b^{c+g} + a^{h+n} b^c}{a^{h+k} + a^h b^c d^f + a^{k+t} b^g + a^t b^{c+g} d^f} = \frac{a^m + a^n b^c}{a^k + b^c d^f};$$

$$(129)\quad \frac{a^q b^n + a^p b^n + a^{m+p} + a^{m+q}}{a^{n+q} + a^{n+p} + a^p b^m + a^q b^m} = \frac{a^m + b^n}{a^n + b^m};$$

$$(130)\quad (\sqrt[m]{a})^{mn} = a^n;$$

$$(131)\quad (\sqrt[m]{\sqrt[n]{a}})^{mnp} = a^p;$$

$$(132)\quad \sqrt[m]{\frac{a^m}{b^{mn}}} = \frac{a}{b^n};$$

$$(133)\quad \sqrt[m]{a^{pm} b} = a^p \sqrt[m]{b};$$

$$(134)\quad \frac{a\sqrt[m]{b}}{\sqrt[n]{b}} = \sqrt[mn]{a^{mn} b^{n-m}};$$

$$(135)\quad \sqrt[mn]{a^{mn} b^{n-m} c^{mn}} = \frac{ac\sqrt[m]{b}}{\sqrt[n]{b}};$$

$$(136)\quad \sqrt[m]{\frac{a}{b}} = \frac{\sqrt[m]{ab^{m-1}}}{b};$$

$$(137)\quad \sqrt[m]{a} + \sqrt[n]{a} = \sqrt[mn]{a^n} + \sqrt[mn]{a^m};$$

$$(138)\quad \sqrt[m]{a} \times \sqrt[n]{b} = \sqrt[mn]{a^n b^m};$$

$$(139)\quad \sqrt[m]{a^n} \times \sqrt[p]{a^k} = a^{\frac{n}{m} + \frac{k}{p}} = a^{\frac{np+km}{mp}} = \sqrt[mp]{a^{np+km}};$$

$$(140)\quad \sqrt[m]{\frac{a^{km} b^{mt}}{c^{nm} d^{mv}}} = \frac{a^k b^t}{c^n d^v};$$

$$(141)\quad \sqrt[m]{\frac{a^{km+t}}{b^{km+v}}} = \left(\frac{a}{b}\right)^k \sqrt[m]{\frac{a^t}{b^v}};$$

$$(142)\quad \sqrt[m]{a^{mn+p}} \times \sqrt[n]{a^{pn+q}} = a^{n+p} \sqrt[mn]{a^{np+mq}};$$

$$(143)\quad \frac{a^m b^c}{d}\sqrt[n]{\frac{d^n}{a^{mn}}} = b^c;$$

$$(144)\quad \sqrt[m]{a^n} \times a^{\frac{p}{m}} \cdot \sqrt[m]{a^k} = \sqrt[m]{a^{n+p+k}};$$

$$(145)\quad a^{\frac{m+nk}{n}} \cdot \sqrt[n]{a^{nt+k}} = a^{k+t}\sqrt[n]{a^{k+m}},$$

$$(146)\quad \frac{a^t b^v}{a^n b^k}\sqrt[m]{\frac{a^{mn} b^k c^m}{a^{mt} b^{mv+k}}} = \frac{c}{b^k};$$

$$(147)\quad \frac{a^{\frac{m}{n}} b^{\frac{p}{q}}}{a^{\frac{t}{n}} \sqrt[n]{b^p}} \times \frac{\sqrt[n]{a^k}}{b^{n:q}} = a^{\frac{(m+k)-t}{n}} b^{\frac{p-n}{q}-\frac{p}{n}};$$

$$(148)\quad (\sqrt[m]{a^n} + \sqrt[n]{b^k})\sqrt[t]{a^k} = \sqrt[mt]{a^{nt+km}} + \sqrt[nt]{(a^n b^t)^k};$$

$$(149)\quad \sqrt[m]{\frac{a^{mn+k+t}}{b^{am+t}}} \cdot \sqrt[m]{\frac{b^{mk+t}}{a^{mn+k}}} = b^{k-a}\sqrt[m]{a^t};$$

$$(150)\quad a^{\frac{n}{m}} b^{\frac{q}{m}} + a^{\frac{k}{n}} b^{\frac{h}{n}} + a^p \sqrt[n]{a^{pq}} = \sqrt[m]{a^n b^q} + \sqrt[n]{a^k b^h} + \sqrt[n]{a^{(n+q)p}};$$

$$(151)\quad \sqrt[m]{a^{bm+a}} \times \sqrt[m]{b^{cm+b}} \times \sqrt[p]{d^{pq+d}} \times \sqrt[h]{a^{ht+p}} \times \sqrt[v]{b^{dv+g}} \times \sqrt[u]{d^{gu+x}}$$
$$= a^{b+t} b^{c+d} d^{g+q} \sqrt[m]{a^a b^b} \times \sqrt[p]{d^d} \times \sqrt[h]{a^p} \times \sqrt[v]{b^g} \times \sqrt[u]{d^x};$$

$$(152)\quad a\sqrt[m]{(c+d)^n k^m} + b^h \sqrt[n]{(f+g)^k b^{nt}} + h\sqrt[m]{a^m (c+d)^n} + b^t \sqrt[n]{(f+g)^k b^{nx}}$$
$$= (h+k)\,a\sqrt[m]{(c+d)^n} + (b^h + b^x)\,b^t \sqrt[n]{(f+g)^k};$$

$$(153)\quad \sqrt[m]{a^{mn} b^{hm} c d^m} + \sqrt[m]{a^{mn+mp} b^{hm+km} c} = (a^p b^k + d)\,a^n b^h \sqrt[m]{c};$$

$$(154)\quad \sqrt[m]{\frac{a^{bm+c} d^{km}}{f^{ckm} g^{tm+x}}} \times \sqrt[m]{\frac{a^{mt} d^{mv+c}}{f^{km+x} g^m}} = \frac{a^{b+t} d^{k+v}}{f^{(c+1)k} g^{t+1}} \sqrt[m]{\frac{(ad)^c}{(fg)^x}};$$

$$(155)\quad \sqrt[p]{a^{mp+k} b^{np+c}} + \sqrt[p]{a^{np+k} b^{mp+c}} + \sqrt[p]{a^k b^c c^{np} d^{mp}}$$
$$= (a^m b^n + a^n b^m + c^n d^m)\sqrt[p]{a^k b^c};$$

$$(156)\quad [\sqrt[m]{(k\sqrt[p]{d})} + \sqrt[h]{(a\sqrt[t]{b})}]\sqrt[b]{c} = \sqrt[bmp]{c^{mp} d^b k^{bp}} + \sqrt[bht]{a^{bt} b^b c^{ht}};$$

$$(157)\quad \sqrt[k]{\left(\frac{a^b m^k n^k}{h^k k^k} + \frac{c^d m^k n^k}{h^k k^k}\right)} = \frac{mn}{hk}\sqrt[k]{(a^b + c^d)};$$

$$(158)\quad (\sqrt[m]{a} + \sqrt[n]{b})(\sqrt[q]{a} + \sqrt[mn]{b}) = \sqrt[mq]{a^{m+q}} + \sqrt[nq]{a^n b^q} + \sqrt[mn]{a^n b} + \sqrt[mn]{b^{m+1}};$$

(159) $(\sqrt[h]{a^{hn+v}b^{mh}}+\sqrt[h]{a^{ht+v}b^{mh}}+\sqrt[h]{a^{hp+v}b^{mh}}).(\sqrt[k]{a^{kq+m}b^{kn}}+\sqrt[k]{a^{ks+m}b^{kn}}+$
$\sqrt[k]{a^{hk+m}b^{kn}}) = (a^{n}+a^{t}+a^{p}).(a^{q}+a^{s}+a^{h}).b^{m+n}\sqrt[hk]{a^{kv+hm}};$

(160) $\sqrt[b]{\frac{(a+b)^{(hm-bb)k}\,p^{b}\,s^{bt}}{(a+b)^{bkm}\,p^{bc}\,s^{bm}}}+\sqrt[h]{\frac{s^{fh}}{n^{ht-hm}\,p^{ch-h}\,(a+b)^{bhk}}}$
$=\frac{(sn)^{t-m}+s^{f}}{(a+b)^{bk}\,p^{c-1}\,n^{t-m}};$

(161) $\sqrt[a+b]{\left(\frac{a^{bm+am}}{b^{bn+an}}\times\frac{b^{(a+b)n}\,c^{ad+bd}}{(a^{a+b})^{n}}\right)}-\sqrt[a+b]{\left(\frac{c^{bd+ad}}{p^{(a+b)q}}\times\frac{p^{q(a+b)}}{c^{(bd-bg)+(d-g)a}}\right)}$
$= a^{m-n}c^{d}-c^{g};$

(162) $a^{m}b^{n}\sqrt[pq]{c^{p+1}}+u^{v}\sqrt[pq]{c^{ppq+1}} = (a^{m}b^{n}\sqrt[q]{c}+u^{v}c^{p})\sqrt[pq]{c};$

(163) $\sqrt[p]{a^{h+mp}b^{pt+k}}+\sqrt[p]{a^{pv+h}b^{k+ps}q^{p}}+\sqrt[p]{a^{h}b^{cp+k}w^{p}}$
$= (a^{m}b^{t}+qa^{v}b^{s}+wb^{c})\sqrt[p]{a^{h}b^{k}};$

(164) $(\sqrt[p]{a^{v+mp}b^{k-np}d^{h}}-\sqrt[p]{a^{v}b^{k}c^{pu}d^{h-np}})+\sqrt[p]{a^{v}b^{k-np}d^{h}h^{fp}}$
$=\left(\frac{a^{m}+h^{f}}{b^{n}}-\frac{c^{u}}{d^{n}}\right)\sqrt[p]{a^{v}b^{k}d^{h}};$

(165) $(\sqrt[m]{a}-\sqrt[m]{b})(\sqrt[m]{a^{m-1}}+\sqrt[m]{a^{m-2}b}+\sqrt[m]{a^{m-3}b^{2}}+\ldots+\sqrt[m]{b^{m-1}})=a-b;$

(166) $\frac{p}{a-\sqrt[m]{b}} = \frac{p(a^{m-1}+a^{m-2}\sqrt[m]{b}+\ldots+\sqrt[m]{b^{m-1}})}{a^{m}-b}$ *);

(167) $(a\sqrt[n]{b}+c\sqrt[n]{d}+x\sqrt[n]{f})(g\sqrt[n]{h}+k\sqrt[n]{q}+m\sqrt[n]{p}) = ag\sqrt[n]{bh}+cg\sqrt[n]{dh}+$
$gx\sqrt[n]{fh}+ak\sqrt[n]{bq}+ck\sqrt[n]{dq}+kx\sqrt[n]{fq}+am\sqrt[n]{bp}+cm\sqrt[n]{dp}+mx\sqrt[n]{fp};$

(168) $\frac{\sqrt[b]{a^{c}}\times\sqrt[c]{d^{f}}}{a^{\frac{m}{b}}:d^{\frac{h}{c}}}\times\frac{\sqrt[b]{\sqrt[c]{k^{t}}}}{k^{\frac{m}{bc}}}\times\frac{\sqrt[bk]{a^{km}c^{b}}}{\sqrt[bc]{k^{t}d^{bf}}} = \sqrt[b]{a^{c}}\times\sqrt[c]{d^{h}}\times\frac{\sqrt[k]{c}}{\sqrt[bc]{k^{m}}};$

(169) $\left(\sqrt[n]{\frac{a}{b}}+\sqrt[m]{\frac{c}{d}}\right).\left(\sqrt[p]{\frac{a}{b}}+\sqrt[q]{\frac{c}{d}}\right)=\sqrt[np]{\left(\frac{a}{b}\right)^{n+p}}+\sqrt[nq]{\left(\frac{a}{b}\right)^{q}.\left(\frac{c}{d}\right)^{n}}+$
$\sqrt[mp]{\left(\frac{a}{b}\right)^{m}.\left(\frac{c}{d}\right)^{p}}+\sqrt[mq]{\left(\frac{c}{d}\right)^{m+q}};$

---

*) Diese Gleichung ist wichtig. Man hat z. B. späterhin nach ihr
$\frac{1}{2-\sqrt[3]{3}}=\frac{2^{2}+2\sqrt[3]{3}+\sqrt[3]{3^{2}}}{2^{3}-3}=\frac{4+2\sqrt[3]{3}+\sqrt[3]{9}}{5}.$

$$(170)\quad \sqrt[m]{(a^n b^t \sqrt[k]{a^m b^m c^n})} = \sqrt[k]{ab} \times \sqrt[mk]{(a^n b^t)^k c^n};$$

$$(171)\quad \sqrt[m]{\sqrt[h]{a^{(h+n)mt}}} \times \sqrt[t]{\sqrt[h]{b^{(h+k)mt}}} = a^{\frac{(h+n)t}{h}} \times b^{\frac{(h+k)mt}{ht}} = a^t b^m \sqrt[h]{a^{nt+km}};$$

$$(172)\quad \left(\frac{a}{b^c}\sqrt[nk]{\frac{a^{dkm} b^{ckn+dkp}}{a^{nk}}} + \frac{a}{b^k}\sqrt[n]{a^{ch-n} b^{nk}}\right) \times$$

$$\left(\sqrt[nkq]{a^{cmq} b^{kkp}} + a\sqrt[hnq]{a^{dfhq-hnq} b^{nps}}\right) = \left(a^{\frac{dm}{n}} b^{\frac{dp}{n}} + a^{\frac{ch}{n}}\right) \times$$

$$\left(a^{\frac{cm}{nk}} b^{\frac{kp}{nq}} + a^{\frac{df}{n}} b^{\frac{ps}{hq}}\right) = \sqrt[knq]{a^{(dk+c)mq} b^{(dq+k)kp}} + \sqrt[nkq]{a^{(hk+m)cq} b^{kkp}} +$$

$$\sqrt[hnq]{a^{(f+m)dhq} b^{(dhq+ns)p}} + \sqrt[hnq]{a^{(ch+df)hq} b^{nps}} = \sqrt[n]{[\sqrt[k]{a^{(dk+c)m}} \times \sqrt[q]{b^{(dq+k)p}}]} +$$

$$\sqrt[n]{[\sqrt[k]{a^{(hk+m\ c}} \times \sqrt[q]{b^{kp}}]} + \sqrt[n]{[a^{(f+m)d}\sqrt[hq]{b^{(dhq+ns)p}}]} + \sqrt[n]{[a^{ch+df} \times \sqrt[hq]{b^{ps}}]}$$

$$= \sqrt[n]{[(a^m b^p)^d \sqrt[k]{a^{cm}} \times \sqrt[q]{b^{kp}}]} + \sqrt[n]{[(a^h \sqrt[k]{a^m})^c \times \sqrt[q]{b^{kp}}]} +$$

$$\sqrt[n]{[(a^{f+m} b^p)^d \sqrt[hq]{b^{nps}}]} + \sqrt[n]{[a^{ch+df} \times \sqrt[hq]{b^{ps}}]};$$

$$(173)\quad \sqrt[m]{(\sqrt[w]{a} - \sqrt[t]{b})} \times \sqrt[q]{(\sqrt[f]{c} - \sqrt[s]{d})} \times \sqrt[m]{(\sqrt[n]{a} + \sqrt[p]{b})} \times \sqrt[q]{(\sqrt[h]{c} + \sqrt[k]{d})}$$

$$= \sqrt[mq]{[((\sqrt[nw]{a^{n+w}} + \sqrt[pw]{a^p b^w}) - (\sqrt[nt]{a^t b^n} + \sqrt[pt]{b^{p+t}}))^q \times ((\sqrt[fh]{c^{h+f}} + \sqrt[fk]{c^k d^f}) -}$$

$$(\sqrt[hs]{c^s d^h} + \sqrt[ks]{d^{k+s}}))^m];$$

$$(174)\quad (\sqrt[n]{a^{d+m}} \times \sqrt[q]{b^{m+p}} + \sqrt[n]{a^{m+r}} \times \sqrt[q]{b^{p+t}} + \sqrt[n]{a^{m+k}} \times \sqrt[q]{b^{h+p}} + \sqrt[n]{a^{d+p}} \times$$

$$\sqrt[q]{b^{m+k}} + \sqrt[n]{a^{p+r}} \times \sqrt[q]{b^{k+t}} + \sqrt[n]{a^{k+p}} \times \sqrt[q]{b^{h+k}} + \sqrt[n]{a^{d+g}} \times \sqrt[q]{b^{f+m}} +$$

$$\sqrt[n]{a^{g+r}} \times \sqrt[q]{b^{f+t}} + \sqrt[n]{a^{g+k}} \times \sqrt[q]{b^{f+h}}) : (\sqrt[n]{a^m} \times \sqrt[q]{b^p} + \sqrt[n]{a^p} \times \sqrt[q]{b^k} + \sqrt[n]{a^g} \times \sqrt[q]{b^f})$$

$$= (a^{\frac{d+m}{n}} b^{\frac{m+p}{q}} + a^{\frac{m+r}{n}} b^{\frac{p+t}{q}} + a^{\frac{m+k}{n}} b^{\frac{h+p}{q}} + a^{\frac{d+p}{n}} b^{\frac{m+k}{q}} + a^{\frac{p+r}{n}} b^{\frac{k+t}{q}} +$$

$$a^{\frac{k+p}{n}} b^{\frac{h+k}{q}} + a^{\frac{d+g}{n}} b^{\frac{f+m}{q}} + a^{\frac{g+r}{n}} b^{\frac{f+t}{q}} + a^{\frac{g+k}{n}} b^{\frac{f+h}{q}}) : (a^{\frac{m}{n}} b^{\frac{p}{q}} + a^{\frac{p}{n}} b^{\frac{k}{q}} +$$

$$a^{\frac{g}{n}} b^{\frac{f}{q}}) = a^{\frac{d}{n}} b^{\frac{m}{q}} + a^{\frac{r}{n}} b^{\frac{t}{q}} + a^{\frac{k}{n}} b^{\frac{h}{q}} = \sqrt[n]{a^d} \times \sqrt[q]{b^m} + \sqrt[n]{a^r} \times \sqrt[q]{b^t} +$$

$$+ \sqrt[n]{a^k}\sqrt[q]{b^h};$$

$$(175)\quad \frac{(\sqrt[abpt]{c^{pt} d^a} + \sqrt[abt]{c^{b+t}}) - (\sqrt[apqt]{c^{pq} d^a} + \sqrt[bpqt]{d^{b+q}})}{\sqrt[at]{c} + \sqrt[bpt]{d}} = \sqrt[ab]{c} - \sqrt[pqt]{d};$$

$$(176)\quad \left(\sqrt[t]{\sqrt[m]{\frac{a}{\sqrt[p]{(b^q)^v}}}} \times \sqrt[kr]{\sqrt[sv]{\frac{a}{\sqrt[p]{b^q}}}}\right)^{kprsv} = \frac{a^p}{b^q}\sqrt[mt]{\left(\frac{a^p}{b^{qv}}\right)^{krsv}};$$

$$(177)\quad \left(a\sqrt[h]{\sqrt[k]{b^{hk}c^h}} - v\sqrt[h]{\sqrt[p]{\sqrt[k]{c^{hp}(bd)^{hkp}}}}\right) + bx\sqrt[k]{\sqrt[h]{\sqrt[q]{c^{hq+g}}}}$$
$$= \left((a - dv) + x\sqrt[hkq]{c^g}\right) b\sqrt[k]{c};$$

$$(178)\quad \sqrt[p]{\sqrt[q]{a^{pq+1}b^{pq+c}}} - \sqrt[q]{\sqrt[p]{a^{pq+t}b^c d^{pq+v}}} = a\left(b - d\sqrt[pq]{a^{t-1}d^v}\right)\sqrt[pq]{ab^c};$$

$$(179)\quad \frac{\left(\sqrt[cd]{a^d b^c} + \sqrt[ct]{a^{c+t}}\right) - \left(\sqrt[dm]{b^{m+d}} + \sqrt[mt]{a^m b^t}\right)}{\sqrt[t]{a} + \sqrt[d]{b}} = \sqrt[c]{a} - \sqrt[m]{b};$$

$$(180)\quad \sqrt[p]{\frac{(a-b)^{q+p(t+1)}u\sqrt[q]{h^{kq+f}} \times \sqrt[q]{(a+b)^{kq+1}} \times v\sqrt[q]{h^{qs+f}}x}{(a-b)^q\sqrt[q]{xh^{q+f}} \times (\sqrt[q]{h})^f}}$$
$$= (a-b)^{t+1}\sqrt[p]{\left[h^{(k+s)-1}uv(a+b)^k\sqrt[q]{(a+b)}\right]};$$

$$(181)\quad \sqrt[m]{\frac{abd^m}{b + \frac{c}{c:((a-1)b)}}} = d;$$

$$(182)\quad \sqrt[t]{\left(\frac{h}{k - \frac{v}{m}}\right)} \times \frac{\sqrt[u]{(hm)^{\frac{v}{t}}}}{\sqrt[u]{k}\,.\,\sqrt[mu]{\left[\frac{\sqrt[t]{m^{(u+v)n}}}{k^n}\right]}} = \sqrt[t]{\frac{h\sqrt[u]{h^v}}{km - v}};$$

$$(183)\quad \frac{(a+b)^{k+v}(f+g)^h}{(a-b)(c+d)}\sqrt[m]{\frac{(a-b)^{m+n}(c+d)^{m+t}}{(a+b)^{km+t}(f+g)^{hm+mv}}}$$
$$\left(\frac{a+b}{f+g}\right)^v\sqrt[m]{\left(\frac{c+d}{a+b}\right)^t}(a-b)^n;$$

$$(184)\quad a^{b\mathfrak{l}a} \times a^m\mathfrak{l}a = bm;$$

$$(185)\quad a^b\mathfrak{l}m \pm a^c\mathfrak{l}m = a^{b\pm c}\mathfrak{l}m;$$

$$(186)\quad (\sqrt[b]{a})\mathfrak{l}m + (\sqrt[b]{c})\mathfrak{l}m = \frac{(ac)\mathfrak{l}m}{b};$$

$$(187)\quad (ab)\mathfrak{l}m + \frac{c}{ab}\mathfrak{l}m = c\mathfrak{l}m;$$

$$(188)\quad a^b\mathfrak{l}m + a\mathfrak{l}\sqrt[c]{m} = (b+c) \times a\mathfrak{l}m;$$

$$(189)\quad a^{b\mathfrak{l}c} \times b^{d\mathfrak{l}c} = (ad)^{b\mathfrak{l}c};$$

$$(190)\quad (\sqrt[m]{a}\mathfrak{l}\sqrt[m]{b}) \times (b^n\mathfrak{l}c^n) = a\mathfrak{l}c;$$

$$(191)\quad \frac{a\mathfrak{l}c}{b\mathfrak{l}c} \times \frac{m\mathfrak{l}c}{m\mathfrak{l}b} = a\mathfrak{l}c;$$

(192) $a^{b^c\mathfrak{l}b}\,\mathfrak{l}\,a = c;$

(193) $(a^{b^c}\mathfrak{l}a)\mathfrak{l}b = c;$

(194) $(a\mathfrak{l}b)^m . (b\mathfrak{l}c)^m = (a\mathfrak{l}c)^m;$

(195) $(a\mathfrak{l}b)^{a\mathfrak{l}d}\mathfrak{l}a \times f\mathfrak{l}(a\mathfrak{l}b) = f\mathfrak{l}d;$

(196) $\sqrt[d\mathfrak{l}b]{a^c} \times c^{b\mathfrak{l}d} = (a^c\, c)^{b\mathfrak{l}d};$

(197) $\sqrt[a^d\mathfrak{l}c]{a^{bd}} \times \sqrt[a\mathfrak{l}\sqrt[h]{c}]{a^{ch}} = a^{\frac{b}{a\mathfrak{l}c}} \times a^{\frac{c}{a\mathfrak{l}c}} = c^{b+c};$

(198) $\frac{(c^n\mathfrak{l}\sqrt[b]{c})\mathfrak{l}\sqrt[p]{n}}{mp} = (\sqrt[m]{ab})\mathfrak{l}n = \frac{a\mathfrak{l}n + b\mathfrak{l}n}{m};$

(199) $f^{a\mathfrak{l}d}\mathfrak{l}\sqrt[c\mathfrak{l}d]{b} = (a\mathfrak{l}b)(c\mathfrak{l}d)(f\mathfrak{l}d);$

(200) $\frac{a\mathfrak{l}b}{c\mathfrak{l}d} + \frac{d\mathfrak{l}k}{b\mathfrak{l}c} = \frac{a\mathfrak{l}c + c\mathfrak{l}k}{b\mathfrak{l}d};$

(201) $\frac{c^{(a\mathfrak{l}f)\mathfrak{l}d}}{f^{c\mathfrak{l}d}}\mathfrak{l}b^{c\mathfrak{l}d} = a\mathfrak{l}b;$

(202) $\frac{\frac{a\mathfrak{l}b}{c\mathfrak{l}d} + \frac{d\mathfrak{l}f}{b\mathfrak{l}c}}{\frac{a\mathfrak{l}h}{k\mathfrak{l}f} + \frac{c\mathfrak{l}k}{h\mathfrak{l}c}} = \frac{(k\mathfrak{l}f)(h\mathfrak{l}c)}{b\mathfrak{l}d};$

(203) $\sqrt[a\mathfrak{l}\sqrt[m]{b}]{a^{mp}}\,\mathfrak{l}\,\sqrt[c\mathfrak{l}\sqrt[n]{d}]{c^{np}} = b\mathfrak{l}d;$

(204) $\frac{a^{b\mathfrak{l}c} \times b^{d\mathfrak{l}c}}{p^{a\mathfrak{l}q} \times d^{p\mathfrak{l}q}} = (ad)^{b\mathfrak{l}c - p\mathfrak{l}q};$

(205) $\frac{(a\mathfrak{l}c + b\mathfrak{l}d)(a\mathfrak{l}d)}{(b\mathfrak{l}d)(a\mathfrak{l}c)} = a\mathfrak{l}b + c\mathfrak{l}d;$

(206) $(b\mathfrak{l}c + 1)[(a\mathfrak{l}b)\mathfrak{l}bc] = (a\mathfrak{l}b)\mathfrak{l}c;$

(207) $a^{1+b\mathfrak{l}c}\mathfrak{l}b = a\mathfrak{l}b + a\mathfrak{l}c;$

(208) $(cc\mathfrak{l}b)(a\mathfrak{l}bb) = (a\mathfrak{l}b)(c\mathfrak{l}b);$

(209) $m^{z\mathfrak{l}m^a} . m^{\sqrt[a]{z^b}\mathfrak{l}m^a} . m^{(b:a)[\sqrt[a]{z^b}\mathfrak{l}m^{a-b}]} = \sqrt[a-b]{z};$

(210) $\sqrt[m^{z\mathfrak{l}m^{a:b}}]{\left[m^{\sqrt[a]{z^b}}\right]^{z\mathfrak{l}m^{a+b}}} = \sqrt[a+b]{z};$

(211) $h^{\sqrt[m]{[a(z\mathfrak{l}h)^m]}} = z^{\sqrt[m]{a}};$

(212) $\left[a^{a^b}(\sqrt[b]{z}\,\mathfrak{l}a)\right]^b = z^{a^b};$

(213) $a^{m\mathfrak{l}(m^{a\mathfrak{l}q}.n^{b\mathfrak{l}q})} \times b^{n\mathfrak{l}(m^{a\mathfrak{l}q}.b^{n\mathfrak{l}q})} = q;$

(214) $(a^{b\mathfrak{l}c})^{d\mathfrak{l}f} = (d^{b\mathfrak{l}f})^{a\mathfrak{l}c};$

(215) $\sqrt[a\mathfrak{l}b]{a^{(d\mathfrak{l}b)(c\mathfrak{l}f)}} = c^{d\mathfrak{l}f};$

(216) $(e^{e^{e^x}} e^{e^x} e^x x)\mathfrak{l}e = e^{e^x} + e^x + x + x\mathfrak{l}c;$

(217) $\frac{a^{(bd)\mathfrak{l}c}\,h}{b^{a\mathfrak{l}c}\,d^{a\mathfrak{l}c}} = h;$

(218) $(a^{a^x\mathfrak{l}a}\mathfrak{l}a)^{b^{b^x\mathfrak{l}b}\mathfrak{l}b} = x^x;$

(219) $a^{bk\mathfrak{l}a\mathfrak{l}p} \times k^{a\mathfrak{l}\sqrt[c\mathfrak{l}a]{p}} = k^{(bc)\mathfrak{l}p};$

(220) $(a^{\sqrt[m]{x}}\mathfrak{l}c)\mathfrak{l}c - (a\mathfrak{l}c)\mathfrak{l}c = \frac{x\mathfrak{l}c}{m};$

(221) $\left[a^{bh^x\mathfrak{l}n\mathfrak{l}f} \times g^{h^{a^x}\mathfrak{l}f\mathfrak{l}n}\right]\mathfrak{l}a = x(h\mathfrak{l}n)(bg\mathfrak{l}f) = h^{x[(bg)\mathfrak{l}f]}\mathfrak{l}n;$

(222) $\frac{c^{a\mathfrak{l}d}\mathfrak{l}b}{c^m\mathfrak{l}d^m} + ((\sqrt[f\mathfrak{l}d]{c})\mathfrak{l}b)(f\mathfrak{l}d) = (ac)\mathfrak{l}b;$

(223) $(a^b\mathfrak{l}\sqrt[x]{c} + fx + h^x\mathfrak{l}\sqrt[v]{c} + (g\mathfrak{l}c)sx) - (ac^{f:b})\mathfrak{l}\sqrt[bx]{c} = (h^v g^s)^x\mathfrak{l}c;$

(224) $\frac{a^{a^{a\mathfrak{l}b}\mathfrak{l}b}\mathfrak{l}b - c^{c^{c\mathfrak{l}b}\mathfrak{l}b}\mathfrak{l}b}{a^{a\mathfrak{l}b}\mathfrak{l}b - c^{c\mathfrak{l}b}\mathfrak{l}b} = (a^{a\mathfrak{l}b}\,c^{(ac)\mathfrak{l}b})\mathfrak{l}ac;$

(225) $[(a\mathfrak{l}\sqrt[a\mathfrak{l}b]{b} + c^{c\mathfrak{l}d}\mathfrak{l}d) - c^{a\mathfrak{l}b}\mathfrak{l}d]((a.c^{b\mathfrak{l}d})\mathfrak{l}b) = a^{a^{a\mathfrak{l}b}\mathfrak{l}b}\mathfrak{l}b + c^{c^{c\mathfrak{l}d}\mathfrak{l}d}\mathfrak{l}d;$

(226) $\frac{a^{a^{a\mathfrak{l}b}\mathfrak{l}b}\mathfrak{l}b - c^{c^{c\mathfrak{l}d}}\mathfrak{l}d}{a^{a\mathfrak{l}b}\mathfrak{l}b + a\mathfrak{l}\sqrt[c\mathfrak{l}d]{b} + c^{c\mathfrak{l}d}\mathfrak{l}d} = a\mathfrak{l}b - c\mathfrak{l}d;$

(227) $d\mathfrak{l}a + \frac{c^{d\mathfrak{l}b}\mathfrak{l}b}{a^{a\mathfrak{l}b}\mathfrak{l}b} + \frac{(c\mathfrak{l}b)(d\mathfrak{l}\sqrt[c\mathfrak{l}b]{b})}{(a\mathfrak{l}\sqrt[a\mathfrak{l}b]{b})\left(\frac{a}{c}\mathfrak{l}b\right)} = d\mathfrak{l}(a:c);$

(228) $\frac{a^{a\mathfrak{l}b}\mathfrak{l}b - c^{c\mathfrak{l}d}\mathfrak{l}d}{a\mathfrak{l}b + c\mathfrak{l}d} + \frac{c\mathfrak{l}a + c\mathfrak{l}\sqrt[q]{d}}{q + d\mathfrak{l}a} = a\mathfrak{l}b;$

(229) $[(f^{a\mathfrak{l}d}fk)\mathfrak{l}c + (b\mathfrak{l}c)(f\mathfrak{l}d) + a^{k\mathfrak{l}c}\mathfrak{l}d + k^{b\mathfrak{l}d}\mathfrak{l}c] : [(abd)\mathfrak{l}c] = (fk)\mathfrak{l}d;$

$$(230)\quad \frac{\frac{a^{a\mathfrak{l}b}}{c^{c\mathfrak{l}b}}\mathfrak{l}b \times \frac{d^{d\mathfrak{l}b}}{f^{f\mathfrak{l}b}}\mathfrak{l}b}{[(ac)\mathfrak{l}b]\left(\frac{d}{f}\mathfrak{l}b\right)} = (a:c)\mathfrak{l}b \times ((df)\mathfrak{l}b);$$

$$(231)\quad \frac{c\mathfrak{l}k + p\mathfrak{l}k}{c\mathfrak{l}(p^{h\mathfrak{l}f}m) + \frac{f\mathfrak{l}k}{h\mathfrak{l}k + \frac{m\mathfrak{l}k}{p\mathfrak{l}f}}} = (h^{p\mathfrak{l}f}m)\mathfrak{l}k;$$

$$(232)\quad a^{b+n\left((a^b c^d)\mathfrak{l}\frac{h^k}{a^n c^p}\right)} \times c^{d+p\left((a^{b:k} c^{d:k})\mathfrak{l}\frac{h}{a^{\frac{n}{k}} c^{\frac{p}{k}}}\right)} = h^{k\left((a^b c^d)\mathfrak{l}\frac{h^k}{a^n c^p}\right)};$$

$$(233)\quad \left[\sqrt[m+n]{\frac{h}{(a\mathfrak{l}b)^n}}\right]^m \times \left[\left(a^{\sqrt[m+n]{\frac{h}{(a\mathfrak{l}b)^n}}}\right)\mathfrak{l}b\right]^n = h;$$

$$(234)\quad \frac{(a\mathfrak{l}\varDelta)^m}{(b\mathfrak{l}\varDelta)^n} = h \text{ für } \varDelta = a \smile \sqrt[m-n]{(h\,(b\mathfrak{l}a)^n)};$$

$$(235)\quad (\sqrt[p]{a})\mathfrak{l}\sqrt[n]{b} = \frac{a^n\mathfrak{l}b}{p} = \frac{n(a\mathfrak{l}b)}{p};$$

$$(236)\quad (a^{\frac{b}{c}}\sqrt[d]{f^g})\mathfrak{l}a = \frac{b}{c} + \frac{g}{d}(f\mathfrak{l}a) = \frac{b + f^{cg}\mathfrak{l}a^d}{c};$$

$$(237)\quad \frac{(a^h)^c}{d\sqrt[s]{(t:u)}}\mathfrak{l}h = [bc(a\mathfrak{l}h) - d\mathfrak{l}h] - \frac{t\mathfrak{l}h - u\mathfrak{l}h}{s};$$

$$(238)\quad \frac{\sqrt[mn]{a^n b^m} \times \sqrt[p]{k}}{\sqrt[mnp]{t}}\mathfrak{l}h = \Big[[p[(a^n\mathfrak{l}h) + (b^m\mathfrak{l}h)] + mn(k\mathfrak{l}h)] - t\mathfrak{l}h\Big]:(mnp);$$

$$(239)\quad \left[\sqrt[m]{\frac{(aa-bb)^{ms}}{(h+k)^v}} \times \sqrt[n]{\frac{(h+k)^v}{(a+b)^{ns}}}\right]\mathfrak{l}\beta = \left[(a-b)^s (h+k)^{\frac{(m-n)v}{mn}}\right]\mathfrak{l}\beta$$
$$= [(a-b)\mathfrak{l}\beta]s + \frac{(m-n)v}{mn}[(h+k)\mathfrak{l}\beta];$$

$$(240)\quad \left[\sqrt[m]{\frac{(aa+ab+bb)p}{\sqrt[h]{(p+q)^m}}} \times \sqrt[mn]{\frac{(p+q)^{mn:h}(a-b)^n}{p^n}}\right]\mathfrak{l}\beta = (aaa-bbb)\mathfrak{l}\beta^m;$$

(241) $\frac{h}{n} + \left(\sqrt[m]{\left(\frac{a}{b}\right)^n} \times \sqrt[n]{\left(\frac{c}{b}\right)^h} \cdot b^{\frac{n}{m}}\right) \ell b = \frac{n}{m}(a \ell b) + \frac{h}{n}(c \ell b);$

(242) $\frac{(a^b \ell c - a^d \ell f)\, h}{(a^b \ell f)(a^d \ell c)} = \frac{h}{d(a\ell f)} - \frac{h}{b(a\ell c)};$

(243) $\left[\left(\sqrt[m]{\sqrt[n]{a^{\frac{b}{c}-\frac{d}{f}}}}\right)^{\frac{g}{h}}\right]\ell s = \frac{(bf-cd)g}{cfhmn}(a\ell s);$

(244) $\frac{c(b\ell f)+f(d\ell f)}{b(c\ell f)+1} = \frac{(b^c d^f)\ell f}{(c^b \ell f)+1} = (b^c d^f)\ell(c^b f);$

(245) $\frac{(a\ell b)^m (b\ell c)^n + (a\ell d)^n + (a\ell f)^n}{\left[\frac{q^{c\ell b}\ell d}{q\ell p}\right]^n (b\ell p)^m + (a\ell p)^{m-n} + \left(\frac{c\ell f}{b\ell p}\right)^n (b\ell p)^m}$

$= \frac{[(a\ell c)(b\ell p)]^n}{(b\ell p)^m} = \frac{(a\ell c)^n}{(b\ell p)^{m-n}};$

(246) $\frac{b^{a\ell c} a^{d\ell c} h^{a\ell c} b^{h\ell c} + h^{(ab)\ell c + p\ell d} + (ab)^{(hm)\ell c}}{a^{(b\,dp)\ell c} + p^{a\ell c} h^{p\ell d} + (mp)^{a\ell c} b^{m\ell c}} = a^{\frac{h}{p}} \ell c \times b^{h\ell c};$

(247) $\frac{(a\ell b + c\ell d)(a\ell b) + (a^{h\ell b}\ell d + h^{c\ell d}\ell d)(a\ell b)(d\ell b)}{(c\ell q + s\ell t)[a\ell b + (a\ell b)(h\ell b)]} = \frac{a\ell b + c\ell d}{c\ell q + s\ell t};$

(248) $\frac{f(h\ell g)[m(a\ell b)+n] - cdd}{cf(h\ell g)} = (a^m b^n)\ell b^c - (g^{\frac{d}{f}})\ell \sqrt[d]{h};$

(249) $(c\ell\sqrt[q]{s} + b\ell\sqrt[n]{s} + a^m \ell s) - [g(a\ell s) + c^p \ell s + k(b\ell s) + (q-h)(d\ell s)]$

$= \frac{a^{m-g} b^{n-k}}{c^{p-q} d^{q-h}} \ell s;$

(250) $\frac{a^{m\ell n + h\ell k}\ell b^{\frac{c\ell d}{t\ell m}}}{f\ell\sqrt[m\ell g]{n} + h^{f\ell k}\ell g} = \frac{(a\ell b)(t\ell m)}{(c\ell d)(f\ell g)};$

(251) $\left[\frac{b}{d}(c\ell\beta^a) + \frac{hu-t}{fu}(g\ell\beta) + k^m\ell\beta^f\right] - \left[\frac{n}{d}(a\ell\beta) + q[(\sqrt[f]{c})\ell\beta]\right]$

$= \frac{\sqrt[a]{c^{b:d}} \times \sqrt[f]{g^h k^m}}{a^{n:d}\sqrt[f]{c^q}\, g^{t:n}} \ell\beta;$

(252) $\frac{[(f(a\ell t))\ell x - (g(b\ell t))\ell x]\ell d - (s\ell d + (c\ell x)\ell d)}{h} = [(a^f \ell b^g)\ell c^s]\ell d^h;$

(253) $\frac{\left(a^{(d-c)^{b\ell\sqrt[m]{b}}} \ell \sqrt[s]{a}\right)\left(k^{(d+c)^{b^m \ell b}} \ell k\right)}{s(d+c)^m} = (d-c)^m;$

$$(254)\quad \frac{(\sqrt[b]{a^c})^{\sqrt[d]{f}+\sqrt[g]{h}}\,\mathfrak{l}\,a^{\sqrt[c]{b}}}{(k\sqrt[b]{a^c})\mathfrak{l}a} = \frac{c(\sqrt[d]{f}+\sqrt[g]{h})}{[c+b(k\mathfrak{l}a)]\sqrt[c]{b}};$$

$$(255)\quad \frac{\left[\left(\left(\frac{a}{b}\right)^{g:h}\sqrt[h]{\left(c:\frac{ad}{b}\right)^g} - \sqrt[h]{\left(\frac{c}{d}\right)^g}\right)+f^{r:s}\right]g\sqrt[s]{f}}{(a+b)g\sqrt[g]{(a-b)}}\,\mathfrak{l}f$$

$$= \frac{g\,.\,f^{(r+1):s}}{(a+b)g\sqrt[g]{(a-b)}}\,\mathfrak{l}f = \left(\frac{r+1}{s}+g\mathfrak{l}f\right) - g((a+b)\mathfrak{l}f)\sqrt[g]{(a-b)};$$

$$(256)\quad (p^x\mathfrak{l}m)[(x\mathfrak{l}p+(x\mathfrak{l}a)\mathfrak{l}p) - (y\mathfrak{l}p+(y\mathfrak{l}b)\mathfrak{l}p)] + \frac{z}{m\mathfrak{l}p}[((x\mathfrak{l}d)\mathfrak{l}p$$

$$+(x\mathfrak{l}c)\mathfrak{l}p) - (y\mathfrak{l}p)(y\mathfrak{l}k)(y\mathfrak{l}h)] = \left[\left(\frac{x^x\mathfrak{l}a}{y^y\mathfrak{l}b}\right)^x \times \left(\frac{x^{x\mathfrak{l}c}\mathfrak{l}d}{y^{y^{y\mathfrak{l}h}}\mathfrak{l}k}\right)^z\right]\mathfrak{l}m;$$

$$(257)\quad m\left[(y^p\mathfrak{l}\beta+q((r\mathfrak{l}z)\mathfrak{l}\beta)) - \left(\frac{mn}{v}(u\mathfrak{l}\beta)+\frac{n}{pv}[p((b\mathfrak{l}z)\mathfrak{l}\beta)+h^k\mathfrak{l}\beta]\right)\right]+$$

$$anq\,(x\mathfrak{l}\beta) = \frac{(\sqrt[m]{x^b})^{a:b}\sqrt[n]{(r\mathfrak{l}z)}\,.\,\sqrt[nq]{y^p}}{\sqrt[qv]{[(b\mathfrak{l}z)\,u^m h^{k:p}]}}\,\mathfrak{l}\sqrt[mnq]{\beta};$$

$$(258)\quad \frac{\sqrt[m]{\left(\frac{a}{b}\right)^\alpha} \times \sqrt[g]{\left(\frac{c}{d}\right)^f} \times \left(\frac{h\sqrt[m]{n}}{k} : \frac{\sqrt[r]{s}}{\sqrt[p]{q}}\right)^{t:\alpha}}{\sqrt[\alpha]{\left(\frac{s^v}{\sqrt[y]{w^x}} \times \left(\frac{a}{b}\right)^{k:m}\sqrt[g]{\left(\frac{c}{d}\right)^p}\right)^x}}\,\mathfrak{l}b$$

$$= \frac{\left(\frac{a}{b}\right)^{\frac{\alpha}{m}-\frac{kx}{m\alpha}}\left(\frac{c}{d}\right)^{\frac{f}{g}-\frac{px}{g\alpha}} h^{\frac{t}{\alpha}} n^{\frac{t}{m\alpha}} q^{\frac{t}{p\alpha}} w^{\frac{xx}{\alpha y}}}{s^{\frac{vx}{\alpha}+\frac{t}{r\alpha}}k^{\frac{t}{\alpha}}}\,\mathfrak{l}b$$

$$= \left[\left(\frac{\alpha\alpha-kx}{m}((a\mathfrak{l}b)-1)+\frac{f\alpha-px}{g}(c\mathfrak{l}b-d\mathfrak{l}b)+t(h\mathfrak{l}b)+\frac{t}{m}(n\mathfrak{l}b)\right.\right.$$

$$\left.\left.+\frac{t}{p}(q\mathfrak{l}b)+\frac{xx}{y}(w\mathfrak{l}b)\right) - \left(\frac{rvx+t}{r}(s\mathfrak{l}b)+t(k\mathfrak{l}b)\right)\right] : \alpha;$$

(259) $(\alpha\mathfrak{l}a)^m(\alpha\mathfrak{l}b)^n(\alpha\mathfrak{l}c)^p = h$, wenn der Kürze wegen

$$\alpha = a \frown \sqrt[m+n+p]{\frac{h}{(a\mathfrak{l}b)^n(a\mathfrak{l}c)^p}}$$ gesetzt wird.

(260) $(a\mathfrak{l}\Delta)^{\frac{m}{\alpha}}(b\mathfrak{l}\Delta)^{\frac{n}{\beta}}(c\mathfrak{l}\Delta)^{\frac{p}{\gamma}}(d\mathfrak{l}\Delta)^{\frac{q}{\delta}} = v$, wenn der Kürze wegen

$$\Delta = a \smile \left[\frac{v}{(b\mathfrak{l}a)^{n:\beta}(c\mathfrak{l}a)^{p:\gamma}(d\mathfrak{l}a)^{q:\delta}} \smile \left(\frac{m}{\alpha}+\frac{n}{\beta}+\frac{p}{\gamma}+\frac{q}{\delta}\right)\right]$$

gesetzt wird *).

---

*) Wie wichtig die Logarithmen in Beziehung auf ihre Anwendung bei den numerischen Bestimmungen sind, ist schon in der Note zu Seite **119** bis **120** berührt worden. Es kommt nämlich darauf an, wenn ein numerischer Ausdruck berechnet werden soll, vermöge der Tafeln seinen Logarithmen zu bestimmen und dann von diesem wieder zu jenem, ebenfalls mittelst der Tafeln, zurückzuschreiten. Bezeichnet z. B. a einen numerischen Ausdruck, und will man ihn vermöge der Tafeln bestimmen, so suche man darin $a\mathfrak{l}b$ (wo b den zum Grunde gelegten numerischen Logarithmator bedeuten möge). Gesetzt man findet $a\mathfrak{l}b = x$, so ergiebt sich rückwärts aus den Tafeln $b^x = a$.

Ist man in den Geist der erwähnten Note eingegangen, so werden folgende Bestimmungen verständlich sein, wenn man sich überall statt der vorkommenden allgemeinen Zahlzeichen bereits gegebene bestimmte Zahlen denkt.

Wir wollen hier kurz den Weg andeuten, welcher zu betreten ist, wenn der als numerisch gedachte Ausdruck,

$$\frac{a^n}{b^m}\cdot\frac{c^p}{d^q} + h^k . t^u \text{ (er sei der Kürze wegen } = \gamma),$$

vermöge der vorausgesetzten Tafel bestimmt werden soll.

Es ist für den Logarithmator w:

$$a^n\mathfrak{l}w = (a\mathfrak{l}w).n = a'.n = a_1, \text{ für } a\mathfrak{l}w = a';$$
$$c^p\mathfrak{l}w = (c\mathfrak{l}w).p = c'.p = c_1, \text{ für } c\mathfrak{l}w = c';$$
$$b^m\mathfrak{l}w = (b\mathfrak{l}w).m = b'.m = b_1, \text{ für } b\mathfrak{l}w = b';$$
$$d^q\mathfrak{l}w = (d\mathfrak{l}w).q = d'.q = d_1, \text{ für } d\mathfrak{l}w = d' \curvearrowright$$
$$\frac{a^n}{b^m}\frac{c^p}{d^q}\mathfrak{l}w = (a_1+c_1)-(b_1+d_1) \curvearrowright$$
$$w^{(a_1+c_1)-(b_1+d_1)} = \frac{a^n}{b^m}\frac{c^p}{d^q} \text{ sei } = \alpha$$

Ferner suche man:

$$h^k\mathfrak{l}w = (h\mathfrak{l}w).k = h'.k = h_1, \text{ für } h\mathfrak{l}w = h';$$
$$t^u\mathfrak{l}w = (t\mathfrak{l}w).u = t'.u = t_1, \text{ für } t\mathfrak{l}w = t' \curvearrowright$$
$$(h^k.t^u)\mathfrak{l}w = h_1 + t_1 \curvearrowright$$
$$w^{h_1+t_1} = h^k.t^u \text{ sei } = \beta, \curvearrowright$$
$$\gamma = \alpha + \beta.$$

Wir fügen noch die wichtige Bemerkung hinzu daß, sobald mit einem gegebenen Ausdruck irgend eine Operation vorgenommen werden soll, man erst untersuchen muß, ob sich derselbe auf einem einfachen Wege durch sein Reduziren geschickt dazu vorbereiten läßt oder nicht.

Vergleiche u. A. die Beispiele (88), (255) und (258).

Allgemeine Zahlenlehre.

Zweiter Abschnitt.

Verallgemeinerung der Urzahlenlehre an den Rechnungsformen.

Verallgemeinerung der Urzahlenlehre an den Rechnungsformen.

20. Halten wir unser Streben fest, nämlich dasjenige finden zu wollen, was überhaupt vom Operiren gilt, also stets stattfindet, sobald nur operirt wird, so zeigt uns ein Blick auf das Vorhergehende sehr bald, daß dies nur unter den die frühern Gesetze beschränkenden Voraussetzungen wirklich erreicht ist. Gehen wir auf solche näher zurück, so erhellt, daß sie wesentlich bedingten, daß alle Operationen möglich sind, oder als zu Gliedern der Zahlenreihe führend, aufgefaßt werden können. Fragen wir uns nun wieder bei welchen Operationen dies der Fall ist, und bei welchen nicht, so leuchtet ein, daß wenn man beliebig viele Ausdrücke a, b, c, ..., α_s auf willkührliche Weise durch die drei direkten mit einander verbindet, jede der in $a+b+c+\ldots+\alpha_s$, $abc\times\ldots\times\alpha_s$, a^b begriffenen Verbindungen, als Repräsentant einer Zahl gedacht werden kann. Da aber den indirekten Operationen die ausdrückliche Bedingung zum Grunde liegt, daß der durch sie vorgestellte Ausdruck wirklich entstanden ist durch die direkte Verbindung zweier andern, von denen der eine ebenfalls als gegeben betrachtet wird, so haben solche nur unter dieser ausdrücklichen Voraussetzung einen Sinn, und existiren nach Aufhebung jener Bedingung, gar nicht mehr in der frühern Bedeutung. Unter diesen Umständen könnte von einer allgemeinen Zahlenlehre keine Rede mehr sein, indem die indirekten Operationen nicht mehr in allen Fällen gelten, sondern zu unmöglichen Formen führen, d. h. zu Subtraktionen, Divisionen, Radikationen und Logarithmationen, die nicht mehr, den frühern Begriffen gemäß, realisirt werden können. Hierin liegt aber gleichzeitig der Grund, dahin zu streben, von den vorhergehenden Operations-Begriffen nach und nach zu immer allgemeinern überzugehn, doch so, daß sie die erstern als einen, aus ihrer Modifikation hervorgehenden, besondern Fall in sich schließen und daher dann stets dieselben, schon als richtig erkannten Resultate liefern. Auf diese Weise können und dürfen wir dann nach den gelehrten Gesetzen fort operiren, ohne einen Widerspruch befürchten zu müssen, wenn wir uns nicht mehr um die frühere Bedeutung der einzelnen Ausdrücke kümmern. Um aber diesen Zweck zu erreichen, sind wir zunächst gezwungen, jene berührten Einschränkungen, welche die indirekten Operationen in sich schließen, dem geistigen Auge näher vorzuführen. Diese Operationen

sind nun durch ihre Begriffe, die in $a-b$, $a:b$, $\sqrt[b]{a}$, $a\mathfrak{l}b$ liegen, gegeben; damit jedoch $a-b$, $a:b$, $\sqrt[b]{a}$, $a\mathfrak{l}b$ stets zu Zahlen führen, muß, während a und b, ferner m, n, p, q dergleichen bezeichnen, bezüglich $a=b+m$, $a=bn$, $a=p^b$, $a=b^q$ sein, aber in allen andern Fällen hat keine dieser Zahlformen $\mathbf{d}$, $\mathbf{q}$, $\mathbf{w}$, $\mathbf{l}$ die frühere Bedeutung, daher hier durchaus noch keinen Sinn *); und wollten wir jene Gesetze, in denen eine oder mehrere indirekte Operationen vorkommen, noch unbedingt gelten lassen, so würde ein solches Verfahren das Maximum aller intellectuellen Dürftigkeit verrathen, indem wir mit Zeichen ohne Sinn operirten, uns daher nicht zu wundern brauchen, wenn durch solch ein unmathematisches Verfahren falsche Resultate hervorgehn. Da nun die Differenz $a-b$ den Gegensatz der allgemeinsten Operation, nämlich den der Addition ausspricht, so schließt sie auch das generellste Indirektsein in sich, veranlaßt uns daher zunächst, ihren Begriff allgemeiner aufzufassen, um dann hieraus diejenigen Gesetze zu erweitern, in denen blos Addition und Subtraktion vorkommt. Bezeichnen nämlich a und b Zahlen, und ist außerdem $a>b$ oder $a=b+m$, so stellt stets $a-b$ eine Zahl vor, und zwar diejenige, welche zu b addirt, a giebt. Will man aber mit Differenzen allgemein operiren können, so muß dies auch für diejenigen Fälle möglich werden, wo a nicht gerade größer als b, sondern auch $\leqq b$ gedacht ist, mithin die beiden Formen $a-a$ und $a-(a+k)$ erscheinen, die ebenfalls wie Differenzen aussehen, ohne es zu sein, eben weil es weder eine Zahl giebt, die zu a addirt a, noch eine die zu $a+k$ addirt, a giebt. Tritt also einer oder der andere dieser beiden Fälle ein, daß der Subtrahend $\geqq$ dem Minuenden ist, so haben die Gesetze der Subtraktion keine Bedeutung mehr. So ist z. B. $(a-b)+c=(a+c)-b$, wenn $a>b$ ist, indem sonst weder die Differenz $a-b$, noch die Summe $(a-b)+c$, die nun den unmöglichen Summanden $a-b$ enthält, noch das Gleichheitszeichen die frühere Bedeutung hat. Ferner ist $(a-b)-c$ nur unter der ausdrück-

*) Obgleich es immer möglich ist, durch die Addition, Multiplikation und Potenzirung gegebener Zahlen, eine neue zu erzeugen, so geht dies bei den indirekten Operationen nicht immer an. Wer kann sich z. B. eine Zahl denken, die zu 6 addirt 2, oder mit 6 multiplizirt 5, oder mit 3 potenzirt 2 u. s. w. giebt. Dies Wollen kann nicht mehr im frühern Sinn realisirt werden. Da wo es geschieht, ohne die Begriffe verallgemeinert zu haben, treibt man Unsinn.

lichen Bedingung $= a-(b+c)$, sobald $a > b+c$ ist. Nur unter ähnlichen Einschränkungen gelten die übrigen Gesetze in denen blos Addition und Subtraktion vorkommt. Da aber die Veranlassung der Verallgemeinerung von $a-b$ darin liegt, daß in besondern Fällen $a \overline{\overline{<}} b$ sein kann, so muß der allgemeinere Begriff ihnen entsprechend gebildet werden, so daß nicht nothwendig, während $a = p - q$ und $b = p' - q'$ ist (wo p, q, p', q' Zahlen bezeichnen) $a > b$ gedacht, oder vorausgesetzt wird, daß $a - b$ eine Zahl vorstellt. Abstrahiren wir mithin bei der frühern Differenz von den Merkmalen, daß $p > q$, $p' > q'$ und außerdem $p - q > p' - q'$ ist, und deshalb $a - b$ immer eine Zahl bezeichnete zu der b addirt a giebt, so haben wir an der allgemeinen Differenz nichts weiter als ein Zeichen $a - b$ von welchem nur gilt $(a-b)+b = a$, und wo nun auch a und b ebenfalls solche allgemeine Differenzen repräsentiren können. Die jetzige allgemeinere Differenz $a - b$, die in sich vollkommen bestimmt ist, d. h. stets nur einen Ausdruck darstellt der zu ihrem Subtrahend addirt, den Minuend giebt, hat nur noch die Form der frühern, und sie möge deshalb formelle, hingegen die erstere in Beziehung auf sie, wirkliche heißen. Der Begriff der formellen Differenz schließt den der wirklichen als einen besondern Fall in sich, denn allemal, wenn in der jetzigen Gleichung $(a-b)+b = a$ sowohl a als auch b Zahlen bezeichnen und $a > b$ ist, hat man auch die frühere d. h. man wird dann immer zu Resultaten geführt, die den vorhergehenden nicht widersprechen. Mit der Verallgemeinerung des Begriffs der Differenz, daß $(a-b)+b = a$ ist, sind nun gleichzeitig die frühern: Subtraktion, subtrahiren, Minuend, Subtrahend, Summe, Summanden, addiren, Addition, Ausdruck, Gleichung, jenem entsprechend, erweitert. Wir verstehn jetzt unter Summe, im ausgedehntern Sinne, die bloße Form $a+b+c+\ldots+\alpha_k$, in der $a, b, c, \ldots, \alpha_k$ schon allgemeine Differenzen bezeichnen können, und von der nichts weiter „als das Addiren in beliebiger Ordnung" festgehalten wird. Diese formelle Summe schließt die frühere wirkliche als einen einzelnen Fall in sich, sobald die Summanden Zahlen bezeichnen, und ist dies nicht der Fall, so können wir durch Beibehaltung des Additions-Gesetzes, mit dem frühern, individueller ausgesprochenen, nicht in Widerspruch gerathen *),

---

*) Setzt man $(a-b)+(c-d)+(f-g)+\ldots = (c-d)+(f-g)+(a-b)+\ldots =$ u. s. w., im Falle $a < b$, $c < d$, $f < g$ ist, so haben wir hier keine Zahlen mehr und können auch deshalb mit ihnen nicht in Widerspruch gerathen.

ein Mal, weil wir ja stets zu demselben zurückgeführt werden, sobald die Summanden die obige spezielle Bedeutung erlangen, ein anderes Mal, von den Zahlen, womit der Widerspruch zu befürchten wäre, keine Rede mehr sein kann *), weil dann solche nicht mehr vorkommen.

Endlich liegt auch in der Erweiterung des Begriffs der Differenz der Keim zur Verallgemeinerung der Gleichung. Wir definirten dieselbe als den Repräsentanten $a = b$, der ausspricht, daß zwei beliebige Zeichen a, b, ein und dieselbe Zahl vorstellen, was entweder unmittelbar oder daran erkannt wurde, daß wir zu beiden Seiten ein und denselben wirklichen Ausdruck c addirten, und uns durch Hilfe des schon Festgestellten überzeugten, daß die Summen $a + c$ und $b + c$ in ein und denselben dritten Ausdruck übergehn. Das Wort „gleich" ($=$) bezog sich also nur auf das Doppelt-Vorhandensein einer und derselben Zahl, und links und rechts vom Gleichheitszeichen konnten durchweg nur Zeichen für wirkliche Zahlen erscheinen. Dieser in der Urzahlenlehre vorkommende individuellere Begriff der Gleichung, ist also aufgehoben, sobald die formelle Differenz in ihr erscheint. Sollen aber die frühern Gesetze des Addirens und Subtrahirens, oder jene Gleichungen, in diesem Falle noch einen Sinn haben, so muß der Begriff derselben, dem allgemeinern der Differenz entsprechend festgestellt werden. Bezeichnen deshalb a und b allgemeine Ausdrücke, oder solche die auch formelle Differenzen enthalten können, und existirt ein allgemeiner Ausdruck h, so daß $a + h$ und $b + h$, mittelst des allgemeinern Begriffs der Differenz und Summe, in ein und denselben allgemeinen Ausdruck übergehn, so heiße diese Gleichung $a = b$ eine formelle (subtraktive) und die frühere, wirkliche. In diesem Begriff der formellen Gleichung liegt der frühere als Spezialfall; denn allemal, wenn dieselbe in solche übergeht, die überall wirkliche Ausdrücke enthält, mithin die beiden Operationen Addition und Subtraktion stets realisirt werden können, verwandelt sich auch h in einen wirklichen Ausdruck, für welchen nun die wirklichen Summen $a + h$ und $b + h$ in ein und denselben Ausdruck übergehn, d. h. auch im Sinne der Urzahlenlehre

*) Bei der Entwicklung unserer Wissenschaft kommt es blos darauf an, zu zeigen, daß wir durch Erweiterung der frühern Begriffe, nicht mit letztern in Widerspruch gerathen, und so ist denn Alles für uns wahr, was dem Vorhergehenden, schon als wahr erkannten, nicht widerspricht, wodurch wir dann nothwendig stets zu richtigen Resultaten geführt werden.

einander gleich sind. Da der Begriff des Gleichseins in Rücksicht der in der formellen Differenz liegenden zwei Spezialfälle erweitert ist, so muß auch dies für den Gegensatz geschehn. Bezeichneten a und b wirkliche Zahlen, so hieß $a \gtrless b$, je nachdem $a = b \pm x$ ist, wo x ebenfalls ein Glied der Zahlenreihe (oder die Einheit) bezeichnet. Um einen allgemeinern Begriff zu gewinnen, müssen wir, unserm Zwecke gemäß, von dem speziellen Merkmale abstrahiren, daß gerade a und b wirkliche Zahlen vorstellen. Bezeichnen demnach a und b allgemeine Differenzen, so heiße $a >$ oder $< b$ je nachdem bezüglich $a = b + x$ oder $a = b - x$ ist, jedoch unter der ausdrücklichen Bedingung, daß in beiden Fällen ein Glied der Zahlenreihe (oder die Einheit), nämlich x existirt, wodurch diese Gleichungen zu formellen gemacht werden. In diesem allgemeinern Begriff des formellen Größer- oder Kleiner-Seins, liegt der frühere als Spezialfall, sobald nämlich die durch a und b vorgestellten allgemeinen Differenzen in wirkliche übergehn. Nachdem nun die Begriffe von **a**, **s**, **d**, **g**, **u** zweckgemäß erweitert sind, ist es leicht, sich zu überzeugen, daß die frühern wirklichen Gleichungen, welche für das bloße Addiren und Subtrahiren aufgestellt sind, jetzt noch als formelle gelten; und um zu dieser Einsicht auf dem kürzesten Wege zu gelangen, haben wir zu untersuchen, ob diejenigen Hauptgesetze, nach den schon festgestellten Erweiterungen, noch gelten, auf welche die Begründung jener stets zurückführt.

Dieselben sind nun

I.

Man darf in beliebiger Ordnung addiren.

II.

(1) $(a-b)+b = a$,

(2) $(a+b)-b = a$.

III.

Aus $a = b$ ⌐

(1) $a+c = b+c$,

(2) $a-c = b-c$,

(3) $c-a = c-b$.

IV.

Ist $a = b$, $b = c, \ldots, (\alpha=\beta)_k$, $(\beta=\gamma)_{k+1}$, so ist auch $a=\gamma$; d. h. sind beliebig viele Gleichungen so gegeben, daß die linke Seite jeder folgenden gleich ist der rechten der unmittelbar vorhergehenden, so ist die linke Seite der ersten gleich der rechten Seite der letzten, oder alle diese Ausdrücke sind unter einander gleich.

Es fragt sich nun, ob diese Gesetze noch stattfinden, wenn das Zeichen $=$ *) überall in ihnen formelle Gleichheit bedeutet, also auch die einzelnen Ausdrücke die in ihnen vorkommen stets allgemein sind.

Die Gesetze in I. und II. sind schon gerechtfertigt.

Für III. Da wir $a = b$ nannten, wenn ein Ausdruck h existirt, für welchen $a+h$ und $b+h$ in ein und denselben, z. B. mit Δ bezeichneten, übergehn, so gehn auch die allgemeinen Summen

$(a+c)+h$ und $(b+c)+h$ nach I. in
$(a+h)+c$ und $(b+h)+c$ oder in
$\Delta+c$ und $\Delta+c$

über, d. h. in ein und denselben, und deshalb folgt aus $a = b$, daß $a+c = b+c$ in diesem allgemeinern Sinne ist.

Ist ferner $a = b$, so giebt es, nach dem allgemeinern Begriff des formellen Gleichseins, einen Ausdruck h für welchen $a+h$ und $b+h$ in Δ übergehn; nun gehn aber die allgemeinen Summen

$(a-c)+(c+h)$ und $(b-c)+(c+h)$ nach I. in
$[(a-c)+c]+h$ und $[(b-c)+c]+h$ oder nach II. (1) in
$a+h$ und $b+h$, d. h. in
Δ und Δ

über. Da nun ein Ausdruck $c+h$ existirt, der nachdem er zu beiden Ausdrücken $a-c$ und $b-c$ addirt ist, dadurch bewirkt, daß $a-c$ und $b-c$ in ein und denselben Ausdruck Δ übergehn, so fließt aus $a = b$, daß $a-c = b-c$ ist. Hieraus folgt auch wieder, daß wenn $a+c = b+c$ ist, dann $(a+c)-c = (b+c)-c$ oder $a = b$ sein muß. Es liegt hierin noch der besondere Fall, daß wenn die subtraktive Gleichung $a+c = b+c$ in eine wirkliche übergeht, dann auch a wirklich $= b$ ist, daß mithin die frühere Methode, durch welche

*) Es wird hier nochmals ausdrücklich darauf aufmerksam gemacht, daß das Zeichen $=$ von jetzt ab (wenn nicht das Gegentheil gesagt wird) überall das formelle Gleichsein bedeutet, daß eben so die Wörter: Gleichung, Ausdruck, Summe, addirt, subtrahirt u. s. w. in der schon festgestellten Allgemeinheit zu nehmen sind, d. h. so lange von dem hier definirten Add. und Subtr. die Rede ist.

die Gleichungen als wirkliche vermittelt wurden, auch jetzt noch für die subtraktiven gilt.

Ist endlich $a = b$, so gehn die Summen

$$(c-a)+(a+b+h) \text{ und } (c-b)+(a+b+h) \text{ nach I. in}$$
$$[((c-a)+a)+b]+h \text{ und } [((c-b)+b)+a]+h \text{ oder nach II. (1) in}$$
$$c+b+h \text{ und } c+a+h \text{ oder nach I. in}$$
$$(b+h)+c \text{ und } (a+h)+c, \text{ d. h. in}$$
$$\Delta+c \text{ und } \Delta+c$$

über, und deshalb folgt aus $a=b$, daß $c-a = c-b$ ist. Auch dies Gesetz gilt wieder indirekt; denn nach III. (1) folgt:

$$(c-a)+(a+b) = (c-b)+(a+b) \text{ oder}$$
$$c+b = c+a \text{ oder}$$
$$a = b \text{ nach III. (2).}$$

Für IV. Man denke sich zunächst, daß a, b, c allgemeine Ausdrücke sind, d. h. auf beliebige Weise durch die Addition und Subtraktion entstanden sein können. Man hat nun erstens nachzuzeigen, daß ein Ausdruck existirt, der zu a und c addirt bewirkt, daß die hervorgehenden Summen in ein und denselben Ausdruck übergehn, und dann noch zweitens aufmerksam zu machen, daß für den besondern Fall wo die Gleichungen $a = b$ und $b = c$ in wirkliche übergehn, das allgemeine Räsonnements für diese Modifikation zu der wirklichen Gleichung $a = c$ führt.

Da $a = b$ und $b = c$ sein soll, so folgt aus $a = b$, daß ein Ausdruck h existirt, so daß $a+h$ und $b+h$ in ein und denselben übergehn. Ebenso aus $b = c$, daß ein Ausdruck h' existirt, für welchen $b+h'$ und $c+h'$ in Δ' übergehn. Hieraus folgt wieder, daß

$$a+(h+h') \text{ und } b+(h+h') \text{ nach I. in}$$
$$(a+h)+h' \text{ und } (b+h)+h' \text{ oder in}$$
$$\Delta+h' \text{ und } \Delta+h' \text{ oder in}$$
$$z \text{ und } z$$

übergehe, wenn $a+h' = z$ gesetzt wird.

Eben so gehn auch die Summen

$$b+(h+h') \text{ und } c+(h+h') \text{ nach I. über in}$$
$$(b+h)+h' \text{ und } (c+h)+h' \text{ oder in}$$
$$z' \text{ und } z'.$$

Nun sind entweder z und z' einander gleich oder nicht. Unterscheiden sie sich gar nicht mehr von einander, so gehn $a + (h + h')$ und $c + (h + h')$ in einen und denselben Ausdruck über oder es ist $a = c$. Sind hingegen z und z' noch von einander verschieden, so liegt dies vielleicht blos noch darin, daß in z dieselben Summanden wie in z' vorkommen und nur in anderer Folge; aber auch in diesem Falle ist nach I. $a = c$. Da jedoch z und z' aus einer und derselben Summe $b + h + h'$ hervorgegangen sind, so kann man auch in dem Falle wo z und z' noch Differenzen enthalten, diese wieder leicht dadurch fortschaffen, daß man zu z und z' die Summe aller darin vorkommend gedachten Subtrahenden addirt. Nennen wir letztere p, so läßt sich dann wieder ein Ausdruck q so bestimmen, daß nun $z + (p + q)$ und $z' + (p + q)$ in ein und denselben wirklichen Ausdruck übergehn. Mithin gehn die Summen

$$[a + (h + h')] + (p + q) \text{ und } [c + (h + h')] + (p + q) \text{ nach I. in}$$
$$a + (h + h' + p + q) \text{ und } c + (h + h' + p + q), \text{ d. h.}$$

in ein und denselben wirklichen Ausdruck über, oder es ist $a = c$. Durch die Modifikation dieses Gesetzes geht auch hervor, daß das frühere, für wirkliche Zahlen erwiesene, als Spezialfall darin liegt, also nicht aufgehoben ist. Daß dies Gesetz aber wieder allgemein für obige Gleichungen gilt, ist leicht zu zeigen. Gesetzt es wäre $a = \beta$, so müßte auch, da $\beta = \gamma$ ist, nach dem Erwiesenen, $a = \gamma$ sein. Gilt dasselbe also für k Gleichungen, so findet es auch für $k + 1$ immer Statt. Nun ist es schon für $k = 2$ erwiesen, mithin u. s. w. gilt es allgemein.

Durch Anwendung dieser Gesetze in I. bis IV. ist es nun leicht darzuthun, daß die frühern, den reinen Gegensatz des Addirens und Subtrahirens aussprechenden Gleichungen, noch als formelle gelten.

Dieselben sind hauptsächlich

1) $(a - b) + c = (a + c) - b = a + (c - b)$;
2) $a - b = (a + c) - (b + c) = (a - c) - (b - c)$;
3) $(a - b) - c = (a - c) - b = a - (b + c)$;
4) $a - (b - c) = (a - b) + c = (a + c) - b$;
5) $(a - b) + (c - d) = (a + c) - (b + d)$;
6) $(a - b) - (c - d) = (a - c) - (b - d)$;
7) Aus $a > a_1,\ a_1 > a_2,\ a_2 > a_3, \ldots, a_{s-1} > a_s \rightarrow a > a_s$;

8) Aus $a > b \hookrightarrow a+c > b+c$;
9) „ $a = b$ und $c = d \hookrightarrow a+c = b+d$;
10) „ $a > b$ und $c = d \hookrightarrow a+c > b+d$;
11) „ $a > b$ und $c > d \hookrightarrow a+c > b+d$;
12) „ $a > b \hookrightarrow a-c > b-c$;
13) „ $b > c \hookrightarrow a-b < a-c$;
14) „ $a = b$ und $c = d \hookrightarrow a-c = b-d$;
15) „ $a > b$ und $c = d \hookrightarrow a-c > b-d$;
16) „ $a = b$ und $c > d \hookrightarrow a-c < b-d$;
17) „ $a > b$ und $c > d \hookrightarrow a-d > b-c$. *)

Die Gesetze für **g + a**, **g − a**, **a − g** sind schon in III. erweitert, und die übrigen gelten, nach 13., nur unter den in die Augen fallenden Einschränkungen.

Wir müssen nun untersuchen, ob sie noch als formelle Gleichungen wahr sind, d. h. sobald die in ihnen vorkommenden einzelnen Buchstaben bereits allgemeine Differenzen repräsentiren u. s. w.

Nach dem Begriffe des formellen Gleichseins kommt es bei dieser Untersuchung blos darauf an, nachzusehn, ob ein Ausdruck existirt, der zu beiden Seiten addirt, Summen hervorbringt, die nach I. bis IV. in ein und denselben Ausdruck übergehn. Der zu addirende Ausdruck ist derselbe wie in 13., nur daß wir ihn bereits als einen allgemeinen denken.

Für 1). Um zu zeigen, daß $(a-b)+c = (a+c)-b = a+(c-b)$ ist, wollen wir zunächst $(a-b)+c = (a+c)-b$ entwickeln. Betrachten wir deshalb beide Seiten, um zu finden, wodurch sich eine derselben vereinfacht, so sieht man mit dem ersten Blick, daß wenn zu $(a+c)-b$ wieder b addirt wird, dann $a+c$ hervorgeht.

Man hat demnach

$[(a+c)-b]+b = a+c$ nach II. (1), ferner

$[(a-b)+c]+b = [(a-b)+b]+c = a+c$ nach I. u. II. (1).

Mithin ist $(a-b)+c = (a+c)-b$, weil b zu beiden Seiten addirt, ein und denselben Ausdruck $a+c$ hervorbringt.

*) Unter andern können die Gleichungen 1) und 3) in

$$(a-b) \pm c = (a \pm c) - b = a \pm (c \mp b),$$

und 5) und 6) auch in

$$(a-b) \pm (c-d) = (a \pm c) - (b \pm d)$$

kurz zusammen gefaßt werden.

Im Falle die Gleichung $(a-b)+c = (a+c)-b$ in eine wirkliche übergeht, also auch b ein wirklicher Ausdruck ist, hat man denselben Schluß wie in der Urzahlenlehre.

Ferner ist

$$[(a+c)-b]+b \text{ bereits } = a+c \text{ und}$$
$$[a+(c-b)]+b = a+[(c-b)+b] = a+c \text{ nach I. u. II. (1); } ↴$$
$$(a+c)-b = a+(c-b).$$

Hieraus folgt nach IV., oder auf demselben Wege, daß

$$(a-b)+c = (a+c)-b = a+(c-b)$$

ist.

Für 2):

$$[(a+c)-(b+c)]+(b+c) = a+c \text{ nach II. (1), und}$$
$$(a-b)+(b+c) = [(a-b)+b]+c = a+c \text{ nach I. u. II. (1); } ↴$$
$$a-b = (a+c)-(b+c);$$

ferner

$$[(a-c)-(b-c)]+(b-c) = a-c \text{ nach II. (1), und}$$
$$(a-b)+(b-c) = [(a-b)+b]-c = a-c \text{ nach 1) u. II. (1); } ↴$$
$$a-b = (a-c)-(b-c).$$

Hieraus folgt nach IV., oder auf demselben Wege, daß

$$a-b = (a+c)-(b+c) = (a-c)-(b-c)$$

ist.

Für 3) findet sich

$$[(a-b)-c]+(b+c) = [((a-b)-c)+c]+b = a \text{ nach I. u. II. (1),}$$

ferner

$$[(a-c)-b]+(b+c) = [((a-c)-b)+b]+c = a \quad \text{: : : : : } ↴$$
$$(a-b)-c = (a-c)-b;$$

ferner

$$[a-(b+c)]+(b+c) = a \text{ nach II. (1);}$$

mithin nach IV.

$$(a-b)-c = (a-c)-b = a-(b+c).$$

Oder kürzer:

$$[(a-b)-c]+(b+c) = [(a-c)-b]+(b+c) = [a-(b+c)]+(b+c) ↴$$
$$[((a-b)-c)+c]+b = [((a-c)-b)+b]+c = a ↴$$
$$a = a = a;$$

d. h. die drei Ausdrücke $(a-b)-c$, $(a-c)-b$ und $a-(b+c)$ gehn in ein und denselben, nämlich in a über, sobald zu jedem $b+c$ addirt ist, und sind deshalb nach IV. einander gleich.

Für 4) hat man

$$[a-(b-c)]+(b-c) = a \text{ nach II. (1)};$$

und

$$[(a-b)+c]+(b-c) = (a-b)+[(b-c)+c] = a \text{ nach I. u. II. (1)}; \hookrightarrow$$

$$a-(b-c) = (a-b)+c.$$

Eben so findet sich

$$[(a+c)-b]+b = a+c \text{ nach II. (1)};$$

und

$$[(a-b)+c]+b = [(a-b)+b]+c = a+c \text{ nach I. u. II. (1)}; \hookrightarrow$$

$$(a+c)-b = (a-b)+c,$$

mithin nach IV.

$$a-(b-c) = (a-b)+c = (a+c)-b.$$

Oder kürzer dadurch, daß man auf einmal zu jedem der drei Ausdrücke b, oder b — c, addirt.

Für 5) ergiebt sich

$$[(a-b)+(c-d)]+(b+d) = [(a-b)+b]+[(c-d)+d] = a+c \text{ nach I. u. II. (1)};$$

ferner

$$[(a+c)-(b+d)]+(b+d) = a+c \text{ nach II. (1)}; \hookrightarrow$$

$$(a-b)+(c-d) = (a+c)-(b+d).$$

Für 6). Diese Gleichung ergiebt sich leicht aus 4) und 3).

Im Falle die Gleichung 5) in eine **wirkliche** übergeht, existirt auch der wirkliche Ausdruck $b+d$ der zu beiden Seiten addirt, ebenfalls $a+c$ hervorbrachte. Die allgemeinen Gleichungen widersprechen mithin den frühern nicht, denn sie gehn unter den angegebenen Beziehungen stets in wirkliche über.

Für 7). Aus der Voraussetzung hat man

$$a - a_1 = \alpha_1, \text{ *)}$$

$$a_1 - a_2 = \alpha_2,$$

$$a_2 - a_3 = \alpha_3,$$

$$\cdot \quad \cdot \quad \cdot \quad \cdot \quad \cdot \quad \cdot \quad \cdot$$

$$a_{s-1} - a_s = \alpha_s,$$

und durch die Addition (nach 5))

$$a - a_s = \alpha_1+\alpha_2+\alpha_3+\ldots+\alpha_s = \text{ einer wirklichen Zahl},$$

mithin $a > a_s$.

---

*) Um fortwährende Wiederholungen zu vermeiden, so soll jeder griechische Buchstabe eine wirkliche Zahl, oder in besondern Fällen auch die Einheit, bezeichnen.

Für 8). Es ist $(a+c)-(b+c) = a-b = \alpha$ nach 2) und der Voraussetzung $a > b$; mithin folgt aus $a > b$, $a+c > b+c$.

Dies Gesetz gilt auch wieder indirekt; denn aus $a+c > b+c \hookrightarrow$

$(a+c)-(b+c) = \alpha = a-b$, daher $a > b$.

Für 9). Nach III. (1) folgt aus $a = b$, $a+c = b+c$, und ebenso aus $c = d$, $b+c = b+d$, mithin nach IV. $a+c = b+d$.

Ist nun umgekehrt $a+c = b+d$ und außerdem $a > b$ gegeben, so folgt nach III. (2) und 1), $a-b = d-c$, und da aus $a > b \hookrightarrow$ $a-b = \alpha$, so ist $d-c = \alpha$, d. h. $d > c$.

Oder u. A. so: Um die zweite Voraussetzung $a > b$ in die erste $a+c = b+d$ aufzunehmen, hat man $a = b+\alpha$ statt a in die erste zu setzen, und erhält

$$(c+\alpha)+b = d+b, \text{ also nach III.}$$
$$c+\alpha = d \hookrightarrow$$
$$d > c.$$

Für 10). Wegen $a > b$ folgt nach 8) $a+c > b+c$, und aus $c = d$, nach III. (1), $b+c = b+d$, mithin $a+c > b+d$.

Für 11). Aus $a > b$ und $c > d \hookrightarrow a-b = \alpha$ und $c-d = \beta$, daher nach 9) und 5)

$$(a-b)+(c-d) = (a+c)-(b+d) = \alpha+\beta, \hookrightarrow a+c > b+d.$$

Umgekehrt hat man, wenn $a+c > b+d$ und $b > a$ gegeben ist, sobald in $a+c > b+d$ statt b, $a+\alpha$ gesetzt wird: $a+c > a+(\alpha+d)$, daher nach 8) $c > \alpha+d$, folglich $c > d$.

Für 12). Aus $a > b$ folgt offenbar $a-c > b-c$; denn es ist $(a-c)-(b-c) = a-b$ nach 2); nun ist aber $a-b = \alpha$, also $a-c > b-c$.

Umgekehrt hat man aus $a-c > b-c$, nach 8), $(a-c)+c > (b-c)+c$ oder $a > b$.

Für 13). Aus $b > c$ folgt $a-b < a-c$; denn $(a-c)-(a-b)$ ist $= b-c$ d. h. $= \alpha$, also $a-b < a-c$.

Umgekehrt hat man wieder aus $a-b < a-c$, nach 8), $(a-b)+(b+c) < (a-c)+(b+c)$ oder $a+c < a+b$ oder nach dem ind. Satz von 8): $c < b$.

Für 14). Aus $a = b \hookrightarrow$ nach III. (2), daß $a - c = b - c$ ist, und wegen $c = d$, nach III. (3) $\hookrightarrow$ $b - c = b - d$, also nach VI. $a - c = b - d$.

Ist hingegen $a - c = b - d$ und $a > b$ gegeben, so hat man, nach 9), $(a - c) + (c + d) = (b - d) + (d + c)$ oder $a + d = b + c$; und hieraus, da $a > b$ ist, nothwendig $d < c$ nach 9).

Eben so ergiebt sich, wenn $a - c = b - d$ und $d < c$, daß $a > b$ sein muß.

Für 15). Aus $a > b \hookrightarrow$ nach 12) daß $a - c > b - c$, und hieraus, wegen $c = d$, daß $a - c > b - d$ sein muß.

Für 16). Aus $a = b$ und $c > d$ folgt $a - c < b - d$; denn wegen $a = b$ ist $(b - d) - (a - c) = c - d$ d. h. $= \alpha$, weil $c > d$ sein soll, mithin $b - d > a - c$.

Für 17). Aus $a > b$ und $c > d \hookrightarrow$ $a - d > b - c$; denn $(a - d) - (b - c)$ ist $= (a - b) + (c - d) = \alpha + \beta \hookrightarrow a - d > b - c$.

Ist ferner $a - d > b - c$ und $a < b$ oder $c < d$ gegeben, so folgt bezüglich $c > d$, $a > b$. Warum?

Zur Verallgemeinerung dieser Gesetze hätten wir auch u. A. den in der Urzahlenlehre (in 13.) bezeichneten Weg erwählen können. Man hat z. B. aus

$$(a - b) + c = x$$

$$[(a - b) + c] + b = [(a - b) + b] + c = a + c = x + b; \text{ nach III (1) und I., und II (1),}$$

mithin

$$(a + c) - b = x \text{ nach III (2).}$$

Da nun $(a - b) + c$ und $(a + c) - b$, nach dem Vorhergehenden, in ein und denselben Ausdruck x übergehen, so ist auch $(a - b) + c = (a + c) - b$; u. s. w. mit den übrigen *).

*) Die hier gewählte Methode ist die synthetische und wir wandten sie deshalb an, weil unsere Gleichungen in der Urzahlenlehre bereits unter den bewußten Einschränkungen abgeleitet waren, es deshalb blos noch darauf ankam, solche als formelle nachzuweisen. In solchen Fällen, wo man die Relationen schon kennt, und es blos auf ein Beweisen — wie hier — ankommt, gewährt solche meistens große Kürze. Zum Erfinden dient hingegen stets die heuristisch-genetische Methode, so wie sie in der Urzahlenlehre oder vollständiger in der Schrift: Wissensch. d. Math. des Verf. Berlin 1838. bei Dümmler, zum Erstenmal vorkommt.

Es ergiebt sich hieraus, daß sämmtliche vom Addiren und Subtrahiren in der Urzahlenlehre 13. festgestellten Gesetze, noch unverändert in der jetzigen Allgemeinheit beibehalten werden dürfen *).

21. In 20. haben wir uns überzeugt, daß sämmtliche Gesetze der Urzahlenlehre, in denen die Addition mit der Subtraktion verbunden vorkommt, ohne jedoch irgend eine andere Operation mit einzumischen, noch als formelle Gleichungen gelten, also stets statt finden, sobald nur diese Operationen mit einander in Verbindung treten, gleichgiltig ob sie im frühern Sinne realisirt werden können oder nicht.

Wir wollen nun die durch das allgemeinere Auffassen der Differenz $a - b$ entstandenen zwei Spezialfälle $a =$ oder $< b$, näher untersuchen, indem sie das für uns entstandene Neue bilden.

Betrachten wir deshalb zunächst den ersten Fall, wo in der formellen Differenz $a - b$ der Minuend a formell $=$ dem Subtrahenden b ist, so erscheint die spezialisirte formelle Differenz $a - a$, d. h. eine bloße Rechnungsform, deren Begriff, nach II., in $(a-a)+a = a$ liegt. In der großen Einförmigkeit dieser Gleichung spricht sich schon deutlich aus, daß das Addiren und Subtrahiren solcher Differenzen wie $a - a$ eine besondere Abkürzung gewähren muß. Um diese zu entdecken, wollen wir zunächst einen Ausdruck z. B. b zu ihr addiren.

Man hat nach 20. 1) und II. (2)

$(a-a)+b = (a+b)-a = b$ oder

$(a-a)+b = b$, und um zu finden ob dies Gesetz allgemein gilt, hat man aus demselben Grunde

$$(c-c)+b = b,$$
$$(d-d)+b = b,$$
$$\cdot \quad \cdot \quad \cdot \quad \cdot \quad \cdot \quad \cdot \quad \cdot$$
$$(h-h)+b = b,$$

mithin, wenn wir von beiden Seiten jeder dieser Gleichungen b, nach III. (2), subtrahiren, so kommt

---

*) Alle diese Gesetze hätten noch auf vielfache Weise verallgemeinert werden können. Die verschiedenen Wege liegen theils in der Urzahlenlehre, jedoch wesentlich in der Wiss. d. Math. des Verfassers.

Sämmtliche Relationen verkünden indeß nicht Einerleiheit der Zahl, sondern Identität der Operationen in der verschiedenen Folge derselben, sie sind reine Modifikationen der aus den Gesetzen wirklicher Zahlen abstrahirten Wahrheiten.

$$a - a = b - b,$$
$$c - c = b - b,$$
$$d - d = b - b,$$
$$\cdot \quad \cdot \quad \cdot \quad \cdot \quad \cdot \quad \cdot \quad \cdot$$
$$h - h = b - b, \text{ ⌐ nach IV:}$$
$$a - a = b - b = c - c = d - d = \ldots = h - h,$$

weil jede einzelne dieser speziellen (formellen) Differenzen $= b - b$ ist.

Man kann auch so schließen:

Da nach 20. 2)

$$a - b = (a \pm c) - (b \pm c)$$

ist, so hat man, weil diese Gleichung schon als allgemein erwiesen ist, für $a = b$

$$a - a = (a \pm c) - (a \pm c).$$

Da die linke Seite von c ganz unabhängig ist, so kann man dem c jede beliebige Bestimmung geben.

Denkt man sich deshalb, daß c nach und nach in $c_1, c_2, \ldots, c_k$ übergeht, so gehn alle die Differenzen: $(a \pm c) - (a \pm c)$, $(a \pm c_1) - (a \pm c_1)$, $(a \pm c_2) - (a \pm c_2), \ldots, (a \pm c_k) - (a \pm c_k)$ in die linke Seite $a - a$ über, sind also nach IV. einander gleich.

Oder u. A. auch dadurch, daß man in die Gleichung 20. 1), nämlich $(a - b) + c = (a + c) - b$, statt b durchweg a setzt, woraus folgt $(a - a) + c = (a + c) - a = c$, also $(a - a) + c = c$, daher $a - a = c - c$ u. s. w.

Hieraus folgt nun die Wahrheit

„Alle Differenzen von denen jede einen gleichen Minuend und Subtrahend hat, sind einander gleich."

Deshalb bleibt es beim Operiren mit solchen Differenzen gleichgiltig, welchen Ausdruck man zum Minuenden annehmen will, sobald man nur zum Subtrahenden eben denselben erwählt. Hierin liegt gleichzeitig der Grund, daß für das Operiren mit dergleichen speziellen Differenzen eine bedeutende Abkürzung hervorgeht, sobald man ein für alle Mal ein und dasselbe Zeichen dafür einführt.

Deshalb möge $a - a$ kürzer durch das Zeichen

$$0,$$

ausgesprochen Null, vorgestellt werden.

Null ist demnach nichts weiter als der Repräsentant einer Differenz von gleichen Differenz-Gliedern (Differenzianden) z. B. $a - a$, $b - b$, u. s. w.

Um nun auch den zweiten Spezialfall zu betrachten, der in der allgemeinen Differenz $a - b$ liegt, sei darin $a < b$ gedacht. Da stets Alles aus der gegebenen Voraussetzung entnommen werden muß, ohne das Mindeste Fremdartige mit einzumischen, so hat man auch die gegebene Beziehung des a zum b in $a - b$ aufzunehmen. Während nun $a - b$ gedacht ist, hat b darin die Bestimmung $a + \alpha$ zu sein, d. h. wir haben $a - b = a - (a + \alpha) = (a - a) - \alpha$ nach 20. 3), oder nach 21. $a - b = 0 - \alpha$, und bezeichnen wir diesen aus der Spezialisirung der allgemeinen Differenz hervorgehenden einzeln Fall $0 - \alpha$ der Kürze wegen ein für allemal mit $-\alpha$, so kommt $a - b = -\alpha$. Um zu finden was für diese spezielle Subtraktion gilt, die $a - b$ ausspricht, müssen wir auch α wieder durch a und b ausdrücken. Wir hatten aber $b = a + \alpha$, mithin $\alpha = b - a$ und dies $b - a$ statt α in die Gleichung $a - b = -(\alpha)$ gesetzt, giebt

$$a - b = -(b - a).$$

Obgleich diese Gleichung aus der Voraussetzung $a < b$ abgeleitet ist, so übersieht man doch leicht, daß sie noch allgemein für $a \gtreqless b$ gilt. Um sich hiervon noch anderweitig zu überzeugen,

sei $a - b = x$, wo x allgemein ist. Subtrahirt man beide Seiten

von $a = a$ nach 20. III., so kommt

$a - (a - b) = a - x$ oder

$b = a - x$, und hiervon

$a = a$ subtrahirt, III.:

$b - a = (a - x) - a = (a - a) - x = 0 - x = -x$, ↩

$b - a = -(a - b)$.

Oder so:

$$a - b = a - [a + (b - a)] = (a - a) - (b - a) = 0 - (b - a) = -(b - a).$$

Oder so:

$a = b - (b - a)$ und hiervon

$b = b$ subtrahirt, ↩

$a - b = -(b - a)$.

---

*) Da $a - a$ keine Zahl bezeichnet, weil keine existirt die zum Subtrahend a addirt den Minuend a wiedergiebt, und dies auch von $b - b$, $c - c$, u. s. w. gilt, so folgt hieraus durchaus nicht, daß alle diese Differenzen einander gleich sind, indem das was keine Zahl ist, nicht gerade 0 zu sein braucht. —

Hieraus folgt allgemein

$$1)\quad a - b = -(b - a),$$

es möge $a \gtreqless b$ sein.

Wörtlich:

„Ist von einem Ausdruck a ein anderer b subtrahirt, so ist dies auch geschehn, nachdem von letzterm der erstere subtrahirt, und vor diese Differenz $b - a$ das Zeichen $-$ gesetzt ist."

Nachdem wir nun die in der formellen Differenz $a - b$ liegenden zwei Spezialfälle, die sie eben zur allgemeinen machen, untersucht haben, und uns der eine für $a = b$, zur Null, der andere hingegen zu $a - b = -(b - a) = -n$ führte, wenn $b - a$ mit n bezeichnet wird, so möge jetzt das Addiren und Subtrahiren für diese Formen folgen, um uns der hervorgehenden Relationen zu bedienen*). Zunächst soll das Addiren und Subtrahiren mit der Null entwickelt werden. Da wir bereits diese Operationen mit allgemeinen Differenzen vollziehen können, und Null nichts weiter ist als der Repräsentant einer speziellen Differenz gleicher Glieder (Differenzianden), so brauchen wir dafür nur überall $a - a$ zu setzen.

Man hat deshalb

$$(h-k)+0 = (h-k)+(p-p) = (p-p)+(h-k) = (h+p)-(k+p) = h-k, \hookrightarrow$$
$$(h-k)+0 = 0+(h-k) = h-k, \text{ und hieraus für } h=k \hookrightarrow$$
$$(h-h)+0 = 0+(h-h) = 0.$$

Setzt man, der Kürze wegen, $h - k = a$, so ist:

$$2)\quad a+0 = 0+a = a, \text{ und}$$
$$3)\quad 0+0 = 0\ ^{**}).$$

Dies Gesetz in 2) gilt *allgemein****), a möge bedeuten was es will.

---

*) Obgleich diese Relationen durch die Spezialisirung der Gesetze (Seite 168 bis 169) so gut wie gegeben sind, so ist es doch von Wichtigkeit dieselben besonders hervorzuheben, um uns ihrer für die Folge gleich bedienen zu können und nicht erst nöthig zu haben, solche zu suchen. Diese Bemerkung ist überall da von Wichtigkeit, wo allgemeine Gesetze spezialisirt werden, weil sie den Grund dieses Verfahrens enthält.

**) Aus $a = b$, $b = c \hookrightarrow a - b = 0$ und $b - c = 0$, also $(a-b)+(b-c) = 0+0 = 0$, $\hookrightarrow a - c = 0$ oder $a = c$ (Vergl. 20. IV.).

***) Das Wort „*allgemein*" bezieht sich immer auf den momentanen Stand-

Zur Verallgemeinerung von 3) hat man nach $\mathfrak{L}$:

Aus der Annahme

$$0+0+\ldots+0_s \quad = 0 \curvearrowright$$
$$0+0+\ldots+0_{s+1} = (0+0+\ldots+0_s)+0 = 0+0 = 0,$$

deshalb gilt auch 3) allgemein.

Nun lautet 2):

„Ein Ausdruck a ist unverändert geblieben nachdem Null zu ihm addirt ist;"

und 3):

„Sind beliebig viele Nullen zu einander addirt, so ist die entstandene Summe = Null."

Ferner hat man:

$$(h-k)-0 = (h-k)-(p-p) = [(h-k)+p]-p = h-k, \curvearrowright$$
$$(h-k)-0 = h-k, \text{ und für } h = k \curvearrowright$$
$$(h-h)-0 = h-h, \text{ oder}$$
$$0-0 = 0.$$

Es ist also

$$4)\ a-0 = a,$$
$$5)\ 0-0 = 0.$$

In 4) darf a allgemein sein, und lautet:

„Ein Ausdruck a ist unverändert geblieben, nachdem man Null von ihm subtrahirt hat."

Für 5):

„Ist von Null selbst wieder Null subtrahirt, so ist die entstandene Differenz $0-0$ gleich Null."

B e m e r k u n g 1. Diese Gesetze in 2) bis 5) lassen sich auch u. A. aus $\mathbf{d}'\pm\mathbf{d}$ unmittelbar entnehmen, eben weil Null als Spezialfall in der Differenz enthalten ist.

Man hat nämlich:

$$(a-b)\pm(c-d) = (a\pm c)-(b\pm d);$$

hierin $c = d$ gesetzt giebt:

$$(a-b)\pm 0 = (a\pm c)-(b\pm c) = a-b,$$

und für $a = b$:

$$0\pm 0 = b-b = 0.$$

---

punkt, und erhält nach und nach immer mehr Ausdehnung, worauf aber stets vorher besonders aufmerksam gemacht wird.

Setzt man hier $a - b = p$, so folgt wie vorhin

$$p \pm 0 = p, \text{ und } 0 \pm 0 = 0.$$

Die Gleichung 5) kann auch unmittelbar aus 3) entnommen werden.

Da

$$0 + a = a, \text{ und}$$
$$0 - a = -a$$

ist, so dürfen wir auch, um beide Gleichungen in eine zusammenzufassen

$$0 \pm a = \pm a$$

schreiben, wo die obern und untern Zeichen einander entsprechen. Um uns ferner kurz auf die Rechnungsform $-a$ beziehn zu können, so möge sie ein subtraktiver Ausdruck oder eine subtraktive Zahl (im allgemeinern Sinne), und a das Glied desselben (derselben) genannt werden. Indem wir nun auch die spezielle Summe $0 + a$ kurzweg mit $+a$ bezeichnen, so ist es ganz passend, wenn wir, um auf den Gegensatz der zwischen $0 + a$ und $0 - a$ statt findet, aufmerksam zu machen, jetzt $+a$ einen additiven Ausdruck (additive Zahl) und a das Glied desselben nennen *).

Wir haben demnach

$$6) \quad 0 + a = a = +a;$$

d. h.

„Jeder Ausdruck ist unverändert geblieben, nachdem man ihm das Zeichen + vorgesetzt hat; umgekehrt: Hat ein allein stehender Ausdruck das + Zeichen vor sich, so darf man auch dasselbe fortlassen."

Die allgemeinen Gesetze des Addirens und Subtrahirens der formellen Differenzen, haben wir nun wieder für die additiven und subtraktiven Ausdrücke zu spezialisiren. Da aber $+a = 0 + a = a$, und $-a = 0 - a$ ist, so hat es auch keine Schwierigkeit die betreffenden Relationen zu finden. Man übersieht leicht die Anzahl der hier vorkommenden Fälle:

$$(+a) + (+b), \quad (-a) + (+b), \quad (+a) + (-b) \text{ und } (-a) + (-b).$$

Nun ist:

$$(+a) + (+b) = (0 + a) + (0 + b) = a + b = +(a + b);$$

*) So ist $+(-b)$ ebenfalls ein additiver, und $-(+b)$ ein subtraktiver Ausdruck.

ferner:

$$(-a)+(+b)=(0-a)+b=(0+b)-a=b-a=+(b-a)=-(a-b);$$

hiernach:

$$(+a)+(-b)=(-b)+(+a)=-(b-a)=+(a-b),$$

oder besonders entwickelt:

$$(+a)+(-b)=a+(0-b)=(a+0)-b=a-b=+(a-b)=-(b-a);$$

endlich:

$$(-a)+(-b)=(0-a)+(0-b)=(0+0)-(a+b)=0-(a+b)=$$
$$(0-a)-b=(0-b)-a=-(a+b)=-a-b=-b-a.$$

Daß

$$(-a)+(-b)=-(a+b)$$

ist, läßt sich auch u. A. so finden:

Da wir bereits

$$(-a)+x=-(a-x)$$

haben, so kommt, wenn man hierin $-b$ statt x setzt:

$$(-a)+(-b)=-[a-(-b)]=-(a+b).$$

Stellen wir die erforschten Beziehungen zusammen, so sind sie:

$$7)\quad (+a)+(+b)=+(a+b);$$
$$8)\quad (-a)+(+b)=-(a-b)=+(b-a);$$
$$9)\quad (+a)+(-b)=+(a-b)=-(b-a);$$
$$10)\quad (-a)+(-b)=-(a+b).$$

Hier sind die Gesetze in 9), aus 8), und die in 10), aus 8) und a — d abgeleitet. Betrachten wir 7) und 10), eben so 8) und 9), so ergiebt sich:

„Zwei additive Ausdrücke $+a$, $+b$, oder zwei subtraktive $-a$, $-b$ sind zu einander addirt, nachdem man in beiden Fällen ihre Glieder addirt, und vor diese Summe im erstern Falle das Zeichen $+$, im letztern das Zeichen $-$ setzt; oder kurz: nachdem man die Summe der Glieder $a+b$ bezüglich additiv oder subtraktiv nimmt."

„Zu einem additiven (subtraktiven) Ausdruck ist ein subtraktiver (additiver) addirt, nachdem vom Gliede des einen das des andern subtrahirt, und vor diese Differenz das Zeichen des Gliedes gesetzt ist, von dem subtrahirt ist."

Symbolisch zusammengefaßt hat man

für 7) und 10):

$$(\pm a)+(\pm b) = \pm(a+b);$$

für 8) und 9) hingegen:

$$(\mp a)+(\pm b) = \mp(a-b) = \pm(b-a),$$

wo die obern und untern Zeichen, in derselben Horizontalreihe, einander wechselseitig entsprechen.

Aus 8) (oder 9)) ergiebt sich für $a = 0$:

$$(-0)+(+b) = -(0-b), \hookleftarrow$$

$$11) \quad +b = -(-b),$$

und hieraus, mittelst Ω:

$$12) \quad \pm b = --\ldots-b,$$

wo das obere Zeichen gilt, wenn die Minus-Zeichen rechts paarweise vorkommen, und das untere, wenn dies nicht der Fall ist.

Die Gleichung 11) läßt sich auch u. A. so erweisen:

$$-(-b) = 0-(0-b) = (0+b)-0 = b-0 = b.$$

Bemerkung 2. Da die beiden Ausdrücke, der additive und subtraktive, als Spezialfälle in der Differenz liegen, so können die Gleichungen in 7) bis 10) leicht durch die Substitution aus

$$(c-d)+(f-g) = (c+f)-(d+g) = -[(d+g)-(c+f)]$$

entnommen werden.

Setzt man nämlich $d = 0$, $g = 0$, so kommt

$$(+c)+(+f) = +(c+f).$$

Für $c=0$ und $g=0$ ergiebt sich

$$(-d)+(+f) = +(f-d) = -(d-f).$$

Aus $d = 0$, $f = 0$ folgt

$$(+c)+(-g) = +(c-g) = -(g-c).$$

Für $c = 0$, $f = 0$ hat man

$$(-d)+(-g) = -(d+g).$$

Dies sind die Gesetze in 7) bis 10).

Man kann solche auch noch u. A. wie folgt ableiten:

Schickt man $(+a)+(-a) = a+(0-a) = (a+0)-a = a-a = 0$ voran, so hat man z. B. aus

$$(-a)+(+b) = x,$$

$$[(-a)+(+b)]+(+a) = x+a \hookleftarrow$$

$$[(-a)+(+a)]+(+b) = x+a \hookleftarrow$$

$$0+(+b) = x+a$$
$$b = x+a$$
$$b-a = x.$$

Da aber $b = x+a$ ist, so hat man $b-b = (x+a)-b = x+(a-b)$ oder $0 = x+(a-b)$, also auch $x = 0-(a-b) = -(a-b)$; mithin $(-a)+(+b) = b-a = -(a-b)$.

Betrachtet man die Gesetze in 7) bis 10) mit Aufmerksamkeit, so erhellt, daß die für das Subtrahiren additiver und subtraktiver Ausdrücke schon darin liegen, weshalb es am einfachsten ist, diese auf jene zurückzuführen.

Man hat daher

$(+a)-(+b) = a-b = +(a-b) \qquad = (+a)+(-b)$ nach 9);

$(-a)-(+b) = (0-a)-b = 0-(a+b) = -(a+b) =$
$(-a)+(-b)$ nach 10);

$(+a)-(-b) = a-(0-b) = (a+b)-0 = +(a+b) = (+a)+(+b)$ nach 7), oder auch nach dem darüber stehenden Gesetze und aus 11):

$(+a)-(-b) = (+a)+[-(-b)] \qquad = (+a)+(+b)$;

$(-a)-(-b) = (-a)+[-(-b)] \qquad = (-a)+(+b)$, oder auch so:

$(-a)-(-b) = (0-a)-(0-b) \qquad = (0+b)-(0+a) = b-a =$
$+(b-a) = (-a)+(+b)$ nach 8).

Stellen wir die vorhergehenden Gesetze zusammen, so kommt

13) $(+a)-(+b) = (+a)+(-b)$,

14) $(-a)-(+b) = (-a)+(-b)$,

15) $(+a)-(-b) = (+a)+(+b)$,

16) $(-a)-(-b) = (-a)+(+b)$;

d. h. wörtlich:

> „Ist von einem Rechnungsform-Ausdruck *) ein anderer subtrahirt, so ist es auch geschehn, nachdem man zu ersterem den letztern mit dem entgegengesetzten (+, —) Zeichen addirt hat." **)

Symbolisch zusammengefaßt sind die Gesetze von 13) bis 16) in

---

*) Rechnungsform-Ausdruck soll der Kürze wegen so viel wie additiver oder subtraktiver Ausdruck bedeuten; wir können auch dafür algebraischer (besser: ein analytischer), kalkulativer, operativer oder Plusminus-Ausdruck u. s. w. setzen.

**) Soll also $+b$ subtrahirt werden, so addire man $-b$, und um $-b$ zu subtrahiren, addire man $+b$.

$$(\pm a) - (\pm b) = (\pm a) + (\mp b) \text{ oder in}$$
$$h - (\pm k) = h + (\mp k)$$

begriffen.

Bemerkung 3. Man kann die Gesetze in 13) bis 16) auch so ableiten:

$$(+a) - (+b) = (+a) + (0 - b) = (+a) + (-b);$$
$$(-a) - (+b) = (-a) + (0 - b) = (-a) + (-b);$$
$$(+a) - (-b) = a - (0 - b) = a + b = (+a) + (+b);$$
$$(-a) - (-b) = (-a) - (0 - b) = (-a) + b = (-a) + (+b).$$

Oder auch durch Anwendung der Gleichung $a = a + 0 = a + (+b) + (-b)$ (Siehe Bemerk. 2).

Man hat nämlich

$$+a = (+a) + (+b) + (-b), \text{ hiervon}$$
$$+b = (+b) \text{ subtrahirt, giebt}$$
$$(+a) - (+b) = (+a) + (-b);$$

ferner

$$-a = (-a) + (+b) + (-b), \text{ hiervon}$$
$$+b = (+b) \text{ subtrahirt, giebt}$$
$$(-a) - (+b) = (-a) + (-b);$$

ferner

$$+a = (+a) + (+b) + (-b), \text{ hiervon}$$
$$-b = (-b) \text{ subtrahirt, giebt}$$
$$(+a) - (-b) = (+a) + (+b);$$

endlich

$$-a = (-a) + (+b) + (-b), \text{ hiervon}$$
$$-b = (-b) \text{ subtrahirt, giebt}$$
$$(-a) - (-b) = (-a) + (+b).$$

Faßt man dies Verfahren kurz zusammen, so besteht es in:

$$\pm a = (\pm a) + (\pm b) + (\mp b), \text{ hiervon}$$
$$\pm b = (\pm b) \text{ subtrahirt, giebt}$$
$$(\pm a) - (\pm b) = (\pm a) + (\mp b).$$

Oder u. A. auch so:

Die hier gesuchten Gesetze müssen in $\mathbf{d}' - \mathbf{d}$ als Spezialfälle liegen; man hat deshalb:

$$(a - b) - (c - d) = (a - b) + (d - c), \text{ und hieraus für } b = 0,\ d = 0:$$
$$(+a) - (+c) = (+a) + (-c); \text{ für } a = 0,\ d = 0 \hookleftarrow$$
$$(-b) - (+c) = (-b) + (-c); \text{ für } b = 0,\ c = 0 \hookleftarrow$$
$$(+a) - (-d) = (+a) + (+d); \text{ für } a = 0,\ c = 0 \hookleftarrow$$
$$(-b) - (-d) = (-b) + (+d).$$

Die Gesetze in 7) bis 16) können auch u. A. auf einmal sämmtlich aus

$$(a-b)+(c-d)=(a+c)-(b+d)=-[(b+d)-(a+c)]=(a-b)-(d-c)$$

durch die Substitution entnommen werden, wenn man dabei auf die gesuchten Beziehungen reflectirt.

Für $b=0,\ d=0, \hookrightarrow (+a)+(+c)=+(a+c)=(+a)-(-c)$;
„ $a=0,\ d=0, \hookrightarrow (-b)+(+c)=+(c-b)=-(b-c)=(-b)-(-c)$;
„ $b=0,\ c=0, \hookrightarrow (+a)+(-d)=+(a-d)=-(d-a)=(+a)-(+d)$;
„ $a=0,\ c=0, \hookrightarrow (-b)+(-d)=-(b+d)=(-b)-(+d)$.

Der Grund dieser Substitutionen, weshalb sie gerade diese oder jene sein müssen, bestimmt sich stets durch das, was wir jedes Mal suchen. Wollte man z. B. wissen, was für $(-b)+(-d)$ gilt, so müßte natürlich in $(a-b)+(c-d)=(a-b)-(d-c)$ sowohl a als auch $c=0$ gedacht werden; und so mit den übrigen Verbindungen.

22. Da nun gezeigt ist, wie man zwei Rechnungsform-Ausdrücke durch die Addition und Subtraktion mit einander verbindet, so ist es nun auch leicht beliebig viele $\pm a, \pm b, \pm c, \ldots, \pm n$ durch die Addition zu verbinden *), und wir erhalten, wenn wir die unmittelbare Aufeinanderfolge der Addition von links nach rechts durch Bogen andeuten:

$$(\ldots(((\pm a)+(\pm b))+(\pm c))+\ldots)+(\pm n),$$

oder wenn wir die vom Addiren gefundenen Gesetze 21. 7) bis 10) anwenden:

$$(\ldots((\pm a\pm b)\pm c)\pm\ldots)\pm n,$$

und nehmen wir uns auch hier vor, der Kürze halber die Bogen, welche die unmittelbare Folge der Addition und Subtraktion von links nach rechts andeuten, fortzulassen, so kommt

$$\pm a\pm b\pm c\pm\ldots\pm n.$$

Dieser Ausdruck, der Kürze wegen mit $\overset{\pm}{\mathbf{a}}$ bezeichnet, möge ein analytischer, durch Addition und Subtraktion zusammengesetzter, heißen, während der ihm gleiche

$$(\pm a)+(\pm b)+(\pm c)+\ldots+(\pm n) \text{ **)}$$

---

*) Derselbe Grund der uns veranlaßte die wirkliche Summe $a+b+c+\ldots+h$, aus den Repräsentanten $a, b, c, \ldots, h$ wirklicher Zahlen zu formiren, um dadurch zum Zusammengesetzten zu gelangen, waltet auch hier, in Betreff der Rechnungsformen, ob.

**) Anfänger sind oft geneigt bei dem frühesten Begriffe der Differenz zu beharren. Da aber, wenn $a<b$ ist, keine Zahl mehr existirt die zu b addirt a

eine analytische Summe genannt, und der Kürze wegen, wenn von ihr im Allgemeinen die Rede ist, mit $\overset{\pm}{\mathbf{s}}$ *) bezeichnet sein möge.

1) Da

$$\pm a \pm b \pm c \pm \ldots \pm n = (\pm a) + (\pm b) + (\pm c) + \ldots + (\pm n)$$

ist, und in der analytischen Summe rechts, die Summanden in beliebiger Ordnung addirt werden dürfen, so darf man auch in dem Ausdrucke links jedes Glied, jedoch mit dem ihm vorstehenden $\pm$ Zeichen, in beliebige Stelle setzen.

Bemerkung. Dies leuchtet auch so ein:

Es ist

$$\pm a \pm b \pm c \pm \ldots \pm n = (0 \pm a) + (0 \pm b) + (0 \pm c) + \ldots + (0 \pm n);$$

Summen und Differenzen dürfen in beliebiger Ordnung addirt werden u. s. w., daher erhellt unser Gesetz.

Oder auch u. A. dadurch, daß man zeigt, daß jede zwei unmittelbar neben einander stehende Glieder mit dem einem jeden vorstehenden Zeichen ihre Stelle vertauschen dürfen. Wie bekannt, so finden hier drei Fälle Statt.

Für den ersten:

$$\pm a \pm b \pm c \pm \ldots \pm p \pm q \pm \ldots \pm n \pm h \pm k = (\pm a \pm b) \pm c \pm \ldots \pm p \pm q \pm \ldots \pm n \pm h \pm k;$$

nun ist in allen vier Fällen die in $\pm a \pm b$ liegen:

$$\begin{aligned}
+a+b &= a+b &&= b+a &&= +b+a,\\
-a+b &= (0-a)+b &&= (0+b)-a &&= +b-a,\\
+a-b &= (0+a)-b &&= (0-b)+a &&= -b+a,\\
-a-b &= (0-a)-b &&= (0-b)-a &&= -b-a,
\end{aligned}$$ also

giebt, so hat auch $a - b$ in diesem Falle keinen Sinn mehr. Geht man also nicht zu allgemeinern Begriffen über, so treibt man in der That Unsinn. Sie wiederholen oft die bloße Voraussetzung und glauben dadurch den fraglichen Satz erwiesen zu haben. So z. B. meinen sie $(a+b)-b$ wäre darum $= a$, weil ja erst zu a, b addirt, und nachher wieder b subtrahirt ist, obgleich $(a+b)-b = a$ nur aus dem Begriff der Differenz $(a+b)-b$ fließen kann. — Diese Bemerkung ist da von Wichtigkeit, wo man glaubt auf jene Weise, oder durch die Hinzufügung einer Legion von bequemen Versicherungen, etwas erweisen zu können.

*) Während $\overset{\pm}{\mathbf{a}}$ einen beliebig durch Addition und Subtraktion zusammengesetzten Ausdruck vorstellt, bezeichnet $\overset{\pm}{\mathbf{s}}$ eine analytische Summe. Diese Zeichen sind der Kürze und Allgemeinheit wegen erwählt. Man hätte auch so $^{\pm}\mathbf{a}$, $^{\pm}\mathbf{s}$ setzen können. Es ist also im Allgemeinen $\overset{\pm}{\mathbf{a}} = \overset{\pm}{\mathbf{s}}$.

$$(\pm a \pm b) \pm c \pm \ldots \pm p \pm q \pm \ldots \pm n \pm h \pm k =$$
$$(\pm b \pm a) \pm c \pm \ldots \pm p \pm q \pm \ldots \pm n \pm h \pm k =$$
$$\pm b \pm a \pm c \pm \ldots \pm p \pm q \pm \ldots \pm n \pm h \pm k.$$

Für den zweiten:

$$\pm a \pm b \pm c \pm \ldots \pm p \pm q \pm \ldots \pm n \pm h \pm k = (\pm a \pm b \pm c \pm \ldots \pm p \pm q \pm \ldots \pm n) \pm h \pm k.$$

Setzt man der Kürze wegen $\pm a \pm b \pm c \pm \ldots \pm p \pm q \pm \ldots \pm n = v$, so hat man in Betreff der in $v \pm h \pm k$ liegenden Fälle:

$$v + h + k = v + k + h,$$
$$v - h + k = (v - h) + k = (v + k) - h = v + k - h,$$
$$v + h - k = (v + h) - k = (v - k) + h = v - k + h,$$
$$v - h - k = (v - h) - k = (v - k) - h = v - k - h, \text{ mithin}$$

$$(\pm a \pm b \pm c \pm \ldots \pm p \pm q \pm \ldots \pm n) \pm h \pm k =$$
$$\pm a \pm b \pm c \pm \ldots \pm p \pm q \pm \ldots \pm n \pm k \pm h.$$

Für den dritten Fall hat man nach dem zweiten:

$$\pm a \pm b \pm c \pm \ldots \pm p \pm q \pm \ldots \pm n \pm h \pm k =$$
$$(\pm a \pm b \pm c \pm \ldots \pm p \pm q) \pm \ldots \pm n \pm h \pm k =$$
$$\pm a \pm b \pm c \pm \ldots \pm q \pm p \pm \ldots \pm n \pm h \pm h.$$

Da nun jedes Glied mit dem unmittelbar neben ihm stehenden seine Stelle vertauschen darf, so darf es auch in jede beliebige unmittelbar gesetzt werden *)

2) Aus 1) folgt auch, daß jeder durch Addition und Subtraktion zusammengesetzte Ausdruck $\overset{\pm}{\mathfrak{a}}$ jedesmal so umgeformt werden kann, daß nach den durch die Addition verbundenen Gliedern alle diejenigen folgen, die das Zeichen — vor sich haben. Bezeichnet m die Summe der erstern und sind a, b, c, ..., v die durch Subtraktion in $\overset{\pm}{\mathfrak{a}}$ verbundenen, so ist

$$\overset{\pm}{\mathfrak{a}} = m - a - b - c - \ldots - v = m - (a + b + c + \ldots + v) = m - s,$$

wenn $a + b + c + \ldots + v = s$ gesetzt wird;

d. h.

*) Einzelne Fälle können auch u. A. so gerechtfertigt werden, z. B. $a - b + c - d = ((a - b) + c) - d = ((a - b) - d) + c = ((a - d) - b) + c = ((-d + a) - b) + c = -d + a - b + c$, wo $\mathfrak{s} - \mathfrak{a}$, $\mathfrak{d} - \mathfrak{a}$ u. s. w. angewendet ist; und was von dem Gliede d gezeigt ist, läßt sich auch von jedem andern darthun.

„Ein jeder Ausdruck $\overset{\pm}{\mathfrak{a}}$ ist allemal = einer Differenz $m - s$, wo m die Summe der durch $+$, s die Summe der durch das Zeichen — in $\overset{\pm}{\mathfrak{a}}$ verbundenen Glieder vorstellt."

3) Es seien beliebig viele durch Addition und Subtraktion zusammengesetzte Ausdrücke $\overset{\pm}{\mathfrak{a}}_1, \overset{\pm}{\mathfrak{a}}_2, \ldots, \overset{\pm}{\mathfrak{a}}_\alpha$ gegeben, und man soll die Bogen aus der Summe

$$(\overset{\pm}{\mathfrak{a}}_1) + (\overset{\pm}{\mathfrak{a}}_2) + \ldots . + (\overset{\pm}{\mathfrak{a}}_\alpha)$$

fortschaffen. Da jeder dieser Ausdrücke = einer analytischen Summe $\overset{\pm}{\mathfrak{s}}$ ist, ferner die Bogen um $\overset{\pm}{\mathfrak{a}}_1$, nur die unmittelbare Additionsfolge andeuten, mithin fortgelassen werden dürfen, und dann hiernach, vermöge $\mathfrak{s}' + \mathfrak{s}$, die Summanden aller übrigen Ausdrücke folgen dürfen, so hat man dadurch eine analytische Summe $\overset{\pm}{\mathfrak{a}}_1 + \overset{\pm}{\mathfrak{a}}_2 + \ldots + \overset{\pm}{\mathfrak{a}}_\alpha$, die durch das Fortlassen der in $(\overset{\pm}{\mathfrak{a}}_1) + (\overset{\pm}{\mathfrak{a}}_2) + \ldots + (\overset{\pm}{\mathfrak{a}}_\alpha)$ vorkommenden Bogen gebildet wird.

Symbolisch so:

Es sei

$$\begin{aligned}
\overset{\pm}{\mathfrak{a}}_1 &= \pm a_1 \pm b_1 \pm \ldots, \\
\overset{\pm}{\mathfrak{a}}_2 &= \pm a_2 \pm b_2 \pm \ldots, \\
&\ldots\ldots\ldots\ldots \\
\overset{\pm}{\mathfrak{a}}_\alpha &= \pm a_\alpha \pm b_\alpha \pm \ldots,
\end{aligned}$$

so ist:

$$\begin{aligned}
&(\overset{\pm}{\mathfrak{a}}_1) + (\overset{\pm}{\mathfrak{a}}_2) + \ldots + (\overset{\pm}{\mathfrak{a}}_\alpha) = \\
&\quad (\pm a_1 \pm b_1 \pm \ldots) + (\pm a_2 \pm b_2 \pm \ldots) + \ldots + (\pm a_\alpha \pm b_\alpha \pm \ldots) = \\
&[(\pm a_1) + (\pm b_1) + \ldots] + [(\pm a_2) + (\pm b_2) + \ldots] + \ldots + [(\pm a_\alpha) + (\pm b_\alpha) + \ldots] = \\
&\quad (\pm a_1) + (\pm b_1) + \ldots + (\pm a_2) + (\pm b_2) + \ldots + (\pm a_\alpha) + (\pm b_\alpha) = \\
&\quad \pm a_1 \pm b_1 \pm \ldots \pm a_2 \pm b_2 \pm \ldots \pm a_\alpha \pm b_\alpha, \hookrightarrow
\end{aligned}$$

$$(\overset{\pm}{\mathfrak{a}}_1) + (\overset{\pm}{\mathfrak{a}}_2) + \ldots + (\overset{\pm}{\mathfrak{a}}_\alpha) = \overset{\pm}{\mathfrak{a}}_1 + \overset{\pm}{\mathfrak{a}}_2 + \ldots + \overset{\pm}{\mathfrak{a}}_\alpha.$$

Noch eine Ableitung hätte sich auch u. A. dadurch ergeben, daß man die gegebenen Ausdrücke $\overset{\pm}{\mathfrak{a}}_1, \ldots$ in Differenzen umformt. Siehe d. Wissensch. d. Verf. Kap. IV.

Als Spezialfälle hat man

$$(\pm a \pm b \pm \ldots \pm n_\alpha) + (\pm p \pm q \pm \ldots \pm h_\beta) = \pm a \pm b \pm \ldots \pm n \pm p \pm q \pm \ldots \pm h_{\alpha+\beta}{}^{*});$$

$$h + (\pm a - b + c - d) = h \pm a - b + c - d;$$

d. h.

„Ist zu einem Ausdruck h ein durch Addition und Subtraktion zusammengesetzter addirt, so ist dies auch geschehn, nachdem man nach h die Glieder des zweiten, mit unveränderten Zeichen, in ganz beliebiger Ordnung hat folgen lassen."

4) Man sucht $(\overset{\pm}{\mathfrak{a}}_1) - (\overset{\pm}{\mathfrak{a}})$.

Es ist G. $[(\overset{\pm}{\mathfrak{a}}_1) - (\overset{\pm}{\mathfrak{a}})] \,|\, $ G. $[(\overset{\pm}{\mathfrak{a}}) - \overset{\pm}{\mathfrak{s}}]$, daher nach 21. 13) bis 16):

$$\overset{\pm}{\mathfrak{a}} - (\pm a \pm b \pm \ldots \pm n) = \overset{\pm}{\mathfrak{a}} - [(\pm a) + (\pm b) + \ldots + (\pm n)] =$$

$$(\ldots((\overset{\pm}{\mathfrak{a}} - (\pm a)) - (\pm b)) - \ldots) - (\pm n)$$

$$= \overset{\pm}{\mathfrak{a}} \mp a \mp b \mp \ldots \mp n \hookleftarrow$$

$$\overset{\pm}{\mathfrak{a}} - (\pm a \pm b \pm \ldots \pm n) = \overset{\pm}{\mathfrak{a}} \mp a \mp b \mp \ldots \pm n;$$

d. h.

„Von einem durch Addition und Subtraktion zusammengesetzten Ausdruck $\overset{\pm}{\mathfrak{a}}$ ist ein solcher subtrahirt, nachdem man jedes Glied des letztern mit entgegengesetztem (+, —) Zeichen, in ganz beliebiger Ordnung, darauf folgen läßt."

Es ist also

$$(\overset{\pm}{\mathfrak{a}}_1) - (\overset{\pm}{\mathfrak{a}}) = (\overset{\pm}{\mathfrak{a}}_1) + (\overset{\mp}{\mathfrak{a}}).$$

Als Spezialfall hat man

$$h - (\pm a - b + c - d) = h \mp a + b - c + d.$$

---

*) Für einen einzelnen Fall ist z. B.

$$\overset{\pm}{\mathfrak{a}} + (a - b + c - d) = \overset{\pm}{\mathfrak{a}} + [((a-b)+c)-d] = [(\overset{\pm}{\mathfrak{a}} + (a-b)) + c] - d =$$
$$[((\overset{\pm}{\mathfrak{a}} + a) - b) + c] - d = \overset{\pm}{\mathfrak{a}} + a - b + c - d.$$ Oder so:

$$\overset{\pm}{\mathfrak{a}} + (a - b + c - d) = \overset{\pm}{\mathfrak{a}} + [(a+c) - (b+d)] = (\overset{\pm}{\mathfrak{a}} + (a+c)) - (b+d) =$$
$$((\overset{\pm}{\mathfrak{a}} + a + c) - b) - d = \overset{\pm}{\mathfrak{a}} + a + c - b + d = \overset{\pm}{\mathfrak{a}} + a - b + c - d.$$

Oder u. A. so: $\overset{\pm}{\mathfrak{a}} + (a - b + c - d) = \overset{\pm}{\mathfrak{a}} + [(+a) + (-b) + (+c) + (-d)] =$
$$\overset{\pm}{\mathfrak{a}} + a - b + c - d.$$

Bemerkung. Man kann auch u. A. so schließen: Bezeichnen $a_1, a_2, \ldots, a_\alpha$ und $b_1, b_2, \ldots, b_\beta$ respective die in $\pm a \pm b \pm \ldots \pm n$ vorkommenden durch + und — verbundenen Glieder, so ist:

$$\overset{\pm}{\mathfrak{a}} - (\pm a \pm b \pm \ldots \pm n) = \overset{\pm}{\mathfrak{a}} - [(a_1 + a_2 + \ldots + a_\alpha) - (b_1 + b_2 + \ldots + b_\beta)] =$$
$$[\overset{\pm}{\mathfrak{a}} - (a_1 + a_2 + \ldots + a_\alpha)] + (b_1 + b_2 + \ldots + b_\beta) =$$
$$\overset{\pm}{\mathfrak{a}} - a_1 - a_2 - \ldots - a_\alpha + b_1 + b_2 + \ldots + b_\beta;$$

d. h.: nach dem Ausdruck $\overset{\pm}{\mathfrak{a}}$ folgen die in $\pm a \pm b \pm \ldots \pm n$ vorkommenden + Glieder mit —, und die — Glieder mit +.

5) Aus 2), 3) und 4) folgt, daß man $(\overset{\pm}{\mathfrak{a}}_1) \pm (\overset{\pm}{\mathfrak{a}}_2) \pm (\overset{\pm}{\mathfrak{a}}_3) \pm \ldots \pm (\overset{\pm}{\mathfrak{a}}_\alpha)$ in eine Differenz $m - s$ umformen kann. Sind daher beliebig viele Ausdrücke $a, b, c, \ldots, n_\alpha$ gegeben, und denkt man sie sich auf ganz beliebige Weise durch die Addition und Subtraktion mit einander verbunden, so kann man den dadurch erhaltenen Ausdruck stets in eine Differenz umformen; eben so kann man wieder willkührlich viele so entstandene Differenzen beliebig durch diese beiden Operationen mit einander verbunden denken, und das Entstandene zuletzt in eine Differenz $m - s$ verwandeln, wo m die Summe der addirten, s hingegen die Summe der subtrahirenden Glieder repräsentirt.

Da nun m und s Glieder der Zahlenreihe bezeichnen, und m entweder $\gtreqless s$ sein kann, so ist für $m > s$ allemal $m - s =$ einer Zahl α, *) für $m = s$ hingegen $m - s = 0$ und für $m < s$ ist allemal $m - s = -(s - m) = -\alpha$.

Dadurch also, daß wir ursprünglich von Gliedern der Zahlenreihe ausgehn, und die für das Verbinden derselben durch die Addition und Subtraktion abstrahirten Gesetze, nicht in Beziehung auf die einzelnen durch sie hervorgehenden Zahlen, sondern in Rücksicht der Identität der dadurch ausgesprochnen Operationen in ihrer verschiedenen Aufeinanderfolge, noch ganz allgemein beibehielten, gelangten wir zu den

*) Hier kann α auch $= 1$ sein. Um deshalb diese lästigen Wiederholungen vermeiden zu können, wollen wir auch 1 mit zu den Zahlen (im Allgemeinen) rechnen, und also der Kürze wegen, die Zahlenreihe mit 1 beginnend denken, wo dann α auch das αte Glied derselben ist, indem es sonst das $(\alpha - 1)$te wäre. Dabei halten wir aber immer konsequent fest, daß 1 im engern Sinne keine wirkliche Zahl, sondern das Grundprinzip aller Zahlen ist.

bloßen Rechnungsformen

0 (Null) und zum subtraktiven Ausdruck $-\alpha$.

Um bemerkbar zu machen, daß im subtraktiven Ausdruck $-a$ das Glied a weder Null, noch einer unmöglichen Differenz gleich ist, sondern eine wirkliche Zahl (oder die Einheit) bezeichnet, so möge in diesem Falle $-a$ ein negativer Ausdruck oder eine negative Zahl heißen. Eben so möge der Spezialfall des additiven Ausdrucks $+a$, in welchem das Glied a gleich einer wirklichen Zahl (oder 1) ist, dadurch charakterisirt sein, daß wir diesen Fall $+a$ einen positiven Ausdruck oder eine positive Zahl nennen.

Die durch das allgemeine Auffassen der Differenz entstandenen Zahl- oder Rechnungs-Formen sind also:

die positive Zahl, die Null und die negative Zahl,

und da wir bereits additive und subtraktive Ausdrücke mit einander durch die Addition und Subtraktion verbinden können, die positiven und negativen hiervon nur Spezialfälle sind, so können wir auch letztere durch die genannten beiden Operationen mit einander verknüpfen.

Bemerkung 1. Da nach dem in 20. festgestellten Begriffe $a > b$ oder $a < b$ hieß, je nachdem bezüglich $a - b = \alpha$ oder $a - b = -\alpha$ ist, so können wir jetzt auch sagen, daß $a > b$, wenn $a - b$ positiv, hingegen $a < b$ ist, wenn $a - b$ negativ $= -\alpha$ ist Es ist also $\pm a =$ oder $>$ oder $<$ als $\pm b$, je nachdem die Differenz $(\pm a) - (\pm b)$ bezüglich $= 0$ oder positiv oder negativ ist. So ist $0 > -\alpha$, weil $0 - (-\alpha) = +\alpha$ auch $-\alpha > -\beta$, wenn $\alpha < \beta$ ist, weil dann $-\alpha - (-\beta) = \beta - \alpha$ d. h. positiv ist*).

Bemerkung 2. Die in 20. bis 22. enthaltene Theorie der Verallgemeinerung für das Addiren und Subtrahiren hätte sich, freilich auf eine weniger gründliche Weise, weit kürzer darstellen lassen, indem man:

1) das bloße Bild $a - b$ oder diese bloße angedeutete Subtraktion, eine allgemeine Differenz, ferner das bloße Bild $a + b + \ldots$ eine allgemeine Summe nannte, von ersterer $(a - b) + b = a$, und von letzterer noch das Addiren in 6. Ordnung beibehielt. Hiernach machte man blos kurz aufmerksam, daß die in der Urzahlenlehre aufgestellten Gesetze, für das reine Addiren und Subtrahiren, noch unverändert in diesem allgemeinern Sinne festgehalten werden dürften.

---

*) Addirt man zur negativen Zahl $-\alpha$ (wo α nicht 1 ist) die Einheit, zu dem Erhaltenen wieder die Einheit u. s. w. f., so kommt

$$\sim \ldots -3,\ -2,\ -1,\ 0,\ +1,\ +2,\ +3,\ \ldots \sim$$

Diese Reihe enthält die bisher entstandenen Zahlformen.

2) Dann ist nach 1): $(a-b)+c=(a+c)-b$, und für $a=b$ findet sich $(a-a)+c=(a+c)-a=c$, also $a-a=c-c$.

3) Bezeichnen wir $a-a$ mit 0 (Null), so folgt $a\pm 0=a\pm(b-b)=(a\pm b)\mp b=a$, also $a+0=a$, $a-0=a$, und $0-0=0$.

4) Bezeichnen wir ferner $0-a$ mit $-a$ und $0+a$ mit $+a$, so ergiebt sich augenblicklich:

$$(\pm a)+(\pm b)=(0\pm a)+(0\pm b)=(0+0)\pm(a+b)=\pm(a+b),\text{ also}$$
$$(\pm a)+(\pm b)=\pm(a+b),$$

wo blos die obern Zeichen (+, +) links und rechts, ebenso die untern (—, —) einander entsprechen.

Ferner:

$$(\pm a)+(\mp b)=(0\pm a)+(0\mp b)=(0\pm a)\mp b=0\pm(a-b)=$$
$$\pm(a-b)=0\mp(b-a)=\mp(b-a),\text{ also}$$
$$(\pm a)+(\mp b)=\pm(a-b)=\mp(b-a),$$

wo, wie vorhin, blos die obern und untern Zeichen einander entsprechen.

5) Für $(\pm a)-(\pm b)$ findet sich augenblicklich:

$$\pm a=[(\pm a)+(\mp b)]+(\pm b),\text{ also}$$
$$(\pm a)-(\pm b)=[[(\pm a)+(\mp b)]+(\pm b)]-(\pm b)=(\pm a)+(\mp b),$$
$$(\pm a)-(\pm b)=(\pm a)+(\mp b),$$

wo hingegen die obern und untern Zeichen, in derselben Ordnung genommen, einander entsprechen, so daß hierdurch jene vier Gesetze gegeben sind.

Man hätte auch u. A. so schließen können:

$$(\pm a)-(\pm b)=(\pm a)-(0\pm b)=(\pm a)\mp b=(\pm a)+(\mp b).$$

6) Von hier aus gehe man zur analytischen Summe über, so findet sich unmittelbar:

$$(\pm a)+(\pm b)+(\pm c)+\ldots=\pm a\pm b\pm c\pm\ldots$$

Hiernach hat man:

$$h+(\pm a\pm b\pm c\pm\ldots)=h+[(\pm a)+(\pm b)+(\pm c)+\ldots]=$$
$$h\pm a\pm b\pm c\pm\ldots;$$

ferner:

$$h-(\pm a\pm b\pm c\pm\ldots)=h-[(\pm a)+(\pm b)+(\pm c)+\ldots]=$$
$$h\mp a\mp b\mp c\mp\ldots$$

7) Man erkläre die Begriffe des Positiven und Negativen; erweitere ferner die des Größern und Kleinern, so daß a bezüglich $=, >, <$ b heißt, je nachdem $a-b=0$, positiv oder negativ ist, und untersuche die Gesetze und Bedingungen des Gleich- Größer- und Kleinerseins.

23. In 20. bis 22. haben wir den Gegensatz, der zwischen dem Addiren und Subtrahiren statt findet, erweitert, und eingesehn, daß die Gesetze der Urzahlenlehre, in denen blos diese beiden Operationen in ihrer wechselseitigen Verbindung mit einander auftreten, noch nach den erweiterten Begriffen gelten.

Hier möge nun zunächst wieder der reine Gegensatz der zwischen dem Multiplizirn und Dividiren statt findet, verallgemeinert werden, jedoch so, daß wir uns durchaus keine der andern Operationen mit eingemischt denken. Da nun überall eine wissenschaftliche Entwicklung statt finden wird, wo das Folgende nie im Widerspruch steht mit dem Vorhergehenden, sondern vielmehr aus diesem fließt, so ist der Begriff des Quotienten, und in untrennbarer Verbindung mit ihm, der des Produkts so zu verallgemeinern, daß die frühern Gesetze, vom bloßen Multiplizirn und Dividiren, ihre dortigen Einschränkungen, unter denen sie nur statt fanden, abwerfen, und wir dadurch gleichzeitig nicht in Widerspruch mit dem Frühern, d. h. mit der Zahl und den durch das allgemeinere Auffassen der Differenz entstandenen Rechnungsformen gelangen. Letzteres ist aber nicht zu befürchten, weil weder Addition noch Subtraktion vorkommen soll.

Während in der wirklichen Differenz $\alpha-\beta$ der Minuend α die Bestimmung hat, daß er den Subtrahend β enthält, d. h. $\alpha>\beta$ ist, hat hingegen in dem frühern Quotienten $\alpha:\beta$ der Dividend α neben der Bestimmung $\alpha>\beta$, gleichzeitig noch die, ein Vielfaches von β oder $=\beta\gamma$ zu sein. Hierin liegt der Grund, daß das durch $\alpha:\beta$ angedeutete Rückschreiten vom gegebenen α und β zur Zahl, die mit β multiplizirt α giebt, nicht wie bei der Differenz $\alpha-\beta$ schon dadurch als realisirt betrachtet werden kann, sobald $\alpha>\beta$ ist, sondern es gehört dazu noch nothwendig, daß α durch das Zusammenfassen einer bestimmten Anzahl solcher β entstanden ist. Obgleich uns nun die allgemeine Differenz $\alpha-\beta$ für $\alpha \overline{\gtreqless} \beta$ zu den zwei speziellen Differenzformen $\alpha-\alpha$ und $\alpha-(\alpha+\gamma)$ führte, so werden wir jedoch durch das allgemeinere Auffassen des Quotienten $\alpha:\beta$ nicht blos für $\alpha \overline{\gtreqless} \beta$ zu den zwei formellen Quotienten $\alpha:\alpha$ und $\alpha:(\alpha+\gamma)$ geleitet, sondern wir werden auch im Falle $\alpha>\beta$ aber α keinem Vielfachen von β gleich ist, am $\alpha:\beta$ einen formellen Quotienten haben, und erst spätere Untersuchungen werden zeigen, daß letzterer Fall zu keiner neuen, sondern im Wesentlichen zur nächst vorhergehenden

Quotientenform zurückführt*). Tritt also der eine oder der andere dieser drei Fälle ein, daß in $\alpha:\beta$ der Divisor $\beta \geqq$ dem Dividenden α ist, oder daß $\alpha > \beta$, aber α kein Vielfaches von β ist, so haben die Gesetze in denen blos Multiplikation und Division vorkommt keine Bedeutung mehr. So ist z. B. $(\alpha:\beta).\gamma$ nur dann $=(\alpha\gamma):\beta$, wenn α zugleich ein Vielfaches von β ist, indem sonst weder der Quotient $\alpha:\beta$, noch das Produkt $(\alpha:\beta).\gamma$, das nun den unmöglichen Faktor $\alpha:\beta$ enthält, noch das Gleichheitszeichen die frühere Bedeutung hat. Ferner ist $(\alpha:\beta):\gamma$ nur unter der ausdrücklichen Bedingung $=\alpha:(\beta.\gamma)$, sobald α ein Vielfaches von β und zugleich $\alpha:\beta$ ein Vielfaches von γ ist. Nur unter ähnlichen Einschränkungen gelten die übrigen Gesetze in denen blos Multiplikation und Division vorkommt. Um demnach zu einem allgemeinern Begriff des Quotienten zu gelangen**), in dem der frühere als ein spezieller Fall steckt, so möge jetzt unter $\alpha:\beta$ nichts weiter verstanden werden, als die hierdurch angezeigte Division, deren Begriff durch $(\alpha:\beta).\beta=\alpha$ ausgesprochen ist. Der jetzige allgemeinere Quotient $\alpha:\beta$ der in sich vollkommen bestimmt ist, hat nur noch die Form des frühern, und er möge deshalb ein formeller, hingegen der frühere in Beziehung auf

---

*) Denn ist $\alpha>\beta$ und α kein Vielfaches von β, so ist

$\alpha = \beta+\gamma_1$, wo γ_1 entweder $\gtrless \beta$ sein kann; im erstern Fall ist wieder

$\gamma_1 = \beta+\gamma_2$, „ γ_2 „ $\gtrless \beta$ „ „ „ „ „ „ „

. . . .

Da nun $\gamma_1<\alpha$, $\gamma_2<\gamma_1$, $\gamma_3<\gamma_2$ u. s. w. ist, so muß man endlich, es möge α eine noch so große aber gegebene Zahl vorstellen, auf ein $\gamma_n<\beta$ kommen; man hat dann $\alpha=n\beta+\gamma_n$, und nach spätern Gesetzen $\alpha:\beta=n+(\gamma_n:\beta)$, so daß also auch für diesen Fall, $\alpha:\beta$ zu keiner neuen Quotientenform, als zu der schon betrachteten, führt. Man kann auch u. A. so schließen: denkt man sich nach β die Reihe der aufeinander folgenden Vielfachen von β, nämlich β, 2β, 3β, ..., $n\beta$, $(n+1)\beta$, gebildet, so muß man endlich zum erstenmal zu einem Vielfachen $(n+1)\beta$ gelangen, welches $>\alpha$ ist, so daß $\alpha>n\beta$ und $\alpha<(n+1)\beta$ ist, oder α zwischen $n\beta$ und $(n+1)\beta$ liegt. Dann ist wieder $\alpha-n\beta=\gamma_n$ d. h. $\gamma_n<\beta$. Umgekehrt folgt auch wieder aus $\alpha=n\beta+\gamma$, wo $\gamma<\beta$ ist, daß keine Zahl existiren kann, die mit β multiplizirt α giebt, denn diese kann nicht n sein, weil $n\beta<\alpha$ ist; ferner findet sich auch für jedes $t \gtrless n$ oder $t=n\pm x$ bezüglich $t\beta = n\beta\pm x\beta \gtrless \alpha$.

**) Das Aufschwingen zu immer höhern Begriffen ist durchaus nothwendig, und da wo es nicht geschieht, hat man keine Wissenschaft.

ihn, wirklicher Quotient heißen. Der Begriff des allgemeinern oder formellen Quotienten schließt den des wirklichen als einen besondern Fall in sich; denn allemal, wenn in der jetzigen Gleichung $(\alpha:\beta).\beta=\alpha$ der Dividend α gleich einem Vielfachen von β ist, hat man auch die frühere, d. h. man wird dann immer zu Resultaten geführt, die den vorhergehenden nicht widersprechen. Mit der Verallgemeinerung des Begriffs vom Quotienten, daß $(\alpha:\beta).\beta=\alpha$ ist, sind nun gleichzeitig die frühern: Division, dividiren, Dividend, Divisor, Produkt, multipliziren, Multiplikation, Ausdruck, Gleichung, jenem allgemeinern Begriffe des Quotienten entsprechend, erweitert. Wir verstehn jetzt unter Produkt im ausgedehntern Sinne, die bloße Form $\mathrm{abc}\times\ldots\times \mathrm{h}_\alpha$ wo $\mathrm{a}, \mathrm{b}, \mathrm{c}, \ldots, \mathrm{h}_\alpha$ schon allgemeine Quotienten sein können, und von dem nichts weiter als das Multipliziren in beliebiger Ordnung festgehalten wird. Dies formelle Produkt schließt das frühere, wirkliche, als einen besondern Fall in sich, sobald die Faktoren Zahlen bezeichnen, d. h. die vorkommenden Divisionen ausführbar sind, und ist dies nicht der Fall, so können wir durch Beibehaltung des Multiplikatios-Gesetzes, mit dem frühern, individueller ausgesprochnen, nicht in Widerspruch gerathen*), ein Mal, weil wir ja stets zu demselben zurückgeführt werden, sobald die Faktoren die obige spezielle Bedeutung erlangen, ein anderes Mal, von den Zahlen, womit der Widerspruch zu befürchten wäre, keine Rede mehr sein kann**), weil dann solche nicht mehr vorkommen.

Endlich liegt auch in der Erweiterung des Begriffs vom Quotienten der Keim zur Verallgemeinerung der Gleichung. Da hier nur die Gesetze in denen blos Multiplikation und Division vorkommt,

---

*) Setzt man $\frac{\mathrm{a}}{\mathrm{b}}.\frac{\mathrm{c}}{\mathrm{d}}.\frac{\mathrm{f}}{\mathrm{g}}\times\ldots=\frac{\mathrm{c}}{\mathrm{d}}.\frac{\mathrm{a}}{\mathrm{b}}.\frac{\mathrm{f}}{\mathrm{g}}\times\ldots=$ u. s. w., im Falle die Faktoren $\frac{\mathrm{a}}{\mathrm{b}}, \frac{\mathrm{c}}{\mathrm{d}}, \ldots$ keine Zahlen bezeichnen, so können wir auch mit solchen, durch Beibehaltung des Multiplikations-Gesetzes, nicht in Widerspruch gerathen, eben weil jetzt keine mehr vorhanden sind; auch dies gilt, wenn man $\alpha.\frac{\beta}{\gamma}$ statt $\frac{\beta}{\gamma}.\alpha$ setzt, im Falle $\frac{\beta}{\gamma}$ keine Zahl bezeichnet, und stellt $\frac{\beta}{\gamma}$ eine solche vor, so ist schon nach den frühern Begriffen $\alpha.\frac{\beta}{\gamma}=\frac{\beta}{\gamma}.\alpha$, weil $\alpha.\frac{\beta}{\gamma}$ dann ein wirkliches Produkt ist.

**) Auch hier gilt die Note zu Seite 164.

erweitert werden sollen, so haben wir zunächst auf den frühern Begriff der Gleichung, in der diese beiden Operationen allein auftreten, zu reflectiren, um ihn, den oben erweiterten Begriffen des Quotienten und Produkts gemäß, zu verallgemeinern. Wir definirten dieselbe als den Repräsentanten $\alpha = \beta$, der ausdrückt, daß zwei beliebige Zeichen ein und dieselbe Zahl vorstellen, was entweder unmittelbar, oder darann erkannt wurde, daß wir beide Seiten mit ein und demselben Ausdruck γ multiplizirten, und uns durch Hilfe des schon Festgestellten überzeugten, daß die Produkte $\alpha\gamma$ und $\beta\gamma$ in ein und denselben dritten Ausdruck übergehn. Das Wort „gleich" (=) bezog sich also nur auf das Doppelt-Vorhandensein einer und derselben Zahl, und links und rechts vom Gleichheitszeichen konnten durchweg nur Zeichen für wirkliche Zahlen erscheinen. Dieser in der Urzahlenlehre vorkommende individuellere Begriff der Gleichung, ist also aufgehoben, sobald der formelle Quotient in ihr erscheint. Sollen aber die frühern Gesetze des Multiplizirens und Dividirens, oder jene Gleichungen, in diesem Falle noch einen Sinn haben, so muß der Begriff derselben, dem allgemeinern des Quotienten entsprechend festgestellt werden. Bezeichnen deshalb a und b allgemeine*) Ausdrücke, oder solche die auch formelle Quotienten enthalten können, und existirt ein allgemeiner Ausdruck h, so daß ah und bh, mittelst des allgemeinern Begriffs des Quotienten und Produkts, in ein und denselben allgemeinen Ausdruck übergehn, so heiße diese Gleichung eine allgemeine Quotienten-Gleichung, formelle (divisive), und die frühere, in Beziehung auf sie, wirkliche Quotienten-Gleichung. In diesem Begriff der formellen Quotienten-Gleichung liegt der frühere als Spezialfall; denn allemal, wenn dieselbe in solche übergeht, die überall wirkliche Quotienten enthält, mithin die beiden Operationen Multiplikation und Division stets realisirt werden können, verwandelt sich auch h in einen wirklichen Ausdruck, für welchen nun die wirklichen Produkte ah und bh in ein und denselben Ausdruck übergehn, d. h. auch im Sinne der Urzahlenlehre einander gleich sind. Da der Begriff des Gleichseins in Rücksicht der in dem allgemeinern Quotienten

*) Das Wort „allgemein" bezieht sich jetzt lediglich auf den definirten allgemeinen Quotienten, daß hier a und b dergleichen vorstellen. Bei dem Fortschreiten zu immer höherer Allgemeinheit, hat man genau auf die jedesmalige Ausdehnung des Begriffs derselben zu achten, weil sonst ein Eindringen in den Geist der Entwicklung unmöglich ist.

$a:b$ liegenden Spezialfälle, erweitert ist, so muß auch dies für den Gegensatz geschehn. Bezeichneten $a:b$, $c:d$ wirkliche Quotienten und war $a:b = c:d$, so existirte auch allemal ein wirklicher Ausdruck bd der bewirkt, daß wenn beide mit ihm multiplizirt werden, dann gleiche Ausdrücke ad und bd hervorgehn; sind ferner $a:b$ und $c:d$ allgemeine Quotienten, so nannten wir sie einander gleich, d. h. $a:b = c:d$, wenn ebenfalls ein Ausdruck h existirte für welchen $(a:b)h$ und $(c:d)h$ in ein und denselben Ausdruck übergehn. Sind ferner $a:b$ und $c:d$ wirkliche Quotienten, und ist $a:b > c:d$, so existirt auch der wirkliche Ausdruck bd für welchen $(a:b)bd > (c:d)bd$ d. h. $ad > bc$. Aus diesem Grunde möge auch, im Falle $a:b$ und $c:d$ allgemeine Quotienten sind, $a:b$ größer als $c:d$ genannt werden, wenn ein Ausdruck h — hier bd — existirt, für welchen $(a:b)h$ wirklich $> (c:d)h$ ist *). Findet man also z. B. für $h = bd$, daß $(a:b).bd > (c:d).bd$ oder das wirkliche Produkt $ad >$ als das wirkliche Produkt bc ist, so heißt $a:b > c:d$. In diesem allgemeinern Begriff des formellen Größer- oder Kleiner-Seins, liegt der frühere als Spezialfall, sobald nämlich die durch $a:b$, $c:d$ vorgestellten allgemeinen Quotienten in wirkliche übergehn.

Nachdem nun die Begriffe von **q**, **p**, **a**, **g**, **u** zweckgemäß erweitert sind, ist es leicht, sich zu überzeugen, daß die frühern wirklichen Gleichungen, welche für das Multipliziren und Dividiren aufgestellt sind, jetzt noch als formelle gelten; und um zu dieser Einsicht auf dem kürzesten Wege zu gelangen, so haben wir zu untersuchen, ob diejenigen Hauptgesetze, nach den schon festgestellten Erweiterungen, noch gelten, auf welche die Begründung jener stets zurückführt.

Dieselben sind nun

I.

Man darf in beliebiger Ordnung multipliziren.

II.

$$(1) \quad \frac{a}{b} . b = a,$$

$$(2) \quad \frac{ab}{b} = a.$$

*) Will man hiernach späterhin untersuchen, welcher von den beiden Quotienten $\frac{3}{4}$ und $\frac{5}{7}$ der größte ist, so findet man für $h = 4.7$, daß $(3:4).(4.7) > (5:7).(4.7)$ oder $3.7 > 5.4$ ist; mithin $\frac{3}{4} > \frac{5}{7}$.

III.

Aus $a = b$ ⟶

$$(1)\quad ac = bc,$$
$$(2)\quad a:c = b:c,$$
$$(3)\quad c:a = c:b.$$

IV.

Ist $a = b$, $b = c, \ldots, (h = k)_s$, $(k = n)_{s+1}$, so ist auch $a = n$; d. h. sind beliebig viele Gleichungen so gegeben, daß die linke Seite jeder folgenden gleich ist der rechten der unmittelbar vorhergehenden, so ist die linke Seite der ersten gleich der rechten Seite der letzten, oder alle diese Ausdrücke sind unter einander gleich.

Es fragt sich nun, ob diese Gesetze noch stattfinden, wenn das Zeichen $=$ *) überall in ihnen formelle (divisive) Gleichheit bedeutet, also auch die einzelnen Ausdrücke die in ihnen vorkommen stets allgemein sind.

Die Gesetze in I. und II. sind schon gerechtfertigt.

Für III. Da wir $a = b$ nannten, wenn ein Ausdruck h existirt, für welchen ah und bh in ein und denselben, z. B. mit t bezeichneten, übergehn, so gehn auch die allgemeinen Produkte

$(ac)h$ und $(bc)h$ nach I. in
$(ah)c$ und $(bh)c$ oder in
tc und tc

über, d. h. in ein und denselben, und deshalb folgt aus $a = b$, daß $ac = bc$ in diesem allgemeinern Sinne ist.

Ist ferner $a = b$, so giebt es, nach dem allgemeinern Begriff des formellen Gleichseins, einen Ausdruck h für welchen ah und bh in t übergehn; nun gehn aber die allgemeinen Produkte

$(a:c).(ch)$ und $(b:c).(cb)$ nach I. in
$[(a:c).c]h$ und $[(b:c).c]h$ oder nach II. (1) in
ah und bh, d. h. in
t und t

*) Es wird hier ausdrücklich darauf aufmerksam gemacht, daß das Zeichen $=$ von jetzt ab (wenn nicht das Gegentheil ausgesprochen wird) so lange vom bloßen Multipliziren und Dividiren im festgestellten Sinne die Rede ist, überall das formelle (divisive) Gleichsein bedeutet, daß eben so die Begriffe der Wörter: Gleichung, Ausdruck, Produkt, multiplizirt, dividirt u. s. w. in der schon angegebenen Allgemeinheit zu nehmen sind.

über. Da nun ein Ausdruck ch existirt, der bewirkt, nachdem beide Ausdrücke a:c und b:c mit ihm multiplizirt sind, daß a:c und b:c in ein und denselben Ausdruck t übergehn, so fließt aus $a = b$, daß $a:c = b:c$ ist. Hieraus folgt auch wieder, daß wenn $ac = bc$ ist, dann $(ac):c = (bc):c$ oder $a = b$ sein muß. Es liegt hierin noch der besondere Fall, daß wenn die formelle Gleichung $ac = bc$ in eine wirkliche übergeht, dann auch a wirklich $= b$ ist, daß mithin die frühere Methode, durch welche die Gleichungen als wirkliche vermittelt wurden, auch jetzt noch für die divisiven gilt.

Ist endlich $a = b$, so gehn die Produkte

$(c:a).(abh)$ und $(c:b).(abh)$ nach I. in
$[((c:a).a).b].h$ und $[((c:b).b).a].h$ oder nach II. (1) in
$c.b.h$ und $c.a.h$ oder nach I. in
$(b.h).c$ und $(a.h).c$, d. h. in
tc und tc

über, und deshalb folgt aus $a = b$, daß $c:a = c:b$ ist. Auch dies Gesetz gilt wieder indirekt; denn nach III. (1) folgt:

$$(c:a).(a.b) = (c:b).(a.b) \text{ oder}$$
$$c.b = c.a \text{ oder}$$
$$a = b \text{ nach III. (2).}$$

Für IV. Man denke sich zunächst, daß a, b, c allgemeine Ausdrücke sind, d. h. auf beliebige Weise durch die Multiplikation und Division entstanden sein können. Man hat nun erstens nachzuzeigen, daß ein Ausdruck existirt, der bewirkt, nachdem a und c mit ihm multiplizirt sind, daß die hervorgehenden Produkte in ein und denselben Ausdruck übergehn, und dann noch zweitens aufmerksam zu machen, daß für den besondern Fall wo die Gleichungen $a = b$ und $b = c$ in wirkliche übergehn, das allgemeine Räsonnements für diese Modifikation zu der wirklichen Gleichung $a = c$ führt.

Da $a = b$ und $b = c$ sein soll, so folgt aus $a = b$, daß ein Ausdruck h existirt, so daß a.h und b.h in ein und denselben t übergehn. Ebenso aus $b = c$, daß ein Ausdruck h′ existirt, für welchen b.h′ und c.h′ in t′ übergehn. Hieraus folgt wieder, daß

$a.(h.h')$ und $b.(h.h')$ nach I. in
$(a.h).h'$ und $(b.h).h'$ oder in
z und z

übergehn, wenn $t.h' = z$ gesetzt wird.

Eben so gehn auch die Produkte

$$b.(h.h') \text{ und } c.(h.h') \text{ nach I. in}$$
$$(b.h').h \text{ und } (c.h').h \text{ oder in}$$
$$z' \text{ und } z'$$

über, wenn $t'.h = z'$ gesetzt wird.

Nun sind entweder z und z' einander gleich oder nicht. Unterscheiden sie sich gar nicht mehr von einander, so gehn $a.(h.h')$ und $c.(h.h')$ in einen und denselben Ausdruck über oder es ist $a = c$. Sind hingegen z und z' noch von einander verschieden, so liegt dies vielleicht blos noch darin, daß in z dieselben Faktoren wie in z' vorkommen und nur in anderer Folge; aber auch in diesem Falle ist nach I. $a = c$. Da jedoch z und z' aus einem und demselben Produkte $b.h.h'$ hervorgegangen sind, so kann man auch in dem Falle wo z und z' noch Quotienten enthalten, diese wieder leicht dadurch fortschaffen, daß man z und z' mit dem Produkte aller darin vorkommend gedachten Divisioren multiplizirt. Nennen wir letzteres p, so läßt sich dann wieder ein Ausdruck q so bestimmen, daß nun $z.(p.q)$ und $z'.(p.q)$ in ein und denselben wirklichen Ausdruck übergehn. Mithin gehn zuletzt die Produkte

$$[a.(h.h')].(p.q) \text{ und } [c.(h.h')].(p.q) \text{ nach I. in}$$
$$a.(h.h'.p.q) \text{ und } c.(h.h'.p.q), \text{ d. h.}$$

in ein und denselben wirklichen Ausdruck über, oder es ist $a = c$. Durch die Modifikation dieses Gesetzes geht auch hervor, daß das frühere, für wirkliche Zahlen erwiesene, als Spezialfall darin liegt, also nicht aufgehoben ist. Daß dies Gesetz aber wieder allgemein für obige Gleichungen gilt, ist leicht durch Ω zu zeigen. Gesetzt es wäre $a = k$, so müßte auch, da $k = n$ ist, nach dem Erwiesenen, $a = n$ sein. Gilt dasselbe also für s Gleichungen, so findet es auch für $s + 1$ Statt. Nun ist es schon für $s = 2$ erwiesen, mithin u. s. w. gilt es allgemein *).

Durch Anwendung dieser Gesetze in I. bis IV. ist es nun leicht

*) Hat man $\frac{a}{b} = \frac{c}{d}$ und $\frac{c}{d} = \frac{f}{g}$, so folgt aus der ersten $a.d = b.c$ und aus der zweiten Gleichung $c.g = d.f$; mithin durch die Multiplikation nach Seite 19. Bemerk. 9), $a.c.d.g = b.c.d.f \hookrightarrow a.g = b.f \hookrightarrow$ $\frac{a}{b}.(b.g) = \frac{f}{g}.(g.b) \hookrightarrow \frac{a}{b} = \frac{f}{g}$.

darzuthun, daß die frühern, den reinen Gegensatz des Multiplizirens und Dividirens aussprechenden Gleichungen, noch als formelle gelten.

Dieselben sind hauptsächlich

1) $(a:b).c = (a.c):b = a.(c:b)$;
2) $a:b = (a.c):(b.c) = (a:c):(b:c)$;
3) $(a:b):c = (a:c):b = a:(b.c)$;
4) $a:(b:c) = (a:b).c = (a.c):b$;
5) $(a:b).(c:d) = (a.c):(b.d)$;
6) $(a:b):(c:d) = (a:c):(b:d)$;
7) Aus $a > a_1,\ a_1 > a_2,\ a_2 > a_3, \ldots, a_{s-1} > a_s \hookrightarrow a > a_s$;
8) " $a > b \hookrightarrow a.c > b.c$;
9) " $a = b$ und $c = d \hookrightarrow a.c = b.d$;
10) " $a > b$ und $c = d \hookrightarrow a.c > b.d$;
11) " $a > b$ und $c > d \hookrightarrow a.c > b.d$;
12) " $a > b \hookrightarrow a:c > b:c$;
13) " $b > c \hookrightarrow a:b < a:c$;
14) " $a = b$ und $c = d \hookrightarrow a:c = b:d$;
15) " $a > b$ und $c = d \hookrightarrow a:c > b:d$;
16) " $a = b$ und $c > d \hookrightarrow a:c < b:d$;
17) " $a > b$ und $c > d \hookrightarrow a:d > b:c$. *)

Die Gesetze für $\mathfrak{g}.\mathfrak{a}$, $\mathfrak{g}:\mathfrak{a}$, $\mathfrak{a}:\mathfrak{g}$ sind schon in III. erweitert, und die übrigen gelten, nach 15., nur unter den in die Augen fallenden Einschränkungen.

Wir müssen nun untersuchen, ob sie noch als formelle Gleichungen wahr sind, d. h. sobald die in ihnen vorkommenden einzelnen Buchstaben bereits allgemeine Quotienten repräsentiren u. s. w.

Nach dem Begriffe des formellen (divisiven) Gleichseins kommt es bei dieser Untersuchung blos darauf an, nachzusehn, ob ein Ausdruck existirt, mit dem beide Seiten multiplizirt, Produkte hervorbringt, die nach I. bis IV. in ein und denselben Ausdruck übergehn. Der multiplizirende Ausdruck ist derselbe wie in 15., nur daß wir ihn hier als einen allgemeinen denken.

*) Unter andern können die Gleichungen 1) und 3) in:

$$(a:b) \underset{:}{\times} c = (a \underset{:}{\times} c):b = a \underset{:}{\times} (c \overset{:}{\times} b),$$

und 5) und 6) auch in

$$(a:b) \underset{:}{\times} (c:d) = (a \underset{:}{\times} c):(b \underset{:}{\times} d)$$

kurz zusammengefaßt werden. Vergl. die Note zu Seite 169.

Für 1). Um zu zeigen, daß $(a:b).c = (a.c):b = a.(c:b)$ ist, wollen wir zunächst $(a:b).c = (a.c):b$ entwickeln. Betrachten wir deshalb beide Seiten, um zu finden, wodurch sich eine derselben vereinfacht, so sieht man mit dem ersten Blick, daß wenn $(a.c):b$ wieder mit b multiplizirt wird, dann $a.c$ hervorgeht.

Man hat demnach

$$[(a.c):b].b = a.c \text{ nach II. (1), ferner}$$
$$[(a:b).c].b = [(a:b).b].c = a.c \text{ nach I. u. II. (1).}$$

Mithin ist $(a:b).c = (a.c):b$, weil ein und derselbe Ausdruck $a.c$ hervorgeht, sobald man beide Seiten mit b multiplizirt.

Im Falle die Gleichung $(a:b).c = (a.c):b$ in eine wirkliche übergeht, also auch b ein wirklicher Ausdruck ist, hat man denselben Schluß wie in der Urzahlenlehre.

Ferner ist

$$[(a.c):b].b \text{ bereits} = a.c \text{ und}$$
$$[a.(c:b)].b = a.[(c:b).b] = a.c \text{ nach I. u. II. (1);} \;↴$$
$$(a.c):b = a.(c:b).$$

Hieraus folgt nach IV., oder auf demselben Wege, daß

$$(a:b).c = (a.c):b = a.(c:b)$$

ist.

Für 2):

$$[(a.c):(b.c)].(b.c) = a.c \text{ nach II. (1), und}$$
$$(a:b).(b.c) = [(a:b).b].c = a.c \text{ nach I. u. II. (1);} \;↴$$
$$a:b = (a.c):(b.c);$$

ferner

$$[(a:c):(b:c)].(b:c) = a:c \text{ nach II. (1), und}$$
$$(a:b).(b:c) = [(a:b).b]:c = a:c \text{ nach 1) u. II. (1);} \;↴$$
$$a:b = (a:c):(b:c).$$

Hieraus folgt nach IV., oder auf demselben Wege, daß

$$a:b = (a.c):(b.c) = (a:c):(b:c)$$

ist.

Für 3) findet sich

$$[(a:b):c].(b.c) = [((a:b):c).c].b = a \text{ nach I. u. II. (1),}$$

ferner

$$[(a:c):b].(b.c) = [((a:c):b).b].c = a \;\text{: : : : :}\; ↴$$
$$(a:b):c = (a:c):b;$$

ferner

$$[a:(b.c)].(b.c) = a \text{ nach II. (1)};$$

mithin nach IV.

$$(a:b):c = (a:c):b = a:(b.c).$$

Oder kürzer:

$$[(a:b):c].(b.c) = [(a:c):b].(b.c) = [a:(b.c)].(b.c) \hookrightarrow$$
$$[((a:b):c).c].b = [((a:c):b).b].c = a \hookrightarrow$$
$$a = a = a;$$

d. h. die drei Ausdrücke $(a:b):c$, $(a:c):b$ und $a:(b.c)$ gehn in ein und denselben, nämlich in a über, sobald jeder mit $b.c$ multiplizirt ist, und sind deshalb nach IV. einander gleich.

Für 4) hat man

$$[a:(b:c)].(b:c) = a \text{ nach II. (1)};$$

und

$$[(a:b).c].(b:c) = (a:b).[(b:c).c] = a \text{ nach I. u. II. (1)}; \hookrightarrow$$
$$a:(b:c) = (a:b).c.$$

Eben so findet sich

$$[(a.c):b].b = a.c \text{ nach II. (1)};$$

und

$$[(a:b).c].b = [(a:b).b].c = a.c \text{ nach I. u. II. (1)}; \hookrightarrow$$
$$(a.c):b = (a:b).c,$$

mithin nach IV.

$$a:(b:c) = (a:b).c = (a.c):b.$$

Oder kürzer dadurch, daß man auf einmal jeden der drei Ausdrücke mit b, oder b : c, multiplizirt.

Für 5) ergiebt sich

$$[(a:b).(c:d)].(b.d) = [(a:b).b].[(c:d).d] = a.c \text{ nach I. u. II. (1)};$$

ferner

$$[(a.c):(b.d)].(b.d) = a.c \text{ nach II. (1)}; \hookrightarrow$$
$$(a:b).(c:d) = (a.c):(b.d).$$

Für 6). Diese Gleichung ergiebt sich leicht aus 4) und 3).

Im Falle die Gleichung 5) in eine wirkliche übergeht, existirt auch der wirkliche Ausdruck $b.d$ mit dem beide Seiten multiplizirt, ebenfalls $a.c$ hervorbrachte. Die allgemeinen Gleichungen widersprechen mithin den frühern nicht, denn sie gehn unter den angegebenen Beziehungen stets in wirkliche über.

Für 7). Aus der Voraussetzung hat man

$$a \;.\alpha_1 > a_1 .\alpha_1,$$
$$a_1 .\alpha_2 > a_2 .\alpha_2,$$
$$a_2 .\alpha_3 > a_3 .\alpha_3,$$
$$. \quad . \quad . \quad . \quad . \quad . \quad . \quad . \quad .$$
$$a_{s-1}.\alpha_s > a_s .\alpha_s,$$

und durch die Multiplikation nach 9. 12) Bemerk. weil die Produkte $a.\alpha_1, \ldots, a_s.\alpha_s$ in wirkliche übergehn:

$$(a.\alpha_1).(a_1.\alpha_2).(a_2.\alpha_3)\times\ldots\times(a_{s-1}.\alpha_s) >$$
$$(a_1.\alpha_1).(a_2.\alpha_2).(a_3.\alpha_3)\times\ldots\times(a_{s-1}.\alpha_s).(a_s.\alpha_s);$$ oder nach I.
$$a.(a_1.a_2\times\ldots\times a_{s-1}).(\alpha_1.\alpha_2.\alpha_3\times\ldots\times\alpha_s) >$$
$$a_s.(a_1.a_2\times\ldots\times a_{s-1}).(\alpha_1.\alpha_2.\alpha_3\times\ldots\times\alpha_s),$$ oder nach III. (2)
$$a > a_s \text{ *)}.$$

Für 8). Ist $\frac{a}{b} > \frac{c}{d}$, so ist auch $\frac{a}{b}.\frac{f}{g} > \frac{c}{d}.\frac{f}{g}$; denn es ist

$\left(\frac{a}{b}.\frac{f}{g}\right).(b.d.g) = a.d.f$ nach I. und II. (1); ferner

$\left(\frac{c}{d}.\frac{f}{g}\right).(b.d.g) = b.c.f$ „ „ „ „ „ ;

nun folgt aber aus $\frac{a}{b} > \frac{c}{d}$, daß $a.d > b.c$, also nach Seite 19. Bemerk. 10): $a.d.f > b.c.f$; folglich existirt der Ausdruck $b.d.g$, der bewirkt, daß $\left(\frac{a}{b}.\frac{f}{g}\right).(b.d.g) > \left(\frac{c}{d}.\frac{f}{g}\right).(b.d.g)$ ist; mithin hat man aus $\frac{a}{b} > \frac{c}{d}$ daß $\frac{a}{b}.\frac{f}{g}. > \frac{c}{d}.\frac{f}{g}$ ist.

Dies Gesetz gilt auch wieder indirekt, d. h. ist $\frac{a}{b}.\frac{f}{g} > \frac{c}{d}.\frac{f}{g}$, so ist auch $\frac{a}{b} > \frac{c}{d}$, indem $\frac{a}{b} \overline{\overline{<}} \frac{c}{d}$, nach 8) und III. (1), $\frac{a}{b}.\frac{f}{g} \overline{\overline{<}} \frac{c}{d}.\frac{f}{g}$ hervorgehn würde, wogegen die Voraussetzung streitet.

---

*) Man hat auch aus

$$\frac{a}{b} > \frac{c}{d} \text{ und } \frac{c}{d} > \frac{f}{g} \text{ nach dem Begriff des Größern:}$$

$a.d > b.c$ und $c.g > d.f$, also $(a.g).(c.d) > (b.f).(c.d)$ oder $a.g > b.f$, oder $\frac{a}{b}.(b.g) > \frac{f}{g}.(b.g) \hookrightarrow \frac{a}{b} > \frac{f}{g}$.

Für 9). Aus $\frac{a}{b} = \frac{c}{d}$ und $\frac{f}{g} = \frac{h}{k}$ folgt $\frac{a}{b} \cdot \frac{f}{g} = \frac{c}{d} \cdot \frac{h}{k}$; denn nach III. (1) folgt aus $\frac{a}{b} = \frac{c}{d}$, $\frac{a}{b} \cdot \frac{f}{g} = \frac{c}{d} \cdot \frac{f}{g}$; ferner ist, nach IV, $\frac{c}{d} \cdot \frac{f}{g} = \frac{c}{d} \cdot \frac{h}{k}$, also nach IV: $\frac{a}{b} \cdot \frac{f}{g} = \frac{c}{d} \cdot \frac{h}{k}$.

Man kann auch u. A. so schließen:

Aus $\frac{a}{b} = \frac{c}{d} \hookrightarrow a.d = b.c$, und aus

$\frac{f}{g} = \frac{h}{k} \hookrightarrow f.k = g.h \hookrightarrow$ nach S. 19. Bemerk. 9):

$(a.f).(d.k) = (c.h).(b.g) \hookrightarrow$ nach III. (2)

$\frac{a.f}{b.g} = \frac{c.h}{d.k} \hookrightarrow$ nach 5):

$$\frac{a}{b} \cdot \frac{f}{g} = \frac{c}{d} \cdot \frac{h}{k}.$$

Ist nun umgekehrt $\frac{a}{b} \cdot \frac{f}{g} = \frac{c}{d} \cdot \frac{h}{k}$ und außerdem $\frac{a}{b} > \frac{c}{d}$ gegeben, so folgt aus $\frac{a}{b} > \frac{c}{d}$, nach 8), $\frac{a}{b} \cdot \frac{f}{g} > \frac{c}{d} \cdot \frac{f}{g}$, mithin nach IV: $\frac{c}{d} \cdot \frac{h}{k} > \frac{c}{d} \cdot \frac{f}{g}$ oder, nach 8), $\frac{h}{k} > \frac{f}{g}$.

Für 10). Aus $\frac{a}{b} > \frac{c}{d}$ und $\frac{f}{g} = \frac{h}{k}$ folgt leicht nach 8) und IV, daß $\frac{a}{b} \cdot \frac{f}{g} > \frac{c}{d} \cdot \frac{h}{k}$ ist.

Für 11). Aus $\frac{a}{b} > \frac{c}{d}$ und $\frac{f}{g} > \frac{h}{k}$ folgt $\frac{a}{b} \cdot \frac{f}{g} > \frac{c}{d} \cdot \frac{h}{k}$; denn aus $\frac{a}{b} > \frac{c}{d} \hookrightarrow$ nach 8): $\frac{a}{b} \cdot \frac{f}{g} > \frac{c}{d} \cdot \frac{f}{g}$, und aus $\frac{f}{g} > \frac{h}{k}$, nach 8): $\frac{c}{d} \cdot \frac{f}{g} > \frac{c}{d} \cdot \frac{h}{k}$; mithin nach 7): $\frac{a}{b} \cdot \frac{f}{g} > \frac{c}{d} \cdot \frac{h}{k}$.

Umgekehrt hat man, wenn $\frac{a}{b} \cdot \frac{f}{g} > \frac{c}{d} \cdot \frac{h}{k}$ und $\frac{a}{b} < \frac{c}{d}$ gegeben ist: $\frac{f}{g} > \frac{h}{k}$; denn wäre $\frac{f}{g} \leqq \frac{h}{k}$, so hätte man wegen $\frac{a}{b} < \frac{c}{d}$, nach 10) und 11): $\frac{a}{b} \cdot \frac{f}{g} < \frac{c}{d} \cdot \frac{h}{k}$ gegen die Voraussetzung.

Für 12). Aus $\frac{a}{b} > \frac{c}{d}$ folgt $\frac{a}{b} : \frac{f}{g} > \frac{c}{d} : \frac{f}{g}$; denn wäre $\frac{a}{b} : \frac{f}{g} \leqq \frac{c}{d} : \frac{f}{g}$, so hätte man nach III. (1) und 8): $\left(\frac{a}{b} : \frac{f}{g}\right) . \frac{f}{g} \leqq \left(\frac{c}{d} : \frac{f}{g}\right) . \frac{f}{g}$ oder nach II. (1): $\frac{a}{b} \leqq \frac{c}{d}$, gegen die Voraussetzung.

Dies Gesetz gilt, wie einleuchtet, auch umgekehrt.

Für 13). Aus $\frac{c}{d} > \frac{f}{g}$ folgt $\frac{a}{b} : \frac{c}{d} < \frac{a}{b} : \frac{f}{g}$; denn wäre $\frac{a}{b} : \frac{c}{d} \geqq \frac{a}{b} : \frac{f}{g}$, so wäre, nach III. (1) u. 8): $\left(\frac{a}{b} : \frac{c}{d}\right) . \left(\frac{c}{d} . \frac{f}{g}\right) \geqq \left(\frac{a}{b} : \frac{f}{g}\right) . \left(\frac{c}{d} . \frac{f}{g}\right)$ oder $\frac{a}{b} . \frac{f}{g} \geqq \frac{a}{b} . \frac{c}{d}$, mithin nach den indirekten Sätzen von III. (1), und 8): $\frac{f}{g} \geqq \frac{c}{d}$, gegen die Voraussetzung.

Auch dies Gesetz gilt wieder umgekehrt.

Für 14). Aus $\frac{a}{b} = \frac{c}{d}$ und $\frac{f}{g} = \frac{h}{k}$ folgt $\frac{a}{b} : \frac{f}{g} = \frac{c}{d} : \frac{h}{k}$; denn aus $\frac{a}{b} = \frac{c}{d}$ folgt, nach III. (2), $\frac{a}{b} : \frac{f}{g} = \frac{c}{d} : \frac{f}{g}$ und nach IV.: $\frac{a}{b} : \frac{f}{g} = \frac{c}{d} : \frac{h}{k}$.

Umgekehrt ergiebt sich aus $\frac{a}{b} : \frac{f}{g} = \frac{c}{d} : \frac{h}{k}$ und $\frac{f}{g} > \frac{h}{k}$, daß $\frac{a}{b} > \frac{c}{d}$ ist; denn aus $\frac{a}{b} : \frac{f}{g} = \frac{c}{d} : \frac{h}{k}$ folgt nach III. (1): $\left(\frac{a}{b} : \frac{f}{g}\right) . \left(\frac{f}{g} . \frac{h}{k}\right) = \left(\frac{c}{d} : \frac{h}{k}\right) . \left(\frac{f}{g} . \frac{h}{k}\right)$ oder $\frac{a}{b} . \frac{h}{k} = \frac{c}{d} . \frac{f}{g}$, mithin nach dem ind. S. von 8), da $\frac{h}{k} < \frac{f}{g}$ ist: $\frac{a}{b} > \frac{c}{d}$.

Für 15). Aus $\frac{a}{b} > \frac{c}{d}$ und $\frac{f}{g} = \frac{h}{k}$ folgt $\frac{a}{a} : \frac{f}{g} > \frac{c}{d} : \frac{f}{g}$ nach 12), mithin nach IV: $\frac{a}{b} : \frac{f}{g} > \frac{c}{d} : \frac{h}{k}$.

Für 16). Aus $\frac{a}{b} = \frac{c}{d}$ und $\frac{f}{g} > \frac{h}{k}$ folgt nach 13): $\frac{a}{b} : \frac{f}{g} < \frac{a}{b} : \frac{h}{k}$, also nach IV: $\frac{a}{b} : \frac{f}{g} < \frac{c}{d} : \frac{h}{k}$.

Für 17). Aus $\frac{a}{b} > \frac{c}{d}$ und $\frac{f}{g} > \frac{h}{k}$ folgt nach 12): $\frac{a}{b} : \frac{h}{k} > \frac{c}{d} : \frac{h}{k}$ und nach 13): $\frac{c}{d} : \frac{h}{k} > \frac{c}{d} : \frac{f}{g}$, also nach 7): $\frac{a}{b} : \frac{h}{k} > \frac{c}{d} : \frac{f}{g}$.

Umgekehrt folgt auch wieder aus $\frac{a}{b} : \frac{h}{k} > \frac{c}{d} : \frac{f}{g}$ und $\frac{a}{b} < \frac{c}{d}$, daß $\frac{f}{g} > \frac{h}{k}$ ist.

Es ergiebt sich hieraus, daß sämmtliche vom bloßen Multipliziren und Dividiren in der Urzahlenlehre aufgestellten Gesetze, noch unverändert in der jetzigen Allgemeinheit beibehalten werden dürfen, weil in dem besondern Falle, wo jeder vorkommende allgemeinere Quotient in einen wirklichen übergeht, diese allgemeineren Gesetze in die frühern übergehn *).

24. In 23. haben wir uns überzeugt, daß sämmtliche Gesetze der Urzahlenlehre, in denen die Multiplikation mit der Division verbunden vorkommt, ohne jedoch irgend eine andere Operation mit einzumischen, noch als formelle Gleichungen gelten, also stets statt finden, sobald nur diese Operationen mit einander in Verbindung treten, gleichgiltig ob sie im frühern Sinne realisirt werden können oder nicht, indem sie blos die allgemeinen Beziehungen des Multiplizirens und Dividirens aussprechen.

Wir wollen nun die durch das allgemeinere Auffassen des Quotienten a:b entstandenen Spezialfälle, wo nämlich a = b oder a verschieden $\lessgtr$ als b aber dabei kein Vielfaches von b ist, näher untersuchen, indem sie das für uns entstandene Neue bilden.

Betrachten wir deshalb zunächst den ersten Fall, wo in dem formellen Quotienten a:b der Dividend a = dem Divisor b ist, so erscheint der spezialisirte formelle Quotient a:a, d. h. eine bloße Rechnungsform, deren Begriff, nach II., in (a:a).a = a liegt. In der großen Einförmigkeit dieser divisiven Gleichung spricht sich schon deutlich aus, daß das Multipliziren und Dividiren solcher Quotienten wie a:a eine besondere Abkürzung gewähren muß, weshalb wir die be-

*) Auch hier gilt die Note zu Seite 173 und 174.

reits erweiterten Gesetze zunächst für diesen Spezialfall modifiziren müssen. Wir multipliziren deshalb a:a mit b.

Man hat deshalb nach 23. 1) und II. (2)

$(a:a).b = (a.b):a = b$ oder

$(a:a).b = b$, und um zu finden ob dies Gesetz allgemein gilt, hat man aus demselben Grunde, nach Ω *)

$$(c:c).b = b,$$
$$(d:d).b = b,$$
$$\cdot\;\cdot\;\cdot\;\cdot\;\cdot\;\cdot\;\cdot$$
$$(h:h).b = b,$$

mithin, wenn wir beide Seiten jeder dieser Gleichungen durch b, nach III. (2), dividiren, so kommt

$$a:a = b:b,$$
$$c:c = b:b,$$
$$d:d = b:b,$$
$$\cdot\;\cdot\;\cdot\;\cdot\;\cdot\;\cdot$$
$$h:h = b:b, \curvearrowright \text{ nach IV:}$$
$$a:a = b:b = c:c = d:d = \ldots = h:h,$$

weil jeder einzelne dieser speziellen (formellen) Quotienten = b:b ist.

Man kann auch so schließen:

Da nach 23. 2)

$$a:b = (a \times c):(b \times c)$$

ist, so hat man, weil diese Gleichung schon als allgemein erwiesen ist, für $a = b$

$$a:a = (a \times c):(a \times c).$$

Da die linke Seite von c ganz unabhängig ist, so kann man dem c jede beliebige Bestimmung geben.

Denkt man sich deshalb, daß c nach und nach in $c_1, c_2, \ldots, c_k$ übergeht, so gehn alle diese Quotienten: $(a \times c):(a \times c)$, $(a \times c_1):(a \times c_1)$, $(a \times c_2):(a \times c_2)$, ..., $(a \times c_k):(a \times c_k)$ in die linke Seite a:a über, sind also nach IV. einander gleich, weshalb auch jeder derselben eine bestimmte Bedeutung hat.

Oder u. A. auch dadurch, daß man in die Gleichung 23. 1), nämlich $(a:b).c = (a.c):b$, statt b durchweg a setzt, woraus folgt $(a:a).c = (a.c):a = c$, also $(a:a).c = c$, daher $a:a = c:c$ u. s. w.

---

*) Der Kürze wegen möge hiermit die, Seite 12 in der 2ten Note, oder Seite 23 in der Bemerkung, angewendete Methode bezeichnet sein.

Hieraus folgt nun die Wahrheit

„Alle Quotienten von denen jeder einen gleichen Dividend und Divisor hat, sind einander gleich."

Deshalb bleibt es beim Operiren mit solchen Quotienten gleichgiltig, welchen Ausdruck man zum Dividenden annehmen will, sobald man nur zum Divisor eben denselben erwählt. Hierin liegt gleichzeitig der Grund, daß für das Operiren mit dergleichen speziellen Quotienten eine bedeutende Abkürzung hervorgeht, sobald man ein für alle Mal ein und dasselbe Zeichen dafür einführt.

Deshalb möge a:a kürzer durch

$$1,$$

vorgestellt werden.

Dies Zeichen 1 ist demnach nichts weiter als der Repräsentant eines Quotienten von gleichen Quotienten-Gliedern (Quozianden) z. B. a:a, b:b, u. s. w. *)

Da jedoch (a:a).b oder 1.b immer gleich b ist, also auch in dem Falle, wo b eine wirkliche Zahl vorstellt, und für diesen bereits $1.b = 1+1+\ldots+1_b = b$ ist, so muß, um hier mit in Übereinstimmung zu kommen, das eben für a:a eingeführte Zeichen „1" nichts weiter als die Einheit bedeuten.

Um nun auch den zweiten Spezialfall zu betrachten, der in dem allgemeinen Quotienten a:b liegt, sei darin $a < b$ und zunächst $b = a.\alpha$ gedacht. Da stets Alles aus der gegebenen Voraussetzung entnommen werden muß, ohne das Mindeste Fremdartige mit einzumischen, so hat man auch die gegebene Beziehung des a zu b in a:b aufzunehmen. Während nun a:b gedacht ist, hat b darin die Bestimmung $a.\alpha$ zu sein, d. h. wir haben $a:b = a:(a.\alpha) = (a:a):\alpha$ nach 23. 3), oder nach 24. $a:b = 1:\alpha$, und bezeichnen wir diesen aus der Spezialisirung des allgemeinern Quotienten hervorgehenden einzelnen Fall $1:\alpha$, der Kürze wegen mit $:\alpha$, so kommt $a:b = :\alpha$. Um zu finden, was für diese spezielle Division gilt, die a:b ausspricht, müssen wir auch α wieder durch a und b ausdrücken. Wir hatten aber $b = a.\alpha$, mithin $\alpha = b:a$ und dies b:a statt α in die Gleichung $a:b = :(\alpha)$ gesetzt, giebt

$$a:b = :(b:a).$$

*) Auch hier gilt wieder die Note zu Seite 176. mit den in die Augen fallenden Abänderungen.

Obgleich diese Gleichung aus der Voraussetzung $a < b$ und $b = a . \alpha$ abgeleitet ist, so übersieht man doch leicht, daß sie noch allgemein für $a \gtreqless b$ gilt. Um sich hiervon noch anderweitig zu überzeugen,

sei $a:b = x$, wo x allgemein ist. Dividirt man beide Seiten von $a = a$ nach 23. III. (3), so kommt

$$a:(a:b) = a:x \text{ oder}$$

$$b = a:x, \text{ und beide Seiten durch}$$

$$a = a \text{ dividirt, nach 23. III. (2):}$$

$$b:a = (a:x):a = (a:a):x = 1:x = :x \curvearrowright$$

$$b:a = :(a:b).$$

Oder so:

$$a:b = a:[a.(b:a)] = (a:a):(b:a) = 1:(b:a) = :(b:a).$$

Hieraus folgt allgemein

$$1) \quad a:b = :(b:a),$$

es möge $a \gtreqless b$ sein.

Wörtlich:

„Ist ein Ausdruck a durch einen andern b dividirt, so ist dies auch geschehn, nachdem letzterer durch den erstern dividirt und vor diesen Quotienten $b:a$ das Divisionszeichen : gesetzt ist."

Nachdem wir nun die in dem formellen Quotienten $a:b$ liegenden zwei Spezialfälle *), die ihn eben zum allgemeinen machen, untersucht haben, und uns der eine für $a = b$, zur Einheit, der andere hingegen zu $a:b = :(b:a) = :n$ führte, wenn $b:a$ mit n bezeichnet wird, so möge jetzt das Multipliziren und Dividiren für diese Formen folgen, um uns der hervorgehenden Relationen zu bedienen **). Zunächst soll das Multiplizieren und Dividiren mit der Einheit entwickelt werden. Da wir bereits diese Operationen mit allgemeinen Quotienten vollziehen können, und Eins nichts weiter ist, als der Re-

---

*) Der erste ist der, wo in $a:b$, $a = b$ ist; der zweite hingegen der, wo $a:b$ weder 1 noch = einer wirklichen Zahl ist. Im letztern Falle kann dann wieder $a <$ oder $> b$ sein. Da aber auch, wenn $a > b$ ist: $a:b = 1:(b:a)$ ist, so tritt im Wesentlichen $a:b$ (für $a < b$) als eine eigenthümliche Rechnungsform hervor.

**) Auch hier gilt wieder die erste Note zu Seite 177 mit den in die Augen fallenden Modifikationen.

präsentant eines speziellen Quotienten gleicher Glieder (Quozianden), so brauchen wir dafür nur überall a:a zu setzen.

Man hat deshalb

$$(h:k).1 = (h:k).(p:p) = (p:p).(h:k) = (h.p):(k.p) = h:k, \hookrightarrow$$
$$(h:k).1 = 1.(h:k) = h:k, \text{ und hieraus für } h=k \hookrightarrow$$
$$(h:h).1 = 1.(h:h) = 1.$$

Setzt man, der Kürze wegen, $h:k = a$, so ist

2) $a.1 = 1.a = a$, und

3) $1.1 = 1$ *).

Dies Gesetz in 2) gilt allgemein **), a möge bedeuten was es will.

Zur Verallgemeinerung von 3) hat man nach Ω:

Aus der Annahme

$$1.1\times\ldots\times 1_s = 1 \hookrightarrow$$
$$1.1\times\ldots\times 1_{s+1} = (1.1\times\ldots\times 1_s).1 = 1.1 = 1,$$

deshalb gilt auch 3) allgemein.

Nun lautet 2):

„Ein Ausdruck a ist unverändert geblieben, nachdem man ihn mit 1 multiplizirt hat";

und 3):

„Sind beliebig viele Einsen mit einander multiplizirt, so ist das entstandene Produkt = Eins."

Ferner hat man

$$(h:k):1 = (h:k):(p:p) = [(h:k).p]:p = h:k, \hookrightarrow$$
$$(h:k):1 = h:k, \text{ und für } h = k \hookrightarrow$$
$$(h:h):1 = h:h, \text{ oder}$$
$$1:1 = 1.$$

Man hat also

4) $a:1 = a$,

5) $1:1 = 1$.

In 4) darf a allgemein sein, und lautet:

„Ein Ausdruck a ist unverändert geblieben, nachdem man ihn durch 1 dividirt hat."

---

*) Aus $a=b$, $b=c \hookrightarrow a:b=1$ und $b:c=1$, also $(a:b).(b:c)=1.1=1$, $\hookrightarrow a:c=1$ oder $a=c$ (Vergl. 23. IV.).

**) Auch hier gilt die dritte Note zu 177.

Für 5):

„Ist Eins selbst wieder durch Eins dividirt, so ist der entstandene Quotient 1:1 gleich Eins.“

Bemerkung 1. Diese Gesetze in 2) bis 5) lassen sich auch u. A. aus $\mathfrak{q}' \underset{\cdot}{\times} \mathfrak{q}$ unmittelbar entnehmen, eben weil Eins als Spezialfall in dem Quotienten enthalten ist.

Man hat nämlich:

$$(a:b) \underset{\cdot}{\times} (c:d) = (a \underset{\cdot}{\times} c):(b \underset{\cdot}{\times} d);$$

hierin $c = d$ gesetzt giebt:

$$(a:b) \underset{\cdot}{\times} 1 = (a \underset{\cdot}{\times} c):(b \underset{\cdot}{\times} c) = a:b,$$

und für $a = b$:

$$1 \underset{\cdot}{\times} 1 = 1:1 = 1.$$

Setzt man hier $a:b = p$, so folgt wie vorhin

$$p \underset{\cdot}{\times} 1 = p, \text{ und } 1 \underset{\cdot}{\times} 1 = 1.$$

Die Gleichung 5) kann auch unmittelbar aus 3) entnommen werden.

Da

$$1.a = a, \text{ und}$$
$$1:a = :a$$

ist, so können wir auch, um beide Gleichungen in eine zusammenzufassen:

$$1 \underset{\cdot}{\times} a = \underset{\cdot}{\times} a$$

schreiben, wo die obern und untern Zeichen einander entsprechen. Um uns ferner kurz auf die Rechnungsform $:a$ beziehen zu können, so möge sie ein divisiver Ausdruck oder eine divisive Zahl (im allgemeinern Sinne) und a das Glied desselben (derselben) genannt werden. Indem wir nun auch das spezielle Produkt $1.a$ kurz weg mit $\times a$ bezeichnen, so ist es ganz passend, wenn wir, um auf den Gegensatz der zwischen $1.a$ und $1:a$ statt findet, aufmerksam zu machen, jetzt $\times a$ einen multiplikativen Ausdruck (multiplikative Zahl) und a das Glied desselben nennen *).

Wir haben demnach

$$6)\quad 1 \times a = a = \times a,$$

d. h.

„Jeder einzelne Ausdruck ist unverändert geblieben, nachdem man ihm das Zeichen $\times$ vorgesetzt hat; umgekehrt: Hat ein Aus-

*) So ist $\times(:b)$ ebenfalls ein multiplikativer, und $:(\times b)$ ein divisiver Ausdruck

druck das $\times$ Zeichen vor sich, so darf man auch dasselbe fortlassen."

Die allgemeinen Gesetze des Multiplizirens und Dividirens der formellen Quotienten, haben wir nun wieder für die multiplikativen und divisiven Ausdrücke zu spezialisiren. Da aber $\times a = 1 . a = a$, und $:a = 1:a$ ist, so hat es auch keine Schwierigkeit die betreffenden Relationen zu finden. Man übersieht leicht die hier vorkommenden Fälle: $(\times a)\times(\times b)$, $(:a)\times(\times b)$, $(\times a)\times(:b)$ und $(:a)\times(:b)$.

Nun ist:

$$(\times a).(\times b) = (1.a).(1.b) = a.b = \times(a.b);$$

ferner:

$$(:a).(\times b) = (1:a).b = (1.b):a = b:a = \times(b:a) = :(a:b);$$

hiernach:

$$(\times a).(:b) = (:b).(\times a) = :(b:a) = \times(a:b);$$

oder besonders entwickelt:

$$(\times a).(:b) = a.(1:b) = (a.1):b = a:b = \times(a:b) = :(b:a);$$

endlich:

$$(:a).(:b) = (1:a).(1:b) = (1.1):(a.b) = 1:(a.b) = (1:a):b$$
$$= (1:b):a = :(a.b) = :a:b = :b:a.$$

Daß

$$(:a).(:b) = :(a.b)$$

ist, läßt sich auch u. A. so finden:

Da wir bereits

$$(:a).x = :(a:x)$$

gefunden haben, so kommt, wenn man hierin $:b$ statt x setzt:

$$(:a).(:b) = :[a:(:b)] = :(a.b).$$

Stellen wir die gefundenen Beziehungen zusammen, so sind sie:

$$7)\ (\times a).(\times b) = \times(a.b);$$
$$8)\ (:a).(\times b) = :(a:b) = \times(b:a);$$
$$9)\ (\times a).(:b) = \times(a:b) = :(b:a);$$
$$10)\ (:a).(:b) = :(a.b).$$

Hier sind die Gesetze in 9), aus 8), und die in 10), aus 8) und **a : q** abgeleitet. Betrachten wir 7) und 10), eben so 8) und 9), so ergiebt sich:

„Zwei multiplikative Ausdrücke $\times a$, $\times b$, oder zwei divisive $:a$, $:b$ sind mit einander multiplizirt, nachdem man in beiden Fällen ihre Glieder multiplizirt, und vor dies Produkt im erstern Falle das Zeichen $\times$, im letztern das Zeichen : setzt; oder kurz: nachdem man das Produkt der Glieder a.b bezüglich multiplikativ oder divisiv nimmt.

„Ein multiplikativer (divisiver) Ausdruck ist mit einem divisiven (multiplikativen) multiplizirt, nachdem das Glied des einen durch das des andern dividirt, und vor diesen Quotienten das Zeichen des Gliedes gesetzt ist, welches dividirt ist."

Symbolisch zusammengefaßt hat man
für 7) und 10):

$$(\underset{:}{\times} a).(\underset{:}{\times} b) = \underset{:}{\times}(a.b);$$

für 8) und 9) hingegen:

$$(\overset{:}{\times} a).(\underset{:}{\times} b) = \overset{:}{\times}(a:b) = \underset{:}{\times}(b:a),$$

wo die obern und untern Zeichen, in derselben Horizontalreihe, einander wechselseitig entsprechen.

Aus 8) (oder 9)) ergiebt sich für $a = 1$:

$$(:1).(\times b) = :(1:b), \hookrightarrow$$

$$11) \quad \times b = :(:b),$$

und hieraus, mittelst Ω:

$$12) \quad \underset{:}{\times} b = ::\ldots:b,$$

wo das obere Zeichen gilt, wenn die Divisions-Zeichen rechts paarweise vorkommen, und das untere, wenn dies nicht der Fall ist.

Die Gleichung 11) läßt sich auch u. A. so erweisen:

$$:(:b) = 1:(1:b) = (1.b):1 = b:1 = b.$$

Bemerkung 2. Da die beiden Ausdrücke, der multiplikative und divisive, als Spezialfälle in dem Quotienten liegen, so können die Gleichungen in 7) bis 10) leicht durch die Substitution aus

$$(c:d).(f:g) = (c.f):(d.g) = :[(d.g):(c.f)]$$

entnommen werden.

Setzt man nämlich $d = 1$, $g = 1$, so kommt

$$(\times c).(\times f) = \times(c.f).$$

Für $c = 1$ und $g = 1$ ergiebt sich

$$(:d).(\times f) = \times(f:d) = :(d:f).$$

Aus $d = 1$, $f = 1$ folgt

$$(\times c)\times(:g) = \times(c:g) = :(g:c).$$

Für $c = 1$, $f = 1$ hat man

$$(:d).(:g) = :(d.g).$$

Dies sind die Gesetze in 7) bis 10).

Man kann solche auch noch u. A. wie folgt ableiten:

Wird $(\times a).(:a) = a.(1:a) = (a.1):a = a:a = 1$ vorangeschickt, so folgt aus

$$\begin{aligned} (:a).(\times b) &= x, \\ [(:a).(\times b)].(\times a) &= x.a \hookleftarrow \\ [(:a).(\times a)].(\times b) &= x.a \hookleftarrow \\ 1.(\times b) &= x.a \hookleftarrow \\ b &= x.a \hookleftarrow \\ b:a &= x. \end{aligned}$$

Da aber $b = x.a$ ist, so hat man $b:b = (x.a):b = x.(a:b)$ oder $1 = x.(a:b)$, also auch $x = 1:(a:b) = :(a:b)$; mithin $(:a).(\times b) = b:a = :(a:b)$.

Betrachtet man die Gesetze in 7) bis 10) mit Aufmerksamkeit, so erhellt, daß die für das Dividiren multiplikativer und divisiver Ausdrücke schon darin liegen, weshalb es am einfachsten ist, diese auf jene zurückzuführen.

Man hat daher

$(\times a):(\times b) = a:b \quad = \times(a:b) = (\times a).(:b)$ nach 9);

$(:a):(\times b) = (1:a):b = 1:(a.b) = :(a.b) = (:a).(:b)$ nach 10);

$(\times a):(:b) = a:(1:b) = (a.b):1 = \times(a.b) = (\times a).(\times b)$ nach 7),

oder auch nach dem darüber stehenden Gesetze und aus 11):

$(\times a):(:b) = (\times a).[:(:b)] \quad = (\times a).(\times b)$;

$(:a):(:b) = (:a).[:(:b)] \quad = (:a).(\times b)$, oder auch so:

$(:a):(:b) = (1:a):(1:b) \quad = (1.b):(1.a) = b:a = \times(b:a)$

$= (:a).(\times b)$ nach 8).

Stellen wir die vorhergehenden Gesetze zusammen, so kommt

$$\begin{aligned} &13)\ (\times a):(\times b) = (\times a).(:b), \\ &14)\ (:a):(\times b) = (:a).(:b), \\ &15)\ (\times a):(:b) = (\times a).(\times b), \\ &16)\ (:a):(:b) = (:a).(\times b); \end{aligned}$$

d. h. wörtlich:

„Ist ein multiplikativer oder divisiver Ausdruck durch einen anderen dividirt, so ist dies auch geschehn, nachdem man letzteren mit dem entgegengesetzten ($\times$, :) Zeichen nimmt, und damit den ersteren multiplizirt.“ *)

Symbolisch zusammengefaßt sind die Gesetze von 13) bis 16) in

$$(\underset{\cdot}{\times} a):(\underset{\cdot}{\times} b) = (\underset{\cdot}{\times} a)\times(\overset{\cdot}{\times} b) \text{ oder in}$$
$$h:(\underset{\cdot}{\times} k) = h \quad \times(\overset{\cdot}{\times} k)$$

begriffen.

Bemerkung 3. Man kann die Gesetze in 13) bis 16) auch so ableiten:

$$(\times a):(\times b) = (\times a).(1:b) = (\times a).(:b);$$
$$(:a):(\times b) = (:a).(1:b) = (:a).(:b);$$
$$(\times a):(:b) = a:(1:b) = a.b = (\times a).(\times b);$$
$$(:a):(:b) = (:a):(1:b) = (:a).b = (:a).(\times b).$$

Oder auch durch Anwendung der Gleichung $a = a.1 = a.(\times b).(:b)$ (Siehe Bemerk. 2).

Man hat nämlich

$$\times a = (\times a).(\times b).(:b), \text{ beide Seiten durch}$$
$$\times b = (\times b) \text{ dividirt, giebt}$$
$$(\times a):(\times b) = (\times a).(:b);$$

ferner

$$:a = (:a).(\times b).(:b), \text{ beide Seiten durch}$$
$$\times b = (\times b) \text{ dividirt, giebt}$$
$$(:a):(\times b) = (:a).(:b);$$

ferner

$$\times a = (\times a).(\times b).(:b), \text{ beide Seiten durch}$$
$$:b = (:b) \text{ dividirt, giebt}$$
$$(\times a):(:b) = (\times a).(\times b);$$

endlich

$$:a = (:a).(\times b).(:b), \text{ beide Seiten durch}$$
$$:b = (:b) \text{ dividirt, giebt}$$
$$(:a):(:b) = (:a).(\times b).$$

Faßt man dies Verfahren kurz zusammen, so besteht es in:

$$\underset{\cdot}{\times} a = (\underset{\cdot}{\times} a).(\underset{\cdot}{\times} b).(\overset{\cdot}{\times} b), \text{ beide Seiten durch}$$
$$\underset{\cdot}{\times} b = (\underset{\cdot}{\times} b) \text{ dividirt, giebt}$$
$$(\underset{\cdot}{\times} a):(\underset{\cdot}{\times} b) = (\underset{\cdot}{\times} a).(\overset{\cdot}{\times} b).$$

Oder u. A. auch so:

*) Soll also $\times b$ dividiren, so multiplizire man mit $:b$, und um durch $:b$ zu dividiren, multiplizire man mit $\times b$.

Die hier gesuchten Gesetze müssen in $\mathfrak{q}' : \mathfrak{q}$ als Spezialfälle liegen; man hat deshalb:

$(a:b):(c:d) = (a:b).(d:c)$, und hieraus für $b = 1$, $d = 1$:

$(\times a):(\times c) = (\times a).(:c)$; für $a = 1$, $d = 1 \hookrightarrow$

$(:b):(\times c) = (:b).(:c)$; für $b = 1$, $c = 1 \hookrightarrow$

$(\times a):(:d) = (\times a).(\times d)$; für $a = 1$, $c = 1 \hookrightarrow$

$(:b):(:d) = (:b).(\times d)$.

Die Gesetze in 7) bis 16) können auch u. A. auf einmal sämmtlich aus

$$(a:b).(c:d) = (a.c):(b.d) = :[(b.d):(a.c)] = (a:b):(d:c)$$

durch die Substitution entnommen werden, wenn man dabei auf die gesuchten Beziehungen reflectirt.

Für $b=1$, $d=1$, $\hookrightarrow (\times a).(\times c) = \times(a.c) = (\times a):(:c)$;

" $a=1$, $d=1$, $\hookrightarrow (:b).(\times c) = \times(c:b) = :(b:c) = (:b):(:c)$;

" $b=1$, $c=1$, $\hookrightarrow (\times a).(:d) = \times(a:d) = :(d:a) = (\times a):(\times d)$;

" $a=1$, $c=1$, $\hookrightarrow (:b).(:d) = :(b.d) = (:b):(\times d)$.

Der Grund dieser Substitutionen, weshalb sie gerade diese oder jene sein müssen, bestimmt sich stets durch das, was wir jedes Mal suchen. Wollte man z. B. wissen, was für $(:b).(:d)$ gilt, so müßte natürlich in $(a:b).(c:d) = (a:b):(d:c)$ sowohl a als auch $c = 1$ gedacht werden; und so mit den übrigen Verbindungen.

25. Da nun gezeigt ist, wie man (zwei) multiplikative und divisive Ausdrücke mit einander durch die Multiplikation und Division verbindet, so ist es nun auch leicht beliebig viele $\overset{\cdot}{\underset{\cdot}{\times}} a$, $\overset{\cdot}{\underset{\cdot}{\times}} b$, $\overset{\cdot}{\underset{\cdot}{\times}} c, \ldots, \overset{\cdot}{\underset{\cdot}{\times}} n$ durch die Multiplikation zu verbinden*), und wir erhalten, wenn wir die unmittelbare Aufeinanderfolge der Multiplikation von links nach rechts durch Bogen andeuten:

$$\big(\ldots(((\overset{\cdot}{\underset{\cdot}{\times}} a).(\overset{\cdot}{\underset{\cdot}{\times}} b)).(\overset{\cdot}{\underset{\cdot}{\times}} c)) \times \ldots\big).(\overset{\cdot}{\underset{\cdot}{\times}} n),$$

oder wenn wir die vom Multipliziren gefundenen Gesetze 24. 7) bis 10) anwenden:

$$(\ldots((\overset{\cdot}{\underset{\cdot}{\times}} a \overset{\cdot}{\underset{\cdot}{\times}} b) \overset{\cdot}{\underset{\cdot}{\times}} c) \overset{\cdot}{\underset{\cdot}{\times}} \ldots) \overset{\cdot}{\underset{\cdot}{\times}} n,$$

und nehmen wir uns auch hier vor, der Kürze halber die Bogen, welche die unmittelbare Folge der Multiplikation und Division von links nach rechts andeuten, fortzulassen, so kommt

$$\overset{\cdot}{\underset{\cdot}{\times}} a \overset{\cdot}{\underset{\cdot}{\times}} b \overset{\cdot}{\underset{\cdot}{\times}} c \overset{\cdot}{\underset{\cdot}{\times}} \ldots \overset{\cdot}{\underset{\cdot}{\times}} n.$$

*) Derselbe Grund der uns veranlaßte das wirkliche Produkt $a.b.c \times \ldots \times h$, aus den Repräsentanten $a, b, c, \ldots, h$ wirklicher Zahlen zu formiren, um dadurch zum Zusammengesetzten zu gelangen, waltet auch hier, in Betreff der Rechnungsformen, ob.

Dieser Ausdruck, kurz durch $\overset{\underset{\cdot}{\times}}{\mathbf{a}}$ vorgestellt, möge ein durch Multiplikation und Division zusammengesetzter heißen, während der ihm gleiche

$$(\underset{\cdot}{\times} a).(\underset{\cdot}{\times} b).(\underset{\cdot}{\times} c) \times \ldots \times (\underset{\cdot}{\times} n) \text{ *)}$$

als allgemeineres Produkt erscheint, und der Kürze wegen, wenn von ihm im Allgemeinen die Rede ist, mit $\overset{\underset{\cdot}{\times}}{\mathbf{p}}$ bezeichnet sein möge.

1) Da

$$\underset{\cdot}{\times} a \underset{\cdot}{\times} b \underset{\cdot}{\times} c \underset{\cdot}{\times} \ldots \underset{\cdot}{\times} n = (\underset{\cdot}{\times} a).(\underset{\cdot}{\times} b).(\underset{\cdot}{\times} c) \times \ldots \times (\underset{\cdot}{\times} n)$$

ist, und in dem allgemeinern Produkte rechts, die Faktoren in beliebiger Ordnung multiplizirt werden dürfen, so darf man auch in dem Ausdrucke links jedes Glied, jedoch mit dem ihm vorstehenden $\underset{\cdot}{\times}$ Zeichen, in beliebige Stelle setzen.

Bemerkung. Dies leuchtet auch so ein:
Es ist

$$\underset{\cdot}{\times} a \underset{\cdot}{\times} b \underset{\cdot}{\times} c \underset{\cdot}{\times} \ldots \underset{\cdot}{\times} n = (1 \underset{\cdot}{\times} a).(1 \underset{\cdot}{\times} b).(1 \underset{\cdot}{\times} c) \times \ldots \times (1 \underset{\cdot}{\times} n);$$

Produkte und Quotienten dürfen in beliebiger Ordnung multiplizirt werden u. s. w., daher erhellt unser Gesetz.

Oder auch u. A. dadurch, daß man zeigt, daß jede zwei unmittelbar neben einander stehende Glieder mit dem einem jeden vorstehenden Zeichen ihre Stelle vertauschen dürfen. Wie bekannt, so finden hier drei Fälle Statt.

Für den ersten:

$$\underset{\cdot}{\times} a \underset{\cdot}{\times} b \underset{\cdot}{\times} c \underset{\cdot}{\times} \ldots \underset{\cdot}{\times} p \underset{\cdot}{\times} q \underset{\cdot}{\times} \ldots \underset{\cdot}{\times} n \underset{\cdot}{\times} h \underset{\cdot}{\times} k = (\underset{\cdot}{\times} a \underset{\cdot}{\times} b) \underset{\cdot}{\times} c \underset{\cdot}{\times} \ldots \underset{\cdot}{\times} p \underset{\cdot}{\times} q \underset{\cdot}{\times} \ldots \underset{\cdot}{\times} n \underset{\cdot}{\times} h \underset{\cdot}{\times} k;$$

---

*) Anfänger sind oft geneigt bei dem frühesten Begriff des Produkts $ab = a + a + \ldots + a_b$ zu beharren, auch wenn a und b keine wirkliche Zahlen mehr vorstellen, wo dann die Gleichung $ab = a + a + \ldots + a_b$ gar keinen Sinn mehr hat. Sie haben deshalb zu beherzigen, daß ab in der jetzigen höhern Bedeutung nichts weiter, als eine bloße Form ist, für welche $ab = ba$. Im Falle dann a und b wirkliche Zahlen vorstellen, geht ab in ein wirkliches Produkt über, für welches nur allein stets $ab = a + a + \ldots + a_b$ gilt. Zu welchem Unsinn gelangt man, wenn die Begriffe nicht höhere (allgemeinere) werden und man z. B. $\frac{5}{8} . \frac{3}{4} = \frac{5}{8} + \frac{5}{8} + \ldots + (\frac{5}{8})_{\frac{3}{4}}$ setzen will, oder die Einheiten die $\frac{5}{8}$ enthält, so oft setzen will, wie $\frac{3}{4}$ Einheiten enthält, da weder $\frac{3}{4}$, noch $\frac{5}{8}$ Einheiten in sich schließen!! Eben so falsch ist es auch, wenn man sagt: $\frac{5}{8} . \frac{3}{4}$ bedeute, man solle $\frac{5}{8}$ mit dem 4ten Theil von 3 multiplizieren, da weder die Einheit, noch 3 in 4 gleiche Theile getheilt werden kann, indem $\frac{3}{4}$ eine bloße Rechnungsform, angedeutete Division ist, die nur dadurch einen Sinn bekommt, daß $\frac{3}{4} . 4 = 3$ festgehalten werden muß. Abstrakte Zahlen sind keine Größen! —

nun ist in allen vier Fällen die in $\divideontimes a \divideontimes b$ liegen:

$$\begin{aligned}
\times a.b &= a.b = b.a = \times b.a,\\
:a.b &= (1:a).b = (1.b):a = \times b:a,\\
\times a:b &= (1.a):b = (1:b).a = (:b).a,\\
:a:b &= (1:a):b = (1:b):a = :b:a, \text{ also}
\end{aligned}$$

$$(\divideontimes a \divideontimes b) \divideontimes c \divideontimes \ldots \divideontimes p \divideontimes q \divideontimes \ldots \divideontimes n \divideontimes h \divideontimes k =$$
$$(\divideontimes b \divideontimes a) \divideontimes c \divideontimes \ldots \divideontimes p \divideontimes q \divideontimes \ldots \divideontimes n \divideontimes h \divideontimes k =$$
$$\divideontimes b \divideontimes a \divideontimes c \divideontimes \ldots \divideontimes p \divideontimes q \divideontimes \ldots \divideontimes n \divideontimes h \divideontimes k.$$

Für den zweiten:

$$\divideontimes a \divideontimes b \divideontimes c \divideontimes \ldots \divideontimes p \divideontimes q \divideontimes \ldots \divideontimes n \divideontimes h \divideontimes k = (\divideontimes a \divideontimes b \divideontimes c \divideontimes$$
$$\ldots \divideontimes p \divideontimes q \divideontimes \ldots \divideontimes n) \divideontimes h \divideontimes k.$$

Setzt man der Kürze wegen $\divideontimes a \divideontimes b \divideontimes c \divideontimes \ldots \divideontimes p \divideontimes q \divideontimes \ldots \divideontimes n = v$, so hat man in Betreff der in $v \divideontimes h \divideontimes k$ liegenden Fälle:

$$\begin{aligned}
&v.h.k = v.k.h,\\
&v:h.k = (v:h).k = (v.k):h = v.k:h,\\
&v.h:k = (v.h):k = (v:k).h = v:k.h,\\
&v:h:k = (v:h):k = (v:k):h = v:k:h, \text{ mithin}
\end{aligned}$$

$$(\divideontimes a \divideontimes b \divideontimes c \divideontimes \ldots \divideontimes p \divideontimes q \divideontimes \ldots \divideontimes n) \divideontimes h \divideontimes k =$$
$$\divideontimes a \divideontimes b \divideontimes c \divideontimes \ldots \divideontimes p \divideontimes q \divideontimes \ldots \divideontimes n \divideontimes k \divideontimes h.$$

Für den dritten Fall hat man nach dem zweiten:

$$\divideontimes a \divideontimes b \divideontimes c \divideontimes \ldots \divideontimes p \divideontimes q \divideontimes \ldots \divideontimes n \divideontimes h \divideontimes k =$$
$$(\divideontimes a \divideontimes b \divideontimes c \divideontimes \ldots \divideontimes p \divideontimes q) \divideontimes \ldots \divideontimes n \divideontimes h \divideontimes k =$$
$$\divideontimes a \divideontimes b \divideontimes c \divideontimes \ldots \divideontimes q \divideontimes p \divideontimes \ldots \divideontimes n \divideontimes h \divideontimes h.$$

Da nun jedes Glied mit dem unmittelbar neben ihm stehenden seine Stelle vertauschen darf, so darf es auch in jede beliebige unmittelbar gesetzt werden *)

2) Aus 1) folgt auch, daß jeder durch Multiplikation und Division zusammengesetzte Ausdruck $\overset{\divideontimes}{\mathfrak{a}}$ jedesmal so umgeformt werden darf, daß nach den durch die Multiplikation verbundenen Gliedern alle diejenigen folgen, die das Zeichen : vor sich haben. Bezeichnet p das Produkt der erstern, und sind a, b, c, ..., v die durch Division in $\overset{\divideontimes}{\mathfrak{a}}$ verbundenen, so ist

*) Einzelne Fälle können auch u. A. so gerechtfertigt werden, z. B. $a:b.c:d = ((a:b).c):d = ((a:b):d).c = ((a:d):b).c = ((:d \times a):b).c = :d \times a:b.c$, wo $\mathfrak{p}:\mathfrak{a}$, $\mathfrak{q}:\mathfrak{a}$ u. s. w. angewendet sind.

$\overset{\times}{\mathfrak{a}} = p : a : b : c : \ldots : v = p : (a . b . c \times \ldots \times v) = p : p'$, wenn $a . b . c \times \ldots \times v = p'$ gesetzt wird;
d. h.

„Ein jeder Ausdruck $\overset{\times}{\mathfrak{a}}$ ist allemal = einem Quotienten $p : p'$, wo p das Produkt der durch $\times$, p' das Produkt der durch das Zeichen : in $\overset{\times}{\mathfrak{a}}$ verbundenen Glieder vorstellt."

3) Es seien beliebig viele durch Multiplikation und Division zusammengesetzte Ausdrücke $\overset{\times}{\mathfrak{a}}_1, \overset{\times}{\mathfrak{a}}_2, \ldots, \overset{\times}{\mathfrak{a}}_\alpha$ gegeben, und man soll die Bogen aus dem Produkte

$$(\overset{\times}{\mathfrak{a}}_1) . (\overset{\times}{\mathfrak{a}}_2) \times \ldots \times (\overset{\times}{\mathfrak{a}}_\alpha)$$

fortschaffen. Da jeder dieser Ausdrücke = einem Produkte ist, ferner die Bogen um $\overset{\times}{\mathfrak{a}}_1$, nur die unmittelbare Multiplikations-Folge andeuten, mithin fortgelassen werden dürfen, und dann hiernach, vermöge $\mathbf{p}' . \mathbf{p}$, die Faktoren aller übrigen Ausdrücke folgen dürfen, so hat man dadurch ein allgemeines Produkt $\overset{\times}{\mathfrak{a}}_1 . \overset{\times}{\mathfrak{a}}_2 \times \ldots \times \overset{\times}{\mathfrak{a}}_\alpha$, das durch das Fortlassen der in $(\overset{\times}{\mathfrak{a}}_1) . (\overset{\times}{\mathfrak{a}}_2) \times \ldots \times (\overset{\times}{\mathfrak{a}}_\alpha)$ vorkommenden Bogen gebildet wird.

Symbolisch so:

Es sei

$$\overset{\times}{\mathfrak{a}}_1 = \dot{\times} a_1 \dot{\times} b_1 \dot{\times} \ldots,$$
$$\overset{\times}{\mathfrak{a}}_2 = \dot{\times} a_2 \dot{\times} b_2 \dot{\times} \ldots,$$
$$\ldots\ldots\ldots\ldots$$
$$\overset{\times}{\mathfrak{a}}_\alpha = \dot{\times} a_\alpha \dot{\times} b_\alpha \dot{\times} \ldots,$$

so ist:

$$(\overset{\times}{\mathfrak{a}}_1) . (\overset{\times}{\mathfrak{a}}_2) \times \ldots \times (\overset{\times}{\mathfrak{a}}_\alpha) =$$
$$(\dot{\times} a_1 \dot{\times} b_1 \dot{\times} \ldots) . (\dot{\times} a_2 \dot{\times} b_2 \dot{\times} \ldots) \times \ldots \times (\dot{\times} a_\alpha \dot{\times} b_\alpha \dot{\times} \ldots) =$$
$$[(\dot{\times} a_1) . (\dot{\times} b_1) \times \ldots] . [(\dot{\times} a_2) . (\dot{\times} b_2) \times \ldots] \times \ldots \times [(\dot{\times} a_\alpha) . (\dot{\times} b_\alpha) \times \ldots] =$$
$$(\dot{\times} a_1) . (\dot{\times} b_1) \times \ldots \times (\dot{\times} a_2) . (\dot{\times} b_2) \times \ldots \times (\dot{\times} a_\alpha) . (\dot{\times} b_\alpha) =$$
$$\dot{\times} a_1 \dot{\times} b_1 \dot{\times} \ldots \dot{\times} a_2 \dot{\times} b_2 \dot{\times} \ldots \dot{\times} a_\alpha \dot{\times} b_\alpha, \hookrightarrow$$
$$(\overset{\times}{\mathfrak{a}}_1) . (\overset{\times}{\mathfrak{a}}_2) \times \ldots \times (\overset{\times}{\mathfrak{a}}_\alpha) = \overset{\times}{\mathfrak{a}}_1 . \overset{\times}{\mathfrak{a}}_2 \times \ldots \times \overset{\times}{\mathfrak{a}}_\alpha .$$

Noch eine Ableitung hätte sich auch u. A. dadurch ergeben, daß man die gegebenen Ausdrücke $\overset{\times}{\mathfrak{a}}_1, \ldots$ in Quotienten umformt. Siehe d. Wissensch. d. Verf. Kap. V.

Als Spezialfälle hat man

$$(\overset{\times}{:}a\overset{\times}{:}b\overset{\times}{:}\ldots\overset{\times}{:}n_\alpha).(\overset{\times}{:}p\overset{\times}{:}q\overset{\times}{:}\ldots\overset{\times}{:}h_\beta) = \overset{\times}{:}a\overset{\times}{:}b\overset{\times}{:}\ldots\overset{\times}{:}n\overset{\times}{:}p\overset{\times}{:}q\overset{\times}{:}\ldots\overset{\times}{:}h_{\alpha+\beta}\text{*)};$$

$$h.(\overset{\times}{:}a:b.c:d) = h\overset{\times}{:}a:b.c:d;$$

d. h.

„Ist ein Ausdruck h mit einem durch Multiplikation und Division zusammengesetzten multiplizirt, so ist dies auch geschehn, nachdem man nach h die Glieder des zweiten, mit unveränderten Zeichen, in ganz beliebiger Ordnung hat folgen lassen."

4) Man sucht $(\overset{\times}{\mathfrak{a}}_1):(\overset{\times}{\mathfrak{a}})$.

Es ist:

$$\overset{\times}{\mathfrak{a}}:(\overset{\times}{:}a\overset{\times}{:}b\overset{\times}{:}\ldots\overset{\times}{:}n) = \overset{\times}{\mathfrak{a}}:[(\overset{\times}{:}a).(\overset{\times}{:}b)\times\ldots\times(\overset{\times}{:}n)] =$$

$$\Big(\ldots((\overset{\times}{\mathfrak{a}}:(\overset{\times}{:}a)):(\overset{\times}{:}b)):\ldots\Big):(\overset{\times}{:}n)$$

$$= \overset{\times}{\mathfrak{a}}\overset{:}{\times}a\overset{:}{\times}b\overset{:}{\times}\ldots\overset{:}{\times}n \;\frown$$

$$\overset{\times}{\mathfrak{a}}:(\overset{\times}{:}a\overset{\times}{:}b\overset{\times}{:}\ldots\overset{\times}{:}n) = \mathfrak{a}\overset{:}{\times}a\overset{:}{\times}b\overset{:}{\times}\ldots\overset{:}{\times}n;$$

d. h.

„Ein durch Multiplikation und Division zusammengesetzter Ausdruck $\overset{\times}{\mathfrak{a}}$ ist durch solchen dividirt, nachdem man jedes Glied des letztern mit entgegengesetztem (×, :) Zeichen, in ganz beliebiger Ordnung, darauf folgen läßt."

---

*) Für einen einzelnen Fall hat man z. B.

$$\overset{\times}{\mathfrak{a}}.(a:b.c:d) = \overset{\times}{\mathfrak{a}}.[((a:b).c):d] = [(\overset{\times}{\mathfrak{a}}.(a:b)).c]:d = [((\overset{\times}{\mathfrak{a}}.a):b).c]:d =$$
$$\overset{\times}{\mathfrak{a}}.a:b.c:d. \quad \text{Oder so:}$$

$$\overset{\times}{\mathfrak{a}}.(a:b.c:d) = \overset{\times}{\mathfrak{a}}.[(a.c):(b.d)] = (\overset{\times}{\mathfrak{a}}.(a.c)):(b.d) = ((\overset{\times}{\mathfrak{a}}.a.c):b):d =$$
$$\overset{\times}{\mathfrak{a}}.a.c:b.d = \overset{\times}{\mathfrak{a}}.a:b.c:d.$$

Oder u. A. so:

$$\overset{\times}{\mathfrak{a}}.(a:b.c:d) = \overset{\times}{\mathfrak{a}}.[(\times a).(:b).(\times c).(:d)] = \overset{\times}{\mathfrak{a}}.a:b.c:d.$$

Es ist also

$$(\overset{\divideontimes}{\mathfrak{a}}_1):(\overset{\divideontimes}{\mathfrak{a}}) = (\overset{\divideontimes}{\mathfrak{a}}_1).(\overset{\divideontimes}{\mathfrak{a}}).$$

Als Spezialfall:

$$h:(\divideontimes a:b.c:d) = h \divideontimes a.b:c.d.$$

Bemerkung. Man kann auch u. A. so schließen: Bezeichnen $a_1, a_2, \ldots, a_\alpha$ und $b_1, b_2, \ldots, b_\beta$ respective die in $\divideontimes a \divideontimes b \divideontimes \ldots \divideontimes n$ vorkommenden durch $\times$ und : verbundenen Glieder, so ist:

$$\overset{\divideontimes}{\mathfrak{a}}:(\divideontimes a \divideontimes b \divideontimes \ldots \divideontimes n) = \overset{\divideontimes}{\mathfrak{a}}:[(a_1.a_2 \times \ldots \times a_\alpha):(b_1.b_2 \times \ldots \times b_\beta)] =$$

$$[\overset{\divideontimes}{\mathfrak{a}}:(a_1.a_2 \times \ldots \times a_\alpha)].(b_1.b_2 \times \ldots \times b_\beta) =$$

$$\overset{\divideontimes}{\mathfrak{a}}:a_1:a_2:\ldots:a_\alpha.b_1.b_2 \times \ldots \times b_\beta;$$

d. h.: nach dem Ausdruck $\overset{\divideontimes}{\mathfrak{a}}$ folgen die in $\divideontimes a \divideontimes b \divideontimes \ldots \divideontimes n$ vorkommenden $\times$ Glieder mit :, und die : Glieder mit $\times$.

5) Aus 2), 3) und 4) folgt, daß man $(\overset{\divideontimes}{\mathfrak{a}}_1) \divideontimes (\overset{\divideontimes}{\mathfrak{a}}_2) \divideontimes (\overset{\divideontimes}{\mathfrak{a}}_3) \divideontimes \ldots \divideontimes (\overset{\divideontimes}{\mathfrak{a}}_\alpha)$, in einen Quotienten $p:p'$ umformen kann. Sind daher beliebig viele Ausdrücke a, b, c, ..., n_α gegeben, und denkt man sie sich auf ganz beliebige Weise durch die Multiplikation und Division mit einander verbunden, so läßt sich der dadurch erhaltene Ausdruck stets in einen Quotienten umformen; eben so kann man wieder willkührlich viele so entstandene Quotienten beliebig durch diese beiden Operationen mit einander verbunden denken, und das Entstandene zuletzt in einen Quotienten $p:p'$ verwandeln, wo p das Produkt der multiplizirenden, p' hingegen das Produkt der dividirenden Glieder repräsentirt.

Bezeichnen nun a und b in $a:b$ Glieder der Zahlenreihe, so ist entweder $a \gtreqless b$. Für $a > b$ und zugleich $a = \alpha b$, ist $a:b = \alpha$ d. h. eine wirkliche Zahl *); für $a = b$ ist hingegen $a:b = 1$; und für $a < b$ ist allemal $a:b$ weder $= 1$ noch $=$ einer wirklichen Zahl, also eine neue eigenthümliche Rechnungs- (oder Divisions-) Form, deren Begriff die Gleichung $\frac{a}{b}.b = a$ unter der angegebenen Bedingung

*) α kann nicht 1 sein.

ausspricht *). Dergleichen haben wir auch an $a:b$, im Falle $a>b$ aber a nicht = einem Vielfachen von b d. h. nicht $= b\alpha$ ist. Da aber immer $a:b = 1:(b:a)$ ist, so führt auch letzterer Fall auf den vorhergehenden im Wesentlichen zurück.

Dadurch also, daß wir ursprünglich von Gliedern der Zahlenreihe ausgingen, und die für das Verbinden derselben durch die Multiplikation und Division abstrahirten Gesetze, nicht in Beziehung auf die einzelnen durch sie hervorgehenden Zahlen, sondern in Rücksicht der Identität der dadurch ausgesprochnen Operationen in ihrer verschiedenen Aufeinanderfolge, noch ganz allgemein beibehielten, gelangten wir zu der eigenthümlichen Rechnungsform $\alpha:\beta$ **) (in der α auch 1 sein kann) die weder Eins noch einer wirklichen Zahl gleich ist, und ihren Begriff nur, unter der angegebenen Modifikation, in $(\alpha:\beta).\beta=\alpha$ findet.

Diese in $\frac{\alpha}{\beta}$ liegende Rechnungsform oder bloße angezeigte Division weder zur Eins noch zur wirklichen Zahl führt, heiße

Bruch

(gebrochene Zahl) ***), α dessen Zähler und β der Nenner des-

*) Ist in $\frac{\alpha}{\beta}$, $\alpha<\beta$, so kann $\frac{\alpha}{\beta}$ weder Eins noch einer Zahl gleich sein, denn wäre $\frac{\alpha}{\beta} = \gamma$, so folgte $\alpha = \beta\gamma = \beta+\beta+\ldots+\beta_\gamma$. Ist $\alpha>\beta$ und α kein Vielfaches von β, so kann $\frac{\alpha}{\beta}$ keiner Zahl gleich sein; denn für $\frac{\alpha}{\beta}=\gamma$, hätte man $\alpha=\beta\gamma$, gegen die Voraussetzung. In diesen beiden Fällen ist also $\alpha:\beta$ eine eigenthümliche neue Rechnungsform.

**) Zieht man die Rechnungsformen zu schnell herbei, z. B. ehe die sieben Operationen mit wirklichen Zahlen vollendet sind, so gewährt dies nur einen scheinbaren Vortheil. Der Zusammenhang — als das Wichtigste — wird dadurch unterbrochen. Der Verfasser erblickt nicht eine Menge einzelner Zweige der Wissenschaft, sondern hält diese sieben Operationen in ihrer stufenweisen Erweiterung als das Allgemeine fest, so daß ihm alles Andere nur als Modifikation dieser Operationslehre erscheint.

***) So sonderbar diese Benennung dem arithmetischen Geiste auch klingt, weil es nur allein wirkliche Zahlen giebt und die Rechnungsformen bloße Verbindungen solcher sind, so wissen wir sie doch durch keine bessere zu ersetzen. Übrigens hüte man sich, den Begriff des wirklichen Quotienten, mit dem des Bruchs zu verwechseln. Ob $a:b$ ein Bruch ist, kann nur entschieden werden, sobald a und b gegeben sind. So ist $\frac{6}{2}$ kein Bruch, so wenig wie $\frac{4}{1}$ oder $\frac{3}{3}$, während $\frac{2}{6}$, $\frac{1}{4}$, Brüche sind. Da die absolute Einheit nicht getheilt werden kann, so ist die in vielen Büchern vorkommende Erklärung des Bruchs total falsch.

selben. Die frühere wirkliche Zahl heiße dann im Gegensatze des Bruchs „ganze Zahl."

Ist $\frac{\alpha}{\beta}$ ein Bruch, so nennt man ihn, im Falle $\alpha < \beta$, also $\frac{\alpha}{\beta} < \frac{\beta}{\beta}$ oder $\frac{\alpha}{\beta} < 1$ ist, ächt; ist hingegen $\alpha > \beta$, also $\frac{\alpha}{\beta} > \frac{\beta}{\beta}$ oder $\frac{\alpha}{\beta} > 1$, so heiße $\frac{\alpha}{\beta}$ ein unächter Bruch.

Die allgemeine Auffassung des Quotienten in 23. bis 25., führte uns blos zu der neuen Zahlform, die wir eben gebrochene Zahl oder Bruch nannten, welche Benennung uns dann ferner veranlaßte, die frühern wirklichen Zahlen, in Beziehung auf die Brüche, ganze Zahlen zu nennen. Der einzelne Fall a : a, der ebenfalls im Begriffe des allgemeinen Quotienten liegt, führte uns wieder auf die Einheit zurück.

Da bereits in 23. bis 25. die Gegensätze des Multiplizirens und Dividirens mit allgemeinen Quotienten festgestellt sind, und der Bruch nichts weiter als ein Spezialfall desselben ist, so können wir nun auch ganze Zahlen und Brüche, nach diesen Gesetzen durch die Multiplikation mit einander verbinden. Da es aber für die Anwendungen gewöhnlich bequemer ist, statt a : b, $\frac{a}{b}$, und statt : a lieber $\frac{1}{a}$ zu schreiben *), weil dadurch viele Bogen vermieden werden können, so mögen die Hauptsätze in 23. bis 25. noch einmal in dieser Bezeichnung folgen **).

*) Der Grund, weshalb wir nicht gleich diese bequemere Bezeichnung erwählt haben, liegt wesentlich darin, daß sich die reinen Gegensätze des Multiplizirens und Dividirens, eben so herausstellen, wie die des Addirens und Subtrahirens. Man vergleiche deshalb beide Darstellungen.

**) Wollte man statt $\frac{a}{b} : c$ schreiben $\frac{\frac{a}{b}}{c}$, so wäre dies zweideutig, denn es könnte mit $a : \frac{b}{c} = \frac{ac}{b}$ verwechselt werden. Man muß also das Zeichen : beibehalten, was am bequemsten ist, oder eine der Bezeichnungen $\frac{a}{\left(\frac{b}{c}\right)}$, $\frac{\frac{a}{b}}{c}$ wählen.

$$(1)\quad \frac{a}{a} = 1,$$

$$(2)\quad \frac{a}{1} = a,$$

$$(3)\quad \frac{1}{1} = 1,$$

$$(4)\quad :a = \frac{1}{a},$$

$$(5)\quad a\,.\,(:b) = a\,.\,\frac{1}{b} = \frac{a}{b} = 1:\frac{b}{a},$$

$$(6)\quad (:a)\,.\,(:b) = \frac{1}{a}\,.\,\frac{1}{b} = \frac{1}{ab},$$

$$(7)\quad a:(:b) \quad = a:\frac{1}{b} = a\,.\,b,$$

$$(8)\quad (:a):(:b) = \frac{1}{a}:\frac{1}{b} = \frac{b}{a},$$

$$(9)\quad \frac{a}{b}\,.\,c = \frac{ac}{b} = \frac{c}{b}\,.\,a = \frac{a}{b:c},$$

$$(10)\quad \frac{a}{b}\,.\,\frac{c}{d} = \frac{ac}{bd} = \frac{c}{b}\,.\,\frac{a}{d} = \frac{a:d}{b:c},$$

$$(11)\quad \frac{a}{b}:c = \frac{a:c}{b} = \frac{a}{bc},$$

$$(12)\quad a:\frac{b}{c} = a\,.\,\frac{c}{b} = \frac{ac}{b} = \frac{a}{b}\,.\,c,$$

$$(13)\quad \frac{a}{b}:\frac{c}{d} = \frac{a}{b}\,.\,\frac{d}{c} = \frac{ad}{bc} = \frac{a:c}{b:d}.$$

$$(14)\quad \frac{a}{b} = \frac{ac}{bc} = \frac{a:c}{b:c},$$

$$(15)\quad a:b\,.\,c:d\,.\,e:f = a\,.\,\frac{1}{b}\,.\,c\,.\,\frac{1}{d}\,.\,e\,.\,\frac{1}{f},$$

$$(16)\quad a\,.\,(b:c\,.\,d:e\,.\,f) = a\,.\,b\,.\,\frac{1}{c}\,.\,d\,.\,\frac{1}{e}\,.\,f,$$

$$(17)\quad a:(b:c\,.\,d:e\,.\,f) = a\,.\,\frac{1}{b}\,.\,c\,.\,\frac{1}{d}\,.\,e\,.\,\frac{1}{f},$$

Bemerkung. 1. Diese Gesetze sind leicht festzuhalten, wenn man nur diese zwei

$$\frac{a}{b}\,.\,\frac{c}{d} = \frac{ac}{bd},$$

$$\frac{a}{b}:\frac{c}{d} = \frac{ad}{bc}$$

beachtet; denn man hat hieraus:

$$\frac{a}{b} \cdot c = \frac{a}{b} \cdot \frac{c}{1} = \frac{a \cdot c}{b \cdot 1} = \frac{ac}{b},$$

$$\frac{a}{b} : c = \frac{a}{b} : \frac{c}{1} = \frac{a \cdot 1}{b \cdot c} = \frac{a}{bc},$$

$$a : \frac{c}{d} = \frac{a}{1} : \frac{c}{d} = \frac{a \cdot d}{1 \cdot c} = \frac{a \cdot d}{c}.$$

Hiernach steht nun auch das Multiplizieren und Dividiren ganzer Zahlen und Brüche fest, und man bemerkt noch leicht:

„Brüche sind mit einander multiplizirt, nachdem das Produkt ihrer Zähler durch das ihrer Nenner dividirt ist,"

oder im Lapidarstyl:

„Zähler mit Zähler und Nenner mit Nenner."

Ferner:

„Ein Bruch $\frac{a}{b}$ ist durch einen andern $\frac{c}{d}$ dividirt, sobald man den ersteren $\frac{a}{b}$ mit dem umgekehrten letztern d. h. mit $\frac{d}{c}$ multiplizirt hat."

Bemerkung 2. Da nach den in 23. festgestellten Begriffen ein Quotient $\frac{a}{b} =, >$ oder $<$ als ein anderer $\frac{c}{d}$ genannt wird, je nachdem bezüglich $ad =, >$ oder $< bc$ ist, so läßt sich hiernach leicht bestimmen, ob zwei gegebene Brüche gleich, oder von einander verschieden sind, und welcher dann im letztern Falle von beiden der größere ist.

Hieraus entspringen die Wahrheiten:

1) Ist $\frac{a}{b}$ ein ächter Bruch, so muß auch $a < b$ sein, und ist $\frac{a}{b}$ ein unächter, so ist $a > b$.

2) Sind zwei Brüche $\frac{a}{b}$ und $\frac{c}{d}$ gegeben, und ist $a.d = b.c$, so ist auch $\frac{a}{b} = \frac{c}{d}$; denn aus $a.d = b.c \frown \frac{ad}{bd} = \frac{bc}{bd}$ oder $\frac{a}{b} = \frac{c}{d}$. Umgekehrt: Sind zwei Brüche $\frac{a}{b}$ und $\frac{c}{d}$ einander gleich d. h. ist $\frac{a}{b} = \frac{c}{d}$, so ist $a.d = b.c$ *); denn aus $\frac{a}{b} = \frac{c}{d}$ folgt nach dem

*) Da aus $\frac{a}{b} \gtreqless \frac{c}{d}$ allemal $ad \gtreqless bc$ hervorgeht, so sagt man auch kurz, zwei Brüche $\frac{a}{b}$ und $\frac{c}{d}$ sind einander gleich oder ungleich, je nachdem die Produkte ad, bc übers Kreuz einander gleich sind oder nicht.

Begriff der Gleichheit zweier allgemeinern Quotienten, also auch zweier Brüche: $\frac{a}{b}(bd) = \frac{c}{d}(bd)$ oder $ad = bc$ *).

3) Sind zwei Brüche $\frac{a}{b}$ und $\frac{c}{d}$ gegeben, und ist $ad > bc$, so ist $\frac{a}{b} > \frac{c}{d}$; denn aus $ad > bc$ folgt $\frac{ad}{bd} > \frac{bc}{bd}$ oder $\frac{a}{b} > \frac{c}{d}$.

Oder so: Da $\frac{a}{b} = \frac{1}{b:a}$ und $\frac{c}{d} = \frac{1}{d:c}$ ist, so beurtheilt man oft leichter, welcher von den beiden Brüchen: $b:a = d:c$ der größere ist; findet man z. B. $b:a > d:c$, so ist $\frac{1}{b:a} < \frac{1}{d:c}$ oder $\frac{a}{b} < \frac{c}{d}$ **).

Umgekehrt: Ist ein Bruch $\frac{a}{b}$ größer als ein anderer $\frac{c}{d}$, d. h. $\frac{a}{b} > \frac{c}{d}$, so ist auch $ad > bc$; denn aus $\frac{a}{b} > \frac{c}{d} \hookrightarrow \frac{a}{b}.bd > \frac{c}{d}.bd \hookrightarrow ad > bc$.

**) Schreibt man die Gleichung $\frac{a}{b} = \frac{c}{d}$ zwischen den beiden Quotienten $\frac{a}{b}$ und $\frac{c}{d}$ so: $a:b = c:d$, so heißt sie, in einer unmathematischen Sprache „geometrische Proportion." Der Begriff des Verhaltens ist kein mathematischer, so wenig wie der von der Neigung (in der Geometrie beim Winkel). Ferner darf man die Benennungen der Operationen u. s. w. nicht nach ihren Anwendungen bestimmen. Geometrischer Quotient, so wie überhaupt der Begriff des Geometrischen, ist in der abstrakten Arithmetik ein Hirngespinst, rein widersinnig, eben so gut wie „eine viereckige Kugel." Wer wird heut zu Tage noch eine Lehre der geometrischen Proportionen oder eine todt geborene Theorie der Geschlechter des Unendlichen — in der Sprache ihrer Liebhaber ausgedrückt — aufstellen? Wir haben nur eine Operation, die Addition, nebst dem darin schon liegenden Gegensatz des Rückschreitens, in den mannigfaltigsten Formationen und Beziehungen zu betrachten. Der Verfasser kennt glücklicher Weise keine „Verhaltungs-Operationen," und bemerkt nur kurz, daß gedachte Lehre durch einige Züge aus der Gleichung $\frac{a}{b} = \frac{c}{d}$ fließt, mithin der Bombast von Proportionen als unstatthafte Antiquität ihren Anhängern gern überlassen bleibt.

**) In manchen Fällen ist dies Kennzeichen des Größern von Nutzen. Hat man z. B. $\frac{13}{15}$ und $\frac{17}{19}$, so ist $\frac{13}{15} = \frac{1}{1+\frac{2}{13}}$ und $\frac{17}{19} = \frac{1}{1+\frac{2}{17}}$.

Dann ist nach 4): $\frac{2}{13} > \frac{2}{17}$, also $\frac{13}{15} < \frac{17}{16}$. Eben so ist $\frac{307}{541} = \frac{1}{1+\frac{234}{307}}$ und $\frac{203}{701} = \frac{1}{3+\frac{92}{203}}$, also $\frac{307}{541} > \frac{203}{701}$. Ob zwei Brüche einander gleich sind, läßt sich nach denselben Gründen auch oft leicht beurtheilen.

4) Von zwei Brüchen $\frac{a}{b}$ und $\frac{a}{c}$, die gleiche Zähler haben, ist derjenige der größte, der den kleinsten Nenner hat; denn ist $b < c$, so ist $\frac{a}{b} \cdot bc > \frac{a}{c} \cdot bc$ also $\frac{a}{b} > \frac{a}{c}$; oder nach **a**:**u** folgt aus $b < c$, daß $\frac{a}{b} > \frac{a}{c}$ ist. Umgekehrt: Ist $\frac{a}{b} > \frac{a}{c}$, so ist $b < c$.

5) Von zwei Brüchen $\frac{a}{b}$ und $\frac{c}{b}$ die gleiche Nenner haben, ist derjenige der größte, der den größten Zähler hat; denn ist $a > c$, so ist $\frac{a}{b} . b > \frac{c}{b} . b$ oder $\frac{a}{b} > \frac{c}{b}$. Umgekehrt: Ist $\frac{a}{b} > \frac{c}{b}$, so ist $a > c$.

6) Aus 4) und 5) folgt auch, daß von zwei Brüchen $\frac{a}{b}$ und $\frac{c}{d}$ derjenige der größte ist, der den größesten Zähler und zugleich den kleinsten Nenner hat; denn aus $a > c$ und $b < d$ folgt, nach **u**':**u**, daß $\frac{a}{b} > \frac{c}{d}$ ist. Ein Bruch wird also größer, entweder wenn der Nenner derselbe bleibt, und der Zähler wächst, oder wenn der Zähler derselbe bleibt und der Nenner abnimmt, oder endlich, wenn der Zähler zu- und zugleich der Nenner abnimmt. Umgekehrt: Ein Bruch nimmt ab, wenn der Nenner derselbe bleibt und der Zähler kleiner wird, oder wenn der Zähler derselbe bleibt und der Nenner zunimmt, oder endlich, wenn der Zähler ab- und zugleich der Nenner zunimmt.

7) Das Produkt beliebig vieler ächten Brüche ist kleiner als jeder der Faktoren, und das Produkt beliebig vieler unächten ist hingegen größer als jeder der Faktoren; denn bezeichnen $\frac{a_1}{b_1}, \frac{a_2}{b_2}, \ldots, \frac{a_m}{b_m}, \ldots, \frac{a_s}{b_s}$ lauter ächte Brüche, so hat man

$$a_1 : b_1 < 1,\ a_2 : b_2 < 1, \ldots, a_m : b_m < 1, \ldots, a_s : b_s < 1,$$

nach 23. 11) ist also:

$$\frac{a_1}{b_1} . \frac{a_2}{b_2} \times \ldots \times \frac{a_s}{b_s} < 1 . 1 \times \ldots \times 1_s \text{ oder}$$

$$\frac{a_1}{b_1} . \frac{a_2}{b_2} \times \ldots \times \frac{a_m}{b_m} \times \ldots \times \frac{a_s}{b_s} < \frac{a_m}{b_m}.$$

Hieraus folgt wieder, nach 23. 13):

$$1 : \left(\frac{a_1}{b_1} . \frac{a_2}{b_2} \times \ldots \times \frac{a_m}{b_m} \times \ldots \times \frac{a_s}{b_s}\right) > 1 : \frac{a_m}{b_m}, \hookrightarrow$$

$$\frac{b_1}{a_1} . \frac{b_2}{a_2} \times \ldots \times \frac{b_m}{a_m} \times \ldots \times \frac{b_s}{a_s} > \frac{b_m}{a_m};$$

d. h.

„Das Produkt beliebig vieler unächter Brüche ist größer als jeder der Faktoren."

Bemerkung 3. Die in 23. bis 25. enthaltene Theorie der Verallgemeinerung für das Multipliziren und Dividiren hätte sich, freilich auf eine weniger gründliche Weise, weit kürzer darstellen lassen, indem man:

1) das bloße Bild $\frac{a}{b}$ oder diese bloße angedeutete Division, einen allgemeinern Quotienten, ferner das bloße Bild $a.b\times\ldots$ ein allgemeineres Produkt nennt, von ersterem $\frac{a}{b}.b = a$, und von letzterem noch das Multipliziren in 6. Ordnung beibehält. Hiernach macht man blos kurz aufmerksam, daß die in der Urzahlenlehre aufgestellten Gesetze, für das reine Multipliziren und Dividiren, noch unverändert in diesem allgemeinern Sinne beibehalten werden dürfen.

2) Dann ist nach 1): $\frac{a}{b}.c = \frac{a.c}{b}$, und für $a = b$ findet sich

$$\frac{a}{a}.c = \frac{a.c}{a} = c, \text{ also } \frac{a}{a} = \frac{c}{c}.$$

3) Bezeichnet man $\frac{a}{a}$ mit 1, so ergiebt sich, daß 1 die Einheit ist, und es folgt:

$$a\underset{:}{\times}1 = a\underset{:}{\times}(b:b) = (a\underset{:}{\times}b)\overset{:}{\times}b = a, \text{ also } a.1 = 1.a = a, \text{ und } 1.1 = 1.$$

4) Bezeichnet man ferner $1:a$ mit $:a$ und $1.a$ mit $\times a$, so ergiebt sich augenblicklich:

$$(\underset{:}{\times}a).(\underset{:}{\times}b) = (1\underset{:}{\times}a).(1\underset{:}{\times}b) = (1.1)\underset{:}{\times}(a.b) = \underset{:}{\times}(a.b), \text{ also}$$
$$(\underset{:}{\times}a).(\underset{:}{\times}b) = \underset{:}{\times}(a.b),$$

wo blos die obern Zeichen ($\times$, $\times$), eben so die untern ($:$, $:$) einander entsprechen.

Ferner:

$$(\underset{:}{\times}a).(\overset{:}{\times}b) = (1\underset{:}{\times}a).(1\overset{:}{\times}b) = (1\underset{:}{\times}a)\overset{:}{\times}b = 1\underset{:}{\times}(a:b) =$$
$$\underset{:}{\times}(a:b) = \quad 1\overset{:}{\times}(b:a) \quad = \overset{:}{\times}(b:a), \text{ also}$$
$$(\underset{:}{\times}a).(\overset{:}{\times}b) = \quad \underset{:}{\times}(a:b) \quad = \overset{:}{\times}(b:a),$$

wo, wie vorhin, blos die obern und untern Zeichen einander entsprechen.

5) Für $(\underset{:}{\times}a):(\underset{:}{\times}b)$ findet sich augenblicklich:

$$\underset{:}{\times}a = [(\underset{:}{\times}a).(\overset{:}{\times}b)].(\underset{:}{\times}b), \text{ also}$$
$$(\underset{:}{\times}a):(\underset{:}{\times}b) = [[(\underset{:}{\times}a).(\overset{:}{\times}b)].(\underset{:}{\times}b)]:(\underset{:}{\times}b) = (\underset{:}{\times}a).(\overset{:}{\times}b),$$
$$(\underset{:}{\times}a):(\underset{:}{\times}b) = (\underset{:}{\times}a).(\overset{:}{\times}b),$$

wo hingegen die obern und untern Zeichen, in derselben Ordnung genommen, einander entsprechen, so daß hierdurch jene vier Gesetze gegeben sind.

Man hätte auch u. A. so schließen können:

$$(\underset{:}{\times}a):(\underset{:}{\times}b) = (\underset{:}{\times}a):(1\underset{:}{\times}b) = (\underset{:}{\times}a)\overset{:}{\times}b = (\underset{:}{\times}a).(\overset{:}{\times}b).$$

6) Von hier aus gehe man zum formellen Produkte über, so findet sich unmittelbar:

$$(\underset{:}{\times}a).(\underset{:}{\times}b).(\underset{:}{\times}c)\times\ldots = \underset{:}{\times}a\underset{:}{\times}b\underset{:}{\times}c\underset{:}{\times}\ldots$$

Hiernach hat man:

$$h.(\underset{:}{\times}a\underset{:}{\times}b\underset{:}{\times}c\underset{:}{\times}\ldots)=h.[(\underset{:}{\times}a).(\underset{:}{\times}b).(\underset{:}{\times}c)\times\ldots]=h\underset{:}{\times}a\underset{:}{\times}b\underset{:}{\times}c\underset{:}{\times}\ldots;$$

ferner:

$$h:(\underset{:}{\times}a\underset{:}{\times}b\underset{:}{\times}c\underset{:}{\times}\ldots)=h:[(\underset{:}{\times}a).(\underset{:}{\times}b).(\underset{:}{\times}c)\times\ldots]=h\overset{:}{\times}a\overset{:}{\times}b\overset{:}{\times}c\overset{:}{\times}\ldots$$

7) Für die Anwendungen denke man sich die Hauptgleichungen noch umgeschrieben, d. h. setze statt $:b$ besser $\frac{1}{b}$, also statt $a(:b) = a.\frac{1}{b} = \frac{a}{b}$ u. s. w.

8) Man erkläre die ganze und gebrochene Zahl, erweitere die Begriffe des Größern und Kleinern, so daß $\frac{a}{b}$ bezüglich $=, >, < \frac{c}{d}$ heißt, je nachdem $ad = bc$, oder $ad > bc$, oder $ad < bc$ ist, und untersuche die Gesetze und Bedingungen des Gleich- Größer- und Kleinerseins.

26. In 20. bis 23. ist der Begriff des Subtrahirens in so weit erweitert, daß zuerst in der Differenz $\alpha - \beta$ der Minuend α auch = oder kleiner als der Subtrahend β sein konnte; dies führte dann zur Differenz $a - b$, wo wieder a und b solchen formellen Differenzen gleich sind.

Der nächst höhere Begriff, in Rücksicht des in der Urzahlenlehre vorkommenden, vom Gleich- Größer- und Kleinersein war nun schon durch den erweiterten der Differenz gegeben und das Resultat dieser allgemeinern Auffassung des Subtrahirens bestimmt sich dadurch, daß noch alle Gesetze des bloßen Addirens und Subtrahirens unverändert beibehalten werden dürfen.

Um aber auch in dem Falle mit $\alpha:\beta$ operiren zu können, wo $\alpha:\beta$ keine wirkliche Zahl mehr vorstellt, so sahen wir uns genöthigt den frühern Begriff des Quotienten zunächst so weit zu erweitern, daß während $(\alpha:\beta).\beta = \alpha$ ist, jedoch nicht immer $\alpha:\beta$ gleich einer wirklichen Zahl ist. Diesem allgemeinern Begriffe des Quotienten entsprechend, erweiterten sich auch die frühern vom Gleich- Größer- und Kleinersein, hinsichtlich des bloßen Mischens der Multiplikation mit der Division, und alle hierher gehörenden Relationen fanden noch wie früher Statt. Sobald ferner die Gesetze des Verbindens der Addition mit der Subtraktion, oder der Multiplikation mit der Division zu wirklichen Zahlen führen, gelten sie auch im frühern Sinne als wirkliche Gleichungen zwischen wirklichen Summen und Differenzen, oder zwischen wirklichen Produkten und Quotienten; und ist dies nicht der Fall, so enthalten sie keinen Widerspruch, sondern setzen nur das im höhern Sinne fest, was hinsichtlich ihrer in der Urzahlehre entwickelt ist.

Aus der Betrachtung des Bisherigen ergiebt sich aber zugleich die Beschränktheit unseres jetzigen Standpunktes der Zahlenlehre, indem ja nur die Gesetze des Addirens und Subtrahirens allein, so wie die des Multiplizirens und Dividirens für sich, unter den festgestellten Einschränkungen stattfinden. Treten nun aber die vier Operationen: Addition, Subtraktion, Multiplikation und Division unter einander verbunden auf, so fragt es sich, ob durch Festhaltung der frühern Gesetze der Mischung, insofern darin die Begriffe der Differenz und des Quotienten in ihrer jetzigen Erweiterung auftreten, keine Widersprüche mit dem Vorhergehenden, namentlich mit der Differenz zweier wirklichen Zahlen, zu befürchten sind.

Stellen z. B. a, b, c, d wirkliche Zahlen vor, und ist zugleich $a > b$, $c > d$, so wissen wir, daß $(a-b)(c-d) = (ac+bd) - (bc+ad)$ ist; ob aber diese Gleichung noch stattfindet, wenn nicht $a > b$ und zugleich $c > d$ ist, können wir nicht bestimmen, da dergleichen Produkte noch gar keinen Sinn haben, eben darum, weil dann $(a-b)$ $(c-d)$ kein Produkt mehr ist, d. h. nicht das ist, was wir bisher Produkt nannten, indem $c-d$ keine Einheiten mehr enthielte, und doch $a-b$ so oft als Summand gesetzt werden sollte, wie $c-d$ Einheiten enthält, was offenbar einander widerspricht und deshalb keinen Sinn hat. So wissen wir ferner, daß $\frac{a}{b} + \frac{c}{d} = \frac{ad+bc}{bd}$ ist, sobald $\frac{a}{b}$ und $\frac{c}{d}$ wirkliche Quotienten sind; wäre dies aber nicht der Fall, so hat diese Gleichung wenigstens nicht mehr die frühere Bedeutung. Dasselbe gilt auch von $\frac{a-b}{c-d}$, wenn a nicht $> b$ und c nicht $> d$ sein sollte. Um die vier genannten Operationen in ihrem Verbundensein betrachten zu können, müssen wir zunächst zu einem Begriffe zu gelangen suchen, der die Addition mit der Subtraktion und Multiplikation vereinigt, mithin alles Bisherige was aus diesen Operationen erfolgen konnte in sich aufnimmt, indem erst dann vom

Hinzutreten der Division *) die Rede sein kann, sobald wir wissen, was vom Multiplizieren mit den entstandenen Formen $(0, -\alpha')$ gilt.

Da nun aber die Differenz $\alpha - \beta$ die wirkliche Zahl (die Einheit), die Null und die negative Zahl $-\alpha'$ in sich schließt, so werden wir das Multiplizieren mit $0, +\alpha', -\alpha'$ offenbar durch das Produkt zweier Differenzen d. h. durch

$$(\alpha - \beta).(\gamma - \delta) = c$$

ausdrücken, weil jede dieser Differenzen $\alpha - \beta$, $\gamma - \delta$ die speziellen Fälle α', 0, 1, -1, $-\alpha'$ in sich schließt, also für diese auch ihre Multiplikations-Verbindung, die wir doch haben müssen, ausgesprochen wird. Nachher können wir zur Bestimmung des x aus der Gleichung

$$(\alpha - \beta).x = c',$$

sobald $\alpha - \beta$ und c' gegeben sind, überzugehn suchen.

Es kann nämlich erstens c' als wirkliche Zahl ψ, zweitens als Null und drittens als negative ganze Zahl $-\psi'$ gegeben gedacht werden, und wir haben dann:

$$\begin{aligned}(\alpha - \beta).x &= \psi,\\ (\alpha - \beta).x &= 0,\\ (\alpha - \beta).x &= -\psi'.\end{aligned}$$

Nun kann in der Produktform $(\alpha - \beta).x$ selbst wieder $\alpha - \beta$ als wirkliche Zahl φ, oder als 0, oder als $-\varphi'$ gegeben gedacht werden, und wir haben dann nach den verschiedenen Bedeutungen von x in den Gleichungen

$$\begin{array}{lll} \varphi.x = \psi, & \varphi.x = 0, & \varphi.x = -\psi',\\ 0.x = \psi, & 0.x = 0, & 0.x = -\psi',\\ (-\varphi).x = \psi, & (-\varphi).x = 0, & (-\varphi).x = -\psi' \end{array}$$

*) Die Erweiterung des Begriffs von q, daß in $\frac{a-b}{c-d}$ sowohl $a-b$ als auch $c-d$ allgemeine Differenzen sein dürfen, schließt zuerst den einzelnen Fall in sich, wo auch $\frac{a-b}{c-d}$ = einer Differenz $\alpha - \beta$ ist, so daß also $a-b=(c-d)\times(\alpha-\beta)$ sein muß. Dieser einzelne Fall der Division muß mithin vorher untersucht werden. Dies setzt aber wieder den Begriff des Produkts $(c-d).(\alpha-\beta)$ voraus, wo $c<d$, $\alpha<\beta$ ist.

Ehe dies aber möglich werden kann, wird man wieder zum Begriff des Produkts $(c-d)\alpha$, oder $(c-d)\beta$, hingetrieben, um ihn zunächst allgemeiner aufzufassen. Hierin liegt der Grund, weshalb wir den im Text befolgten stufenweisen Entwicklungs-Gang, zu immer allgemeinern Begriffen, beobachten.

zu fragen. Für die erste derselben $\varphi . x = \psi$ wissen wir bereits, daß x entweder eine wirkliche Zahl oder die Einheit oder einen Bruch vorstellt. Die übrigen Bedeutungen von x können wir natürlich noch nicht wissen, weil uns noch ganz unbekannt ist, was durch das Multipliziren mit 0 und $-\varphi$ für Formen entstehn werden; wir müssen also zunächst das Multipliziren allgemeiner aufzufassen suchen. Da wir nun am $(\alpha - \beta) . (\gamma - \delta)$ nur dann ein bisher definirtes Produkt haben, wenn $\alpha > \beta$ und $\gamma > \delta$, und unter dieser Bedingung

$$(\alpha - \beta) . (\gamma - \delta) = (\alpha - \beta) . \gamma - (\alpha - \beta) . \delta$$

ist, so sind wir gezwungen, wie aus der Betrachtung der rechten Seite folgt, den einfachern Produkten $(\alpha - \beta) . \gamma$, $(\alpha - \beta) . \delta$ möglichst eine allgemeinere Bedeutung zu geben, und nachher zu untersuchen ob noch immer $(\alpha - \beta) . (\gamma - \delta) = (\alpha - \beta) \gamma - (\alpha - \beta) \delta$ einen bestimmten Sinn hat.

Ist nun in $(\alpha - \beta) \gamma$, $\alpha > \beta$ und $\gamma > 1$, so wissen wir bereits, daß $(\alpha - \beta) . \gamma = \alpha\gamma - \beta\gamma$ also auch $= (\alpha - \beta) + (\alpha - \beta) + \ldots + (\alpha - \beta)_\gamma$ ist.

a. Es möge deshalb, um diesen frühern Begriff des Produkts mit dem allgemeinern zu vereinigen, auch wenn $\alpha \gtreqless \beta$ ist, $(\alpha - \beta) \gamma$ immer noch die Summe $(\alpha - \beta) + (\alpha - \beta) + \ldots + (\alpha - \beta)_\gamma$ oder $\alpha\gamma - \beta\gamma$ vorstellen, und es heiße für $\varkappa > 1$,

$$(\alpha - \beta) \gamma$$

„ein ganzes Produkt."

Da aber das ganze Produkt ab, in dem a eine allgemeine Differenz $\alpha - \beta$ und b eine wirkliche Zahl $\gamma > 1$ vorstellt, gleich ist der Summe $a + a + \ldots + a_b$ oder der Differenz $\alpha\gamma - \beta\gamma$ der wirklichen Produkte $\alpha\gamma$ und $\beta\gamma$, so kann dasselbe für $\alpha \gtreqless \beta$ bezüglich zur wirklichen Zahl, oder zur Null oder zur negativen ganzen Zahl führen, es hat also stets eine bestimmte Bedeutung oder es ist eindeutig.

Ehe wir zur Betrachtung von $(\alpha - \beta) . (\gamma - \delta)$ fortschreiten, ist es besser zunächst zu untersuchen, in wie weit die Gesetze der Mischung der drei Operationen Addition, Subtraktion und Multiplikation, ohne also die Division mit hinzutreten zu lassen, noch gelten, wenn überall ganze Produkte vorkommen, mithin unsere Gleichungen, wie bisher, subtraktive sind.

Um aber zu dieser Einsicht auf dem kürzesten Wege zu gelangen, wollen wir zunächst die besondern Fälle, die im ganzen Produkt liegen, näher hervortreten lassen.

Da wir schon wissen, was für $\alpha > \beta$ gilt, so müssen diese besondern Fälle aus $(\alpha - \beta) . \gamma = \alpha\gamma - \beta\gamma$ entspringen, wenn $\alpha = \beta$ oder $\alpha < \beta$ gedacht wird, wo in diesem zweiten Fall $\beta = \alpha + \beta'$, noch zwei spezielle liegen, je nachdem $\beta' \gtreqless 1$ ist.

Man hat nun erstens für $\alpha = \beta$,

aus: $(\alpha - \beta) . \gamma = (\alpha - \beta) + (\alpha - \beta) + \ldots + (\alpha - \beta)_\gamma = \alpha\gamma - \beta\gamma$,
$(\alpha - \alpha) . \gamma = (\alpha - \alpha) + (\alpha - \alpha) + \ldots + (\alpha - \alpha)_\gamma = \alpha\gamma - \alpha\gamma$ oder
$0 . \gamma = 0$;

Zweitens für $\beta = \alpha + \beta'$ und $\beta' > 1$ folgt:

$[\alpha - (\alpha + \beta')] . \gamma = \alpha\gamma - (\alpha + \beta')\gamma = \alpha\gamma - (\alpha\gamma + \beta'\gamma)$ (nach 9. 3)),
$= \alpha\gamma - \alpha\gamma - \beta'\gamma = -(\beta'\gamma)$, oder
$(-\beta') . \gamma = -(\beta'\gamma)$, aber eben so für $\beta' = 1$ folgt:
$[\alpha - (\alpha + 1)] . \gamma = (0 - 1) + (0 - 1) + \ldots + (0 - 1)_\gamma =$
$(0 + 0 + \ldots + 0_\gamma) - (1 + 1 + \ldots + 1_\gamma) = 0 - \gamma = -\gamma$,

also ist $(-\beta') . \gamma = -(\beta'\gamma)$ auch für $\beta' = 1$.

Ferner bemerke man noch, wenn a eine Differenz wirklicher Zahlen vorstellt:

$a(\alpha + 1) = a + a + \ldots + a_{\alpha+1} = a + a + \ldots + a_\alpha + a = a\alpha + a$,

wie aus dem Begriff des ganzen Produkts folgt.

Man hat also die Spezialfälle:

(1) $0 . \alpha = 0$,
(2) $1 . \alpha = \alpha$,
(3) $(\pm a) . \alpha = \pm a\alpha$,
(4) $a . (\alpha + 1) = a\alpha + a$.

Allgemeiner ergeben sich noch als Gesetze der Mischung genannter drei Operationen in Betreff der ganzen Produkte:

(5) $(\pm a \pm b \pm \ldots \pm k_s) . \alpha = \pm a\alpha \pm b\alpha \pm \ldots \pm (k\alpha)_s$,
(6) $a . (b \pm c \pm \ldots \pm k_s) = ab \pm ac \pm \ldots \pm (ak)_s$;

denn für (5) ist nach dem Begriff des ganzen Produkts und nach 22. 3)

$(\pm a \pm b \pm \ldots \pm k_s) . \alpha = (\pm a \pm b \pm \ldots \pm k_s) + \ldots + (\pm a \pm b \pm \ldots \pm k_s)_\alpha =$
$\pm (a + a + \ldots + a_\alpha) \pm (b + b + \ldots + b_\alpha) \pm \ldots \pm (k + k + \ldots + k_\alpha)_s =$
$\pm a\alpha \pm b\alpha \pm \ldots \pm (k\alpha)_s$.

Für (6) hat man zunächst nach dem Begriff des ganzen Produkts:

$a . (\alpha - \beta) = a + a + \ldots + a_{\alpha - \beta} = (a + a + \ldots + a_\alpha) - (b + b + \ldots + b_\beta) = a\alpha - a\beta$,

wo $\alpha > \beta$ und $\alpha - \beta > 1$ vorausgesetzt ist; also ist

$$a . (\alpha \pm \beta) = a\alpha \pm a\beta.$$

Oder u. A. auch so: Es ist $\alpha-\beta=\gamma$, also $\alpha=\beta+\gamma \hookrightarrow$ $\mathfrak{a}(\alpha\pm\beta)=\mathfrak{a}\alpha\pm\mathfrak{a}\beta$.

Hieraus folgt nun mittelst Ω

$$\mathfrak{a}.(\mathfrak{b}\pm\mathfrak{c}\pm\ldots\pm\mathfrak{k}_s) = \mathfrak{ab}\pm\mathfrak{ac}\pm\ldots\pm(\mathfrak{ak})_s,$$

unter der Voraussetzung, daß der Multiplikator eine wirkliche Zahl >1 vorstellt und die einzelnen Produkte ab, ac, ..., rechts, ganze sind.

Da die Gleichung $(\alpha-\beta)\gamma=(\alpha-\beta)+\ldots+(\alpha-\beta)_\gamma\,[=\alpha\gamma-\beta\gamma]$ eine subkraktive ist, und den Begriff des ganzen Produkts ausspricht, so sieht sich der des Gleich- Größer- und Kleinerseins, durch das Hinzugekommensein des ganzen Produkts, nicht erweitert, und wir haben noch:

(7) Aus $\mathfrak{a}=\mathfrak{b} \hookrightarrow \mathfrak{a}\mu=\mathfrak{b}\mu$, und indirekt aus $\mathfrak{a}\mu=\mathfrak{b}\mu \hookrightarrow \mathfrak{a}=\mathfrak{b}$,

(8) " $\mathfrak{a}>\mathfrak{b} \hookrightarrow \mathfrak{a}\mu>\mathfrak{b}\mu$, " " " $\mathfrak{a}\mu>\mathfrak{b}\mu \hookrightarrow \mathfrak{a}>\mathfrak{b}$;

denn für (7) hat man:

Es sei $\mathfrak{a}=\alpha-\beta$ und

$\mathfrak{b}=\gamma-\delta$, so ist

$\alpha-\beta=\gamma-\delta$ oder

$\alpha+\delta=\beta+\gamma$ also nach 9. 5):

$(\alpha+\delta)\mu=(\beta+\gamma)\mu$ und nach 9. 3):

$\alpha\mu+\delta\mu=\beta\mu+\gamma\mu$ oder nach 13. 1):

$\alpha\mu-\beta\mu=\gamma\mu-\delta\mu$ oder n. d. Begriff des g. Produkts:

$(\alpha-\beta)\mu=(\gamma-\delta)\mu$;

es folgt demnach aus $\mathfrak{a}=\mathfrak{b}$, daß $\mathfrak{a}\mu=\mathfrak{b}\mu$ ist.

Oder u. A. kann man auch so schließen:

Aus $\mathfrak{a}=\mathfrak{b} \hookrightarrow \mathfrak{a}-\mathfrak{b}=0$; nun ist $(\mathfrak{a}-\mathfrak{b})\mu=(\mathfrak{a}-\mathfrak{b})+\ldots+(\mathfrak{a}-\mathfrak{b})_\mu$ $=0+0+\ldots0_\mu$ oder $\mathfrak{a}\mu-\mathfrak{b}\mu=0 \hookrightarrow \mathfrak{a}\mu=\mathfrak{b}\mu$.

Für (8).

Aus $\alpha-\beta>\gamma-\delta$ folgt nach 7. 3):

$\alpha+\delta>\beta+\gamma$, ferner nach 9. 6):

$(\alpha+\delta)\mu>(\beta+\gamma)\mu$ oder nach 4. 3):

$\alpha\mu+\delta\mu>\beta\mu+\gamma\mu$ hieraus nach 13. 8):

$\alpha\mu-\beta\mu>\gamma\mu-\delta\mu$ u. n. d. Begriff d. g. Produkts:

$(\alpha-\beta)\mu>(\gamma-\delta)\mu$ oder

$\mathfrak{a}\mu>\mathfrak{b}\mu$;

es folgt also wieder aus $\mathfrak{a}>\mathfrak{b}$, daß $\mathfrak{a}\mu>\mathfrak{b}\mu$ ist.

Oder u. A. so:

Da $a > b$, so ist $a - b = \zeta$, also nach (7) und (5):

$$(a - b)\mu = \zeta\mu \text{ oder}$$

$$a\mu - b\mu = \zeta\mu, \text{ also nach 20. S. 165:}$$

$$a\mu > b\mu.$$

Umgekehrt folgt auch wieder aus $a\mu = b\mu$, daß $a = b$ sein muß; denn für $a \gtrless b$ $\hookrightarrow$ aus (8), $a\mu \gtrless b\mu$. Eben so aus: $a\mu > b\mu$, daß $a > b$ sein muß; denn für $a \gtreqless b$ $\hookrightarrow$ aus (7) und (8), $a\mu \gtreqless b\mu$.

27. Jetzt, nachdem wir nun wissen was vom ganzen Produkt gilt, müssen wir zu $(\alpha - \beta).(\gamma - \delta)$ überzugehn suchen.

Ist nämlich $b > c$, ferner $b - c > 1$ und stellen b, c Glieder (beide größer 1) der Zahlenreihe vor, so hatten wir auch am $a.(b - c)$ ein ganzes Produkt, im Falle $a = \alpha - \beta$ gedacht war, für welches noch die Gleichung $a.(b - c) = ab - ac$ statt fand, in der ab, ac selbst ganze Produkte sind. Wir wissen aber nicht, ob dieselbe noch richtig bleiben wird, wenn $b \gtreqless c$ gedacht wird, indem ein solches Produkt noch völlig bedeutungslos für uns erscheint. Darum sind wir gezwungen den Begriff des Produkts so zu erweitern, daß der des bisherigen, ganzen, dadurch nicht aufgehoben wird, sondern vielmehr als ein einzelner Fall darin liegt.

Zunächst ist klar, daß das Produkt $a.(\alpha - \beta)$ wirklich eine Bedeutung hat, weil es die Differenz $a\alpha - a\beta$ der ganzen Produkte $a\alpha$, $a\beta$, also entweder $+\mu$ oder 1, 0, -1 oder $-\mu$ vorstellt, und also $a.(\alpha - \beta) = a\alpha - a\beta$ selbst wieder eine subtraktive Gleichung ist; jedoch fragt es sich hierbei noch, ob ihm auch nur eine einzige bestimmte Bedeutung zukommt, und erst nachdem dies beantwortet ist, können wir die besondern Zahl-Formen herausheben, zu denen uns das Produkt $a.(\alpha - \beta)$ leitet. Da nämlich in $a.(\alpha - \beta)$ der Multiplikator $\alpha - \beta$ auch unter der Form $\gamma' - \delta'$ auftreten kann (wegen $\alpha - \beta = (\alpha \pm \delta) - (\beta \pm \delta)$), wo γ' und δ' größer 1 sind, so können möglicherweise die Bedeutungen von $a.(\alpha - \beta)$ und $a.(\gamma' - \delta')$, in Folge der Definition, verschieden sein, so lange nicht das Gegentheil dargethan ist *).

*) Die Definitionen — erweiternde Begriffe — müssen als mit dem Frühern nicht in Widerspruch stehend erwiesen werden. Da wir es hier, auch mit den bloßen Zahlformen zu thun haben, so muß gezeigt werden, daß das was für sie gilt, nur aus dem was für die wirklichen Zahlen statt fand, als Resultat

Wir haben also zu untersuchen, ob wenn wir uns ein Mal unter a.$(\alpha-\beta)$, $a\alpha-a\beta$ denken wollen, wir uns auch das andere Mal, wenn $\alpha-\beta$ in der Form $\gamma'-\delta'$ erscheinen sollte, unter a.$(\gamma'-\delta')$, $a\gamma'-a\delta'$ denken müssen, d. h. ob $a\alpha-a\beta=a\gamma'-a\delta'$ eine subtraktive Gleichung ist, sobald α, β, γ', δ' wirkliche Zahlen, größer 1, vorstellen. Gehen wir deshalb, wie immer, von der Voraussetzung aus, so folgt

aus: $\alpha-\beta=\gamma'-\delta'$, wenn wir $\beta+\delta$ z. b. S. add. nach 20.:

$\alpha+\delta'=\beta+\gamma'$, und deshalb nach 26. (7):

a.$(\alpha+\delta')=$ a.$(\beta+\gamma')$ also nach 26. (6):

$a\alpha+a\delta'=a\beta+a\gamma'$ und als subtraktive Gleichung:

$a\alpha-a\beta=a\gamma'-a\delta'$.

Man hat demnach:

a.$(\alpha-\beta)=a\alpha-a\beta$ und

a.$(\gamma'-\delta')=a\gamma'-a\delta'$,

$a\alpha-a\beta=a\gamma'-a\delta'$,

und hieraus, da hier subtraktive Gleichungen repräsentirt sind, nach 20. IV.

a.$(\alpha-\beta)=$ a.$(\gamma'-\delta')$;

d. h.

„Das Produkt a.$(\alpha-\beta)$ hat allemal nur eine einzige bestimmte Bedeutung."

a. Deshalb möge a.b ein

„Differenz-Produkt"

heißen, sobald $b=\alpha-\beta$ ist, wo α und $\beta>1$ sind, ferner a eine beliebige Differenz $\gamma-\delta$*) vorstellt, und wir denken uns unter dem Differenz-Produkte nichts weiter als die Differenz $a\alpha-a\beta$ der beiden ganzen Produkte $a\alpha$, $a\beta$. In dem Begriff des Differenz-Produkts liegt der des ganzen, wenn nämlich $\alpha>\beta$ und $\alpha-\beta>1$ werden sollte, so wie hierin der des wirklichen Produkts als einzelner Fall,

---

der Abstraktion im Werden des Allgemeinern, begründet ist. Obgleich der Multiplikator $\alpha-\beta$ in sich selbst bestimmt ist, so ist es doch möglich, daß $a(\gamma'-\delta')$ zu einem andern Resultat führt, so lange wir nicht das Gegentheil wissen.

*) Um Wiederholungen zu vermeiden, so wird nochmals ausdrücklich darauf aufmerksam gemacht, daß die griechischen Buchstaben Zahlen der Zahlenreihe exklusive 1 bezeichnen, wenn nicht festgestellt wird, daß sie 1 sein können.

Dies gilt auch von den Wörtern „wirkliche" oder „ganze Zahl."

sobald auch a in eine wirkliche Zahl übergeht. Wir schreiten nun zu den Spezialfällen über, die in dem Differenz-Produkte $(\alpha-\beta)\times(\gamma-\delta)$ liegen, insofern $\alpha-\beta$, $\gamma-\delta$ positiv, Null oder negativ sein kann, indem sie das für uns entstandene Neue bilden, da die Festhaltung dessen, was vom Operiren mit ihnen gilt, für das Folgende offenbar einen schnellen Überblick gewährt. Für dieselben folgt dann immer noch aus: $a=b$, $b=c$, daß $a=c$, weil $(\alpha-\beta).(\gamma-\delta)=(\alpha-\beta)\gamma-(\alpha-\beta)\delta$ eine subtraktive Gleichung ist. Da wir aber bereits aus den Beziehungen für das ganze Produkt wissen, was von $(\alpha-\beta).(\gamma-\delta)$ gilt, sobald $\gamma>\delta$ und $\gamma-\delta>1$ ist, so bestimmen sich diese neuen Spezialfälle durch $\gamma=\delta$, $\gamma-\delta=1$, $\gamma<\delta$, wo dann der letztere, $\gamma<\delta$, selbst wieder in zwei einzelne zerfällt, je nachdem in $\delta=\gamma+\delta'$, $\delta'>$ oder $=1$ ist.

Man hat also aus $(\alpha-\beta).(\gamma-\delta)=(\alpha-\beta).\gamma-(\alpha-\beta).\delta$, erstens für $\gamma=\delta$ ⌐:

$(\alpha-\beta).(\gamma-\gamma)=(\alpha-\beta).\gamma-(\alpha-\beta).\gamma$ oder als subtrakt. Gleichung gilt:

$$(\alpha-\beta).0=0;$$

zweitens für $\gamma=\delta+1$ folgt:

$$(\alpha-\beta).[(\delta+1)-\delta]=(\alpha-\beta).(\delta+1)-(\alpha-\beta).\delta=(\alpha-\beta)\delta+(\alpha-\beta)-(\alpha-\beta)\delta=\alpha-\beta$$ nach (4), oder:

$$(\alpha-\beta).1=\alpha-\beta;$$

drittens für $\delta=\gamma+\delta'$ und $\delta'>1$ folgt:

$$(\alpha-\beta).[\gamma-(\gamma+\delta')]=(\alpha-\beta)\gamma-(\alpha-\beta)(\gamma+\delta')=(\alpha-\beta)\gamma-[(\alpha-\beta)\gamma+(\alpha-\beta)\delta']=-[(\alpha-\beta)\delta']$$

weil $(\alpha-\beta)(\gamma+\delta')$ ein ganzes Produckt ist, oder:

$$(\alpha-\beta).(-\delta')=-[(\alpha-\beta)\delta'];$$

für $\delta=\gamma+1$ folgt:

$$(\alpha-\beta).[\gamma-(\gamma+1)]=(\alpha-\beta)\gamma-(\alpha-\beta).(\gamma+1)=(\alpha-)\gamma-[(\alpha-\beta)\gamma+(\alpha-\beta)],$$

weil $(\alpha-\beta)(\gamma+1)$ ein g. Prod. ist, oder:

$$(\alpha-\beta).(-1)=-(\alpha-\beta)=-[(\alpha-\beta).1]$$ nach d. zweiten Fall.

Es ergiebt sich also hier für beide Fälle, daß

$$(\alpha-\beta).(-\delta')=-[(\alpha-\beta).\delta'],$$ es möge $\delta'\geqq 1$ sein.

Statt dieser Gleichung darf man auch setzen, wegen $-\delta'=\gamma-\delta$

$$(\alpha-\beta).(\gamma-\delta)=-[(\alpha-\beta).(\delta-\gamma)].$$

Da aber die vorstehende, den Fall von dieser jetzigen bestimmt charakterisirt, wo $\gamma<\delta$, also $\gamma=\delta-\delta'$ ist, der uns eben als dritter erscheint, so halten wir $(\alpha-\beta).(-\delta')=-[(\alpha-\beta)\delta']$ als Repräsentanten dieses Falls fest.

Man hat also:

$$\begin{aligned} \text{I.}\quad & (\alpha-\beta).0 &&= 0,\\ \text{II.}\quad & (\alpha-\beta).1 &&= \alpha-\beta,\\ \text{III.}\quad & (\alpha-\beta).(-\delta') &&= -[(\alpha-\beta).\delta'], \end{aligned}$$

wo auch in III. $\delta'=1$ sein darf.

In diesen drei Gleichungen liegen aber wieder die speziellen Fälle, welche sich für $\alpha>\beta$, $\alpha=\beta$, $\alpha<\beta$ ergeben, wo dann der letztere selbst wieder in zwei zerfällt, je nachdem in $\beta=\alpha+\beta'$, $\beta'>$ oder $=1$ ist.

Man hat daher aus I. für $\alpha>\beta$ oder $\alpha=\beta+\alpha'$

$[(\beta+\alpha')-\beta].0 = 0$, d. h.

$\alpha'.0 = 0$, also auch wenn $\alpha'=1$ ist:

$[(\beta+1)-\beta].0 = 0$ oder

$1.0 = 0$,

es ist demnach $\alpha'.0 = 0$ auch für $\alpha'=1$;

für $\alpha=\beta$ folgt: $(\alpha-\alpha).0 = 0$, d. h.

$0.0 = 0$;

für $\alpha<\beta$ oder für $\beta=\alpha+\beta'$ und $\beta'>1$ folgt:

$[\alpha-(\alpha+\beta')].0 = 0$ oder

$(-\beta').0 = 0$,

aber eben so für $\beta'=1$ $\hookrightarrow$:

$[\alpha-(\alpha+1)].0 = 0$ oder

$(-1).0 = 0$,

also stets $(-\beta').0 = 0$, wenn auch $\beta'=1$ sein sollte.

Ferner aus II. für $\alpha>\beta$ oder $\alpha=\beta+\alpha'$,

$[(\beta+\alpha')-\beta].1 = (\beta+\alpha')-\beta$ oder

$\alpha'.1 = \alpha'$,

eben so für $\alpha'=1$ kommt:

$[(\beta+1)-\beta].1 = (\beta+1)-\beta$ oder

$1.1 = 1$,

es ist also $\alpha'.1 = \alpha'$ auch für $\alpha'=1$.

Für $\alpha=\beta$ $\hookrightarrow$: $(\alpha-\alpha).1 = \alpha-\alpha$ oder

$0.1 = 0$.

Für $\alpha<\beta$ oder für $\beta=\alpha+\beta'$ $\hookrightarrow$:

$[(\alpha-(\alpha+\beta')].1 = \alpha-(\alpha+\beta')$ oder

$(-\beta').1 = -\beta'$,

also eben so für $\beta'=1$ folgt:

$[\alpha-(\alpha+1)].1 = \alpha-(\alpha+1)$ oder

$(-1).1 = -1$,

folglich immer $(-\beta').1 = -\beta'$ auch wenn $\beta'=1$ sein sollte.

Endlich aus III. für $\alpha > \beta$ oder $\alpha = \beta + \alpha'$ folgt:

$$[(\beta+\alpha')-\beta].(-\delta') = -[((\beta+\alpha')-\beta).\delta'] \text{ oder}$$
$$(\alpha').(-\delta') = -(\alpha'.\delta'),$$

aber eben so wenn $\alpha' = 1$ ist:

$$[(\beta+1)-\beta].(-\delta') = -[((\beta+1)-\beta).\delta'] \text{ oder}$$
$$1.(-\delta') = -\delta',$$

da aber bereits in

$(\alpha').(-\delta') = -(\alpha'.\delta')$ auch $\delta'=1$ sein kann (so wie auch α'), so folgt:

zuerst: $(\alpha').(-1) = -(\alpha'.1) = -\alpha'$ nach dem in II. Gefundenen,

und zuletzt: $1.(-1) = -(1.1) = -1$, da nämlich $1.1=1$.

Für $\alpha=\beta$ ist: $(\alpha-\alpha).(-\delta') = -[(\alpha-\alpha).\delta']$ oder

$$0.(-\delta') = -(0.\delta'),$$

da aber $0.\delta'$ als ganzes Produkt, nach 26. (1), $= 0$ ist, so hat man:

$0.(-\delta') = 0$ und da III. auch für $\delta'=1$ gilt, so ist:

$$0.(-1) = 0.$$

Für $\alpha < \beta$ oder für $\beta = \alpha + \beta'$ folgt:

$$[\alpha-(\alpha+\beta')].(-\delta') = -[(\alpha-(\alpha+\beta')).\delta'] \text{ oder}$$
$$(-\beta').(-\delta') = -[(-\beta').\delta'],$$

Da aber $(-\beta').\delta'$, wegen $\delta' > 1$, als ganzes Produkt nach (3) gleich $-(\beta'.\delta')$, so ist:

$$-[(-\beta').\delta'] = -(-(\beta'.\delta')) = \beta'.\delta' \text{ nach 21. 11),}$$

man hat deshalb:

$$(-\beta').(-\delta') = \beta'.\delta';$$

Indem unsere Gleichung III. bereits auch für $\delta'=1$ gilt, so kommt es, um $(-\beta').(-\delta') = \beta'.\delta'$ auch für $\delta'=1$ zu erweisen, blos noch darauf an, von $-[-(\beta').\delta']$ zu $\beta'.\delta'$ überzugehn.

Man hat aber nach dem was in II. gefunden, daß nämlich auch $(-\beta').1 = -\beta'$ ist:

$-[(-\beta').1] = -(-\beta') = \beta'$, also gilt auch

$(-\beta').(-\delta') = \beta'.\delta'$ für $\delta' = 1$, und es ist:

$(-\beta').(-1) = \beta'.1 = \beta'$ (nach der in II. vermittelten Gleichung $\alpha'.1 = \alpha'$).

Nun haben wir eben so aus III., daß für $\beta' = \alpha + 1$ folgt:

$$[\alpha-(\alpha+1)].(-\delta') = -[(\alpha-(\alpha+1))\delta'] \text{ hierfür:}$$
$$-[(-1).\delta'] = -(-\delta') = \delta', \text{ also}$$
$$(-1).(-\delta') = \delta',$$

und da hier δ' (nach III.) auch $= 1$ sein darf:

$$(-1).(-1) = 1.$$

Hierdurch sind offenbar alle einzelnen Fälle, die das Differenz-Produkt in sich schließen kann, vorgeführt.

Stellen wir, des bessern Überblicks wegen, diese aus dem Allgemeinen entstandenen speziellen Multiplikations-Beziehungen auf, so sind sie zunächst:

1) $\alpha . 0 = 0$, wo α auch $= 1$ sein darf,
2) $0 . 0 = 0$,
3) $(-\alpha) . 0 = 0 . (-\alpha) = 0$, wo auch $\alpha = 1$ sein darf,
4) $\alpha . 1 = \alpha$, „ „ „ „ „
5) $(-\alpha) . 1 = 1 . (-\alpha) = -\alpha$, „ „ „ „ „
6) $\alpha . (-\beta) = -(\alpha\beta)$, wo $\alpha = 1$ od. $\beta = 1$ od. beide 1 sein dürfen,
7) $(-\alpha) . (-\beta) = \alpha\beta$, wo α oder β oder beide $= 1$ sein dürfen.

Sucht man aber diese Fälle immer auf weniger zurückzuführen, so findet sich: Für 1) ist auch $0 . \alpha = 0$ nach 26. (1); in 4) ist auch $1 . \alpha = \alpha$ nach 26. (2); für 6) ist auch $(-\beta) . \alpha = -\alpha\beta$ nach 26. (3); nach 7) ist auch selbst wieder $(-\beta) . (-\alpha) = \beta\alpha = \alpha\beta$. Sieht man nun noch außerdem darauf, welche Gesetze übereinstimmen, so fallen alle diese Fälle in folgende zusammen:

$a . 0 = 0 . a = 0$, a möge positiv, 0 oder negativ sein,
$a . 1 = 1 . a = a$, „ „ „ „ „ „ „
$a . (-b) = (-b) . a = -(ab)$, a oder b oder a sowohl als b möge positiv, 0 oder negativ sein,
$(-a) . (-b) = (-b) . (-a) = ab$, „ „ „ „ „ „ „ „

Demnach gelten diese Gesetze stets, wenn nur a und b Differenzen wirklicher Zahlen vorstellen.

Zum leichtern Festhalten dient:

$$\begin{array}{lll} (1) & a . 0 & = 0 . a = 0, \\ (2) & a . 1 & = 1 . a = a, \end{array}$$

und außerdem

$$\begin{array}{lll} (3) & (+a) . (+b) & = +(ab), \\ (4) & (-a) . (+b) & = -(ab), \\ (5) & (+a) . (-b) & = -(ab), \\ (6) & (-a) . (-b) & = +(ab). \end{array}$$

Nun lauten (3) und (6):

„Zwei additive Ausdrücke $+a$, $+b$ oder zwei subtraktive $-a$, $-b$ sind mit einander multiplizirt, sobald man dem Produkte ab ihrer Glieder das (+) Zeichen vorgesetzt hat.“

Für (4) und (5):

„Ist ein subtraktiver Ausdruck $-a$ mit einem additiven $+b$, oder ein additiver $+a$ mit einem subtraktiven Ausdruck $-b$, multiplizirt, so hat man dasselbe, nachdem dem Produkte ab ihrer Glieder das $(-)$ Zeichen vorgesetzt ist."

Oder kürzer im Lapidarstyl zusammengefaßt:

„Gleiche Zeichen geben plus, ungleiche hingegen minus." *)

Diese Gesetze gelten natürlich auch wieder, wie wir erwiesen haben, für das Multipliziren positiver und negativer Ausdrücke mit einander, weil diese nur spezielle Fälle von additiven und subtraktiven Ausdrücken sind. Die Gleichungen in (3) bis (6) kann man auch symbolisch durch

$$(\pm a) . (\pm b) = \pm (ab)$$

ausdrücken, wenn man nur festhält, daß rechts $+$ oder $-$ gilt, jenachdem links einerlei oder verschiedene Zeichen genommen werden.

28. Obgleich es schon aus der Eindeutigkeit des Differenz-Produkts und den dafür gefundenen besondern Relationen erhellt, daß die Gesetze der Mischung der Addition und Subtraktion mit der Multiplikation, noch stattfinden werden, wenn die darin vorkommenden Buchstaben gleich Differenzen wirklicher Zahlen sind, so möge dieser Nachweis doch, der Gründlichkeit wegen, noch besonders folgen, um nachher gleichzeitig zusehn, wie sich die Gesetze des Größern und Kleinern in Rücksicht des Differenz-Produkts gestalten, und erst dann sind wir in den Stand gesetzt zum Gegensatze der Multiplikation, oder zum allgemeiner aufzufassenden Dividiren überzugehn.

Der Kürze wegen mögen hier blos diejenigen fünf Gesetze verallgemeinert werden, von denen die übrigen abhängen.

Diese sind nun:

I.

Ist $a = b$, $b = c, \ldots, (h = k)_s$, $(k = n)_{s+1}$, so ist $a = n$.

II.

$$(1) \quad (a - b) + b = a,$$

$$(2) \quad (a + b) - b = a.$$

*) Wenn gleich dies keinen Sinn hat, so meint man doch es sei dem Anfänger zum Nutzen, sobald er nur damit den richtigen Begriff zu verbinden weiß.

III.

Aus $a = b$ ↪

$$\begin{aligned}(1)\quad a \pm c &= b \pm c,\\ (2)\quad c - a &= c - b,\\ (3)\quad ac &= bc.\end{aligned}$$

IV.

Man darf in beliebiger Ordnung addiren und multipliziren.

V.

Das Mischungs-Gesetz der Addition, Subtraktion und Multiplikation: $(a \pm b)c = ac \pm bc$.

Für I. Ist $a = b$ und $b = c$, wo a, b, c Differenz-Produkte vorstellen mögen, so ist auch $a = c$; denn diese Gleichungen sind subtraktive, und daraus folgt schon dies Gesetz nach 20. IV.

Will man dasselbe noch besonders beweisen, so hat man zunächst aus $a = b$ und $b = c$, daß $a - b = 0$ und $b - c = 0$ ist, daher $(a - b) + (b - c) = a - c = 0$ oder $a = c$, sobald man sich die für a, b, c gedachten Differenzen, zu denen die Differenz-Produkte führen, gesetzt denkt.

Dies Gesetz bestätigt sich wieder durch Ω allgemein.

Für II. Denkt man sich für a und b Differenz-Produkte gesetzt, so erhellt augenblicklich, daß diese Gesetze auch für diesen Fall noch gelten müssen, eben weil jedes Differenz-Produkt gleich einer Differenz ist, mithin (1) und (2) subtraktive Gleichungen sind.

Für III. (1) und (2). Denkt man sich für a, b, c Differenz-Produkte gesetzt, so leuchtet, wie in II., die Behauptung ein.

Für III. (3). Ist $a = b$, so ist auch $ac = bc$, wenn a, b, c Differenzen ganzer Zahlen vorstellen; denn es sei: $a = \alpha - \beta$, $b = \alpha' - \beta'$, $c = \gamma - \delta$, so hat man

aus: $\alpha - \beta = \alpha' - \beta'$,

$\alpha + \beta' = \alpha' + \beta$ und hiermit

$\gamma - \delta = \gamma - \delta$ multiplizirt nach 26. (7):

$(\gamma - \delta)(\alpha + \beta') = (\gamma - \delta)(\alpha' + \beta)$ ↪ nach 26. (6):

$\alpha\gamma - \alpha\delta + \beta'\gamma - \beta'\delta = \alpha'\gamma - \alpha'\delta + \beta\gamma - \beta\delta$ oder als subtr. Gleichung:

$\alpha\gamma - \beta\gamma - \alpha\delta + \beta\delta = \alpha'\gamma - \beta'\gamma - \alpha'\delta + \beta'\delta$ ↪

$(\alpha\gamma - \beta\gamma) - (\alpha\delta - \beta\delta) = (\alpha'\gamma - \beta'\gamma) - (\alpha'\delta - \beta'\delta)$ ↪

$(\alpha - \beta)\gamma - (\alpha - \beta)\delta = (\alpha' - \beta')\gamma - (\alpha' - \beta')\delta$ nach 27. a. ↪:

$(\alpha - \beta)(\gamma - \delta) = (\alpha' - \beta')(\gamma - \delta)$ ↪

$ac = bc$;

d. h.

„Zwei einander gleiche Differenzen ganzer Zahlen mit einer Differenz ganzer Zahlen multiplizirt, giebt einander gleiche Produkte."

Man hätte auch u. A. so schließen können:

$$\text{Es sei} \quad ac = x,$$

so ist nach 20. IV. und wegen der Eindeutigkeit des Differenz-Produkts:

$$bc = x,$$

also nach I. auch $\quad ac = bc.$

Es folgt hieraus wieder, daß das Gesetz **g'.g** auch für Differenz-Produkte gilt, d. h.

aus $a = b$ und $c = d \frown ac = bd$,

wenn nur a, b, c, d Differenzen, wirklicher Zahlen, vorstellen.

Für IV. Es fragt sich ob das allgemeine Multiplikations-Gesetz noch gilt, wenn die Faktoren alle, oder zum Theil, allgemeine Differenzen sind. Untersuchen wir gründlich, wovon die Ableitung dieses allgemeinen Gesetzes abhängt, so ergeben sich wie in 8., jene drei Fälle. Um den ersten, daß für $a.b.c \times \ldots \times \alpha_s$, $b.a.c \times \ldots \times \alpha_s$ gesetzt werden darf, zu vermitteln, ist es nöthig mit dem speziellsten Produkte zu beginnen; die beiden andern Fälle hängen von $(a.b).c = (a.c).b$ ab, wie es die Analyse der Begriffe ergiebt (8).

Ist ab noch $= ba$ *) für $a = \alpha - \beta$ und $b = \gamma - \delta$?

Man hat zunächst, dem Begriffe des Differenz-Produktes gemäß:

$$a.b = (\alpha - \beta)(\gamma - \delta) = (\alpha - \beta)\gamma - (\alpha - \beta)\delta;$$

nun ist

$$(\alpha - \beta)\gamma = \alpha\gamma - \beta\gamma,$$
$$(\alpha - \beta)\delta = \alpha\delta - \beta\delta,$$

weil $(\alpha - \beta)\gamma$ und $(\alpha - \beta)\delta$ ganze Produkte sind;

also $\quad ab = (\alpha\gamma - \beta\gamma) - (\alpha\delta - \beta\delta) = \alpha\gamma - \beta\gamma - \alpha\delta + \beta\delta,$

nach dem Begriff der subtraktiven Gleichung.

Aus denselben Gründen hat man:

$$b.a = (\gamma - \delta)(\alpha - \beta) = (\gamma - \delta)\alpha - (\gamma - \delta)\beta,$$

aber

$$(\gamma - \delta)\alpha = \gamma\alpha - \delta\alpha = \alpha\gamma - \alpha\delta,$$
$$(\gamma - \delta)\beta = \gamma\beta - \delta\beta = \beta\gamma - \beta\delta,$$

---

*) Wir wissen freilich aus der Spezialisirung des Differenz-Produkts, daß dies Gesetz noch für zwei Faktoren gilt, indem wir es für alle Fälle in die a und b übergehen können erwiesen haben. Dadurch ist es aber noch nicht allgemein für beliebig viele Faktoren dargethan. Diese Verallgemeinerungen sind auch außerdem zur Übung in der Methode hergesetzt worden.

also $\quad b . a = \alpha\gamma - \beta\gamma - \alpha\delta + \beta\delta,$

mithin nach I.: $\quad a . b = b . a.$

Ferner findet sich, im Falle a, b, c. Differenzen ganzer Zahlen vorstellen, nach dem Begriff der Differenz ganzer und wirklicher Produkte u. s. w.

$$[a.(\alpha-\beta)].(\gamma-\delta) = (a\alpha - a\beta)(\gamma-\delta) = (a\alpha - a\beta)\gamma - (a\alpha - a\beta)\delta = a\alpha\gamma - a\beta\gamma - a\alpha\delta + a\beta\delta,$$

ferner aus denselben Gründen:

$$[a.(\gamma-\delta)].(\alpha-\beta) = (a\gamma - a\delta)(\alpha-\beta) = (a\gamma - a\delta)\alpha - (a\gamma - a\delta)\beta = a\gamma\alpha - a\delta\alpha - a\gamma\beta + a\delta\beta = a\alpha\gamma - a\beta\gamma - a\alpha\delta + a\beta\delta,$$

weil $(a\gamma)\alpha$ als ganzes Produkt

$= a\gamma + a\gamma + \ldots + (a\gamma)_\alpha = (a + a + \ldots + a_\alpha).\gamma = a\alpha\gamma$ ist;

man hat daher:

$$(ab)c = (ac)b.$$

Mithin folgt nun auf demselben Wege wie in 8., daß man noch in beliebiger Folge multipliziren darf, auch wenn die Faktoren allgemeine Differenzen vorstellen.

Für V. Es fragt sich ob noch

$$(a \pm b).c = ac \pm bc$$

ist, wenn a, b, c irgend Differenzen ganzer Zahlen bezeichnen.

Denkt man sich, der Kürze wegen, daß a, b solche Differenzen vorstellen, und setzt $c = \alpha - \beta$, so ist:

$(a \pm b).c = (a \pm b)(\alpha - \beta) = (a \pm b)\alpha - (a \pm b)\beta$ als Diff.-P. u. deshalb auch:

$\quad = a\alpha \pm b\alpha - a\beta \mp b\beta;$

ferner

$\quad ac = a(\alpha - \beta) = a\alpha - a\beta$, und

$\quad bc = b(\alpha - \beta) = b\alpha - b\beta$

$ac \pm bc = a\alpha \pm b\alpha - a\beta \mp b\beta$, also nach I.:

$(a \pm b).c = ac \pm bc.$

Diese Gleichung enthält das Gesetz der Mischung der Addition mit der Subtraktion und Multiplikation.

Hiernach ist es nun auch leicht, die noch übrigen Gesetze der Mischung der Addition mit der Subtraktion und Multiplikation zu erweisen. Alle Gesetze dieser Mischung sind folgende:

a′ ± a, a ± s, a ± g, a ± u, a ± p, a ± d, s − a, g − a, u − a, p − a, d − a, s′ ± s, s ± g, s ± a, s ± p, s ± d,

$\mathfrak{g}-\mathfrak{s}$, $\mathfrak{u}-\mathfrak{s}$, $\mathfrak{p}-\mathfrak{s}$, $\mathfrak{d}-\mathfrak{s}$, $\mathfrak{g}'\pm\mathfrak{g}$, $\mathfrak{g}\pm\mathfrak{u}$, $\mathfrak{g}\pm\mathfrak{p}$, $\mathfrak{g}\pm\mathfrak{d}$, $\mathfrak{u}-\mathfrak{g}$, $\mathfrak{p}-\mathfrak{g}$, $\mathfrak{d}-\mathfrak{g}$, $\mathfrak{u}'\pm\mathfrak{u}$, $\mathfrak{u}\pm\mathfrak{p}$, $\mathfrak{u}\pm\mathfrak{d}$, $\mathfrak{p}-\mathfrak{u}$, $\mathfrak{d}-\mathfrak{u}$, $\mathfrak{p}'\pm\mathfrak{p}$, $\mathfrak{p}\pm\mathfrak{d}$, $\mathfrak{d}-\mathfrak{p}$, $\mathfrak{d}'\pm\mathfrak{d}$, $\mathfrak{a}'.\mathfrak{a}$, $\mathfrak{a}.\mathfrak{s}$, $\mathfrak{g}.\mathfrak{a}$, $\mathfrak{u}.\mathfrak{a}$, $\mathfrak{p}.\mathfrak{a}$, $\mathfrak{d}.\mathfrak{a}$, $\mathfrak{s}'.\mathfrak{s}$, $\mathfrak{g}.\mathfrak{s}$, $\mathfrak{u}.\mathfrak{s}$, $\mathfrak{p}.\mathfrak{s}$, $\mathfrak{d}.\mathfrak{s}$, $\mathfrak{g}'.\mathfrak{g}$, $\mathfrak{g}.\mathfrak{u}$, $\mathfrak{g}.\mathfrak{p}$, $\mathfrak{g}.\mathfrak{d}$, $\mathfrak{u}'.\mathfrak{u}$, $\mathfrak{u}.\mathfrak{p}$, $\mathfrak{u}.\mathfrak{d}$, $\mathfrak{p}'.\mathfrak{p}$, $\mathfrak{p}.\mathfrak{d}$, $\mathfrak{d}'.\mathfrak{d}$.

Es mögen nun noch einige unter diesen nachgewiesen werden.

1) Aus V. folgt leicht:

$$(a+b+\ldots+h_s).m = am+bm+\ldots+(hm)_s,$$

im Falle die Buchstaben sämmtlich Differenzen ganzer Zahlen vorstellen. Man hat nämlich nach dem Begriff des Differenz-Produkts:

$(a+b+\ldots+h_s)(\alpha-\beta) = (a+b+\ldots+h_s)\alpha-(a+b+\ldots+h_s)\beta =$
$(a\alpha+b\alpha+\ldots+(h\alpha)_s)-(a\beta+b\beta+\ldots+(h\beta)_s)$ nach 26. (5); oder $=$
$(a\alpha-a\beta)+(b\alpha-b\beta)+\ldots+(h\alpha-h\beta)_s = a(\alpha-\beta)+b(\alpha-\beta)+\ldots+(h(\alpha-\beta))_s$,
oder $(a+b+\ldots+h_s).m = am+bm+\ldots+(hm)_s$.

2) Aus 1) folgt wieder, daß nach V. $(a-b).(c-d) = ac-bc-ad+bd$ ist, wenn a, b, c, d allgemeine Differenzen ganzer Zahlen repräsentiren. Besonders abgeleitet hat man für $c=\alpha-\beta$, $d=\gamma-\delta$, daß:

$(a-b).(c-d)=(a-b)[(\alpha-\beta)-(\gamma-\delta)]=(a-b)[(\alpha+\delta)-(\beta+\gamma)]=$
$(a-b).(\alpha+\delta)-(a-b).(\beta+\gamma)$ ist nach V., $=$
$a\alpha-b\alpha+a\delta-b\delta-a\beta+b\beta-a\gamma+b\gamma$ (nach 26. (6)), $=$
$(a\alpha-a\beta)-(b\alpha-b\beta)-(a\gamma-a\delta)+(b\gamma-b\delta)$ (nach 22. 1)), $=$
$a(\alpha-\beta)-b(\alpha-\beta)-a(\gamma-\delta)+b(\gamma-\delta)$ (nach 27. a.),
$= ac-bc-ad+bd$; also nach I.:

$$(a-b).(c-d) = ac-bc-ad+bd.$$

Bemerkung. Aus dieser Gleichung in 2) können auch wieder die in dem Differenz-Produkt liegenden besondern Fälle (27.) leicht durch die Substitution entnommen werden, weil man sich darin $a=\alpha-\beta$, $b=\alpha'-\beta'$, $c=\gamma-\delta$, $d=\gamma'-\delta'$ denken darf, woraus erhellt, daß man in $(a-b).(c-d) = ac-bc-ad+bd$, für a oder b oder c oder d alles das setzen darf, was in der Differenz ganzer Zahlen liegt d. h. $+\mu$, 0, $-\mu$, 1, -1.

Setzt man zunächst in

$(a-b).(c-d) = ac-bc-ad+bd$,
$c=d$, so kommt
$(a-b).(c-c) = ac-bc-ac+bc$ $\hookrightarrow$
$(a-b).0 = 0 = 0.(a-b)$ nach IV., u. hierin $b=0$ $\hookrightarrow$

$a.0 = 0 = 0.a$, und für $a = 0$, weil $a = \alpha - \beta$ ist, und $\alpha = \beta$ sein darf:

$0.0 = 0$ und durch Ω ergiebt sich:

$$0.0 \times \ldots \times 0_s = 0.$$

Nimmt man in obiger Gleichung:

$(a-b).0 = 0 = 0.(a-b)$ jetzt $a=0$, so kommt:

$(0-b).0 = 0 = 0.(0-b)$ oder

$(-b).0 = 0 = 0(-b)$.

Setzt man in $(a-b).(c-d) = ac - bc - ad + bd$,

$b = 0$, $d = 0$, so kommt:

$$(a-0).(c-0) = a.c - 0.c - a.0 + 0.0 \hookrightarrow$$
$$(+a).(+c) = +(ac).$$

Für $a = 0$, $d = 0 \hookrightarrow$

$$(0-b).(c-0) = 0.c - b.c - 0.0 + b.0 \text{ oder}$$
$$(-b).(+c) = -(bc).$$

Für $b = 0$, $c = 0 \hookrightarrow$

$$(a-0).(0-d) = a.0 - 0.0 - a.d + 0.d \hookrightarrow$$
$$(+a).(-d) = -(ad).$$

Für $a = 0$, $c = 0 \hookrightarrow$

$$(0-b).(0-d) = 0.0 - b.0 - 0.d + b.d \hookrightarrow$$
$$(-b).(-d) = +(bd).$$

Für $b = 0$, $d = 0$, $c = 1 \hookrightarrow$

$$(a-0).(1-0) = (1-0).(a-0) = 1.a = 1.(\alpha-\beta) = 1.\alpha - 1.\beta = \alpha - \beta = a,$$

also $a.1 = a$,

$1.1 = 1$ und durch Ω folgt:

$$1.1 \times \ldots \times 1 = 1.$$

Diese Gleichung findet sich schon 24. 3), wie auch noch einige andere in denen blos Multiplikation erscheint.

Man hat deshalb auch wieder die Gesetze (3) bis (6) in 27. *)

---

*) Wollte man das Gesetz $(-a).(-b) = +(ab)$ so erweisen:

„Es ist $(-a).(-b)$ entweder $= +(ab)$ oder $= -(ab)$, ein dritter Fall findet nicht Statt.

Nun kann $(-a).(-b)$ nicht $= -ab$ sein, weil dies Produkt die Faktoren $-a$ und $+b$ hat, die sich von denen des gegebenen, nämlich $-a$ und $-b$ unterscheiden, deshalb muß $(-a).(-b) = +(ab)$ sein," so wäre dies Räsonnement unrichtig, weil hier irrthümlich vorausgesetzt wird, daß Produkte die verschiedene Faktoren haben einander nicht gleich sein können. Basirt man auf diesen Irrthum, so kann man mit demselben Rechte sagen, daß $(-a).(-b)$ nicht $= +(ab)$ sein könne, weil $+(ab)$ die Faktoren $+a$ und $+b$ hätte,

Die Gesetze in 27. können auch aus speziellern Untersuchungen, wie folgt, abgeleitet werden:

$$0.a = (\alpha - \alpha)a = \alpha a - \alpha a = 0,$$

$$a.0 = a(\alpha - \alpha) = a\alpha - a\alpha = 0$$

$a.0 = 0.a = 0$; hieraus, oder besonders:

$$0.0 = 0(\alpha - \alpha) = \alpha.0 - \alpha.0 = 0;$$

$$0.(-a) = 0(0-a) = 0.0 - 0.a = 0 - 0 = 0,$$

$$(-a).0 = (0-a).0 = 0.0 - a.0 = 0$$

$0.(-a) = (-a).0 = 0$; ferner

$$a.1 = a[(\alpha+1) - \alpha] = a(\alpha+1) - a\alpha = a\alpha + a - a\alpha = a,$$

und hieraus wieder

$$1.1 = 1.$$

Hiernach ist nun:

$$(+a).(+b) = (0+a).(0+b) = (0+a).0 + (0+a).b = 0+ab = +(ab);$$

$$(-a).(+b) = (0-a)b = 0.b - ab = 0 - ab = -(ab);$$

$(+a).(-b) = (-b).(+a)$ nach IV. $= -(ab)$; nach der vorstehenden Gleichung, oder besonders abgeleitet:

$$(+a).(-b) = a(-b) = a(0-b) = a.0 - ab = 0 - ab = -(ab);$$

$$(-a).(-b) = (0-a).(0-b) = (0-a)0 - (0-a)b = 0 - (0b - ab) = 0 - (0 - ab) = +(ab),$$

oder nach der vorhergehenden Gleichung:

$$(-a).(-b) = -[(-a)b] = -(-ab) = +(ab);$$

---

die sich von $-a$ und $-b$ unterscheiden. Deshalb wäre dann endlich $(-a) \times (-b)$ weder $+$, noch $-(ab)$. Man muß sich also hüten, aus dem Satze: „Sind alle Faktoren zweier Produkte einander gleich, so sind sie selbst einander gleich," schließen zu wollen „daß jedesmal, wenn die Faktoren zweier Produkte einander ungleich sind, dann auch die Produkte verschieden sein müßten," da solche recht füglich auch einander gleich sein können. So ist z. B. $\frac{5}{4}.8 = 2.5$, $\frac{5}{4}$ ist von 2, und 8 von 5 verschieden und doch sind beide Produkte einander gleich. Was für einzelne Fälle gilt, gilt deshalb nicht nothwendig immer.. Die Verallgemeinerungs-Methode ist der Vermittler der Wahrheit und sie darf, wegen dieser hohen Bedeutung, nirgends fehlen, wo sie nöthig ist, sobald man nicht auf alle Wissenschaftlichkeit verzichten will, was aber nie geschehen sollte, indem kein Zweck dies größte Verbrechen gegen alle Vernunft rechtfertigen kann.

Es ist keineswegs Pedanterie die allgemeine Giltigkeit der Gesetze, wo sie dargethan werden kann, zu erweisen. Haben wir nicht eine Menge warnender Beispiele sogar an den Leistungen der größten Mathematiker, die man sonst nur mit der höchsten Achtung nennen darf.

In den Elementen ist der Weg zu bahnen, den der Anfänger beim weitern Studium zu betreten hat, und zwar so, daß er nicht späterhin im Finstern wandele.

oder u. A. noch so: Es sei $-a = x$, so ist:

$$(-a).(-b) = x.(-b) = -((x)b) = -((-a).b) = -(-ab) = +(ab).$$

Man könnte auch u. A. zur Ableitung der Gleichungen in 27. (3) bis (6) vorher folgende erweisen:

$$+1.+1 = +1, \quad -1.+1 = -1, \quad +1.-1 = -1,$$
$$-1.-1 = +1, \quad +a = (+1).a, \quad -a = (-1).a.$$

Hiernach ist dann z. B.:

$$(-a).(+b) = [(-1).a].[(+1).b] = [(-1)(+1)].(ab) = (-1)(ab) = -(ab);$$
$$(-a).(-b) = [(-1).a].[(-1).b] = [(-1)(-1)].ab = 1.ab = +(ab).$$

3) Da nun in 27. (3) bis (6), gezeigt ist, was von dem Produkte $(\pm a).(\pm b)$ zweier Faktoren gilt, so kann man nun auch leicht von hieraus nach der Entwicklung von

$$(\pm a_1).(\pm a_2)\times\ldots\times(\pm a_\alpha), \text{ und}$$
$$(\pm a_1 \pm a_2 \pm \ldots \pm a_\alpha).(\pm b_1 \pm b_2 \pm \ldots \pm b_\beta)\times\ldots\times(\pm z_1 \pm z_2 \pm \ldots \pm z_s)$$

fragen.

Es ist zunächst

$$(+a_1)(+a_2)\times\ldots\times(+a_\alpha) = (0+a_1)(0+a_2)\times\ldots\times(0+a_\alpha) =$$
$$0+a_1.a_2\times\ldots\times a_\alpha = +(a_1 a_2\times\ldots\times a_\alpha).$$

Ferner:

$$(-a_1)(-a_2)\times\ldots\times(-a)_\alpha = (-1.a_1)(-1.a_2)\times\ldots\times(-1.a_\alpha) =$$
$$(-1)(-1)\times\ldots\times(-1)_\alpha.[a_1 a_2\times\ldots\times a_\alpha].$$

Nun kommen die Faktoren $-1, -1, \ldots (-1)_\alpha$ entweder paarweise vor, oder nicht. Ist zunächst $\alpha = \beta+\beta$ (wo $\beta = 1$ oder jede wirkl. Zahl sein kann), so hat man:

$$(-1)(-1)\times\ldots\times(-1)_\alpha = (-1)(-1)\times\ldots\times(-1)_{\beta+\beta} =$$
$$[(-1)(-1)][(-1)(-1)]\times\ldots\times[(-1)(-1)]_\beta = (+1)(+1)\times\ldots\times(+1)_\beta =$$
$$1.1\times\ldots\times 1_\beta = +1;$$

in diesem Falle ist also:

$$(-a_1)(-a_2)\times\ldots\times(-a_\alpha) = +(a_1 a_2\times\ldots+a_\alpha).$$

Kommt hingegen der Faktor -1 nicht paarweise, also noch einmal mehr vor, d. h. $\beta+\beta+1$ mal, so hat man, wenn noch einmal mit -1 multiplizirt wird:

$$(-a_1)(-a_2)\times\ldots\times(-a_{\beta+\beta+1}) = -(a_1 a_2\times\ldots\times a_{\beta+\beta+1}).$$

Es ist also:

$$(-a_1)(-a_2)\times\ldots\times(-a_\alpha) = \pm(a_1 a_2\times\ldots\times a_\alpha),$$

wo das obere (+) Zeichen rechts gilt, oder das untere (—) Zeichen, je nachdem die Anzahl der Faktoren $-a_1$, $-a_2$, ..., $-a_\alpha$ links paarweise, oder nicht paarweise vorkommt *).

Demnach ist auch:

$$(\pm a_1)(\pm a_2)\times\ldots\times(\pm a_\alpha) = \pm(a_1 a_2\times\ldots\times a_\alpha),$$

wo rechts das (+) oder das (—) Zeichen genommen werden muß, je nachdem die Minus-Zeichen links paar- oder nicht paarweise vorkommen.

4) Man sucht das Gesetz für

$$\overset{\pm}{\mathbf{a}}\times\mathbf{a}$$

ganz allgemein.

Erste Ableitung. Indem nach 22. S. $(\overset{\pm}{\mathbf{a}}\times\mathbf{a}) \mid$ S. $(\overset{\pm}{\mathbf{s}}\times\mathbf{a})$, so hat man nach V.:

$$(\pm a \pm b \pm\ldots\pm \alpha_\mu).z = [(\pm a)+(\pm b)+\ldots+(\pm\alpha)_\mu].z =$$
$$((\pm a)z)+((\pm b)z)+\ldots+((\pm\alpha)z)_\mu = \pm(az)\pm(bz)\pm\ldots\pm(\alpha z)_\mu \hookrightarrow$$
$$(\pm a\pm b\pm\ldots\pm\alpha_\mu).z = \pm(az)\pm(bz)\pm\ldots\pm(\alpha z)_\mu;$$

d. h.

„Ein analytischer durch Addition und Subtraktion zusammengesetzter Ausdruck $\pm a\pm b\pm\ldots\pm\alpha_\mu$ ist mit einem allgemeinen Ausdruck z multiplizirt, wenn man zuerst $\pm$ a, mit z, nach den Gleichungen in 27. (3) bis (6) multiplizirt, d. h. +az oder —az hinschreibt, je nachdem die beiden Glieder a und z gleiche, oder verschiedene Zeichen vor sich haben, und auf diese Weise fortfährt die andern Ausdrücke $\pm b, \ldots, \pm\alpha$ mit z zu multipliziren, nachher die einzeln Produkte bz, ..., αz mit $\pm$az durch + oder — verbindet, je nachdem b und z, bis α und z, gleiche, oder verschiedene Zeichen vor sich haben."

*) Wollte man sich der Potenz-Schreibart bedienen und die Begriffe der geraden und ungeraden Zahlen vorausschicken, so wäre für $a_1\ a_2\times\ldots\times a_\alpha = N$ gesetzt:

Erstlich für ein gerades α:

$$(\pm a_1)(\pm a_2)\times\ldots\times(\pm a_\alpha) = (\pm 1)^{2\beta}N = ((\pm 1)^2)^\beta N = +N,$$

und für ein ungerades α:

$$(\pm a_1)(\pm a_2)\times\ldots\times(\pm a_\alpha) = (\pm 1)^{2\gamma+1}N = -N, \text{ also ist:}$$

$$(\pm a_1)(\pm a_2)\times\ldots\times(\pm a_\alpha) = +N, \text{ oder } -N;$$

je nachdem die Anzahl der Minus-Zeichen links gerade, oder ungerade ist.

Eben so kann man, umgekehrt, nach diesem Gesetze statt der rechten Seite die linke setzen, d. h. z rechts herausrücken.

Als Spezialfall dient:

$$(a - b + c \pm 1 + \ldots - \alpha_\mu)z = az - bz + cz \pm z + \ldots - (\alpha z)_\mu.$$

Zweite Ableitung. Bezeichnen $b', c', \ldots, \beta'_k$; $b'', c'', \ldots, \gamma''_s$ bezüglich die in $\pm a \pm b \pm \ldots \pm \alpha_\mu$ vorkommenden Glieder der additiven und subtraktiven Ausdrücke, so hat man nach 22. 5) und V.:

$$(\pm a \pm b \pm \ldots \pm \alpha_\mu).z = [(b' + c' + \ldots + \beta'_k) - (b'' + c'' + \ldots + \gamma''_s)].z =$$
$$(b' + c' + \ldots + \beta'_k)z - (b'' + c'' + \ldots + \gamma''_s)z =$$
$$[b'z + c'z + \ldots + (\beta'z)_k] - [b''z + c''z + \ldots + (\gamma''z)_s] =$$
$$b'z + c'z + \ldots + \beta'z - b''z - c''z - \ldots - (\gamma''z)_{k+s}$$
$$(\pm a \pm b \pm \ldots \pm \alpha_\mu)z = b'z + c'z + \ldots + \beta'z - b''z - c''z - \ldots - (\gamma''z)_{k+s};$$

da nun, nach 22. 1), die in der rechten Seite vorkommenden Produkte jede, mithin auch die in (Abl. 1.) gewählte Aufeinander-Folge annehmen dürfen: so leuchtet unser Gesetz auch auf diesem Wege ein.

Dritte Ableitung. Unter A. läßt sich auch so schließen: Man zeige zuerst die vier speziellen Fälle nach, die in $(\pm a \pm b)z$ liegen, und findet dann $(\pm a \pm b)z = \pm(az) \pm (bz)$. Versucht man einen Schritt hierdurch weiter zu gelangen, so kommt:

$$(\pm a \pm b \pm c)z = [(\pm a \pm b) \pm c]z = \pm(az) \pm (bz) \pm (cz).$$

Es zeigt sich demnach hier der Schein, als ob dies Gesetz noch allgemein stattfindet, wenn auch beliebig viele Glieder im Multiplikanden vorkommen. Angenommen es wäre:

$$(\pm a \pm b \pm \ldots \pm \alpha_k).z = \pm(az) \pm (bz) \pm \ldots \pm (\alpha z)_k,$$

so hätte man, vermöge $(\pm p \pm q)z = \pm(pz) \pm (qz)$, jetzt:

$$(\pm a \pm b \pm \ldots \pm \alpha \pm \beta_{k+1})z = [(\pm a \pm b \pm \ldots \pm \alpha_k) \pm \beta]z =$$
$(\pm a \pm b \pm \ldots \pm \alpha_k)z \pm (\beta z)$ und wäre die Annahme begründet: $=$
$\pm(az) \pm (bz) \pm \ldots \pm (\alpha z) \pm (\beta z)_{k+1}$.

Fände das Gesetz also für k Glieder im Multiplikand Statt, so wäre es auch für $k + 1$ Glieder richtig; wäre es also für zwei Glieder richtig, so würde es auch für drei gelten; nun ist es schon für zwei derselben erwiesen, folglich gilt es auch für drei. Nachdem man sich diese Schlüsse ins Endlose fortgesetzt gedacht hat, erhellt unser Satz für jeden bestimmten vorgelegten Fall.

Statt jene vier Fälle besonders zu erweisen, könnte man auch wieder setzen: $(\pm a \pm b)z = [(\pm a)+(\pm b)]z = (az) \pm (bz)$.

5) Man sucht das Gesetz für

$$\overset{\pm}{\mathfrak{a}} \times \overset{\pm}{\mathfrak{a}}_1$$

ganz allgemein.

Erste Ableitung. Indem nach 22. $\mathfrak{G}.(\overset{\pm}{\mathfrak{a}} \times \overset{\pm}{\mathfrak{a}}_1) \mid \mathfrak{G}.(\overset{\pm}{\mathfrak{s}} \times \overset{\pm}{\mathfrak{s}}_1) \mid \mathfrak{G}.(\overset{\pm}{\mathfrak{s}} \times \mathfrak{a})$, so hat man nach 22. 3) u. 4), wenn der Kürze wegen, um dies Gesetz für $(\pm a \pm b \pm c \pm \ldots \pm \alpha_k).(\pm a \pm b \pm c \pm \ldots \pm \beta_\mu)$ auf das vorige in 4) zurückzuführen:

$$\pm a \pm b \pm c \pm \ldots \pm \beta_\mu = p$$

gesetzt wird:

$$\begin{aligned}
(\pm a \pm b \pm c \pm \ldots \pm \alpha_k).(\pm a \pm b \pm c \pm \ldots \pm \beta_\mu) &= (\pm a \pm b \pm c \pm \ldots \pm \alpha_k).p = \\
&\pm (ap) \pm (bp) \pm (cp) \pm \ldots \pm (\alpha p)_k \quad = \\
&\pm [(\pm a \pm b \pm c \pm \ldots \pm \beta_\mu).a] \\
&\pm [(\pm a \pm b \pm c \pm \ldots \pm \beta_\mu).b] \\
&\pm [(\pm a \pm b \pm c \pm \ldots \pm \beta_\mu).c] \\
&\pm \;\ldots\ldots\ldots\ldots \\
&\pm [(\pm a \pm b \pm c \pm \ldots \pm \beta_\mu).\alpha]_k \quad = \\
&\pm [\pm a.a \pm b.a \pm c.a \pm \ldots \pm (\beta.a)_\mu] \\
&\pm [\pm a.b \pm b.b \pm c.b \pm \ldots \pm (\beta.b)_\mu] \\
&\pm [\pm a.c \pm b.c \pm c.c \pm \ldots \pm (\beta.c)_\mu] \\
&\pm \;\ldots\ldots\ldots\ldots \\
&\pm [\pm a.\alpha \pm b.\alpha \pm c.\alpha \pm \ldots \pm (\beta.\alpha)_\mu]_k,
\end{aligned}$$

folglich, nach I.

$$\begin{aligned}
(\pm a \pm b \pm c \pm \ldots \pm \alpha_k).(\pm a \pm b \pm c \pm \ldots \pm \beta_\mu) \quad &= \\
&\pm [\pm a.a \pm b.a \pm c.a \pm \ldots \pm (\beta.a)_\mu] \\
&\pm [\pm a.b \pm b.b \pm c.b \pm \ldots \pm (\beta.b)_\mu] \\
&\pm [\pm a.c \pm b.c \pm c.c \pm \ldots \pm (\beta.c)_\mu] \\
&\pm \;\ldots\ldots\ldots\ldots \\
&\pm [\pm a.\alpha \pm b.\alpha \pm c.\alpha \pm \ldots \pm (\beta.\alpha)_\mu]_k.
\end{aligned}$$

Die Entwicklung der linken Seite dieser Gleichung kann nun wörtlich, wie folgt, ausgedrückt werden.

Man multiplizire, nach 4), den Multiplikator p, d. h. $\pm a \pm b \ldots \pm \beta_\mu$ mit dem ersten Ausdruck $\pm a$ des Multiplikanden $\pm a \pm b \pm c \pm \ldots \pm \alpha_k$;

der hierdurch gebildete Ausdruck $((\pm a)(\pm a)) + ((\pm b)(\pm a)) + ((\pm c)(\pm a)) + \ldots + ((\pm \beta)(\pm a))$ der mit $\pm[\pm a.a \pm b.a \pm c.a \pm \ldots \pm(\beta.a)_\mu]$ bezeichnet ist, heiße $\mathfrak{A}$.

Dann multiplizire man, nach 4), den Multiplikator p mit dem zweiten Gliede b des Multiplikanden;

der hierdurch gebildete Ausdruck $\pm a.b \pm b.b \pm c.b \pm \ldots \pm(\beta.b)_\mu$ heiße $\mathfrak{B}$.

Man lasse nun alle einzelnen Glieder des $\mathfrak{B}$ mit demselben, oder entgegengesetztem Zeichen nach $\mathfrak{A}$, mittelst 22. 3) u. 4), folgen, je nachdem b im Multiplikanden das Zeichen (+) oder (—) vor sich hat;

der hierdurch gebildete Ausdruck $\mathfrak{A} \pm \mathfrak{B}$ heiße $\mathfrak{B}'$.

Dann multiplizire man ferner, nach 4), den Multiplikator p mit dem nächsten Gliede c des Multiplikanden;

der hierdurch gebildete Ausdruck $\pm a.c \pm b.c \pm c.c \pm \ldots \pm(\beta.c)_\mu$ heiße $\mathfrak{C}$.

Man lasse alle einzelnen Glieder des $\mathfrak{C}$ mit demselben, oder entgegengesetztem Zeichen, mittelst 22. 3) u. 4), nach $\mathfrak{B}'$ folgen, je nachdem c im Multiplikanden das Zeichen (+) oder (—) vor sich hat;

der hier bis jetzt gebildete Ausdruck $\mathfrak{A} \pm \mathfrak{B} \pm \mathfrak{C}$ heiße $\mathfrak{C}'$ u. s. w. f.

Endlich multiplizire man, nach 4), den Multiplikator p mit dem kten Gliede α des Multiplikanden;

der hierdurch gebildete Ausdruck $\pm a.\alpha \pm b.\alpha \pm c.\alpha \pm \ldots \pm(\beta.\alpha)_\mu$ heiße $\mathfrak{K}$.

Man lasse alle einzelnen Glieder des $\mathfrak{K}$ mit demselben, oder entgegengesetzten Zeichen nach $\mathfrak{J}'$, mittelst 22. 3) u. 4), folgen, je nachdem α im Multiplikanden das Zeichen (+) oder (—) vor sich hat;

der bis jetzt gebildete Ausdruck $\mathfrak{A} \pm \mathfrak{B} \pm \mathfrak{C} \pm \ldots \pm \mathfrak{J} \pm \mathfrak{K}$ heiße $\mathfrak{K}'$, welcher nun die rechte Seite obiger Gleichung repräsentirt.

Hieraus fließt wieder leicht:

„Ist ein analytischer, durch Addition und Subtraktion zusammengesetzter, Ausdruck $\pm a \pm b \pm c \pm \ldots \pm \alpha_k$ mit einem andern $\pm a \pm b \pm c \pm \ldots \pm \beta_\mu$ multiplizirt, so ist dies auch geschehn, nachdem man jedes der k Glieder des einen, mit jedem der μ Glieder des andern multiplizirt, die dadurch erhaltenen k.μ (9. 4)) Produkte entweder mit dem Zeichen (+), oder mit dem Zeichen (—) unter einander verbindet, je nachdem die mit einander multiplizirten bezüglichen zwei Glieder des Multiplikators und Multiplikands gleiche, oder ungleiche Zeichen vor sich haben,"

oder umgekehrt:

„Ist ein analytischer durch Addition und Subtraktion zusammengesetzter Ausdruck so gebildet, wie der in der rechten Seite der vorstehenden Gleichung, so darf man dafür das ihm entsprechende Produkt, d. h. die linke Seite derselben setzen."

Als Spezialfall ist festzuhalten:

$$(a-b+c-d+\ldots-\alpha_k).(a-b+c-d+\ldots-\beta_\mu) =$$
$$a.a-b.a+c.a-d.a+\ldots-\beta.a$$
$$-a.b+b.b-c.b+d.b-\ldots+\beta.b$$
$$+a.c-b.c+c.c-d.c+\ldots-\beta.c$$
$$-a.d+b.d-c.d+d.d-\ldots+\beta.d$$
$$\ldots\ldots\ldots\ldots\ldots\ldots$$
$$-a.\alpha+b.\alpha-c.\alpha+d.\alpha-\ldots+(\beta.\alpha)_{\mu.k}.$$

Zweite Ableitung. Man hat unmittelbar nach 9. 4) Bemerk.

$$(\pm a\pm b\pm c\pm\ldots\pm\alpha_k).(\pm a\pm b\pm c\pm\ldots\pm\beta_\mu) =$$
$$[(\pm a)+(\pm b)+(\pm c)+\ldots+(\pm\alpha)_k].[(\pm a)+(\pm b)+(\pm c)+\ldots+(\pm\beta)_\mu]=$$
$$[(\pm a)+(\pm b)+(\pm c)+\ldots+(\pm\alpha)_k].(\pm a)+$$
$$[(\pm a)+(\pm b)+(\pm c)+\ldots+(\pm\alpha)_k].(\pm b)+$$
$$[(\pm a)+(\pm b)+(\pm c)+\ldots+(\pm\alpha)_k].(\pm c)+\ldots+$$
$$[(\pm a)+(\pm b)+(\pm c)\pm\ldots+(\pm\alpha)_k].(\pm\beta) =$$
$$(\pm a)(\pm a)+(\pm b)(\pm a)+(\pm c)(\pm a)+\ldots+(\pm\alpha)(\pm a)$$
$$(\pm a)(\pm b)+(\pm b)(\pm b)+(\pm c)(\pm b)+\ldots+(\pm\alpha)(\pm b)$$
$$(\pm a)(\pm c)+(\pm b)(\pm c)+(\pm c)(\pm c)+\ldots+(\pm\alpha)(\pm c)$$
$$\ldots\ldots\ldots\ldots\ldots\ldots$$
$$[(\pm a)(\pm\beta)+(\pm b)(\pm\beta)+(\pm c)(\pm\beta)+\ldots+((\pm\alpha).(\pm\beta))_k]_\mu;$$

was nun die einzeln hier vorkommenden Produkte anbetrifft, so weiß man nach den Gleichungen in 27. (3) bis (6), mit welchem Zeichen sie im Ausdruck für das Total-Produkt erscheinen müssen. Man multiplizirt demnach jedes Glied der einen analytischen Summe mit jedem Gliede der andern, und verbindet die so entstandenen Produkte mit + oder mit —, je nachdem diese mit einander multiplizirten Glieder gleiche, oder verschiedene (+, —) Zeichen vor sich haben.

Dritte Ableitung. Ferner gelangt man durch Anwendung des Gesetzes 22. 5) in Verbindung mit 2) und 22. 4) ebenfalls zu dem Vorstehenden.

Man hat nämlich, wenn

$$\pm a \pm b \pm c \pm \ldots \pm \alpha_k = S - s,$$
$$\pm a \pm b \pm c \pm \ldots \pm \beta_\mu = \mathfrak{S} - \mathfrak{s},$$

gesetzt wird, wo bezüglich S, 𝔖 die Summen der in den linken Seiten addirten, und s, ſ die Summen der darin subtrahirten Glieder bezeichnen, nach 2):

$$(\pm a \pm b \pm c \pm \ldots \pm \alpha_k).(\pm a \pm b \pm c \pm \ldots \pm \beta_\mu) = (S-s).(\mathfrak{S}-\mathfrak{s}) =$$
$$(S-s).\mathfrak{S} - (S-s).\mathfrak{s} = S.\mathfrak{S} - s.\mathfrak{S} - \mathfrak{S}.\mathfrak{s} + s.\mathfrak{s} =$$
$$(S.\mathfrak{S} + s.\mathfrak{s}) - (S.\mathfrak{s} + s.\mathfrak{S}),$$

mithin, nach I.:

$$(\pm a \pm b \pm c \pm \ldots \pm \alpha_k).(\pm a \pm b \pm c \pm \ldots \pm \beta_\mu) = (S.\mathfrak{S} + s.\mathfrak{s}) - (\mathfrak{S}.\mathfrak{s} + s.\mathfrak{S}).$$

Nun kann man, nach 9. 4) Bemerk., die Produkte S.𝔖, s.ſ, 𝔖.ſ, s.𝔖 unmittelbar hinschreiben. Denkt man sich dieselben auf diese Weise entwickelt, so fließt aus der rechten Seite unserer Gleichung nach 22. 4):

> die einzelnen Produkte, welche aus S.𝔖, s.ſ hervorgehn, werden in der Entwicklung sämmtlich mit (+), hingegen diejenigen, welche aus S.ſ, s.𝔖 entspringen, sämmtlich durch (—) mit einander verbunden.

Es enthalten aber S, 𝔖 bezüglich die im Multiplikand $\pm a \pm b \pm c \pm \ldots \pm \alpha_k$ und Multiplikator $\pm a \pm b \pm c \pm \ldots \pm \beta_\mu$ mit dem Zeichen (+), hingegen s, ſ bezüglich die im Multiplikanden und Multiplikator mit dem Zeichen (—) verbundenen Glieder, woraus erhellt: daß diejenigen einzelnen Produkte unserer Entwicklung, als addirte darin erscheinen, wenn sie aus Gliedern des Multiplikanden $\pm a \pm b \pm c \pm \ldots \pm \alpha_k$ und Multiplikators $a \pm b \pm c \pm \ldots \pm \beta_\mu$ gebildet sind, die gleiche, hingegen als subtrahirte darin erscheinen, wenn sie aus Gliedern des Multiplikanden und Multiplikators gebildet sind, welche verschiedene Zeichen vor sich haben.

Bemerkung. Unter andern ergiebt sich auch leicht für den obigen Satz noch eine Ableitung dadurch, daß wir zunächst die Entwicklung von $(\pm a \pm b \pm c \pm \ldots \pm \alpha_k)(\pm p \pm q)$ begründen, und sie dann, vermöge Ω, für den Fall verallgemeinern, wo der Multiplikator aus μ Gliedern besteht. Auch findet sich noch eine Ableitung, nach 4) zweite Ableiteitung, dadurch, daß man die im Multiplikator als addirt und subtrahirt vorkommenden Glieder besonders durch Zeichen hervorhebt.

Das vorstehende Gesetz läßt sich nun noch leicht für den Fall verallgemeinern, in welchem beliebig viele analytische, durch Addition und Subtraktion zusammengesetzte, Ausdrücke mit einander durch die Multiplikation verbunden sind.

Bezeichnen nämlich

$$^{a}\overset{\pm}{\mathfrak{A}}_{1}, \ ^{b}\overset{\pm}{\mathfrak{A}}_{2}, \ ^{c}\overset{\pm}{\mathfrak{A}}_{3}, \ \ldots, \ ^{a}\overset{\pm}{\mathfrak{A}}_{\mu}$$

μ (μ ist eine vollkommen bestimmte Anzahl) durch Addition und Subtraktion zusammengesetzte Ausdrücke, respective aus

$$a, \quad b, \quad c, \quad \ldots, \quad a_{\mu}$$

Gliedern bestehend, von denen das erste in jedem zusammengesetzten Ausdrucke, bezüglich

$$\alpha, \quad \beta, \quad \gamma, \quad \ldots, \quad h_{\mu}$$

heißen möge, so leuchtet ein, daß die Entwicklung von

$$^{a}\overset{\pm}{\mathfrak{A}}_{1} \times {}^{b}\overset{\pm}{\mathfrak{A}}_{2} \times {}^{c}\overset{\pm}{\mathfrak{A}}_{3} \times \ldots \times {}^{a}\overset{\pm}{\mathfrak{A}}_{\mu},$$

nach 9. 4) Bemerk., leicht unmittelbar hingeschrieben werden kann, wenn man nämlich die Glieder in jedem der einzelnen Ausdrücke, $^{a}\overset{\pm}{\mathfrak{A}}_{1}$, $^{b}\overset{\pm}{\mathfrak{A}}_{2}$, $^{c}\overset{\pm}{\mathfrak{A}}_{3}$, ..., $^{a}\overset{\pm}{\mathfrak{A}}_{\mu}$ blos durch das Zeichen (+) mit einander verbunden denkt, dann nach 9. 4) Bemerk. diese μ Summen mit einander multiplizirt, und den Gliedern in der erhaltenen Entwicklung, vermöge 27. (3) bis (6), das gehörige Vorzeichen giebt.

Es möge hiernach, ganz in der Kürze, eine Anleitung zur strengen Einsicht in dieses Gesetz folgen.

Entwickeln wir $s'.s''=(a+b+c+d+\ldots+\alpha_{\mu}).(\mathfrak{a}+\mathfrak{b}+\mathfrak{c}+\mathfrak{d}+\ldots+\mathfrak{y}_{\psi})$ nach diesem Gesetze, so stellt sich heraus:

Man multiplizire die beiden ersten Summanden a, $\mathfrak{a}$ der gegebenen zwei Summen mit einander, welches $a.\mathfrak{a}$ giebt.

Hierzu addire man alle diejenigen Produkte, welche entstehn, indem in $a.\mathfrak{a}$ nach und nach, statt a (als ersten Summanden der ersten Summe), alle übrigen Summanden der ersten Summe, nämlich b, c, d, ..., α setzt.

Wird die Summe aller dieser Produkte mit P′ bezeichnet, so ist:

$$P' = a.\mathfrak{a} + b.\mathfrak{a} + c.\mathfrak{a} + d.\mathfrak{a} - \ldots + (\alpha.\mathfrak{a})_{\mu}.$$

Zu P′ werden nun wieder sämmtliche Produkte addirt, die hervorgehn, sobald durchweg darin statt $\mathfrak{a}$, die noch übrigen Summanden $\mathfrak{b}$, $\mathfrak{c}$, $\mathfrak{d}$, ..., $\mathfrak{y}$, der zweiten Summe nach und nach gesetzt sind.

Nun läßt sich auch leicht zeigen, daß dieses Gesetz der Entwicklung eines Produkts noch stattfindet, sobald k solcher Summen, mit einander multiplizirt sind. Deshalb nehme man zuerst an, daß dasselbe nicht für jede, sondern nur für eine einzige Zahl t von k richtig ist: mithin das Resultat des Produkts der t Summen, die respective aus a, b, c, ..., T_t Summanden bestehn mögen, nach dem oben angedeuteten Gesetze, aus den $a.b.c \times \ldots \times T_t$ Partial-Produkten, gebildet sei.

Denkt man sich nun die Summe aller dieser $a.b.c \times \ldots \times T_t$ Partial-Produkte noch mit der neu hinzukommenden $t+1$ten Summe, z. B. mit $a'+b'+c'+d'+\ldots+m'_v$, nach den umstehenden Vorschriften multiplizirt: so findet sich das obige Gesetz auch für das Resultat des Produkts aus $t+1$ Summen bestätigt, sobald es für das Produkt von t derselben stattfindet. Nun ist dies Gesetz bereits oben für das Produkt aus zwei Summen bewiesen, folglich gilt es auch hiernach für das, aus drei u. s. w. f., wodurch dasselbe, mittelst Ω, nachdem diese Schlüsse bis ins Endlose fortgesetzt sind, ganz allgemein für das Produkt aus k Summen erhellt.

Hieraus geht dann hervor:

bezeichnen $\quad {}^{a}\overset{\pm}{\mathfrak{a}}_1,\ {}^{b}\overset{\pm}{\mathfrak{a}}_2,\ {}^{c}\overset{\pm}{\mathfrak{a}}_3,\ \ldots,\ {}^{a}\overset{\pm}{\mathfrak{a}}_\mu,$

μ Ausdrücke, respective aus

$$a, \quad b, \quad c, \quad \ldots, \quad a_\mu$$

Gliedern bestehend, von denen das erste in jedem dieser $\pm$ Ausdrücke, mit vorstehendem $+$ oder $-$ Zeichen, bezüglich

$$\pm\alpha, \ \pm\beta, \ \pm\gamma, \ \ldots, \ \pm h_\mu$$

heißen möge, so leuchtet ein, daß das Resultat des Produkts

$${}^{a}\overset{\pm}{\mathfrak{a}}_1 \times {}^{b}\overset{\pm}{\mathfrak{a}}_2 \times {}^{c}\overset{\pm}{\mathfrak{a}}_3 \times \ldots \times {}^{a}\overset{\pm}{\mathfrak{a}}_\mu,$$

wie folgt gebildet werden kann.

Man findet das erste Glied des $\pm$ Ausdrucks aller $a.b.c.d \times \ldots \times a_\mu$ im Allgemeinen zu bildenden Partial-Produkte, indem das Produkt aus allen ersten Gliedern, der μ gegebenen $\pm$ Ausdrücke,

nämlich $\quad (\pm\alpha)(\pm\beta)(\pm\gamma)(\pm\delta) \times \ldots \times (\pm h)_\mu,$

hingeschrieben ist.

Hierzu setze man alle diejenigen Produkte, welche entstehn, sobald darin, statt $\pm\alpha$ (als erstes Glied von $^{a}\overset{\pm}{\mathfrak{a}}_1$), sämmtliche übrigen Glieder von $^{a}\overset{\pm}{\mathfrak{a}}_1$ mit dem ihnen vorstehenden Zeichen gesetzt werden.

Der $\pm$ Ausdruck dieser a Produkte, heiße P′.

Zu P′ setze man alle diejenigen Produkte, welche entstehn, sobald darin statt $\pm\beta$ (als erstem Gliede von $^{b}\overset{\pm}{\mathfrak{a}}_2$) alle übrigen Glieder von $^{b}\overset{\pm}{\mathfrak{a}}_2$ mit den ihnen vorstehenden Zeichen gesetzt werden.

Der $\pm$ Ausdruck dieser a.b Produkte heiße P″.

Zu P″ setze man alle diejenigen Produkte, welche entstehn, indem man darin statt γ (als erstem Gliede von $^{c}\overset{\pm}{\mathfrak{a}}_3$), die noch übrigen Glieder von $^{c}\overset{\pm}{\mathfrak{a}}_3$ mit dem ihnen vorstehenden Zeichen setzt.

Der $\pm$ Ausdruck dieser a.b.c Produkte heiße P‴.

Zu P‴ setze man alle diejenigen Produkte, welche entstehn, nachdem darin statt δ (als erstem Gliede von $^{d}\overset{\pm}{\mathfrak{a}}_4$) die noch übrigen Glieder von $^{d}\overset{\pm}{\mathfrak{a}}_4$ gesetzt werden. U. s. w. f.

Auf diese Weise fahre man nämlich fort, bis das gegebene Produkt in den gesuchten $\pm$ Ausdruck verwandelt ist *).

Man kann daher auch gleich wie folgt verfahren.

Beispiel 1.

$$(a-b+c)(d-f+g)(h-k+m) =$$
$$adh - bdh + cdh_{*} - afh + bfh - cfh + agh - bgh + cgh_{**}$$
$$- adk + bdk - cdk + afk - bfk + cfk - agk + bgk - cgk$$
$$+ adm - bdm + cdm - afm + bfm - cfm + agm - bgm + cgm_{***}$$

Man multiplizirt also alle ersten Glieder der gegebenen drei analytischen $\pm$ Ausdrücke mit einander, dies giebt

$$a\ d\ h,$$

hierin statt des ersten Gliedes a, des ersten $\pm$ Ausdrucks, alle übrigen dieses Ausdrucks gesetzt, giebt

$$-bdh + cdh,$$

---

*) Diese direkte elementare Entwicklung ist — so viel mir bekannt — neu, und zuerst von mir gegeben (s. d. Wiss. der Math. d. Verfassers). Ich wende sie in der höhern Analysis mit besonderer Leichtigkeit an.

und dies nach dem vorhin Erhaltenen folgen lassen liefert:

$$adh - bdh + cdh_{*},$$

wo dieser erste Stern den ersten Schritt bezeichnet.

Nimmt man nun wieder, im Vorstehenden, statt des ersten Gliedes d, des zweiten $\pm$ Ausdruckes, nach und nach die übrigen dieses Ausdruckes, d. h. $-f$, $+g$, so kommt

$$\begin{aligned} &- afh + bfh - cfh \\ &+ agh - bgh + cgh, \end{aligned}$$

und dies an das Vorige: $adh - bdh + cdh$, angereihet, giebt:

$$adh - bdh + cdh_{*} - afh + bfh - cfh + agh - bgh + cgh_{**}.$$

Hierin wieder, von vorn bis zum zweiten Stern, statt des ersten Gliedes h, des dritten $\pm$ Ausdrucks alle übrigen $-k$, $+m$ gesetzt, giebt:

$$\begin{aligned} &- adk + bdk - cdk + afk - bfk + cfk - agk + bgk - cgk \\ &+ adm - bdm + cdm - afm + bfm - cfm + agm - bgm + cgm, \end{aligned}$$

und dies endlich wieder an den vorstehenden Ausdruck angereihet, giebt das eben erhaltene Resultat:

$$\begin{aligned} & adh - bdh + cdh_{*} - afh + bfh - cfh + agh - bgh + cgh_{**} \\ &- adk + bdk - cdk + afk - bfk + cfk - agk + bgk - cgk \\ &+ adm - bdm + cdm - afm + bfm - cfm + agm - bgm + cgm_{***}. \end{aligned}$$

Dieses Anreihen geschieht übrigens gleich unmittelbar*).

Beispiel 2.

$$(-a+b-c+d).(-f+g-k).(-m+n-p) =$$
$$\begin{aligned} &-afm+bfm-cfm+dfm+agm-bgm+cgm-dgm-akm+bkm-ckm+dkm \\ &+afn-bfn+cfn-dfn-agn+bgn-cgn+dgn+akn-bkn+ckn-dkn \\ &-afp+bfp-cfp+dfp+agp-bgp+cgp-dgp-akp+bkp-ckp+dkp \end{aligned}$$

6) In Beziehung auf das Differenz-Produkt bleiben noch die direkten und indirekten Gesetze vom Gleich-, Größer und Kleinersein hier zu betrachten übrig.

Man hat deshalb:

Ist $a > b$ und $b > c$, wo a, b, c Differenz-Produkte vorstellen, so ist auch $a > c$ nach 20. 7). Oder besonders erwiesen:

---

*) Aus diesem allgemeinen Gesetze ergiebt sich leicht eine einfache Ableitung des binomischen Satzes $(a+b)^{\alpha}$, so wie auch des polynomischen, worauf wir späterhin zurückkommen werden.

$$
\begin{aligned}
\text{Es sei}\quad a &= (\alpha-\beta)(\alpha'-\beta'), && \text{also ist } a \text{ in } \alpha''-\beta'' \text{ begriffen;}\\
b &= (\gamma-\delta)(\gamma'-\delta'), && \text{„ „ } b \text{ „ } \gamma''-\delta'' \text{ „}\\
c &= (\varphi-\psi)(\varphi'-\psi'), && \text{„ „ } c \text{ „ } \varphi''-\psi'' \text{ „}
\end{aligned}
$$

mithin: $a-b = (\alpha''-\beta'')-(\gamma''-\delta'') = +\zeta$, wegen $a > b$,
ferner $b-c = (\gamma''-\delta'')-(\varphi''-\psi'') = +\zeta'$, „ $b > c$,
also durch die Addition, da subtraktive Gleichungen vorkommen:

$$(a-b)+(b-c) = (\alpha''-\beta'')-(\varphi''-\psi'') = +(\zeta+\zeta'), \text{ oder } a > c$$

Nach Ω gilt auch dies Gesetz wieder allgemein für Differenz-Produkte, d. h. ist $a > b$ und $b > c, \ldots, (h > k)_\alpha$, so ist auch $a > k$, wenn jeder folgende der Ausdrücke $a, b, c, \ldots, h, k$ kleiner ist als der unmittelbar vorhergehende.

7) Es sei $a > b$, und es fragt sich, ob noch $ac > bc$ ist, wenn a, b, c Differenzen wirklicher Zahlen vorstellen. Zunächst ist $\mathfrak{G}.\ (\mathfrak{u}\,.\,\mathfrak{a}) \mid \mathfrak{G}.\ (\mathfrak{g}\,.\,\mathfrak{a})$.

Man hat daher aus $a > b$, nach dem erweiterten Begriffe in 20., oder aus 22. 5) Bemerk. 1.

$$
\begin{aligned}
a-b &= \alpha, \text{ also für}\\
c &= \beta-\gamma \text{ nach III. (3):}\\
(a-b).c &= \alpha(\beta-\gamma) \hookrightarrow \text{ nach V.:}\\
ac-bc &= \alpha(\beta-\gamma).
\end{aligned}
$$

Hier kann nun β entweder $>$, $=$ oder $< \gamma$ sein.

Ist $\beta > \gamma$, so ist $\beta-\gamma$ positiv $=\delta$, also auch $\alpha(\beta-\gamma) = \alpha\delta$, und es ist dann, wegen $ac-bc$ positiv, auch $ac > bc$.

Ist aber $\beta = \gamma$, so ist $ac-bc = \alpha\beta-\alpha\beta = 0$, also $ac = bc$.

Ist endlich $\beta < \gamma$, so ist $\beta-\gamma = -(\gamma-\beta) = -\delta'$, also ist dann $ac-bc = \alpha(-\delta') = -(\alpha\delta')$, mithin $ac < bc$.

Man hat demnach

$$\text{aus:}\quad a > b, \hookrightarrow ac \begin{matrix} > \\ = \\ < \end{matrix} bc \text{ je nachdem } c \begin{Bmatrix}\text{positiv,}\\ \text{Null,}\\ \text{negativ}\end{Bmatrix} \text{ ist *).}$$

---

*) Man ersieht hieraus die Wichtigkeit dieser Untersuchungen. Für wirkliche Zahlen a, b, c ergab sich in der Urzahlenlehre stets aus $a > b$, $ac > bc$. Hätten wir nun darum dies Gesetz immer in dieser Folge zu erblicken geglaubt, so würde auch z. B. aus $5 > 3$ folgern: $(5).(-1) > 3(-1)$ oder $-5 > -3$ oder $(-5)+8 > (-3)+8$ oder $3 > 5$, was mit dem Begriffe der wirklichen Zahl in Widerspruch steht. Weil sich nämlich aus $a > b$ stets

Hierin findet sich das frühere Gesetz, in der Urzahlenlehre, **mit** aufgenommen.

8) Betrachten wir nun den indirekten Satz von III. (3), $ac = bc$, so fragt es sich ob, wenn a, b, c beliebige Differenzen vorstellen, $a = b$ sein muß.

Wäre $a \gtrless b$, so würde bezüglich für c $\begin{Bmatrix}\text{positiv,}\\ \text{negativ}\end{Bmatrix}$ folgen: $ac \gtrless bc$ oder $ac \lessgtr bc$.

Wäre $c = 0$, so ist $a.c = a.0 = 0$, und $bc = b.0 = 0$, also ac dann immer $= bc$, oder aus $a \gtrless b \hookrightarrow$, für $c = 0$, daß $ac = bc$ ist.

Aus $ac = bc$ folgt demnach nur dann **immer** $a = b$, wenn c **nicht** Null ist.

Ist hingegen $c = 0$, in $ac = bc$, so bleibt es gänzlich **unbestimmt** ob $a \substack{>\\=\\<} b$ ist.

Man darf auch u. A. wie folgt schließen:

Aus der Voraussetzung $ac = bc \hookrightarrow ac - bc = 0 \hookrightarrow (a-b)c = 0$; nun muß, wenn auch a vom b verschieden ist, die linke Seite $(a-b).c$ doch für $c = 0$ in Null übergehn; ist deshalb c **nicht** Null, so muß, da $(a-b).c = 0$ gegeben ist, nothwendig $a - b = 0$ d. h. $a = b$ sein, eben weil zwei Ausdrücke $a - b$ und c, die **nicht** Null sind, mit einander multiplizirt, $+\alpha$ oder $-\alpha$, also **nicht** Null geben können; es folgt also **immer** aus $ac = bc$, daß $a = b$ ist, sobald nur c **nicht** $= 0$ ist.

9) Untersuchen wir ferner den indirekten Satz von 7).

Ist $ac > bc$, so kann zunächst c **nicht** $= 0$ sein, weil sonst, nach 8), $ac = bc$ sein würde, was nicht vorausgesetzt ist.

Ist nun mit $ac > bc$ zugleich c positiv gegeben, so muß $a > b$ sein; denn aus $a \substack{=\\<} b$ würde nach 7) und III. (3) folgen: $ac \substack{=\\<} bc$.

$ac > bc$ ergiebt, wenn a, b, c **wirkliche** Zahlen sind, so müßte auch, für c negativ, $ac < bc$ sein, d. h. letztere Beziehung fließt rein aus der erstern, nur kann die Folge des Zeichens der Verschiedenheit $(\gtrless)$ nicht in diesen beiden Fällen ein und dieselbe sein.

Um die Feststellung **dieser** Folge von $=$, $>$, $<$, in Betreff des höhern Begriffs vom Gleich-, Größer- und Kleinersein der immer und ewig wahren **ältern** Gesetze wie sie sich jetzt **formell** gestalten müssen, handelt es sich hier.

Ist ferner mit $ac > bc$ zugleich c negativ gegeben, so muß $a < b$ sein; denn aus $a \geqq b$ $\hookrightarrow$ nach 7) und III. (3), daß $ac \leqq bc$ sein müßte, was gegen die Voraussetzung $ac > bc$ streitet.

Man hat demnach:

$$\text{Ist } ac > bc, \text{ so ist } a \gtrless b \text{ je nachdem } c \begin{Bmatrix}\text{positiv,}\\ \text{negativ}\end{Bmatrix} \text{ ist.}$$

Hierin liegt wieder das frühere Gesetz (Urzahlenlehre) als einzelner Fall.

Man darf auch u. A. so schließen:

Aus der Voraussetzung $ac > bc$ $\hookrightarrow$ $ac - bc = \alpha$ oder $(a-b)c = \alpha$. Hieraus entspringt erstens, daß c nicht Null sein kann, weil sonst $ac = bc$ folgen würde. Da ferner das Produkt $(a-b).c$ positiv, $= \alpha$ ist, so muß nothwendig zweitens, wenn c positiv ist, auch $a - b$ positiv, d. h. $a > b$ sein. Ist endlich drittens c negativ, so muß auch $a - b$ negativ, d. h. $a < b$ sein. Vergl. 27. (3) bis (6).

10) Es fragt sich wieder ob noch aus $a > b$ und $c > d$, wie früher, folgt, daß $ac > bd$ ist, wenn a, b, c, d Differenzen wirklicher Zahlen vorstellen.

Man hat nach III. (3) u. 7)

$$a > b, \hookrightarrow ac \begin{matrix}>\\=\\<\end{matrix} bc \text{ je nachdem } c \begin{Bmatrix}\text{positiv,}\\ \text{Null,}\\ \text{negativ}\end{Bmatrix} \text{ ist,}$$

aus:

$$c > d, \hookrightarrow bc \begin{matrix}>\\=\\<\end{matrix} bd \text{ je nachdem } b \begin{Bmatrix}\text{positiv,}\\ \text{Null,}\\ \text{negativ}\end{Bmatrix} \text{ ist.}$$

Hiernach folgt aus $a > b$ und $c > d$ bezüglich:

$$ac \gtrless bd \text{ je nachdem } b \text{ und } c \text{ zugleich } \begin{Bmatrix}\text{positiv,}\\ \text{negativ}\end{Bmatrix} \text{ sind.}$$

$$ac > bd, \text{ wenn } \begin{Bmatrix}c \text{ positiv,}\\ b = \text{Null}\end{Bmatrix}, \text{ oder } \begin{Bmatrix}c = \text{Null,}\\ b \text{ positiv}\end{Bmatrix} \text{ ist;}$$

$$ac < bd, \quad " \quad \begin{Bmatrix}c = \text{Null,}\\ b \text{ negativ}\end{Bmatrix}, \quad " \quad \begin{Bmatrix}c \text{ negativ,}\\ b = \text{Null}\end{Bmatrix} \text{ ist;}$$

$$ac = bd, \quad " \quad \begin{Bmatrix}c = \text{Null,}\\ b = \text{Null}\end{Bmatrix} \text{ ist *).}$$

*) Hält man sich lediglich an die Begriffe vom Gleich= Größer= und Kleinersein, daß $a \begin{matrix}>\\=\\<\end{matrix} b$ heißt, je nachdem $a - b$ positiv, Null oder negativ ist, so läßt sich für jeden vorkommenden einzelnen Fall leicht untersuchen, welche unter obigen Beziehungen stattfindet.

Weil $a > b$ und $c > d$, so ist mit $a = 0$, auch b negativ; mit a negativ, b negativ; mit b positiv, a positiv; mit $b = 0$, a positiv, gegeben. Dasselbe findet zwischen c und d Statt.

Man hat aber nach derselben Voraussetzung

aus:

$$c > d \hookrightarrow ac \begin{matrix} > \\ = \\ < \end{matrix} ad \text{ je nachdem } a \begin{Bmatrix} \text{positiv,} \\ \text{Null,} \\ \text{negativ} \end{Bmatrix} \text{ ist,}$$

$$a > b \hookrightarrow ad \begin{matrix} > \\ = \\ < \end{matrix} bd \quad \text{„} \quad \text{„} \quad d \begin{Bmatrix} \text{positiv,} \\ \text{Null,} \\ \text{negativ} \end{Bmatrix} \text{ ist.}$$

Hiernach folgt aus $c > d$ und $a > b$ bezüglich:

$$ac \begin{matrix} > \\ < \end{matrix} bd \text{ je nachdem } a \text{ und } d \text{ zugleich } \begin{Bmatrix} \text{positiv,} \\ \text{negativ} \end{Bmatrix} \text{ sind;}$$

$$ac > bd, \text{ wenn } \begin{Bmatrix} d = \text{Null,} \\ a \text{ positiv,} \end{Bmatrix}, \text{ oder } \begin{Bmatrix} a = \text{Null,} \\ d \text{ positiv} \end{Bmatrix}, \text{ oder } \begin{Bmatrix} b = 0, \\ d = 0 \end{Bmatrix} \text{ ist;}$$

$$ac < bd, \text{ wenn } \begin{Bmatrix} a = \text{Null,} \\ d \text{ negativ} \end{Bmatrix}, \text{ oder } \begin{Bmatrix} a \text{ negativ,} \\ d = \text{Null} \end{Bmatrix}, \text{ oder } \begin{Bmatrix} a = 0, \\ c = 0 \end{Bmatrix} \text{ ist;}$$

$$ac = bd, \text{ wenn } \begin{Bmatrix} a = \text{Null,} \\ d = \text{Null} \end{Bmatrix} \text{ ist.}$$

Diese Beziehungen für a, d sind offenbar unmittelbar mit den vorstehenden für b, c gegeben, weil es einerlei ist ob $a > b$, $c > d$, oder $c > d$, $a > b$ vorausgesetzt wird.

Stellt man nun das Gefundene gehörig zusammen, so kommt:

Ist $a > b$ und $c > d$ gegeben, so folgt bezüglich:

$$ac \begin{matrix} > \\ < \end{matrix} bd \text{ je nachdem } b \text{ (oder } a\text{), } c \text{ (oder } d\text{) zugleich } \begin{Bmatrix} \text{positiv,} \\ \text{negativ} \end{Bmatrix} \text{ sind;}$$

$$ac > bd, \text{ wenn } \begin{Bmatrix} c \text{ (oder } a\text{) pos.,} \\ b \text{ (oder } d\text{)} = 0 \end{Bmatrix}, \text{ oder } \begin{Bmatrix} c \text{ (oder } a\text{)} = 0, \\ b \text{ (oder } d\text{) pos.} \end{Bmatrix}, \text{ oder } \begin{Bmatrix} b = 0, \\ d = 0 \end{Bmatrix} \text{ ist;}$$

$$ac < bd, \text{ wenn } \begin{Bmatrix} c \text{ (oder } a\text{)} = 0, \\ b \text{ (oder } d\text{) neg.} \end{Bmatrix}, \text{ oder } \begin{Bmatrix} c \text{ (oder } a\text{) neg.,} \\ b \text{ (oder } d\text{)} = 0 \end{Bmatrix}, \text{ oder } \begin{Bmatrix} a = 0, \\ c = 0 \end{Bmatrix} \text{ ist;}$$

$$ac = bd, \text{ wenn } \begin{Bmatrix} c \text{ (oder } a\text{)} = 0, \\ b \text{ (oder } d\text{)} = 0 \end{Bmatrix} \text{ ist.}$$

Hierin liegt wieder das frühere Gesetz als einzelner Fall.

Man hätte diese Beziehungen auch wie folgt, aus der Abhängigkeit $G.(\mathfrak{u}'.\mathfrak{u}) \mid G.(\mathfrak{g}'.\mathfrak{g})$, finden können.

Aus:

$$a > b \hookrightarrow a = b + \alpha,$$
$$c > d \hookrightarrow c = d + \gamma;$$

um zum Produkte ac der linken Seiten beider Ungleichungen zu gelangen, multiplizire man beide Seiten von $a = b + \alpha$ mit c, so kommt $ac = bc + c.\alpha$, welche Gleichung die Beziehung für das Produkt ac ausspricht; um nun noch eine zweite Relation für das Produkt bd, aus den rechten Seiten der gegebenen Ungleichungen, zu erhalten, hat man offenbar nur nöthig beide Seiten der aus $c > d$ fließenden Gleichung, nämlich $c = d + \gamma$ mit b zu multiplizieren, und es kommt $bc = bd + b.\gamma$.

Man hat also: $ac = bc + c.\alpha$ und
$bc = bd + b.\gamma$.

Da nun die erste dieser Gleichungen die Beziehung für ac, die zweite hingegen die für bd [weil $bd = bc - b\gamma$] ausspricht, und doch eine Beziehung zwischen ac und bd gesucht wird, so müssen beide Bestimmungen für ac und bd, die noch einzeln in beiden Gleichungen liegen, in eine Einheit, d. h. zu ihrer Wahrheit verschmelzen. Nun hat bc in der ersten Gleichung, die Bestimmung: $bd + b.\gamma$ zu sein, wie es die zweite verlangt. Man lasse also, damit alles in Erfüllung gehen kann, bc zu $bd + b\gamma$ in der ersten übergehn, so kommt

$$ac = bd + b.\gamma + c.\alpha,$$

und dies muß der Repräsentant für die gesuchte Wahrheit sein, indem unsere Voraussetzungen $a > b$ und $c > d$, in Rücksicht der daraus fließenden multiplikationellen Verbindungen ac, bd, zu ihrer geistigen Einheit, als ihrer Wahrheit, vereinigt sind.

Man entnimmt nun leicht aus $ac - bd = b.\gamma + c.\alpha$ unmittelbar:

$ac > bd$, wenn c und b positiv; oder c Null, b positiv; oder c positiv, b Null; oder b Null, d Null ist.

$ac < bd$, wenn c und b negativ; oder c Null, b negativ; oder c negativ, b Null; oder a Null, c Null ist.

$ac = bd$, wenn $c = 0$ und $b = 0$ ist.

Zu ähnlichen Beziehungen gelangt man, wenn $a = b + \alpha$ mit d, und $c = d + \gamma$ mit a, durch die Multiplikation verbunden wird; es ist dann $ad = bd + d\alpha$, $ac = ad + a\gamma$ also $ac = bd + d\alpha + a\gamma$.

Man hätte auch noch u. A. so schließen können.

Aus $a > b$ und $c > d$ ⌐ $a = b + \alpha$, $c = d + \beta$, also ist das Produkt der linken Seiten gleich dem der rechten, oder $ac = bd + b\beta + \alpha(d + \beta)$.

Die hieraus fließenden Beziehungen sind also dieselben wie vorhin, wenn man nur beachtet, daß $d+\beta=c$ ist.

Auch die Abhängigkeit S. (𝔲′.𝔲) | S. (𝔲′.𝔤) hätte uns zum Ziele geführt.

11) Ist $a>b$ und $c>d$ gegeben, so kann man auch nach den Beziehungen zwischen ad und bc, in Betreff des Positiven und Negativen, fragen, obgleich wir schon aus der Urzahlenlehre wissen, daß wenn a, b, c, d wirkliche Zahlen sind, für ad und bc nichts Bestimmtes folgt.

Man hat nach 7):

Aus: $a>b$, daß $ad \gtrless bd$, je nachdem d positiv oder negativ ist;
⸗ $c>d$, ⸗ $bc \gtrless bd$, ⸗ ⸗ b ⸗ ⸗ ⸗ ⸗

es ergiebt sich also

aus: $\begin{matrix} a>b, \\ c>d \end{matrix}$, daß $ad \gtrless bc$ ist, je nachdem d positiv, b negativ; oder d negativ und b positiv ist.

Auch so darf man schließen:

$$\text{Aus: } \begin{matrix} a>b, \\ c>d \end{matrix} \;\urcorner\; \begin{matrix} a=b+\alpha, \\ d=c-\beta \end{matrix} \;\urcorner\; \begin{matrix} ad=bd+d\alpha, \\ bd=bc-b\beta \end{matrix} \;\urcorner$$

$$ad=bc-b\beta+d\alpha, \text{ und hieraus:}$$

$ad>bc$, wenn b negativ und d positiv, oder
$ad<bc$, wenn b positiv und d negativ ist.

Oder so:

Wir werden die Differenz der Produkte ad und bc, in Betreff der Voraussetzungen $a=b+\alpha$ und $c=d+\beta$, untersuchen.

Nun ist: $ad-bc=(b+\alpha)d-b(d+\beta)=\alpha d-\beta b$,

hieraus folgt ebenfalls für d positiv, b negativ, daß $ad>bc$; und für d negativ und b positiv, daß $ad<bc$ ist *).

12) Ist $ac=bd$ und außerdem $a>b$, so fragt es sich, ob wie früher: $c<d$ ist, unter der Voraussetzung, daß a, b, c, d Differenzen ganzer Zahlen vorstellen.

*) Man könnte sich auch, wenn $a>b$ und $c>d$ vorausgesetzt ist, nach den Beziehungen zwischen ab und cd fragen. So findet sich z. B. für $b>c$ und c positiv (also auch b), daß $ab>cd$; für b und c negativ und $b>c$, daß $ab<cd$ ist. Nach der bisherigen Anleitung kann man alle diese Untersuchungen leicht durchführen.

Um beide Voraussetzungen in ihre Einheit zusammengehn zu lassen, hat man die erste Bestimmung $a > b$, d. h. $a = b + \alpha$, in die zweite $ac = bd$ zu bringen; dies giebt $(b + \alpha)c = bd$ oder $bc + \alpha c = bd$, und hieraus, oder einfacher aus

$$(d - c) . b = c . \alpha$$

muß alles, was durch die Voraussetzung: $ac = bd$, $a > b$, gegeben ist, entnommen werden können, und man sieht mit einem Blick, wenn man festhält, was hinsichtlich der Multiplikation des Positiven und Negativen stattfindet nach [27. (3) bis (6)]:

$$c \lessgtr d \begin{cases} \text{wo } < \text{ gilt, wenn b und c pos.; oder b und c neg. sind,} \\ \text{„ } > \text{ „ „ b neg., c pos.; oder b pos., c neg. ist.} \end{cases}$$

Ist $c = 0$, so muß $b = 0$ sein, wenn d nicht Null ist,
„ $c = 0$, „ „ $d = 0$ „ „ b „ „ „

Gleichzeitig ist mit $b = 0$, a positiv; mit b positiv, auch a positiv; mit a negativ, auch b negativ; mit $a = 0$, auch b negativ gegeben.

Man kann auch u. A. so schließen: Betritt man zuerst den Weg der Erfindung, so gehn aus der ganzen Untersuchung folgende Resultate hervor:

Ist in $ac = bd$, $a > b$, und b, c positiv, so muß $c < d$ sein; denn erstens hätte man für $c = d$, da $a > b$ und c positiv ist: $ac > bd$, was gegen die Voraussetzung $ac = bd$ streitet; zweitens, wäre mit $a > b$ zugleich $c > d$ möglich, so hätte man, nach 10), da b, c positiv sind: $ac > bd$, gegen die Voraussetzung; also findet die Behauptung Statt.

Ist ferner in $ac = bd$ zugleich $a > b$, und außerdem b sowohl als c negativ gegeben, so muß $c < d$ sein; denn wäre erstens $c = d$, so müßte, nach 7), da c negativ ist: $ac < bd$ sein, gegen die Voraussetzung; zweitens, wäre mit $a > b$ zugleich $c > d$ möglich, so hätte man, da b und c negativ sind, nach 10): $ac < bd$, wider die Annahme; also gilt unsere Behauptung.

Ist ferner in $ac = bd$ zugleich $a > b$, und außerdem b positiv, c negativ gegeben, so muß $c > d$ sein; denn erstens hätte man aus $c = d$ und $a > b$, $ac < bd$, wegen c negativ, nach 7); zweitens, wäre mit $a > b$ zugleich $c < d$ möglich, so hätte man $ac < bc$, wegen c negativ, ferner $bc < bd$, wegen b positiv, daher: $ac < bd$, gegen die Voraussetzung.

Ist endlich in $ac = bd$ zugleich $a > b$ und außerdem b negativ, c positiv gegeben, so ist $c > d$; denn erstens hätte man aus $c = d$ und $a > b$, da c positiv ist: $ac > bd$, nach 7); zweitens, wäre mit $a > b$, zugleich $c < d$ möglich, so hätte man, wegen c positiv, $ac > bc$ und wegen b negativ, $bc > bd$, daher $ac > bd$ gegen die Voraussetzung, mithin ist die Behauptung begründet. Dies sind dieselben Resultate wie vorhin; denn die Relationen für das Vorkommen von Null, leitet man eben so ab.

13) Ist in $ac > bd$ noch $a < b$ gegeben, so fragt es sich, ob noch immer, wie früher, $c > d$ sein muß, unter der Voraussetzung, daß a, b, c, d allgemeine Differenzen ganzer Zahlen vorstellen. Zunächst sieht man, daß aus der zweiten Bedingung $a < b$ folgt: Ist $b = 0$, so ist a negativ; ist b negativ, so ist a negativ; ist $a = 0$, so ist b positiv; ist a positiv, so ist b positiv.

Betritt man auch hier zuerst den Weg der Erfindung, so stellen sich folgende Beziehungen heraus.

Ist in $ac > bd$ zugleich $a < b$, und außerdem b und c positiv gegeben, so ist $c > d$; denn erstens folgt aus $c = d$ und $a < b$, da c positiv ist: $ac < bd$, gegen die Voraussetzung; zweitens, wäre mit $a < b$ zugleich $c < d$ möglich, so hätte man, da b und c positiv sind: $ac < bd$, gegen die Voraussetzung, also muß $c > d$ sein.

Ist in $ac > bd$ zugleich $a < b$, und außerdem b negativ, c hingegen positiv gegeben, so ist $c < d$; denn wäre erstens $c = d$, so ist, wegen $a < b$, $ac < bd$; zweitens, wäre mit $a < b$ zugleich $c > d$ möglich, so hätte man, weil c positiv ist, $ac < bc$, ferner, weil b negativ ist, $bc < bd$, also $ac < bd$, gegen die Voraussetzung. Es ist demnach $c < d$.

Ist ferner in $ac > bd$ zugleich $a > b$, und außerdem b positiv, c hingegen negativ gegeben, so ist $c > d$; denn wäre erstens $c = d$, so ist, da $a > b$ sein soll, $ac < bd$, wegen c negativ; zweitens, wäre mit $a > b$ zugleich $c < d$ möglich, so folgt, weil c negativ, $ac < bc$, ferner, weil b positiv, $bc < bd$ also $ac < bd$, gegen die Voraussetzung.

Ist in $ac > bd$ zugleich $a > b$, und außerdem b und c negativ gegeben, so ist $c < d$; denn wäre erstens $c = d$, so folgt aus $a > b$, da c negativ ist, $ac < bd$; zweitens, wäre mit $a > b$ zugleich

$c > d$ möglich, so folgt, da c negativ ist, $ac < bc$, und wegen b negativ: $bc < bd$, also $ac < bd$, gegen die Voraussetzung. Es ist demnach $c < d$.

Das Resultat dieser Untersuchung besteht also in:

Ist $ac > bd$ und $a < b$ gegeben, so ist:

$$c \gtrless d \begin{cases} \text{wo} > \text{gilt, wenn b und c positiv gegeben sind,} \\ \text{„} < \text{„ „ b negativ, c positiv ist.} \end{cases}$$

Ist ferner $ac > bd$ und $a > b$ gegeben, so ist:

$$c \gtrless d \begin{cases} \text{wo} > \text{gilt, wenn b positiv, c hingegen negativ ist,} \\ \text{„} < \text{„ „ b und c beide negativ sind.} \end{cases}$$

Man kann auch u. A. kürzer wie folgt schließen.

Verbindet man die zweite Voraussetzung $a < b$ oder $a = b - \beta$ mit der ersten $ac > bd$, so kommt $(b - \beta)c > bd$ oder $bc - c\beta > bd$ oder

$$b(c - d) > c . \beta.$$

Denkt man sich nun, daß der Faktor b, als auch c, links und rechts, positiv ist, so kann $c - d$ weder Null noch negativ sein, weil sonst $b . (c - d)$ nicht $> c\beta$ wäre; es muß also $c - d$ positiv, daher $c > d$ sein.

Denkt man sich ferner b negativ, und c (rechts) positiv, so muß $c - d$ negativ sein, damit das Produkt $b . (c - d)$ positiv und $> c . \beta$ werden kann; es ist also dann $c < d$.

Um auch zu finden was aus $ac > bd$ und $a > b$ folgt, ergiebt sich für $a = b + \beta'$,

$$c\beta' > b . (d - c).$$

Man sieht hieraus, daß wenn b positiv, c (links) negativ ist, dann nothwendig $d - c$ negativ sein muß, weil sonst das Produkt $b . (d - c)$ nicht $< c\beta'$ werden kann. Es ist also dann $d < c$.

Ist ferner b, und c (links), negativ, so muß $d - c$ positiv, d. h. $d > c$ sein.

Ist $b = 0$, so muß, wegen $a < b$, $a < 0$, also nothwendig a negativ sein; und da jetzt $ac > 0$ gegeben ist, so muß auch c negativ sein.

Ist endlich mit $ac > bd$ und $a > b$ zugleich $b = 0$ gegeben, so ist wegen $a > b$, a positiv, und wegen $ac > bd$, jetzt $c > 0$, d. h. c positiv.

In allen diesen Gesetzen für das Gleich- Größer- und Kleinersein, liegen die frühern der Urzahlenlehre als einzelne Fälle.

14) Untersuchen wir nun auch den Satz in 11), wenn $ad > bc$ und $a < b$, oder $a > b$, gegeben ist, so findet sich auf demselben (oder auf einem andern) Wege wie vorhin, wenn man zuerst in $ad > bc$ die Bedingung $a < b$ oder $a = b - \beta$ aufnimmt:

$$(b - \beta)d > bc \hookrightarrow bd - d\beta > bc \hookrightarrow b(d - c) > d\beta,$$

mithin muß, für b und d (rechts) positiv, auch $d - c$ positiv, d. h. $c < d$ sein; ferner für d (rechts) positiv und b negativ, muß $d - c$ negativ, d. h. $c > d$ sein.

Ist $ad > bc$ und $a > b$ oder $a = b + \beta'$ gegeben, so kommt

$$(b + \beta')d > bc \hookrightarrow bd + d\beta' > bc \hookrightarrow d\beta' > b(c - d); \text{ d. h.:}$$

Aus $ad > bc$ und $a > b$ folgt, daß $c \lessgtr d$ ist, je nachdem b positiv, d negativ; oder b negativ und d negativ ist.

Diese Beziehungen sind dieselben, wie die in der ersten Ableitung gefundenen. Aus der zweiten Bedingung $a > b$ folgt noch, daß mit $b = 0$, a positiv; mit b positiv, auch a positiv; mit a negativ, b negativ; mit $a = 0$, b negativ sein muß.

Hiermit ist nun vollständig entwickelt, daß die Gesetze der Mischung der Addition mit der Subtraktion und Multiplikation noch unverändert beibehalten werden dürfen, wenn nur die einzelnen Buchstaben überall allgemeine Differenzen ganzer Zahlen vorstellen; d. h. man darf die wirkliche Zahl, die Null und die negative Zahl durch diese drei Operationen, ganz nach denselben Gesetzen mit einander verbinden, als wenn überall wirkliche Zahlen vorkämen. Auch die Modifikationen der Gesetze des Gleich- Größer- und Kleinerseins sind in Betreff dieses allgemeinern Multiplizirens entwickelt. Da wir nun wissen, was vom Multipliziren gilt, wenn $+\alpha$, 0, oder $-\alpha$ als Faktoren gegeben sind, so treibt uns wieder das Abgeschlossensein dieser Multiplikations-Sphäre, zu dem Gegensatze hin, d. h. von dem gegebenen Resultate einer solchen allgemeinern Multiplikation und dem einen Faktor, zum andern, der mit letzterem multiplizirt jenes Resultat erzeugte, zurückzukehren, oder die Gegensätze und Beziehungen festzustellen, die für dieses allgemeinere Rückschreiten stattfinden. Hieraus erhellt gleichzeitig die Beschränktheit des gegenwärtigen Standpunktes unserer Zahlenlehre, indem wir von einem a l l g e m e i n e r n D i v i d i r e n noch n i c h t s besonderes aufstellen konnten.

Als einleitende Idee übersieht man schon aus der Multiplikation:

Ist in der Gleichung $a.b = c$, wo a, b, c Differenzen repräsentiren mögen:

c pos., b pos., so ist a pos.; c neg., b pos. so ist a neg.; c pos., b neg. so ist a neg.;

c neg., b neg., so ist a pos.; $c = 0$, b pos. so ist $a = 0$; $c = 0$, b neg. so ist $a = 0$;

$c = 0$, $b = 0$, so ist a unbestimmt; c pos., $b = 0$, so ist a bis jetzt nicht angebbar;

c neg., $b = 0$, so ist a bis jetzt nicht denkbar.

Wir übersehen vorläufig diese Beziehungen noch näher aus den Gleichungen [in 27. (3) bis (6)]:

$$(+a).(+b) = +ab = +p; \quad (-a).(+b) = -ab = -p,$$
$$(+a).(-b) = -ab = -p; \quad (-a).(-b) = +ab = +p,$$

wo ab mit p bezeichnet ist.

Es ergiebt sich hieraus unmittelbar:

$$\frac{(+a).(+b)}{(+b)} = \frac{+(ab)}{+b} = +a = \frac{+p}{+b} = +\frac{ab}{b} = +\frac{p}{b},$$
$$\frac{(-a).(+b)}{(+b)} = \frac{-(ab)}{+b} = -a = \frac{-p}{+b} = -\frac{ab}{b} = -\frac{p}{b},$$
$$\frac{(+a).(-b)}{(-b)} = \frac{-(ab)}{-b} = +a = \frac{-p}{-b} = +\frac{ab}{b} = +\frac{p}{b},$$
$$\frac{(-a).(-b)}{(-b)} = \frac{+(ab)}{-b} = -a = \frac{+p}{-b} = -\frac{ab}{b} = -\frac{p}{b},$$

und deshalb für diese Fälle:

$$\frac{+p}{+b} = +\frac{p}{b}, \quad \frac{-p}{+b} = -\frac{p}{b},$$
$$\frac{-p}{-b} = +\frac{p}{b}, \quad \frac{+p}{-b} = -\frac{p}{b}.$$

Diese *bloße vorläufige Aufmerksammachung* leitet uns aber zur folgenden *gründlichern* Untersuchung des hier Betreffenden.

29. Die allgemeinere Auffassung von $\frac{\alpha}{\beta}$ führte uns bisher blos zum Bruch. Zunächst muß nun der neue erweiterte Begriff des Quotienten die aus der Differenz erzeugten Rechnungsformen, nämlich die wirkliche Zahl, die Null und die negative ganze Zahl, in sich aufnehmen, d. h. wir müssen zuerst die Gegensätze und Beziehungen zeigen,

die sich für das Rückschreiten ergeben, sobald in der Gleichung $(\gamma-\delta)(\varphi-\psi)=\alpha-\beta$, die rechte Seite $\alpha-\beta$ nebst $\gamma-\delta$ gegeben sind, und $\varphi-\psi$ gesucht wird.

Dies führt uns unmittelbar zum Quotienten $\frac{\alpha-\beta}{\gamma-\delta}$, welcher eine Differenz ganzer Zahlen bedeuten soll, die mit $\gamma-\delta$ multiplizirt, $\alpha-\beta$ wieder giebt.

Zuvörderst leuchtet ein, daß wenn in $\frac{\alpha-\beta}{\gamma-\delta}$, für $\alpha, \beta, \gamma, \delta$ ganz beliebige wirkliche Zahlen gedacht werden, nicht immer $\frac{\alpha-\beta}{\gamma-\delta}$ eine Differenz ganzer Zahlen, d. h. die wirkliche Zahl (die Einheit), die Null, oder die negative ganze Zahl, vorstellen wird, indem z. B. für $\alpha=\alpha'+\beta$ und $\gamma=\gamma'+\delta$, dann $\frac{\alpha-\beta}{\gamma-\delta}$ in $\frac{\alpha'}{\gamma'}$ übergeht, und dies auch ein Bruch sein könnte.

Es fragt sich aber, ob $\frac{\alpha-\beta}{\gamma-\delta}$ immer nur eine einzige bestimmte Bedeutung hat, sobald es eine Differenz giebt, die mit $\gamma-\delta$ multiplizirt $\alpha-\beta$ hervorbringt; oder ob vielleicht zwei oder mehrere verschiedene Differenzen existiren können, so daß jede mit $\gamma-\delta$ multiplizirt $\alpha-\beta$ giebt.

Die Beantwortung dieser Frage erledigt sich schon hinlänglich aus 28. 7), indem für $p-q \gtreqless r-s$, doch $(p-q).0=(r-s).0$ ist.

Man kann aber auch wieder so schließen:

Es sei

$$\frac{\alpha-\beta}{\gamma-\delta}=\varphi-\psi, \text{ so ist } \alpha-\beta=(\gamma-\delta)(\varphi-\psi).$$

Wäre noch außerdem:

$$\frac{\alpha-\beta}{\gamma-\delta}=\varphi'-\psi', \text{ so } \frown \alpha-\beta=(\gamma-\delta)(\varphi'-\psi') \text{ oder}$$

$$(\gamma-\delta).[(\varphi-\psi)-(\varphi'-\psi')]=0.$$

Wären nun die Differenzen $\varphi-\psi$ und $\varphi'-\psi'$ von einander verschieden, d. h. sollte der Quotient $\frac{\alpha-\beta}{\gamma-\delta}$ zwei einander ungleiche Differenzen $\varphi-\psi$ und $\varphi'-\psi'$ vorstellen, so müßte in

$$(\gamma-\delta)[(\varphi-\psi)-(\varphi'-\psi')]=0,$$

weil der zweite Faktor $(\varphi-\psi)-(\varphi'-\psi')$ nicht $=0$ sein kann, nothwendig der erste, nämlich $\gamma-\delta$, $=0$ sein.

Ist aber in $\frac{\alpha-\beta}{\gamma-\delta}$ der Divisor $\gamma-\delta=0$ oder $\gamma=\delta$, so folgt auch, daß wenn $\frac{\alpha-\beta}{\gamma-\delta}$ zwei von einander verschiedene Differenzen $\varphi-\psi \gtrless \varphi'-\psi'$ verstellen soll,

$$\alpha-\beta=(\gamma-\gamma)(\varphi'-\psi') \text{ oder } \alpha-\beta=0(\varphi'-\psi')=0, \text{ d. h.}$$
$$\alpha-\beta \text{ auch } =0 \text{ sein muß.}$$

Hieraus folgen die wichtigen Wahrheiten:

„Ist im Quotienten $\frac{\alpha-\beta}{\gamma-\delta}$ sowohl der Divisor $\gamma-\delta$, als auch zugleich der Dividend $\alpha-\beta=0$, so hat der Quotient $\frac{\alpha-\beta}{\gamma-\delta}$ oder $\frac{0}{0}$ nicht eine einzige bestimmte, sondern im Allgemeinen endlos viele von einander verschiedene Bedeutungen, d. h. eine ganz unbestimmte Bedeutung;"

und hieraus indirekt:

„Ist der Divisor $\gamma-\delta$ des Quotienten $\frac{\alpha-\beta}{\gamma-\delta}$ nicht gleich Null, so muß letzterer, wenn er eine Bedeutung hat (d. h. wenn wirklich eine Differenz ganzer Zahlen existirt, die mit $\gamma-\delta$ multiplizirt, $\alpha-\beta$ giebt), nur diese einzige bestimmte Bedeutung haben oder er ist eindeutig *)."

---

*) Gleichzeitig ergiebt sich hieraus die Wichtigkeit obiger Untersuchung, indem wir — ohne vorher zu wissen, daß $\frac{\alpha-\beta}{\gamma-\delta}$ endlosdeutig werden kann — zu eben so vielen Widersprüchen hätten gelangen müssen, wenn wir noch mit solchen Formen nach den Gesetzen des Kalkuls operirten, eben weil für sie, diese Gesetze nicht mehr gelten.

So z. B. dürfen wir nicht aus $0=0.3$, und $0=0.2$ entnehmen

$$\frac{0}{0}=3,$$
$$\frac{0}{0}=2,$$

und dann nach dem Satze: „Ist $a=b$ und $b=c$, so ist $a=c$," schließen wollen, daß $3=2$ ist. Wir hätten jetzt das erwähnte Gesetz weiter ausgedehnt, als es erwiesen ist.

a. Deshalb heiße, wenn $\gamma - \delta$ nicht Null ist, und $\frac{\alpha - \beta}{\gamma - \delta}$ eine allgemeine Differenz ganzer Zahlen vorstellt,

„$\frac{\alpha - \beta}{\gamma - \delta}$ ein Differenz-Quotient."

Man kann auch u. A. spezieller, wie folgt, schließen:

Da jede Differenz mit 0 multiplizirt 0 giebt, so ist: $0 = 0 . d_1$, $0 = 0 . d_2, \dots, 0 = 0 . d_n$. Weil also 0 entstanden sein kann, auf die vorstehende endlose Weise durch die Multiplikation von $d_1, d_2, \dots, d_n$ mit 0, so kann rückwärts $\frac{0}{0}$ ein Mal d_1, ein anderes Mal $d_2, \dots \sim$ vorstellen, so daß also dem $\frac{0}{0}$ eine in ihrer Endlosigkeit völlig unbestimmte Bedeutung zukommt, eben so gut — in dieser Hinsicht — wie irgend einem noch allgemein gedachten Ausdruck a.

Man kann $\frac{0}{0}$ mit $\overset{?}{0}$ bezeichnen.

Wir haben nun wieder zunächst zu bestimmen, unter welchen Einschränkungen $\frac{\alpha - \beta}{\gamma - \delta}$ zu einem Differenz-Quotienten führt, wenn $\alpha - \beta$ und $\gamma - \delta$ in die speziellen Bedeutungen übergehn, welche sie überhaupt erhalten können, sobald $\alpha \gtreqless \beta$ und $\gamma \gtreqless \delta$ gedacht wird.

Diese Spezialfälle ergeben sich offenbar aus:

Für $\alpha - \beta =$ einer wirklichen Zahl β',
„ $\alpha - \beta = 1$,
„ $\alpha - \beta = 0$,
„ $\alpha - \beta = -1$,
„ $\alpha - \beta =$ einer ganzen negativen Zahl $-\beta'$,
„ $\gamma - \delta =$ einer wirklichen Zahl δ',
„ $\gamma - \delta = 1$,
„ $\gamma - \delta = 0$,
„ $\gamma - \delta = -1$,
„ $\gamma - \delta =$ einer negativen ganzen Zahl $-\delta'$.

Man hat also zunächst die Fälle:

$\frac{\beta'}{\delta'}, \frac{\beta'}{1}, \frac{\beta'}{0}, \frac{\beta'}{-1}, \frac{\beta'}{-\delta'}, \frac{1}{\delta'}, \frac{1}{1}, \frac{1}{0}, \frac{1}{-1}, \frac{1}{-\delta'}, \frac{0}{\delta'}, \frac{0}{1},$

$\frac{0}{0}$, $\frac{0}{-1}$, $\frac{0}{-\delta'}$, $\frac{-1}{\delta'}$, $\frac{-1}{1}$, $\frac{-1}{0}$, $\frac{-1}{-1}$, $\frac{-1}{-\delta'}$, $\frac{-\beta'}{\delta'}$, $\frac{-\beta'}{1}$, $\frac{-\beta'}{0}$, $\frac{-\beta'}{-1}$, $\frac{-\beta'}{-\delta'}$.

Wollen wir nun auf diese einzelnen Fälle die Definition des Differenz-Quotienten beziehn, um die Bedingungen noch näher aufzufinden unter denen $\frac{\alpha-\beta}{\gamma-\delta}$ wirklich ein Differenz-Quotient ist, in Rücksicht der zwischen α, β, γ, δ gegebenen Beziehungen, so stellt sich leicht heraus:

1) Für $\frac{\beta'}{\delta'}$. Es kann $\frac{\beta'}{\delta'}$ entweder = einer ganzen Zahl, oder = 1, oder = einem Bruch sein. In den beiden ersten Fällen erkennen wir $\frac{\beta'}{\delta'}$ als einen speziellen Differenz-Quotienten, in dem letztern hingegen nicht.

2) Unter den Fällen: $\frac{\beta'}{1}$, $\frac{1}{\delta'}$, $\frac{1}{1}$, ist $\frac{\beta'}{1} = \beta'$ [S. 224. (2)]; $\frac{1}{\delta'}$ ist ein Bruch; $\frac{1}{1} = 1$ [S. 224. (3)]; wir erkennen mithin $\frac{\beta'}{1}$ und $\frac{1}{1}$ als spezielle Differenz-Quotienten.

3) Die vier ersten dieser Rechnungsform-Symbole: $\frac{\beta'}{0}$, $\frac{1}{0}$, $\frac{-1}{0}$, $\frac{-\beta'}{0}$, $\frac{0}{0}$ haben noch gar keine Bedeutung für uns, weil keiner unter den bis jetzt entstandenen Ausdrücken ihnen genügt, d. h. es keinen solchen giebt, der mit 0 multiplizirt, etwas anderes als selbst 0 geben kann. Sollte es eine Differenz $\varphi-\psi$ für $\frac{\beta'}{0}$ geben, so müßte $\beta' = 0(\varphi-\psi)$ d. h. $\beta' = 0$ sein. Man hätte also durch die Voraussetzung, daß $\frac{\beta'}{0}$ als Differenz existirt, den Widerspruch: daß β' nicht Null, und zugleich Null sein müßte.

Derselbe Widerspruch zeigt sich bei $\frac{1}{0}$, $\frac{-1}{0}$, $\frac{-\beta'}{0}$. Was nun für $\frac{0}{0}$ oder $\overset{?}{0}$ gilt, steht schon im Allgemeinen fest, und wir erkennen demnach keine dieser fünf Formen, als speziellen Differenz-Quotienten.

4) Betrachten wir nun die Zahl-Formen: $\frac{0}{\delta'}$, $\frac{0}{1}$, $\frac{0}{-1}$, $\frac{0}{-\delta'}$, o soll jede einzelne derselben eine Differenz vorstellen, die bezüglich mit δ', 1, -1, $-\delta'$ multiplizirt, Null giebt. Existirt nur eine solche Differenz? Allerdings, dieselbe ist $\varphi-\varphi$, weil $(\varphi-\varphi)\delta' = 0$, $(\varphi-\varphi).1 = 0$, $(\varphi-\varphi)(-1) = 0$, $(\varphi-\varphi)(-\delta') = 0$ ist.

Indem nun für jede dieser speziellen Quotienten-Formen eine Differenz $\varphi-\varphi = 0$ existirt, mit der jeder der Divisoren multiplizirt, den gemeinschaftlichen Dividend 0 giebt, ferner keiner der Divisoren = Null ist, so hat man auch an $\frac{0}{\delta'}$, $\frac{0}{1}$, $\frac{0}{-1}$, $\frac{0}{-\delta'}$ spezielle Differenz-Quotienten, und es ist demnach:

$$\frac{0}{\delta'} = 0,\ \frac{0}{1} = 0,\ \frac{0}{-1} = 0,\ \frac{0}{-\delta'} = 0.$$

5) Fragen wir uns eben so, ob $\frac{\beta'}{-1}, \frac{1}{-1}, \frac{-1}{1}, \frac{-1}{-1}, \frac{-\beta'}{1}, \frac{-\beta'}{-1}$ wirklich Differenzen ganzer Zahlen repräsentiren, so ergiebt sich:

$$\beta' = (-1)[\varphi-(\beta'+\varphi)],\ 1 = (-1)[\varphi-(1+\varphi)],\ -1 = 1.[\varphi-(1+\varphi)],$$
$$-1 = (-1).[(\varphi+1)-\varphi],\quad -\beta' = 1.[\varphi-(\beta'+\varphi)],$$
$$-\beta' = (-1).[(\beta'+\varphi)-\varphi];$$

also existirt für jede dieser sechs Formen eine solche Differenz, und auch nur eine einzige, da keiner der Divisoren = Null ist; mithin haben wir an jeder einen speziellen Differenz-Quotienten, weshalb sich aus der Eindeutigkeit desselben:

$$\frac{\beta'}{-1} = -\beta',\quad \frac{1}{-1} = \frac{-1}{1} = -1,\quad \frac{-1}{-1} = 1,$$
$$\frac{-\beta'}{1} = -\beta',\quad \frac{-\beta'}{-1} = \beta'.$$

ergiebt, welche Beziehungen sich nun wieder auf:

$$\frac{\beta'}{-1} = \frac{-\beta'}{1} = -\beta',\ \frac{1}{-1} = \frac{-1}{1} = -1,\ \frac{-1}{-1} = 1,\ \frac{-\beta'}{-1} = \beta'$$

reduziren.

6) Betrachten wir ferner die erste unter den Rechnungsformen $\frac{1}{-\delta'}$, $\frac{-1}{\delta'}$, $\frac{-1}{-\delta'}$, so fragt sich, ob $\frac{1}{-\delta'}$ eine Differenz ganzer Zahlen, z. B. $\varphi-\psi$, vorstellen kann. Wäre dies der Fall, so müßte

$$1 = (-\delta')(\varphi-\psi) \text{ oder } 1 = \delta'(\psi-\varphi)$$

sein können. Nun kann aber $\psi-\varphi$ entweder μ, oder 1, oder 0, oder -1 oder endlich $-\mu'$ vorstellen, und es gilt für jede dieser Bedeutungen von $\psi-\varphi$, daß: $\mu.\delta'=\mu\delta'$, $1.\delta'=\delta'$, $0.\delta'=0$, $(-1)\delta'=-\delta'$ und $(-\mu')\delta'=-(\mu'\delta')$ ist; d. h. man kann nie zu 1 gelangen, weil die Zeichen δ', μ, μ' wirkliche Zahlen >1 repräsentiren, und deshalb aus $\mu>1$ und $\delta'>1$, wieder $\mu.\delta'>1.1$ oder $\mu\delta'>1$; aus $\mu'>1$ und $\delta'>1$, auch ebenso $\mu'\delta'>1$ fließt [23. 11)].

Mithin stellt $\frac{1}{-\delta'}$ keinen speziellen Differenz-Quotienten vor, und erscheint uns deshalb als eigenthümliche Rechnungsform; dasselbe gilt auch von $\frac{-1}{\delta'}$, $\frac{-1}{-\delta'}$, weil sich für die Gleichungen:

$$-1=\delta'(\varphi-\psi), \quad \text{oder für} \quad 1=\delta'(\psi-\varphi);$$
$$-1=(-\delta')(\varphi-\psi), \quad \text{„} \quad \text{„} \quad 1=(-\delta')(\psi-\varphi)$$

— wo man beide Seiten der zur Linken stehenden Gleichungen mit -1 multiplizirt hat — keine Differenz $\psi-\varphi$ ganzer Zahlen denken läßt, die ihnen genügen könnte.

7) Betrachtet man endlich noch $\frac{\beta'}{-\delta'}$, $\frac{-\beta'}{\delta'}$, $\frac{-\beta'}{-\delta'}$.

Es sei: $\beta'=(-\delta')(\varphi-\psi)$, so ist auch $\beta'=\delta'(\psi-\varphi)$.

Man sieht hieraus, daß, im Falle β' durch δ' entweder eine wirkliche Zahl, oder 1 giebt, auch allemal eine Differenz $\psi-\varphi$ existirt, die mit δ' multiplizirt, wieder die wirkliche Zahl β' giebt; und man hat für diesen Fall, weil $\psi-\varphi$ entweder >1 oder $=1$ ist:

$$\frac{\beta'}{\delta'}=\psi-\varphi,$$

also beide Seiten von 0 subtrahirt, oder mit -1 multiplizirt:

$$-\frac{\beta'}{\delta'}=\varphi-\psi.$$

Es folgt aber auch, unter dieser Voraussetzung, aus der angenommenen Gleichung:

$$\beta'=(-\delta')(\varphi-\psi), \text{ daß: } \frac{\beta'}{-\delta'}=\varphi-\psi \text{ ist,}$$

mithin, da wir hier subtraktive Gleichungen haben:

$$\frac{\beta'}{-\delta'}=-\frac{\beta'}{\delta'},$$

wo beide Seiten eine negative ganze Zahl, oder die negative Einheit, vorstellen.

Unter der Bedingung, daß $\frac{\beta'}{\delta'}$ eine ganze Zahl, oder die Einheit bezeichnet, ist $\frac{\beta'}{-\delta'}$ ein spezieller Differenz-Quotient.

Eben so ergiebt sich für $\frac{-\beta'}{\delta'}$:

$$-\beta' = \delta'(\varphi-\psi) \text{ oder } \beta' = \delta'(\psi-\varphi).$$

Ist demnach $\frac{\beta'}{\delta'}$ = einer ganzen Zahl oder $= 1$, so ist:

$$\frac{\beta'}{\delta'} = \psi-\varphi, \text{ also mit } -1 \text{ multiplizirt: } -\frac{\beta'}{\delta'} = \varphi-\psi \lnot$$

$$\frac{-\beta'}{\delta'} = -\frac{\beta'}{\delta'},$$

wo auch $\frac{-\beta'}{\delta'}$, unter der angegebenen Bedingung, ein spezieller Differenz-Quotient ist, und deshalb:

$$\frac{\beta'}{-\delta'} = \frac{-\beta'}{\delta'} = -\frac{\beta'}{\delta'},$$

gesetzt werden darf.

Endlich sei für $\frac{-\beta'}{-\delta'}$:

$$-\beta' = -\delta'(\varphi-\psi) \text{ oder } \beta' = \delta'(\varphi-\psi),$$

so ist unter der erwähnten Bedingung: $\frac{\beta'}{\delta'} = \varphi - \psi$, also $\frac{-\beta'}{-\delta'} = \frac{\beta'}{\delta'}$, d. h. $\frac{-\beta'}{-\delta'}$ ist auch ein spezieller Differenz-Quotient.

Stellen wir das, was für diese speziellen Fälle gefunden ist, gehörig zusammen, so kommt:

(1) $\frac{\beta'}{1} = \beta'$; (2) $\frac{\beta'}{-1} = \frac{-\beta'}{1} = -\beta'$; (3) $\frac{1}{-1} = \frac{-1}{1} = -1$;

(4) $\frac{0}{\delta'} = \frac{0}{-\delta'} = 0$; (5) $\frac{0}{1} = \frac{0}{-1} = 0$; (6) $\frac{-\beta'}{-1} = \beta'$;

(7) $\frac{-1}{-1} = 1$; (8) $\frac{-\beta'}{\delta'} = \frac{\beta'}{-\delta'} = -\frac{\beta'}{\delta'}$; (9) $\frac{-\beta'}{-\delta'} = \frac{\beta'}{\delta'}$;

(10) $\frac{0}{0} = \overset{?}{0}$

Die Beziehungen in (8) und (9) übersieht man auch noch besser aus:

(11) $(+a):(+b)=+(a:b)$; (12) $(-a):(+b)=-(a:b)$;
(13) $(+a):(-b)=-(a:b)$; (14) $(-a):(-b)=+(a:b)$,

die nur unter der Einschränkung nachgewiesen sind, daß a, b wirkliche Zahlen vorstellen und überall Differenz-Quotienten vorkommen.

Zur Übersicht, in Betreff der Übereinstimmung zwischen der Multiplikation und Division, dient:

$$(+a)\times(+b)=+(a\times b);\quad (-a)\times(+b)=-(a\times b);$$
$$(+a)\times(-b)=-(a\times b);\quad (-a)\times(-b)=+(a\times b).$$

Bloße Beweise der Gesetze in (1) bis (9) hätten sich, jedoch wieder unter der gedachten Einschränkung, noch u. A. durch die indirekte Methode des Schließens ergeben.

Wäre z. B. $\frac{-\beta'}{\delta'}\gtrless-\frac{\beta'}{\delta'}$, so ist [n. 28. 7)] $\frac{-\beta'}{\delta'}.\delta'\gtrless-\frac{\beta'}{\delta'}.\delta'$ oder $-\beta'\gtrless-\beta'$, was unmöglich ist, daher $\frac{-\beta'}{\delta'}=-\frac{\beta'}{\delta'}$.

30. Wir haben nun wieder nachzuweisen, ob noch die Gesetze der Mischung der vier Operationen: Addition, Subtraktion, Multiplikation und Division, unverändert beibehalten werden dürfen, wenn Differenz-Quotienten mit eingehn, d. h. Differenzen ganzer Zahlen vorkommen, und keiner der Divisoren $=0$ ist.

Um auf dem kürzesten Wege zu dieser Einsicht zu gelangen, müssen die Hauptgesetze, von denen die übrigen abhängig sind, für diese Allgemeinheit erwiesen werden.

a. Obgleich durch das Hinzugekommensein des Differenz-Quotienten $\frac{a}{b}$, als Repräsentanten einer Differenz, für welche $\frac{a}{b}.b=a$ ist, die Begriffe vom Gleich- Größer- und Kleinersein nicht über die Grenze „daß $a\gtreqless b$ heißt, je nachdem $a-b\gtreqless 0$ ist", erweitert erscheinen, so können wir doch, um die Gleichheit zweier Ausdrücke in denen mehrere Divisoren durch das Hinzutreten des Differenz-Quotienten vorkommen, schnell zu prüfen, auch so schließen:

Stellen a und b Differenzen ganzer Zahlen vor, und existirt ein Ausdruck h (als Differenz ganzer Zahlen), der nicht Null ist, für welchen die Produkte ah und bh in ein und denselben Ausdruck übergehn, d. h. ah = bh *) ist, so ist auch a = b; umgekehrt: ist a = b, so ist auch ah = bh. Es dürfen demnach a und b Differenz-Quotienten, mithin auch wieder wirkliche bezeichnen.

Hiernach hat man nun noch folgende Gesetze als subtraktive Gleichungen zu rechtfertigen.

I.

Man darf in beliebiger Ordnung addiren und multipliziren.

II.

$$(1)\quad (a-b)+b = a,$$
$$(2)\quad (a+b)-b = a,$$
$$(3)\quad \frac{a}{b}\cdot b = a,$$
$$(4)\quad \frac{ab}{b} = a.$$

III.

Ist $a = b$, $b = c, \ldots, (h = k)_s$, $(k = h)_{s+1}$, so ist $a = n$.

IV.

Aus $a = b$ —
(1) $a \pm c = b \pm c$, wenn $a = b$ vorausgesetzt ist;
(2) $(a \pm b) . c = ac \pm bc$ als Mischungs-Gesetz.
(3) $c - a = c - b$,
(4) $a . c = b . c$,
(5) $a : c = b : c$,
(6) $c : a = c : b$.

Im Allgemeinen erscheinen diese Gesetze schon durch 28. und 29. gerechtfertigt. Zur Erläuterung diene das Folgende.

Für I. Sind $\frac{a}{b}, \frac{c}{d}, \frac{f}{g}, \ldots$ Differenz-Quotienten, so ist das Addiren und Multipliziren in beliebiger Ordnung, nach 22. 1) u. 28. IV., gerechtfertigt, eben weil die Differenz-Quotienten nur Differenzen ganzer Zahlen vorstellen.

*) Diese Definition des Gleichseins ist die bisherige, nur in veränderter Form, die zum schnellen Vergleichen für die Ausdrücke in denen auch die Division auftritt, dient.

Für II. Die Gesetze in (1) und (2) gelten nach 20. sobald a und b selbst wieder Differenzen vorstellen, also auch, wenn a und b Differenz-Quotienten bezeichnen.

Ferner liefert (3) die schon in 29. a. gerechtfertigte Wahrheit.

Endlich für (4). Es soll $\frac{ab}{b}$ eine Differenz $\alpha - \beta$ vorstellen, die mit b multiplizirt, ab giebt; man hat also $(\alpha - \beta)b = ab$, und da b **nicht** Null sein soll, so ist $\alpha - \beta = a$ [nach 28. 8)], mithin $\frac{ab}{b} = a$.

Für III. Da hier blos Differenzen ganzer Zahlen vorkommen, so findet sich dies Gesetz schon in 20. IV. erwiesen.

Man kann auch u. A. so schließen:

Ist $\frac{a}{b} = \frac{c}{d}$ und $\frac{c}{d} = \frac{f}{g}$, wo $\frac{a}{b}$, $\frac{c}{d}$, $\frac{f}{g}$ Differenz-Quotienten sind, so hat man aus:

$$a:b = c:d, \text{ nach 28. III. (3):}$$

$\frac{a}{b}(bd) = \frac{c}{d}(bd)$, oder nach I.: $\left(\frac{a}{b} \,.\, b\right).d = \left(\frac{c}{d} \,.\, d\right).b$, od. nach II. (3):

$$ad = bc;$$

nach denselben Gründen aus: $c:d = f:g \curvearrowright$

$$cg = df, \text{ mithin nach 28. III. (3):}$$

$$(acg).d = (bcf).d \curvearrowright acg = bfc \curvearrowright, \text{ da c nicht Null ist:}$$

$$ag = bf \curvearrowright a:b = f:g,$$

weil $\frac{a}{b}(bg) = \frac{f}{g}(bg)$, ferner bg nicht 0 ist, und $\frac{a}{b}$, $\frac{f}{g}$ Differenz-Quotienten sind.

Betrachtet man den Fall, wo c = Null ist, noch besonders, so hat man $\frac{a}{b} = \frac{0}{d}$ und $\frac{0}{d} = \frac{f}{g}$; also weil d nicht = Null sein soll, so ist nach 29. 4): $\frac{a}{b} = 0$, und $\frac{f}{g} = 0$, also $\frac{a}{b} = \frac{f}{g}$, weil kein Divisor = Null vorkommt.

Ganz allgemein läßt sich dies Gesetz leicht durch Ω auffassen.

Für IV. (1). Dies Gesetz erhellt aus 20. III. (1) u. (2) weil, sobald a, b, c Differenz-Quotienten sind, nur Differenzen ganzer Zahlen vorkommen.

Man darf auch so schließen:

Da $a = b$ sein soll, so existirt ein Ausdruck h, der nicht Null ist, für welchen ah und bh in t übergehn; deshalb gehn auch die Produkte

$(a \pm c)h$ und $(b \pm c)h$ als Differenz-Produkte in
$ah \pm ch$ und $bh \pm ch$ d. h. in
$t \pm ch$ und $t \pm ch$,

oder in ein und denselben Ausdruck über; mithin folgt aus $a = b$, daß $a \pm c = b \pm c$ ist, wenn a, b, c Differenz-Quotienten vorstellen.

Auch noch so hätte man u. A. schließen können:

Aus $\frac{a}{b} = \frac{c}{d} \hookrightarrow \frac{a}{b} \pm \frac{f}{g} = \frac{c}{d} \pm \frac{f}{g}$, wenn $\frac{a}{b}$, $\frac{c}{d}$, $\frac{f}{g}$ Differenz-Quotienten sind; denn man hat:

$$\left(\frac{a}{b} \pm \frac{f}{g}\right).(bdg) = \frac{a}{b}(bdg) \pm \frac{f}{g}(bdg) =$$

$$\left(\frac{a}{b} . b\right)dg \pm \left(\frac{f}{g} . g\right)(bd) = adg \pm bdf \text{ nach 28. V., und II. (3).}$$

Aus denselben Gründen:

$$\left(\frac{c}{d} \pm \frac{f}{g}\right).(bdg) = bcg \pm bdf.$$

Nun folgt aber aus $\frac{a}{b} = \frac{c}{d}$, daß $ad = bc$ ist, daher:

$adg \pm bdf = bcg \pm bdf$, nach III. und a. $\hookrightarrow$:

$$\frac{a}{b} \pm \frac{f}{g} = \frac{c}{d} \pm \frac{f}{g}.$$

Für IV. (2). Es ist, wenn a, b, c Differenz-Quotienten vorstellen, $(a \pm b).c = ac \pm bc$, nach 28. V., eben weil letztere nur Differenzen ganzer Zahlen bezeichnen.

Man darf auch u. A. so schließen:

$$\text{Es ist: } \left(\frac{a}{b} \pm \frac{c}{d}\right).\frac{f}{g} = \frac{a}{b}.\frac{f}{g} \pm \frac{c}{d}.\frac{f}{g},$$

wenn $\frac{a}{b}$, $\frac{c}{d}$, $\frac{f}{g}$ Differenz-Quotienten bezeichnen; denn man hat:

$$\left[\left(\frac{a}{b} \pm \frac{c}{d}\right).\frac{f}{g}\right].(bdg) = \left[\frac{a}{b}.(bd) \pm \frac{c}{d}(bd)\right].\left(\frac{f}{g}.g\right), \text{ n. I. u. II. (3)} =$$

$$\left[\left(\frac{a}{b}.b\right)d \pm \left(\frac{c}{d}.d\right)b\right].\left(\frac{f}{g}.g\right) = (ad \pm bc)f;$$

aus denselben Gründen:

$$\left(\frac{a}{b}\cdot\frac{f}{g}\pm\frac{c}{d}\cdot\frac{f}{g}\right)(bdg) = (ad\pm bc)f,$$

also nach III. und a. folgt unser Gesetz.

Für IV. (3). Ist $a = b$, so ist nach 20. III. (3) $c - a = c - b$, auch wenn a, b, c Differenz-Quotienten vorstellen.

Man darf auch so schließen:

Da $a = b$ ist, so existirt ein Ausdruck h, der nicht Null ist, für welchen $ah = bh$. Deshalb gehen nach 27. a. die Produkte:

$(c - a)h$ und $(c - b)h$ in
$ch - ah$ und $ch - bh$ oder in
$ch - t$ und $ch - t$ d. h.

in ein und denselben Ausdruck über; mithin ist der Satz gerechtfertigt.

Oder auch u. A. so:

Ist $\frac{a}{b} = \frac{c}{d}$, so ist auch $\frac{f}{g} - \frac{a}{b} = \frac{f}{g} - \frac{c}{d}$;

denn: $\left(\frac{f}{g} - \frac{a}{b}\right).(bdg) = bdf - adg$ nach IV. (2), und
$\left(\frac{f}{g} - \frac{c}{d}\right).(bdg) = bdf - bcg$ " " ,

also, da aus $\frac{a}{b} = \frac{c}{d} \hookrightarrow ad = bc$, und bdg nicht Null ist, so folgt
$\frac{f}{g} - \frac{a}{b} = \frac{f}{g} - \frac{c}{d}$.

Für IV. (4). Ist $a = b$, so ist $ac = bc$, wenn auch a, b, c Differenz-Quotienten sind, nach 28. III. (3), eben weil solche, Differenzen ganzer Zahlen gleich sind.

Man darf auch so schließen:

Ist $\frac{a}{b} = \frac{c}{d}$, so ist $\frac{a}{b}\cdot\frac{f}{g} = \frac{c}{d}\cdot\frac{f}{g}$, wenn $\frac{a}{b}$, $\frac{c}{d}$, $\frac{f}{g}$ Differenz-Quotienten sind; denn es ist nach I. und [II. (3)]:

$$\left(\frac{a}{b}\cdot\frac{f}{g}\right).(b.d.g) = \left(\frac{a}{b}.b\right).\left(\frac{f}{g}.g\right).d = adf;$$

und aus denselben Gründen:

$$\left(\frac{c}{d}\cdot\frac{f}{g}\right).(b.d.g) = \left(\frac{c}{d}.d\right).\left(\frac{f}{g}.g\right).b = bcf,$$

da also aus: $\frac{a}{b} = \frac{c}{d} \hookrightarrow ad = bc$, so ist $\frac{a}{b}\cdot\frac{f}{g} = \frac{c}{d}\cdot\frac{f}{g}$.

Oder u. A. so: Da a = b sein soll, so existirt ein Ausdruck h, der nicht Null ist, für welchen die Produkte ah und bh in ein und denselben Ausdruck t übergehn.

Deshalb gehn auch die Produkte

$$
\begin{aligned}
&(ac)h \text{ und } (bc)h \text{ nach I. in}\\
&(ah)c \text{ und } (bh)c \text{ oder in}\\
&\quad tc \text{ und } tc,
\end{aligned}
$$

d. h. in ein und denselben über; demnach ist ac = bc (nach a.).

Für IV. (5). Ist a = b, so ist a:c = b:c, wenn a, b, c und auch a:c, b:c Differenz-Quotienten sind.

Denn man hat unter dieser Voraussetzung:

$(a:c).c = a$ und $(b:c).c = b$ nach II. (3), also nach 28. 8):

$a:c = b:c$ weil c nicht Null ist.

Man darf auch so schließen:

Ist $\frac{a}{b} = \frac{c}{d}$, so ist $\frac{a}{b}:\frac{f}{g} = \frac{c}{d}:\frac{f}{g}$, wenn $\frac{a}{b}$, $\frac{c}{d}$, $\frac{f}{g}$ Differenz-Quotienten sind, und links und rechts dergleichen vorkommen.

$$\text{Es ist: } \left(\frac{a}{b}:\frac{f}{g}\right).\left(\frac{f}{g}.b.d\right) = ad, \text{ und}$$

$$\left(\frac{c}{d}:\frac{f}{g}\right).\left(\frac{f}{g}.b.d\right) = bc$$

daher folgt dies Gesetz, wegen ad = bc.

Oder dadurch, daß man die Differenz-Quotienten die a, b, c in der ersten Ableitung vorstellen, selbst wieder durch Differenzen ausdrückt.

Es sei nämlich $a = \alpha - \beta$, $b = \alpha' - \beta'$, $c = \gamma - \delta$, so hat man, weil a:c, b:c Differenz-Quotienten sein sollen:

$$\frac{\alpha - \beta}{\gamma - \delta} = \gamma' - \delta' \text{ und } \frac{\alpha' - \beta'}{\gamma - \delta} = \gamma_1 - \delta_1, \text{ oder}$$

$$\alpha - \beta = (\gamma - \delta)(\gamma' - \delta') \text{ und } \alpha' - \beta' = (\gamma - \delta)(\gamma_1 - \delta_1).$$

Nun ist aber, nach der Voraussetzung, $\alpha - \beta = \alpha' - \beta'$, also

$$(\gamma - \delta)(\gamma' - \delta') = (\gamma - \delta)(\gamma_1 - \delta_1),$$

mithin, nach 28. 8), da $\gamma - \delta$ nicht Null sein soll: $\gamma' - \delta' = \gamma_1 - \delta_1$, oder

$$\frac{\alpha - \beta}{\gamma - \delta} = \frac{\alpha' - \beta'}{\gamma - \delta} \text{ d. h. } a:c = b:c.$$

Oder u. A. dadurch, daß man statt aller dieser Ableitungen noch folgende allgemeinere auffaßt.

Da a = b sein soll, so giebt es einen Ausdruck h, der nicht Null ist, so daß ah und bh in t übergehn; mithin gehn auch die Produkte

$$(a:c)(ch) \text{ und } (b:c)(ch), \text{ nach I. in}$$
$$[(a:c)c]h \text{ und } [(b:c)c]h \text{ oder in}$$
$$ah \text{ und } bh \text{ d. h. in}$$
$$t \text{ und } t$$

über, sobald durchweg Differenz-Quotienten vorkommen.

Es ist also dann $a:c = b.c$ (nach a.)

Für IV. (6). Sind a, b, c, c:a, c:b Differenz-Quotienten, so folgt aus a = b, daß c:a = c:b sein muß;

$$\text{denn: } (c:a).(a.b) = [(c:a).a]b = bc \text{ nach I., und}$$
$$(c:b).(a.b) = [(c:b).b]a = ac,$$

also da a = b, so ist auch ac = bc und deshalb (nach a.) c:a = c:b.

Oder u. A. so: Da a = b, so existirt ein Ausdruck h, der nicht Null ist, für welchen ah, bh in t übergehn, also gehn auch die Produkte

$$(c:a)(abh) \text{ und } (c:b)(abh) \text{ nach I. in}$$
$$(bh)c \text{ und } (ah)c \text{ oder in}$$
$$tc \text{ und } tc \text{ über,}$$

weshalb aus $a = b \hookrightarrow c:a = c:b$. Setzt man hier h = 1, so geht die vorstehende Ableitung hervor.

Da nun gezeigt ist, daß die Hauptgesetze der Mischung noch stattfinden, wenn zum Theil, oder überall, Differenz-Quotienten vorkommen, so führt dies zum Folgenden.

31. Nach 30. ist es nun leicht, nachzuzeigen, daß noch sämmtliche Gesetze in denen die gedachten vier Operationen auftreten, richtig sein müssen, wenn nur überall Differenz-Quotienten vorkommen, mithin durchaus kein Divisor = Null erscheint.

1) Es fragt sich zunächst, ob noch $\frac{a}{b} = \frac{ac}{bc}$ ist, wenn a:b ein Differenz-Quotient ist, und c = einer Differenz ganzer Zahlen, die nicht Null ist, gedacht wird.

Man hat aus:

$\frac{a}{b} = \alpha - \beta$, $a = b(\alpha - \beta)$, also $ac = bc(\alpha - \beta)$, also da bc nicht Null ist:

$\frac{ac}{bc} = \alpha - \beta$ nach 30. IV. (5), mithin nach III.:

$$\frac{a}{b} = \frac{ac}{bc}.$$

Oder u. A. so:

Es ist: $\frac{a}{b}(bc) = \left(\frac{a}{b} \cdot b\right)c = ac$ nach 30. I. u. II. (3); ferner:

$\frac{ac}{bc}(bc) = ac$, nach III. u. a. ⟶:

$$\frac{a}{b} = \frac{ac}{bc}.$$

Daraus folgt nun wieder, wenn a:c, b:c und (a:c):(b:c) Differenz-Quotienten sind:

$$\frac{a:c}{b:c} = \frac{(a:c)c}{(b:c)c} = \frac{a}{b}, \text{ also}$$

$$\frac{a}{b} = \frac{ac}{bc}, \text{ auch } \frac{a}{b} = \frac{a:c}{b:c}.$$

2) Gilt noch $\frac{a}{b} \pm \frac{c}{b} = \frac{a \pm c}{b}$, wenn $\frac{a}{b}, \frac{c}{b}$ Differenz-Quotienten sind?

Es ist: $\frac{a}{b} = \alpha - \beta$, $\frac{c}{b} = \alpha' - \beta'$, also

$a = b(\alpha - \beta)$, $c = b(\alpha' - \beta')$, daher als subtr. Gleichungen:

$a \pm c = (\alpha - \beta)b \pm (\alpha' - \beta')b = [(\alpha - \beta) \pm (\alpha' - \beta')]b$, ⟶ nach 30. IV. (5):

$$\frac{a \pm c}{b} = \frac{a}{b} \pm \frac{c}{b}.$$

Oder man darf auch u. A. so schließen:

$\left(\frac{a}{b} \pm \frac{c}{b}\right)b = \frac{a}{b} \cdot b \pm \frac{c}{b} \cdot b = a \pm c$ nach 30. IV. (2); ferner:

$\frac{a \pm c}{b} \cdot b = a \pm c$, also nach 30. III. und a. ⟶:

$$\frac{a}{b} \pm \frac{c}{b} = \frac{a \pm c}{b}.$$

3) Gilt noch, wie früher: $\frac{a}{b} \pm \frac{c}{d} = \frac{ad \pm bc}{bd}$, wenn $\frac{a}{b}$ und $\frac{c}{d}$ Differenz-Quotienten sind?

Es ist: $\frac{a}{b} = \alpha - \beta$, $\frac{c}{d} = \alpha' - \beta'$, also:

$$a = b(\alpha - \beta), \qquad c = d(\alpha' - \beta'), \hookrightarrow$$

$ad = bd(\alpha - \beta)$, $bc = bd(\alpha' - \beta')$, mithin weil überall subtraktive Gleichungen vorkommen:

$$ad \pm bc = (\alpha - \beta)bd \pm (\alpha' - \beta')bd = [(\alpha - \beta) \pm (\alpha' - \beta')](bd), \hookrightarrow$$

$$\frac{ad \pm bc}{bd} = (\alpha - \beta) \pm (\alpha' - \beta') = \frac{a}{b} \pm \frac{c}{d}.$$

Oder u. A. so:

Es ist: $\left(\frac{a}{b} \pm \frac{c}{d}\right)(bd) = \frac{a}{b}(bd) \pm \frac{c}{d}(bd) = ad \pm bc$ nach 30. IV. (2);

ferner: $\frac{ad \pm bc}{bd}(bd) = ad \pm bc$, nach 30. III. und a. $\hookrightarrow$:

$$\frac{a}{b} \pm \frac{c}{d} = \frac{ad \pm bc}{bd}.$$

Setzt man hierin erst $d = 1$, dann $b = 1$, was geschehen darf, so kommt

$$\frac{a}{b} \pm \frac{c}{1} = \frac{a.1 \pm bc}{1.b}, \text{ oder}$$

$$\frac{a}{b} \pm c = \frac{a \pm bc}{b};$$

ferner: $$\frac{a}{1} \pm \frac{c}{d} = \frac{ad \pm 1.c}{1.d}, \text{ oder}$$

$$a \pm \frac{c}{d} = \frac{ad \pm c}{d}.$$

4) Es gilt noch $\frac{a}{b} \cdot \frac{c}{d} = \frac{ac}{bd}$, wenn $\frac{a}{b}$ und $\frac{c}{d}$ Differenz-Quotienten sind; denn es sei $\frac{a}{b} = \alpha - \beta$, $\frac{c}{d} = \alpha' - \beta'$, so ist:

$$a = b(\alpha - \beta), \quad c = d(\alpha' - \beta'), \text{ also}$$

$ac = bd(\alpha - \beta)(\alpha' - \beta')$ als subtraktive Gleichungen; ferner nach 30. IV. (5):

$$\frac{ac}{bd} = (\alpha - \beta)(\alpha' - \beta') = \frac{a}{b} \cdot \frac{c}{d}.$$

Oder u. A. auch so:

Es ist: $\left(\frac{a}{b} \cdot \frac{c}{d}\right)(bd) = \left(\frac{a}{b} . b\right) . \left(\frac{c}{d} . d\right) = ac,$

ferner: $\frac{ac}{bd}(bd) = ac$, $\curvearrowright$ nach 30. III.:

$$\frac{a}{b} \cdot \frac{c}{d} = \frac{ac}{bd};$$

hierin $b = 1$ gesetzt, kommt:

$$\frac{a}{1} \cdot \frac{c}{d} = \frac{a \cdot c}{1 \cdot d}, \text{ oder nach 29. 2) } \curvearrowright:$$

$$a \cdot \frac{c}{d} = \frac{ac}{d}.$$

5) Es ist noch $\frac{a}{b} : \frac{c}{d} = \frac{ad}{bc}$, wenn $\frac{a}{b}$, $\frac{c}{d}$ und $\frac{a}{b} : \frac{c}{d}$ Differenz-Quotienten sind;

denn man hat: $\left(\frac{a}{b} : \frac{c}{d}\right) \cdot \frac{c}{d} = \frac{a}{b}$,

ferner: $\frac{ad}{bc} \cdot \frac{c}{d} = \frac{acd}{bcd} = \frac{a}{b}$ nach 1) und 4), also:

$$\frac{a}{b} : \frac{c}{d} = \frac{ad}{bc}.$$

Oder u. A. so:

Es ist $a = b(\alpha - \beta)$, $c = d(\alpha' - \beta')$, also:

$ad = bd(\alpha - \beta)$, $bc = bd(\alpha' - \beta')$, daher:

$$\frac{ad}{bc} = \frac{bd(\alpha - \beta)}{bd(\alpha' - \beta')} = \frac{\alpha - \beta}{\alpha' - \beta'} = \frac{a}{b} : \frac{c}{d}.$$

Setzt man in: $\frac{a}{b} : \frac{c}{d} = \frac{ad}{bc}$, erst $d = 1$, dann $b = 1$, so kommt:

$$\frac{a}{b} : \frac{c}{1} = \frac{a \cdot 1}{b \cdot c} = \frac{a}{bc}, \text{ und}$$

$$\frac{a}{1} : \frac{c}{d} = \frac{a \cdot d}{1 \cdot c} = \frac{ad}{c}.$$

Hiernach können auch wieder die Spezialfälle in 29. (1) bis (9) abgeleitet werden. Man hat z. B.

für: $\frac{0}{\delta'} = \frac{\alpha - \alpha}{\delta'} = \frac{\alpha}{\delta'} - \frac{\alpha}{\delta'} = 0$ nach 2);

für: $\frac{0}{-\delta'} = \frac{0 \cdot -1}{(-\delta')(-1)} = \frac{0}{\delta'} = 0$ nach 1);

für: $\frac{-\beta'}{\delta'} = \frac{\alpha - (\alpha + \beta')}{\delta'} = \frac{\alpha}{\delta'} - \frac{\alpha}{\delta'} - \frac{\beta'}{\delta'} = -\frac{\beta'}{\delta'}$ nach 2);

$$\text{für: } \frac{\beta'}{-\delta'} = \frac{\beta'.-1}{-\delta'.-1} = \frac{-\beta'}{\delta'} = -\frac{\beta'}{\delta'} \text{ nach 1);}$$

$$\text{für: } \frac{-\beta'}{-\delta'} = \frac{-1.\beta'}{-1.\delta'} = \frac{\beta'}{\delta'} \text{ nach 1).}$$

u. s. w.

6) Es ist nun hiernach leicht die Gesetze in 29. (1) bis (9) auch für den Fall zu erweitern, wo die darin vorkommenden Buchstaben selbst wieder Differenz-Quotienten vorstellen, und also auch kein Divisor Null ist.

Man hat nämlich bereits nach 4), wenn p, q, r, s, p', q', r', s' Differenzen, und $\frac{p-q}{r-s}$, $\frac{p'-q'}{r'-s'}$ Differenz-Quotienten bezeichnen:

$$\frac{p-q}{r-s} \cdot \frac{p'-q'}{r'-s'} = \frac{(p-q)(p'-q')}{(r-s)(r'-s')} = \frac{(pp'+qq')-(p'q+pq')}{(rr'+ss')-(rs'+r's)},$$

hieraus für $q=0$, $s=0$, $p'=0$, $s'=0$:

$$\frac{p-0}{r-0} \cdot \frac{0-q'}{r'-0} = \frac{(p-0)(0-q')}{(r-0)(r'-0)} = \frac{-pq'}{rr'}, \text{ oder}$$

$$\frac{p}{r} \cdot \frac{-q'}{r'} = \frac{-pq'}{rr'};$$

$$\text{nun ist aber } \frac{-q'}{r'} = \frac{(\alpha-\alpha)-q'}{r_1} = \frac{(\alpha-q')-\alpha}{r_1} = \frac{\alpha-q'}{r_1} - \frac{\alpha}{r_1} =$$

$$\frac{\alpha}{r_1} - \frac{q'}{r_1} - \frac{\alpha}{r_1} = -\frac{q'}{r_1} \text{ nach 2),}$$

also auch $\frac{-pq'}{rr'} = -\frac{pq'}{rr'}$; daher:

$\left(+\frac{p}{r}\right) \cdot \left(-\frac{q'}{r'}\right) = -\frac{pq'}{rr'}$, also auch wegen 30. I. $\frown$:

$$\left(-\frac{q'}{r'}\right) \cdot \left(+\frac{p}{r}\right) = -\frac{pq'}{rr'}.$$

Ferner für $p=0$, $s=0$, $p'=0$, $s'=0$:

$$\frac{0-q}{r-0} \cdot \frac{0-q'}{r'-0} = \frac{(0-q)(0-q')}{(r-0)(r'-0)} = \frac{(-q)(-q')}{r.r'} = +\frac{qq'}{rr'} \text{ oder}$$

$$\frac{-q}{r} \cdot \frac{-q'}{r'} = +\frac{qq'}{rr'}, \text{ oder}$$

$$\left(-\frac{q}{r}\right) \cdot \left(-\frac{q'}{r'}\right) = +\frac{qq'}{rr'}.$$

Eben so hat man:

$$\frac{p-q}{r-s}:\frac{p'-q'}{r'-s'}=\frac{(p-q)(r'-s')}{(r-s)(p'-q')}=\frac{(pr'+qs')-(qr'+ps')}{(rp'+q's)-(q'r+p's)};$$

hieraus für $p=0$, $s=0$, $q'=0$, $s'=0$:

$$\frac{0-q}{r-0}:\frac{p'-0}{r'-0}=\frac{(0-q)(r'-0)}{(r-0)(p'-0)}=\frac{-qr'}{p'r}, \text{ oder}$$

$$\left(-\frac{q}{r}\right):\left(+\frac{p'}{r'}\right)=-\frac{qr'}{p'r}.$$

Ferner für $q=0$, $s=0$, $p'=0$, $s'=0$ ¬:

$$\frac{p-0}{r-0}:\frac{0-q'}{r'-0}=\frac{(p-0)(r'-0)}{(r-0)(0-q')}=\frac{pr'}{-q'r};$$

nun ist aber nach 1):

$$\frac{pr'}{-q'r}=\frac{pr'.(-1)}{(-q'r)(-1)}=\frac{-pr'}{q'r}=-\frac{pr'}{q'r}, \text{ also:}$$

$$\left(+\frac{p}{r}\right):\left(-\frac{q'}{r'}\right)=-\frac{pr'}{q'r}.$$

Endlich für $q=0$, $r=0$, $p'=0$, $s'=0$ ¬:

$$\frac{p-0}{0-s}:\frac{0-q'}{r'-0}=\frac{(p-0)(r'-0)}{(0-s)(0-q')}=\frac{pr'}{q's} \text{ oder:}$$

$$\left(-\frac{p}{s}\right):\left(-\frac{q'}{r'}\right)=+\frac{pr'}{q's}.$$

Hieraus folgt, daß die Gesetze 29. (11) bis (14), wenn die entsprechenden für das Multipliziren hinzugenommen werden, nämlich:

(1) $(+a)\divideontimes(+b)=+(a\divideontimes b)$; (2) $(-a)\divideontimes(+b)=-(a\divideontimes b)$,
(3) $(+a)\divideontimes(-b)=-(a\divideontimes b)$; (4) $(-a)\divideontimes(-b)=+(a\divideontimes b)$,

noch gelten, wenn überall Differenz-Quotienten vorkommen, also a, b, und noch außerdem a : b, dergleichen vorstellen.

7) Unter den bewußten Einschränkungen ist es nun nach dieser Anleitung leicht, die noch übrigen Gesetze der Mischung, jener vier Operationen zu erweisen.

Man hat z. B. nach 2) und nach 6), (2) bis (4):

$$(1)\ \frac{\pm a_1 \pm a_2 \pm \ldots \pm a_\alpha}{c}=\frac{(\pm a_1)+(\pm a_2)+\ldots+(\pm a_\alpha)}{c}=$$

$$\frac{\pm a_1}{c}+\frac{\pm a_2}{c}+\ldots+\frac{\pm a_\alpha}{c}=\pm\frac{a_1}{c}\pm\frac{a_2}{c}\pm\ldots\pm\frac{a_\alpha}{c};$$

$$(2)\ \left(\frac{a}{b}+\frac{c}{d}\right)-\frac{f}{g}=\left(\frac{a}{b}-\frac{f}{g}\right)+\frac{c}{d}=\frac{a}{b}+\left(\frac{c}{d}-\frac{f}{g}\right);$$

(3) $\left(\frac{a}{b}-\frac{c}{d}\right)-\frac{f}{g}=\left(\frac{a}{b}-\frac{f}{g}\right)-\frac{c}{d}=\frac{a}{b}-\left(\frac{c}{d}+\frac{f}{g}\right)$;

(4) $\frac{a}{b}-\left(\frac{c}{d}-\frac{f}{g}\right)=\left(\frac{a}{b}-\frac{c}{d}\right)+\frac{f}{g}=\left(\frac{a}{b}+\frac{f}{g}\right)-\frac{c}{d}$;

(5) $\left(\frac{a}{b}+\frac{c}{d}\right).\left(\frac{f}{g}+\frac{h}{k}\right)=\frac{a}{b}.\frac{f}{g}+\frac{c}{d}.\frac{f}{g}+\frac{a}{b}.\frac{h}{k}+\frac{c}{d}.\frac{h}{k}$;

(6) $\left(\frac{a}{b}-\frac{c}{d}\right).\left(\frac{f}{g}-\frac{h}{k}\right)=\frac{a}{b}.\frac{f}{g}-\frac{c}{d}.\frac{f}{g}-\frac{a}{b}.\frac{h}{k}+\frac{c}{d}.\frac{h}{k}$;

(7) Die zwei Formeln *) (Formeln sind allgemeine Gleichungen, die für jede spezielle Bedeutung der in ihnen vorkommenden allgemeinen Zahlzeichen stattfinden), Seite 64 und 67, die jetzt in die eine

$$\frac{D}{d}=x+\frac{D-dx}{d}$$

zusammengefaßt werden können, gelten ebenfalls für Differenz-Quotienten.

32. Hinsichtlich des Differenz-Quotienten bleiben nun noch die Gesetze des Größern und Kleinern, nebst den indirekten des Gleichseins, zu untersuchen übrig, die ebenfalls nur unter vielen Einschränkungen nachgewiesen werden können. Auch bei dieser Untersuchung wird durchweg vorausgesetzt, daß Null nicht als Divisor vorkommt, und überall Differenz-Quotienten erscheinen, was also nicht immer besonders wiederholt zu werden braucht.

Da nun alle, also auch jeder einzelne der beiden Differenz-Quotienten $a:b$, $c:d$ eine Differenz wirklicher Zahlen vorstellt, so wissen wir schon, daß von dem Gleich-Größer-oder Kleiner-Sein des einen, in Beziehung auf den andern, das gilt, was von der einen Differenz in Betreff der andern stattfindet.

Man hat deshalb:

$$\frac{a}{b}\gtreqless\frac{c}{d},$$

*) Alle die bisher entwickelten Gesetze des Operirens gelten unabhängig von dem womit operirt wird; sie sind an sich selbst schon richtig, was auch die darin vorkommenden Ausdrücke bedeuten mögen. Diese Gesetze, Gleichungen oder Formeln z. B. $(a+b)c = ac+bc$, $a+b = b+a$ u. s. w. dienen als Norm des Operirens, und man nennt sie auch identische Gleichungen zum Unterschiede von denjenigen die nur wieder unter einer, oder unter mehrern Einschränkungen in identische übergehn, daß einer, oder mehrere, der in ihnen vorkommenden allgemeinen Ausdrücke eine bestimmte (zu suchende) Bedeutung erhält.

je nachdem

$$\frac{a}{b} - \frac{c}{d} \gtreqless 0, \text{ d. h. } \frac{a}{b} - \frac{c}{d} \text{ positiv, Null oder negativ ist.}$$

Woran werden wir aber am einfachsten erkennen, ob $\frac{a}{b} - \frac{c}{d} \gtreqless 0$ ist? Offenbar daran, daß wir selbst wieder, vermöge des Umformens, für die Differenz $(a:b) - (c:d)$ einen einfachen Differenz-Quotienten suchen und ihn dann näher bestimmen.

Nun ist aber bereits nach 31. 3)

$$\frac{a}{b} - \frac{c}{d} = \frac{ad - bc}{bd} = \frac{p}{q}.$$

Ist demnach $\frac{a}{b} - \frac{c}{d}$ oder $\frac{ad - bc}{bd}$ oder $\frac{p}{q}$, positiv, Null oder negativ, so ist bezüglich der Differenz-Quotient $a:b \gtreqless$ als der andere $c:d$.

Da der wirkliche Quotient ein Spezialfall des Differenz-Quotienten ist, so gilt diese Beziehung natürlich auch für ersteren *).

Die gedachten Gesetze sind demnach folgende:

1) Ist $\frac{a}{b} \pm \frac{f}{g} = \frac{c}{d} \pm \frac{f}{g}$, so folgt nach 30. IV. (1),

$$\left(\frac{a}{b} \pm \frac{f}{g}\right) \mp \frac{f}{g} = \left(\frac{c}{d} \pm \frac{f}{g}\right) \mp \frac{f}{g} \text{ oder } \frac{a}{b} = \frac{c}{d} \text{ **)}$$

2) Ist $\frac{a}{b} > \frac{c}{d}$ und $\frac{c}{d} > \frac{f}{g}$, so ist $\frac{a}{b} > \frac{f}{g}$;

---

*) Sobald dargethan sein wird, daß dies Gesetz auch für Brüche gilt, fällt die frühere Definition (nach der man beurtheilte, ob $\frac{a}{b}$ als Bruch, $\gtreqless$ als der Bruch $\frac{c}{d}$ ist) mit dieser jetzigen zusammen; denn bd ist positiv, also $\frac{a}{b} - \frac{c}{d}$ oder $\frac{ad - bc}{bd}$ positiv, Null oder negativ, je nachdem $ad \gtreqless bc$ ist, und so zeigt sich hier schon der Schein, daß diese Definition vom Gleich- Größer- und Kleiner-Sein, insofern sie die beiden ältern, für Differenzen ganzer Zahlen und für Brüche (Seite 196) aufgestellten, mit einander vereinigt, die allgemeinste ist, die in dieser Hinsicht für das Zusammenwirken gedachter vier Operationen gegeben werden kann. Man sehe die Fortsetzung.

**) Um Wiederholungen zu vermeiden, so möge unter jedem in gegenwärtiger Nummer vorkommenden Quotienten, der Differenz-Quotient verstanden werden.

denn aus $\frac{a}{b} - \frac{c}{d} = \alpha$, $\frac{c}{d} - \frac{f}{g} = \beta$, ⌐:

$$\left(\frac{a}{b} - \frac{c}{d}\right) + \left(\frac{c}{d} - \frac{f}{g}\right) = \alpha + \beta \text{ nach 30. IV. (1), oder}$$

$$\frac{a}{b} - \frac{f}{g} = \alpha + \beta, \text{ daher:}$$

$$\frac{a}{b} > \frac{f}{g}.$$

Durch Ω bestätigt sich dies Gesetz wieder allgemein, und in 20. 7) hat man ebenfalls schon eine Herleitung desselben, weil jeder Differenz-Quotient eine Differenz ganzer Zahlen vorstellt.

Der Kürze wegen lassen wir die Ableitungen derjenigen Gesetze fort, die schon für Differenzen ganzer Zahlen entwickelt sind, und fügen blos, des Zusammenhangs wegen, die schon erwiesenen Resultate hinzu.

3) Ist $\frac{a}{b} > \frac{c}{d}$, so ist $\frac{a}{b} \pm \frac{f}{g} > \frac{c}{d} \pm \frac{f}{g}$. Dies Gesetz gilt auch indirekt.

4) Ist $\frac{a}{b} = \frac{c}{d}$ und $\frac{f}{g} = \frac{h}{k}$, so ist $\frac{a}{b} \pm \frac{f}{g} = \frac{c}{d} \pm \frac{h}{k}$.

5) Ist $\frac{a}{b} + \frac{c}{d} = \frac{f}{g} + \frac{h}{k}$ und $\frac{a}{b} > \frac{f}{g}$, so ist $\frac{c}{d} < \frac{h}{k}$.

6) Ist $\frac{a}{b} > \frac{c}{d}$, so ist $\frac{f}{g} - \frac{a}{b} < \frac{f}{g} - \frac{c}{d}$.

7) Ist $\frac{a}{b} > \frac{c}{d}$ und $\frac{f}{g} > \frac{h}{k}$, so ist $\frac{a}{b} - \frac{h}{k} > \frac{c}{d} - \frac{f}{g}$.

8) Ist $\frac{a}{b} + \frac{c}{d} > \frac{f}{g} + \frac{h}{k}$ und außerdem $\frac{a}{b} < \frac{f}{g}$, so ist $\frac{c}{d} > \frac{h}{k}$.

9) Ist $\frac{a}{b} > \frac{c}{d}$, so ist $\frac{a}{b} \cdot \frac{f}{g} \gtreqless \frac{c}{d} \cdot \frac{f}{g}$, je nachdem $\frac{f}{g}$ positiv, Null oder negativ ist.

Die übrigen hierher gehörenden Gesetze sind dieselben, wie die, welche wir bei dem Differenz-Produkt aufgestellt haben (Vergl. 28. 29); man denke sich nur überall für die dort vorkommenden Buchstaben, Differenz-Quotienten substituirt. Der Kürze wegen bleiben sie hier fort, und wir wollen nur die Beziehungen für die Division betrachten, die man nun sämmtlich aus den dort beim Differenz-Produkte gefundenen Gesetzen entnehmen kann.

10) Aus 30. IV. (5) folgt noch, für $\mathfrak{g}' : \mathfrak{g}$, wenn a, b, c, d Differenzen wirklicher Zahlen sind und $a = b$, $c = d$ ist, daß

$$a : c = b : d$$

sein muß, wenn nur c, also auch d, nicht Null ist.

11) Ist $a : c = b : c$, so ist $a = b$;

denn $(a : c) . c = (b : c) . c$ nach 30. IV. (4), oder $a = b$.

Oder so: Aus $\frac{a}{c} = \frac{b}{c} \rightarrow \frac{a}{c} - \frac{b}{c} = 0$ oder $\frac{a - b}{c} = 0$, also $a = b$ nach 31. 2).

12) Ist $a > b$, so fragt es sich, ob noch $a : c > b : c$ ist, oder was überhaupt zwischen $a : c$ und $b : c$ stattfindet. Nach der Abhängigkeit G. $(\mathfrak{u} : \mathfrak{a})$ | G. $(\mathfrak{g} : \mathfrak{a})$ hat man: Aus $a > b \rightarrow a - b = \alpha$, also nach 30. IV. (5), $\frac{a - b}{c} = \frac{\alpha}{c}$ oder $\frac{a}{c} - \frac{b}{c} = \frac{\alpha}{c}$. Nun ist $\frac{\alpha}{c}$ positiv oder negativ, je nachdem c positiv oder negativ ist, daher im erstern Falle $a : c > b : c$, im letztern hingegen $a : c < b : c$.

Auch so kann man schließen: Da $a > b$ ist, so heißt dies so viel als $(a : c) c > (b : c) c$ und hieraus $a : c \gtrless b : c$ je nachdem c positiv oder negativ ist. [Nach 28. 9)].

U. a. kann man auch so schließen:

Gesetzt es wäre erstens

$a : c = b : c$, so ist nach 30. IV. (4)

$a = b$, was gegen die Voraussetzung streitet;

zweitens ergiebt sich, daß $a : c$ nicht $< b : c$ und auch $a : c$ nicht $> b : c$ sein kann, wenn bezüglich c positiv oder negativ ist. Es folgt demnach aus $a > b$, daß $a : c \gtrless b : c$ ist, je nachdem c positiv oder negativ ist.

Für den indirekten Satz von $\mathfrak{u} : \mathfrak{a}$ hat man: Ist $a : c > b : c$, so ist $(a : c) - (b : c) = \alpha$, also $a - b = c\alpha$, demnach $a > b$, wenn c positiv, und $a < b$, wenn c negativ ist.

Man kann auch u. A. so schließen:

Ist $a : c \gtrless b : c$, so ist für c positiv:

$(a : c) . c \gtrless (b : c) . c$ oder $a \gtrless b$.

Ist hingegen c negativ, so folgt aus $a : c \gtrless b : c$, daß $(a : c) c \lessgtr (b : c) c$ oder $a \lessgtr b$ ist.

13) Ist a:c = b:d gegeben, so wissen wir schon, daß nicht a=b und c = d zu sein braucht; wir wollen jedoch die Beziehungen aufstellen, die stattfinden müssen, wenn noch Bedingungen hinzutreten. Zunächst folgt aus a:c = b:d, daß ad = bc sein muß.

Man hat nun wieder nach 28. 12):

aus ad=bc,

und $a > b$, daß $c \gtrless d$ ist $\left\{\begin{array}{l}\text{wo} > \text{gilt, wenn b u. d pos.; oder b u. d neg. ist;} \\ \text{wo} < \text{gilt, wenn b pos., d neg.; od. b neg., d pos. ist.}\end{array}\right\}$

14) Wir wollen S. (**a:u**) verallgemeinern. Früherhin, in der Urzahlenlehre, ergab sich aus $b > c$, daß $a:b < a:c$ ist, und es fragt sich also, ob dies noch der Fall sein wird oder nicht, wenn a:b und a:c Differenzen ganzer Zahlen vorstellen. Da nun $a:b \gtreqqless a:c$ heißt, je nachdem die Differenz (a:b) — (a:c) positiv, Null oder negativ ist, so haben wir solche in dieser Hinsicht näher zu untersuchen.

Nun ist aber:

$$\frac{a}{c} - \frac{a}{b} = \frac{ab - ac}{bc} = (b - c) \cdot \frac{a}{bc} \text{ nach 31. 3) u. 4),}$$

$$= \alpha \cdot \frac{a}{bc}, \text{ weil } b > c, \text{ also } b - c = \alpha \text{ d. h. positiv}$$

vorausgesetzt ist.

Man sieht hieraus, daß aus a:(bc) positiv, Null oder negativ, auch a:c bezüglich $\gtreqqless$ a:b sein muß. Nun ist aber a:(bc) positiv, wenn a und bc zugleich positiv oder negativ sind; ferner ist a:(bc)=0, wenn a = 0 sein sollte; endlich ist a:(bc) negativ, wenn a positiv und bc negativ ist, oder wenn a negativ und bc positiv ist.

Aus der ganzen Untersuchung folgt demnach:

Ist $b > c$, so ist

$$\frac{a}{b} \begin{array}{c} < \\ = \\ > \end{array} \frac{a}{c} \left\{\begin{array}{l}\text{wo} < \text{in zwei Fällen gilt, erstens, wenn a, bc positiv und} \\ \qquad\text{zweitens, wenn a, bc negativ sind;} \\ \text{wo} = \text{in einem Falle gilt, wenn nämlich a = Null ist;} \\ \text{wo} > \text{in zwei Fällen gilt, erstens, wenn a pos. u. bc neg. ist,} \\ \qquad\text{und zweitens, wenn a negat. und bc positiv ist}\end{array}\right\}.$$

Im Lapidarstyl: Ist $b > c$, so ist $a:b \lessgtr a:c$ je nachdem a und bc (zuletzt) einerlei, oder verschiedene (+, —) Zeichen vor sich haben.

Weil $b > c$, so ist mit c positiv, auch b positiv; mit b negativ auch c negativ gegeben.

Ferner erhellt, daß wenn b und c beide zugleich positiv oder beide negativ sind, dann bc allemal positiv ist; es ist also dann $a:b \lessgtr a:c$

je nachdem auch a positiv oder negativ ist. Ist hingegen b positiv, c negativ (b negativ, c positiv streitet gegen $b > c$), so ist bc negativ und $a:b \lessgtr a:c$ je nachdem auch a negativ oder positiv ist.

Umgekehrt bemerkt man noch, daß bc positiv ist, wenn b und c positiv oder negativ sind; daß ferner bc negativ ist, wenn b positiv und c negativ ist.

Man kann auch so schließen:

Es ist **G. (a:u) | G. (a:g)**; deshalb hat man

$$\text{aus } a = a \text{ und } c = b - \alpha, \text{ wegen } c < b,$$

$$\frac{a}{c} = \frac{a}{b-\alpha} = \frac{a}{b} + \frac{a\alpha}{b(b-\alpha)} = \frac{a}{b} + \frac{a\alpha}{bc} = \frac{a}{b} + \alpha \,.\, \frac{a}{bc} \text{ n. 31. (7), also:}$$

$$\frac{a}{c} - \frac{a}{b} = \alpha \,.\, \frac{a}{bc}\left[\text{ und } = (b-c) \,.\, \frac{a}{bc}\right].$$

Man kann auch so schließen:

Aus $b > c$ folgt für a $\left\{\begin{matrix}\text{positiv,}\\ \text{negativ}\end{matrix}\right\}$, daß $ab \gtrless ac$ ist, und hieraus bezüglich für bc $\left\{\begin{matrix}\text{positiv,}\\ \text{negativ}\end{matrix}\right\}$, daß $(ab):(bc) > (ac):(bc)$ od. $a:c > a:b$ ist.

Aus $b > c$ folgt für a $\left\{\begin{matrix}\text{positiv,}\\ \text{negativ}\end{matrix}\right\}$, daß $ab \gtrless ac$ ist, und hieraus bezüglich für bc $\left\{\begin{matrix}\text{negativ,}\\ \text{positiv}\end{matrix}\right\}$, daß $(ab):(bc) < (ac):(bc)$ od. $a:c < a:b$ ist.

Man kann auch u. A. noch so schließen: Da $b > c$ ist, und gefunden werden soll, welche Beziehungen zwischen den Differenz-Quotienten $a:b$ und $a:c$ stattfinden, d. h. unter welchen, in der Voraussetzung liegenden speziellen Fällen $a:b \gtreqless a:c$ ist, so können wir auch jeden der letzteren, einzeln, als eine noch unbekannte Folge aus der Voraussetzung betrachten, und uns dann zu den Gründen zu erheben suchen, welche dieser Folge entsprechen müssen.

Soll also erstens

$a:b = a:c$ aus $b > c$ folgen, so ist nach 30. IV. (4):

$$(a:b) \,.\, (bc) = (a:c) \,.\, (bc), \text{ oder}$$
$$ac = ab.$$

Nun kann aber, wenn $b > c$ ist, nur dann $ac = ab$ sein, wenn $a = 0$ ist.

Ist demnach $a = 0$, so ist auch $a:b = a:c$, und ist a nicht $= 0$, so kann auch $a:b$ nicht $= a:c$ sein, indem wir sonst $c = b$, gegen die Annahme, erhalten würden.

Soll zweitens

$a:b > a:c$ sein, so hat man nach 28. 7):

$(a:b).(bc) > (a:c).(bc)$ wenn bc positiv ist, also:

$ac > ab$ oder

$c > b$ wenn a positiv ist.

Sind demnach a und bc positiv, so folgt aus $b > c$, daß $a:b < a:c$ ist, weil sich für die Annahme $a:b \geqq a:c$ und a und bc positiv, $b \leqq c$ ergab.

Da aus vorstehender Ungleichung $ac > ab$, wenn a negativ sein sollte, $c < b$ folgen würde, so hat man hieraus auch noch, daß wenn $b > c$ ist, nothwendig $a:b > a:c$ sein muß, wenn a negativ und zugleich bc positiv wäre.

Ferner ergiebt sich, wenn $b > c$, bc negativ und a positiv ist, daß nothwendig $a:b > a:c$ sein muß;

denn erstens kann, wegen a positiv, $a:b$ nicht $= a:c$ sein;

wäre zweitens

$a:b < a:c$, so ist, wegen bc negativ:

$(a:b).(bc) > (a:c).(bc)$, oder:

$ac > ab$, und nun, wegen a positiv:

$c > b$ gegen die Voraussetzung.

Endlich findet sich, daß $a:b < a:c$ sein muß, wenn $b > c$, ferner a und bc negativ sind:

denn erstens kann, wegen a negativ, $a:b$ nicht $= a:c$ sein;

wäre zweitens

$a:b > a:c$, so ist, wegen bc negativ:

$(a:b).(bc) < (a:c).(bc)$, oder

$ac < ab$, und nun, wegen a negativ:

$c > b$ gegen die Voraussetzung.

Diese Resultate sind keine andern als die obigen; auch erscheint das Gesetz für $\mathfrak{a}:\mathfrak{u}$ in der Urzahlenlehre, als einzelner Fall in der jetzigen Erweiterung desselben.

Hinsichtlich des indirekten Gesetzes von $\mathfrak{a}:\mathfrak{u}$ hat man erstens:

Ist $a:b < a:c$, so kommt für bc positiv:

$(a:b).(bc) < (a:c).(bc)$, oder:

$ac < ab$, also für a positiv oder negativ:

$c \lessgtr b$.

Ist demnach $a:b < a:c$ und bc positiv, so findet sich $c \lessgtr b$, je nachdem a positiv oder negativ ist.

Hat man ferner $a:b < a:c$ und bc negativ, so folgt:

$$(a:b).(bc) > (a:c).(bc), \text{ oder}$$
$$ac > ab, \text{ mithin}$$
$$c \gtrless b \text{ je nachdem a positiv oder negativ ist.}$$

Ist also $a:b < a:c$ und bc negativ gegeben, so findet sich $c \gtrless b$ je nachdem a positiv oder negativ ist.

Man hat demnach:

Ist $a:b < a:c$ u. $bc \begin{Bmatrix} \text{pos.,} \\ \text{neg.} \end{Bmatrix}$ gegeben, so ist $\begin{Bmatrix} c \lessgtr b, \\ c \gtrless b \end{Bmatrix}$ je nachdem a pos. od. neg. ist.

Ist ferner **zweitens** $a:b > a:c$, so kommt für bc positiv:

$$ac > ab, \text{ also für a posit. oder neg.:}$$
$$c \gtrless b.$$

Hat man ferner: $a:b > a:c$, so kommt für bc negativ:

$$ac < ab, \text{ also für a posit. oder neg.:}$$
$$c \lessgtr b.$$

Man hat demnach:

Ist $a:b > a:c$ u. $bc \begin{Bmatrix} \text{pos.,} \\ \text{neg.} \end{Bmatrix}$ gegeben, so ist $\begin{Bmatrix} c \gtrless b, \\ c \lessgtr b \end{Bmatrix}$ je nachdem a pos. od. neg. ist.

Man kann auch u. A. noch so schließen:

Aus $\frac{a}{b} < \frac{a}{c}$ folgt: $\frac{a}{b} - \frac{a}{c} = -\alpha$, oder $\frac{ac - ab}{bc} = -\alpha$, oder

$$(c - b).\frac{a}{bc} = -\alpha.$$

Ist demnach $a:(bc)$ positiv, so muß $c - b$ negativ d. h. $b > c$ sein; und ist $a:(bc)$ negativ, so muß $c - b$ positiv d. h. $b < c$ sein.

Nun ist $a:(bc)$ positiv, wenn a positiv und bc positiv ist;
oder a negativ und bc negativ ist.

Ferner ist $a:(bc)$ negativ, wenn a positiv und bc negativ ist;
oder a negativ und bc positiv ist.

Ist demnach $a:b < a:c$ und a positiv, ferner bc positiv; oder a negativ und bc negativ, so ist $b > c$.

Ist ferner $a:b < a:c$ und a positiv, bc negativ; oder a negativ und bc positiv, so ist $b < c$.

Ist endlich $\frac{a}{b} > \frac{a}{c}$ gegeben, so folgt $\frac{a}{b} - \frac{a}{c} = \alpha'$, oder

$$\text{oder } \frac{ac - ab}{bc} = \alpha', \text{ oder}$$

$$(c - b) \cdot \frac{a}{bc} = \alpha'.$$

Ist demnach $a:(bc)$ positiv, so muß $c - b$ positiv d. h. $b < c$ sein; und ist $a:(bc)$ negativ, so muß $c - b$ negativ d. h. $b > c$ sein.

Ist demnach $a:b > a:c$ und a positiv, ferner bc positiv; oder a negativ und bc negativ, so ist $b < c$.

Ist ferner $a:b > a:c$ und a positiv, ferner bc negativ; oder a negativ und bc positiv, so ist $b > c$.

Diese Beziehungen sind dieselben wie die in der ersten Ableitung.

15) Man soll untersuchen, ob noch, wie früher in Betreff von $u':u$, aus $a > b$ und $c > d$ folgen wird $a:d > b:c$, oder welche Beziehungen sich überhaupt für $a:d$ und $b:c$ in Hinsicht des Gleich-Größer- und Kleiner-Seins für die jetzige Allgemeinheit ergeben werden.

Zunächst werden wir von $a > b$ und $c > d$ zu dem vermittelnden Gegensatz der Divisions-Verbindungen $a:d$, $b:c$ d. h. zu den Produkten ac, bd überzugehn suchen, indem wir dann aus $ac \gtreqless bd$, vermöge der Division, weiter folgern können. Wäre z. B. cd positiv, so hätte man $(ac):(cd) \gtreqless (bd):(cd)$, oder $a:d \gtreqless b:c$.

In dieser Hinsicht können wir die schon in 28. 10) gefundenen Beziehungen der Produkte ac und bd benutzen, oder die hier stattfindenden Fälle selbst wieder, wie folgt, durch das kombinatorische Prinzip*) näher vorführen und nachher genauer untersuchen. Gehen wir auf dieselben ein, so kommt hinsichtlich des Positiv- und Negativ-Seins der Glieder a, b, c, d

$$\begin{Bmatrix}+a > +b,\\ +c > +d\end{Bmatrix}; \quad \begin{Bmatrix}+a > -b,\\ +c > -d\end{Bmatrix}; \quad \begin{Bmatrix}-a > -b,\\ -c > -d\end{Bmatrix},$$

wo a, b, c, d wirkliche Zahlen vorstellen.

Verbindet man nun jeden obern Fall mit jedem untern, so kommt

$$\begin{Bmatrix}+a>+b,\\ +c>+d\end{Bmatrix}; \begin{Bmatrix}+a>+b,\\ +c>-d\end{Bmatrix}; \begin{Bmatrix}+a>+b,\\ -c>-d\end{Bmatrix}; \begin{Bmatrix}+a>-b,\\ +c>+d\end{Bmatrix}; \begin{Bmatrix}+a>-b,\\ +c>-d\end{Bmatrix};$$

$$\begin{Bmatrix}+a>-b,\\ -c>-d\end{Bmatrix}; \begin{Bmatrix}-a>-b,\\ +c>+d\end{Bmatrix}; \begin{Bmatrix}-a>-b,\\ +c>-d\end{Bmatrix}; \begin{Bmatrix}-a>-b,\\ -c>-d\end{Bmatrix}.$$

---

*) Sobald man den Weg der Erfindung betritt, kann das kombinatorische Verfahren, bei Aufzählung der stattfindenden Fälle, nicht fehlen.

Untersucht man nun, welche unter diesen Fällen, in Betreff der Produkte ac, bd, zu einer Wahrheit führen, so stellt sich leicht heraus, daß sich für den dritten $a > b,\ -c > -d$ oder $a > b,\ c < d$ nichts Bestimmtes für ac, bd ergiebt. Dasselbe gilt vom fünften und siebenten.

Für die übrig bleibenden sechs

$$\left\{\begin{matrix}+a > +b,\\ +c > +d\end{matrix}\right\};\quad \left\{\begin{matrix}+a > +b,\\ +c > -d\end{matrix}\right\};\quad \left\{\begin{matrix}+a > -b,\\ +c > +d\end{matrix}\right\};\quad \left\{\begin{matrix}+a > -b,\\ -c > -d\end{matrix}\right\};$$

$$\left\{\begin{matrix}-a > -b,\\ +c > -d\end{matrix}\right\};\quad \left\{\begin{matrix}-a > -b,\\ -c > -d\end{matrix}\right\}$$

ergiebt sich nach 28. 7), für $a > b$ und $c > d$, daß

$$\left\{\begin{matrix}ac > bc \text{ wenn } c \text{ positiv ist,}\\ bc > bd \ \ :\ \ b\ \ :\ \ :\end{matrix}\right\};\quad \left\{\begin{matrix}ac < bc \text{ wenn } c \text{ negativ ist,}\\ bc < bd \ \ :\ \ b\ \ :\ \ :\end{matrix}\right\};$$

$$\left\{\begin{matrix}ac > ad \text{ wenn } a \text{ positiv ist,}\\ ad > bd \ \ :\ \ d\ \ :\ \ :\end{matrix}\right\};\quad \left\{\begin{matrix}ac < ad \text{ wenn } a \text{ negativ ist,}\\ ad < bd \ \ :\ \ d\ \ :\ \ :\end{matrix}\right\}.$$

Will man diejenigen Fälle noch hinzufügen, wo Null vorkommt, so sind sie:

$$\left\{\begin{matrix}ac = bc \text{ wenn } c \text{ Null ist,}\\ bc > bd \ \ :\ \ b \text{ positiv } :\end{matrix}\right\};\quad \left\{\begin{matrix}ac = bc \text{ wenn } c \text{ Null ist,}\\ bc < bd \ \ :\ \ b \text{ negativ } :\end{matrix}\right\};$$

$$\left\{\begin{matrix}ac > bc \text{ wenn } c \text{ positiv ist,}\\ bc = bd \ \ :\ \ b \text{ Null } :\end{matrix}\right\};\quad \left\{\begin{matrix}ac < bc \text{ wenn } c \text{ negativ ist,}\\ bc = bd \ \ :\ \ b \text{ Null } :\end{matrix}\right\};$$

$$\left\{\begin{matrix}ac = bc \text{ wenn } c \text{ Null ist,}\\ bc = bd \ \ :\ \ b\ \ :\ \ :\end{matrix}\right\};\quad \left\{\begin{matrix}ac = ad \text{ wenn } a \text{ Null ist,}\\ ad > bd \ \ :\ \ d \text{ positiv } :\end{matrix}\right\};$$

$$\left\{\begin{matrix}ac = ad \text{ wenn } a \text{ Null ist,}\\ ad < bd \ \ :\ \ d \text{ negativ } :\end{matrix}\right\};\quad \left\{\begin{matrix}ac > ad \text{ wenn } a \text{ positiv ist,}\\ ad = bd \ \ :\ \ d \text{ Null } :\end{matrix}\right\};$$

$$\left\{\begin{matrix}ac < ad \text{ wenn } a \text{ negativ ist,}\\ ad = bd \ \ :\ \ d \text{ Null } :\end{matrix}\right\};\quad \left\{\begin{matrix}ac = ad \text{ wenn } a \text{ Null ist,}\\ ad = bd \ \ :\ \ d\ \ :\ \ :\end{matrix}\right\};$$

$$\left\{\begin{matrix}ac < bd \text{ wenn } a \text{ Null und } c \text{ Null ist,}\\ ac > bd \ \ :\ \ b\ \ :\ \ :\ \ d\ \ :\ \ :\end{matrix}\right\}.$$

Hieraus:

$$ac \begin{matrix}>\\<\end{matrix} bd \text{ je n. } \left\{\begin{matrix}b \text{ pos., } c \text{ pos. ist,}\\ b \text{ neg., } c \text{ neg. } :\end{matrix}\right\};\quad ac \begin{matrix}>\\<\end{matrix} bd \text{ je n. } \left\{\begin{matrix}a \text{ pos., } d \text{ pos. ist,}\\ a \text{ neg., } d \text{ neg. } :\end{matrix}\right\};$$

$$ac \begin{matrix}>\\=\\<\end{matrix} bd \text{ je n. } \left\{\begin{matrix}b \text{ pos., } c \text{ Null ist,}\\ b \text{ Null, } c\ \ :\ \ :\\ b \text{ neg., } c\ \ :\ \ :\end{matrix}\right\};\quad ac \begin{matrix}>\\=\\<\end{matrix} bd \text{ je n. } \left\{\begin{matrix}a \text{ pos., } d \text{ Null ist,}\\ a \text{ Null, } d\ \ :\ \ :\\ a \text{ neg., } d\ \ :\ \ :\end{matrix}\right\};$$

$$ac \begin{matrix}>\\<\end{matrix} bd \text{ je n. } \left\{\begin{matrix}b \text{ Null, } c \text{ pos. ist,}\\ b\ \ :\ \ c \text{ neg. } :\end{matrix}\right\};\quad ac \begin{matrix}>\\<\end{matrix} bd \text{ je n. } \left\{\begin{matrix}a \text{ Null, } d \text{ pos. ist,}\\ a\ \ :\ \ d \text{ neg. } :\end{matrix}\right\};$$

$$ac \begin{matrix}>\\<\end{matrix} bd \text{ je n. } \left\{\begin{matrix}b \text{ Null und } d \text{ Null ist,}\\ a\ \ :\ \ :\ \ c\ \ :\ \ :\end{matrix}\right\}.$$

Hieraus ergiebt sich, nach 32. 12), wenn man durch cd dividirt und auch darauf achtet, ob cd positiv oder negativ ist; ferner die Voraussetzung $a > b$, $c > d$ dabei nicht aus dem Auge verliehrt, außerdem noch bemerkt, daß man nicht durch Null dividiren darf:

$$\frac{a}{d} \gtrless \frac{b}{c} \text{ je nachdem } \begin{cases} b \text{ positiv, } c \text{ positiv, } d \text{ positiv ist,} \\ b \text{ negativ, } c \text{ negativ, } d \text{ negativ „} \end{cases};$$

$$\frac{a}{d} \gtrless \frac{b}{c} \text{ je nachdem } \begin{cases} a \text{ positiv, } c \text{ positiv, } d \text{ positiv ist,} \\ a \text{ negativ, } c \text{ negativ, } d \text{ negativ „} \end{cases};$$

$a:d < b:c$ wenn b positiv, c positiv, d negativ ist;

$a:d > b:c$ „ a negativ, c positiv, d negativ ist;

$$\frac{a}{d} \gtrless \frac{b}{c} \text{ je nachdem } \begin{cases} b \text{ Null, } c \text{ positiv, } d \text{ positiv ist,} \\ b \text{ „ } c \text{ negativ, } d \text{ negativ „} \end{cases};$$

$a:d < b:c$ wenn b Null, c positiv, d negativ ist;

$$\frac{a}{d} \gtrless \frac{b}{c} \text{ je nachdem } \begin{cases} a \text{ Null, } c \text{ positiv, } d \text{ positiv ist,} \\ a \text{ „ } c \text{ negativ, } d \text{ negativ „} \end{cases};$$

$a:d > b:c$ wenn a Null, c positiv, d negativ ist.

Man kann auch diese zwölf Beziehungen wie folgt finden:

Nach 32. 12) und 14) hat man aus $a > b$ und $c > d$,

$\frac{a}{d} \gtrless \frac{b}{d}$ je nachdem d $\begin{cases} \text{pos.,} \\ \text{neg.} \end{cases}$ ist; $\frac{b}{d} \gtrless \frac{b}{c}$ je nachdem $\frac{b}{cd}$ $\begin{cases} \text{pos.,} \\ \text{neg.} \end{cases}$ ist.

$\frac{a}{c} \gtrless \frac{b}{c}$ je nachdem c $\begin{cases} \text{pos.,} \\ \text{neg.} \end{cases}$ ist; $\frac{a}{d} \gtrless \frac{a}{c}$ je nachdem $\frac{a}{cd}$ $\begin{cases} \text{pos.,} \\ \text{neg.} \end{cases}$ ist.

Hieraus folgt:

$a:d > b:c$ wenn d und $b:(cd)$ positiv ist,
$a:d < b:c$ „ d „ $b:(cd)$ negativ „
$a:d > b:c$ „ c „ $a:(cd)$ positiv „
$a:d < b:c$ „ c „ $a:(cd)$ negativ „

Aus den beiden ersten dieser Beziehungen:

$$\frac{a}{d} \gtrless \frac{b}{c} \text{ je nachdem d und } \frac{b}{cd} \begin{cases} \text{positiv,} \\ \text{negativ} \end{cases} \text{ ist, } \hookrightarrow$$

$a:d > b:c$ wenn b positiv, c positiv, d positiv ist,
$a:d < b:c$ „ b „ c „ d negativ „
$a:d < b:c$ „ b negativ, c negativ, d „ „

Aus den beiden letzten dieser Beziehungen:

$$\frac{a}{d} \gtrless \frac{b}{c} \text{ je nachdem c und } \frac{a}{cd} \begin{cases} \text{positiv,} \\ \text{negativ} \end{cases} \text{ ist, } \hookrightarrow$$

$a:d > b:c$ wenn a positiv, c positiv, d positiv ist,
$a:d > b:c$ „ a negativ, c „ d negativ „
$a:d < b:c$ „ a „ c negativ, d „ „

Die übrigen sechs Relationen, hinsichtlich des Vorkommens von Null im Dividenden, ergeben sich eben so.

Man kann auch so schließen:

Da wir untersuchen wollen, welche Beziehungen des Größer- und Kleiner-Seins sich zwischen $a:d$ und $b:c$ ergeben werden, wenn $a > b$ und $c > d$ vorausgesetzt ist, so haben wir die Differenz

$$\frac{a}{d} - \frac{b}{c}$$

in Hinsicht ihres Positiv- oder Negativ-Seins zu bestimmen.

Es ist nun $\frac{a}{d} - \frac{b}{c} = \frac{ac - bd}{cd}$, daher $\frac{a}{d} \gtrless \frac{b}{c}$ je nachdem $\frac{ac-bd}{cd}$ positiv oder negativ ist, und wir haben uns deshalb nur noch zu fragen, unter welchen Bedingungen das eine oder das andere stattfindet. Aus $a > b$, $c > d$ folgt aber, nach 28. 10), $ac \gtrless bd$ je nachdem b, c beide positiv oder negativ sind*). Es ist also $\frac{ac - bd}{cd}$ positiv, wenn b, c und noch d positiv sind. Ferner ist $\frac{ac - bd}{cd}$ ne-

*) Man übersieht diese Beziehungen auch gleich so:
Ist $a > b$ und $c > d$ und außerdem b und c positiv, so ist ac positiv, weil dann a und c positiv sind; ferner ist bd entweder positiv, Null oder negativ; denn wegen $c > d$ und c positiv, kann d positiv, Null oder negativ sein. In diesen beiden letzteren Fällen, wo bd Null oder negativ ist, übersieht man unmittelbar, daß weil ac positiv ist, auch $ac > bd$ sein muß. In dem erstern Fall war bd positiv, also, da d positiv ist, folgt schon, nach der Urzahlenlehre, daß $ac > bd$ sein muß, weil jetzt a, b, c, d positiv sind. Ist ferner mit $a > b$ und $c > d$ zugleich b und c negativ gegeben, so ist bd positiv, weil dann b und d negativ sind; ferner ist ac entweder positiv, Null oder negativ; denn wegen $a > b$ und b negativ, kann a positiv, Null oder negativ sein. In diesen beiden letztern Fällen, in denen ac Null oder negativ ist, übersieht man unmittelbar, daß weil bd positiv ist, auch $ac < bd$ sein muß. Ist hingegen, nach dem ersten Falle, ac positiv, also, wegen c negativ, auch a negativ, so sind jetzt sowohl a und b, als auch c und d, negativ. Man hat dann für $a = -\alpha$, $b = -\beta$, $c = -\gamma$, $d = -\delta$, nach der Voraussetzung: $-\alpha > -\beta$, $-\gamma > -\delta$, oder $\alpha < \beta$ und $\gamma < \delta$, also, nach der Urzahlenlehre, $\alpha\gamma < \beta\delta$ oder $(-\alpha)(-\gamma) < (-\beta)(-\delta)$ oder $ac < bd$.

gativ, erstens wenn b, c positiv und d negativ ist, oder zweitens wenn b, c und noch d negativ sind.

Eben so findet sich, nach 28. 10), $ac \gtrless bd$ je nachdem a, d beide positiv oder negativ sind. Es ist also $\frac{ac-bd}{cd}$ positiv, wenn a, d und noch c positiv sind. Ferner ist $\frac{ac-bd}{cd}$ positiv, wenn a und d negativ und c positiv ist, und negativ, wenn a, d und noch c negativ ist.

Diese Resultate sind dieselben wie vorhin; denn sind erstens b, c, d positiv, also $a:d > b:c$, so sind auch d und $b:(cd)$ positiv und umgekehrt: sind d und $b:(cd)$ positiv, so sind auch b, c, d positiv; denn wegen $c > d$ und d positiv, ist auch c positiv, also auch cd, mithin auch b, wegen $b:(cd)$ positiv. Sind ferner b, c positiv und ist d negativ, oder sind b, c, d negativ, also $a:d < b:c$, so sind auch d und $b:(cd)$ negativ und umgekehrt: sind d und $b:(cd)$ negativ, so sind auch entweder b, c positiv und d negativ, oder es sind b, c, d negativ.

Sind ferner a, c, d positiv, oder a negativ, c positiv, d negativ, also $a:d > b:c$, so sind auch c und $a:(cd)$ positiv und umgekehrt: sind c und $a:(cd)$ positiv, so sind auch entweder a, c, d positiv, oder a negativ, c positiv, d negativ. Sind endlich a negativ, c negativ, d negativ, also $a:d < b:c$, so sind auch c und $a:(cd)$ negativ und umgekehrt: sind c und $a:(cd)$ negativ, so sind auch a, c, d negativ; denn wegen $c > d$ und c negativ, muß d negativ sein, deshalb ist cd positiv, und da $a:(cd)$ negativ sein soll, so muß auch a negativ sein.

Man kann auch u. A. so schließen:

Da die Differenz $\frac{a}{d}-\frac{b}{c}$ oder (der Quotient) $\frac{ac-bd}{cd}$ hinsichtlich ihres (seines) Positiv- und Negativ-Seins in Betreff der Voraussetzung $a > b$, $c > d$ zu bestimmen ist, so muß letztere in jener Differenz aufgenommen erscheinen. Um diese Substitution bewirken zu können, hat man $a = b+\alpha$ und $d = c-\beta$ zu setzen, und es kommt

$$\frac{a}{d}-\frac{b}{c} = \frac{(b+\alpha)c-b(c-\beta)}{cd} = \frac{bc+\alpha c-bc+\beta b}{cd} = \frac{\alpha c+\beta b}{cd}$$

$$= \beta \cdot \frac{b}{cd}+\frac{\alpha}{d} \text{ also:}$$

$$\frac{a}{d} = \frac{b}{c}+\beta \cdot \frac{b}{cd}+\frac{\alpha}{d}.$$

Es ergiebt sich aber auch noch eine Beziehung zwischen $a:d$ und $b:c$ dadurch, daß wir in den Quotienten $\frac{ac-bd}{cd}$, statt c, $d+\beta$ und statt b, $a-\alpha$ setzen, also:

$$\frac{ac-bd}{cd}=\frac{a(d+\beta)-(a-\alpha)d}{cd}=\frac{ad+\beta a-ad+\alpha d}{cd}=\frac{\beta a+\alpha d}{cd}$$

$$=\beta.\frac{a}{cd}+\frac{\alpha}{c}, \text{ also:}$$

$$\frac{a}{d}=\frac{b}{c}+\beta.\frac{a}{cd}+\frac{\alpha}{c}.$$

Diese letztere Beziehung, nebst der vorhergehenden, kann man auch u. A. durch die Division, wie folgt, entnehmen.

Es ist $\mathfrak{G}.(\mathfrak{u}':\mathfrak{u})\,|\,\mathfrak{G}.(\mathfrak{g}':\mathfrak{g})$, oder $\mathfrak{G}.(\mathfrak{u}':\mathfrak{u})\,|\,\mathfrak{G}.(\mathfrak{u}:\mathfrak{g})$, oder $\mathfrak{G}.(\mathfrak{u}':\mathfrak{u})\,|\,\mathfrak{G}.(\mathfrak{g}:\mathfrak{u})$.

Benutzt man die erste unter diesen Abhängigkeiten, so ergiebt sich:

$$\text{aus } \begin{matrix} a>b, \\ c>d \end{matrix} \rightarrow \begin{matrix} a=b+\alpha, \\ d=c-\beta \end{matrix} \rightarrow \frac{a}{d}=\frac{b+\alpha}{c-\beta}=\frac{b}{c}+\frac{\beta b+\alpha c}{c(c-\beta)}$$

$$=\frac{b}{c}+\beta\frac{b}{cd}+\frac{\alpha}{d};$$

eben so hat man, vermöge der Division,

aus $b=a-\alpha$,

$c=d+\beta$, daß $\frac{b}{c}=\frac{a-\alpha}{d+\beta}=\frac{a}{d}-\frac{\beta a+\alpha d}{d(d+\beta)}=\frac{a}{d}-\beta.\frac{a}{cd}-\frac{\alpha}{c}$ ist.

Man hat demnach die beiden Gleichungen:

$$\frac{a}{d}=\frac{b}{c}+\beta.\frac{b}{cd}+\frac{\alpha}{d},$$

$$\frac{a}{d}=\frac{b}{c}+\beta.\frac{a}{cd}+\frac{\alpha}{c},$$

und aus ihnen fließen auf dem einfachsten Wege, mit einem Blick, dieselben zwölf Beziehungen wie vorhin:

denn ist

b pos., c pos., d pos., so ist $\beta b:(cd)$ pos. und $\alpha:d$ pos., also $a:d>b:c$;
b neg., c neg., d neg., " " $\beta b:(cd)$ neg. " $\alpha:d$ neg., " $a:d<b:c$;
b pos., c pos., d neg., " " $\beta b:(cd)$ neg. " $\alpha:d$ neg., " $a:d<b:c$;
b Null, c pos., d pos., " " $\beta b:(cd)$ Null " $\alpha:d$ pos., " $a:d>b:c$;
b Null, c neg., d neg., " " $\beta b:(cd)$ Null " $\alpha:d$ neg., " $a:d<b:c$;
b Null, c pos., d neg., " " $\beta b:(cd)$ Null " $\alpha:d$ neg., " $a:d<b:c$;

a pos., c pos., d pos., so ist β a:(cd) pos. und α:c pos., also a:d > b:c;
a neg., c neg., d neg., „ „ β a:(cd) neg. „ α:c neg., „ a:d < b:c;
a neg., c pos., d neg., „ „ β a:(cd) pos. „ α:c pos., „ a:d > b:c;
a Null, c pos., d pos., „ „ β a:(cd) Null „ α:c pos., „ a:d > b:c;
a Null, c neg., d neg., „ „ β a:(cd) Null „ α:c neg., „ a:d < b:c;
a Null, c pos., d neg., „ „ β a:(cd) Null „ α:c pos., „ a:d > b:c;
wo die sechs ersten Beziehungen aus $a:d=(b:c)+[\beta.b:(cd)]+\alpha:d$, und die sechs andern aus $a:d=(b:c)+[\beta.a:(cd)]+\alpha:c$ folgen.

Bloße Beweise dieser Gesetze werden noch u. A. auf indirektem Wege entspringen.

Gleichzeitig bemerkt man noch leicht, daß aus der Voraussetzung a > b und c > d fließt:

{für b positiv, c negativ; oder für b Null, c negativ; oder
für b positiv, c Null; oder für b Null, c Null},
daß zugleich a positiv und d negativ ist;

{für a negativ, d positiv; oder für a Null, d positiv; oder
für a negativ, d Null; oder für a Null, d Null},
daß zugleich b negativ und c positiv ist;

{für b positiv, d positiv; oder für b Null, d positiv; oder
für b positiv, d Null; oder für b Null, d Null},
daß zugleich a positiv und c positiv ist;

{für a negativ, c negativ; oder für a Null, c negativ; oder
für a negativ, c Null; oder für a Null, c Null},
daß zugleich b negativ und d negativ ist.

Für den bedingten indirekten Satz von **u′:u** findet sich mit Hilfe von 28. (13):

Ist a:d > b:c, und ist cd positiv gegeben, so ist nach 28. 7),
(a:d).(cd) > (b:c).(cd), oder
ac > bd; ist nun noch a < b gegeben, so folgt nach 28. (13)
c > d, wenn b und c positiv,
c < d, wenn b negativ und c positiv ist.

Wäre aber in ac > bd, a > b gegeben, so fließt nach 28. (13):
c > d, wenn b positiv und c negativ ist,
c < d, wenn b negativ und c negativ ist.

Hieraus folgt also: Ist

$\frac{a}{d} > \frac{b}{c}$, u. cd pos. u. a<b gegeb., so ist c $\gtrless$ d je n. {b pos., c pos., / b neg., c pos.} ist.

Ist

$\frac{a}{d} > \frac{b}{c}$, u. cd pos. u. $a > b$ gegeb., so ist $c \gtrless d$ je n. $\left\{\begin{matrix}\text{b pos., c neg.,}\\ \text{b neg., c neg.}\end{matrix}\right\}$ ist.

Ist ferner $a:d > b:c$, und cd negativ gegeben, so ist nach 28.7),

$(a:d).(cd) < (b:c).(cd)$, oder

$bd > ac$; ist nun noch $b < a$ gegeben, so folgt n. 28.(13):

$d > c$, wenn b positiv und c positiv ist,

$d < c$, wenn b negativ und c positiv ist.

Wäre aber in $bd > ac$, $b > a$ gegeben, so fließt nach 28. (13):

$d > c$, wenn b positiv und c negativ ist,

$d < c$, wenn b negativ und c negativ ist.

Hieraus folgt also: Ist

$\frac{a}{d} > \frac{b}{c}$, u. cd neg. u. $a > b$ gegeb., so ist $c \lessgtr d$, wenn $\left\{\begin{matrix}\text{b pos., c pos.,}\\ \text{b neg., c pos.}\end{matrix}\right\}$ ist.

$\frac{a}{d} > \frac{b}{c}$, " cd " " $a < b$ " " " $c \lessgtr d$, " $\left\{\begin{matrix}\text{b pos., c neg.,}\\ \text{b neg., c neg.}\end{matrix}\right\}$ ist.

Ein Ähnliches findet sich, wenn man von $a:d < b:c$ ausgeht.

Für das Vorkommen von Null als Dividend in $a:d > b:c$ bemerkt man, daß a oder b, aber nicht beide zugleich, wegen $a:d > b:c$, Null sein können.

Ist nun in $a:d > b:c$, a Null, also $0 > b:c$, so ist für c positiv, nach 28. 7), $0 > b$ d. h. b negativ und demnach $a > b$. Ist hingegen c negativ, so ist $0 < b$ d. h. b positiv, also $a < b$.

Ist in $a:d > b:c$, b Null, also $a:d > 0$, so ist für d positiv, nach 28. 7), $a > 0$ d. h. a positiv, also $a > b$. Ist hingegen d negativ, so ist $a < 0$ d. h. a negativ, also $a < b$.

Man kann diesen bedingten indirekten Satz von **a'**:**a** u. A. auch noch so entwickeln:

Die Voraussetzung ist $a:d > b:c$, und aus ihr folgt:

$$\frac{a}{d} - \frac{b}{c} = \alpha \text{ oder } \frac{ac - bd}{cd} = \alpha.$$

Nun müssen wir wieder zu den Bedingungen zurückkehren unter denen

$$\frac{ac - bd}{cd}$$

positiv sein muß. Es sei deshalb zuerst cd positiv, so muß $ac - bd$ positiv d. h. $ac > bd$ sein; ist nun noch außer dem $a < b$ oder

$a = b - \beta$ gegeben, so ergiebt sich $(b-\beta)c > bd$, oder $bc - c\beta > bd$, oder

$$b.(c-d) > c\beta.$$

Hieraus entnimmt man, daß sobald b und c positiv sind, auch $c-d$ positiv, d. h. $c > d$ sein muß; wäre ferner b negativ und c positiv, so müßte $c-d$ negativ, d. h. $c < d$ sein.

Dies zusammengefaßt giebt: Ist

$\frac{a}{d} > \frac{b}{c}$, cd pos., ferner $a < b$ gegeb., so folgt $c \gtrless d$ je n. $\left\{\begin{matrix}\text{b pos., c pos.,}\\ \text{b neg., c pos.}\end{matrix}\right\}$ ist.

Denkt man sich ferner, daß in $ac > bd$, $a > b$ wäre, so hätte man für $a = b + \beta'$, $(b+\beta')c > bd$, oder $bc + c\beta' > bd$, oder

$$b(d-c) < c\beta';$$

ist nun hierin b positiv, c negativ, so muß $d-c$ negativ d. h. $c > d$ sein; ist hingegen b und c negativ, so muß $d-c$ positiv, d. h. $c < d$ sein.

Man hat also: Ist

$\frac{a}{d} > \frac{b}{c}$, cd pos., ferner $a > b$ gegeb., so folgt $c \gtrless d$ je n. $\left\{\begin{matrix}\text{b pos., c neg.,}\\ \text{b neg., c neg.}\end{matrix}\right\}$ ist.

Ferner muß $\frac{ac - bd}{cd}$ positiv werden, wenn cd negativ und auch $ac - bd$ negativ oder $ac < bd$ ist; wäre nun noch außerdem $b < a$ oder $a = b + \beta'$ gegeben, so hätte man $(b+\beta').c < bd$, oder

$$\beta' c < b.(d-c).$$

Hieraus folgt, daß wenn b und c positiv sind, auch $d-c$ positiv d. h. $c < d$ sein muß; oder daß wenn b negativ und c positiv ist, auch $d-c$ negativ d. h. $c > d$ sein muß.

Man hat also: Ist

$\frac{a}{d} > \frac{b}{c}$, cd neg., ferner $a > b$ gegeb., so folgt $c \lessgtr d$ je n. $\left\{\begin{matrix}\text{b pos., c pos.,}\\ \text{b neg., c pos.}\end{matrix}\right\}$ ist.

Denkt man sich ferner in $ac < bd$ oder in $bd > ac$, daß $b > a$ wäre, so folgt für $a = b - \beta$, $bd > (b-\beta)c$, oder $bd > bc - c\beta$, oder

$$c\beta > b.(c-d).$$

Hieraus fließt, daß wenn b positiv und c negativ ist, $c-d$ negativ, d. h. $c < d$ sein muß; daß ferner, wenn b und c beide negativ sind, $c-d$ positiv, d. h. $c > d$ sein muß.

Man hat also: Ist

$\frac{a}{d} > \frac{b}{c}$, cd neg., ferner $a < b$ gegeb., so folgt $c \lessgtr d$ je n. $\left\{\begin{matrix}\text{b pos., c neg.,}\\ \text{b neg., c neg.}\end{matrix}\right\}$ ist.

Ist endlich in

$$\frac{a}{d} - \frac{b}{c} = \alpha,$$

a Null, so ist $\frac{0}{d} - \frac{b}{c}$, oder $\frac{-b}{c} = \alpha$. Ist demnach c positiv, so muß b negativ sein, damit $\frac{-b}{c}$ positiv, $= \alpha$, werden kann. Ist hingegen c negativ, so ist b positiv, damit $\frac{-b}{c}$ positiv, $= \alpha$, werden kann.

Ist ferner $b = 0$, so ist $\frac{a}{d} - \frac{0}{c}$, oder $\frac{a}{d} = \alpha$. Es muß also mit d positiv, auch a positiv, und mit d negativ, auch a negativ sein.

Diese Ergebnisse sind dieselben, wie die in der ersten Ableitung.

16) Hinsichtlich des Gesetzes für **u′**:**u** kann man noch fragen, wenn $a > b$ und $c > d$ gegeben ist, welche Beziehungen sich für $a:c$ und $b:d$ rücksichtlich des Positiven und Negativen herausstellen.

Zunächst werden wir von $a > b$ und $c > d$ zu dem vermittelnden Gegensatz der Divisions-Verbindungen $a:c$, $b:d$ d. h. zu den Produkten ad, bc übergehn suchen, indem wir dann aus $ad \gtreqless bc$, vermöge der Division, weiter folgern können. Wäre z. B. cd positiv, so hätte man $(ad):(cd) \gtreqless (bc):(cd)$, oder $a:c \gtreqless b:d$.

In dieser Hinsicht können wir die schon in 28. 11) gefundenen Beziehungen der Produkte ad und bc benutzen, oder die hier stattfindenden Fälle selbst wieder, wie folgt, durch das **kombinatorische Prinzip** vorführen und nachher näher untersuchen.

Gehen wir auf dieselben ein, so kommt hinsichtlich des Positiv- und Negativ-Seins der Glieder a, b, c, d

$$\left\{\begin{matrix} +a > +b, \\ +d < +c \end{matrix}\right\}; \quad \left\{\begin{matrix} +a > -b, \\ -d < +c \end{matrix}\right\}; \quad \left\{\begin{matrix} -a > -b, \\ -d < -c \end{matrix}\right\},$$

wo a, b, c, d wirkliche Zahlen vorstellen.

Verbindet man nun jeden obern Fall mit jedem untern, so kommt

$$\left\{\begin{matrix} +a>+b, \\ +d<+c \end{matrix}\right\}; \left\{\begin{matrix} +a>+b, \\ -d<+c \end{matrix}\right\}; \left\{\begin{matrix} +a>+b, \\ -d<-c \end{matrix}\right\}; \left\{\begin{matrix} +a>-b, \\ +d<+c \end{matrix}\right\}; \left\{\begin{matrix} +a>-b, \\ -d<+c \end{matrix}\right\};$$

$$\left\{\begin{matrix} +a>-b, \\ -d<-c \end{matrix}\right\}; \left\{\begin{matrix} -a>-b, \\ +d<+c \end{matrix}\right\}; \left\{\begin{matrix} -a>-b, \\ -d<+c \end{matrix}\right\}; \left\{\begin{matrix} -a>-b, \\ -d<-c \end{matrix}\right\}.$$

Untersucht man nun, welche unter diesen Fällen, in Betreff der Produkte ad, bc, zu einer Wahrheit führen, so stellt sich leicht heraus, daß sich für den ersten $a > b$, $d < c$ nichts Bestimmtes für ad und bc ergiebt. Dasselbe gilt vom fünften und neunten.

Für die übrig bleibenden sechs

$$\left\{\begin{matrix} +a > +b, \\ -d < +c \end{matrix}\right\}; \quad \left\{\begin{matrix} +a > +b, \\ -d < -c \end{matrix}\right\}; \quad \left\{\begin{matrix} +a > +b, \\ +d < +c \end{matrix}\right\}; \quad \left\{\begin{matrix} +a > -b, \\ -d < -c \end{matrix}\right\};$$

$$\left\{\begin{matrix} -a > -b, \\ +d < +c \end{matrix}\right\}; \quad \left\{\begin{matrix} -a > -b, \\ -d < +c \end{matrix}\right\}$$

ergiebt sich, nach 28. 7), aus $a > b$ und $d < c$, daß

$$\left\{\begin{matrix} ad < bd \text{ wenn } d \text{ negativ ist,} \\ bd < bc \text{ 〃 } b \text{ positiv 〃} \end{matrix}\right\}; \quad \left\{\begin{matrix} ad > bd \text{ wenn } d \text{ positiv ist,} \\ bd > bc \text{ 〃 } b \text{ negativ 〃} \end{matrix}\right\};$$

$$\left\{\begin{matrix} ad > ac \text{ wenn } a \text{ negativ ist,} \\ ac > bc \text{ 〃 } c \text{ positiv 〃} \end{matrix}\right\}; \quad \left\{\begin{matrix} ad < ac \text{ wenn } a \text{ positiv ist,} \\ ac < bc \text{ 〃 } c \text{ negativ 〃} \end{matrix}\right\}.$$

Will man diejenigen Fälle noch hinzufügen, wo Null als Faktor vorkommt, so sind sie:

$$\left\{\begin{matrix} ad = bd \text{ wenn } d \text{ Null ist,} \\ bd < bc \text{ 〃 } b \text{ positiv 〃} \end{matrix}\right\}; \quad \left\{\begin{matrix} ad = bd \text{ wenn } d \text{ Null ist,} \\ bd > bc \text{ 〃 } b \text{ negativ 〃} \end{matrix}\right\};$$

$$\left\{\begin{matrix} ad > bd \text{ wenn } d \text{ positiv ist,} \\ bd = bc \text{ 〃 } b \text{ Null 〃} \end{matrix}\right\}; \quad \left\{\begin{matrix} ad < bd \text{ wenn } d \text{ negativ ist,} \\ bd = bc \text{ 〃 } b \text{ Null 〃} \end{matrix}\right\};$$

$$\left\{\begin{matrix} ad = bd \text{ wenn } d \text{ Null ist,} \\ bd = bc \text{ 〃 } b \text{ 〃 〃} \end{matrix}\right\}; \quad \left\{\begin{matrix} ad = ac \text{ wenn } a \text{ Null ist,} \\ ac > bc \text{ 〃 } c \text{ positiv 〃} \end{matrix}\right\};$$

$$\left\{\begin{matrix} ad = ac \text{ wenn } a \text{ Null ist,} \\ ac < bc \text{ 〃 } c \text{ negativ 〃} \end{matrix}\right\}; \quad \left\{\begin{matrix} ad < ac \text{ wenn } a \text{ positiv ist,} \\ ac = bc \text{ 〃 } c \text{ Null 〃} \end{matrix}\right\};$$

$$\left\{\begin{matrix} ad > ac \text{ wenn } a \text{ negativ ist,} \\ ac = bc \text{ 〃 } c \text{ Null 〃} \end{matrix}\right\}; \quad \left\{\begin{matrix} ad = ac \text{ wenn } a \text{ Null ist,} \\ ac = bc \text{ 〃 } c \text{ 〃 〃} \end{matrix}\right\};$$

$$\left\{\begin{matrix} ad > bc \text{ wenn } a \text{ Null und } d \text{ Null ist,} \\ ad < bc \text{ 〃 } b \text{ 〃 〃 } c \text{ 〃 〃} \end{matrix}\right\}.$$

Hieraus:

$$ad \substack{< \\ >} bc \text{ je n. } \left\{\begin{matrix} b \text{ pos., } d \text{ neg. ist,} \\ b \text{ neg., } d \text{ pos. 〃} \end{matrix}\right\}; \quad ad \substack{> \\ <} bc \text{ je n. } \left\{\begin{matrix} a \text{ neg., } c \text{ pos. ist,} \\ a \text{ pos., } c \text{ neg. 〃} \end{matrix}\right\};$$

$$ad \substack{< \\ = \\ >} bc \text{ je n. } \left\{\begin{matrix} b \text{ pos., } d \text{ Null ist,} \\ b \text{ Null, } d \text{ 〃 〃} \\ b \text{ neg., } d \text{ 〃 〃} \end{matrix}\right\}; \quad ad \substack{> \\ = \\ <} bc \text{ je n. } \left\{\begin{matrix} a \text{ Null, } c \text{ pos. ist,} \\ a \text{ 〃 } c \text{ Null 〃} \\ a \text{ 〃 } c \text{ neg. 〃} \end{matrix}\right\};$$

$$ad \substack{> \\ <} bc \text{ je n. } \left\{\begin{matrix} b \text{ Null, } d \text{ pos. ist,} \\ b \text{ 〃 } d \text{ neg. 〃} \end{matrix}\right\}; \quad ad \substack{< \\ >} bc \text{ je n. } \left\{\begin{matrix} a \text{ pos., } c \text{ Null ist,} \\ a \text{ neg., } c \text{ 〃 〃} \end{matrix}\right\};$$

$$ad \substack{> \\ <} bc \text{ je n. } \left\{\begin{matrix} a \text{ Null und } d \text{ Null ist,} \\ b \text{ 〃 〃 } c \text{ 〃 〃} \end{matrix}\right\}.$$

Hieraus ergiebt sich, nach 32. 12), wenn man durch cd dividirt und auch darauf achtet, ob cd positiv oder negativ ist; ferner die Voraussetzung $a > b$, $c > d$ dabei nicht aus dem Auge verliehrt, außerdem noch bemerkt, daß man nicht durch Null dividiren darf:

$$\frac{a}{c} \gtrless \frac{b}{d} \text{ je nachdem } \left\{\begin{array}{l} b \text{ positiv, } c \text{ positiv, } d \text{ negativ ist,} \\ b \quad = \quad c \text{ negativ, } d \quad = \quad = \end{array}\right\};$$

$$\frac{a}{c} \gtrless \frac{b}{d} \text{ je nachdem } \left\{\begin{array}{l} a \text{ negativ, } c \text{ positiv, } d \text{ positiv ist,} \\ a \quad = \quad c \quad = \quad d \text{ negativ } = \end{array}\right\};$$

$a:c > b:d$ wenn b negativ, c positiv, d positiv ist;

$a:c < b:d$ = a positiv, c negativ, d negativ ist;

$$\frac{a}{c} \gtrless \frac{b}{d} \text{ je nachdem } \left\{\begin{array}{l} b \text{ Null, } c \text{ positiv, } d \text{ positiv ist,} \\ b \quad = \quad c \text{ negativ, } d \text{ negativ } = \end{array}\right\};$$

$a:c > b:d$ wenn b Null, c positiv, d negativ ist;

$$\frac{a}{c} \gtrless \frac{b}{d} \text{ je nachdem } \left\{\begin{array}{l} a \text{ Null, } c \text{ positiv, } d \text{ positiv ist,} \\ a \quad = \quad c \quad = \quad d \text{ negativ } = \end{array}\right\};$$

$a:c < b:d$ wenn a Null, c negativ, d negativ ist.

Man kann auch diese zwölf Beziehungen noch wie folgt finden: Nach 32. 12) hat man aus $a > b$ und $c > d$,

$$\frac{a}{c} \gtrless \frac{b}{c} \text{ je nachdem } c \left\{\begin{array}{l} \text{pos.,} \\ \text{neg.} \end{array}\right\} \text{ ist; } \quad \frac{b}{c} \lessgtr \frac{b}{d} \text{ je nachdem } \frac{b}{cd} \left\{\begin{array}{l} \text{pos.,} \\ \text{neg.} \end{array}\right\} \text{ ist.}$$

$$\frac{a}{d} \gtrless \frac{b}{d} \text{ je nachdem } d \left\{\begin{array}{l} \text{pos.,} \\ \text{neg.} \end{array}\right\} \text{ ist; } \quad \frac{a}{c} \lessgtr \frac{a}{d} \text{ je nachdem } \frac{a}{cd} \left\{\begin{array}{l} \text{pos.,} \\ \text{neg.} \end{array}\right\} \text{ ist.}$$

Hieraus folgt:

$a:c > b:d$ wenn c positiv und $b:(cd)$ negativ ist,
$a:c < b:d$ = c negativ = $b:(cd)$ positiv =
$a:c > b:d$ = d positiv = $a:(cd)$ negativ =
$a:c < b:d$ = d negativ = $a:(cd)$ positiv =.

Aus den beiden ersten dieser Beziehungen:

$$\frac{a}{c} \gtrless \frac{b}{d} \text{ je nachdem } \left\{\begin{array}{l} c \text{ pos., } b:(cd) \text{ neg.,} \\ c \text{ neg., } b:(cd) \text{ pos.} \end{array}\right\} \text{ ist, } \hookrightarrow$$

$a:c > b:d$ wenn b positiv, c positiv, d negativ ist,
$a:c > b:d$ = b negativ, c = d positiv =
$a:c < b:d$ = b positiv, c negativ, d negativ =

Aus den beiden letzten dieser Beziehungen:

$$\frac{a}{c} \gtrless \frac{b}{d} \text{ je nachdem } \left\{\begin{array}{l} d \text{ pos., } a:(cd) \text{ neg.,} \\ d \text{ neg., } a:(cd) \text{ pos.} \end{array}\right\} \text{ ist, } \hookrightarrow$$

$a:c > b:d$ wenn a negativ, c positiv, d positiv ist,
$a:c < b:d$ = a positiv, c negativ, d negativ =
$a:c < b:d$ = a negativ, c positiv, d negativ =

Die übrigen sechs Relationen, hinsichtlich des Vorkommens von Null, als Dividenden, ergeben sich eben so.

Man kann auch so schließen:

Da wir untersuchen wollen, welche Beziehungen des Größer- und Kleiner-Seins sich zwischen $a:c$ und $b:d$ ergeben werden, wenn $a > b$ und $c > d$ vorausgesetzt ist, so haben wir die Differenz

$$\frac{a}{c} - \frac{b}{d}$$

in Hinsicht ihres Positiv- oder Negativ-Seins zu bestimmen.

Es ist nun $\frac{a}{c} - \frac{b}{d} = \frac{ad - bc}{cd}$, daher $\frac{a}{c} \gtrless \frac{b}{d}$ je nachdem $\frac{ad - bc}{cd}$ positiv oder negativ ist, und wir haben uns deshalb nur noch zu fragen, unter welchen Bedingungen das eine oder das andere stattfindet. Aus $a > b$ und $c > d$ folgt nun aber, nach 28. 11), $ad \lessgtr bc$ je n. $\left\{\begin{matrix}\text{b pos., d neg.,}\\ \text{b neg., d pos.}\end{matrix}\right\}$ ist, oder $ad \gtrless bc$ je n. $\left\{\begin{matrix}\text{a neg., c pos.,}\\ \text{a pos., c neg.}\end{matrix}\right\}$ ist. Es ist also $\frac{ad - bc}{cd}$ positiv d. h. $a:c > b:d$, **erstens** wenn b positiv, c positiv und d negativ ist; **zweitens** wenn b negativ, c positiv und d positiv ist; **drittens** wenn a negativ, c positiv und d positiv ist. Ferner ist $\frac{ad - bc}{cd}$ negativ, **erstens** wenn b positiv, c negativ und d negativ ist; **zweitens** wenn a positiv, c negativ und d negativ ist; **drittens** wenn a negativ, c positiv und d negativ ist.

Diese Resultate sind dieselben wie vorhin; denn ist **erstens** b positiv, c positiv und d negativ, also $a:c > b:d$, so ist auch c positiv und $b:(cd)$ negativ und umgekehrt: ist c positiv und $b:(cd)$ negativ, so ist entweder b positiv, c positiv und d negativ; oder b negativ, c positiv und d positiv. Ist ferner b positiv, c negativ und d negativ, also $a:c < b:d$, so ist auch c negativ und $b:(cd)$ positiv und umgekehrt: ist c negativ und $b:(cd)$ positiv, so ist, wegen $c > d$, auch d negativ, also cd positiv, mithin auch b positiv, weil $b:(cd)$ positiv sein soll. Ist ferner a negativ, c positiv und d positiv, also $a:c > b:d$, so ist d positiv und $a:(cd)$ negativ und umgekehrt: ist d positiv und $a:(cd)$ negativ, so ist, wegen d positiv und $c > d$, auch c positiv, also cd positiv, mithin muß a negativ sein, weil $a:(cd)$ negativ ist. Ist endlich a positiv, c negativ und d negativ, also $a:c < b:d$, so ist d negativ und $a:(cd)$ positiv und umgekehrt: ist d negativ und $a:(cd)$ positiv, so ist entweder a positiv, c negativ und d negativ; oder a negativ, c positiv und d negativ.

Oder u. A. kann man auch so schließen:

Wenn wir die Beziehungen suchen wollen, die zwischen $a:c$ und $b:d$ stattfinden, unter der Bedingung, daß $a > b$ und $c > d$ ist, so müssen in der Differenz

$$\frac{a}{c} - \frac{b}{d} \text{ oder in dem Quotienten } \frac{ad - bc}{cd}$$

die Relationen zwischen a und b und zwischen c und d aufgenommen erscheinen, d. h. wir müssen darin $a = b + \alpha$ und $c = d + \beta$ setzen, woraus
$$\frac{a}{c} - \frac{b}{d} = \frac{(b+\alpha)d - b(d+\beta)}{d(d+\beta)} = \frac{bd + d\alpha - bd - b\beta}{d(d+\beta)}$$
$$= \frac{d\alpha - b\beta}{d(d+\beta)} = \frac{\alpha}{d+\beta} - \frac{b}{d(d+\beta)}.\beta = -\beta.\frac{b}{cd} + \frac{\alpha}{c},$$
mithin
$$\frac{a}{c} = \frac{b}{d} - \beta.\frac{b}{cd} + \frac{\alpha}{c}$$
folgt. Wir können dies aber auch dadurch erreichen, daß wir in $\frac{a}{c} - \frac{b}{d}$ oder in $\frac{ad - bc}{cd}$ statt d, $c - \beta$ und statt b, $a - \alpha$ setzen, und erhalten
$$\frac{a(c-\beta) - c(a-\alpha)}{c(c-\beta)} = \frac{ac - a\beta - ac + c\alpha}{c(c-\beta)} = \frac{c\alpha - a\beta}{c(c-\beta)}$$
$$= \frac{c\alpha}{c(c-\beta)} - \frac{a\beta}{c(c-\beta)} = \frac{\alpha}{d} - \beta.\frac{a}{cd},$$
mithin
$$\frac{a}{c} = \frac{b}{d} - \beta.\frac{a}{cd} + \frac{\alpha}{d}.$$

Diese letztere Beziehung, nebst der vorhergehenden, kann man auch u. A. durch die Division, wie folgt, entnehmen.

Es ist $\mathfrak{G}.(\mathfrak{u}':\mathfrak{u}) \,|\, \mathfrak{G}.(\mathfrak{g}':\mathfrak{g})$, oder $\mathfrak{G}.(\mathfrak{u}':\mathfrak{u}) \,|\, \mathfrak{G}.(\mathfrak{u}:\mathfrak{g})$, oder $\mathfrak{G}.(\mathfrak{u}':\mathfrak{u}) \,|\, \mathfrak{G}.(\mathfrak{g}:\mathfrak{u})$.

Benutzt man die erste unter diesen Abhängigkeiten, so ergiebt sich, aus $a > b$ und $c > d$, daß $b = a - \alpha$ und $d = c - \beta$ ist, also
$$\frac{b}{d} = \frac{a-\alpha}{c-\beta} = \frac{a}{c} + \frac{a\beta}{c(c-\beta)} - \frac{\alpha}{c-\beta} = \frac{a}{c} + \beta.\frac{a}{cd} - \frac{\alpha}{d};$$
eben so hat man, vermöge der Division,

aus $a > b$, $\quad a = b + \alpha$,
$c > d \quad c = d + \beta$, daß $\frac{a}{c} = \frac{b+\alpha}{d+\beta} = \frac{b}{d} - \frac{b\beta - d\alpha}{d(d+\beta)}$
$$= \frac{b}{d} - \beta.\frac{b}{cd} + \frac{\alpha}{c} \text{ ist.}$$

Man hat demnach die beiden Gleichungen:

$$\frac{a}{c} = \frac{b}{d} - \beta . \frac{b}{cd} + \frac{\alpha}{c},$$

$$\frac{a}{c} = \frac{b}{d} - \beta . \frac{a}{cd} + \frac{\alpha}{d},$$

und aus ihnen fließen auf dem einfachsten Wege, mit einem Blick, dieselben zwölf Beziehungen wie vorhin;

denn ist

b pos., c pos., d neg., so ist $\beta.[b:(cd)]$ neg. u. $\alpha:c$ pos., also $a:c > b:d$;
b pos., c neg., d neg., ⸗ ⸗ $\beta.[b:(cd)]$ pos. ⸗ $\alpha:c$ neg., ⸗ $a:c < b:d$;
b neg., c pos., d pos., ⸗ ⸗ $\beta.[b:(cd)]$ neg. ⸗ $\alpha:c$ pos., ⸗ $a:c > b:d$;
b Null, c pos., d pos., ⸗ ⸗ $\beta.[b:(cd)]$ Null ⸗ $\alpha:c$ pos., ⸗ $a:c > b:d$;
b Null, c neg., d neg., ⸗ ⸗ $\beta.[b:(cd)]$ Null ⸗ $\alpha:c$ neg., ⸗ $a:c < b:d$;
b Null, c pos., d neg., ⸗ ⸗ $\beta.[b:(cd)]$ Null ⸗ $\alpha:c$ pos., ⸗ $a:c > b:d$;

a neg., c pos., d pos., so ist $\beta.[a:(cd)]$ neg. u. $\alpha:d$ pos., also $a:c > b:d$;
a neg., c pos., d neg., ⸗ ⸗ $\beta.[a:(cd)]$ pos. ⸗ $\alpha:d$ neg., ⸗ $a:c < b:d$;
a pos., c neg., d neg., ⸗ ⸗ $\beta.[a:(cd)]$ pos. ⸗ $\alpha:d$ neg., ⸗ $a:c < bd:$;
a Null, c pos., d pos., ⸗ ⸗ $\beta.[a:(cd)]$ Null ⸗ $\alpha:d$ pos., ⸗ $a:c > b:d$;
a Null, c pos., d neg., ⸗ ⸗ $\beta.[a:(cd)]$ Null ⸗ $\alpha:d$ neg., ⸗ $a:c < b:d$;
a Null, c neg., d neg., ⸗ ⸗ $\beta.[a:(cd)]$ Null ⸗ $\alpha:d$ neg., ⸗ $a:c < b:d$;

wo die sechs ersten Beziehungen aus $a:c = (b:d) - [\beta b:(cd)] + \alpha:c$, und die sechs andern aus $a:c = (b:d) - [\beta a:(cd)] + \alpha:d$ folgen.

Bloße Beweise dieser Gesetze werden noch u. A. auf indirektem Wege entspringen.

Für den bedingten indirekten Satz von $\mathrm{u}':\mathrm{u}$ findet sich mit Hilfe von 28. (13):

Ist $a:c > b:d$ und cd positiv gegeben, so ist nach 28. 7), $(a:c).(cd) > (b:d).(cd)$, oder $ad > bc$; ist nun noch $a < b$ gegeben, so folgt nach 28. (13)

$c < d$, wenn b und d positiv,

$c > d$, wenn b negativ und d positiv ist.

Wäre aber in $ad > bc$, $a > b$ gegeben, so fließt nach 28. (13):

$c < d$, wenn b positiv und d negativ ist,

$c > d$, wenn b negativ und d negativ ist.

Hieraus folgt also: Ist

$\frac{a}{c} > \frac{b}{d}$, u. cd pos. u. $a < b$ gegeb., so ist $c \lessgtr d$ je n. $\left\{\begin{matrix}\text{b pos., d pos.,}\\ \text{b neg., d pos.}\end{matrix}\right\}$ ist.

Ist

$\frac{a}{c} > \frac{b}{d}$, u. cd pos. u. a>b gegeb., so ist c$\lessgtr$d je n. $\left\{\begin{matrix}\text{b pos., d neg.,}\\ \text{b neg., d neg.}\end{matrix}\right\}$ ist.

Ist ferner a:c > b:d, und cd negativ gegeben, so ist nach 28.7),

$$(a:c).(cd) < (b:d).(cd), \text{ oder}$$

ad < bc; ist nun noch a>b gegeben, so folgt n. 28.(13):

c > d, wenn b positiv und d positiv ist,

c < d, wenn b negativ und d positiv ist.

Wäre aber in ad < bc, a < b gegeben, so fließt nach 28. (13):

c > d, wenn b positiv und d negativ ist,

c < d, wenn b negativ und d negativ ist.

Hieraus folgt also: Ist

$\frac{a}{c} > \frac{b}{d}$, u. cd neg. u. a>b gegeb., so ist c$\gtrless$d, je n. $\left\{\begin{matrix}\text{b pos., d pos.,}\\ \text{b neg., d pos.}\end{matrix}\right\}$ ist.

$\frac{a}{c} > \frac{b}{d}$, „ cd „ „ a<b „ „ „ c$\gtrless$d, je n. $\left\{\begin{matrix}\text{b pos., d neg.,}\\ \text{b neg., d neg.}\end{matrix}\right\}$ ist.

Ein Ähnliches findet sich, wenn man von a:c < b:d ausgeht.

Für das Vorkommen von Null als Dividend in a:c > b:d bemerkt man, daß a oder b, aber nicht beide zugleich Null sein können.

Ist nun in a:c > b:d, a Null, also 0 > b:d, so ist, für d positiv, nach 28. 7), 0 > b, d. h. b negativ und demnach a > b. Ist hingegen d negativ, so ist 0 < b, d. h. b positiv, also a < b.

Ist in a:c > b:d, b Null, also a:c > 0, so ist, für c positiv, a > 0, d. h. a positiv, also a > b. Ist hingegen c negativ, so ist a < 0, d. h. a negativ, also a < b.

Man kann diesen bedingten indirekten Satz von ■':■ u. A. auch noch so entwickeln:

Die Voraussetzung ist a:c > b:d, und aus ihr folgt:

$$\frac{a}{c} - \frac{b}{d} = \alpha, \text{ oder } \frac{ad - bc}{cd} = \alpha.$$

Nun müssen wir wieder zu den Bedingungen zurückkehren unter denen

$$\frac{ad - bc}{cd}$$

positiv sein muß. Es sei deshalb zuerst cd positiv, so muß ad — bc positiv d. h. ad > bc sein; ist nun noch außerdem a < b oder a = b — β gegeben, so ergiebt sich (b—β) d > bc, oder bd—dβ > bc oder

$$b(d - c) > d\beta.$$

Hieraus entnimmt man, daß sobald b und d positiv sind, auch $d-c$ positiv d. h. $c<d$ sein muß; wäre ferner b negativ und d positiv, so müßte $d-c$ negativ d. h. $c>d$ sein.

Dies zusammengefaßt giebt: Ist

$\frac{a}{c} > \frac{b}{d}$, cd pos., ferner $a<b$ gegeb., so folgt $c \lessgtr d$ je n. $\left\{\begin{matrix} b \text{ pos., } d \text{ pos.,} \\ b \text{ neg., } d \text{ pos.} \end{matrix}\right\}$ ist.

Denkt man sich ferner, daß in $ad > bc$, $a > b$ wäre, so hätte man für $a = b + \beta'$, $(b+\beta')d > bc$, oder $bd + d\beta' > bc$, oder

$$b(c-d) < d\beta';$$

ist hierin b positiv und d negativ, so muß $c-d$ negativ d. h. $c<d$ sein; wäre ferner b negativ und d negativ, so müßte $c-d$ positiv d. h. $c>d$ sein.

Man hat also: Ist

$\frac{a}{c} > \frac{b}{d}$, cd pos., ferner $a>b$ gegeb., so folgt $c \lessgtr d$ je n. $\left\{\begin{matrix} b \text{ pos., } d \text{ neg.,} \\ b \text{ neg., } d \text{ neg.} \end{matrix}\right\}$ ist.

Ferner muß $\frac{ad-bc}{cd}$ positiv werden, wenn cd negativ und auch $ad-bc$ negativ oder $ad<bc$ ist. Wäre nun noch außerdem $a>b$ oder $a=b+\beta'$ gegeben, so hätte man $(b+\beta')d < bc$, oder

$$\beta' d < b(c-d).$$

Hieraus folgt, daß wenn b und d positiv sind, auch $c-d$ positiv d. h. $c>d$ sein muß; oder wenn b negativ und d positiv ist, auch $c-d$ negativ d. h. $c<d$ sein muß.

Man hat also: Ist

$\frac{a}{c} > \frac{b}{d}$, cd neg., ferner $a>b$ gegeb., so folgt $c \gtrless d$ je n. $\left\{\begin{matrix} b \text{ pos., } d \text{ pos.,} \\ b \text{ neg., } d \text{ pos.} \end{matrix}\right\}$ ist.

Denkt man sich ferner in $ad < bc$, daß $a<b$ wäre, so folgt für $a = b - \beta$, $(b-\beta)d < bc$, oder $bd < bc + d\beta$, oder

$$b(d-c) < d\beta.$$

Hieraus fließt, daß wenn b positiv und d negativ ist, auch $d-c$ negativ d. h. $c>d$ sein muß; oder wenn b negativ und d negativ ist, auch $d-c$ positiv d. h. $c<d$ sein muß.

Man hat also: Ist

$\frac{a}{c} > \frac{b}{d}$, cd neg., ferner $a<b$ gegeb., so folgt $c \gtrless d$ je n. $\left\{\begin{matrix} b \text{ pos., } d \text{ neg.,} \\ b \text{ neg., } d \text{ neg.} \end{matrix}\right\}$ ist.

Ist endlich in

$$\frac{a}{c} - \frac{b}{d} = \alpha,$$

a Null, so ist (0:c)—(b:d) = α, oder (—b):d = α. Ist demnach d positiv, so muß b negativ sein, damit (—b):d positiv, = α, werden kann. Ist hingegen d negativ, so ist b positiv, damit (—b):d positiv, = α, werden kann. Ist ferner b = 0, so ist (a:c) — (0:d) oder a:c = α. Es muß also mit c positiv, auch a positiv, und mit c negativ, auch a negativ sein.

Diese Ergebnisse sind dieselben wie die in der ersten Ableitung.

Alle diese Gesetze und Beziehungen von 29. an, gelten jedoch nur unter der *ausdrücklichen Einschränkung*, daß überall *Differenz-Quotienten* vorkommen, also auch keiner der Divisoren = Null ist. Diese Bedingungen hätten jedem Schritte hinzugefügt werden müssen, was jedoch der Kürze wegen vermieden wurde. Aus diesem Grunde erblicken wir die Gesetze der vier Operationen: Addition, Multiplikation, Subtraktion und Division noch unter einer Menge von Einschränkungen, und es muß daher unser Streben dahin gehn, uns von letzteren möglichst zu befreien, um wenigstens *vorläufig für diese vier Operationen* in den Besitz einer *allgemeinen Zahlenlehre* zu gelangen.

Dies Streben führt uns unmittelbar zum Folgenden.

33. Aus 29. bis 32. und dem Vorhergehenden folgt demnach wieder, daß noch alle Mischungs-Gesetze der vier Operationen Addition, Multiplikation, Subtraktion und Division — mit Berücksichtigung der Modifikationen die für das Gleich- Größer- und Kleiner-Sein eingehn — die in der Urzahlenlehre für wirkliche Zahlen *) auf-

*) Es giebt nur *allein* Zahlen, und Verbindungen aus ihnen (die Zahl ist das Resultat der zur Ruhe gekommenen *rein innerlichen* Thätigkeit der *bestimmten* Wiederholung eines *alles* Besondersein verneinenden Etwas, als des Einen); da *alle* Zahlen von einander verschieden sind, so giebt es nicht zwei gleiche unter ihnen, indem nur die Operationen in ihrer verschiedenen Aufeinanderfolge dazu führen können. Gebrochene (zerbrochene u. dgl. m.) Zahl, ist, wie sie gewöhnlich aufgefaßt wird, ein *Unding*. So viel ist indeß richtig, daß wir hier, in Betreff unserer Sprache, oft sehr fühlbaren Mangel leiden, und es wäre ein Verdienst um die Wissenschaft, wenn ihm, ohne hierzu fremde Sprachen zu benutzen, gänzlich abgeholfen würde.

gestellt sind, noch unverändert unter der ausdrücklichen Bedingung stattfinden, daß überall Differenz-Quotienten, d. h. Differenzen ganzer Zahlen, vorkommen, und also auch keiner der Divisoren Null ist. Da aber die Division immer nur noch unter diesen ausdrücklichen Einschränkungen anzuwenden ist, so existirt für die Mischung der genannten vier Operationen noch keine allgemeine Zahlenlehre für uns, und wir sind deshalb veranlaßt, namentlich durch die Spezialfälle die aus $\frac{\alpha-\beta}{\gamma-\delta}$ hervorgingen: $\frac{-\beta'}{\delta'}$, $-\frac{\beta'}{\delta'}$, $\frac{\beta'}{-\delta'}$, uns zu allgemeinen Begriffen zu erheben.

Wollen wir aber durch diesen Schritt erreichen, daß noch alle Gesetze jener vier Operationen — unter der erwähnten Einschränkung, keinen Divisor der Null ist zuzulassen — auch für die jetzt zu erstrebende Allgemeinheit stattfinden, so müssen wir zu solchem allgemeinern Begriff zu gelangen suchen, der sowohl die wirkliche Zahl, als auch die Begriffe der frühern Rechnungs-Formen *), welche aus den Gesetzen für wirkliche Zahlen durch die Abstraktion flossen, in sich aufnimmt.

Ehe wir aber solchen allgemeinen Begriff für alles Frühere aufstellen, müssen wir uns vorher nach allen den Fällen fragen, die hervorgehn können, wenn die Gesetze jener vier Operationen stets in Erfüllung gehn sollen.

Man bedenke deshalb vorher erstens, daß das Addiren und Subtrahiren wirklicher Zahlen, auf ganz beliebige Weise, nur zu Resultaten führen kann, die sämmtlich in der Differenz $\alpha-\beta$ wirklicher Zahlen enthalten sind, also in δ, 1, 0, $-\delta$, -1, liegen, und daß zweitens durch das Hinzutreten der Multiplikation, beim Differenz-Produkt, auch keine weitere neue Rechnungs-Formen als 0 und $-\alpha$ hervorgehn. Daraus folgt, daß alle Resultate die durch das Verbinden der Addition mit der Subtraktion und Multiplikation entstehen können, sämmtlich in $\alpha-\beta$ zuletzt liegen.

Drittens führte uns das allgemeine Festhalten der Gesetze für

---

*) Im Kalkul operiren wir nie mit bloßen Formen, oder leeren Zeichen, sondern mit den Begriffen, die sie repräsentiren. Deshalb wird hierauf noch ganz besonders aufmerksam gemacht, um nicht mißverstanden zu werden, wenn wir, der Kürze wegen, dies Moment nicht immer besonders herausheben.

die bloße Multiplikation und Division zu einer neuen Zahlform, die wir Bruch nannten.

Viertens würden wir durch das allgemeinere Festhalten der Gesetze der Mischung, der Addition mit der Subtraktion, Multiplikation und Division, zu den bis jetzt noch nicht definirten Zahlformen $\frac{-\beta'}{\delta'}, -\frac{\beta'}{\delta'}, \frac{\beta'}{-\delta'}$ gelangen, jedoch wissen wir nur in spezieller Beziehung von ihnen, daß wenn $\frac{\beta'}{\delta'}$ kein Bruch ist, sondern eine ganze Zahl, oder die Einheit vorstellt, alle drei Ausdrücke in einen zusammenfallen, weil dann

$$\frac{-\beta'}{\delta'} = \frac{\beta'}{-\delta'} = -\frac{\beta'}{\delta'}$$

ist. Fassen wir diese vier Punkte gehörig auf, so liegt es sehr nahe, wie wir auch schon (aus 29.) wissen, daß die schon oft genannten Rechnungs-Formen diejenigen sind, die überhaupt mittelst gedachter vier Operationen (in ihrer Unmittelbarkeit) erzeugt werden können, und daß sie sämmtlich in

$$\frac{\alpha - \beta}{\gamma - \delta}$$

liegen, sobald wir noch von dem Merkmale abstrahiren, daß durch diese Quotienten-Form jeder Zeit eine Differenz wirklicher Zahlen, wie dies beim Differenz-Quotienten stets der Fall sein mußte, dargestellt sein soll.

Um aber in den gesuchten allgemeinern Begriff nichts aufzunehmen, was entweder ganz unbrauchbar ist, oder mit dem Früheren in Widerspruch steht, wollen wir noch ein Mal alle Fälle vorführen, die durch die Verbindung gedachter vier Operationen entstehen können, und so wissen wir schon, daß sie aus der Spezialisirung von $(\alpha - \beta):(\gamma - \delta)$ entspringen, also hauptsächlich folgende sind:

$$\frac{\beta'}{-\delta'}, \frac{-\beta'}{\delta'}, \frac{-\beta'}{-\delta'}; \frac{\beta'}{0}, \frac{-\beta'}{0}.$$

Betrachten wir dieselben ganz in der Kürze, so leuchtet augenblicklich ein, daß die drei ersten leicht eine Bedeutung erhalten können, indem wir die Definition des Quotienten $\frac{a}{b} \cdot b = a$ für sie festhalten. Die beiden letztern Fälle verkünden hingegen, in Betreff des

Frühern, einen Widerspruch, weil kein Ausdruck, bis jetzt, existirt, der mit Null multiplizirt β', oder $-\beta'$, geben kann. Diesen Widerspruch werden wir weiterhin näher untersuchen.

a. Dies führt uns zur Aufstellung der folgenden Definition. Es heiße

$$\frac{\alpha-\beta}{\gamma-\delta},$$

wenn $\gamma-\delta$ nicht Null ist, ein

Allgemeiner-Quotient,

dessen Begriff die Gleichung

$$\frac{\alpha-\beta}{\gamma-\delta}(\gamma-\delta)=\alpha-\beta$$

ausspricht.

Hierdurch sind nun gleichzeitig die Begriffe des Dividirens, des Produkts, der Gleichung u. s. w. allgemeiner aufgefaßt, insofern wir wissen, daß dieser Begriff des allgemeinen Quotienten, in dem der des Bruchs, der des Differenz- und wirklichen Quotienten als einzelner Fall liegt, zu keinem Widerspruch führen kann *).

Wir haben nun zu untersuchen, ob noch die Gesetze der gedachten vier Operationen, unter der ausdrücklichen Bedingung, daß kein Divisor Null ist **), gelten, also wenn auch allgemeine Quotienten vorkommen.

---

*) Wir könnten die Zahlenlehre für die gedachten vier Operationen, in der größten Kürze, dadurch zu einer allgemeinern erheben wollen, daß wir die Versicherung hinzufügten: „Wenn man nur keinen Divisor zuläßt, der Null ist, so müssen noch alle Gesetze gelten." Oder auch u. A. dadurch, daß wir darthun, daß das Festhalten von $\frac{-\beta'}{\delta'}=-\frac{\beta'}{\delta'}=\frac{\beta'}{-\delta'}$ und $\frac{-\beta'}{-\delta'}=\frac{\beta'}{\delta'}$ auch für den Fall, wo $\frac{\beta'}{\delta'}$ ein Bruch ist, mit dem Früheren zu keinem Widerspruch führen kann, und dann $-\frac{\beta'}{\delta'}$, wenn $\frac{\beta'}{\delta'}$ ein Bruch ist, eine negative gebrochene Zahl nannten. Wir erwählten aber absichtlich den hier im Text befolgten Weg, weil in ihm ein größeres Streben nach Gründlichkeit liegt.

**) Wir haben schon berühret, daß wenn $\frac{a}{b}$ gegeben ist, die Fälle $\frac{0}{\alpha}$, $\frac{\alpha}{0}$, $\frac{0}{0}$ eintreten können, wo nun $\frac{0}{\alpha}=0$ einen Sinn hat, ferner $\frac{\alpha}{0}$ gar nicht denkbar, und endlich $\frac{0}{0}$ ganz unbestimmt ist. Deshalb ist Null als Divisor jetzt unbrauchbar und nicht zuzulassen. Aus diesem Grunde setzen wir ein für alle

Um uns möglichst kurz zu fassen, haben wir nur diejenigen Gesetze noch als richtig in der jetzigen höhern Bedeutung, des allgemeinen Quotienten, zu erweisen, von denen die übrigen abhängig sind.

Der **Begriff** des allgemeinen Quotienten, den $(a:b).b = a$ symbolisch ausspricht *), leitet auch zu dem des allgemeinen Produkts, der allgemeinen Gleichung und Ungleichung.

Da das Multiplizíren in beliebiger Ordnung schon erweitert ist, wenn die Faktoren ganze Zahlen, oder Brüche, oder Differenzen ganzer Zahlen, mithin auch Differenz-Quotienten, sind, so können wir es noch ganz allgemein beibehalten, wenn also auch allgemeine Quotienten vorkommen, ohne Widersprüche mit dem Vorhergehenden befürchten zu müssen.

Sind nämlich in

$$\frac{a}{b}\cdot\frac{c}{d}\cdot\frac{f}{g}\times\ldots,$$

$\frac{a}{b}, \frac{c}{d}, \frac{f}{g}, \ldots$ sämmtlich Differenz-Quotienten, so dürfen wir, da solche blos Differenzen ganzer Zahlen repräsentiren, in beliebiger Folge multiplizíren [28. 5)]. Sind hingegen $\frac{a}{b}, \frac{c}{d}, \frac{f}{g}, \ldots$ allgemeine Quotienten, so ist dies Gesetz auch schon für die Fälle erwiesen, wo diese allgemeinen Quotienten zu ganzen oder gebrochenen Zahlen, oder zu Differenzen ganzer Zahlen führen. Da nun $\frac{-a}{b}\cdot\frac{c}{-d}\cdot\frac{-f}{-g} = \left(-\frac{a}{b}\right)\cdot\left(-\frac{c}{d}\right)\cdot\frac{f}{g} = \frac{c}{-d}\cdot\frac{-a}{b}\cdot\frac{-f}{-g}$ ist u. s. w., sobald lauter Differenz-Quotienten vorkommen, so kann durchaus kein Widerspruch mit dem Früheren eingehn, wenn wir z. B. statt $\frac{-a}{b}\cdot\frac{c}{-d}$ setzen $\frac{c}{-d}\cdot\frac{-a}{b}$, im Falle $\frac{a}{b}$ und $\frac{c}{d}$ Brüche sein sollten, eben weil wir

---

Mal stillschweigend voraus, daß **kein** Divisor Null ist, oder, wie sich hieraus von selbst versteht, durch Reduzirung auf Null bringen läßt. Wird ein Divisor während der Rechnung zu Null, der vorher nicht Null war, so muß ein solcher Fall, als ein besonderer, auch besonders untersucht werden.

*) Die hervorgehenden Fälle des allgemeinen Quotienten sind: $\frac{1}{-\delta'}, \frac{-1}{\delta'}, \frac{-1}{-\delta'}$, $0, \frac{\beta'}{\delta'}, \frac{\beta'}{-\delta'}, \frac{-\beta'}{\delta'}, \frac{-\beta'}{-\delta'}$ die weiterhin auf weniger, eigenthümliche, zurückgeführt werden können.

dann hieran keine der frühern Zahlformen mehr haben, womit solcher zu befürchten wäre, vielmehr nur das noch, der Allgemeinheit wegen, beibehalten, was schon unter den ausgesprochenen Bedingungen stattfand *).

Dies führt uns nun zu Folgendem:

b. Allgemeines Produkt soll die Form

$$a \,.\, b \,.\, c \times \ldots \times \alpha_k,$$

in untrennbarer Verbindung mit ihrem Begriffe, daß a, b, c, ..., α_k auch allgemeine Quotienten sein können, und das Multipliziren in beliebiger Ordnung beibehalten wird, genannt werden.

Soll ein allgemeiner, jede beliebige Verbindung der vier Operationen: Addition, Multiplikation, Subtraktion und Division, entsprechender Begriff festgestellt werden, so muß er auch gleichzeitig die frühern, als einzelne Fälle, mit einschließen. Denkt man sich demnach zunächst, auf ganz beliebige Weise, durch diese vier Operationen zwei Ausdrücke λ und ζ entstanden, so erscheint der allgemeine Quotient als diejenige Zahlform, auf welche λ und ζ zuletzt zurückgeführt werden können. Ist nun $\lambda = \frac{\alpha}{\beta}$, ferner $\zeta = \frac{\alpha'}{\beta'}$, und führen die in λ und ζ vorkommenden Operationen zu einem und demselben Ausdruck, so leuchtet ein, daß $\lambda = \zeta$ sein muß. Woran wird man aber in jedem vorkommenden Falle dies noch nicht definirte Gleichsein prüfen können? Offenbar sind wir, in dieser Hinsicht, zunächst gezwungen den Begriff dieses Gleichseins festzustellen, und zwar so, daß der frühere darin liegt. Denken wir uns also hypothetisch $\lambda = \zeta$, und daß in beiden Seiten beliebig viele Divisoren vorkommen, deren Produkt h heißen möge, so werden wir, um dies Gleichsein zu prüfen, offenbar beide Seiten mit h multipliziren, wodurch wir zu Ausdrücken λ' und ζ' gelangen, in denen keine Division mehr vorkommt, und wo es sich dann blos noch darum handelt, ob λ' und ζ' mit einander eine subtraktive Gleichheit liefern, oder ob $\lambda' = \zeta'$ noch eine subtraktive Gleichung ist.

Diese blos einleitende Idee führt uns zu:

---

*) Setzen wir z. B. für $k \,.\, \left(\frac{1}{-\delta'}\right) . \left(\frac{-1}{\delta'}\right)$ wieder $\left(\frac{-1}{\delta'}\right) k \,.\, \left(\frac{1}{-\delta'}\right)$ u. s. w. so können dadurch keine Widersprüche eingehn.

c. Es möge

$$a = b,$$

d. h. „a allgemein gleich b", genannt werden, wenn ein Ausdruck h, der nicht Null ist*) existirt, welcher bewirkt, daß ah und bh in ein und denselben Ausdruck übergehn, sobald man nur den Begriff des allgemeinen Quotienten $(a:b).b = a$, und des allgemeinen Produkts $abc \times \ldots = bac \times \ldots =$ u. s. w., in Verbindung mit den früheren Gesetzen, in Anwendung bringt.

Hiernach kann also auch schon a als allgemein gleich b erkannt werden, wenn die in a und b ausgedrückten Operationen, nach dem Feststehenden, zu einem und demselben Resultate führen.

d. Der Begriff von

$$a \gtrless b$$

muß, in Betreff des allgemeinen Quotienten, die frühern Begriffe des Ungleichseins in sich aufnehmen und wir können ihn erst weiterhin betrachten.

1) Außerdem haben wir noch folgende Gesetze, für die jetzt zu erstrebende Allgemeinheit, der Mischung gedachter vier Operationen, zu prüfen.

I.

Man darf in beliebiger Ordnung sowohl addiren als auch multipliziren.

II.

$$(1)\quad (a - b) + b = a,$$
$$(2)\quad (a + b) - b = a,$$
$$(3)\quad \frac{a}{b} . b = a,$$
$$(4)\quad \frac{a . b}{b} = a.$$

III.

Ist $a = b$, $b = c, \ldots, (h = k)_s$, $(k = v)_{s+1}$, so ist auch $a = v$.

IV.

Aus $a = b$ ⟶
(1) $a \pm c = b \pm c$, wenn $a = b$ vorausgesetzt ist.
(2) $(a \pm b).c = ac \pm bc$ als Mischungs-Gesetz.
(3) $c - a = c - b$,

*) Warum darf h nicht = Null sein? Offenbar darum, weil in allen Fällen, d. h. für $a \gtreqless b$, stets $a.0 = b.0$ oder $0 = 0$ ist.

$$(4)\quad a\,.\,c = b\,.\,c,$$
$$(5)\quad a:c = b:c,$$
$$(6)\quad c:a = c:b.$$

Diese Grundgesetze sind nun für den Fall zu erweisen, daß allgemeine Quotienten vorkommen, in denen alle Rechnungsform-Begriffe liegen, mit denen wir die Giltigkeit, der in beliebiger Verbindung mit einander tretenden vier Operationen, nachzuzeigen haben, und zwar unter der schon oft erwähnten Bedingung, daß kein Divisor vorkommt, der entweder unmittelbar als Null gegeben ist, oder der sich doch darauf zuletzt reduzirt *).

Für I. Sind $\frac{a}{b}$, $\frac{c}{d}$, $\frac{f}{g}$, ... Differenz-Quotienten, so ist das Addiren in beliebiger Ordnung schon erwiesen; sind sie allgemeine Quotienten, so können wir durch Beibehaltung dieses Gesetzes zu nichts Widersprechendem gelangen, wenn wir, blos noch der Form nach, statt $\frac{a}{b} + \frac{c}{d} + \ldots$ setzen: $\frac{c}{d} + \frac{a}{b} + \ldots$ u. s. w. **). Das Multipliziren in beliebiger Folge ist schon im Eingang zu (b.) gerechtfertigt.

Für II. (1) und (2). Da diese Gesetze schon für Differenz-Quotienten gelten, und ferner der allgemeine Quotient nichts Widersprechendes enthält, indem ihm eine bestimmte Bedeutung unterliegt, so dürfen und müssen diese Gesetze beibehalten werden.

Für I. (3) und (4). Das Gesetz in (3) erscheint durch (a.) gerechtfertigt. Soll ferner in Betreff von (4), $x.b = ab$ sein, so hat man, weil b nicht Null ist: $x = \frac{ab}{b}$. Oder u. A. so: Es giebt $\left(\frac{a}{b}.b\right).b = ab$, und auch $\frac{ab}{b}.b = ab$ (nach a.), also existirt ein Ausdruck b, der bewirkt, daß wenn $\frac{a}{b}.b$ und $\frac{ab}{b}$ mit ihm multiplizirt sind, beide Produkte $\left(\frac{a}{b}.b\right).b$ und $\frac{ab}{b}.b$ in ein und denselben

*) Wollte man mit Null als Divisor operiren, wie mit einer Zahl, so führt dies, gegen die Gesetze des Kalkuls streitende Verfahren, zu unzähligen Widersprüchen. So hat man z. B. aus $a - a = b - b$, $a(1-1) = b(1-1)$, und nun fälschlich: $[a(1-1)]:(1-1) = [b(1-1)]:(1-1)$, also $a = b$, was nicht unbedingt nöthig ist.

**) Daß man für $\frac{-3}{4} + 5$ setzen darf: $5 + \frac{-3}{4}$, sobald nur nichts weiter vorgenommen wird, erhellt offenbar, und muß beibehalten werden.

Ausdruck, nämlich in ab übergehn, mithin ist (nach c.), auch $\frac{a}{b} \cdot b$ allgemein $= \frac{ab}{b}$; nun ist aber bereits $\frac{a}{b} . b = a$, also offenbar auch $\frac{ab}{b} = a$.

Für III. Eine allgemeine Ableitung dieses Gesetzes übersieht man leicht, den jetzigen Begriffen entsprechend, nach 30. Seite 279.

Man kann auch u. A. so schließen:

Ist $\frac{a}{b} = \frac{c}{d}$ und $\frac{c}{d} = \frac{f}{g}$, wo $\frac{a}{b}$, $\frac{c}{d}$, $\frac{f}{g}$ allgemeine Quotienten sind, so hat man aus $\frac{a}{b} = \frac{c}{d}$, daß $\frac{a}{b}(bd)$ und $\frac{c}{d}(bd)$, oder n. a. u. b., daß $\left(\frac{a}{b} . b\right) . d$ und $\left(\frac{c}{d} . d\right) . b$, oder ad und bc in ein und denselben Ausdruck übergehn, oder daß $ad = bc$ ist.

Nach denselben Gründen folgt aus $\frac{c}{d} = \frac{f}{g}$, daß $cg = df$ ist. Man hat demnach $ad = bc$ und $cg = df$. Da dies subtraktive Gleichungen sind, indem a, b, c, d, f, g Differenzen ganzer Zahlen vorstellen, so hat man nach 28. (3): $(ad)(cg) = (bc)(df)$, oder n. 28. IV., $(agc)d = (bfc)d$, und nach 28. 8), da d nicht Null sein kann: $agc = bfc$, also auch, wenn c nicht Null ist: $ag = bf$, oder $\frac{a}{b} = \frac{f}{g}$, weil $\frac{a}{b}(bg) = ag$, und $\frac{f}{g}(bg) = bf$ ist (nach c., b., a.).

Betrachten wir nun den Fall, wo $c = 0$ ist, noch besonders, so hat man $\frac{a}{b} = \frac{0}{d} = 0$, weil d nicht Null ist; ferner $\frac{0}{d} = \frac{f}{g} = 0$, also gehen in diesem einzelnen Falle mit $\frac{c}{d}$ oder $\frac{0}{d}$, auch $\frac{a}{b}$ und $\frac{f}{g}$, d. h. alle drei Ausdrücke $\frac{a}{b}$, $\frac{c}{d}$, $\frac{f}{g}$, in Null über; es folgt demnach aus $\frac{a}{b} = \frac{c}{d}$, und $\frac{c}{d} = \frac{f}{g}$, auch noch $\frac{a}{b} = \frac{f}{g}$, wenn c Null sein sollte.

Dies Gesetz läßt sich nun leicht durch Ω, nach den gegebenen Bedingungen, allgemein auffassen. Ist also $\frac{a}{b} = \frac{c}{d}$, $\frac{c}{d} = \frac{f}{g}$,

$\frac{f}{g} = \frac{h}{k}, \ldots, \frac{m}{n} = \frac{p}{q}$, wo unter den allgemeinen Quotienten $\frac{a}{b}$, $\frac{c}{d}$, $\frac{f}{g}$, $\frac{h}{k}, \ldots, \frac{m}{n}$, $\frac{p}{q}$ jeder folgende dem unmittelbar vorhergehenden gleich ist, so hat man auch $\frac{a}{b} = \frac{p}{q}$.

Für IV. (1). Da wir $a = b$ nannten, wenn ein Ausdruck h, der nicht Null ist, existirt, für welchen ah und bh in ein und denselben Ausdruck t übergehn, so gehn auch offenbar die allgemeinen Produkte $(a \pm c)h$ und $(b \pm c)h$ in ein und denselben Ausdruck über. Kamen blos Differenz-Quotienten vor, so ist schon erwiesen, daß die Produkte $(a \pm c)h$ und $(b \pm c)h$, in ein und denselben Ausdruck übergehn, woraus leicht erhellt, daß dies Gesetz noch allgemein beibehalten werden muß, wenn man nicht zu Widersprüchen mit dem Vorhergehenden gelangen will.

Für IV. (2). Es fragt sich, ob noch allgemein

$$\left(\frac{a}{b} \pm \frac{c}{d}\right) \cdot \frac{f}{g} = \frac{a}{b} \cdot \frac{f}{g} \pm \frac{c}{d} \cdot \frac{f}{g}$$

ist, wenn die vorkommenden Quotienten allgemeine sind, also a, b, c, d, f, g allgemeine Differenzen ganzer Zahlen vorstellen.

Wir wollen bei dieser Untersuchung analytisch verfahren, und zu den Gründen zurückkehren, die uns nachher, durch die Synthesis, zur Vermittlung dieses Hauptgesetzes der Mischung leiten. Multiplizirt man die beiden Seiten mit g, weil wir einsehn, daß dies Ablösen des g (nach b., a.) gelingt, so kommt

$$\left[\left(\frac{a}{b} \pm \frac{c}{d}\right) \cdot \frac{f}{g}\right] \cdot g = \left(\frac{a}{b} \pm \frac{c}{d}\right) \cdot \left(\frac{f}{g} \cdot g\right) = \left(\frac{a}{b} \pm \frac{c}{d}\right) . f, \text{ n. III.} \neg :$$

$$\left[\left(\frac{a}{b} \pm \frac{c}{d}\right) \cdot \frac{f}{g}\right] \cdot g = \left(\frac{a}{b} \pm \frac{c}{d}\right) . f.$$

Ehe wir den Ausdruck rechts, nämlich $\frac{a}{b} \cdot \frac{f}{g} \pm \frac{c}{d} \cdot \frac{f}{g}$ mit g multiplizíren, können wir ihn vorher, wie folgt, vereinfachen.

Es ist nämlich

$$\frac{a}{b} \cdot \frac{f}{g} = \frac{af}{bg};$$

denn $\frac{af}{bg}$ ist ein allgemeiner Quotient, weil die Produkte af und bg Differenz-Produkte vorstellen, also jedes derselben selbst einer Differenz gleich ist.

Aus diesem Grunde dürfen wir noch auf $\frac{af}{bg}$ das anwenden, was vom allgemeinen Quotienten überhaupt gilt.

Wir haben mithin (nach a.)

$$\frac{af}{bg}.(bg) = af,$$

ferner (nach b., a.):

$$\left(\frac{a}{b}.\frac{f}{g}\right).(bg) = \left(\frac{a}{b}.b\right).\left(\frac{f}{g}.g\right) = af, \text{ also nach III.:}$$

$$\left(\frac{a}{b}.\frac{f}{g}\right).(bg) = af; \text{ nun ist auch:}$$

$$\frac{af}{bg}.(bg) = af, \text{ mithin (nach c.):}$$

$$\frac{a}{b}.\frac{f}{g} = \frac{af}{bg}.$$

Aus demselben Grunde ist auch:

$$\frac{c}{d}.\frac{f}{g} = \frac{cf}{dg}.$$

Es ist also nach III.:

$$\frac{a}{b}.\frac{f}{g} \pm \frac{c}{d}.\frac{f}{g} = \frac{af}{bg} \pm \frac{cf}{dg},$$

weil die rechte Seite unmittelbar in die linke übergeht, da

$$\frac{af}{bg} = \frac{a}{b}.\frac{f}{g}, \text{ und } \frac{cf}{dg} = \frac{c}{d}.\frac{f}{g}$$

erwiesen ist, und außerdem der allgemeine Quotient eine bestimmte Bedeutung hat.

Jetzt ist nur noch zu erweisen, ob

$$\left(\frac{a}{b} \pm \frac{c}{d}\right).f = \left(\frac{af}{bg} \pm \frac{cf}{dg}\right).g$$

eine allgemeine Gleichung ist.

Um aber die linke, oder rechte Seite, weiter entwickeln zu können, sind wir veranlaßt zu untersuchen, ob noch

$$\left(\frac{a}{b} \pm \frac{c}{d}\right).(\alpha - \beta) = \frac{a}{b}.(\alpha - \beta) \pm \frac{c}{d}.(\alpha - \beta)$$

ist, indem f, nach der Voraussetzung, eine Differenz $\alpha - \beta$ vorstellt.

Dies führt uns wieder erstens zu der Frage, ob:

$$\frac{a}{b}.(\alpha - \beta) = \frac{a}{b}.\alpha - \frac{a}{b}.\beta \text{ ist.}$$

Da aber bereits oben

$$\frac{a}{b}.\alpha = \frac{a\alpha}{b}, \text{ und } \frac{a}{b}.\beta = \frac{a\beta}{b}$$

erwiesen ist $\left[\text{nach: } \frac{a}{b}.\frac{f}{g} = \frac{af}{bg}, \text{ also auch } \frac{a}{b}.\frac{f}{1} = \frac{af}{b}\right]$, so geht diese Frage in

$$\frac{a}{b}.(\alpha - \beta) = \frac{a\alpha}{b} - \frac{a\beta}{b} \; (?)$$

über. Diese letztere verlangt, weil $a\alpha$, $a\beta$ und b Differenzen gleich sind, folgende Gleichung

$$\frac{p}{q} - \frac{v}{q} = \frac{p-v}{q},$$

in der $\frac{p}{q}$ und $\frac{v}{q}$ allgemeine Quotienten sind, als Definition des Subtrahirens zweier allgemeinen Quotienten mit gleichem Divisor aufzustellen.

Diese Gleichung steht mit den älteren Gesetzen nicht im Widerspruch, denn sie schließt dieselben vielmehr als einen einzelnen Fall in sich, d. h. wir erkennen ihre Richtigkeit auch im frühern Sinne, wenn z. B. $\frac{p}{q}$ und $\frac{v}{q}$ Differenz-Quotienten sind; sie darf deshalb noch beibehalten werden, und muß es auch, weil wir sonst kein allgemeines Operiren, selbst für die gedachten vier Operationen, erreichen können.

Aus derselben fließt zugleich noch

$$\frac{p+v}{q} - \frac{v}{q} = \frac{(p+v)-v}{q} = \frac{p}{q}, \text{ also nach IV. (1) und II. (1):}$$

$$\frac{p+v}{q} = \frac{p}{q} + \frac{v}{q}.$$

Zweitens müssen wir für unsern Zweck noch wissen, ob:

$$\frac{a}{b} = \frac{am}{bm}$$

ist. Es ist aber (nach b. und a.):

$$\frac{a}{b}(bm) = \left(\frac{a}{b}.b\right).m = am, \text{ und } \frac{am}{bm}(bm) = am,$$

also ist nach III. und c.

$$\frac{a}{b} = \frac{am}{bm};$$

hiernach hat man auch wieder

$$\frac{a:m}{b:m} = \frac{(a:m).m}{(b:m).m} = \frac{a}{b}, \text{ also:}$$

$$\frac{a}{b} = \frac{am}{bm} = \frac{a:m}{b:m},$$

wenn hier überall allgemeine Quotienten vorkommen, also a, b, m allgemeine Differenzen sind und kein Divisor, wie z. B. hier m, gleich Null ist.

Schreitet man nun wieder durch die Synthesis zurück, und nimmt dabei den kürzesten Weg, so ist:

$$\frac{a}{b}.\frac{f}{g} = \frac{af}{bg}, \text{ und } \frac{c}{d}.\frac{f}{g} = \frac{cf}{dg},$$

wovon die Gründe schon entwickelt sind; also ist [nach IV. (1)]:

$$\frac{a}{b}.\frac{f}{g} \pm \frac{c}{d}.\frac{f}{g} = \frac{af}{bg} \pm \frac{cf}{dg}.$$

Ferner ist schon dargethan: $a:b = (am):(bm)$, also:

$$\frac{af}{bg} \pm \frac{cf}{dg} = \frac{adf}{bdg} \pm \frac{bcf}{bdg}.$$

Es ist aber als Definition, für das Subtrahiren allgemeiner Quotienten mit gleichem Divisor, festgestellt:

$$\frac{p}{q} \pm \frac{v}{q} = \frac{p \pm v}{q}, \text{ daher nach III.:}$$

$$\frac{a}{b}.\frac{f}{g} \pm \frac{c}{d}.\frac{f}{g} = \frac{adf \pm bcf}{bdg}.$$

Ferner hat man für die linke Seite, nach denselben Gründen:

$$\left(\frac{a}{b} \pm \frac{c}{d}\right).\frac{f}{g} = \left(\frac{ad}{bd} \pm \frac{bc}{bd}\right).\frac{f}{g} = \frac{ad \pm bc}{bd}.\frac{f}{g} = \frac{(ad \pm bc).f}{bdg}.$$

Die beiden letzten Ausdrücke sind darum einander gleich, weil $ad \pm bc$ und auch bd zu Differenzen führen, also $\frac{ad \pm bc}{bd}$ ein allgemeiner Quotient ist, und zugleich schon nachgewiesen ist wie dieser mit $\frac{f}{g}$, als dem andern allgemeinen Quotienten, multiplizirt wird.

Endlich ist, weil $(ad \pm bc).f$ ein Differenz-Produkt repräsentirt:

$$\frac{(ad \pm bc)f}{bdg} = \frac{adf \pm bcf}{bdg}; \text{ mithin ist:}$$

$$\left(\frac{a}{b} \pm \frac{c}{d}\right).\frac{f}{g} = \frac{a}{b}.\frac{f}{g} \pm \frac{c}{d}.\frac{f}{g}$$

für die gedachten vier Operationen erwiesen, weil wir uns überzeugt haben, daß nach erlaubten Gesetzen beide Seiten in

$\frac{adf \pm bcf}{bdg} = \frac{adf \pm bcf}{bdg}$ oder in $adf \pm bcf = adf \pm bcf$, oder in $adf = adf$ u. s. w. also in ein und denselben Ausdruck übergehn.

Durch dieses Gesetz sind gleichzeitig die für **q . a, q′ . q, q′ ± q** erweitert; auch fanden wir noch außerdem, daß $\frac{a}{b} = \frac{am}{bm}$ allgemein gilt.

Hieraus folgt noch zugleich, daß da

$\frac{am}{bm} = \frac{a}{b}$, und $\frac{am}{bm} = \frac{a}{b} \cdot \frac{m}{m}$ ist, nun auch, wegen $m:m = 1$,

$$\frac{a}{b} \cdot 1 = \frac{a}{b} \text{ sein muß.}$$

Man kann dies auch u. A. so darthun:

$$\frac{a}{b} \cdot 1 = \frac{a}{b} \cdot \frac{1}{1} = \frac{a}{b} \cdot \frac{(\alpha+1)-\alpha}{(\alpha+1)-\alpha} = \frac{a[(\alpha+1)-\alpha]}{b[(\alpha+1)-\alpha]} = \frac{a \cdot 1}{b \cdot 1} = \frac{a}{b},$$

weil $a . 1$ und $b . 1$ Differenz-Produkte vorstellen, für welche $a . 1 = a$ und $b . 1 = b$ ist.

Für IV. (3). Es sei $\frac{a}{b} = \frac{c}{d}$ gegeben, so ist auch

$$\frac{f}{g} - \frac{a}{b} = \frac{f}{g} - \frac{c}{d};$$

denn

$$\left(\frac{f}{g} - \frac{a}{b}\right)(bdg) = \left(\frac{f}{g} \cdot g\right) \cdot (bd) - \left(\frac{a}{b} \cdot b\right) \cdot (dg) = bdf - adg \text{ [nach IV. (2), und b., a.];}$$

nach denselben Gründen:

$$\left(\frac{f}{g} - \frac{c}{d}\right)(bdg) = \left(\frac{f}{g} \cdot g\right) \cdot (bd) - \left(\frac{c}{d} \cdot d\right) \cdot (bg) = bdf - bcg.$$

Da aber aus $\frac{a}{b} = \frac{c}{d} \looparrowright \frac{a}{b}(bd) = \frac{c}{d}(bd)$ od. $ad = bc$, so ist n. 28. (3)

$adg = bcg$, $\looparrowright$ [nach 20. III. (3)]:

$bdf - adg = bdf - bcg$, weil hier subtraktive Gleichungen vorkommen, also nach III.:

$$\left(\frac{f}{g} - \frac{a}{b}\right)(bdg) = \left(\frac{f}{g} - \frac{c}{d}\right)(bdg)$$

mithin [nach c.]

$$\frac{f}{g} - \frac{a}{b} = \frac{f}{g} - \frac{c}{d} \text{ [weil bdg nicht Null ist].}$$

Man hätte auch u. A. so schließen können:

Da $a = b$ vorausgesetzt ist, so existirt auch ein Ausdruck h, der nicht Null ist, für welchen ah und bh in ein und denselben Ausdruck t übergehn, mithin gehn auch die Produkte

$(c-a)h$ und $(c-b)h$ nach IV. (2) in:
$ch - ah$ und $ch - bh$ oder nach III. in
$ch - t$ und $ch - t$ d. h. in ein und denselben Ausdruck über.

Es folgt demnach aus $a = b$, daß $c - a = c - b$ ist, wo a, b, c ganz allgemein sind.

Für IV. (4). Ist $a = b$, so existirt ein Ausdruck h, der nicht Null ist, für welchen die Produkte ah und bh in ein und denselben Ausdruck t übergehn, mithin gehn auch die Produkte

$(ac)h$ und $(bc)h$ [nach b.] in $(ah)c$ und $(bh)c$ oder in tc und tc, d. h. in ein und denselben Ausdruck über. Es folgt demnach aus $a = b$, daß $ac = bc$ ist.

Man darf u. A. so schließen:

Ist $\frac{a}{b} = \frac{c}{d}$, so hat man

$$\frac{a}{b} \cdot \frac{f}{g} = \frac{c}{d} \cdot \frac{f}{g};$$

denn nach [b. und a.] ist:

$\left(\frac{a}{b} \cdot \frac{f}{g}\right)(bdg) = \left(\frac{a}{b} . b\right) . \left(\frac{f}{g} . g\right) . d = adf$, und aus denselben Gründen:

$\left(\frac{c}{d} \cdot \frac{f}{g}\right)(bdg) = \left(\frac{c}{d} . d\right) . \left(\frac{f}{g} . g\right) . b = bcf,$

also, da aus $\frac{a}{b} = \frac{c}{d} \leftarrow\!\!\urcorner\ ad = bc$, so ist nach 28. (3):

$adf = bcf$, mithin nach III.:

$\left(\frac{a}{b} \cdot \frac{f}{g}\right)(bdg) = \left(\frac{c}{d} \cdot \frac{f}{g}\right)(bdg), \leftarrow\!\!\urcorner$ [da bdg nicht Null sein kann]

$$\frac{a}{b} \cdot \frac{f}{g} = \frac{c}{d} \cdot \frac{f}{g} \text{ [nach c.],}$$

wo $\frac{a}{b}, \frac{c}{d}, \frac{f}{g}$ allgemeine Quotienten sind.

Für IV. (5). Ist $a = b$, so existirt ein Ausdruck h, der nicht Null ist, für welchen ah und bh in t übergehen, mithin gehn auch die Produkte

$(a:c).(c.h)$ und $(b:c).(c.h)$ nach [b.] in
$[(a:c).c].h$ und $[(b:c).c].h$ oder nach [a.] in
$a.h$ und $b.h$ oder in

t und t über, und es folgt also aus $a = b$, daß $a:c = b:c$ ist.

Man kann auch noch so schließen:

Es ist [nach a.]

$(a:c).c = a$, und aus demselben Grunde:
$(b:c).c = b$.

Ist nun $a = b$ vorausgesetzt, so muß, da c nicht Null sein darf, $a:c = b:c$ sein, eben weil der Ausdruck c existirt, der nicht Null ist, mit dem $a:c$ und $b:c$ multiplizirt, dasselbe geben (c.).

Für IV. (6). Da $a = b$ ist, so existirt ein Ausdruck h, der nicht Null ist, für welchen ah und bh in t übergehn; deshalb gehn auch die Produkte:

$(c:a).(abh)$ und $(c:b).(abh)$ nach b. in:
$[(c:a).a].(bh)$ und $[(c:b).b].(ah)$ oder nach a. in:
cbh und cah oder nach b. in:
$(bh).c$ und $(ah).c$, also in:

tc und tc über, mithin folgt aus $a = b$, daß $c:a = c:b$ ist.

Hätte man blos mit $a.b$ multiplizirt, so käme: $(c:a).(ab) = c.b$ [nach b., a.], und ebenso: $(c:b).(ab) = c.a$, mithin ebenfalls $c:a = c:b$.

Man kann auch u. A. noch so schließen:

Ist $\frac{a}{b} = \frac{c}{d}$, so folgt auch $\frac{f}{g}:\frac{a}{b} = \frac{f}{g}:\frac{c}{d}$;

denn man hat

$$\left(\frac{f}{g}:\frac{a}{b}\right).\left(\frac{a}{b}.\frac{c}{d}\right) = \left[\left(\frac{f}{g}:\frac{a}{b}\right).\frac{a}{b}\right].\frac{c}{d} = \frac{f}{g}.\frac{c}{d},$$

$$\left(\frac{f}{g}:\frac{c}{d}\right).\left(\frac{a}{b}.\frac{c}{d}\right) = \left[\left(\frac{f}{g}:\frac{c}{d}\right).\frac{c}{d}\right].\frac{a}{b} = \frac{f}{g}.\frac{a}{b} \text{ nach b. und a.}$$

Da nun $\frac{a}{b} = \frac{c}{d}$, so ist, nach IV. (4), $\frac{f}{g}.\frac{c}{d} = \frac{f}{g}.\frac{a}{b}$, mithin [n. c.]:

$$\frac{f}{g}:\frac{a}{b} = \frac{f}{g}:\frac{c}{d}.$$

2) Hiernach ist es nun leicht, die Spezialfälle des allgemeinen Quotienten: $\frac{\beta}{-\delta}$, $\frac{-\beta}{\delta}$, $\frac{-\beta}{-\delta}$, $\frac{1}{\delta}$, $\frac{-1}{\delta}$, $\frac{-1}{-\delta}$, und noch außerdem

die bloßen Symbole $\frac{\beta}{0}$, $\frac{-\beta}{0}$, $\frac{1}{0}$, $\frac{-1}{0}$ näher zu untersuchen, weil, unter der bewußten Einschränkung, noch alle Gesetze gelten müssen.

(1) Für $\frac{-\beta}{\delta}$. Man hat nach 1) Seite 325 $(p \pm v):q = (p:q) \pm (v:q)$, daher

$$\frac{-\beta}{\delta} = \frac{0-\beta}{\delta} = \frac{\alpha-(\alpha+\beta)}{\delta} = \frac{\alpha}{\delta} - \frac{\alpha+\beta}{\delta} = \frac{\alpha}{\delta} - \left(\frac{\alpha}{\delta} + \frac{\beta}{\delta}\right) =$$

$$\frac{\alpha}{\delta} - \frac{\alpha}{\delta} - \frac{\beta}{\delta} = -\frac{\beta}{\delta}, \;\hookrightarrow\; \frac{-\beta}{\delta} = -\frac{\beta}{\delta}.$$

Man kann auch so schließen. Setzt man in $(p-v):q = (p:q)-(v:q)$, $p = 0$, $v = \beta$, $q = \delta$, so kommt

$$\frac{0-\beta}{\delta} = \frac{0}{\delta} - \frac{\beta}{\delta} = -\frac{\beta}{\delta}.$$

Daß man für p, Null setzen darf, ist darum richtig, weil $(p:q)-(v:q) = (p-v):q$ erwiesen ist, wo $p:q$ und $v:q$ allgemeine Quotienten sind.

Man kann auch so schließen: Da wir bereits wissen, daß $(a:b).(c:d) = (ac):(bd)$ und $(-1):1 = -1$ ist, so hat man: $(-\beta):\delta = [(-1).\beta)]:(1.\delta) = [(-1):1].(\beta:\delta) = (-1).(\beta:\delta) = (0-1).(\beta:\delta) = 0(\beta:\delta)-(\beta:\delta) = [(\alpha-\alpha):1].(\beta:\delta)-(\beta:\delta) = [(\alpha-\alpha)\beta]:\delta-(\beta:\delta) = (0:\delta)-(\beta:\delta) = -(\beta:\delta)$, [nach IV. (2) u. **q'. q**].

Oder u. A. auch so: Es sei $(-\beta):\delta = x$, so folgt nach IV. (4) und a., $[(-\beta):\delta].\delta = x\delta$ oder $-\beta = x\delta$, oder nach IV. (4) mit -1 beide Seiten multiplizirt: $\beta = (-x)\delta$ oder nach IV. (5): $\beta:\delta = -x$, und deshalb nach IV. (3), $0-(\beta:\delta) = 0-(-x)$, oder $-(\beta:\delta) = x$, $\hookrightarrow$ nach III.: $(-\beta):\delta = -(\beta:\delta)$.

(2) Für $\beta:(-\delta)$. Es ist $\beta:(-\delta) = [\beta.(-\alpha)]:[(-\delta)(-\alpha)] = (-\beta\alpha):(\delta\alpha) = -[(\beta\alpha):(\delta\alpha)]$ nach 1) $= -(\beta:\delta)$.

Oder so: $\beta:(-\delta) = (\beta.-1):[(-\delta).(-1)] = (-\beta):\delta = -(\beta:\delta)$.

Oder so: $\beta:(-\delta) = (1.\beta):[(-1).\delta] = (1:-1).(\beta:\delta) = [(-1):1].(\beta:\delta) = (-\beta):\delta = -(\beta:\delta)$.

Oder u. A. noch so: Es sei $\beta:(-\delta) = x$, so ist nach IV. (4) und a., $-\beta = x\delta$ oder $\beta = (-x)\delta$, oder $\beta:\delta = -x$ oder nach IV. (3), $0-(\beta:\delta) = 0-(-x)$, oder $-(\beta:\delta) = x$. Also hat man $(-\beta):\delta = -(\beta:\delta)$*).

*) Hier haben wir statt des übersichtlichen Zeichens $\frac{a}{b}$ das gleichbedeutende $a:b$ gesetzt, wo durch den Gebrauch des ersteren oft zu viel Raum fortgenommen wird.

Diese eigenthümliche Rechnungs-Form

$$-\frac{a}{b},$$

wo a : b ein Bruch ist, heiße

„negative gebrochene Zahl"

im Gegensatze der positiven gebrochenen Zahl $+\frac{a}{b}$.

(3) Für $(-\beta):(-\delta)$. Es ist $(-\beta):(-\delta) = -[(-\beta):\delta] = -[-(\beta:\delta)] = \beta:\delta$ nach (2) und (1) in 2).

Oder so: $(-\beta):(-\delta) = [(-1).\beta)]:[(-1).\delta)] = \beta:\delta$ [Nach dem Gesetze: $(am):(bm) = a:b$].

Oder so: Es ist $(-\beta):(-\delta) = [(-\beta):(-\alpha)]:[(-\delta).(-\alpha)] = (\beta.\alpha):(\delta.\alpha) = \beta:\delta$; kürzer: $(-\beta):(-\delta) = [(-\beta)(-1)][(-\delta)(-1)] = \beta:\delta$.

Oder u. A. noch so: Es sei $(-\beta):(-\delta) = x$, so ist: $-\beta = -(\delta x)$, oder mit -1 multiplizirt: $\beta = \delta x$, oder $\beta:\delta = x$, $= (-\beta):(-\delta)$.

Bloße Beweise dieser Gesetze in (1) bis (3) hätten sich auf dem Wege ergeben, wie man gewöhnlich verfährt, wo das Gesuchte nicht gesucht, sondern als gefunden angenommen, und blos gezeigt wird, daß es richtig angenommen ist.

Wir wollen dies mit Recht tadelnswerthe Verfahren in seiner Weise, kurz berühren:

Lehrsatz. Es wird behauptet, daß $\beta:(-\delta) = -(\beta:\delta)$ ist; um dies zu beweisen multiplizire man beide Seiten mit $-\delta$, so kommt $[-(\beta:\delta)].(-\delta) = +[(\beta:\delta).\delta] = \beta$; wird nun wieder durch $-\delta$ dividirt, so ergiebt sich: $-(\beta:\delta) = \beta:(-\delta)$, was zu erweisen war! *).

*) Die ganze Wissenschaft wird hierdurch, mehr oder weniger, zu einer Sammlung von Kunststückchen; dem Anfänger bleibt wenig zu denken übrig, denn er findet schon Alles fertig und es fällt ihm dann oft gar nicht ein Mal ein, an der Wahrheit des Behaupteten zu zweifeln, indem es ja Schwarz auf Weiß (gedruckt!) dasteht. Verfasser hat leider öfter die bittere Erfahrung gemacht, daß die auf solche barbarische Weise abgerichteten Jünglinge oft in der ersten Stunde meinten: Wozu sollen wir hier eine Wahrheit suchen; wir erinnern uns ja, daß in dem Buche X, N=W stand, und wir glauben es müsse deshalb schon richtig sein, weil es ja in einem so berühmten Werke angegeben ist. Wie schwer es hält, die auf solche fade Weise im Finstern Herumgeführten, auf den rechten Weg zu leiten, weiß Jeder, der seine Wissenschaft gern gründlich lehrt.

(4) Für $(-1):\delta$. Es ist $(-1):\delta=(0-1):\delta=(0:\delta)-(1:\delta)=-(1:\delta)$; also: $(-1):\delta=-(1:\delta)$.

Oder so: Es ist $(-1):\delta=[(-1).1]:(1.\delta)=[(-1):1].(1:\delta)=(-1).(1:\delta)=(0-1).(1:\delta)=(0-1):\delta=(0:\delta)-(1:\delta)=-(1:\delta)$.

Oder u. A. so: Es sei $(-1):\delta=x$, so ist: $-1=\delta x$, oder $1:\delta=-x$, oder $0-(1:\delta)=0-(0-x)$ d. h. $-(1:\delta)=x$, also $(-1):\delta=-(1:\delta)$.

(5) Für $1:(-\delta)$. Es ist $1:(-\delta)=(1.-\alpha):[(-\delta).-\alpha]=(-\alpha):(\delta\alpha)=-[\alpha:(\delta\alpha)]$ nach (4), $=-[(1.\alpha):(\delta\alpha)]=-(1:\delta)$; kürzer so: $1:(-\delta)=[1.(-1]:[(-\delta).(-1)]=(-1):\delta=-(1:\delta)$ nach (4).

Oder so: $1:(-\delta)=[1:(-1)].(1:\delta)=(-1).(1:\delta)=-(1:\delta)$.

Oder u. A. so: Es sei $1:(-\delta)=x$, so ist: $1=(-x).\delta$, also: $1:\delta=-x$, oder $0-(1:\delta)=0-(0-x)$, oder $-(1:\delta)=x$, also: $1:(-\delta)=-(1:\delta)$.

(6) Für $(-1):(-\delta)$. Es ist $(-1):(-\delta)=[(-1).1]:[(-1).\delta]=1:\delta$, weil $a:b=(am):(bm)$ ist.

Oder nach (5) und (4) so: $(-1):(-\delta)=-[(-1):\delta]=-[-(1:\delta)]=1:\delta$.

Oder so: $(-1):(-\delta)=[(-1).(-\alpha)]:[(-\delta).(-\alpha)]=\alpha:(\delta\alpha)=1:\delta$; kürzer: $(-1):(-\delta)=[(-1).(-1)]:[(-\delta).(-1)]=1:\delta$.

Oder u. A. noch so: Es sei $(-1):(-\delta)=x$, so ist: $-1=-(\delta x)$, also $0-(-1)=0-(-\delta x)$, oder $1=\delta x$, oder $1:\delta=x$.

(7) Für $\frac{\beta}{0}$. Da $\frac{\alpha-\beta}{\gamma-\delta}$ nur dann ein Differenz-Quotient hieß, wenn nur eine einzige Differenz ganzer Zahlen existirt, die mit $\gamma-\delta$ multiplizirt, $\alpha-\beta$ giebt, so war dies für 0 nicht der Fall. Da nun in $\beta:0$ der Dividend nicht Null ist, sondern eine wirkliche Zahl ist, und überhaupt $\beta:0$ kein Spezialfall des allgemeinen Quotienten ist, so muß $\beta:0$ **besonders** untersucht werden. Daß $\beta:0$ weder zu den speziellen Differenz- noch Allgemeinen-Quotienten gezählt worden ist, liegt darin, weil weder eine Differenz, noch irgend ein bis jetzt entstandener Ausdruck existirt, der mit 0 multiplizirt β erzeugen kann; denn sollte ein solcher, z. B. x, existiren, so wäre $\beta=0.x$, $=0$ d. h. β müßte Null und zugleich **nicht** Null sein können, was widersprechend ist. Es enthält demnach das für sich allein stehende Symbol $\beta:0$ an sich selbst einen Widerspruch, oder es

ist vielmehr **selbst der Widerspruch**. Deshalb erscheint $\beta:0$, eben so gut wie $0:0$, zum **unmittelbaren Kalkuliren** als **gänzlich** unbrauchbar. Ein ähnlicher Widerspruch ergiebt sich auch für die andern Symbole $\frac{-\beta}{0}$, $\frac{-1}{0}$ *).

---

*) Hat man in $\frac{\alpha}{\beta}$, $\beta = \frac{1}{10^n}$, also $\frac{\alpha}{\beta} = \alpha . 10^n$, so nimmt, wenn man sich für n nach und nach 1, 2, 3, ... ∾ gesetzt denkt, β immer mehr und mehr ab, während dann $\alpha:\beta$ immer mehr und mehr größer wird. Das Abnehmen von β kann aber auf diese Weise **nie** aufhören, eben weil die Zahlenreihe **kein** Ende hat, also kann auch das Größerwerden von $\alpha:\beta$ kein Ende nehmen. Denkt man sich also n bis ins **Endlose** — **nicht** ins Unendliche — wachsend, so wächst auch $\alpha:\beta$ ins Endlose. Man hat also in **diesem** Falle am $\alpha:\beta$ nie eine einzige bestimmte Zahl, sondern einen endlosen Progressus, da er aber nicht zu Ende kommt, so gelangt man auch dadurch nie zu **einer** Zahl, sondern fortwährend zu einer größern; man darf daher von diesem Progressus ... ∾ nicht wollen **das** gelten lassen, was von der Zahl gilt. So viel ist indessen richtig, daß wenn wir immer fortzählen, dann auch den Act des Zählens so momentan anhalten können, daß die dadurch erhaltene Zahl auch größer ist, als jede gegebene bestimmte, übrigens noch so große Zahl, und nur in **diesem** Falle sind wir zu einer Vergleichung, zum Operiren mit beiden Zahlen berechtigt. Aber von der Vergleichung einer **Nicht-Zahl** mit Zahlen, oder vom Operiren einer **Nicht**-Zahl, mit Zahlen, kann nach dem gesunden Menschen-Verstande, keine Rede mehr sein. **Jede** Zahl ist größer, als jede der ihr vorhergehenden, aber wenn es heißt „eine **Nicht-Zahl** (das sogenannte Unendliche) ist größer als jede Zahl," so sollten diese Ausdrücke dem mathematischen Geiste fremd sein, indem wir durch ein ohne Aufhören fortgesetztes Zählen offenbar zu keiner Zahl gelangen, sondern nur stets mit dieser Thätigkeit so abschließen können, daß dann die erhaltene Zahl auch größer ist als jede angegebene Zahl. Die Schwierigkeit ist auch keineswegs gehoben, wenn wir statt des Ausdrucks „**unendlich große Zahl**," setzen wollen „**endlose Menge von Einheiten**;" denn hieran hätten wir eine endlose Endlichkeit, also einen Widerspruch. Da jede gegebene Zahl, durch das in ihr liegende **Wieviel**, endlich, d. h. bestimmt ist, so hat man an der sogenannten unendlichen Zahl eine endliche **nicht** endliche Zahl, also einen Widerspruch. Denkt man sich ferner in $\alpha:\beta$, $\beta = 10^n$, so nimmt $\alpha:\beta$ mit dem Wachsen von n, also auch von β, immer mehr und mehr ab; da es aber kein letztes n giebt, so kann auch auf diese Weise die Abnahme von $\alpha:\beta$ **nie** aufhören, obgleich, wenn ein bestimmter, übrigens noch so kleiner Bruch gegeben ist, im Fortzählen des n momentan eine Pause gemacht werden kann, so daß dadurch das so bestimmte $\alpha:\beta$ kleiner ist, als jener gegebene Bruch. Daß die in gedachten Pausen erzeugten Brüche, weil jeder folgende kleiner ist als der vorhergehende, sich der Null nach und nach immer mehr und mehr nähern, ist richtig, jedoch ist es unrichtig ein letztes n (ein Unding) anzunehmen und dafür $\alpha:\beta = 0$ zu denken. Null ist in diesem Falle nur das Sinnbild, die Grenze, der die stetig in Abnahme, auf divisivem Wege, begriffenen Brüche nachstreben, die aber auf **diese** Weise **nie** erreicht, noch als erreichbar gedacht

Das Zeichen $\frac{1}{0}$ möge in der Folge kurz durch

$$\infty$$

vorgestellt werden. Dieses Symbol 1 :0, was an sich keine der bisher entstandenen Zahl-Formen gleich ist, verkündet in besondern Fällen einer Untersuchung auch die Grenze vom Progressus des endlosen Größerwerdens, und giebt uns dadurch zu erkennen, daß wir eine widersprechende Voraussetzung zum Grunde gelegt haben, insofern Bedingungen genügt werden soll, denen entweder gar nicht, oder doch nur zum Theil entsprochen werden kann.

Das Symbol 0:0 zeigt, an sich selbst, das Unbestimmtsein an, und wir werden darauf hingeführt, entweder erstens, wenn der Dividend und zugleich der Divisor eines allgemeinen Quotienten einen gemeinschaftlichen Faktor haben, der für einen speziellen Fall in Null übergeht. Hierbei können wir uns aber den Dividend und Divisor vorher durch diesen gemeinschaftlichen Faktor, ehe er Null wurde, dividirt denken und uns dann fragen, was aus diesem Quotienten für jenen speziellen Fall wird. Hat man daher $y = \frac{D_{(x)}}{d_{(x)}}$, wo $D_{(x)}$ und $d_{(x)}$ beliebige Ausdrücke bezeichnen mögen, die aus x in Verbindung mit andern Ausdrücken durch irgend eine Operation zusammengesetzt sein mögen, und haben $D_{(x)}$, $d_{(x)}$ blos $f_{(x)}$ als Faktor gemeinschaftlich, der für $x = h$ in Null übergeht, so ist

$$y = \frac{D_{(x)}}{d_{(x)}} = \frac{Q_{(x)} \cdot f_{(x)}}{Q'_{(x)} \cdot f_{(x)}} = \frac{Q_{(x)}}{Q'_{(x)}}.$$

Geht nun $Q_{(x)}$ für $x = h$ in P, und $Q'_{(x)}$ für $x = h$ in P′ über, so geht y offenbar für $x = h$ in $\frac{P}{P'}$ über, während auch y, so lange es noch in der Form $\frac{Q_{(x)} \cdot f_{(x)}}{Q'_{(x)} \cdot f_{(x)}}$ festgehalten wird, für $x = h$, die un-

werden kann. Ein Kalkul mit dem sogenannten unendlich Großen und unendlich Kleinen, kann für uns gar nicht existiren, wenngleich wieder in der neuesten Zeit, ein ganzes Heer von Geschlechtern der Unendlichen herab oder herauf gezogen wird. Wessen Geschlechts sie sind, kann nicht näher untersucht werden, aber so viel ist richtig, daß sie in wissenschaftlicher Hinsicht gewiß zu den unfruchtbaren gehören. Wir halten es für ganz unstatthaft eine besondere Lehre vom sogenannten Unendlich-Kleinen und Unendlich-Großen in der Arithmetik aufzustellen.

statthafte Form 0:0 annimmt, weil der Faktor $f_{(x)}$ für $x = h$ in Null übergehn soll *).

Man bemerke, daß hierdurch nicht 0:0 bestimmt wird, weil überhaupt 0:0 an sich selbst unbestimmt ist, folglich nicht bestimmt werden kann, sondern daß vielmehr y oder $\frac{D_{(x)}}{d_{(x)}}$ für $x = h$ bestimmt wird, nachdem der dem $D_{(x)}$ und $d_{(x)}$ gemeinschaftliche Faktor $f_{(x)}$, der nur allein für $x = h$, in Null übergeht, abgesondert ist, und daß vor dieser Absonderung y, für $x = h$, die Form 0:0 annimmt.

Zweitens erscheint 0:0, wenn eine gegebene Gleichung zur Bestimmung des gesuchten Unbekannten gänzlich unbrauchbar ist und unter der Form einer identischen erscheint, also zahllos viele Ausdrücke existiren, die ihr genügen.

Drittens erscheint 0:0, wenn mehr Bedingungen gegeben sind, als man zur Bestimmung des Gesuchten nöthig hat, mithin die Gleichungen (Relationen), durch welche letzteres bestimmt werden soll, nicht gänzlich von einander unabhängig sind, d. h. daß sie sich auf eine geringere Anzahl reduziren lassen.

Die allgemeinen Untersuchungen, die für besondere Fälle zu 1:0 oder 0:0 leiten, also überhaupt auf einen unzulässigen Divisor führen, der vorher nicht Null war, müssen daher für diese besondern Fälle, auch besonders unternommen werden, und man hat dabei den Divisor Null zu vermeiden, indem sonst das gefundene Resultat nicht richtig zu sein braucht. Deshalb dürfen wir, wie schon oft bemerkt, mit den Divisions-Formen, die Null als Divisor haben, nicht wie mit denen, wo dies nicht der Fall ist, operiren, weil dies durch die Gesetze des Kalkuls bedingt wird.

Stellen wir die in 2) erhaltenen Haupt-Gesetze gehörig zusammen, so sind sie:

$$(+\beta'):(+\delta') = +(\beta':\delta'),$$
$$(-\beta'):(+\delta') = -(\beta':\delta'),$$
$$(+\beta'):(-\delta') = -(\beta':\delta'),$$
$$(-\beta'):(-\delta') = +(\beta':\delta').$$

*) Späterhin muß die allgemeine Methode entwickelt werden, nach der man den gemeinschaftlichen Faktor bestimmen kann. In den Anwendungen der Differenzial-Rechnung wird gelehrt, wie man aus $y = \frac{D_{(x)}}{d_{(x)}}$ den Ausdruck von y für $x = h$ finden kann, ohne vorher den gemeinschaftlichen Faktor $f_{(x)}$ aufzusuchen.

Diese Gesetze sind für den Fall erwiesen, wo $\beta':\delta'$ ein Bruch ist. Es ist nun auch leicht zu zeigen, daß noch

$$\begin{array}{ll} \text{I.} & (+a) \dot{\times} (+b) = +(a \dot{\times} b), \\ \text{II.} & (-a) \dot{\times} (+b) = -(a \dot{\times} b), \\ \text{III.} & (+a) \dot{\times} (-b) = -(a \dot{\times} b), \\ \text{IV.} & (-a) \dot{\times} (-b) = +(a \dot{\times} b) \end{array}$$

ist, wenn auch a und b **allgemeine** Quotienten vorstellen.

Für die Multiplikation hat man, nach dem schon in 1) erwiesenen Gesetze $\frac{a}{b} \cdot \frac{c}{d} = \frac{ac}{bd}$ in Verbindung mit dem Vorhergehenden:

$$\frac{p-q}{r-s} \cdot \frac{p'-q'}{r'-s'} = \frac{(p-q)(p'-q')}{(r-s)(r'-s')} = \frac{(pp'+qq')-(pq'+p'q)}{(rr'+ss')-(rs'+r's)},$$

für $q=0,\ p'=0,\ s=0,\ s'=0$ *)

$$\frac{p-0}{r-0} \cdot \frac{0-q'}{r'-0} = \frac{(p-0)(0-q')}{(r-0)(r'-0)} = \frac{-pq'}{rr'} = -\frac{pq'}{rr'}, \text{ also}$$

$$\left(+\frac{p}{r}\right) \cdot \left(-\frac{q'}{r'}\right) = -\frac{pq'}{rr'};$$

für $p=0,\ s=0,\ q'=0,\ s'=0,$

$$\frac{0-q}{r-0} \cdot \frac{p'-0}{r'-0} = \frac{(0-q)(p'-0)}{(r-0)(r'-0)} = \frac{-p'q}{rr'} = -\frac{p'q}{rr'}, \text{ d. h.}$$

$$\left(-\frac{q}{r}\right) \cdot \left(\frac{p'}{r'}\right) = -\frac{p'q}{rr'};$$

für $p=0,\ s=0,\ p'=0,\ s'=0,$

$$\frac{0-q}{r-0} \cdot \frac{0-q'}{r'-0} = \frac{(0-q)(0-q')}{(r-0)(r'-0)} = \frac{-q.-q'}{rr'} = \frac{qq'}{rr'}, \text{ also}$$

$$\left(-\frac{q}{r}\right) \cdot \left(-\frac{q'}{r'}\right) = +\frac{qq'}{rr'}.$$

Für die Division:

Zunächst ist noch für die allgemeinen Quotienten $\frac{a}{b}$ und $\frac{c}{d}$,

$$\frac{a}{b} : \frac{c}{d} = \frac{ad}{bc} \text{ und auch } = \frac{a:c}{b:d};$$

---

*) Diese Substitutionen dürfen darum stattfinden, weil das Gesetz $\frac{a}{b} \cdot \frac{c}{d} = \frac{ac}{bd}$ für den in Anspruch genommenen Umfang erwiesen ist, d. h. wenn $\frac{a}{b}$ und $\frac{c}{d}$ allgemeine Quotienten sind.

denn
$$\frac{ad}{bc} \cdot \frac{c}{d} = \frac{acd}{bcd} = \frac{a}{b},$$
$$\left(\frac{a}{b} : \frac{c}{d}\right) \cdot \frac{c}{d} = \frac{a}{b}, \text{ ferner}$$
$$\frac{a:c}{b:d} \cdot \frac{c}{d} = \frac{(a:c) \cdot c}{(b:d) \cdot d} = \frac{a}{b},$$
daher ist noch allgemein
$$\frac{a}{b} : \frac{c}{d} = \frac{ad}{bc} = \frac{a:c}{b:d},$$
hieraus folgt für $d = 1$,
$$\frac{a}{b} : c = \frac{a}{bc} = \frac{a:c}{b},$$
für $b = 1$ ↪
$$a : \frac{c}{d} = \frac{ad}{c} = \frac{a}{c} \cdot d.$$

Man hat daher aus:
$$\frac{p-q}{r-s} : \frac{p'-q'}{r'-s'} = \frac{(p-q)(r'-s')}{(r-s)(p'-q')} = \frac{(pr'+qs')-(ps'+qr')}{(p'r+q's)-(p's+q'r)},$$
für $p = 0,\ s = 0,\ q' = 0,\ s' = 0,$
$$\frac{0-q}{r-0} : \frac{p'-0}{r'-0} = \frac{(0-q)(r'-0)}{(r-0)(p'-0)} = \frac{-qr'}{p'r} = -\frac{qr'}{p'r}, \text{ d. h.}$$
$$\left(-\frac{q}{r}\right) : \left(+\frac{p'}{r'}\right) = -\frac{qr'}{p'r};$$
für $p = 0,\ s = 0,\ q' = 0,\ r' = 0,$
$$\frac{0-q}{r-0} : \frac{p'-0}{0-s'} = \frac{(0-q)(0-s')}{(r-0)(p'-0)} = \frac{(-q)(-s')}{rp'} = +\frac{qs'}{p'r}, \text{ d. h.}$$
$$\left(-\frac{q}{r}\right) : \left(-\frac{p'}{s'}\right) = +\frac{qs'}{p'r}.$$

Demnach gelten unsere Multiplikations- und Divisions-Gesetze, in I. bis IV., noch, wenn a und b allgemeine Quotienten vorstellen.

Nun lauten I. und IV.

„Ein **allgemeiner** additiver Ausdruck $+a$ (oder subtraktiver $-a$) ist mit einem allgemeinen additiven Ausdruck $+b$ (oder subtraktiven $-b$) multiplizirt (oder durch letztern dividirt), nachdem man dem Produkte ab (oder dem Quotienten $a:b$) ihrer Glieder das $(+)$ Zeichen vorgesetzt hat."

Ferner II. und III.

„Ein **allgemeiner** subtraktiver Ausdruck $-a$ (oder additiver $+a$) ist mit einem allgemeinen additiven Ausdruck $+b$

(oder subtraktiven — b) multiplizirt (oder durch ihn dividirt) nachdem man dem Produkte ab (oder dem Quotienten a:b) ihrer Glieder das (—) Zeichen vorgesetzt hat."

Oder im Lapydarstyl lauten diese Gesetze kurz so:

„Beim Multipliziren und Dividiren führen gleiche Zeichen zu plus, ungleiche hingegen zu minus."

Symbolisch lassen sich auch die Gleichungen I. bis IV. kurz durch

$$(\pm a) \overset{\times}{:} (\pm b) = \pm (a \overset{\times}{:} b)$$

ausdrücken, wenn man nur festhält, daß rechts + oder — gilt, je nachdem links einerlei oder verschiedene Zeichen genommen werden.

3) Da nun in 1) gezeigt ist, daß noch die Hauptgesetze, aus denen die sämmtlichen übrigen für die vier Operationen fließen, allgemein gelten, so ist es nun leicht alle einzelnen Gesetze — versteht sich, daß kein Divisor = Null mit eingehn darf — als allgemein giltig zu erweisen. Dieselben liegen hauptsächlich in:

$$\mathbf{a}' \underset{\times :}{\pm} \mathbf{a},\ \mathbf{a} \underset{\times :}{\pm} \mathbf{s},\ \mathbf{a} \underset{\times :}{\pm} \mathbf{p},\ \mathbf{a} \underset{\times :}{\pm} \mathbf{d},\ \mathbf{a} \underset{+}{\pm} \mathbf{q},\ \mathbf{s}' \underset{\times :}{\pm} \mathbf{s},\ \mathbf{s} \underset{\times :}{\pm} \mathbf{p},\ \mathbf{s} \underset{\times :}{\pm} \mathbf{d},$$

$$\mathbf{s} \underset{\times :}{\pm} \mathbf{q},\ \mathbf{p}' \underset{\times :}{\pm} \mathbf{p},\ \mathbf{p} \underset{\times :}{\pm} \mathbf{d},\ \mathbf{p} \underset{\times :}{\pm} \mathbf{q},\ \mathbf{d}' \underset{\times :}{\pm} \mathbf{d},\ \mathbf{d} \underset{\times :}{\pm} \mathbf{q},\ \mathbf{q}' \underset{\times :}{\pm} \mathbf{q},$$

von denen wir noch einige herausheben wollen. Die Ableitungen sind dieselben wie früher, als wenn blos wirkliche Zahlen vorkämen, nür in der jetzigen Allgemeinheit aufgefaßt.

(1) Es ist:

$$\frac{\pm a_1 \pm a_2 \pm \ldots \pm a_\alpha}{c} = \frac{(\pm a_1) + (\pm a_2) + \ldots + (\pm a_\alpha)}{c} =$$

$$\frac{\pm a_1}{c} + \frac{\pm a_2}{c} + \ldots + \frac{\pm a_\alpha}{c} = \pm \frac{a_1}{c} \pm \frac{a_2}{c} \pm \ldots \pm \frac{a_\alpha}{c},$$

wenn $a_1, a_2, \ldots, a_\alpha$ allgemeine Quotienten sind, nach a. u. IV. (2) u. c.

(2) Auch auf demselben Wege wie früher, 22. 1), läßt sich zeigen, daß in

$$\pm \frac{a}{b} \pm \frac{c}{d} \pm \frac{f}{g} \pm \ldots \pm \frac{m}{n}$$

die einzelnen Glieder $\frac{a}{b}, \ldots, \frac{m}{n}$, als allgemeine Quotienten, in ganz beliebiger Ordnung folgen dürfen, wenn man nur jedem sein vorstehendes (+, —) Zeichen läßt.

Man berücksichtigt dabei, daß

$$\frac{a}{b} \pm \frac{c}{d} = \frac{ad \pm bc}{bd}, \text{ nach 1), und auch}$$

$$\pm \frac{c}{d} + \frac{a}{b} = \frac{\pm c}{d} + \frac{a}{b} = \frac{\pm bc + ad}{bd} = \frac{ad \pm bc}{bd} \text{ ist.}$$

Oder auch u. A. dadurch, daß man jetzt

$$\pm \frac{a}{b} \pm \frac{c}{d} \pm \frac{f}{g} \pm \ldots \pm \frac{m}{n} = \frac{\pm a}{b} + \frac{\pm c}{d} + \frac{\pm f}{g} + \ldots + \frac{\pm m}{n}$$

setzen darf.

(3) Wie in 22. 3) und 4) ergiebt sich aus (2):

$$\overset{\pm}{\mathbf{a}} + \left(\pm \frac{a}{b} \pm \frac{c}{d} \pm \ldots\right) = \overset{\pm}{\mathbf{a}} + \left[\frac{\pm a}{b} + \frac{\pm c}{d} + \ldots\right] =$$

$$\overset{\pm}{\mathbf{a}} \pm \frac{a}{b} \pm \frac{c}{d} \pm \ldots, \text{ und}$$

$$\overset{\pm}{\mathbf{a}} - \left(\pm \frac{a}{b} \pm \frac{c}{d} \pm \ldots\right) = \overset{\pm}{\mathbf{a}} - \left[\frac{\pm a}{b} + \frac{\pm c}{d} + \ldots\right] =$$

$$\overset{\pm}{\mathbf{a}} \mp \frac{a}{b} \mp \frac{c}{d} \mp \ldots$$

(4) Eben so wie in 25. 1) findet sich, daß in

$$\divideontimes \frac{a}{b} \divideontimes \frac{c}{d} \divideontimes \ldots \divideontimes \frac{p}{q}$$

die einzelnen Glieder in beliebiger Ordnung folgen dürfen, wenn man nur immer jedem sein vorstehendes ($\times$, $:$) Zeichen läßt.

(5) Nach 25. 3) hat man auch wieder:

$$\overset{\divideontimes}{\mathbf{a}} \,.\, \left(\divideontimes \frac{a}{b} \divideontimes \frac{c}{d} \divideontimes \ldots\right) = \overset{\divideontimes}{\mathbf{a}} \divideontimes \frac{a}{b} \divideontimes \frac{c}{d} \divideontimes \ldots,$$

und

$$\overset{\divideontimes}{\mathbf{a}} : \left(\divideontimes \frac{a}{b} \divideontimes \frac{c}{d} \divideontimes \ldots\right) = \overset{\divideontimes}{\mathbf{a}} \divideontimes \frac{a}{b} \divideontimes \frac{c}{d} \divideontimes \ldots$$

(6) Ferner läßt sich nun auch leicht

$$\frac{a_1}{b_1} \pm \frac{a_2}{b_2} \pm \frac{a_3}{b_3} \pm \ldots \pm \frac{a_n}{b_n}$$

in einen Quotienten umformen, indem man für jeden dieser n allgemeinen Quotienten, z. B. für $\frac{a_1}{b_1}$ einen andern, ihm gleichen, setzen darf, den man dadurch erhält, daß man den Dividend a_1 und Divisor b_1 mit dem Produkte der **noch übrigen** andern Divisoren, d. h. mit $b_2 . b_3 \times \ldots \times b_n$ multiplizirt.

Auf diese Weise bekommen alle Quotienten $\frac{a_1}{b_1}, \ldots, \frac{a_n}{b_n}$ einen gleichen Divisor $b_1 b_2 \times \ldots \times b_n$, und man hat dann:

$$\frac{a_1}{b_1} \pm \frac{a_2}{b_2} \pm \frac{a_3}{b_3} \pm \ldots \pm \frac{a_n}{b_n} = \frac{a_1 (b_2 b_3 \times \ldots \times b_n)}{b_1 b_2 b_3 \times \ldots \times b_n} \pm \frac{a_2 (b_1 b_3 \times \ldots \times b_n)}{b_1 b_2 b_3 \times \ldots \times b_n}$$

$$\pm \frac{a_3 (b_1 b_2 \times \ldots \times b_n)}{b_1 b_2 b_3 \times \ldots \times b_n} \pm \ldots \pm \frac{a_n (b_1 b_2 b_3 \times \ldots \times b_{n-1})}{b_1 b_2 b_3 \times \ldots \times b_n} \curvearrowright$$

$$\frac{a_1}{b_1} \pm \frac{a_2}{b_2} \pm \frac{a_3}{b_3} \pm \ldots \pm \frac{a_n}{b_n} =$$

$$\frac{a_1 (b_2 b_3 \times \ldots \times b_n) \pm a_2 (b_1 b_3 \times \ldots \times b_n) \pm a_3 (b_1 b_2 \times \ldots \times b_n) \pm \ldots \pm a_n (b_1 b_2 \times \ldots \times b_{n-1})}{b_1 b_2 b_3 \times \ldots \times b_n}.$$

Spezialfälle:

I. Es ist

$$\frac{a}{b} \pm \frac{c}{d} \pm \frac{f}{g} \pm \frac{h}{k} \pm \frac{m}{n} = \frac{adgkn \pm bcgkn \pm bdfkn \pm bdghn \pm bdgkm}{bdgkn}.$$

II. Haben die Divisoren der gegebenen allgemeinen Quotienten, zum Theil, oder alle, gemeinschaftliche Divisoren, so kann man wie folgt verfahren. Es sei

$$\frac{a}{bcd} \pm \frac{f}{bcg} \pm \frac{h}{cdg} \pm \frac{k}{bcdgm}$$

gegeben. Man bestimme das Produkt **aller** allen Divisoren bcd, bcg, cdg, bcdgm gemeinschaftlichen Faktoren. Dasselbe ist hier bcdgm und heiße N, so folgt:

$$\frac{a}{bcd} = \frac{a . \frac{N}{bcd}}{N} = \frac{agm}{N},$$

$$\frac{f}{bcg} = \frac{f . \frac{N}{bcg}}{N} = \frac{dfm}{N},$$

$$\frac{h}{cdg} = \frac{h . \frac{N}{cdg}}{N} = \frac{bhm}{N},$$

$$\frac{k}{bcdgm} = \frac{k . \frac{N}{bcdgm}}{N} = \frac{k}{N}, \curvearrowright$$

$$\frac{a}{bcd} \pm \frac{f}{bcg} \pm \frac{h}{cdg} \pm \frac{k}{bcdgm} = \frac{agm \pm dfm \pm bhm \pm k}{bcdgm} = \frac{(ag \pm df \pm bh)m \pm k}{bcdgm}.$$

Es ist demnach in allen solchen Fällen wichtig den einfachsten Ausdruck, wie hier bcdgm, zu finden, der zum erwünschten Ziele führt. Dies wird späterhin ausführlich gelehrt werden.

(7) Die Gleichung (A) Seite 64.

$$\frac{D}{d} = x + \frac{D - dx}{d},$$

die nun mit der Gleichung (B) Seite 67

$$\frac{D}{d} = x - \frac{dx - D}{d}$$

zusammenfällt, gilt jetzt allgemein, wenn nur d nicht Null ist.

Nach derselben hat man

$$\frac{a + b + c + d + \ldots + \alpha_\mu}{a' \pm b' \pm c' \pm d' \pm \ldots \pm \beta_\psi} =$$

$$\frac{a}{a'} + \frac{a + b + c + d + \ldots + \alpha_\mu - \frac{a}{a'}(a' \pm b' \pm c' \pm d' \pm \ldots \pm \beta_\psi)}{a' \pm b' \pm c' \pm d' \pm \ldots \pm \beta_\psi} =$$

$$\frac{a}{a'} + \frac{a + b + c + d + \ldots + \alpha_\mu - \left(a \pm \frac{ab'}{a'} \pm \frac{ac'}{a'} \pm \frac{ad'}{a'} \pm \ldots \pm \left(\frac{a\beta}{a'}\right)_\psi\right)}{a' \pm b' \pm c' \pm d' \pm \ldots \pm \beta_\psi} =$$

$$\frac{a}{a'} + \frac{b + c + d + \ldots + \alpha \mp \frac{ab'}{a'} \mp \frac{ac'}{a'} \mp \frac{ad'}{a'} \mp \ldots \mp \frac{a\beta}{a'}}{a' \pm b' \pm c' \pm d' \pm \ldots \pm \beta_\psi}.$$

Nach denselben Gründen kann man nun wieder:

$$\frac{b + c + d + \ldots + \alpha \mp \frac{ab'}{a'} \mp \frac{ac'}{a'} \mp \frac{ad'}{a'} \mp \ldots \mp \frac{a\beta}{a'}}{a' \pm b' \pm c' \pm d' \pm \ldots \pm \beta_\psi},$$

weiter entwickeln.

Das gewöhnliche Divisions-Schema, Seite 68, findet nun hiernach seine allgemeine Begründung.

Man findet nach demselben z. B.:

$$\frac{aaaa}{bbbb}-\frac{cccc}{dddd}+\frac{ccff}{ddgg}-\frac{ffff}{gggg}+\frac{ccff}{ddgg}\ \Bigg|\ \frac{\frac{aa}{bb}+\frac{cc}{dd}-\frac{ff}{gg}}{\frac{aa}{bb}-\frac{cc}{dd}+\frac{ff}{gg}}$$

$$\frac{aaaa}{bbbb}+\frac{aacc}{bbdd}-\frac{aaff}{bbgg}$$

$$\overline{-\frac{aacc}{bbdd}-\frac{cccc}{dddd}+\frac{ccff}{ddgg}+\frac{aaff}{bbgg}-\frac{ffff}{gggg}+\frac{ccff}{ddgg}}$$

$$-\frac{aacc}{bbdd}-\frac{cccc}{dddd}+\frac{ccff}{ddgg}$$

$$\overline{\frac{aaff}{bbgg}+\frac{ccff}{ddgg}-\frac{ffff}{gggg}}$$

$$\frac{aaff}{bbgg}+\frac{ccff}{ddgg}-\frac{ffff}{gggg}$$

$$\overline{0}$$

Hiernach wird es nun nicht mehr schwer fallen, jedes gegebene hierhergehörende Divisions-Beispiel zu lösen.

Entwickelt man ferner z. B. nach demselben $\frac{\alpha}{\alpha-1}$, wo $\alpha>1$ gedacht sein möge, so kommt

$$\alpha\ \Bigg|\ \frac{\alpha-1}{1+\frac{1}{\alpha}+\frac{1}{\alpha^2}+\frac{1}{\alpha^3},}$$

$$\alpha-1$$

$$\overline{1}$$

$$1-\frac{1}{\alpha}$$

$$\overline{\frac{1}{\alpha}}$$

$$\frac{1}{\alpha}-\frac{1}{\alpha^2}$$

$$\overline{\frac{1}{\alpha^2}}$$

$$\frac{1}{\alpha^2}-\frac{1}{\alpha^3}$$

$$\overline{\frac{1}{\alpha^3}}$$

also:

$$\frac{\alpha}{\alpha-1} = 1+\frac{1}{\alpha-1}$$
$$= 1+\frac{1}{\alpha}+\frac{1}{\alpha(\alpha-1)}$$
$$= 1+\frac{1}{\alpha}+\frac{1}{\alpha^2}+\frac{1}{\alpha^2(\alpha-1)}$$
$$= 1+\frac{1}{\alpha}+\frac{1}{\alpha^2}+\frac{1}{\alpha^3}+\frac{1}{\alpha^3(\alpha-1)}$$
$$\cdots\cdots\cdots\cdots\cdots\cdots$$
$$= 1+\frac{1}{\alpha}+\frac{1}{\alpha^2}+\frac{1}{\alpha^3}+\ldots+\frac{1}{\alpha^n}+\frac{1}{\alpha^n(\alpha-1)}.$$

Dieser letzte Schluß darf nicht, wie es gewöhnlich geschieht, nach der Analogie vollzogen werden, sondern man muß so schließen:

Gesetzt der Schein

$$\frac{\alpha}{\alpha-1} = 1+\frac{1}{\alpha}+\frac{1}{\alpha^2}+\frac{1}{\alpha^3}+\ldots+\frac{1}{\alpha^p}+\frac{1}{\alpha^p(\alpha-1)}$$

wäre begründet, so hätte man, wenn rechts statt $\frac{1}{\alpha-1}$, $\frac{1}{\alpha}+\frac{1}{\alpha(\alpha-1)}$ gesetzt wird:

$$\frac{\alpha}{\alpha-1} = 1+\frac{1}{\alpha}+\frac{1}{\alpha^2}+\frac{1}{\alpha^3}+\ldots+\frac{1}{\alpha^p}+\frac{1}{\alpha^p}\left[\frac{1}{\alpha}+\frac{1}{\alpha(\alpha-1)}\right],$$ ⌐

$$\frac{\alpha}{\alpha-1} = 1+\frac{1}{\alpha}+\frac{1}{\alpha^2}+\frac{1}{\alpha^3}+\ldots+\frac{1}{\alpha^p}+\frac{1}{\alpha^{p+1}}+\frac{1}{\alpha^{p+1}(\alpha-1)}.$$

Ist dies Gesetz demnach für einen Fall wahr, so gilt es auch für den folgenden; nun ist es für $\frac{\alpha}{\alpha-1} = 1+\frac{1}{\alpha-1}$ richtig, deshalb ist es auch für $\frac{\alpha}{\alpha-1} = 1+\frac{1}{\alpha}+\frac{1}{\alpha(\alpha-1)}$ begründet u. s. w. f.

Noch ein Beweis fließt u. A. aus der Betrachtung des Produkts

$$(\alpha-1)\left[1+\frac{1}{\alpha}+\frac{1}{\alpha^2}+\frac{1}{\alpha^3}+\ldots+\frac{1}{\alpha^n}+\frac{1}{\alpha^n(\alpha-1)}\right]$$

Es ergiebt sich für dasselbe, sobald die zwischen $+\ldots+$ liegenden Glieder nach demselben Gesetze fortschreiten:

$$(\alpha-1)+\frac{\alpha-1}{\alpha}+\frac{\alpha-1}{\alpha^2}+\frac{\alpha-1}{\alpha^3}+\ldots+\frac{\alpha-1}{\alpha^n}+\frac{1}{\alpha^n} =$$

$$\alpha-1+\left(1-\frac{1}{\alpha}\right)+\left(\frac{1}{\alpha}-\frac{1}{\alpha^2}\right)+\ldots+\left(\frac{1}{\alpha^{n-1}}-\frac{1}{\alpha^n}\right)+\frac{1}{\alpha^n} = \alpha,$$

mithin ist:

$$1+\frac{1}{\alpha}+\frac{1}{\alpha^2}+\frac{1}{\alpha^3}+\ldots+\frac{1}{\alpha^n}+\frac{1}{\alpha^n(\alpha-1)}=\frac{\alpha}{\alpha-1} \text{ (Vergl. Seite 72).}$$

Betrachtet man die Fehler, welche entstehn, wenn man die Divisions-Entwickelung von $\frac{\alpha}{\alpha-1}$ beim

1sten, 2ten, 3ten, ..., nten

Gliede abbricht, so sind sie bezüglich

$$\frac{1}{\alpha-1}, \frac{1}{\alpha(\alpha-1)}, \frac{1}{\alpha^2(\alpha-1)}, \ldots, \frac{1}{\alpha^{n-1}(\alpha-1)},$$

und es erhellt, daß sie für $\alpha > 1$ stets kleiner und kleiner werden; denn es ist der Fehler $\frac{1}{\alpha^{n-1}(\alpha-1)}$ kleiner als der nächstvorhergehende $\frac{1}{\alpha^{n-2}(\alpha-1)}$, weil die Differenz

$$\frac{1}{\alpha^{n-2}(\alpha-1)}-\frac{1}{\alpha^{n-1}(\alpha-1)}=\frac{\alpha}{\alpha^{n-1}(\alpha-1)}-\frac{1}{\alpha^{n-1}(\alpha-1)}=$$
$$\frac{\alpha-1}{\alpha^{n-1}(\alpha-1)}=\frac{1}{\alpha^{n-1}}$$

stets positiv ist; oder weil aus $\alpha > 1$ folgt

$$\frac{1}{\alpha^{n-1}(\alpha-1)}\cdot\alpha > \frac{1}{\alpha^{n-1}(\alpha-1)}\cdot 1, \text{ d. h. } \frac{1}{\alpha^{n-2}(\alpha-1)} > \frac{1}{\alpha^{n-1}(\alpha-1)}.$$

Oder weil $\frac{1}{\alpha^{n-1}} < \frac{1}{\alpha^{n-2}}$ ist. Bricht man demnach die Divisions-Entwickelung von $\frac{\alpha}{\alpha-1}$ incl. beim nten Gliede ab, und setzt

$$\frac{\alpha}{\alpha-1}=1+\frac{1}{\alpha}+\frac{1}{\alpha^2}+\ldots+\frac{1}{\alpha^{n-1}},$$

so ist der Fehler (Approximations-Fehler), den man hierdurch begeht $=\frac{1}{\alpha^{n-1}(\alpha-1)}$ d. h. $\frac{\alpha}{\alpha-1}$ ist noch um $\frac{1}{\alpha^{n-1}(\alpha-1)}$ größer als $1+\frac{1}{\alpha}+\frac{1}{\alpha^2}+\ldots+\frac{1}{\alpha^{n-1}}$. Dieser Fehler wird um so kleiner, je größer n (und auch α) ist, und man kann n so groß denken, daß er kleiner ist, als jeder gegebene noch so kleine Bruch. Setzt man nämlich $\alpha = 1+\beta$, so ist, nach 9. 4), $\frac{1}{\alpha^{n-1}}=\frac{1}{(1+\beta)^{n-1}}=\frac{1}{1+(n-1)\beta+\mathfrak{A}}$, also $\frac{1}{\alpha^{n-1}} < \frac{1}{1+(n-1)\beta}$; nun leuchtet ein, daß in $\frac{1}{1+(n-1)\beta}$, statt n eine solche Zahl erwählt gedacht werden kann, für welche $\frac{1}{1+(n-1)\beta}$ kleiner wird als der gegebene noch so kleine Bruch, also ist auch dann $\frac{1}{\alpha^{n-1}(\alpha-1)}$ kleiner als derselbe. Dieser Fehler kann aber nie völlig verschwinden, weil sonst $\frac{1}{\alpha^{n-1}(\alpha-1)}=0$, also $1=0$ sein mußte, was doch unmöglich ist. Daher darf man auch sagen, daß sich $1+\frac{1}{\alpha}+\frac{1}{\alpha^2}+\ldots$ (Reihe genannt) *), für $\alpha>1$, dem $\frac{\alpha}{\alpha-1}$ um so mehr nähert, je weiter sie fortgesetzt gedacht wird, daß sich demnach $1+\frac{1}{\alpha}+\frac{1}{\alpha^2}+\ldots\sim$, wo sie jetzt ins Endlose, also ohne aufzuhören, fortgehend gedacht ist, dem $\frac{\alpha}{\alpha-1}$ auch ins Endlose nähert. Hier ist aber kein mathematisches Gleichsein, sondern, für $\alpha>1$, ein endloses Streben nach einem bloßen Gleichwerden. Je mehrere Glieder man von der Reihe $1+\frac{1}{\alpha}+\frac{1}{\alpha^2}+\ldots\sim$ unter der Bedingung nimmt, daß $\alpha>1$ ist, um so mehr nähert man sich dem Ausdruck $\frac{\alpha}{\alpha-1}$; denn es ist

$$\frac{\alpha}{\alpha-1}-\left(1+\frac{1}{\alpha}+\ldots+\frac{1}{\alpha^{n-2}}+\frac{1}{\alpha^{n-1}}\right)<\frac{\alpha}{\alpha-1}-\left(1+\frac{1}{\alpha}+\ldots+\frac{1}{\alpha^{n-2}}\right),$$

weil die Differenz, zwischen der Differenz rechts und links $=-\frac{1}{\alpha^{n-1}}$ d. h. negativ ist.

*) Späterhin nennen wir die ganze Funktion von x, nämlich $a_0+a_1x+a_2x^2+\ldots+a_nx^n+\ldots\sim$ eine nach ganzen Potenzen des Fortschreitungs-Ausdrucks x ins Endlose sich erstreckende Reihe, oder kurz weg „unbegrenzte Reihe" im Gegensatze der begrenzten, deren Glieder-Anzahl eine bestimmte, begrenzte, ist.

Wir werden sie konvergent nennen, wenn der Ausdruck für die Summe ihrer n ersten Glieder eine solche Funktion vom Index n ist, daß sie sich für $n=\infty$, einer bestimmten Grenze, also einem reellen Zahlen-Ausdruck bis ins Endlose nähert. Im Gegentheil heiße eine Reihe divergent, wo also entweder erstens jedes folgende Glied immer größer wird als das unmittelbar vorhergehende, oder zweitens, wenn auch die folgenden Glieder kleiner werden, aber doch dabei über einer bestimmten Grenze der Kleinheit beharren; oder drittens, wenn sich alle Glieder einander gleich bleiben.

Diese Annäherung kann man für jede wirklich gegebene Anzahl der Glieder, sie sei auch noch so groß, wirklich bestimmen. Denkt man sich nun $1+\frac{1}{\alpha}+\frac{1}{\alpha^2}+\ldots\sim$, also $1+\frac{1}{\alpha}+\frac{1}{\alpha^2}$, nach dem vorliegenden Gesetze, bis ins Endlose fortgesetzt, so gelangt man auch durch diesen endlosen Progreß, eben weil er endlos ist, offenbar zu keiner angebbaren Annäherung, sondern fortwährend zu immer größern und größern Annäherungen, deren Anzahl ebenfalls endlos ist. Die Reihe $1+\frac{1}{\alpha}+\frac{1}{\alpha^2}+\ldots\sim$ ist, für $\alpha>1$, im Gleichwerden-Wollen des $\frac{\alpha}{\alpha-1}$ begriffen, so daß der Unterschied zwischen ihr und $\frac{\alpha}{\alpha-1}$, in den Moment des Verschwinden-Wollens tritt; denn es ist schon erwiesen, daß mit jedem Gliede, was hinzugenommen wird, da es kleiner ist als das ihm vorhergehende, immer ein anderer Zahlen-Ausdruck entsteht, von denen jeder folgende dem $\frac{\alpha}{\alpha-1}$ näher kommt, als der ihm unmittelbar vorhergehende. Die Reihe $1+\frac{1}{\alpha}+\frac{1}{\alpha^2}+\ldots\sim$ kann aber, selbst für $\alpha>1$, nie $\frac{\alpha}{\alpha-1}$ erreichen. Setzt man demnach, wie gewöhnlich

$$1+\frac{1}{\alpha}+\frac{1}{\alpha^2}+\ldots\sim=\frac{\alpha}{\alpha-1},$$

so ist dies, nach unsern Begriffen, falsch; denn

erstens, für $\alpha=1$, ist dies schon erwiesen, eben weil man nicht durch Null dividiren darf*).

Zweitens erhielte man für $\alpha<1$, also z. B. $\alpha=\frac{1}{\beta}$, $1+\beta+\beta^2+\ldots\sim=-\frac{1}{\beta-1}$, wo $\beta>1$ ist. Daß auch dies falsch ist, erhellt aus der gesunden Vernunft, d. h. nach mathematischen Begriffen, indem ein endloses Addiren von wirklichen Zahlen,

---

*) Wir werden jedoch etwas späterhin zeigen, daß sich $\frac{1}{0}$ durchaus nicht durch den endlosen Progreß erreichen läßt.

immer zu größern und größern wirklichen Zahlen führen muß, und deshalb nicht zu einem negativen Ausdruck leiten kann. Man sieht dies auch noch so ein: Aus $\beta > 1$ folgt: $\beta^2 > \beta$, und hieraus $\beta^3 > \beta^2$, ferner allgemein, nach Ω, $\beta^n > \beta^{n-1}$. Also wird jedes folgende Glied in $1+\beta+\beta^2+\ldots$ stets größer als das ihm vorhergehende, und es erhellt, daß man zu einem n gelangen kann, für welches β^n größer ist als jede gegebene noch so große Zahl; denn aus $\beta = 1+\gamma$ folgt $\beta^n = (1+\gamma)^n = 1+n\gamma+\mathfrak{A}$, also $\beta^n > 1+n\gamma$, wo für n, in $1+n\gamma$, leicht ein solches n gesetzt werden kann, daß $1+n\gamma$, um so mehr β^n größer ist als die gegebene noch so große Zahl. Wir gelangen also durch $1+\beta+\beta^2+\ldots \sim$ zu keiner festen Zahl, sondern immer zu andern und andern größeren Zahlen, mithin ist es nicht möglich einen bestimmten geschlossenen Ausdruck $-\frac{1}{\beta-1}$ zu erhalten *).

Ist drittens $\alpha > 1$, so ist auch für diesen Fall nicht $1+\frac{1}{\alpha}+\frac{1}{\alpha^2}+\ldots \sim = \frac{\alpha}{\alpha-1}$, sondern die Reihe links nähert sich ohne Aufhören dem $\frac{\alpha}{\alpha-1}$. Was sich aber einem Andern nur ohne Aufhören nähern kann, kann ihm, eben weil dieser Progreß nie zu Ende gelangt, unmöglich gleich sein, wenn gleich die in

$$1+\frac{1}{\alpha}+\frac{1}{\alpha^2}+\ldots \sim = \frac{\alpha}{\alpha-1}$$

liegende Unrichtigkeit, die der endlose Progreß, links vom Gleichheitszeichen, auf immer verhüllt, nicht numerisch angebbar ist, eben weil er nicht zu einem, sondern nur immer zu kleinern und kleinern Fehlern führt, so daß die Differenz-Form $\frac{\alpha}{\alpha-1}-\left(1+\frac{1}{\alpha}+\ldots \sim\right)$ in ihrem unaufhörlichen Kleinerwerden, selbst unter jeden gegebenen noch so kleinen Bruch hinabgeht, ohne aber je Null erreichen zu können.

Es leuchtet ferner ein, daß für $\alpha \gtreqless 2$, jedes Glied der Reihe, größer ist, als jede der Zahlen, die entsteht, wenn man

*) Für $\beta=2$, $\beta=3$, hätte man bezüglich

$$1+2+2^2+\ldots \sim = -1, \text{ und } 1+3+3^2+\ldots \sim = -\tfrac{1}{2}.$$

Sind dies nicht die gröbsten Widersprüche, zu denen man durch falsche Prinzipien gelangen kann?!

beliebig viele der folgenden Glieder addirt, ja selbst diese Operation des Addirens, an einer immer und immer größern Anzahl von Gliedern, bis ins Endlose, fortgesetzt denkt.

Um dies augenfällige Gesetz, hier im Vorbeigehn, etwas allgemeiner zu fassen, so sei

$$a_1 + a_2 + a_3 + \ldots + a_\alpha$$

eine gegebene Reihe, in der die Glieder $a_1, \ldots, a_\alpha$ als positiv gedacht sind, und folgenden zwei Bedingungen entsprechen mögen:

$$(\alpha) \quad a_p > a_{p+1},$$

$$(\beta) \quad a_{p+1} < \frac{1}{n} . a_p, \text{ wo } n \text{ eine Zahl, also } \gtreqless 2 \text{ vorstellt.}$$

Nach (α) ist:	Nach (β):
$a_q > a_{q+1}$,	$a_{q+1} < \frac{1}{n} . a_q$,
$a_{q+1} > a_{q+2}$,	$a_{q+2} < \frac{1}{n} . a_{q+1}$ *),
$a_{q+2} > a_{q+3}$,	$a_{q+3} < \frac{1}{n} . a_{q+2}$
. . . . .	. . . .
$a_{q+h} > a_{q+(h+1)}$,	$a_{q+h} < \frac{1}{n} . a_{q+(h-1)}$;

und hieraus nach Ω

$$a_{q+1} < \frac{1}{n} . a_q,$$

$$a_{q+2} < \frac{1}{n^2} . a_q,$$

$$a_{q+3} < \frac{1}{n^3} . a_q,$$

$$. \quad . \quad . \quad . \quad . \quad .$$

$$a_{q+h} < \frac{1}{n^h} . a_q.$$

Wird nun addirt, und rechts der Faktor a_q herausgerückt, so ergiebt sich:

$$a_{q+1} + a_{q+2} + \ldots + a_{q+h} < a_q . \left(\frac{1}{n} + \frac{1}{n^2} + \ldots + \frac{1}{n^h}\right).$$

Nun hatten wir aber bereits:

$$\frac{\alpha}{\alpha - 1} = 1 + \frac{1}{\alpha} + \frac{1}{\alpha^3} + \ldots + \frac{1}{\alpha^h} + \frac{1}{\alpha^h(\alpha - 1)},$$

*) Die hier vorkommenden Potenzen sind uns bereits verständlich, weil das Multipliziren von Brüchen mit einander, erwiesen ist.

aber für $\alpha = n$,

$$\frac{n}{n-1} = 1 + \frac{1}{n} + \frac{1}{n^2} + \ldots + \frac{1}{n^h} + \frac{1}{n^h(n-1)}, \text{ oder}$$

$$\frac{n}{n-1} - \left[1 + \frac{1}{n^h(n-1)}\right] = \frac{1}{n} + \frac{1}{n^2} + \ldots + \frac{1}{n^h}, \text{ oder}$$

$$\frac{1 - \frac{1}{n^h}}{n-1} = \frac{1}{n} + \frac{1}{n^2} + \ldots + \frac{1}{n^h}.$$

Hierzu kann man auch u. A. dadurch gelangen, daß man:

$$\frac{1}{n} + \frac{1}{n^2} + \ldots + \frac{1}{n^h} = x, \text{ setzt, weshalb dann}$$

$$\frac{1}{n^2} + \ldots + \frac{1}{n^h} + \frac{1}{n^{h+1}} = x \,.\, \frac{1}{n} \text{ ist; also durch die Subtraktion:}$$

$$\frac{1}{n} - \frac{1}{n^{h+1}} = \left(1 - \frac{1}{n}\right)x, \text{ oder}$$

$$\frac{\frac{1}{n} - \frac{1}{n^{h+1}}}{1 - \frac{1}{n}} = x, \text{ oder}$$

$$\frac{1 - \frac{1}{n^h}}{n-1} = x.$$

Man hat daher

$$a_{q+1} + a_{q+2} + \ldots + a_{q+h} < \frac{1 - \frac{1}{n^h}}{n-1} \,.\, a \,.$$

Nun ist aber der Faktor $\frac{1 - \frac{1}{n^h}}{n-1} = \frac{n^h - 1}{n^h} : (n-1)$, und man übersieht deshalb leicht, daß er, für $n \gtreqless 2$, allemal = einem ächten Bruche sein muß.

Deshalb folgt aus

$$\frac{1 - \frac{1}{n^h}}{n-1} < 1, \text{ wegen } a_q \text{ positiv, daß } \frac{1 - \frac{1}{n^h}}{n-1} \,.\, a_q < a_q \text{ ist,}$$

daß also stets

$$a_q > a_{q+1} + a_{q+2} + \ldots + a_{q+h}$$

ist, so groß auch h immer gedacht werden möge.

Denkt man sich daher die obige Reihe beim $(q+t)$ten Gliede abgebrochen, so ist:

$$a_{q+t} > a_{q+(t+1)} + a_{q+(t+2)} + \ldots + a_{q+(h+t-1)} + a_{q+(h+t)};$$

da nun aber $a_{q+t} < \frac{1}{n^t} a_q$ ist, so hat man

$$\frac{1}{n^t} a_q > a_{q+(t+1)} + a_{q+(t+2)} + \ldots + a_{q+(h+t-1)} + a_{q+(h+t)}.$$

Es kann deshalb t so bestimmt werden, daß $\frac{1}{n^t} a_q$ kleiner wird, als jede gegebene noch so kleine Zahl, so daß also auch die Summe der Glieder, die nach dem Gliede a_{q+t} folgt, ebenfalls kleiner werden kann als jede gegebene noch so kleine Zahl.

Bleiben ferner bei der vorigen Reihe die Bedingungen dieselben, nur daß die Zeichen (+, —) mit einander wechseln, so kommt

$$a_1 - a_2 + a_3 - \ldots + a_q - a_{q+1} + a_{q+2} - \ldots + a_{q+(h-1)} - a_{q+h}.$$

Dieser Fall kann leicht auf den vorigen dadurch zurückgeführt werden, daß man das erste Glied mit dem zweiten, das dritte mit dem vierten u. s. w. in ein positives Glied vereinigt denkt, was nach den gegebenen Bedingungen angeht, und nun für die dadurch erhaltene Reihe die festgestellten Beziehungen in Anwendung gebracht denkt.

Man kann aber auch u. A. wie folgt schließen:

Bricht man die obige Reihe mit einem positiven Gliede ab, nimmt man z. B. statt derselben $a_1 - a_2 + a_3 - \ldots + a_q$, so würde man, nach dem Vorhergehenden, von der Wahrheit noch nicht um a_q fehlen, wenn die nach a_q folgenden Glieder $a_{q+1}, \ldots, a_{q+h}$ sämmtlich das Zeichen (+) vor sich hätten, eben weil dann $a_{q+1} + \ldots + a_{q+h} < a_q$ sein würde. Da nun, nach der Voraussetzung, die Glieder $a_{q+1}, \ldots, a_{q+h}$ theils durch Addition, theils durch Subtraktion mit einander verbunden sind, so ist offenbar

$$-a_{q+1} + a_{q+2} - \ldots + a_{q+(h-1)} - a_{q+h} < a_{q+1} + a_{q+2} + \ldots + a_{q+(h-1)} + a_{q+h},$$

weil die Differenz

$$(-a_{q+1} + a_{q+2} - \ldots + a_{q+(h-1)} - a_{q+h}) - (a_{q+1} + a_{q+2} + \ldots + a_{q+(h-1)} + a_{q+h})$$

negativ ist, mithin ist um so mehr

$$-a_{q+1} + a_{q+2} - \ldots + a_{q+(h-1)} - a_{q+h} < a_q.$$

Zugleich ist das Resultat der Glieder, die nach a_q folgen, nämlich

$-a_{q+1}+a_{q+2}-\ldots+a_{q+(h-1)}-a_{q+h}$, = einem negativen Ausdruck, denn man kann stets zwei neben einander stehende Glieder zusammengezogen denken und deshalb

$$-a_{q+1}+a_{q+2}-\ldots+a_{q+(h-1)}-a_{q+h} =$$
$$(-a_{q+1}+a_{q+2})+(-a_{q+3}+a_{q+4})+\ldots+(-a_{q+(h-2)}+a_{q+(h-1)})-a_{q+h}$$

setzen, wo die einzelnen Summanden negativ sind, also auch ihre Summe negativ sein muß.

Bricht man deshalb die obige Reihe mit dem positiven Gliede a_q ab, so hat man statt derselben $a_1-a_2+a_3-\ldots+a_q$, welcher Ausdruck noch nicht um a_q größer ist als die gegebene Reihe, eben weil die Zahl, welche noch subtrahirt werden muß, um die Reihe zu erhalten, kleiner als a_q ist.

Bricht man hingegen die obige Reihe mit einem negativen Gliede ab, und setzt z. B. statt derselben $a_1-a_2+a_3-\ldots+a_q-a_{q+1}$, so ist dies um $a_{q+2}-a_{q+3}+a_{q+4}-\ldots+a_{q+(h-1)}-a_{q+h}$, d. h. noch nicht um a_{q+1}, kleiner als die gegebene Reihe, eben weil $a_{q+2}-a_{q+3}+a_{q+4}-\ldots+a_{q+(h-1)}-a_{q+h}$ positiv, und kleiner als a_{q+1} ist.

Hiernach hat man also allgemein, wenn R die gegebene Reihe vorstellt:

$$a_1-a_2+a_3-\ldots+a_q-a_{q+1}+a_{q+2}-\ldots+a_{q+t}>R, \text{ und}$$
$$a_1-a_2+a_3-\ldots+a_q-a_{q+1}+a_{q+2}-\ldots+a_{q+t}-a_{q+(t+1)}<R.$$

Bezeichnet man die linke Seite der ersten Ungleichung mit P, die der zweiten mit Q, so ist $P-Q>P-R$, oder $a_{q+(t+1)}>P-R$, also ist, wegen $a_{q+(t+1)}<\frac{1}{n^{t+1}}a_q$,

$$\frac{1}{n^{t+1}}a_q>P-R;$$

d. h. wenn man statt der gegebenen Reihe R, approximativ P setzt, so kann der Fehler den man dadurch begeht, nämlich $P-R$ kleiner werden als $\frac{1}{n^{t+1}}a_q$, mithin auch kleiner als jede gegebene noch so kleine Zahl, sobald man nur t danach gehörig bestimmt denkt.

Bemerkung. Man hätte diese Beziehungen u. A. auch aus folgender Andeutung entnehmen können:

Es ist:

$$a_{q+2}+a_{q+4}+\ldots+a_{q+2h} < \left(\frac{1}{n^2}+\frac{1}{n^4}+\ldots+\frac{1}{n^{2h}}\right).a_q,$$

$$a_{q+1}+a_{q+3}+\ldots+a_{q+(2h-1)} < \left(\frac{1}{n}+\frac{1}{n^3}+\ldots+\frac{1}{n^{2h-1}}\right).a_q;$$ oder, wegen

$$\frac{1}{n^2}+\frac{1}{n^4}+\ldots+\frac{1}{n^{2h}} = \frac{1}{n^2-1}.\left(1-\frac{1}{n^{2h}}\right),$$ und

$$\frac{1}{n}+\frac{1}{n^3}+\ldots+\frac{1}{n^{2h-1}} = \frac{n}{n^2-1}\left(1-\frac{1}{n^{2h}}\right)$$ kürzer:

$$a_{q+2}+a_{q+4}+\ldots+a_{q+2h} < \frac{1}{n^2-1}.\left(1-\frac{1}{n^{2h}}\right).a_q,$$

$$a_{q+1}+a_{q+3}+\ldots+a_{q+(2h-1)} < \frac{n}{n^2-1}.\left(1-\frac{1}{n^{2h}}\right).a_q.$$

Hat man endlich die Reihe

$$a_1-a_2-a_3-\ldots-a_q-a_{q+1}-\ldots-a_{q+(h-1)}-a_{q+h},$$

wo die Bedingungen wieder dieselben sein mögen, wie oben, ausgenommen, daß die nach dem ersten Gliede a_1, folgenden, sämmtlich das Zeichen (—) vor sich haben, so ist dieselbe =

$$a_1-a_2-a_3-\ldots-a_q-(a_{q+1}+\ldots+a_{q+(h-1)}+a_{q+h}).$$

Da nun

$$a_{q+1}+\ldots+a_{q+(h-1)}+a_{q+h} < a_q$$

ist, so ist auch $a_1-a_2-a_3-\ldots-a_q$ noch nicht um a_q größer als die gegebene Reihe *).

Alle diese einleitenden Untersuchungen führen uns nun zu einer umfassenderen Betrachtung des $\frac{1}{0}$. Das Setzen des $\frac{1}{0}=x$, ist eigentlich als voreiliger Versuch anzusehn. Dem $\frac{1}{0}$, ohne seinen Begriff vorher zu kennen, soll ein Bestimmt-Sein angepaßt werden, was, wie uns dann die Folge, daß 1 gleich Null wäre, lehrt, falsch ist, und also natürlich der Widerspruch aus der unrichtigen Voraussetzung heraustreten mußte. Dadurch, daß ich jetzt blos weiß, mein Versuch: $\frac{1}{0}$ in x bestimmen zu wollen, ist unstatthaft, weiß ich nur

*) Die Lehre von den Reihen spielt die Haupt-Rolle im gesammten Kalkul. Nur erst späterhin können wir die Theorie derselben vollständig erfassen, weil sie die Operations-Lehre in weiterer Ausdehnung voraussetzt.

dies Eine „was es nicht sein kann“ also insofern nur sehr wenig vom $\frac{1}{0}$. Aus diesem Grunde dürfen wir nicht dabei stehen bleiben, eingesehen zu haben, daß $\frac{1}{0}$ keinen bestimmten Ausdruck vorstellen kann, sondern wir müssen, wenigstens in der Idee, von unsern bisherigen Zahlen-Begriffen ausgehend, einen Weg zum ideellen Hervorbilden des $\frac{1}{0}$ aufzufinden suchen, wobei es daher noch ganz unbestimmt bleibt, in wie weit wir unser Ziel erreichen können oder nicht. Dieser wird aber nur wieder darin bestehn, nicht etwa statt Null ein anderes gleichbedeutendes Zeichen z. B. $1-1$ zu setzen (eben weil wir schon wissen, daß $\frac{1}{0}$ nicht in der Sphäre des zu Bestimmenden mit einbegriffen ist, und außerdem Null in divisiver Beziehung erscheint): sondern eine solche Rechnungs-Form zu erwählen, die im, aber bis ins Endlose über alle bestimmte Grenzen, sich steigernden Gleich-werden-Wollen der Null beharrend bleibt, und mit der dann, als Divisor, die Einheit, als Dividend, zu verbinden ist.

Sucht man deshalb zunächst diejenigen Zahlformen auf, die ohne je völlig Null erreichen zu können, doch von ihr, um so wenig wie man will, verschieden sind, so erhellt, daß hierzu die ächten Brüche dienen, weil jeder derselben größer als Null, und zugleich kleiner als 1 ist, daher sämmtlich zwischen Null und 1 liegen. In dem Augenblicke aber, wo wir uns einen ächten Bruch, z. B. $\frac{1}{\psi_1}$, denken, ist derselbe um noch eben so viel, d. h. um $\frac{1}{\psi_1}$, größer als 0. Eben so gut können wir uns wieder zwischen 0 und $\frac{1}{\psi_1}$ den ächten Bruch $\frac{1}{\psi_2} < \frac{1}{\psi_1}$ liegend vorstellen, und die Differenz zwischen Null und $\frac{1}{\psi_2}$ ist jetzt $\frac{1}{\psi_2}, < \frac{1}{\psi_1}$. Der ächte Bruch $\frac{1}{\psi_2}$ erscheint uns demnach der Null näher als der vorige $\frac{1}{\psi_1}$. Dies läßt sich, wie folgt, verbildlichen

$$0 \ldots \frac{1}{\psi_2} \ldots \frac{1}{\psi_1} \ldots 1.$$

Nichts hindert uns aber auf diese Weise beliebig mit dem Einschalten von immer kleinern ächten Brüchen fortzufahren, was wir symbolisch durch

$$0 \ldots \frac{1}{\psi_n} \ldots \frac{1}{\psi_{n-1}} \ldots \frac{1}{\psi_2} \ldots \frac{1}{\psi_1} \ldots 1$$

ausgedrückt denken, wo $\psi_1, \psi_2, \ldots, \psi_{n-1}, \psi_n$ ganze Zahlen repräsentiren, von denen jede folgende größer sei als die vorhergehende. Während nun, unter den hier angegebenen ächten Brüchen, der Bruch $\frac{1}{\psi_n}$ mit der Null den kleinsten Unterschied, nämlich $\frac{1}{\psi_n}$, bildet, steht er auch der Null zugleich, in dieser angegebenen Folge, näher, als jeder der andern $\frac{1}{\psi_{n-1}}, \ldots, \frac{1}{\psi_2}, \ldots, \frac{1}{\psi_1}$. Da aber mit dem Einschalten von ächten Brüchen zwischen 0 und $\frac{1}{\psi_n}$, die sämmtlich einzeln kleiner sind als $\frac{1}{\psi_n}$, ohne Unterlaß fortgefahren werden kann, so scheint dadurch Null blos noch links vor $\frac{1}{\psi_n}$ im endlosen Zurückfliehn begriffen zu sein, obgleich sich dieselbe in Wahrheit in unerreichbarem Abstande vor $\frac{1}{\psi_n}$ befindet. Man darf also nur sagen, daß der ächte Bruch $\frac{1}{\psi_n}$, er sei auch noch so klein, in seiner endlosen Entfernung von Null, in obiger Reihenfolge, doch der Null näher liegt, als jeder der darauf folgenden größeren ächten Brüche $\frac{1}{\psi_{n-1}}, \ldots, \frac{1}{\psi_1}, \ldots$

Wir sehen hieraus, daß sobald wir einen bestimmten, übrigens noch so kleinen, ächten Bruch z. B. $\frac{1}{\psi_n}$ in obiger Folge annehmen, freilich sein Unterschied zwischen Null selbst $\frac{1}{\psi_n}$ ist, also beliebig klein angenommen werden kann, daß er aber auch noch, eben weil er bestimmt angegeben ist, in endloser Entfernung von Null, in obiger Reihenfolge liegend erscheint, indem er durch die, zwischen Null und ihm, sich ohne Aufhören hervorhebenden ächten Brüche immer wieder bis ins Endlose nach rechts, also von Null fort, gegen die Einheit, zurückgestellt erscheint. Dies ist ganz natürlich, weil die endlose Entfernung zwischen 0 und $\frac{1}{\psi_n}$ nicht durch das Annehmen von bestimmten Brüchen, die man setzt, und dann wieder darüber hinaus, zu kleinen Brüchen übergeht u. s. f., ausgefüllt werden kann, eben weil dieser Wechsel endlos ist.

Da nun Null, nach unsern Zahlen-Begriffen, nicht blos an und für sich bereits in einer, durch das endlose Fortschreiten auf divisivem Wege, unerreichbaren Entfernung vor $\frac{1}{\psi_n}$ steht, so können wir derselben nur durch den endlosen Progreß, auf divisivem Wege, nachstreben, und ihr nur dadurch, ohne sie je erreichen zu können, in Wahrheit ohne Aufhören näher rücken. Dies ließe sich dann dadurch vorstellig machen, daß wir $\frac{1}{\psi_n}$ fortwährend unter jeden gegebenen noch so kleinen Bruch hinabsinkend denken. Letzteres Moment tritt aber noch besser an der Potenz-Form $\frac{1}{\beta^n}$, in der $\beta > 1$ ist, hervor. Es erhellt nämlich, daß

$$1 : \frac{1}{\beta^n} < 1 : \frac{1}{\beta^{n+p}}$$

ist. Wenn nun der Divisor $\frac{1}{\beta^{n+p}}$ ins Endlose unter jeden gegebenen noch so kleinen Bruch hinabsinkt, nähert er sich der Null ins Endlose und nur in so fern darf man sagen, daß beim endlosen unbegrenzten Größerwerden des $n+p$, auch $1 : \frac{1}{\beta^{n+p}}$ unaufhörlich dahin strebt unter der bloßen Form $\frac{1}{0}$ erscheinen zu wollen. Obgleich nun $1 : \frac{1}{\beta^{n+p}}$ schneller dahin strebt, die bloße Form $\frac{1}{0}$ annehmen zu wollen, als dies bei $1 : \frac{1}{\beta^n}$ der Fall ist, und obgleich sich $\frac{1}{\beta^{n+p}}$ wirklich der Null, unter der angegebenen Bedingung, fortwährend nähert: so darf doch keine Rede davon sein, daß hier wirkliche numerische Annäherungen an $\frac{1}{0}$ stattfinden, indem nur Alles im bloßen Formalismus liegt, d. h. $1 : \frac{1}{\beta^{n+p}}$ will beim endlosen Wachsen des $n+p$ die Gestalt $\frac{1}{0}$ annehmen. Demnach leuchtet ein, daß $1 : \frac{1}{\beta^n}$, oder β^n, in der Form $1 : \frac{1}{\beta^n}$, dem Symbol $\frac{1}{0}$ bis ins Endlose, in Rücksicht der bloßen Form nachstrebt, sobald wir uns für n ebenfalls bis ins Endlose immer nächst größere und größere Zahlen gesetzt denken, was der Kürze wegen, durch n_* *) vorgestellt sein möge; denn in $\frac{1}{(1:\beta)^{n_*}} = \beta^{n_*}$, nimmt $(1:\beta)^{n_*}$ oder $1:\beta^{n_*}$ fortwährend ab, während die rechte Seite, nämlich β^{n_*} fortwährend, ja selbst über jede bestimmte noch so große Zahl hinaus wächst. Dieses über jede gegebene noch so große Zahl Hinauswachsen des β^{n_*}, ist untrennbar verbunden mit der unter jeden gegebenen Bruch hinabsinkenden Abnahme des $1:\beta^{n_*}$, eben weil der Grund des über alle gegebenen Zahlen hinausfliehenden Größer-Werdens, was durch $\frac{1}{1:\beta^{n_*}}$ symbolisirt wird, nur im unbegrenzten Wachsen des β^{n_*} liegt. Diese beiden Gegensätze „daß β^{n_*} immer größere und ins Endlose größere Zahlen repräsentirt," und daß eben so „$1:\beta^{n_*}$ entsprechende immer kleinere und ins Endlose kleinere Zahlen vorstellt," sind hier nun so mit einander verbunden, daß keiner ohne den andern denkbar ist, jeder derselben seine Wahrheit im andern sucht und findet.

Deshalb möge das, unter der angegebenen Bedingung, fortwährend über alle gegebenen bestimmten Zahlen hinaus größere und größere Zahlen Repräsentirende, was wir uns durch die Form $\beta^{n_*} = \beta.\beta \times \ldots \times \beta \times \ldots \sim$ vorgestellt dachten, die mit ihrem unbegrenzten Größerwerden ein unbegrenztes Kleinerwerden des $(1:\beta)^{n_*} = (1:\beta).(1:\beta)\times\ldots\times(1:\beta)\times\ldots \sim$ untrennbar verbindet, allgemein mit

$$\infty$$

bezeichnet werden, und es heiße „∞", das numerisch über jede gegebene noch so große Zahl ununterbrochen hinausfliehende

„Endlos-Größerwerdende."

Während also β^{n_*}, rechts, in der Gleichung $\frac{1}{(1:\beta)^{n_*}} = \beta^{n_*}$, oder in $\frac{1}{(1:\beta).(1:\beta)\times\ldots\times(1:\beta)\times\ldots\sim} = \beta.\beta\times\ldots\times\beta\times\ldots\sim$, ins Endlose, über jede gegebene Zahl **) wächst, strebt es zugleich ins

*) Es stellt also β^{n_*} keine bestimmte Zahl vor, sondern man soll sich statt n nach und nach 1, 2, 3, ... $\sim$ gesetzt denken.

**) Da mit dem endlosen Fortgang nicht immer zugleich ein über alle gegebenen Zahlen hinaus stattfindendes Größerwerden bedingt ist, so haben wir die-

Endlose, aber in untrennbarer Verbindung mit $\frac{1}{(1:\beta)^{n_*}}$, dahin, unter der Form $\frac{1}{0}$ erscheinen zu wollen. Jedoch bleibt es, seinem Begriffe nach, bei diesem sich endlos steigernden Streben oder Wollen; denn n_* wird ins Endlose größer, beharrt also auf immer in diesem Progreß, und daher kann auch der entsprechende endlose Progreß des Kleiner-Werdens, der in $(1:\beta)^{n_*}$ liegt, nimmer aufhören, weshalb also $(1:\beta)^{n_*}$ nie völlig $= 0$ werden kann, obgleich auch der Unterschied zwischen $(1:\beta)^{n_*}$ und 0 unangebbar klein wird, und sich dem Moment des Verschwinden-Wollens hinneigt. Hieraus folgt, daß β^{n_*} (jetzt ∞) oder $\frac{1}{(1:\beta)^{n_*}}$, nie in $\frac{1}{0}$ übergehn kann, sondern nur unaufhörlich, in symbolischen Weise, dem $\frac{1}{0}$ näher rückt, insofern nämlich der Divisor $1:\beta^{n_*}$ in $\frac{1}{(1:\beta)^{n_*}}$ der Null ins Endlose nachstrebt. Denkt man sich aber eine bestimmte, übrigens noch so große, Zahl unter n, so liegt der bestimmte Bruch $\frac{1}{\beta^n}$ noch in endloser Entfernung von 0, und man weiß nur so viel, daß er als Moment in diesem seinen endlosen Abstande von Null, doch der Null näher liegt, als jeder größere. Demnach sind ∞ und $\frac{1}{0}$ von einander unangeblich verschieden*), welches Verschiedensein darin gründet, daß

---

ses Moment besonders herausgehoben. Es ist z. B. in $1+\frac{1}{2}+\frac{1}{2^2}+\frac{1}{2^3}+\ldots\sim$ ein Wachsen ohne Ende, ohne daß es über jede gegebene Zahl hinausgeht, da nicht einmal 2 erreicht werden kann. Finden immer gleiche oder größere Vermehrungen ohne Aufhören Statt, so ist nicht nur ein Wachsen ohne Ende, sondern auch zugleich ein Wachsen über alle gegebenen Zahlen vorhanden.

*) Wenn man sagte „eine Zahl sei unendlich groß, so ist dies schon mit dem Begriff d rselben selbst widersprechend. Dachte man sich darunter eine Grenze, der sich die Zahl ohne Ende nähert, und nahm man den letzten Zustand der Zahl statt der Grenze, so ist dies ebenfalls widersprechend, weil es keinen solchen letzten Zustand der Zahl giebt. Führt man ein unendlich Großes ein, und definirt „Unendlich viele Einheiten nennt man das unendlich Große," so ist hier nichts definirt, bevor man nicht erklärt hat, was es heißt „unendlich viele Einheiten denken." Ein unendlich Großes ist nicht denkbar, weder als ein Werdendes, noch als ein Seiendes. Als Beispiel eines unendlich Großen führt man das Maaß einer nirgend begrenzten geraden Linie an, bedenkt aber dabei nicht, daß derselben kein Maaß zukommt. Eine unendliche Größe

in $\frac{1}{(1:\beta)^{n_*}}$ kein letztes n, für welches $1:\beta^{n_*}=0$ wäre, existiren kann. Gleichzeitig stehen aber wieder ∞ und $\frac{1}{0}$ in so fern in untrennbarer Verbindung mit einander, daß der endlose Progreß den ∞ ausspricht, ins Endlose immer mehr und mehr dahin strebt, sich symbolisch durch $\frac{1}{0}$ vorstellen zu wollen, aber gleichzeitig bei diesem Wollen auf immer beharrt. Setzt man daher $1:\beta^{n_*}$ nähert sich der Null ins Endlose, so ist hieraus kein Widerspruch zu erwarten, weil in Wahrheit nichts weiter als eine Annäherung ins Endlose stattfindet. Setzt man hingegen $1:\beta^{n_*}=0$, so streitet dies ganz gegen den Begriff der Division, die doch einen Divisor bedingt; sollte aber ein solcher der $1:\beta^{n_*}$ zu Null macht, existiren, so müßte n_* ein letztes n setzen, was gegen die Voraussetzung und gegen alle Möglichkeit streitet, wie denn nun auch der Widerspruch, nach den Gesetzen des Kalkuls: $(1:\beta^n).\beta^n=0.\beta^n$ oder $1=0$ heraustritt. Setzt man aber dessen ungeachtet, wie gewöhnlich, $1:\infty=0$, und will man dies dadurch rechtfertigen, daß man sagt „∞ stelle eine im Zustande des endlosen Größer-Werdens begriffene Zahl vor, so widerspricht man sich in der That; denn weil der Divisor im endlosen Größer-Werden auf immer beharrt, so kann er eben deshalb kein bestimmtes Resultat, wie hier 0, erzeugen; da er es aber erzeugen soll, so müßte wieder der Divisor ∞, bestimmt sein, mithin nicht im endlosen Größer-Werden begriffen bleiben, was widersprechend ist, indem man das wieder aufhebt, was man vorher gesetzt hat. Will man hingegen in $1:x=0$, für x einen Divisor denken, der bereits unendlich groß ist, so nimmt man für x Etwas an, was gar nicht im Geiste existirt, und doch zugleich existiren müßte, wenn $1:x$ zu einem bestimmten Resultat 0, führen soll, also widerspricht man sich hier ebenfalls. Aber auch dann, wenn der in $1:\beta^{n_*}=0$ liegende Widerspruch verhüllt bliebe, also nicht in seiner Wirklichkeit heraustreten könnte, obgleich sich in jedem Augenblicke für ein bestimmtes n ein Widerspruch zeigt, sind wir noch keineswegs berechtigt, $1:\beta^{n_*}$ oder $1:\infty=0$ zu setzen, weil es ganz begrifflos bleibt, indem gezeigt ist, daß in Wahrheit nur von Annäherungen, die sich ins Endlose steigern lassen, die Rede sein kann.

Die Vertheidiger der vermeinten Theorie des Unendlichen pflegen

---

existirt nicht im Geiste, wohl aber kann man sich denken, daß eine Größe ohne Ende vermehrt werden kann. Daß Maaß einer Größe ist stets eine absolute Zahl. Das Unendliche als Zahl genommen, hat keinen Sinn, ist unmathematisch.

auch u. A. noch wie folgt zu demonstriren: „Unter $\frac{1}{0}$ soll nichts weiter als eine bloße Form verstanden werden, für welche noch $\frac{1}{0} \cdot o = o$ festgehalten werden müßte; da ferner $\frac{1}{0}$ keine Zahl, also etwas Endliches vorstellen könne, weil jede derselben mit Null multiplizirt 0, mithin nicht 1 giebt, und der Bruch $\frac{1}{\alpha}$ um so größer würde, je kleiner man α annähme, so müßte $\frac{1}{0}$ *nothwendig* das *Unendliche*, welches ∞ bezeichnen möge, vorstellen.“ Wenn nun aber $\frac{1}{0}$, wie es in der That der Fall ist, keine Zahl mehr repräsentiren kann, so folgt daraus an und für sich selbst noch nicht, daß wir am $\frac{1}{0}$ *das wahrhafte* Unendliche haben, es ist vielmehr nachgewiesen worden, daß $\frac{1}{0}$ als ein blos formelles Grenz-Symbol von ∞ zu betrachten ist, und daß außerdem $\frac{1}{0}$ *durchaus* keinen Sinn hat. Wollten wir die obige gedankenlose Definition gelten lassen, und dann mit $\frac{1}{0}$ wie mit einem Quotienten operiren, überhaupt mit Null als Divisor kalkuliren, so müßten wir nothwendig zu den gröbsten Widersprüchen gelangen, eben weil vom $\frac{1}{0}$ nicht *das gilt*, was von den Zahlen nachgewiesen ist *).

---

*) Nach der obigen begrifflosen Definition: $\frac{1}{0} \cdot 0 = 1$, und $\frac{1}{0} = \infty$, hat man dann natürlich $1 = 0 \cdot \infty$, da $\infty = \frac{1}{0}$, also $1 = \frac{1}{0} \cdot 0$ wäre; ferner $\frac{1}{\infty} = 0$, weil $\frac{1}{\infty} = 1 : \frac{1}{\infty} = 1 \cdot \frac{0}{1} = 0$ sei; ferner $\infty + a = \infty$, indem $\infty + a = \frac{1}{0} + a = \frac{1 + 0 . a}{0} = \frac{1}{0} = \infty$ sei, oder weil, wie man sich ausdrückt, das Endliche gegen das Unendliche, in dieser Verbindung gedacht, verschwinden müsse, da das Unendliche nicht mehr vermehrt werden könne; ferner $\infty^m + \infty^{m-1} = \infty^m$, weil $\infty^m + \infty^{m-1} = \infty^{m-1}(\infty + 1) = \infty^{m-1} \cdot \infty = \infty^m$ wäre u. s. w. f. Oft will man dies aber auch so erklären, daß man sagt: ∞^{m-1} verhalte sich zu ∞^m, wie 1 zu ∞, und deshalb verschwinde das Unendliche der (m—1)ten Ordnung gegen das Unendliche der mten Ordnung, eben weil letzteres unendlich mal größer wäre, als jenes. Hier operirt man mit $\frac{1}{0}$ wie mit einem Quotienten; so wie man aber einen Satz des bestehenden richtigen Kalkuls zugiebt, so muß man auch alle daraus nach richtigen Prinzipien folgenden, gelten lassen. Dies wollen aber die Vertheidiger dieser alten, gänzlich zu verbannenden Metaphysik nicht erkennen, obgleich sie keinen *konsequenten* Kalkul ihrer chimärischen Unendlichen besitzen. Dieselben drehen am *todten, gedankenlosen, Mechanismus* hin und her, indem sie in einem Augenblicke ein blos für Zahlen geltendes Gesetz *da* anwenden, wo es gar nicht stattfinden kann, und dann dasselbe wieder etwas späterhin — weil sie mit solchem nun nicht zum Ziele gelangen können — verwerfen. Dieses, allen mathematischen Geist entbehrende *Finger-Manöver*, wird nun so lange, im *Nebel des Unendlichen*, fortgesetzt, bis das erwünschte *Kunststückchen* gelingt. So werden

Betrachtet man in $\frac{1}{1:\beta^{n.}} = \beta^{n.}$, die rechte Seite $\beta^{n.}$, so ist klar, daß sie ohne Aufhören im Größerwerden beharrend bleibt und

---

dann Fehler über Fehler im Schließen begangen, Glieder, nach bloßer Willkür, bald fortgelassen, bald festgehalten, wie es gerade beliebt, um ein schon auf richtigen Wegen gefundenes Resultat, durch das Vernichten von Fehlern gegen Fehler recht kurz und bequem heraus zu laboriren. Die Vertheidiger des Unendlichen haben aber im Vorstehenden die Gesetze des Kalkuls auf $\frac{1}{0}$ angewandt. Ist dies aber erlaubt, so hat man auch nach den Ansichten jener, aus $\infty + a = \infty$, $a = \infty - \infty = 0$; ferner $\infty^m + \infty^{m-1} = \left(\frac{1}{0}\right)^m + \left(\frac{1}{0}\right)^{m-1}$ $= \frac{1^m}{0^m} + \frac{1^{m-1}}{0^{m-1}} = \frac{1}{0} + \frac{1}{0} = \frac{2}{0} = \frac{2:2}{0:2} = \frac{1}{0} = \infty$, obgleich diese scheinbaren Schlüsse von denselben für eine bloße Ketzerei erklärt werden, eben weil hier die Gesetze des Kalkuls (die hier gar nicht stattfinden) nicht so herumgedreht sind, um eben dasselbe heraus zu experimentiren. Daß $\frac{2}{0}$ soviel wie $\frac{1}{0}$ wäre, wird dann wie folgt demonstrirt. Es ist $1.0 = 0 = 2.0$, also auch $\frac{1}{0} = \frac{1}{1.0}$ und $\frac{2}{0} = \frac{2}{2.0}$, mithin sei, wie man sagt: $\frac{1}{0} : \frac{2}{0} = \frac{1}{1.0} : \frac{2}{2.0} = 1 : 1$. Andere Anhänger des Unendlichen erklären nun wieder das Gegentheil, indem sie meinen, jene hätten den Begriff des Unendlichen noch gar nicht richtig erfaßt. Sie setzen $\frac{\alpha}{0} = \frac{1.\alpha}{0} = \alpha.(\infty)$, und $\frac{\beta}{0} = \frac{1.\beta}{0} = \beta.(\infty)$; es sei daher $\frac{\alpha}{0} : \frac{\beta}{0} = \alpha : \beta$. Man sieht hieraus, daß wenn mit Null als Divisor eben so operirt wird, wie mit einer Zahl, sich dann alles mögliche Widersprechende erzeugen läßt. Will man $\frac{1}{0}$ als etwas definiren, was in numerischer Hinsicht einen Sinn hat, so ist dies ein Streben ohne Sinn, eben weil $\frac{1}{0}$ nichts Numerisches repräsentirt, indem 0 gegen 1 divisiv (als Divisor) gehalten, zu klein ist, um ihn haben zu können. Fast mit demselben Rechte könnte man dann auch $\frac{1}{\psi}$ (wo ψ eine Ofengabel vorstellen möge) als etwas definiren, was mit ψ (jetzt O........) multiplizirt, wieder 1 giebt. Auch läßt sich $\frac{1}{0}$, wie Manche vermeinen, nicht als eine, aus der Erweiterung des Begriffs der Division entsprungene, spezielle Quotienten-Form, mit der man operiren könne, betrachten, eben weil hinlänglich erwiesen ist, daß die Division stets den Divisor Null zu vermeiden hat. Man verlange von der Division, die doch nur eine arithmetische Operation ist, nicht mehr als sie leisten kann, d. h. nur das, was in ihrem Begriffe liegt. Verlangt man, daß die Zahlen-Verknüpfungen geheimnißvolle Wunder hervorbringen sollen, so braucht man sich hinterher nicht zu wundern, wenn man in ein Feld von Widersprüchen verfällt.

es existirt keine wirkliche Grenze *), d. h. ein Ausdruck der nicht überschritten werden kann und dem sich zugleich $\beta^{n.}$ beliebig nähern könnte; dies liegt schon im Begriff der Zahl, indem er ein darüber Hinausgehn-können bedingt. Der Progreß in $\beta^{n.}$ hat also durchaus kein Ziel, dem er sich numerisch nähern kann, er bleibt vielmehr bei dem ewigen Einerlei: eine Zahl momentan zu setzen und darüber fortzugehn. Stellen wir aber diesen endlosen Progreß gegen die Einheit divisiv, so werden durch $1:\beta^{n}$ ohne Ende ächte Brüche repräsentirt, die eben so ohne Ende immer kleiner und kleiner werden, so daß also auch kein kleinster Bruch existirt, eben weil keine größte Zahl existiren kann. Da jedoch ein Anfang der Zahlenreihe, aber kein Ende derselben stattfindet, so folgt schon hieraus, daß sich eine Grenze der Kleinheit, die $1:\beta^{n.}$ nie erreichen kann, denken läßt. In derselben muß das zu Zählende, das numerische Prinzip, selbst verrichtet sein, weil wir, im entgegengesetzten Falle noch auf divisivem Wege zu etwas Kleinerem gelangen könnten. Diese Grenze der Kleinheit, in Betreff der ganzen Zahlen und Brüche, ist offenbar die Null, der sich $1:\beta^{n.}$ ohne Ende nähert, ohne sie jedoch je erreichen zu können. Da nun in $\frac{1}{1:\beta^{n.}} = \beta^{n.}$ die rechte Seite $\beta^{n.}$ durchaus keine wirkliche Grenze anerkennt, so kann auch $\beta^{n.}$ in der Form $\frac{1}{1:\beta^{n.}}$, d. h. $\frac{1}{1:\beta^{n.}}$, durchaus keine wirkliche Grenze haben, und man darf daher nur behaupten, daß insofern der Divisor $1:\beta^{n.}$, in $\frac{1}{1:\beta^{n.}}$, die Grenze Null anerkennt, $\frac{1}{1:\beta^{n.}}$ unter der Form $\frac{1}{0}$ erscheinen will, die aber nie von $\frac{1}{1:\beta^{n.}}$ erreicht werden kann. Das Symbol $\frac{1}{0}$ will blos vergleichungsweise andeuten, $\beta^{n.}$ kann nie so groß werden, daß $1:\beta^{n.}$ so klein wie Null werden kann, oder $\frac{1}{0}$ drückt blos aus: $\beta^{n.}$ kann nie so groß werden, daß es sich, in symbolischer Weise, durch $\frac{1}{0}$ vorstellen ließe, woraus aber noch keineswegs folgt, daß $\frac{1}{0}$ die größte Zahl, die

*) So erscheint z. B. π als wirkliche Grenze der Maaße von den Umfängen der in und um den Kreis beschriebenen Vielecke; denn so groß man immerhin die Anzahl der Seiten der letztern annehmen mag, so liegt doch π stets zwischen den sich dadurch ergebenden Maaßen und man kann sich gleichzeitig dem π so weit nähern, wie man will. Ein Ähnliches gilt hinsichtlich der Asymptoten der Kurven, welche sich ersteren nähern.

gar nicht denkbar ist, repräsentirt. Es liegt nur darin so viel, daß sich der endlose Progreß nicht durch $\frac{1}{0}$ symbolisch vorstellen läßt.

8) Da nun $\frac{1}{0}$ durch das Endlose ∞, welches keine absolute Grenze anerkennt, nie erreicht werden kann, mithin $\frac{1}{0}$ blos in der Imagination, als über alle Endlosigkeit hinaus liegend erscheint, (aber im Grunde genommen nichts weiter ist, als das arithmetische Gewand, in welches sich der endlose Progreß einhüllen will, ohne dies aber je vermögen zu können), und zugleich ∞ mit $\frac{1}{0}$ in solcher untrennbaren Verbindung steht, daß ∞ ins Endlose dahin strebt, die Form $\frac{1}{0}$ annehmen zu wollen, so darf man doch der Kürze wegen sagen, daß sich ∞, dem bloßen Formalismus nach, dem Symbol $\frac{1}{0}$ näherb ringt, insofern $1:\beta^{n_*}$, in $\frac{1}{1:\beta^{n_*}}$, der Null ins Endlose näherrückt.

Deshalb heiße:

$$\frac{1}{0} \text{ die formelle eingebildete Grenze von } \infty.$$

Da nun das formelle Grenz-Symbol $\frac{1}{0}$ vom unbegrenzt numerisch Endlosen ∞, den absoluten, widersprechenden, Gegensatz alles numerisch Endlichen, numerisch bestimmten, als auch den relativen (im unaufhörlichen Streben nach seiner symbolischen Vernichtung begriffenen) des numerisch Endlosen bildet, so möge diese Beziehung des ∞ zu $\frac{1}{0}$ durch

$$\infty \succeq {}^{f}G.(\tfrac{1}{0})$$

vorgestellt werden, und wir lesen solche:

Das Endlose nähert sich, in blos symbolischer Rücksicht, unaufhörlich gleich zu werden seiner formellen Grenze (${}^{f}G$), $\frac{1}{0}$ *). Das Zei-

*) Man könnte sich auch u. A. des Zeichens $\underline{\underline{\smile}}$ bedienen, und man würde dann die obige Beziehung lesen: das Endlose strebt unaufhörlich gleich zu werden ($\underline{\underline{\smile}}$) seiner formellen Grenze (${}^{f}G$), $\frac{1}{0}$. Die Grenze heißt formell, weil in der That keine wirkliche Annäherungen an $\frac{1}{0}$ existiren, indem $\frac{1}{0}$ keine Vergleichung mit einem Numerischen duldet.

Wählt man statt der obigen Bezeichnung diese:

$$\infty \fallingdotseq {}^{f}G.(\tfrac{1}{0}),$$

so ist das Zeichen $\fallingdotseq$ nicht ganz so charakterisirend wie das obige, aber bequemer im Gebrauche.

chen $\succeq$ charakterisirt die endlose ($\sim$) Annäherung ($>$) an das Gleichsein. Diese Annäherung von ∞ an $\frac{1}{0}$ ist aber hier keine numerisch angebbare, denn $\frac{1}{0}$ stößt alles Bisherige von sich ab: sondern sie ist vielmehr nur eine formale, ∞ will die Form $\frac{1}{0}$ annehmen und kann sie doch nie erreichen. Hiernach hat man auch, da sich $1:\beta^{n*}$ seiner wirklichen Grenze 0 bis ins Endlose nähert, wenn $\beta > 1$ ist, und β^{n*} in ∞, also $1:\beta^{n*}$ in $1:\infty$ übergeht:

$$\frac{1}{\infty} \succeq G.(0),$$

wo nun $\frac{1}{\infty}$ das numerisch, unter jeden gegebenen noch so kleinen Bruch hinabfliehende

„Endlos-Kleinerwerdende,"

und Null die unerreichbare

wirkliche Grenze

desselben, in dieser untrennbaren Verbindung mit ihm gedacht, heißen möge. Dem Kennbuchstaben G, wird nichts weiter hinzugefügt, sobald wir eine wirkliche Grenze d. h. einen Ausdruck haben, dem sich ein anderer ins Endlose, bis auf den Moment des Verschwinden-Wollens, nähert.

Der Unterschied zwischen dem Endlos-Kleinerwerdenden und der Null, tritt vollkommen heraus, indem das was ohne Ende kleiner wird als jeder gegebene Bruch, von dem verschieden ist, was bereits kleiner ist als jeder derselben.

Betrachtet man endlich das Glied $\frac{1}{1:\beta^{n*}}$ in $-\left[\frac{1}{1:\beta^{n*}}\right]$, so wissen wir schon, daß dasselbe in ∞ übergeht und ohne Ende seiner formellen Grenze $\frac{1}{0}$, in symbolischer Rücksicht, nachstrebt *); man hat daher

$$-\infty \succeq {}^{f}G.(-\tfrac{1}{0}).$$

*) Durch

$$-\frac{1}{0},\ -\infty\ldots-3,\ -2,\ -1,\ \ldots-\frac{1}{\infty},\ 0,\ \frac{1}{\infty}\ldots1\ldots2\ldots3\ldots\infty,\ \frac{1}{0}$$

kann man sich alles bisher Entstandene versinnlicht vorstellen. Von 0 bis in ∞ formiren sich, bis ins Endlose, die ganzen Zahlen, ächten und unächten Brüche; die formelle Grenze ist $\frac{1}{0}$. Nämlich zwischen je zwei aufeinander folgenden Zahlen, rechts von der Null, z. B. zwischen q und $q+1$ kann man sich eine

Aus dieser Untersuchung, in der wir von der Betrachtung der Gleichung *) $\frac{1}{(1:\beta)^{n_*}} = \beta^{n_*}$ ausgingen, ergiebt sich sehr einfach, daß wir zu einem Widerspruch gelangen müssen, wenn wir $\frac{1}{0} = x$, setzen wollen, weil dies jetzt aus dem Begriff von $\frac{1}{0}$ folgt; indem $\frac{1}{0}$ keinem Bestimmten, Seienden, gleich sein kann, sondern nur eine reine symbolische Beziehung idealisirt zum numerisch Endlos=Größerwerdenden. Hätten wir hingegen mit $\frac{1}{0} = x$ begonnen, und wären wir nicht weiter über den daraus fließenden Widerspruch hinausgegangen,

---

beliebige Anzahl von gebrochenen Zahlen liegend denken. Man hat dann, wenn n eine beliebige ganze Zahl vorstellt

$$q,\ q+\frac{1}{n},\ q+\frac{2}{n},\ q+\frac{3}{n},\ldots,q+\frac{n-1}{n},\ q+1.$$

Denkt man sich nun statt n ohne Aufhören immer größere und größere Zahlen gesetzt, d. h. n in n_* übergehend, so hat man

$$q,\ q+\frac{1}{n_*},\ q+\frac{2}{n_*},\ q+\frac{3}{n_*},\ldots,q+\frac{n_*-1}{n_*},\ q+1.$$

Hierdurch sind die zwischen q und $q+1$ liegenden gebrochenen Zahlen, deren Anzahl endlos ist, auf symbolischem Wege als stetig nach einander folgend vorgestellt, so daß keine gebrochene Zahl weiter zwischen q und $q+1$ angegeben werden kann, weil der Unterschied je zweier neben einander liegenden $= \frac{1}{n_*}$ ist, und also $\frac{1}{n_*}$ in den Moment des Verschwinden=Wollens tritt. Von der Null links ab bis in $-\infty$ formiren sich die negativen ganzen und gebrochenen Zahlen; die formelle Grenze ist hier $-\frac{1}{0}$. Jedes Glied nach links von Null an gerechnet, ist dem gleich, welches rechts von Null denselben Abstand von Null hat, nur daß an ihm der operative Gegensatz haftet. Daher fällt die irrige Vorstellung „daß das was über $\frac{1}{0}$ hinaus liegt, negativ und größer als das Unendliche wäre, ganz über den Haufen, da das sogenannte Unendliche, als ein Letztes, gar nicht existirt, mithin noch viel weniger darüber hinausgegangen werden kann. Beginnt man hingegen mit irgend einem Bruch z. B. mit $\frac{1}{4}$, und will man vom Nenner stets eine Einheit fortlassen, so erhält man

$$\frac{1}{4},\ \frac{1}{3},\ \frac{1}{2},\ \frac{1}{1},\ \frac{1}{0}.$$

Diese Stellung ist richtig bis zu $\frac{1}{1}$, aber von da ab steht $\frac{1}{0}$ nicht neben $\frac{1}{1}$, sondern man hat

$$\frac{1}{0},\ \infty\ldots\frac{1}{1},\ \frac{1}{2},\ \frac{1}{3},\ \frac{1}{4}\ldots\frac{1}{\infty},\ 0,\ -\frac{1}{\infty}\ldots-1,\ -2,\ldots-\infty,\ -\frac{1}{0},$$

so daß nicht der Fortgang ins Negative links nach $\frac{1}{0}$ folgen kann, sondern vielmehr hier rechts von 0 erscheinen muß.

*) $\frac{1}{(1:\beta)^{n_*}} = \beta^{n_*}$ stellt endlos viele Gleichungen vor.

so würden wir **nicht** zum wahrhaften Begriff von $\frac{1}{0}$, als formellen Grenz-Symbol von ∞, gelangt sein*), indem das zu einem Widerspruch führen, im Setzen des $\frac{1}{0} = x$, nicht den Begriff von $\frac{1}{0}$ erschöpft, sondern nur als wichtiges Element desselben auftritt.

Es ist $\frac{1}{0}$ ein bloßer Formalismus, man hat 1 und 0, wie hier, durch die Division verbunden, während diese Verbindung $\frac{1}{0}$ an sich keinen Sinn hat, insofern man sich darunter Etwas denken will, was mit 0 multiplizirt 1 giebt, welches Etwas, gar nicht denkbar ist. Von diesem Formalismus $\frac{1}{0}$ gilt nur, daß er mit dem Endlos-Größerwerdenden weiter nichts gemein hat, als daß letzteres ohne Aufhören dahin strebt, das blos der Form nach arithmetische Gewand $\frac{1}{0}$ annehmen zu wollen. Deshalb ist auch $\frac{1}{0}$ durchaus nicht weiter darstellbar, und es ist daher ganz unzulässig, statt $\frac{1}{0}$ ein besonderes Zeichen einzuführen, was, wenn es geschieht, zu dem Irrthum veranlassen muß, als ob sich $\frac{1}{0}$ weiter darstellen ließe. Wollte man z. B. $\frac{1}{0}$ mit ∞ bezeichnen und also unter ∞ nicht das Endlos-Größerwerdende, sondern nichts weiter als $\frac{1}{0}$ denken, so ist man dann irrthümlich geneigt $\frac{1}{0} = \infty$ zu setzen, weil man sich an den in andern Fällen richtigen Satz „wenn a dieselbe Zahl bezeichnet wie b, so kann statt a, b gesetzt werden" zu sehr gewöhnt hat, und ihn deshalb nun auch hier irrthümlich anwendet. Man glaubt dann in dem bloßen Formalismus $\frac{1}{0}$ eine arithmetische Operation zu erblicken, weil 1 durch 0 dividirt, dasteht, und denkt sich nun wieder irrthümlich, daß diese eingebildete Operation zu etwas Numerischem führen müsse, was dann ∞ hieß. Man setzte dann $\frac{1}{0} = \infty$, und folgerte hieraus, obgleich hier nichts ist, aus dem gefolgert werden darf: $1 = 0 \, . \, \infty$.

*) Eben so wenig gelangen wir u. A. zum Bewußtsein über den Grund des Widerspruchs, wenn wir, im Falle $\sqrt[m]{\alpha}$ **nicht** = einer wirklichen Zahl ist, nun $\sqrt[m]{\alpha} = \frac{\beta}{\gamma}$ setzen, und $\alpha = \frac{\beta^m}{\gamma^m}$ erhalten, was widersprechend ist, weil sich β und γ als relative Primzahlen vorstellen lassen und nun auch γ^m zu β^m relative Primzahl ist. Wir finden nur dadurch blos, nach einer **ausschließenden Weise**, daß sich nun auch $\sqrt[m]{\alpha}$ nicht als Bruch wirklich darstellen lasse; wir wissen also dadurch nur, was $\sqrt[m]{\alpha}$ **nicht** sein kann, wenn $\sqrt[m]{\alpha}$ keine ganze Zahl ist. Der Grund des Widerspruchs ist aber auf diese Weise noch eben so wenig enthüllt, wie wir nun dadurch wissen, was denn $\sqrt[m]{\alpha}$ in diesem Falle eigentlich vorstellt. Solche Beispiele ließen sich leicht eine beliebige Menge anführen.

Man widerspricht sich also, wenn man $\frac{1}{0}$, was sich nicht weiter darstellen läßt, dessen ungeachtet darstellt, und da die Operationslehre anwendet, wo es keine Zahlen mehr giebt mit denen operirt werden kann.

Aus diesem Grunde machen wir erstens noch ausdrücklich darauf aufmerksam, daß $\frac{1}{0}$ nicht $= \infty$ ist, eben weil sich $\frac{1}{0}$ überhaupt weiter gar nicht, und insbesondere auch nicht als Endlosigkeit darstellen läßt, sondern sich nur selbst als das für ∞, in formeller Rücksicht, unerreichbare Ziel, als symbolische Grenze von ∞ fassen läßt. Zweitens, daß wir mit $\frac{1}{0}$ nicht operiren können, noch dürfen, eben weil $\frac{1}{0}$ keine Zahl vorstellt, sich auch nicht durch Zahlen ausdrücken läßt, also von $\frac{1}{0}$ nicht das gelten kann, was von diesen gilt. Was ins Endlose wächst, d. h. größer wird als jede gegebene noch so große Zahl, ist deshalb noch nicht das Unendliche. Der Ausdruck „bis ins Unendliche," ist ein bloßes Wortspiel; denn wir gelangen durch den endlos steigenden Progreß zu nichts Neuem, und somit auch nicht in das Unendliche. Wir haben nur ein Endlos-Größer- und ein Endlos-Kleinerwerdendes, ferner eine blos formale Grenz-Bezeichnung des erstern und eine wirkliche Grenze, nämlich Null, des letzteren. Wir unterscheiden den für uns klaren Begriff der Endlosigkeit von dem für uns unbegreiflichen, des Unendlichen, hier ausdrücklich. Endlos, ins Endlose fort, bedeutet für uns so viel wie ohne Aufhören, während das Unendliche, unserer individuellen Ansicht gemäß, im Kalkul keinen Sinn hat. Das Numerische, was der endlose Fortgang in jedem Augenblicke erzeugt, nähert sich entweder einer gewissen Zahl unaufhörlich, so daß der Unterschied, ohne völlig = Null zu sein, kleiner wird als jeder gegebene noch so kleine Bruch, wo dann diese Zahl die wirkliche Grenze jenes ihr unaufhörlich näher rückenden und sich stets ändernden Numerischen genannt wurde, oder letzteres erkennt gar keine Grenze an. Im Fall eine wirkliche Grenze stattfindet, bleibt das numerisch sich Ändernde entweder stets unter dieser Grenze, oder es ist abwechselnd bald größer, bald kleiner als dieselbe *), so daß eben das Mehr oder Weniger

*) Aus

$$\frac{\alpha}{\alpha+1} = 1 - \frac{1}{\alpha} + \frac{1}{\alpha^2} - \ldots \pm \frac{1}{\alpha^{n-1}} \mp \frac{1}{\alpha^{n-1}(\alpha+1)}$$

folgt z. B. für $\alpha = 3$,

$$1 - \frac{1}{3} + \frac{1}{3} - \frac{1}{3^3} + \ldots \backsim\!\backsim \succeq G.(3:4).$$

kleiner wird als jeder gegebene noch so kleine Bruch, ohne je Null erreichen zu können.*)

Bemerkung. Zugleich können wir noch kurz, in Betreff der obigen Gleichung (S. 349)

$$\frac{1-\frac{1}{n^h}}{n-1} = \frac{1}{n} + \frac{1}{n^2} + \ldots + \frac{1}{n^h},$$

bemerken, daß wenn man darin, oder in

$$\frac{1}{n-1} - \frac{1:n^h}{n-1} = \frac{1}{n} + \frac{1}{n^2} + \ldots + \frac{1}{n^h}$$

unter h keine bestimmte, übrigens noch so große, Zahl denkt, sondern annimmt, daß h über alle gegebenen Zahlen hinaus bis ins Endlose größere und größere wirkliche Zahlen bezeichnet, d. h. h in h_*, oder in ∞, übergeht, also der formellen eingebildeten Grenze $\frac{1}{0}$ bis ins Endlose, in Rücksicht des Symbolischen-Formalismus, näher rückt: dann der Bruch $\frac{1}{n^{h_*}}$, für $n > 1$, auch unaufhörlich seiner Grenze 0, ohne sie je erreichen zu können, bis auf den Moment des Verschwinden-Wollens nachstrebt. Mithin nähert sich: $\frac{1-\frac{1}{n^{h_*}}}{n-1}$, für $n > 1$

Hier hat man abwechselnd:

$$1 > \frac{3}{4},\ 1-\frac{1}{3} < \frac{3}{4},\ 1-\frac{1}{3}+\frac{1}{3^2} > \frac{3}{4},\ 1-\frac{1}{3}+\frac{1}{3^2}-\frac{1}{3^3} < \frac{3}{4} \text{ u. s. w.}$$

Die Abweichungen sind bezüglich

$$\frac{1}{4},\ \frac{1}{3.4},\ \frac{1}{3^2.4},\ \frac{1}{3^3.4},\ \ldots,\ \frac{1}{3^{h-1}.4},$$

also in endloser Abnahme begriffen, wenn h in h_* übergeht. Das Fehlende kann aber nie völlig = 0 werden.

*) Wir haben es daher hier absichtlich vermieden statt $\frac{1}{0}$ ein besonderes Zeichen zu setzen; eben so wenig nannten wir $\frac{1}{0}$ einen Spezial-Fall vom allgemeinen Quotienten. Wir verstanden unter $\frac{1}{0}$ nicht das unendliche Große, welches gewöhnlich mit ∞ bezeichnet wird, sondern wir unterschieden beides; $\frac{1}{0}$ als unendlich Großes existirt nicht für uns.

So wie man es unternimmt, statt $\frac{1}{0}$ ein anderes Zeichen z. B. ∞ zu setzen, so hat man auch die zu einem Chaos von Irrthümern leitende Brücke

$$\tfrac{1}{0} = \infty$$

geschlagen, indem der Anfänger verleitet wird, hieraus Schlüsse ziehn zu wollen, wie sie nur für Zahlen gelten würden, abgesehn davon, daß die Annahme unstatthaft ist, eben weil sich $\frac{1}{0}$ nicht weiter einem Andern = setzen läßt, indem es nur ein formelles Grenz-Symbol vom Endlosgrößer-Werdenden bildet.

und $h_* = \infty$, unaufhörlich seiner Grenze $\frac{1}{n-1}$, ohne sie je erreichen zu können.

Man hat deshalb

$$\frac{1}{n} + \frac{1}{n^2} + \frac{1}{n^3} + \ldots \sim\!\sim \succeq G_{n>1} \cdot \left(\frac{1}{n-1}\right)\text{*)}.$$

*) Überall soll und muß die Bedeutung eines Zeichens bestimmt sein. Das Zeichen „=" muß völlige Identität, wie in $a = a$, durchweg da vorstellen, wo man mit mathematischer Bestimmtheit auftreten will; denn ein Unterschied zwischen einer größeren oder kleineren Genauigkeit kann durchaus in diesem Falle nicht stattfinden. Ist keine völlige Identität, wie z. B. zwischen $1 + \frac{1}{\alpha} + \frac{1}{\alpha^2} + \ldots \sim\!\sim$, und $\frac{\alpha}{\alpha - 1}$ vorhanden, so kann, um dies vorzustellen, das Gleichheits-Zeichen nicht dazu dienen. Durch solche und ähnliche Inkonsequenzen muß der Anfänger verwirrt werden, und er sieht dann entweder erst späterhin, wenn er nicht etwa durch solche Widersprüche abgehalten wird sein Studium fortzusetzen, daß diese Inkonsequenzen keineswegs die Wissenschaft treffen, sondern vielmehr der Darstellung derselben; oder er beharrt im Nebel des Unendlichen bis an sein Ende. Bevor man nicht genau erklärt hat, was man unter der Gleichheit zweier Zahlen verstehe, darf auch nicht davon die Rede sein. Wendet man daher ein früher, im engern Sinne, definirtes Gleichsein da an, wo gar kein Gleichsein ist, so ist es begreiflich, doß die erhaltenen Resultate nicht nothwendig zuverlässig sind. Verfährt man auf solche unwissenschaftliche Weise, so hat man z. B.:

$a^m \mathfrak{l} n = m(a \mathfrak{l} n)$, $a^m \mathfrak{l} n = [(-a)^m] \mathfrak{l} n = m[(-a) \mathfrak{l} n]$, also $m(a \mathfrak{l} n) = m[(-a) \mathfrak{l} n]$ oder $a \mathfrak{l} n = (-a) \mathfrak{l} n$ oder $m^{a \mathfrak{l} n} = m^{-a \mathfrak{l} n}$ oder $a = -a$;

solche Paradoxa gehen dann hervor. Ferner sagt man auch u. A., um $a . 0 = 0$ zu erklären. „Es heiße a mit 0 multiplizиren, so viel, wie a mit gar keiner Zahl, mit Nichts, multiplіziren und das müßte 0 geben. Obgleich hierbei der denkende Schüler einwendet, daß wenn a mit gar nichts multiplizirt wird, a herauskommen müsse, so wird doch am Mechanismus so lange gedreht, bis der Schüler beistimmt, und gar nicht weiter bemerkt, daß die Definition der Null total falsch war. Ferner geht man, ohne daran zu denken, oder zu wissen, daß die Definition vom Potenziren erweitert sein muß, wenn man da, nach der früheren Erklärung, potenziren will, wo man eben nach derselben gar keine Potenz mehr hat, unmittelbar zu a^0 über. Hier soll nun wieder eine Zahl a mit Nichts potenzirt werden, wonach, vermöge dieses irrigen Begriffs von Null, a bleiben müßte. Man sagt aber dictatorisch: a^0 ist $= 1$, und das wird nun mit Verwunderung als ein großartiges arithmetisches Kunststück ebenfalls zugegeben. Oft weiß man nicht einmal, was ein Bruch ist, indem man $\frac{4}{2}$, $\frac{4}{1}$ zu den Brüchen zählt. Sogar macht man es sich so bequem und giebt, statt Lehrsätze abzuleiten, bloße Erklärungen statt der Beweise. Dies geschieht bald aus Unwissenheit, bald aus der Absicht, diejenigen zu täuschen, die von der Sache wenig verstehen, und nun in der Bewunderung der Resultate, die aber durchaus nicht begründet sind, beharren. Von alle diesem haben wir uns hier, an Ort und Stelle, selbst überzeugt!

Will man ferner anzeigen, daß z. B. $1+\frac{1}{\alpha}+\frac{1}{\alpha^2}+\ldots+\frac{1}{\alpha^n}$ (wo n bestimmt angegeben ist), für $\alpha > 1$, eine Annäherung an $\frac{\alpha}{\alpha-1}$ ist, so möge dies durch

$$\left(1+\frac{1}{\alpha}+\frac{1}{\alpha^2}+\ldots+\frac{1}{\alpha^n}\right)_{\alpha>1} \succeq \frac{\alpha}{\alpha-1},$$

d. h. $1+\frac{1}{\alpha}+\frac{1}{\alpha^2}+\ldots+\frac{1}{\alpha^n}$ nähert sich, für $\alpha > 1$, dem Gleichsein des $\frac{\alpha}{\alpha-1}$ *), vorgestellt werden.

---

*) Gewöhnlich setzt man $\frac{\alpha}{\alpha-1}=1+\frac{1}{\alpha}+\frac{1}{\alpha^2}+\ldots\sim$ und will hier ein Gleichsein finden, was dann durch die Versicherung gerechtfertigt sein soll, „daß das Fehlende nicht in Anschlag komme." Wenn es auch wahr ist, daß das Fehlende, für $\alpha > 1$, unangebbar klein ist, und man deshalb für die Anwentung in keinen sichtbaren Irrthum verfallen kann, sobald nur statt der endlosen Reihe rechts, der Ausdruck links, und umgekehrt, gesetzt wird:. so haben wir jedoch in der Theorie durchaus kein Recht, das im endlosen Streben des Gleichwerden-Wollens Beharrende, als ein absolutes Gleichsein zu bezeichnen. Ist kein Gleichsein da, so muß es angezeigt werden, aber es ist ganz inkonsequent, wenn man in diesem Falle ein Gleichsein annimmt. Es streitet ganz gegen den Begriff von $\frac{1}{n-1}$, daß zuletzt die Divisions-Entwickelungen zu keinem Reste führe. Setzt man $\frac{1}{1-n}=1+n+n^2+\ldots\sim$, so weicht die Reihe rechts, für $n>1$, um so mehr von $\frac{1}{1-n}$, was sie geben soll, ab, je mehrere Glieder man von ihr vereinigt denkt. Bricht man z. B. beim 10^6ten Gliede ab, und setzt $\frac{1}{1-n}=1+n+n^2+\ldots+n^{99999}$, so fehlt man um $\frac{n^{1000000}}{1-n}$. Setzt man in $\frac{1}{1-n}=1+n+n^2+\ldots\sim$, statt n, $1+\beta$, so kommt $-\frac{1}{\beta}=1+(1+\beta)+(1+\beta)^2+\ldots\sim$ und der schauerliche Widerspruch liegt klar vor Augen; denn wie widersinnig es ist, durch das endlose Zusammenfassen von immer größeren und größeren wirklichen Zahlen, d. h. durch $1+(1+\beta)+(1+\beta)^2+\ldots\sim$, die negative gebrochene Zahl $-\frac{1}{\beta}$ erhalten zu wollen, leuchtet ein. Die Divisions-Beziehung des β zur Einheit in $-\frac{1}{\beta}$, ist rechts, durch den so angegebenen Progreß, gänzlich vernichtet, und man kann dreist versichert sein, daß der leere endlose Progreß rechts, kein solches Wunder erzeugen kann, wie er jedoch erzeugen müßte, wenn von einem Gleichsein die Rede sein soll. Eben so setzt man in

Dividirt man α durch $\alpha - 1$, und denkt sich die gewöhnliche Division ohne Aufhören fortgesetzt, so zeigt sich allerdings der endlose Fortgang $1 + \frac{1}{\alpha} + \frac{1}{\alpha^2} + \ldots \sim\!\sim$, eben weil unter dieser Bedingung das Dividiren kein Ende erreicht, so daß man dann zum Hinzufügen des Fehlenden freilich nicht gelangen kann. Letzteres hat, wenn man diese Divisions-Entwickelung beim nten Gliede abbricht, stets die Form $\frac{1}{\alpha^{n-1}(\alpha - 1)}$, und diese Ergänzung wird nimmer erreicht, wenn der Fortgang in $1 + \frac{1}{\alpha} + \frac{1}{\alpha^2} + \ldots$ ins Endlose stattfindet. Hierin liegt aber eben das Mangelhafte, daß der in $1 + \frac{1}{\alpha} + \frac{1}{\alpha^2} + \ldots \sim\!\sim$ liegende Progreß nie die Ergänzung mit aufnehmen kann, weshalb es auch unrichtig ist, zu sagen, daß $1 + \frac{1}{\alpha} + \frac{1}{\alpha^2} + \ldots \sim\!\sim$ die allgemeine Entwickelung von $\frac{\alpha}{\alpha - 1}$ sei, eben weil sich schlechterdings $\frac{\alpha}{\alpha - 1}$, seinem Begriffe nach, nicht vollkommen $= 1 + \frac{1}{\alpha} + \frac{1}{\alpha^2} + \ldots \sim\!\sim$ entwickeln läßt, und vielmehr $\frac{\alpha}{\alpha - 1}$, für $\alpha > 1$, nur die wirkliche Grenze von $1 + \frac{1}{\alpha} + \frac{1}{\alpha^2} + \ldots \sim\!\sim$ bildet.

Aus $\frac{\alpha}{\alpha - 1}$ fließt ganz richtig

$$\alpha = \left(1 + \frac{1}{\alpha} + \frac{1}{\alpha^2} + \frac{1}{\alpha^3} + \ldots + \frac{1}{\alpha^{n-1}}\right).(\alpha - 1) + \frac{1}{\alpha^{n-1}},$$

$\frac{1}{(1-x)^2} = 1 + 2x + 3x^2 + 4x^3 + 5x^4 + \ldots \sim\!\sim$, $x = 1$, $x = 2$, u. s. w. und gelangt durch die Vernachlässigung des Restes, bezüglich zu

$$1 + 2 + 3 + 4 + \ldots \sim\!\sim = \frac{1}{(1-1)^2} = \frac{1}{0}, \text{ und}$$

$$1 + 4 + 12 + 32 + 80 + \ldots \sim\!\sim = \frac{1}{(1-2)^2} = 1.$$

Wir enthalten uns, noch mehrere Beispiele der Art anzuführen. Man setze daher z. B. nicht

$$\frac{a}{b} = \left[\frac{a}{bh+1} + \frac{a}{(bh+1)^2} + \frac{a}{(bh+1)^3} + \ldots \sim\!\sim\right].h, \text{ sondern}$$

$$\left[\frac{a}{bh+1} + \frac{a}{(bh+1)^2} + \frac{a}{(bh+1)^3} + \ldots \sim\!\sim\right].h \asymp G.\left(\frac{a}{b}\right),$$

was um so mehr wahr ist, je größer h angenommen wird.

wo n beliebig groß gedacht werden kann. Geht nun n in n_* über, so hat man auch noch

$$\alpha = \left(1 + \frac{1}{\alpha} + \frac{1}{\alpha^2} + \frac{1}{\alpha^3} + \ldots + \frac{1}{\alpha^{n_*-1}}\right).(\alpha - 1) + \frac{1}{\alpha^{n_*-1}},$$

aber deshalb nicht

$$\alpha = \left(1 + \frac{1}{\alpha} + \frac{1}{\alpha^2} + \ldots \sim\right).(\alpha - 1),$$

eben weil man rechts stets um $\frac{1}{\alpha^{n_*-1}}$ (obgleich nicht angebbar —) fehlen würde.

Die Abweichung der rechten Seite von der linken, wird um so größer, je mehr α, < 1 gedacht würde; hingegen um so kleiner, je mehr α, > 1 ist. Nimmt man in der Gleichung

$$\alpha = \left(1 + \frac{1}{\alpha} + \frac{1}{\alpha^2} + \frac{1}{\alpha^3} + \ldots + \frac{1}{\alpha^{n_*-1}}\right).(\alpha - 1) + \frac{1}{\alpha^{n_*-1}},$$

$\alpha = 1$, so kommt:

$$1 = (1 + 1 + 1 + \ldots \sim).0 + 1,$$

was richtig ist. Setzt man hingegen in der Nicht-Gleichung:

$$\alpha = \left(1 + \frac{1}{\alpha} + \frac{1}{\alpha^2} + \ldots \sim\right).(\alpha - 1),$$

$\alpha = 1$, so erscheint der Widerspruch:

$$1 = 0.$$

Da man aber $1 + \frac{1}{\alpha} + \frac{1}{\alpha^2} + \ldots \sim$ als die wahrhafte Entwicklung von $\frac{\alpha}{\alpha - 1}$ fälschlich betrachtete, so gelangte man natürlich zu der unstatthaften Gleichsetzung

$$\alpha = \left(1 + \frac{1}{\alpha} + \frac{1}{\alpha^2} + \ldots \sim\right).(\alpha - 1),$$

woraus sich dann, eben so natürlich, die nahe liegenden Widersprüche von selbst ergeben mußten.

Man versuchte den, für $\alpha = 1$, aus der falschen Gleichsetzung: $\alpha = \left(1 + \frac{1}{\alpha} + \frac{1}{\alpha^2} + \ldots \sim\right).(\alpha - 1)$ fließenden Widerspruch u. A. dadurch zu verhüllen, daß man vorschrieb, $(1 + 1 + 1 + \ldots \sim).(1 - 1)$ müsse so

$$\begin{array}{ll} & 1 + 1 + 1 + 1 + \ldots \sim \\ \text{addirt:} & -1 - 1 - 1 - \ldots \sim \end{array}$$

entwickelt werden, denn man hätte dann $(1+1+1+\ldots\sim\sim).(1-1)$ oder $(1+1+1+\ldots\sim\sim).0=1$, mithin ganz richtig (?!—)

$$\tfrac{1}{0}=1+1+1+\ldots\sim\sim$$

Daß nun aber auch

$$(1+1+1+\ldots\sim\sim).(1-1)=1.(1-1)+1.(1-1)+\ldots\sim\sim=0+0+\ldots\sim\sim$$

wäre, mußte dann natürlich dabei vermieden werden, eben weil dies nicht (so bequem) zum erwünschten Ziele führen würde.

Setzt man $\alpha=\left(1+\frac{1}{\alpha}+\frac{1}{\alpha^2}+\ldots\sim\sim\right).(\alpha-1)$ und entwickelt nun so:

$$\begin{aligned}&\alpha+1+\frac{1}{\alpha}+\frac{1}{\alpha^2}+\ldots\sim\sim\\&-1-\frac{1}{\alpha}-\frac{1}{\alpha^2}-\ldots\sim\sim,\end{aligned}$$

so ist natürlich der Schein vorhanden, als ob sich dies auf α reduzirt.

Man hat aber stets aus

$$\alpha=\left(1+\frac{1}{\alpha}+\frac{1}{\alpha^2}+\ldots+\frac{1}{\alpha^{\beta_*}}\right).(\alpha-1),$$

$$\begin{aligned}&\alpha+1+\frac{1}{\alpha}+\frac{1}{\alpha^2}+\ldots+\frac{1}{\alpha^{\beta_*-1}}\\ \text{addirt:}\quad&-1-\frac{1}{\alpha}-\frac{1}{\alpha^2}-\ldots-\frac{1}{\alpha^{\beta_*-1}}-\frac{1}{\alpha^{\beta_*}},\end{aligned}$$

was sich nicht auf α, sondern auf $\alpha-\frac{1}{\alpha^{\beta_*}}$ reduzirt; man hat daher

$$\alpha-\frac{1}{\alpha^{\beta_*}}\succeq G_{\alpha>1}.(\alpha),$$

aber nicht:

$$\alpha-\frac{1}{\alpha^{\beta_*}}=\alpha.$$

Um deshalb zuletzt noch anzuzeigen, daß $1+\frac{1}{\alpha}+\frac{1}{\alpha^2}+\ldots\sim\sim$ die unvollständige Entwicklung von $\frac{\alpha}{\alpha-1}$ ist, wollen wir setzen:

$$1+\frac{1}{\alpha}+\frac{1}{\alpha^2}+\ldots\sim\sim={}^{\mathrm{u}}E\left(\frac{\alpha}{\alpha-1}\right)\text{ *}),$$

*) Hiernach setzen wir u. A. statt $\frac{1}{3}=0{,}333\ldots$, ferner statt $0{,}3333333$ bezüglich: $0{,}333\ldots\sim\sim\succeq\frac{1}{3}$; $0{,}3333333\succeq\frac{1}{3}$, weil im ersten Falle $0{,}333\ldots$ ins Endlose fortgesetzt der Grenze $\frac{1}{3}$ entspricht, und im zweiten: $0{,}3333333$ ein bloßer bestimmter Näherungs-Ausdruck von $\frac{1}{3}$ ist.

wo ^{u}E nichts weiter als ein Anzeiger der unvollständigen Entwicklung sein soll.

Man kann auch u. A. folgende Bezeichnung erwählen:

$$\frac{\alpha}{\alpha-1} = 1 + \frac{1}{\alpha} + \frac{1}{\alpha^2} + \ldots + \{\varepsilon\},$$

wo ε die Ergänzung vorstellt, die man sich also stets hinzudenken muß, wenn man nicht oft in große Widersprüche verfallen will.

Ist aber $\alpha > 1$ gegeben, so geht die vorstehende Bezeichnung in

$$1 + \frac{1}{\alpha} + \frac{1}{\alpha^2} + \ldots \sim\!\sim \;\succeq G_{\alpha>1}\cdot\left(\frac{\alpha}{\alpha-1}\right)$$

über, welches auch so:

$$\left\{1 + \frac{1}{\alpha} + \frac{1}{\alpha^2} + \ldots \sim\!\sim\right\}_{\alpha>1} \succeq \frac{\alpha}{\alpha-1},$$

oder u. A. so:

$$1 + \frac{1}{\alpha} + \frac{1}{\alpha^2} + \ldots \sim\!\sim \;\succeq \left(\frac{\alpha}{\alpha-1}\right)_{\alpha>1}$$

ausgedrückt werden kann, wenn man sich das Wort „Grenze" rechts, hinzudenkt.

Nur in solchen Fällen, wo die Anzahl der Glieder bestimmt, d. h. nicht endlos ist, geht die begrenzte Reihe in eine Summe über, oder sie ist selbst eine spezielle Summe. Im Falle aber die Anzahl der, nach einem gewissen Gesetze fortschreitenden, Glieder unbegrenzt, endlos ist, haben wir eine wahrhafte Reihe und keine Summe. Im ersten Falle läßt sich die Reihe, als spezielle Summe, genau bestimmen, d. h. die Glieder können wirklich summirt werden. Im andern, wo die Anzahl der Glieder wirklich endlos ist, kann von ihrer völligen Summirung keine Rede mehr sein; man findet dann nur Annäherungen an die Reihe, und selbst die Grenze derselben ist nicht der Total-Ausdruck für alle Glieder, sondern nur der Ausdruck, dem sich die Reihe ins Endlose nähert, so daß der Unterschied zwischen dieser Grenze und der entsprechenden Reihe beliebig klein werden kann, ohne jedoch völlig verschwinden zu können. Die Bestimmung der Grenze ist, im Falle nämlich nicht wirklich durch das Summiren die Reihe erschöpft werden kann, in der Lehre von den Reihen von der größten Wichtigkeit *).

*) Vermöge der hier im Text entwickelten Ansicht, die einen Kalkul des Unendlichen, ja selbst das Unendliche in ihm gar nicht anerkennt, dasselbe vielmehr als bloße Chimäre, als ein leeres, sich in seiner Nichtigkeit auflösendes, grillenhaftes Hirngespinst erklärt, mit dem kein Mathematiker operiren wird, ist es nun leicht, jeden noch so fein geschürzten Knoten, in Betreff der vermeinten Unendlichkeits-Theorie, so wie des ganzen Heeres von den sogenannten Geschlechtern der unendlich Kleinen und unendlich Größen, zu lösen. Zu welchen kühnen, aber lächerlichen Begeisterungen und damit verbundenen

Späterhin werden wir auf diese wichtigen Beziehungen in der sogenannten Lehre von den Reihen zurückkommen, indem zunächst die Gesetze der sieben Operationen, bis zu einer, unserm Zwecke entsprechenden Allgemeinheit, die durch die Wissenschaft selbst bedingt wird, erhoben werden müssen, ehe von den, die Operations-Gesetze voraussetzenden sogenannten Anwendungen gehandelt werden kann *).

5) Ist $\alpha > \beta$, aber existirt kein μ für welches $\alpha = \beta + \beta + \ldots + \beta_\mu$ ist, so hat man aus der ersten Bedingung $\alpha > \beta$, $\alpha = \beta + \gamma_1$, wo γ_1 nach der zweiten Bedingung nicht $= \beta$, also entweder größer, oder kleiner, als β sein muß.

Ist $\gamma_1 > \beta$, so hat man $\gamma_1 = \beta + \gamma_2$, wo aus demselben Grunde γ_2 nicht $= \beta$, sondern $\gamma_2 \gtrless \beta$ sein muß. Auf diese Weise fortschließend erhält man nach und nach: $\alpha = 1.\beta + \gamma_1 = 2.\beta + \gamma_2 = 3.\beta + \gamma_3 =$ u. s. f. Da nun hieraus $\gamma_1 = \alpha - 1.\beta$, $\gamma_2 = \alpha - 2.\beta$, $\gamma_3 = \alpha - 3.\beta$ u. s. w. folgt, mithin von α immer ein β mehr subtrahirt wird, so muß, α möge noch so groß sein, doch einmal zum ersten Mal der Fall eintreten, daß bei der nten Subtraktion α noch größer ist, als $n.\beta$, aber bereits kleiner ist, als $(n+1).\beta$; denn wollte man das Gegentheil annehmen, so würde sich α im fortwährenden Progreß des Größerwerdens befinden, mithin α keine Zahl vorstellen, was gegen die Voraussetzung streitet. Man hat dann für diesen Fall $\alpha = n.\beta + \gamma_n$, wo $\gamma_n < \beta$ sein muß, indem sonst für $\gamma_n > \beta$, $\gamma_n = \beta + \gamma_{n+1}$, also

Verirrungen man übrigens durch die Einführung des Unendlichen gelangt ist, läßt sich aus vielen ältern, aber auch aus neuern Schriften hinlänglich ersehen, so viel Scharfsinn auch, in mancher Hinsicht, darin entwickelt ist. Rücksichtsweise führen wir nur einige der ältern Werke an:

de l'Hospital Analyse des infinement petits. Paris 1784. 8.

Fontaine traité du calcul différential et intégral. Paris 1770. 4.

Versuch einer genauen Theorie des Unendlichen von Johann Schulz. Königsberg und Leipzig 1788.

*) Gewöhnlich findet man besondere Kapitel einzelner abgerissener Lehren vorgetragen, ohne daß dargethan wird, weshalb nun gerade diese oder jene folgen muß. Dies geschieht theils aus der beschränkten Ansicht, daß die Grundlehren einzelnen Zwecken angepaßt werden müßten, theils aus Eigennutz, wenn man Büchern, die kaum zwanzig Bogen enthalten, das Aushängeschild giebt: „die gesammte reine und angewandte Mathematik." Die Wissenschaft hat als solche zunächst ihre eigene Entwickelung, d. h. sich selbst zum Gegenstande, und darf in so weit nicht auf besondere Aeußerlichkeiten Rücksicht nehmen. Es existirt nur eine Operationslehre, und aus ihrer Verallgemeinerung ergeben sich von selbst die sonst einzeln dastehenden Lehren in ihrer nothwendigen Entwicklung, d. h. als Bedürfniß der Operationslehre.

$\alpha = (n+1).\beta + \gamma_{n+1}$ wäre, was unmöglich ist, weil $\alpha < (n+1).\beta$ sein soll. Vergl. die Note zu Seite 193.

Nun ergiebt sich noch

aus $\alpha = n.\beta + \gamma_n$, daß

$$\frac{\alpha}{\beta} = n + \frac{\gamma_n}{\beta}$$

ist. Dasselbe folgt auch jetzt aus der Gleichung

$$\frac{D}{d} = n + \frac{D - dn}{d},$$

sobald man auch hier für n die größte ganze Zahl (es kann auch in einzelnen Fällen die Einheit sein) nimmt, für welche $n.\beta < \alpha$ und $(n+1).\beta > \alpha$ ist.

Hierdurch ist also der unächte Bruch $\frac{\alpha}{\beta}$ in die Summe $n + \frac{\gamma_n}{\beta}$ aus einer ganzen Zahl n (oder der Einheit) und einem ächten Bruch $\frac{\gamma_n}{\beta}$ umgeformt werden.

Man nennt diese Summe

$$n + \frac{\gamma}{\beta}$$

oft auch eine

gemischte Zahl;

ferner möge, in Rücksicht auf $\frac{\alpha}{\beta}$, die Zahl n das

nächst kleinste,

hingegen $n + 1$ das

nächst größte ganzzahlige Quotienten-Glied,

und endlich die Differenz

$\alpha - n.\beta$, der Rest

von α dividirt durch β, heißen.

Im Falle $\alpha < \beta$, also der Bruch $\frac{\alpha}{\beta}$ ein ächter ist, heiße Null das nächst kleinste, und 1 das nächst größte Quotienten-Glied der beiden Zahlen α und β. Auch in diesem Falle ist der Rest-Ausdruck $\alpha - n.\beta = \alpha - 0.\beta = \alpha, < \beta$. Nennt man nun, der Kürze wegen,

α durch β theilbar *),

*) Bemerkt man, daß eine Zahl kein Ganzes ist, also auch nicht aus Theilen bestehen kann, wie dies nur bei den Größen, mit denen wir im Kalkul nichts zu

wenn $\frac{\alpha}{\beta}$ ein wirklicher Quotient ist, so hat man die Wahrheit:

„Ist α durch β nicht theilbar, d. h. ist $\alpha : \beta$ ein Bruch, so ist der Rest der Division stets kleiner, als der Divisor β."

Da nun der unächte Bruch gleich einer bloßen Summe aus einer ganzen Zahl (oder der Einheit) und einem ächten Bruche ist, so ist letzterer die eigenthümliche Divisions-Form, die aus der Divisions-Verbindung zweier Zahlen hervorgeht, wenn die kleinere zum Dividend die größere zum Divisor genommen wird.

Da wir uns nun überzeugt haben, daß wenn wir beliebig viele allgemeine Quotienten durch die vier Operationen: Addition, Subtraktion, Multiplikation und Division mit einander verbinden, doch immer das Resultat von $\frac{a}{b} \overset{+}{\underset{\div}{\times}} \frac{c}{d} \overset{+}{\underset{\div}{\times}} \ldots$ im allgemeinen Quotienten liegen muß, der selbst wieder alle Zahlenformen in sich schließt, die entstehn können, wenn wir willkürlich viele wirkliche Zahlen auf ganz beliebige Weise durch diese vier Operationen mit einander verbinden: so stecken in ihm alle diejenigen Rechnungs-Formen die überhaupt entstehen können, wenn wir die Gesetze dieser vier Operationen, wie sie sich an den wirklichen Zahlen offenbarten, noch ganz allgemein beibehalten. Alle diese speziellen Zahl-Formen sind nun folgende fünf:

Die Null; die positive ganze Zahl; die negative ganze Zahl; die positive gebrochene Zahl; die negative gebrochene Zahl.

Die ganzen und gebrochenen Zahlen (mit Einschluß der Einheit) an sich selbst, ohne daß sie also eines der Zeichen (+, —) vor sich haben, mögen auch

absolute (abstrakte)

Zahlen, und diese fünf Zahlen-Formen überhaupt

reelle Zahlen

heißen, im Gegensatze der

imaginären

---

thun haben, der Fall ist, so erscheint das Wort „theilbar!" als unpassend und zu materiell im Reiche der Theorie der abstracten Zahlen. Man könnte sich des Ausdrucks „divisibel" oder eines besseren bedienen.

d. h. derjenigen die sich späterhin durch das Verallgemeinern der Wurzeln und Logarithmen ergeben werden und die auf keine Weise auf reelle Zahlen zurückgeführt werden können. Wir rechnen aber die Symbole $\overset{?}{0}$, $\pm\infty$,*) die ebenfalls, an sich, nicht auf reelle Zahlen zurückgeführt werden können, nicht mit zu den imaginären Zahlen.

Außer den wirklichen Zahlen giebt es keine Zahlen weiter, in dem alle Verbindungen mit ihnen, keine Zahlen, sondern bloß Zahlen-Verbindungen sind, die in ihrem End-Resultat entweder wieder zu einer wirklichen Zahl, oder zu bloßen Zahl-Formen führen, an denen noch eine Operations-Anzeige, d. h. ein stets auf sich selbst zurückleitendes operatives Wollen haftet. Die additiven und subtraktiven, positiven und negativen Zahlen u. s. w. sind nur aus den Gesetzen für wirkliche Zahlen, abstrahirte Begriffe; nirgends haben wir es deshalb im Kalkul mit bloßen Bildern, an sich selbst, zu thun, sondern mit den ihnen unterliegenden Begriffen. Das Wesen der Rechnungs-Formen besteht blos darin, daß wir die sich durch Gleichungen darstellenden Gesetze der Operationen, die vorher für wirkliche Zahlen gefunden werden mußten, nun so im allgemeinern Sinne aufzufassen suchen, daß jenen schon feststehenden Gesetzen in ihrem Grund-Charakter entsprochen wird, und also keine Widersprüche eingehn können. Bezeichnet $\frac{\alpha}{\beta}$ eine wirkliche Zahl, für welche $\frac{\alpha}{\beta} \cdot \beta = \alpha$ ist, so drückt diese Gleichung den ursprünglichen Begriff der Division aus; hieraus floß, in Verbindung mit dem entsprechenden Vorhergehenden, daß z. B. $\frac{\alpha}{\beta} \cdot \gamma = \frac{\alpha\gamma}{\beta}$ sein muß. Da nun in wenigen Fällen $\frac{\alpha}{\beta}$ eine wirkliche Zahl vorstellen wird, sobald wir uns für α und β irgend dergleichen denken, so fanden wir hierin die Veranlassung, uns zu einem allgemeinern Begriff der Division zu erheben, der nun wieder den Grund-Charakter dieser Operation, nämlich $\frac{\alpha}{\beta} \cdot \beta = \alpha$ in sich schloß, wobei aber, während α und β Zahlen bedeuten, nicht gerade nothwendig auch $\frac{\alpha}{\beta}$ eine solche bezeichnet.

*) Nur von wirklichen Zahlen konnten wir ausgehn und die Gesetze ihrer Verbindungen aufstellen, indem wir hierdurch erst veranlaßt werden können, solche allgemeiner aufzufassen.

34. Wir haben nun noch die Gestaltungen (Formationen) der frühern Gesetze des Gleich- Größer- und Kleiner-Seins, in Betreff der reellen Zahlen, nachzuzeigen.

Zunächst müssen wir einen allgemeinern Begriff suchen, der alle frühern vom Gleich- Größer- und Kleiner-Sein in sich schließt, und der den reellen Zahlen entspricht. Bedenkt man deshalb, um letztern zu finden, daß wir bisher in dieser Hinsicht noch zwei Definitionen hatten, nämlich die eine, für die aus der Differenz $\alpha - \beta$ hervorgehenden Formen $(0, -\mu)$, wonach $\alpha - \beta \gtreqless \gamma - \delta$ hieß, je nachdem $(\alpha - \beta) - (\gamma - \delta)$ positiv, Null oder negativ war, die andere, für die Brüche (23. S. 196), wonach wir $\alpha : \beta \gtreqless \gamma : \delta$ nannten, je nachdem $\alpha\delta \gtreqless \beta\gamma$ war: so ist klar, daß wenn wir eine Definition statt beider suchen, letztere zwei zu einer vereinigt werden müssen. Nun ist aber die Differenz $\alpha - \beta$, noch in der Differenz $\frac{a}{b} - \frac{c}{d}$ zweier wirklichen Quotienten begriffen, und es ist also $\frac{a}{b} \gtreqless \frac{c}{d}$ je nachdem $\frac{a}{b} - \frac{c}{d}$ oder $\frac{ad - bc}{bd}$ oder $ad - bc$ positiv (wenn $ad > bc$), Null (wenn $ad = bc$) oder negativ (wenn $ad < bc$) ist, und umgekehrt: ist $ad \gtreqless bc$, so ist bezüglich $\frac{a}{b} \gtreqless \frac{c}{d}$. Sind nun aber $\frac{a}{b}$ und $\frac{c}{d}$ Brüche, so hieß ebenfalls $\frac{a}{b} \gtreqless \frac{c}{d}$, je nachdem bezüglich $ad \gtreqless bc$ oder, wie wir auch jetzt behaupten dürfen, die Differenz $ad - bc$ positiv, Null oder negativ ist, und umgekehrt. Da nun bereits nach 33. $\frac{a}{b} - \frac{c}{d} = \frac{ad - bc}{bd}$ ist, es mögen $\frac{a}{b}$ und $\frac{c}{d}$ wirkliche Quotienten oder Brüche sein, so darf man auch in beiden Fällen sagen, daß $\frac{a}{b} \gtreqless \frac{c}{d}$ ist, je nachdem $\frac{ad - bc}{bd}$ positiv, Null oder negativ ist. Hierdurch sind demnach die frühern zwei Definitionen des Gleich- Größer- und Kleiner-Seins für ganze und gebrochene Zahlen, in eine vereinigt. Bedenkt man ferner erstens, daß, im Falle $\frac{a}{b}$ und $\frac{c}{d}$ wirkliche Quotienten, oder beide (oder auch nur einer) Brüche sind, die Differenz $ad - bc$ zu α, 1, 0, -1, $-\alpha$ und mithin $\frac{ad - bc}{bd}$, für $bd = \beta$, nothwendig zu einem der Ausdrücke $\frac{\alpha}{\beta}$, $\frac{1}{\beta}$, $\frac{0}{\beta}$, $\frac{-1}{\beta}$, $\frac{-\alpha}{\beta}$ führen muß, und zweitens, daß die Differenz zweier allgemeinen Quotienten $\frac{a}{b}$, $\frac{c}{d}$, nämlich $\frac{a}{b}-\frac{c}{d}$ oder $\frac{ad-bc}{bd}$, ebenfalls nur zu einer der fünf Zahlen-Formen: „positive ganze, positive gebrochene, negative ganze, negative gebrochene, Null,“ führt: so erhellt, daß die vorhin für ganze und gebrochene, oder absolute Zahlen aufgestellte Definition, in Betreff des Gleich- oder Ungleich-Seins solcher Zahlen, nun auch auf allgemeine Quotienten, oder auf die darin liegenden fünf reellen Zahlformen, ausgedehnt werden muß, wenn wir nicht mit dem Frühern in Widerspruch gelangen wollen.

Dies führt uns zu folgender Definition.

a. Bezeichnen a, b irgend zwei reelle Zahlen so heiße

$$a \gtreqless b,$$

je nachdem $a-b$ positiv, Null oder negativ ist.

Aus vorstehender Erklärung folgt nun wieder, daß wenn p eine absolute Zahl vorstellt, auch $p>0$ und $-p<0$ ist, weil die Differenz $p-0=p$ positiv, und $-p-0=-p$ negativ ist, d. h. jeder positive Ausdruck p ist größer als 0, und jeder negative $-p$, ist kleiner als Null; aus diesem Grunde ist auch, wenn a und b irgend reelle Zahlen bezeichnen, $a \gtreqless b$, je nachdem $a-b \gtreqless 0$ ist. Hieraus entspringen noch leicht folgende Beziehungen:

Da $\left(\pm\frac{\alpha}{\beta}\right)\times\!\!\!\!\div\left(\pm\frac{\gamma}{\delta}\right)=\pm\left(\frac{\alpha}{\beta}\times\!\!\!\!\div\frac{\gamma}{\delta}\right)$ ist, wo rechts das obere Zeichen (+) oder das untere (—) gilt, je nachdem links gleiche oder verschiedene (+, —) Zeichen vorkommen, so folgt hieraus, daß das Produkt und der Quotient zweier positiven oder zweier negativen ganzen oder gebrochenen (absoluten) Zahlen, weil das Positive erfolgt, allemal größer ist als Null, also auch größer als jede negativ genommene absolute Zahl; ferner ist das Produkt und der Quotient aus einer positiven und einer negativen ganzen oder gebrochenen (absoluten) Zahl, weil es negativ ist, allemal kleiner als Null, also auch kleiner als jede positiv genommene absolute Zahl.

Es möge nun zur kurzen Übersicht eine Zusammenstellung der Gesetze des Gleich- Größer- und Kleiner-Seins für reelle Zahlen folgen, wobei vorausgesetzt wird, daß die vorkommenden allgemeinen Ausdrücke reelle Zahlen vorstellen und daß Null nicht als Divisor erscheint.

1) Ist $a = b$ und $b > c$, so ist $a > c$;

denn es ist $b - c = +\frac{\alpha}{\beta}$, also auch $a - c = +\frac{\alpha}{\beta}$, $\hookrightarrow$ $a > c$.

2) Ist $a > b$ und $b = c$, so ist $a > c$;

denn es ist $a - b = +\frac{\alpha}{\beta}$, also auch $a - c = +\frac{\alpha}{\beta}$, $\hookrightarrow$ $a > c$.

3) Ist $a > b$, $b > c, \ldots, (h > k)_s$, $(k > n)_{s+1}$, so ist auch $a > n$.

4) Aus $a = b$, $\hookrightarrow$ $a + c = b + c$, und umgekehrt: Ist $a + c = b + c$, so ist $a = b$.

5) Aus $a > b$, $\hookrightarrow$ $a + c > b + c$, und umgekehrt: Ist $a + c > b + c$, so ist $a > b$.

6) Aus $a = b$ und $c = d$, $\hookrightarrow$ $a + c = b + d$.
Ist hingegen $a + c = b + d$ und $a \gtrless b$ gegeben, so folgt $c \lessgtr d$.

7) Aus $a > b$ und $c = d$, $\hookrightarrow$ $a + c > b + d$.
Ist hingegen $a + c > b + d$ und $c = d$ gegeben, so folgt $a > b$.

8) Aus $a > b$ und $c > d$, $\hookrightarrow$ $a + c > b + d$.
Ist hingegen $a + c > b + d$ und $a < b$ gegeben, so ist $c > d$.

9) Aus $a = b$, $\hookrightarrow$ $a - c = b - c$ und umgekehrt: Ist $a - c = b - c$, so ist $a = b$.

10) Aus $b = c$, $\hookrightarrow$ $a - b = a - c$ und umgekehrt: Ist $a - b = a - c$, so ist $b = c$.

11) Aus $a > b$, $\hookrightarrow$ $a - c > b - c$ und umgekehrt: Ist $a - c > b - c$, so ist $a > b$.

12) Aus $b > c$, $\hookrightarrow$ $a - b < a - c$ und umgekehrt: Ist $a - b < a - c$, so ist $b > c$.

13) Aus $a = b$ und $c = d$, $\hookrightarrow$ $a - c = b - d$.
Ist hingegen $a - c = b - d$ und $a \gtrless b$ gegeben, so ist $c \gtrless d$.

14) Ist $a > b$ und $c = d$ gegeben, so ist $a - c > b - d$.
Ist hingegen $a - c > b - d$ und $c = d$ gegeben, so folgt $a > b$.

15) Aus $a = b$ und $c > d$ folgt $a - c < b - d$.
Ist hingegen $a - c < b - d$ und $a = b$ gegeben, so folgt $c > d$.

16) Aus $a > b$ und $c > d$, $\hookrightarrow$ $a - d > b - c$.
Ist hingegen $a - d > b - c$ und $a < b$ gegeben, so ist $c > d$.

17) Aus $a = b$, $\hookrightarrow$ $ac = bc$. Ist hingegen $ac = bc$ gegeben, so folgt nur dann immer $a = b$, wenn c nicht 0 ist.

18) Aus $a > b$, $\neg$ $ac \gtreqless bc$, je nachdem $c \begin{Bmatrix}\text{positiv,}\\ \text{Null,}\\ \text{negativ}\end{Bmatrix}$ ist.

Ist hingegen $ac > bc$, so ist $a \gtrless b$, je nachdem $c \begin{Bmatrix}\text{positiv,}\\ \text{negativ}\end{Bmatrix}$ ist.

19) Aus $a = b$ und $c = d$, $\neg$ $ac = bd$.

Ist hingegen $ac = bd$ und $a > b$ gegeben, so folgt:

$$c \lessgtr d \begin{Bmatrix}\text{wo} < \text{gilt, wenn b und c pos.; oder b und c neg. sind;}\\ \text{„} > \text{„ „ b neg., c pos.; „ b pos., c neg. ist}\end{Bmatrix}.$$

Ist $c = 0$, so muß $b = 0$ sein, wenn d nicht Null ist,
„ $c = 0$, „ „ $d = 0$ „ „ b „ „ „

Gleichzeitig ist mit $b = 0$, a positiv; mit b positiv, auch a positiv; mit a negativ, auch b negativ; mit $a = 0$, auch b negativ gegeben.

20) Aus $a > b$ und $c = d$, $\neg$ $ac \gtreqless bd$ je n. c, also auch $d \begin{Bmatrix}\text{pos.,}\\ \text{Null,}\\ \text{neg.}\end{Bmatrix}$ ist.

21. a) Aus $a > b$ und $c > d$ folgt bezüglich:

$ac \gtrless bd$ je nachdem b (oder a), c (oder d) zugleich $\begin{Bmatrix}\text{positiv,}\\ \text{negativ}\end{Bmatrix}$ sind;

$ac > bd$, wenn $\begin{Bmatrix}c \text{ (oder } a) \text{ pos.,}\\ b \text{ (oder } d) = 0\end{Bmatrix}$, oder $\begin{Bmatrix}c \text{ (oder } a) = 0,\\ b \text{ (oder } d) \text{ pos.}\end{Bmatrix}$, oder $\begin{Bmatrix}b = 0,\\ d = 0\end{Bmatrix}$ ist;

$ac < bd$, wenn $\begin{Bmatrix}c \text{ (oder } a) = 0,\\ b \text{ (oder } d) \text{ neg.}\end{Bmatrix}$, oder $\begin{Bmatrix}c \text{ (oder } a) \text{ neg.,}\\ b \text{ (oder } d) = 0\end{Bmatrix}$, oder $\begin{Bmatrix}a = 0,\\ c = 0\end{Bmatrix}$ ist;

$ac = bd$, wenn $\begin{Bmatrix}c \text{ (oder } a) = 0,\\ b \text{ (oder } d) = 0\end{Bmatrix}$ ist.

21. b) Aus $ac > bd$ und $a < b$ folgt:

$$c \gtrless d \begin{Bmatrix}\text{wo} > \text{gilt, wenn b und c positiv gegeben sind,}\\ \text{„} < \text{„ „ b neg. und c positiv ist}\end{Bmatrix}.$$

Aus $ac > bd$ und $a > b$ folgt:

$$c \gtrless d \begin{Bmatrix}\text{wo} > \text{gilt, wenn b positiv, c hingegen negativ ist,}\\ \text{„} < \text{„ „ b und c beide negativ sind.}\end{Bmatrix}.$$

Ist $ac > bd$ und $a < b$, ferner $b = 0$, so ist c negativ.
„ $ac > bd$ „ $a > b$ „ $b = 0$ „ „ c positiv,
„ $ac > bd$ „ $a < b$ „ $a = 0$ „ „ d negativ.
„ $ac > bd$ „ $a > b$ „ $a = 0$ „ „ d positiv.
„ $ac > bd$ „ $a < b$ „ $b = 0$ und $d = 0$, so ist c negativ.
„ $ac > bd$ „ $a > b$ „ $b = 0$ „ $d = 0$ „ „ c positiv.
„ $ac > bd$ „ $a < b$ „ $a = 0$ „ $c = 0$ „ „ d negativ.
„ $ac > bd$ „ $a > b$ „ $a = 0$ „ $c = 0$ „ „ d positiv.

22) Aus $a = b$ folgt, wenn c nicht Null ist, $a:c = b:c$, und umgekehrt: Ist $a:c = b:c$, so ist $a = b$.

23) Aus $b = c$ folgt, wenn b (also auch c) nicht Null ist, $a:b = a:c$, umgekehrt: Aus $a:b = a:c$ folgt, wenn a nicht Null ist, $b = c$.

24) Aus $a = b$ und $c = d$ folgt, wenn c (also auch d) nicht Null ist, $a:c = b:d$.

25) Ist $a > b$, so folgt $a:c \gtrless b:c$ je nachdem c $\begin{Bmatrix}\text{positiv,}\\ \text{negativ}\end{Bmatrix}$ ist.

Umgekehrt folgt aus $a:c > b:c$, daß $a \gtrless b$ ist, je nachd. c $\begin{Bmatrix}\text{pos.,}\\ \text{neg.}\end{Bmatrix}$ ist.

26) Aus $a > b$ und $c = d$ folgt $a:c \gtrless b:d$ je n. c (also auch d) $\begin{Bmatrix}\text{pos.,}\\ \text{neg.}\end{Bmatrix}$ ist.

27) Aus $\frac{a}{c} = \frac{b}{d}$ und $a > b$ folgt, daß

$c \gtrless d$ ist, $\begin{Bmatrix}\text{wo} > \text{gilt, wenn } b \text{ pos., } d \text{ pos., ist; oder wenn } b \text{ neg., } d \text{ neg. ist,}\\ \text{〃} < \text{〃} \quad \text{〃} \quad b \text{ neg., } d \text{ neg.} \quad \text{〃} \quad \text{〃} \quad \text{〃} \quad b \text{ neg., } d \text{ pos.} \quad \text{〃}\end{Bmatrix}$.

28) Aus $b > c$, $\hookrightarrow$ $\frac{a}{b} \lesseqgtr \frac{a}{c}$ je nachdem $\begin{Bmatrix}a:(bc) \text{ positiv,}\\ a = 0,\\ a:(bc) \text{ negativ}\end{Bmatrix}$ ist.

Umgekehrt:

Ist $a:b < a:c$ und bc $\begin{Bmatrix}\text{pos.,}\\ \text{neg.}\end{Bmatrix}$ gegeben, so ist: $\begin{Bmatrix}c \lessgtr b,\\ c \gtrless b\end{Bmatrix}$ je n. a pos. oder neg. ist.

Ist $a:b > a:c$ und bc $\begin{Bmatrix}\text{pos.,}\\ \text{neg.}\end{Bmatrix}$ gegeben, so ist: $\begin{Bmatrix}c \gtrless b,\\ c \lessgtr b\end{Bmatrix}$ je n. a pos. oder neg. ist.

29) Aus $a > b$ und $c > d$ folgt:

$\frac{a}{d} \gtrless \frac{b}{c}$ je nachdem d und $\frac{b}{cd}$ $\begin{Bmatrix}\text{positiv,}\\ \text{negativ}\end{Bmatrix}$ ist.

$\frac{a}{d} \gtrless \frac{b}{c}$ je nachdem c und $\frac{a}{cd}$ $\begin{Bmatrix}\text{positiv,}\\ \text{negativ}\end{Bmatrix}$ ist.

$\frac{a}{d} \gtrless \frac{b}{c}$ je nachdem $\begin{Bmatrix}b \text{ Null und } d \text{ positiv ist,}\\ b \text{ Null und } c \text{ negativ ist}\end{Bmatrix}$.

$\frac{a}{d} \gtrless \frac{b}{c}$ je nachdem $\begin{Bmatrix}a \text{ Null und } d \text{ positiv ist,}\\ a \text{ Null und } c \text{ negativ ist}\end{Bmatrix}$.

$\frac{a}{d} \gtrless \frac{b}{c}$ je nachdem $\begin{Bmatrix}a \text{ Null, } c \text{ positiv, } d \text{ negativ ist,}\\ b \text{ Null, } c \text{ positiv, } d \text{ negativ ist}\end{Bmatrix}$.

Ferner hat man für den bedingten indirecten Satz von **II′:II**:

Ist $\frac{a}{d} > \frac{b}{c}$ u. cd pos. u. $a < b$ gegeb., so ist: $c \gtrless d$ je n. $\begin{Bmatrix}b \text{ pos., } c \text{ pos.;}\\ b \text{ neg., } c \text{ pos.}\end{Bmatrix}$ ist.

〃 $\frac{a}{d} > \frac{b}{c}$ u. cd pos. u. $a > b$ gegeb., so ist: $c \gtrless d$ je n. $\begin{Bmatrix}b \text{ pos., } c \text{ neg.;}\\ b \text{ neg., } c \text{ neg.}\end{Bmatrix}$ ist.

Ist $\frac{a}{d} > \frac{b}{c}$ u. cd neg. u. $a > b$ gegeb., so ist: $c \lessgtr d$ je n. $\left\{\begin{matrix} \text{b pos., c pos.;} \\ \text{b neg., c pos.} \end{matrix}\right\}$ ist.

" $\frac{a}{d} > \frac{b}{c}$ u. cd neg. u. $a < b$ gegeb., so ist: $c \lessgtr d$ je n. $\left\{\begin{matrix} \text{b pos., c neg.;} \\ \text{b neg., c neg.} \end{matrix}\right\}$ ist.

Ein Ähnliches findet sich, wenn $a:d < b:c$ gegeben ist, indem man dasselbe aus $b:c > a:d$ mittelst der vorstehenden Beziehungen leicht entnimmt.

30) Aus $a > b$ und $c > d$ fließt:

$\frac{a}{c} \gtrless \frac{b}{d}$ je nachdem $\left\{\begin{matrix} \text{c positiv, b:(cd) negativ;} \\ \text{c negativ, b:(cd) positiv} \end{matrix}\right\}$ ist.

$\frac{a}{c} \gtrless \frac{b}{d}$ je nachdem $\left\{\begin{matrix} \text{d positiv, a:(cd) negativ;} \\ \text{d negativ, a:(cd) positiv} \end{matrix}\right\}$ ist.

$\frac{a}{c} \gtrless \frac{b}{d}$ je nachdem $\left\{\begin{matrix} \text{b Null, c positiv, d negativ;} \\ \text{b Null und c negativ} \end{matrix}\right\}$ ist.

$\frac{a}{c} \gtrless \frac{b}{d}$ je nachdem $\left\{\begin{matrix} \text{a Null und d positiv;} \\ \text{a Null, c positiv, d negativ} \end{matrix}\right\}$ ist.

$\frac{a}{c} \gtrless \frac{b}{d}$ je nachdem $\left\{\begin{matrix} \text{b Null, c positiv, d negativ;} \\ \text{a Null und c negativ} \end{matrix}\right\}$ ist.

Wäre ferner umgekehrt $a:c > b:d$ gegeben, so hat man:

Ist $\frac{a}{c} > \frac{b}{d}$ u. cd pos. u. $a < b$ gegeb., so ist: $c \lessgtr d$ je n. $\left\{\begin{matrix} \text{b pos., d pos.;} \\ \text{b neg., d pos.} \end{matrix}\right\}$ ist.

" $\frac{a}{c} > \frac{b}{d}$ u. cd pos. u. $a > b$ gegeb., so ist: $c \lessgtr d$ je n. $\left\{\begin{matrix} \text{b pos., d neg.;} \\ \text{b neg., d neg.} \end{matrix}\right\}$ ist.

" $\frac{a}{c} > \frac{b}{d}$ u. cd neg., u. $a > b$ gegeb., so ist: $c \gtrless d$ je n. $\left\{\begin{matrix} \text{b pos., d pos.;} \\ \text{b neg., d pos.} \end{matrix}\right\}$ ist.

" $\frac{a}{c} > \frac{b}{d}$ u. cd neg., u. $a < b$ gegeb., so ist: $c \gtrless d$ je n. $\left\{\begin{matrix} \text{b pos., d neg.;} \\ \text{b neg., d neg.} \end{matrix}\right\}$ ist.

35. In 20. bis 34. erblicken wir die vier Operationen: Addition, Subtraktion, Multiplikation und Division für reelle Zahlen verallgemeinert; wir fanden als Resultat dieser Untersuchung, daß noch sämmtliche Gesetze dieser Operationen, wie in der Urzahlenlehre stattfinden, sobald nur die Null als Divisor vermieden wird, und wir noch außerdem die Modifikationen für das Kleiner- Gleich- und Größer-Sein gehörig beherzigen.

Es fragt sich demnach dann noch wieder, ob auch das Potenziren, nebst seinen beiden Gegensätzen, nämlich Radikation und Logarithmation, noch wie früher stattfinden wird, sobald in der Potenz a^b, in der

Wurzel $\sqrt[b]{a}$, in dem Logarithmen a⅂b die Glieder a, b irgend reelle Zahlen vorstellen. Demnach müssen wir dahin streben, der Potenz, der Wurzel und dem Logarithmen allgemeinere, für den Begriff der reellen Zahlen passende Bedeutungen unterzulegen, welche die bisherigen als Momente in sich schließen, und dann auf diese Weise nicht mit ihnen in Widerspruch stehen.

Weil nun der Logarithme und die Wurzel nur als Gegensätze der Potenz zu fassen sind, und sich nur aus ihr erklären lassen, so haben wir zunächst den Begriff der letztern zu erweitern, wodurch dann gleichzeitig der entsprechende Keim zur Verallgemeinerung der beiden ersteren gelegt wird.

Bedenken wir, daß bereits die Gesetze entwickelt sind, nach denen man beliebig viele allgemeine Quotienten, also überhaupt reelle Zahlen mit einander durch die Multiplikation verbindet, so ist klar, daß zunächst der Potenz a^α eine bestimmte Bedeutung unterliegt, wenn a irgend eine reelle, und α eine wirkliche *) Zahl vorstellt, eben weil sie der Repräsentant des speziellen Produkts $aa \times \ldots \times a_\alpha$ ist, in welchem eine und dieselbe reelle Zahl a so oft als Faktor gesetzt ist, wie die wirkliche Zahl α anzeigt. Somit wäre nun der Begriff der Potenz a^α, hinsichtlich des bisher Entstandenen, d. h. der reellen Zahlen, allgemeiner aufgefaßt, jedoch nur in Betreff ihres Dignanden a. Die Potenz a^α ist eindeutig, und somit ihr Begriff vollkommen bestimmt. Wollten wir nun auch zum Dignator unmittelbar eine reelle Zahl erwählen, so würde dies Unternehmen scheitern, indem a^b nur dann eine bestimmte Bedeutung haben wird, wenn b, wie vorhin, eine wirkliche Zahl bezeichnet, weil Potenzen wie z. B. a^0, $a^{-\alpha}$ keine Produkte, im frühern Sinne, vorstellen können, und außerdem die Gleichung, welche die Potenz $a^{\frac{\alpha-\beta}{\gamma-\delta}}$ mit der Wurzel $\sqrt[\gamma-\delta]{a^{\alpha-\beta}}$ verbindet: $a^{\frac{\alpha-\beta}{\gamma-\delta}} = \sqrt[\gamma-\delta]{a^{\alpha-\beta}}$, nur unter mehrern Einschränkungen gilt; es müßten nämlich $\alpha-\beta$, $\gamma-\delta$, $(\alpha-\beta):(\gamma-\delta)$ wirklichen Zahlen gleich sein, und außerdem müßte $\sqrt[\gamma-\delta]{a^{\alpha-\beta}}$ als Wurzel in der frühesten Bedeutung

*) Es wird hier nochmals auf die Note zu Seite 171 verwiesen, daß wir nämlich unter den wirklichen Zahlen die Reihe 2, 3, 4, . . . verstehen, und daß die griechischen Buchstaben dergleichen bezeichnen sollen, wenn nicht das Gegentheil ausdrücklich ausgesprochen ist.

erscheinen. Man siehet hieraus deutlich, daß wir uns nicht auf ein Mal zum Begriff von $a^{\frac{\alpha-\beta}{\gamma-\delta}}$ erheben können, vielmehr hier wieder eine stufenweise Erweiterung stattfinden wird. Es muß nämlich zunächst der Begriff der Potenz $a^{\alpha-\beta}$, welche in der vorstehenden Gleichung unter dem Wurzelzeichen erscheint, für die Fälle, wo $\alpha \gtreqless \beta$ ist, festgestellt werden, und es fragt sich demnach, ob auch jetzt noch immer $a^{\alpha-\beta} = a^\alpha : a^\beta$ sein muß. Welche Form $a^{\alpha-\beta}$ links, unter vorstehender Beziehung, annimmt, ist hierbei gleichgiltig, indem es vielmehr darauf ankommt, zu untersuchen, ob, wenn wir uns unter $a^{\alpha-\beta}$, immer den Quotienten $a^\alpha : a^\beta$ vorstellen, wir dann auch gleichzeitig unter $a^{\alpha-\beta}$ etwas Bestimmtes, dem Vorhergehenden nicht Widersprechendes, denken. Da aber in $a^\alpha : a^\beta$, sowohl der Dividend a^α, als auch der Divisor a^β bereits verständliche Potenzen sind, die als solche nur reelle Zahlen vorstellen, so hat auch $a^\alpha : a^\beta$, im Falle der Divisor Null vermieden wird, eine bestimmte reelle Bedeutung, indem bereits die Eindeutigkeit des allgemeinen Quotienten nachgewiesen ist, von dem $a^\alpha : a^\beta$ als Spezialfall erscheint. Jetzt hat nun die Potenz $a^{\alpha-\beta}$, in der a bereits allgemein aber $\alpha - \beta$ eine Differenz wirklicher Zahlen ist, unter der Form $a^\alpha : a^\beta$ eine bestimmte Bedeutung, und die Begriffe der frühern Potenzen liegen als einzelne Fälle darin. Wollen wir uns nun aber gern zum Begriffe der Potenz $a^{\frac{\alpha-\beta}{\gamma-\delta}}$ aufschwingen, wo außer dem Dignand a, auch der Dignator irgend eine reelle, durch $\frac{\alpha - \beta}{\gamma - \delta}$ repräsentirte Zahl vorstellt, so bleiben uns noch die beiden Fälle $a^{\frac{\alpha}{\beta}}$ und $a^{-\frac{\alpha}{\beta}}$ zu berühren übrig, wo der Dignator eine positive oder negative ganze oder gebrochene Zahl sein kann. Hinsichtlich des ersten Falls (der zweite läßt sich auf den ersten zurückführen, weil sich $a^{-\frac{\alpha}{\beta}} = 1 : a^{\frac{\alpha}{\beta}}$ ergeben wird) hat nur dann $a^{\frac{\alpha}{\beta}} = \sqrt[\beta]{a^\alpha}$ insoweit eine Bedeutung, als die Potenz $a^{\frac{\alpha}{\beta}}$ links, in ihrer bisherigen Erweiterung, den Begriff der Wurzel, rechts, $\sqrt[\beta]{a^\alpha}$ nicht über seine jetzige Grenze hinaustreibt. Bei der Potenz $a^{\frac{\alpha}{\beta}}$, wenn sie zu den bisher definirten gehören soll, kann a irgend einer reellen, hingegen muß $\alpha : \beta$ einer wirklichen Zahl gleich sein. Bei der Wurzel, rechts, $\sqrt[\beta]{(a^\alpha)}$ muß der

Radikand a^α eine wirkliche Zahl μ, und außerdem noch $\sqrt[\beta]{\mu}$ eine solche vorstellen, d. h. die Wurzel $\sqrt[\beta]{a^\alpha}$ muß in der frühesten Bedeutung erscheinen. Aus dieser Betrachtung folgt, daß wenn $a^{\frac{\alpha}{\beta}} = \sqrt[\beta]{(a^\alpha)}$ als die das Potenziren erweiternde Definition aufgestellt werden soll, dann nothwendig $a^{\frac{\alpha}{\beta}}$ seine Begriff-Erweiterung in der für die Wurzel zu erstrebende zu suchen hat. Da sich $1^\beta = 1$, $0^\beta = 0$, $\left(\frac{\gamma}{\delta}\right)^\beta = \frac{\gamma^\beta}{\delta^\beta}$ ergeben wird, so sieht man vorläufig, daß $\sqrt[\beta]{1}$, $\sqrt[\beta]{0}$, $\sqrt[\beta]{(\gamma^\beta : \delta^\beta)}$ eine Bedeutung haben. Zunächst müssen wir also die Wurzel $\sqrt[\beta]{a}$ zu erweitern suchen, wenn der Radikator β eine wirkliche, hingegen der Radikand a, entweder 1, 0, oder eine ganze oder gebrochene Zahl $\gamma : \delta$ ist, und es ergiebt sich in diesem Falle, daß wenn $\sqrt[\beta]{a}$ eine Bedeutung hat, also entweder 1, 0, $\gamma : \delta$ vorstellt, dann nur ein einziger solcher Ausdruck existirt, der mit β potenzirt a liefert. Es fragt sich nur noch, ob $\sqrt[\beta]{a}$, überhaupt, unter der ausgesprochenen Bedingung, immer eine Bedeutung hat, wenn für a irgend eine ganze Zahl oder ein Bruch angenommen wird. Es wird sich herausstellen, daß da, wo sich $\sqrt[\beta]{a}$ nicht genau als ganze Zahl oder als Bruch ausdrücken läßt, man sich doch der Wurzel $\sqrt[\beta]{a}$ durch gebrochene Zahlen so weit nähern kann, wie man immer will. Da also $\sqrt[\beta]{a}$ unter dieser Rücksicht als eine, wenn auch nicht genau darstellbare, aber doch als in der Idee existirende gebrochene Zahl gedacht werden kann, die mit β potenzirt genau a wiedergiebt, so ist noch $(\sqrt[\beta]{a})^\beta = a$, und $\sqrt[\beta]{a}$ hat nur eine einzige aber bestimmte Bedeutung.

Hiernach läßt sich nun leicht zeigen, daß noch alle Gesetze gelten, wenn die dabei zu Grunde liegenden Begriffe in keiner größeren Ausdehnung genommen werden, als ihnen bereits unterliegt. In der Erweiterung der Wurzel muß wieder die Potenz ihre entsprechende Verallgemeinerung finden.

Da nun $a^{\frac{c}{\beta}} = \sqrt[\beta]{(a^c)}$ ist, unter der Bedingung, daß $a^{\frac{c}{\beta}}$ eine bisher definirte Potenz, und zugleich $\sqrt[\beta]{(a^c)}$ eine bis jetzt verständliche

Wurzel vorstellt, so muß, um beiden Bedingungen zu entsprechen, erstens, sowohl $c:\beta$, als auch c einer Differenz wirklicher Zahlen gleich sein; damit aber zweitens $\sqrt[\beta]{(a^c)}$ eine bisher definirte Wurzel sein kann, muß nothwendig a^c gleich Null, Eins oder gleich einer ganzen oder gebrochenen Zahl sein. Es hat sich aber aus der Untersuchung der Potenz a^c ergeben, daß a^c zu Null, Eins oder zu einer ganzen oder gebrochenen Zahl führen muß, sobald nur unter a ebenfalls 0, 1, $\gamma:\delta$ gedacht wird, und dabei zugleich c eine Differenz wirklicher Zahlen repräsentirt, wenn man nur den Fall ausnimmt: wo $a = 0$ und c zugleich negativ ist. Da nun wieder, unter der eben erwähnten Bedingung, $\sqrt[\beta]{(a^c)}$ die schon festgestellte bestimmte Bedeutung hat, und diese sich dadurch nicht ändert, wenn $c:\beta$ zu einer positiven oder negativen gebrochenen Zahl führen sollte, so kann wieder die Wurzel $\sqrt[\beta]{(a^c)}$ zur Erweiterung des bisherigen Begriffs der Potenz benutzt werden, indem wir uns unter $a^{c:\beta}$ nichts weiter denken, als $\sqrt[\beta]{(a^c)}$.

In der Gleichung $a^{\frac{\gamma-\delta}{\beta}} = \sqrt[\beta]{(a^{\gamma-\delta})}$, durch welche der die Potenz $a^{c:\beta}$ erweiternde Begriff repräsentirt wird, kann nur unter a entweder 1, 0 oder eine absolute ganze oder gebrochene Zahl gedacht werden, wenn man nur den Fall ausnimmt, wo $a = 0$ und zugleich $\gamma < \delta$ ist. Es hat demnach die Potenz $a^{(\gamma-\delta):\beta}$, unter der erwähnten Bedingung, eine einzige bestimmte Bedeutung, weshalb dann wieder aus $a = b$, auch $a^c = b^c$ folgt, insofern die entstandenen Potenzen a^c, b^c die eben definirten sind. Hieraus läßt sich dann wieder leicht nachzeigen, daß die frühern Gesetze noch gelten, wenn die Potenzen, Wurzeln und Logarithmen in keiner erweiterten Bedeutung genommen werden, als sie bereits erhalten haben.

Jetzt kann nun der Logarithme, den bisher erweiterten Begriffen der Potenz und der Wurzel entsprechend, ebenfalls verallgemeinert werden. Betrachten wir deshalb die hierzu hinüber führende Gleichung $b^x = a$, in der $x = a \,\mathfrak{l}\, b$ ist, so erhellt, aus den Gesetzen des Potenzirens, daß wenn man unter b irgend eine wirkliche ganze oder gebrochene Zahl denkt, und sich nun vorstellt, daß b nach und nach mit beliebigen reellen Zahlen 0, $\frac{\pm\alpha_1}{\beta_1}$, $\frac{\pm\alpha_2}{\beta_2}$, ..., $\frac{\pm\alpha_k}{\beta_k}$ potenzirt wird, dann die Potenzen

$$b^0, \quad b^{\frac{\pm\alpha_1}{\beta_1}}, \quad b^{\frac{\pm\alpha_2}{\beta_2}}, \ldots, \quad b^{\frac{\pm\alpha_k}{\beta_k}}$$

da sie in: $1, \quad \sqrt[\beta_1]{(b^{\pm\alpha_1})}, \quad \sqrt[\beta_2]{(b^{\pm\alpha_2})}, \ldots, \quad \sqrt[\beta_k]{(b^{\pm\alpha_k})}$

übergehen, theils angebbaren ganzen oder gebrochenen, theils nur in der Idee existirenden gebrochenen Zahlen entsprechen, jedoch so, daß jeder dieser Potenzen nur eine bestimmte Bedeutung zukommt. Denkt man sich demnach bei $a\mathfrak{l}b$, für a und b entweder theils wirkliche oder gebrochene absolute Zahlen, so erhellt leicht, daß wenn a unter der vorstehenden Potenzen-Reihe erscheint, dann auch für $a\mathfrak{l}b$ nur eine einzige der reellen Zahlen $0, \frac{\pm\alpha_1}{\beta_1}, \frac{\pm\alpha_2}{\beta_2}, \ldots, \frac{\pm\alpha_k}{\beta_k}$ existirt, die dem $a\mathfrak{l}b$ genau gleich ist; daß aber auch in dem Falle, wo dies nicht stattfindet, doch wenigstens in der Idee eine, aber auch nur eine einzige reelle Zahl, der man sich in der Wirklichkeit nur beliebig nähern kann, existiren muß, die $a\mathfrak{l}b$ vorstellt, und für welche wieder $b^{a\mathfrak{l}b} = a$ ist, wenn nur a und b wirkliche oder gebrochene Zahlen sind.

Der Logarithme $a\mathfrak{l}b$ hat also, unter der festgestellten Bedingung, stets eine einzige bestimmte reelle Bedeutung, und es folgt nun wieder aus $a = b$, daß $a\mathfrak{l}c = b\mathfrak{l}c$ sein muß, wenn die entstandenen Logarithmen solche sind, die wir eben definirt haben. Hiernach läßt sich nun wieder leicht zeigen, daß noch alle früheren Gesetze gelten, wenn nur die Begriffe der Potenz, der Wurzel und der Logarithmen, in keiner weitern Ausdehnung genommen werden, als ihnen bis jetzt zukommt.

Diese blos einleitende Idee treibt uns nun zur folgenden umfassenderen Untersuchung des hier betreffenden.

a. Die Potenz

$$a^\alpha,$$

in der a irgend eine reelle, und α eine wirkliche Zahl vorstellt, als Repräsentant des allgemeinen Produkts $aa \times \ldots \times a_\alpha$ gedacht, möge

„ganze Potenz"

heißen.

Da das allgemeine Produkt $aa \times \ldots \times a_\alpha$ bereits eine bestimmte Bedeutung hat (Seite 314), d. h. eindeutig ist, so gilt dies auch von der dasselbe repräsentirenden ganzen Potenz a^α. Hierdurch erscheinen gleichzeitig die Begriffe: Dignand, Dignator, Potenziren u. s. w. als erweitert, und die ganze Potenz a^α schließt die frühere, die jetzt wirkliche heißen möge, als einen einzelnen Fall in sich, so daß, nachdem die entsprechenden Gleichungen für ganze Potenzen erwiesen sind, sie dann auch nothwendig gelten müssen, wenn sie in die frühern, für wirkliche Potenzen, deren Dignanden zugleich wirkliche Zahlen werden, übergehen.

Hieraus geht hervor, daß Alles, was von den allgemeinen Produkten erwiesen ist, auch von den ganzen Potenzen, als ihren Spezialfällen, gelten muß, mithin die Untersuchung der letzteren auf schon im Bewußtsein vorhandene Beziehungen der ersteren, d. h. der allgemeinen Produkte zurückführt.

Wir haben zunächst die entsprechenden Gesetze des Potenzirens für ganze Potenzen zu erweisen.

Man hat deshalb, wenn a, b, ... irgend reelle, und die griechischen Buchstaben α, β, ... wirkliche Zahlen bezeichnen:

$$a^{\alpha+\beta+\ldots+\varphi_\psi} = (aa\times\ldots\times a_\alpha)\times\ldots\times(aa\times\ldots\times a_\varphi)_\psi = a^\alpha . a^\beta\times\ldots\times(a)^\varphi_\psi, \hookrightarrow$$

$$a^{\alpha+\beta\ldots+\varphi_\psi} = a^\alpha . a^\beta \times \ldots \times (a^\varphi)_\psi,$$

hieraus für $\alpha = \beta = \ldots = \varphi_\psi$,

$$a^{\alpha.\psi} = (a^\alpha)^\psi = (a^\psi)^\alpha, \text{ und durch } \Omega.,$$

$$a^{\alpha\beta\times\ldots\times\varphi_\psi} = [\ldots((a^\alpha)^\beta)^\gamma\ldots]^\varphi.$$

Ferner ergiebt sich als Spezialfall der obigen Gleichung:

$$a^{\alpha+\beta} = a^\alpha . a^\beta,$$

und wenn man hierin durchweg statt α, $\alpha-\beta$ unter der Bedingung setzt, daß $\alpha-\beta > 1$ ist:

$$a^{\alpha-\beta} = a^\alpha : a^\beta.$$

Ferner hat man:

$$(abc\times\ldots)^\alpha = (abc\times\ldots).(abc\times\ldots)\times\ldots\times(abc\times\ldots)_\alpha = a^\alpha . b^\alpha . c^\alpha\times\ldots\times, \hookrightarrow$$

$$(abc\times\ldots)^\alpha = a^\alpha . b^\alpha . c^\alpha\times\ldots, \text{ und hieraus speziell;}$$

$$(ab)^\alpha = a^\alpha . b^\alpha;$$

hierin wieder statt a durchweg a : b gesetzt, und umgeformt, giebt:

$$(a:b)^\alpha = a^\alpha : b^\alpha.$$

Endlich werden wir noch die in der ganzen Potenz a^α liegenden speziellen Fälle, welche die Allgemeinheit des a als reelle Zahl bedingt, besonders heraustreten lassen, um sich ihrer dann unmittelbar bedienen zu können, obgleich dieselben als einzelne Formen des allgemeinen Produkts zu nichts Neuem führen, vielmehr nur stets auf die reellen Zahlen zurückleiten.

Man übersieht daher leicht folgende Spezialfälle der ganzen Potenz:

$$(\pm a)^\alpha = (\pm a) \cdot (\pm a) \times \ldots \times (\pm a)_\alpha = \pm a^\alpha, \curvearrowright$$
$$(\pm a)^\alpha = \pm (a^\alpha),$$

wo die obern (+, +) oder untern (—, —) Zeichen links und rechts einander entsprechen, je nachdem a in dem allgemeinen Produkte $a a \times \ldots \times a_\alpha$ paar- oder nicht paarweise vorkommt. Nimmt man in vorstehender Gleichung $a = 1$, und dann $a = 0$, so kommt bezüglich

$$(\pm 1)^\alpha = \pm 1,$$
$$0^\alpha = 0.$$

Gleichzeitig ist noch

$$a^{\alpha+1} = a a \times \ldots \times a_{\alpha+1} = (a a \times \ldots \times a_\alpha) \cdot a = a^\alpha \cdot a, \curvearrowright$$
$$a^{\alpha+1} = a^\alpha \cdot a.$$

Stellt man nun die für die ganze Potenz gefundenen Beziehungen zusammen, so sind sie:

$$\begin{array}{lll}
1) & a^{{\alpha+\beta\ldots+\varphi}_\psi} & = a^\alpha \cdot a^\beta \times \ldots \times (a^\varphi)_\psi\,; \\
2) & a^{{\alpha\beta \times \ldots \times \varphi}_\psi} & = [\ldots (a^\alpha)^\beta \ldots]^\varphi\,; \\
3) & a^{\alpha-\beta} & = a^\alpha : a^\beta\,; \\
4) & (ab \times \ldots \times h_\mu)^\alpha & = a^\alpha \cdot b^\alpha \times \ldots \times (h^\alpha)_\mu\,; \\
5) & (a:b)^\alpha & = a^\alpha : b^\beta\,; \\
6) & (\pm a)^\alpha & = \pm (a^\alpha)\,; \\
7) & (\pm 1)^\alpha & = \pm 1\,; \\
8) & 0^\alpha & = 0\,; \\
9) & a^{\alpha+1} & = a^\alpha \cdot a.
\end{array}$$

und es ist schon bekannt, unter welchen Bedingungen diese Gesetze gelten.

Bemerkung. Weil $0^\alpha = 0$ ist, so beantwortet sich hieraus die Frage, was der Quotient rechts [in 3)] für den Fall, wo $a = 0$ ist, bedeutet. Man hat $0^{\alpha-\beta} = 0^{(\beta+\gamma)-\beta} = 0^\gamma = 0 = 0^{\beta+\gamma} : 0^\beta = 0:0$. In diesem Falle würde also der Quotient $0:0$ nur $= 0$ sein, weil $\gamma > 1$ also $0^\gamma = 0 \cdot 0 \times \ldots \times 0_\gamma = 0$ ist.

36. Wir haben nun noch zu untersuchen, wie sich die Gesetze des Gleich- und Ungleich-Seins in Betreff der ganzen Potenzen gestalten.

1) Es sei $a = b$, und α als wirkliche Zahl gegeben; man sucht die Beziehung zwischen a^α und b^α.

Es existiren für a die drei Fälle:

A) a kann positiv sein,
B) a " negativ "
C) a " Null "

Da nun $a = b$ gegeben ist, so muß derjenige Fall, der für a stattfindet, auch für b gelten.

Man hat deshalb:

Erstens. Für a, also auch b positiv, aus

$$a^\alpha = x,$$

wegen der Eindeutigkeit der ganzen Potenz: $b^\alpha = x$, also

$$a^\alpha = b^\alpha.$$

Zweitens. Für a, also auch b negativ, haben wir, wenn der Kürze wegen $a = -a$ und $b = -b$ gesetzt wird, wo a und b absolute ganze (die Einheit mit einbegriffen) oder gebrochene Zahlen bezeichnen mögen:

$$a^\alpha = \pm(a^\alpha),$$
$$b^\alpha = \pm(b^\alpha),$$

wo die obern Zeichen gelten, wenn α gerade, hingegen die untern, wenn α ungerade ist *). Da nun $a = b$ ist, so folgt: $a = b$, also nach (Erstens) auch $a^\alpha = b^\alpha$, mithin, für beide Fälle

$$a^\alpha = b^\alpha.$$

Drittens. Für $a = 0$ ist auch, wegen $a = b$, $b = 0$, und man hat: $a^\alpha = 0^\alpha = 0$, ferner $b^\alpha = 0^\alpha = 0$, mithin

$$a^\alpha = b^\alpha.$$

---

*) Wir haben uns dieser Ausdrücke schon öfter, der Kürze halber, bedient. Eine gerade Zahl ist solche, in der die Einheit paarweise wiederholt und zusammengefaßt vorkommt, d. h. sie ist: $(1+1)+(1+1)+\ldots+(1+1)_\mu = 2\mu$, wo μ, 1, 2, 3, ... ∼ sein kann. Jede andere ganze Zahl, die nicht gerade ist, heißt ungerade. Dieselben sind in der Form $2\mu+1$ begriffen, wo $\mu = 0$ oder 1 oder jede wirkliche Zahl 2, 3, ... ∼ sein kann.

Faßt man das Resultat von diesen drei Fällen zusammen, so fließt folgendes Gesetz für $\mathfrak{g} \frown \mathfrak{a}$:

Sind a und b irgend reelle Zahlen, und ist

$$\frac{a = b, \text{ so ist stets}}{a^\alpha = b^\alpha.}$$

Bemerkung. Man hätte auch erstens noch so schließen können: da a und b irgend reelle Zahlen vorstellen, so sind sie bezüglich in den allgemeinen Quotienten $(\beta - \gamma):(\delta - \zeta)$ und $(\eta - \theta):(\lambda - \mu)$ begriffen. Man setze diese, wegen $a = b$, einander gleich und schaffe die Division fort. Heißt nun das Produkt $(\beta - \gamma).(\lambda - \mu)$, P, und das Produkt: $(\eta - \theta).(\delta - \zeta)$, P′, so setze man $P.P \times \ldots \times P_\alpha = x$, schließe aus der Eindeutigkeit des Differenz-Produkts: $P'.P' \times \ldots \times P'_\alpha = x$, und gehe durch die Division zum Gesuchten über.

Man kann auch zweitens so schließen: Zunächst erhellt der Satz für $a = 0$; dann setze man $a = \pm \frac{\eta}{\pi}$ und $b = \pm \frac{\omega}{\psi}$ und führe den Beweis auf den für wirkliche Zahlen zurück.

Man hätte auch drittens das Gesetz $\mathfrak{g}'.\mathfrak{g}$ anwenden können, indem aus $a = b$ folgt: $aa = bb$, und nun mittelst [Ω]: $a^\alpha = b^\alpha$.

Auch so kann man viertens u. A. kurz schließen: Es sei $a^\alpha = x$, so ist, wegen der Eindeutigkeit der ganzen Potenz: $b^\alpha = x$, also $a^\alpha = b^\alpha$.

2) Es sei a als reeller Ausdruck, und $\alpha = \beta$ gegeben; man sucht die Beziehung der ganzen Potenzen a^α, a^β.

Da a^α eindeutig ist, so folgt aus $a^\alpha = x$ und $\alpha = \beta$, daß $a^\beta = x$ ist, also

$$a^\alpha = a^\beta.$$

Hierdurch ist demnach das Gesetz für $\mathfrak{a} \frown \mathfrak{g}$ ausgedrückt.

Bemerkung. Noch mehrere Ableitungen ergeben sich auf ähnliche Weise wie in 1).

3) Es sei $a = b$ und $\alpha = \beta$ gegeben, und man sucht die Beziehung der ganzen Potenzen: a^α, b^β.

Aus $a = b$ folgt nach [1)], $a^\alpha = b^\alpha$,
und nach [2)], $b^\alpha = b^\beta$, also

$$a^\alpha = b^\beta.$$

Hierdurch ist das Gesetz für $\mathfrak{g}' \frown \mathfrak{g}$ ausgedrückt, daß nämlich aus

$$a = b \text{ und}$$
$$\alpha = \beta, \lrcorner\; a^\alpha = b^\beta.$$

4) Es sei $a > b$ und α gegeben; man sucht die Beziehung der ganzen Potenzen: a^α, b^α.

Für a können folgende Fälle stattfinden:

$$\left.\begin{matrix}\text{a positiv,}\\ \text{a Null,}\\ \text{a negativ,}\end{matrix}\right\}\text{ woraus bezüglich für b }\hookrightarrow\left\{\begin{matrix}\text{b positiv, Null oder negativ,}\\ \text{b negativ,}\\ \text{b negativ.}\end{matrix}\right.$$

Hieraus ergiebt sich nun:

I. Für a positiv und b positiv.

Es folgt aus $a > b$, $a = b + \mathfrak{a}$ *), und man hat nun nach [1)]
$a^\alpha = (b+\mathfrak{a})^\alpha = (b+\mathfrak{a}).(b+\mathfrak{a}) \times \ldots \times (b+\mathfrak{a})_\alpha = b^\alpha + \mathfrak{A}$, mithin aus $a > b$, $\hookrightarrow$ $a^\alpha > b^\alpha$ für a und b positiv.

Bemerkung. Man kann auch erstens noch so schließen: Aus $a > b$ folgt nach [21 a) S. 381], wegen a und b positiv: $aa > bb$, und hieraus, nach denselben Gründen: $aaa > bbb$ u. s. w.; deshalb mittelst [Ω], $a^\alpha > b^\alpha$.

Oder auch zweitens u. A. so: Aus $\frac{\beta}{\gamma} > \frac{\varphi}{\psi}$, wo $\frac{\beta}{\gamma}$ und $\frac{\varphi}{\psi}$ irgend zwei ganze oder gebrochene Zahlen bezeichnen, hat man $\beta\psi > \gamma\varphi$, also $\beta^\alpha\psi^\alpha > \gamma^\alpha\varphi^\alpha$, und hieraus $\left(\frac{\beta}{\gamma}\right)^\alpha > \left(\frac{\varphi}{\psi}\right)^\alpha$.

II. Ist a negativ, also auch b negativ.

Um diesen Fall auf den vorigen zurückzuführen, sei $a = (-1)\mathfrak{a}$, $b = (-1)\mathfrak{b}$, wo $\mathfrak{a}$, $\mathfrak{b}$ absolute ganze oder gebrochene Zahlen vorstellen.

Es ist demnach $(-1).\mathfrak{a} > (-1).\mathfrak{b}$, mithin $\mathfrak{a} < \mathfrak{b}$, also nach [I.], $\mathfrak{a}^\alpha < \mathfrak{b}^\alpha$ oder $[(-1).a]^\alpha < [(-1).b]^\alpha$ oder $(-1)^\alpha.a^\alpha < (-1)^\alpha.b^\alpha$.

Nun ist aber nach [35. 7)], $(-1)^\alpha = \pm 1$, mithin: $(\pm 1).a^\alpha < (\pm 1).b^\alpha$; hieraus folgt, wenn α gerade ist: $a^\alpha < b^\alpha$, und wenn α ungerade ist: $(-1).a^\alpha < (-1).b^\alpha$ oder $a^\alpha > b^\alpha$.

Bemerkung. Man kann erstens auch so schließen: Aus $a > b$ und a negativ, also auch b negativ, folgt nach [28. 10)] $aa < bb$, $aaa > bbb$, $aaaa < bbbb$ u. s. w., und nun durch [Ω] allgemein: $a^{2\mu} < b^{2\mu}$, $a^{2\mu+1} > a^{2\mu+1}$.

Oder u. A. zweitens so: Aus $a > b$ folgt $-\mathfrak{a} > -\mathfrak{b}$, also, wenn $\mathfrak{c}$ eine absolute ganze oder gebrochene Zahl bezeichnet: $-\mathfrak{a} = -\mathfrak{b} + \mathfrak{c}$, $\hookrightarrow$ $\mathfrak{a} = \mathfrak{b} - \mathfrak{c}$, mithin, weil $\mathfrak{b}$ und $\mathfrak{b} - \mathfrak{c}$ positiv sind und $\mathfrak{b} > \mathfrak{b} - \mathfrak{c}$ ist, nach [I.]: $\mathfrak{b}^\alpha > (\mathfrak{b} - \mathfrak{c})^\alpha$, also wegen $\mathfrak{a}^\alpha = (\mathfrak{b} - \mathfrak{c})^\alpha$, auch $\mathfrak{a}^\alpha < \mathfrak{b}^\alpha$, oder $(-a)^\alpha < (-b)^\alpha$ und von hier ab folgt der Schluß wie vorhin. Oder man hätte auch aus $\mathfrak{a} = \mathfrak{b} - \mathfrak{c}$ folgern können $\mathfrak{a}^\alpha = \mathfrak{b}^\alpha - \mathfrak{A}$ u. s. w.

*) Die kleinen deutschen Buchstaben sollen ganze oder gebrochene Zahlen vorstellen.

III. Ist a positiv, b hingegen negativ.

Setzt man $b = -\mathfrak{b}$, so hat man mehrere Fälle zu unterscheiden, je nachdem nämlich $a \gtreqless \mathfrak{b}$ ist.

Nun folgt, weil a und $\mathfrak{b}$ positiv sind, nach [1) und I.], aus $a \gtreqless \mathfrak{b}$, daß $a^\alpha \gtreqless \mathfrak{b}^\alpha$ ist, also auch, für α gerade: $a^\alpha \gtreqless (-\mathfrak{b})^\alpha$, d. h. $a^\alpha \gtreqless b^\alpha$.

Ferner leuchtet von selbst ein, daß für α ungerade stets: $a^\alpha > b^\alpha$ sein muß.

Bemerkung. Die in [I. bis III.] gefundenen Beziehungen, können auch, wie folgt, auf ein Mal entnommen werden. Bezeichnen wir das Glied von einem positiven oder negativen Ausdruck, d. h. jede ganze (also auch 1) oder gebrochene Zahl durch einen über dieselbe gesetzten Punkt, oder besser dadurch, daß wir dieselbe durch zwei senkrechte parallele Striche begrenzen, so haben wir:

Aus $a > b \hookrightarrow$

$|a| \gtrless |b|$, je nachdem a und b $\left\{\begin{matrix}\text{positiv,}\\ \text{negativ}\end{matrix}\right\}$ sind, mithin

$|a| = |b| \pm \mathfrak{a}$, also

$(|a|)^\alpha = (|b|)^\alpha \pm \mathfrak{A}, \hookrightarrow$ (A)..$(|a|)^\alpha \gtrless (|b|)^\alpha$, je nachd. a u. b $\left\{\begin{matrix}\text{pos.,}\\ \text{neg.}\end{matrix}\right\}$ sind.

Ist nun a positiv, b positiv, so ist:

$$(|a|)^\alpha = a^\alpha,$$
$$(|b|)^\alpha = b^\alpha,$$

Ist ferner a, also auch b negativ, so ist:

$$\left.\begin{matrix}(-|a|)^\alpha = \pm[(|a|)^\alpha],\\ (-|a|)^\alpha = \pm[(|a|)^\alpha],\end{matrix}\right\} \text{ je nachdem } \alpha \left\{\begin{matrix}\text{gerade,}\\ \text{ungerade}\end{matrix}\right\} \text{ ist.}$$

Nimmt man demnach aus (A).. das obere Zeichen, so hat man:

$a^\alpha > b^\alpha$, wenn a und b positiv sind.

Nimmt man hingegen aus (A).. das untere Zeichen, so folgt:

$a^\alpha < b^\alpha$, wenn α gerade ist,
$a^\alpha > b^\alpha$, wenn α ungerade ist.

Ist endlich a positiv, b negativ, so hat man aus

$|a| \gtreqless |b|$, $(|a|)^\alpha \gtreqless (|b|)^\alpha$, oder, wenn α gerade ist:

$(|a|)^\alpha \gtreqless [-(|b|)]^\alpha$, d. h. $a^\alpha \gtreqless b^\alpha$.

IV. Ist a positiv, b hingegen Null.

Man hat aus $a > 0$, a^α positiv, ferner $b^\alpha = 0^\alpha = 0$ nach [35. 8)], also $a^\alpha > b^\alpha$.

V. Ist a Null, also b negativ.

Man hat aus $0 > -b$, $0^\alpha = 0$, $(-b)^\alpha = \pm(b^\alpha)$, je nachdem α gerade oder ungerade ist, also bezüglich: $a^\alpha \lesseqgtr b^\alpha$.

Faßt man, der Übersicht wegen, die Relationen von [I. bis V.] zusammen, so sind sie:

(1) Aus $a > b$ und a und b positiv, $\hookrightarrow$ $a^\alpha > b^\alpha$.

(2) Aus $a > b$ u. a, also auch b, neg., $\hookrightarrow$ $a^\alpha \lessgtr b^\alpha$, j. n. $\alpha \begin{Bmatrix}\text{gerade,}\\ \text{ungerade}\end{Bmatrix}$ ist.

(3) Aus a pos., b neg., $\hookrightarrow$ $a^\alpha \overset{<}{\underset{>}{=}} b^\alpha$ je nachd. $\left\{a \overset{<}{\underset{>}{=}} |b|\right\}$ und α gerade ist.

(4) Aus a positiv, b negativ, $\hookrightarrow$ $a^\alpha > b^\alpha$, wenn α ungerade ist.

(5) Aus a positiv, b Null, $\hookrightarrow$ $a^\alpha > b^\alpha$.

(6) Aus a Null, also b negativ, $\hookrightarrow$ $a^\alpha \lessgtr b^\alpha$, je nachd. $\alpha \begin{Bmatrix}\text{gerade,}\\ \text{ungerade}\end{Bmatrix}$ ist.

Durch I. bis V. ist demnach das Gesetz für $\mathfrak{u} \frown \mathfrak{a}$ gegeben.

Bemerkung. Das Gesetz für $\mathfrak{u} \frown \mathfrak{g}$ ist schon durch das vorstehende ausgedrückt.

5) Es sei a als reeller Ausdruck und α, β als wirkliche Zahlen gegeben; man sucht die Beziehungen der ganzen Potenzen a^α, a^β.

Zunächst entstehn für a folgende Fälle:

A) a positiv,
B) a negativ,
C) a Null.

Ferner hat man wieder aus [A)]:

A_1) $a > 1$, B_1) $|a| > 1$,
A_2) $a = 1$, und deshalb aus [B)]: B_2) $|a| = 1$,
A_3) $a < 1$, B_3) $|a| < 1$.

Endlich hat man auf das Größer- Gleich- und Kleiner-Sein zwischen α und β und noch außerdem bei [B)] auf das Gerade- oder Ungerade-Sein des α und β zu reflectiren.

Die Untersuchung dieser Fälle möge nun folgen.

I. Ist $a > 1$ und $\alpha > \beta$.

Setzt man $\alpha = \beta + \gamma$, so folgt, wenn $\gamma > 1$ ist, aus $a > 1$, daß $a^\gamma > 1$ ist, mithin, da a^β positiv ist: $a^\beta . a^\gamma > a^\beta$, d. h. $a^{\beta+\gamma} > a^\beta$ oder $a^\alpha > a^\beta$.

Man hat aber auch für den einzelnen Fall, wo $\alpha = \beta + 1$ ist: $\mathrm{a}^\alpha = \mathrm{a}^{\beta+1} = \mathrm{aa} \times \ldots \times \mathrm{a}_{\beta+1} = \mathrm{a}^\beta . \mathrm{a}$; aber aus $\mathrm{a} > 1$ folgt: $\mathrm{a}^\beta . \mathrm{a} > \mathrm{a}^\beta$, also $\mathrm{a}^\alpha > \mathrm{a}^\beta$, wenn $\alpha - \beta = 1$ ist.

Bemerkung. Man kann auch erstens so schließen:
Aus $\mathrm{a} > 1 \hookrightarrow \mathrm{a} = 1 + \mathrm{c}$, und aus $\alpha > \beta \hookrightarrow \alpha = \beta + \gamma$, also vermöge [3)], $\mathrm{a}^\alpha = (1+\mathrm{c})^{\beta+\gamma} = (1+\mathrm{c})^\beta . (1+\mathrm{c})^\gamma = (1+\mathrm{c})^\beta . [1 + \mathfrak{A}] = (1+\mathrm{c})^\beta + (1+\mathrm{c})^\beta . \mathfrak{A}$, daher $\mathrm{a}^\alpha > (1+\mathrm{c})^\beta$, oder $\mathrm{a}^\alpha > \mathrm{a}^\beta$.
Oder zweitens u. A. so:
Nach [4)] ist $\mathrm{a}^\gamma > 1$, daher $\mathrm{a}^\beta . \mathrm{a}^\gamma = (1 + \mathrm{k}) . \mathrm{a}^\beta = \mathrm{a}^\beta + \mathrm{k} . \mathrm{a}^\beta$, also $\mathrm{a}^\alpha > \mathrm{a}^\beta$.

II. Ist $\mathrm{a} < 1$ aber positiv und $\alpha > \beta$.

Aus $\mathrm{a} < 1$ und a positiv, folgt nach [4)]: $\mathrm{a}^\gamma < 1$; eben so: $\mathrm{a}^\beta < 1$. Da aber a^β positiv ist, so hat man $\mathrm{a}^\beta . \mathrm{a}^\gamma < 1 . \mathrm{a}^\beta$ oder $\mathrm{a}^{\beta+\gamma} < \mathrm{a}^\beta$, also, wegen $\alpha = \beta + \gamma$, $\mathrm{a}^\alpha < \mathrm{a}^\beta$.

Bemerkung. Man kann auch erstens noch so schließen:

Um [I. u. II.] auf ein Mal zu entwickeln, sei $\mathrm{a} = \dfrac{\varphi}{\psi}$, aber φ nicht $= \psi$, so hat man, je nachdem $\varphi \gtrless \psi$ ist: $\varphi^\gamma \gtrless \psi^\gamma$ oder $(\varphi : \psi)^\gamma \gtrless 1$, und durch die Multiplikation mit $(\varphi : \psi)^\beta$ kommt: $(\varphi : \psi)^{\beta+\gamma} \gtrless (\varphi : \psi)^\beta$ oder, wegen $\beta + \gamma = \alpha$, $\mathrm{a}^\alpha \gtrless \mathrm{a}^\beta$ je nachdem $\mathrm{a} \gtrless 1$ ist.
Man kann auch zweitens so schließen:
Aus $\mathrm{a} > 1$ fließt nach [I.], $\mathrm{a}^\alpha > \mathrm{a}^\beta$, und deshalb $1 : \mathrm{a}^\alpha < 1 : \mathrm{a}^\beta$, oder $(1 : \mathrm{a})^\alpha < (1 : \mathrm{a})^\beta$, mithin folgt nun der Satz für $1 : \mathrm{a} < 1$.
Oder u. A. drittens noch so:
Aus $\mathrm{a} > 1 \hookrightarrow 1 \underset{\vdots}{\times} \mathrm{a} \gtrless 1$, also nach [4)], $(1 \underset{\vdots}{\times} \mathrm{a})^\gamma \gtrless 1$, mithin mit $(1 \underset{\vdots}{\times} \mathrm{a})^\beta$ multiplizirt: $(1 \underset{\vdots}{\times} \mathrm{a})^{\beta+\gamma} \gtrless (1 \underset{\vdots}{\times} \mathrm{a})^\beta$, also: $(1 \underset{\vdots}{\times} \mathrm{a})^\alpha \gtrless (1 \underset{\vdots}{\times} \mathrm{a})^\beta$.

III. Ist a negativ und $|\mathrm{a}| > 1$ ferner $\alpha > \beta$.

Es sei $\mathrm{a} = -a$, so ist $\mathrm{a}^\alpha = (-a)^\alpha$, und $\mathrm{a}^\beta = (-a)^\beta$.

Sind nun α und β gerade, so ist $\mathrm{a}^\alpha = a^\alpha$, und $\mathrm{a}^\beta = a^\beta$; nun folgt aber nach [I.] und $a > 1$ und $\alpha > \beta$, daß $a^\alpha > a^\beta$ ist, mithin $\mathrm{a}^\alpha > \mathrm{a}^\beta$.

Sind α und β ungerade, so hat man $\mathrm{a}^\alpha = (-a)^\alpha = -(a^\alpha)$, und $\mathrm{a}^\beta = (-a)^\beta = -(a^\beta)$; da aber $a^\alpha > a^\beta$ ist, so folgt: $-(a^\alpha) < -(a^\beta)$ oder $\mathrm{a}^\alpha < \mathrm{a}^\beta$.

IV. Ist a negativ und $|\mathrm{a}| < 1$ ferner $\alpha > \beta$.

Sind α und β gerade, so ist: $\mathrm{a}^\alpha = (-a)^\alpha = a^\alpha$, und $\mathrm{a}^\beta = (-a)^\beta = a^\beta$, mithin, wegen $a < 1$ und $\alpha > \beta$, nach [II.], $a^\alpha < a^\beta$, also: $\mathrm{a}^\alpha < \mathrm{a}^\beta$.

Sind α und β ungerade, so ist: $a^\alpha = (-a)^\alpha = -(a^\alpha)$, und $a^\beta = (-a)^\beta = -(a^\beta)$, daher folgt aus $a^\alpha < a^\beta$, daß $-(a^\alpha) > -(a^\beta)$ ist, oder daß $a^\alpha > a^\beta$ ist.

Faßt man die in [I. bis IV.] gewonnenen Relationen zusammen, so sind sie, wenn man die spezielleren durch nebengesetzte Punkte heraushebt:

(1) Aus $\alpha > \beta \hookrightarrow a^\alpha \gtrless a^\beta$ je nachdem a $\left\{\begin{matrix}\text{größer } 1, \\ \text{positiv } < 1\end{matrix}\right\}$ ist.

(2) Aus $\alpha > \beta$, a neg. u. $|a| > 1 \hookrightarrow a^\alpha \gtrless a^\beta$ je n. α u. β $\left\{\begin{matrix}\text{gerade,} \\ \text{ungerade}\end{matrix}\right\}$ sind.

(3) Aus $\alpha > \beta$, a neg. u. $|a| < 1 \hookrightarrow a^\alpha \lessgtr a^\beta$ je n. α u. β $\left\{\begin{matrix}\text{gerade,} \\ \text{ungerade}\end{matrix}\right\}$ sind.

(4).. Aus a negativ $\hookrightarrow a^\alpha \gtrless a^\beta$ je nachd. $\left\{\begin{matrix}\alpha \text{ gerade, } \beta \text{ ungerade;} \\ \alpha \text{ ungerade, } \beta \text{ gerade}\end{matrix}\right\}$ ist,
wo α und β beliebig groß angenommen werden können.

(5).. Aus $a = 1$, $\hookrightarrow a^\alpha = a^\beta$, wo α und β beliebig groß angenommen werden können.

(6).. Aus $a = -1$, $\hookrightarrow a^\alpha = a^\beta$ in zwei Fällen, wenn entweder erstens α und β gerade, oder zweitens ungerade sind; wo α und β beliebig groß angenommen werden können.

(7).. Aus $a = 0$, $\hookrightarrow a^\alpha = a^\beta$; wo α und β beliebig groß angenommen werden können.

Bemerkung 1. Durch [I. bis IV.] ist im Allgemeinen das Gesetz für **a** $\frown$ **u** ausgedrückt; ferner ist **g** $\frown$ **u** durch das gegenwärtige Gesetz gegeben.

Bemerkung 2. Man hat hiernach speziell aus $a > 1$ durch die Multiplikation mit a, $a^2 > a$, und durch die Multiplikation a^α, $a^{\alpha+1} > a^\alpha$.
Denkt man sich nun nach und nach für α, 2, 3, ... $\sim\!\sim$ gesetzt, so kommt, wenn man a^2 voranstellt:

$$a^2 > a,\quad a^3 > a^2,\quad a^4 > a^3,\ \ldots,\ a^{\alpha+1} > a^\alpha.$$

Die Potenzen a^2, a^3, a^4, ..., a^α, $a^{\alpha+1}$ werden demnach bis ins Endlose immer größer und größer, und man kann deshalb leicht zu einer solchen Potenz von a gelangen, die größer ist, als jede gegebene noch so große Zahl h.

Denn aus $a > 1$ folgt: $a = 1 + \mathfrak{a}$, also ist $a^\alpha = (1+\mathfrak{a})^\alpha = 1 + \alpha.\mathfrak{a} + \mathfrak{A}$, mithin $a^\alpha > 1 + \alpha.\mathfrak{a}$.

Man kann sich nun α so bestimmt denken, daß $\alpha.\mathfrak{a} > h - 1$, also $1 + \alpha.\mathfrak{a} > h$, daher um so mehr $a^\alpha > h$ ist.

Geht demnach a^α in $a^{\alpha *}$ über, so hat man am $a^{\alpha *}$ das Endlos-größer-Werdende, also für $a > 1$,

$$a^{\alpha *} \succeq {}^{f}G_{a>1} \cdot (\tfrac{1}{0}).$$

Hat man ferner $a < 1$ und a positiv, so folgt:

$$a^2 < a, \quad a^3 < a^2, \quad a^4 < a^3, \ldots, \; a^{\alpha+1} < a^\alpha.$$

Deshalb kann man zu einer Potenz von a gelangen, die kleiner ist, als jeder gegebene noch so kleine ächte Bruch $\frac{\varphi}{\psi}$.

Denn es folgt aus $a < 1$, und a positiv, daß $a = \frac{\gamma}{\beta}$ sein muß, wo $\gamma < \beta$ ist. Man hat daher aus $a = \frac{\gamma}{\beta}$, $\frac{1}{a} = \frac{\beta}{\gamma} = 1 + a$, also $\left(\frac{1}{a}\right)^\alpha > 1 + \alpha . a$. Deshalb läßt sich, wie vorhin, α so genommen denken, daß $1 + \alpha . a > \frac{\psi}{\varphi}$ wird; dann ist um so mehr $\left(\frac{1}{a}\right)^\alpha > \frac{\psi}{\varphi}$, also $1 : \left(\frac{1}{a}\right)^\alpha < 1 : \frac{\psi}{\varphi}$, oder $a^\alpha < \frac{\varphi}{\psi}$.

Mithin hat man für a absolut und < 1, wenn a^α in $a^{\alpha *}$ übergeht:

$$a^{\alpha *} \succeq G_{a<1} \cdot (0).$$

Es ist demnach $a^{\alpha *}$ für $a < 1$ und positiv, das Endloskleiner-Werdende, welches sich seiner wirklichen Grenze: Null, ohne Aufhören nähert, ohne sie jedoch je erreichen zu können.

6) Es seien: $a > b$ als Ungleichung, und α, β als wirkliche Zahlen, gegeben; man sucht die Beziehungen der Potenzen a^α, b^β, oder a^β, a^α.

Hier folgt zunächst für a und b, aus $a > b$:
Mit a positiv, kann b entweder positiv, Null oder negativ sein.
Mit a negativ, muß b negativ sein.
Mit a Null, muß b negativ sein.

Man hat hieraus wieder folgende Fälle:

Für a und b positiv.

Mit $a > 1$ kann entweder $b > 1$, oder $b = 1$, oder $b < 1$ sein.
Mit $a = 1$ muß $b < 1$ sein.
Mit $a < 1$ muß $b < 1$ sein.

Für a negativ, also auch b negativ.

Mit $|b| > 1$ kann entweder $|a| > 1$, oder $|a| = 1$, oder $|a| < 1$ sein.
Mit $|b| = 1$ muß $|a| < 1$ sein.
Mit $|b| < 1$ muß $|a| < 1$ sein.

Für a positiv und b negativ.

Mit a $\gtreqqless$ 1 kann beliebig $|b| \gtreqqless 1$ sein, und deshalb hat man hier noch auf: $a \gtreqqless |b|$ zu achten.

Für a positiv und b Null.

Mit a positiv und b Null, kann $a \gtreqqless 1$ sein.

Für a Null, also b negativ.

Mit a Null, also b negativ, kann $|b| \gtreqqless 1$ sein.

Außerdem hat man noch auf das Größer-, Gleich- oder Kleiner-Sein des α gegen β; und, in den betreffenden Fällen, auch auf das Gerade- oder Ungerade-Sein von α und β zu reflectiren.

Nach dieser Analysirung möge nun die Untersuchung der gewünschten Beziehungen folgen.

I. Sind a und b positiv und ist $\alpha > \beta$.

Erstens. Es sei $a > 1$ gegeben.

Aus $a > 1$ und $\alpha > \beta$ ⌐ nach [5)], $a^\alpha > a^\beta$,
und aus $a > b$ nach [4)], $a^\beta > b^\beta$, mithin
$a^\alpha > b^\beta$.

Zweitens. Ist $a < 1$, also, wegen $a > b$, auch b ächt gebrochen.

Aus $a > b$ ⌐ nach [4)], $a^\beta > b^\beta$, und aus
$b < 1$, $\alpha > \beta$ nach [5)], $b^\beta > b^\alpha$, also
$a^\beta > b^\alpha$.

Oder u. A. auch so:

Aus $a < 1$ ⌐ $1:a > 1$, also, wegen $\alpha > \beta$,

$$\left(\frac{1}{a}\right)^\alpha > \left(\frac{1}{a}\right)^\beta \text{ oder } \frac{1}{a^\alpha} > \frac{1}{a^\beta} \text{ oder}$$
$$a^\beta > a^\alpha,$$

und aus $a > b$ ⌐ $a^\alpha > b^\beta$, also
$a^\beta > b^\alpha$.

Man kann auch für die zwei Fälle: $a > 1$, $a < 1$, eine Ableitung geben; denn es folgt aus $a > 1$

$$(1 \underset{\cdot}{\times} a)^\alpha \gtrless (1 \underset{\cdot}{\times} a)^\beta.$$

Hiermit verbinde man nun $a^\beta > b^\beta$ und $a^\alpha > b^\alpha$.

Bemerkung. Da aus $a > b$ nach [4)] stets $a^\alpha > b^\alpha$ folgt, so kann natürlich auch in den obigen zwei Fällen außer $\alpha > \beta$, auch $\alpha = \beta$

genommen werden. Ist ferner, während $a > 1$ ist, entweder $b = 1$ oder $b < 1$ gegeben, so hat man aus $a > b$ stets $a^\alpha > b^\beta$, wo α und β als beliebig groß, d. h. $\alpha \gtreqless \beta$ angenommen werden darf. Dasselbe gilt auch, wenn $a = 1$, also $b < 1$ gegeben ist.

II. Ist a negativ, also auch b negativ und $\alpha > \beta$.

Die hier stattfindenden Beziehungen sind aus [I.] zu entnehmen. Es sei $a = -\mathfrak{a}$ und $b = -\mathfrak{b}$, so hat man aus $a > b$, $\mathfrak{b} > \mathfrak{a}$, daher:

Erstens. Es sei $|b| > 1$ gegeben.

Aus $\mathfrak{b} > 1$ und $\alpha > \beta$ ↪ nach [5)],

$$\mathfrak{b}^\alpha > \mathfrak{b}^\beta,$$

und aus $\mathfrak{b} > \mathfrak{a}$ ↪ nach [4)], $\mathfrak{b}^\beta > \mathfrak{a}^\beta$, mithin

$$\mathfrak{b}^\alpha > \mathfrak{a}^\beta, \text{ also}$$

wenn α und β gerade sind: $(-\mathfrak{b})^\alpha > (-\mathfrak{a})^\beta$, oder

$$b^\alpha > a^\beta, \text{ und}$$

wenn α und β ungerade sind: $b^\alpha < a^\beta$.

Zweitens. Es sei $|b|$ ächt gebrochen, also auch $|a| < 1$.

Man hat aus $\mathfrak{b} > \mathfrak{a}$ nach [I.],

$$\mathfrak{b}^\beta > \mathfrak{a}^\alpha, \text{ also}$$

$$b^\beta \gtrless a^\alpha \text{ je nachdem } \alpha \text{ und } \beta \begin{Bmatrix}\text{gerade,}\\ \text{ungerade}\end{Bmatrix} \text{ sind.}$$

Bemerkung. Da aus $\mathfrak{b} > \mathfrak{a}$ nach [4)], $\mathfrak{b}^\alpha > \mathfrak{a}^\alpha$ folgt, so kann auch stets in den vorstehenden zwei Fällen, nämlich für $\mathfrak{b} \gtrless 1$, außer $\alpha > \beta$, auch $\alpha = \beta$ sein. Ist ferner, während $|b| > 1$ ist, entweder $|a| = 1$ oder $|a| < 1$ gegeben, so hat man aus $\mathfrak{b} > \mathfrak{a}$ stets $\mathfrak{b}^\alpha > \mathfrak{a}^\beta$, wo α und β beliebig groß angenommen werden dürfe; mithin auch

$$b^\alpha \gtrless a^\beta \text{ je nachdem } \alpha \text{ und } \beta \begin{Bmatrix}\text{gerade,}\\ \text{ungerade}\end{Bmatrix} \text{ sind.}$$

wo α und β beliebig groß angenommen werden dürfen. Dasselbe gilt auch, wenn $|b| = 1$, also $|a| < 1$ gegeben ist.

III. Ist a positiv, b negativ und $\alpha > \beta$.

Erstens. Es sei: $b = -\mathfrak{b}$ und $a = \mathfrak{b}$ gegeben.

Ist nun $a > 1$, so hat man aus $\alpha > \beta$ nach [5), (1)], $a^\alpha > a^\beta$.

Da nun aber, wenn β gerade ist: $a^\beta = \mathfrak{b}^\beta = (-\mathfrak{b})^\beta = b^\beta$ ist, so folgt stets, wegen $\mathfrak{b}^\beta > -(\mathfrak{b}^\beta)$,

$$a^\alpha > b^\beta \text{ es möge } \beta \text{ gerade oder ungerade sein.}$$

Ist ferner $a < 1$, so hat man aus $\alpha > \beta$ nach [5), (1)], $a^\alpha < a^\beta$, also

$$a^\alpha \lessgtr b^\beta \text{ je nachdem } \beta \begin{Bmatrix}\text{gerade,}\\ \text{ungerade}\end{Bmatrix} \text{ ist.}$$

Zweitens. Es sei: $a > b$ und $a > 1$ gegeben.

Da $b = -b$ ist, so hat man aus $a > b$ und $\alpha > \beta$ nach [I.], $a^\alpha > b^\beta$, also

$$a^\alpha > b^\beta \text{ es möge } \beta \text{ gerade oder ungerade sein.}$$

Drittens. Es sei: $a < b$ und $b > 1$ gegeben.

Man hat aus $b > a$ und $\alpha > \beta$ nach [I.], $b^\alpha > a^\beta$, also

$$a^\beta \lessgtr b^\alpha \text{ je nachdem } \alpha \begin{Bmatrix}\text{gerade,}\\ \text{ungerade}\end{Bmatrix} \text{ ist.}$$

Viertens. Es sei: $a > b$ und $a < 1$ gegeben.

Aus $a < 1$ und $\alpha > \beta$ folgt nach [5), (1)]:

$$\begin{array}{rl} & a^\alpha < a^\beta, \text{ und aus} \\ a > b \text{ nach [4)]:} & \underline{a^\alpha > b^\alpha}, \text{ also } a^\beta > b^\alpha, \text{ mithin} \\ & a^\beta > b^\alpha \text{ es möge } \alpha \text{ gerade oder ungerade sein.} \end{array}$$

Fünftens. Es sei: $a < b$ und $b < 1$ gegeben.

Man hat aus $b < 1$ und $\alpha > \beta$ nach [I.]:

$$\begin{array}{rl} & b^\alpha < b^\beta, \text{ und aus} \\ a < b \text{ folgt:} & \underline{a^\alpha < b^\alpha}, \text{ also } b^\beta > a^\alpha, \text{ oder} \\ & a^\alpha \lessgtr b^\beta \text{ je nachdem } \beta \begin{Bmatrix}\text{gerade,}\\ \text{ungerade}\end{Bmatrix} \text{ ist.} \end{array}$$

Bemerkung. Die einzelnen Fälle, die aus der Spezialisirung von [III.] hervorgehn, wollen wir, ihrer Einfachheit wegen, weiter unten unmittelbar aufführen.

IV. Ist a positiv und b Null.

Man hat aus $a > 0$ unmittelbar:

$a^\alpha > b^\beta$ es möge α gegen β beliebig groß genommen werden, d. h. $\alpha \gtreqless \beta$ sein.

V. Ist a Null, also b negativ.

Man hat aus $0 > -b$ unmittelbar:

$a^\alpha \lessgtr b^\beta$ je nachd. $\beta \begin{Bmatrix}\text{gerade,}\\ \text{ungerade}\end{Bmatrix}$ ist, es möge α gegen β beliebig groß genommen werden.

Faßt man nun die in [I. bis V.] gewonnenen Beziehungen zusammen, und bezeichnet man die speziellern mit zwei unten an die betreffende Nummer gesetzte Punkte, so sind sie:

I. Ist $a > b$ und sind a und b positiv.

(1) Aus $a > 1$ folgt: $a^\alpha > b^\beta$, wenn $\alpha \geqq \beta$ genommen wird.

(2).. Aus $a > 1$ und $b \gtreqless 1$ folgt: $a^\alpha > b^\beta$, wo α und β beliebig groß genommen werden können.

(3).. Aus $a = 1$ und $b < 1$ folgt: $a^\alpha > b^\beta$, wo α und β beliebig groß angenommen werden können.

(4) Aus $a < 1$ und $b < 1$ folgt: $a^\beta > b^\alpha$, wenn $\alpha \geqq \beta$ genommen wird.

II. Ist $a > b$ und a negativ, also auch b negativ.

(1) Aus $|b| > 1$ folgt: $a^\beta \lessgtr b^\alpha$ je nachdem α und β $\left\{\begin{matrix}\text{gerade,}\\ \text{ungerade}\end{matrix}\right\}$ sind, wenn beliebig $\alpha > \beta$ oder $\alpha = \beta$ genommen wird.

(2).. Ist, während $|b| > 1$ ist, entweder $|a| = 1$ oder $|a| < 1$, so folgt: $a^\beta \lessgtr b^\alpha$ je nachdem α und β $\left\{\begin{matrix}\text{gerade,}\\ \text{ungerade}\end{matrix}\right\}$ ist, wo α und β beliebig groß angenommen werden können.

(3). Ist $|b| = 1$, so ist: $a^\beta \lessgtr b^\alpha$ je nachdem α und β $\left\{\begin{matrix}\text{gerade,}\\ \text{ungerade}\end{matrix}\right\}$ sind, wo α und β beliebig groß angenommen werden können.

(4) Ist $|b| < 1$, so ist: $a^\alpha \lessgtr b^\beta$ je nachdem α und β $\left\{\begin{matrix}\text{gerade,}\\ \text{ungerade}\end{matrix}\right\}$ sind, wenn beliebig $\alpha > \beta$ oder $\alpha = \beta$ genommen wird.

III. Ist a positiv und b negativ.

(1) Aus $a = |b|$ und $a > 1$ und $\alpha > \beta$ $\hookrightarrow$: $a^\alpha > b^\beta$ es möge β gerade oder ungerade sein.

(2) Aus $a = |b|$ u. $a < 1$ u. $\alpha > \beta$ $\hookrightarrow$: $a^\alpha \lessgtr b^\beta$ je nachd. β $\left\{\begin{matrix}\text{gerade,}\\ \text{ungerade}\end{matrix}\right\}$ ist.

(3).. Aus $a = |b|$ und $a = 1$ $\hookrightarrow$: $a^\alpha \overset{=}{>} b^\beta$ je nachd. β $\left\{\begin{matrix}\text{gerade,}\\ \text{ungerade}\end{matrix}\right\}$ ist, wo α und β beliebig groß sein können.

(4) Aus $a > |b|$ u. $a > 1$ $\hookrightarrow$: $a^\alpha > b^\beta$, wenn $\alpha \geqq \beta$ angenommen wird.

(5).. Aus $a > |b|$ und $a > 1$ und $|b| = 1$ $\hookrightarrow$: $a^\alpha > b^\beta$, wo α und β beliebig groß sein können.

(6).. Aus $a > |b|$ und $a > 1$ und $|b| < 1$ $\hookrightarrow$: $a^\alpha > b^\beta$, wo α und β beliebig groß sein können.

(7).. Aus $a > |b|$ u. $a = 1$ $\hookrightarrow$: $a^\alpha > b^\beta$, wo α u. β beliebig groß sein können.

(8) Aus $a > |b|$ und $a < 1$ $\hookrightarrow$: $a^\beta > b^\alpha$, wenn $\alpha \geqq \beta$ angenommen wird.

(9) Aus $a < |b|$ und $|b| > 1$ $\hookrightarrow$: $a^\beta \lessgtr b^\alpha$ je nachdem $\alpha \begin{Bmatrix} \text{gerade,} \\ \text{ungerade} \end{Bmatrix}$ ist, wenn $\alpha \geqq \beta$ angenommen wird.

(10).. Aus $a < |b|$ und $a = 1$ $\hookrightarrow$: $a^\beta \lessgtr b^\alpha$ je nachdem $\alpha \begin{Bmatrix} \text{gerade,} \\ \text{ungerade} \end{Bmatrix}$ ist, wo α und β beliebig groß sein können.

(11).. Aus $a < |b|$ und $|b| = 1$ $\hookrightarrow$: $a^\beta \lessgtr b^\alpha$ je nachdem $\alpha \begin{Bmatrix} \text{gerade,} \\ \text{ungerade} \end{Bmatrix}$ ist, wo α und β beliebig groß sein können.

(12).. Aus $a < |b|$ und $|b| > 1$ $\hookrightarrow$: $a^\beta \lessgtr b^\alpha$ je nachdem $\alpha \begin{Bmatrix} \text{gerade,} \\ \text{ungerade} \end{Bmatrix}$ ist, wenn $\alpha \geqq \beta$ angenommen wird.

(13) Aus $a < |b|$ und $|b| < 1$ $\hookrightarrow$: $a^\alpha \lessgtr b^\beta$ je nachdem $\beta \begin{Bmatrix} \text{gerade,} \\ \text{ungerade} \end{Bmatrix}$ ist, wenn $\alpha \geqq \beta$ angenommen wird.

IV. Ist a positiv, b Null; oder a Null also b negativ.

(1).. Aus a positiv und b Null $\hookrightarrow$: $a^\alpha > b^\beta$, wo α und β beliebig groß sein können.

(2).. Aus a Null, also b neg. $\hookrightarrow$: $a^\alpha \lessgtr b^\beta$ je nachd. $\beta \begin{Bmatrix} \text{gerade,} \\ \text{ungerade} \end{Bmatrix}$ ist, wo α und β beliebig groß sein können.

Hierdurch ist das Gesetz für $\mathfrak{u}' \frown \mathfrak{u}$ gegeben.

Bemerkung. Ferner bemerken wir noch folgende zwei Fälle, die wir, der Kürze halber, den betreffenden vorstehenden Sätzen nicht immer hinzufügen wollten:

Erstens. Bezeichnen a und b irgend zwei beliebige negative Zahlen, so haben wir:

für $\begin{Bmatrix} \alpha \text{ gerade, } \beta \text{ ungerade,} \\ \alpha \text{ ungerade, } \beta \text{ gerade} \end{Bmatrix}$ bezüglich $a^\alpha \gtrless b^\beta$, es möge $\alpha > \beta$ oder $\alpha < \beta$ sein.

Zweitens. Bezeichnet a irgend eine beliebige positive Zahl, und b irgend eine beliebige negative, so ist stets für β ungerade:

$$a^\alpha > b^\beta, \text{ wo } \alpha \text{ und } \beta \text{ beliebig groß sein können.}$$

37. Es bleiben uns jetzt nur noch, in Betreff der ganzen Potenzen, die indirecten Gesetze von den in [36.] festgestellten, zu untersuchen übrig.

A).. Es sei $a^\alpha = b^\alpha$ gegeben.

Man hat hier zunächst für a^α und b^α folgende Haupt-Fälle zu unterscheiden:

Mit a^α positiv muß auch b^α positiv sein.
Mit a^α negativ muß auch b^α negativ sein.
Mit a^α Null muß auch b^α Null sein.

Positiv können nun a^α und b^α zugleich sein:
wenn erstens a positiv und b positiv ist;
wenn zweitens a negativ, b negativ und α gerade ist;
wenn drittens a positiv, b negativ und α gerade ist;
wenn viertens a negativ, α gerade, b positiv ist.

Der vierte Fall ist hier durch den dritten gegeben.

Negativ müssen a^α und b^α zugleich sein, nur
wenn a negativ, b negativ und α ungerade ist.

Null müssen a^α und b^α zugleich sein, nur
wenn einer von beiden Dignanden (a oder b) Null ist, womit gleichzeitig auch jedesmal bezüglich der andere Dignand = Null sein muß.

Die Untersuchung dieser Fälle führt uns nun zu:

1) Es sei $a^\alpha = b^\alpha$ gegeben.

I. Sind a und b positiv.

Es muß für diesen Fall aus $a^\alpha = b^\alpha$ nothwendig $a = b$ folgen; denn für $a \gtrless b$ wäre nach [36. 4)], $a^\alpha \gtrless b^\alpha$, gegen die Voraussetzung.

II. Sind a und b negativ.

Es muß $a = b$ sein; denn aus $a = -a$, und $b = -b$ folgt nach der Voraussetzung: $(-a)^\alpha = (-b)^\alpha$, und da nun dieselbe in

$(\pm 1)^\alpha . a^\alpha = (\pm 1)^\alpha . b^\alpha$ übergeht, also allemal mit $a^\alpha = b^\alpha$ zusammenfällt, so fließt nach [I.], $a = b$, oder $-a = -b$, d. h. $a = b$.

III. Ist a positiv, b hingegen negativ.

Die Voraussetzung: $a^\alpha = b^\alpha$ geht für $a = a$, $b = -b$ über in $a^\alpha = (-b)^\alpha$, und weil α gerade sein muß, in: $a^\alpha = b^\alpha$, woraus nach [I.], $a = b$ folgt. Es ist demnach mit a positiv, b negativ, allemal α gerade und $a = -b$, d. h. die Glieder von a und b sind einander gleich, oder es ist $|a| = |b|$.

IV. Ist a = Null.

Es muß in diesem Falle auch $b = 0$, also $a = b$ sein; denn man hat jetzt $0^\alpha = b^\alpha$ oder $0 = b^\alpha$; wäre nun $b \gtrless 0$, so würde bei $b > 0$ auch $b^\alpha > 0$ sein, und bei $b < 0$ hätte man $b^\alpha \gtrless 0$ je nachdem α gerade oder ungerade wäre [nach 36. 4)]. Beide Annahmen $b > 0$, $b < 0$ führen demnach gegen die Voraussetzung; es ist also $b = 0$.

V. Ist α ungerade.

Auch für diesen Fall muß aus $a^\alpha = b^\alpha$, rückwärts: $a = b$ folgen; denn ist a positiv, so kann, wegen [IV., und α ungerade], weder $b \overline{\gtrless} 0$ sein, d. h. b ist auch positiv, also nach [I.], $a = b$. Ist ferner a negativ, so ist, wegen α ungerade, auch b negativ, also nach [II.], $a = b$. Ist endlich $a = 0$, so ist nach [IV.] auch $b = 0$, also wieder: $a = b$.

VI. Ist $a > b$.

In diesem Falle ist b negativ, a positiv, α gerade und $a = |b|$; denn könnten a und b zugleich positiv sein, so hätte man nach [36. 4)] aus $a > b$, $a^\alpha > b^\alpha$; könnten a und b zugleich negativ sein, so hätte man nach [36. 4)], $a^\alpha \lessgtr b^\alpha$ je nachdem α $\begin{Bmatrix}\text{gerade,}\\ \text{ungerade}\end{Bmatrix}$ wäre. Beide Fälle a und b positiv, oder a und b negativ, streiten demnach gegen die Voraussetzung $a^\alpha = b^\alpha$. Da nun auch weder a noch b = Null sein kann, nach [IV.] wegen $a > b$, so muß, wegen $a > b$, nothwendig b negativ sein. Es ist demnach mit $a^\alpha = b^\alpha$ und $a > b$ nothwendig a positiv und b negativ, also α gerade. Setzt man nun diese Bestimmungen von a und b in $a^\alpha = b^\alpha$, so folgt $a^\alpha = (-b)^\alpha = b^\alpha$ wegen α gerade, also ist $a = b$ oder $a = |b|$.

VII. Ist $a = \pm 1$.

In diesem Falle ist auch bezüglich $b = \pm 1$ wenn α ungerade ist, nach [V.]. Ist hingegen α gerade, so kann für $a = 1$ oder $a = -1$, ganz beliebig: $b = 1$ oder $b = -1$ genommen werden.

VIII. Ist α ungerade und a negativ.

Aus α ungerade folgt nach [V.], $a = b$, und wegen a negativ, muß auch b negativ sein.

Bemerkung. Man übersieht noch aus $a^\alpha = b^\alpha$, daß mit a und b positiv, und $a \gtreqless 1$ respective $b \gtreqless 1$ gegeben sein muß.

Faßt man nun die in [I. bis VIII.] gewonnenen Relationen zusammen, so sind sie:

Ist $a^\alpha = b^\alpha$ gegeben, so hat man:

(1) Aus a und b positiv $\neg$: $a = b$.
(2) Aus a und b negativ $\neg$: $a = b$.
(3) Aus a positiv, b negativ $\neg$: $a = |b|$ und α gerade.
(4).. Aus a = Null $\neg$: $a = b = 0$.
(5) Aus α ungerade $\neg$: $a = b$.
(6) Aus $a > b$ $\neg$: a pos., b neg., α gerade, und $a = |b|$.
(7).. Aus α ung. und $a = \pm 1$ $\neg$ bezüglich $b = \pm 1$, also $a = b$.
(8).. Aus α gerade und $a = \pm 1$ $\neg$ beliebig $b = 1$ oder $b = -1$, also $a = b$ oder $a = |b|$.
(9).. Aus α ungerade und a negativ folgt, daß auch b negativ und $a = b$ sein muß.

Hierdurch ist das indirecte Gesetz von **g** $\frown$ **a** entwickelt.

B).. Es sei $a^\alpha = a^\beta$ gegeben.

Man hat hier zunächst für a^α und a^β folgende Haupt-Fälle zu unterscheiden:

Mit a^α positiv muß auch a^β positiv sein.
Mit a^α negativ muß auch a^β negativ sein.
Mit a^α Null muß auch a^β Null sein.

Positiv können nun a^α und a^β sein:

wenn erstens a positiv ist,
wenn zweitens a negativ und gleichzeitig α und β gerade ist.

Negativ müssen a^α und a^β zugleich sein, nur wenn a negativ und zugleich α und β ungerade ist.

Null müssen a^α und a^β zugleich sein, nur wenn a = Null ist.

Weil aber nach [36. 5), (5).. u. (6)..] in $a^\alpha = a^\beta$, für $a = 1$, α und β beliebig groß sein können, wie dies auch gilt, für $a = -1$, wenn nur α und β entweder zugleich gerade, oder zugleich ungerade genommen werden, so hat man hier auch diese Fälle zu berücksichtigen; und zuletzt kann man noch $\alpha > \beta$ oder $\alpha < \beta$ annehmen um dann auf a zurück zu schließen.

Die Untersuchung dieser Fälle führt uns nun zu:

2) Es sei $a^\alpha = a^\beta$ gegeben.

I. Ist a positiv und nicht = 1.

Es muß $\alpha = \beta$ sein;

denn aus $a \gtrless 1$, und

$$\frac{\alpha > \beta}{a^\alpha \gtrless a^\beta} \curvearrowright \text{ nach [36. 5), I. und II.]}$$

gegen die Voraussetzung;

eben so folgt aus $a \gtrless 1$, und

$$\frac{\beta > \alpha}{a^\beta \gtrless a^\alpha}$$

gegen die Voraussetzung.

II. Ist $a = 1$.

Man hat aus $a^\alpha = a^\beta$, für $a = 1$, $1^\alpha = 1^\beta$, mithin können α und β beliebig groß sein, d. h. es kann einer der drei Fälle stattfinden $\alpha \gtreqless \beta$.

III. Ist a negativ und nicht = -1.

Es muß nothwendig $\alpha = \beta$ sein;

denn da a negativ sein soll, so müssen, wegen $a^\alpha = a^\beta$, offenbar α und β entweder zugleich gerade oder zugleich ungerade sein. Setzt man nun $a = -\mathfrak{a}$, so geht die Voraussetzung $a^\alpha = a^\beta$ für beide Fälle in $\mathfrak{a}^\alpha = \mathfrak{b}^\beta$ über, woraus nach [I.], weil $\mathfrak{a}$ nicht = 1 sein soll: $\alpha = \beta$ folgt.

IV. Ist $a = -1$.

Man hat für diesen Fall aus $a^\alpha = a^\beta$, $(-1)^\alpha = (-1)^\beta$; es müssen also α und β entweder zugleich gerade, oder zugleich ungerade sein; übrigens können dann α und β beliebig groß sein, d. h. es bleibt unbestimmt, ob $\alpha = \beta$ oder $\alpha > \beta$ oder $\alpha < \beta$ war.

V. Ist a = Null.

Aus $a^\alpha = a^\beta$ folgt für $a = 0$, $0^\alpha = 0^\beta$. Es können also hier α und β beliebig groß in Beziehung auf einander sein.

VI. Ist $\alpha > \beta$ und a positiv.

Die Voraussetzung: $a^\alpha = a^\beta$ geht für $\alpha = \beta + \gamma$ in $a^{\beta+\gamma} = a^\beta$ oder in $a^\gamma = 1$ über, woraus $a = 1$ folgt, weil für a positiv $\gtrless 1$, $a^\gamma \gtrless 1$ fließen würde.

Dasselbe folgt natürlich auch für $\alpha < \beta$ und a positiv.

VII. Ist $\alpha > \beta$ und a negativ.

Die Voraussetzung: $a^\alpha = a^\beta$ geht für a negativ $= -a$, in $(-a)^\alpha = (-a)^\beta$ über; es müssen also α und β entweder zugleich gerade, oder zugleich ungerade sein; in beiden Fällen hat man also $a^\alpha = a^\beta$, und nun, wegen $\alpha > \beta$ nach [VI.], $a = 1$.

Demnach folgt aus $a^\alpha = a^\beta$, a negativ und $\alpha > \beta$, daß $a = -1$ sein muß.

Dasselbe folgt natürlich auch für $\alpha < \beta$ und a negativ.

Bemerkung. Wenn demnach in $a^\alpha = a^\beta$, $\alpha > \beta$ ist, so muß nothwendig einer der drei Fälle stattfinden, nämlich entweder $a = 1$ oder $a = 0$ oder $a = -1$, wo dann im letzteren Falle α und β entweder zugleich gerade oder zugleich ungerade sein müssen.

Umgekehrt fanden wir, daß in $1^\alpha = 1^\beta$, $0^\alpha = 0^\beta$, $(-1)^\alpha = (-1)^\beta$, $\alpha \gtreqless \beta$ sein kann, wenn nur bei der dritten Gleichung das zugleich Gerade- oder Ungerade-Sein des α und β beachtet wird.

Stellen wir nun die in [I. bis VII.] gewonnenen Beziehungen zusammen, so sind sie:

Wenn $a^\alpha = a^\beta$ vorausgesetzt wird.

(1) Ist a positiv $\gtrless 1$, so ist: $\alpha = \beta$.

(2).. Ist $a = 1$, so können α und β beliebig groß sein, d. h. es kann einer der drei Fälle $\alpha \gtreqless \beta$ stattfinden, so daß es unbestimmt bleibt, welcher von diesen jedesmal gilt.

(3) Ist a negativ und nicht $= -1$, so ist $\alpha = \beta$, und α und β sind entweder zugleich gerade oder zugleich ungerade.

(4).. Ist $a = -1$, so können α und β beliebig groß angenommen werden, wenn man nur dabei entweder α und β zugleich gerade, oder zugleich ungerade erwählt.

(5).. Ist $a =$ Null, so können α und β beliebig groß angenommen werden.

(6).. Ist $\alpha > \beta$ und a positiv, so ist: $a = 1$.

(7).. Ist $\alpha > \beta$ und a negativ, so ist: $a = -1$, und α und β sind entweder zugleich gerade oder zugleich ungerade.

Hierdurch ist das indirecte Gesetz von $\mathfrak{a} \frown \mathfrak{g}$ ausgedrückt.

C).. Es ist: $a^\alpha > b^\alpha$ gegeben.

Man hat zunächst für a^α und b^α folgende Fälle zu unterscheiden:

Mit a^α positiv, kann b^α pos., Null oder negativ sein.
Mit a^α negativ, muß b^α negativ sein.
Mit a^α Null, muß b^α negativ sein.

Hieraus gehn nun wieder folgende Fälle hervor:

$$\left\{\begin{array}{l}\text{a positiv und b positiv,}\\ \text{a positiv, b negativ und } \alpha \text{ gerade,}\\ \text{a negativ, } \alpha \text{ gerade, b positiv.}\end{array}\right\}; \quad \left\{\begin{array}{l}\text{a negativ, b negativ, } \alpha \text{ gerade,}\\ \text{a positiv, b negativ, } \alpha \text{ ungerade,}\\ \text{a positiv und b Null}\end{array}\right\};$$

$$\left\{\begin{array}{l}\text{a negativ, } \alpha \text{ gerade, b Null,}\\ \text{a negativ, } \alpha \text{ ungerade, b negativ,}\\ \text{a Null, b negativ, } \alpha \text{ ungerade}\end{array}\right\}.$$

Die Untersuchung dieser Fälle führt uns nun zu:

3) Es sei $a^\alpha > b^\alpha$ gegeben.

I. Sind a und b positiv.

Es muß $a > b$ sein;
denn für $a \leqq b$ folgt nach [36. 1) u. 4)], daß
$a^\alpha \leqq b^\alpha$ sein müßte, gegen die Voraussetzung.

II. Sind a und b negativ.

Es ist $a \lessgtr b$ je nachdem $\alpha \left\{\begin{array}{l}\text{gerade,}\\ \text{ungerade}\end{array}\right\}$ ist;

denn es sei $a = -\mathfrak{a}$, $b = -\mathfrak{b}$, so ist: $(-\mathfrak{a})^\alpha > (-\mathfrak{b})^\alpha$ gegeben, oder, für α gerade: $\mathfrak{a}^\alpha > \mathfrak{b}^\alpha$, also nach [I.], $\mathfrak{a} > \mathfrak{b}$ oder $-\mathfrak{a} < -\mathfrak{b}$ d. h. $a < b$.

Ferner hat man für α ungerade: $-(a^\alpha) > -(b^\alpha)$ oder $a^\alpha < b^\alpha$, also nach [I.], $a < b$ oder $-a > -b$, d. h. $a > b$.

III. Ist a positiv, b negativ.

Es sei $a = a$, $b = -b$, so folgt erstens für α gerade, aus der Annahme $a^\alpha > (-b)^\alpha$, daß $a^\alpha > b^\alpha$ oder daß nach [I.], $a > b$ ist; es ist demnach a größer, als das zeichenfreie b, d. h. $a > |b|$.

Ist zweitens α ungerade, so folgt aus der Annahme $a^\alpha > (-b)^\alpha$, $a^\alpha > -(b^\alpha)$, weshalb $a \gtreqless b$ oder $a \gtreqless |b|$ sein kann. Kann man daher in $a^\alpha > b^\alpha$ beliebig $a \gtreqless b$ annehmen, so daß also stets $a^\alpha > b^\alpha$ verbleibt, so muß mit a positiv, b negativ nothwendig α ungerade sein.

IV. Ist a negativ, b positiv.

Es sei $a = -a$, $b = b$, so geht die Voraussetzung $a^\alpha > b^\alpha$ in: $(-a)^\alpha > b^\alpha$ über, es muß demnach α gerade sein.

Man hat daher aus $a^\alpha > b^\alpha$ nach [I.], $a > b$ oder $|a| > b$.

V. Ist a = Null.

Die Annahme geht über in $0^\alpha > b^\alpha$ oder in $0 > b^\alpha$. Es muß daher b negativ und α ungerade sein. Demnach folgt auch, wenn a Null und b negativ gegeben wäre, daß α ungerade sein müßte.

VI. Ist b = Null.

Die Annahme geht über in $a^\alpha > 0^\alpha$ oder in $a^\alpha > 0$; ist nun a positiv, so kann α gerade oder ungerade sein; ist hingegen a negativ, so muß α gerade sein.

VII. Sind a und b negativ und ist $|a| < |b|$.

Die Annahme $a^\alpha > b^\alpha$ geht über in $(-a)^\alpha > (-b)^\alpha$; weil nun $a < b$ sein soll, so ist auch $a^\alpha < b^\alpha$, also auch $(-a)^\alpha < (-b)^\alpha$ wenn α gerade sein könnte; es muß demnach α ungerade sein.

Ist daher $a^\alpha > b^\alpha$ und a und b negativ, ferner $|a| < |b|$, so ist α ungerade.

Wäre hingegen $|a| > |b|$ gegeben, so würde aus $a^\alpha > b^\alpha$ und a und b negativ, α gerade folgen; denn die Annahme ist:

$(-a)^\alpha > (-b)^\alpha$; wäre nun α ungerade, so hätte man $a^\alpha < b^\alpha$, also nach [I.], $a < b$, gegen die Voraussetzung $a > b$.

VIII. Ist a positiv, b negativ und $a = |b|$.

Die Voraussetzung geht über in $a^\alpha > (-a)^\alpha$; es muß demnach α ungerade sein, indem sonst $a^\alpha > a^\alpha$ sein müßte, was unmöglich ist.

IX. Ist a positiv, b negativ und ist $a < |b|$.

Die Voraussetzung $a^\alpha > b^\alpha$ geht über in $a^\alpha > (-b)^\alpha$; da nun $a < b$ sein soll, so muß α ungerade sein; denn für α gerade hätte man $a^\alpha > b^\alpha$, also nach [I.], $a > b$, d. h. $a > |b|$, gegen die Annahme.

X. Ist a negativ und α ungerade.

In diesem Falle ist auch b negativ; denn die Voraussetzung geht über in $-(a^\alpha) > b^\alpha$, es kann also b^α weder Null noch positiv sein, d. h. es muß b^α negativ, also auch b negativ sein, eben weil für $b \gtreqless 0$, $b^\alpha \gtreqless 0$, also $b^\alpha = 0$ oder b^α positiv sein würde, was beides unmöglich ist.

Bemerkung. Man übersieht hier noch leicht, daß

mit a und b positiv und $b \geqq 1$ auch $a > 1$ gegeben ist;
= a = b = = $a \leqq 1$ = $b < 1$ = =

Ferner, daß

mit a und b negativ, α gerade und $|b| \geqq 1$ auch $|a| > 1$ gegeben ist;
= a = b = α = = $|a| \leqq 1$ = $|b| < 1$ = =
= a = b = α ungerade = $|a| \geqq 1$ = $|b| > 1$ = =
= a = b = α = = $|b| \leqq 1$ = $|a| < 1$ = =

Endlich, daß

mit a positiv, b negativ oder [a negativ, b positiv] α gerade und $|b| \geqq 1$ auch $|a| > 1$ gegeben ist;
mit a positiv, b negativ oder [a negativ, b positiv] α gerade und $|a| \leqq 1$ auch $|b| < 1$ gegeben ist.

Zugleich bemerke man noch, daß mit b positiv und α ungerade a positiv sein muß.

Stellen wir nun die in [I. bis X. u. Bemerk.] gewonnenen Beziehungen zusammen, so sind sie:

Wenn $a^\alpha > b^\alpha$ vorausgesetzt wird.

(1) Sind a und b positiv, so ist: $a > b$.

(2) Sind a und b negativ, so ist: $a \lessgtr b$ je nachdem $\alpha \begin{Bmatrix} \text{gerade,} \\ \text{ungerade} \end{Bmatrix}$ ist.

(3) Ist a positiv, b negativ und α gerade, so ist: $a > |b|$.

(4) Ist a positiv, b negativ und α ungerade, so kann beliebig $a \gtreqless |b|$ sein, und umgekehrt: kann beliebig $a \gtreqless |b|$ genommen werden, so daß $a^\alpha > b^\alpha$ wird, so ist mit a positiv, b negativ nothwendig α ungerade. Vergl. [36. 5), (4)].

(5) Ist a negativ, b positiv, so ist: α gerade und $|a| > b$.

(6).. Ist $a =$ Null, so ist: b negativ und α ungerade.

(7).. Ist $b =$ Null und a positiv, so kann: α beliebig gerade oder ungerade sein.

(8).. Ist $b =$ Null und a negativ, so ist: α gerade.

(9) Sind a und b negativ und ist $|a| \lessgtr |b|$, so ist bezüglich: $\alpha \begin{Bmatrix} \text{ungerade,} \\ \text{gerade} \end{Bmatrix}$.

(10) Ist a positiv, b negativ und $a = |b|$, so ist: α ungerade.

(11) Ist a positiv, b negativ und $a < |b|$, so ist: α ungerade.

(12) Ist a negativ und α ungerade, so ist: b negativ.

(13) Ist b positiv und α ungerade, so ist: a positiv.

(14).. Sind a und b positiv und ist $b \geqq 1$, so ist: $a > 1$.

(15).. Sind a und b positiv und ist $a \leqq 1$, so ist: $b < 1$.

(16).. Sind a und b negativ, α gerade und $|b| \geqq 1$, so ist: $|a| > 1$.

(17).. Sind a und b negativ, α gerade und $|a| \leqq 1$, so ist: $|b| < 1$.

(18).. Sind a und b negativ, α ungerade und $|a| \geqq 1$, so ist: $|b| > 1$.

(19).. Sind a und b negativ, α ungerade und $|b| \leqq 1$, so ist: $|a| < 1$.

(20).. Ist a positiv, b negativ oder [a negativ, b positiv] und α gerade, ferner $|b| \geqq 1$, so ist: $|a| > 1$.

(21).. Ist a positiv, b negativ oder [a negativ, b positiv] und α gerade, ferner $|a| \leqq 1$, so ist: $|b| < 1$.

Hierdurch ist das indirecte Gesetz von $\mathbf{u} \frown \mathbf{a}$ ausgedrückt.

D).. Es ist $a^\alpha > a^\beta$ gegeben.

Man hat hier für a^α und a^β folgende Fälle zu unterscheiden:

Mit a^α positiv, kann entweder a^β positiv oder negativ sein.

Mit a^α negativ, muß a^β negativ sein.

Hieraus hat man wieder:

$$\left\{\begin{array}{l}\text{a positiv;}\\ \text{a negativ, } \alpha \text{ gerade, } \beta \text{ gerade;}\\ \text{a negativ, } \alpha \text{ gerade, } \beta \text{ ungerade;}\\ \text{a negativ, } \alpha \text{ und } \beta \text{ ungerade}\end{array}\right\}; \quad \left\{\begin{array}{l}\alpha < \beta \text{ und a positiv;}\\ \alpha < \beta \text{ und a negativ;}\\ \alpha > \beta \text{ und a positiv;}\\ \alpha < \beta \text{ und a negativ}\end{array}\right\}.$$

Außerdem achte man noch in den betreffenden Fällen auf das Gerade- oder Ungerade-Sein des α, β; und ob $a > 1$ oder a positiv < 1 ist; ferner ob, im Falle a negativ ist, $|a| \gtreqqless 1$ ist.

Das Übrige ergiebt sich durch die Untersuchung von selbst.

4) Es sei $a^\alpha > a^\beta$ gegeben.

I. Es sei a positiv.

Wegen $a^\alpha > a^\beta$ kann der Dignand a nicht $= 1$ sein, weil sonst $a^\alpha = a^\beta$ wäre.

Ist nun $a > 1$, so muß $\alpha > \beta$ sein, indem im entgegengesetzten Falle aus $a > 1$ und $\alpha \lesseqqgtr \beta$ nach [36. 2) u. 5), I.], $a^\alpha \lesseqqgtr a^\beta$ folgen würde, was gegen die Annahme $a^\alpha > a^\beta$ streitet.

Ist $a < 1$, so muß $\alpha < \beta$ sein, weil aus $a < 1$ und $\alpha \gtreqqless \beta$ nach [36. 2) u. 5), II.], $a^\alpha \lesseqqgtr a^\beta$ fließen würde, was, wegen $a^\alpha > a^\beta$, unmöglich ist.

II. Ist a negativ.

Ist erstens $a = -1$, so kann beliebig $\alpha \gtrless \beta$ sein, wo dann aber α gerade und β ungerade genommen werden muß.

Ist zweitens $a = -a$, wo a ganz oder unächt gebrochen sein möge, nur nicht $= 1$), so ist $(-a)^\alpha > (-a)^\beta$ gegeben.

Ist β gerade, so hat man, da auch dann α gerade sein muß:

$a^\alpha > a^\beta$, also, wegen $a > 1$, muß nach [I.],
$\alpha > \beta$ sein.

Ist α ungerade, so hat man, da auch dann β ungerade ist, aus $(-a)^\alpha > (-a)^\beta$, $-(a^\alpha) > -(a^\beta)$, oder

$a^\alpha < a^\beta$, also, wegen $a > 1$, muß nach [I.],
$\alpha < \beta$ sein.

Ist α gerade und β ungerade, so folgt aus der Annahme: $(-a)^\alpha > (-a)^\beta$,

$a^\alpha > -(a^\beta)$, und man sieht, daß beliebig
$\alpha \gtrless \beta$ sein kann; außerdem kann in diesem Falle $a \gtreqless 1$ genommen werden.

Ist drittens $a = -a$ und a ächt gebrochen, so ist $(-a)^\alpha > (-a)^\beta$ gegeben.

Ist β gerade, so hat man, da auch dann α gerade sein muß:
$a^\alpha > a^\beta$, also, wegen $a < 1$, muß nach [I.],
$\alpha < \beta$ sein.

Ist α ungerade, so hat man, da auch dann β ungerade sein muß, aus der Annahme: $(-a)^\alpha > (-a)^\beta$, $-(a^\alpha) > -(a^\beta)$ oder
$a^\alpha < a^\beta$, also, wegen $a < 1$, muß nach [I.],
$\alpha > \beta$ sein.

Ist α gerade, β ungerade, so folgt aus der Annahme: $(-a)^\alpha > (-a)^\beta$,
$a^\alpha > -(a^\beta)$, und man übersieht, daß
$\alpha \gtrless \beta$ sein kann; außerdem kann auch hier $a \gtreqless 1$ genommen werden.

III. Ist $\alpha > \beta$ und a positiv.

In diesem Falle muß $a > 1$ sein; denn aus $a < 1$ folgt, wegen $\alpha > \beta$ nach [36. 5) II.], $a^\alpha < a^\beta$; und daß a nicht $= 1$ sein kann, liegt in der Annahme: $a^\alpha > a^\beta$.

IV. Ist $\alpha < \beta$ und a positiv.

In diesem Falle muß $a < 1$ sein; denn für $a \gtreqless 1$ folgt aus $\alpha < \beta$, daß $a^\alpha \lesseqgtr a^\beta$ sein müßte, was gegen die Annahme $a^\alpha > a^\beta$ streitet.

V. Ist $\alpha > \beta$, a negativ und β gerade.

In diesem Falle muß das Glied von a ganz (aber nicht 1) oder unächt gebrochen sein; denn die Voraussetzung: $(-a)^\alpha > (-a)^\beta$ geht, weil auch α gerade sein muß, über in:
$a^\alpha > a^\beta$, und wegen $\alpha > \beta$, muß $a > 1$ sein, weil aus
$a \lesseqgtr 1$ und
$\alpha > \beta$ folgen würde: $a^\alpha \lesseqgtr a^\beta$.

VI. Ist $\alpha < \beta$, a negativ und β gerade.

In diesem Falle ist das Glied von a oder $|a|$ ächt gebrochen; denn die Voraussetzung: $(-a)^\alpha > (-a)^\beta$ geht — weil auch α gerade sein muß — über in $a^\alpha > a^\beta$, und da nun $\alpha < \beta$ sein soll, so muß $a < 1$ sein, indem aus

$a \geqq 1$ und

$\alpha < \beta$ folgen würde: $a^\alpha \leqq a^\beta$.

VII. Ist $\alpha > \beta$, a *negativ* und α *ungerade*.

In diesem Falle muß das Glied von a oder $|a|$ *ächt gebrochen* sein; denn die Voraussetzung: $a^\alpha > a^\beta$ geht — weil auch β ungerade sein muß — über in $(-a)^\alpha > (-a)^\beta$ oder in $-(a^\alpha) > -(a^\beta)$, oder in $a^\alpha < a^\beta$; da nun $\alpha > \beta$ sein soll, so muß $a < 1$ sein, indem sonst aus

$a \geqq 1$ und

$\alpha > \beta$ folgen würde: $a^\alpha \geqq a^\beta$, gegen die Voraussetzung.

VIII. Ist $\alpha < \beta$, a *negativ* und α *ungerade*.

In diesem Falle muß das Glied von a *ganz* (nicht 1) oder *unächt gebrochen* sein; denn die Voraussetzung: $(-a)^\alpha > (-a)^\beta$ geht — weil auch β ungerade sein muß — über in $-(a^\alpha) > -(a^\beta)$ oder in $a^\alpha < a^\beta$; da nun $\alpha < \beta$ sein soll, so muß $a > 1$ sein; denn aus

$a \leqq 1$ und

$\alpha < \beta$ folgt: $a^\alpha \geqq a^\beta$, gegen $a^\alpha < a^\beta$.

Bemerkung. Für den Fall, daß α gerade, β ungerade ist, folgt nichts Bestimmtes; denn es kann $\alpha \gtrless \beta$ und $a \gtreqless 1$ sein, so ist immer $(-a)^\alpha > (-a)^\beta$ oder $a^\alpha > -(a^\beta)$.

IX. Ist $\alpha > \beta$, a *negativ* und $|a|$ *ganz* (aber nicht 1) oder *unächt gebrochen*.

In diesem Falle muß α *gerade* sein; denn wäre α ungerade, so wäre auch β ungerade, und man hätte aus der Voraussetzung: $(-a)^\alpha > (-a)^\beta$, $a^\alpha < a^\beta$, was, wegen $a > 1$ und $\alpha > \beta$, unmöglich ist.

Daß aber α nicht ungerade und β gerade sein kann, versteht sich von selbst, weil eben $(-a)^\alpha > (-a)^\beta$ gegeben ist.

X. Ist $\alpha > \beta$, a *negativ* und $|a|$ *ächt gebrochen*.

In diesem Falle muß β *ungerade* sein; denn wäre β *gerade*, so wäre es auch α und die Voraussetzung $(-a)^\alpha > (-a)^\beta$ ginge über in: $a^\alpha > a^\beta$, was, wegen $\alpha > \beta$ und $a < 1$, unmöglich ist.

XI. Ist $\alpha < \beta$, a negativ und $|a|$ ächt gebrochen.

In diesem Falle muß α gerade sein; denn wäre α ungerade, so hätte man aus $(-a)^\alpha > (-a)^\beta$, weil nun auch β ungerade sein müßte: $a^\alpha < a^\beta$, da doch aus $a < 1$ und $\alpha < \beta$ nach [36. 5) II.] $a^\alpha > a^\beta$ folgen muß.

XII. Ist $\alpha < \beta$, a negativ, $|a|$ ganz (nicht 1) oder unächt gebrochen und α gerade.

In diesem Falle muß β ungerade sein; denn die Voraussetzung geht über in $a^\alpha > (-a)^\beta$, und wenn β gerade sein könnte in: $a^\alpha > a^\beta$; es folgt aber aus $a > 1$ und $\alpha < \beta$, daß $a^\alpha < a^\beta$ sein muß, wodurch unsere Behauptung gerechtfertigt ist.

XIII. Ist a negativ und ist stets für $\alpha \gtrless \beta$, $a^\alpha = a^\beta$.

In diesem Falle muß $|a| = 1$ sein; denn wäre für $a = -a$, $a > 1$, so wäre $a^\alpha \gtrless a^\beta$ wegen $\alpha \gtrless \beta$, und aus $a < 1$ und $\alpha \gtrless \beta$ folgt $a^\alpha \lessgtr a^\beta$.

Es ist also $a = -1$ und es muß demnach, wegen $a^\alpha > a^\beta$, α gerade und β ungerade sein.

Bemerkung. Ist in $a^\alpha > a^\beta$, $a = -1$ und α gerade, so ist β ungerade.

Ist ferner in $a^\alpha > a^\beta$, a negativ und β gerade, also a nicht $= -1$, so ist auch α gerade, weil dann a^β positiv ist

Ist ferner a negativ und soll in $a^\alpha > a^\beta$ (für ein und dasselbe a), $\alpha \gtrless \beta$ oder (für ein gegebenes α und β) $a \gtreqless 1$ genommen werden dürfen, so muß α gerade und β ungerade sein.

Soll endlich in $a^\alpha > a^\beta$ (für ein und dasselbe a), $\alpha \gtrless \beta$ genommen werden dürfen, so muß a negativ, α gerade und β ungerade gesetzt werden und man darf dann $a \gtreqless 1$ erwählen.

Faßt man die in [I. bis XIII.] gewonnenen Resultate zusammen, so sind sie:

Wenn $a^\alpha > a^\beta$ vorausgesetzt wird:

(1) Ist $a > 1$, so ist: $\alpha > \beta$.

(2) Ist a positiv und < 1, so ist: $\alpha < \beta$.

(3).. Ist $a = -1$, so kann $\alpha \gtrless \beta$ sein, wenn nur α gerade und β ungerade genommen wird.

(4) Ist a negativ, $|a| > 1$ und β gerade, so ist: $\alpha > \beta$.

(5) Ist a negativ, $|a| > 1$ und α ungerade, so ist: $\alpha < \beta$.

(6).. Ist a negativ, α gerade, β ungerade, so kann: $\alpha \gtrless \beta$ und $|a| \gtreqless 1$ sein.

(7) Ist a negativ, $|a| < 1$ und β gerade, so ist: $\alpha < \beta$.

(8) Ist a negativ, $|a| < 1$ und α ungerade, so ist: $\alpha > \beta$.

(9) Ist a negativ und α ungerade, so ist auch β ungerade.

(10) Ist $\alpha > \beta$ und a positiv, so ist: $a > 1$.

(11) Ist $\alpha < \beta$ und a positiv, so ist: $a < 1$.

(12) Ist $\alpha > \beta$, a negativ und β gerade, so ist: $|a| > 1$.

(13) Ist $\alpha < \beta$, a negativ und β gerade, so ist: $|a| < 1$.

(14) Ist $\alpha > \beta$, a negativ und α ungerade, so ist: $|a| < 1$.

(15) Ist $\alpha < \beta$, a negativ und α ungerade, so ist: $|a| > 1$.

(16) Ist $\alpha > \beta$, a negativ und $|a| > 1$, so ist: α gerade.

(17) Ist $\alpha > \beta$, a negativ und $|a| < 1$, so ist: β ungerade.

(18) Ist $\alpha < \beta$, a negativ und $|a| < 1$, so ist: α gerade.

(19) Ist $\alpha < \beta$, a negativ und $|a| > 1$ und α gerade, so ist: β ungerade.

(20) Ist a negativ und ist stets für $\alpha \gtrless \beta$, $(|a|)^\alpha = (|a|)^\beta$, so ist: $|a| = 1$.

(21) Ist $a = -1$, so ist: α gerade und β ungerade.

(22) Ist a negativ und β gerade, so ist auch α gerade.

(23).. Ist a negativ und kann beliebig $\alpha \gtrless \beta$ und $|a| \gtreqless 1$ genommen werden, so ist: α gerade und β ungerade.

(24).. Kann beliebig $\alpha \gtrless \beta$ genommen werden, so ist a negativ, α gerade und β ungerade und $|a| \gtreqless 1$.

Hierdurch ist das indirecte Gesetz von **a ⌒ u** dargestellt.

E).. Es ist $a^\alpha > b^\beta$ gegeben.

Man hat hier für a^α und b^β folgende Fälle zu unterscheiden:

Mit a^α positiv, kann b^β positiv, oder negativ oder Null sein.

" a^α negativ muß b^β negativ sein.

" a^α Null " b^β " "

Hieraus:

a^α kann positiv sein,

wenn erstens a positiv ist,

" zweitens a negativ und α gerade ist.

b^β kann positiv sein,
wenn erstens b positiv ist,
" zweitens b negativ und β gerade ist.

Demnach sind a^α und b^β positiv:
erstens wenn a positiv und b positiv ist;
zweitens wenn a positiv, b negativ und β gerade ist;
drittens wenn a negativ, α gerade und b positiv ist;
viertens wenn a negativ, α gerade und b negativ und β gerade ist.

Ferner ist a^α positiv und b^β negativ:
erstens wenn a positiv, b negativ und β ungerade ist;
zweitens wenn a negativ, α gerade und b negativ und β ungerade ist.

Ferner sind a^α und b^β negativ:
wenn a negativ, α ungerade und b negativ und β ungerade ist.

Ferner ist a^α positiv und b^β Null:
erstens wenn a positiv und b Null ist;
zweitens wenn a negativ, α gerade und b Null ist;

Endlich ist a^α Null und b^β negativ:
wenn a Null, b negativ und β ungerade ist.

Dann bestimme man noch zunächst für a und b positiv, was für α und β folgen wird,
wenn erstens $a > b$;
" zweitens $a < b$ vorausgesetzt wird, wenn man dabei noch außerdem auf $a \gtreqless 1$ achtet.

Ferner, was für a und b positiv folgen wird,
wenn erstens $\alpha > \beta$;
" zweitens $\alpha < \beta$ vorausgesetzt wird und wenn man dabei außerdem auf $a \gtreqless 1$ achtet.

Endlich setze man auch für a und b (positiv), woraus:
erstens $\alpha > \beta$ u. $a < b$; drittens $\alpha < \beta$ u. $a < b$;
zweitens $\alpha > \beta$ u. $a > b$; viertens $\alpha < \beta$ u. $a > b$;
und untersuche, ob sich aus diesen Annahmen für die Glieder a und b etwas Bestimmters herausstellt.

Das Übrige ergiebt sich aus der Untersuchung von selbst.

5) Es ist $a^\alpha > b^\beta$ gegeben.

I. Sind a und b positiv.

Erstens. Ist $a > b$, so kann offenbar beliebig jeder der drei Fälle $\alpha \gtreqless \beta$ nacheinander stattfinden.

Zweitens. Ist $a < b$ und a ganz oder unächt gebrochen, so muß $\alpha > \beta$ sein;

denn aus $b > a$ folgt, weil auch b ganz oder unächt gebrochen ist,

wenn $\beta \geqq \alpha$ sein könnte, nach [36. 4) u. 6), I.]

$b^\beta > a^\alpha$, gegen die Annahme.

Drittens. Ist $a < b$ und a ächt gebrochen, so muß $\alpha < \beta$ sein;

denn aus $a < b$ und

$\alpha \geqq \beta$ $\hookrightarrow$ nach [36. 4) u. 6), I.]

$a^\alpha < b^\beta$, gegen die Voraussetzung.

Viertens. Ist $\alpha > \beta$ und a ganz oder unächt gebrochen, so leuchtet unmittelbar ein, daß beliebig jeder der drei Fälle stattfinden kann: $a \gtreqless b$, wenn man nur bemerkt, daß wenn $a = b$ genommen wird, nicht $a = 1 = b$ gesetzt werden kann.

Fünftens. Ist $\alpha > \beta$ und ist a ächt gebrochen, so muß $a > b$ sein;

denn aus $a \leqq b$ und

$\alpha > \beta$ $\hookrightarrow$ nach [36. 4) u. 6), I.]

$a^\alpha < b^\beta$, gegen die Voraussetzung.

Sechstens. Ist $\alpha < \beta$ und ist a ganz oder unächt gebrochen, so muß $a > b$ sein;

denn aus $a \leqq b$ und

$\alpha < \beta$ $\hookrightarrow$ nach demselben Grunde,

$a^\alpha < b^\beta$, gegen die Annahme;

weil, im Falle $a = b$, nicht $a = 1$ sein kann, also hier blos das Zeichen $<$ vorkommen kann.

Siebentens. Ist $\alpha < \beta$ und a ächt gebrochen, so kann beliebig jeder der drei Fälle $a \gtreqless b$ stattfinden, wie unmittelbar einleuchtet.

Achtens. Ist $\alpha > \beta$ und $a < b$, so muß $a > 1$ sein;

denn aus $a \leqq 1$ und

$\alpha > \beta$ $\hookrightarrow$ nach [36. 5)], $a^\alpha \leqq a^\beta$, und aus $a < b$ $\hookrightarrow$

$a^\beta < b^\beta$, also

$a^\alpha < b^\beta$, gegen die Voraussetzung.

Neuntens. Ist $\alpha < \beta$ und $a < b$, so muß a ächt gebrochen sein; denn aus $a \geqq 1$ und $\alpha < \beta$ folgt:

$$a^\alpha \leqq a^\beta, \text{ und aus } a < b$$
$$a^\beta < b^\beta, \text{ also}$$
$$\overline{a^\alpha < b^\beta}, \text{ gegen die Voraussetzung.}$$

II. Sind a und b negativ.

Es sei $a = -\mathfrak{a}$, $b = -\mathfrak{b}$, so ist $(-\mathfrak{a})^\alpha > (-\mathfrak{b})^\beta$ gegeben, und da diese Voraussetzung übergeht in

$\mathfrak{a}^\alpha \gtrless \mathfrak{b}^\beta$ je nachdem α und β $\left\{\begin{matrix}\text{gerade,} \\ \text{ungerade}\end{matrix}\right\}$ sind, so hat man kurz nach [I.] die hierher gehörenden Sätze, die wir weiter unten anführen wollen.

III. Ist a positiv und b negativ.

Erstens. Ist β gerade, so geht die Voraussetzung $a^\alpha > b^\beta$ über in $a^\alpha > \mathfrak{b}^\beta$, und wir entnehmen deshalb die stattfindenden Beziehungen aus [II.] bis auf folgende, die aus [4)] für $a = |b|$ entspringen:

Ist $a = |b|$ und $a \gtrless 1$, so ist bezüglich $\{\alpha \gtrless \beta\}$;

Ist $a = |b|$ und $\alpha \gtrless \beta$, so ist bezüglich $\{a \gtrless 1\}$, bei denen aber ebenfalls vorausgesetzt wird, daß β gerade ist.

Zweitens. Ist β ungerade, so geht die Voraussetzung über in $a^\alpha > -(\mathfrak{b}^\beta)$, und für diesen Fall tritt nichts Bestimmtes hervor; es kann demnach jeder der drei Fälle $|a| \gtreqless |b|$ beliebig mit jedem der drei: $\alpha \gtreqless \beta$ verbunden werden, wenn nur β ungerade genommen wird.

IV. Ist a negativ und b positiv.

Die Voraussetzung $a^\alpha > b^\beta$ geht über in $\mathfrak{a}^\alpha > b^\beta$, da α hier gerade sein muß. Die hierher gehörenden Beziehungen entnimmt man deshalb wieder aus [II.], und außerdem hat man auch die in [III.] angeführten vier Sätze.

V. Ist a = Null.

Die Voraussetzung geht über in $0^\alpha > b^\beta$ oder in $0 > b^\beta$, deshalb muß b negativ und β ungerade sein; übrigens kann beliebig $\alpha \gtreqless \beta$ genommen werden.

VI. Ist b = Null.

Man hat für diesen Fall $a^\alpha > 0$; es ist also a entweder positiv oder negativ, und in dem letztern Fall muß α gerade sein, übrigens kann in beiden Fällen beliebig $\alpha \gtreqless \beta$ genommen werden.

Bemerkung. Sind a und b positiv und ist in $a^\alpha > b^\beta$, $a \gtreqless 1$ gegeben, so folgt $b < 1$, und wäre $b \geqq 1$ gegeben, so folgt $a > 1$; deshalb hat man auch aus $a^\alpha > b^\beta$,

für a und b negativ, α und β gerade ist mit $|a| \gtreqless 1$ allemal $|b| < 1$;
" a " b " α " β " " " $|b| \geqq 1$ " $|a| > 1$;
" a " b " α " β ungerade " $|b| \gtreqless 1$ " $|a| < 1$;
" a " b " α " β " " " $|a| \geqq 1$ " $|b| > 1$.

Dasselbe, wie in den beiden obersten Horizontalreihen, gilt auch,
wenn a negativ, α gerade und b positiv ist;
" a positiv, b negativ und β gerade ist,
sobald nur dieselben Voraussetzungen stattfinden.

Hieraus gehn nun noch leicht in Verbindung mit den Bemerkungen in [37.] folgende spezielle Sätze hervor:

I.

Erstens. Sind a und b positiv und kann beliebig in $a^\alpha > b^\beta$,

$$\alpha \gtreqless \beta$$

genommen werden, so daß stets $a^\alpha > b^\beta$ ist, so muß einer von den drei Fällen

1) $a > 1$ und $b = 1$;

2) $a > 1$ und $b < 1$;

3) $a = 1$ und $b < 1$

stattfinden.

Zweitens. Sind a und b positiv, und kann beliebig (d. h. für jedes α und β) in $a^\alpha > b^\beta$, $\alpha > \beta$, (also auch dann $\alpha = \beta$) aber nicht auch immer $\alpha < \beta$ genommen werden, so muß nothwendig $a > b$ und $a > 1$ und $b > 1$ sein.

Drittens. Sind a und b positiv und kann beliebig in $a^\alpha > b^\beta$, $\alpha < \beta$, (also auch dann $\alpha = \beta$) aber nicht auch immer $\alpha > \beta$ genommen werden, so muß nothwendig $a > b$ und $a < 1$ und $b < 1$ sein.

Hieraus folgt wieder

II.

Erstens. Sind a und b negativ und sind α und β gerade, und kann beliebig in $a^\alpha > b^\beta$,

$$\alpha \gtreqless \beta$$

genommen werden, so daß stets $a^\alpha > b^\beta$ ist, so muß nothwendig einer von den drei Fällen

$$1)\ |a| > 1 \text{ und } |b| = 1;$$
$$2)\ |a| > 1 \text{ und } |b| < 1;$$
$$3)\ |a| = 1 \text{ und } |b| < 1$$

stattfinden.

Dasselbe gilt auch für a negativ, α gerade und b positiv; oder für a positiv und b negativ, β gerade.

Zweitens. Sind a und b negativ und sind α und β ungerade und kann beliebig in $a^\alpha > b^\beta$,

$$\alpha \gtreqless \beta$$

genommen werden, so daß stets $a^\alpha > b^\beta$ ist, so muß nothwendig einer von den drei Fällen

$$1)\ |b| > 1 \text{ und } |a| = 1;$$
$$2)\ |b| > 1 \text{ und } |a| < 1;$$
$$3)\ |b| = 1 \text{ und } |a| < 1$$

stattfinden.

Drittens. Sind a und b negativ und sind α und β gerade und kann beliebig in $a^\alpha > b^\beta$,

$$\alpha > \beta, \text{ (also auch dann } \alpha = \beta)$$

aber nicht auch immer $\alpha < \beta$ genommen werden, so muß nothwendig $|a| > |b|$ und $|a| > 1$ und $|b| > 1$ sein.

Dasselbe gilt auch für a negativ, α gerade, b positiv; oder für a positiv, b negativ und β gerade.

Viertens. Sind a und b negativ, α, β ungerade und kann beliebig in $a^\alpha > b^\beta$,

$$\alpha < \beta, \text{ (also auch dann } \alpha = \beta)$$

aber nicht immer $\alpha > \beta$ genommen werden, so muß nothwendig $|a| < |b|$ und $|a| > 1$ und $|b| > 1$ sein.

Fünftens. Sind a und b negativ, α, β gerade und kann beliebig in $a^\alpha > b^\beta$,

$$\alpha < \beta, \text{ (also auch dann } \alpha = \beta)$$

aber nicht auch immer $\alpha > \beta$ genommen werden, so muß nothwendig $|a| > |b|$ und $|a| < 1$ und $|b| < 1$ sein.

Dasselbe gilt auch für a negativ, α gerade, b positiv; oder für a positiv, b negativ und β gerade.

Sechstens. Sind a und b negativ, α, β ungerade und kann beliebig in $a^\alpha > b^\beta$,

$$\alpha > \beta, \text{ (also auch dann } \alpha = \beta)$$

aber nicht auch immer $\alpha < \beta$ genommen werden, so muß nothwendig $|a| < |b|$ und $|a| < 1$ und $|b| < 1$ sein.

Ferner bemerken wir noch: Ist in $a^\alpha > b^\beta$, a negativ, b nicht Null und β gerade, so ist auch α gerade, weil dann b^β positiv ist, also auch a^α, was nur angeht, wenn α gerade ist.

Fassen wir nun die in [I. bis VI. u. Bemerk.] gewonnenen Beziehungen zusammen, so sind sie:

Wenn $a^\alpha > b^\beta$ vorausgesetzt wird:

Sind a und b positiv:

(1) Ist $a > b$, so kann beliebig jeder der drei Fälle: $\alpha \gtreqless \beta$ stattfinden.

(2) Ist $a < b$ und a ganz oder unächt gebrochen, so ist: $\alpha > \beta$.

(3) Ist $a < b$ und a ächt gebrochen, so ist: $\alpha < \beta$.

(4) Ist $\alpha > \beta$, a ganz oder unächt gebrochen, so kann immer jeder der Fälle stattfinden: $a \gtreqless b$, wenn nur im Falle $a = b$ genommen wird, nicht $a = 1$ gesetzt wird.

(5) Ist $\alpha > \beta$ und ist a ächt gebrochen, so ist: $a > b$.

(6) Ist $\alpha < \beta$ und ist a ganz oder unächt gebrochen, so ist: $a > b$.

(7) Ist $\alpha < \beta$ und ist a ächt gebrochen, so kann immer jeder der drei Fälle: $a \lesseqgtr b$ stattfinden, wenn nur nicht $a = b = 1$ gesetzt wird.

(8) Ist $\alpha > \beta$ und $a < b$, so ist: $a > 1$.

(9) Ist $\alpha < \beta$ und $a < b$, so ist: a ächt gebrochen.

Sind a und b negativ.

(1) Für $|a| \gtreqless |b|$ und bezüglich α und β $\left\{\begin{matrix}\text{gerade,}\\ \text{ungerade}\end{matrix}\right\}$ kann beliebig jeder der drei Fälle: $\alpha \gtreqless \beta$ stattfinden.

(2) Ist $\left\{\begin{array}{ll}\alpha \text{ u. } \beta \text{ gerade} & \text{u. } |a| \text{ ganz oder unächt gebrochen;}\\ \alpha \text{ u. } \beta \text{ ungerade} & \text{" } |b| \text{ " " " "}\end{array}\right\}$ und bezüglich $\{|a| \lessgtr |b|\}$, so ist bezüglich $\alpha \gtrless \beta$.

(3) Ist $\left\{\begin{array}{ll}\alpha \text{ u. } \beta \text{ gerade} & \text{u. } |a| \text{ ächt gebrochen;}\\ \alpha \text{ u. } \beta \text{ ungerade} & \text{" } |b| \text{ " "}\end{array}\right\}$ und bezüglich $\{|a| \lessgtr |b|\}$, so ist bezüglich $\alpha \lessgtr \beta$.

(4) Ist $\left\{\begin{array}{l}\alpha > \beta \text{ und } |a| \text{ ganz oder unächt gebrochen;}\\ \alpha < \beta \text{ und } |b| \text{ " " " "}\end{array}\right\}$ und bezüglich α, β $\left\{\begin{matrix}\text{gerade,}\\ \text{ungerade}\end{matrix}\right\}$, so kann immer jeder der drei Fälle: $|a| \gtreqless |b|$ stattfinden, wenn nur nicht für $|a| = |b|$, $|a| = 1$ genommen wird.

(5) Ist $\left\{\begin{array}{l}\alpha > \beta,\ |a|\ \text{ächt gebrochen; und } \alpha, \beta \text{ gerade,}\\ \alpha < \beta,\ |b|\ \text{ „ „ „ } \alpha, \beta \text{ ungerade}\end{array}\right\}$ so ist bezüglich: $\{|a| \gtrless |b|\}$.

(6) Ist $\left\{\begin{array}{l}\alpha < \beta,\ |a|\ \text{ganz oder unächt gebrochen; und } \alpha,\ \beta \text{ gerade,}\\ \alpha > \beta,\ |b|\ \text{ „ „ „ „ „ } \alpha,\ \beta \text{ ungerade}\end{array}\right\}$, so ist bezüglich: $\{|a| \gtrless |b|\}$.

(7) Ist $\left\{\begin{array}{l}\alpha < \beta \text{ und } |a| \text{ ächt gebrochen; und } \alpha, \beta \text{ gerade,}\\ \alpha > \beta \text{ und } |b| \text{ „ „ „ } \alpha, \beta \text{ ungerade}\end{array}\right\}$, so kann immer jeder der drei Fälle: $|a| \gtreqless |b|$ stattfinden, wenn nicht $|a| = |b| = 1$ gesetzt wird.

(8) Ist $\left\{\begin{array}{l}\alpha > \beta,\ \alpha \text{ und } \beta \text{ gerade; und } |a| < |b|,\\ \alpha < \beta,\ \alpha \text{ und } \beta \text{ ungerade; und } |a| > |b|\end{array}\right\}$ so ist bezüglich: $\left\{\begin{array}{l}|a| > 1,\\ |b| > 1\end{array}\right\}$.

(9) Ist $\left\{\begin{array}{l}\alpha < \beta,\ \alpha \text{ und } \beta \text{ gerade; und } |a| < |b|,\\ \alpha > \beta,\ \alpha \text{ und } \beta \text{ ungerade; und } |a| > |b|\end{array}\right\}$ so ist bezüglich: $\left\{\begin{array}{l}|a| \text{ ächt gebrochen,}\\ |b| \text{ „ „}\end{array}\right\}$.

Für a positiv, b negativ und β gerade:

(1) Für $|a| > |b|$ kann beliebig jeder der drei Fälle: $\alpha \gtreqless \beta$ stattfinden.

(2) Ist $|a|$ ganz oder unächt gebrochen und ist $|a| < |b|$, so ist: $\alpha > \beta$.

(3) Ist $|a|$ ächt gebrochen und $|a| < |b|$, so ist: $\alpha < \beta$.

(4) Ist $\alpha > \beta$ und $|a|$ ganz oder unächt gebrochen, so kann immer jeder der drei Fälle: $|a| \gtreqless |b|$ stattfinden, wenn nur nicht für $|a| = |b|$, $|a| = 1$ genommen wird.

(5) Ist $\alpha > \beta$ und $|a|$ ächt gebrochen, so ist: $|a| > |b|$.

(6) Ist $\alpha < \beta$ und $|a|$ ganz oder unächt gebrochen, so ist: $|a| > |b|$.

(7) Ist $\alpha < \beta$ und $|a|$ ächt gebrochen, so kann immer jeder der drei Fälle: $|a| \gtreqless |b|$ stattfinden, wenn nicht $|a| = |b| = 1$ gesetzt wird.

(8) Ist $\alpha > \beta$ und $|a| < |b|$, so ist: $|a| > 1$.

(9) Ist $\alpha < \beta$ und $|a| < |b|$, so ist: $|a|$ ächt gebrochen.

(10) Ist $a = |b|$ und $a \gtrless 1$, so ist bezüglich: $\{\alpha \gtrless \beta\}$.

(11) Ist $a = |b|$ und $\alpha \gtrless \beta$, so ist bezüglich: $\{a \gtrless 1\}$.

Für a negativ α gerade, und b positiv gelten wieder die nächst vorstehenden Beziehungen

Für a Null:

ist b negativ und β ungerade; übrigens kann beliebig $\alpha \gtreqless \beta$ genommen werden.

Für b Null:

Es ist hier entweder a positiv oder negativ, und im letztern Falle ist α gerade; übrigens kann in beiden Fällen beliebig $\alpha \gtreqless \beta$ genommen werden.

Die Spezialfälle führen wir hier, der Kürze wegen, nicht mit auf, weil sie schon in der vorstehenden Bemerkung kurz angegeben sind.

Hierdurch ist nun das indirekte Gesetz von $\mathfrak{u}' \frown \mathfrak{u}$ dargestellt.

F).. Es ist $a^\alpha = b^\beta$ gegeben.

Man hat hier für a^α und b^β folgende Fälle zu unterscheiden:

Mit a^α positiv, negativ, Null ist auch bezüglich: b^α positiv, negativ, Null.

Nun sind a^α und b^β positiv,

erstens, wenn a positiv und b positiv ist;

zweitens, wenn a positiv, b negativ und β gerade ist;

drittens, wenn a negativ, α gerade und b positiv ist;

viertens, wenn a negativ, b negativ und α, β gerade sind.

Ferner sind a^α und b^β negativ,

wenn a und b negativ und α und β ungerade sind.

Endlich sind a^α und b^β Null,

wenn a Null und b Null ist.

Außerdem nehme man in $a^\alpha = b^\beta$, $a \gtrless b$ an, und suche auf α und β zurück zu schließen. Eben so setze man $\alpha \gtrless \beta$ und gehe auf a und b zurück.

Man bemerke noch, daß mit a und b positiv, aus $a \gtreqless 1$ bezüglich $b \gtreqless 1$ folgt.

Das Übrige ergiebt sich in der Untersuchung von selbst.

G) Es sei $a^\alpha = b^\beta$ gegeben.

I. Sind a und b positiv.

(1) Ist $a > b$ und ist a ganz oder unächt gebrochen (also auch b), so muß $\alpha < \beta$ sein;

denn aus $a > b$ und

$\alpha \geqq \beta$ ⤵ nach [36. 4) u. 6)]

$\overline{a^\alpha > b^\beta}$, gegen die Voraussetzung.

Hierin liegt zugleich der Fall, wenn $a < b$ und b ganz oder unächt gebrochen ist; denn man hat dann $b^\beta = a^\alpha$, also wegen $b > a$ und b ganz oder unächt gebrochen, folgt: $\beta < \alpha$.

(2) Ist $a > b$ und a ächt gebrochen (also auch b), so muß $\alpha > \beta$ sein;

denn aus $a < 1$ und

$\alpha \leqq \beta$ ⤵ nach [36. 5) u. 6)]

$\overline{a^\alpha \geqq a^\beta}$, und aus $a > b$ nach [36. 4)]

$a^\beta > b^\beta$, also

$\overline{a^\alpha > b^\beta}$, gegen die Voraussetzung.

Hierin liegt zugleich, daß aus $a < b$ und b ächt gebrochen, $\beta > \alpha$ fließen muß.

(3) Ist $\alpha > \beta$ und ist a ächt gebrochen (also auch b), so muß $a > b$ sein;

denn aus $a \leqq b$ und

$\alpha > \beta$ ⤵ nach [36. 5) u. 6)]

$\overline{a^\alpha < b^\beta}$, gegen die Voraussetzung.

Hierin liegt zugleich, daß aus $\alpha < \beta$ und b ächt gebrochen, fließen muß: $b > a$; denn man kann die erste Voraussetzung auf $b^\beta = a^\alpha$ angewendet denken.

(4) Ist $\alpha > \beta$ und ist a ganz (nicht 1) oder unächt gebrochen, so muß $a < b$ sein;

denn aus $a \geqq b$ und

$\alpha > \beta$ ⤵ nach [36. 5) u. 6)]

$\overline{a^\alpha > b^\beta}$, gegen die Voraussetzung.

Hierin liegt zugleich, daß aus $\alpha < \beta$ und b ganz (nicht 1) oder unächt gebrochen, $a > b$ folgen muß.

(5) Ist $a > b$ und $\alpha > \beta$, so muß a, also auch b, ächt gebrochen sein;

denn aus $a \geqq 1$ und

$\alpha > \beta$ ⤵ nach [36. 5), I.]

$\overline{a^\alpha \geqq a^\beta}$ und aus $a > b$ nach [36. 4)]

$a^\beta > b^\beta$, also

$\overline{a^\alpha > b^\beta}$, gegen die Voraussetzung.

Dasselbe gilt, wenn $a < b$ und $\alpha < \beta$ ist.

(6) Ist $a < b$ und $\alpha > \beta$, so muß $a > 1$ sein (also auch dann $b > 1$);

denn für $a \leqq 1$ und

$$\begin{array}{l} \underline{\alpha > \beta} \hookrightarrow \text{nach [36. 5), II.]} \\ \underline{a^\alpha \leqq a^\beta}, \text{ u. aus } a < b \hookrightarrow \text{nach [36. 4)]} \\ \underline{a^\beta < b^\beta}, \text{ also} \\ a^\alpha < b^\beta, \text{ gegen die Voraussetzung.} \end{array}$$

Hierin liegt auch der Satz, daß aus $a > b$ und $\alpha < \beta$ nothwendig $b > 1$ folgen muß.

(7) Kann beliebig $\alpha \gtreqless \beta$ in $a^\alpha = b^\beta$ genommen werden, so daß immer $a^\alpha = b^\alpha$ verbleibt, so muß $a = b = 1$ sein, indem dies bei $a \gtrless 1$ nicht angeht.

II. Sind a und b negativ.

Wegen $a^\alpha = b^\beta$ müssen α und β entweder zugleich gerade, oder zugleich ungerade sein. Setzt man nun $a = -\mathfrak{a}$, $b = -\mathfrak{b}$, so geht die Voraussetzung für beide Fälle über in $\mathfrak{a}^\alpha = \mathfrak{b}^\beta$ und die stattfindenden Beziehungen folgen nun leicht aus [I.].

III. Ist a positiv, b negativ.

Weil in $a^\alpha = (-\mathfrak{b})^\beta$, β gerade sein muß, so hat man $a^\alpha = \mathfrak{b}^\beta$; also folgt Alles nach [I.] Man bemerke hier nur noch den einzelnen Fall: Ist a positiv, b negativ, also β gerade und ist $a = |b|$, aber nicht $a = 1$, so ist $\alpha = \beta$. Ist hingegen $a = 1$, so kann $\alpha \gtreqless \beta$ sein, wenn nur β gerade genommen wird.

IV. Ist a negativ, b positiv.

Auch hier gilt wieder dasselbe, weil in $(-\mathfrak{a})^\alpha = (b)^\beta$, α gerade sein muß. Man bemerke hier nur noch den einzelnen Fall: Ist a negativ, also α gerade und b positiv, und ist $|a| = b$, aber nicht $|a| = 1$, so ist $\alpha = \beta$. Ist hingegen $|a| = 1$, so kann $\alpha \gtreqless \beta$ sein, wenn nur α gerade genommen wird.

V. Ist a = Null.

Die Voraussetzung $a^\alpha = b^\beta$ geht, für $a = 0$, über in: $0 = b^\beta$, und es muß deshalb auch $b = 0$ sein;

denn für $b > 0$, $\hookrightarrow$ $b^\beta > 0$,

und für $b < 0$, $\hookrightarrow$ $b^\beta \gtrless 0$, je nachdem $\beta \begin{Bmatrix} \text{gerade,} \\ \text{ungerade} \end{Bmatrix}$ ist.

In diesem Falle kann beliebig $\alpha \gtreqless \beta$ genommen werden.

Bemerkung. Kann demnach in $a^\alpha = b^\beta$ beliebig $\alpha \gtreqless \beta$ genommen werden, so daß also stets $a^\alpha = b^\beta$ verbleibt, so findet nothwendig einer von den drei Fällen Statt: $a = 0$ oder $a = 1$ oder $a = -1$ und im letztern Falle müssen α und β entweder zugleich gerade oder zugleich ungerade sein, wenn auch $b = -1$ ist.

Ist also in $a^\alpha = b^\beta$, a und b positiv und kann beliebig $\alpha \gtreqless \beta$ genommen werden, so ist: $a = b = 1$; und ist a positiv, b negativ (also β gerade) und kann beliebig $\alpha \gtreqless \beta$ genommen werden, so ist $a = 1$ und $b = -1$.

Ist endlich a negativ und α ungerade, so ist auch b negativ und β ungerade.

Fassen wir nun die durch [I. bis V.] gewonnenen Beziehungen zusammen, so sind sie:

Wenn $a^\alpha = b^\beta$ vorausgesetzt wird:

Für a und b positiv:

(1) Ist $a \gtrless b$ und a ganz oder unächt gebrochen, so ist bezüglich: $\{\alpha \lessgtr \beta\}$.

(2) Ist $a \gtrless b$ und a ächt gebrochen, so ist bezüglich: $\{\alpha \gtrless \beta\}$.

(3) Ist $\alpha \gtrless \beta$ und a ächt gebrochen, so ist bezüglich: $\{a \gtrless b\}$.

(4) Ist $\alpha \gtrless \beta$ und ist a ganz (nicht 1) oder unächt gebrochen, so ist bezüglich: $\{a \lessgtr b\}$.

(5) Ist $a \gtrless b$ und ist bezüglich $\{\alpha \gtrless \beta\}$, so sind a u. b ächt gebrochen.

(6) Ist $a \lessgtr b$ und ist bezüglich $\{\alpha \gtrless \beta\}$, so sind a und b größer 1.

(7) Kann beliebig $\alpha \gtreqless \beta$ genommen werden, so ist: $a = b = 1$.

Für a und b negativ, also α und β entweder zugleich gerade oder zugleich ungerade.

(1) Ist $|a| \gtrless |b|$ und $|a|$ ganz oder unächt gebrochen, so ist bezüglich: $\{\alpha \lessgtr \beta\}$.

(2) Ist $|a| \gtrless |b|$ und $|a|$ ächt gebrochen, so ist bezüglich: $\{\alpha \gtrless \beta\}$.

(3) Ist $\alpha \gtrless \beta$ und $|a|$ ächt gebrochen, so ist bezüglich: $\{|a| \gtrless |b|\}$.

(4) Ist $\alpha \gtrless \beta$ und ist $|a|$ ganz (nicht 1) oder unächt gebrochen, so ist bezüglich: $\{|a| \lessgtr |b|\}$.

(5) Ist $|a| \gtrless |b|$ und bezüglich $\{\alpha \gtrless \beta\}$, so sind $|a|$ und $|b|$ ächt gebrochen.

(6) Ist $|a| \lessgtr |b|$ und ist bezüglich $\{\alpha \gtrless \beta\}$, so sind $|a|$ und $|b|$ *größer* 1.

(7) Kann beliebig $\alpha \gtreqless \beta$ genommen werden, so ist: $|a| = |b| = 1$.

Für a positiv, b negativ, also β gerade, gelten wieder die *nächst vorstehenden sieben* Beziehungen, und man bemerke nur noch,

daß aus $a = |b|$, aber *nicht* $a = 1$, folgt: $\alpha = \beta$.

Für a negativ und b positiv, also α gerade, gelten ebenfalls die eben erwähnten sieben Beziehungen, und man bemerke nur noch,

daß aus $|a| = b$, aber nicht $|a| = 1$, folgt: $\alpha = \beta$.

Für $a =$ Null:

Es ist auch $b = 0$, übrigens kann $\alpha \gtreqless \beta$ sein.

Die in vorstehender Bemerkung angegebenen einzelnen Fälle sind hier nicht wieder mit aufgeführt, weil sie dort schon *kurz* angegeben sind.

Hierdurch ist nun das *indirecte* Gesetz von $\mathfrak{g}' \frown \mathfrak{g}$ ausgedrückt.

38. Im Vorhergehenden ist der Begriff der Potenz für *den* Fall erweitert, wo ihr Dignand eine beliebige *reelle*, der Dignator hingegen eine wirkliche Zahl ist.

Es gilt demnach die Gleichung

$$a^{\alpha-\beta} = a^{\alpha} : a^{\beta},$$

nur unter der ausdrücklichen Bedingung, daß jedes der Zeichen $\alpha-\beta$, α, β eine *wirkliche*, hingegen a irgend eine *reelle* Zahl repräsentirt.

Hiernach ist aber der Begriff der Potenz $a^{\alpha-\beta}$, in Betreff ihres Dignators $\alpha-\beta$ noch beschränkt, eben weil stets $\alpha-\beta$ eine wirkliche Zahl sein muß, wenn die obige Gleichung noch einen Sinn haben soll, indem Potenzen wie z. B. a^{1}, a^{0}, $a^{-\alpha}$, nach den frühern Definitionen durchaus als widersinnig erscheinen.

Wir haben demnach zu untersuchen, ob die obige Gleichung $a^{\alpha-\beta} = a^{\alpha} : a^{\beta}$ noch als Definition für den zu erweiternden Begriff der Potenz dienen kann oder nicht.

In dieser Untersuchung soll zunächst vorausgesetzt werden, daß der Dignand a *nicht* Null ist, und dann wollen wir auch den einzelnen Fall betrachten, in welchem a Null ist.

Erstens. Denken wir uns unter $a^{\alpha-\beta}$, wo α und β wirkliche Zahlen sind, stets den Quotienten $a^{\alpha} : a^{\beta}$ der ganzen Potenzen a^{α} und

a^β, so hat $a^{\alpha-\beta}$ immer eine bestimmte Bedeutung, eben weil der Quotient $a^\alpha : a^\beta$ stets eine solche hat, indem er entweder — weil a nicht Null sein soll — eine ganze oder gebrochene positive oder negative Zahl vorstellt.

Es fragt sich aber außerdem noch mit Recht, ob, wenn man a zuerst mit $\alpha-\beta$ und dann mit einem andern Dignator $\gamma-\delta$ potenzirt, der zwar $=\alpha-\beta$ aber anders ausgedrückt ist, nun noch $a^{\alpha-\beta} = a^{\gamma-\delta}$ sein wird.

Setzt man demnach $a^{\alpha-\beta} = a^\alpha : a^\beta$,
und nun hiernach auch: $a^{\gamma-\delta} = a^\gamma : a^\delta$,
wo γ und δ ebenfalls wirkliche Zahlen vorstellen, so fragt sich, ob

$$\frac{a^\alpha}{a^\beta} = \frac{a^\gamma}{a^\delta}$$

ist. Soll dies aber stattfinden, so muß $a^\alpha . a^\delta = a^\beta . a^\gamma$ oder

$$a^{\alpha+\delta} = a^{\beta+\gamma}$$

sein, was wirklich der Fall ist, weil aus $\alpha-\beta=\gamma-\delta$, $\alpha+\delta=\beta+\gamma$, mithin nach [36. 2)] auch $a^{\alpha+\delta} = a^{\beta+\gamma}$ folgt.

Es hat demnach $a^{\alpha-\beta}$ nicht nur eine bestimmte Bedeutung, sondern es ist auch zugleich $a^{\alpha-\beta}$ eindeutig, und wir dürfen also stets, wenn a nicht Null ist

$$a^{\alpha-\beta} = a^\alpha : a^\beta$$

setzen, sobald nur α und β wirkliche Zahlen vorstellen.

In dieser Gleichung liegen nun die aus der Erweiterung des Begriffs der Potenz fließenden speziellen neuen Fälle, nämlich

wenn: $\alpha-\beta=1$, oder $\alpha-\beta=0$ oder endlich $\alpha-\beta=-\gamma$

ist, wo γ auch $=1$ sein kann, und dieselben sind zufolge der Sätze von den ganzen Potenzen:

$$a^{\alpha-\beta} = a^{(\beta+1)-\beta} = \frac{a^{\beta+1}}{a^\beta} = \frac{a^\beta . a}{a^\beta} = a,$$

d. h.

$$a^1 = a.$$

Ferner:

$$a^{\alpha-\beta} = a^{\alpha-\alpha} = \frac{a^\alpha}{a^\alpha} = 1,$$

d. h.

$$a^0 = 1.$$

Endlich:

$$a^{\alpha-\beta} = a^{\alpha-(\alpha+\gamma)} = \frac{a^\alpha}{a^{\alpha+\gamma}} = \frac{a^\alpha}{a^\alpha . a^\gamma} = \frac{1}{a^\gamma},$$

d. h.

$$a^{-\gamma} = \frac{1}{a^\gamma}.$$

Zweitens. Es bleibt uns noch zu untersuchen übrig, ob, wenn $a = 0$ ist und $a^{\alpha-\beta} = a^\alpha : a^\beta$ gesetzt wird, nun auch noch $a^{\alpha-\beta}$ stets eine bestimmte Bedeutung hat oder nicht.

Es sind hier drei Fälle zu betrachten, nämlich wenn $\alpha-\beta=\gamma$, oder $\alpha-\beta=0$, oder endlich $\alpha-\beta=-\gamma$ ist, wo γ auch $=1$ sein kann.

Ist $\alpha=\beta+\gamma$, so ist für $\gamma>1$ nach [35. 3)]:

$$0^{\alpha-\beta} = 0^{(\beta+\gamma)-\beta} = 0^\gamma = 0.$$

Bemerkung 1. Hätten wir hier $0^{(\beta+\gamma)-\beta} = 0^{\beta+\gamma} : 0^\beta$ gesetzt, so würde für diesen Fall $\frac{0}{0} = 0$ gesetzt werden müssen.

Für $\gamma = 1$ findet sich:

Da $0^{\beta+1} = 0.0\times\ldots\times 0_{\beta+1} = (0.0\times\ldots\times 0_\beta).0 = 0^\beta.0 = 0$ ist, so kann 0^1 nichts weiter als 0 bedeuten,

d. h.

$$0^1 = 0.$$

Ist $\alpha=\beta$, so haben wir, wenn a nicht Null ist: $a^{\alpha-\beta} = a^{\alpha-\alpha} = a^0 = a^{1-1} = a^1 : a^1 = a : a = 1$. Für den Fall, daß $a = 0$ ist, dürfen wir von der Gleichung $a^{\alpha-\beta} = a^\alpha : a^\beta$ nicht mehr verlangen, daß sie zu einem bestimmten Resultate führen soll, eben weil sie nur als allgemein giltig abgeleitet ist, wenn a nicht Null ist. Sie ließe Null im Divisor erscheinen, indem $0^0 = 0^\alpha : 0^\alpha = 0:0$ entspringt, wo hier in $0^0 = 0:0$ keine Seite die Bedeutung der andern erklären kann, wie dies aber bei $0^{(\alpha+\beta)-\beta} = 0^{\alpha+\beta} : 0^\beta = 0:0$ der Fall war, eben weil $0^\alpha = 0$, also $0:0$ hier $= 0$ sein mußte.

Wollten wir demnach $a^{\alpha-\beta} = a^\alpha : a^\beta$ für $a = 0$ und $\alpha=\beta$ als Definition von 0^0 beibehalten, so sehen wir, daß vom 0^0, eben weil es unter erwähnten Bedingungen dem $0:0$ entspricht, gar nichts Bestimmtes festzustellen ist, d. h. es gilt vom 0^0 im Allgemeinen betrachtet das, was vom $0:0$ stattfindet oder 0^0 ist, an sich selbst, unbestimmt.

Bemerkung. Weil stets

$$(1:a^{\alpha_*})^0 = (1:a^{\alpha_*})^{\beta-\beta} = \frac{1:a^{\alpha_*}}{1:a^{\alpha_*}} = 1 \text{ ist,}$$

so strebt $(1:a^{\alpha_*})^0$ für $a>1$ nach [36. 5), Bemerk. 2.] dahin die Form 0^0 annehmen zu wollen, insofern

$$1:a^{\alpha_*} \succeq G_{n>1}.(0)$$

stattfindet, wo also $1:a^{\alpha_*}$ kleiner wird als jeder gegebene bestimmte noch so kleine ächte Bruch, woraus aber noch keineswegs ein für alle Mal folgt, daß

$$0^0 = 1$$

ist; oder vollständiger erfaßt:

Während $(1:a^{\alpha_*})^0$ die Einheit in jedem Augenblicke (des endlosen Progresses der in $1:a^{\alpha_*}$ liegt) genau ausdrückt, kann $1:a^{\alpha_*}$ in seinem endlosen Näherrücken an 0 doch nie genau diese seine Grenze erreichen, weshalb auch, zufolge dieser Betrachtungsweise, nie genau $(1:a^{\alpha_*})^0$ oder die Einheit, unter der bloßen Form 0^0 erscheinen wird. Könnte $(1:a^{\alpha_x})^0$ genau durch 0^0 ausgedrückt werden, so wäre auch vollkommen streng $0^0 = 1$ zu setzen. Nun kann aber nicht $(1:a^{\alpha_*})^0$ mathematisch genau 0^0 werden, also kann auch nicht 0^0 hier vollkommen $= 1$ sein. Da aber $1:a^{\alpha_*}$ der Null ins Endlose nahe rückt, so rückt auch, $(1:a^{\alpha_*})^0$ seiner Form nach, dem 0^0 ohne Aufhören näher, d. h. im Grunde genommen weiter nichts, als daß es eine Form $(1:a^{\alpha_*})^0$, für die Einheit giebt, welche sich zugleich durch das Symbol 0^0 repräsentiren will, ohne jedoch je diesen Progreß des Wollens wirklich realisiren zu können.

Demnach ist 0^0 ein bloßes Potenz-Symbol und an sich selbst betrachtet ohne alle numerische bestimmte Bedeutung (gewissermaßen ein bloßer Anzeiger, ein Fragezeichen was der Kalkul selbst stellt u. s. w.); dasselbe galt auch von $0:0$ als Divisions-Symbol *).

---

*) In mehrern Werken findet man allgemein $0^0 = 1$ gesetzt, was, wenn unsere obige Ansicht richtig ist, unstatthaft ist. Obgleich in vielen Fällen 1 unter der Form 0^0 erscheinen will, so darf man doch deshalb nicht $0^0 = 1$ setzen. Späterhin werden wir sehen, daß es eine endlose Menge von Ausdrücken giebt, welche unter gewissen Bedingungen in der Form 0^0 entweder unmittelbar erscheinen, oder erscheinen wollen.

So z. B. sind

$$x^{\frac{\alpha+x}{x\,le}} \quad \text{und} \quad x^{\frac{\alpha}{x\,le+(1:x)le}}$$

Funktionen, die für $x = 0$ nicht 1 als Grenz-Ausdruck haben, sondern vielmehr e^α.

Eben so ist $(b^{-\beta})^{\alpha:\beta} = 1:b^\alpha$, und denkt man sich hier $b > 1$, ferner β in β_* übergehend, so ist 0^0 das Grenzbild von der linken Seite $(b^{-\beta})^{\alpha:\beta}$ und dieses entspricht dem $1:b^\alpha$. Geht man aber hinsichtlich des 0^0 von $(1:\gamma)^{1:\gamma} = 1:\sqrt[\gamma]{\gamma}$ aus, so nähert sich, wenn γ in γ_* übergeht, die rechte Seite $1:\sqrt[\gamma_*]{\gamma_*}$ ins Endlose ihrer Grenze 1, während die linke $(1:\gamma_*)^{1:\gamma_*}$ die der erwähnten Grenze 1 entsprechende Form 0^0 nach und nach immer mehr und mehr anzunehmen sucht.

Die im Text aufgestellte kurze Betrachtung über 0^0 ist ähnlich derjenigen, zu welcher $\frac{1}{1:\beta_*} = \beta_*$ veranlaßte; denn es konnte hier auch $1:\beta_*$ nicht völlig = Null werden, weshalb sich auch β_* nicht durch $1:0$ ausdrücken ließ.

Ist endlich in $0^{\alpha-\beta}$, $\alpha<\beta$, d. h. $\beta=\alpha+\delta$ gegeben, so hat man

$$0^{\alpha-(\alpha+\delta)} = 0^{-\delta}.$$

Weil die Gleichung $a^{\alpha-\beta}=a^{\alpha}:a^{\beta}$ nur unter der Bedingung einen bestimmten Sinn hat, daß a nicht Null ist, oder wenn dies der Fall sein sollte, doch α größer β verbleibt, so dürfen wir auch nicht erwarten, daß wenn wir sie auf den vorliegenden Fall anwenden, doch ein Resultat von einer bestimmten numerischen Bedeutung hervorgehe.

Wir müssen deshalb diesen Fall $0^{-\delta}$ als einzelnen untersuchen.

Da 0 die Grenze von $1:\gamma_*$ ferner

$$(1:\gamma_*)^{-\delta} = \frac{1}{(1:\gamma_*)^{\delta}}$$

ist, und sich $(1:\gamma_*)^{\delta}$ seiner Grenze 0 ohne Ende nähert, so haben wir stets

$$(1:\gamma_*)^{-\delta} = \frac{1}{(1:\gamma_*)^{\delta}} \succeq {}^{f}G_{\gamma>1}\left(\tfrac{1}{0}\right).$$

Wir wissen also hieraus nur so viel, daß wenn sich der Dignand a, der Potenz $a^{-\delta}$, der Null ohne Ende nähert, daß auch die Potenz $a^{-\delta}$ der eingebildeten Grenze des Endlosgrößer-Werdenden ohne Aufhören näher rückt.

Bemerkung 3. Da wir nie mit Potenzen, deren Dignand 0 und deren Dignator zugleich negativ ist, nach den Gesetzen des Kalkuls operiren können, so haben wir es auch vermieden, das, was die Gleichung: $a^{\alpha-\beta}=a^{\alpha}:a^{\beta}$, für $a=0$ und $\alpha-\beta=-\delta$, der bloßen Form nach liefern würde [nämlich $0^{-\delta}=\frac{1}{0}$, wo also unter $0^{-\delta}$ nichts weiter als die formelle Grenze des Endlosgrößer-Werdenden zu denken wäre], als bloße Bezeichnung aufzustellen *).

Dies treibt uns zu folgender Definition:

a. Die Gleichung

$$a^{\alpha-\beta} = a^{\alpha}:a^{\beta}$$

darf als Erklärung der Potenz $a^{\alpha-\beta}$, welche

„Differenz-Potenz“

heißen möge, festgestellt werden, in der a irgend eine reelle Zahl sein kann, nur nicht Null, wenn $\alpha \overline{\gtrless} \beta$ sein sollte **).

---

*) Aus dieser Untersuchung geht hervor, daß die Potenz a^b, in der a irgend eine reelle Zahl vorstellt und b gleich der Differenz $\alpha-\beta$ der wirklichen Zahlen α und β ist, stets eine bestimmte Bedeutung hat, wenn man nur die beiden Fälle ausnimmt, wo, während $a=0$ ist, entweder $\alpha=$ oder $\alpha<\beta$ ist.

**) Indem wir die Fälle für $\alpha \overline{\gtrless} \beta$ nicht mit in die Definition der Differenz-Potenz aufnehmen, geben wir letztere in einem beschränkteren Sinne, als dies

Da der allgemeine Quotient $a^\alpha : a^\beta$ nicht nur eine völlig bestimmte numerische Bedeutung hat, sondern auch eindeutig ist (Seite 317), so gilt dies auch von der ihn repräsentirenden Differenz-Potenz $a^{\alpha-\beta}$.

Hierdurch erscheinen gleichzeitig die Begriffe: Dignand, Dignator, Potenziren u. s. w. als erweitert, und die Differenz-Potenz schließt die frühere ganze Potenz, so wie diese wieder die wirkliche Potenz als einen einzelnen Fall in sich, so daß, nachdem die entsprechenden Gleichungen für Differenz-Potenzen erwiesen sind, sie dann auch nothwendig gelten müssen, wenn sie in die frühern, für ganze Potenzen, übergehn.

Hieraus geht hervor, daß Alles, was von den allgemeinen Quotienten erwiesen ist, auch von den Differenz-Potenzen, die man sich durch jene vorgestellt denken kann, gelten muß, mithin die Begründung der Gesetze des Potenzirens für Differenz-Potenzen, auf schon im Bewußtsein vorhandene Beziehungen der allgemeinen Quotienten zurückführt.

Zunächst haben wir zu untersuchen, ob noch die Gesetze der Potenzen überhaupt für Differenz-Potenzen gelten.

1) Man soll untersuchen, ob

$$a^b . a^c . a^d \times \ldots \times (a^k)_\alpha = a^{b+c+d+\ldots+k_\alpha}$$

sein wird, wenn a^b, a^c, $a^d, \ldots, (a^k)_\alpha$ Differenz-Potenzen sind.

Es sei nun

$$\begin{aligned} b &= \beta - \beta_1, \\ c &= \gamma - \gamma_1, \\ d &= \delta - \delta_1, \\ &\cdot\ \cdot\ \cdot\ \cdot\ \cdot \\ (k &= \varkappa - \varkappa_1)_\alpha, \end{aligned}$$

so ist nach [a.]

$$\begin{aligned} a^b &= a^{\beta-\beta_1} = a^\beta : a^{\beta_1}, \\ a^c &= a^{\gamma-\gamma_1} = a^\gamma : a^{\gamma_1}, \\ a^d &= a^{\delta-\delta_1} = a^\delta : a^{\delta_1}, \\ &\cdot\ \cdot\ \cdot\ \cdot\ \cdot\ \cdot\ \cdot\ \cdot \\ (a^k &= a^{\varkappa-\varkappa_1} = a^\varkappa : a^{\varkappa_1})_\alpha, \end{aligned}$$

---

bei Andern der Fall ist. Dies geschieht aus mehrfachen Gründen. Ein Mal, der Kürze wegen, indem 0^0 ein bloßes Grenzsymbol ist, mit dem wir eben so wenig operiren können noch wollen, wie z. B. mit Formationen $\frac{0}{0}$, $\frac{1}{0}$, und ein anderes Mal, um den Anfänger vor möglichen Irrthümern zu schützen, indem er darauf hingewiesen wird, solche Fälle, als specielle, einer eignen Untersuchung zu unterwerfen.

also durch die Multiplikations-Verbindung und dann nach den Gesetzen der Quotienten und ganzen Potenzen:

$$a^b . a^c . a^d \times \ldots \times (a^k)_\alpha = (a^\beta : a^{\beta_1}) . (a^\gamma : a^{\gamma_1}) . (a^\delta : a^{\delta_1}) \times \ldots \times (a^\varkappa : a^{\varkappa_1}) =$$
$$[a^\beta . a^\gamma . a^\delta \times \ldots \times (a^\varkappa)_\alpha] : [a^{\beta_1} . a^{\gamma_1} . a^{\delta_1} \times \ldots \times (a^{\varkappa_1})_\alpha] =$$
$$a^{\beta+\gamma+\delta+\ldots+\varkappa_\alpha} : a^{\beta_1+\gamma_1+\delta_1+\ldots+(\varkappa_1)_\alpha} =$$
$$a^{[\beta+\gamma+\delta+\ldots+\varkappa_\alpha]-[\beta_1+\gamma_1+\delta_1+\ldots+(\varkappa_1)_\alpha]} = a^{(\beta-\beta_1)+(\gamma-\gamma_1)+(\delta-\delta_1)+\ldots+(\varkappa-\varkappa_1)_\alpha},$$

also ist:

$$\text{I.} \quad a^b . a^c . a^d \times \ldots \times (a^k)_\alpha = a^{b+c+d+\ldots+k_\alpha}.$$

Aus [I.] folgt als Spezialfall: $a^c . a^{b-c} = a^{(b-c)+c} = a^b$, mithin durch a^c dividirt:

$$\text{II.} \quad a^{b-c} = a^b : a^c,$$

wo b und c Differenzen wirklicher Zahlen bezeichnen.

Setzt man ferner in [I.], $b = c = d = \ldots = k_\alpha$, so kommt:

$$(a^b)^\alpha = a^{b\alpha},$$

also auch, wenn β eine wirkliche Zahl ist,

$$(a^b)^\beta = a^{b\beta}.$$

Nimmt man nun $\alpha - \beta = c$, so ist nach [II.]

$$(a^b)^{\alpha-\beta} = (a^b)^\alpha : (a^b)^\beta = a^{\ \alpha} : a^{b\beta} = a^{b\alpha - b\beta} = a^{b(\alpha-\beta)} = a^{bc},$$

also $(a^b)^{\alpha-\beta} = a^{bc}$ oder $(a^b)^c = a^{bc}$, mithin hiernach auch $(a^c)^b = a^{bc}$; daher:

$$(a^b)^c = (a^c)^b = a^{bc},$$

wo b und c irgend Differenzen wirklicher Zahlen bezeichnen.

Man hat also allgemein mittelst (Ω)

$$\text{III.} \quad [\ldots((a^b)^c)^d \ldots]^k = a^{bcd \times \ldots \times k}.$$

Bemerkung. Dies Gesetz hätte sich auch u. A. dadurch erweisen lassen, daß man in a^{bc} statt b, $\beta - \beta_1$ und statt c, $\gamma - \gamma_1$ gesetzt hätte; dann fließt nach den Gesetzen der ganzen Potenzen und der Definition [a.]

$$a^{bc} = a^{(\beta\gamma+\beta_1\gamma_1)-(\beta\gamma_1+\beta_1\gamma)} = a^{\beta\gamma+\beta_1\gamma_1} : a^{\beta\gamma_1+\beta_1\gamma} =$$
$$(a^{\beta\gamma} . a^{\beta_1\gamma_1}) : (a^{\beta\gamma_1} . a^{\beta_1\gamma}) = (a^{\beta\gamma} : a^{\beta_1\gamma}) : (a^{\beta\gamma_1} : a^{\beta_1\gamma_1}) =$$
$$(n^\beta : a^{\beta_1})^\gamma : (a^\beta : a^{\beta_1})^{\gamma_1} = (a^\beta : a^{\beta_1})^{\gamma-\gamma_1} = (a^{\beta-\beta_1})^{\gamma-\gamma_1} = (a^b)^c.$$

Ferner ist nach [II.] und nach den Gesetzen für ganze Potenzen:

$$(a \underset{\vdots}{\times} b \underset{\vdots}{\times} \ldots \underset{\vdots}{\times} k_\alpha)^{\beta-\gamma} = (a \underset{\vdots}{\times} b \underset{\vdots}{\times} \ldots \underset{\vdots}{\times} k_\alpha)^\beta : (a \underset{\vdots}{\times} b \underset{\vdots}{\times} \ldots \underset{\vdots}{\times} k_\alpha)^\gamma =$$
$$(a^\beta : a^\gamma) \underset{\vdots}{\times} (b^\beta : b^\gamma) \underset{\vdots}{\times} \ldots \underset{\vdots}{\times} (k^\beta : k^\gamma)_\alpha = a^{\beta-\gamma} \underset{\vdots}{\times} b^{\beta-\gamma} \underset{\vdots}{\times} \ldots \underset{\vdots}{\times} (k^{\beta-\gamma})_\alpha.$$

Setzt man demnach $\beta - \gamma = h$, so ist:

$$\text{IV.}\quad (a \underset{\cdot}{\times} b \underset{\cdot}{\times} \ldots \underset{\cdot}{\times} k_\alpha)^h = a^h \underset{\cdot}{\times} b^h \underset{\cdot}{\times} \ldots \underset{\cdot}{\times} (k^b)_\alpha,$$

wodurch der Spezialfall

$$\left(\frac{a}{b}\right)^h = \frac{a^h}{b^h}$$

mit gegeben ist.

Letzterer hätte sich auch u. A. dadurch bestimmt, daß man zunächst $(ab)^c = a^c b^c$ speziell ableitet und dann daraus

$$\left(\frac{a}{b}\,.\,b\right)^c = \left(\frac{a}{b}\right)^c.\,b^c \text{ oder } a^c = \left(\frac{a}{b}\right)^c.\,b^c \text{ oder } \frac{a^c}{b^c} = \left(\frac{a}{b}\right)^c$$

entnimmt.

Stellen wir nun, der Übersicht wegen, sämmtliche Gesetze des Potenzirens für die Differenz-Potenzen zusammen, so sind sie:

$$
\begin{array}{lll}
(1) & a^{b\pm c\pm d\pm\ldots\pm k_\alpha} & = a^b \underset{\cdot}{\times} a^c \underset{\cdot}{\times} a^d \underset{\cdot}{\times} \ldots \underset{\cdot}{\times} (a^k)_\alpha, \\
(2) & (a \underset{\cdot}{\times} b \underset{\cdot}{\times} c \underset{\cdot}{\times} \ldots \underset{\cdot}{\times} k_\alpha)^h & = a^h \underset{\cdot}{\times} b^h \underset{\cdot}{\times} c^h \underset{\cdot}{\times} \ldots \underset{\cdot}{\times} (k^h)_\alpha, \\
(3) & [\ldots((a^b)^c)^d\ldots]^k & = a^{bcd\times\ldots\times k}, \\
(4)\,.. & a^1 & = a, \\
(5)\,.. & 1^1 & = 1, \\
(6)\,.. & 0^\alpha & = 0, \\
(7)\,.. & 0^1 & = 0, \\
(8)\,.. & 1^{-\alpha} & = 1, \\
(8)\,.. & 1^{-1} & = 1, \\
(10)\,.. & 1^0 & = 1, \\
(11)\,.. & a^0 & = 1 \\
(12)\,.. & a^{-\alpha} & = 1:a^\alpha \\
(13)\,.. & a^{-1} & = 1:a
\end{array}
\left.\vphantom{\begin{array}{l}1\\1\\1\end{array}}\right\}\text{ wo a nicht Null ist.}
$$

Außerdem weiß man, was von den bloßen Potenz-Formalismen 0^0, $0^{-\alpha}$ gilt, daß sie an sich selbst gar nichts sind, und durchaus keine bestimmte numerische Bedeutung haben.

Hiernach gelten noch sämmtliche Gesetze des Kalkuls, wenn die Begriffe, die den Zeichen

a, **s**, **g**, **u**, **p**, **P**, **d**, **q**, **w**, **l**

zum Grunde liegen, in keiner größeren Ausdehnung genommen werden, als ihnen nach dem Bisherigen bereits zukommt.

39. Es bleiben uns hinsichtlich der Differenz-Potenzen noch die Beziehungen des Gleich- und Ungleich-Seins zu unter-

suchen übrig, und es wird hierbei durchweg vorausgesetzt, daß keine andere als die eben definirten Differenz=Potenzen vorkommen.

1) Es sei $a = b$ und c gegeben, wo a, b irgend reelle Zahlen, aber c eine Differenz $\alpha - \beta$ wirklicher Zahlen α und β vorstellt *); man sucht die Beziehung der Differenz=Potenzen a^c und b^c.

Erstens. Für a, also auch b nicht Null, hat man aus

$$\begin{aligned} a &= b \quad \text{nach [36. 1) S. 391.]} \\ \hline a^\alpha &= b^\alpha \quad \text{und} \\ a^\beta &= b^\beta, \end{aligned}$$

also durch die Division:

$$\begin{aligned} a^\alpha : a^\beta &= b^\alpha : b^\beta, \end{aligned}$$

oder nach [38. a.]

$$a^{\alpha-\beta} = b^{\alpha-\beta},$$

d. h. $\quad a^c = b^c$.

Zweitens. Ist $a = 0$, also auch b, und $\alpha > \beta$, d. h. $\alpha = \beta + \gamma$, so ist nach [38. (6)]

$$a^{\alpha-\beta} = 0^{\alpha-\beta} = 0^\gamma = 0,$$

und: $\quad b^{\alpha-\beta} = 0^{\alpha-\beta} = 0^\gamma = 0,$

mithin folgt aus: $\dfrac{a = b,}{a^c = b^c}$ für c positiv, daß

ist, wodurch das Gesetz für $\mathfrak{g} \frown \mathfrak{a}$ in Betreff der Differenz=Potenz ausgedrückt ist.

Bemerkung. Will man dasselbe spezieller ableiten, so hat man u. A.:

Erstens, für $\alpha - \beta = 1$. Es ist $a^{\alpha-\beta} = a^1 = a$ und $b^{\alpha-\beta} = b^1 = b$, mithin, wegen $a = b$, ist auch $a^1 = b^1$. Hier kann a (also auch b) $= 0$ sein.

Zweitens, wenn $\alpha - \beta = 0$ und a (also auch b) nicht Null ist: $a^0 = 1$ und $b^0 = 1$, also $a^0 = b^0$.

Drittens, für $\alpha - \beta = -\gamma$ und a (also auch b) nicht Null, folgt aus $a = b$, $1 : a = 1 : b$, also $(1 : a)^{\beta-\alpha} = (1 : b)^{\beta-\alpha}$, $\frown$ $1 : a^{\beta-\alpha} = 1 : b^{\beta-\alpha}$ oder $1 : [a^\beta : a^\alpha] = 1 : [b^\beta : b^\alpha]$ oder $a^\alpha : a^\beta = b^\alpha : b^\beta$ oder $a^{\alpha-\beta} = b^{\alpha-\beta}$, oder endlich: $a^{-\gamma} = b^{-\gamma}$.

Viertens, ist $a = 0$ und $\alpha > \beta$, so ist die Ableitung für diesen Fall schon vorhin gegeben.

Faßt man das Resultat dieser Untersuchung zusammen, so ist es:

*) Die Dignatoren der Potenzen sind hier immer in der Differenz $\alpha - \beta$ begriffen, also entweder 0 oder positiv oder negativ aber ganz. Weil von Potenzen mit gebrochenen Dignatoren noch keine Rede war, so fügen wir das Wort „ganz," der Kürze wegen, nicht immer mit hinzu.

(1) Sind a und b reelle Zahlen (nur weder a, noch b Null), so ↪ aus $a = b$, daß $a^c = b^c$ ist.

(2) Sind a und b Null, so ist $a^c = b^c$, wenn c positiv ist.

Hierdurch ist das Gesetz für $\mathfrak{g} \frown \mathfrak{a}$, in Betreff der Differenz-Potenzen, gegeben.

2) Es sei a als reeller Ausdruck, und $c = d$ gegeben, wo c also auch d Differenzen wirklicher Zahlen vorstellen; man sucht die Beziehungen der Differenz-Potenzen a^c und a^d.

Erstens. Für a nicht Null hat man, wenn $c = \alpha - \beta$ und $d = \gamma - \delta$ gesetzt wird, aus

$$\underline{\alpha - \beta = \gamma - \delta,}$$
$$\alpha + \delta = \beta + \gamma, \text{ also nach [36. 2.)]}$$
$$a^{\alpha+\delta} = a^{\beta+\gamma}, \text{ oder nach 35. 1), Seite 390]}$$
$$a^{\alpha}.a^{\delta} = a^{\beta}.a^{\gamma}, \text{ oder durch die Division:}$$
$$a^{\alpha}:a^{\beta} = a^{\gamma}:a^{\delta}, \text{ also nach [38. a.]}$$
$$\underline{a^{\alpha-\beta} = a^{\gamma-\delta}} \text{ d. h.}$$
$$a^c = a^d.$$

Zweitens. Für $a = 0$ und $\alpha > \beta$, also auch $\gamma > \delta$, hat man nach [38. (6)]

$$a^{\alpha-\beta} = 0^{\alpha-\beta} = 0, \text{ und } a^{\gamma-\delta} = 0.$$

Faßt man das Resultat dieser Untersuchung zusammen, so ist es:

(1) Ist a nicht Null und $c = d$, so folgt $a^c = a^d$.

(2) Ist $a = 0$, so ist $a^c = a^d$, wenn c und d positiv sind.

Hiernach ist das Gesetz für $\mathfrak{a} \frown \mathfrak{g}$ in Betreff der Differenz-Potenzen ausgedrückt.

Bemerkung. Noch mehrere Ableitungen ergeben sich leicht wie in [1)].

3) Es sei $a = b$ und $c = d$ gegeben, wo a, also auch b, irgend reelle Zahlen, und c, also auch d, Differenzen wirklicher Zahlen vorstellen; man sucht die Beziehungen der Differenz-Potenzen a^c und b^d.

Aus $a = b$ folgt nach [1)], $a^c = b^c$,
und aus [2)], $\underline{b^c = b^d}$, also
$$a^c = b^d.$$

Faßt man das Resultat dieser Untersuchung zusammen, so ist es:

(1) Ist $a = b$ und $c = d$, aber weder a noch b Null, so folgt $a^c = b^d$.

(2) Ist a und b Null, so folgt $a^c = b^d$, wenn c und d positiv sind.

Hierdurch ist das Gesetz für $\mathfrak{g}' \frown \mathfrak{g}$ ausgedrückt, wenn die entstandenen Potenzen Differenz-Potenzen sind.

4) Es sei $a > b$ und $c = \alpha - \beta$ gegeben, wo a und b irgend reelle Zahlen vorstellen; man sucht die Beziehungen der Differenz-Potenzen a^c und b^c.

Mit jedem der Fälle: $\left\{\begin{matrix} a \text{ pos.}, & b \text{ pos.}, \\ a \text{ neg}, & b \text{ neg.}, \\ a \text{ pos.}, & b \text{ neg.}, \\ a \text{ Null}, & b \text{ neg.} \end{matrix}\right\}$, kann entweder c $\left\{\begin{matrix} \text{pos.}, \\ \text{neg.}, \\ \text{Null} \end{matrix}\right\}$ sein.

Da die beiden letztern, für a Null, b negativ, c $\left\{\begin{matrix} \text{negativ}, \\ \text{Null} \end{matrix}\right\}$, nicht zu Differenz-Potenzen führen, so bleiben sie aus der Untersuchung fort.

Indem wir aber bereits in [4) Seite 392] die Beziehungen aufgestellt haben, die aus $a > b$ fließen, in Betreff der Ganzen-Potenzen a^c und b^c, so brauchen wir nur die hier, für die Differenz-Potenzen a^c und b^c, fehlenden hinzuzufügen und man hat deshalb:

Erstens. Für $a > b$, a und b positiv und $c = 1$,

$$\frac{\left.\begin{matrix} a^c = a^1 = a, \\ b^c = b^1 = b \end{matrix}\right\} \text{ nach [38. (4)] also,}}{a^c > b^c \text{ für } c = 1.}$$

Zweitens. Für $a > b$, a und b positiv und $c = -\gamma$, wo γ auch $= 1$ sein kann.

Aus $a > b \smile$ wegen a und b positiv:
$1 : a < 1 : b$, nach [4) S. 392 und dem ersten Falle]:
$(1 : a)^\gamma < (1 : b)^\gamma$, oder nach [(12)]
$a^{-\gamma} < b^{-\gamma}$ wo γ auch $= 1$ sein kann.

Drittens. Für $c = 0$, $\smile$ $a^c = b^c$, es mögen a und b beliebig $\left\{\begin{matrix} \text{positiv}, \\ \text{negativ} \end{matrix}\right\}$ angenommen werden.

Viertens. Ist $a > b$ und sind a und b negativ, so hat man für $c = 1$,

$$\left.\begin{matrix} a^c = a^1 = a, \\ b^c = b^1 = b \end{matrix}\right. \smile a^c > b^c.$$

Für $c = -\gamma$ folgt:

$$a^c = (-a)^{-\gamma} = \pm\frac{1}{a^\gamma} \text{ je nachdem } \gamma \begin{Bmatrix}\text{gerade,}\\ \text{ungerade}\end{Bmatrix} \text{ ist;}$$

$$b^c = (-b)^{-\gamma} = \pm\frac{1}{b^\gamma} \text{ je nachdem } \gamma \begin{Bmatrix}\text{gerade,}\\ \text{ungerade}\end{Bmatrix} \text{ ist.}$$

Nun ist wegen $a > b$,

$a < b$, also nach [4) S. 392. u. d. 1sten Falle)

$a^\gamma < b^\gamma$, mithin

$1 : a^\gamma > 1 : b^\gamma$.

Man hat demnach aus $a > b$, a und b negativ und c negativ

$$a^c \gtrless b^c \text{ je nachdem } |c| \begin{Bmatrix}\text{gerade,}\\ \text{ungerade}\end{Bmatrix} \text{ ist.}$$

Fünftens. Ist a positiv und b negativ, so hat man

für $c = 1$,

$$a^c > b^c.$$

Für $c = -\gamma$ ist:

$$a^c = a^{-\gamma} = \frac{1}{a^\gamma},$$

$$b^c = (-b)^{-\gamma} = \pm\frac{1}{b^\gamma} \text{ je nachdem } \gamma \begin{Bmatrix}\text{gerade,}\\ \text{ungerade}\end{Bmatrix} \text{ ist.}$$

Man hat nun, je nachdem $a \lesseqgtr b$ angenommen wird:

$a^\gamma \lesseqgtr b^\gamma$, also

$1 : a^\gamma \gtreqless 1 : b^\gamma$ oder

$a^{-\gamma} \gtreqless b^{-\gamma}$.

Ist γ gerade, so ist $b^{-\gamma} = (-b)^{-\gamma}$.

Demnach folgt aus a positiv, b negativ und c negativ:

erstens $a^c \gtreqless b^c$ je nachdem $\{a \lesseqgtr |b|\}$ und $|c|$ gerade ist;

zweitens $a^c > b^c$, wenn $|c|$ ungerade ist.

Sechstens. Ist a positiv und b Null, so folgt:

für $c = 1$,

$$a^c = a^1 = a,$$
$$b^c = 0^1 = 0, \text{ also}$$
$$a^c > b^c.$$

Ist $c = \gamma$, so folgt, weil a positiv also $a \gtreqless 1$ ist, $a^c \gtreqless 1$, also, wegen $b^\gamma = 0^\gamma = 0$, $\curvearrowright$ $a^c > b^c$.

Siebentens. Ist $a = 0$ und b negativ, so folgt für $c = 1$,

$$\frac{\begin{aligned} a^c &= \quad 0^1 = 0, \\ b^c &= (-b)^1 = -b, \text{ also} \end{aligned}}{a^c > b^c.}$$

Ist ferner $c = \gamma$, so folgt aus $a = 0$ und b negativ:

$$a^c \begin{smallmatrix}<\\>\end{smallmatrix} b^c \quad \text{jenachdem } c \begin{Bmatrix}\text{gerade,}\\ \text{ungerade}\end{Bmatrix} \text{ ist.}$$

Faßt man nun, der Übersicht wegen, die hier gefundenen Beziehungen mit den frühern [Seite 395.] zusammen, so sind sie:

(1) Aus $a > b$, a und b positiv, $\rightharpoondown$ $a^c \begin{smallmatrix}>\\<\end{smallmatrix} b^c$ je nachd. $c \begin{Bmatrix}\text{pos.,}\\ \text{neg.}\end{Bmatrix}$ ist.

(2) Aus $a > b$, a neg. also auch b neg., $\rightharpoondown$

erstens für c pos.: $a^c \begin{smallmatrix}<\\>\end{smallmatrix} b^c$ je nachd. $c \begin{Bmatrix}\text{gerade,}\\ \text{ungerade}\end{Bmatrix}$ ist;
zweitens für c neg.: $a^c \begin{smallmatrix}>\\<\end{smallmatrix} b^c$ je nachd. c*) $\begin{Bmatrix}\text{gerade,}\\ \text{ungerade}\end{Bmatrix}$ ist.

(3) Aus a pos., b neg., $\rightharpoondown$

erstens für c pos.: $a^c \begin{smallmatrix}<\\=\\>\end{smallmatrix} b^c$ je nachd. $\{a \begin{smallmatrix}<\\=\\>\end{smallmatrix} |b|\}$ und c gerade ist;
zweitens für c neg.: $a^c \begin{smallmatrix}>\\=\\<\end{smallmatrix} b^c$ je nachd. $\{a \begin{smallmatrix}<\\=\\>\end{smallmatrix} |b|\}$ und c gerade ist;
drittens für c pos. oder neg.: $a^c > b^c$, wenn c ungerade ist.

(4) Aus a positiv und b Null und c positiv, $\rightharpoondown$ $a^c > b^c$.

(5) Aus a Null, b neg. und c pos. $\rightharpoondown$ $a^c \begin{smallmatrix}<\\>\end{smallmatrix} b^c$ je nachd. $c \begin{Bmatrix}\text{gerade,}\\ \text{ungerade}\end{Bmatrix}$ ist.

(6) Aus $c = 0$ $\rightharpoondown$ $a^c = b^c$ es mögen a und b positiv oder negativ, oder das eine positiv, das andere negativ sein.

Bemerkung. Das Gesetz für $\mathfrak{u} \frown \mathfrak{g}$ ist schon durch das vorhergehende von $\mathfrak{u} \frown a$, für Differenz-Potenzen ausgedrückt.

5) Es sei a als reeller Ausdruck und c und d seien als Differenzen wirklicher Zahlen gegeben; man sucht die Beziehungen der Differenz-Potenzen a^c und a^d.

---

*) Der Kürze wegen heiße $-(2n)$ eine negativ gerade Zahl, und $-(2n+1)$ eine negative ungerade Zahl, wo $2n$ eine gerade, und $2n+1$ eine ungerade Zahl ist.

Man hat hier zunächst jeden der Fälle

$$a \begin{Bmatrix} \text{positiv,} \\ \text{negativ} \end{Bmatrix} \text{ u. bezügl. } \begin{Bmatrix} a \gtreqless 1, \\ |a| \gtreqless 1 \end{Bmatrix}, \text{ mit jedem } \begin{Bmatrix} \text{c pos., d pos.;} \\ \text{c neg., d neg.;} \\ \text{c pos., d neg.;} \\ \text{c pos., d Null;} \\ \text{c Null, d neg.} \end{Bmatrix} \text{ zu verbinden.}$$

Außerdem kann $a = 0$, und c und d können positiv sein.

Die Untersuchung dieser Fälle möge nun folgen.

I. Ist a $\begin{Bmatrix} \text{größer } 1, \\ \text{positiv} < 1 \end{Bmatrix}$ und $c > d$.

Aus $c > d \hookrightarrow c - d = \gamma$, also nach [2)]:

$$a^{c-d} = a^{\gamma}.$$

Nun folgt aus $a \gtrless 1$, daß $a^{\gamma} \gtrless 1$ ist nach [4)], oder

$a^{c-d} \gtrless 1$, also

wegen a^d positiv: $a^c \gtrless a^d$.

Man hat demnach:

Aus $c > d \hookrightarrow a^c \gtrless a^d$ je nachdem a $\begin{Bmatrix} \text{größer } 1, \\ \text{positiv} < 1 \end{Bmatrix}$ ist.

II. Ist a negativ, c und d positiv und gerade, ferner $c > d$ und $|a| \gtrless 1$.

Es sei $a = -\alpha$, so folgt nach [I.]

aus $c > d$, daß $\alpha^c \gtrless \alpha^d$ ist, je nachdem $\alpha \gtrless 1$ ist.

Da aber für c und d gerade $\hookrightarrow \begin{Bmatrix} a^c = (-\alpha)^c = \alpha^c; \\ a^d = (-\alpha)^d = \alpha^d \end{Bmatrix}$, so haben wir:

Aus a neg., c und d pos. und gerade und $c > d$, $\hookrightarrow a^c \gtrless a^d$ je nachdem $|a| \gtrless 1$ ist.

III. Ist a neg., c und d pos. und ungerade, ferner $c > d$ und $|a| \gtrless 1$.

Es sei $a = -\alpha$, so folgt nach [I.]

aus $c > d$, daß $\alpha^c \gtrless \alpha^d$ ist, je nachdem $\alpha \gtrless 1$ ist.

Da aber für c und d ungerade $\hookrightarrow \begin{Bmatrix} a^c = (-\alpha)^c = -(\alpha^c); \\ a^d = (-\alpha)^d = -(\alpha^d) \end{Bmatrix}$, so hat man:

Aus a negativ, c und d positiv und ungerade und $c > d$, $\hookrightarrow a^c \lessgtr a^d$ je nachdem $|a| \gtrless 1$ ist.

IV. Ist a neg., c und d neg. und c, d gerade, ferner $c > d$ und $|a| \gtrless 1$.

Es sei $a = -\mathfrak{a}$, so folgt nach [I.]

aus $c > d$, daß $\mathfrak{a}^c \gtrless \mathfrak{a}^d$ ist, je nachdem $\mathfrak{a} \gtrless 1$ ist.

Da aber für c und d gerade: $\hookrightarrow \begin{Bmatrix} \mathfrak{a}^{-|c|} = (-\mathfrak{a})^{-|c|} = a^c; \\ \mathfrak{a}^{-|d|} = (-\mathfrak{a})^{-|d|} = a^d \end{Bmatrix}$, so hat man:

Aus a neg., c und d neg. und c, d gerade, und $c > d \hookrightarrow a^c \gtrless a^d$ je nachdem $|a| \gtrless 1$ ist.

V. Ist a neg., und c und d neg., c, d ungerade und $c > d$, ferner $|a| \gtrless 1$.

Nach [IV.] entnimmt man leicht:

Aus a neg., und c und d neg., c, d ungerade, und $c > d \hookrightarrow a^c \lessgtr a^d$ je nachdem $|a| \gtrless 1$ ist.

VI. Ist a neg., und c pos., d neg. und c, d gerade, ferner $|a| \gtrless 1$.

Es sei $a = -\mathfrak{a}$, so folgt nach [I.],

weil auch hier $c > d$ ist, daß $\mathfrak{a}^c \gtrless \mathfrak{a}^d$, je nachdem $\mathfrak{a} \gtrless 1$.

Da aber für c und d gerade $\hookrightarrow \begin{Bmatrix} a^c = (-\mathfrak{a})^c = \mathfrak{a}^c; \\ a^d = (-\mathfrak{a})^d = \mathfrak{a}^d \end{Bmatrix}$, so hat man:

Aus a neg., c pos., d neg. und c und d gerade $\hookrightarrow a^c \gtrless a^d$ je nachdem $|a| \gtrless 1$ ist.

VII. Ist a neg., c pos., d neg. und c, d ungerade, ferner $|a| > 1$.

Nach [VI.] entnimmt man leicht:

Aus a neg., c pos., d neg. und c, d ungerade $\hookrightarrow a^c \lessgtr a^d$ je nachdem $|a| \gtrless 1$ ist.

VIII. Ist a neg., c pos., d Null, c gerade, ferner $|a| \gtrless 1$.

Es sei $a = -\mathfrak{a}$, so folgt nach [I.],

weil auch hier $c > d$ ist, daß $\mathfrak{a}^c \gtrless \mathfrak{a}^d$ ist, je nachdem $a \gtrless 1$ ist.

Da aber für c gerade und d Null $\hookrightarrow \begin{Bmatrix} a^c = (-\mathfrak{a})^c = \mathfrak{a}^c; \\ a^d = (-\mathfrak{a})^d = \mathfrak{a}^d \end{Bmatrix}$, so hat man:

Aus a negativ, und c pos., d Null und c gerade $\hookrightarrow a^c \gtrless a^d$ je nachdem $|a| \gtrless 1$ ist.

IX. Ist a negativ, c Null, d negativ, d gerade, ferner $|a| \gtrless 1$.

Man entnimmt leicht:

Aus a negativ, c Null, d negativ, d gerade $\hookrightarrow a^c \gtrless a^d$ je nachdem $|a| \gtrless 1$ ist.

X. Ist erstens c pos., d pos.; oder zweitens c neg., d neg.; oder drittens c pos., d neg.; oder viertens c neg., d pos. und ist

in allen diesen drei Fällen: c gerade und d ungerade, oder c ungerade und d gerade.

Es folgt leicht:

$$\text{Aus a negativ} \left\{\begin{matrix}\text{c positiv, d positiv;}\\ \text{c negativ, d negativ;}\\ \text{c positiv, d negativ;}\\ \text{c negativ, d positiv}\end{matrix}\right\} \hookrightarrow$$

$$a^c \gtrless a^d \text{ je nachdem } \left\{\begin{matrix}\text{c gerade und d ungerade ist;}\\ \text{c ungerade und d gerade ist}\end{matrix}\right\}.$$

XI. Ist erstens a negativ, c positiv, d Null, c ungerade; oder ist zweitens a negativ, c Null, d negativ und d ungerade.

Man hat:

$$a^c \lessgtr a^d \text{ je nachdem } \left\{\begin{matrix}\text{a neg., c pos. und ungerade, d Null;}\\ \text{a neg., c Null, d neg. und ungerade}\end{matrix}\right\} \text{ ist.}$$

XII. Ist a = −1.

Da $(-1)^\alpha = \pm 1$ ist, je nachdem $\alpha \left\{\begin{matrix}\text{gerade,}\\ \text{ungerade}\end{matrix}\right\}$ gesetzt wird, so hat man:

$$\text{Aus } a = -1 \hookrightarrow \left\{\begin{matrix}a^c = a^d, \text{ wenn c und d zugleich } \left\{\begin{matrix}\text{gerade,}\\ \text{ungerade}\end{matrix}\right\} \text{ sind;}\\ a^c = a^d, \text{ wenn } c = 0 \text{ und d gerade ist;}\\ a^c > a^d, \text{ wenn c gerade und d ungerade ist;}\\ a^c > a^d, \text{ wenn } c = 0 \text{ und d ungerade ist.}\end{matrix}\right\}$$

XIII. Ist a = 0.

Insofern hier nur die oben definirten Differenz-Potenzen vorkommen, hat man, wegen $0^\alpha = 0$:

Aus $a = 0 \hookrightarrow a^c = a^d$, wenn c und d positiv sind.

XIV. Ist a = 1.

Da $1^{\pm\alpha} = 1 \times 1^\alpha = 1$ und $1^0 = 1$ ist, so hat man:

Aus $a = 1 \hookrightarrow a^c = a^d$.

Faßt man nun die hier gewonnenen Beziehungen mit den frühern [Seite 397.] kurz zusammen, so sind sie:

(1) Aus $c > d \hookrightarrow a^c \gtrless a^d$ je nachdem a $\left\{\begin{matrix}\text{größer } 1,\\ \text{positiv} < 1\end{matrix}\right\}$ ist.

(2) Aus a negativ, c und d positiv und $c > d$, $\hookrightarrow$

$$\text{für } c,\, d \begin{cases} \text{gerade}, & a^c \gtrless a^d \text{ je nachdem } |a| \gtrless 1 \text{ ist;} \\ \text{ungerade}, & a^c \lessgtr a^d \text{ je nachdem } |a| \gtrless 1 \text{ ist.} \end{cases}$$

(3) Aus a negativ, c und d negativ und $c > d$, $\hookrightarrow$

$$\text{für } c,\, d \begin{cases} \text{gerade}, & a^c \gtrless a^d \text{ je nachdem } |a| \gtrless 1 \text{ ist;} \\ \text{ungerade}, & a^c \lessgtr a^d \text{ je nachdem } |a| \gtrless 1 \text{ ist.} \end{cases}$$

(4) Aus a negativ, c positiv, d negativ, $\hookrightarrow$

$$\text{für } c,\, d \begin{cases} \text{gerade}, & a^c \gtrless a^d \text{ je nachdem } |a| \gtrless 1 \text{ ist;} \\ \text{ungerade}, & a^c \lessgtr a^d \text{ je nachdem } |a| \gtrless 1 \text{ ist.} \end{cases}$$

(5) Aus a negativ, c positiv, d Null, $\hookrightarrow$

$$\text{für } c \begin{cases} \text{gerade}, & a^c \gtrless a^d \text{ je nachdem } |a| \gtrless 1 \text{ ist;} \\ \text{ungerade}, & a^c < a^d. \end{cases}$$

(6) Aus a negativ, c Null, d negativ, $\hookrightarrow$

$$\text{für } d \begin{cases} \text{gerade}, & a^c \gtrless a^d \text{ je nachdem } |a| \gtrless 1 \text{ ist;} \\ \text{ungerade}, & a^c > a^d. \end{cases}$$

(7) Aus a negativ $\begin{Bmatrix} \text{c positiv, d positiv;} \\ \text{c negativ, d negativ;} \\ \text{c positiv, d negativ;} \\ \text{c negativ, d positiv} \end{Bmatrix} \hookrightarrow$

$$a^c \gtrless a^d \text{ je nachdem } \begin{Bmatrix} \text{c gerade, u. d ungerade ist;} \\ \text{c ungerade, d gerade ist.} \end{Bmatrix}$$

(8) Aus $a = 1$, $\hookrightarrow$ $a^c = a^d$.

(9) Aus $a = -1 \hookrightarrow \begin{Bmatrix} a^c = a^d, \text{ wenn c und d zugleich } \begin{Bmatrix}\text{gerade,}\\ \text{ungerade}\end{Bmatrix} \text{ sind;} \\ a^c = a^d, \text{ wenn } c = 0 \text{ und d gerade ist;} \\ a^c > a^d, \text{ wenn c gerade und d ungerade ist;} \\ a^c > a^d, \text{ wenn } c = 0 \text{ und d ungerade ist.} \end{Bmatrix}$

(10) Aus $a = 0$ und c und d positiv, $\hookrightarrow$ $a^c = a^d$.

Hierdurch ist das Gesetz für **a ⌢ u**, in Betreff der Differenz-Potenzen, gegeben.

6) Es mögen a und b irgend reelle und c, d Differenzen wirklicher Zahlen bezeichnen, man sucht die Beziehungen zwischen den Differenz-Potenzen a^c und b^d oder a^d und b^c.

Man hat hier zunächst im Allgemeinen jeden der Fälle:

$$\begin{Bmatrix} \text{a positiv, b positiv,} \\ \text{a negativ, b negativ,} \\ \text{a positiv, b negativ,} \\ \text{a positiv, b Null,} \\ \text{a negativ, b Null,} \\ \text{a Null, b Null,} \end{Bmatrix} \text{ mit jedem } \begin{Bmatrix} \text{c positiv, d positiv,} \\ \text{c negativ, d negativ,} \\ \text{c positiv, d negativ,} \\ \text{c positiv, d Null,} \\ \text{c negativ, d Null,} \\ \text{c Null, d Null.} \end{Bmatrix}$$

zu verbinden, und diejenigen fortzulassen, welche nicht zu Differenz-Potenzen leiten. Führt man diese Untersuchung zuerst im Allgemeinen durch, so erklärt sich leicht der im Folgenden betretene Weg.

I. Sind a und b positiv.

Erstens. Es sei $a > b$, $a > 1$, c u. d positiv und $c \geqq d$.

Aus $a > 1$ und $c \geqq d$, $\hookrightarrow$ $a^c \geqq a^d$ nach [5), (1)];
aus $a > b$ und d pos. $\hookrightarrow$ $a^d > b^d$, also

$a^c > b^d$.

Zweitens. Ist $a > b$, $a > 1$, c und d neg. und $|c| \geqq |d|$.

Nach dem vorstehenden Falle hat man:

$a^{|c|} > b^{|d|}$, also weil diese Potenzen positiv sind:

$1 : a^{|c|} < 1 : b^{|d|}$, d. h.

$a^c < b^d$.

Drittens. Es sei $a > b$, $a < 1$, $b < 1$ und c, d positiv und $c \geqq d$ gegeben.

Aus $a < 1$ und $c \geqq d$, $\hookrightarrow$ $a^c \leqq a^d$ nach [5), (1)];
aus $a > b$ und c pos. $\hookrightarrow$ $a^c > b^c$ nach [4), (1)]; also

$a^d > b^c$.

Wären c und d neg., und $|c| \geqq |d|$, so hat man wie vorhin:

$$a^d < b^c.$$

Viertens. Ist $a > 1$, $b < 1$ und c und d pos. gegeben.

Aus $a > 1$ und c positiv $\hookrightarrow$ $a^c > 1$.
Aus $b < 1$ und d positiv $\hookrightarrow$ $b^d < 1$, also

$a^c > b^d$.

Wären c und d negativ, so hätte man:

$$a^c < b^d.$$

Fünftens. Ist $a > 1$, $b > 1$ und c positiv, d negativ.

Aus $a > 1$ und c positiv $\hookrightarrow$ $a^c > 1$.
Aus $b > 1$ und d negativ $\hookrightarrow$ $b^d < 1$, also

$a^c > b^d$.

Wäre $a < 1$ und $b < 1$, so hat man: $\frac{1}{a} > 1$ und $\frac{1}{b} > 1$, also nach dem Vorigen:

$$\left(\frac{1}{a}\right)^c > \left(\frac{1}{b}\right)^d \text{ d. h.}$$

$$a^c < b^d.$$

Sechstens. Ist $a > 1$, $b = 1$ und c positiv.

Aus $a > 1$ und c positiv, $\hookrightarrow$ $a^c > 1$.
Aus $b = 1$ $\hookrightarrow$ $b^d = 1$, also

$$a^c > b^d.$$

Wäre c negativ, so hätte man: $a^c < b^d$.

Ist aber $a < 1$ und $b = 1$, so hat man:

$$a^c \lessgtr b^d \text{ je nachdem } c \begin{Bmatrix}\text{positiv,}\\ \text{negativ}\end{Bmatrix} \text{ ist.}$$

II. Sind a und b negativ.

Erstens. Ist $|a| > |b|$ und $|a| > 1$, ferner c und d positiv und $c \geqq d$.

Nach [I., erstens] hat man, wenn c und d gerade sind:

$a^c = [-|a|]^c$ und $b^d = [-|b|]^d$, also $a^c > b^d$.

Sind c und d ungerade, so ist deshalb: $a^c < b^d$.

Zweitens. Ist $|a| > |b|$ und $|a| > 1$, ferner c und d negativ und $|c| \geqq |d|$ gegeben.

Nach dem ersten Falle hat man, wenn c und d gerade sind:

$$a^{|c|} > b^{|d|}, \text{ also}$$
$$a^c < b^d.$$

Für c und d ungerade findet sich deshalb: $a^c > b^d$.

Drittens. Ist $|a| > |b|$, $|a| < 1$, $|b| < 1$, ferner c und d positiv und $c \geqq d$.

Nach [I., drittens] ist:

$$|a|^d > |b|^c,$$

man hat deshalb $a^d \gtrless b^c$ je nachd. c, d $\begin{Bmatrix}\text{gerade,}\\ \text{ungerade}\end{Bmatrix}$ sind.

Viertens. Ist $|a| > |b|$, $|a| < 1$, $|b| < 1$, ferner c und d negativ und $|c| \geqq |d|$.

Nach [I., drittens] ist:

$$|a|^d < |b|^c,$$

und man hat deshalb: $a^d \lessgtr b^c$ je nachd. c, d $\begin{Bmatrix}\text{gerade,}\\ \text{ungerade}\end{Bmatrix}$ sind.

Fünftens. Ist $|a| > 1$, $|b| < 1$ und c, d positiv.

Nach [I., viertens] hat man:

$$|a|^c > |b|^d,$$

und hieraus $a^c \gtrless b^d$ je nachd. c, d $\begin{Bmatrix}\text{gerade,}\\ \text{ungerade}\end{Bmatrix}$ sind.

Sechstens. Ist $|a| > 1$, $|b| < 1$ und sind c, d negativ:

Nach [I., viertens] hat man:

$$|a|^c < |b|^d,$$

und deshalb $a^c \lessgtr b^d$ je nachd. c, d $\left\{\begin{matrix}\text{gerade,}\\ \text{ungerade}\end{matrix}\right\}$ sind.

Siebentes. Ist $|a| > 1$, $|b| > 1$ und ist c pos., d negativ.

Nach [I., fünftens] ist:

$$|a|^c > |b|^d,$$

deshalb folgt: $a^c \gtrless b^d$ je nachd. c, d $\left\{\begin{matrix}\text{gerade,}\\ \text{ungerade}\end{matrix}\right\}$ sind.

Achtens. Ist $|a| < 1$, $|b| < 1$ und ist c positiv, d negativ.

Nach [I., fünftens] folgt:

$$|a|^c < |b|^d,$$

deshalb: $a^c \lessgtr b^d$ je nachd. c, d $\left\{\begin{matrix}\text{gerade,}\\ \text{ungerade}\end{matrix}\right\}$ ist.

Neuntens. Ist $|a| > 1$, $|b| = 1$ und c positiv.

Nach [I., sechstens] folgt:

$$|a|^c > |b|^d,$$

deshalb ist $a^c \gtrless b^d$ je nachd. c $\left\{\begin{matrix}\text{gerade,}\\ \text{ungerade}\end{matrix}\right\}$ ist.

Zehntens. Ist $|a| < 1$, $|b| = 1$ und c negativ.

Nach [I., sechstens] folgt:

$$|a|^c > |b|^d,$$

deshalb: $a^c \gtrless b^d$ je nachd. c $\left\{\begin{matrix}\text{gerade,}\\ \text{ungerade}\end{matrix}\right\}$ ist.

Eilftens. Ist $|a| < 1$, $|b| = 1$ und c positiv.

Nach [I., sechstens] ist:

$$|a|^c < |b|^d,$$

deshalb: $a^c \lessgtr b^d$ je nachd. c, d $\left\{\begin{matrix}\text{gerade,}\\ \text{ungerade}\end{matrix}\right\}$ ist.

Zwölftens. Ist $|a| > 1$, $|b| = 1$ und c negativ.

Nach [I., sechstens] folgt:

$$|a|^c < |b|^d,$$

also: $a^c \lessgtr b^d$ je nachd. c, d $\left\{\begin{matrix}\text{gerade,}\\ \text{ungerade}\end{matrix}\right\}$ ist.

Dreizehntens. Da $(-a)^{\pm 2n} = a^{\pm 2n} = 1 \dot{\times} a^{2n}$ und $(-a)^{\pm(2n+1)} = -(1 \dot{\times} a^{2n+1})$ ist, so hat man:

$a^c > b^d$, wenn c gerade, d ungerade und c und d entweder positiv, oder negativ oder c positiv, d negativ, oder c negativ, d positiv ist.

III. Ist a positiv und b negativ.

Erstens. Ist $a = |b|$, $a > 1$, c und d positiv und $c > d$.

Aus $a > 1$ und c, d positiv und
$c > d$ ↪
$a^c > a^d$, deshalb wegen
$a = |b|$
$a^c > |b|^d$.

Ist nun d gerade, so ist $|b|^d = b^d$, und ist d ungerade, so ist b^d negativ, also d möge gerade oder ungerade sein:

$$a^c > b^d.$$

Zweitens. Ist $a = |b|$, $a > 1$, c und d neg. und $|c| > |d|$.

Aus $a > 1$ und c und d neg., ferner $|c| > |d|$ folgt
$a^{|c|} > a^{|d|}$, also
$1 : a^{|c|} < 1 : a^{|d|}$ oder
$a^c < a^d$; nun ist, wegen $a = |b|$,
$a^c < |b|^d$, mithin, wenn d gerade ist:
$a^c < b^d$.

Drittens. Ist $a = |b|$, $a < 1$, c und d positiv und $c > d$.

Aus $a < 1$, c und d positiv und $c > d$ ↪
$a^c < a^d$, also wegen $a = |b|$ ↪
$a^c < |b|^d$ und ist d gerade:
$a^c < b^d$.

Viertens. Ist $a = |b|$, $a < 1$, c und d neg. und $|c| > |d|$.

Da $a^{|c|} < a^{|d|}$, so ist:
$a^c > a^d$ und wegen $a = |b|$ ↪
$a^c > |b|^d$, also
$a^c > b^d$ es mag d gerade oder ungerade sein.

Fünftens. Ist $a > |b|$, $a > 1$, c und d pos. und $c \geqq d$.

Aus $a > |b|$ und $a > 1$ ↪ nach [Seite 402, (1)], wegen
$c \geqq d$
$a^c > |b|^d$, und deshalb, es möge d gerade oder ungerade sein,
$a^c > b^d$.

Sechstens. Ist $a > |b|$, $a > 1$, c und d neg. und $|c| \geqq |d|$.

Nach dem Vorstehenden ist bereits $a^{|c|} > b^{|d|}$.

Ist nun d gerade, so ist $b^{|d|}$ pos., also $\overline{1 : a^{|c|} < 1 : b^{|d|}}$, oder

$$\overline{a^c < b^d.}$$

Siebentens. Ist $a > |b|$, $a < 1$, c und d pos. und $c \geqq d$.

Es folgt: $a^d > |b|^c$ nach [S. 402, (4)]

also c möge gerade oder ungerade sein: $\overline{a^d > b^c.}$

Achtens. Ist $a > |b|$, $a < 1$, c und d neg. und $|c| \geqq |d|$.

Es ist bereits: $a^{|d|} > b^{|c|}$;

ist demnach $|c|$ gerade, also $b^{|c|}$ pos., so folgt: $\overline{1 : a^{|d|} < 1 : b^{|c|}}$, d. h.

$$\overline{a^d < b^c.}$$

Neuntens. Ist $a < |b|$, $|b| > 1$, c und d pos. und $c \geqq d$.

Es folgt: $|b|^c > a^d$, also für c gerade:

$$\overline{b^c > a^d.}$$

Zehntens. Ist $a < |b|$, $|b| > 1$, c und d neg. und $|c| \geqq |d|$.

Es ist bereits $b^{|c|} > a^{|d|}$.

Ist nun c ungerade, so ist $b^{|c|}$ und auch b^c negativ und deshalb kleiner als das positive $a^{|d|}$, also auch $b^c < a^d$. Ist c gerade, so folgt auch aus

$$b^{|c|} > a^{|d|},$$

$$\overline{1 : b^{|c|} < 1 : a^{|d|}} \text{ oder}$$

$$\overline{b^c < a^d} \text{ es möge c gerade oder ungerade sein.}$$

Eilftens. Ist $a < |b|$ und $|b| < 1$, c und d pos. und $c \geqq d$.

Es folgt: $|b|^d > a^c$ und ist d gerade, so ist:

$$\overline{b^d > a^c.}$$

Zwölftens. Ist $a < |b|$ und $|b| < 1$, c und d neg. und $|c| \geqq |d|$.

Es ist bereits $b^{|d|} > a^{|c|}$.

Ist demnach d gerade, so ist $b^{|d|}$ positiv und man hat:

$$\overline{1 : b^{|d|} < 1 : a^{|c|}} \text{ oder}$$

$$\overline{b^d < a^c.}$$

Dreizehntens. Ist $a = |b|$, $a > 1$ und c pos., d neg.

Aus $a > 1 \hookrightarrow a^c > 1$ wegen c positiv.

Aus $a > 1 \hookrightarrow a^d < 1$ wegen d negativ, also

$\overline{a^c > a^d}$, mithin wegen $a = |b| \hookrightarrow$

$a^c > |b|^d$, also d möge gerade oder ungerade sein:

$$\overline{a^c > b^d.}$$

Vierzehntens. Ist $a = |b|$, $a < 1$ und c pos., d neg.

Aus $a < 1$ und c positiv $\hookrightarrow$ $a^c < 1$.

Aus $a < 1$ und d negativ $\hookrightarrow$ $a^d > 1$, also

$a^c < a^d$; nun ist, wegen

$a = |b|$

$a^c < |b|^d$ und für d gerade:

$a^c < b^d$.

Fünfzehntens. Ist $a > |b|$, $a < 1$, c pos. und d neg.

Aus $a < 1$ und c positiv $\hookrightarrow$

$a^c < 1$.

Aus $a < 1$ und d neg. $\hookrightarrow$ $a^d > 1$, also

$a^c < a^d$; wegen $|b| < a$ u. d neg.:

$|b|^d > a^d$, also

$|b|^d > a^c$ und für d gerade:

$b^d > a^c$.

Sechszehntens. Ist $a < |b|$ und $|b| < 1$ und c pos., d neg.

Aus $|b| < 1$ und c positiv $\hookrightarrow$

$|b|^c < 1$ und aus d negativ:

$|b|^d > 1$, also

$|b|^c < |b|^d$, und wegen $a < |b|$ ist:

$a^c < |b|^c$, also

$a^c < |b|^d$ und ist d gerade, so ist:

$a^c < b^d$.

Siebzehntens. Ist $a > 1$, $|b| > 1$ und c pos., d neg.

Aus $a > 1$ und c positiv $\hookrightarrow$

$a^c > 1$ und aus $|b| > 1$ und d negativ $\hookrightarrow$

$|b|^d < 1$, also

$a^c > |b|^d$, und ist d gerade:

$a^c > b^d$.

Achtzehntens. Ist $a = 1$, $|b| > 1$ und d negativ.

Aus $|b| > 1$, d negativ $\hookrightarrow$

$|b|^d < 1$.

Nun ist aber $a^c = 1$, also:

$a^c > b^d$.

Neunzehntens. Weil a positiv ist, so ist a^c stets positiv; weil b negativ sein soll, so ist b^d allemal negativ, wenn d ungerade ist. Hieraus hat man:

Es folgt: $a^c > b^d$, wenn d ungerade und c, d entweder positiv oder negativ, oder c positiv, d negativ, oder c negativ, d positiv ist.

Zwanzigstens. Ist $a > 1$, $|b| = 1$ und c positiv.

Aus $\underline{a > 1 \text{ und } c \text{ positiv}} \hookrightarrow$
$a^c > 1$, aus $|b| = 1 \hookrightarrow$ stets
$\underline{|b|^d = 1}$, also
$\underline{a^c > |b|^d}$, mithin
$a^c > b^d$.

Ein und zwanzigstens. Ist $a > 1$, $|b| = 1$ und c negativ.

Aus $\underline{a > 1 \text{ und } c \text{ negativ}} \hookrightarrow$
$a^c < 1$, ferner ist stets
$\underline{|b|^d = 1}$, also
$\underline{a^c < |b|^d}$, mithin für d gerade oder Null
$a^c < b^d$.

IV. Speziellere Fälle.

Erstens. Ist a positiv < 1 oder $a > 1$, b positiv oder negativ, c positiv oder negativ und d Null.

Aus $a \gtrless 1$ und c positiv $\hookrightarrow$ $a^c \gtrless 1$.
Aus $a \gtrless 1$ und c negativ $\hookrightarrow$ $a^c \lessgtr 1$.
Aus b pos. oder neg. und d Null: $b^d = 1$, also hat man:

Aus d Null, b positiv oder negativ $\hookrightarrow$

wenn a pos. ist $\begin{cases} \text{erstens } a^c \gtrless b^d \text{ je nachd. } a \gtrless 1 \text{ u. c pos. ist;} \\ \text{zweitens } a^c \lessgtr b^d \text{ je nachd. } a \gtrless 1 \text{ u. c neg. ist.} \end{cases}$

Zweitens. Ist a negativ, b positiv oder negativ, c positiv oder negativ, $|a| \gtrless 1$ und d Null.

Aus $|a| \gtrless 1$ und c positiv $\hookrightarrow$ $|a|^c \gtrless 1$.
Aus $|a| \gtrless 1$ und c negativ $\hookrightarrow$ $|a|^c \lessgtr 1$.
Aus b pos. oder neg. u. d Null $\hookrightarrow$ $b^d = 1$.

Man hat deshalb:

Aus d Null, b positiv oder negativ $\hookrightarrow$

wenn a neg. ist $\begin{cases} \text{erstens } a^c \gtrless b^d \text{ je n. } |a| \gtrless 1 \text{ u. c } \begin{Bmatrix} \text{pos. gerade,} \\ \text{positiv} \end{Bmatrix} \text{ ist;} \\ \text{zweitens } a^c \lessgtr b^d \text{ je n. } |a| \gtrless 1 \text{ u. c } \begin{Bmatrix} \text{negativ} \\ \text{neg. gerade} \end{Bmatrix} \text{ ist;} \\ \text{drittens } a^c < b^d \text{, sobald c pos. oder neg. aber in beiden Fällen ungerade ist.} \end{cases}$

Drittens. Ist $a = 1$, b positiv oder negativ und d Null.

Aus $a = 1 \hookrightarrow \ldots\ldots\ldots\; a^c = 1.$

Aus b pos. oder neg. und d Null $\hookrightarrow b^d = 1$, also

$a^c = b^d.$

Viertens. Sind c und d Null, a und b beliebig, nur weder a noch b Null.

Es ist $a^c = a^d = 1$;

ferner $b^d = b^0 = 1$, also $a^c = b^d$.

Fünftens. Sind a und b Null, c und d positiv.

Es ist $a^c = 0^c = 0$,

ferner $b^d = 0^d = 0$, also $a^c = b^d$.

Sechstens. Ist $a = 1$, $b = 1$.

Es ist $a^c = 1^c = 1$,

und $b^d = 1^d = 1$, also $a^c = b^d$.

Siebentens. Ist $a = -1$, b positiv oder negativ, c positiv oder negativ aber stets gerade (oder Null) und d Null.

Aus $a = -1$ und c gerade oder Null $\hookrightarrow a^c = 1$.

Aus b positiv oder negativ und $d = 0 \hookrightarrow b^d = 1$, also

$a^c = b^d.$

Achtens. Ist $a = -1$, $b = -1$ und sind c und d entweder zugleich gerade oder zugleich ungerade; oder ist während eines von beiden gerade ist, das jedesmalige andere Null.

Man übersieht, daß in diesem Falle $a^c = b^d$ ist.

Neuntens. Ist $a = 1$, $b = -1$, und ist d positiv oder negativ aber beide Mal gerade (oder Null).

Da $a^c = 1^c = 1$ und

$b^d = (-1)^d = 1$ für d gerade oder Null, so folgt:

$a^c = b^d.$

Zehntens. Ist a Null, b negativ und c positiv, d positiv; oder c positiv, d negativ gegeben.

Aus $a = 0$ und c positiv $\hookrightarrow a^c = 0^c = 0$.

Aus b negativ $\hookrightarrow b^d \left\{\begin{matrix}\text{positiv,}\\ \text{negativ}\end{matrix}\right\}$ je nachdem $d \left\{\begin{matrix}\text{gerade,}\\ \text{ungerade}\end{matrix}\right\}$ ist.

Man hat deshalb:

$a^c < b^d$, wenn c positiv, d positiv gerade ist;

$a^c > b^d$, wenn c positiv, d positiv ungerade ist;

$a^c < b^d$, wenn c positiv, d negativ gerade ist;

$a^c > b^d$, wenn c positiv, d negativ ungerade ist.

Eilftens. Ist a positiv, b Null, so hat man:

$$a^c > b^d, \text{ wenn } \begin{cases} \text{erstens } c \text{ und } d \text{ positiv sind;} \\ \text{zweitens } c \text{ negativ, } d \text{ positiv ist.} \end{cases}$$

Zwölftens. Ist a positiv oder negativ, b Null und c Null, d positiv.

Aus a positiv oder negativ und c Null $\hookrightarrow$ $a^c = 1$.
Aus b Null und d positiv $\hookrightarrow$ $b^d = 0$, also

$$\overline{a^c > b^d.}$$

Faßt man des Überblicks wegen die in [I. bis IV.] gewonnenen Beziehungen kurz zusammen, so sind sie:

I. Sind a und b positiv.

(1) Aus $a > b$, $a > 1$ $\hookrightarrow$ $a^c \gtrless b^d$ je nachd. c, d $\begin{Bmatrix} \text{pos.,} \\ \text{neg.} \end{Bmatrix}$ und $\begin{Bmatrix} c \gtreqqless d, \\ |c| \gtreqqless |d| \end{Bmatrix}$ ist.

(2) Aus $a > b$, $a < 1$ $\hookrightarrow$ $a^d \gtrless b^c$ je nachd. c, d $\begin{Bmatrix} \text{pos.,} \\ \text{neg.} \end{Bmatrix}$ und $\begin{Bmatrix} c \gtreqqless d, \\ |c| \gtreqqless |d| \end{Bmatrix}$ ist.

(3) Aus $a > 1$, $b < 1$ $\hookrightarrow$ $a^c \gtrless b^d$ je nachd. c, d $\begin{Bmatrix} \text{positiv,} \\ \text{negativ} \end{Bmatrix}$ sind.

(4) Aus c pos., d neg. $\hookrightarrow$ $a^c \gtrless b^d$ je nachd. a, b $\begin{Bmatrix} \text{größer,} \\ \text{kleiner} \end{Bmatrix}$ Eins sind.

(5) Aus $b = 1$ $\hookrightarrow$ $\begin{Bmatrix} a^c \gtrless b^d \text{ je nachdem } c \begin{Bmatrix} \text{positiv,} \\ \text{negativ} \end{Bmatrix} \text{ und } a > 1 \text{ ist;} \\ a^c \lessgtr b^d \text{ je nachdem } c \begin{Bmatrix} \text{positiv,} \\ \text{negativ} \end{Bmatrix} \text{ und } a < 1 \text{ ist.} \end{Bmatrix}$

II. Sind a und b negativ.

(1) Aus $|a| > |b|$ und $|a| > 1$ $\hookrightarrow$

$$\begin{Bmatrix} a^c \gtrless b^d \text{ je nachdem } c, d \text{ positiv } \begin{Bmatrix} \text{gerade,} \\ \text{ungerade} \end{Bmatrix} \text{ und } c \gtreqqless d \text{ ist;} \\ a^c \lessgtr b^d \text{ je nachdem } c, d \text{ negativ } \begin{Bmatrix} \text{gerade,} \\ \text{ungerade} \end{Bmatrix} \text{ und } |c| \gtreqqless |d| \text{ ist.} \end{Bmatrix}$$

(2) Aus $|a| > |b|$, $|a| < 1$ $\hookrightarrow$

$$\begin{Bmatrix} a^d \gtrless b^c \text{ je nachdem } c, d \text{ positiv } \begin{Bmatrix} \text{gerade,} \\ \text{ungerade} \end{Bmatrix} \text{ und } c \gtreqqless d \text{ ist;} \\ a^d \lessgtr b^c \text{ je nachdem } c, d \text{ negativ } \begin{Bmatrix} \text{gerade,} \\ \text{ungerade} \end{Bmatrix} \text{ und } |c| \gtreqqless |d| \text{ ist.} \end{Bmatrix}$$

(3) Aus $|a| > 1$, $|b| < 1$ $\hookrightarrow$ $\begin{Bmatrix} a^c \gtrless b^d \text{ je nachd. } c, d \text{ pos. } \begin{Bmatrix} \text{gerade,} \\ \text{ungerade} \end{Bmatrix} \text{ ist;} \\ a^c \lessgtr b^d \text{ je nachd. } c, d \text{ neg. } \begin{Bmatrix} \text{gerade,} \\ \text{ungerade} \end{Bmatrix} \text{ ist.} \end{Bmatrix}$

(4) Aus c positiv, d negativ $\hookrightarrow$

$$\left\{\begin{array}{l} a^c \gtrless b^d \text{ je nachdem } c, d \left\{\begin{array}{l}\text{gerade,}\\ \text{ungerade}\end{array}\right\} \text{ und } |a| > 1, |b| > 1 \text{ ist;} \\ a^c \lessgtr b^d \text{ je nachdem } c, d \left\{\begin{array}{l}\text{gerade,}\\ \text{ungerade}\end{array}\right\} \text{ und } |a| < 1, |b| < 1 \text{ ist.} \end{array}\right\}$$

(5) Aus $|b| = 1$ $\hookrightarrow$

$$\left\{\begin{array}{l} a^c \gtrless b^d \text{ wenn } \left\{\begin{array}{l} \text{erstens } c \text{ pos., } c, d \left\{\begin{array}{l}\text{gerade,}\\ \text{ungerade}\end{array}\right\} \text{ und } |a| > 1 \text{ ist;} \\ \text{zweitens } c \text{ neg., } c, d \left\{\begin{array}{l}\text{gerade,}\\ \text{ungerade}\end{array}\right\} \text{ und } |a| < 1 \text{ ist} \end{array}\right\} \\ a^c \lessgtr b^d \text{ wenn } \left\{\begin{array}{l} \text{erstens } c \text{ pos., } c, d \left\{\begin{array}{l}\text{gerade,}\\ \text{ungerade}\end{array}\right\} \text{ und } |a| < 1 \text{ ist;} \\ \text{zweitens } c \text{ neg., } c, d \left\{\begin{array}{l}\text{gerade,}\\ \text{ungerade}\end{array}\right\} \text{ und } |a| > 1 \text{ ist.} \end{array}\right\} \end{array}\right\}$$

(6) Es folgt $a^c > b^d$, wenn c gerade, d ungerade ist, und c und d entweder positiv oder negativ; oder c positiv, d negativ oder c negativ, d positiv ist.

III. Ist a positiv und b negativ.

(1) Aus $a = |b|$ und $a > 1$ $\hookrightarrow$

$$a^c \gtrless b^d \text{ je nachdem } c, d \left\{\begin{array}{l} \text{positiv und } c > d \text{ ist;} \\ \text{negativ und } |c| > |d| \text{ und } d \text{ gerade ist.} \end{array}\right\}$$

(2) Aus $a = |b|$ und $a < 1$ $\hookrightarrow$

$$a^c \lessgtr b^d \text{ je nachdem } c, d \left\{\begin{array}{l} \text{positiv und } c > d \text{ und } d \text{ gerade ist;} \\ \text{negativ und } |c| > |d| \text{ ist.} \end{array}\right\}$$

(3) Aus $a > |b|$ und $a > 1$ $\hookrightarrow$

$$a^c \gtrless b^d \text{ je nachdem } c, d \left\{\begin{array}{l} \text{positiv und } c \geqq d \text{ ist;} \\ \text{negativ und } |c| \geqq |d| \text{ und } d \text{ gerade ist.} \end{array}\right\}$$

(4) Aus $a > |b|$ und $a < 1$ $\hookrightarrow$

$$a^d \gtrless b^c \text{ je nachdem } c, d \left\{\begin{array}{l} \text{positiv und } c \geqq d \text{ ist;} \\ \text{negativ und } |c| \geqq |d| \text{ und } c \text{ gerade ist.} \end{array}\right\}$$

(5) Aus $a < |b|$ und $|b| > 1$ $\hookrightarrow$

$$a^d \lessgtr b^c \text{ je nachdem } c, d \left\{\begin{array}{l} \text{positiv und } c \geqq d \text{ und } c \text{ gerade ist;} \\ \text{negativ und } |c| \geqq |d| \text{ ist.} \end{array}\right\}$$

(6) Aus $a < |b|$ und $|b| < 1$ $\hookrightarrow$

$$a^c \lessgtr b^d \text{ je nachdem } c, d \left\{\begin{array}{l} \text{positiv und } c \geqq d \text{ und } d \text{ gerade ist;} \\ \text{negativ und } |c| \geqq |d| \text{ ist.} \end{array}\right\}$$

(7) Aus $a = |b|$, c pos., d neg. $\hookrightarrow$ $a^c \gtrless b^d$ je nachd. $\left\{\begin{array}{l} a > 1; \\ a < 1 \text{ u. } d \text{ gerade ist.} \end{array}\right\}$

(8) Aus c positiv, d negativ und gerade $\hookrightarrow$ $a^c < b^d$, wenn erstens $a > |b|$ und $a < 1$ ist; oder zweitens $a < |b|$ und $|b| < 1$ ist.

(9) Aus c positiv, d negativ, $a > 1$ und $|b| > 1$ $\hookrightarrow$ $a^c > b^d$.

(10) Aus d negativ, $a = 1$ und $|b| > 1$ $\hookrightarrow$ $a^c > b^d$.

(11) Es folgt: $a^c > b^d$, wenn d ungerade und c, d entweder positiv oder negativ; oder c positiv, d negativ; oder c negativ, d positiv ist.

(12) Aus $a > 1$ und $|b| = 1$ $\hookrightarrow$

$a^c \gtrless b^d$ je nachdem c $\left\{\begin{matrix}\text{positiv ist;} \\ \text{negativ und d gerade oder Null ist.}\end{matrix}\right\}$

IV. Specialfälle.

(1) Aus d Null, b positiv oder negativ $\hookrightarrow$

wenn a pos. ist
- erstens $a^c \gtreqless b^d$ je nachd. $a \gtreqless 1$ u. c pos. ist;
- zweitens $a^c \lesseqgtr b^d$ je nachd. $a \gtreqless 1$ u. c neg. ist.

wenn a neg. ist
- erstens $a^c \gtrless b^d$ je nachd. $|a| \gtrless 1$ u. c {pos. gerade; positiv} ist;
- zweitens $a^c \lessgtr b^d$ je nachd. $|a| \gtrless 1$ u. c {negativ; neg. gerade} ist.
- drittens $a^c < b^d$, sobald c ungerade, pos. oder neg. ist.

(2) Es folgt $a^c = b^d$, wenn:
- erstens $a = 1$, b pos. oder neg. und d Null ist;
- zweitens a und b pos. oder neg., oder das eine pos. das andere neg. ist und c und d Null sind;
- drittens a und b Null und c und d positiv sind;
- viertens $a = \quad 1$ und $b = 1$ ist;
- fünftens $a = -1$, b pos. oder neg., d Null u. c pos. oder neg. gerade oder Null ist;
- sechstens $a = -1$, $b = -1$, c und d entweder zugleich gerade oder zugleich ungerade sind; oder wenn während c oder d gerade ist, das jedesmalige andere Null ist;
- siebentens $a = 1$, $b = -1$ und d pos. oder neg. aber gerade oder Null ist.

(3) Aus b Null $\hookrightarrow$

$a^c > b^d$ entweder
- erstens wenn a pos., c und d pos. ist, oder
- zweitens wenn a pos., c neg. u. d pos. ist;
- drittens wenn a pos. oder neg., c Null und d positiv ist.

(4) Aus a Null, b neg. $\frown$

$$a^c \begin{matrix} < \\ \\ > \end{matrix} b^d \text{ je nachdem } \begin{cases} \text{erstens} \quad c \text{ pos., } d \text{ pos. } \begin{Bmatrix}\text{gerade,}\\ \text{ungerade}\end{Bmatrix} \text{ ist;} \\ \text{zweitens } c \text{ pos., } d \text{ neg. } \begin{Bmatrix}\text{gerade,}\\ \text{ungerade}\end{Bmatrix} \text{ ist.} \end{cases}$$

Hierdurch ist auch gleichzeitig das directe Gesetz von $\mathfrak{u}' \frown \mathfrak{u}$ für Differenz-Potenzen gegeben.

40. Es bleiben uns jetzt nur noch, in Betreff der Differenz-Potenzen, die indirecten Gesetze von den in [39.] festgestellten, zu untersuchen übrig.

1) Es sei $a^c = b^c$ gegeben, wo a und b irgend reelle Zahlen vorstellen und c eine Differenz wirklicher Zahlen bezeichnet; man sucht rückwärts die Beziehungen zwischen a und b.

Wir haben hier nur nöthig zur Untersuchung [Seite 404, 1)] diejenigen Fälle hinzuzufügen, die für $c = 1$, $c = 0$, $c = -\gamma$ stattfinden.

Da aber für $c = 1$, $a^c = a^1 = a$ und $b^c = b^1 = b$ ist, so folgt aus $a^c = b^c$, für $c = 1$, daß $a = b$ sein muß.

Ist $c = 0$, so hat man, weil a entweder positiv oder negativ sein muß, und dies auch vom b gilt: $a^c = a^0 = 1 = b^0 = 1$. Es folgt demnach für $c = 0$ nichts weiter, als daß weder a noch b Null sein kann, daß also a entweder positiv oder negativ, eben so b entweder positiv oder negativ sein kann.

Ist endlich c negativ $= -\mathfrak{c}$, also weder a noch b = Null, so geht die Voraussetzung $a^c = b^c$ in $a^{-\mathfrak{c}} = b^{-\mathfrak{c}}$ oder in $1 : a^{\mathfrak{c}} = 1 : b^{\mathfrak{c}}$ oder in $a^{\mathfrak{c}} = b^{\mathfrak{c}}$ über; man entnimmt demnach die hierher gehörenden Beziehungen unmittelbar aus [Seite 406—407].

Fassen wir deshalb diese Resultate zusammen, so sind sie:

Wenn $a^c = b^c$ vorausgesetzt wird:

(1) Aus c positiv oder negativ und

$$\begin{Bmatrix} \text{a u. b zugl. pos. od. zugl. neg.;} \\ \text{a positiv, b negativ} \end{Bmatrix} \frown \text{ bezüglich } \begin{Bmatrix} a = b; \\ a = |b| \text{ u. c gerade.} \end{Bmatrix}$$

(2) Aus c positiv oder negativ und

$$\begin{Bmatrix} \text{ungerade,} \\ \\ \text{gerade} \end{Bmatrix} \frown \begin{Bmatrix} a = b, \text{ also für } a = \pm 1, \text{ bezüglich } b = \pm 1; \\ \text{ferner ist mit a negativ auch b negativ;} \\ a = b \text{ oder } a = |b|, \text{ also für } a = \pm 1 \text{ beliebig } b = 1 \text{ oder } b = -1. \end{Bmatrix}$$

(3) Aus c pos. od. neg. u. $a > b \hookrightarrow$ a pos., b neg. u. c gerade u. $a = |b|$.

(4) Aus $a = 0 \hookrightarrow$ c positiv und $a = b = 0$.

(5) Aus $c = \pm 1 \hookrightarrow a = b$.

(6) Aus $c = 0$ folgt für a und b nichts bestimmtes, daß also a und b entweder positiv oder negativ, oder das eine positiv, das andere negativ sein kann.

Hierdurch ist das indirecte Gesetz von $\mathfrak{g} \frown \mathfrak{a}$ in Betreff der Differenz-Potenzen gegeben.

2) Es sei $a^c = a^d$ gegeben, wo a irgend ein reeller Ausdruck ist, und c und d Differenzen wirklicher Zahlen vorstellen.

Erstens. Wenn c und d wirkliche Zahlen bezeichnen, so gelten die Gesetze [Seite 408 (1) bis (7)] unverändert. Dasselbe gilt auch, wenn c und d negativ sind [mit Ausnahme von (5) wo $a = 0$ ist], und die Glieder von c und d, nämlich $|c|$ und $|d|$ wirkliche Zahlen vorstellen; denn die Voraussetzung $a^{-|c|} = a^{-|d|}$ geht über in $1 : a^{|c|} = 1 : a^{|d|}$ oder in $a^{|c|} = a^{|d|}$.

Zweitens. Ist c positiv, d negativ, so geht die Voraussetzung, die den Fall $a = 0$ ausschließt, über in: $a^c = a^{-|d|}$ oder in $a^c = 1 : a^{|d|}$ oder in $a^{c+|d|} = 1$. Es ist demnach a entweder $= 1$ oder $a = -1$, aber in letzterem Falle müssen c und d entweder zugleich gerade oder zugleich ungerade sein.

Drittens. Ist c positiv und $d = 0$. Diese Voraussetzung schließt den Fall $a = 0$ aus und geht über in $a^c = a^0 = 1$. Es ist demnach a entweder $= 1$ oder $a = -1$ aber in letzterem Falle c gerade. Dasselbe gilt auch für c negativ und $d = 0$.

Viertens. Ist $c > d$ und c und d entweder zugleich positiv oder negativ und a positiv oder negativ, so folgen leicht die hier stattfindenden Beziehungen.

Fünftens. Ist $c = 1$, so geht die Voraussetzung in $a = a^d$ über. Ist $c = -1$, so ist $a^{-1} = a^d$ oder $1 = a^{d+1}$. Was für beide Fälle stattfindet ergiebt sich leicht.

Faßt man nun die aus den gegebenen Andeutungen leicht fließenden Resultate zusammen, so sind sie:

Wenn $a^c = a^d$ vorausgesetzt wird.

(1) Aus a $\left\{\begin{matrix}\text{größer,} \\ \text{positiv kleiner}\end{matrix}\right\}$ 1 $\hookrightarrow c = d$.

(2) Aus $a=\pm 1 \curvearrowright$

- Für $a=1$, daß beliebig jed. der drei Fälle c $\left\{\begin{matrix}\text{positiv,}\\ \text{Null,}\\ \text{negativ}\end{matrix}\right\}$ mit jedem der drei Fälle d $\left\{\begin{matrix}\text{positiv,}\\ \text{Null,}\\ \text{negativ}\end{matrix}\right\}$ verbunden, stattfinden konnte.
- Für $a=-1$, daß jeder der drei Fälle c $\left\{\begin{matrix}\text{positiv,}\\ \text{Null,}\\ \text{negativ}\end{matrix}\right\}$ beliebig mit jedem der drei Fälle d $\left\{\begin{matrix}\text{positiv,}\\ \text{Null,}\\ \text{negativ}\end{matrix}\right\}$ verbunden, stattfinden konnte, wo im Falle weder c noch d Null war, c und d entweder zugleich gerade oder ungerade sein mußten, oder im Falle nur eins von beiden (c, d) Null war, das jedesmalige andere gerade sein mußte.

(3) Aus a negativ und nicht $=-1 \curvearrowright c=d$, also c und d entweder zugleich gerade oder ungerade; beide positiv oder beide negativ, oder beide Null.

(4) Aus $c>d$ und c und d entweder zugleich pos. oder neg. und a $\left\{\begin{matrix}\text{positiv,}\\ \text{negativ}\end{matrix}\right\} \curvearrowright$ bezüglich $\left\{\begin{matrix}a = 1;\\ a = -1 \text{ u. c u. d entweder zugleich gerade oder ungerade.}\end{matrix}\right\}$

(5) Aus $\left\{\begin{matrix}\text{c pos. und d neg.;}\\ \text{c pos. oder neg. u. d Null}\end{matrix}\right\} \curvearrowright$ bezügl. $\left\{\begin{matrix}\text{a entw.} =1\text{; od.} =-1 \text{ (aber c, d zugl. gerade oder ungerade);}\\ \text{a entw.} =1\text{; od. a}=-1 \text{ und c gerade.}\end{matrix}\right\}$

(6) Aus $c=\pm 1 \curvearrowright$

- Für $c=1$. Entweder erstens $a=1$ u. d entweder $\left\{\begin{matrix}\text{positiv,}\\ \text{Null,}\\ \text{negativ}\end{matrix}\right\}$; oder zweitens $a=-1$ u. d $\left\{\begin{matrix}\text{positiv,}\\ \text{negativ}\end{matrix}\right\}$ aber beide Mal ungerade; oder drittens $a=0$ und d pos.; oder viertens $d=1$ und a irgend eine reelle Zahl.
- Für $c=-1$. Erstens $a=1$ und d entweder $\left\{\begin{matrix}\text{positiv,}\\ \text{Null,}\\ \text{negativ}\end{matrix}\right\}$; oder zweitens $a=-1$ und d $\left\{\begin{matrix}\text{positiv,}\\ \text{negativ}\end{matrix}\right\}$ aber beide Mal ungerade; od. drittens $d=-1$ u. a $\left\{\begin{matrix}\text{pos.,}\\ \text{neg.}\end{matrix}\right\}$.

(7) Aus $a = 0 \hookrightarrow$ c und d positiv.

(8) Aus c und d Null $\hookrightarrow$ daß a entweder positiv oder negativ sein kann.

Hierdurch ist das indirecte Gesetz von $\mathbf{a} \frown \mathbf{u}$ in Betreff der Differenz-Potenz gegeben.

3) Es sei $a^c > b^c$ gegeben, wo a und b irgend reelle Zahlen vorstellen und c eine Differenz wirklicher Zahlen bezeichnet.

Ist c positiv, so gelten wieder die Gesetze [Seite 409, 3)].

Ist c negativ und sind a und b positiv, so geht die gegebene Voraussetzung über in $a^{-|c|} > b^{-|c|}$ oder in $1 : a^{|c|} > 1 : b^{|c|}$ oder in $b^{|c|} > a^{|c|}$ und man entnimmt die hier stattfindenden Gesetze wieder aus [S. 409, 3), I.]. Fügt man überhaupt zu den in [S. 411—412] bereits vorhandenen Beziehungen diejenigen hinzu, die für c negativ folgen, und ordnet man das Zusammengehörende, so hat man (?)

Wenn $a^c > b^c$ vorausgesetzt ist.

(1) Aus a und b positiv $\hookrightarrow a \gtrless b$ je nachdem c $\begin{Bmatrix}\text{positiv,}\\ \text{negativ}\end{Bmatrix}$ ist.

(2) Aus a u. b neg. $\hookrightarrow \left\{\begin{array}{l} |a| \gtrless |b| \text{ je nachdem c pos. } \begin{Bmatrix}\text{gerade,}\\ \text{ungerade}\end{Bmatrix} \text{ ist;} \\ |a| \lessgtr |b| \text{ je nachdem c neg. } \begin{Bmatrix}\text{gerade,}\\ \text{ungerade}\end{Bmatrix} \text{ ist.} \end{array}\right\}$

(3) Aus a pos., b neg. u. c gerade $\hookrightarrow a \gtrless |b|$ je nachd. c $\begin{Bmatrix}\text{positiv,}\\ \text{negativ}\end{Bmatrix}$ ist.

(4) Ist a positiv, b negativ und c positiv oder negativ, aber in beiden Fällen ungerade, so kann beliebig $a \gtreqless |b|$ sein; und umgekehrt: Kann beliebig $|a| \gtreqless |b|$ genommen werden, so daß in jedem dieser drei Fälle: $a^c > b^c$ wird, so ist a positiv, b negativ und c ungerade, übrigens entweder positiv oder negativ.

(5) Aus a neg., b pos. $\hookrightarrow$ c gerade u. $|a| \gtrless b$ je nachdem c $\begin{Bmatrix}\text{positiv,}\\ \text{negativ}\end{Bmatrix}$ ist.

(6) Aus a = Null $\hookrightarrow$ b negativ und c positiv und ungerade.

(7) Aus b = Null und a $\begin{Bmatrix}\text{positiv,}\\ \text{negativ}\end{Bmatrix} \hookrightarrow$ bezüglich c $\begin{Bmatrix}\text{positiv,}\\ \text{positiv gerade}\end{Bmatrix}$

(8) Aus a u. b neg. u. $|a| \begin{array}{c}<\\>\\<\\>\end{array} |b| \hookrightarrow \left\{\begin{array}{l} \text{mit c pos. bezüglich c } \begin{Bmatrix}\text{ungerade}\\ \text{gerade}\end{Bmatrix}; \\ \text{mit c neg. bezüglich c } \begin{Bmatrix}\text{gerade,}\\ \text{ungerade}\end{Bmatrix}. \end{array}\right\}$

(9) Aus a positiv, b negativ, c positiv und $a \gtreqless |b| \hookrightarrow$ c ungerade.

(10) Aus a positiv, b negativ, c gerade und $a < |b|$ $\hookrightarrow$ c negativ.

(11) Aus c positiv oder negativ aber beide Mal ungerade und
$\begin{Bmatrix} \text{a negativ,} \\ \text{b positiv} \end{Bmatrix} \hookrightarrow$ bezüglich $\begin{Bmatrix} \text{b negativ,} \\ \text{a positiv} \end{Bmatrix}$.

(12) Aus a u. b pos. und $\begin{Bmatrix} b \geqq 1 \text{ u. c pos.;} \\ a \geqq 1 \text{ u. c neg.;} \\ a \leqq 1 \text{ u. c pos.;} \\ b \leqq 1 \text{ u. c neg.} \end{Bmatrix} \hookrightarrow$ bezüglich $\begin{Bmatrix} a > 1; \\ b > 1; \\ b < 1; \\ a < 1. \end{Bmatrix}$

(13) Aus a und b negativ c gerade und
$\begin{Bmatrix} |b| \geqq 1 \text{ u. c pos.;} \\ |a| \geqq 1 \text{ u. c neg.;} \\ |a| \leqq 1 \text{ u c pos.;} \\ |b| \leqq 1 \text{ u. c neg} \end{Bmatrix} \hookrightarrow$ bezüglich $\begin{Bmatrix} |a| > 1; \\ |b| > 1; \\ |b| < 1; \\ |a| < 1. \end{Bmatrix}$

(14) Aus a pos., b neg. [od. a neg., b pos.] c gerade und
$\begin{Bmatrix} |b| \geqq 1, \text{ c positiv;} \\ |a| \geqq 1, \text{ c negativ;} \\ |a| \leqq 1, \text{ c positiv;} \\ |b| \leqq 1, \text{ c negativ} \end{Bmatrix} \hookrightarrow$ bezüglich $\begin{Bmatrix} |a| > 1; \\ |b| > 1; \\ |b| < 1; \\ |a| < 1. \end{Bmatrix}$

Hierdurch ist das indirecte Gesetz für $\mathbf{u} \frown \mathbf{a}$ in Betreff der Differenz-Potenzen gegeben.

4) Es sei $a^c > a^d$ gegeben, wo a^c und a^d Differenz-Potenzen sind; man sucht die hier stattfindenden indirecten Beziehungen.

Fügt man den bereits (S. 416 u. 417) gefundenen, die hier noch für die Differenz-Potenzen fehlenden hinzu, so hat man:

Wenn $a^c > a^d$ vorausgesetzt wird.

I. Sind c und d entweder zugleich positiv oder zugleich negativ und ihre Glieder größer 1.

(1) Aus $\begin{Bmatrix} a > 1, \\ \text{a pos.} < 1 \end{Bmatrix} \hookrightarrow$ bezüglich $\begin{Bmatrix} c > d; \\ c < d. \end{Bmatrix}$

(2) Aus a neg. $\begin{Bmatrix} |a| > 1 \text{ u. } \begin{Bmatrix} \text{d gerade,} \\ \text{c unger.} \end{Bmatrix}; \\ |a| < 1 \text{ u. } \begin{Bmatrix} \text{d gerade,} \\ \text{c unger.} \end{Bmatrix}; \\ \begin{Bmatrix} \text{c gerade, d unger.;} \\ \\ \text{c unger.} \end{Bmatrix} \end{Bmatrix} \hookrightarrow$ bezügl. $\begin{Bmatrix} \begin{Bmatrix} c > d, \\ c < d \end{Bmatrix}; \\ \begin{Bmatrix} c < d, \\ c > d \end{Bmatrix}; \\ \begin{Bmatrix} \text{daß belieb. } c \gtrless d \\ \text{u. } |a| \gtreqless 1 \text{ sein} \\ \text{konnte;} \\ \text{d ungerade.} \end{Bmatrix} \end{Bmatrix}$

(3) Aus a positiv und $c \gtrless d \hookrightarrow$ bezüglich $a \gtrless 1$.

(4) Aus a negativ und

$$\left\{\begin{array}{l} d \text{ gerade } \{c \gtrless d\}; \\ c \text{ ungerade } \{c \gtrless d\}; \\ c > d \text{ u. } \{|a| \gtrless 1\}; \\ \left\{\begin{array}{l} c < d \text{ u. } |a| < 1, \\ c \text{ gerade u. } < d,\ |a| > 1 \end{array}\right\} \\ \left\{\begin{array}{l} |a| = 1, \\ d \text{ gerade} \end{array}\right\} \end{array}\right\} \hookrightarrow \text{bezügl.} \left\{\begin{array}{l} \{|a| \gtrless 1\}; \\ \{|a| \lessgtr 1\}; \\ \left\{\begin{array}{l} c \text{ gerade,} \\ d \text{ ungerade} \end{array}\right\}; \\ \left\{\begin{array}{l} c \text{ gerade,} \\ d \text{ ungerade} \end{array}\right\}; \\ \left\{\begin{array}{l} c \text{ gerade u. d unger.;} \\ c \text{ gerade.} \end{array}\right\} \end{array}\right\}$$

(5) Ist a negativ und kann beliebig $c \gtrless d$ und $|a| \gtreqless 1$ genommen werden, so ist c gerade und d ungerade.

(6) Kann beliebig $c \gtrless d$ genommen werden, so daß in allen Fällen $a^c > a^d$ verbleibt, so ist a negativ, c gerade d ungerade und $|a|$ entweder: $\gtreqless 1$.

II. Wenn c oder $d = \pm 1$ vorausgesetzt wird:

(1) Aus $c = 1$ u. $\left\{\begin{array}{l} a > 1; \\ a \text{ pos. } < 1; \\ a \text{ neg. u. } \left\{|a| \gtrless 1\right\} \end{array}\right\} \hookrightarrow \text{bezügl.} \left\{\begin{array}{l} d \text{ Null od. negativ;} \\ d > 1; \\ \left\{\begin{array}{l} d \text{ ungerade} > 1; \\ d \text{ neg. ungerade.} \end{array}\right\} \end{array}\right\}$

(2) Aus $c = -1$ und

$$\left\{\begin{array}{l} a > 1; \\ a \text{ pos. } < 1; \\ a \text{ neg. u. } \left\{|a| \gtrless 1\right\} \end{array}\right\} \hookrightarrow \text{bezügl.} \left\{\begin{array}{l} d \text{ negativ und } |d| > 1; \\ d \gtreqless 1 \text{ oder } d = 0; \\ \left\{\begin{array}{l} d \text{ ungerade aber positiv;} \\ d \text{ neg. u. unger. u. } |d| > 1. \end{array}\right\} \end{array}\right\}$$

(3) Aus $d = 1$ und

$$\left\{\begin{array}{l} a \text{ pos. } < 1; \\ a > 1; \\ a \text{ neg. u. } \left\{|a| \gtrless 1\right\} \end{array}\right\} \hookrightarrow \text{bezügl.} \left\{\begin{array}{l} c \text{ entweder Null oder negativ;} \\ c > 1; \\ \left\{\begin{array}{l} c \text{ entw. 0, od. c pos. u. ge-} \\ \quad \text{gerade, oder c neg.;} \\ c \text{ entweb. 0, od. c pos. (wo} \\ \quad \text{aber für c unger., } c > 1 \\ \quad \text{sein muß), od. c neg. u.} \\ \quad \text{gerade.} \end{array}\right\} \end{array}\right\}$$

(4) Aus $d = -1$ und

$$\left.\begin{cases} a > 1; \\ a \text{ pos.} < 1; \\ a \text{ neg. } \left\{ |a| \begin{matrix} > \\ \\ < \end{matrix} 1 \right\} \end{cases}\right\} \curvearrowright \text{bezügl.} \left\{\begin{matrix} c \gtreqless 1 \text{ oder } c = 0; \\ c \text{ negativ und } |c| > 1; \\ \left\{\begin{matrix} c \text{ entw. 0, od. } c \text{ pos gerade;} \\ c \text{ neg. (wo aber für } c \text{ unger., } |c| > 1 \text{ sein muß);} \end{matrix}\right\} \\ \left\{\begin{matrix} c \text{ entw. 0, oder } c \text{ pos., oder} \\ c \text{ neg. gerade.} \end{matrix}\right\} \end{matrix}\right\}$$

III. Wenn c positiv, d negativ; oder c negativ, d positiv vorausgesetzt wird.

(1) Aus $\left\{\begin{matrix} c \text{ pos., } d \text{ neg., } a > 1; \\ c \text{ neg., } d \text{ pos., } a \text{ pos.} < 1 \end{matrix}\right\} \curvearrowright$, daß belieb. $|c| \gtreqless |d|$ sein konnte.

(2) Aus a negativ und

$$\left\{\begin{matrix} c \text{ pos., } d \text{ neg.;} \\ c \text{ neg., } d \text{ pos.} \end{matrix}\right\} \curvearrowright \text{bezügl.} \left\{ \left\{\begin{matrix} |a| > 1, \\ |a| < 1 \end{matrix}\right\} \text{Wenn } c, d \text{ gerade sind. od. } \left\{\begin{matrix} |a| < 1, \\ |a| > 1 \end{matrix}\right\} \text{Wenn } c, d \text{ ungerade sind.} \right\}$$

übrigens konnte $|c| \gtreqless |d|$ sein.

(3) Ist a negativ und sind c und d beliebig positiv oder negativ und c ungerade, so ist d ungerade; und ist d gerade, so ist auch c gerade.

(4) Ist a negativ und sind c und d beliebig positiv oder negativ und ist c gerade, d ungerade, so konnte jeder der zwei Fälle $|c| \gtrless |d|$ beliebig mit jedem der drei Fälle $|a| \gtreqless 1$ verbunden, stattfinden.

(5) Aus a negativ und

$$\left\{\begin{matrix} c \text{ pos., } d \text{ neg. u. } |a| \gtrless 1 \curvearrowright \text{bezügl., daß } c \text{ u. } d \text{ nicht zugleich } \left\{\begin{matrix} \text{unger.,} \\ \text{gerade} \end{matrix}\right\} \text{ sein konnten.} \\ c \text{ neg., } d \text{ pos. u. } |a| \lessgtr 1 \curvearrowright \text{bezügl., daß } c \text{ u. } d \text{ nicht zugleich } \left\{\begin{matrix} \text{unger.,} \\ \text{gerade} \end{matrix}\right\} \text{ sein konnten.} \end{matrix}\right.$$

(6) Aus $a = -1$ und c und d beliebig positiv oder negativ $\curvearrowright$ c gerade, d ungerade; übrigens konnte $|c| \gtrless |d|$ sein.

IV. Für c Null und d positiv:

(1) Aus $a \left\{\begin{matrix} \text{positiv,} \\ \text{negativ} \end{matrix}\right\} \curvearrowright \text{bezügl.} \left\{\begin{matrix} a < 1; \\ d \text{ entw. gerade (dann } |a| < 1\text{); od. } d \\ \text{unger. u. dann konnte } |a| \gtreqless 1 \text{ sein.} \end{matrix}\right\}$

(2) Aus d $\left\{\begin{array}{l}\text{unger.,}\\ \\ \text{gerade}\end{array}\right\} \curvearrowright$ bezügl. $\left\{\begin{array}{l}\text{a entw. pos. (u. dann } a < 1\text{); od. a}\\ \quad\text{neg. u. dann konnte } |a| \gtreqless 1 \text{ sein;}\\ \text{a entwed. pos. od. neg. u. dann beide}\\ \quad\text{Mal } |a| < 1.\end{array}\right\}$

V. Für c positiv und d Null:

(1) Aus a $\left\{\begin{array}{l}\text{positiv,}\\ \text{negativ}\end{array}\right\} \curvearrowright$ bezüglich $\left\{\begin{array}{l}a > 1;\\ |a| > 1 \text{ und c gerade.}\end{array}\right\}$

(2) Aus c $\left\{\begin{array}{l}\text{unger.;}\\ \text{gerade}\end{array}\right\} \curvearrowright$ bezügl. $\left\{\begin{array}{l}a > 1;\\ \text{a entw. pos. od. neg. aber beide Mal}\\ \quad |a| > 1.\end{array}\right\}$

VI. Für c negativ und d Null.

(1) Aus a $\left\{\begin{array}{l}\text{positiv,}\\ \text{negativ}\end{array}\right\} \curvearrowright$ bezüglich $\left\{\begin{array}{l}a < 1;\\ \text{c gerade und } |a| < 1.\end{array}\right\}$

(2) Aus c $\left\{\begin{array}{l}\text{unger.;}\\ \text{gerade}\end{array}\right\} \curvearrowright$ bezügl. $\left\{\begin{array}{l}\text{a positiv und } < 1;\\ \text{a entw. pos. od. neg. aber beide Mal}\\ \quad |a| < 1.\end{array}\right\}$

VII. Aus c Null und d negativ:

(1) Aus a $\left\{\begin{array}{l}\text{positiv,}\\ \text{negativ}\end{array}\right\} \curvearrowright$ bezügl. $\left\{\begin{array}{l}a > 1;\\ \text{d entw. gerade u. } |a| > 1\text{; od. d un-}\\ \quad\text{gerade wo dann } |a| \gtreqless 1 \text{ sein konnte.}\end{array}\right\}$

(2) Aus d $\left\{\begin{array}{l}\text{unger.;}\\ \\ \text{gerade}\end{array}\right\} \curvearrowright$ bezügl. $\left\{\begin{array}{l}a > 1\text{; od. a neg., wo dann } |a| \gtreqless 1\\ \quad\text{sein konnte;}\\ \text{a entw. pos. od. neg. aber in beiden}\\ \quad\text{Fällen } |a| > 1.\end{array}\right\}$

Hierdurch ist das indirecte Gesetz für $\mathfrak{a} \frown \mathfrak{u}$ in Betreff der Differenz-Potenzen gegeben.

5) Es sei $a^c > b^d$ gegeben, wo a^c und a^d Differenz-Potenzen vorstellen; man sucht die indirecten Beziehungen, die hier stattfinden.

Stellt man zunächst alle Fälle auf, und untersucht dann ihre Abhängigkeiten von einander, so ergeben sich leicht folgende Beziehungen (nach Seite 423 bis 425).

Aus

I.

a positiv, b positiv, c positiv, d positiv;
a negativ, b negativ, c positiv, d positiv gerade, also auch c;
a positiv, b negativ, c positiv, d positiv und gerade;
a negativ, b positiv, c positiv, d positiv;
a negativ, b negativ, c negativ, d negativ, c unger., also auch d.

II.

a positiv, b positiv, c negativ, d negativ;
a negativ, b negativ, c negativ, d negativ gerade, also auch c;
a positiv, b negativ, c negativ, d negativ und gerade;
a negativ, b positiv, c negativ, d negativ;
a negativ, b negativ, c positiv, d positiv, c unger., also auch d.

III.

a negativ, b negativ, c positiv, d negativ gerade, also auch c;
a positiv, b negativ, c positiv, d negativ und d gerade;
a negativ, b positiv, c positiv, d negativ;
a positiv, b positiv, c positiv, d negativ;
a negativ, b negativ, c negativ, d positiv, c unger., also auch d.

IV.

a positiv, b positiv, c negativ, d positiv;
a negativ, b negativ, c negativ, d positiv gerade, also auch c;
a positiv, b negativ, c negativ, d positiv und gerade;
a negativ, b positiv, c negativ, d positiv;
a negativ, b negativ, c positiv, d negativ, c unger., also auch d.

folgt bezüglich:

(1) Wenn in I. $|a| > |b|$, in II. $|a| < |b|$, in III. $|a| > 1:|b|$, in IV. $1:|a| > |b|$ ist, daß es unbestimmt bleibt, welcher der drei Fälle $|c| \gtreqless |d|$ stattfand.

(2) Wenn in $\begin{matrix}\text{I.}\\\text{II.}\end{matrix}\left\{|c| \begin{matrix}<\\>\end{matrix} |d|\right\}$ und $\left\{\begin{matrix}|a| \text{ ächt gebrochen;}\\ |b| \text{ ächt gebrochen}\end{matrix}\right\}$, so konnte einer der drei Fälle $|a| \gtreqless |b|$ stattfinden.

(3) Wenn in III. und IV. $|c| < |d|$ ist,
u. in $\begin{matrix}\text{III.}\\\text{IV.}\end{matrix}\left\{1 \begin{matrix}\times\\:\end{matrix} |a|\right\}$ ächt gebroch. ist, so konnte einer der drei Fälle $\begin{matrix}\text{III.}\\\text{IV.}\end{matrix}\left\{1 \begin{matrix}\times\\:\end{matrix} |a| \gtreqless 1 \begin{matrix}:\\\times\end{matrix} |b|\right\}$ *).
stattfinden.

---

*) Dieser Satz soll so gelesen werden:

(4) Wenn in $\begin{matrix}\text{I.}\\ \text{II.}\end{matrix}\left\{|c| \substack{>\\ <} |d|\right\}$ und $\left\{\begin{matrix}|a| \text{ ganz oder unächt gebrochen;}\\ |b| \text{ ganz oder unächt gebrochen}\end{matrix}\right\}$ so konnte $|a| \gtreqless |b|$ sein, wenn nur nicht im Falle $|a| = |b|$ ist, $|a| = 1$ gesetzt wird.

(5) Wenn in III. und IV. $|c| > |d|$ u. in $\begin{matrix}\text{III.}\\ \text{IV.}\end{matrix}\left\{1 \substack{\times\\ :} |a|\right\}$ ganz oder unächt gebroch. ist, so konnte in $\begin{matrix}\text{III.}\\ \text{IV.}\end{matrix}\left\{1 \substack{\times\\ :} |a| \gtreqless 1 \substack{:\\ \times} |b| \text{ sein}\right\}$, wenn nur nicht im Falle in $\begin{matrix}\text{III.}\\ \text{IV.}\end{matrix}\left\{1 \substack{\times\\ :} |a| = 1 \substack{:\\ \times} |b|\right\}$ ist, $|a| = 1$ gesetzt wird.

(6) Ist in $\begin{matrix}\text{I.}\\ \text{II.}\end{matrix}\left\{|a| \substack{<\\ >} |b|\right\}$ u. $\left\{\begin{matrix}|a| \text{ ganz od. unächt gebrochen;}\\ |b| \text{ ganz od. unächt gebrochen}\end{matrix}\right\}$, so ist: $\left\{|c| \substack{>\\ <} |d|\right\}$

(7) Ist in $\begin{matrix}\text{III.}\\ \text{IV.}\end{matrix}\left\{1 \substack{\times\\ :} |a| < 1 \substack{:\\ \times} |b|\right\}$ und $\left\{1 \substack{\times\\ :} |a| \text{ ganz od. unächt gebrochen}\right\}$, so ist: $|c| > |d|$.

(8) Ist in $\begin{matrix}\text{I.}\\ \text{II.}\end{matrix}\left\{|a| \substack{<\\ >} |b|\right\}$ und $\left\{\begin{matrix}|a| \text{ ächt gebrochen,}\\ |b| \text{ ächt gebrochen}\end{matrix}\right\}$, so ist: $\left\{|c| \substack{<\\ >} |d|\right\}$

(9) Ist in $\begin{matrix}\text{III.}\\ \text{IV.}\end{matrix}\left\{1 \substack{\times\\ :} |a| < 1 \substack{:\\ \times} |b|\right\}$ und $\left\{1 \substack{\times\\ :} |a| \text{ ächt gebr.}\right\}$, so ist: $|c| < |d|$

(10) Ist in $\begin{matrix}\text{I.}\\ \text{II.}\end{matrix}\left\{|c| \substack{>\\ <} |d|\right\}$ und $\left\{\begin{matrix}|a| \text{ ächt gebrochen,}\\ |b| \text{ ächt gebrochen}\end{matrix}\right\}$, so ist: $\left\{|a| \substack{>\\ <} |b|\right\}$.

(11) Ist in $\begin{matrix}\text{III.}\\ \text{IV.}\end{matrix}\left\{\begin{matrix}|c| > |d|,\\ |c| > |d|\end{matrix}\right\}$ u. $\left\{\begin{matrix}|a| \text{ ächt gebroch.,}\\ 1 : |a| \text{ ächt gebroch.}\end{matrix}\right\}$, so ist: $\left\{\begin{matrix}|a| > 1 : |b|,\\ 1 : |a| > |b|\end{matrix}\right\}$

(12) Ist in $\begin{matrix}\text{I.}\\ \text{II.}\end{matrix}\left\{|c| \substack{<\\ >} |d|\right\}$ u. $\left\{\begin{matrix}|a| \text{ ganz od. unächt gebr.;}\\ |b| \text{ ganz od. unächt gebr.}\end{matrix}\right\}$, so ist: $\left\{|a| \substack{>\\ <} |b|\right\}$

(13) Ist in $\begin{matrix}\text{III.}\\ \text{IV.}\end{matrix}\left\{\begin{matrix}|c| < |d|,\\ |c| < |d|\end{matrix}\right\}$ u. $\left\{\begin{matrix}|a| \text{ ganz od. unächt gebr.;}\\ 1 : |a| \text{ ganz od. unächt gebr.}\end{matrix}\right\}$, so ist: $\left\{\begin{matrix}|a| > 1 : |b|,\\ 1 : |a| > |b|\end{matrix}\right\}$

(14) Ist in $\begin{matrix}\text{I.}\\ \text{II.}\end{matrix}\left\{|c| \substack{>\\ <} |d|\right\}$ und $\left\{|a| \substack{<\\ >} |b|\right\}$, so ist: $\left\{\begin{matrix}|a| > 1,\\ |b| > 1\end{matrix}\right\}$

Wenn in III. $|c| < |d|$ ist, und $1 \times |a|$ d. h. $|a|$ ächt gebrochen ist, so konnte einer der drei Fälle $1 \times |a| \gtreqless 1 : |b|$, d. h. $|a| \gtreqless 1 : |b|$ stattfinden.

Wenn in IV. $|c| < |d|$ ist, und $1 : |a|$ ächt gebrochen ist, so konnte einer der drei Fälle $1 : |a| \gtreqless 1 \times |b|$, d. h. $1 : |a| \gtreqless |b|$ stattfinden.

Die obige Zusammenziehung — die freilich nicht immer recht deutlich hervortritt, aber doch bald einzusehen ist — müssen wir der Raumersparniß wegen treffen.

(15) Ist in $\begin{matrix}\text{III.}\\ \text{IV.}\end{matrix} \begin{Bmatrix} |c| > |d|, \\ |c| > |d| \end{Bmatrix}$ und $\begin{Bmatrix} |a| < 1:|b|, \\ 1:|a| < |b| \end{Bmatrix}$, so ist: $\begin{Bmatrix} |a| > 1, \\ |a| < 1. \end{Bmatrix}$

(16) Ist in $\begin{matrix}\text{I.}\\ \text{II.}\end{matrix} \left\{|c| \lesseqgtr |d|\right\}$ und $\left\{|a| \lesseqgtr |b|\right\}$, so ist: $\begin{Bmatrix} |a| < 1, \\ |b| < 1. \end{Bmatrix}$

(17) Ist in $\begin{matrix}\text{III.}\\ \text{IV.}\end{matrix} \begin{Bmatrix} |c| < |d|, \\ |c| < |d| \end{Bmatrix}$ und $\begin{Bmatrix} |a| < 1:|b|, \\ 1:|a| < |b| \end{Bmatrix}$, so ist: $\left\{|a| \lessgtr 1.\right\}$

(18) Aus b Null, d pos. $\begin{pmatrix} \text{ferner a pos., c pos.;} \\ \text{oder a neg., c pos.;} \\ \text{oder a pos., c neg.;} \\ \text{oder a neg., c neg.;} \\ \text{oder a pos., c Null;} \\ \text{oder a neg., c Null} \end{pmatrix} \hookrightarrow |a| \begin{cases} \text{konnte irgend} \\ \text{eine ganze od.} \\ \text{gebroch. Zahl} \\ \text{sein.} \end{cases}$

(19) Aus a pos. (od. neg.), b $\begin{Bmatrix} \text{pos.,} \\ \text{neg.} \end{Bmatrix}$, c Null, d $\begin{Bmatrix} \text{neg.,} \\ \text{neg. u. gerade} \end{Bmatrix} \hookrightarrow$ $|b| > 1$ und $|a|$ konnte irgend eine ganze oder gebroch. Zahl sein.

(20) Aus a pos. (od. neg.), b $\begin{Bmatrix} \text{pos.,} \\ \text{neg.} \end{Bmatrix}$, c Null, d $\begin{Bmatrix} \text{pos.,} \\ \text{pos. u. gerade} \end{Bmatrix} \hookrightarrow$ $|b| < 1$ und $|a|$ konnte irgend eine ganze oder gebroch. Zahl sein.

(21) Aus a pos. (od. neg.), b neg., c Null, d pos. (od. neg.) u. unger. $\hookrightarrow$ $|a|$ und $|b|$ konnten irgend ganze oder gebrochene Zahlen sein.

(22) Aus a Null, b neg., c pos., d pos. (od. neg.) folgt, weil d ungerade sein muß, daß $|b|$ irgend eine ganze oder gebroch. Zahl sein kann.

(23) Aus a pos., b neg., d ungerade od. (a neg., b neg., c gerade, d unger.), ferner $\begin{Bmatrix} \text{c pos., d pos.,} \\ \text{c neg., d neg.,} \\ \text{c pos., d neg.,} \\ \text{c neg., d pos.} \end{Bmatrix} \hookrightarrow$ $|a|$ u. $|b|$ konnten irgend ganze od. gebrochene Zahlen sein, und es bleibt unbestimmt, welcher der drei Fälle $|a| \lesseqqgtr |b|$ beliebig mit jedem der drei Fälle $|c| \lesseqqgtr |d|$ verbunden, stattgefunden hat, wenn bei a neg. nicht $|c| = |d|$ gesetzt wird.

(24) Aus a positiv, b positiv, c = 1

und $\begin{Bmatrix} \text{d pos. u.} \begin{Bmatrix} a \leqq 1, \\ b \leqq 1 \end{Bmatrix} \hookrightarrow \text{bezüglich} \begin{Bmatrix} b < 1, \\ a > 1 \end{Bmatrix}; \\ \text{d pos. u.} \begin{Bmatrix} a > 1, \\ b < 1 \end{Bmatrix} \text{ bleibt bezügl. unbestimmt, ob} \begin{Bmatrix} b \gtreqqless 1, \\ a \lesseqqgtr 1 \end{Bmatrix} \text{war;} \\ \text{d neg. u.} \begin{Bmatrix} a \leqq 1, \\ b \leqq 1 \end{Bmatrix} \hookrightarrow \text{bezüglich} \begin{Bmatrix} b > 1, \\ a > 1 \end{Bmatrix}; \\ \text{d neg. u.} \begin{Bmatrix} a > 1, \\ b > 1 \end{Bmatrix} \text{ bleibt bezügl. unbestimmt, ob} \begin{Bmatrix} b \gtreqqless 1, \\ a \lesseqqgtr 1 \end{Bmatrix} \text{war.} \end{Bmatrix}$

(25) Aus a positiv, b negativ, c = 1

$$\text{und}\left\{\begin{array}{l}
\text{d pos. gerade u.} \begin{Bmatrix} a \leqq 1, \\ |b| \geqq 1 \end{Bmatrix} \backsim \text{bezüglich} \begin{Bmatrix} |b| < 1, \\ a > 1 \end{Bmatrix}; \\
\text{d pos. gerade u.} \begin{Bmatrix} a > 1, \\ |b| < 1 \end{Bmatrix} \begin{array}{c}\text{bleibt bezügl.} \\ \text{unbestimmt, ob}\end{array} \begin{Bmatrix} |b| \gtreqless 1, \\ a \lesseqgtr 1 \end{Bmatrix} \text{war}; \\
\text{d neg. gerade u.} \begin{Bmatrix} a \leqq 1, \\ |b| \leqq 1 \end{Bmatrix} \backsim \text{bezüglich} \begin{Bmatrix} |b| > 1, \\ a > 1 \end{Bmatrix}; \\
\text{d neg. gerade u.} \begin{Bmatrix} a > 1, \\ |b| > 1 \end{Bmatrix} \begin{array}{c}\text{bleibt bezügl.} \\ \text{unbestimmt, ob}\end{array} \begin{Bmatrix} |b| \gtreqless 1, \\ a \lesseqgtr 1 \end{Bmatrix} \text{war}.
\end{array}\right\};$$

ist d ungerade, so konnten die Glieder $|a|$ u. $|b|$ beliebige ganze oder gebrochene Zahlen sein.

(26) Aus a negativ, b negativ, c = 1

$$\text{und}\left\{\begin{array}{l}
\text{d pos. u.} \begin{Bmatrix} |a| \geqq 1, \\ |b| \leqq 1 \end{Bmatrix} \backsim \text{bezüglich} \begin{Bmatrix} |b| > 1, \\ |a| < 1 \end{Bmatrix}; \\
\text{d pos. u.} \begin{Bmatrix} |a| < 1, \\ |b| > 1 \end{Bmatrix} \text{bleibt bezügl. unbestimmt, ob} \begin{Bmatrix} |b| \gtreqless 1, \\ |a| \lesseqgtr 1 \end{Bmatrix} \text{war}; \\
\text{d neg. u.} \begin{Bmatrix} |a| \geqq 1, \\ |b| \geqq 1 \end{Bmatrix} \backsim \text{bezüglich} \begin{Bmatrix} |b| < 1, \\ |a| < 1 \end{Bmatrix}; \\
\text{d neg. u.} \begin{Bmatrix} |a| < 1, \\ |b| < 1 \end{Bmatrix} \text{bleibt bezügl. unbestimmt, ob} \begin{Bmatrix} |b| \gtreqless 1, \\ |a| \lesseqgtr 1 \end{Bmatrix} \text{war},
\end{array}\right\};$$

nach der Voraussetzung $a^c > b^d$ muß d ungerade sein.

(27) Aus a positiv, b positiv, c = — 1

$$\text{und}\left\{\begin{array}{l}
\text{d pos. u.} \begin{Bmatrix} a \geqq 1, \\ b \geqq 1 \end{Bmatrix} \backsim \text{bezüglich} \begin{Bmatrix} b < 1, \\ a < 1 \end{Bmatrix}; \\
\text{d pos. u.} \begin{Bmatrix} a < 1, \\ b < 1 \end{Bmatrix} \text{bleibt bezügl. unbestimmt, ob} \begin{Bmatrix} b \gtreqless 1, \\ a \lesseqgtr 1 \end{Bmatrix} \text{war}; \\
\text{d neg. u.} \begin{Bmatrix} a \geqq 1, \\ b \leqq 1 \end{Bmatrix} \backsim \text{bezüglich} \begin{Bmatrix} b > 1, \\ a < 1 \end{Bmatrix}; \\
\text{d neg. u.} \begin{Bmatrix} a < 1, \\ b > 1 \end{Bmatrix} \text{bleibt bezügl. unbestimmt, ob} \begin{Bmatrix} b \gtreqless 1, \\ a \lesseqgtr 1 \end{Bmatrix} \text{war}.
\end{array}\right\}$$

(28) Aus a positiv, b negativ, $c = -1$

$$\text{und}\left\{\begin{array}{l}
d \text{ pos. gerade u. } \left\{\begin{array}{l} a \substack{=\\<\\>} 1, \\ |b| \substack{=\\<\\>} 1 \end{array}\right\} \frown \text{ bezüglich } \left\{\begin{array}{l} |b| < 1, \\ a < 1 \end{array}\right\}; \\
d \text{ pos. gerade u. } \left\{\begin{array}{l} a < 1, \\ |b| < 1 \end{array}\right\} \begin{array}{c}\text{bleibt bezügl.}\\ \text{unbestimmt, ob}\end{array} \left\{\begin{array}{l} |b| \substack{>\\=\\<} 1, \\ a \substack{>\\=\\<} 1 \end{array}\right\} \text{ war;} \\
d \text{ neg. gerade u. } \left\{\begin{array}{l} a \substack{=\\<\\>} 1, \\ |b| \substack{=\\<\\>} 1 \end{array}\right\} \frown \text{ bezüglich } \left\{\begin{array}{l} |b| > 1, \\ a < 1 \end{array}\right\}; \\
d \text{ neg. gerade u. } \left\{\begin{array}{l} a < 1, \\ |b| > 1 \end{array}\right\} \begin{array}{c}\text{bleibt bezügl.}\\ \text{unbestimmt, ob}\end{array} \left\{\begin{array}{l} |b| \substack{>\\=\\<} 1, \\ a \substack{>\\=\\<} 1 \end{array}\right\} \text{ war.}
\end{array}\right\};$$

ist d ungerade, so konnten die Glieder a, $|b|$ beliebige ganze oder gebrochene Zahlen sein.

(29) Aus a negativ, b negativ, $c = -1$

$$\text{und}\left\{\begin{array}{l}
d \text{ pos. u. } \left\{\begin{array}{l} |a| \substack{=\\<\\>} 1, \\ |b| \substack{=\\<\\>} 1 \end{array}\right\} \frown \text{ bezüglich } \left\{\begin{array}{l} |b| > 1, \\ |a| > 1 \end{array}\right\}; \\
d \text{ pos. u. } \left\{\begin{array}{l} |a| > 1, \\ |b| > 1 \end{array}\right\} \text{ bleibt bezügl. unbestimmt, ob } \left\{\begin{array}{l} |b| \substack{>\\=\\<} 1, \\ |a| \substack{>\\=\\<} 1 \end{array}\right\} \text{ war;} \\
d \text{ neg. u. } \left\{\begin{array}{l} |a| \substack{=\\<\\>} 1, \\ |b| \substack{=\\<\\>} 1 \end{array}\right\} \frown \text{ bezüglich } \left\{\begin{array}{l} |b| < 1, \\ |a| > 1 \end{array}\right\}; \\
d \text{ neg. u. } \left\{\begin{array}{l} |a| > 1, \\ |b| < 1 \end{array}\right\} \text{ bleibt bezügl. unbestimmt, ob } \left\{\begin{array}{l} |b| \substack{>\\=\\<} 1, \\ |a| \substack{>\\=\\<} 1 \end{array}\right\} \text{ war.}
\end{array}\right\};$$

nach der Voraussetzung: $a^c > b^d$ muß d ungerade sein.

(30) Aus a positiv, b positiv, $d = 1$

$$\text{und}\left\{\begin{array}{l}
c \text{ pos. u. } \left\{\begin{array}{l} b \substack{=\\<\\>} 1, \\ a \substack{=\\<\\>} 1 \end{array}\right\} \frown \text{ bezüglich } \left\{\begin{array}{l} a > 1, \\ b < 1 \end{array}\right\}; \\
c \text{ pos. u. } \left\{\begin{array}{l} b < 1, \\ a > 1 \end{array}\right\} \text{ bleibt bezügl. unbestimmt, ob } \left\{\begin{array}{l} a \substack{>\\=\\<} 1, \\ b \substack{>\\=\\<} 1 \end{array}\right\} \text{ war;} \\
c \text{ neg. u. } \left\{\begin{array}{l} b \substack{=\\<\\>} 1, \\ a \substack{=\\<\\>} 1 \end{array}\right\} \frown \text{ bezüglich } \left\{\begin{array}{l} a < 1, \\ b < 1 \end{array}\right\}; \\
c \text{ neg. u. } \left\{\begin{array}{l} b < 1, \\ a < 1 \end{array}\right\} \text{ bleibt bezügl. unbestimmt, ob } \left\{\begin{array}{l} a \substack{>\\=\\<} 1, \\ b \substack{>\\=\\<} 1 \end{array}\right\} \text{ war.}
\end{array}\right\}$$

(31) Aus a negativ, b positiv, $d = 1$

$$\text{und}\left\{\begin{array}{l}
c \text{ pos. u. } \begin{Bmatrix} b \geqq 1, \\ |a| \leqq 1 \end{Bmatrix} \hookrightarrow \text{ bezüglich } \begin{Bmatrix} |a| > 1, \\ b < 1 \end{Bmatrix}; \\
c \text{ pos. u. } \begin{Bmatrix} b < 1, \\ |a| > 1 \end{Bmatrix} \text{ bleibt bezügl. unbestimmt, ob } \begin{Bmatrix} |a| \gtreqless 1, \\ b \gtreqless 1 \end{Bmatrix} \text{ war;} \\
c \text{ neg. u. } \begin{Bmatrix} b \geqq 1, \\ |a| \geqq 1 \end{Bmatrix} \hookrightarrow \text{ bezüglich } \begin{Bmatrix} |a| < 1, \\ b < 1 \end{Bmatrix}; \\
c \text{ neg. u. } \begin{Bmatrix} b < 1, \\ |a| < 1 \end{Bmatrix} \text{ bleibt bezügl. unbestimmt, ob } \begin{Bmatrix} |a| \gtreqless 1, \\ b \gtreqless 1 \end{Bmatrix} \text{ war.}
\end{array}\right\};$$

nach der Voraussetzung muß c gerade sein.

(32) Aus a negativ, b negativ, $d = 1$

$$\text{und}\left\{\begin{array}{l}
c \text{ pos. unger. u. } \begin{Bmatrix} |b| \leqq 1, \\ |a| \geqq 1 \end{Bmatrix} \hookrightarrow \text{ bezüglich } \begin{Bmatrix} |a| < 1, \\ |b| > 1 \end{Bmatrix}; \\
c \text{ pos. unger. u. } \begin{Bmatrix} |b| > 1, \\ |a| < 1 \end{Bmatrix} \text{ bleibt bezüglich unbestimmt, ob } \begin{Bmatrix} |a| \gtreqless 1, \\ |b| \gtreqless 1 \end{Bmatrix} \text{ war;} \\
c \text{ neg. unger. u. } \begin{Bmatrix} |b| \leqq 1, \\ |a| \leqq 1 \end{Bmatrix} \hookrightarrow \text{ bezüglich } \begin{Bmatrix} |a| > 1, \\ |b| > 1 \end{Bmatrix}; \\
c \text{ neg. unger. u. } \begin{Bmatrix} |b| > 1, \\ |a| > 1 \end{Bmatrix} \text{ bleibt bezüglich unbestimmt, ob } \begin{Bmatrix} |a| \gtreqless 1, \\ |b| \gtreqless 1 \end{Bmatrix} \text{ war.}
\end{array}\right\};$$

ist c gerade, so können die Glieder $|a|$ u. $|b|$ beliebig ganze oder gebrochene Zahlen sein.

(33) Aus a positiv, b positiv, $d = -1$

$$\text{und}\left\{\begin{array}{l}
c \text{ pos. u. } \begin{Bmatrix} b \leqq 1, \\ a \leqq 1 \end{Bmatrix} \hookrightarrow \text{ bezüglich } \begin{Bmatrix} a > 1, \\ b > 1 \end{Bmatrix}; \\
c \text{ pos. u. } \begin{Bmatrix} b > 1, \\ a > 1 \end{Bmatrix} \text{ bleibt bezügl. unbestimmt, ob } \begin{Bmatrix} a \gtreqless 1, \\ b \gtreqless 1 \end{Bmatrix} \text{ war;} \\
c \text{ neg. u. } \begin{Bmatrix} b \leqq 1, \\ a \geqq 1 \end{Bmatrix} \hookrightarrow \text{ bezüglich } \begin{Bmatrix} a < 1, \\ b > 1 \end{Bmatrix}; \\
c \text{ neg. u. } \begin{Bmatrix} b > 1, \\ a < 1 \end{Bmatrix} \text{ bleibt bezügl. unbestimmt, ob } \begin{Bmatrix} a \gtreqless 1, \\ b \gtreqless 1 \end{Bmatrix} \text{ war.}
\end{array}\right\};$$

(34) Aus a negativ, b positiv, $d = -1$

$$\text{und}\left\{\begin{array}{l}
c \text{ pos. u. } \left\{\begin{matrix} b \substack{=\\<\\\leqq} 1, \\ |a| \substack{\geqq\\>\\=} 1 \end{matrix}\right\} \curvearrowright \text{ bezüglich } \left\{\begin{matrix} |a| > 1, \\ b > 1 \end{matrix}\right\}; \\
c \text{ pos. u. } \left\{\begin{matrix} b > 1, \\ |a| > 1 \end{matrix}\right\} \text{ bleibt bezügl. unbestimmt, ob } \left\{\begin{matrix} |a| \substack{\geqq\\<\\\leqq} 1, \\ b \substack{\leqq\\>\\\geqq} 1 \end{matrix}\right\} \text{ war}; \\
c \text{ neg. u. } \left\{\begin{matrix} b \substack{=\\<\\\leqq} 1, \\ |a| \substack{\leqq\\=\\>} 1 \end{matrix}\right\} \curvearrowright \text{ bezüglich } \left\{\begin{matrix} |a| < 1, \\ b > 1 \end{matrix}\right\}; \\
c \text{ neg. u. } \left\{\begin{matrix} b > 1, \\ |a| < 1 \end{matrix}\right\} \text{ bleibt bezügl. unbestimmt, ob } \left\{\begin{matrix} |a| \substack{\geqq\\<\\\leqq} 1, \\ b \substack{\leqq\\>\\\geqq} 1 \end{matrix}\right\} \text{ war.}
\end{array}\right\};$$

nach der Voraussetzung muß c gerade sein.

(35) Aus a negativ, b negativ, $d = -1$

$$\text{und}\left\{\begin{array}{l}
c \text{ pos. unger. u. } \left\{\begin{matrix} |b| \substack{=\\\leqq\\<} 1, \\ |a| \substack{<\\\leqq\\=} 1 \end{matrix}\right\} \curvearrowright \text{ bezüglich } \left\{\begin{matrix} |a| < 1, \\ |b| < 1 \end{matrix}\right\}; \\
c \text{ pos. unger. u. } \left\{\begin{matrix} |b| < 1, \\ |a| < 1 \end{matrix}\right\} \text{ bleibt bezüglich unbestimmt, ob } \left\{\begin{matrix} |a| \substack{\geqq\\<\\\leqq} 1, \\ |b| \substack{\leqq\\>\\\geqq} 1 \end{matrix}\right\} \text{ war}; \\
c \text{ neg. unger. u. } \left\{\begin{matrix} |b| \substack{=\\\leqq\\<} 1, \\ |a| \substack{\geqq\\>\\=} 1 \end{matrix}\right\} \curvearrowright \text{ bezüglich } \left\{\begin{matrix} |a| > 1, \\ |b| < 1 \end{matrix}\right\}; \\
c \text{ neg. unger. u. } \left\{\begin{matrix} |b| < 1, \\ |a| > 1 \end{matrix}\right\} \text{ bleibt bezüglich unbestimmt, ob } \left\{\begin{matrix} |a| \substack{\geqq\\<\\\leqq} 1, \\ |b| \substack{\leqq\\>\\\geqq} 1 \end{matrix}\right\} \text{ war.}
\end{array}\right\};$$

ist c gerade, so konnten die Glieder $|a|$ und $|b|$ beliebig ganze oder gebrochene Zahlen sein.

Bei den folgenden Fällen [von (36.) bis (45.) incl.] ist vorausgesetzt: c und d positiv größer 1.

(36) Sind a und b positiv und kann beliebig in $a^c > b^d$,

$$c \substack{>\\=\\<} d$$

genommen werden, so daß stets $a^c > b^d$ ist, so muß einer von den drei Fällen

1) $a > 1$ und $b = 1$;
2) $a > 1$ und $b < 1$;
3) $a = 1$ und $b < 1$

stattfinden.

(37) Sind a und b positiv, und kann beliebig (d. h. für jedes c und d) in $a^c > b^d$,

$$c > d, \text{ (also auch dann } c = d)$$

aber nicht auch immer $c < d$ genommen werden, so muß nothwendig $a > b$ und $a > 1$ und $b > 1$ sein.

(38) Sind a und b positiv und kann beliebig in $a^c > b^d$,

$$c < d, \text{ (also auch dann } c = d)$$

aber nicht auch immer $c > d$ genommen werden, so muß nothwendig $a > b$ und $a < 1$, also auch $b < 1$ sein.

(39) Sind a und b negativ und sind c und d gerade, und kann beliebig in $a^c > b^d$,

$$c \gtreqless d$$

genommen werden, so daß stets $a^c > b^d$ ist, so muß nothwendig einer von den drei Fällen

1) $|a| > 1$ und $|b| = 1$;
2) $|a| > 1$ und $|b| < 1$;
3) $|a| = 1$ und $|b| < 1$

stattfinden. Dasselbe gilt auch für a negativ, c gerade und b positiv; oder für a positiv und b negativ, d gerade.

(40) Sind a und b negativ und sind c und d ungerade und kann beliebig in $a^c > b^d$,

$$c \gtreqless d$$

genommen werden, so daß stets $a^c > b^d$ ist, so muß nothwendig einer von den drei Fällen

1) $|b| > 1$ und $|a| = 1$;
2) $|b| > 1$ und $|a| < 1$;
3) $|b| = 1$ und $|a| < 1$

stattfinden.

(41) Sind a und b negativ und sind c und d gerade und kann beliebig in $a^c > b^d$,

$$c > d, \text{ (also auch } c = d)$$

aber nicht auch immer $c < d$ genommen werden, so muß nothwendig $|a| > |b|$ und $|a| > 1$ und $|b| > 1$ sein.

Dasselbe gilt auch für a negativ, c gerade, b positiv; oder für a positiv, b negativ und d gerade.

(42) Sind a und b negativ c, d ungerade und kann beliebig in $a^c > b^d$,

$$c < d, \text{ (also auch dann } c = d)$$

aber nicht immer $c > d$ genommen werden, so muß nothwendig $|a| < |b|$ und $|a| > 1$, also auch $|b| > 1$ sein.

(43) Sind a und b negativ und c, d gerade und kann beliebig in $a^c > b^d$,

$$c < d, \text{ (also auch dann } c = d)$$

aber nicht auch immer $c > d$ genommen werden, so muß nothwendig $|a| > |b|$ und $|a| < 1$, also auch $|b| < 1$ sein.

Dasselbe gilt auch für a negativ, c gerade, b positiv; oder für a positiv, b negativ und d gerade.

(44) Sind a und b negativ, c, d ungerade und kann beliebig in $a^c > b^d$,

$$c > d, \text{ (also auch dann } c = d)$$

aber nicht auch immer $c < d$ genommen werden, so muß nothwendig $|a| < |b|$ und $|a| < 1$ und $|b| < 1$ sein.

(45) Ist in $a^c > b^d$, a negativ, b nicht Null und d gerade, so muß auch c gerade sein, weil dann b^d positiv ist, also auch a^c, was nur angeht, wenn c gerade ist.

Bei den folgenden Fällen [(46) bis incl. (55)] ist vorausgesetzt: c und d negativ und ihre Glieder größer als 1.

(46) Sind a und b positiv und kann beliebig in $a^c > b^d$,

$$|c| \gtreqless |d|$$

genommen werden, so daß stets $a^c > b^d$ ist, so muß einer von den drei Fällen

1) $b > 1$ und $a = 1$;
2) $b > 1$ und $a < 1$;
3) $b = 1$ und $a < 1$

stattfinden.

(47) Sind a und b positiv und kann beliebig (d. h. für jedes c und d) in $a^c > b^d$,

$$|c| < |d|, \text{ (also auch dann } c = d)$$

aber nicht auch immer $|c| > |d|$ genommen werden, so muß nothwendig $a < b$ und $a > 1$, also auch $b > 1$ sein.

(48) Sind a und b positiv und kann **beliebig** in $a^c > b^d$,

$$|c| > |d|, \text{ (also auch dann } c = d)$$

aber nicht auch **immer** $|c| < |d|$ genommen werden, so muß nothwendig $a < b$ und $b < 1$, also auch $a < 1$ sein.

(49) Sind a und b negativ und sind c und d gerade, und kann **beliebig** in $a^c > b^d$,

$$|c| \gtreqless |d|$$

genommen werden, so daß **stets** $a^c > b^d$ ist, so muß nothwendig **einer** von den drei Fällen

1) $|b| > 1$ und $|a| = 1$;
2) $|b| > 1$ und $|a| < 1$;
3) $|b| = 1$ und $|a| < 1$

stattfinden.

Dasselbe gilt auch für b negativ, d gerade und a positiv; oder für b positiv und a negativ, also auch c gerade.

(50) Sind a und b negativ und sind c und d **ungerade** und kann **beliebig** in $a^c > b^d$,

$$|c| \gtreqless |d|$$

genommen werden, so daß **stets** $a^c > b^d$ ist, so muß nothwendig **einer** von den drei Fällen

1) $|a| > 1$ und $|b| = 1$;
2) $|a| > 1$ und $|b| < 1$;
3) $|a| = 1$ und $|b| < 1$

stattfinden.

(51) Sind a und b negativ, und sind c und d **gerade** und kann **beliebig** in $a^c > b^d$,

$$|c| < |d|, \text{ (also auch dann } c = d)$$

aber nicht **immer** $|c| > |d|$ genommen werden, so muß nothwendig $|a| < |b|$ und $|a| > 1$ und $|b| > 1$ sein.

Dasselbe gilt auch für b negativ, d gerade, a positiv; oder für b positiv, a negativ und (wie hieraus folgt:) c gerade.

(52) Sind a und b negativ, c, d **ungerade** und kann **beliebig** in $a^c > b^d$,

$$|c| > |d|, \text{ (also auch dann } c = d)$$

aber nicht **immer** $|c| < |d|$ genommen werden, so muß nothwendig $|a| > |b|$ und $|b| > 1$, also auch $|a| > 1$ sein.

(53) Sind a und b negativ und c, d gerade und kann beliebig in $a^c > b^d$,

$$|c| > |d|, \text{ (also auch dann } c = d)$$

aber nicht immer $|c| < |d|$ genommen werden, so muß nothwendig $|a| < |b|$ und $|b| < 1$, also auch $|a| < 1$ sein.

Dasselbe gilt auch für b negativ, d gerade, a positiv; oder für b positiv, a negativ und c gerade.

(54) Sind a und b negativ, c, d ungerade und kann beliebig in $a^c > b^d$,

$$|c| < |d|, \text{ (also auch dann } c = d)$$

aber nicht auch immer $|c| > |d|$ genommen werden, so muß nothwendig $|a| > |b|$ und $|a| < 1$ und $|b| < 1$ sein.

(55) Ist in $a^c > b^d$, a negativ, b nicht Null und d gerade, so ist auch c gerade, weil dann b^d positiv ist, also auch a^c, was nur angeht, wenn c gerade ist.

Spezialfälle.

(56) $$\text{Aus } a, b \left\{\begin{matrix}\text{pos., } a \overset{\equiv}{<} 1, \\ \text{neg., } |a| \overset{\equiv}{<} 1\end{matrix}\right\} \text{ u. } c, d \left\{\begin{matrix}\text{pos.,} \\ \text{pos. gerade}\end{matrix}\right\} \hookrightarrow \text{ bezügl. } \left\{\begin{matrix} b < 1, \\ |b| < 1.\end{matrix}\right\}$$

(57) $$\text{Aus } a, b \left\{\begin{matrix}\text{pos., } b \overset{\equiv}{>} 1, \\ \text{neg., } |b| \overset{\equiv}{>} 1\end{matrix}\right\} \text{ u. } c, d \left\{\begin{matrix}\text{pos,} \\ \text{pos. gerade}\end{matrix}\right\} \hookrightarrow \text{ bezügl. } \left\{\begin{matrix} a > 1, \\ |a| > 1\end{matrix}\right\}$$

(58) Aus a und b negativ, c und d positiv und ungerade

$$\text{und } \left\{\begin{matrix}|b| \overset{\equiv}{<} 1, \\ |a| \overset{\equiv}{>} 1\end{matrix}\right\} \hookrightarrow \text{ bezüglich } \left\{\begin{matrix}|a| < 1, \\ |b| > 1\end{matrix}\right\}$$

(59) Aus a negativ, b positiv, c positiv, d positiv

$$\text{und } \left\{\begin{matrix}|a| \overset{\equiv}{<} 1, \\ b \overset{\equiv}{>} 1\end{matrix}\right\} \hookrightarrow \text{ bezüglich } \left\{\begin{matrix} b < 1, \\ |a| > 1\end{matrix}\right\} \text{ und c gerade.}$$

(60) Aus a positiv, b negativ, c positiv, d positiv gerade

$$\text{und } \left\{\begin{matrix} a \overset{\equiv}{<} 1, \\ |b| \overset{\equiv}{>} 1\end{matrix}\right\} \hookrightarrow \text{ bezüglich } \left\{\begin{matrix}|b| < 1, \\ a > 1.\end{matrix}\right\}$$

(61) $$\text{Aus } a, b \left\{\begin{matrix}\text{pos., } b \overset{\equiv}{<} 1, \\ \text{neg., } |b| \overset{\equiv}{<} 1\end{matrix}\right\} \text{ u. } c, d \left\{\begin{matrix}\text{neg.,} \\ \text{neg. gerade}\end{matrix}\right\} \hookrightarrow \text{ bezügl. } \left\{\begin{matrix} a < 1, \\ |a| < 1.\end{matrix}\right\}$$

(62) $$\text{Aus } a, b \left\{\begin{matrix}\text{pos., } a \overset{\equiv}{>} 1, \\ \text{neg., } |a| \overset{\equiv}{>} 1\end{matrix}\right\} \text{ u. } c, d \left\{\begin{matrix}\text{neg.,} \\ \text{neg. gerade}\end{matrix}\right\} \hookrightarrow \text{ bezügl. } \left\{\begin{matrix} b > 1, \\ |b| > 1.\end{matrix}\right\}$$

(63) Aus a und b negativ, c und d negativ und ungerade

$$\text{und } \left\{\begin{matrix}|a| \overset{\equiv}{<} 1, \\ |b| \overset{\equiv}{>} 1\end{matrix}\right\} \hookrightarrow \text{ bezüglich } \left\{\begin{matrix}|b| < 1, \\ |a| > 1.\end{matrix}\right\}$$

(64) Aus a neg., b pos., c neg., d neg. u. $\left\{\begin{matrix} b \stackrel{=}{<} 1, \\ |a| \stackrel{>}{=} 1 \end{matrix}\right\} \hookrightarrow$ bezügl. $\left\{\begin{matrix} |a| < 1, \\ b > 1. \end{matrix}\right\}$

(65) Aus a positiv, b negativ, c negativ, d negativ gerade und $\left\{\begin{matrix} |b| \stackrel{=}{<} 1, \\ a \stackrel{>}{=} 1 \end{matrix}\right\} \hookrightarrow$ bezüglich $\left\{\begin{matrix} a < 1, \\ |b| > 1. \end{matrix}\right\}$

Hierdurch ist das indirecte Gesetz von $\mathfrak{u}' \frown \mathfrak{u}$, in Betreff der Differenz-Potenzen gegeben.

6) Es sei $a^c = b^d$ gegeben, wo a^c und b^d Differenz-Potenzen vorstellen und die Glieder von c und d wirkliche Zahlen bezeichnen; man sucht die indirecten Beziehungen die hier stattfinden. Siehe Seite 428.

Aus:

I.

$\left(\begin{matrix} \text{a pos., b pos., c pos., d pos.;} \\ \text{a pos., b pos., c neg., d neg.;} \\ \text{a neg., b neg., c pos., d pos.;} \\ \text{a neg., b neg., c neg., d neg.;} \\ \text{a pos., b neg., c pos., d pos.;} \\ \text{a pos., b neg., c neg., d neg.} \end{matrix}\right),$

II.

$\left(\begin{matrix} \text{a pos., b pos., c pos., d neg.;} \\ \text{a neg., b neg., c pos., d neg.;} \\ \text{a pos., b neg., c pos., d neg.;} \\ \text{a neg., b pos., c pos., d neg.;} \end{matrix}\right),$

III.

$\left(\begin{matrix} \text{a pos., b pos., c pos., d Null;} \\ \text{a pos., b pos., c neg., d Null;} \\ \text{a neg., b neg., c pos., d Null;} \\ \text{a neg., b neg., c neg., d Null;} \\ \text{a pos., b neg., c pos., d Null;} \\ \text{a pos., b neg., c neg., d Null} \end{matrix}\right),$

IV.

$\left(\begin{matrix} \text{a pos., b pos., c Null, d Null;} \\ \text{a pos., b neg., c Null, d Null;} \\ \text{a neg., b pos., c Null, d Null;} \\ \text{a neg., b neg., c Null, d Null.} \end{matrix}\right)$

folgt respective

nach den einzelnen der sechs Voraussetzungen in I.:

(1) Ist $|a| \gtrless |b|$ u. $|a|$ ganz od. unächt gebrochen, so ist bezügl.: $|c| \lessgtr |d|$

(2) Ist $|a| \gtrless |b|$ u. $|a|$ ächt gebrochen, so ist bezüglich: $|c| \gtrless |d|$

(3) Ist $|c| \gtrless |d|$ u. $|a|$ ächt gebrochen, so ist bezüglich: $|a| \gtrless |b|$

(4) Ist $|c| \gtrless |d|$ $\left\{\begin{matrix} \text{u. ist } |a| \text{ ganz (nicht 1) oder} \\ \text{unächt gebrochen, so ist} \end{matrix}\right\}$ bezüglich: $|a| \lessgtr |b|$

(5) Ist $|a| \gtrless |b|$ u. ist bezügl. $|c| \gtrless |d|$, so sind $|a|$ u. $|b|$ ächt gebrochen.

(6) Ist $|a| \lessgtr |b|$ u. ist bezügl. $|c| \gtrless |d|$, so sind $|a|$ u. $|b|$ größer 1.

(7) Ist $|a| = |b|$ aber nicht $|a| = 1$, so ist $|c| = |d|$.

(8) Kann beliebig $|c| \gtreqless |d|$ genommen werden, so ist $|a| = |b| = 1$.

Nach jeder einzelnen der vier Voraussetzungen in II. folgt:

(1) Ist $|a| \gtrless 1:|b|$ u. $|a|$ ganz od. unächt gebroch., so ist bezügl.: $|c| \lessgtr |d|$

(2) Ist $|a| \gtrless 1:|b|$ u. $|a|$ ächt gebrochen, so ist bezüglich: $|c| \gtrless |d|$

(3) Ist $|c| \gtrless |d|$ u. $|a|$ ächt gebrochen, so ist bezüglich: $|a| \gtrless 1:|b|$

(4) Ist $|c| \gtrless |d|$ $\left\{\begin{matrix}\text{u. ist } |a| \text{ ganz (nicht 1), oder} \\ \text{unächt gebrochen, so ist}\end{matrix}\right\}$ bezüglich: $|a| \lessgtr 1:|b|$

(5) Ist $|a| \gtrless 1:|b|$ u. ist bez. $|c| \gtrless |d|$, so sind $|a|$ u. $1:|b|$ ächt gebrochen.

(6) Ist $|a| \lessgtr 1:|b|$ u. ist bez. $|c| \gtrless |d|$, so sind $|a|$ u. $1:|b|$ größer 1.

(7) Ist $|a| = 1:|b|$ aber nicht $|a| = 1$, so ist $|c| = |d|$

(8) Kann beliebig $|c| \gtreqless |d|$ genommen werden, so ist $|a| = 1:|b| = 1$.

Nach jeder einzelnen der sechs Voraussetzungen in III. folgt:

$|a| = 1$ und mit a negativ, ist c allemal gerade.

Nach jeder einzelnen der vier Voraussetzungen in IV. folgt:

daß $|a|$ und $|b|$ beliebige ganze oder gebrochene Zahlen sein können.

Ist endlich $a = 0$, also auch $b = 0$, so konnten c und d beliebige positive ganze Zahlen sein.

Es sei in $a^c = b^d$, $c = 1$ und das Glied von d d. h. $|d|$, {in [1] bis incl. [6]} eine wirkliche Zahl, so hat man:

[1] Aus a pos., b pos., d pos. und $\left\{\begin{matrix} a \gtreqless 1, \\ b \gtreqless 1 \end{matrix}\right\} \hookrightarrow$ bezügl. $\left\{\begin{matrix} b \gtreqless 1, \\ a \gtreqless 1. \end{matrix}\right\}$

[2] Aus a pos., b pos., d neg. und $\left\{\begin{matrix} a \gtreqless 1, \\ b \lesseqgtr 1 \end{matrix}\right\} \hookrightarrow$ bezügl. $\left\{\begin{matrix} b \lesseqgtr 1, \\ a \gtreqless 1. \end{matrix}\right\}$

[3] Aus a neg., b neg., d pos. $\hookrightarrow$ wegen d unger. für $|a| \gtreqless 1$ bez. $|b| \gtreqless 1$

und für $|b| \gtreqless 1$ bez. $|a| \gtreqless 1$

[4] Aus a neg., b neg., d neg. $\hookrightarrow$ wegen d unger. für $|a| \gtreqless 1$ bez. $|b| \lesseqgtr 1$

und für $|b| \lesseqgtr 1$ bez. $|a| \gtreqless 1$.

[5] Aus a pos., b neg., d pos. $\hookrightarrow$ wegen d gerade für $a \gtreqless 1$ bez. $|b| \gtreqless 1$
und für $|b| \gtreqless 1$ bez. $a \gtreqless 1$

[6] Aus a pos., b neg., d neg. $\hookrightarrow$ wegen d gerade für $a \gtreqless 1$ bez. $|b| \lesseqgtr 1$
und für $|b| \lesseqgtr 1$ bez. $a \gtreqless 1$.

Es sei in $a^c = b^d$, $c = 1$ und $d = 0$ in [7] u. [9] vorausgesetzt.

[7] Aus a pos., b pos. $\hookrightarrow$ daß b eine beliebige absolute Zahl sein kann und daß $a = 1$ ist.

[8] Aus a pos., b neg. $\hookrightarrow$ daß $|b| \gtreqless 1$ sein kann und daß $a = 1$ ist.

[9] Aus a Null, b Null $\hookrightarrow$ daß d positiv ist.

Wäre $c = -1$ und bleibe die Voraussetzung $a^c = b^d$, so folgt:

[10] Aus a pos., b pos., d pos. und $a \gtreqless 1$ $\hookrightarrow$ bezüglich $b \lesseqgtr 1$
und für $b \lesseqgtr 1$ $\hookrightarrow$ bezüglich $a \gtreqless 1$

[11] Aus a pos., b pos., d neg. und $a \gtreqless 1$ $\hookrightarrow$ bezüglich $b \gtreqless 1$
und für $b \gtreqless 1$ $\hookrightarrow$ bezüglich $a \gtreqless 1$

[12] Aus a neg., b neg., d pos. $\hookrightarrow$ wegen d unger. für $|a| \gtreqless 1$ bez. $|b| \lesseqgtr 1$
und für $|b| \gtreqless 1$ bez. $|a| \lesseqgtr 1$

[13] Aus a neg., b neg., d neg. $\hookrightarrow$ wegen d unger. für $|a| \gtreqless 1$ bez. $|b| \gtreqless 1$
und für $|b| \gtreqless 1$ bez. $|a| \gtreqless 1$

[14] Aus a pos., b neg., d pos. $\hookrightarrow$ wegen d gerade für $a \gtreqless 1$ bez. $|b| \lesseqgtr 1$
und für $|b| \gtreqless 1$ bez. $a \lesseqgtr 1$

[15] Aus a pos., b neg., d neg. $\hookrightarrow$ wegen d gerade für $a \gtreqless 1$ bez. $|b| \gtreqless 1$
und für $|b| \gtreqless 1$ bez. $a \gtreqless 1$.

Es sei $a^c = b^d$, $c = -1$ und $d = 0$ in [16] u. [17] vorausgesetzt.

[16] Aus a pos., b pos. $\hookrightarrow$ daß b als positiv beliebig angenommen werden kann und daß: $a = 1$ ist.

[17] Aus a pos., b neg. $\hookrightarrow$ daß $|b|$ als positiv beliebig angenommen werden kann und daß: $a = 1$ ist.

Wäre in $a^c = b^d$, $c = d = -1$, so folgt:

[18] Daß a und b entweder zugleich positiv oder zugleich negativ sein konnten und $a = b$ ist.

Hierdurch ist das indirecte Gesetz für $g' \frown g$ hinsichtlich der Differenz-Potenzen gegeben und somit die Sphäre derselben vollendet; aus welchem Moment des Abgeschlossenseins gleichzeitig wieder die Idee der Erweiterung wie folgt auftaucht:

Die Potenz a^b in der a irgend ein reeller Ausdruck ist und b eine Differenz wirklicher Zahlen vorstellt, hat also, wenn wir den Fall ausnehmen, wo $a = 0$ und zugleich b entweder $b = 0$ oder negativ ist, stets eine wirkliche numerische Bedeutung, und wir können nun bereits mit solchen Potenzen operiren.

Gleichzeitig ergiebt sich aber auch hieraus, daß der Begriff der Potenz bei weitem noch nicht allgemein genug aufgefaßt ist.

Denn wenn in a^b der Dignator b aufhört eine Differenz wirklicher Zahlen vorzustellen und z. B. eine gebrochene Zahl ist, so wissen wir nicht, ob noch die bisherigen Gesetze des Potenzirens für diesen Fall gelten werden, indem eine solche Potenz überhaupt noch gar keinen Sinn erhalten hat. Wir müssen demnach zu einem nächst höhern Begriff der Potenz zu gelangen suchen und uns nach einem Dignator umsehn, der allgemeiner ist, als der vorhergehende, in welchem also dieser d. h. die Differenz $\alpha - \beta$, als einzelner Fall liegt. Dies ist aber der allgemeine Quotient $\frac{\alpha - \beta}{\gamma - \delta}$. Betrachten wir nun $a^{\frac{\alpha-\beta}{\gamma-\delta}}$, so ist:

$$a^{\frac{\alpha-\beta}{\gamma-\delta}} = \sqrt[\gamma-\delta]{a^{\alpha-\beta}}$$

unter der Einschränkung, daß $a^{\frac{\alpha-\beta}{\gamma-\delta}}$ eine Differenz-Potenz und $\sqrt[\gamma-\delta]{a^{\alpha-\beta}}$ eine bisher definirte Wurzel ist. Es kommt demnach zunächst auf die Erweiterung des frühern Begriffs der Wurzel an. Vgl. S. 385 u. 386.

Dies führt uns nun zum Folgenden:

41. Bisher verstanden wir unter der Wurzel $\sqrt[b]{a}$ nichts weiter als das Zeichen $\sqrt[b]{a}$ für die wirkliche Zahl, die mit b potenzirt a giebt, wobei a und b wirkliche Zahlen repräsentiren.

Denkt man sich nun aber statt a und b wirkliche Zahlen gegeben, so erhellt, daß in den Fällen $\sqrt[b]{a}$ eine wirkliche Zahl vorstellt, wo sich a unter der Reihe der Potenzen

$$2^b,\ 3^b,\ \ldots,\ \alpha^b,\ \ldots$$

vorfindet. Wäre z. B. $a = \alpha^b$, so hätte man $\sqrt[b]{a} = \alpha$ und hier wäre $\sqrt[b]{a}$ die früher definirte eindeutige Wurzel. Kommt aber a nicht in dieser Reihe vor — existirt keine wirkliche Zahl, die mit b potenzirt a giebt — so hört die Bedeutung der bisherigen Wurzel auf.

In dem Falle wo $\sqrt[b]{a}$ keine ganze Zahl vorstellt, während a und b wirkliche Zahlen bezeichnen, fragt es sich natürlich zuerst, was denn unter $\sqrt[b]{a}$ zu denken ist, wenn man doch, dem frühern Begriff der Wurzel entsprechend, das darunter denken muß, was mit b potenzirt, a giebt.

Es liegt hier die Idee sehr nahe auf die gebrochenen Zahlen zu verfallen *).

Obgleich sich nun a, nach der Annahme, nicht unter der Reihe der Potenzen

$$2^b,\ 3^b,\ 4^b,\ \ldots \sim$$

vorfindet, so ist, wegen $(\alpha+1)^b > \alpha^b$, klar, daß hier jede von links nach rechts folgende Potenz größer ist, als die unmittelbar vorhergehende, also auch größer ist als jede der vorhergehenden. Aus diesem Grunde wird man, durch das Fortschreiten in obiger Reihe von links nach rechts, nothwendig zu einer solchen Potenz gelangen, die größer ist als a; denn aus $a > 1$ folgt $a = 1 + \alpha$, (wo α auch $= 1$

---

*) Man kann $\sqrt[\alpha]{a}$ leicht durch Tatonniren annähernd finden.

So fällt $\sqrt[2]{3}$ zwischen 1 und 2. Man bilde $1,1^2$; $1,2^2$; …, $1,9^2$. Es findet sich $1,7^2 < 3$ und $1,8^2 > 3$, also fällt $\sqrt[2]{3}$ zwischen 1, 7 und 1, 8. Man bilde nun wieder $1,71^2$, $1,72^2$, …

Es ergiebt sich $1,73^2 < 3$ und $1,74^2 > 3$, also liegt $\sqrt[2]{3}$ zwischen 1, 73 und 1, 74. Da man sich der $\sqrt[2]{3}$ beliebig nähern kann und sie in der Idee zwischen 1 und 2 liegt, so ist sie auch kein Unding, und hat also eine Bedeutung. Auf diese Weise kann man beliebig weiter schließen. Die Berechnung der vorkommenden Potenzen läßt sich durch eine bloße Addition sehr erleichtern, indem $(\beta+1)^2 = \beta^2 + 2\beta + 1$ ist. — Dies Verfahren ist jedoch noch roh und soll blos dazu dienen, die obige Idee zu ergänzen.

sein kann) also $a^b = (1+\alpha)^b = 1 + b\alpha + \mathfrak{A}$, also $a^b > 1 + b\alpha$ und wegen $b > 1$, $1 + b\alpha > 1 + \alpha$, daher $a^b > a$. Ist man demnach in jener Reihe bis zur Potenz a^b gekommen, so wissen wir, daß sie größer ist als a. Hieraus folgt wieder, daß wir ein Mal und zwar zum ersten Mal zu einer Potenz $(\omega+1)^b$ gelangen müssen, die größer ist als a, so daß a zwischen die beiden Potenzen ω^b und $(\omega+1)^b$ fallen muß, wo ω entweder 1 (wenn a zwischen 1 und 2^b liegt) oder eine wirkliche Zahl vorstellt.

Demnach haben wir

$$a > \omega^b \text{ und } a < (\omega+1)^b,$$

oder bildlich

$$\omega^b, \ldots, a, \ldots, (\omega+1)^b.$$

Leicht kann man nun wieder a zwischen zwei Potenzen einschließen, die einander noch näher liegen als die vorigen ω^b, $(\omega+1)^b$.

Stellt nämlich μ eine beliebige wirkliche Zahl vor, so nehmen die Potenzen

$$\omega^b, \left(\omega+\frac{1}{\mu}\right)^b, \left(\omega+\frac{2}{\mu}\right)^b, \left(\omega+\frac{3}{\mu}\right)^b, \ldots, \left(\omega+\frac{\mu-1}{\mu}\right)^b, (\omega+1)^b$$

nach und nach von ω^b bis $(\omega+1)^b$ zu, und wir haben nur zu zeigen, daß a keiner derselben gleich sein kann. Ist dies erwiesen, so muß a zwischen zwei unmittelbar auf einander folgende Potenzen dieser Reihe fallen, und es läßt sich dann wieder leicht darthun, daß der Unterschied zwischen ihnen, weil μ beliebig groß genommen werden darf, beliebig klein werden kann, woraus endlich hervorgeht, daß wir uns der $\sqrt[b]{a}$ wohl bis ins Endlose nähern, aber sie nie genau darstellen können.

Dies führt uns zu Folgendem:

1) Ist a eine wirkliche Zahl, b ebenfalls, und ist $\sqrt[b]{a}$ nicht = einer ganzen Zahl, so kann auch $\sqrt[b]{a}$ nicht = einem Bruche sein, der mit b potenzirt a wieder giebt.

Daß kein ächter Bruch existiren kann z. B. $\frac{\alpha}{\beta}$, der mit b potenzirt a giebt, leuchtet unmittelbar ein: denn wegen $\alpha < \beta$ ist auch $\alpha^b < \beta^b$, also $\frac{\alpha^b}{\beta^b} < 1$, und da $a > 1$ ist, so kann $\left(\frac{\alpha}{\beta}\right)^b$ nicht $= a$ sein.

Es fragt sich also blos noch, ob etwa ein unächter Bruch $\frac{\beta'}{\alpha'}$ existirt, der mit b potenzirt eine Potenz $\left(\frac{\beta'}{\alpha'}\right)^b = a$ hervorbringen kann. Es zeigt sich offenbar der Schein, daß da β' durch α' dividirt, keine ganze Zahl giebt, nun auch $\left(\frac{\beta'}{\alpha'}\right)^b = \frac{\beta'\beta' \times \ldots \times \beta'_b}{\alpha'\alpha' \times \ldots \times \alpha'_b}$ keine ganze Zahl, $= a$ geben könne.

Offenbar wird diese Untersuchung einfacher werden, im Falle der unächte Bruch $\frac{\beta'}{\alpha'}$ bereits in den kleinsten Zahlen ausgedrückt ist, d. h. daß sich β' und α' nicht mehr zugleich durch eine wirkliche Zahl ohne Rest dividiren lassen.

Es ist demnach hier am rechten Platze, zu untersuchen, auf welchem Wege man den gemeinschaftlichen Theiler von β' und α' finden kann, wenn ein solcher wirklich existirt. Wir haben deshalb folgende

Aufgabe. Es mögen h und k zwei von einander verschiedene wirkliche Zahlen bezeichnen und man soll, im Falle es möglich ist: $\frac{h}{k}$ in den kleinsten Zahlen ausdrücken. Gesetzt es ist h der größere der beiden Ausdrücke h und k.

Der größte gemeinschaftliche Theiler von h und k (d. h. die größte wirkliche Zahl durch welche sich h und k ohne Rest theilen oder dividiren lassen) könnte möglicher Weise der kleinere der beiden Ausdrücke h und k d. h. k sein. Deshalb muß diese Untersuchung damit beginnen, daß wir h durch k dividiren, mithin:

$$\begin{array}{r|l} h & k \\ \text{subtr.}\ q_1 k & \overline{q_1} \\ \hline \text{Rest}\ r_1 & \end{array}$$

Man hat also:

$$h = q_1 k + r_1.$$

Ist nun r_1 nicht Null d. h. h durch k nicht theilbar, so ist es, wegen $r_1 < k$, möglich, daß r_1 ein Theiler von k wäre, und in diesem Falle fließt

$$\frac{h}{r_1} = \frac{q_1 k + r_1}{r_1} = q_1 \frac{k}{r_1} + \frac{r_1}{r_1} = q_1 \frac{k}{r_1} + 1 = \text{einer ganzen Zahl;}$$

demnach hätten h und k zum gemeinschaftlichen Theiler r_1.

Um also zu wissen, ob der erste Rest r_1 ein Theiler vom ersten Divisor k ist, hat man, wie vorhin, nöthig k durch r_1 zu dividiren, mithin:

$$\begin{array}{r|l} k & r_1 \\ q_2 r_1 & q_2 \\ \hline \text{Zweiter Rest } r_2, & \end{array}$$

demnach: $k = q_2 r_1 + r_2$.

Ist nun $r_2 = 0$, so wissen wir schon, daß der dem r_2 nächst vorhergehende Rest r_1, ein gemeinschaftlicher Theiler von h und k ist, weil nämlich $k = q_2 r_1 + 0$ also $k : r_1 = q_2$, also $k : r_1$ eine ganze Zahl ist.

Ist aber r_2 nicht $= 0$, so ist es, wegen $r_2 < r_1$ möglich, daß r_2 als zweiter Rest, ein Theiler vom ersten Rest r_1 ist, und dann ist auch

$$\frac{k}{r_2} = q_2 \frac{r_1}{r_2} + \frac{r_2}{r_2} = q_2 \frac{r_1}{r_2} + 1,$$

demnach $\frac{k}{r_2}$ = einer ganzen Zahl, sobald r_1 durch r_2 theilbar ist, mithin ist dann r_2 ein Theiler von k.

Daher ist auch r_2 ein Theiler von h,

weil aus: $h = q_1 k + r_1$

folgt: $\frac{h}{r_2} = q_1 \frac{k}{r_2} + \frac{r_1}{r_2}$ = einer ganzen Zahl.

Um wieder zu untersuchen, ob r_2 ein Theiler ist von r_1 werden wir mit dem zweiten Rest r_2 in den ersten Rest r_1 dividiren, also:

$$\begin{array}{r|l} r_1 & r_2 \\ q_3 r_2 & q_3 \\ \hline r_3 & \end{array}$$

daher $r_1 = q_3 r_2 + r_3$.

Auf diese Weise kann man sich die Schlüsse fortgesetzt denken. Da aber diese Fortsetzung zu nichts weiter führt als zum Streben nach der Vermittlung des Satzes:

„Wenn man die größere der beiden Zahlen h und k, nämlich h, durch die kleinere k, den ersten Rest r_1 in den vorigen Divisor k; den bleibenden zweiten Rest r_2 wieder in den vorigen r_1, den bleibenden Rest r_3 wieder in den vorigen r_2 dividirt u. s. fort und dabei zum Rest

> Null gelangt, dann die beiden Ausdrücke h und k durch den dem Rest Null nächstvorhergehenden theilbar sein müssen,"

so haben wir zu untersuchen, ob sich dieser Schein zur Wahrheit erheben läßt, und stellen wir deshalb das Bisherige des Überblicks wegen zusammen, so kommt:

$$\begin{array}{r|l} h & k \\ q_1 k & q_1 \\ \hline k & r_1 \\ q_2 r_1 & q_2 \\ \hline r_1 & r_2 \\ q_3 r_2 & q_3 \\ \hline r_3 & \\ \vdots & \\ \hline r_{n-3} & r_{n-2} \\ q_{n-1} r_{n-2} & q_{n-1} \\ \hline r_{n-2} & r_{n-1} \\ q_n r_{n-1} & q_n \\ \hline r_n & \end{array}$$

Dies Schema geht deshalb hervor, weil wir die Division, nach obigen Gründen, fortgesetzt denken wollen.

Hieraus haben wir nun die Gleichungen:

$$\begin{aligned} h &= q_1 \; k + r_1, \\ k &= q_2 \; r_1 + r_2, \\ r_1 &= q_3 \; r_2 + r_3, \\ &\cdots\cdots\cdots \\ r_{n-3} &= q_{n-1} r_{n-2} + r_{n-1}, \\ r_{n-2} &= q_n \; r_{n-1} + r_n. \end{aligned}$$

Zunächst erhellt, daß wir bei dieser Division durchaus einmal auf einen Rest r_n kommen müssen der = Null ist; denn die Reste

$$r_1, r_2, r_3, \ldots, r_n$$

werden nach und nach stets kleiner und zwar um die Einheit oder um Einheiten; es ist nämlich

$$r_1 < k, \; r_2 < r_1, \; r_3 < r_2, \ldots, r_n < r_{n-1}$$

und man muß also zuletzt auf den Rest Null kommen, weil man vom ersten Rest r_1 stets in der Zahlenreihe, sprungweise oder nicht, zurückschreitet, mithin der Divisor, welcher Null als Rest bringt, entweder noch größer als 1 oder $= 1$ ist.

Man sieht dies auch u. A. so ein: Einer der bleibenden immer kleiner werdenden Reste ist entweder schon gleich 1 oder doch noch größer als 1. Im erstern Falle ist die Operation vollendet, weil wir ja 1 zum Divisor haben, also der nun folgende Rest Null ist. Ist aber der gebliebene Rest noch größer 1, so dividiren wir mit ihm ebenfalls in den vorhergehenden und der bleibende Rest ist entweder Null, oder doch kleiner als der vorhergehende, und so fortfahrend, müssen wir zuletzt auf den Rest Null kommen; denn wäre der letzte Rest nicht Null, so konnten wir mit ihm in den nächst vorhergehenden dividiren, und wir gelangten dann noch zu einem Reste, also gäbe es außer dem letzten Rest noch einen folgenden, was unmöglich ist.

Hieraus folgt, daß der letzte Rest r_n stets Null sein muß. Aus den obigen Gleichungen geht hervor, daß weil $r_n = 0$ ist, nun die beiden gegebenen Ausdrücke h und k durch den Rest, welcher dem letzten Rest Null unmittelbar vorhergeht, d. h. durch r_{n-1} theilbar sein müssen.

Um dies streng einzusehn braucht man, wie einleuchtet, nur zu zeigen, daß wenn man drei unmittelbar auf einander folgende Reste z. B. r_t, r_{t+1}, r_{t+2} in Beziehung auf obiges Schema hat, und die beiden letzten r_{t+1}, r_{t+2} durch irgend einen Ausdruck α theilbar sind, dann auch der erste, nämlich r_t durch α theilbar sein muß.

Denn man hat nach der Division die wir zum Grunde legten, die Gleichung

$$r_t = q_{t+2} r_{t+1} + r_{t+2},$$

und hieraus

$$\frac{r_t}{\alpha} = q_{t+2} \frac{r_{t+1}}{\alpha} + \frac{r_{t+2}}{\alpha} = \text{einer ganzen Zahl.}$$

Da nun jeder der unmittelbar auf einander folgenden Reste r_{n-2}, r_{n-1} durch r_{n-1} theilbar ist, so ist auch r_{n-3} durch r_{n-1} theilbar.

Setzt man diese Schlüsse fort, so folgt:

Da r_{n-2} u. r_{n-1} durch r_{n-1} theilbar ist, so ist auch r_{n-3} durch r_{n-1} theilbar, also r_{n-3} u. r_{n-2} durch r_{n-1} theilbar, daher auch r_{n-4} durch r_{n-1} theilbar, also r_{n-4} u. r_{n-3} durch r_{n-1} theilbar, daher auch r_{n-5} durch r_{n-1} theilbar,

. . . .

also $r_{n-(n-2)}$ u. $r_{n-(n-3)}$ durch r_{n-1} theilb., dah. a. $r_{n-(n-1)}$ durch r_{n-1} theilb.,
also r_1 u. r_2 durch r_{n-1} theilb., dah. a. k durch r_{n-1} theilb.,
also k u. r_1 durch r_{n-1} theilb., dah. a. h durch r_{n-1} theilb.

Hieraus geht der Lehrsatz hervor, daß die gegebenen Ausdrücke h und k durch den auf die obige Weise gebildeten Rest, welcher stets dem Rest Null unmittelbar vorangeht, theilbar sein müssen.

Obgleich wir den Weg wissen, auf dem der gemeinschaftliche Theiler von h und k zu finden ist, so fragt es sich noch, ob auch der gefundene Theiler r_{n-1} zugleich der größeste ist, oder ob es vielleicht noch eine ganze Zahl z, $> r_{n-1}$ giebt, durch welche h und k zugleich theilbar sind.

Angenommen also es existirte noch ein z, $> r_{n-1}$ als gemeinschaftlicher Theiler von h und k, so bildet man aus den obigen Gleichungen leicht folgende:

$$\begin{aligned} h - q_1\, k &= r_1, \\ k - q_2\, r_1 &= r_2, \\ r_1 - q_3\, r_2 &= r_3, \\ &\cdots \\ r_{n-3} - q_{n-1} r_{n-2} &= r_{n-1}, \\ r_{n-2} - q_n\, r_{n-1} &= r_n. \end{aligned}$$

Wären h und k durch z theilbar, so hätte man aus der ersten Gleichung:

$$\frac{h - q_1 k}{z} = \frac{r_1}{z}$$

oder

$$\frac{h}{z} - q_1 \frac{k}{z} = \frac{r_1}{z}.$$

Weil links eine ganze Zahl entsteht, so muß auch r_1 durch z theilbar sein.

Da nun k und r_1 durch z theilbar sind, so erhellt, aus demselben Grunde, nach der zweiten Gleichung, daß auch r_2 durch z theilbar sein müsse. Eben so $r_3, r_4, \ldots$, endlich müßte (nach Ω.) $r_{n-1}, < z$ durch z theilbar sein, was unmöglich ist; mithin geht gleichzeitig hervor, daß der dem Rest 0 unmittelbar vorhergehende zugleich der größte Theiler von h und k ist.

Wäre $r_{n-1} = 1$, so ist auch 1 der größte Theiler von h und k und dann ließe sich $\frac{h}{k}$ nicht in kleineren Zahlen ausdrücken.

Will man jetzt eine Zahl die außer sich selbst und der Einheit gar keinen Theiler hat, oder kürzer: die durch keine andere wirkliche Zahl theilbar ist, eine (absolute) Primzahl (Stammzahl) nennen, so können zwei oder beliebig viele Zahlen, welche die Beziehung zu einander äußern, daß sie keinen gemeinschaftlichen Theiler größer 1 haben, relative Primzahlen heißen.

Gleichzeitig ergiebt sich auch umgekehrt, daß wenn zwei Zahlen zu einander relative Primzahlen sind, und man mit ihnen die obige Divisions-Entwicklung anstellt, dann der Rest, welcher dem letzten Rest 0 unmittelbar vorangeht, nothwendig $= 1$ sein müsse; denn wäre derselbe größer 1, so hätten die beiden gegebenen Zahlen einen gemeinschaftlichen Theiler größer 1 und könnten nicht relative Primzahlen zu einander sein.

2) Nach [1)] können wir uns den gegebenen unächten Bruch in den kleinsten Zahlen ausgedrückt denken, daß nunmehr α zu β relative Primzahl ist.

Um nun darzuthun, daß wenn α und β relative Primzahlen zu einander sind, dann auch $\alpha\alpha \times \ldots \times \alpha_b$ und $\beta\beta \times \ldots \times \beta_b$ dergleichen sein müssen, wie es zu sein scheint, kommt es offenbar darauf an, zu zeigen, daß

α und $\beta\beta$ relative Primzahlen zu einander sind
α „ $\beta\beta\beta$ „ „ „ „ „
. . . .
α „ β^b „ „ „ „ „

Ist dies nachgewiesen, so folgt dann wieder aus β^b und α als relative Primzahlen, daß auch β^b und α^b dergleichen sein müssen.

Betreten wir aber diesen Weg, so werden wir zur Ableitung des folgenden Satzes hingeleitet:

„Zu zeigen, daß wenn a und b, ebenso a und c relative Primzahlen zu einander sind, dann auch a und bc dergleichen sein müssen."

Gehen wir vom Gegentheile aus, daß a und bc nicht relative Primzahlen sind, sondern noch einen gemeinschaftlichen Theiler $\gamma, > 1$ haben, so müssen zunächst b und γ und c und γ relative Primzahlen zu einander sein; denn hätten b und γ den Theiler $\delta, > 1$, so müßte, da a durch γ und γ durch δ theilbar wäre, auch a durch δ theilbar sein, also wären a und b durch δ, >1 theilbar, was gegen die Annahme, daß a und b relative Primzahlen sein sollen, streitet. Eben so folgt, daß c und γ relative Primzahlen sind. Unter der Bedingung, daß b und γ und c und γ relative Primzahlen sind, soll nun bc durch γ theilbar oder $\frac{bc}{\gamma}$ = einer ganzen Zahl sein, was offenbar zu einem Widerspruch führen muß. Da nun aber die Beziehung des c zu γ als relative Primzahl, nur dadurch als charakterisirt erscheint, daß die Divisions-Entwickelung zu dem Reste 1 führen muß, so haben wir für $c > \gamma$,

$$\begin{aligned}
c &= q_1 \gamma + r_1, \\
\gamma &= q_2 r_1 + r_2, \\
r_1 &= q_3 r_2 + r_3, \\
r_2 &= q_4 r_3 + r_4, \\
&\ldots\ldots\ldots \\
r_{n-3} &= q_{n-1} r_{n-2} + r_{n-1}, \\
r_{n-2} &= q_n r_{n-1} + r_n,
\end{aligned}$$

und es ist, für $r_n = 0$, nothwendig $r_{n-1} = 1$, weil c und γ relative Primzahlen sind. Benutzen, oder verbinden, wir hiermit, daß bc durch γ theilbar sein soll, so muß dann nothwendig der Widerspruch „b durch γ theilbar" heraustreten. Deshalb schließen wir:

Multiplizirt man beide Seiten der ersten Gleichung mit b, so kommt:

$$bc = q_1 b\gamma + br_1, \text{ daher}$$
$$\frac{bc}{\gamma} = q_1 b + \frac{br_1}{\gamma}.$$

Soll also $(bc):\gamma$ = einer ganzen Zahl sein, so ist es auch $\frac{br_1}{\gamma}$.

Multiplizirt man beide Seiten der zweiten Gleichung mit b um zur Relation für $\frac{br_2}{\gamma}$ zu gelangen, so kommt

$$b\gamma = q_2 br_1 + br_2, \text{ also}$$
$$b = q_2 \frac{br_1}{\gamma} + \frac{br_2}{\gamma},$$

und es muß, weil bereits $(br_1):\gamma$ eine ganze Zahl liefern soll, auch $\frac{br_2}{\gamma}$ eine solche geben.

Multiplizirt man beide Seiten der dritten Gleichung mit b, um eine Relation für $(br_3):\gamma$ zu erhalten, so kommt

$$br_1 = q_3 br_2 + br_3, \text{ also}$$

$$\frac{br_1}{\gamma} = q_3\frac{br_2}{\gamma} + \frac{br_3}{\gamma},$$

und es muß, da bereits $(br_1):\gamma$ und $(br_2):\gamma$ ganze Zahlen liefern sollen, auch $(br_3):\gamma$ eine solche geben.

Multiplizirt man beide Seiten der vierten Gleichung aus demselben Grunde mit b, so kommt:

$$br_2 = q_4 br_3 + br_4, \text{ also}$$

$$\frac{br_2}{\gamma} = q_4\frac{br_3}{\gamma} + \frac{br_4}{\gamma},$$

und es muß, da bereits $(br_2):\gamma$ und $(br_3):\gamma$ ganze Zahlen geben, auch $(br_4):\gamma$ eine solche sein.

Übersieht man den Gang dieser Schlüsse gehörig, so kommt (nach Ω)

$$br_{n-3} = q_{n-1} br_{n-2} + br_{n-1}, \text{ also}$$

$$\frac{br_{n-3}}{\gamma} = q_{n-1}\frac{br_{n-2}}{\gamma} + \frac{br_{n-1}}{\gamma},$$

und es muß, da $(br_{n-3}):\gamma$ und $(br_{n-2}):\gamma$ ganze Zahlen liefern, auch $(br_{n-1}):\gamma$ eine solche sein, also wegen $r_{n-1} = 1$, auch b durch γ theilbar.

Da wir aber annahmen, a und bc hätten den Theiler $\gamma, > 1$, so würden ihn nun auch a und b haben, was gegen die Voraussetzung streitet, daß a und b relative Primzahlen sein sollen. Hätten wir $\gamma, > c$ angenommen, so wäre die Vermittelung der Wahrheit dieselbe.

Hieraus folgt nun unbedingt der Satz:

„Sind a und b, und a und c relative Primzahlen, so sind auch a und bc dergleichen."

Um diese Wahrheit noch auf einem zweiten Wege zu vermitteln, wollen wir zuerst zeigen, daß wenn man mit a und b die gedachte Divisions-Entwicklung anstellt, es dann Vielfache von a und b giebt, deren Differenz irgend einem der Reste gleich sei.

Man hat deshalb, wenn $a > b$ gedacht wird:

$$a = q_1 b + r_1,$$

$$b = q_2 r_1 + r_2,$$

$$\begin{aligned} r_1 &= q_3\, r_2 + r_3,\\ r_2 &= q_4\, r_3 + r_4,\\ &\ldots\ldots\ldots\\ r_{n-3} &= q_{n-1} r_{n-2} + r_{n-1},\\ r_{n-2} &= q_n\, r_{n-1} + r_n. \end{aligned}$$

Nun folgt aus der zweiten Gleichung $r_2 = b - q_2 r_1$ und aus der ersten $a - q_1 b = r_1$, also $r_2 = b - q_2(a - q_1 b) = (1 + q_2 q_1)b - q_2 a$.

Eben so hat man aus der dritten Gleichung:

$$\begin{aligned} r_3 &= r_1 - q_3 r_2, \text{ also}\\ r_3 &= (a - q_1 b) - q_3[(1 + q_2 q_1)b - q_2 a], \text{ oder}\\ r_3 &= (1 + q_3 q_2)a - [q_1 + (1 + q_2 q_1)q_3]b. \end{aligned}$$

Die weitere Fortsetzung dieser Schlüsse nutzt nichts, weil dies nur eine Wahrscheinlichkeit unserer Behauptung abgiebt. Betrachtet man aber den Gedankengang der befolgt ist, um darzuthun, daß ein bestimmter Rest gleich der Differenz zweier Vielfachen von a und b ist, so sieht man, daß jeder folgende Rest bestimmt wurde dadurch, daß wir für die beiden in ihm vorkommenden nächst vorhergehenden Reste, die bereits dafür erhaltenen Vielfachen von a und b substituirten. So hatten wir $r_3 = r_1 - q_3 r_2$ und rechts setzten wir für die dem Rest r_3 unmittelbar vorhergehenden r_1, r_2 die schon gefundenen Differenzen der Vielfachen von a und b. Auf diesem Wege müssen wir nun auch zur allgemeinen Vermittlung der gesuchten Wahrheit fortschreiten.

Es folgt nach dem sich deutlich aussprechenden Bildungs-Gesetze der Reste:

$$\begin{aligned} r_{k-1} &= r_{k-3} - q_{k-1} r_{k-2},\\ r_k &= r_{k-2} - q_k\, r_{k-1},\\ r_{k+1} &= r_{k-1} - q_{k+1} r_k. \end{aligned}$$

Nimmt man an, dem obigen Scheine zufolge, daß sich die zwei dem Reste r_{k+1} unmittelbar vorhergehenden, nämlich r_{k-1} und r_k bereits als Differenzen von Vielfachen von a und b darstellen lassen, daß also

$$\begin{aligned} r_{k-1} &= \varphi a - \psi b,\\ r_k &= \varphi' a - \psi' b \end{aligned}$$

wäre, so hat man daraus

$$r_{k+1} = r_{k-1} - q_{k+1} r_k = (\varphi a - \psi b) - q_{k+1}(\varphi' a - \psi' b),$$

oder: $r_{k+1} = (\varphi - q_{k+1}\varphi')a - (\psi + q_{k+1}\psi')b.$

Unter der Bedingung, daß sich also r_{k-1} und r_k als Differenzen von Vielfachen von a und b darstellen lassen, kann man nun auch den folgenden Rest r_{k+1} als eine solche Differenz zwischen Vielfachen von a und b ausdrücken. Nun hat man aber für r_1 und r_2 bereits solche Vielfache, also auch für r_3, also jetzt für r_2 und r_3 also auch für r_4 und deshalb gilt die Behauptung (nach Ω) allgemein, d. h.

„Jeder der bleibenden Reste läßt sich als Differenz zweier Vielfachen von a und b darstellen."

Sind deshalb a und b relative Primzahlen, so ist, wie wir bereits wissen, der dem letzten Rest 0 unmittelbar vorhergehende = 1. Da auch a und c relative Primzahlen sein sollen, so gilt dasselbe.

Man hat daher Vielfache μa, Δb von a und b deren Differenz gleich 1 ist; eben so auch von a und c.

Es ist also:

$$\mu a - \Delta b = 1,$$
$$\mu' a - \Delta' c = 1.$$

Da durch die erste dieser Gleichungen die Beziehung, daß a und b relative Primzahlen, und ebenso durch die zweite, die, daß a und c relative Primzahlen zu einander sind, arithmetisch dargestellt ist, so muß man hierdurch zu dem Schluß: a und bc sind relative Primzahlen, gelangen können.

Multiplizirt man deshalb die erste Gleichung mit c und die zweite mit b, so kommt:

$$\mu ac - \Delta bc = c,$$
$$\mu' ab - \Delta' bc = b.$$

Hätten nun a und bc einen gemeinschaftlichen Theiler γ, > 1, so hätten ihn auch — nach der ersten dieser Gleichungen — a und c, und nach der zweiten: a und b. Hierdurch würde aber die Voraussetzung, daß a und b und a und c relative Primzahlen sein sollen, aufgehoben, also muß die Annahme falsch sein, daß a und bc noch einen gemeinschaftlichen Theiler γ, > 1 haben. Es sind demnach a und bc relative Primzahlen.

Jetzt ist es leicht, den vorigen Satz: Sind a und b, a und c relative Primzahlen, so sind auch a und bc dergleichen, allgemein aufzufassen.

Bildet α_1 mit jeder der Zahlen $a_1, a_2, a_3, \ldots, a_k$ ein Paar relative Primzahlen, so hat man:

Da α_1 zu
a_1 u. α_1 zu a_2 relat. Primz. ist, so ist auch α_1 zu $a_1 a_2$ relat. Primz.
Da α_1 zu
$a_1 a_2$ u. α_1 zu a_3 relat. Primz. ist, so ist auch α_1 zu $a_1 a_2 a_3$ relat. Primz.
Da α_1 zu
$a_1 a_2 a_3$ u. α_1 zu a_4 relat. Primz. ist, so ist auch α_1 zu $a_1 a_2 a_3 a_4$ rel. Primz.

Nach (Ω) folgt hieraus:

$$\alpha_1 \text{ ist zu } a_1 a_2 a_3 \times \ldots \times a_k$$

relative Primzahl. Bildet nun wieder jede der Zahlen

$$a_1, \; a_2, \; a_3, \; \ldots, \; a_k;$$

mit jeder der Zahlen $\alpha_1, \; \alpha_2, \; \alpha_3, \; \ldots, \; \alpha_t$

ein Paar relative Primzahlen, so hat man:

$$a_1 a_2 a_3 \times \ldots \times a_k \text{ ist zu } \alpha_1 \text{ relative Primzahl,}$$
$$a_1 a_2 a_3 \times \ldots \times a_k \text{ ist zu } \alpha_2 \text{ relative Primzahl,}$$
$$\cdots\cdots\cdots$$
$$a_1 a_2 a_3 \times \ldots \times a_k \text{ ist zu } \alpha_t \text{ relative Primzahl,}$$

also bilden die Produkte

$$a_1 a_2 a_3 \times \ldots \times a_k \text{ und } \alpha_1 \alpha_2 \alpha_3 \times \ldots \times \alpha_t$$

relative Primzahlen mit einander.

Setzt man nun

$$a_1 = a_2 = a_3 = \ldots = a_k,$$
$$\text{und} \quad \alpha_1 = \alpha_2 = \alpha_3 = \ldots = \alpha_t,$$

so folgt, daß wenn a_1 und α_1 relative Primzahlen sind, dann auch $(a_1)^k$ und $(\alpha_1)^t$ dergleichen sein müssen.

Hierdurch ist endlich unser Satz erwiesen, daß wenn α' und β' relative Primzahlen sind, dann $\left(\frac{\beta'}{\alpha'}\right)^b$ nicht = der wirklichen Zahl a sein kann, weil nämlich $(\beta')^b$ und $(\alpha')^b$ relative Primzahlen sind, was nicht der Fall sein könnte, wenn $(\beta')^b$ durch $(\alpha')^b$ theilbar ist.

Bemerkung. Wir wollen noch auf einem andern Wege zeigen, daß wenn a und b relative Primzahlen sind, dann auch $\frac{a^m}{b^m}$ nicht gleich einer ganzen Zahl sein könne, wenn b nicht 1 ist.

Die Voraussetzung, daß a und b relative Primzahlen sind, ist charakterisirt durch die Gleichungen (S. 484.)

$$\begin{aligned}
a &= q_1 \; b + r_1,\\
b &= q_2 \; r_1 + r_2,\\
r_1 &= q_3 \; r_2 + r_3,\\
r_2 &= q_4 \; r_3 + r_4,\\
&\ldots\ldots\ldots\\
r_{n-3} &= q_{n-1} r_{n-2} + r_{n-1},\\
r_{n-2} &= q_n \; r_{n-1} + r_n,
\end{aligned}$$

wo $r_{n-1} = 1$ ist, also $r_n = 0$ sein muß

Beide Seiten der ersten Gleichung mit a^{m-1} multiplizirt, und dann beide Seiten der erhaltenen durch b^m dividirt, giebt:

$$\frac{a^m}{b^m} = q_1 \frac{a^{m-1}}{b^{m-1}} + \frac{r_1 a^{m-1}}{b^m}.$$

Wäre $a^m : b^m =$ einer ganzen Zahl α, so hat man hieraus:

$$\alpha b^{m-1} = q_1 a^{m-1} + \frac{r_1 a^{m-1}}{b};$$

es müßte also $\frac{r_1 a^{m-1}}{b} =$ einer ganzen Zahl sein.

Beide Seiten der zweiten Gleichung mit a^{m-1} multiplizirt und dann durch b dividirt, giebt:

$$a^{m-1} = q_2 \frac{r_1 a^{m-1}}{b} + \frac{r_2 a^{m-1}}{b}.$$

Da nun $\frac{r_1 a^{m-1}}{b}$ eine ganze Zahl geben soll, so muß auch $\frac{r_2 a^{m-1}}{b}$ eine solche liefern.

Beide Seiten der dritten Gleichung mit a^{m-1} multiplizirt und dann durch b dividirt, giebt:

$$\frac{r_1 a^{m-1}}{b} = q_3 \frac{r_2 a^{m-1}}{b} + \frac{r_3 a^{m-1}}{b}.$$

Da $\frac{r_1 a^{m-1}}{b}$ und $\frac{r_2 a^{m-1}}{b}$ zu ganzen Zahlen führen, so giebt $\frac{r_3 a^{m-1}}{b}$ auch eine solche.

Beide Seiten der vierten Gleichung mit a^{m-1} multiplizirt und dann durch b dividirt, giebt:

$$\frac{r_2 a^{m-1}}{b} = q_4 \frac{r_3 a^{m-1}}{b} + \frac{r_4 a^{m-1}}{b}.$$

Da nun $\frac{r_2 a^{m-1}}{b}$ und $\frac{r_3 a^{m-1}}{b}$ zu ganzen Zahlen führen, so ist auch $\frac{r_4 a^{m-1}}{b}$ gleich einer solchen.

Überblickt man diese Schlüsse, so findet sich

$$\frac{r_{n-3}a^{m-1}}{b} = q_{n-1}\frac{r_{n-2}a^{m-1}}{b} + \frac{r_{n-1}a^{m-1}}{b}.$$

Da $\frac{r_{n-3}a^{m-1}}{b}$ und $\frac{r_{n-2}a^{m-1}}{b}$ zu ganzen Zahlen führen, so muß auch $\frac{r_{n-1}a^{m-1}}{b}$ oder (wegen $r_{n-1} = 1$) $\frac{a^{m-1}}{b}$ = einer ganzen Zahl sein.

Verfährt man jetzt wieder wie vorhin, nur daß man beide Seiten der ersten Gleichung mit a^{m-2} multiplizirt und dann durch b dividirt (und eben so mit den übrigen Gleichungen), so hat man:

$$\frac{a^{m-1}}{b} = q_1 a^{m-2} + \frac{r_1 a^{m-2}}{b}.$$

Da nun $a^{m-1} : b$ eine ganze Zahl sein soll, so gilt dies auch von $\frac{r_1 a^{m-2}}{b}$.

Schließt man, wie angedeutet fort, so müssen:

$$\frac{r_2 a^{m-2}}{b},\ \frac{r_3 a^{m-2}}{b},\ \ldots,\ \frac{r_{n-1}a^{m-2}}{b}$$

ganze Zahlen vorstellen. Der letztere Ausdruck: $\frac{r_{n-1}a^{m-2}}{b}$ zeigt wieder, daß $\frac{a^{m-2}}{b}$ eine ganze Zahl liefern muß.

Verfährt man nun wieder ebenso, nur daß man mit a^{m-3} multiplizirt, so findet sich, daß $\frac{a^{m-3}}{b}$ auch eine ganze Zahl liefern muß.

Hieraus erhellt sehr einfach, daß

$$\frac{a^{m-4}}{b},\ \frac{a^{m-5}}{b},\ \ldots,\ \frac{a^{m-(m-2)}}{b},\ \frac{a^{m-(m-1)}}{b}$$

ganze Zahlen vorstellen müßten.

Der letztere Ausdruck liefert, daß a : b einer ganzen Zahl gleich sein müßte, was unmöglich ist, da a und b relative Primzahlen sind und a : b nicht = a d. h. b nicht = 1 ist.

Kommen wir endlich wieder auf

$$\omega^b,\ \left(\omega+\frac{1}{\mu}\right)^b,\ \left(\omega+\frac{2}{\mu}\right)^b,\ \left(\omega+\frac{3}{\mu}\right)^b,\ \ldots,\ \left(\omega+\frac{\mu-1}{\mu}\right)^b,\ (\omega+1)^b$$

zurück, so ist jetzt vollständig erwiesen, daß a in $\sqrt[b]{a}$ nicht einer der vorstehenden Potenzen gleich sein kann. Demnach muß wieder a zwischen zwei unmittelbar auf einander folgende dieser Potenzen fallen.

Sind nun diese: $\left(\omega+\frac{\Delta}{\mu}\right)^{b}$ und $\left(\omega+\frac{\Delta+1}{\mu}\right)^{b}$, bei denen Δ entweder 0 und eine ganze positive Zahl $<\mu$ vorstellt, so hat man

$$\left(\omega+\frac{\Delta}{\mu}\right)^{b}<a \text{ und } \left(\omega+\frac{\Delta+1}{\mu}\right)^{b}>a.$$

Demnach giebt der unächte Bruch $\frac{\omega\mu+\Delta}{\mu}$ mit b potenzirt, weniger als a.

und der unächte Bruch $\frac{\omega\mu+\Delta+1}{\mu}$ mit b potenzirt, mehr als a.

Wir suchten $\sqrt[b]{a}$, im Falle a und b wirkliche Zahlen sind und $\sqrt[b]{a}$ keine solche war, auf eine der frühern Zahlenformen zurückzuführen, fanden jedoch, daß dies nicht angeht, sich vielmehr nur gebrochene Zahlen $\frac{\omega\mu+\Delta}{\mu}$ und $\frac{\omega\mu+\Delta+1}{\mu}$ angeben lassen, zwischen denen $\sqrt[b]{a}$ liegen muß.

Weil man nun μ stets größer und größer annehmen kann, so lassen sich auch diese Grenzen $\omega+\frac{\Delta}{\mu}$ und $\omega+\frac{\Delta+1}{\mu}$, zwischen welchen $\sqrt[b]{a}$ stets fällt, immer näher und näher an einander bringen. Man hat ferner:

$$\left(\omega+\frac{\Delta}{\mu}\right), \ldots, \sqrt[b]{a} \ldots, \left(\omega+\frac{\Delta+1}{\mu}\right),$$

also: $$\sqrt[b]{a}-\left(\omega+\frac{\Delta}{\mu}\right)<\left(\omega+\frac{\Delta+1}{\mu}\right)-\left(\omega+\frac{\Delta}{\mu}\right),$$

oder: $$\sqrt[b]{a}-\left(\omega+\frac{\Delta}{\mu}\right)<\frac{1}{\mu}.$$

Denkt man hier μ immer größer und größer, so wird $1:\mu$ immer kleiner und kleiner und der Unterschied zwischen $\sqrt[b]{a}$ und $\omega+\frac{\Delta}{\mu}$ nimmt fortwährend ab, so daß, wenn man statt $\sqrt[b]{a}$ setzt $\omega+\frac{\Delta}{\mu}$ (oder $\omega+\frac{\Delta+1}{\mu}$) der Fehler um so kleiner ist, je größer μ angenommen wird.

Läßt man μ in μ_{*} übergehn, so folgt

$$\sqrt[b]{a}-\left(\omega+\frac{\Delta}{\mu_{*}}\right)<\frac{1}{\mu_{*}}.$$

Man hat aber $\frac{1}{\mu_*} \succeq G.(0)$,

also auch $\sqrt[b]{a} - \left(\omega + \frac{\Delta}{\mu_*}\right) \succeq G(0)$;

das heißt es wird der Unterschied zwischen $\sqrt[b]{a}$ und $\omega + \frac{\Delta}{\mu}$ kleiner als jeder gegebene noch so kleine aber bestimmt angegebene Bruch, oder er nähert sich ins Endlose seiner Grenze Null.

Wäre nun a = einer in den kleinsten Zahlen ausgedrückten gebrochenen Zahl $\frac{\alpha}{\beta}$, so kann $\frac{\alpha}{\beta} = \frac{p^b}{q^b}$ sein, wo p und q relative Primzahlen sind, und $\sqrt[b]{\frac{\alpha}{\beta}} = \frac{p}{q}$ ist, ferner $\alpha = p^b$, $\beta = q^b$ [weil $\alpha q^b = \beta p^b$, αq^b durch p^b theilbar und dabei p^b und q^b relative Primzahlen sind, also α durch p^b theilbar sein muß; aus demselben Grunde aber auch p^b durch α theilbar, was nur angeht, wenn $\alpha = p^b$ ist. Demnach ist auch $\beta = q^b$]. Lassen sich aber weder α noch β als bte Potenzen ganzer Zahlen ausdrücken, so kann man auch $\sqrt[b]{\frac{\alpha}{\beta}}$ nicht als gebrochene Zahl $\frac{p}{q}$ genau angeben, und $\frac{\alpha}{\beta}$ muß, wie sich durch das vorige Raisonnement ergiebt, zwischen zweien Gliedern $\left(\omega + \frac{\Delta}{\mu}\right)^b$ und $\left(\omega + \frac{\Delta+1}{\mu}\right)^b$ liegen, wo $\omega = 0$, wenn $\frac{\alpha}{\beta} < 1$ ist.

Man kann auch, um die Methode der Annäherung an $\sqrt[b]{a}$ für die beiden Fälle, wo a entweder ganz oder gebrochen ist und sich $\sqrt[b]{a}$ weder als ganze noch gebrochene Zahl vorstellen läßt, auf ein Mal zu zeigen, so verfahren:

Es ist:

$$\sqrt[b]{a} = \sqrt[b]{\frac{a \cdot \alpha^b}{\alpha^b}} = \frac{\sqrt[b]{a\alpha^b}}{\alpha}.$$

Da man nun α beliebig groß annehmen darf, so kann man eine ganze durch ω bezeichnete Zahl finden, so daß

$$\omega < \sqrt[b]{a}\,.\,\alpha^b \text{ und } \omega+1 > \sqrt[b]{a}\,.\,\alpha^b\ ^{*}), \text{ also}$$

$$\frac{\omega}{\alpha} < \frac{\sqrt[b]{a}\,.\,\alpha^b}{\alpha} \text{ und } \frac{\omega+1}{\alpha} > \frac{\sqrt[b]{a}\,.\,\alpha^b}{\alpha} \text{ oder}$$

$$\frac{\omega}{\alpha} < \sqrt[b]{a} \qquad \text{und } \frac{\omega+1}{\alpha} > \sqrt[b]{a}$$

ist, wo wieder $\sqrt[b]{a} - \frac{\omega}{\alpha} < \frac{\omega+1}{\alpha} - \frac{\omega}{\alpha}$ oder $\sqrt[b]{a} - \frac{\omega}{\alpha} < \frac{1}{\alpha}$ ist, und α so groß angenommen werden kann, daß $\sqrt[b]{a} - \frac{\omega}{\alpha}$ kleiner ist, als jeder bestimmt angegebene noch so kleine ächte Bruch $\frac{1}{\alpha}$.

Um den Begriff der Wurzel $\sqrt[b]{a}$, für a positiv oder Null, vollständig erweitert zu haben, hat man, wegen $0^b = 0$ und $1^b = 1$, bezüglich $\sqrt[b]{0} = 0$, $\sqrt[b]{1} = 1$.

Wir haben im Vorhergehenden gezeigt, daß wenn sich a, in $\sqrt[b]{a}$, nicht unter der ins Endlose zunehmenden Reihe

$$0^b,\ 1^b,\ 2^b,\ 3^b,\ \ldots \sim$$

vorfindet, es doch allemal zwischen zwei zunächst aufeinander folgende Potenzen ω^b und $(\omega+1)^b$ fallen muß (wo hier ω Null oder eine ganze positive Zahl vorstellt) und daß sich dann a wieder zwischen zwei einander stets näher und näher liegende Potenzen

$$\left(\omega + \frac{\Delta}{\mu}\right)^b \text{ und } \left(\omega + \frac{\Delta+1}{\mu}\right)^b$$

eingrenzen läßt, bei denen Δ entweder Null oder eine ganze positive Zahl $< \mu$ bezeichnet.

Wir haben nun noch darzuthun, daß der Unterschied der beiden Grenzen $\left(\omega + \frac{\Delta}{\mu}\right)^b$ und $\left(\omega + \frac{\Delta+1}{\mu}\right)^b$ zwischen denen a im bewußten Falle liegt, beliebig klein genommen werden kann, wenn nur μ hin-

*) Der Einfachheit wegen schreibe ich $\overset{h}{\surd}ab$, $\overset{h}{\surd}(a+b)(c+d)$, $\overset{h}{\surd}a^{\mu}b^{k}$ bezüglich statt: $\sqrt[h]{ab}$ (oder $\overset{h}{\surd}(ab)$), $\sqrt[h]{(a+b)(c+d)}$, $\overset{h}{\surd}(a^{\mu}b^{k})$, weil man doch nie statt $h\overset{k}{\surd}v$ setzt: $\overset{k}{\surd}v.h$, indem der Factor immer vor das Zeichen ($\surd$) gestellt wird.

länglich groß gesetzt wird. Ist dies erwiesen, so muß auch die Differenz zwischen a und jeder dieser Grenzen um so mehr kleiner werden als jeder bestimmt angegebene ächte Bruch.

Zunächst hat man:

$$a^m - b^m = (a-b)(a^{m-1} + a^{m-2}b + a^{m-3}b^2 + \ldots + ab^{m-2} + b^{m-1}),$$

wo der zweite Factor, rechts, m Glieder enthält.

Bezeichnen nun a und b positive Zahlen und ist $a > b$, so ist auch

$$a^{m-1} + a^{m-1} + \ldots + (a^{m-1})_m > a^{m-1} + a^{m-2}b + a^{m-3}b^2 + \ldots + ab^{m-2} + b^{m-1},$$

weil jeder der m Summanden links, größer ist, als jeder der m Summanden rechts.

Man hat deshalb

$$ma^{m-1} > a^{m-1} + a^{m-2}b + a^{m-3}b^2 + \ldots + b^{m-1},$$

also, weil $a-b$ positiv ist:

$$ma^{m-1}(a-b) > (a-b)(a^{m-1} + a^{m-2}b + a^{m-3}b^2 + \ldots + ab^{m-2} + b^{m-1}),$$

$$\text{oder:} \quad ma^{m-1}(a-b) > a^m - b^m.$$

Hiernach hat man nun, weil $\omega + \frac{\Delta+1}{\mu} > \omega + \frac{\Delta}{\mu}$ ist:

$$b\left(\omega + \frac{\Delta+1}{\mu}\right)^{b-1} \cdot \frac{1}{\mu} > \left(\omega + \frac{\Delta+1}{\mu}\right)^b - \left(\omega + \frac{\Delta}{\mu}\right)^b.$$

Nun ist aber höchstens $\Delta = \mu - 1$, also

$$\omega + 1 \gtreqless \omega + \frac{\Delta+1}{\mu},$$

$$\text{demnach:} \quad (\omega+1)^{b-1} \gtreqless \left(\omega + \frac{\Delta+1}{\mu}\right)^{b-1},$$

$$\text{deshalb:} \quad \frac{b(\omega+1)^{b-1}}{\mu} \gtreqless b\left(\omega + \frac{\Delta+1}{\mu}\right)^{b-1} \cdot \frac{1}{\mu},$$

$$\text{folglich auch} \quad \frac{b(\omega+1)^{b-1}}{\mu} > \left(\omega + \frac{\Delta+1}{\mu}\right)^b - \left(\omega + \frac{\Delta}{\mu}\right)^b.$$

Stellt nun r einen ächten Bruch vor, so klein als man immer will, und setzt man

$$\mu \gtreqless b(\omega+1)^{b-1} : r, \text{ oder}$$

$$r \gtreqless \frac{b(\omega+1)^{b-1}}{\mu}, \text{ so folgt:}$$

$$r > \left(\omega + \frac{\Delta+1}{\mu}\right)^b - \left(\omega + \frac{\Delta}{\mu}\right)^b,$$

d. h. der Unterschied zwischen den beiden Grenzausdrücken $\left(\omega+\frac{\Delta+1}{\mu}\right)^b$ und $\left(\omega+\frac{\Delta}{\mu}\right)^b$ kann kleiner genommen werden als jeder bestimmt angegebene noch so kleine ächte Bruch r.

Nun hatten wir aber

$$\left(\omega+\frac{\Delta}{\mu}\right)^b < a \text{ und } \left(\omega+\frac{\Delta+1}{\mu}\right)^b > a,$$

also: $$\left(\omega+\frac{\Delta}{\mu}\right)^b, \ldots, a, \ldots, \left(\omega+\frac{\Delta+1}{\mu}\right)^b,$$

daher: $$a-\left(\omega+\frac{\Delta}{\mu}\right)^b < \left(\omega+\frac{\Delta+1}{\mu}\right)^b - \left(\omega+\frac{\Delta}{\mu}\right)^b,$$

mithin wegen

$$r > \left(\omega+\frac{\Delta+1}{\mu}\right)^b - \left(\omega+\frac{\Delta}{\mu}\right)^b,$$

ist auch: $$a-\left(\omega+\frac{\Delta}{\mu}\right)^b < r,$$

so daß also der Unterschied zwischen dem was wir für a annehmen, nämlich $\left(\omega+\frac{\Delta}{\mu}\right)^b$, und a selbst, stets kleiner werden knan als jeder bestimmt angegebene noch so kleine ächte Bruch r.

Im Falle sich $\sqrt[b]{a}$ nicht genau ausdrücken läßt, haben wir jedoch eingesehn, daß man sich den Ausdruck $\sqrt[b]{a}$ stets zwischen zwei gebrochenen Zahlen $\frac{\omega}{\alpha}$ und $\frac{\omega+1}{\alpha}$ liegend denken kann, von denen die erste, nämlich $\frac{\omega}{\alpha}$ kleiner als $\sqrt[b]{a}$, hingegen die zweite $\frac{\omega+1}{\alpha}$ größer als $\sqrt[b]{a}$ ist, oder die erste mit b potenzirt weniger, die zweite mit b potenzirt mehr als a giebt.

Da nun in $\sqrt[b]{a} = \frac{\sqrt[b]{a \,.\, \alpha^b}}{\alpha}$, ω so bestimmt wurde, daß $\omega^b < a \,.\, \alpha^b$ und $(\omega+1)^b > a \,.\, \alpha^b$ ist, so sieht man, daß ω um so größer genommen werden muß, je größer man α nimmt und umgekehrt.

Denkt man sich also statt α stets größere und größere Zahlen

$$\alpha_1, \alpha_2, \ldots, \alpha_n$$

gesetzt, und bezeichnet man die entsprechenden ganzzahligen Ausdrücke die in $\sqrt[b]{a}.\alpha_1$, $\sqrt[b]{a}.\alpha_2, \ldots, \sqrt[b]{a}.\alpha_n$ liegen, mit

$$\omega_1, \omega_2, \ldots, \omega_n,$$

so hat man

$$\left.\begin{array}{l} \sqrt[b]{a} - \frac{\omega}{\alpha} < \frac{1}{\alpha}, \\ \sqrt[b]{a} - \frac{\omega_1}{\alpha_1} < \frac{1}{\alpha_1}, \\ \sqrt[b]{a} - \frac{\omega_2}{\alpha_2} < \frac{1}{\alpha_2}, \\ \ldots \\ \sqrt[b]{a} - \frac{\omega_n}{\alpha_n} < \frac{1}{\alpha_n} \end{array}\right. \text{ wo } \left\{\begin{array}{l} \frac{\omega_1+1}{\alpha_1} - \frac{\omega_1}{\alpha_1} < \left[\frac{\omega+1}{\alpha} - \frac{\omega}{\alpha} = \frac{1}{\alpha}\right] \\ \frac{\omega_2+1}{\alpha_2} - \frac{\omega_2}{\alpha_2} < \left[\frac{\omega_1+1}{\alpha_1} - \frac{\omega_1}{\alpha_1} = \frac{1}{\alpha_1}\right] \\ \ldots \\ \frac{\omega_n+1}{\alpha_n} - \frac{\omega_n}{\alpha_n} < \left[\frac{\omega_{n-1}+1}{\alpha_{n-1}} - \frac{\omega_{n-1}}{\alpha_{n-1}} = \frac{1}{\alpha_{n-1}}\right] \end{array}\right.$$

ist. Jede der von links nach rechts folgenden gebrochenen Zahlen in

$$\frac{\omega}{\alpha}, \frac{\omega_1}{\alpha_1}, \ldots, \frac{\omega_{n-1}}{\alpha_{n-1}}, \frac{\omega_n}{\alpha_n}$$

weicht also von $\sqrt[b]{a}$ stets weniger ab, als jede der vorhergehenden und der Unterschied zwischen $\sqrt[b]{a}$ und einer derselben kann kleiner werden als jeder bestimmt angegebene ächte Bruch, und jede der folgenden gebrochenen Zahlen hat einen größeren Zähler und Nenner als jede der vorhergehenden.

Denkt man sich nun α in α_* übergehend, so geht auch ω in ω_* über und man hat

$$\sqrt[b]{a} - \frac{\omega_*}{\alpha_*} < \frac{1}{\alpha_*}, \text{ also}$$

$$\sqrt[b]{a} - \frac{\omega_*}{\alpha_*} \succeq G(0), \text{ mithin}$$

$$\frac{\omega_*}{\alpha_*} \succeq G(\sqrt[b]{a}).$$

42. Bedeutet in $\sqrt[b]{a}$, b eine wirkliche Zahl und a eine absolute ganze oder gebrochene Zahl, und will man sich unter $\sqrt[b]{a}$ eine ganze oder gebrochene Zahl denken, die mit b potenzirt a giebt, so hat $\sqrt[b]{a}$ eine wirkliche Bedeutung, wenn es eine absolute Zahl x giebt, für

welche $x^b = a$ ist. Ist dies der Fall, so ist $\sqrt[b]{a}$ eindeutig; denn existirt noch eine andere absolute Zahl $h \gtrless x$, so wäre auch $h^b \gtrless x^b$ oder $h^b \gtrless a$.

Der Begriff von $\sqrt[b]{a}$ schließt demnach folgende Momente in sich:

Es ist $\sqrt[b]{a}$ eine Radikations-Andeutung, die, ausführbar oder nicht, durch ihren Gegensatz völlig aufgehoben wird, so daß im Allgemeinen von $\sqrt[b]{a}$ nichts weiter gilt, als daß $(\sqrt[b]{a})^b = a$ ist. Im Falle $\sqrt[b]{a}$ nicht als absolute Zahl darstellbar ist, kann man sich doch durch gebrochene Zahlen derselben nach Belieben nähern, d. h. man kann eine gebrochene Zahl $\frac{\omega}{\alpha}$ finden, so daß $\sqrt[b]{a} - \frac{\omega}{\alpha}$ kleiner ist als jeder gegebene noch so kleine ächte Bruch. Von allen den endlos vielen gebrochenen Zahlen, die der $\sqrt[b]{a}$ stets näher und näher kommen, erscheint $\sqrt[b]{a}$ als Grenze derselben, also als unerreichbar.

Hiernach sind wir zu folgender Definition berechtigt:

a. Bedeutet a eine absolute ganze oder gebrochene Zahl oder Null, hingegen b eine wirkliche Zahl, so möge die durch die Gleichung

$$(\sqrt[b]{a})^b = a$$

definirte Wurzel $\sqrt[b]{a}$, die entweder darstellbar ist, oder als Grenze erscheint,

absolute Wurzel *)

genannt werden.

Die absolute Wurzel schließt die frühere wirkliche Wurzel als einen einzelnen Fall in sich, und ist, da sie auch, im Falle sie als Grenze gedacht, eine Bedeutung hat, offenbar eindeutig.

Ferner heiße die absolute Wurzel, im Falle sie nur als Grenze vorgestellt werden kann, sich also nie genau als gebrochene Zahl wirklich darstellen läßt,

irrational

*) Nur die absoluten Wurzeln, welche sich nie genau als rationale Zahlen ausdrücken lassen, heißen Irrationalzahlen. Wenn einige Schriftsteller die periodischen Dezimalbrüche oder ihre Grenzen, so wie auch u. A. π (ist transcendent) irrational nennen, so ist dies unrichtig und eine einseitige Auffassung, weil die innerliche Wesenheit (Natur) der irrationalen Wurzel eine ganz andere ist. —

oder eine irrationale Wurzel oder

irrationale Zahl *),

im Gegensatze der

rational Zahlen,

worunter wir ganze Zahlen und Brüche, deren Zähler und Nenner ganze Zahlen sind, verstehen. Da man die irrationalen Zahlen zwischen rationalen so eng einschließen kann, als man immer will, wo dann erstere als Grenzen von letzteren, also von reellen Zahlen, erscheinen, so werden sie von jetzt ab mit zu den reellen Zahlen gezählt, wodurch der frühere Begriff „reell" erweitert ist.

Da nun die absolute Wurzel $\sqrt[b]{a}$ entweder eine genaue angebbare bestimmte Bedeutung hat, oder doch, als gebrochene Zahl gedacht, einer solchen bis auf den Moment des Verschwindens nahe kommt, im Falle nämlich $\sqrt[b]{a}$ irrational ist, so ist klar, daß alles was von den rational Zahlen nachgewiesen ist, auch von den irrational Zahlen gelten muß.

Es ist also erstens kurz zu zeigen, daß überhaupt noch alle Gesetze die von der wirklichen Wurzel aufgestellt worden sind, nun auch von der absoluten Wurzel gelten müssen, und dann zweitens, daß überhaupt das Operiren noch wie früher stattfinden kann, wenn die Begriffe von **a**, **s**, **g**, **u**, **p**, **P**, **d**, **q**, **w**, **l** in keiner höhern Bedeutung genommen werden, als in der bisher festgestellten.

I. Ableitung. Erstens. Da die Gesetze von den Wurzeln auf die der Potenzen, letztere auf die vom Produkte und endlich diese wieder auf die von der Summe zurückkommen, so hat man im Wesentlichen zu zeigen, daß das Addiren und Multipliziren noch in beliebiger Folge stattfinden darf.

Hierzu dienen folgende Gesetze.

1) Bezeichnet p einen gegebenen, übrigens noch so kleinen, ächten Bruch und q eine gegebene, übrigens noch so große, absolute Zahl,

*) Die Benennung „absolute Wurzel" ist deshalb nicht recht passend, weil a auch Null sein kann und nur ganze Zahlen und Brüche, absolute Zahlen genannt sind. Daß man sich statt $\sqrt[b]{a}$, im Fall $\sqrt[b]{a}$ irrational ist, einen Bruch mit endlosem Zähler und Nenner denkt, der mit b potenzirt a giebt, ist nicht mathematisch streng, da u. A. neben einem Widerspruche der Begriff „Bruch" aufgehoben wird.

so existirt immer eine absolute Zahl x für welche $px > q$ ist, indem man nur $x > \frac{q}{p}$ zu nehmen braucht.

2) Bezeichnen $p_1, p_2, p_3, \ldots, p_n$ beliebige absolute Zahlen und kann jede derselben kleiner werden, als jede gegebene absolute Zahl, so kann die Summe

$$a_1p_1 + a_2p_2 + \ldots + a_np_n$$

kleiner werden, als jede gegebene, übrigens noch so kleine absolute Zahl b, wenn $a_1, a_2, \ldots, a_n$ beliebig groß, aber bestimmt, angenommen werden; denn man braucht nur

$$p_1 < \frac{b}{na_1}, \; p_2 < \frac{b}{na_2}, \ldots, \; p_n < \frac{b}{na_n}$$

zu nehmen, indem dann

$$a_1p_1 < \frac{b}{n},$$

$$a_2p_2 < \frac{b}{n},$$

$$\cdot \quad \cdot \quad \cdot \quad \cdot \quad \cdot \quad \cdot$$

$$\left(a_np_n < \frac{b}{n}\right)_n,$$

also: $\quad a_1p_1 + a_2p_2 + \ldots + a_np_n < b$

ist. Setzt man $a_1 = a_2 = \ldots = a_n = 1$, so folgt auch

$$p_1 + p_2 + \ldots + p_n < b.$$

3) Bezeichnen p und q irgend zwei Irrationalzahlen und fallen sie stets zwischen die Rationalzahlen a und $a + \psi$, deren Differenz ψ kleiner werden kann als jeder gegebene noch so kleine Bruch, so sind die Irrationalzahlen p und q einander gleich; denn nach der Voraussetzung ist

$$p > a, \qquad q > a,$$

$$p < a + \psi, \quad q < a + \psi,$$

was man durch

$$a, \ldots, p, \ldots, a + \psi;$$

$$a, \ldots, q, \ldots, a + \psi$$

vorstellen kann. Wäre nun $p > q$, so hat man, da nach der Annahme ψ kleiner werden kann als jede gegebene noch so kleine Zahl: ψ kleiner $p - q$.

Es ist aber nach der Voraussetzung: $p - a < (a + \psi) - a$ oder $p - a < \psi$, also folgt aus

$$\begin{array}{r} p - q > \psi \text{ und} \\ \psi > p - a, \text{ daß} \\ \hline p - q > p - a, \end{array}$$ d. h. $q < a$ sein müßte,

was gegen die Annahme $q > a$ streitet, also kann p nicht $> q$ sein. Wäre $p < q$, so kann nach der Voraussetzung $\psi < q - p$ gesetzt werden. Nach der Annahme ist aber auch $q - a < (a + \psi) - a$ oder $q - a < \psi$, also $q - p > q - a$, oder $p < a$ was gegen die Voraussetzung $p > a$ streitet. Es muß also $p = q$ sein.

Dies folgt auch unmittelbar nach dem ersten Falle, wo $p > q$ war, indem im zweiten, wo $p < q$, auch $q > p$ fließt, was nun nach dem ersten Falle unmöglich ist. *)

4) Es seien p und q Irrationalzahlen und in demselben Sinne wie vorhin:

$$p > a, \quad p < a + \psi;$$
$$q > b, \quad q < b + \psi',$$

so ist: $p + q > a + b, \quad p + q < a + \psi + b + \psi'$

und: $q + p > b + a, \quad q + p < b + \psi' + a + \psi,$

oder, da man Rationalzahlen in beliebiger Ordnung addiren darf:

$$p + q > a + b, \quad p + q < a + b + \psi + \psi',$$
$$q + p > a + b, \quad q + p < a + b + \psi + \psi',$$

mithin, da $p + q$ und $q + p$ stets zwischen denselben Rationalzahlen $a + b$ und $a + b + \psi + \psi'$ liegen, deren Unterschied $\psi + \psi'$ kleiner werden kann nach [2)] als jeder beliebige noch so kleine gegebene ächte Bruch, so ist:

$$p + q = q + p.$$

Dasselbe gilt auch noch, wenn nur eine von beiden Zahlen p oder q eine Irrationalzahl sein sollte.

Daß man nun beliebig viele, theils Rational- theils Irrational-Zahlen in beliebiger Ordnung addiren darf, wird wie in der Urzahlenlehre erwiesen, indem man wieder zunächst (wie dort) den allgemeinen Fall betrachtet, wodurch wir dann veranlaßt werden, für die Summe von drei irrationalen (oder theils rationalen, theils irrationalen) Summanden, die beliebige Folge der Addition nachzuzeigen, was eben so geschieht wie für $p + q = q + p$; hierauf tritt dann dieselbe Ableitung ein wie in der Urzahlenlehre.

*) Hiernach kann man alle ähnlichen Beweise in vielen Lehrbüchern bedeutend verkürzen.

Man hätte auch u. A. noch so schließen können:

Bezeichnen a, b, c, ..., p theils Rational- theils Irrational Zahlen, und setzt man ihre Summe, wenn man die Summanden in einer gewissen Folge (F) addirt, $= h$ und nach einer andern Folge (F') zu einander addirt, $= h - t$, so kann man, wenn a', b', c' ..., p' die den Zahlen a, b, c, ..., p bezüglich entsprechenden Rationalzahlen bezeichnen, die nach der Folge (F) aus a', b', c', ..., p' gebildete Summe $= h - t'$ machen, so daß $t' < t$, also $h - t < h - t'$ wird. Denkt man sich aber a', b', c', ..., p' nach der Folge (F') zu einander addirt, so muß, da jede der letztern z. B. $c' \gtreqless c$ ist, nothwendig ihre Summe $< h - t$ sein. Da aber die Rationalzahlen a', b', c', ..., p' nach jeder einzelnen der beiden Folgen zu einander addirt, zu demselben Resultat führen müssen, so müßte auch zugleich $h - t' < h - t$ sein, was einander widerspricht. Demnach gilt auch noch das Gesetz „Man darf in beliebiger Folge addiren" für Irrationalzahlen.

5) Ferner hat man hinsichtlich der beliebigen Multiplikationsfolge

$$\text{aus: } p > a, \quad p < a + \psi, \text{ und}$$
$$q > b, \quad q < b + \psi';$$
$$p.q > a.b, \; p.q < (a+\psi).(b+\psi') \text{ und } q.p > b.a, \; q.p < (b+\psi').(a+\psi).$$

Da nun von den Rationalzahlen gilt, daß $ab = ba$ und $(a+\psi)(b+\psi') = (b+\psi')(a+\psi)$ ist, so fallen pq und qp zwischen dieselben Rationalzahlen ab und $(a+\psi)(b+\psi')$, deren Differenz $= b\psi + a\psi' + \psi\psi'$ nach [2)] kleiner werden kann, als jeder gegebene noch so kleine ächte Bruch. Demnach ist nach [3)] $p.q = q.p$.

Dasselbe gilt daher auch, wenn eine von den Zahlen p, q eine Rationalzahl sein sollte. Nach der betreffenden Ableitung in der Urzahlenlehre oder ähnlich wie in [4)], ist es nun leicht, zu zeigen, daß man bei jedem Produkte aus irrationalen oder theils rationalen Factoren, letztere in beliebiger Folge nehmen darf.

6) Hinsichtlich der Potenzirungs-Gesetze hat man, wenn p eine Irrationalzahl ist, und m und n wirkliche Zahlen sind,

$$\text{aus: } \underline{a < p < a + \psi}$$
$$a^m < p^m < (a+\psi)^m,$$
$$a^n < p^n < (a+\psi)^n,$$
$$\text{also: } a^{m+n} < p^m . p^n < (a+\psi)^{m+n},$$

und aus der Annahme $a < p < a + \psi$ folgt:

$$a^{m+n} < p^{m+n} < (a+\psi)^{m+n}.$$

Nun ist aber nach [Seite 15. Bemerk.]

$$(a+\psi)^{m+n} = a^{m+n} + \frac{m+n}{1} a^{(m+n)-1}\psi + A \,.\, a^{(m+n)-2}\psi^2 + \ldots + \psi^{m+n},$$

also

$$(a+\psi)^{m+n} - a^{m+n} = \frac{m+n}{1} a^{(m+n)-1}\psi + A \,.\, a^{(m+n)-2}\psi^2 + \ldots + \psi^{m+n},$$

wo, wie man aus dem allgemeinen Multiplikations-Gesetz ersieht A, B, ... noch späterhin zu bestimmende von $m+n$ abhängige Ausdrücke sind. Da nun $p^m . p^n$ und p^{m+n} stets zwischen die Rationalzahlen a^{m+n} und $(a+\psi)^{m+n}$ fallen, deren Differenz nach [2)] kleiner werden kann als jeder gegebene noch so kleine Bruch, so ist $p^{m+n} = p^m . p^n$, wo m und n als wirkliche Zahlen vorausgesetzt sind. Man übersieht leicht, daß dies Gesetz auch noch für Differenz-Potenzen gilt, weil diese Erweiterung wie früher durchgeführt werden kann.

7) Aus

$$\frac{\begin{array}{l} a < p < a+\psi, \\ b < q < b+\psi' \end{array}}{}$$ findet sich, wenn m eine wirkliche Zahl ist:

$$\frac{\begin{array}{l} a^m < p^m < (a+\psi)^m, \\ b^m < q^m < (b+\psi')^m, \end{array}}{}$$ also durch die Multiplikation:

$$(a.b)^m < p^m q^m < [(a+\psi)(b+\psi')]^m.$$

Ferner folgt aus der Voraussetzung:

$$ab < pq < (a+\psi)(b+\psi'), \text{ also}$$
$$(ab)^m < (pq)^m < [(a+\psi)(b+\psi')]^m.$$

Da nun $p^m . q^m$ und $(pq)^m$ stets zwischen dieselben Rational-Ausdrücke $(a.b)^m$ und $[(a+\psi)(b+\psi')]^m$ fallen, deren Differenz $[ab + b\psi + a\psi' + \psi\psi']^m - (ab)^m$ von ähnlicher Form wie die obige ist und kleiner werden kann, als jeder gegebene ächte Bruch, so ist $p^m . q^m = (p.q)^m$, wo m eine wirkliche Zahl vorstellt. Der Satz gilt, aus denselben Gründen, noch für Differenz-Potenzen.

8) Aus

$$\frac{a < p < a+\psi}{}$$ und m, n wirkliche Zahlen folgt:

$$a^m < p^m < (a+\psi)^m$$ und hieraus:

$$(a^m)^n < (p^m)^n < [(a+\psi)^m]^n;$$ aus der Voraussetzung folgt:

$$a^{mn} < p^{mn} < (a+\psi)^{mn}.$$

Da nun $(p^m)^n$ und p^{mn} zwischen dieselben Rational-Ausdrücke a^{mn} und $(a+\psi)^{mn}$ fallen, deren Differenz

$(a+\psi)^{mn} - a^{mn} = \frac{mn}{1} a^{mn-1}\psi + \ldots$ nach [2)] kleiner werden kann als jeder gegebene noch so kleine ächte Bruch, so folgt nach [3)] $(p^m)^n = (p^n)^m = p^{mn}$.

Auch erhellet, daß dies Gesetz noch für Differenz-Potenzen gilt.

Die übrigen Gesetze der Potenzen folgen nun leicht aus [6), 7) und 8)].

Dieselben konnten viel einfacher, so wie für ganze Potenzen erwiesen werden.

So hat man z. B.

$$p^m . q^n = (pp \times \ldots \times p_m) . (qq \times \ldots \times q_n) = (pq)(pq) \times \ldots \times (pq)_m = (pq)^m.$$

Hiernach folgt nun leicht, daß noch sämmtliche Gesetze von den absoluten Wurzeln stattfinden, wenn die Radikanden Irrationalzahlen sind.

Zweitens. Aus dem Vorhergehenden ergiebt sich einfach, daß auch noch sämmtliche frühere Gesetze für die absoluten Wurzeln gelten werden, wenn auch die Radikanden Irrationalzahlen sind, sobald nur die Begriffe von

a, s, g, u, p, P, d, q, w, l

in keiner weiteren Ausdehnung genommen werden, als ihnen bis jetzt zukommt.

II. Ableitung. Erstens. Zunächst haben wir zu zeigen, daß die früheren Gesetze von den Wurzeln überhaupt noch von den absoluten gelten. Aus diesem Grunde wollen wir diejenigen Fundamental-Gesetze von den Wurzeln nachzeigen, aus denen die übrigen leicht folgen.

Dieselben sind aber:

I. $(\sqrt[b]{a})^b = a,$

II. $\sqrt[b]{(a^b)} = a,$

III. Ist $a = c$, so ist $\sqrt[b]{a} = \sqrt[b]{c},$

wo b eine wirkliche Zahl, hingegen a und c absolute rationale (oder irrationale) Zahlen, oder Null, vorstellen.

Für I. Dies ist der Begriff der absoluten Wurzel selbst.

Für II. Ist $a^b = x$, wo x eine ganze oder gebrochene Rationalzahl oder Null vorstellt, so hat $\sqrt[b]{x}$, als absolute Wurzel, eine bestimmte Bedeutung, nämlich a, also ist allgemein

$$\sqrt[b]{(a^b)} = a.$$

Bemerkung. Ist a eine positive Irrationalzahl, so hat auch $\sqrt[b]{a}$ eine bestimmte Bedeutung, sie ist irrational, weil man a als Irrationalzahl zwischen zwei Rationalzahlen h und k als Grenzen beliebig eng einschließen kann, so daß $\sqrt[b]{h} < \sqrt[b]{a}$ und $\sqrt[b]{k} > \sqrt[b]{a}$ ist, und nun $\sqrt[b]{k} - \sqrt[b]{h}$ so klein werden kann, als man immer will. Dies folgt auch indirect noch kürzer.

Eben so gilt auch die Gleichung: II. $\sqrt[b]{(a^b)} = a$, ebenfalls noch, wenn a eine Irrationalzahl sein sollte; denn man kann allemal ein ω finden, welches entweder $= 0$, oder $= 1$, oder $=$ einer wirklichen Zahl ist, so daß

$$\omega < a \text{ und } \omega + 1 > a$$

ist. Bedeutet nun μ eine wirkliche Zahl, so groß als man will, so läßt sich auch allemal ein Δ finden, welches entweder $= 0$, oder eine ganze Zahl $\gtreqless 1$ ist, so daß

$$\omega + \frac{\Delta}{\mu}, \ldots, a, \ldots, \omega + \frac{\Delta + 1}{\mu}$$

stattfindet, also: $\left(\omega + \frac{\Delta}{\mu}\right)^b < a^b$ und $\left(\omega + \frac{\Delta+1}{\mu}\right)^b > a^b$

ist, mithin: $$\frac{b(\omega+1)^{b-1}}{\mu} > \left(\omega + \frac{\Delta+1}{\mu}\right)^b - \left(\omega + \frac{\Delta}{\mu}\right)^b;$$

demnach für $$\mu \gtreqless b(\omega+1)^{b-1} : r,$$

$$r > \left(\omega + \frac{\Delta+1}{\mu}\right)^b - \left(\omega + \frac{\Delta}{\mu}\right)^b$$

ist, so daß der Unterschied der Grenz-Glieder $\left(\omega + \frac{\Delta + 1}{\mu}\right)^b$ und $\left(\omega + \frac{\Delta}{\mu}\right)^b$ zwischen denen a^b jedesmal liegt, kleiner werden kann, als jeder gegebene noch so kleine ächte Bruch.

Es ist also

$$a^b - \left(\omega + \frac{\Delta}{\mu}\right)^b < \left(\omega + \frac{\Delta + 1}{\mu}\right)^b - \left(\omega + \frac{\Delta}{\mu}\right)^b,$$

mithin um so mehr

$$r > a^b - \left(\omega + \frac{\Delta}{\mu}\right)^b.$$

Da man nun a^b zwischen so enge Grenz-Glieder einschließen kann wie man will, so hat auch a^b eine bestimmte Bedeutung, und es gilt die Gleichung $\sqrt[b]{(a^b)} = a$ auch noch, wenn a eine Irrationalzahl sein sollte.

Für III. Ist $a = c$. Wegen $a = (\sqrt[b]{a})^b$ und $c = (\sqrt[b]{c})^b$ ist: $(\sqrt[b]{a})^b = (\sqrt[b]{c})^b$, also $\sqrt[b]{a} = \sqrt[b]{c}$.

Oder so: $\sqrt[b]{a} = \sqrt[b]{a}$, und weil $\sqrt[b]{a}$ eindeutig ist, so kann man wegen $a = c$ statt a, c setzen und erhält $\sqrt[b]{a} = \sqrt[b]{c}$, wenn nur überall absolute Wurzeln vorkommen.

Dies Gesetz gilt auch noch, wenn a und c Irrationalzahlen sein sollten.

Umgekehrt folgt wieder aus $\sqrt[b]{a} = \sqrt[b]{c}$, $(\sqrt[b]{a})^b = (\sqrt[b]{c})^b$ oder $a = c$.

Zweitens. Nach [Erstens] ist es nun leicht, die frühern Gesetze der Wurzeln, namentlich:

$$\text{I.}\quad \sqrt[b]{a}.\sqrt[b]{c} = \sqrt[b]{ac}$$

$$\text{II.}\quad \sqrt[b]{a}:\sqrt[b]{c} = \sqrt[b]{a:c}$$

$$\text{III.}\quad (\sqrt[b]{a})^c = \sqrt[b]{a^c}$$

$$\text{IV.}\quad \sqrt[b]{\sqrt[c]{a}} = \sqrt[c]{\sqrt[b]{a}} = \sqrt[bc]{a}$$

$$\text{V.}\quad \sqrt[b]{a} = \sqrt[bc]{a^c}$$

$$\text{VI.}\quad a^{\frac{b}{c}} = \sqrt[c]{a^b}$$

für absolute zu erweisen, was eben so geschieht wie früher für die wirklichen Wurzeln *). Namentlich tritt hierbei in Anwendung,

---

*) Wollte man statt $\sqrt[b]{a}$ die gebrochene Zahl selbst denken, von der doch nur $\sqrt[b]{a}$ als Grenze existirt, die sich also nur der $\sqrt[b]{a}$ bis auf den Moment des Verschwindens nähert, so könnte man, um obige Gesetze zu erweisen, Folgendes als Grundidee annehmen:

$$\omega_* \succeq \sqrt[b]{a},$$

$$\omega'_* \succeq \sqrt[b]{c},$$

hieraus läßt sich finden: $(\omega_*.\omega'_*)^b \succeq ac$, also

$$\omega_*.\omega'_* \succeq \sqrt[b]{ac},\quad \omega_*.\omega'_* \succeq \sqrt[b]{a}.\sqrt[b]{c},$$

daß die Gesetze für die ganzen Potenzen noch gelten, wenn die Dignanden Irrationalzahlen sein sollten.

Der Kürze wegen wollen wir nur VI. verallgemeinern.

Wenn rechts in $a^{\frac{b}{c}} = \sqrt[c]{a^b}$ eine absolute Wurzel entstehen soll, so muß

erstens c eine wirkliche Zahl vorstellen,
zweitens a^b muß positiv oder 0 sein.

Wenn links eine Differenzpotenz entstehen soll, so muß

erstens b:c = einer Differenz wirklicher Zahlen sein,
zweitens a irgend eine reelle Zahl, nur nicht Null wenn b:c = 0 oder b:c negativ sein sollte.

Nur unter diesen Einschränkungen darf man so schließen:

$$\left(a^{\frac{b}{c}}\right)^c = a^{\frac{b}{c}\cdot c} = a^b.$$

Also nach [Erstens, III.] weil links eine Differenzpotenz und rechts eine absolute Wurzel entsteht:

$$\sqrt[c]{\left(a^{\frac{b}{c}}\right)^c} = \sqrt[c]{a^b}$$

$$\text{oder:} \quad a^{\frac{b}{c}} = \sqrt[c]{a^b},$$

welche Gleichung späterhin zur Verallgemeinerung der Potenz dienen kann, weil $\sqrt[c]{a^b}$, auch wenn b:c keine ganze sondern eine gebrochene Zahl geben sollte, doch eine absolute Wurzel liefert, wenn nur a^b positiv oder Null ist.

Hiernach ist es nun leicht, einzusehn, daß noch die frühern Gesetze für die sieben Operationen gelten müssen, wenn auch absolute Wurzeln vorkommen, deren Radikanten selbst Irrationalzahlen sein können, wenn nur die Begriffe von **a**, **s**, **g**, **u**, **p**, **P**, **d**, **q**, **w**, **l** in keinem weitern Sinne genommen werden, als ihnen bis jetzt zukommt.

---

demnach sind $\sqrt[b]{a}.\sqrt[b]{c}$ und $\sqrt[b]{ac}$ bis auf den Moment des Verschwindens einander gleich, wenn man sich die Irrationalzahlen, statt $\sqrt[b]{a}$, $\sqrt[b]{c}$ gedacht hat. Dies Verfahren ist aber unstatthaft, wenn man $\sqrt[b]{a}$ = der gebrochenen Zahl setzt.

43. In Betreff der absoluten Wurzel bleiben uns noch die Beziehungen des Gleich- und Ungleich-Seins zu erforschen übrig und die hierbei stattfindenden indirecten Gesetze entnimmt man leicht aus [Seite 404, 37.].

1) Für **a** ⌢ **g**. Ist $\alpha = \beta$, so hat man aus $\sqrt[\alpha]{a} = x$, weil $\sqrt[\alpha]{a}$ eine absolute Wurzel ist, $\sqrt[\beta]{a} = x$, also $\sqrt[\alpha]{a} = \sqrt[\beta]{a}$, wo a auch irrational sein kann.

Umgekehrt: Aus $\sqrt[\alpha]{a} = \sqrt[\beta]{a}$ folgt $(\sqrt[\alpha]{a})^{\alpha\beta} = (\sqrt[\beta]{a})^{\alpha\beta}$ oder $a^\beta = a^\alpha$ und ist nun $a \gtrless 1$, so muß $\alpha = \beta$ sein; kann ferner in $\sqrt[\alpha]{a} = \sqrt[\beta]{a}$ für α und β jede beliebige wirkliche Zahl genommen werden, so ist a entweder 1 oder 0. Siehe Seite 408 und 409.

Ist hingegen $a = 1$ oder $a = 0$, so können α und β beliebige wirkliche Zahlen vorstellen.

Ist endlich in $\sqrt[\alpha]{a} = \sqrt[\beta]{a}$, nicht $\alpha = \beta$, so ist a entweder $= 1$ oder $= 0$.

2) Für **u** ⌣ **a**. Es sei $a > b$ und α gegeben, wo a, b Rational- oder Irrationalzahlen bezeichnen, auch b Null sein kann.

Es ist offenbar $\sqrt[\alpha]{a} > \sqrt[\alpha]{b}$; denn aus

$$\sqrt[\alpha]{a} \lesseqgtr \sqrt[\alpha]{b}, \hookrightarrow (\sqrt[\alpha]{a})^\alpha \lesseqgtr (\sqrt[\alpha]{b})^\alpha \text{ oder } a \lesseqgtr b,$$

nach [Seite 392 bis 393].

Umgekehrt: Aus $\sqrt[\alpha]{a} > \sqrt[\alpha]{b}$ folgt nach [S. 393] $(\sqrt[\alpha]{a})^\alpha > (\sqrt[\alpha]{b})^\alpha$ oder $a > b$.

Ist ferner in $\sqrt[\alpha]{a} > \sqrt[\alpha]{b}$, $\sqrt[\alpha]{b} \geqq 1$, so ist $\sqrt[\alpha]{a} > 1$ also auch $a > 1$, und ist $\sqrt[\alpha]{a} \leqq 1$, so ist $\sqrt[\alpha]{b} < 1$, also auch $b < 1$.

3) Für **a** ⌣ **u**. Es bedeute a eine Rational- oder Irrationalzahl oder Null, ferner sei $\alpha > \beta$.

Erstens. Es sei $a > 1$, so ist $\sqrt[\alpha]{a} < \sqrt[\beta]{a}$, weil nach [S. 292 bis 394] aus

$$\frac{\sqrt[\alpha]{a} \geqq \sqrt[\beta]{a} \text{ folgen würde:}}{a^\beta \geqq a^\alpha \text{ und aus } a > 1,\ \alpha > \beta \hookrightarrow}$$
$$a^\beta < a^\alpha,$$

was einander widerspricht.

Zweitens. Es sei $a < 1$, so ist [nach dem ersten Falle, wegen $1 : a > 1$]: $\sqrt[\alpha]{(1 : a)} < \sqrt[\beta]{(1 : a)}$, also $\sqrt[\alpha]{a} > \sqrt[\beta]{a}$.

Spezialfall. Ist $a = 0$ oder $a = 1$, so ist stets $\sqrt[\alpha]{a} = \sqrt[\beta]{a}$ und α, β können als wirkliche Zahlen beliebig angenommen werden.

Umgekehrt folgt wieder nach [Seite 416 und 417], weil aus $\sqrt[\alpha]{a} < \sqrt[\beta]{a}$ entspringt: $a^\alpha > a^\beta$

Erstens, aus $\sqrt[\alpha]{a} < \sqrt[\beta]{a}$ und $\alpha > \beta$, daß $a > 1$ ist.

Zweitens, aus $\sqrt[\alpha]{a} < \sqrt[\beta]{a}$ und $a > 1$, daß $\alpha > \beta$ ist.

Drittens, aus $\sqrt[\alpha]{a} < \sqrt[\beta]{a}$ und $\alpha < \beta$, daß $a < 1$ ist.

Viertens, aus $\sqrt[\alpha]{a} < \sqrt[\beta]{a}$ und $a < 1$, daß $\alpha < \beta$ ist.

Ein Ähnliches entnimmt man, wenn $\sqrt[\alpha]{a} > \sqrt[\beta]{a}$ ist.

4) Für **u′ ⌣ u**. Es sei $a > b$ und $\alpha > \beta$ gegeben, wo a und b Rational- oder Irrationalzahlen vorstellen und b Null sein kann.

Man hat nach [Seite 398, 6)] aus $a > b$, $\alpha > \beta$ und $a > 1$,

$$\frac{\dfrac{a^\alpha > b^\beta, \text{ also nach [2)]}}{\sqrt[\alpha\beta]{a^\alpha} > \sqrt[\alpha\beta]{b^\beta} \text{ oder}}}{\sqrt[\beta]{a} > \sqrt[\alpha]{b}.}$$

Im Falle $b = 1$ und $a > 1$, oder $b = 0$ und $a \gtreqless 1$, oder $b < 1$ und $a \gtreqless 1$ ist, können α und β beliebige wirkliche Zahlen vorstellen und es ist stets $\sqrt[\alpha]{a} > \sqrt[\beta]{b}$.

Nach [Seite 423] entnimmt man leicht die aus $\sqrt[\beta]{a} > \sqrt[\alpha]{b}$ rückwärts folgenden Gesetze, weil dann $a^\alpha > b^\beta$ ist.

Aus [Seite 402 I.] entnimmt man leicht die noch übrigen Fälle.

5) Für **g′ ⌣ g**. Aus $a = b$ und $\alpha = \beta$, wo a und b wieder die vorige Bedeutung haben können, hat man:

$$\sqrt[\alpha]{a} = \sqrt[\alpha]{b},$$

$$\text{daher auch:} \quad \sqrt[\alpha]{a} = \sqrt[\beta]{b}.$$

Da aus $\sqrt[\alpha]{a} = \sqrt[\beta]{b}$, rückwärts: $a^\beta = b^\alpha$ folgt, so erhält man die hier stattfindenden indirecten Gesetze unmittelbar aus Seite [428,

(1) bis (7)]. Auch die **directen** Gesetze hätte man aus denen für die ganzen Potenzen gefundenen (S. 391) entnehmen können. Ist z. B. $a > b$, so ist $a = (\sqrt[\alpha]{a})^\alpha$ und $b = (\sqrt[\alpha]{b})^\alpha$, also $(\sqrt[\alpha]{a})^\alpha > (\sqrt[\alpha]{b})^\alpha$, und sind nun $\sqrt[\alpha]{a}$ und $\sqrt[\alpha]{b}$ absolute Wurzeln, so sind $(\sqrt[\alpha]{a})^\alpha$ und $(\sqrt[\alpha]{b})^\alpha$ ganze Potenzen, also $\sqrt[\alpha]{a} > \sqrt[\alpha]{b}$. Man hätte auch $\sqrt[\alpha]{a} = x$ und $\sqrt[\alpha]{b} = y$, oder $a = x^\alpha$ und $b = y^\beta$ setzen können. Eine Menge von Ableitungen ergeben sich nach der **Urzahlenlehre**. Gleichzeitig aber sieht man, daß die Radikanden bei den absoluten Wurzeln überall Irrationalzahlen sein können.

Der Übersicht wegen stellen wir hier alle **directen** und **indirecten** Gesetze für die absoluten Wurzeln zusammen.

Die griechischen Buchstaben bedeuten in den folgenden Gesetzen durchweg **wirkliche** Zahlen und die Radikanden können auch Irrationalzahlen vorstellen, wo nicht das Gegentheil in einzelnen Fällen angegeben ist.

I. Directe Gesetze der absoluten Wurzeln.

(1) Aus $a = b \hookrightarrow \sqrt[\alpha]{a} = \sqrt[\alpha]{b}$;

(2) Aus $\alpha = \beta \hookrightarrow \sqrt[\alpha]{a} = \sqrt[\beta]{a}$;

(3) Aus $a > b \hookrightarrow \sqrt[\alpha]{a} > \sqrt[\alpha]{b}$;

(4) Aus $a \gtrless 1$ und $\alpha > \beta \hookrightarrow$ bezüglich: $\sqrt[\alpha]{a} \lessgtr \sqrt[\beta]{a}$;

(5) Aus $a = 1$ oder $a = 0 \hookrightarrow \sqrt[\alpha]{a} = \sqrt[\beta]{a}$, wo $\alpha \gtreqless \beta$ sein kann;

(6) Aus $a > b$ und $a > 1$ ferner $\alpha > \beta \hookrightarrow \sqrt[\beta]{a} > \sqrt[\alpha]{b}$;

(7) Aus $a > b$ und $a < 1$ ferner $\alpha > \beta \hookrightarrow \sqrt[\alpha]{a} > \sqrt[\beta]{b}$;

(8) Aus $a > 1$ und $b \leqq 1 \hookrightarrow$ für α und β beliebig: $\sqrt[\alpha]{a} > \sqrt[\beta]{b}$;

(9) Aus $a = 1$ und $b < 1 \hookrightarrow$ für α und β beliebig: $\sqrt[\alpha]{a} > \sqrt[\beta]{b}$;

(10) Aus a positiv und b Null $\hookrightarrow$ für α und β beliebig: $\sqrt[\alpha]{a} > \sqrt[\beta]{b}$;

(11) Aus $a = b$ und $\alpha = \beta \hookrightarrow \sqrt[\alpha]{a} = \sqrt[\beta]{b}$.

II. Indirecte Gesetze der absoluten Wurzeln.

(1) Aus $\sqrt[\alpha]{a} = \sqrt[\alpha]{b} \hookrightarrow a = b$;

(2) Aus $\sqrt[\alpha]{a} = \sqrt[\beta]{a}$ und a $\left\{\begin{matrix}\text{größer,} \\ \text{positiv kleiner}\end{matrix}\right\}$ 1 $\hookrightarrow$ $\alpha = \beta$;

(3) Aus $\sqrt[\alpha]{a} = \sqrt[\beta]{a}$ und $\alpha \gtrless \beta$, a nicht Null $\hookrightarrow$ $a = 1$;

(4) Aus $\sqrt[\alpha]{a} = \sqrt[\beta]{a}$ und $\alpha \gtrless \beta$, a nicht 1 $\hookrightarrow$ $a = 0$;

(5) Kann in $\sqrt[\alpha]{a} = \sqrt[\beta]{a}$ beliebig $\alpha \gtreqless \beta$ genommen werden, so daß immer $\sqrt[\alpha]{a} = \sqrt[\beta]{a}$ verbleibt, so muß entweder $a = 1$ oder $= 0$ sein;

(6) Ist in $\sqrt[\alpha]{a} = \sqrt[\beta]{a}$ entweder $a = 1$ oder $a = 0$, so konnte beliebig $\alpha \gtreqless \beta$ sein;

(7) Ist in $\sqrt[\alpha]{a} = \sqrt[\beta]{a}$, α nicht $= \beta$, so ist a entweder Eins oder Null;

(8) Aus $\sqrt[\alpha]{a} > \sqrt[\alpha]{b}$ $\hookrightarrow$ $a > b$;

(9) Wäre in $\sqrt[\alpha]{a} > \sqrt[\alpha]{b}$, $\sqrt[\alpha]{b} \geqq 1$, so ist $\sqrt[\alpha]{a} > 1$, also $a > 1$;

und ist in $\sqrt[\alpha]{a} > \sqrt[\alpha]{b}$, $\sqrt[\alpha]{a} \leqq 1$, so ist $\sqrt[\alpha]{b} < 1$, also $b < 1$;

(10) Aus $\sqrt[\alpha]{a} < \sqrt[\beta]{a}$ und $\alpha > \beta$ $\hookrightarrow$ $a > 1$;

(11) Aus $\sqrt[\alpha]{a} < \sqrt[\beta]{a}$ und $a > 1$ $\hookrightarrow$ $\alpha > \beta$;

(12) Aus $\sqrt[\alpha]{a} < \sqrt[\beta]{a}$ und $\alpha < \beta$ $\hookrightarrow$ $a < 1$;

(13) Aus $\sqrt[\alpha]{a} < \sqrt[\beta]{a}$ und $a < 1$ $\hookrightarrow$ $\alpha < \beta$;

Wenn in $\sqrt[\beta]{a} > \sqrt[\alpha]{b}$, b nicht Null [gilt bis incl. 22] vorausgesetzt ist.

(14) Ist $a > b$, so konnte beliebig jeder der drei Fälle: $\alpha \gtreqless \beta$ stattfinden.

(15) Aus $a < b$ und a ganz oder unächt gebrochen $\hookrightarrow$ $\alpha > \beta$;

(16) Aus $a < b$ und a ächt gebrochen $\hookrightarrow$ $\alpha < \beta$;

(17) Ist $\alpha > \beta$, a ganz oder unächt gebrochen, so konnte jeder der drei Fälle stattfinden: $a \gtreqless b$, wenn nur im Falle $a = b$ genommen, nicht $a = 1$ gesetzt wird.

(18) Aus $\alpha > \beta$ und a ächt gebrochen $\hookrightarrow$ $a > b$;

(19) Aus $\alpha < \beta$ und a ganz oder unächt gebrochen $\hookrightarrow$ $a > b$;

(20) Ist $\alpha < \beta$ und ist a ächt gebrochen, so konnte immer jeder der drei Fälle: $a \gtreqless b$ stattfinden, wenn nur bei $a = b$ nicht $a = b = 1$ gesetzt wird.

(21) Aus $\alpha > \beta$ und $a < b \hookrightarrow a > 1$;

(22) Aus $\alpha < \beta$ und $a < b \hookrightarrow$ a ächt gebrochen.

(23) Wäre in $\sqrt[\beta]{a} > \sqrt[\alpha]{b}$, $b = 0$, so bleibt unbestimmt, ob $a \gtreqless 1$ war, übrigens konnte $\alpha \gtreqless \beta$ sein.

Wenn $\sqrt[\beta]{a} = \sqrt[\alpha]{b}$ vorausgesetzt ist.

(24) Aus $a \gtrless b$ und a ganz oder unächt gebr. $\hookrightarrow$ bezügl.: $\alpha \lessgtr \beta$;

(25) Aus $a \gtrless b$ und a ächt gebrochen $\hookrightarrow$ bezüglich: $\alpha \gtrless \beta$;

(26) Aus $\alpha \gtrless \beta$ und a ächt gebrochen $\hookrightarrow$ bezüglich: $a \gtrless b$;

(27) Aus $\alpha \gtrless \beta$ u. a ganz (nicht 1) oder unächt gebr. $\hookrightarrow$ bez. $a \lessgtr b$;

(28) Aus $a \gtrless b$ und bezüglich $\alpha \gtrless \beta \hookrightarrow$ a und b ächt gebrochen;

(29) Aus $a \lessgtr b$ und bezüglich $\alpha \gtrless \beta \hookrightarrow$ a und b größer 1;

(30) Aus $a \gtreqless 1 \hookrightarrow$ bezüglich $b \gtreqless 1$;

(31) Kann beliebig $\alpha \gtreqless \beta$ sein, und ist a nicht Null, so ist: $a = b = 1$;

(32) Ist $a = 1$, so ist auch $b = 1$ und es konnte beliebig $\alpha \gtreqless \beta$ sein;

(33) Ist $a = 0$, so ist auch $b = 0$ und es konnte beliebig $\alpha \gtreqless \beta$ sein.

Bemerkung. Wir hätten auch Wurzeln mit positiven Radikanden und negativen ganzen Radikatoren einführen können. Setzt man z. B. $\sqrt[-\alpha]{a} = x$, wo α auch 1 sein kann, so hat man nach dem Begriffe der Wurzel unter $\sqrt[-\alpha]{a}$ das zu denken, was mit $-\alpha$ potenzirt a giebt, also $a = x^{-\alpha} = 1 : x^{\alpha} = (1 : x)^{\alpha} = (1 : \sqrt[-\alpha]{a})^{\alpha}$, also $\sqrt[-\alpha]{a} = 1 : \sqrt[\alpha]{a} = \sqrt[\alpha]{a^{-1}}$.

Hiernach auch $\sqrt[-1]{a} = \sqrt[-\alpha]{a^{\alpha}} = 1 : \sqrt[\alpha]{a^{\alpha}} = 1 : a$.

Weil die Wurzeln eines negativen Grades auf die absoluten zurückleiten, so würde es eine unnütze Weitläuftigkeit sein dergleichen einzuführen, weshalb sie hier fortbleiben.

44. Da die Gleichung

$$a^{\frac{b}{c}} = \sqrt[c]{(a^b)}$$

schon nachgewiesen ist, wenn $\sqrt[c]{(a^b)}$ eine absolute Wurzel und zugleich

$a^{\frac{b}{c}}$ eine Differenz-Potenz ist, so kann hier a eine absolute ganze oder gebrochene Zahl, $\frac{b}{c}$ eine positive oder negative ganze Zahl oder Null sein, während c immer eine wirkliche Zahl vorstellen muß; außerdem darf a Null sein, wenn dann weder b Null noch negativ ist.

Da nun $\sqrt[c]{a^b}$ als absolute Wurzel eine bestimmte Bedeutung hat, gleichgiltig ob dabei b : c ganz oder gebrochen oder Null ist, so kann diese Gleichung zur Erweiterung des Begriffs der Potenz dienen, im Falle der Dignator eine positive oder negative, nicht blos ganze, sondern auch gebrochene Zahl oder Null, also eine reelle Zahl sein sollte. Ist deshalb in der Potenz a^b der Dignand a irgend einer ganzen oder gebrochenen positiven Zahl oder Null, hingegen der Dignator b irgend einer reellen Zahl $\frac{\alpha-\beta}{\gamma}$ gleich, also

$$a^b = a^{\frac{\alpha-\beta}{\gamma}} = \sqrt[\gamma]{a^{\alpha-\beta}},$$

so erklärt die absolute Wurzel $\sqrt[\gamma]{a^{\alpha-\beta}}$ rechts, die Bedeutung der Potenz a^b links, wenn nur nicht im Falle a = Null sein sollte, $\alpha-\beta$ auch Null oder negativ ist.

Diese Potenz $a^b = a^{\frac{\alpha-\beta}{\gamma}}$ hat also, unter den angegebenen Bedingungen, eine bestimmte Bedeutung, und es fragt sich nur noch, ob ihr stets eine und dieselbe zukommt, wenn der Dignator

$$\frac{\alpha-\beta}{\gamma}$$

auch unter einer der Formen: $\frac{(\alpha-\beta).\delta}{\gamma.\delta}$, $\frac{(\alpha-\beta):\delta'}{\gamma:\delta'}$, erscheinen sollte.

Haben demnach die Potenzen:

$$a^{\frac{\alpha-\beta}{\gamma}}, \quad a^{\frac{(\alpha-\beta).\delta}{\gamma.\delta}}, \quad a^{\frac{(\alpha-\beta):\delta'}{\gamma:\delta'}}$$

einerlei Bedeutung, wenn man sich

unter $a^{\frac{\alpha-\beta}{\gamma}}$ denkt $\sqrt[\gamma]{a^{\alpha-\beta}}$,

" $a^{\frac{(\alpha-\beta)\delta}{\gamma.\delta}}$ " $\sqrt[\gamma.\delta]{a^{(\alpha-\beta)\delta}}$

" $a^{\frac{(\alpha-\beta):\delta'}{\gamma:\delta'}}$ " $\sqrt[\gamma:\delta']{a^{(\alpha-\beta):\delta'}}$ (?)

Insofern nun rechts absolute Wurzeln vorkommen, ist diese Frage schon bejahend durch die Gesetze für dieselben beantwortet.

Man kann letztere u. A. auch noch so beantworten:

Wenn $a^{(\alpha-\beta):\gamma}$ gegeben ist, wo der Dignator $(\alpha-\beta):\gamma$ unter einer andern Form: $(\alpha'-\beta'):\gamma'$ ausgedrückt erscheint, also $(\alpha-\beta):\gamma=(\alpha'-\beta'):\gamma'$ ist, so fragt es sich mit Recht, ob die Potenzen

$$a^{\frac{\alpha-\beta}{\gamma}} \text{ und } a^{\frac{\alpha'-\beta'}{\gamma'}}$$

noch einerlei Bedeutung haben; denn wenn auch $a^{(\alpha-\beta):\gamma}$ als der absoluten Wurzel $\sqrt[\gamma]{a^{\alpha-\beta}}=$ gedacht, diese an sich eindeutig ist und dies auch von $\sqrt[\gamma']{a^{\alpha'-\beta'}}$ gilt, so muß doch bestimmt werden, ob beide absolute Wurzeln

$$\sqrt[\gamma]{a^{\alpha-\beta}} \text{ und } \sqrt[\gamma']{a^{\alpha'-\beta'}}$$

eine und dieselbe Bedeutung haben.

Man hat nun
$$a^{\frac{\alpha-\beta}{\gamma}} = \sqrt[\gamma]{a^{\alpha-\beta}},$$

ferner:
$$a^{\frac{\alpha'-\beta'}{\gamma'}} = \sqrt[\gamma']{a^{\alpha'-\beta'}},$$

und da $\sqrt[\gamma]{a^{\alpha-\beta}}$, $\sqrt[\gamma']{a^{\alpha'-\beta'}}$ absolute Wurzeln sind, so gilt für sie:

$$\sqrt[\gamma]{a^{\alpha-\beta}} = \sqrt[\gamma\gamma']{a^{(\alpha-\beta)\gamma'}},$$

$$\sqrt[\gamma']{a^{\alpha'-\beta'}} = \sqrt[\gamma\gamma']{a^{(\alpha'-\beta')\gamma}}.$$

Nun folgt aber aus: $(\alpha-\beta):\gamma=(\alpha'-\beta'):\gamma'$,
daß $(\alpha-\beta)\gamma'=(\alpha'-\beta')\gamma$ ist,
also, weil Differenz-Potenzen — im eingeschränkten Sinne — entstehn:

$$a^{(\alpha-\beta)\gamma'} = a^{(\alpha'-\beta')\gamma},$$

mithin da absolute Wurzeln hervorgehn:

$$\sqrt[\gamma\gamma']{a^{(\alpha-\beta)\gamma'}} = \sqrt[\gamma\gamma']{a^{(\alpha'-\beta')\gamma}},$$

also:
$$a^{\frac{\alpha-\beta}{\gamma}} = a^{\frac{\alpha'-\beta'}{\gamma'}}.$$

Demnach ist die Potenz a^b, mit dem reellen Dignator b, eindeutig, wenn nur, während a eine positive ganze oder gebrochene (auch irrationale) Zahl oder Null vorstellt, nicht a und b zugleich Null, oder b negativ ist, wenn $a = 0$ sein sollte.

Hiernach sind wir nun zur Aufstellung folgender Definition berechtigt:

a. Die Potenz $a^{\frac{b}{\beta}}$,

in der a eine positive ganze oder gebrochene Zahl oder Null, $b:\beta$ irgend eine reelle, aber β eine wirkliche Zahl bedeutet, nur weder a und $b:\beta$ zugleich Null, noch a Null ist, während $b:\beta$ negativ ist, hat ihren Begriff in der absoluten Wurzel

$$\sqrt[\beta]{a^b} \text{ (oder } a^{\frac{b}{\beta}} = \sqrt[\beta]{a^b})$$

und heiße

Reelle-Potenz *).

Die reelle Potenz $a^{\frac{b}{\beta}}$ ist eindeutig, sie kann in einzelnen Fällen zur Differenz- ganzen und wirklichen Potenz leiten **).

Es muß nun untersucht werden, ob die bisherigen Gesetze der Potenzen auch noch alle für reelle Potenzen stattfinden.

Diese Untersuchung läßt sich dadurch bedeutend abkürzen, daß wir nur diejenigen noch übrigen Fälle zu denen für die Diffe-

---

*) Daß nicht statt der hier definirten reellen Potenz ein so allgemeiner Begriff der Potenz aufgestellt ist, der sowohl jene als auch die Differenz-Potenz als einzelne Momente in sich schließt und nicht blos den einzelnen Fall der Differenz-Potenz aufnimmt, wo der Dignand positiv oder Null ist, könnte Manchem als ein Mangel in der Entwicklung erscheinen. Es hat aber große Schwierigkeiten, vorweg, ohne die Theorie der algebraischen Gleichungen [$x^m = a$] hereinzuziehen, die Wurzel $\sqrt[m]{a}$ für a irgend reell, so zu definiren, daß zu gleicher Zeit die dafür zu setzenden m Form-Ausdrücke allgemein — nach dem Bisherigen — auf elementarem Wege hervortreten. Vielleicht gelingt es späterhin, oder es bleibt gründlichern und tiefern Forschern vorbehalten, ein Allgemeines zu setzen, jedoch so, daß alle Momente in ihm, durch das Vorhergehende, vollständig nachgewiesen, also darin subsummirt sind.

**) In $a^{\frac{b}{\beta}}$ kann $b = 0$ sein, wenn a nicht Null ist, und man hat

$$a^{\frac{0}{\beta}} = \sqrt[\beta]{a^0} = \sqrt[\beta]{1} = 1.$$

Da 0^0 im Allgemeinen unbestimmt ist, so fragen wir, ob $\sqrt[0]{\alpha}$, $\sqrt[0]{1}$, $\sqrt[0]{0}$ eine Bedeutung haben oder nicht(?)

renz=Potenzen [Seite 433 bis 479] hinzufügen, die für positive (auch 0=) Dignanden und gebrochene Dignatoren stattfinden.

Das Folgende betrifft also durchaus nur diese noch fehlenden Gesetze.

1) Für $\mathfrak{g} \frown \mathfrak{a}$. Ist $a = b$ und sind a und b positiv, so ist noch $a^c = b^c$, wenn c auch gebrochen, übrigens positiv oder negativ sein sollte.

Denn für $c = \pm \frac{\alpha}{\beta} \curvearrowright$

$$a^c = a^{\pm \frac{\alpha}{\beta}} = 1 \underset{\cdot}{\times} a^{\frac{\alpha}{\beta}} = 1 \underset{\cdot}{\times} \sqrt[\beta]{a^\alpha},$$

$$\text{und} \quad b^c = b^{\pm \frac{\alpha}{\beta}} = 1 \underset{\cdot}{\times} b^{\frac{\alpha}{\beta}} = 1 \underset{\cdot}{\times} \sqrt[\beta]{b^\alpha};$$

da nun $\sqrt[\beta]{a^\alpha}$ und $\sqrt[\beta]{b^\alpha}$ als absolute Wurzeln einander gleich, wegen $a = b$, sind, so ist auch:

$$1 \underset{\cdot}{\times} \sqrt[\beta]{a^\alpha} = 1 \underset{\cdot}{\times} \sqrt[\beta]{b^\alpha},$$

$$\text{daher} \qquad a^c = b^c.$$

Ist $a = 0$, also auch $b = 0$, so ist $a^c = 0^{\frac{\alpha}{\beta}} = \sqrt[\beta]{0^\alpha} = \sqrt[\beta]{0} = 0$ und ebenso $b^c = 0$, also auch $a^c = b^c$, wenn nur c positiv ist.

Setzt man nun diese beiden Fälle zu denen [Seite 438, (1), (2)], so hat man das directe Gesetz von $\mathfrak{g} \frown \mathfrak{a}$ für Reelle=Potenzen vollständig.

2) Ist noch $a^{b \pm c} = a^b \underset{\cdot}{\times} a^c$, wenn a positiv (oder Null) und entweder b und c, oder nur einer von beiden Ausdrücken b, c gebrochen, übrigens positiv oder negativ ist?

Erster Fall. Für a positiv. Es sei $b = b' : \beta$ und $c = c' : \gamma$, so fragt sich ob

$$a^{\frac{b'}{\beta} \pm \frac{c'}{\gamma}} = a^{\frac{b'}{\beta}} \underset{\cdot}{\times} a^{\frac{c'}{\gamma}} \text{ ist.}$$

$$\text{Da nun} \qquad \frac{b'}{\beta} \pm \frac{c'}{\gamma} = \frac{\gamma b' \pm \beta c'}{\beta\gamma}$$

ist, und $\gamma b' \pm \beta c' =$ einer Differenz ganzer Zahlen und $\beta\gamma =$ einer wirklichen Zahl sein muß, also $(\gamma b' \pm \beta c') : (\beta\gamma)$ eine reelle Zahl vorstellt, so hat man nach [1)] weil reelle Potenzen entstehn:

$$a^{\frac{b'}{\beta}\pm\frac{c'}{\gamma}} = a^{\frac{\gamma b'\pm\beta c'}{\beta\gamma}} = \sqrt[\beta\gamma]{a^{\gamma b'\pm\beta c'}},$$

und: $$a^{\frac{b'}{\beta}} \times a^{\frac{c'}{\gamma}} = \sqrt[\beta]{a^{b'}} \times \sqrt[\gamma]{a^{c'}}.$$

Es fragt sich nun blos, ob

$$\sqrt[\beta]{a^{b'}} \times \sqrt[\gamma]{a^{c'}} = \sqrt[\beta\gamma]{a^{\gamma b'\pm\beta c'}}$$

ist. Man hat aber, weil $\sqrt[\beta]{a^{b'}}$ und $\sqrt[\gamma]{a^{c'}}$ absolute Wurzeln sind:

$$\sqrt[\beta]{a^{b'}} \times \sqrt[\gamma]{a^{c'}} = \sqrt[\beta\gamma]{a^{\gamma b'}} \times \sqrt[\beta\gamma]{a^{\beta c'}} = \sqrt[\beta\gamma]{(a^{\gamma b'} \times a^{\beta c'})} = \sqrt[\beta\gamma]{a^{\gamma b'\pm\beta c'}},$$

weil $a^{\gamma b'}$ und $a^{\beta c'}$ Differenz-Potenzen sind.

Zweiter Fall. Für $a = 0$. Sind b und c positiv und beide oder nur einer davon gebrochen, so hat man:

$$a^{b+c} = a^b \,.\, a^c.$$

Setzt man diese Fälle dem für Differenz-Potenzen gefundenen Gesetze $a^{b\pm c} = a^b \times a^c$ hinzu, so hat man dies Gesetz für reelle Potenzen.

Bemerkung. Den einzelnen Fall, wo a Null (der Dignand überhaupt) ist, hat man stets speziell zu untersuchen, und man weiß nach dem Bisherigen leicht zu beurtheilen, was für ihn stattfindet, daß 0^0, $0:0$ unbestimmt sind und 0^{-a}, wo a ganz oder gebrochen ist, keinen Sinn hat.

3) Ist noch $(a \times b)^c = a^c \times b^c$, wenn links und rechts reelle Potenzen vorkommen?

Erster Fall. Für a und b positiv und c gebrochen, übrigens positiv oder negativ.

Es sei $c = \pm\frac{c'}{\gamma}$, so fragt sich, ob

$$(a \times b)^{\frac{c'}{\gamma}} = a^{\frac{c'}{\gamma}} \times b^{\frac{c'}{\gamma}}$$

ist. Nun hat man, da nur reelle Potenzen vorkommen:

$$(a \times b)^{\frac{c'}{\gamma}} = \sqrt[\gamma]{(a \times b)^{c'}},$$

und: $$a^{\frac{c'}{\gamma}} \times b^{\frac{c'}{\gamma}} = \sqrt[\gamma]{a^{c'}} \times \sqrt[\gamma]{b^{c'}};$$

Da $\sqrt[\gamma]{a^{c'}}$ und $\sqrt[\gamma]{b^{c'}}$ absolute Wurzeln sind, so ist:

$$\sqrt[\gamma]{a^{c'}} \times \sqrt[\gamma]{b^{c'}} = \sqrt[\gamma]{(a^{c'} \times b^{c'})} = \sqrt[\gamma]{(a \times b)^{c'}}.$$

Aus $(a \times b)^c = a^c . b^c$ hätte man auch $(a : b)^c = a^c : b^c$ leicht entnehmen können. Wie?

Zweiter Fall. Für Null. Die Gleichung $(a \times b)^c = a^c . b^c$ gilt auch noch, wenn a und b, oder einer von beiden, Null ist, wenn c gebrochen, übrigens positiv ist.

In der Gleichung $(a : b)^c = a^c : b^c$ darf b nicht Null sein; ist hingegen $a = 0$ und b positiv, so gilt sie auch wenn c gebrochen, übrigens positiv ist.

Fügt man diese Fälle dem für Differenz-Potenzen gefundenen Gesetze [Seite 436, (2)] hinzu, so hat man **p**$\frown$**a** und **q**$\frown$**a** für Reelle-Potenzen.

4) Ist noch $(a^b)^c = (a^c)^b = a^{bc}$ für reelle Potenzen?

Erster Fall. Für a positiv, b und c, oder nur einer von beiden, gebrochen, übrigens positiv oder negativ.

Es sei $b = \frac{b'}{\beta}$ und $c = \frac{c'}{\gamma}$,

so hat man: $$a^b = a^{\frac{b'}{\beta}} = \sqrt[\beta]{a^{b'}},$$

und $$a^c = a^{\frac{c'}{\gamma}} = \sqrt[\gamma]{a^{c'}},$$

ferner $$a^{bc} = a^{\frac{b'c'}{\beta\gamma}} = \sqrt[\beta\gamma]{a^{b'c'}},$$

woraus nun leicht die Richtigkeit von $(a^b)^c = (a^c)^b = a^{bc}$ unter den in diesem Falle angegebenen Einschränkungen folgt.

Zweiter Fall. Für a Null. Hier dürfen b und c nur positiv sein; übrigens entweder beide, oder nur einer von ihnen, gebrochen.

Bemerkung. Man erkennt leicht, daß in [1) bis 4)] die als gebrochen angegebenen Dignanden, eben so gut Irrational-Zahlen sein dürfen, was der Kürze wegen, in den betreffenden Fällen, nicht immer wiederholt ist.

Hiernach ist es nun leicht darzuthun, unter welchen Bedingungen alle Operations-Gesetze noch stattfinden, wenn die darin vorkommenden Wurzeln absolute und die Potenzen reelle sind, wobei die Radikanden und Dignanden auch Irrational-Zahlen sein dürfen, wenn nur die frühern Begriffe von **a**, **s**, **g**, **u**, **p**, **P**, **d**, **q**, **w**, **l** in keiner weiteren Ausdehnung genommen werden, als ihnen bisher zukommt.

45. Wir haben nun noch die Gesetze des Gleich- und Ungleich-Seins für Reelle-Potenzen nachzuzeigen.

Da jedoch $a^{\frac{b}{\beta}} = \sqrt[\beta]{a^b}$,

so kommt diese Untersuchung auf die Anwendung der Relationen von den absoluten Wurzeln zurück und man beachte hierbei genau, daß nur reelle Potenzen als vorkommend angenommen werden, daß also die Dignanden im Allgemeinen nur positiv (rational oder irrational) oder Null sein können. Da wir an dem speziellen Fall der reellen Potenz a^b, in welchem der Dignator b ganz, also = einer Differenz wirklicher Zahlen ist, eine Differenz-Potenz haben, und bereits die Gesetze des Gleich- und Ungleich-Seins für die Differenz-Potenzen aufgestellt sind, so brauchen wir von letzteren nur diejenigen auszuziehen, in denen der Dignand positiv oder Null ist; und fügen wir hierzu noch diejenigen, welche sich für a positiv oder Null und b gebrochen, ergeben, so erhalten wir dadurch sämmtliche Gesetze des Gleich- und Ungleich-Seins für reelle Potenzen. Endlich können wir auch noch die Gesetze der Mischung, der reellen Potenz und Differenz-Potenz, aufstellen, weil letztere ein Moment der erstern ausschließt und erstere ein Moment der letztern in sich aufnimmt. Benutzen wir demnach die betreffenden Gesetze [Seite 433 bis 479] der Differenz-Potenzen, in denen die Dignanden positiv oder Null sind, und setzen wir diejenigen für die gebrochene Dignatoren hinzu, so kommt, wenn wir alles gehörig zusammenstellen:

I. Directe Gesetze der Reellen-Potenzen.

In [1) bis incl. 18)] wird c als reel, oder c und d als reel vorausgesetzt, je nachdem blos c, oder c und d zugleich vorkommt.

1) Aus $a = b$ ↪ $a^c = b^c$ wenn {erstens a, also auch b pos. ist; zweitens a, also auch b Null aber c positiv ist.}

2) Aus $c = d$ ↪ $a^c = a^d$ wenn {erstens a positiv ist; zweitens a Null, und c, also auch d positiv ist.}

3) Aus $a = b$ und $c = d$ ↪

$a^c = b^d$ wenn {erstens a, also auch b positiv ist; zweitens a, also auch b Null, und c, also auch d positiv ist.}

4) Aus $a > b$ u. b pos. $\hookrightarrow$ $a^c \gtrless b^c$ je nachdem c $\left\{\begin{matrix}\text{positiv,}\\ \text{negativ}\end{matrix}\right\}$ ist.

5) Aus a positiv, b Null und c positiv $\hookrightarrow$ $a^c > b^c$.

6) Aus $c = 0$ und a und b beliebig aber positiv $\hookrightarrow$ $a^c = b^c$.

7) Aus $c > d$ $\hookrightarrow$ $a^c \gtrless a^d$ je nachdem a $\left\{\begin{matrix}\text{größer } 1;\\ \text{positiv} < 1\end{matrix}\right\}$ ist.

8) Aus $a = 1$ $\hookrightarrow$ $a^c = a^d$.

9) Aus $a = 0$ und c und d positiv $\hookrightarrow$ $a^c = a^d$.

In [10) bis incl. 16)] sind a und b als positiv vorausgesetzt.

10) Aus $a > b$, $a > 1$ $\hookrightarrow$ $a^c \gtrless b^d$ je nachd. c, d $\left\{\begin{matrix}\text{pos.,}\\ \text{neg.}\end{matrix}\right\}$ und $\left\{\begin{matrix}c \geqq d;\\ |c| \geqq |d|\end{matrix}\right\}$ ist.

11) Aus $a > b$, $a < 1$ $\hookrightarrow$ $a^d \gtrless b^c$ je nachd. c, d $\left\{\begin{matrix}\text{pos.,}\\ \text{neg.}\end{matrix}\right\}$ und $\left\{\begin{matrix}c \geqq d;\\ |c| \geqq |d|\end{matrix}\right\}$ ist.

12) Aus $a > 1$, $b < 1$ $\hookrightarrow$ $a^c \gtrless b^d$ je nachdem c, d $\left\{\begin{matrix}\text{positiv,}\\ \text{negativ}\end{matrix}\right\}$ sind.

13) Aus c pos., d neg. $\hookrightarrow$ $a^c \gtrless b^d$ je nachd. a, b $\left\{\begin{matrix}\text{größer,}\\ \text{kleiner}\end{matrix}\right\}$ Eins sind.

14) Aus $b = 1$ $\hookrightarrow$ $\left\{\begin{matrix}a^c \gtrless b^d \text{ je nachd. } c \left\{\begin{matrix}\text{pos.,}\\ \text{neg.}\end{matrix}\right\} \text{ und } a > 1 \text{ ist;}\\ a^c \lessgtr b^d \text{ je nachd. } c \left\{\begin{matrix}\text{pos.,}\\ \text{neg.}\end{matrix}\right\} \text{ und } a < 1 \text{ ist.}\end{matrix}\right\}$

Spezialfälle.

15) Aus d Null $\hookrightarrow$ $\left\{\begin{matrix}\text{erstens } a^c \gtrless b^d \text{ je nachd. } a \gtrless 1 \text{ u. } c \text{ pos. ist;}\\ \text{zweitens } a^c \lessgtr b^d \text{ je nachd. } a \gtrless 1 \text{ u. } c \text{ neg. ist.}\end{matrix}\right\}$

16) Es folgt $a^c = b^d$ wenn $\left\{\begin{matrix}\text{erstens } a = 1 \text{ und } d \text{ Null ist;}\\ \text{zweitens } a = 1 \text{ u. } c \text{ u. } d \text{ Null sind;}\\ \text{drittens } a = 1 \text{ u. } b = 1 \text{ ist.}\end{matrix}\right\}$

17) Aus a und b Null, c und d positiv $\hookrightarrow$ $a^c = b^d$.

18) Aus b Null, a pos., d pos. $\hookrightarrow$ $a^c > b^d$ wenn $\left\{\begin{matrix}\text{erstens } c \text{ pos.;}\\ \text{zweitens } c \text{ neg.;}\\ \text{drittens } c \text{ Null}\end{matrix}\right\}$ ist.

I'. Directe Gesetze der Mischung der reellen mit der Differenz-Potenz.

In [1) bis incl. 14)] ist a positiv und b negativ, c reell aber d als ganz vorausgesetzt, mit Ausnahme von 1) und 2); von [6) und 7)] wo c ganz sein muß aber d reell sein darf.

1) Aus $a = |b|$ und c pos. od. neg. gerade od. Null $\hookrightarrow$ $a^c = b^c$.

2) Aus $a = |b|$ u. $c = d$, ferner c pos. od. neg. gerade oder Null $\hookrightarrow$ $a^c = b^d$.

3) Aus $a = |b|$ und $a > 1$ $\hookrightarrow$
$a^c \gtrless b^d$ je nachdem c, d $\left\{\begin{matrix}\text{positiv und } c > d \text{ ist;} \\ \text{negativ und } |c| > |d| \text{ und d gerade ist.}\end{matrix}\right\}$

4) Aus $a = |b|$ und $a < 1$ $\hookrightarrow$
$a^c \lessgtr b^d$ je nachdem c, d $\left\{\begin{matrix}\text{positiv und } c > d \text{ u. d gerade ist;} \\ \text{negativ und } |c| > |d| \text{ ist.}\end{matrix}\right\}$

Die noch übrigen hierher gehörenden zehn Gesetze stehen bereits [Seite 455 bis 456, nämlich (3) bis (12)].

. . . .

Spezialfälle.

15) Aus a positiv, b negativ $\hookrightarrow$

$$\left(\begin{matrix}\text{für c pos.:} & a^c \lesseqqgtr b^c \text{ je nachdem } \{a \lesseqqgtr |b|\} \text{ und c gerade ist;} \\ \text{für c neg:} & a^c \gtreqqless b^c \text{ je nachdem } \{a \lesseqqgtr |b|\} \text{ und c gerade ist;} \\ \text{für c} \left\{\begin{matrix}\text{pos.,} \\ \text{neg.}\end{matrix}\right\}: & a^c > b^c, \text{ wenn c ungerade ist.}\end{matrix}\right)$$

16) Aus a Null, b neg., c pos. $\hookrightarrow$ $a^c \lessgtr b^c$ je nachd. c $\left\{\begin{matrix}\text{gerade;} \\ \text{ungerade}\end{matrix}\right\}$ ist.

17) Aus $c = 0$ $\hookrightarrow$ $a^c = b^c$, wenn einer von beiden Dignanden positiv und der andere negativ ist.

18) Aus d Null, a positiv, b negativ, c reell

$\hookrightarrow$ $\left\{\begin{matrix}\text{erstens } a^c \gtrless b^d \text{ je nachdem } a \gtrless 1 \text{ und c positiv ist;} \\ \text{zweitens } a^c \lessgtr b^d \text{ je nachdem } a \gtrless 1 \text{ und c negativ ist.}\end{matrix}\right\}$

19) Aus d Null, a negativ und b positiv

$$\hookrightarrow \begin{cases} \text{erstens } a^c \gtrless b^d \text{ je nachd. } |a| \gtrless 1 \text{ und c } \begin{Bmatrix}\text{pos. gerade,}\\ \text{pos. ganz}\end{Bmatrix} \text{ ist;} \\ \text{zweitens } a^c \lessgtr b^d \text{ je nachd. } |a| \gtrless 1 \text{ und c } \begin{Bmatrix}\text{neg. ganz,}\\ \text{neg. gerade}\end{Bmatrix} \text{ ist;} \\ \text{drittens } a^c < b^d\text{, sobald c ungerade pos. oder neg. ist.} \end{cases}$$

20) Es folgt $a^c = b^d$

wenn
- **erstens** $a = 1$, b neg., c reell und d Null ist;
- **zweitens** wenn einer der Dignanden positiv der andere negativ und c und d Null sind;
- **drittens** $a = -1$, b pos., d Null und c pos. oder neg. gerade oder Null ist;
- **viertens** $a = 1$, $b = -1$, c reell und d pos. oder neg. aber gerade oder Null ist.

21) Aus a Null, b negativ und c positiv $\hookrightarrow$

$$a^c \begin{matrix} < \\ > \\ < \\ > \end{matrix} b^d \text{ je nachdem } \begin{cases} \text{erstens d positiv } \begin{Bmatrix}\text{gerade,}\\ \text{ungerade}\end{Bmatrix} \text{ ist;} \\ \text{zweitens d negativ } \begin{Bmatrix}\text{gerade,}\\ \text{ungerade}\end{Bmatrix} \text{ ist.} \end{cases}$$

Bemerkung. Die Glieder der vorkommenden Dignanden, nämlich $|a|$ und $|b|$ können auch irrational oder theils rational theils irrational sein.

II. Indirecte Gesetze der Reellen-Potenzen.

Überall denken wir hier nur reelle Potenzen als vorkommend d. h. die Dignatoren derselben reell und die Dignanden nie negativ, ferner Dignand und Dignator nie zugleich Null und endlich der Dignand nicht Null, wenn der Dignator negativ ist.

Wenn $a^c = b^c$ vorausgesetzt wird.

1) Aus c nicht Null, a und b positiv $\hookrightarrow$ $a = b$.

2) Aus $a = 0$ $\hookrightarrow$ c positiv und $a = b = 0$;

3) Aus $c = 0$ $\hookrightarrow$ a und b beliebig positiv.

Wenn $a^c = a^d$ vorausgesetzt wird.

4) Aus a $\begin{Bmatrix}\text{größer,}\\ \text{positiv kleiner}\end{Bmatrix}$ 1 $\hookrightarrow$ $c = d$.

5) Aus $a = 1$ $\hookrightarrow$ c und d beliebig.

6) Aus c pos. und d neg.; oder c pos. oder neg. u. d Null $\hookrightarrow$ $a = 1$.

7) Aus $c = \pm 1 \hookrightarrow$ $\left\{\begin{array}{l} \text{Für } c = 1. \\ \text{Entweder erstens } a = 1 \text{ und } d \text{ beliebig;} \\ \text{oder zweitens } a = 0 \text{ und } d \text{ positiv;} \\ \text{oder drittens } d = 1 \text{ u. } a \text{ pos. od. Null.} \\ \text{Für } c = -1. \\ \text{Entweder erstens } a = 1 \text{ und } d \text{ beliebig;} \\ \text{oder zweitens } d = -1 \text{ und } a \text{ positiv.} \end{array}\right\}$

8) Aus $a = 0 \hookrightarrow$ c und d positiv.

9) Aus c und d Null $\hookrightarrow$ a positiv.

Wenn $a^c > b^c$ vorausgesetzt wird.

10) Aus a und b positiv $\hookrightarrow$ $a \gtrless b$ je nachdem c $\begin{Bmatrix} \text{positiv,} \\ \text{negativ} \end{Bmatrix}$ ist.

11) Aus b = Null und a positiv $\hookrightarrow$ c positiv.

12) Aus a und b positiv und $\begin{pmatrix} b \gtreqqless 1 \text{ u. } c \text{ pos.;} \\ a \gtreqqless 1 \text{ u. } c \text{ neg.;} \\ a \lesseqqgtr 1 \text{ u. } c \text{ pos.;} \\ b \lesseqqgtr 1 \text{ u. } c \text{ neg.} \end{pmatrix} \hookrightarrow$ bezügl. $\begin{pmatrix} a > 1; \\ b > 1; \\ b < 1; \\ a < 1. \end{pmatrix}$

Wenn $a^c > a^d$ vorausgesetzt wird.

I. Sind c und d zugleich positiv oder negativ:

13) Aus $\begin{Bmatrix} a \text{ größer } 1 \\ a \text{ pos.} < 1 \end{Bmatrix} \hookrightarrow$ bezüglich $\begin{Bmatrix} c > d; \\ c < d. \end{Bmatrix}$

14) Aus a positiv und $c \gtrless d \hookrightarrow$ bezüglich $a \gtrless 1$.

II. Wenn c oder $d = \pm 1$ in [15) bis 18) incl.] vorausgesetzt wird:

15) Aus $c = 1$ und $\begin{Bmatrix} a \text{ größer } 1; \\ a \text{ pos.} < 1 \end{Bmatrix} \hookrightarrow$ bezügl. $\begin{Bmatrix} d \text{ beliebig aber für } d \text{ pos.,} \\ \text{muß } d < 1 \text{ sein;} \\ d \text{ beliebig nur} > 1. \end{Bmatrix}$

16) Aus $c = -1$ und $\begin{Bmatrix} a \text{ größer } 1; \\ a \text{ pos.} < 1 \end{Bmatrix} \hookrightarrow$ bezügl. $\begin{Bmatrix} d \text{ neg. u. } |d| > 1; \\ d \text{ beliebig, nur für } d \\ \text{neg., } |d| < 1. \end{Bmatrix}$

17) Aus $d = 1$ u. $\begin{Bmatrix} a \text{ pos.} < 1; \\ a \text{ größer } 1 \end{Bmatrix} \hookrightarrow$ bezügl. $\begin{Bmatrix} c \text{ entweder neg. od. Null} \\ \text{od. pos.} < 1; \\ c > 1. \end{Bmatrix}$

18) Aus $d = -1$ u. $\begin{Bmatrix} a \text{ größer } 1 \\ a \text{ pos.} < 1; \end{Bmatrix} \hookrightarrow$ bez. $\begin{Bmatrix} c \text{ entw. Null od. pos., od. neg.} \\ \text{aber } |c| < 1; \\ c \text{ negativ und } |c| > 1. \end{Bmatrix}$

19) Aus $\left\{\begin{matrix}\text{c pos., d neg., a} > 1; \\ \text{c neg., d pos., a pos.} < 1\end{matrix}\right\}$ $\neg$, daß belieb. $|c| \gtreqless |d|$ sein konnte.

20) Aus c Null, d positiv $\neg$ a positiv und < 1.

21) Aus c positiv und d Null $\neg$ $a > 1$.

22) Aus c Null und d negativ $\neg$ $a > 1$.

Wenn $a^c > b^d$ und a und b als positiv [mit Ausnahme von 40)] vorausgesetzt sind.

Aus

I. c und d positiv;	III. c positiv, d negativ;
II. c und d negativ;	IV. c negativ, d positiv.

folgt bezüglich:

23) Wenn mit I. $a > b$; mit II. $a < b$; mit III. $a > 1:b$; mit IV. $1:a > b$ ist, daß es unbestimmt bleibt, welcher der drei Fälle $|c| \gtreqless |d|$ stattfand.

24) Wenn mit $\begin{matrix}\text{I.} \\ \text{II.}\end{matrix}$ $\left\{\begin{matrix} c < d; \\ |c| > |d|\end{matrix}\right\}$ u. $\left\{\begin{matrix} a < 1; \\ b > 1\end{matrix}\right\}$, so bleibt es unbestimmt, ob $a \gtreqless b$ stattfand.

Auf die hier angedeutete Weise entnimmt man leicht aus [Seite 465 (3) bis Seite 467 (17)] die noch übrigen betreffenden Gesetze für reelle Potenzen.

. . . .

40) Aus a positiv, b Null, c reell und d positiv $\neg$ a konnte beliebig ganz oder gebrochen sein.

41) Aus c Null, ferner d $\left\{\begin{matrix}\text{neg.,} \\ \text{pos.}\end{matrix}\right\}$ $\neg$ bezügl. $\left\{\begin{matrix} b > 1; \\ b < 1\end{matrix}\right\}$ u. a konnte irgend eine ganze oder gebrochene Zahl sein.

42) Aus $c = 1$

und $\left\{\begin{matrix}
\text{d pos. u. } \left\{\begin{matrix} a \leqq 1, \\ b \geqq 1\end{matrix}\right\} \neg \text{ bezügl. } \left\{\begin{matrix} b < 1, \\ a > 1\end{matrix}\right\}; \\
\text{d pos. u. } \left\{\begin{matrix} a > 1, \\ b < 1\end{matrix}\right\} \text{ bleibt bezügl. unbestimmt, ob } \left\{\begin{matrix} b \gtreqless 1, \\ a \lesseqgtr 1\end{matrix}\right\} \text{ war;} \\
\text{d neg. u. } \left\{\begin{matrix} a \leqq 1, \\ b \leqq 1\end{matrix}\right\} \neg \text{ bezügl. } \left\{\begin{matrix} b > 1, \\ a > 1\end{matrix}\right\}; \\
\text{d neg. u. } \left\{\begin{matrix} a > 1, \\ b > 1\end{matrix}\right\} \text{ bleibt bezügl. unbestimmt, ob } \left\{\begin{matrix} b \gtreqless 1, \\ a \lesseqgtr 1\end{matrix}\right\} \text{ war.}
\end{matrix}\right\}$

Ebenso entnehme man 43) 44) und 45) aus [Seite 468 bis 470]. Bei den folgenden drei Fällen von [46) bis 48)] sind c und d als positiv vorausgesetzt.

. . . .

46) Kann beliebig in $a^c > b^d$,

$$c \gtreqless d$$

genommen werden, so daß stets $a^c > b^d$ ist, so muß einer von den drei Fällen

$$1)\ a > 1 \text{ und } b = 1;$$
$$2)\ a > 1 \text{ und } b < 1;$$
$$3)\ a = 1 \text{ und } b < 1$$

stattfinden.

Ebenso entnehme man 47), 48) aus [Seite 472 (37) und (38)].

. . . .

Bei den folgenden drei Fällen von [49) bis 51)] sind c und d als negativ vorausgesetzt.

49) Kann beliebig in $a^c > b^d$,

$$|c| \gtreqless |d|$$

genommen werden, so daß stets $a^c > b^d$ ist, so muß einer von den drei Fällen

$$1)\ b > 1 \text{ und } a = 1;$$
$$2)\ b > 1 \text{ und } a < 1;$$
$$3)\ b = 1 \text{ und } a < 1$$

stattfinden.

Ebenso entnehme man 50), 51) aus [Seite 473 (47) und Seite 474 (48)].

. . . .

Spezialfälle.

52) Aus

c und d positiv und $\begin{Bmatrix} a \leqq 1; \\ b \geqq 1 \end{Bmatrix} \rightharpoondown$ bezüglich $\begin{Bmatrix} b < 1; \\ a > 1. \end{Bmatrix}$

c und d negativ und $\begin{Bmatrix} b \leqq 1; \\ a \geqq 1 \end{Bmatrix} \rightharpoondown$ bezüglich $\begin{Bmatrix} a < 1; \\ b > 1. \end{Bmatrix}$

Wenn $a^c = b^d$ und a und b als positiv [bis 78)] vorausgesetzt wird.

Aus:

I. $\begin{Bmatrix} \text{c und d positiv;} \\ \text{c und d negativ} \end{Bmatrix}$ II. c positiv und d negativ.

III. $\begin{Bmatrix} \text{c positiv und d Null;} \\ \text{c negativ und d Null.} \end{Bmatrix}$ IV. c und d Null.

folgt respective

nach jeder einzelnen der zwei Voraussetzungen in I.:

53) Ist $a \gtrless b$ und a ganz od. unächt gebrochen, so ist bezügl.: $|c| \lessgtr |d|$.

. . . .

60) Kann beliebig $|c| \overset{>}{\underset{<}{=}} |d|$ genommen werden, so ist: $a = b = 1$.

Nach der Voraussetzung in II. folgt:

61) Ist $a \gtrless 1:b$ u. a ganz od. unächt gebrochen, so ist bezügl.: $|c| \lessgtr |d|$.

. . . .

68) Kann beliebig $|c| \overset{>}{\underset{<}{=}} |d|$ genommen werden, so ist: $a = 1:b = 1$.

Nach der Voraussetzung in III. folgt:

69) $a = 1$.

Nach der Voraussetzung in IV. folgt:

70) Es können a und b beliebige ganze oder gebrochene Zahlen sein.

Aus $c = 1$ folgt:

71) Für d positiv und $\left\{\begin{matrix} a \overset{>}{\underset{<}{=}} 1; \\ b \overset{>}{\underset{<}{=}} 1. \end{matrix}\right\}$ bezüglich $\left\{\begin{matrix} b \overset{>}{\underset{<}{=}} 1; \\ a \overset{>}{\underset{<}{=}} 1. \end{matrix}\right\}$

72) Für d negativ und $\left\{\begin{matrix} a \overset{>}{\underset{<}{=}} 1; \\ b \overset{<}{\underset{>}{=}} 1 \end{matrix}\right\}$ bezüglich $\left\{\begin{matrix} b \overset{<}{\underset{>}{=}} 1; \\ a \overset{>}{\underset{<}{=}} 1. \end{matrix}\right\}$

Aus $c = 1$ und $d = 0$ folgt:

73) Es kann b eine beliebige ganze od. gebrochene Zahl sein u. a ist $= 1$.

Aus $c = -1$ folgt:

74) Für d positiv und $\left\{\begin{matrix} a \overset{>}{\underset{<}{=}} 1; \\ b \overset{<}{\underset{>}{=}} 1 \end{matrix}\right\}$ bezüglich $\left\{\begin{matrix} b \overset{<}{\underset{>}{=}} 1; \\ a \overset{>}{\underset{<}{=}} 1. \end{matrix}\right\}$

75) Für d negativ und $\left\{\begin{matrix} a \overset{>}{\underset{<}{=}} 1; \\ b \overset{>}{\underset{<}{=}} 1 \end{matrix}\right\}$ bezüglich $\left\{\begin{matrix} b \overset{>}{\underset{<}{=}} 1; \\ a \overset{>}{\underset{<}{=}} 1. \end{matrix}\right\}$

Aus $c = -1$ und $d = 0$ folgt:

76) Es kann b, als pos., beliebig angenommen werden und es ist $a = 1$.

Aus $c = d = -1$ folgt:

77) Es können a und b, als positive Zahlen, beliebig angenommen werden, und es ist $a = b$.

Spezialfälle die aus $a^c = b^d$ folgen:

78) Ist $a = 0$, also auch $b = 0$, so sind c und d positiv.

Die durch die Querpunkte angedeuteten Lücken füllt man durch Eintragung der [Seite 476 bis 479] stehenden Gesetze leicht aus.

II'. Indirecte Gesetze der Mischung der Reellen-Potenzen mit den Differenz-Potenzen.

Wenn $a^c = b^c$ und c als ganz vorausgesetzt ist.

1) Aus a pos., b neg., c pos. oder neg. $\lrcorner$ $a = |b|$ und c gerade.
2) Aus c pos. oder neg. und $a > b$ $\lrcorner$ a pos. u. b neg., c gerade und $a = |b|$.
3) Aus $c = 0$ folgt auch, daß einer von beiden Dignanden (a, b) positiv und der andere negativ sein kann.

Wenn $a^c > b^c$ und c als ganz vorausgesetzt ist.

Die hierher gehörenden acht Fälle sind aus [(3) bis (7) und (9), (10) und (14) Seite 460 und 461] leicht zu entnehmen.

. . . .

Wenn $a^c > b^d$ vorausgesetzt wird.

Aus:

I. {a positiv, b negativ, c positiv, d positiv und gerade; a negativ, b positiv, c positiv ganz, d positiv.}

II. {a positiv, b negativ, c negativ, d negativ gerade; a negativ, b positiv, c negativ ganz, d negativ.}

III. {a positiv, b negativ, c positiv, d negativ gerade; a negativ, b positiv, c positiv ganz, d negativ.}

IV. {a positiv, b negativ, c negativ, d positiv gerade; a negativ, b positiv, c negativ ganz, d positiv;}

folgen die hierher gehörenden siebenzehn Gesetze, die aus [Seite 465 bis 467] leicht zu entnehmen sind, wenn man nur berücksichtigt, daß da, wo bei einer Potenz der Dignand *positiv* ist, ihr Dignator auch gebrochen sein darf, was aber bei den *negativen* Dignanden nicht angeht.

. . . .

29) Aus b Null, d pos. und {{a neg., c pos. ganz; a neg., c neg. ganz;} $\lrcorner$ c gerade; a neg., c Null} und |a| konnte irgend eine absolute Zahl sein.

30) Aus a neg., b pos., c Null $\rightharpoondown$ für d $\begin{Bmatrix}\text{pos.;}\\ \text{neg.}\end{Bmatrix}$ bezügl. $\begin{Bmatrix}b<1;\\ b>1\end{Bmatrix}$ und $|a|$ konnte irgend eine ganze oder gebrochene Zahl sein.

31) Aus a positiv, b negativ c Null $\rightharpoondown$

für d $\begin{Bmatrix}\text{pos. gerade;}\\ \text{neg. gerade;}\\ \text{pos. oder neg. ungerade}\end{Bmatrix}$ bezüglich $\begin{Bmatrix}|b|<1;\\ |b|>1;\\ |b|\gtreqless 1\end{Bmatrix}$ und a konnte irgend eine ganze oder gebrochene Zahl sein.

32) Aus a Null, b negativ, c positiv, d positiv (oder negativ) ganz folgt, weil d ungerade sein muß, daß $|b|$ irgend eine ganze oder gebrochene Zahl sein konnte.

33) Aus a positiv, b negativ, d ungerade

ferner $\begin{Bmatrix}\text{c pos., d pos.;}\\ \text{c neg., d neg.;}\\ \text{c pos., d neg.;}\\ \text{c neg., d pos.}\end{Bmatrix}$ $\rightharpoondown$ a und $|b|$ konnten irgend ganze oder gebrochene Zahlen sein, und es bleibt unbestimmt, welcher der drei Fälle $a \gtreqless |b|$ beliebig mit jedem der drei Fälle $|c| \gtreqless |d|$ verbunden, stattgefunden hat.

Die hier noch hergehörenden vier Gesetze entnehmen wir aus [Seite 468 bis 471, nämlich (25), (28), (31) und (34)] und sie müssen, wie im dortigen Sinne, auch hier beibehalten werden.

. . . .

Spezialfälle.

38) Aus a negativ, b positiv, c positiv ganz, d positiv

und $\begin{Bmatrix}|a| \gtreqless 1;\\ b \gtreqless 1\end{Bmatrix}$ $\rightharpoondown$ bezüglich $\begin{Bmatrix}b<1;\\ |a|>1\end{Bmatrix}$ und c gerade.

39) Aus a positiv, b negativ, c positiv, d positiv und gerade

und $\begin{Bmatrix}a \gtreqless 1;\\ |b| \gtreqless 1\end{Bmatrix}$ $\rightharpoondown$ bezüglich $\begin{Bmatrix}|b|<1;\\ a>1.\end{Bmatrix}$

40) Aus a negativ, b positiv, c negativ ganz, d negativ

und $\begin{Bmatrix}b \gtreqless 1;\\ |a| \gtreqless 1\end{Bmatrix}$ $\rightharpoondown$ bezüglich $\begin{Bmatrix}|a|<1;\\ b>1\end{Bmatrix}$ und $|c|$ gerade.

41) Aus a positiv, b negativ, c negativ, d negativ gerade

und $\begin{Bmatrix}|b| \gtreqless 1;\\ a \gtreqless 1\end{Bmatrix}$ $\rightharpoondown$ bezüglich $\begin{Bmatrix}a<1;\\ |b|>1.\end{Bmatrix}$

Die vorstehenden Spezialfälle entsprechen bezüglich denen [Seite 475 und 476 Nr. (59), (60), (64) und (65)].

Wenn $a^c = b^d$ vorausgesetzt wird.

Aus:

I. $\left\{\begin{array}{l}\text{a positiv, b negativ, c positiv, d positiv ganz;}\\ \text{a positiv, b negativ, c negativ, d negativ ganz.}\end{array}\right\}$

II. $\left\{\begin{array}{l}\text{a positiv, b negativ, c positiv, d negativ ganz;}\\ \text{a negativ, b positiv, c positiv ganz, d negativ.}\end{array}\right\}$

III. $\left\{\begin{array}{l}\text{a positiv, b negativ, c positiv, d Null;}\\ \text{a positiv, b negativ, c negativ, d Null.}\end{array}\right\}$

IV. $\left\{\begin{array}{l}\text{a positiv, b negativ, c Null, d Null;}\\ \text{a negativ, b positiv, c Null, d Null.}\end{array}\right\}$

folgen die auch hierher gehörenden achtzehn Gesetze, die man aus [Seite 476 und 477] leicht entnimmt.

. . . .

Es sei in $a^c = b^d$, $c = 1$ und a positiv, b negativ vorausgesetzt.

60) Aus d pos. ganz ⟶ wegen d gerade, für $\left\{\begin{array}{l} a \substack{>\\=\\<} 1;\\ |b| \substack{>\\=\\<} 1 \end{array}\right\}$ bezügl. $\left\{\begin{array}{l} |b| \substack{>\\=\\<} 1;\\ a \substack{>\\=\\<} 1. \end{array}\right\}$

61) Aus d neg. ganz ⟶ wegen d gerade, für $\left\{\begin{array}{l} a \substack{>\\=\\<} 1;\\ |b| \substack{<\\=\\>} 1 \end{array}\right\}$ bezügl. $\left\{\begin{array}{l} |b| \substack{<\\=\\>} 1;\\ a \substack{>\\=\\<} 1. \end{array}\right\}$

62) Aus $c = 1$ und $d = 0$ ⟶ daß $|b| \substack{>\\=\\<} 1$ sein kann und daß $a = 1$ ist.

63) Aus $c = -1$ und d positiv ganz ⟶

wegen d gerade, für $\left\{\begin{array}{l} a \substack{>\\=\\<} 1;\\ |b| \substack{>\\=\\<} 1 \end{array}\right\}$ bezüglich $\left\{\begin{array}{l} |b| \substack{<\\=\\>} 1;\\ a \substack{<\\=\\>} 1. \end{array}\right\}$

64) Aus $c = -1$ und d negativ ganz ⟶

wegen d gerade, für $\left\{\begin{array}{l} a \substack{>\\=\\<} 1;\\ |b| \substack{>\\=\\<} 1 \end{array}\right\}$ bezüglich $\left\{\begin{array}{l} |b| \substack{>\\=\\<} 1;\\ a \substack{>\\=\\<} 1. \end{array}\right\}$

65) Aus $c = -1$ und d Null folgt, daß $|b|$ als positiv beliebig angenommen werden kann und daß $a = 1$ ist.

Bemerkung. Es ist sehr leicht, alle die vorstehenden directen und indirecten Gesetze der reellen Potenzen, und auch diejenigen der Mischung, abzuleiten. Aus diesem Grunde wollen wir nur eine kurze Andeutung hierzu geben.

Man sucht **u ⌢ a** für reelle Potenzen. Es sei $a > b$, b positiv (also auch a positiv), und $c = \pm \frac{\alpha}{\beta}$, also c ganz oder gebrochen, positiv oder negativ gegeben.

Man hat nun:

$$a^{\pm\frac{\alpha}{\beta}} = 1 \underset{\cdot}{\times} a^{\frac{\alpha}{\beta}} = 1 \underset{\cdot}{\times} (\sqrt[\beta]{a})^{\alpha} \text{ und } b^{\pm\frac{\alpha}{\beta}} = 1 \underset{\cdot}{\times} b^{\frac{\alpha}{\beta}} = 1 \underset{\cdot}{\times} (\sqrt[\beta]{a})^{\alpha}.$$

Nun ist, wegen $a > b$, $\sqrt[\beta]{a} > \sqrt[\beta]{b}$, weil absolute Wurzeln entstehn nach [S. 513, (3)], also $(\sqrt[\beta]{a})^{\alpha} > (\sqrt[\beta]{b})^{\alpha}$, also $1 \underset{\cdot}{\times} (\sqrt[\beta]{a})^{\alpha} \gtrless 1 \underset{\cdot}{\times} (\sqrt[\beta]{b})^{\alpha}$, daher $a^{\pm\frac{\alpha}{\beta}} \gtrless b^{\pm\frac{\alpha}{\beta}}$. Es folgt demnach aus $a > b$, daß $a^c \gtrless b^c$ ist, je nachdem $c \begin{Bmatrix}\text{positiv,}\\ \text{negativ}\end{Bmatrix}$ ist.

Auf ähnliche Weise sind alle übrigen Gesetze zu entwickeln.

46. Da die Gleichung

$$\sqrt[\beta:\alpha]{a} = (\sqrt[\beta]{a})^{\alpha}$$

nach [44.] erwiesen ist, wenn β und α wirkliche Zahlen vorstellen, und zugleich $\beta:\alpha$ eine solche bezeichnet, so kann dieselbe wieder dazu dienen, den Begriff der Wurzeln zu erweitern.

Wir wollen nämlich $\sqrt[\beta:\alpha]{a}$ für den Fall zu verallgemeinern suchen, wo, während a eine positive Zahl oder Null vorstellt, erstens $\beta:\alpha$ ganz oder gebrochen ist, und dann zweitens, wo der Radikator auch irrational sein kann (Siehe 47.) Es fragt sich demnach zunächst, ob der Wurzel $\sqrt[\beta:\alpha]{a}$ auch eine feste Bedeutung zukommt, wenn nicht gerade $\beta:\alpha$ einer wirklichen Zahl gleich ist. Weil aber die rechte Seite, obiger Gleichung, $(\sqrt[\beta]{a})^{\alpha}$ = der absoluten Wurzel $\sqrt[\beta]{a^{\alpha}}$, welche eindeutig ist, so ist klar, daß wenn wir unter $\sqrt[\beta:\alpha]{a}$ nichts weiter als $(\sqrt[\beta]{a})^{\alpha}$ denken, $\sqrt[\beta:\alpha]{a}$ jetzt eine bestimmte Bedeutung hat, und wir brauchen deshalb nur zu untersuchen, ob $\sqrt[\beta:\alpha]{a}$ auch immer dasselbe bedeutet, wenn $\beta:\alpha$ unter einer anderen Form erscheint.

Es sei daher $\beta:\alpha = \delta:\gamma$, wo δ und γ ebenfalls wirkliche Zahlen vorstellen, so fragt sich, ob, wenn wir unter $\sqrt[\beta:\alpha]{a}$ und $\sqrt[\delta:\gamma]{a}$ bezüglich denken: $(\sqrt[\beta]{a})^{\alpha}$ und $(\sqrt[\delta]{a})^{\gamma}$,

$$(\sqrt[\beta]{a})^{\alpha} = (\sqrt[\delta]{a})^{\gamma}$$

ist, oder nicht.

Wegen der absoluten Wurzeln ist aber:

$$[(\sqrt[\beta]{a})^\alpha]^{\beta\delta} = a^{\alpha\delta},$$

und: $$[(\sqrt[\delta]{a})^\gamma]^{\beta\delta} = a^{\beta\gamma},$$

mithin, weil aus $\alpha:\beta = \gamma:\delta$ folgt: $\alpha\delta = \beta\gamma$, so ist:

$$[(\sqrt[\beta]{a})^\alpha]^{\beta\delta} = [(\sqrt[\delta]{a})^\gamma]^{\beta\delta},$$

also nach [S. 406, (1)]: $$(\sqrt[\beta]{a})^\alpha = (\sqrt[\delta]{a})^\gamma.$$

Deshalb dürfen wir die obige Gleichung als Definition der Wurzeln mit gebrochenem Radikator aufstellen, und wir haben:

a. Die Gleichung

$$\sqrt[\beta:\alpha]{a} = (\sqrt[\beta]{a})^\alpha,$$

in der a eine positive Zahl (oder Null), α und β wirkliche Zahlen bedeuten mögen, und deshalb $\beta:\alpha$ eine ganze oder gebrochene Zahl sein kann, möge als Definition der Wurzel mit gebrochenem Radikator dienen. Diese Wurzel ist eindeutig und sie geht in eine absolute über, wenn $\beta:\alpha$ = einer wirklichen Zahl ist.

Nach [*a.*] und dem Vorhergehenden ist es nun leicht, sich zu überzeugen, daß noch sämmtliche Gesetze gelten, sobald die durch [Definition: *a*] erweiterte Wurzel des gebrochenen Grades vorkommt, wenn nur die Begriffe von

a, s, g, u, p, P, d, q, w, l

in keiner weiteren Ausdehnung genommen werden als ihnen bis jetzt zukommt.

Die Ableitungen, daß noch sämmtliche Gesetze, unter dieser Bedingung, von den Wurzeln des gebrochenen Grades gelten, so wie die des Gleich-Größer- und Kleiner-Seins, sind nun schon vollständig erledigt.

Da nämlich:

$$\sqrt[\beta:\alpha]{a} = (\sqrt[\beta]{a})^\alpha = \sqrt[\beta]{(a^\alpha)} = a^{\frac{\alpha}{\beta}}$$

ist, so darf man überall statt $\sqrt[\beta:\alpha]{a}$ die absolute Wurzel $\sqrt[\beta]{a^\alpha}$, oder die reelle Potenz $a^{\frac{\alpha}{\beta}}$, setzen, so daß das Operiren mit Wurzeln eines gebrochenen Grades, übergeht in das mit absoluten Wurzeln, oder mit reellen Potenzen. Es gelten demnach noch alle Operations-Gesetze für die Wurzeln des gebrochenen Grades.

Will man, statt mit absoluten Wurzeln, bequemer mit Potenzen operiren, so hat man noch zu berücksichtigen, daß

$$\sqrt[\beta]{a} = \sqrt[\beta]{a^1} = \sqrt[\beta\alpha]{a^\alpha} = a^{\frac{\alpha}{\alpha\beta}} = a^{\frac{1}{\beta}},$$

also: $\sqrt[\beta]{a} = a^{\frac{1}{\beta}}$

ist. Ferner ist durch das Vorhergehende schon vermittelt, daß die Radikanden in den Wurzeln des gebrochenen Grades, Irrationalzahlen sein dürfen.

Bemerkung. Man hätte auch Wurzeln mit gebrochenen negativen Radikatoren einführen können. Es muß nämlich, nach dem Begriff der Wurzel,

$$\sqrt[-(\alpha:\beta)]{a}$$

den Ausdruck x bedeuten, der mit $-(\alpha:\beta)$ potenzirt, a giebt; also hat man $\sqrt[-(\alpha:\beta)]{a} = x$ setzend, $a = x^{-(\alpha:\beta)} = 1 : x^{\alpha:\beta}$, oder $a^\beta = 1 : x^\alpha$, oder $x^\alpha = a^{-\beta}$, oder $x = a^{-\frac{\beta}{\alpha}}$, oder $x = \sqrt[\alpha]{a^{-\beta}}$. Demnach ist, für $\alpha : \beta = a$,

$$\sqrt[-a]{a} = 1 : \sqrt[a]{a} = 1 : a^{\frac{1}{a}} = a^{-\frac{1}{a}}.$$

Das Operiren mit Potenzen ist bequemer, deshalb kann man statt $\sqrt[-a]{a}$, lieber $a^{-\frac{1}{a}}$ erwählen *).

47. Der Begriff der Wurzel $\sqrt[h]{a}$, oder der Potenz $a^{\frac{1}{h}}$, ist noch für den zweiten Fall (Siehe 46.) zu verallgemeinern, im welchem a eine positive Rational- oder Irrationalzahl, oder Null, und h eine positive Irrationalzahl vorstellt.

Es fragt sich deshalb zunächst erstens, ob $a^{1:h}$ oder, wenn h die Irrationalzahl bedeutet, ob a^h eine bestimmte Bedeutung hat, und zweitens, ob auch dann dem a^h nur eine einzige zukommt.

Da wir nun h stets zwischen so engen Grenzen $\frac{\omega}{n}$ und $\frac{\omega+1}{n}$, wo n beliebig groß ist, einschließen können, so ist:

$$1^{\frac{\omega}{n}} = \sqrt[n]{1^\omega} = 1, \text{ und } 1^{\frac{\omega+1}{n}} = \sqrt[n]{1^{\omega+1}} = 1;$$

*) Da a^0 stets $= 1$ ist, wenn a nicht Null ist, so ist unter dieser Bedingung $\sqrt[0]{1} = a$, also $\sqrt[0]{1}$ unbestimmt. Ebenso ist $\sqrt[0]{a}$, wenn a von 1 verschieden ist, ungedenkbar.

$$0^{\frac{\omega}{n}} = \sqrt[n]{0^{\omega}} = 0, \text{ und } 0^{\frac{\omega+1}{n}} = \sqrt[n]{0^{\omega+1}} = 0,$$

also auch: $1^{h} = 1$, und $0^{h} = 0$.

Wir haben demnach vom a^{h} noch die beiden Fälle zu betrachten, wo $a > 1$, und a positiv < 1 ist.

Erster Fall. Es sei $a > 1$, und r bezeichne eine absolute ganze oder gebrochene Zahl größer h, und v irgend eine positive Zahl größer 1, für welche $a^{r} \lesseqgtr v$ sein möge.

Bedeutet ferner α eine ganze positive Zahl größer 1, und β eine ganze positive Zahl und wird $\beta : \alpha < h$, ferner $(\beta+1) : \alpha > h$ genommen, so ist nach [45., I. 7)]

$$a^{\beta:\alpha} < a^{h} \text{ und } a^{(\beta+1):\alpha} > a^{h};$$

denn die auf $\beta : \alpha$ folgenden Brüche, die noch alle kleiner als h sind, nähern sich dem h ohne Ende.

Nun ist aber, wenn man $\sqrt[\alpha]{a} = p$ setzt, wegen $a > 1$, auch $p > 1$. Es sei also:

$$p = 1 + \gamma,$$

so ist: $p^{\alpha} = (1+\gamma)^{\alpha} = 1 + \alpha\gamma + \mathfrak{A}$, wo $\mathfrak{A}$ positiv ist;

und $\alpha(p-1) = \alpha\gamma$,

mithin: $p^{\alpha} - 1 > \alpha(p-1)$,

oder: $(\sqrt[\alpha]{a})^{\alpha} - 1 > \alpha(\sqrt[\alpha]{a} - 1)$,

oder: $a - 1 > \alpha(\sqrt[\alpha]{a} - 1)$,

oder: $\sqrt[\alpha]{a} - 1 < (a-1) : \alpha$,

oder: $a^{\frac{1}{\alpha}} - 1 < (a-1) : \alpha$.

Da ferner $\beta : \alpha < r$, so ist: $a^{\beta:\alpha} < a^{r}$, also auch $a^{\beta:\alpha} < v$,

folglich hat man aus: $a^{\frac{1}{\alpha}} - 1 < (a-1) : \alpha$,

und $a^{\beta:\alpha} < v$,

durch die Multiplikation: $a^{\frac{\beta+1}{\alpha}} - a^{\frac{\beta}{\alpha}} < \dfrac{v(a-1)}{\alpha}$.

Da nun a^{h} zwischen den beiden Grenz-Gliedern $a^{\beta:\alpha}$ und $a^{(\beta+1):\alpha}$ allemal liegt, so kommt es, um zu zeigen, daß a^{h} eine bestimmte Bedeutung hat, noch darauf an, darzuthun, daß während $\beta : \alpha$ und $(\beta+1) : \alpha$ stets in größeren und größeren Zahlen ausgedrückt erscheinen, der Unterschied zwischen a^{h} und $a^{\beta:\alpha}$ kleiner werden kann als jeder gegebene noch so kleine Bruch μ.

Nimmt man deshalb in der vorigen Ungleichung

$$\alpha \gtreqless \frac{v(a-1)}{\mu},$$

$$\text{oder:}\quad \mu \gtreqless \frac{v(a-1)}{\alpha},$$

$$\text{so kommt:}\quad a^{\frac{\beta+1}{\alpha}} - a^{\frac{\beta}{\alpha}} < \mu,$$

und deshalb auch um so mehr: $a^h - a^{\frac{\beta}{\alpha}} < \mu$.

Hieraus folgt, daß, für $a > 1$, a^h eine bestimmte Bedeutung haben muß, weil $a^{\frac{\beta}{\alpha}}$ bereits eine solche hat, und $a^{\frac{\beta}{\alpha}}$ dem a^h so nahe rücken kann, wie man immer will, wenn nur α groß genug angenommen wird.

Zweiter Fall. Es ist nun noch darzuthun, daß auch, im Falle $a < 1$ ist, ebenfalls a^h eine bestimmte Bedeutung hat.

Es bezeichne in diesem Falle r eine absolute ganze oder gebrochene Zahl kleiner h, und es sei $a^r \lesseqgtr v$, ferner sei wieder α eine ganz beliebig groß anzunehmende wirkliche Zahl, und β eine positive ganze Zahl oder Null; endlich sei

$$\beta : \alpha < h \text{ und } (\beta+1) : \alpha > h,$$

so hat man, weil $a < 1$ ist,

$$a^{\frac{\beta}{\alpha}} > a^h \text{ und } a^{\frac{\beta+1}{\alpha}} < a^h,$$

$$\text{mithin:}\quad 1 - \sqrt[\alpha]{a} < \frac{1-a}{a(\alpha-1)+1};$$

denn weil vorher für $a > 1$ folgte:

$$\sqrt[\alpha]{a} - 1 < \frac{a-1}{\alpha},$$

so hat man aus $a < 1$, $1:a > 1$. Substituirt man daher in vorstehende Ungleichung $1:a$ statt a, so kommt:

$$\sqrt[\alpha]{\frac{1}{a}} - 1 < \frac{\frac{1}{a}-1}{\alpha},$$

$$\text{oder:}\quad \frac{a\alpha}{(\alpha-1)a+1} < \sqrt[\alpha]{a},$$

$$\text{oder:}\quad 1 - \frac{a\alpha}{(\alpha-1)a+1} > 1 - \sqrt[\alpha]{a},$$

$$\text{oder:}\quad \frac{1-a}{a(\alpha-1)+1} > 1 - \sqrt[\alpha]{a}.$$

Man bemerkt bei diesen Reductionen leicht, daß $1-a+\alpha a$, $= a(\alpha-1)+1$, positiv ist, wegen $a<1$.

Wir haben bereits: $(1:\sqrt[\alpha]{a})-1<(1-a):(\alpha a)$,

oder: $1:a^{1:\alpha}-1<(1-a):(\alpha a)$.

Nun ist aber: $r<(\beta+1):\alpha$,

mithin, weil $a<1$ ist: $a^r>a^{(\beta+1):\alpha}$,

also auch: $a^{\frac{\beta+1}{\alpha}}<v$, und dies mit

$$\frac{1}{a^{1:\alpha}}-1<\frac{1-a}{\alpha a}$$

durch die Multiplikation verbunden, giebt:

$$a^{\frac{\beta}{\alpha}}-a^{\frac{\beta+1}{\alpha}}<\frac{v(1-a)}{\alpha a}.$$

Ferner kann der Unterschied der Grenz-Glieder $a^{\beta:\alpha}$ und $a^{(\beta+1):\alpha}$ kleiner werden als jeder bestimmt angegebene noch so kleine Bruch x, wenn man nur α groß genug nimmt.

Setzt man nämlich $\alpha \gtreqqless \frac{v(1-a)}{ax}$,

so kommt: $a^{\beta:\alpha}-a^{(\beta+1):\alpha}<\frac{v(1-a)}{[v(1-a):(ax)]a}$,

d. h. $a^{\beta:\alpha}-a^{(\beta+1):\alpha}<x$,

also auch um so mehr: $a^{\beta:\alpha}-a^h<a^{\beta:\alpha}-a^{(\beta+1):\alpha}$,

oder: $a^{\frac{\beta}{\alpha}}-a^h<x$.

Da also $a^{\frac{\beta}{\alpha}}$, auch im Falle $a<1$ ist, dem a^h so nahe gebracht werden kann, wie man immer will, und bereits $a^{\frac{\beta}{\alpha}}$ eine bestimmte Bedeutung hat, so hat auch a^h, für $a<1$, eine solche.

Demnach hat a^h allemal eine bestimmte Bedeutung, wenn nur a positiv, d. h. $\gtreqqless 1$, oder Null ist, es möge h rational oder irrational sein.

Man kann diese Wahrheit, daß a^h allemal eine bestimmte Bedeutung hat, wenn $a \gtrless 1$ und h irrational ist, auch u. A. wie folgt darthun.

Erstens. Bezeichnen p und q zwei positive Zahlen, so giebt es eine positive ganze Zahl n, für welche:

$$(1+p)^{\frac{1}{n}}<1+q$$

ist, es möge p beliebig groß, und q beliebig klein sein;

denn es ist: $(1+q)^2 = 1+2q+q^2$, also

$$(1+q)^2 > 1+2q.$$

Ebenso finden wir: $(1+q)^3 > 1+3q$.
Es scheint demnach: $(1+q)^\varphi > 1+\varphi q$ zu sein.
Wäre dies, so hätte man:

$$(1+q)^\varphi.(1+q) > (1+q\varphi)(1+q), \text{ oder } (1+q)^{\varphi+1} > 1+(\varphi+1)q.$$

Demnach ist unsere Behauptung, nach (Ω), richtig.

Aus $(1+q)^n > 1+nq$, folgt: $1+q > (1+nq)^{\frac{1}{n}}$.

Nun möge q noch so klein sein, so kann man n nach [S. 503,2)] so erwählen, daß $1+nq > 1+p$, also $(1+nq)^{\frac{1}{n}} > (1+p)^{\frac{1}{n}}$, also auch $1+q > (1+p)^{\frac{1}{n}}$, oder

$$(1+p)^{\frac{1}{n}} < 1+q$$

wird.

Zweitens. Man kann aus dem Letzteren leicht die Beziehung zwischen $(1-p)^{\frac{1}{n}}$ und $1-q$ entnehmen, wenn p ein beliebig großer ächter Bruch, und q ein beliebig kleiner ächter Bruch ist. Ist nämlich p ein ächter Bruch, so ist auch $1-p$ ein solcher, und deshalb $\frac{1}{1-p}$ ein unächter Bruch. Eben so ist $\frac{1}{1-q}$ ein unächter Bruch.

Setzt man also für: $1+p$, $\frac{1}{1-p}$, und statt: $1+q$, $\frac{1}{1-q}$ in die vorige Ungleichung: $(1+p)^{\frac{1}{n}} < 1+q$, was erlaubt ist, so kommt:

$$\left(\frac{1}{1-p}\right)^{\frac{1}{n}} < \frac{1}{1-q},$$

mithin: $(1-p)^{\frac{1}{n}} > 1-q$.

Wenn also p ein beliebig großer ächter Bruch, und q ein beliebig kleiner ächter Bruch ist, so läßt sich stets eine positive ganze Zahl n finden, für welche $(1-p)^{\frac{1}{n}} > 1-q$ ist.

Es fragt nun, ob a^h eine bestimmte Bedeutung hat, wenn h eine Irrationalzahl, und a entweder größer oder kleiner 1 ist.

Da nun jede Irrationalzahl h, zwischen die Rationalzahlen $\frac{\omega}{n}$ und $\frac{\omega+1}{n}$ beliebig eng eingeschlossen werden kann, so daß für $a > 1$, a^h zwischen $a^{\frac{\omega}{n}}$ und $a^{\frac{\omega+1}{n}}$ allemal liegt, so kommt es blos darauf an, darzuthun, daß der Unterschied: $a^{\frac{\omega+1}{n}} - a^{\frac{\omega}{n}}$, kleiner werden kann als jeder gegebene ächte Bruch t.

Es ist $a^{\frac{\omega+1}{n}} - a^{\frac{\omega}{n}} = a^{\frac{\omega}{n}}(a^{\frac{1}{n}} - 1)$.

Da nun $a > 1$, so ist $a^{\omega} > 1$, und nimmt man nach [Erstens] n so an, daß für $q < \frac{1}{2}t$, stets

$$(a^{\omega})^{\frac{1}{n}} < 1+q$$

ist, so folgt, wegen $a \gtreqless a^{\omega}$, $a^{\frac{1}{n}} \gtreqless a^{\frac{\omega}{n}}$,

$$\text{mithin:} \quad a^{\frac{1}{n}} < 1+q,$$

$$\text{daher:} \quad a^{\frac{1}{n}} - 1 < q,$$

$$\text{und da bereits:} \quad (a^{\omega})^{\frac{1}{n}} < 1+q,$$

$$\text{so folgt durch die Multiplik.:} \quad (a^{\omega})^{\frac{1}{n}}(a^{\frac{1}{n}} - 1) < (1+q)q,$$

$$\text{und wegen} \quad t > 2q \text{ und } 2q > (1+q).q$$

$$\text{folgt:} \quad a^{\frac{\omega+1}{n}} - a^{\frac{\omega}{n}} < t,$$

Demnach hat a^h, weil es zwischen $a^{\frac{\omega}{n}}$ und $a^{\frac{\omega+1}{n}}$, für $a > 1$, fällt, und zugleich $a^{\frac{\omega+1}{n}} - a^{\frac{\omega}{n}}$ kleiner werden kann als jeder gegebene noch so kleine ächte Bruch t, eine bestimmte Bedeutung.

Eben so findet man, wenn $a < 1$ ist, daß der Unterschied der Grenz-Glieder kleiner werden kann als jeder noch so kleine, aber bestimmt angegebene, ächte Bruch t'; denn dieser Fall kann leicht aus dem vorigen entnommen werden, indem aus $a < 1$ folgt: $1:a > 1$.

Wir haben nun noch zu untersuchen, ob auch a^h allemal nur eine einzige bestimmte Bedeutung hat. Dies folgt u. A. leicht daraus, daß a^h zwischen bestimmte Grenzen, die ohne Ende einander näher gedacht werden können, eingeschlossen werden kann.

Demnach hat a^h, es mögen a und h rational oder irrational, und neben $a \gtreqless 1$ auch $a = 0$ sein, allemal nur eine einzige bestimmte Bedeutung. Eben so erhellt, daß wenn h eine negative Irrationalzahl, und a eine positive Zahl ist, daß dann a^{-h}, $=(1:a)^h$, ebenfalls nur eine einzige bestimmte reelle Bedeutung hat. Mithin ist auch die Potenz $a^{\frac{1}{h}}$, oder die Wurzel $\sqrt[h]{a}$ mit irrationalem Radikator und rationalem oder irrationalem Radikanten, unter den gegebenen Einschränkungen, eindeutig.

48. Bezeichnet man a^h mit p, so hat p eine bestimmte Bedeutung, und es ist $\sqrt[h]{p} = p^{\frac{1}{h}}$, weshalb wieder folgende Definition stattfindet:

a. Die Gleichung: I. $(\sqrt[h]{a})^h = a$,

also auch: II. $\sqrt[h]{(a^h)} = a$,

dient als Erweiterung der frühern Wurzel, also jetzt für die des irrationalen Grades.

Jetzt ist nun wieder nachzuzeigen, daß noch alle früheren Gesetze gelten, wenn Wurzeln vom irrationalen Grade, oder wegen $\sqrt[h]{a} = a^{\frac{1}{h}}$, wenn Potenzen mit irrationalen Dignatoren, und rationalen oder irrationalen Dignanden, vorkommen.

Dies folgt schon aus der einfachen Bemerkung, daß alle für Rationalzahlen erwiesenen Gesetze, auch für Irrationalzahlen gelten müssen, weil man letztere zwischen Rationalzahlen so eng einschließen kann als man immer will.

Es möge jedoch der Weg zur Vermittelung dieser Wahrheiten kurz angedeutet werden:

1) Bezeichnen a und b positive Rational- oder Irrationalzahlen (oder Null), und c eine positive oder negative Rational- oder Irrationalzahl (oder Null) und ist $a = b$, so ist $a^c = b^c$, wenn nur nicht c Null oder negativ ist, sobald $a = 0$ sein sollte. Da nun a^c eine bestimmte Bedeutung hat, so folgt aus $a^c = x$ und $b = a$, daß auch $b^c = x$, also $a^c = b^c$ ist.

2) Es fragt sich, wenn a eine positive Rational- oder Irratio-

nalzahl (oder Null), und h und k positive Rational= oder Irrationalzahlen vorstellen, ob noch:

$$a^h \cdot a^k = a^{h+k}$$

sein wird.

Es sei nun: $\frac{\omega}{n} < h$ und $\frac{\omega+1}{n} > h$,

ferner: $\frac{\omega'}{n'} < k$ und $\frac{\omega'+1}{n'} > k$,

wo für n und n' beliebig große Zahlen angenommen werden können, und wo ω und ω' ganze Zahlen (oder Null) vorstellen, die dem jedesmaligen n, n' entsprechen.

Für $a > 1$ hat man:

$$a^{\frac{\omega}{n}} < a^h, \quad a^{\frac{\omega+1}{n}} > a^h,$$

$$a^{\frac{\omega'}{n'}} < a^k, \quad a^{\frac{\omega'+1}{n'}} > a^k,$$

also: $a^{\frac{\omega}{n}+\frac{\omega'}{n'}} < a^h \cdot a^k$ und $a^{\frac{\omega+1}{n}+\frac{\omega'+1}{n'}} > a^h \cdot a^k$;

es ist aber: $\frac{\omega}{n}+\frac{\omega'}{n'} < h+k$ und $\frac{\omega+1}{n}+\frac{\omega'+1}{n'} > h+k$,

also: $a^{\frac{\omega}{n}+\frac{\omega'}{n'}} < a^{h+k}$ und $a^{\frac{\omega+1}{n}+\frac{\omega'+1}{n'}} > a^{h+k}$.

Nun liegen die Ausdrücke $a^h \cdot a^k$ und a^{h+k} zwischen den Potenzen $a^{\frac{\omega}{n}+\frac{\omega'}{n'}}$ und $a^{\frac{\omega+1}{n}+\frac{\omega'+1}{n'}}$, bei denen der Unterschied ihrer Dignatoren $= \left(\frac{\omega+1}{n}+\frac{\omega'+1}{n'}\right)-\left(\frac{\omega}{n}+\frac{\omega'}{n'}\right) = \frac{1}{n}+\frac{1}{n'}$, und kleiner werden kann als jeder gegebene noch so kleine Bruch, nach [Seite 503].

Dies gilt auch von dem Unterschiede der Potenzen selbst; denn es ist:

$$a^{\frac{\omega+1}{n}+\frac{\omega'+1}{n'}} - a^{\frac{\omega}{n}+\frac{\omega'}{n'}} = a^{\frac{\omega}{n}+\frac{\omega'}{n'}}\left(a^{\frac{1}{n}+\frac{1}{n'}} - 1\right).$$

Da nun für die übrigen Fälle dasselbe gefunden wird, so ist nach [42, 3)]:

$$a^{h+k} = a^h \cdot a^k.$$

3) Es fragt sich, wenn a, b und h positive Rational= oder Irrationalzahlen sind, ob noch

$$(ab)^h = a^h \cdot b^h$$

sein wird.

Es folgt aus $a > 1$ und $b > 1$,

$$\text{für}\quad \frac{\omega}{n} < h, \qquad \frac{\omega+1}{n} > h,$$

$$a^{\frac{\omega}{n}} < a^h, \qquad a^{\frac{\omega+1}{n}} > a^h,$$

$$\text{und:}\quad b^{\frac{\omega}{n}} < b^h, \qquad b^{\frac{\omega+1}{n}} > b^h,$$

also durch die Multiplikation:

$$a^{\frac{\omega}{n}} . b^{\frac{\omega}{n}} < a^h . b^h \text{ und } a^{\frac{\omega+1}{n}} . b^{\frac{\omega+1}{n}} > a^h . b^h.$$

Da aber $ab > 1$, so hat man auch:

$$(ab)^{\frac{\omega}{n}} < (ab)^h \quad \text{und} \quad (ab)^{\frac{\omega+1}{n}} > (ab)^h.$$

Nun ist bereits:

$$(ab)^{\frac{\omega}{n}} = a^{\frac{\omega}{n}} b^{\frac{\omega}{n}} \text{ und } (ab)^{\frac{\omega+1}{n}} = a^{\frac{\omega+1}{n}} b^{\frac{\omega+1}{n}};$$

mithin liegt $(ab)^h$ sowohl wie $a^h b^h$ zwischen den Potenzen:

$$(ab)^{\frac{\omega}{n}} \text{ und } (ab)^{\frac{\omega+1}{n}},$$

deren Unterschied =

$$(ab)^{\frac{\omega}{n}}[(ab)^{\frac{1}{n}} - 1],$$

also kleiner werden kann als jeder bestimmt angegebene, übrigens noch so kleine, ächte Bruch; deshalb ist nach [42, 3)]

$$(ab)^h = a^h b^h.$$

Man übersieht leicht, daß auf demselben Wege dies Gesetz für $a \gtreqless 1$ und $b \gtreqless 1$, h negativ oder Null, nachgewiesen werden kann; auch gilt es, wenn einer oder beide Ausdrücke a, b Null sein sollten, wo dann aber der Dignator weder 0 noch negativ sein darf.

4) Endlich fragt es sich, wenn a, h und k positive Rational- oder Irrationalzahlen sind, ob noch $a^{hk} = (a^h)^k = (a^k)^h$ sein wird.

$$\text{Es sei wieder:}\quad \frac{\omega}{n} < h, \quad \frac{\omega+1}{n} > h,$$

$$\text{ferner:}\quad \frac{\omega'}{n'} < k, \quad \frac{\omega'+1}{n'} > k,$$

$$\text{also:}\quad \frac{\omega\omega'}{nn'} < hk \text{ und } \frac{(\omega+1)(\omega'+1)}{nn'} > hk.$$

Man hat deshalb, für $a > 1$,

$$\left(a^{\frac{\omega}{n}}\right)^{\frac{\omega'}{n'}} < (a^h)^k \text{ und } \left(a^{\frac{\omega+1}{n}}\right)^{\frac{\omega'+1}{n'}} > (a^h)^k,$$

$$\text{und: } a^{\frac{\omega\omega'}{nn'}} < a^{hk} \text{ und } a^{\frac{(\omega+1)(\omega'+1)}{nn'}} > a^{hk}.$$

Da nun a^{hk} so wie $(a^h)^k$ zwischen die Potenzen: $a^{\frac{\omega}{n}\times\frac{\omega'}{n'}}$ und $a^{\frac{\omega+1}{n}\times\frac{\omega'+1}{n'}}$ fällt, deren Unterschied

$$= a^{\frac{\omega}{n}\cdot\frac{\omega'}{n'}}\left[a^{\frac{\omega'+\omega+1}{nn'}} - 1\right],$$

kleiner werden kann als jeder gegebene noch so kleine ächte Bruch, so wie auch der ihrer Dignatoren, so ist:

$$a^{hk} = (a^h)^k, \text{ also wegen } a^{hk} = a^{kh}, \text{ auch } = (a^k)^h.$$

Es leuchtet ein, daß dieses Gesetz noch gilt, wenn $a \leqq 1$; ferner kann einer von beiden, oder es können beide Ausdrücke h und k, negativ oder 0 sein, wenn dann nur a nicht Null ist.

Eben so kann auch $a = 0$ sein, wenn dann weder h noch k = Null, oder negativ ist. Daß endlich nirgends ein Dignand negativ sein darf, wenn der Dignator gebrochen ist, liegt in allen Voraussetzungen, da dergleichen Potenzen noch keinen Sinn haben.

Aus dieser Untersuchung geht hervor, daß die Gesetze der Potenzen noch gelten, wenn die Dignanden positiv oder Null, und die Dignatoren positiv oder negativ, rational oder irrational sein sollten, wenn man nur die Ausnahmen gehörig berücksichtigt, wo, während ein Dignand Null, der Dignator weder Null noch negativ sein darf, so daß man hier nie zu: 0^0, $0^{-\alpha}$, $\frac{\alpha}{0}$, $\frac{0}{0}$, gelangen kann. Deshalb finden auch noch sämmtliche Gesetze von den Wurzeln Statt, wenn die darin vorkommenden Radikanten oder Radikatoren theils rational, theils irrational sein sollten, wie man dies noch näher aus folgender Andeutung leicht übersieht.

Es ist: $$\sqrt[c]{ab} = \sqrt[c]{a}\,.\,\sqrt[c]{b},$$

wenn a, b positiv, c eine positive oder negative Rational- oder Irrationalzahl sein sollte.

Denn nach [3)] ist:

$$(\sqrt[c]{a}\,.\,\sqrt[c]{b})^c = (\sqrt[c]{a})^c\,.\,(\sqrt[c]{b})^c = ab,$$

also wegen der Eindeutigkeit dieser Wurzeln:

$$\sqrt[c]{ab} = \sqrt[c]{a} \, . \, \sqrt[c]{b}.$$

Die übrigen Gesetze werden nun ebenso erwiesen.

Bemerkung. Ist a oder b Null, oder sind a und b Null, so muß c positiv sein.

Hiernach erhellt nun leicht, daß noch alle bisherigen Gesetze gelten, sobald Wurzeln des irrationalen Grades vorkommen, wenn nur die Begriffe von

a, s, g, u, p, P, d, q, w, l,

in keiner erweiterten Bedeutung genommen werden, als ihnen bereits unterliegt.

Der Kürze wegen ziehen wir die Gesetze vom Gleich-, Kleiner- und Größer-Sein, in Betreff der Wurzeln vom irrationalen Grade, nicht weiter besonders aus, weil sie schon in denen für absolute, mit hingestellt sind, wenn man nur den dortigen Radikatoren die entsprechende erweiterte Bedeutung untergelegt denkt; auch sind sie in den reellen Potenzen, und den bisherigen Erweiterungen, als Modifikationen, enthalten.

Als Anleitung hierzu, möge blos die Ableitung von den Haupt-Gesetzen Platz finden.

(1) Für **u ⌒ a.**

Ist $p > q$, und sind p und q irgend positive Zahlen, und ist h irgend eine positive Irrationalzahl, so muß wieder $p^h > q^h$ sein.

Es sei nun α eine positive ganze Zahl, die man beliebig groß annehmen kann, ferner β eine ganze Zahl, für welche

$$\frac{\beta}{\alpha} < h \text{ und } \frac{\beta+1}{\alpha} > h$$

ist. Ferner sei, $p > q$ und $q > 1$, so ergiebt sich leicht, daß man α für diesen Fall so bestimmen kann, daß

$$\beta \gtreqless \frac{q.(q-1)}{p-q},$$

wo jedoch hier β eine ganze positive Zahl und $\beta(p-q) \gtreqless q(q-1)$ ist; mithin ergiebt sich durch die Multiplikation mit $q^{\beta-1}$,

$$\beta \, . \, q^{\beta-1} \, . \, (p-q) \gtreqless q^{\beta}(q-1),$$

Man hat aber nach [Seite 496]

$$p^\beta - q^\beta \geqq \beta \cdot q^{\beta-1}(p-q),$$

also auch $$p^\beta - q^\beta \geqq q^\beta(q-1),$$

d. h.: $$p^\beta \geqq q^{\beta+1},$$

daher, nach den Gesetzen für absolute Wurzeln:

$$\sqrt[\alpha]{p^\beta} \geqq \sqrt[\alpha]{q^{\beta+1}},$$

oder: $$p^{\frac{\beta}{\alpha}} \geqq q^{\frac{\beta+1}{\alpha}}.$$

Da nun: $p^h > p^{\frac{\beta}{\alpha}}$ und $q^{\frac{\beta+1}{\alpha}} > q^h$, so ist: $p^h > q^h$.

Ist aber in $p > q$, $p < 1$, also auch $q < 1$, so kann man α so bestimmen, daß

$$\beta \cdot p(p-q) \geqq q(1-p)$$

wird, und man hat dann durch die Multiplikation mit $q^{\beta-1}$:

$$q^{\beta-1}\beta \cdot p(p-q) \geqq q^\beta(1-p);$$

Da aber nach [S. 498] $$p^\beta - q^\beta \geqq \beta q^{p-1}(p-q)$$

ist, so folgt hieraus: $$p^{\beta+1} - pq^\beta \geqq \beta p q^{\beta-1}(p-q),$$

also offenbar: $$p^{\beta+1} - pq^\beta \geqq q^\beta(1-p),$$

oder: $$p^{\beta+1} \geqq q^\beta,$$

und hieraus durch die Radikation:

$$\sqrt[\alpha]{p^{\beta+1}} \geqq \sqrt[\alpha]{q^\beta},$$

oder, nach den Gesetzen von den reellen Potenzen:

$$p^{\frac{\beta+1}{\alpha}} \geqq q^{\frac{\beta}{\alpha}}.$$

Da aber $p^h > p^{\frac{\beta+1}{\alpha}}$ und $q^{\frac{\beta}{\alpha}} > q^h$, so ist: $p^h > q^h$.

Oder weit kürzer u. A. so: Aus $p < 1$ und $q < 1$ folgt: $\frac{1}{p} > 1$, $\frac{1}{q} > 1$, und wegen $p > q$ ist: $\frac{1}{q} > \frac{1}{p}$, also, nach dem ersten Falle: $\left(\frac{1}{q}\right)^h > \left(\frac{1}{p}\right)^h$, oder $\frac{1}{p^h} > \frac{1}{p^h}$, oder $p^h > q^h$.

Dies Gesetz gilt nun auch, wenn $p = 1$, oder $q = 1$, oder $p > 1$ und $q < 1$ sein sollte.

Da auch $\frac{1}{h}$ eine positive Irrationalzahl ist, wenn h eine solche ist, so folgt aus $p > q$, daß $p^{\frac{1}{h}} > q^{\frac{1}{h}}$, oder $\sqrt[h]{p} > \sqrt[h]{q}$ ist.

Eben so findet sich aus $p > q$, daß $p^{-h} < q^{-h}$, und $\sqrt[-h]{p} > \sqrt[-h]{q}$ ist.

Bemerkung. Dies Gesetz leuchtet auch ein, wenn p und q, oder nur einer von beiden Ausdrücken, eine Irrationalzahl ist.

Auf ähnliche Weise werden die übrigen directen und indirecten Gesetze für die Wurzeln des irrationalen Grades abgeleitet, oder aus denen für reelle Potenzen [Seite 515 bis 533] entnommen.

Bemerkung. In Betreff der Irrationalzahlen sieht man noch leicht folgende Gesetze ein:

1) Ist a eine Irrationalzahl, so ist auch a reciprok genommen, d. h. $\frac{1}{a}$, eine solche, wie auf in directem Wege einleuchtet.

2) Die Summe, oder Differenz aus einer Rational- und Irrationalzahl, ist stets irrational, wie indirect erhellet, oder daß man zeigt, daß beide **s** und **d**, zwischen zwei Rationalzahlen fallen, deren Unterschied beliebig klein werden kann.

3) Das Produkt aus einer rationalen und irrationalen Zahl, ist irrational. Ist leicht indirect zu zeigen.

4) Die Summe von beliebig vielen, und die Differenz von ungleichen, Irrationalzahlen, ist irrational. Folgt aus [1) und 2)].

5) Verbindet man beliebig viele irrationale Zahlen, theils durch (+), theils durch (—), mit einander, so ist das Resultat nicht nothwendig irrational.

6) Sowohl das Produkt als auch der Quotient zweier Irrationalzahlen, kann rational sein; denn man kann in vielen Fällen: $a.b = a^m$, oder $a:b = b^m$ gemacht denken, wo a, b rational sind, und es folgt dann: $\sqrt[m]{a}.\sqrt[m]{b} = a$, und $\sqrt[m]{a}:\sqrt[m]{b} = b$.

7) Bedeutet a eine positive Rationalzahl, und α, β ganze positive oder negative Zahlen, so muß erstens, wenn $\sqrt[\alpha]{a}$ rational ist, auch $(\sqrt[\alpha]{a})^\beta$ rational sein; und zweitens, ist umgekehrt: $(\sqrt[\alpha]{a})^\beta$ rational, und sind α und β relative Primzahlen, so muß auch $\sqrt[\alpha]{a}$ rational sein.

Erstens. Da $\sqrt[\alpha]{a}$ rational sein soll, so giebt sie mit der ganzen Zahl β potenzirt eine Rationalzahl indem $(\sqrt[\alpha]{a})^\beta = \sqrt[\alpha]{a}.\sqrt[\alpha]{a} \times \ldots \times (\sqrt[\alpha]{a})_\beta$ nicht = einer Irrationalzahl sein kann, sondern rational ist. Indirect.

Zweitens. Da $(\sqrt[\alpha]{a})^\beta$ rational, und α und β relative Primzahlen zu einander sein sollen, so giebt es auch nach [S. 489 bis 491] ganze Zahlen, δ und γ, für welche

$$\gamma . \alpha - \delta . \beta = 1 \text{ ist.}$$

Es ist deshalb:

$$(\sqrt[\alpha]{a})^{\alpha\gamma} : (\sqrt[\alpha]{a})^{\delta\beta} = \sqrt[\alpha]{a^{\alpha\gamma - \delta\beta}} = \sqrt[\alpha]{a},$$

oder: $$a^\gamma : [(\sqrt[\alpha]{a})^\beta]^\delta = \sqrt[\alpha]{a}.$$

Da nun a eine Rationalzahl ist, so ist auch a^γ eine solche, ferner ist $(\sqrt[\alpha]{a})^\beta$ rational, also auch $[(\sqrt[\alpha]{a})^\beta]^\delta$, mithin muß auch der Quotient $a^\gamma : [(\sqrt[\alpha]{a})^\beta]^\delta$, oder $\sqrt[\alpha]{a}$ rational sein.

Ist $(\sqrt[\alpha]{a})^\beta$ irrational, so ist auch $\sqrt[\alpha]{a}$ irrational; denn wäre $\sqrt[\alpha]{a}$ rational, so müßte auch $(\sqrt[\alpha]{a})^\beta$ rational sein, gegen die Voraussetzung.

Ist ferner $\sqrt[\alpha]{a}$ irrational, so ist auch, sobald α und β relative Primzahlen sind, $(\sqrt[\alpha]{a})^\beta$ irrational. Folgt indirect aus [zweitens.]

Ist endlich $\sqrt[\alpha]{a}$ oder $a^{\frac{1}{\alpha}}$ allemal irrational, wenn weder $\alpha = 1$, noch $\alpha = -1$ ist, so ist es auch $a^{\frac{\beta}{\gamma}}$ irrational, wenn $\frac{\beta}{\gamma}$ ein Bruch ist; denn es sei $\frac{\beta}{\gamma} = \frac{\beta'}{\gamma'}$, wo β' und γ' relative Primzahlen sind; wäre nun $a^{\frac{\gamma}{\beta}}$ rational, so wäre es auch $a^{\frac{\beta'}{\gamma'}}$, oder $(\sqrt[\gamma']{a})^{\beta'}$, also müßte $\sqrt[\gamma']{a}$ rational sein, was unmöglich ist, da $\sqrt[\alpha]{a}$ für jedes α, nur nicht für $\alpha = \pm 1$, also auch für $\alpha = \gamma'$ größer 1, irrational sein soll.

49. Nachdem nun der Begriff der Reellen-Potenz, auch für irrationale positive Dignanden, und für irrationale positive oder negative Dignatoren erweitert ist, indem eine solche Potenz — im Allgemeinen — als Grenze von reellen Zahlen gedacht werden dürfte, so soll nun auch der Begriff von a𝔩b in eine, dem Bisherigen entsprechende, höhere Bedeutung erhoben werden.

Bisher mußten, in a𝔩b, sowohl a als b wirkliche Zahlen bedeuten, so wie auch a𝔩b die wirkliche Zahl α vorstellen sollte, mit der b potenzirt a gab, also $b^\alpha = a$ war.

Fand sich nun a unter der Reihe der Potenzen

$$b^2, b^3, \ldots, b^\alpha, \ldots$$

vor, d. h. existirte eine wirkliche Zahl α, mit der b potenzirt a giebt, so hatte $a\mathfrak{l}b$ eine wirkliche Bedeutung, und auch nur eine einzige.

Wir wollen nun $a\mathfrak{l}b$ für den Fall zu erweitern suchen, in welchem a und b positive Zahlen vorstellen.

Setzt man zunächst $b = 1$, so hat man $a\mathfrak{l}1$. Hält man nun den Begriff des Logarithmen fest, daß für $a\mathfrak{l}b$, $b^{a\mathfrak{l}b} = a$ sein soll, so muß $1^x = a$ sein.

Da nun 1^x, nach dem Bisherigen, wo x jede reelle Zahl sein kann, stets $= 1$ ist, so hat x unzählig viele Bedeutungen, wenn auch zugleich $a = 1$ ist, d. h. $1\mathfrak{l}1$ ist völlig unbestimmt, oder $1\mathfrak{l}1$ kann nach und nach jede bis jetzt entstandene Zahl bedeuten. Eben so folgt auch, daß $a\mathfrak{l}1$ gar keinen Sinn hat, wenn a nicht $= 1$ ist; ferner ergiebt sich $1\mathfrak{l}b$ nur dann bestimmt $= 0$, wenn $1\mathfrak{l}b$ eindeutig, also $b \gtrless 1$ ist; endlich ist $b\mathfrak{l}b = 1$, und $b\mathfrak{l}b$ ist auch eindeutig, wenn b nicht $= 1$, also $b \gtrless 1$, weil b positiv sein soll.

Nachdem wir nun diese einzelnen Fälle vorausgeschickt haben, ist zu untersuchen, was $a\mathfrak{l}b$, für $b > 1$, oder b positiv < 1, und für a positiv bedeutet.

Bezeichnen zunächst a und b verschiedene wirkliche Zahlen, und giebt es keine wirkliche Zahl α, so daß $b^\alpha = a$, so fragt es sich, ob vielleicht eine gebrochene Zahl existiren kann, für welche $b^{\frac{\alpha}{\beta}} = a$ ist. Dann müßte aber $b^\alpha = a^\beta$ sein. Sind nun erstens a und b relative Primzahlen, so müßte, wegen $1 = a^\beta : b^\alpha$, doch a^β und b^α durch b^α theilbar sein nach [Seite 492], was einander widerspricht.

Wären nun zweitens a und b keine relative Primzahlen, sondern hätten sie $\mu > 1$ zu ihrem größten gemeinschaftlichen Theiler, so sei $a = \mu k$ und $b = \mu t$, also müßte dann $(\mu t)^\alpha = (\mu k)^\beta$, oder $\mu^\alpha t^\alpha = \mu^\beta k^\beta$ sein, wo wieder t und k, also auch [S. 492] t^α und k^β relative Primzahlen sein müssen. Ist nun $\alpha > \beta$, so sei $\alpha = \beta + \gamma$, also $\mu^\gamma t^\alpha = k^\beta$, daher $\mu^\gamma = k^\beta : t^\alpha$. Da aber $\gamma \geqq 1$, und μ^γ eine wirkliche Zahl ist, so müßte k^β durch t^α theilbar sein, was unmöglich ist, da k^β und t^α relative Primzahlen zu einander sind. Wäre $\alpha < \beta$, so hätte man aus: $\mu^\alpha t^\alpha = \mu^\beta k^\beta$ wieder, für $\beta - \alpha = \gamma'$, daß $t^\alpha = \mu^{\gamma'} k^\beta$, also $t^\alpha : k^\beta = \mu^{\gamma'}$ sein müßte, was aus demselben Grunde unmöglich ist.

Aus dieser Untersuchung folgt nun, daß wenn a und b **verschiedene wirkliche** Zahlen sind, und wenn keine wirkliche Zahl existirt, mit der b potenzirt a giebt, daß es auch dann keine gebrochene Zahl $\frac{\alpha}{\beta}$ geben kann, für welche $b^{\frac{\alpha}{\beta}} = a$ ist. Bedeutet also $a\mathfrak{l}b$, im Falle a und b verschiedene wirkliche Zahlen sind, keine wirkliche Zahl, so kann auch darunter keine gebrochene verstanden werden.

Wir müssen nun ferner untersuchen, ob, im Falle es keine ganze noch gebrochene Zahl giebt, die unter $a\mathfrak{l}b$ verstanden werden kann, man sich doch vielleicht dem $a\mathfrak{l}b$ durchgebrochene Zahlen beliebig nähern kann *).

Wir haben hierbei mehrere Fälle zu berücksichtigen, je nachdem $a \gtrless 1$ und $b \gtrless 1$ ist.

Erster Fall. Es sei $a > 1$ und $b > 1$, so kann zunächst $a\mathfrak{l}b$ weder Null noch negativ sein, weil $b^0 = 1$, und $b^{-a} < 1$ ist; es muß demnach $a\mathfrak{l}b$ **positiv** sein, wodurch wir zu Folgendem hingetrieben werden:

Die Potenzen

$$b^0,\ b^1,\ b^2,\ \ldots$$

werden ohne Aufhören stets größer und größer, und können **jede** gegebene noch so große Zahl [Siehe Seite 397. Bemerk. 2.] übersteigen. Wir nehmen diese Potenzen deshalb nicht mit negativen Dignatoren an, weil $b^{-a} < 1$ sein würde, wenn $b > 1$ ist. Es ist also $a\mathfrak{l}b$, für $a > 1$ und $b > 1$, allemal **positiv**.

Denkt man sich daher unter Δ eine ganz beliebig große Zahl, so muß es doch, wenn keine ganze noch gebrochene Zahl existirt, die unter $a\mathfrak{l}b$ verstanden werden kann, zwei Potenzen in obiger Reihe geben, für welche

$$b^{\omega} < a^{\Delta} \text{ und } b^{\omega+1} > a^{\Delta}$$

ist, also muß der Fortgang:

$$b^{\omega},\ \ldots,\ a^{\Delta},\ \ldots,\ b^{\omega+1},$$

in welchem ω eine ganze Zahl oder Null ist, stattfinden.

---

*) Daß man die Wurzeln, den Logarithmen u. s. w. nicht **immer** genau durch rationale Zahlen darstellen kann, liegt in den entsprechenden Begriffen selbst. In der Theorie denken wir uns die Grenzen $\sqrt{3}$, $3\mathfrak{l}10$ selbst; in der Praxis begnügen wir uns mit Annäherungen. Der Vorwurf mancher **Philosophen**, das Irrationale u. s. w. „als Beschränktheit der Mathematik hinzustellen," trifft daher nur das unlogische Philosophiren derselben.

Es ist demnach:

$$b^{\frac{\omega}{\Delta}} < a \text{ und } b^{\frac{\omega+1}{\Delta}} > a,$$

was sich kurz durch:

$$b^{\frac{\omega}{\Delta}}, \ldots, a, \ldots, b^{\frac{\omega+1}{\Delta}}$$

verbildlicht.

Der Unterschied der Dignatoren ist:

$$\frac{\omega+1}{\Delta} - \frac{\omega}{\Delta} = \frac{1}{\Delta};$$

er kann also kleiner werden als jeder bestimmt angegebene noch so kleine ächte Bruch, so daß, wenn Δ in Δ_*, also ω in ω_* übergeht, dann

$$\frac{1}{\Delta_*} \succeq G(0)$$

stattfindet.

Der Unterschied der Potenzen ist hingegen:

$$b^{\frac{\omega+1}{\Delta}} - b^{\frac{\omega}{\Delta}} = b^{\frac{\omega}{\Delta}}(b^{\frac{1}{\Delta}} - 1),$$

er kann also auch, nach erwiesenen Gesetzen, kleiner werden als jeder gegebene ächte Bruch. Aus obigen Grenzen fließt:

$$a \rceil b - \frac{\omega}{\Delta} < \frac{\omega+1}{\Delta} - \frac{\omega}{\Delta},$$

$$\text{d. h.:} \quad a \rceil b - \frac{\omega}{\Delta} < \frac{1}{\Delta};$$

nimmt man Δ stets größer und größer, so findet:

$$a \rceil b - \frac{\omega}{\Delta} \succeq G(0)$$

Statt; und geht Δ in Δ_* über, so gilt:

$$a \rceil b - \frac{\omega_*}{\Delta_*} \succeq G(0),$$

$$\text{oder:} \quad \frac{\omega_*}{\Delta_*} \succeq a \rceil b.$$

Ist demnach in $a \rceil b$, $a > 1$ und $b > 1$, und läßt sich $a \rceil b$ durch keine Rationalzahl genau darstellen, so kann man sich dem $a \rceil b$ durch positive gebrochene Zahlen beliebig nähern, und $a \rceil b$ erscheint als Grenze aller dieser Näherungs-Ausdrücke.

Ist $a \lfloor b$ weder durch Rationalzahlen (oder Null), noch durch abgeschlossene Wurzel-Ausdrücke genau darstellbar, so heiße $a \lfloor b$ „transcendent“ *).

Zweiter Fall. Ist $a > 1$ und $b < 1$, so ist $a \lfloor b$ negativ, weil $a \lfloor b$ eine reelle Bedeutung hat, hier aber weder Null noch positiv sein kann, da $b^0 = 1$ und $b^a < 1$ ist, wenn a als positiv angenommen wird, mithin $a \lfloor b$ weder Null ist, noch als Grenze von positiven Ausdrücken $(a, ..)$ gedacht werden kann. Diesen Fall werden wir deshalb auf den vorigen, wie folgt, zurückführen. Da nun $b < 1$, so ist $1 : b > 1$, mithin werden die Potenzen

$$\left(\frac{1}{b}\right)^0, \left(\frac{1}{b}\right)^1, \left(\frac{1}{b}\right)^2, \left(\frac{1}{b}\right)^3, \ldots, \left(\frac{1}{b}\right)^\omega, \ldots$$

stets größer und größer, und können deshalb jede beliebig gegebene, übrigens noch so große Zahl überschreiten.

Es sei nun wieder:

$$\left(\frac{1}{b}\right)^\omega < a^\Delta \text{ und } \left(\frac{1}{b}\right)^{\omega+1} > a^\Delta,$$

so findet: $\left(\frac{1}{b}\right)^\omega, \ldots, a^\Delta, \ldots, \left(\frac{1}{b}\right)^{\omega+1}$

Statt, und man hat:

$$b^{-\frac{\omega}{\Delta}} < a \text{ und } b^{-\frac{\omega+1}{\Delta}} > a,$$

was sich so: $b^{-\frac{\omega}{\Delta}}, \ldots, a, \ldots, b^{-\frac{\omega+1}{\Delta}}$

*) Der größeste Mathematiker aller Zeiten „Leonhard Euler“, geboren den 15ten April 1707, gest. den 18ten September 1783, bezeichnete diese Zahlenoperation ebenfalls mit dem sehr passenden Worte „transcendent.“ Spätere Mathematiker setzen dafür das Wort „irrational“, und bringen auf diese Weise eine Verwechselung der verschiedenen Begriffe hervor; denn darum, weil sich $\sqrt{3}$, so wie $5 \lfloor 10$, nicht genau ausdrücken lassen, also nur dies Moment mit einander gemeinschaftlich haben, darf man die Innerlichkeiten numerischer Bestimmungen, welche $\sqrt{3}$ und $5 \lfloor 10$ vorstellen, nicht identisch setzen. Die Logarithmation läßt sich in ihrem Wesen nicht durch die Radikation genau ersetzen, indem man $a \lfloor b$ im Allgemeinen nicht als Wurzel einer algebraischen Gleichung von einem endlichen Grade darstellen kann; die Innerlichkeiten, welche $a \smile b$ und $a \lfloor b$ zu dem machen, was sie sind, sind getrennt und verschieden. Da nun auch neben den großen Euler, unsere berühmtesten Mathematiker: Gauß; L. G. J. Jacobi, Lejeune Dirichlet u. s. w., in allen mathematischen Wahrheiten mit jenem übereinstimmen, so dürfte es anzurathen sein, den Fehler für die Folge zu vermeiden.

verbildlicht, und weshalb:

$$a - b^{-\frac{\omega}{\Delta}} < b^{-\frac{\omega}{\Delta}}(b^{-\frac{1}{\Delta}} - 1)$$

ist. Der Unterschied der Dignatoren ist:

$$-\frac{\omega}{\Delta} - \left(-\frac{\omega+1}{\Delta}\right) = \frac{1}{\Delta},$$

er kann also kleiner werden als jeder bestimmt angegebene ächte Bruch, so daß, wenn Δ in Δ_*, also $-\omega$ in $-\omega_*$ übergeht, dann

$$\frac{1}{\Delta_*} \asymp G(0)$$

stattfindet.

Der Unterschied der Potenzen ist:

$$b^{-\frac{\omega+1}{\Delta}} - b^{-\frac{\omega}{\Delta}} = b^{-\frac{\omega}{\Delta}}(b^{-\frac{1}{\Delta}} - 1),$$

er kann also auch kleiner werden als jeder gegebene ächte Bruch.

Aus obigen Grenzen fließt:

$$a\mathfrak{l}b - \left(-\frac{\omega+1}{\Delta}\right) < -\frac{\omega}{\Delta} - \left(-\frac{\omega+1}{\Delta}\right),$$

d. h. $a\mathfrak{l}b - \left(-\frac{\omega+1}{\Delta}\right) < \frac{1}{\Delta}$

oder: $\frac{\omega+1}{\Delta} - |a\mathfrak{l}b| < \frac{1}{\Delta}$.

Nimmt man Δ stets größer und größer, so findet sich:

$$\frac{\omega+1}{\Delta} - |a\mathfrak{l}b| \asymp G(0),$$

und geht Δ in Δ_* über, so gilt:

$$\frac{\omega_*+1}{\Delta_*} - |a\mathfrak{l}b| \asymp G(0),$$

oder: $-\frac{\omega_*+1}{\Delta_*} \asymp a\mathfrak{l}b$.

Oder auch so: $a\mathfrak{l}b - \left(-\frac{\omega}{\Delta}\right) > -\frac{\omega+1}{\Delta} - \left(-\frac{\omega}{\Delta}\right)$,

oder: $a\mathfrak{l}b - \left(-\frac{\omega}{\Delta}\right) > -\frac{1}{\Delta}$,

oder: $|a\mathfrak{l}b| - \frac{\omega}{\Delta} < \frac{1}{\Delta}$,

also auch: $-\frac{\omega_*}{\Delta_*} \asymp a\mathfrak{l}b$.

Man kann deshalb, in der Praxis, entweder den kleineren $-\frac{\omega+1}{\Delta}$, oder den größeren $-\frac{\omega}{\Delta}$, der beiden Näherungs-Ausdrücke statt $a\mathfrak{l}b$ wählen, insofern der entstehende Fehler in speziellen Fällen zulässig ist, oder nicht. In der Theorie sind hingegen nirgends Fehler gestattet, und wenn sie auch als noch so klein erscheinen mögen.

Ist demnach in $a\mathfrak{l}b$, $a > 1$, und $b < 1$, und läßt sich $a\mathfrak{l}b$ durch keine Rationalzahl genau darstellen, so kann man sich dem $a\mathfrak{l}b$ durch negative gebrochene Zahlen beliebig nähern, und $a\mathfrak{l}b$ erscheint als Grenze aller dieser Näherungs-Ausdrücke. Es ist also in diesem Falle $a\mathfrak{l}b$ transcendent.

Dritter Fall. Ist $a < 1$ und $b < 1$, so ist zunächst $a\mathfrak{l}b$ positiv, weil $b^0 = 1$ und $b^{-a} > 1$ ist.

Da nun aus: $a < 1$, und $b < 1$, folgt: $\frac{1}{a} > 1$, $\frac{1}{b} > 1$, so hat man wieder wie vorhin:

$$\left(\frac{1}{b}\right)^{\omega} < \left(\frac{1}{a}\right)^{\Delta} \text{ und } \left(\frac{1}{b}\right)^{\omega+1} > \left(\frac{1}{a}\right)^{\Delta},$$

oder: $$b^{\omega} > a^{\Delta} \text{ und } b^{\omega+1} < a^{\Delta},$$

also: $$b^{\frac{\omega}{\Delta}} > a \text{ und } b^{\frac{\omega+1}{\Delta}} < a,$$

mithin: $$a - b^{\frac{\omega+1}{\Delta}} < b^{\frac{\omega}{\Delta}} - b^{\frac{\omega+1}{\Delta}},$$

oder: $$a - b^{\frac{\omega+1}{\Delta}} < b^{\frac{\omega}{\Delta}}\left(1 - b^{\frac{1}{\Delta}}\right).$$

Da nun hier der Fortgang:

$$b^{\frac{\omega+1}{\Delta}}, \ldots, a, \ldots, b^{\frac{\omega}{\Delta}}$$

stattfindet, so muß, weil $b < 1$, und b mit $\frac{\omega}{\Delta}$ potenzirt, mehr als a giebt, nothwendig b mit einem größeren Ausdruck als $\frac{\omega}{\Delta}$ potenzirt werden, um dem a näher zu kommen, weshalb gilt:

$$a\mathfrak{l}b > \frac{\omega}{\Delta} \text{ und } a\mathfrak{l}b < \frac{\omega+1}{\Delta},$$

also: $$a\mathfrak{l}b - \frac{\omega}{\Delta} < \frac{\omega+1}{\Delta} - \frac{\omega}{\Delta},$$

d. h.: $$a\mathfrak{l}b - \frac{\omega}{\Delta} < \frac{1}{\Delta}.$$

Danach hat man wieder, wie im ersten Falle, wo $a > 1$, $b > 1$ war:

$$\frac{\omega_*}{\Delta_*} \succeq a \mathfrak{l} b.$$

Vierter Fall. Ist $a < 1$, und $b > 1$, so ist offenbar $a \mathfrak{l} b$ negativ, weil $b^0 = 1$, und b, > 1 mit jeder positiven Zahl potenzirt, größer 1 giebt.

Man hat nun, aus denselben Gründen, weil $1:a > 1$ ist:

$$b^{\omega} < \left(\frac{1}{a}\right)^{\Delta} \text{ und } b^{\omega+1} > \left(\frac{1}{a}\right)^{\Delta},$$

$$\text{oder: } b^{\frac{\omega}{\Delta}} < \frac{1}{a} \text{ und } b^{\frac{\omega+1}{\Delta}} > \frac{1}{a},$$

$$\text{oder: } b^{-\frac{\omega}{\Delta}} > a \text{ und } b^{-\frac{\omega+1}{\Delta}} < a,$$

was man durch:

$$b^{-\frac{\omega+1}{\Delta}}, \ldots, a, \ldots, b^{-\frac{\omega}{\Delta}}$$

gut verdeutlichen kann.

Es ist also, nach den Gesetzen von den reellen Potenzen:

$$a \mathfrak{l} b < -\frac{\omega}{\Delta} \text{ und } a \mathfrak{l} b > -\frac{\omega+1}{\Delta},$$

$$\text{mithin: } -\frac{\omega}{\Delta} - (a \mathfrak{l} b) < -\frac{\omega}{\Delta} - \left(-\frac{\omega+1}{\Delta}\right)$$

$$\text{oder: } -\frac{\omega}{\Delta} - (a \mathfrak{l} b) < \frac{1}{\Delta}.$$

Wir fanden demnach:

Aus $\left\{\begin{matrix} a > 1 \text{ und } b > 1; \\ a < 1 \text{ und } b < 1 \end{matrix}\right\} \hookrightarrow a \mathfrak{l} b$ positiv, d. h. > 0.

Aus $\left\{\begin{matrix} a > 1 \text{ und } b < 1; \\ a < 1 \text{ und } b > 1 \end{matrix}\right\} \hookrightarrow a \mathfrak{l} b$ negativ, d. h. < 0.

Aus $a = 1$ und $\left\{\begin{matrix} b > 1; \\ b < 1 \end{matrix}\right\} \hookrightarrow a \mathfrak{l} b =$ Null.

Aus $b = 1$ und $\left\{\begin{matrix} a = 1; \\ a \gtrless 1 \end{matrix}\right\} \hookrightarrow$ bezüglich $\left\{\begin{matrix} a \mathfrak{l} b \text{ unbestimmt;} \\ a \mathfrak{l} b \text{ widersinnig.} \end{matrix}\right\}$

Ist also $b > 1$, so ist $a \mathfrak{l} b$ positiv, Null oder negativ, je nachdem $a > 1$, oder $a = 1$, oder $a < 1$ ist.

Ist ferner $b < 1$, so ist $a \mathfrak{l} b$ negativ, Null oder positiv, je nachdem $a > 1$, oder $a = 1$, oder $a < 1$ ist.

Da man sich also in allen Fällen, wo $a\mathfrak{l}b$ nicht rational oder Null ist, demselben bis auf den Moment des Verschwindens durch gebrochene Zahlen nähern kann, so hat $a\mathfrak{l}b$ eine wirkliche Bedeutung, es ist dann $a\mathfrak{l}b$ transcendent. Es hat aber auch dann $a\mathfrak{l}b$ nur eine einzige bestimmte Bedeutung, weil für $b \gtrless 1$ und $c > d$ allemal $b^c \gtrless b^d$ sein würde.

Da ferner aus $b > 1$, und a positiv, $b^a > 1$, und $b^{-a} < 1$ folgt, so gehört zu einem positiven Logarithmen a, eine Zahl, > 1, und zu einem negativen Logarithmen: $-a$, eine positive Zahl, < 1, sobald nur der Logarithmator b, > 1 ist.

Ist hingegen $b < 1$, so ist $b^{a'} < 1$, und $b^{-a'} > 1$, mithin gehört, sobald der Logarithmator b, < 1 ist, zu einem positiven Logarithmen a', eine positive Zahl, < 1, und zu einem negativen Logarithmen $-a'$, eine positive Zahl, > 1.

Ist umgekehrt $b > 1$, so gehört zu einer Zahl a, > 1, ein positiver, und zu einer Zahl, < 1, ein negativer Logarithme.

Ist aber $b < 1$, so gehört zu einer Zahl a, > 1 ein negativer, und zu einer Zahl a, < 1 ein positiver Logarithme.

Zu einem größeren Logarithmen gehört eine größere Zahl als zu einem kleineren, und umgekehrt, gehört zu einer größeren Zahl ein größerer Logarithme als zu einer kleineren Zahl, wenn nur der Logarithmator größer Eins ist. Ist hingegen der Logarithmator kleiner 1, so entspricht einem größeren Logarithmen eine kleinere Zahl als einem kleineren Logarithmen, und zu einer größeren Zahl gehört ein kleinerer Logarithme als zu einer kleineren Zahl.

Ist $b > 1$, und wächst a ohne Ende über alle Grenzen, so hat man für $a_* = \infty$

$$a_*\mathfrak{l}b \succeq {}^fG.(\tfrac{1}{0}).$$

Ist $b > 1$, und nimmt a ohne Ende ab, d. h. nähert sich a der Grenze 0 ohne Ende, so folgt aus $a \succeq G(0)$,

$$a\mathfrak{l}b \succeq {}^fG.(-\tfrac{1}{0}).$$

Ist $b < 1$, und nimmt a ohne Aufhören ab, und nähert sich der Grenze Null ohne Ende, d. h. findet $a \succeq G(0)$ Statt, so gilt:

$$a\mathfrak{l}b \succeq {}^fG.(\tfrac{1}{0}).$$

Ist $b < 1$, und wächst a ohne Ende über alle Grenzen, d. h. ist $a_* = \infty$, so gilt:

$$a_*\mathfrak{l}b \succeq {}^fG.(-\tfrac{1}{0}).$$

Ist $a > 1$, und wächst b über jede gegebene noch so große Zahl, ohne alle Grenzen hinaus, d. h. findet $b_* = \infty$ Statt, so gilt:

$$a \mathfrak{l} b_* \succeq G\,.\,(0).$$

Ist $a > 1$, und nimmt b ohne Ende ab, d. h. findet $b \succeq G\,(0)$ Statt, so gilt:

$$-(a \mathfrak{l} b) \succeq G\,.\,(0).$$

Ist $a < 1$, und wächst b ohne Ende über alle Grenzen hinaus, d. h. geht b in $b_* = \infty$ über, so gilt:

$$-(a \mathfrak{l} b) \succeq G\,(0).$$

Ist $a < 1$, und nimmt b ohne Ende ab, d. h. findet $b \succeq G(0)$ Statt, so gilt:

$$a \mathfrak{l} b \succeq G\,(0).$$

Bemerkung 1. Die vorhergehende Untersuchung läßt sich auch u. A. so durchführen. Sind a und b positive Zahlen, und ist b nicht 1, und giebt es keine Rationalzahl, welche $= a \mathfrak{l} b$ ist, so läßt sich doch wie folgt zeigen, daß man sich dem $a \mathfrak{l} b$ durch rationale Zahlen bis auf den Moment des Verschwindens nähern kann.

Ist $b > 1$, und $\varDelta$ eine beliebig groß zu nehmende wirkliche Zahl, so ist $\sqrt[\varDelta]{b} > 1$, und die Reihe der Potenzen

$$\ldots,\ (\sqrt[\varDelta]{b})^{-2},\ (\sqrt[\varDelta]{b})^{-1},\ (\sqrt[\varDelta]{b})^{0},\ (\sqrt[\varDelta]{b})^{1},\ (\sqrt[\varDelta]{b})^{2},\ \ldots$$

$$\text{oder:}\ \ldots,\ b^{-\frac{2}{\varDelta}},\ b^{-\frac{1}{\varDelta}},\ 1,\ b^{\frac{1}{\varDelta}},\ b^{\frac{2}{\varDelta}},\ \ldots$$

wächst von links nach rechts über jede gegebene Grenze, und nimmt daher von rechts nach links unter jede gegebene Grenze ohne Ende ab.

Nun soll a keinem Gliede dieser Reihe gleich sein, weshalb a zwischen zwei unmittelbar auf einander folgende Glieder fallen muß, so daß für $a > 1$,

$$b^{\frac{\gamma}{\varDelta}} < a \text{ und } b^{\frac{\gamma+1}{\varDelta}} > a$$

ist. Eben so kann man zu einer wirklichen Zahl $\varDelta'$ eine ganze positive Zahl γ' finden, so daß

$$b^{\frac{\gamma'}{\varDelta'}} < a \text{ und } b^{\frac{\gamma'+1}{\varDelta'}} > a \text{ ist.}$$

Nun ist:

$$b^{\frac{\gamma'+1}{\varDelta'}} > b^{\frac{\gamma}{\varDelta}}, \text{ und}$$

$$b^{\frac{\gamma+1}{\varDelta}} > b^{\frac{\gamma'}{\varDelta'}}, \text{ demnach, wegen } b > 1,$$

$$\frac{\gamma'+1}{\varDelta'} > \frac{\gamma}{\varDelta},$$

$$\text{und: } \frac{\gamma+1}{\varDelta} > \frac{\gamma'}{\varDelta'}.$$

Es stellt also $a\mathfrak{l}b$ eine transcendente Zahl vor, so daß $a\mathfrak{l}b > \gamma:\Delta$, oder $a\mathfrak{l}b > \gamma':\Delta'$, und zugleich $a\mathfrak{l}b < (\gamma+1):\Delta$, oder $a\mathfrak{l}b < (\gamma'+1):\Delta'$ ist; aber man siehet ein, daß $a\mathfrak{l}b$ nur eine einzige bestimmte Bedeutung haben kann, weil die Differenz der beiden Grenzen $(\gamma+1):\Delta$ und $\gamma:\Delta$, zwischen welchen $a\mathfrak{l}b$ liegt, $= 1:\Delta$ ist, also kleiner werden kann, als jeder noch so kleine, aber bestimmt angegebene, ächte Bruch. Nun kann aber auch der Unterschied zwischen $b^{\frac{\gamma+1}{\Delta}}$ und $b^{\frac{\gamma}{\Delta}}$, wozwischen a fällt, selbst wieder kleiner werden, als jeder gegebene positive noch so kleine ächte Bruch a.

Denn es sei:

$$\Delta \geqq \frac{a(b-1)}{a}, \text{ so ist: } a \geqq \frac{a(b-1)}{\Delta}.$$

Man hat nun:

$$b^{\frac{1}{\Delta}} - 1 < \frac{b-1}{\Delta},$$

und wegen $b^{\gamma:\Delta} < a$, ist auch:

$$b^{\frac{\gamma+1}{\Delta}} - b^{\frac{\gamma}{\Delta}} < \frac{a.(b-1)}{\Delta}, \text{ also muß, wenn } \Delta \text{ in } \Delta_* \text{ übergeht:}$$

$$\frac{\gamma_*}{\Delta_*} \succeq G(a\mathfrak{l}b)$$

stattfinden.

Ist ferner $b < 1$, so ist $1:b > 1$, also, nach dem Vorhergehenden für $a > 1$,

$$-\frac{\gamma_*}{\Delta_*} \succeq G(a\mathfrak{l}b).$$

Bemerkung 2. Ist $b > 1$, so ist auch:

$\sqrt[2^\alpha]{b} > 1$, ferner $\sqrt[2^{\alpha_*}]{b} < 2$, indem aus $\sqrt[2^{\alpha_*}]{b} \geqq 2$ folgt: $b \geqq 2^{2^{\alpha_*}}$,

was unmöglich ist, und da auch $\sqrt[2^{\alpha+k}]{b} > 1$,

aber zugleich: $\sqrt[2^{\alpha+m}]{b} < \sqrt[2^{\alpha+(m-1)}]{b}$

ist, weil aus $b > 1$, $b^2 > b$, und hieraus:

$$(b^2)^{\frac{1}{2^{\alpha+m}}} > b^{\frac{1}{2^{\alpha+m}}}, \text{ oder } b^{\frac{1}{2^{\alpha+(m-1)}}} > b^{\frac{1}{2^{\alpha+m}}}$$

folgt, so kann man $\sqrt[2^\alpha]{b}$ der Einheit beliebig nahe bringen, so daß, wenn

α in α_* übergeht:

$$\sqrt[2^{\alpha_*}]{b} \succeq G.(1) \text{ *)}$$

stattfindet.

Man kann deshalb für a, > 1 zwei Potenzen finden, so daß:

$$(\sqrt[2^\alpha]{b})^\omega < a \text{ und } (\sqrt[2^\alpha]{b})^{\omega+1} > a,$$

$$\text{also:} \quad b^{\frac{\omega}{2^\alpha}} < a \text{ und } b^{\frac{\omega+1}{2^\alpha}} > a$$

stattfindet, mithin:

$$a\mathfrak{l}b - \frac{\omega}{2^\alpha} < \frac{\omega+1}{2^\alpha} - \frac{\omega}{2^\alpha},$$

$$\text{oder:} \quad a\mathfrak{l}b - \frac{\omega}{2^\alpha} < \frac{1}{2^\alpha}$$

gilt. Ein Ähnliches findet man, wenn $b > 1$, $a < 1$, oder $b < 1$, $a > 1$, oder $b < 1$ und $a < 1$ ist.

50. Da nun aus dem Vorhergehenden folgt, daß wenn a und b irgend positive Zahlen sind, und b **nicht** 1 ist, dann $a\mathfrak{l}b$ eine feste Bedeutung hat, und daß, wenn $b = 1$ ist, $a\mathfrak{l}1$ entweder **gar keine**, oder endlos viele Bedeutungen hat, je nachdem a nicht $= 1$, oder

---

*) Ist $b > 1$, und setzt man in $\left(\frac{1}{b}\right)^{\frac{1}{b}}$ statt b, 2^{α_*}, so ist:

$$\left(\frac{1}{b}\right)^{\frac{1}{b}} = \left(\frac{1}{2^{\alpha_*}}\right)^{\frac{1}{2^{\alpha_*}}} = \frac{1}{\sqrt[2^{\alpha_*}]{2^{\alpha_*}}}.$$

Nun findet:
$$\frac{1}{\sqrt[2^{\alpha_*}]{2^{\alpha_*}}} \succeq G(1),$$

und zugleich:
$$\frac{1}{\sqrt[2^{\alpha_*}]{2^{\alpha_*}}} \succeq {}^fG(0^0)$$

Statt. Während also $\frac{1}{\sqrt[2^{\alpha_*}]{2^{\alpha_*}}}$ zur **wirklichen** Grenze 1 (die Einheit) hat, will auch $\frac{1}{\sqrt[2^{\alpha_*}]{2^{\alpha_*}}}$ die blos **formelle** Grenze 0^0 annehmen; daraus folgt aber keineswegs unbedingt, daß **allemal** $0^0 = 1$ ist.

$a = 1$ ist; daß ferner $1\mathfrak{l}b$, für $b \gtrless 1$, Null ist; daß endlich $b\mathfrak{l}b$, fü $b \gtrless 1$, allemal nur $= 1$ ist: so wollen wir ein für alle Mal still= schweigend voraussetzen, daß der Logarithmator, oder b in $a\mathfrak{l}b$, ni $= 1$ ist, also b entweder $>$, oder < 1 ist, und unter dieser aus= drücklichen Bedingung repräsentirt $a\mathfrak{l}b$ stets nur eine einzig reelle Zahl, weshalb wir zur nachstehenden Definition berechtigt sind.

a. Unter

$$a\mathfrak{l}b,$$

wo a und b positive Zahlen, und b nicht 1 ist, verstehen wir den reellen Ausdruck, rational oder transcendent, für welchen

$$\text{I.}\quad b^{a\mathfrak{l}b} = a,$$

also auch: $\quad \text{II.}\quad b^{a}\mathfrak{l}b = a$

ist, und der Logarithme $a\mathfrak{l}b$ heiße ein

reeller Logarithme.

Der reelle Logarithme $a\mathfrak{l}b$ ist eindeutig, und sein Begriff schließt den des frühern Logarithmen, als einen einzelnen Fall, in sich.

Hiernach haben wir nun wieder zu untersuchen, ob noch die Ge= setze für die Logarithmen, in der jetzigen Erweiterung, gelten, wobei aber ein Logarithmator $= 1$, nie vorkommen darf. Wird nämlich in einer besonderen Untersuchung der Logarithmator $= 1$, so muß man diesen Fall für sich allein behandeln.

Bemerkung. Alle Gesetze der reellen Logarithmen sind leicht aus denen für die reellen Potenzen [Seite 515 bis 533] zu entnehmen, wenn man bedenkt, daß $a\mathfrak{l}b$ und $c\mathfrak{l}d$ bezüglich durch die Gleichungen: $b^x = a$ und $d^y = c$ gegeben sind, und man hat dann blos noch auf die übrigen Bedingungen, in jedem einzelnen Falle, zu achten.

1) Ist $a = b$, und sind a und b positive*) Zahlen, und auch c, so ist, weil c nicht $= 1$, $a\mathfrak{l}c$ eindeutig, und aus $a\mathfrak{l}c = x \hookrightarrow b\mathfrak{l}c = x$, wegen $a = b$, also:

$$\text{Aus } a = b \hookrightarrow a\mathfrak{l}c = b\mathfrak{l}c.$$

Dies folgt auch u. A. so:

*) Der Logarithmus einer negativen Zahl $\overline{-a}\mathfrak{l}\beta$, hat keine reelle Bedeu- tung, so stellt x in der Gleichung $2^x = -4$, oder $\overline{-4}\mathfrak{l}2$, weder Null, noch einen positiven, noch einen negativen Ausdruck vor; wir können erst, in Folge unserer, hier versuchten, systematischen Entwickelung, späterhin zur um= fassenden Untersuchung desselben gelangen.

Es ist:
$$\begin{aligned} a &= c^{a\rceil c}, \\ b &= c^{b\rceil c}, \text{ also} \\ \hline c^{a\rceil c} &= c^{b\rceil c} \curvearrowright \\ a\rceil c &= b\rceil c, \end{aligned}$$

nach den Gesetzen der reellen Potenzen, weil c entweder $\gtrless 1$ ist.

Es folgt auch rückwärts aus:
$$\begin{aligned} a\rceil c &= b\rceil c, \\ \hline c^{a\rceil c} &= c^{b\rceil c} \curvearrowright \\ a &= b, \text{ weil } c \text{ nicht } 1 \text{ ist.} \end{aligned}$$

2) Es fragt sich, ob noch für reelle Logarithmen:
$$a\rceil b \pm c\rceil b = (a \dot{\times} c)\rceil b \ ^{*)}$$
ist. Man hat aber nach den Gesetzen der reellen Potenzen:
$$b^{a\rceil b \pm c\rceil b} = b^{a\rceil b} \dot{\times} b^{c\rceil b} = a \dot{\times} c,$$
also nach [1)]:
$$\begin{aligned} b^{a\rceil b \pm c\rceil b}\rceil b &= (a \dot{\times} c)\rceil b \curvearrowright \\ a\rceil b \pm c\rceil b &= (a \dot{\times} c)\rceil b. \end{aligned}$$

3) Aus denselben Gründen findet man:
$$(a\rceil c) \dot{\times} b = a^{1 \times b}\rceil c,$$
denn es ist: $$c^{(a\rceil c) \times b} = (c^{a\rceil c})^{1 \times b} = a^{1 \times b},$$
also nach [1)]: $$c^{(a\rceil c) \times b}\rceil c = a^{1 \times b}\rceil c \curvearrowright$$
$$(a\rceil c) \dot{\times} b = a^{1 \times b}\rceil c, \text{ d. h.}$$
$$(a\rceil c) \times b = a^b\rceil c,$$
und: $$(a\rceil c) : b = \sqrt[b]{a}\rceil c.$$

---

*) Statt $(ac)\rceil b$ oder $\overline{ac}\rceil b$, können wir kurzweg $ac\rceil b$ schreiben, sobald wir jedes Mal $c\rceil b$ vorher einschließen, wenn $c\rceil b$ mit a multiplizirt ist; deshalb kann man dann $a(c\rceil b)$ nicht mit $ac\rceil b$ verwechseln. Man könnte auch $\rceil^a c$ statt $c\rceil a$ einführen. Der Vortheil dieser Bezeichnung tritt überall hervor.

Nach anderen Bezeichnungen hat man:
$\overset{b}{\log} a \pm \overset{b}{\log} c = \overset{b}{\log} (a \times c)$; ${}^b a \pm {}^b c = {}^b(a \times c)$; $\frac{a}{b} \pm \frac{c}{b} = \frac{a \times c}{b}$; u. s. w.

Die übrigen, hierher gehörenden, Gesetze folgen aus den vorhergehenden unmittelbar.

51. Die Gesetze des Gleich- und Ungleich-Seins, in Betreff der reellen Logarithmen, sind leicht aus denen für reelle Potenzen, in Verbindung mit dem Vorhergehenden, zu entnehmen; jedoch mögen hier noch einige derselben kurz folgen, und wir setzen hier, wie überall, voraus, daß kein Logarithmator $= 1$ vorkommt.

1) Ist $c = d$, so ist $a\mathfrak{l}c = a\mathfrak{l}d$; denn es sei $a\mathfrak{l}c = x$, so darf man, weil weder c noch $d = 1$, also $a\mathfrak{l}c$ eindeutig und $c = d$ ist, in $a\mathfrak{l}c = x$, d statt c setzen, also $a\mathfrak{l}c = a\mathfrak{l}d$.

Bemerkung. Ist $a = 1$, so ist immer $a\mathfrak{l}c = a\mathfrak{l}d$, es möge $c \gtreqless d$ sein, wenn nur weder c noch $d = 1$ ist.

Ist umgekehrt $a\mathfrak{l}c = a\mathfrak{l}d$, und a nicht $= 1$, so folgt: $\frac{1}{a\mathfrak{l}c} = \frac{1}{a\mathfrak{l}d}$, oder $c\mathfrak{l}a = d\mathfrak{l}a$, oder $a^{c\mathfrak{l}a} = a^{d\mathfrak{l}a}$, oder $c = d$.

Bemerkung. Hier dürfte a nicht $= 1$ sein (Siehe 49); wäre hingegen in einem speziellen Falle $a = 1$, in $a\mathfrak{l}c = a\mathfrak{l}d$, so kann beliebig $c \gtreqless d$ sein; weil $1\mathfrak{l}c = 0$, und $1\mathfrak{l}d = 0$ ist, sobald nur weder c noch d Eins ist.

2) Aus $a = b$, und $c = d \hookrightarrow a\mathfrak{l}c = b\mathfrak{l}d$; weil $c^{a\mathfrak{l}c} = d^{b\mathfrak{l}d}$ ist, also wegen $c = d$ und $c \gtrless 1$, auch $a\mathfrak{l}c = b\mathfrak{l}d$.

Bemerkung. Wäre $a = b = 1$, so ist $a\mathfrak{l}c$ auch $= b\mathfrak{l}d$, es mögen c und d beliebig $\gtrless 1$ sein.

3) Ist $a > b$, so ist erstens $a\mathfrak{l}c > b\mathfrak{l}c$ wenn $c > 1$, und zweitens $a\mathfrak{l}c < b\mathfrak{l}c$ wenn $c < 1$ ist; denn wäre für $c > 1$,

$a\mathfrak{l}c \overline{\overline{<}}\, b\mathfrak{l}c$, so hätte man nach [Seite 442, I.]

$c^{a\mathfrak{l}c} \overline{\overline{<}}\, c^{b\mathfrak{l}c} \hookrightarrow$

$a \overline{\overline{<}}\, b$ gegen die Voraussetzung.

Wäre ferner für $c < 1$,

$a\mathfrak{l}c \overline{\overline{>}}\, b\mathfrak{l}c$, so hätte man nach [Seite 442, I.]

$c^{a\mathfrak{l}c} \overline{\overline{<}}\, c^{b\mathfrak{l}c} \hookrightarrow$

$a \overline{\overline{<}}\, b$ gegen die Voraussetzung.

Oder so: Aus $a > b \hookrightarrow c^{a\mathfrak{l}c} > c^{b\mathfrak{l}c}$, und nach [Seite 461 (1)] $a\mathfrak{l}c \gtrless b\mathfrak{l}c$ je nachdem $c \gtrless 1$ ist.

Oder u. A. so: Es sei $a \mathfrak{l} c = x$, und $b \mathfrak{l} c = y$, so ist: $a = c^x$, und $b = c^y$, also $c^x > c^y$, oder $x \gtrless y$ je nachdem $c \gtrless 1$ ist, d. h. $a \mathfrak{l} c \gtrless b \mathfrak{l} c$ je nachdem $c \gtrless 1$ ist *).

Bemerkung. Es darf a oder $b = 1$ sein. Auch kann $a = c$, oder $b = c$ sein, wenn dann nur c nicht 1 ist.

Ist umgekehrt: $a \mathfrak{l} c > b \mathfrak{l} c$ und $c > 1$, so muß $a > b$ sein;

denn aus: $a \leqq b \hookrightarrow a \mathfrak{l} c \leqq b \mathfrak{l} c$ für $c > 1$.

Ist $a \mathfrak{l} c > b \mathfrak{l} c$ und $c < 1$, so muß $a < b$ sein;

denn aus: $a \geqq b$ und $c < 1 \hookrightarrow a \mathfrak{l} c \leqq b \mathfrak{l} c$.

Oder u. A. so: Es sei $a \mathfrak{l} c = x$, und $b \mathfrak{l} c = y$, also $a = c^x$, und $b = c^y$, also wegen $x > y$, auch $c^x \gtrless c^y$ je nachdem $c \gtrless 1$ ist; d. h. $a \gtrless b$ je nachdem $c \gtrless 1$ ist.

Ferner hat man:

Ist $a \mathfrak{l} c > b \mathfrak{l} c$ und $a > b$, so ist $c > 1$, und ist $a \mathfrak{l} c > b \mathfrak{l} c$ und $a < b$, so ist: $c < 1$. Indirect zu erweisen.

Oder u. A. so: Es sei $a \mathfrak{l} c = x$, und $b \mathfrak{l} c = y$, also: $a = c^x$, und $b = c^y$, mithin wegen $a \gtrless b$ auch, $c \gtrless c^y$, also bezüglich $c \gtrless 1$, wegen $x > y$.

4) Für $\mathfrak{a}\mathfrak{l}\mathfrak{u}$. Es sei: $a \gtrless 1$ und $c > d$, man sucht die Bezeichnungen zwischen $a \mathfrak{l} c$ und $a \mathfrak{l} d$. Hier hat man mehrere Fälle von einander zu unterscheiden.

Als directe Gesetze von $\mathfrak{a}\mathfrak{l}\mathfrak{u}$ hat man:

(1) Ist $a > 1$ und $c > d$, ferner $d > 1$, so ist: $a \mathfrak{l} c < a \mathfrak{l} d$;

denn aus: $a \mathfrak{l} c \geqq a \mathfrak{l} d \hookrightarrow$, weil $a \mathfrak{l} c$ und $a \mathfrak{l} d$ positiv sind:

$$\frac{1}{a \mathfrak{l} c} \leqq \frac{1}{a \mathfrak{l} d}, \text{ oder}$$

$$c \mathfrak{l} a \leqq d \mathfrak{l} a, \text{ also wegen } a > 1 \text{ nach [S. 442, I.]}$$

$$a^{c \mathfrak{l} a} \leqq a^{d \mathfrak{l} a} \hookrightarrow$$

$$c \leqq d \text{ gegen die Voraussetzung.}$$

Oder so: Es sei $a \mathfrak{l} c = x$, und $a \mathfrak{l} d = y$, so ist $a = c^x$, und

*) Da aus $a \mathfrak{l} b = h$, und $c \mathfrak{l} d = k$, folgt $a = b^h$, und $c = d^k$, so kann man auch u. A. alle directen und indirecten Gesetze, die vom Gleich-, Kleiner- und Größer-Sein, in Betreff der Logarithmen, gelten, unmittelbar aus diesen Gleichungen entnehmen, sobald die Beziehungen zwischen a, b, h, c, d, k angegeben sind.

und $a = d^y$, also $c^x = d^y$, mithin, wegen $c > d$ und $d > 1$, ist $x < y$, d. h. $a \mathfrak{l} c < a \mathfrak{l} d$.

Oder u. A. so: Es ist: $c^{a \mathfrak{l} c} = d^{a \mathfrak{l} d}$, und weil $c > d$, $d > 1$ ist, so folgt: $a \mathfrak{l} c < a \mathfrak{l} d$ nach [Seite 476, (1)].

(2) Ist $a > 1$ und $c > 1$, ferner $d < 1$, so ist: $a \mathfrak{l} c > a \mathfrak{l} d$; denn es ist $a \mathfrak{l} c$ positiv, und $a \mathfrak{l} d$ negativ nach [S. 550 u. 552].

(3) Ist $a > 1$ und $c > d$, ferner $c < 1$, so ist: $a \mathfrak{l} c < a \mathfrak{l} d$;

denn aus $a \mathfrak{l} c \geqq a \mathfrak{l} d \hookrightarrow$ weil $a \mathfrak{l} c$ und $a \mathfrak{l} d$ negativ sind:

$$\frac{1}{a \mathfrak{l} c} \leqq \frac{1}{a \mathfrak{l} d},$$

oder: $c \mathfrak{l} a \leqq d \mathfrak{l} a$, also wegen $a > 1$ nach [S. 442, I.)]

$$a^{c \mathfrak{l} a} \leqq a^{d \mathfrak{l} a} \hookrightarrow$$

$c \leqq d$ gegen die Voraussetzung.

Oder so: Man hat aus $a \mathfrak{l} c = x$, und $a \mathfrak{l} d = y$, zunächst: $a = c^x$, und $a = d^y$, also $c^x = d^y$, mithin, aus $c > d$ und $c < 1$, und x und y negativ $\hookrightarrow$ $|x| > |y|$, d. h. $x < y$, also $a \mathfrak{l} c < a \mathfrak{l} d$ nach [Seite 476, (2)].

Oder u. A. auch so: Es ist $c^{a \mathfrak{l} c} = d^{a \mathfrak{l} d}$, also wegen $c > d$ und $c < 1$, ferner $a \mathfrak{l} c$, $a \mathfrak{l} d$ negativ $\hookrightarrow$ $a \mathfrak{l} c < a \mathfrak{l} d$ nach [S. 476, (2)].

(4) Ist $a < 1$ und $c > d$, ferner $d > 1$, so ist: $a \mathfrak{l} c > a \mathfrak{l} d$;

denn aus $a \mathfrak{l} c \leqq a \mathfrak{l} d \hookrightarrow$ weil $a \mathfrak{l} c$ und $a \mathfrak{l} d$ negativ sind:

$$\frac{1}{a \mathfrak{l} c} \geqq \frac{1}{a \mathfrak{l} d},$$

oder: $c \mathfrak{l} a \geqq d \mathfrak{l} a$, also wegen $a < 1$,

$a^{c \mathfrak{l} a} \leqq a^{d \mathfrak{l} a}$, oder

$c \leqq d$ gegen die Voraussetzung.

Oder so: Aus $a \mathfrak{l} c = x$, und $a \mathfrak{l} d = y$, folgt $a = c^x$, und $a = d^y$, also $c^x = d^y$, mithin, wegen $c > d$, $d > 1$, und $a < 1$, also x und y negativ $\hookrightarrow$ $x > y$, d. h. $a \mathfrak{l} c > a \mathfrak{l} d$ nach [S. 476, (1)].

Oder u. A. aus $c^{a \mathfrak{l} c} = d^{a \mathfrak{l} d}$ u. s. w.

(5) Ist $a < 1$, und $c > 1$, ferner $d < 1$, so ist: $a \mathfrak{l} c < a \mathfrak{l} d$; denn $a \mathfrak{l} c$ ist negativ, und $a \mathfrak{l} d$ ist positiv.

(6) Ist $a < 1$, und $c > d$, ferner $c < 1$, so ist: $a \mathfrak{l} c > a \mathfrak{l} d$;

denn wäre: $a \mathfrak{l} c \leqq a \mathfrak{l} d$, so ist, weil $a \mathfrak{l} c$ u. $a \mathfrak{l} d$ positiv sind:

$$\frac{1}{a \mathfrak{l} c} \geqq \frac{1}{a \mathfrak{l} d},$$

oder: $c \urcorner a \gtreqless d \urcorner a$, also wegen $a < 1$,

$a^{c \urcorner a} \lesseqgtr a^{d \urcorner a} \hookrightarrow$

$c \lesseqgtr d$ gegen die Voraussetzung.

Oder u. A. entnimmt man noch zwei Ableitungen auf ähnliche Weise, wie vorhin.

Als Spezialfälle fügen wir hinzu:

Wäre $a = 1$, und $c \gtreqless d$, so ist $a \urcorner c = 1 \urcorner c = 0 = 1 \urcorner d$; also $a \urcorner c = a \urcorner d$.

Faßt man die vorstehenden sechs Gesetze kurz zusammen, so sind sie:

$$\text{Aus} \left\{ \begin{array}{l} \left. \begin{array}{l} d > 1 \text{ und } a \gtrless 1 \hookrightarrow \text{bezügl.: } a \urcorner c \lessgtr a \urcorner d; \\ c < 1 \text{ und } a \gtrless 1 \hookrightarrow \text{bezügl.: } a \urcorner c \lessgtr a \urcorner d \end{array} \right\} \text{ wenn } c > d \text{ ist;} \\ \qquad\qquad a \lessgtr 1 \hookrightarrow \text{bezügl.: } a \urcorner c \lessgtr a \urcorner d, \text{weil } c > 1 \text{ u. } d < 1 \text{ ist.} \end{array} \right\}$$

Als indirecte Gesetze von $\mathbf{a \urcorner u}$ hat man folgende:

(1) Ist $a \urcorner c \lessgtr a \urcorner d$ und $a > 1$, so ist bezüglich: $c \gtrless d$, wenn beide Logarithmen $a \urcorner c$ und $a \urcorner d$ positiv sind;

denn aus $a \urcorner c \lessgtr a \urcorner d \hookrightarrow$

$$\frac{1}{a \urcorner c} \gtrless \frac{1}{a \urcorner d},$$

oder: $c \urcorner a \gtrless d \urcorner a$, also wegen $a > 1$,

$a^{c \urcorner a} \gtrless a^{d \urcorner a} \hookrightarrow$

$c \gtrless d$.

Oder so: Aus $a \urcorner c = x$, und $a \urcorner d = y \hookrightarrow a = c^x$, und $a = d^y$, also $c^x = d^y$.

Nun folgt aus $x \lessgtr y$, und $a > 1$, ferner $a \urcorner c$ und $a \urcorner d$ positiv, daß c und d größer 1 sind, mithin:

Aus $a \urcorner c \lessgtr a \urcorner d \hookrightarrow c \gtrless d$, wenn $a > 1$, und $a \urcorner c$, ferner $a \urcorner d$ positiv sind, nach [Seite 464, (5)].

(2) Ist $a \urcorner c > a \urcorner d$ und $a > 1$, ferner $a \urcorner c$ positiv, $a \urcorner d$ negativ, so ist: $c > d$;

denn aus $a \urcorner c > a \urcorner d \hookrightarrow$ wegen $a \urcorner c$ pos., u. $a \urcorner d$ neg.:

$$\frac{1}{a \urcorner c} > \frac{1}{a \urcorner d},$$

oder: $c \urcorner a > d \urcorner a$, also, wegen $a > 1$,

$a^{c \urcorner a} > a^{d \urcorner a} \hookrightarrow$

$c > d$.

Dies Gesetz ist, so wie die noch übrigen von $\mathbf{a \urcorner u}$, u. A. eben so abzuleiten, wie die vorstehenden.

(3) Ist $a\mathfrak{l}c \lesseqgtr a\mathfrak{l}d$ und $a > 1$, und sind $a\mathfrak{l}c$ ferner $a\mathfrak{l}d$ negativ, so $\hookrightarrow$ bezüglich $c \gtreqless d$;

denn aus $a\mathfrak{l}c \lesseqgtr a\mathfrak{l}d$ und $a\mathfrak{l}c$ ferner $a\mathfrak{l}d$ negativ $\hookrightarrow$

$$\frac{1}{a\mathfrak{l}c} \gtreqless \frac{1}{a\mathfrak{l}d},$$

oder: $c\mathfrak{l}a \gtreqless d\mathfrak{l}a$, also, wegen $a > 1$, ist:

$a^{c\mathfrak{l}a} \gtreqless a^{d\mathfrak{l}a}$, mithin:

$c \gtreqless d$.

(4) Aus $a\mathfrak{l}c \gtreqless a\mathfrak{l}d$ und $a < 1 \hookrightarrow$ bezüglich: $c \gtreqless d$, wenn $a\mathfrak{l}c$, $a\mathfrak{l}d$ negativ sind;

denn es ist: $\frac{1}{a\mathfrak{l}c} \lesseqgtr \frac{1}{a\mathfrak{l}d}$, oder

$c\mathfrak{l}a \lesseqgtr d\mathfrak{l}a$, also, wegen $a < 1$,

$a^{c\mathfrak{l}a} \gtreqless a^{d\mathfrak{l}a}$, mithin:

$c \gtreqless d$.

(5) Ist $a\mathfrak{l}c < a\mathfrak{l}d$ und $a < 1$, ferner $a\mathfrak{l}c$ *negativ*, hingegen $a\mathfrak{l}d$ *positiv*, so ist: $c > d$;

denn es folgt: $\frac{1}{a\mathfrak{l}c} < \frac{1}{a\mathfrak{l}d}$, oder

$c\mathfrak{l}a < d\mathfrak{l}a$, also, wegen $a < 1$,

$a^{c\mathfrak{l}a} > a^{d\mathfrak{l}a} \hookrightarrow$

$c > d$.

(6) Ist $a\mathfrak{l}c \gtreqless a\mathfrak{l}d$ und $a < 1$, so ist bezüglich: $c \gtreqless d$, wenn $a\mathfrak{l}c$ und $a\mathfrak{l}d$ positiv sind;

denn es folgt: $\frac{1}{a\mathfrak{l}c} \lesseqgtr \frac{1}{a\mathfrak{l}d}$,

oder: $c\mathfrak{l}a \lesseqgtr d\mathfrak{l}a$, also, wegen $a < 1$,

kommt: $a^{c\mathfrak{l}a} \gtreqless a^{d\mathfrak{l}a}$,

oder: $c \gtreqless d$.

(7) Aus $c > d$ und $d > 1$, ferner $a\mathfrak{l}c \lesseqgtr a\mathfrak{l}d \hookrightarrow$ bezügl.: $a \gtreqless 1$; denn aus $c > d$ und $d > 1$ und $a \lesseqgtr 1 \hookrightarrow$ bezüglich: $a\mathfrak{l}c \gtreqless a\mathfrak{l}d$ nach [(4) und (1), directe Gesetze].

(8) Aus $c > d$ und $c < 1$, ferner $a\mathfrak{l}c \lesseqgtr a\mathfrak{l}d \hookrightarrow$ bezügl.: $a \gtreqless 1$; denn aus $c > d$ und $c < 1$ ferner $a \lesseqgtr 1 \hookrightarrow$ bezüglich: $a\mathfrak{l}c \gtreqless a\mathfrak{l}d$ nach [(6) und (3), directe Gesetze].

(9) Aus $c > 1$ und $d < 1$, ferner $a\mathfrak{l}c \lesseqgtr a\mathfrak{l}d \hookrightarrow$ bezügl.: $a \lesseqgtr 1$; denn aus $c > 1$ und $d < 1$, ferner $a \gtreqless 1 \hookrightarrow$ bezügl.: $a\mathfrak{l}c \gtreqless a\mathfrak{l}d$ nach [(2) und (5), directe Gesetze von **$a\mathfrak{l}u$**].

Hierdurch sind die directen und indirecten Gesetze von **$\mathfrak{a}\mathfrak{l}\mathfrak{u}$** gegeben.

5) Man verlangt das Gesetz für **$\mathfrak{u}'\mathfrak{l}\mathfrak{u}$**. Es seien deshalb a, b, c, d positive Zahlen, und $a > b$, ferner $c > d$.

Es mögen hier nun die Ableitungen einiger Haupt-Fälle folgen.

(1) Aus $b > 1$ und $d > 1$ folgt, daß es unbestimmt bleibt, ob $a\mathfrak{l}c \gtreqless b\mathfrak{l}d$ ist.

(2) Aus $b > 1$ und $d > 1 \hookrightarrow a\mathfrak{l}d > b\mathfrak{l}c$;
denn aus: $a > b$ und $d > 1 \hookrightarrow a\mathfrak{l}d > b\mathfrak{l}d$ nach [(4), (3)]
und aus: $b > 1$, $c > d$ und $d > 1 \hookrightarrow b\mathfrak{l}d > b\mathfrak{l}c$ nach [(4), (1)], also:

$$a\mathfrak{l}d > b\mathfrak{l}c.$$

(3) Ist $a < 1$ und $c < 1$, so hat man, um diesen Fall auf den vorhergehenden zurückzuführen, aus $a < 1$, $c < 1$ und $a > b$ und $c > d$:

$$1:a > 1,\ 1:c > 1,\ 1:b > 1,\ 1:d > 1,\ 1:b > 1:a,\ 1:d > 1:c,$$

also folgt nach [(2)] aus:

$$\frac{1}{b} > \frac{1}{a},$$

$$\text{und } \frac{1}{d} > \frac{1}{c}$$

$$\frac{1}{b}\mathfrak{l}\frac{1}{c} > \frac{1}{a}\mathfrak{l}\frac{1}{d} \hookrightarrow$$

$$1\mathfrak{l}\frac{1}{c} - b\mathfrak{l}\frac{1}{c} > 1\mathfrak{l}\frac{1}{d} - a\mathfrak{l}\frac{1}{d} \hookrightarrow$$

$$-\left(b\mathfrak{l}\frac{1}{c}\right) > -\left(a\mathfrak{l}\frac{1}{d}\right) \hookrightarrow$$

$$b\mathfrak{l}\frac{1}{c} < a\mathfrak{l}\frac{1}{d} \hookrightarrow$$

$$\frac{1}{\frac{1}{c}\mathfrak{l}b} < \frac{1}{\frac{1}{d}\mathfrak{l}a} \hookrightarrow$$

$$\frac{1}{1\mathfrak{l}b - c\mathfrak{l}b} < \frac{1}{1\mathfrak{l}a - d\mathfrak{l}a} \hookrightarrow$$

$$\frac{1}{-(c\mathfrak{l}b)} < \frac{1}{-(d\mathfrak{l}a)} \hookrightarrow$$

$$\frac{1}{c\mathfrak{l}b} > \frac{1}{d\mathfrak{l}a} \hookrightarrow$$

$$b\mathfrak{l}c > a\mathfrak{l}d.$$

Oder u. A. kurz so:

$$\text{Aus } a > b \text{ und } d < 1 \hookrightarrow a \mathfrak{l} d < b \mathfrak{l} d \text{ nach } [(4), (3)],$$

$$\text{und aus } b < 1,\ c > d \text{ und } c < 1 \hookrightarrow \underline{b \mathfrak{l} c > b \mathfrak{l} d} \text{ nach } [(4), (6)] \text{ also:}$$

$$b \mathfrak{l} c > a \mathfrak{l} d.$$

Ferner folgt nach [(1)], daß es unbestimmt bleibt, ob $a \mathfrak{l} c \gtreqless b \mathfrak{l} d$ ist.

Faßt man die directen und indirecten Gesetze des Gleich- und Ungleich-Seins für Reelle-Logarithmen kurz zusammen, so sind die hauptsächlichsten:

I. Directe Gesetze.

1) Aus $a = b \hookrightarrow a \mathfrak{l} c = b \mathfrak{l} c$;

2) Aus $c = d \hookrightarrow a \mathfrak{l} c = a \mathfrak{l} d$;

3) Aus $a = 1 \hookrightarrow a \mathfrak{l} c = a \mathfrak{l} d$, es möge c beliebig $\gtreqless$ d sein;

4) Aus $a = b$ und $c = d \hookrightarrow a \mathfrak{l} c = b \mathfrak{l} d$;

5) Aus $a = b = 1 \hookrightarrow a \mathfrak{l} c = b \mathfrak{l} d$, es mögen c und d beliebig größer oder kleiner Eins sein;

6) Aus $a > b \hookrightarrow a \mathfrak{l} c \gtrless b \mathfrak{l} c$ je nachdem c $\left\{\begin{matrix}\text{größer,}\\ \text{kleiner}\end{matrix}\right\}$ Eins ist.

Wenn bis [12) incl.] $c > d$ vorausgesetzt wird.

7) Aus $a > 1$ und $d > 1 \hookrightarrow a \mathfrak{l} c < a \mathfrak{l} d$;

8) Aus $a > 1$ und $c > 1$, ferner $d < 1 \hookrightarrow a \mathfrak{l} c > a \mathfrak{l} d$;

9) Aus $a > 1$ und $c < 1 \hookrightarrow a \mathfrak{l} c < a \mathfrak{l} d$;

10) Aus $a < 1$ und $d > 1 \hookrightarrow a \mathfrak{l} c > a \mathfrak{l} d$;

11) Aus $a < 1$ und $c > 1$, ferner $d < 1 \hookrightarrow a \mathfrak{l} c < a \mathfrak{l} d$;

12) Aus $a < 1$ und $c < 1 \hookrightarrow a \mathfrak{l} c > a \mathfrak{l} d$;

13) Aus $a = 1$ und $c \gtreqless d \hookrightarrow a \mathfrak{l} c = a \mathfrak{l} d$.

Wenn a, b, c, d als positive Zahlen und $a > b$ und $c > d$ bis [19) incl.] vorausgesetzt sind.

14) Aus $b > 1$ und $d > 1$ folgt, daß es unbestimmt bleibt, ob $a \mathfrak{l} c \gtreqless b \mathfrak{l} d$ ist;

15) Aus $b > 1$ und $d > 1 \hookrightarrow a \mathfrak{l} d > b \mathfrak{l} c$;

16) Aus $a < 1$ und $c < 1 \hookrightarrow a \mathfrak{l} d < b \mathfrak{l} c$;

17) Aus $a < 1$ und $c < 1$ folgt, daß es unbestimmt bleibt, ob $a \mathfrak{l} c \gtreqless b \mathfrak{l} d$ ist;

18) Aus $a < 1$ und $d > 1 \hookrightarrow a\mathfrak{l}c > b\mathfrak{l}d$;

19) Aus $a < 1$ und $d > 1$ folgt, daß es unbestimmt bleibt, ob $a\mathfrak{l}d \gtreqless b\mathfrak{l}c$ ist.

Spezialfälle.

20) Aus $\left\{\begin{array}{l}\text{erstens } a > 1 \text{ u. } c > 1; \\ \text{zweitens } a < 1 \text{ u. } c < 1\end{array}\right\}$ und $\left\{\begin{array}{l} b=1,\ d>1; \\ b=1,\ d<1; \\ b>1,\ d<1; \\ b<1,\ d>1 \end{array}\right\} \hookrightarrow a\mathfrak{l}c > b\mathfrak{l}d$;

21) Aus $\left\{\begin{array}{l}\text{erstens } a > 1 \text{ u. } c < 1; \\ \text{zweitens } a < 1 \text{ u. } c > 1\end{array}\right\}$ und $\left\{\begin{array}{l} b=1,\ d>1; \\ b=1,\ d<1; \\ b>1,\ d>1; \\ b<1,\ d<1 \end{array}\right\} \hookrightarrow a\mathfrak{l}c < b\mathfrak{l}d$;

22) Aus $a = 1$

$$\text{und} \left\{\begin{array}{l} c = 1, \text{ u. } b \text{ u. } d \text{ beliebig } \gtrless 1; \\ c \text{ belieb. } \gtrless 1 \text{ u. } \left\{\begin{array}{r} b<1,\ d>1; \\ \text{oder } b>1,\ d<1 \end{array}\right\}; \\ c \text{ belieb. } \gtrless 1 \text{ u. } \left\{\begin{array}{r} b>1,\ d>1; \\ \text{oder } b<1,\ d<1 \end{array}\right\}; \end{array}\right\} \hookrightarrow \text{ bezügl.} \left\{\begin{array}{l} a\mathfrak{l}d = c\mathfrak{l}b; \\ a\mathfrak{l}c > b\mathfrak{l}d; \\ a\mathfrak{l}c < b\mathfrak{l}d. \end{array}\right\}$$

23) Aus $a = b$, und $c = d \hookrightarrow a\mathfrak{l}b = c\mathfrak{l}d = 1$.

II. Indirecte Gesetze.

24) Aus $a\mathfrak{l}c = b\mathfrak{l}c \hookrightarrow a = b$;

25) Aus $a\mathfrak{l}c = a\mathfrak{l}d$ und a nicht $= 1 \hookrightarrow c = d$;

26) Aus $a\mathfrak{l}c = a\mathfrak{l}d$ und $a = 1 \hookrightarrow c$ beliebig $\gtreqless d$;

27) Aus $a\mathfrak{l}c = b\mathfrak{l}d$ und $a > b$, ferner a und c entweder zugleich größer oder zugleich kleiner Eins $\hookrightarrow c > d$. Ist aber einer von beiden Ausdrücken (a, c) größer, der andere hingegen kleiner 1 und ist $a > b$, so $\hookrightarrow c < d$;

28) Aus $a\mathfrak{l}c = b\mathfrak{l}d$ und $c > d$, ferner a und c entweder zugleich größer oder zugleich kleiner Eins $\hookrightarrow a > b$. Ist aber einer von beiden Ausdrücken (a, c) größer, der andere hingegen kleiner 1 und ist $c > d$, so $\hookrightarrow a < b$;

29) Aus $a\mathfrak{l}c > b\mathfrak{l}c \hookrightarrow a \gtrless b$ je nachdem $c \gtrless 1$ ist;

30) Aus $a\mathfrak{l}c > b\mathfrak{l}c \hookrightarrow c \gtrless 1$ je nachdem $a \gtrless b$ ist;

31) Aus $a\mathfrak{l}c \lesseqgtr a\mathfrak{l}d$ und $a > 1 \hookrightarrow$ bezüglich $c \gtrless d$, wenn $a\mathfrak{l}c$ und $a\mathfrak{l}d$ positiv sind;

32) Aus $a\mathfrak{l}c > a\mathfrak{l}d$ und $a > 1$, ferner $a\mathfrak{l}c$ positiv und $a\mathfrak{l}d$ negativ $\hookrightarrow c > d$;

33) Aus $a \mathfrak{l} c \lessgtr a \mathfrak{l} d$ und $a > 1$ $\hookrightarrow$ bezüglich $c \gtrless d$, wenn $a \mathfrak{l} c$ und $a \mathfrak{l} d$ negativ sind;

34) Aus $a \mathfrak{l} c \gtrless a \mathfrak{l} d$ und $a < 1$ $\hookrightarrow$ bezüglich $c \gtrless d$, wenn $a \mathfrak{l} c$ und $a \mathfrak{l} d$ negativ sind;

35) Aus $a \mathfrak{l} c < a \mathfrak{l} d$ und $a < 1$, ferner $a \mathfrak{l} c$ negativ und $a \mathfrak{l} d$ positiv $\hookrightarrow$ $c > d$;

36) Aus $a \mathfrak{l} c \gtrless a \mathfrak{l} d$ und $a < 1$ $\hookrightarrow$ bezüglich $c \gtrless d$, wenn $a \mathfrak{l} c$ und $a \mathfrak{l} d$ positiv sind;

37) Aus $a \mathfrak{l} c \lessgtr a \mathfrak{l} d$ und $c > d$, ferner $d > 1$ $\hookrightarrow$ bezügl. $a \gtrless 1$;

38) Aus $a \mathfrak{l} c \lessgtr a \mathfrak{l} d$ und $c > d$, ferner $c < 1$ $\hookrightarrow$ bezügl. $a \gtrless 1$;

39) Aus $a \mathfrak{l} c \lessgtr a \mathfrak{l} d$ und $c > 1$, ferner $d < 1$ $\hookrightarrow$ bezügl. $a \lessgtr 1$;

40) Aus $c > d$ und $c > 1$ $\hookrightarrow$

$a \gtrless b$ je nachdem $a \mathfrak{l} c$ u. $b \mathfrak{l} d$ $\begin{Bmatrix}\text{positiv;}\\ \text{negativ}\end{Bmatrix}$ und $\begin{Bmatrix} a \mathfrak{l} c \gtreqless b \mathfrak{l} d; \\ |a \mathfrak{l} c| \gtreqless |b \mathfrak{l} d| \end{Bmatrix}$ ist;

41) Aus $c > d$ und $c < 1$ $\hookrightarrow$

$a \gtrless b$ je nachdem $a \mathfrak{l} c$ u. $b \mathfrak{l} d$ $\begin{Bmatrix}\text{positiv;}\\ \text{negativ}\end{Bmatrix}$ und $\begin{Bmatrix} a \mathfrak{l} c \lesseqgtr b \mathfrak{l} d; \\ |a \mathfrak{l} c| \lesseqgtr |b \mathfrak{l} d| \end{Bmatrix}$ ist;

42) Aus $c > 1$ u. $d < 1$ $\hookrightarrow$ $a \gtrless b$ je nachd. $a \mathfrak{l} c$ u. $b \mathfrak{l} d$ $\begin{Bmatrix}\text{positiv;}\\ \text{negativ}\end{Bmatrix}$ sind;

43) Aus $a \mathfrak{l} c$ pos. u. $b \mathfrak{l} d$ neg. $\hookrightarrow$ $a \gtrless b$ je nachd. bez. c u. d $\begin{Bmatrix}\text{größer,}\\ \text{kleiner}\end{Bmatrix}$ 1 sind, daß ferner a und c nothwendig zugleich größer oder zugleich kleiner Eins sind, und für beide Fälle, entweder $b > 1$ und $d < 1$, oder $b < 1$ und $d > 1$ ist.

Wenn $a \mathfrak{l} c > b \mathfrak{l} d$ bis [(49)] vorausgesetzt ist.

44) Aus $a > b$ $\hookrightarrow$ daß es unbestimmt bleibt, ob $c \gtreqless d$ ist;

45) Aus $c < d$ $\hookrightarrow$ daß es unbestimmt bleibt, ob $a \gtreqless b$ ist;

46) Aus $c > d$ und $a > 1$ und $d > 1$ $\hookrightarrow$ $a > b$;

47) Aus $a < b$ und $a > 1$ und $d > 1$ $\hookrightarrow$ $c < d$;

48) Aus $a \mathfrak{l} c$ positiv, $b \mathfrak{l} d =$ Null $\hookrightarrow$ daß $b = 1$ und d entweder größer oder kleiner Eins ist, und daß a und c entweder zugleich größer, oder zugleich kleiner Eins sind;

49) Aus $a \mathfrak{l} c =$ Null, und $b \mathfrak{l} d$ negativ $\hookrightarrow$ $a = 1$, und c entweder größer oder kleiner Eins, und mit $b \gtrless 1$ bezüglich $d \lessgtr 1$;

50) Aus $b \rceil d$ = Null

$$\rightharpoondown \begin{cases} \text{erstens } a \gtrless b \text{ je nachdem } c \gtrless 1 \text{ und } a \rceil c \text{ positiv ist;} \\ \text{zweitens } a \lessgtr b \text{ je nachdem } c \gtrless 1 \text{ und } a \rceil c \text{ negativ ist.} \end{cases} {}^{*)}$$

52. Wollten wir dem stets vorliegenden Bedürfnisse „die frühern Begriffe zu erweitern", in Betreff des Logarithmen, entsprechen, so führt uns dies zur Verallgemeinerung der Potenz, und somit zur weiteren Ausdehnung des bisherigen Begriffs der Wurzel.

In $\sqrt[b]{a}$ mußte a positiv oder Null, hingegen konnte b positiv oder negativ sein, wenn nur nicht b negativ genommen wird, sobald $a=0$ ist; und nur unter diesen Bedingungen war $\sqrt[b]{a}$ eindeutig, bezeichnete entweder eine positive Zahl, oder Null.

Da nun bereits in $\sqrt[b]{a}$ der Radikator b irgend eine reelle Zahl sein konnte, nur nie Null; oder negativ, wenn der Radikand a Null ist; hingegen der Radikand a blos positiv oder Null sein durfte, so betrifft die Erweiterung der Wurzel nur zunächst ihren Radikand, und es fragt sich demnach erstens, ob dem $\sqrt[b]{a}$ überhaupt noch immer eine Bedeutung, in Betreff des Früheren, gegeben werden kann, und dann noch zweitens ob, im Falle $\sqrt[b]{a}$ in früheren reellen Zahlformen eine solche finden sollte, auch noch $\sqrt[b]{a}$ eindeutig ist.

Erstens. Wir müssen in $\sqrt[b]{a}$ den Radikanden a negativ $= -|a|$ und den Radikator b zunächst = einer wirklichen Zahl α nehmen, indem die Fälle: für a positiv oder Null, bereits beseitigt sind. Man

*) Alle im ganzen Werke aufgestellten directen und indirecten Gesetze vom Gleich- und Ungleich-Sein, konnten leicht auf nur wenige allgemeine zurückgeführt werden, was aber absichtlich nicht geschehen ist; ein Mal, um Übung im Aufsuchen spezieller Wahrheiten zu befördern, ein anderes Mal, um die Resultate für jeden vorliegenden einzelnen Fall leicht unmittelbar entnehmen zu können. Ferner bemerken wir nochmals ausdrücklich, daß der Definition des Reellen-Logarithmen [Seite 560, *a.*] gemäß, schon bestimmt ausgesprochen ist, daß kein Logarithmator gleich Eins sein darf. Wenn im Anfange der Rechnung kein Logarithmator 1 ist, und im weiteren Verfolg des Operirens ein Logarithmator = 1 werden sollte, so hört der Begriff des Reellen-Logarithmen total an dieser Stelle auf, und wir dürfen mit solchen Zeichen ohne bestimmten Sinn, eben so wenig operiren, wie z. B. mit $\frac{1}{\text{Freiheit}}$, was durchaus nonens wäre. —

hat demnach $\sqrt[\alpha]{-|a|}$, und wenn im Allgemeinen eine Erweiterung der Wurzel gesucht wird, so muß die *primitive* Begriffs-Bestimmtheit, welche untrennbar an der Wurzel haftet, und die sie eben zu dem macht, was sie *an sich* sein soll, nämlich:

$$\left(\sqrt[\alpha]{-|a|}\right)^{\alpha} = -|a|,$$

unbedingt festgehalten werden, gleichgültig, ob $\sqrt[\alpha]{-a}$ eine Bedeutung hat, oder nicht.

Was nun aber den wesentlichsten Punkt betrifft, so fragt es sich, ob $\sqrt[\alpha]{-|a|}$ durch eine *reelle* Zahl darstellbar ist, oder eine wirkliche *reelle* Bedeutung hat.

Es wird demnach eine *reelle* Zahl x gesucht, die mit der wirklichen Zahl α potenzirt, $-|a|$ giebt, daß also $x^{\alpha} = -|a|$ ist.

Durchschreiten wir nun die reellen Zahlen für x, so wissen wir bereits, daß Null sowohl als jede positive Zahl $|k|$, statt x in $x^{\alpha} = -a$, gesetzt, zu den Widersprüchen: $0 = -|a|$, und $|k|^{\alpha} = |k^{\alpha}| = -|a|$ leitet; demnach kann weder $x = 0$, noch $x = |k|$ der Gleichung $x^{\alpha} = -|a|$ genügen.

Versuchen wir nun die von den reellen noch übrig bleibenden negativen Zahlen für x, so findet sich, daß wenn α ungerade, $= 2\beta+1$, dann:

$$[-|k|]^{2\beta+1} = -[|k|^{2\beta+1}]$$

ist. Es soll demnach:

$$-[|k|^{2\beta+1}] = -|a|$$

sein, woraus: $|k|^{2\beta+1} = |a|$,

oder: $|k| = \sqrt[2\beta+1]{|a|}$,

mithin auch: $-|k| = -\sqrt[2\beta+1]{|a|}$

folgt. Es ergiebt sich also aus:

$$x^{2\beta+1} = -|a|,$$

daß: $x = -|k| = -\sqrt[2\beta+1]{|a|}$

ist, was sich auch wieder rückwärts durch:

$$\left[-\sqrt[2\beta+1]{|a|}\right]^{2\beta+1} = \left[(-1).\sqrt[2\beta+1]{|a|}\right]^{2\beta+1} = (-1)^{2\beta+1}.|a| = -|a|$$

bestätigt. Die ungerade, $2\beta+1$te, Wurzel aus einer negativen Zahl: $-|a|$ ist, also = der absoluten, $2\beta+1$ten, Wurzel aus dem Gliede $|a|$ derselben, aber negativ genommen.

Während also die gerade, 2nte, Wurzel aus einer negativen Zahl, als reelle Zahl, durchaus undenkbar, oder unmöglich ist, so kann man sich die ungerade, $(2n+1)$te, Wurzel aus einer negativen, selbst wieder durch eine negative Zahl vorgestellt denken.

Zweitens. Was nun diesen Punkt anbetrifft, ob nämlich $\sqrt[\alpha]{\pm|a|}$ ein- oder mehrdeutig ist, sobald wir die Gleichung:

$$\left[\sqrt[\alpha]{-|a|}\right]^\alpha = -|a|$$

fixiren, soll vorläufig — blos einleitend — an einzelnen Fällen untersucht werden.

α) Betrachten wir nun zunächst den einfachsten Fall, $\sqrt[2]{|a|}$, oder (weil man den Radikator sobald er = 2 ist, ein für alle Mal fortläßt, ihn also stets hinzudenkt) $\sqrt{|a|}$.

Weil unter $\sqrt{|a|}$ das gedacht werden soll, was mit 2 potenzirt $|a|$ giebt, so haben wir, da stets

$$\left[\pm\sqrt{|a|}\right]^2 = (\pm 1)^2 \cdot \left(\sqrt{|a|}\right)^2 = |a|$$

ist, an $\sqrt{|a|}$ ein zweideutiges Zeichen, so daß für $\sqrt{|a|} = |b|$, auch $\sqrt{|a|} = -|b|$ im Allgemeinen sein kann.

Man kann auch u. A. so schließen:

Es sei $\sqrt{|a|} = x$, so folgt, weil $\sqrt{|a|}$ eine absolute Wurzel ist:

$$\left(\sqrt{|a|}\right)^2 = x^2,$$

oder: $x^2 - \left(\sqrt{|a|}\right)^2 = 0$, und nach [S. 143 (46).]

$$\left(x+\sqrt{|a|}\right)\left(x-\sqrt{|a|}\right) = 0.$$

Das Produkt links kann nun in drei verschiedenen Fällen zu Null werden, nämlich erstens, wenn $x-\sqrt{|a|}=0$ ist, und dabei $x+\sqrt{|a|}$ nicht Null ist; oder zweitens, wenn $x+\sqrt{|a|}=0$, und dabei $x-\sqrt{|a|}$ nicht Null ist, oder drittens, wenn sowohl $x+\sqrt{|a|}$

als auch $x - \sqrt{|a|}$ Null ist, da wir aber hierdurch zu dem Widerspruche: $\sqrt{|a|} = -\sqrt{|a|}$ gelangen, so bleiben nur die beiden ersten Fälle übrig.

Im ersten Falle, wo $x + \sqrt{|a|}$ nicht Null ist, darf man die obige Gleichung:

$$\left(x + \sqrt{|a|}\right)\left(x - \sqrt{|a|}\right) = 0,$$

durch $x + \sqrt{|a|}$ dividiren, und erhält:

$$x - \sqrt{|a|} = 0,$$

$$\text{also:} \quad x = \sqrt{|a|}.$$

Im zweiten Falle, wo $x - \sqrt{|a|}$ nicht Null ist, darf man die Gleichung:

$$\left(x + \sqrt{|a|}\right)\left(x - \sqrt{|a|}\right) = 0,$$

durch $x - \sqrt{|a|}$ dividiren, und erhält:

$$x + \sqrt{|a|} = 0,$$

$$\text{also:} \quad x = -\sqrt{|a|}.$$

Demnach finden wir aus der Gleichung:

$$x^2 = \left[\sqrt{|a|}\right]^2,$$

zwei von einander verschiedene Ausdrücke, nämlich einen positiven: $+\sqrt{|a|}$ und einen negativen: $-\sqrt{|a|}$, so daß, wenn der eine von beiden stattfindet, der jedesmalige andere nicht zu gleicher Zeit auch gilt, obgleich sowohl der eine, als auch der andere, der Gleichung $x^2 = \left[\sqrt{|a|}\right]^2$ genügt, d. h. statt x gesetzt, $x^2 = \left[\sqrt{|a|}\right]^2$ macht.

Denkt man sich demnach $\sqrt{|a|} = |a'|$, so ist auch $\sqrt{|a|} = -|a'|$, weil sowohl $|a'|$ als auch $-|a'|$, mit 2 potenzirt: $|a|$ giebt.

Es ist also $\sqrt{|a|}$ ein zweideutiger Ausdruck, oder $\sqrt{|a|} = \pm |a'|$, und welcher von beiden, ob $|a'|$ oder $-|a'|$ zu nehmen ist, bleibt in der Allgemeinheit völlig unbestimmt, weil $\left[\pm\sqrt{|a|}\right]^2 = |a|$ ist und kann nur für einzelne Fälle, nach den speziell gegebenen Bedingungen, entschieden werden.

Daß aber $\sqrt{|a|}$ nicht mehr als diese zwei Bedeutungen hat, geht u. A. auch dadurch hervor, daß für $r \gtrless |a'|$, auch $r^2 \gtrless (|a'|)^2$ oder $r^2 \gtrless |a'^2|$ folgen würde.

Wäre in $\sqrt{a}$, $a = 0$, so hätte man $\sqrt{a} = 0$, und $\sqrt{a} = -0 = 0$, d. h. es fielen beide Bedeutungen von $\sqrt{a}$, für diesen einzelnen Fall, in eine einzige zusammen, oder die zwei dem $\sqrt{a} = \sqrt{0}$ entsprechenden numerischen Resultate sind einander gleich.

β) Gesetzt nun der Radikand a, in $\sqrt[b]{a}$, wäre negativ, $= -|a|$ und der Radikator b wäre wieder $= 2$, so ist, wie wir schon wissen, $\sqrt{-|a|}$ durch keine reelle Zahl, weder genau, noch annäherungsweise darstellbar, eben weil jeder positive oder negative Ausdruck mit 2 potenzirt zu einem positiven, und 0 mit 2 potenzirt zu einem Resultate $= 0$ führt, also in keinem Falle $-|a|$ hervorgeht *).

Es gilt blos wieder:

$$\left[\sqrt{-|a|}\right]^2 = -|a|, \text{ und } \left[-\sqrt{-|a|}\right]^2 = -|a|.$$

Man kann auch u. A. so schließen:

Setzt man wieder $x^2 = -|a| = -1 \times |a|$,

so kommt: $x^2 = (\sqrt{-1})^2 . \left(\sqrt{|a|}\right)^2$,

oder: $x^2 = \left(\sqrt{-1} \times \sqrt{|a|}\right)^2$,

*) Man siehet leicht ein, daß $\sqrt{-4}$, weder $+2$ noch -2 ist, weil $(+2)^2 = 4$, und $(-2)^2 = 4$ giebt, und man -4 erhalten soll. Deshalb ist $\sqrt{-4}$ eine eigenthümliche Rechnungsform, die nichts weiter bedeutet, als was mit 2 potenzirt -4 giebt. Dasselbe gilt von jeder Rechnungsform, indem z. B. der Begriff von $3 - 5$ in $(3 - 5) + 5 = 3$ liegt; eben so gilt für $\frac{3}{4}$ nur: $\frac{3}{4} . 4 = 3$ u. s. w.

Wenn man mitunter in dem Begriff des Imaginären ein Mysterium oder auch wohl gar eine Mißgeburt des Kalkuls sucht, und ihn deshalb aus letzterem verbannen will, so ist dies eben so widersinnig, als wenn man die negativen Zahlen, Brüche u. s. w. deshalb vermeiden möchte, weil sie keine wirklichen Zahlen sind. Die imaginären Ausdrücke sind vielmehr von höchster Wichtigkeit, sie erscheinen als richtige Folgen der nothwendigen Verallgemeinerung der, nach unserer Ansicht, alles umfassenden Operationslehre; sie führten auf den einfachsten Wegen zu den wichtigsten Wahrheiten, was immer der Fall sein wird, sobald man ihre Lehre nur richtig anwendet, und nicht mehr von ihr erwartet, als durch ihren Begriff gegeben ist. Führt irgend eine Aufgabe zuletzt zu imaginären Ausdrücken, so giebt dies entweder öfter zu erkennen, daß es unmöglich ist, den Forderungen derselben durch reelle Zahlen zu entsprechen; man darf jedoch nicht stets unbedingt behaupten, daß ihre Lösung deshalb durchaus unmöglich ist; oder die Imaginären zeigen an, daß die angenommene Form des Resultats nicht stattfindet.

$$\text{deshalb:}\quad x^2 - \left[\sqrt{-1} \times \sqrt{|a|}\right]^2 = 0,$$

$$\text{oder:}\quad \left[x + \sqrt{-1} \times \sqrt{|a|}\right] . \left[x - \sqrt{-1} \times \sqrt{|a|}\right] = 0,$$

und wenn man, nach Gauß, einen der zwei durch $\sqrt{-1}$ repräsentirten Ausdrücke, $+\sqrt{-1}$ und $-\sqrt{-1}$, mit i bezeichnet:

$$\begin{aligned} \text{entweder:}\quad & x - i\sqrt{|a|} = 0, \\ \text{oder:}\quad & x + i\sqrt{|a|} = 0, \\ \text{mithin entweder:}\quad & x = i\sqrt{|a|}, \\ \text{oder:}\quad & x = -i\sqrt{|a|}. \end{aligned}$$

Es ist demnach $\sqrt{-|a|}$ eine bloße Rechnungsform, die mit 2 potenzirt: $-|a|$ giebt. Da aber sowohl

$$\left(+\sqrt{-|a|}\right)^2 = -|a|,$$

$$\text{als auch:}\left(-\sqrt{-|a|}\right)^2 = -|a|$$

ist, so ist auch $\sqrt{-|a|}$ ein zweideutiges Zeichen, und weil dasselbe auf keinen reellen Ausdruck zurückgeführt werden kann, so heißt $\sqrt{-|a|}$ nach [Seite 376] ein

Imaginärer-Ausdruck.

Diese Untersuchung führt nun zu folgender Definition:

a. Es heiße $\sqrt{a}$, wo a irgend eine reelle Zahl vorstellt, eine allgemeine zweite Wurzel, deren Begriff durch die Gleichung

$$(\sqrt[2]{a})^2 = a,$$

bestimmt ausgesprochen wird.

Die allgemeine zweite Wurzel, nämlich $\sqrt{a}$, ist entweder reell, wenn a positiv oder Null, oder sie ist imaginär, wenn a negativ ist.

Ist a positiv, so hat die allgemein zweite Wurzel aus a, nämlich $\sqrt{a}$ zwei von einander verschiedene Bedeutungen, sie stellt erstens einen positiven Ausdruck: $|\sqrt{a}|$ und zweitens einen negativen: $-|\sqrt{a}|$ vor, wo $|\sqrt{a}|$ die absolute, also eindeutige Wurzel aus a repräsentirt.

Ist in $\sqrt{a}$ der Radikand $a = 0$, so ist $\sqrt{a}$ nur *eindeutig* und $= 0$; denn in dem Augenblicke, wo die allgemeine zweite Wurzel: $\sqrt{a}$ in die spezielle $\sqrt{0}$ übergeht, fallen auch beide Bedeutungen $\sqrt{0}$ und $-\sqrt{0}$ in eine einzige zusammen, weil $+0 = -0 = 0$ ist.

Ist in $\sqrt{a}$ der Radikand a *negativ*, $= -|a|$, so ist $\sqrt{a}$ ebenfalls *zweideutig*, indem nur jedesmal $\sqrt{-|a|}$ eine beliebige der beiden Resultanten *): $i . \sqrt{|a|}$ oder $(-i) \sqrt{|a|}$ vorstellt, in denen $\sqrt{|a|}$ eine absolute Wurzel, und i stets nur eine der zwei in $\sqrt{-1}$ liegenden Wurzelformen $+\sqrt{-1}$ oder $-\sqrt{-1}$ repräsentirt **).

Hiernach haben wir wieder zu untersuchen, ob, und in wie fern, noch die früheren Gesetze gelten, wenn allgemeine zweite Wurzeln vorkommen.

Aus obigen Gründen muß man, wegen der *Zweideutigkeit* des Symbols $\sqrt{a}$, bei dem Operiren mit solchen allgemeinen zweiten Wurzeln *vorsichtig* zu Werke gehen, um nicht zu Widersprüchen zu gelangen; wenn daher dergleichen in einem Ausdrucke, in einer Gleichung oder Ungleichung öfter vorkommen, so hat man sich vorher genau zu überzeugen, *welche* von den *beiden* Resultanten, die solche zweite Wurzeln repräsentiren, zu nehmen ist, um allen gegebenen Bedingungen zu entsprechen; eben weil es nicht *stets* nothwendig ist, daß die öfter vorkommenden allgemeinen zweiten Wurzeln, überall ein und eben dieselbe ihrer zwei *Resultanten* vorstellen ***).

---

*) Diese Benennung „*Resultante*" steht statt des sonst üblichen Wortes: „*Werth*." Letzteres paßt nicht für den abstracten Kalkul, es liegt mehr eine qualitative als numerische Bestimmtheit darin.

**) Es ist durchaus *unwissenschaftlich*, wenn man, bevor die m Deutigkeit von $\sqrt[m]{a}$ streng nachgewiesen ist, fortwährend dieselbe durch eine blos *versichernde Redeform*, ohne *Weiteres* annimmt, und dann hieraus wohl gar Folgerungen entlehnt; denn alle Versicherungen in der Entwickelung der Wissenschaft, sind neben ihrer *Richtigkeit* auch *höchst gefährlich*, indem es der Wahrheit *ganz gleichgiltig* ist, ob ein Satz für 10 oder 10000 Fälle zutrifft, eben weil sie das *allgemeine Stattfinden* verlangt.

***) Nimmt man daher, wie in vielen Werken geschehen ist, in die Lehre vom Imaginären die allgemeine Form $\sqrt[2n]{-|a|}$ auf, und erklärt blos, daß sich $\sqrt[2n]{-|a|}$ durch keine reelle Zahl darstellen läßt, indem $[\pm|k|]^{2n} = |k^{2n}|$, und $0^{2n} = 0$

Man darf deshalb z. B. nicht unbedingt schließen, daß wenn $\sqrt{a} = k$, und $\sqrt{a} = t$ ist, dann allemal $k = t$ sein muß, da dies ausdrücklich voraussetzt, daß unter $\sqrt{a}$ jedes Mal ein und dieselbe der zwei, dem $\sqrt{a}$ entsprechenden, Resultanten gedacht ist.

Nur unter der Bedingung ist $(\sqrt{a})^2 = \sqrt{a} \,.\, \sqrt{a}$, daß man links und rechts diejenige Resultante von $\sqrt{a}$ nimmt, durch welche der Gleichung genügt wird.

So ist $\left(\sqrt{|a|}\right)^2 = \sqrt{|a|} \times \sqrt{|a|}$, unter der Bedingung, daß für $\sqrt{|a|} = \pm |k|$, nicht rechts genommen wird: $|k| \times -|k|$, weil sonst der Widerspruch $|k^2| = -|k^2|$ hervorginge.

Ferner ist: $\sqrt{ab} = \sqrt{a} \,.\, \sqrt{b}$, unter der Bedingung, daß man diejenigen Resultanten von $\sqrt{a}$, $\sqrt{b}$, $\sqrt{ab}$ erwählt, welche der Gleichung genügen, so daß, wenn man z. B. links die positive Resultante nimmt, dann rechts für $\sqrt{a}$ und $\sqrt{b}$ entweder die entsprechenden positiven oder negativen Resultanten erwählt werden.

Es leuchtet ein, daß man überhaupt nur dafür zu sorgen braucht, der Gleichung oder Ungleichung, in der solche allgemeine zweite Wurzeln erscheinen, zu genügen, daß also für erstere, die vorkommenden Operationen, links und rechts, zu ein und eben demselben Resultat führen, und für letztere, auch allen Bedingungen entsprochen wird.

Da nun alle Gesetze der Wurzeln und der Gleichungen aus:

$$\text{I.} \quad (\sqrt[m]{a})^m = a,$$

$$\text{II.} \quad \sqrt[m]{a^m} = a,$$

---

ist, während man dann $\sqrt[2n+1]{-|a|} = \sqrt[2n+1]{-1} \times \sqrt[2n+1]{|a|}$ findet, weil $\left[\sqrt[2n+1]{-1} \times \sqrt[2n+1]{|a|}\right]^{2n+1} = \left(\sqrt[2n+1]{-1}\right)^{2n+1} \times \left(\sqrt[2n+1]{|a|}\right)^{2n+1} = -|a|$, so ist ein solches Versichern, wie schon gesagt, höchst unwissenschaftlich, denn im ersteren Falle hat man nur gezeigt, daß $\sqrt[2n]{-|a|}$ imaginär ist, ohne auf die 2n Resultanten, als dem wahrhaften Begriff von $\sqrt[2n]{-|a|}$, eingegangen zu sein, und im zweiten ist nur dargethan, daß eine Resultante von $\sqrt[2n+1]{-|a|} =$ ist $-\sqrt[2n+1]{|a|}$, wodurch man ebenfalls noch nicht zum Begriff von $\sqrt[2n+1]{-|a|}$ gelangt ist, indem noch 2n Resultanten fehlen.

in Verbindung mit dem Vorhergehenden und dem Satze III.: „Ist a=b, so ist $\sqrt[m]{a} = \sqrt[m]{b}$," flossen, so fragt es sich, ob diese noch in Betreff der allgemeinen zweiten Wurzel, also für m = 2, gelten werden oder nicht.

Für I. Ist m = 2, so ist $(\sqrt{a})^2 = a$ eine Gleichung, zufolge der Definition [*a.* Seite 576], gleichgiltig, welche der beiden Resultanten, die $\sqrt{a}$ repräsentirt, statt $\sqrt{a}$ substituirt wird.

Für II. Ist in II., m = 2 und ist a nicht Null, so folgt, da $\sqrt{a^2}$ entweder $|a|$ oder $-|a|$ ist, daß man links: $|a|$ nehmen muß, indem sonst $|a| = -|a|$, oder $2|a| = 0$, oder $2 = 0$ (auch $|a| = 0$) folgen würde, was unmöglich ist.

Ist hingegen a = 0, so kann man allerdings für $\sqrt{a^2}$ setzen $-a$, d. h. -0, weil $+0 = -0$ ist.

Für III. Der Satz: Wenn a = b und a, also auch b, nicht Null ist, dann $\sqrt{a} = \sqrt{b}$ sei, gilt auch nicht allgemein. Nimmt man nämlich für $\sqrt{a}$ eine der beiden Resultanten, die $\sqrt{a}$ repräsentirt, so muß man für $\sqrt{b}$ dieselbe setzen, so daß der, aus der allgemeinen Gleichung $\sqrt{a} = \sqrt{b}$ hervorgehenden, speziellen vollkommen genügt wird, also die Resultate der Substitution aus der linken und rechten Seite einander gleich sind, wodurch man zu p = p gelangt *).

---

*) Es ist z. B. $(a-b)^2 = (b-a)^2$, also: $\sqrt{(a-b)^2} = \sqrt{(b-a)^2}$.

Es ist aber nicht gleichgiltig — sobald a nicht = b ist — welche der beiden Resultanten von $\sqrt{(a-b)^2}$, gleich gesetzt wird einer der Resultanten von $\sqrt{(b-a)^2}$; denn nehmen wir von $\sqrt{(a-b)^2}$ die Resultante $a-b$, so darf von $\sqrt{(b-a)^2}$ nicht die Resultante $b-a$ genommen werden, indem dann $a-b = b-a$, oder $2a = 2b$, oder $a = b$ folgen würde, was gegen die Voraussetzung ist.

Wir erhalten vielmehr im Allgemeinen:

$$\pm(a-b) = \pm(b-a),$$

also, damit diesem im Speziellen ein Genüge geleistet wird:

entweder: $+(a-b) = -(b-a)$,

oder: $-(a-b) = +(b-a)$,

was richtig ist.

Als Anwendung hiervon diene: Bezeichnet g irgend eine gerade, und u irgend eine ungerade Zahl, und setzt man die Summe beider = s, so folgt:

Ist $a = 0 = b$, so ist es gleichgiltig, ob man für $\sqrt{a}$ und $\sqrt{b}$ nimmt $+0$ oder -0, weil $+0 = -0$ ist.

Alle unsere Gleichungen (Gesetze) gelten noch unter diesen wichtigen Einschränkungen, sobald nur die früheren Begriffe von

a, s, g, u, p, P, d, q, w, l

unter den festgestellten Erweiterungen genommen werden.

$$\begin{array}{rrcl} \text{aus:} & g + u & = & s, \\ \text{folgt:} & g & = & s - u, \\ \text{oder:} & g - s & = & -u, \\ \hline \text{also durch die Multipl.:} & g^2 - g.s & = & u^2 - u.s, \\ \text{hierzu addirt: } \tfrac{1}{4}s^2 & & = & \tfrac{1}{4}s^2 \text{, giebt:} \\ \hline & g^2 - g.s + \tfrac{1}{4}s^2 & = & u^2 - u.s + \tfrac{1}{4}s^2, \\ \text{also:} & \sqrt{(g^2 - g.s + \tfrac{1}{4}s^2)} & = & \sqrt{(u^2 - u.s + \tfrac{1}{4}s^2)}. \end{array}$$

Bis hierher sind alle Schlüsse richtig. Nun stellt die allgemeine zweite Wurzel, links, eine ihrer beiden Resultanten $\pm(g - \frac{1}{2}s)$ vor, und die allgemeine zweite Wurzel, rechts, repräsentirt ebenfalls eine ihrer beiden Resultanten: $\pm(u - \frac{1}{2}s)$. Wollte man nun, ohne Weiteres, für die linke Seite $g - \frac{1}{2}s$, und für die rechte $u - \frac{1}{2}s$ nehmen, so hätte man den auffallenden, aber leicht zu erklärenden Widerspruch:

$$\begin{array}{rrcl} & g - \tfrac{1}{2}s & = & u - \tfrac{1}{2}s, \\ \text{oder:} & g & = & u, \end{array}$$

d. h. jede gerade Zahl g wäre gleich jeder ungeraden Zahl u, was unmöglich ist.

Durch diese falsche Folgerung wäre man also zu: $1 = 2 = 3 = 4 = \sim\sim$ gelangt.

Wo liegt nun der Fehler im Schließen? Offenbar darin, daß wir ohne Weiteres eine der beiden Resultanten der linken Seite: $\sqrt{(g^2 - g.s + \frac{1}{4}s^2)}$, nämlich $g - \frac{1}{2}s$, gleichsetzen einer der beiden Resultanten, nämlich $u - \frac{1}{2}s$, der rechten Seite $\sqrt{(u^2 - u.s + \frac{1}{4}s^2)}$ der obigen Gleichung, ohne darauf zu achten, ob auch durch diese willkürliche Gleichsetzung der Voraussetzung $g + u = s$ genügt wird.

Nehmen wir, wie es immer in mathematischen Untersuchungen geschehen muß, hierauf gehörig Rücksicht, so hat man aus dem sich ergebenden Allgemeinen:

$$\pm(g - \tfrac{1}{2}s) = \pm(u - \tfrac{1}{2}s),$$

in Beziehung auf die Voraussetzung $g + u = s$,

$$\begin{array}{rrcl} \text{entweder:} & +(g - \tfrac{1}{2}s) & = & -(u - \tfrac{1}{2}s), \\ \text{oder:} & -(g - \tfrac{1}{2}s) & = & +(u - \tfrac{1}{2}s) \end{array}$$

Bemerkung 1. Da $\sqrt{-1}$ zwei seiner Resultanten repräsentirt, nämlich $+\sqrt{-1}$ und $-\sqrt{-1}$, und i nur jedes Mal eine derselben vorstellt, die also entweder $+i$ oder $-i$ ist, so haben wir:

$$i^1 = i;\ i^2 = -1;\ i^3 = -i;\ i^4 = 1;\ i^5 = i;\ i^6 = -1;$$
$$i^7 = -i;\ i^8 = 1 \text{ u. s. w.},$$

---

zu setzen; indem beide Gleichungen zu $g + u = s$ führen, was jedoch bei $g - \frac{1}{2}s = u - \frac{1}{2}s$, nicht der Fall ist, wodurch vielmehr die Voraussetzung gänzlich vernichtet, und statt ihrer zugleich das Paradoxon: $g = u$ angenommen wird, weshalb der Kalkul in seiner Unschuld und lauteren Wahrheit, seiner Pflicht vollkommen genügte, und ohne Hehl, dies Mal, wie alle Mal, dem mit der Stange im Nebel von nonens Herumfahrenden den begangenen Irrthum vorführte.

Daß die Relation $+(g - \frac{1}{2}s) = -(u - \frac{1}{2}s)$ richtig ist, siehet man u. A. auch so ein: Es ist $g = 2\alpha$, und $u = 2\beta + 1$, wo α und β entweder 1 oder jede wirkliche Zahl vorstellen, und β auch $= 0$ sein kann.

Man findet nun:

$$g - \tfrac{1}{2}s = \qquad 2\alpha \ - \frac{2\alpha + (2\beta + 1)}{2} = \frac{2(\alpha - \beta) - 1}{2},$$

und: $$-(u - \tfrac{1}{2}s) = -(2\beta + 1) + \frac{2\alpha + (2\beta + 1)}{2} = \frac{2(\alpha - \beta) - 1}{2}.$$

Dasselbe gilt von der Relation: $-(g - \frac{1}{2}s) = +(u - \frac{1}{2}s)$, weil sie aus der vorigen folgt, wenn man beide Seiten mit -1 multiplizirt.

Da endlich i hier überall nur eine und eben dieselbe der beiden Resultanten von $\sqrt{-1}$ bezeichnet, so ist nicht ohne Weiteres $\sqrt{-1} \times \sqrt{-1} = -1$, obgleich $i.i = i^2 = -1$ ist; denn $\sqrt{-1} \times \sqrt{-1}$ ist nur unter der Bedingung $= (\sqrt{-1})^2$, daß in dem Produkte $\sqrt{-1} \times \sqrt{-1}$ sowohl der Multiplikand als auch der Multiplikator ein und dieselbe der beiden durch $\sqrt{-1}$ repräsentirten Resultanten ausdrückt; dies ist aber nicht geradezu nothwendig, indem wegen der Zweideutigkeit von $\sqrt{-1}$, unter dem Multiplikand $+i$, und unter dem Multiplikator $-i$ gedacht werden konnte, woraus dann $\sqrt{-1} \times \sqrt{-1} = i.(-i) = -i^2 = 1$ folgen würde.

Im Allgemeinen darf man hingegen

$$\sqrt{-1} \times \sqrt{-1} = \sqrt{1}$$

setzen, weil eben $\sqrt{1}$ unbestimmt läßt, ob $+1$, oder -1 genommen werden darf.

---

*) Die gerade und und ungerade Zahl hätte man bezüglich mit $\bar{Z}$ und $\breve{Z}$ bezeichnen können, was charakteristisch sein würde.

also allgemein nach (Ω):

$$i^{4\alpha+1} = i;\quad i^{4\alpha+2} = -1;\quad i^{4\alpha+3} = -i;\quad i^{4\alpha+4} = 1;$$

und außerdem: $i^{4\alpha} = 1;\ i^0 = 1,$

wo das vorkommende α entweder eine wirkliche Zahl, oder auch 1, oder 0 vorstellen kann.

Unter den festgestellten Bedingungen haben wir, sobald der Divisor 0 nicht erscheint:

$$1)\ (a+bi) \pm (c+di) = (a \pm c) + (b \pm d)i$$

$$2)\ (a+bi) \,.\, (c+di) = (ac - bd) + (ad + bc)i$$

$$\frac{a+bi}{c+di} = \frac{ac+bd}{c^2+d^2} + \frac{bc-ad}{c^2+d^2}i$$

Man entnimmt hieraus u. A., daß wenn man beliebig viele Ausdrücke, von der Form $\varphi + \psi i$, durch die Addition, Multiplikation, Subtraktion, Division mit einander verbindet, das entsprechende Resultat von derselben Form $\varphi' + \psi' i$ ist.

Hieraus kann man u. A. auch ableiten, daß wenn a, b, c, d irgend reelle Zahlen bezeichnen, und

$$a + bi = c + di \text{ ist,}$$

dann: $a = c$

und zugleich: $b = d$

sein muß; denn wäre dies nicht, so hätte man, aus $a + bi = c + di$, offenbar:

$$i = \frac{a-c}{d-b},$$

mithin i reell, was unmöglich ist.

Bemerkung 2. Wollte man mit der Erweiterung von $\sqrt[m]{a}$, für die speziellen Radikatoren: 3, 4, 5, ... fortschreiten, so fände man, auf späterhin zu entwickelnden Wegen, daß sich diese Untersuchung vereinfacht, sobald von $\sqrt[m]{\pm a} = (\sqrt[m]{a}) . \sqrt[m]{\pm 1}$, für $\sqrt[m]{a}$ absolut, ausgegangen wird.

Wir finden:

Für $\sqrt[3]{1}$

gilt eine der drei Resultanten:

$$1;\quad \tfrac{1}{2}(-1 + i\sqrt{3});\quad \tfrac{1}{2}(-1 - i\sqrt{3}).$$

Für $\sqrt[4]{1}$

gilt einer der vier Resultanten:

$$1;\quad -1;\quad +i;\quad -i.$$

Für $\sqrt[5]{1}$

gilt eine der fünf Resultanten:

$$1;\ \tfrac{1}{4}[-1-\sqrt{5}+i\sqrt{(10-2\sqrt{5})}];\ \tfrac{1}{4}[-1-\sqrt{5}-i\sqrt{(10-2\sqrt{5})}];$$
$$\tfrac{1}{4}[-1+\sqrt{5}+i\sqrt{(10+2\sqrt{5})}];\ \tfrac{1}{4}[-1+\sqrt{5}-i\sqrt{(10+2\sqrt{5})}].$$

Für $\sqrt[6]{1}$

gilt eine der sechs Resultanten:

$$1;\quad \sqrt{\frac{-1+i\sqrt{3}}{2}};\quad -\sqrt{\frac{-1+i\sqrt{3}}{2}};$$

$$-1;\quad \sqrt{\frac{-1-i\sqrt{3}}{2}};\quad -\sqrt{\frac{-1-i\sqrt{3}}{2}}$$

. . . .

Für $\sqrt[12]{1}$

gilt eine der zwölf Resultanten:

$$\pm 1;\quad \pm\frac{\sqrt{3}+i}{2};\quad \pm\frac{\sqrt{3}-i}{2};$$

$$\pm i;\quad \pm\sqrt{\frac{-1+i\sqrt{3}}{2}};\quad \pm\sqrt{\frac{-1-i\sqrt{3}}{2}},$$

wo i überall nur eine der Resultanten von $\sqrt{-1}$ vorstellt, und alle vorkommenden Wurzeln z. B. $\sqrt{3}$; $\sqrt{5}$; $\sqrt{(10\pm 2\sqrt{5})}$ absolute sind*).

Ähnliche Resultate würden aus $\sqrt[3]{-1}$, $\sqrt[4]{-1}$, $\sqrt[5]{-1}$, u. s. w. auf ähnlichen Wegen entspringen.

Es zeigt sich hier der bloße Schein, daß $\sqrt[m]{a}$, wo a nicht Null ist, m deutig ist, was späterhin erwiesen werden wird, und hier durchaus zu keinem weiteren Zwecke vorausgesetzt wird.

Wollte man, anstatt zur Erweiterung des Begriffs der Wurzel überzugehen, die bloße Versicherung hinstellen, daß zu diesem Zwecke die Entwickelung von: $(a+b)^m$ gegeben werden müßte, so fände man nach dem Gesetze [S. 15 bis 17] unmittelbar, wenn α eine wirkliche Zahl bezeichnet:

---

*) Da nämlich $\sqrt{-|a|} = i\sqrt{|a|}$, oder $= -i\sqrt{|a|}$, so hätte man eben so gut die Zweideutigkeit in $\sqrt{|a|}$ legen können, statt in $\sqrt{-1}$; jedoch ist es übersichtlicher, $\sqrt{|a|}$ als absolute festzuhalten.

$$(a+b)^\alpha = (a+b)(a+b)(a+b) \times \ldots \times (a+b)_\alpha =$$

$$\begin{array}{l} a^\alpha + 1 \,.\, a^{\alpha-1} b \\ \quad + 1 \,.\, a^{\alpha-1} b + 1 \,.\, a^{\alpha-2} b^2 \\ \quad + 1 \,.\, a^{\alpha-1} b + 2 \,.\, a^{\alpha-2} b^2 + 1 \,.\, a^{\alpha-3} b^3 \\ \quad + 1 \,.\, a^{\alpha-1} b + 3 \,.\, a^{\alpha-2} b^2 + 3 \,.\, a^{\alpha-3} b^3 + 1 \,.\, a^{\alpha-4} b^4 \\ \quad + 1 \,.\, a^{\alpha-1} b + 4 \,.\, a^{\alpha-2} b^2 + 6 \,.\, a^{\alpha-3} b^3 + 4 \,.\, a^{\alpha-4} b^4 \\ \quad \ldots\ldots\ldots\ldots\ldots\ldots\ldots \end{array}$$

wovon die weitere Zusammenziehung:

$$(a+b)^\alpha = a^\alpha + \frac{\alpha}{1} a^{\alpha-1} b + \frac{\alpha(\alpha-1)}{1 \,.\, 2} a^{\alpha-2} b^2 + \frac{\alpha(\alpha-1)(\alpha-2)}{1 \,.\, 2 \,.\, 3} a^{\alpha-3} b^3 + \ldots + b^\alpha,$$

wäre, und die Entwickelung von $(a+b)^{\frac{\alpha}{\beta}}$ verlangte nun ebenfalls zunächst die Erweiterung des Begriffs der Wurzel, weil wir nur berechtigt sind, im Falle $a+b$ entweder positiv, oder Null ist:

$$(a+b)^{\frac{\alpha}{\beta}} = [\sqrt[\beta]{(a+b)}]^\alpha$$

zu setzen. Wäre aber $a+b$ negativ, so hätte $\sqrt[\beta]{(a+b)}$ noch keinen Sinn, und wir kommen also wieder zur Erweiterung der Wurzel, für negative Radikanden, zurück, weshalb der im Text begonnene Weg weiterhin zur Allgemeinheit, d. h. zur Feststellung der m deutigkeit — auf einem uns noch vorbehaltenen Wege — führen muß.

Anhang.

Enthaltend

die Elemente der Specialisirung der Allgemeinen Zahlenlehre an den bestimmt angegebenen Zahlen

oder

Elemente des numerischen Rechnens.

53. Wir haben schon im Vorhergehenden erkannt, daß man Zahlen durch andere ausdrücken kann, und deshalb auf die Nothwendigkeit aufmerksam gemacht, für einzelne Glieder der Zahlenreihe gewisse primitive Zeichen einzuführen, um dadurch eine gegebene Zahl bequemer darzustellen.

Jedoch würde es, um auf die einfachste Weise mit bestimmten Gliedern der Zahlenreihe operiren zu können, offenbar sehr unzweckmäßig sein, wenn man die Anzahl solcher primitiven Zeichen entweder zu groß, oder zu klein erwählte, indem man im erstern Falle zu viele dieser Zeichen aufzufassen hätte, und im zweiten, wo eine Zahl durch nur wenige andere ausgedrückt werden soll, diese ursprünglichen Zeichen zu oft als wiederholt erscheinen müßten, um dadurch nur etwas große Zahlen darstellen zu können, wodurch dann, freilich höchst einförmige, jedoch zu weitläuftige Bezeichnungen hervor gehen würden.

Es stelle deshalb g eine wirkliche Zahl vor, und es mögen

$$a, b, c, \ldots, \alpha, \beta, \gamma$$

sämmtlich ganze Zahlen — oder auch die eine oder die andere derselben Null — kleiner g repräsentiren, so ist es begreiflich, daß wir jede gegebene ganze Zahl N dadurch ausdrücken können, wie dies aus dem Folgenden näher erhellt.

Ist $N < g$, so hat man schon für N eines der Zeichen: $a, b, c, \ldots, \alpha, \beta, \gamma$.

Ist aber $N > g$, so ist N entweder = einem Vielfachen von g, oder N durch g dividirt, giebt einen Rest, $< g$.

Hiernach ist nun:

$$1)\quad N = q_1 \cdot g + a,$$

wo $a < g$ ist. Ist nun auch das ganzzahlige Quotienten-Glied $q_1 \overline{\overline{<}} g$, so hat man bereits N durch die gegebenen Zeichen ausgedrückt; ist hingegen q_1 noch $> g$, so hat man wieder:

$$2)\ q_1 = q_2 \cdot g + b,$$

und dies in [1)] statt q_1 gesetzt, giebt:

$$N = (q_2 \cdot g + b) \cdot g + a,$$

oder: $$3)\ N = q_2 \cdot gg + b \cdot g + a.$$

Ist hier $q_2 \overline{\overline{<}} g$, so hat man N durch die als bekannt angenommenen Zeichen ausgedrückt; ist hingegen noch $q_2, > g$, so ist aus demselben Grunde wie vorhin:

$$4)\ N = q_3 \cdot ggg + c \cdot gg + b \cdot g + a,$$

weil $q_2 = q_3 \cdot g + c$

in [3)] gesetzt wurde.

Daß nun diese Schlüsse ein Ende erreichen müssen, leuchtet, wie folgt, ein.

Es ist: $q_1 < N;\ q_2 < q_1;\ q_3 < q_2,$

wie aus [1), 2), ...] hervorgeht.

Fährt man nun mit obiger Division fort, d. h. denkt man sich wieder q_3 durch g dividirt, und das herauskommende ganzzahlige Quotientenglied q_4 wieder durch g dividirt, so erhält man fortwährend immer kleinere und kleinere Zahlen $q_5, q_6, \ldots$, und man muß deshalb endlich zu einem Gliede $q_k = \gamma$ gelangen, welches kleiner g ist, indem sonst N größer als jede gegebene Zahl wäre, was der Voraussetzung widerspricht *).

Bezeichnet man nun nach [Seite 19, 10.], der Kürze wegen, die Produkte:

$$1 \cdot g,\ gg,\ ggg,\ \ldots,\ gg \times \ldots \times g_k$$

bezüglich mit

$$g^1,\ g^2,\ g^3,\ \ldots,\ g^k,$$

---

*) Um das Studium nicht fortwährend durch Hinweisung auf eine Menge Nummern (statt der Paragraphen), welche die Gründe citiren, zu erschweren, setzen wir voraus, daß die im Vorhergehenden entwickelte Theorie, gut begriffen ist; darum machen wir nur hin und wieder, wo es uns als nöthig erscheint, auf die Prinzipien aufmerksam, und zwar um so mehr, da Jeder leicht finden wird, wo er das Betreffende zu suchen hat.

so kommt:

$$5)\quad N = \gamma.g^k + \beta.g^{k-1} + \alpha.g^{k-2} + \ldots + d.g^3 + c.g^2 + b.g^1 + a.g^0,$$

d. h. jede ganze Zahl N läßt sich durch vorstehende Summe von Produkten, also durch eine spezielle analytische Summe darstellen.

Da nun aber die Potenzen des g, von rechts nach links, in ununterbrochener Ordnung auf einander folgen, so kann man, um bequem mit solchen Summen zu operiren, sowohl die Pluszeichen, als auch die Potenzen von g fortlassen, und das Fortgelassene jedesmal hinzudenken, so daß also blos die Zeichen a, b, c, ..., α, β, γ die

Ziffern

heißen mögen, in derselben Ordnung beibehalten werden.

Man erhält auf diese Weise

$$N = \gamma\beta\alpha \ldots dcba,$$

wo die rechte Seite die obige spezielle Summe repräsentirt.

Setzt man nun noch unter jede Ziffer die Zahl der Stelle, den Stellenzeiger, in der sie sich von rechts nach links befindet, und über dieselbe den Dignator von g, der hier

Ordnungszeiger

heißen möge, so kommt:

$$N = \overset{k}{\underset{k+1}{\gamma}}\ \overset{k-1}{\underset{k}{\beta}}\ \overset{k-2}{\underset{k-1}{\alpha}}\ \ldots\ \overset{2}{\underset{3}{c}}\ \overset{1}{\underset{2}{b}}\ \overset{0}{\underset{1}{a}}.$$

Dies geschieht aber nur zu gewissen Erleichterungen, nämlich sobald man auf die Stelle einer jeden Ziffer und auf ihre Beziehung zur Ordnungszahl u. s. w. noch speziell aufmerksam machen will.

Das Bild

$$\gamma\beta\alpha \ldots cba$$

ist der Repräsentant eines völlig bestimmten Gliedes der Zahlenreihe 1, 2, 3, ..., die wir von jetzt ab, der Bequemlichkeit wegen, mit 1 beginnen lassen, und der damit untrennbar verbundene Begriff, heißt:

numerische Zahl.

Denkt man sich jede beliebige Zahl der Zahlenreihe auf diese Weise ausgedrückt, so nennt man das entsprechende Gebilde ein

Zahlensystem,

und g heißt dann die demselben correspondirende

Grundzahl oder Basis.

Das Zahlensystem heißt:

zweitheilig (dyadisch), dreitheilig (tetradisch), ..., zehntheilig (dekadisch), zwölftheilig (dodekadisch), ..., gtheilig, je nachdem g die Zahlen

zwei, drei, ..., zehn, ..., zwölf, ..., g

bedeutet.

Außerdem nennt man

$$g^0, \quad g^1, \quad g^2, \quad \ldots, \quad g^{k-1}, \quad g^k$$

bezüglich Einheiten der

0ten, 1ten, 2ten, ..., (k—1)ten, kten

Ordnung, auf welche sich die Ziffern

$$a, \quad b, \quad c, \quad \ldots, \quad \beta, \quad \gamma$$

beziehen.

Da wir bereits mit allgemeinen analytischen, also auch mit speziellen Summen von der Form:

$$\gamma . g^k + \beta . g^{k-1} + \alpha . g^{k-2} + \ldots + d . g^3 + c . g^2 + b . g + a$$

operiren können, so ließen sich leicht sämmtliche Operationen für irgend ein allgemeines Zahlensystem entwerfen, was jedoch höchst einfach und ohne weiteren Nutzen wäre, vielmehr nur zu unnützen Weitläuftigkeiten führen würde, und wir wenden uns deshalb im Folgenden wesentlich an das ein Mal gebräuchliche dekadische System.

Bemerkung. Man kann auch u. A. auf folgende Weise zum Begriff der Darstellung einer bestimmten Zahl, mittelst anderer, gelangen.

1) Es sollen 0, 1, 2, 3, 4, 5, 6, 7, 8, 9 zur Darstellung einer bestimmt angegebenen Zahl $N = 1 + 1 + \ldots + 1_N$ dienen, und $9 + 1$ sei $= g$.

2) Es möge nun N noch so groß sein, so ist N entweder einem Gliede der Reihe

$$g^0, \; g^1, \; g^2, \; g^3, \; \ldots, \; g^{k-1}, \; g^k, \; g^{k+1}$$

gleich, oder es fällt zwischen zwei unmittelbar auf einander folgende Glieder derselben. Siehe Seite 480.

3) Es sei deshalb $N = \gamma . g^k + R_1$, wo R_1 auch = Null sein kann.

4) Ist R_1 nicht $= 0$, so hat man nach [2)] aus demselben Grunde:

$$R_1 = \beta . \gamma^{k-1} + R_2,$$

und so fortschließend folgt:

$$\begin{aligned}
N &= \gamma . g^k + R_1, \\
R_1 &= \beta . g^{k-1} + R_2, \\
R_2 &= \alpha . g^{k-2} + R_3, \\
&\dots\dots\dots \\
R_{k-1} &= b . g^1 + R_k, \\
R_k &= a . g^0 + R_{k+1},
\end{aligned}$$

wo man auf $R_{k+1} = 0$ kommen muß,

mithin: $N = \gamma . g^k + \beta . g^{k-1} + \alpha . g^{k-2} + \dots + b . g^1 + a . g^0$,

oder: $N = \underset{k+1}{\gamma}\ \beta\ \alpha\ \dots\ b\ a.$

Die speziellen Summen

1+1, 2+1, 3+1, 4+1, 5+1, 6+1, 7+1, 8+1

werden bezüglich mit den Ziffern:

2, 3, 4, 5, 6, 7, 8, 9

bezeichnet, und man spricht sie aus:

zwei, drei, vier, fünf, sechs, sieben, acht, neun.

Was versteht man hiernach z. B. unter 4?

Antwort: 4 ist ein Zeichen (Ziffer) für eine Zahl von 3 und einer Einheit, wo 3 wieder eine Zahl von zwei und einer Einheit, und 2 eine Zahl von einer und einer Einheit, und die Einheit selbst die unterschiedslose reine Identität mit sich vorstellt *).

---

*) Die Zahl, im Allgemeinen, ist das Resultat der am Einheiten-Schema zur Ruhe gekommenen Thätigkeit der Wiederholung der Einheit, oder kurz weg: Ein Inbegriff von Einheiten. Die bestimmte Zahl ist der Inbegriff aus der ihr unmittelbar vorhergehenden und der Einheit, oder der Repräsentant der speziellen Summe aus der ihr unmittelbar vorhergehenden nebst der Einheit. So ist 2 der Inbegriff von 1 und 1, oder 2 ist der Repräsentant der speziellen Summe 1+1. Da jede nach der vorhergehenden unmittelbar in der Zahlenreihe folgende Zahl, gerade aus ihr und der Einheit durch Zusammenfassung (Zusammenzählung) erzeugt wird, so liegt es eben hierin, daß man jede bestimmt angegebene Zahl, nur wie geschehen ist, definiren kann; sie ist nicht durch sich selbst, das was sie ist, sondern sie findet ihren Begriff in der unmittelbar vorhergehenden nebst der Einheit.

Wenn man u. A. den Begriff der Einheit von außen her abstrahiren will, und sie etwa als dasjenige definirt, worin alle Dinge in der Welt nur allein übereinstimmen — jedes für sich eins ist — so ist dies nicht streng wissenschaftlich, da der Begriff der Einheit primitiv in uns liegt, also dem nothwendigen vernünftigen Wollen gemäß: „Es soll eine Wissenschaft werden" so ganz a priori hingestellt werden mußte.

Ist nun die Grundzahl des Systems, nämlich g, $=9+1$, so hat man:

$g =$ $1.g+0=10$ ausgesprochen: zehn, od. eine Einheit erster Ordnung;

$g^2 =$ $1.g^2+0.g+0=100$ ausgesprochen: hundert, od. eine Einheit zweiter Ordnung;

$g^3 =$ $1.g^3+0.g^2+0.g+0=1000$ ausgesprochen: tausend, oder eine Einheit dritter Ordnung;

$g^k = 1.g^k+0.g^{k-1}+0.g^3+0.g^2+0.g+0=10_k\ldots0_1$ ausgesprochen: eine Einheit kter Ordnung.

Man siehet, daß jede Einheit einer von rechts nach links folgenden höheren Ordnung = ist zehn Einheiten der unmittelbar nächst vorhergehenden niederen Ordnung.

Hiernach ist es nun leicht, eine jede gegebene Zahl nach der Ordnung ihrer Ziffern auszusprechen.

So liest man

$$\overset{k}{\gamma}\ \overset{k-1}{\beta}\ \overset{k-2}{\alpha}\ \ldots\ \overset{2}{c}\ \overset{1}{b}\ \overset{0}{a}$$

allgemein:

γ Einheiten kter und β Einheiten (k—1)ter u. s. w. fort, endlich c Einheiten zweiter und b Einheiten erster und a Einheiten 0ter Ordnung.

Da aber die Aussprache durch Bezugnahme auf die Wörter: zehn, hundert, tausend, u. s. w., in mancher Rücksicht bequemer wird, so müssen wir hierauf noch speziell eingehen.

Schreibt man eine Ziffer allein, z. B. 6, so bedeutet sie sechs gewöhnliche Einheiten.

Setzt man aber mehrere Ziffern neben einander, z. B.

$$\underset{k+1}{\overset{k}{\gamma}}\ \underset{k}{\overset{k-1}{\beta}}\ \underset{k-1}{\overset{k-2}{\alpha}}\ \ldots\ \underset{3}{\overset{2}{c}}\ \underset{2}{\overset{1}{b}}\ \underset{1}{\overset{0}{a}},$$

so bezieht sich von rechts nach links die erste Ziffer a, auf gewöhnliche oder Einheiten der 0ten Ordnung; die zweite Ziffer b, auf Einheiten erster Ordnung u. s. w., endlich die (k+1)te Ziffer, auf Einheiten kter Ordnung.

Hiernach stellt z. B. 6743 vor: 3 gewöhnliche Einheiten, oder 3.10^0; 4 Einheiten erster Ordnung, oder 4.10^1; 7 Einheiten zweiter Ordnung, oder 7.10^2; sechs Einheiten dritter Ordnung, oder 6.10^3.

Befindet sich in irgend einer Stelle eine Null, z. B. in der $t$ten

$$\underset{k+1}{\overset{k}{\gamma}} \;\ldots\; \underset{t}{\overset{t-1}{0}} \;\ldots\; \underset{3}{\overset{2}{c}}\; \underset{2}{\overset{1}{b}}\; \underset{1}{\overset{0}{a}},$$

so haben wir an dieser Stelle: $0.10^{t-1} = 0$ gewöhnliche Einheiten, d. h. keine Einheit.

In 704 kommen 4 gewöhnliche und 7 Einheiten 2ter Ordnung vor, indem $704 = 7.10^2 + 0.10 + 4$ ist. Eben so, wenn in mehreren Stellen Nullen vorkommen, wie z. B. in 5003, wo wir 3 gewöhnliche und 5 Einheiten 3ter Ordnung haben, weil: $5003 = 5.10^3 + 0.10^2 + 0.10 + 3$ ist.

Folgen zur Rechten einer Zahl noch k Nullen, wie z. B. in:

$$\ldots\gamma\beta\alpha\underset{k}{0}0\ldots\underset{1}{0},$$

so hat man:

$$\ldots\gamma\beta\alpha\underset{k}{0}0\ldots 0 =$$
$$\ldots\gamma.10^{k+2} + \beta.10^{k+1} + \alpha.10^{k} + 0.10^{k-1} + \ldots + 0.10^{1} + 0.10^{0} =$$
$$\ldots\gamma.10^{k+2} + \beta.10^{k+1} + \alpha.10^{k} = (\ldots\gamma.10^2 + \beta.10 + \alpha).10^{k} =$$
$$\ldots\gamma\beta\alpha.10^{k},$$

also:

$$\ldots\gamma\beta\alpha\underset{k}{0}0\ldots 0 = \ldots\gamma\beta\alpha.10^{k};$$

d. h.:

„Hat eine Zahl $\ldots\gamma\beta\alpha$ zur Rechten noch k Nullen, wie $\ldots\gamma\beta\alpha\underset{k}{0}0\ldots 0$, so bedeutet sie $\ldots\gamma\beta\alpha$ Einheiten der kten Ordnung".

So stellt $7\underset{k}{0}00\ldots 0$ vor: 7 Einheiten kter Ordnung, und 800000 bedeutet 8 Einheiten 5ter Ordnung, weil

$$800000 = 8.10^5 + 0.10^4 + 0.10^3 + 0.10^2 + 0.10^1 + 0.10^0$$

ist. Hieraus geht auch zugleich hervor, daß man eine Zahl $\ldots\gamma\beta\alpha$ mit 10^k multiplizirt hat, nachdem ihr zur Rechten k Nullen hinzugefügt sind.

Sowohl die zwischen stehenden Nullen, als auch die zur Rechten folgenden, dürfen jedoch durchaus nicht fortbleiben, weil sonst die nach den Nullen links folgenden Ziffern in niedrigere Stellen rücken, sich also die Bedeutung der vorgestellten Zahl verändern würde.

So haben die durch

$$\underset{t+v+s}{\varphi} \ldots \underset{t+v}{\alpha\,0} \ldots 0\,0\,\underset{t}{h} \ldots ba \text{ und } \underset{t+s}{\varphi} \ldots \underset{t+1}{\alpha}\,\underset{t}{h} \ldots ba$$

vorgestellten Zahlen verschiedene Bedeutung.

Dasselbe gilt von:

$$\ldots\gamma\beta\alpha\underset{k}{0}00\ldots0 \text{ und } \ldots\gamma\beta\alpha.$$

Dies erhellt, sobald man die entsprechenden analytischen Summen für vorstehende Zahlen substituirt.

Speziell sieht man dies an: 450056 und 4556,
oder an: 5700 und 57.

Kommen hingegen nach der **letzten** zur Linken stehenden Ziffer einer Zahl, beliebig viele Nullen vor, so kann man solche, wegen $a.0 = 0$, unmittelbar fortlassen.

So ist:

$$0\ldots000\gamma\beta\alpha\ldots cba = \gamma\beta\alpha\ldots cba.$$

Da die Nullen zur Linken, der in höchster Stelle stehenden Ziffer γ, unnütz sind, so setzt man nie dergleichen.

54. Es leuchtet ein, daß man nach der in [53.] angegebenen Weise, Zahlen durch Ziffern vorstellen kann, und daß, wenn eine Zahl bereits durch Ziffern geschrieben ist, dann auch die zunächst nach ihr folgende, oder um 1 größere Zahl, leicht dekadisch dargestellt werden kann, wie wir in der folgenden Aufgabe näher nachweisen werden.

1) **Aufgabe.** Es ist eine Zahl bereits durch Ziffern geschrieben, man soll die um 1 größere durch Ziffern dekadisch vorstellen.

Auflösung. Erster Fall. Bedeutet die äußerste Ziffer zur Rechten nicht 9, so schreibe man statt ihrer die nächst höhere, und lasse alle übrigen Ziffern unverändert.

Denn hat man: $N = \overset{k}{\gamma}\beta\alpha\ldots cba$, und $a < 9$,

so ist: $N+1 = (\overset{k-1}{\gamma}\beta\alpha\ldots cb.10+a)+1 = \overset{k-1}{\gamma}\beta\alpha\ldots cb.10+\{a\,u.1\}$

$= \overset{k}{\gamma}\beta\alpha\ldots cb\{a\,u.1\}$,

also: $N+1 = \overset{k}{\gamma}\beta\alpha\ldots cb\{a\,u.1\}$.

Zweiter Fall. Ist die gegebene Zahl mit lauter Neunen geschrieben, so erhält man die um 1 größere, sobald man nach 1 so viele Nullen zur Rechten folgen läßt, wie Neunen vorhanden waren.

Denn es findet sich zunächst:

$$\begin{aligned} 9+1 &= 10, \\ 99+1 &= (9.10+9)+1 = 9.10+1.10 = (9+1).10 \\ &= 100, \\ 999+1 &= (99.10+9)+1 = 99.10+1.10 = (99+1).10 \\ &= 1000, \end{aligned}$$

. . . .

Hiernach scheint:

$$\overset{k-1}{9}\,9\ldots99+1 = \overset{k}{1} = \overset{k}{1}00\ldots0 = 10^k$$

zu sein.

Wäre dies der Fall, so hätte man nach [Ω]:

$$\overset{k}{9}\,\overset{k-1}{9}\,9\ldots99+1 = (\overset{k-1}{9}\,9\ldots9.10+9)+1 = \overset{k-1}{9}\ldots9.10+(9+1) =$$

$$\overset{k-1}{9}\,9\ldots9.10+1.10 = (\overset{k-1}{9}\,9\ldots9+1).10 = \overset{k}{1}.10 = 10^k.10^1 = 10^{k+1}.$$

Ist demnach dies Gesetz für eine mit k Neunen geschriebene Zahl richtig, so findet es auch noch für eine mit $(k+1)$ Neunen geschriebene Zahl Statt. Nun gilt es bereits für $k=2$, also auch für $k+1=2+1=3$, u. s. w. fort.

Wir hätten auch wie folgt schließen können.

Es ist:

$$\begin{aligned} \overset{k-1}{9}\,9\ldots9+1 &= (10-1).10^{k-1}+(10-1).10^{k-2}+ \\ &\ldots+(10-1).10^2+(10-1).10^1+(10-1)+1 \\ &= (10^k-10^{k-1}+10^{k-1})+\ldots+(-10^1+10)+(-1+1)=10^k. \end{aligned}$$

Oder u. A. noch dadurch, daß man $\overset{k-1}{9}\,9\ldots99$ = der entsprechenden analytischen Summe denkt, und einsieht, daß

$$\overset{v}{9}+\overset{v}{1} = \overset{v}{9}.10^v+1.10^v = (9+1).10^v = 10.10^v = 10^{v+1} = \overset{v+1}{1} \text{ ist.}$$

Dritter Fall. Hat die gegebene Zahl außer Neunen noch andere Ziffern, und endigt dieselbe mit einer oder mehreren Neunen zur Rechten, so setze man, um die um 1 größere Zahl zu erhalten, statt der Ziffer, welche der von rechts nach links zuletzt stehenden Neun unmittelbar folgt, die nächst höhere, behalte die vielleicht weiterhin nach links noch stehenden Ziffern bei, und lasse nach der um Eins erhöheten Ziffer so viele Nullen nach rechts zu folgen, wie Neunen vorhanden waren.

So ist z. B.:

$$53214999 + 1 = 53214 . 10^3 + (999 + 1) = 53214 . 10^3 + 1 . 10^3$$
$$= (53214 + 1) 10^3 = 53215000.$$

2) Da nun nach [Seite 591] die Zahlen bis 10 mit Ziffern geschrieben werden können, und nach [1)] jede um 1 größere Zahl ebenfalls dekadisch geordnet vorgestellt werden kann, so ist man auch befähigt, jede beliebige Zahl durch Ziffern zu schreiben, und es fragt sich nur noch, ob dies nach der angegebenen Anordnung nur auf eine einzige Art möglich ist, oder ob zwei auf verschiedene Weise dekadisch geschriebene Zahlen, auch allemal von einander verschiedene Zahlen bezeichnen werden.

Sind nun erstens beide einziffrig, und verschieden geschrieben, z. B. 6 und 8, so bedeuten sie, ihrem Begriffe gemäß, zwei verschiedene Zahlen.

Bestehen aber zweitens beide verschieden geschriebene Zahlen aus mehr als einer, jedoch aus gleich vielen Ziffern, so muß, wenn man sie, von links nach rechts zu, mit einander vergleicht, zum ersten Male bei irgend einer Ziffer eine Verschiedenheit stattfinden, und diejenige von beiden Zahlen, welche in gedachter Stelle eine mehr ausdrückende Ziffer hat, muß auch die größere sein.

Denn hat man

$$N = \gamma\beta\alpha \ldots \underset{k}{p}\ q \ldots c\,b\,a,$$

und: $$N' = \gamma\beta\alpha \ldots \{p \underset{k}{u.} t\}\, q \ldots c\,b\,a,$$

wo die Abweichung von links nach rechts erst in der kten Stelle, also bei der (k—1)ten Ordnung stattfinden möge, so ist:

$$N = \gamma\beta\alpha \ldots p . 10^{k-1} + \underset{k-1}{q} \ldots c\,b\,a,$$

und: $$N' = \gamma\beta\alpha \ldots p . 10^{k-1} + \underset{k}{t} + \underset{k-1}{q} \ldots c\,b\,a.$$

Es fragt sich also blos, ob die k ziffrige Zahl: $\underset{k}{t}\,\underset{k-1}{q} \ldots c\,b\,a$ stets größer ist als die (k — 1) ziffrige Zahl: $\underset{k-1}{q} \ldots c\,b\,a$.

Nun ist aber:

$10^{k-1} = \underset{k}{1}\ \underset{k-1}{0}\ 0\ldots0$ die kleinste k ziffrige Zahl nach [S. 592],

und: $\underset{k-1}{9}\ 9\ 9\ldots9$ die größeste $(k-1)$ ziffrige Zahl,

und nach [S. 594, 1)]: $\underset{k-1}{9}\ 9\ldots9+1 = 10^{k-1}$;

d. h. die kleinste k ziffrige Zahl 10^{k-1} ist stets größer als die größeste $(k-1)$ ziffrige Zahl $\underset{k-1}{9}\ 99\ldots9$, also muß jede k ziffrige Zahl stets größer sein als jede $(k-1)$ ziffrige.

Man hat demnach:

$$\underset{k}{t}\ \underset{k-1}{q}\ldots cba > \underset{k-1}{q}\ldots cba,$$

also auch: $N' > N$.

So ist z. B.: $376847 > 375998$;

denn es folgt:

$$376847 = 37\{5\,\text{u.}\,1\}847 = 375 . 10^3 + 1847,$$

und $375998 = 375 . 10^3 + \ \ 998.$

Nun ist aber die kleinste vierziffrige Zahl, nämlich 1000 schon größer als die größeste dreiziffrige Zahl 999, also um so mehr

$$376847 > 375998.$$

Hieraus folgt auch wieder leicht, daß wenn eine Zahl mit mehreren Ziffern geschrieben ist, als eine andere — versteht sich, beide nach dekadischer Weise — daß dann erstere größer sein muß als letztere.

Es sei deshalb N' eine $(k+t)$ ziffrige, und N eine k ziffrige Zahl, also

$$N = \underset{k}{\delta}\,\gamma\,\beta\ldots c\,b\,a,$$

$$N' = \ldots \underset{k+t}{\varepsilon}\ \Delta \ldots \underset{k+2}{\psi}\ \underset{k+1}{\varphi}\ \underset{k}{\delta'}\gamma'\beta'\ldots c'b'a',$$

mithin: $N' = \ldots \varepsilon\ \Delta \ldots \psi . 10^{k+1} + \underset{k+1}{\varphi}\ \underset{k}{\delta'}\gamma'\beta'\ldots c'b'a'$

$$N = \underset{k}{\delta}\,\gamma\,\beta\ldots c\,b\,a.$$

Nun ist aber vorhin gezeigt, daß die $(k+1)$ ziffrige Zahl:

$$\underset{k+1}{\varphi}\ \underset{k}{\delta'}\gamma'\beta'\ldots c'b'a',$$

in der φ nicht Null sein möge, stets größer ist als die k ziffrige Zahl:

$$\underset{k}{\delta}\,\gamma\,\beta\ldots c\,b\,a;$$

also: $N' > N$.

Bedeutet aber die (k+1)te Ziffer in N′, nämlich φ, Null, so muß man doch, wenn man zu den über φ hinaus stehenden Ziffern von rechts nach links fortschreitet, nach der Voraussetzung, ein Mal auf eine Ziffer kommen, die nicht Null vorstellt, und dann ist die Ableitung dieselbe.

Da nun jede zwei Zahlen, die entweder mit ungleich vielen Ziffern, oder mit verschiedenen Ziffern dekadisch geschrieben sind, stets einander ungleich sind, so ist zur Gleichheit zweier Zahlen nothwendig, daß sie sich weder in der Anzahl der Ziffern, noch in der Schreibweise von einander unterscheiden.

Aus diesem Grunde kann eine Zahl, nach dem dekadischen oder nach jedem anderen Systeme nur auf eine einzige Weise durch Ziffern geschrieben werden.

Hiernach ist es wieder leicht, Zahlen zu schreiben, die um eine Einheit einer gewissen Ordnung größer sind als die gegebenen.

So hat man z. B., wenn die dritte Ordnung in nachfolgenden Zahlen um eine Einheit erhöhet werden soll,

$$\text{statt der Zahlen: } \left.\begin{matrix} 75342 \\ 19945 \\ 30026 \\ 57 \\ 3 \end{matrix}\right\} \text{ bezüglich folgende: } \left\{\begin{matrix} 76342 \\ 20045 \\ 31026 \\ 1057 \\ 1003 \end{matrix}\right.$$

Folgen nach einer Zahl beliebig viele Nullen zur Rechten, so kann man sich oft zur Bequemlichkeit des Stellenzeigers bedienen.

So schreibt man z. B. statt:

573000, 7800000, 5000000, 78000000000000,

bezüglich kürzer:

$$573_{4}\ ,\quad 78_{6}\ ,\quad 5_{7}\ ,\quad 78_{13}$$

Am bequemsten wird es jedoch öfter sein, wenn man sich des Ordnungszeigers bedient; man hat dann:

$$57\overset{(3)}{3}\ ,\quad 7\overset{(5)}{8}\ ,\quad \overset{(6)}{5}\ ,\quad 7\overset{(12)}{8}$$

$$\text{oder: } 57\overset{3}{3}\ ,\quad 7\overset{5}{8}\ ,\quad \overset{6}{5}\ ,\quad 7\overset{12}{8}$$

3) Bedeutet b eine der Zahlen von 3 bis 9, so wird b0 ausgesprochen: bzig; ist b aber = 1, oder b = 2, so wird b0 bezüglich „zehn“, zwanzig“ gelesen.

Demnach werden die in b0 liegenden zweiziffrigen Zahlen

10, 20, 30, 40, 50, 60, 70, 80, 90

bezüglich ausgesprochen:

zehn, zwanzig, dreißig, vierzig, fünfzig, sechszig, siebzig, achtzig, neunzig.

Ist aber die Ziffer der Einer keine Null, so spricht man, wegen $ba = b.10 + a$, ba so aus: a und b zig, wenn b eine der Zahlen 3, 4, 5, 6, 7, 8, 9 bedeutet. Ist aber $b = 1$, so wird 1a ausgesprochen: a zehn, ausgenommen 11 und 12, gelesen elf und zwölf.

Hiernach werden die Zahlen:

11, 12, 13,..., 27,..., 36,..., 58,

bezüglich ausgesprochen:

elf, zwölf, dreizehn,..siebenundzwanzig,..,sechsunddreißig,..,achtundfunfzig.

4) Ist eine Zahl dreiziffrig, und sind erstens die beiden niedrigsten Ziffern Nullen, z. B.: c00, so spricht man, wegen $c00 = c.10^2$, die Zahl c00 aus: c hundert, also:

100, 200, ..., 900,

einhundert, zweihundert, ..., neunhundert.

Ist zweitens die mittelste Ziffer eine Null, z. B.: c0a so spricht man: c hundert und a, weil $c0a =$ ist $c.10^2 + a$; so werden die Zahlen

103, 708, 905

bezüglich:

einhundert und drei, siebenhundert und acht, neunhundert und fünf,

oder kürzer:

hundert drei, siebenhundert acht, neunhundert fünf

ausgesprochen.

Ist endlich drittens die mittelste Ziffer keine Null, so spricht man die dritte Ziffer zur Linken aus, setzt die Worte „hundert und" hinzu, und spricht dann die dreiziffrige Zahl zur Rechten nach [3)] aus.

Weil nämlich $cba = c.10^2 + ba$ ist, so liest man: c hundert und ba, also:

756, 837,

siebenhundert sechs und funfzig, achthundert sieben und dreißig.

5) Ist die gegebene Zahl vier, oder fünf oder sechsziffrig, so erhellt die Aussprache aus:

$dcba = d.1000 + c.100 + ba =$ d tausend c hundert ba,

$edcba = ed.1000 + c.100 + ba =$ ed tausend c hundert ba,

$fedcba = fed.1000 + c.100 + ba =$ fed tausend c hundert ba.

Sind demnach erstens die drei letzten Ziffern zur Rechten Nullen, so spricht man die letzte oder die zwei, oder endlich die drei letzten Ziffern wie schon bekannt ist aus, und setzt das Wort „tausend" hinzu.

Also: 5000 = fünftausend;
37000 = sieben und dreißigtausend;
504000 = fünfhundert viertausend;
786000 = siebenhundert sechs und achtzigtausend.

Ist zweitens die Ziffer in der Stelle der Hunderte keine Null, so spreche man die eine, oder die zwei, oder die drei vorhergehenden Ziffern, wie schon bekannt ist, aus, füge das Wort „tausend" hinzu, und spreche die drei letzten Ziffern zur Rechten nach [4)] aus.

Also: 4723= viertausend siebenhundert drei und zwanzig;
54326=vier und funfzigtausend dreihundert sechs und zwanzig;
80598= achtzigtausend fünfhundert acht und neunzig;
704683= siebenhundert viertausend sechshundert drei u. achtzig;
528436= fünfhundert acht und zwanzigtausend vierhundert sechs und dreißig.

Ist endlich drittens die Ziffer in der Stelle der Hunderte eine Null, so spreche die Zahl links vor dieser Null aus, setze die Worte „tausend und" dazu, und spreche die Zahl, rechts von jener Null, aus. So wird: 475081 ausgesprochen: vierhundert fünf und siebenzigtausend und ein und achtzig, wo auch oft kurzweg das vorletzte Wort „und" fortgelassen wird. Ferner: 608007 = sechshundert und achttausend und sieben, oder kurzweg: sechshundert achttausend und sieben. Der Grund der Aussprache liegt darin, daß $475081=475.1000+81$; $608007 = 608.1000+7$ ist.

6) Eine Einheit der sechsten Ordnung, oder $\overset{6}{1}=10^6=1000000$, heißt eine Million; eine Million Millionen, oder $\overset{6}{1}.\overset{6}{1}=10^6.10^6=1000000000000$, heißt eine Billion; eine Million Billionen heißt eine Trillion; eine Million Trillionen heißt eine Quatrillion u. s. w.; indem man nämlich immer die nächst vorhergehende Ordnung mit Millionen multiplizirt, gelangen wir von Millionen zu Billionen, Trillionen, Quatrillionen, Quinquillionen, Sechstillionen, Septillionen, Octillionen u. s. w.

Hiernach ist es nun leicht, jede mehr als sechsziffrige Zahl auszusprechen.

Da z. B.:

zyxwvutsrqponmlkihgfedcba =
z000000000000000000000000 =
z Quatrillionen;
yxwvut000000000000000000 =
yxwvut Trillionen;
srqpon000000000000 =
srqpon Billionen;
mlkihg000000 =
mlkihg Millionen;
fedcba =
fedcba Tausend.

Wie nun die Zahlen z, yxwvut, ..., fedcba ausgesprochen werden, ist schon bekannt.

Will man demnach eine Zahl von mehr als sechs Ziffern bequem aussprechen, so theile man sie von rechts nach links in Klassen von sechs Ziffern ab, und spreche sie nach dem Vorhergehenden aus. So hat man z. B. für: 6540217031543216809431245767897, wenn man abtheilt:

Quinquil.	Quatrillion	Trillion	Billion	Million	Tausende
6	540217	031543	216809	431245	767897;

d. h.:

sechs Quinquillionen, fünfhundert vierzigtausend zweihundert siebzehn Quatrillionen, ein und dreißigtausend fünfhundert drei und vierzig Trillionen, zweihundert sechzehntausend achthundert neun Billionen, vierhundert ein und dreißigtausend zweihundert fünf und vierzig Millionen, siebenhundert sieben und sechszigtausend achthundert sieben und neunzig.

Ferner wird

Trillion	Billion	Million	Tausende
73400	000000	007804	000068

ausgesprochen:

drei und siebzigtausend vierhundert Trillionen, siebentausend achthundert vier Millionen und acht und sechszig.

Hier ist noch zu bemerken, daß die Ziffer 1 allemal **ein** ausgesprochen wird, sobald man nachfolgende Fälle ausnimmt: wenn sie am weitesten zur Rechten irgend einer Klasse steht und eine Null vor sich unmittelbar zur Linken hat, wo sie dann „**eine**" ausgesprochen wird, mit Hinzufügung des Worts „Million, Billion, u. s. w." auf welche sich die Klasse bezieht. Steht die 1 aber in der letzten Klasse am Ende, so wird sie „eins" ausgesprochen.

Trillion Billion Million Tausende

So hat man z. B.: 701|008601|325683|047201 =

siebenhundert und eine Trillion, achttausend sechshundert und eine Billion, dreihundert fünf und zwanzigtausend sechshundert drei und achtzig Millionen, sieben und vierzigtausend zweihundert und eins.

Der Grund der Aussprache beruhet darin, daß die gegebene Zahl aus folgenden Theilen besteht:

$$701000000000000000000 = \overset{18}{701}$$

$$8601000000000000 = \overset{12}{8601}$$

$$325683000000 = \overset{6}{235683}$$

$$47201 = \overset{0}{47201}$$

d. h. aus 701 Einheiten der achtzehnten Ordnung oder Trillionen; 8601 Einheiten der zwölften Ordnung oder Billionen; 325683 Einheiten der sechsten Ordnung oder Millionen; 47201 gewöhnliche oder Einheiten der 0ten Ordnung.

Es ist nun auch leicht, eine gegebene Zahl unmittelbar auszusprechen, d. h. ohne sich vorher des Abtheilens in Klassen zu bedienen, sobald man nur die Anzahl der Ziffern kennt, mit denen die gegebene Zahl geschrieben ist.

Besteht z. B. eine gegebene Zahl aus 77 Ziffern, so hat man für die höchste Ordnung: Duodecillionen, und fängt die Zahl am äußersten Ende zur Linken an mit 56789, so beginnt man mit 56789 Duodecillionen, worauf die Undecillionen, Decillionen, Nonillionen, Octillionen, Septillionen, Sechstillionen, Quinquillionen u. s. w. folgen.

7) Soll eine durch Worte ausgedrückte Zahl mittelst Ziffern geschrieben werden, so hat man folgende zwei Fälle festzuhalten.

Kommen erstens die Worte Millionen, Billionen, u. s. w. nicht vor, besteht also die zu schreibende Zahl aus weniger als sieben Ziffern, so ist es leicht dieselbe zu schreiben.

Hat man z. B.: Vierhundert sieben und funfzigtausend achthundert und sechs, so giebt dies: 457806.

Kommen aber **zweitens** die erwähnten Worte vor, so schreibe man die höchsten Einheiten in die höchste Klasse zur Linken, setze die Anzahl der nächst niedrigen Einheiten in die nächste Klasse zur Rechten u. s. f.

Allen Klassen gebe man sechs Ziffern, außer der höchsten zur Linken, die nicht nothwendig sechs Ziffern zu enthalten braucht. Die fehlenden Klassen ersetze man gehörig durch Nullen.

Hat man z. B.:

siebenhundert acht und dreißig Trillionen, fünfhundert sechs und funfzig Millionen, acht hundert und eins, so findet sich:

738000 Trillion, 000000 Billion, 000556 Million, 000801,

Trillion Billion Million

daher: 738000|000000|000556|000801,

und die Zahl ist demnach:

738000000000000556000801.

Bemerkung. Es wäre wünschenswerth, wenn sich die Aussprache der Zahlen noch mehr der Vollkommenheit näherte. Man liest 4560 von links nach rechts und geht dabei von der höchsten bis zur niedrigsten Ordnung regelmäßig zurück.

Hat man aber 456, 4568, so springt man am Ende von hinten nach vorn zurück, worin keine Konsequenz liegt.

Statt 11 (elf): sollte man sprechen: zehn eins.

Hiernach hätte man die Zahlen:

11, 12, 13, ..., 19, 20, ..., 29,

auszusprechen:

zehn eins, zehn zwei, zehn drei, ..., zehn neun, zwei zehn, ..., zwei zehn neun.

Trillion Billion Million

Man hätte dann z. B. für: 756432|65043|768312|684314

siebenhundert fünf zehn sechstausend vierhundert drei zehn zwei Trillionen, sechs zehn fünftausend vier zehn drei Billionen, siebenhundert sechs zehn achttausend, dreihundert zehn zwei Millionen, sechshundert acht zehn viertausend dreihundert zehn vier.

Die Aussprache wäre dadurch der Wissenschaft angemessen, einfacher und leichter *).

*) Die Ausländer, der Magyar, die Polen und Franzosen, bleiben sich in der Aussprache etwas konsequenter, weshalb es denselben oft sehr schwer wird, sich an die deutsche Aussprache der Zahlen zu gewöhnen. Es würde aber selbst bei höchster Schwierigkeit doch eher möglich sein, diese alte Gewohnheit abzuschaffen, als daß ein gewisser englischer Mathematiker seine Behauptung: „Meier Hirsch's Integraltafeln, wären ein dummes Buch," rechtfertigen könnte.

55. **Aufgabe.** Beliebig viele gegebene numerische Zahlen zu einander zu addiren und das Resultat aller als eine numerische (oder, was dasselbe ist, als eine dekadische) Zahl anzugeben.

Auflösung. Da alles Addiren von beliebig vielen gegebenen Zahlen auf das Addiren von zweien mit der nächstfolgenden zurückführt, so seien zuerst zwei Zahlen gegeben.

$$N = \ldots \overset{k}{\gamma} \beta \alpha \ldots d\, c\, b\, a,$$

$$N' = \ldots \overset{k}{\gamma'} \beta' \alpha' \ldots d' c' b' a'.$$

Da nun jede derselben gleich einer Summe ist, so haben wir:

$$N = \ldots \gamma \,.\, 10^k + \beta \,.\, 10^{k-1} + \alpha \,.\, 10^{k-2} + \ldots + d \,.\, 10^3 + c \,.\, 10^2 + b \,.\, 10 + a,$$

$$N' = \ldots \gamma' .\, 10^k + \beta' .\, 10^{k-1} + \alpha' .\, 10^{k-2} + \ldots + d' .\, 10^3 + c' .\, 10^2 + b' .\, 10 + a'.$$

Da das Resultat die Einer, Zehner, Hunderte, u. s. w., beider Zahlen N und N′ angeben soll, und man in beliebiger Ordnung addiren darf, so werden wir zunächst die Einer beider Zahlen addiren, also $a' + a$ in eine Zahl umformen, die darin möglicherweise enthaltenen Zehner herausziehn, die übrig gebliebenen Einer anmerken, dann die Zehner zu den $b' + b$ Zehnern addiren, und auf diese Weise von rechts nach links fortfahren, indem wir stets die Anzahl der kommenden niederen Einheiten auf nächst höhere reduciren. Da uns aber diese gegebene Andeutung darauf zurückführt, die Summe zweier einziffrigen Zahlen wieder in eine Zahl umzuformen, so müssen wir zunächst jede der Zahlen 1, 2, 3, 4, 5, 6, 7, 8, 9 mit der andern durch Addition verbinden, und die dadurch entstehenden Summen in dekadisch geschriebene Zahlen ausdrücken.

Da nun die Resultate der Additions-Verbindungen der Einheit mit den Zahlen 2, 3, 4, 5, 6, 7, 8, 9 nach [S. 591] bekannt sind, und da ferner $a + b = b + a$ ist, so bleiben nur folgende Fälle übrig:

2,	3,	4,	5,	6,	7,	8,	9
2+2,	3+2,	4+2,	5+2,	6+2,	7+2,	8+2,	9+2,
	3+3,	4+3,	5+3,	6+3,	7+3,	8+3,	9+3,
		4+4,	5+4,	6+4,	7+4,	8+4,	9+4,
			5+5,	6+5,	7+5,	8+5,	9+5,
				6+6,	7+6,	8+6,	9+6,
					7+7,	8+7,	9+7,
						8+8,	9+8,
							9+9.

Nun hat man, wegen $(a+b)+c = (a+c)+b = a+(b+c)$, mit Rücksicht auf [Seite 591]:

$$\begin{aligned}
2+2 &= 2+(1+1) = (2+1)+1 = 3+1 = 4\\
3+2 &= 3+(1+1) = (3+1)+1 = 4+1 = 5\\
4+2 &= 4+(1+1) = (4+1)+1 = 5+1 = 6\\
5+2 &= 5+(1+1) = (5+1)+1 = 6+1 = 7\\
6+2 &= 6+(1+1) = (6+1)+1 = 7+1 = 8\\
7+2 &= 7+(1+1) = (7+1)+1 = 8+1 = 9\\
8+2 &= 8+(1+1) = (8+1)+1 = 9+1 = 10\\
9+2 &= 9+(1+1) = (9+1)+1 = 1.10+1 = 11.
\end{aligned}$$

Wir haben demnach:

$$\begin{aligned}
&a)\ 2+2 = 4\\
&b)\ 3+2 = 5\\
&c)\ 4+2 = 6\\
&d)\ 5+2 = 7\\
&e)\ 6+2 = 8\\
&f)\ 7+2 = 9\\
&g)\ 8+2 = 10\\
&h)\ 9+2 = 11.
\end{aligned}$$

Hieraus findet sich nach [2., 1)]:

$$\begin{aligned}
3+3 &= 3+(2+1) = (3+2)+1, \text{ wegen } b), = 5+1 = 6\\
4+3 &= 4+(2+1) = (4+2)+1, \text{ wegen } c), = 6+1 = 7\\
5+3 &= 5+(2+1) = (5+2)+1, \text{ wegen } d), = 7+1 = 8\\
6+3 &= 6+(2+1) = (6+2)+1, \text{ wegen } e), = 8+1 = 9\\
7+3 &= 7+(2+1) = (7+2)+1, \text{ wegen } f), = 9+1 = 10\\
8+3 &= 8+(2+1) = (8+2)+1, \text{ wegen } g), = 10+1 = 11\\
9+3 &= 9+(2+1) = (9+2)+1, \text{ wegen } h), = 11+1 = 12.
\end{aligned}$$

Also ist:

$$\begin{aligned}
&a_1)\ 3+3 = 6\\
&b_1)\ 4+3 = 7\\
&c_1)\ 5+3 = 8\\
&d_1)\ 6+3 = 9\\
&e_1)\ 7+3 = 10\\
&f_1)\ 8+3 = 11\\
&g_1)\ 9+3 = 12.
\end{aligned}$$

Hieraus findet sich wieder:

$$4+4 = 4+(3+1) = (4+3)+1, \text{ wegen } b_1), = 7+1 = 8$$
$$5+4 = 5+(3+1) = (5+3)+1, \text{ wegen } c_1), = 8+1 = 9$$
$$6+4 = 6+(3+1) = (6+3)+1, \text{ wegen } d_1), = 9+1 = 10$$
$$7+4 = 7+(3+1) = (7+3)+1, \text{ wegen } e_1), = 10+1 = 11$$
$$8+4 = 8+(3+1) = (8+3)+1, \text{ wegen } f_1), = 11+1 = 12$$
$$9+4 = 9+(3+1) = (9+3)+1, \text{ wegen } g_1), = 12+1 = 13.$$

Also ist:

$a_2)$ $4+4 = 8$
$b_2)$ $5+4 = 9$
$c_2)$ $6+4 = 10$
$d_2)$ $7+4 = 11$
$e_2)$ $8+4 = 12$
$f_2)$ $9+4 = 13.$

Hieraus folgt nun wieder in Verbindung mit [3, 1)]:

$$5+5 = 5+(4+1) = (5+4)+1, \text{ wegen } b_2), = 9+1 = 10$$
$$6+5 = 6+(4+1) = (6+4)+1, \text{ wegen } c_2), = 10+1 = 11$$
$$7+5 = 7+(4+1) = (7+4)+1, \text{ wegen } d_2), = 11+1 = 12$$
$$8+5 = 8+(4+1) = (8+4)+1, \text{ wegen } e_2), = 12+1 = 13$$
$$9+5 = 9+(4+1) = (9+4)+1, \text{ wegen } f_2), = 13+1 = 14.$$

Also ist:

$a_3)$ $5+5 = 10$
$b_3)$ $6+5 = 11$
$c_3)$ $7+5 = 12$
$d_3)$ $8+5 = 13$
$e_3)$ $9+5 = 14.$

Ferner hat man hieraus:

$$6+6 = 6+(5+1) = (6+5)+1, \text{ wegen } b_3), = 11+1 = 12$$
$$7+6 = 7+(5+1) = (7+5)+1, \text{ wegen } c_3), = 12+1 = 13$$
$$8+6 = 8+(5+1) = (8+5)+1, \text{ wegen } d_3), = 13+1 = 14$$
$$9+6 = 9+(5+1) = (9+5)+1, \text{ wegen } e_3), = 14+1 = 15.$$

Also ist:

$a_4)$ $6+6 = 12$
$b_4)$ $7+6 = 13$
$c_4)$ $8+6 = 14$
$d_4)$ $9+6 = 15.$

Hieraus fließt wieder in Verbindung mit [2., 1)]:

$$7+7 = 7+(6+1) = (7+6)+1, \text{ wegen } b_4), = 13+1 = 14$$
$$8+7 = 8+(6+1) = (8+6)+1, \text{ wegen } c_4), = 14+1 = 15$$
$$9+7 = 9+(6+1) = (9+6)+1, \text{ wegen } d_4), = 15+1 = 16$$

Also ist:

a_5) $7+7 = 14$
b_5) $8+7 = 15$
c_5) $9+7 = 16$.

Ferner fließt hieraus:

$$8+8 = 8+(7+1) = (8+7)+1, \text{ wegen } b_5), = 15+1 = 16$$
$$9+8 = 9+(7+1) = (9+7)+1, \text{ wegen } c_5), = 16+1 = 17.$$

Also ist:

a_6) $8+8 = 16$
b_6) $9+8 = 17$.

Endlich hat man hieraus:

$$9+9 = 9+(8+1) = (9+8)+1, \text{ wegen } b_6), = 17+1 = 18.$$

Also ist: $9+9 = 18$.

Stellt man nun die hier abgeleiteten Resultate, des schnellen Ueberblicks wegen, kurz zusammen, so sind sie in jedem der folgenden Schematen enthalten.

Erstes Schema
des Eins und Eins.

	1	2	3	4	5	6	7	8	9
1	2	3	4	5	6	7	8	9	10
2	3	4	5	6	7	8	9	10	11
3	4	5	6	7	8	9	10	11	12
4	5	6	7	8	9	10	11	12	13
5	6	7	8	9	10	11	12	13	14
6	7	8	9	10	11	12	13	14	15
7	8	9	10	11	12	13	14	15	16
8	9	10	11	12	13	14	15	16	17
9	10	11	12	13	14	15	16	17	18

Abgekürztes Schema
der Eins und Eins-Tafel.

	2	3	4	5	6	7	8	9
2	4							
3	5	6						
4	6	7	8					
5	7	8	9	10				
6	8	9	10	11	12			
7	9	10	11	12	13	14		
8	10	11	12	13	14	15	16	
9	11	12	13	14	15	16	17	18

Diese Tafeln nennt man das „Eins und Eins," und in denselben ist nun das Resultat der Addition von je zwei zweiziffrigen Zahlen enthalten.

Soll man z. B. $7+8$ in der links stehenden Tafel finden, so suche man die eine dieser Zahlen, z. B. 7, in der vordersten Vertikalreihe und schreite von hier aus in horizontaler Richtung, nach rechts zu, bis zu einem Fache fort, über welchem sich die Zahl 8 in der obersten Horizontalreihe befindet, und man erhält $7+8=15$.

In der abgekürzten Tafel rechts, suche man hingegen die größere der beiden Zahlen in der vordersten Vertikalreihe, und schreite von hier aus nach rechts in horizontaler Richtung bis zu einem Fache fort, über welchem sich die kleinere Zahl 7 in der gebrochenen schrägen Linie befindet.

Diese einzelnen Resultate halte man nun gehörig fest, was aber nicht durch das in jeder Beziehung verwerfliche Auswendiglernen, sondern durch wiederholte geistige Auffassung geschehen muß, wie wir dies auch späterhin überall voraussetzen *).

Die Aufgabe „Sind beliebig viele Zahlen zu einander addirt, und wird verlangt, daß ihre Summe in eine dekadisch geschriebene Zahl umgeformt werden soll" **), führt nach näherer Untersuchung auf die folgenden Fälle zurück.

1) Zu einer vielziffrigen Zahl eine einziffrige zu addiren.

Es ist: $N=\ldots\gamma\beta\alpha\ldots cba+t=\ldots\gamma\beta\alpha\ldots cb.10+(a+t)$.

Nun ist die Summe der beiden einziffrigen Zahlen, wegen $a<10$

*) Das Auswendiglernen ist namentlich in mathematischen Dingen gänzlich zu verwerfen; denn es werden dadurch die empfangenen Geistesgaben in den mehrsten Fällen geschwächt und wohl gar getödtet, indem sich dann nur zu leicht ein rein mechanisches Fingermanöver fürs Rechnen einschleicht, welches den Reiz an dem selbstständigen Aufsuchen der Gründe und der Wahrheiten unterdrückt, ja oft auf immer verscheucht und so, da es die schaale egoistische Idee „man könne gut praktisch rechnen" aufregt, im günstigsten Falle, aber leider zu spät, zur herben Einsicht der Selbsttäuschung leitet. Aus diesem Grunde wäre es besser, wenn das Interesse fürs Rechnen erst dann rege gemacht würde, sobald der Geist zu einer wahrhaft wissenschaftlichen Einsicht als befähigt erscheint, wozu als fördernde Vorbereitung die konstructionelle rein elementare Geometrie u. A. dienen kann. Vor dem neunten Lebensjahre ist jedoch im Allgemeinen hierzu nicht zu rathen.

**) Um nicht weitläuftig zu werden und nicht zu sehr von dem gewöhnlichen Benennungen abzuweichen, bemerken wir hier ein für alle Mal, daß die Worte „addiren, subtrahiren, multiplaziren, dividiren, Summe, Differenz, Produkt u. s. w." in Betreff des Operirens mit dekadischen Zahlen, in praktischem Sinne zu nehmen sind. Sollen z. B. beliebig viele dekadische Zahlen zu einander addirt werden, so heißt dies, man soll die Summe aus derselben ebenfalls dekadisch geordnet angeben, dasselbe gilt von den übrigen Operationen. Wir denken uns also stets das Wort: „dekadisch" (oder numerisch) hinzu.

und $t < 10$, also $a+t < 20$, entweder erstens einziffrig, oder zweitens zweiziffrig, also von der Form 1v.

Erster Fall. Ist $a+t = m$, und m einziffrig, so ist:

$$N+t = \ldots\gamma\beta\alpha\ldots cbm.$$

Zweiter Fall. Ist $a+t = 1v = 1.10+v$, also zweiziffrig, so ist:

$$N+t = \ldots\gamma\beta\alpha\ldots cb.10+1.10+v = (\ldots\gamma\beta\alpha\ldots cb+1)10+v.$$

Da man nun nach der Zahl $\ldots\gamma\beta\alpha\ldots cb$, die um eine Einheit größere schreiben kann [Seite 594], so hat man, wenn dieselbe p genannt wird, $N+t = p.10+v = pv$, wodurch dieser zweite Fall erledigt ist.

Zur Erläuterung für beide Fälle diene:

$$\begin{aligned}783456+3 &= (78345.10+6)+3 = 78345.10+(6+3)\\ &= 78345.10+9 = 783459;\\ 843999+8 &= 84399.10+(9+8) = 84399.10+17\\ &= 84399.10+1.10+7 = (84399+1).10+7\\ &= 84400.10+7 = 844007.\end{aligned}$$

2) Sind zu einer vielziffrigen Zahl mehrere einziffrige Zahlen addirt, und soll man eine ebenfalls dekadisch geordnete Zahl für diese Summe finden, so hat man nach dem allgemeinen Additions-Gesetze, in Verbindung mit [1)], zur vielziffrigen Zahl die erste der einziffrigen, zu der entstandenen Zahl die zweite der einziffrigen zu addiren und so fort, bis die letzte einziffrige Zahl addirt ist. Die Ordnung in der Folge der Addition ist beliebig.

So ist:

$$8734599+8+9+7+6+3+5+8 = 8734645;$$

denn man hat:

$$\begin{aligned}8734599+8 &= 8734607\\ 8734607+9 &= 8734616\\ 8734616+7 &= 8734623\\ 8734623+6 &= 8734629\\ 8734629+3 &= 8734632\\ 8734632+5 &= 8734637\\ 8734637+8 &= 8734645.\end{aligned}$$

3) Soll man beliebig viele gegebene einziffrige Zahlen addiren, so addire man zur ersten die zweite, dazu die dritte und so fort, bis die letzte addirt ist und wende dabei [1), 2)] an.

So hat man z. B.:

$$8+9+7+8+6+5+0+4+8 = 55;$$

denn es ist:

$8+9 = 17$; $17+7 = 24$; $24+8 = 32$; $32+6 = 38$; $38+5 = 43$; $43+0 = 43$; $43+4 = 47$; $47+8 = 55$.

Man konnte in jeder der beliebigen Ordnungen addiren.

4) Nach [1), 2), 3)] kann man nun leicht beliebig viele mehrziffrige Zahlen dekadisch addiren.

(1) Beispiel. Man sucht:

$$84768+9734+50684+973+89+438+7.$$

Es ist:

$$\begin{aligned}
84768 &= \overset{4}{8}+\overset{3}{4}+\overset{2}{7}+\overset{1}{6}+\overset{0}{8}\\
9734 &= \overset{3}{9}+\overset{2}{7}+\overset{1}{3}+\overset{0}{4}\\
50684 &= \overset{4}{5}+\overset{3}{0}+\overset{2}{6}+\overset{1}{8}+\overset{0}{4}\\
973 &= \overset{2}{9}+\overset{1}{7}+\overset{0}{3}\\
89 &= \overset{1}{8}+\overset{0}{9}\\
438 &= \overset{2}{4}+\overset{1}{3}+\overset{0}{8}\\
7 &= \overset{0}{7}
\end{aligned}$$

Ferner ist:

$$\begin{aligned}
\overset{0}{7}+\overset{0}{8}+\overset{0}{9}+\overset{0}{3}+\overset{0}{4}+\overset{0}{4}+\overset{0}{8} &= \overset{0}{43} = \overset{1}{4}+\overset{0}{3}\\
\overset{1}{4}+\overset{1}{3}+\overset{1}{8}+\overset{1}{7}+\overset{1}{8}+\overset{1}{3}+\overset{1}{6} &= \overset{1}{39} = \overset{2}{3}+\overset{1}{9}\\
\overset{2}{3}+\overset{2}{4}+\overset{2}{9}+\overset{2}{6}+\overset{2}{7}+\overset{2}{7} &= \overset{2}{36} = \overset{3}{3}+\overset{2}{6}\\
\overset{3}{3}+\overset{3}{0}+\overset{3}{9}+\overset{3}{4} &= \overset{3}{16} = \overset{4}{1}+\overset{3}{6}\\
\overset{4}{1}+\overset{4}{5}+\overset{4}{8} &= \overset{4}{14} = \overset{5}{1}+\overset{4}{4},
\end{aligned}$$

also ist die dekadisch geordnete Summe $= 146693$.

Man siehet, aus vorstehender Entwickelung, daß es beim Addiren beliebig vieler bestimmten Zahlen, am bequemsten ist, wenn man dieselben gleich so untereinander schreibt, daß die sich auf einerlei Ordnung beziehenden Ziffern gehörig unter einander zu stehen kommen.

Man hat demnach:

```
 84768
  9734
 50684
   973
    89
   438
     7
------
146693,
```

und es ist 146693 die dekadisch geschriebene Summe der gegebenen Zahlen, die auch kurzweg „Summe" genannt wird.

Wörtliche Erklärung und Ableitung.

Man setze die gegebenen Zahlen, wie vorstehend, unter einander, daß Einer unter Einer, Zehner unter Zehner, u. s. w. zu stehen kommen.

Zählt man nun erst die Einer, in der ersten Vertikalreihe zur Rechten, zusammen, so kommt 43. Da aber 43 aus 4 Zehnern und 3 Einern besteht, so setze man die letztern unter die Vertikalreihe der Einer.

Zählt man nun die 4 Zehner zu den Zehnern, die sich in der zweiten Vertikalreihe befinden, so kommt (4+3+8+7+8+3+6) Zehner = 39 Zehner, oder 3 Hunderter und 9 Zehner. Letztere 9 Zehner setze man unter die zweite Vertikalreihe, welche Zehner enthält, und zähle die 3 Hunderter zu den Hundertern der dritten Vertikalreihe, wodurch man (3+4+9+6+7+7) Hunderter = 36 Hunderter, oder 3 Tausender und 6 Hunderter erhält. Letztere 6 Hunderter setze man unter die dritte Vertikalreihe, welche Hunderter enthält, und zähle die 3 Tausender zu den Tausendern in der vierten Vertikalreihe, was (3+9+4) Tausender = 16 Tausender = 1 Zehntausender + 6 Tausender giebt. Letztere 6 Tausender setze man unter die vierte Vertikalreihe der Tausender, und zähle den einen Zehntausender zu den Zehntausendern der fünften Vertikalreihe, welches (1+5+8) Zehntausender = 14 Zehntausender, oder 1 Hunderttausender und 4 Zehntausender giebt, die ebenfalls gehörigen Orts hingeschrieben stehen.

(2) Beispiel.

```
 785493
 268784
  36543
   6084
 789635
    432
  68976
  78695
  48976
 986897
-------
3070515
```

(3) Beispiel.

```
 843685843
 765436854
 789653216
 543256897
 984365839
 786543568
 796848098
 456354789
 589768345
 348643452
----------
6904556901
```

Es kann die Anzahl der gegebenen Zahlen so groß sein, daß sich beim Addiren aus irgend einer Vertikalreihe — Posten genannt — hundert oder mehr Einheiten ergeben. Kommen z. B. bei dem dritten Posten, von rechts nach links, irgend einer Aufgabe 4789 heraus, so sind dies 4789 Hunderter = 478 Tausender + 9 Hunderter. Letztere werden unter den dritten Posten, also unter die dritte Vertikalreihe gesetzt, und die 478 Tausender werden zum vierten Posten, der die Tausender enthält, gezählt, und so fährt man fort. Man kann hierbei [1)] berücksichtigen.

Als Anwendung hiervon diene das rechts neben stehende Beispiel.

898
789
876
432
783
989
786
998
888
767
998
768
799
989
878
767
989
14394

56. Aufgabe. Eine kleinere Zahl von einer größeren zu subtrahiren.

Auflösung. Da a — b die Zahl bezeichnet, zu der b addirt, a giebt, so ist hier das umgekehrte Verfahren des Addirens einzuschlagen, d. h. man hat sich der Zahl zu erinnern, die zu b addirt a giebt.

Betreten wir zunächst den allgemeinen Weg, um zu sehen, worauf wir bei der Auflösung zurückgeführt werden, so folgt aus:

$$N = \ldots \overset{k}{\gamma} \beta \alpha \ldots c\, b\, a = \ldots \gamma . 10^k + \beta . 10^{k-1} + \alpha . 10^{k-2} + \ldots$$
$$\ldots + c . 10^2 + b . 10 + a,$$

und
$$N' = \ldots \overset{k}{\gamma'} \beta' \alpha' \ldots c' b' a' = \ldots \gamma' . 10^k + \beta' . 10^{k-1} + \alpha' . 10^{k-2} + \ldots$$
$$\ldots + c' . 10^2 + b' . 10 + a',$$
$$N - N' = \ldots (\gamma - \gamma') . 10^k + (\beta - \beta') . 10^{k-1} + (\alpha - \alpha') . 10^{k-2} + \ldots$$
$$\ldots + (c - c') . 10^2 + (b - b') . 10 + (a - a').$$

Man hat nun hierbei zwei Fälle von einander zu unterscheiden, je nachdem nämlich unter den Ziffern $\ldots \gamma', \beta', \alpha', \ldots c', b', a'$ des Subtrahends N' keine vorkommt, die eine größere Zahl vorstellt, als die bezüglich darunter stehende von den Ziffern $\ldots \gamma, \beta, \alpha, \ldots, c, b, a$ des Minuends N, oder wenn das Gegentheil Statt findet.

Erster Fall. Da $\gamma, \ldots, c, b, a;\ \gamma', \ldots, c', b', a'$ einziffrige Zahlen bezeichnen, so hat man nur nöthig, die Zahl zu finden, welche der Differenz zweier einziffrigen Zahlen gleich ist.

Sucht man z. B. $8-3$, d. h. diejenige Zahl, welche zu 3 addirt, 8 giebt, so hat man hierbei keine neue eigenthümliche Operation vorzunehmen, sondern man braucht sich nur zu erinnern, daß $3+5=8$ ist.

Das **Eins und Eins** beantwortet schon alle diese Fragen, indem es die Summe je zweier einziffrigen Zahlen enthält, und aus $a-b=x$, folgt: $a=b+x$ und nun a und b gegeben sind, x aber dort zu finden ist.

Es erscheint demnach $N-N'$ wieder als dekadische Zahl, indem $\gamma \geqq \gamma', \ldots, a \geqq a'$ ist.

Zweiter Fall. Ist eine, oder sind mehrere der oberen Zahlen $\ldots\gamma, \beta, \alpha, \ldots, c, b, a$ kleiner als die darunter stehenden, so kann man diesen Fall leicht auf den ersten zurückführen, indem man die höheren Einheiten in niedrige zerlegt; denn man hat, wenn $\overset{0}{a'} > \overset{0}{a}$ ist:

$$\overset{k}{\delta}00\ldots\overset{1}{0}\overset{0}{a}-\overset{0}{a'} = (\delta.10^k+\overset{0}{a})-\overset{0}{a'} = (\delta-1)\,10^k+9.10^{k-1}+\ldots$$
$$\ldots+\overset{1}{9}+[(\overset{0}{a}+10)-\overset{0}{a'}],$$

wo nun $\overset{0}{a}+10 > a'$ ist.

Zur Erläuterung des **ersten** Falls diene:

Man sucht: $84389-62154$.

Es ist:

$$84389 = \overset{4}{8}+\overset{3}{4}+\overset{2}{3}+\overset{1}{8}+\overset{0}{9}$$
$$62154 = \overset{4}{6}+\overset{3}{2}+\overset{2}{1}+\overset{1}{5}+\overset{0}{4},$$

also: $$84389-62154 = (\overset{4}{8}-\overset{4}{6})+(\overset{3}{4}-\overset{3}{2})+(\overset{2}{3}-\overset{2}{1})+(\overset{1}{8}-\overset{1}{5})+(\overset{0}{9}-\overset{0}{4})$$
$$= \overset{4}{2}+\overset{3}{2}+\overset{2}{2}+\overset{1}{3}+\overset{0}{5}=22235.$$

Hierdurch erklärt sich das folgende praktische Verfahren:

Man setze den Subtrahend 62154 unter den Minuend 84389, so daß die Ziffern in einerlei Ordnung unter einander zu stehen kommen, also:

Minuend:	84389
Subtrahend:	62154
Die dekad. geordnete Differenz beider Zahlen ist =	22235.

Indem man hierbei das Gesetz:

$$(p+q+\ldots+b+a)-(p'+q'+\ldots+b'+a') =$$
$$(p-p')+(q-q')+\ldots+(b-b')+(a-a')$$

anwendet, hat man:

Von 9 Einheiten, 4 Einheiten subtrahirt, giebt 5; von 8 Zehnern, 5 Zehner subtrahirt, giebt 3 Zehner; von 3 Hunderter, 1 Hunderter subtrahirt, giebt 2 Hunderter; von 4 Tausender, 2 Tausender subtrahirt, giebt 2 Tausender; von 8 Zehntausender, 6 Zehntausender subtrahirt, giebt 2 Zehntausender.

Die übrig gebliebene Zahl, oder die dekadisch geordnete Differenz beider Zahlen, nämlich 22235 heißt der

„Rest"

der Differenz 84389 — 62154.

Zur Erklärung des zweiten Falls.

Man sucht z. B.: 870034 — 297358.

Es ist:

$$\begin{array}{rl} 870034 = & 7.10^5+16.10^4+9.10^3+9.10^2+12.10^1+14 \\ \text{ab:}\ 297358 = & 2.10^5+\ 9.10^4+7.10^3+3.10^2+\ 5.10^1+\ 8 \\ \hline \text{bleibt:} & 5.10^5+\ 7.10^4+2.10^3+6.10^2+\ 7.10^1+\ 6 \end{array}$$ als Rest

der gegebenen Zahlen.

Oder kurz so:

$$\begin{array}{rl} & 8{\cdot}7{\cdot}0\,0\,3{\cdot}4 \\ \text{ab:} & 2\,9\,7\,3\,5\,8 \\ \hline & 5\,7\,2\,6\,7\,6, \end{array}$$

nämlich: 8 von 14 bleibt 6; 5 von 12 bleibt 7; 3 von 9 bleibt 6; 7 von 9 bleibt 2; 9 von 16 bleibt 7; 2 von 7 bleibt 5.

Es ist ferner:

$$\begin{array}{rll} & 8{\cdot}7{\cdot}6{\cdot}3{\cdot}4{\cdot}0\,0\,5 & \text{Minuend} \\ \text{ab:} & 4\,8\,7\,5\,6\,3\,4\,1 & \text{Subtrahend} \\ \hline & 3\,8\,8\,7\,7\,6\,6\,4 & \text{Rest.} \end{array}$$

Wörtliche Erklärung:

5 Einer — 1 Einer = 4 Einer; 4 Zehner von 0 Zehnern giebt keine wirkliche Zahl, deshalb entnehme man von den Hunderten einen Hunderter, da aber dergleichen nicht vorhanden sind, so entnehme man von den 4 Tausendern einen Tausender (bemerke dies durch einen neben 4 gesetzten Punkt). Da aber der eine Tausender = 10 Hunder-

ter, = 9 Hunderter + 10 Zehner ist, so hat man jetzt 10 Zehner — 4 Zehner = 6 Zehner, und 9 Hunderter — 3 Hunderter = 6 Hunderter. Um 6 Tausender subtrahiren zu können, entnehme man von den 3 Zehntausendern einen Zehntausender, der gleich ist 10 Hunderten, welche zu den 3 Hunderten hinzugefügt, 13 Hunderter giebt.

Auf diese Weise fahre man fort.

Das praktische Verfahren lautet also kurz so:

1 Einer von 5 Einern bleiben 4 Einer; 4 Zehner von 10 Zehnern bleiben 6 Zehner; 3 Hunderter von 9 Hundertern bleiben 6 Hunderter; 6 Tausender von 13 Tausendern bleiben 7 Tausender; 5 Zehntausender von 12 Zehntausendern bleiben 7 Zehntausender; 7 Hunderttausender von 15 Hunderttausender bleiben 8 Hunderttausender; 8 Millioner von 16 Millioner bleiben 8 Millioner; 4 Zehnmillioner von 7 Zehnmillioner bleiben 3 Zehnmillioner.

Hiernach ist:

von 6 3·0 0 4·2 6 3·0 4 5·3·0 0 4·0 0 0 0 8·1 als Minuend
ab: 2 3 6 5 4 4 3 2 4 6 2 1 6 3 4 5 8 9 2 als Subtrahend
bleibt: 6 2 7 6 7 7 1 8 7 2 0 6 7 8 7 6 5 4 1 8 9 als Rest der Subtrakt.

Die im Minuend oben angesetzten Punkte sollen das sogenannte „Borgen" andeuten.

Es möge noch folgendes Beispiel Platz finden:

5 7·3 4·0 0 5·2·0 0 3·4·0 2·1 6·0 2 Minuend
ab: 3 2 8 3 4 5 6 7 3 4 2 6 8 3 4 5 6 3 Subtrahend
2 4 5 0 5 4 8 4 6 6 0 7 1 8 7 0 3 9

nämlich:

3 von 12=9; 6 von 9=3; 5 von 5=0; 4 von 11=7; 3 von 11=8; 8 von 9=1; 6 von 13=7; 2 von 2=0; 4 von 10=6; 3 von 9=6; 7 von 11=4; 6 von 14=8; 5 von 9=4; 4 von 9=5; 3 von 3=0; 8 von 13=5; 2 von 6=4; 3 von 5=2.

Um schnell im Subtrahiren fortkommen zu können, hat man nur nöthig, die im nachfolgenden Eins von Eins zusammengestellten Resultate, wiederholt im Geiste abzuleiten.

Das Eins von Eins.

	9								
18	9	8							
17	8	9	7						
16	7	8	9	6					
15	6	7	8	9	5				
14	5	6	7	8	9	4			
13	4	5	6	7	8	9	3		
12	3	4	5	6	7	8	9	2	
11	2	3	4	5	6	7	8	9	1
10	1	2	3	4	5	6	7	8	9
	9	8	7	6	5	4	3	2	1

	1	2	3	4	5	6	7	8	9
9	8	7	6	5	4	3	2	1	0
8	7	6	5	4	3	2	1	0	
7	6	5	4	3	2	1	0		
6	5	4	3	2	1	0			
5	4	3	2	1	0				
4	3	2	1	0					
3	2	1	0						
2	1	0							

Der Gebrauch dieser Tafel ist nach [Seite 607] einleuchtend.

57. Aufgabe. Eine gegebene bestimmte Zahl ist mit einer andern gegebenen bestimmten Zahl multiplizirt, man soll dies Produkt so umformen, daß wieder eine bestimmte dekadische Zahl hervorgeht, d. h., kurz ausgedrückt: man soll eine Zahl mit einer andern Zahl multipliziren.

Auflösung. Betrachten wir zunächst diese Aufgabe allgemein, um zu sehen, worauf ihre Lösung zurückführt, so sei $N = \ldots \overset{k}{\gamma}\beta\alpha \ldots cba$ die eine, und $N' = \ldots \overset{t}{\gamma'}\beta'\alpha' \ldots c'b'a'$ die andere der gegebenen Zahlen.

Man hat nun:

$$N.N' = (\ldots \gamma.10^k + \beta.10^{k-1} + \alpha.10^{k-2} + \ldots + c.10^2 + b.10^1 + a).N' =$$
$$\ldots (N'.\gamma).10^k + (N'.\beta).10^{k-1} + (N'.\alpha).10^{k-2} + \ldots$$
$$\ldots (N'.c).10^2 + (N'.b).10 + (N'.a).$$

Da nun

$$N' = \ldots \gamma'.10^t + \beta'.10^{t-1} + \alpha'.10^{t-2} + \ldots + c'.10^2 + b'.10 + a',$$

so ist:

$$N'.\gamma = \ldots \gamma'.\gamma.10^t + \beta'.\gamma.10^{t-1} + \alpha'.\gamma.10^{t-2} + \ldots + c'\gamma.10^2 + b'.\gamma.10 + a'.\gamma.$$

Hieraus sieht man, daß die Auflösung der gegebenen Aufgabe für einzelne Fälle darauf zurückführt:

Erstens. Zwei einziffrige Zahlen mit einander zu multipliziren, wodurch dann zweitens vermittelt ist: eine mehrziffrige Zahl mit einer einziffrigen zu multipliziren, und durch die Auflösung dieser beiden Fälle ist dann der dritte „eine mehrziffrige Zahl mit einer mehrziffrigen zu multipliziren,“ ebenfalls vermittelt.

Erster Fall. Wir haben deshalb zunächst jede der einziffrigen Zahlen 1, 2, 3, 4, 5, 6, 7, 8, 9 mit der andern zu multipliziren, und außerdem $a.0 = 0.a = 0$ zu berücksichtigen. Da aber $a.b = b.a$, und $a.1 = 1.a = a$ ist, so bleiben nur folgende Fälle übrig:

2,	3,	4,	5,	6,	7,	8,	9
2.2,	3.2,	4.2,	5.2,	6.2,	7.2,	8.2,	9.2
	3.3,	4.3,	5.3,	6.3,	7.3,	8.3,	9.3
		4.4,	5.4,	6.4,	7.4,	8.4,	9.4
			5.5,	6.5,	7.5,	8.5,	9.5
				6.6,	7.6,	8.6,	9.6
					7.7,	8.7,	9.7
						8.8,	9.8
							9.9

Nun ist nach [55.]:

$2.2 = 2+2 = 4$; $3.2 = 3+3 = 6$; $5.2 = 5+5 = 10$; $6.2 = 6+6 = 12$; $7.2 = 7+7 = 14$; $8.2 = 8+8 = 16$; $9.2 = 9+9 = 18$.

Also ist:

a) $2.2 = 4$ e) $6.2 = 12$
b) $3.2 = 6$ f) $7.2 = 14$
c) $4.2 = 8$ g) $8.2 = 16$
d) $5.2 = 10$ h) $9.2 = 18$.

Ferner hiernach:

$3.3 = 3.(2+1) = 3.2 + 3.1$, wegen b), $= 6 + 3.1 = 9$
$4.3 = 4.(2+1) = 4.2 + 4.1$, wegen c), $= 8 + 4.1 = 12$
$5.3 = 5.(2+1) = 5.2 + 5.1$, wegen d), $= 10 + 5.1 = 15$
$6.3 = 6.(2+1) = 6.2 + 6.1$, wegen e), $= 12 + 6.1 = 18$
$7.3 = 7.(2+1) = 7.2 + 7.1$, wegen f), $= 14 + 7.1 = 21$
$8.3 = 8.(2+1) = 8.2 + 8.1$, wegen g), $= 16 + 8.1 = 24$
$9.3 = 9.(2+1) = 9.2 + 9.1$, wegen h), $= 18 + 9.1 = 27$.

Also ist:

a_1) $3.3 = 9$ e_1) $7.3 = 21$
b_1) $4.3 = 12$ f_1) $8.3 = 24$
c_1) $5.3 = 15$ g_1) $9.3 = 27$.
d_1) $6.3 = 18$

Daher wieder:

$4 \cdot 4 = 4 \cdot (3+1) = 4 \cdot 3 + 4 \cdot 1$, wegen b_1) $= 12 + 4 = 16$

$5 \cdot 4 = 5 \cdot (3+1) = 5 \cdot 3 + 5 \cdot 1$, wegen c_1) $= 15 + 5 = 20$

$6 \cdot 4 = 6 \cdot (3+1) = 6 \cdot 3 + 6 \cdot 1$, wegen d_1) $= 18 + 6 = 24$

$7 \cdot 4 = 7 \cdot (3+1) = 7 \cdot 3 + 7 \cdot 1$, wegen e_1) $= 21 + 7 = 28$

$8 \cdot 4 = 8 \cdot (3+1) = 8 \cdot 3 + 8 \cdot 1$, wegen f_1) $= 24 + 8 = 32$

$9 \cdot 4 = 9 \cdot (3+1) = 9 \cdot 3 + 9 \cdot 1$, wegen g_1) $= 27 + 9 = 36$.

Also ist:

a_2) $4 \cdot 4 = 16$ d_2) $7 \cdot 4 = 28$

b_2) $5 \cdot 4 = 20$ e_2) $8 \cdot 4 = 32$

c_2) $6 \cdot 4 = 24$ f_2) $9 \cdot 4 = 36$.

Ferner hiernach:

$5 \cdot 5 = 5 \cdot (4+1) = 5 \cdot 4 + 5 \cdot 1$, wegen b_2) $= 20 + 5 = 25$

$6 \cdot 5 = 6 \cdot (4+1) = 6 \cdot 4 + 6 \cdot 1$, wegen c_2) $= 24 + 6 = 30$

$7 \cdot 5 = 7 \cdot (4+1) = 7 \cdot 4 + 7 \cdot 1$, wegen d_2) $= 28 + 7 = 35$

$8 \cdot 5 = 8 \cdot (4+1) = 8 \cdot 4 + 8 \cdot 1$, wegen e_2) $= 32 + 8 = 40$

$9 \cdot 5 = 9 \cdot (4+1) = 9 \cdot 4 + 9 \cdot 1$, wegen f_2) $= 36 + 9 = 45$.

Also ist:

a_3) $5 \cdot 5 = 25$

b_3) $6 \cdot 5 = 30$

c_3) $7 \cdot 5 = 35$

d_3) $8 \cdot 5 = 40$

e_3) $9 \cdot 5 = 45$.

Hiernach ist wieder:

$6 \cdot 6 = 6 \cdot (5+1) = 6 \cdot 5 + 6 \cdot 1$, wegen b_3) $= 30 + 6 = 36$

$7 \cdot 6 = 7 \cdot (5+1) = 7 \cdot 5 + 7 \cdot 1$, wegen c_3) $= 35 + 7 = 42$

$8 \cdot 6 = 8 \cdot (5+1) = 8 \cdot 5 + 8 \cdot 1$, wegen d_3) $= 40 + 8 = 48$

$9 \cdot 6 = 9 \cdot (5+1) = 9 \cdot 5 + 9 \cdot 1$, wegen e_3) $= 45 + 9 = 54$.

Also ist:

a_4) $6 \cdot 6 = 36$ c_4) $8 \cdot 6 = 48$

b_4) $7 \cdot 6 = 42$ d_4) $9 \cdot 6 = 54$.

Ferner hiernach:

$7 \cdot 7 = 7 \cdot (6+1) = 7 \cdot 6 + 7 \cdot 1$, wegen b_4) $= 42 + 7 = 49$

$8 \cdot 7 = 8 \cdot (6+1) = 8 \cdot 6 + 8 \cdot 1$, wegen c_4) $= 48 + 8 = 56$

$9 \cdot 7 = 9 \cdot (6+1) = 9 \cdot 6 + 9 \cdot 1$, wegen d_4) $= 54 + 9 = 63$.

Also ist:

$$a_5)\ 7.7 = 49$$
$$b_5)\ 8.7 = 56$$
$$c_5)\ 9.7 = 63.$$

Hiernach folgt wieder:

$$8.8 = 8.(7+1) = 8.7 + 8.1,\ \text{wegen}\ b_5) = 56 + 8 = 64$$
$$9.8 = 9.(7+1) = 9.7 + 9.1,\ \text{wegen}\ c_5) = 63 + 9 = 72.$$

Also ist:

$$a_6)\ 8.8 = 64 \qquad b_6)\ 9.8 = 72.$$

Endlich ist:

$$9.9 = 9.(8+1) = 9.8 + 9.1,\ \text{wegen}\ b_6) = 72 + 9 = 81.$$

Stellt man nun die erhaltenen Resultate in eine Tafel gehörig zusammen, so kommt:

2.2= 4							
3.2= 6	3.3= 9						
4.2= 8	3.4=12	4.4=16					
5.2=10	3.5=15	4.5=20	55 =25				
6.2=12	3.6=18	4.6=24	5.6=30	6.6=36			
7.2=14	3.7=21	4.7=28	5.7=35	6.7=42	7.7=49		
8.2=16	3.8=24	4.8=32	5.8=40	6.8=48	7.8=56	8.8=64	
9.2=18	3.9=27	4.9=36	5.9=45	6.9=54	7.9=63	8.9=72	9.9=81

Nimmt man die gewöhnliche Zusammenstellung, so hat man das folgende sogenannte Ein mal Eins.

1	2	3	4	5	6	7	8	9
2	4	6	8	10	12	14	16	18
3	6	9	12	15	18	21	24	27
4	8	12	16	20	24	28	32	36
5	10	15	20	25	30	35	40	45
6	12	18	24	30	36	42	48	54
7	14	21	28	35	42	49	56	63
8	16	24	32	40	48	56	64	72
9	18	27	36	45	54	63	72	81

Faßt man die Resultate so kurz wie möglich zusammen, so erhält man noch folgende Tafel:

	2	3	4	5	6	7	8	9
2	4							
3	6	9						
4	8	12	16					
5	10	15	20	25				
6	12	18	24	30	36			
7	14	21	28	35	42	49		
8	16	24	32	40	48	56	64	
9	18	27	36	45	54	63	72	81

Der Gebrauch dieser Tafeln leuchtet ein [Vgl. das Eins und Eins, Seite 607].

Um im Multipliziren schnell fortzukommen, muß man diese Resultate gleich wissen, was durch öfteres Ableiten derselben leicht erreicht wird.

Zweiter Fall. Eine gegebene mehrziffrige Zahl mit einer gegebenen einziffrigen Zahl dekadisch zu multipliziren.

1) Beispiel. 870459×7

Theoretische Auflösung:

$$870459 \times 7 = (8.10^5+7.10^4+0.10^3+4.10^2+5.10^1+9) \times 7.$$

Nun ist:

$$\begin{aligned}
\overset{0}{9}.7 \phantom{+\overset{1}{6}} &= 63 = \overset{1}{6}+3 \\
\overset{1}{5}.7+\overset{1}{6} &= \overset{1}{41} = \overset{2}{4}+\overset{1}{1} \\
\overset{2}{4}.7+\overset{2}{4} &= \overset{2}{32} = \overset{3}{3}+\overset{2}{2} \\
\overset{3}{0}.7+\overset{3}{3} &= \overset{3}{3} = \overset{4}{0}+\overset{3}{3} \\
\overset{4}{7}.7+\overset{4}{0} &= \overset{4}{49} = \overset{5}{4}+\overset{4}{9} \\
\overset{5}{8}.7+\overset{5}{4} &= \overset{5}{60} = \overset{6}{6}+\overset{5}{0},
\end{aligned}$$

also: $870459 \times 7 = 6093213.$

Praktische Auflösung.

870459 Multiplikand, mit
7 als Multiplikator
6093213

Wörtliche Erläuterung und Ableitung.

9 Einer 7 mal, sind 63 Einer oder 3 Einer und 6 Zehner. Die 3 Einer werden unter die Einer gesetzt; 5 Zehner $\times 7 + 6$ Zehner $= 41$ Zehner $= 4$ Hunderter $+1$ Zehner; letzterer wird unter die Zehner gestellt. Ferner 4 Hunderter $\times 7 + 4$ Hunderter $= 32$ Hunderter $= 3$ Tausender und 2 Hunderter; letztere werden unter die Hunderter gesetzt. Ferner 0 Tausender $\times 7 + 3$ Tausender $= 0$ Zehntausender $+ 3$ Tausender; letztere werden unter die Tausender gesetzt. Ferner 7 Zehntausender $\times 7 + 0$ Zehntausender $= 49$ Zehntausender $= 4$ Hunderttausender $+ 9$ Zehntausender; letztere werden unter die Zehntausender gestellt. Endlich 8 Hunderttausender $\times 7 + 4$ Hunderttausender $= 60$ Hunderttau-

sender = 6 Millioner + 0 Hunderttausender; letztere werden unter die Hunderttausender gestellt und die 6 Millioner werden unter die Millioner gesetzt.

Oder kürzer so:

$$\begin{array}{r l} 870459 & \text{Multiplikand} \\ 7 & \text{Multiplikator} \\ \hline 6093213 & \end{array}$$

nämlich:

7 mal 9 sind 63, 3 hin und 6 bemerkt; 5 mal 7 sind 35 und 6 sind 41, 1 hin und 4 bemerkt; 4 mal 7 sind 28 und 4 sind 32, 2 hin und 3 bemerkt; 0 . 7 sind 0 und 3 sind 3, 3 hin; 7 mal 7 sind 49, 9 hin und 4 bemerkt; 8 mal 7 sind 56 und 4 sind 60, 60 hin.

2) Beispiel.

$$\begin{array}{r} 7680430000 \\ 8 \\ \hline 61443440000 \end{array}$$

Dritter Fall. Sind zwei gegebene mehrziffrige Zahlen z. B. 980436 und 23189 mit einander dekad. zu multipliziren, so hat man:

$$980436 \times (2.10^4 + 3.10^3 + 1.10^2 + 8.10 + 9) =$$
$$(980436.2).10^4 + (980436.3).10^3 + (980436.1).10^2 + (980436.8).10 + 980436.9$$

Nun ist:

$$\left.\begin{array}{r} 980436.\overset{0}{9} = 8823924 \\ 980436.\overset{1}{8} = 78434880 \\ 980436.\overset{2}{1} = 98043600 \\ 980436.\overset{3}{3} = 2941308000 \\ 980436.\overset{4}{2} = 19608720000 \\ \hline 22735330404 \end{array}\right\}\text{addirt, giebt:}$$

das Produkt der gegebenen Zahlen.

Da aber a + 0 = a, so kann man beim Addiren die Nullen fortlassen und hat dann:

$$\begin{array}{r} 980436 \\ \times 23189 \\ \hline 8823924 \\ 7843488 \\ 980436 \\ 2941308 \\ 1960872 \\ \hline 22735330404 \end{array}$$

Nachdem man also die beiden gegebenen Zahlen so unter einan=

der gesetzt hat, daß einerlei Ordnungen, beider, unter einander stehn, d. h.: Einer unter Einer, Zehner unter Zehner u. s. w., multiplizirt man die obere Zahl mit jeder Ziffer der unteren, und setzt dabei die niedrigste Ziffer jedes entstandenen dekadischen Produkts vertikal unter die Ziffer des Multiplikators, mit der man gerade multiplizirt hat; oder was dasselbe ist, man rückt jedes entwickelte Partialprodukt von rechts nach links jedes Mal unter die Ordnung, zu der die Zahl des Multiplikators gehört mit der man multiplizirt hat.

1) Beispiel.

```
      76304523
     ×783425
     381522615
    152609046
   305218092
  228913569
 610436184
534131661
59778870931275
```

2) Beispiel.

```
     87643052 Multiplikand
      6004013 Multiplikator
     262929156
     87643052
  350572208
525858312
526210023567676,
```

wo man die Nullen im Multiplikator, nach den festgestellten Gründen, übersprungen, und demgemäß die entwickelten Partialprodukte gehörig unter einander gestellt hat.

3) Beispiel.

```
   73456 Multiplikand
   34000 Multiplikator
  293824
 220368
 2497504000,
```

wo man die Nullen, die in einem Factor vorkommen, während der Multiplikation nicht berücksichtigt und sie nachher blos anhängt; denn

$73456 . 34 = 2497504$, also: $73456 . \overset{3}{34} = \overset{3}{2497504} = 2497504000$.

4) Beispiel.

```
 543000 Multiplikand
   × 62 Multiplikator
  1086
 3258
 33666000.
```

5) Beispiel.

$$\begin{array}{r@{\;}l} 5230000 & \text{Multiplikand} \\ \underline{\;314000} & \text{Multiplikator} \\ 2092 & \\ 523 & \\ \underline{1569} & \\ 1642220000000; & \end{array}$$

denn es ist: $5230000 \times 314000 = 523.10^4 \times 314.10^3 =$

$(523.314).10^7 = 164222.10^7 = 1642220000000 = 16422\overset{7}{2}.$

6) Beispiel. $73000000000 \times 5400000000.$

Man hat:

$$\begin{array}{r} 7\overset{9}{3} \\ \underline{5\overset{8}{4}} \\ 292 \\ \underline{365} \\ 394\overset{17}{2} = 3942000000000000000000. \end{array}$$

58. Aufgabe. Eine gegebene Zahl durch eine andere dekadisch *) zu dividiren.

Auflösung. Die nähere Untersuchung dieser Aufgabe führt auf folgende Fälle zurück.

Der Dividend und Divisor sind einziffrig.
Der Dividend ist zweiziffrig und der Divisor einziffrig.
Der Dividend ist beliebigziffrig und der Divisor ist einziffrig.
Dividend und Divisor sind mehrziffrig.

Erster Fall. Sind a und b einziffrig und ist $a < b$, so hat man $\frac{a}{b}$, und das ganzzahlige Quotienten-Glied ist $= 0$. Hiernach giebt z. B. 3 durch 4 dividirt: $0 + \frac{3}{4} = \frac{3}{4}$.

---

*) Da a durch b dividiren nach [S. 47] nichts weiter hieß als $\frac{a}{b}$ hin zu schreiben und darunter die Zahl vorgestellt zu denken, die b mal genommen a giebt, so hat man, wenn a und b bestimmt angegeben sind, mit diesen Worten noch denselben Begriff zu verbinden. Da es sich aber hier wesentlich um die Umformung (Reduzirung) von $\frac{a}{b}$ handelt, d. h. der dem $\frac{a}{b}$ gleiche dekadische Ausdruck gesucht wird, so machen wir durch die Worte: „dekadisch oder numerisch dividiren" hierauf nochmals besonders aufmerksam.

Ist $a = b$, so ist $\frac{a}{b} = 1$, also z. B. 3 durch $3 = \frac{3}{3} = 1$.

Ist $a > b$, so findet man, weil $\frac{a}{b} > 1$ und $\frac{a}{b} < 10$ ist, entweder mittelst des Ein mal Eins, für $\frac{a}{b}$ eine ganze oder eine gemischte Zahl, indem dann $a = qb + r$, wo q einziffrig und $r < b$ ist, also $\frac{a}{b} = q + \frac{r}{b}$. So ist z. B. $\frac{8}{2} = 4$; $\frac{8}{4} = 2$; $\frac{9}{3} = 3$; $\frac{9}{5} = \frac{1.5+4}{5} = 1 + \frac{4}{5} = 1\frac{4}{5}$, indem wir nämlich die gemischte Zahl $a + \frac{b}{c}$, sobald a, b, c als bestimmte Zahlen angegeben sind, kürzer mit $a\frac{b}{c}$ bezeichnen.

Die praktische Stellung ist hier:

$$\begin{array}{rr|l} & & 2 \text{ Divisor} \\ \cline{3-3} \text{Dividend:} & 8 & 4 = \text{dem Quotienten} \\ & 8 & \\ \cline{2-2} \text{Rest der Division:} & 0 & \end{array}$$

Ferner:

$$\begin{array}{r|l} & 5 \\ \cline{2-2} 9 & 1 \\ 5 & \\ \hline 4 & \end{array}$$

Weil $\frac{D}{d} = x + \frac{D - dx}{d}$, so hat man auch hiernach:

$\frac{9}{5} = 1 + \frac{9 - 1.5}{5} = 1 + \frac{4}{5}$, weil x beliebig, also auch $= 1$ angenommen werden darf.

Zweiter Fall. Ist die zweiziffrige Zahl $\overset{1}{b}\overset{0}{a}$ durch die einziffrige h dekadisch zu dividiren, so findet man nach dem ersten Falle:

$$\frac{\overset{1}{b}\overset{0}{a}}{h} = \frac{\overset{1}{b} + \overset{0}{a}}{h}.$$

Es ist nun:

$$\overset{1}{b} = \overset{1}{m}.h + \overset{1}{r}_1,$$

$$\text{also:} \quad \frac{\overset{1}{b}\overset{0}{a}}{h} = \frac{\overset{1}{m}.h + \overset{1}{r}_1 + \overset{0}{a}}{h} = \frac{\overset{1}{m}.h + \overset{1}{r}_1\overset{0}{a}}{h}.$$

Da nun $r < h$, so ist nach [Seite 596]

$$\overset{1}{r_1}\,\overset{0}{a} < h.10, \text{ oder } \frac{\overset{1}{r_1}\,\overset{0}{a}}{h} < 10.$$

Man kann deshalb nach dem Einmaleins ein einziffriges $\overset{0}{n}$ finden, so daß:

$$\overset{1}{r_1}\,\overset{0}{a} = n\,.\,h + \overset{0}{r_2} \text{ ist,}$$

$$\text{also: } \frac{\overset{1}{b}\overset{0}{a}}{h} = \frac{\overset{1}{m}.h + \overset{0}{n}.h + \overset{0}{r_2}}{h} = \frac{(\overset{1}{m}+\overset{0}{n})h + \overset{0}{r_2}}{h} = \overset{1}{m} + \overset{0}{n} + \frac{\overset{0}{r_2}}{h}$$

$$= \overset{1}{m}\,\overset{0}{n} + \frac{\overset{0}{r_2}}{h}.$$

Wäre $b < h$, so ist $m = 0$, also: $\frac{ba}{h} = \overset{0}{n} + \frac{\overset{0}{r_2}}{h}$.

Hieraus siehet man, daß in diesem Falle nur das Dividiren zweier einziffrigen Zahlen durcheinander, vorausgesetzt wird.

Die praktische Aufstellung ist folgende:

$$\begin{array}{rcc|l}
 & & & h \text{ Divisor} \\ \cline{4-4}
\text{Dividend:} & \overset{1}{b} & \overset{0}{a} & \overset{1}{m}\,\overset{0}{n} \text{ ganzzahliges Quotienten-Glied} \\
\overset{1}{m}.h \text{ numerisch} = & \overset{1}{b'} & & \\ \cline{2-3}
 & \overset{1}{r_1} & \overset{0}{a} & \\
\overset{0}{n}.h \text{ numerisch} = & \overset{1}{r'} & \overset{0}{a'} & \\ \cline{2-3}
\text{Rest der Division:} & \overset{0}{r_2} & &
\end{array}$$

1) Beispiel. Man sucht 99 : 7.

Nach dem vorstehenden allgemeinen Verfahren hat man:

$$\frac{\overset{1}{9}\overset{0}{9}}{7} = \frac{\overset{1}{9} + \overset{0}{9}}{7}.$$

Es ist nun:

$$\overset{1}{9} = \overset{1}{1}.7 + \overset{1}{2},$$

$$\text{also: } \frac{\overset{1}{9}\overset{0}{9}}{7} = \frac{\overset{1}{1}.7 + \overset{1}{2} + \overset{0}{9}}{7} = \frac{\overset{1}{1}.7 + \overset{1}{2}\overset{0}{9}}{7}.$$

Da nun $2 < 7$, so ist nach [Seite 596]

$$\overset{1}{2}\overset{0}{9} < 7.10, \text{ also } \frac{\overset{1}{2}\overset{0}{9}}{7} < 10.$$

Man findet deshalb nach dem Einmaleins ein $\overset{0}{n} = 4$, so daß:

$$\overset{10}{29} = \overset{0}{4}.7 + \overset{0}{1} \text{ ist,}$$

$$\text{also:}\quad \frac{\overset{10}{99}}{7} = \frac{\overset{1}{1}.7 + \overset{0}{4}.7 + \overset{0}{1}}{7} = \frac{\overset{10}{14}.7 + \overset{0}{1}}{7} = 14\frac{1}{7}.$$

Oder zusammengezogen so:

$$\frac{99}{7} = \frac{9.10+9}{7} = \frac{\overset{1}{9}+9}{7} = \frac{\overset{1}{9}}{7} + \frac{9}{7};$$

$$\overset{1}{9} = \overset{1}{1}.7 + \overset{1}{2},$$

$$\overset{1}{2} + 9 = \overset{0}{29} = \overset{0}{4}.7 + \overset{0}{1};$$

$$99 = \overset{1}{1}.7 + \overset{0}{4}.7 + \overset{0}{1} = 14.7 + 1;$$

$$\text{also:}\quad \frac{99}{7} = 14 + \frac{1}{7} = 14\frac{1}{7}.$$

Bei diesem Verfahren wurde nur der erste Fall, eine einziffrige Zahl durch eine andere zu dividiren, angewendet.

Nach der Gleichung $\frac{D}{d} = x + \frac{D - dx}{d}$ hat man:

$$\frac{99}{7} = \frac{9.10+9}{7} = 1.10 + \frac{99-10.7}{7} = 1.10 + \frac{29}{7};$$

$$\text{ferner:}\quad \frac{29}{7} = 4 + \frac{29-7.4}{7} = 4 + \frac{1}{7},$$

$$\text{also:}\quad \frac{29}{7} = 1.10 + 4 + \frac{1}{7} = 14\frac{1}{7}.$$

Stellt man das hier theoretisch gegebene Verfahren durch das praktische Schema [Vgl. Seite 68] kurz zusammen, so ist es:

$$\begin{array}{r r|l}
 & & 7 \ \text{Divisor} \\
\text{Dividend:} & 99 & 14 = \text{dem ganzz. Quot.-Gliede} \\
 & 7 & \\ \hline
 & 29 & \\
 & 28 & \\ \hline
\text{Rest der Division:} & 1 &
\end{array}$$

Wörtliche Erklärung und Ableitung.

Da 99 = 9 Zehnern + 9 Einern, also gleich einer Summe ist, so dürfen wir, um 99 : 7 dekadisch auszudrücken, die Summanden durch 7 dividiren.

Oder auch so: $99:7 = (7$ Zehner $+ 2$ Zehner $+ 9$ Einer$) : 7 = (7$ Zehner $+ 29$ Einer$) : 7 = (7$ Zehner $+ 28$ Einer $+ 1$ Einer$) : 7 = (7$ Zehner $+ 4$ Einer $. 7 + 1$ Einer$) : 7 = 1$ Zehner $+ 4$ Einer $+ (1$ Einer $: 7) = 14\frac{1}{7}$ Einer $= 14\frac{1}{7}$ Einheiten.

Oder u. A. noch so:

Wären blos 9 Zehner vorhanden, so hätte man: 7 in 9 Zehner dividirt, giebt 1 Zehner. Da nun ein Ausdruck gesucht wird, der 7 mal genommen 99 giebt, so werden wir den gefundenen einen Zehner 7 mal nehmen, um zu sehen, was noch durch 7 zu dividiren übrig bleibt, wenn wir das Produkt: 1 Zehner $. 7 = 70$, von 99 subtrahiren. Wir erhalten $99 - 70 = 29$. Jetzt haben wir nur noch die übrig gebliebenen 29 Einer durch 7 zu dividiren und finden nach dem Einmaleins: $4.7 = 28$, also $29 = 4.7 + 1$, mithin: $29 : 7 = (7.4 + 1) : 7 = 4 + \frac{1}{7}$.

Addiren wir diese $4\frac{1}{7}$ zu dem vorhin gefundenen einen Zehner, so kommt $99 : 7 = 14\frac{1}{7}$.

2) Beispiel. $54 : 7$.

Also:
$$\begin{array}{r|l} & 7 \\ \hline 54 & 7 \\ 49 & \\ \hline 5 & \end{array}$$

$$\begin{array}{rrcl} \text{denn:} & 49 & = & 7.7 \\ \text{addirt:} & 5 & = & 5 \\ \hline & 54 & = & 7.7 + 5, \end{array}$$

$$\text{mithin: } \frac{54}{7} = \frac{7.7+5}{7} = 7 + \frac{5}{7} = 7\frac{5}{7}.$$

3) Beispiel.
$$\begin{array}{r|l} & 3 \\ \hline 68 & 22 \\ 6 & \\ \hline 8 & \\ 6 & \\ \hline 2 & \end{array}$$

also: $\frac{68}{3} = 22\frac{2}{3}$;

$$\begin{array}{rl} \text{denn:} & \overset{1}{6} = \overset{1}{2}.3, \\ \text{und:} & \overset{0}{6} = \overset{0}{2}.3 \\ \hline & 68 = \overset{1}{2}.3 + \overset{0}{2}.3 + 2 = \overset{1\,0}{22}.3 + 2 = 22.3 + 2, \end{array}$$

also: $68 : 3 = (22.3 + 2) : 3 = 22\frac{2}{3}$.

Durch weitläuftige Reductionen findet man nach der Gleichung:
$\frac{D}{d} = x + \frac{D - dx}{d}$:

$$\frac{68}{3} = \frac{60+8}{3} = 20 + \frac{68 - 3.20}{3} = 20 + \frac{68 - 60}{3} = 20 + \frac{8}{3};$$

und $\frac{8}{3} = 2 + \frac{8 - 2.3}{3} = 2 + \frac{2}{3}$,

also: $\frac{68}{3} = 22\frac{2}{3}$.

Dritter Fall. Es sei die Zahl $\overset{k}{\delta}\gamma\beta\alpha\ldots cba$ der kten Ordnung durch die einziffrige Zahl h dekadisch zu dividiren.

Nun sei:

$$\begin{array}{rcl}
\overset{k}{\delta} &=& \overset{k}{m} \,.\, h + \overset{k}{r_1}, \\
\overset{k}{r_1} + \overset{k-1}{\gamma} = r_1 \overset{k-1}{\gamma} &=& \overset{k-1}{n} \,.\, h + \overset{k-1}{r_2}, \\
\overset{k-1}{r_2} + \overset{k-2}{\beta} = r_2 \overset{k-2}{\beta} &=& \overset{k-2}{p} \,.\, h + \overset{k-2}{r_3}, \\
\overset{k-2}{r_3} + \overset{k-3}{\alpha} = r_3 \overset{k-3}{\alpha} &=& \overset{k-3}{q} \,.\, h + \overset{k-3}{r_4}, \\
\ldots & \ldots & \ldots \\
\overset{k-(k-3)}{r_{k-2}} + \overset{k-(k-2)}{c} = r_{k-2} \overset{k-(k-2)}{c} &=& \overset{k-(k-2)}{l} \,.\, h + \overset{k-(k-2)}{r_{k-1}}, \\
\overset{k-(k-2)}{r_{k-1}} + \overset{k-(k-1)}{b} = r_{k-1} \overset{k-(k-1)}{b} &=& \overset{k-(k-1)}{s} \,.\, h + \overset{k-(k-1)}{r_k}, \\
\overset{k-(k-1)}{r_k} + \overset{k-k}{a} = r_k \overset{k-k}{a} &=& \overset{k-k}{t} \,.\, h + \overset{k-k}{r_{k+1}}.
\end{array}$$

Also findet sich durch Zusammenziehung:

$$\frac{\overset{k}{\delta}\gamma\beta\alpha\ldots cba}{h} = \overset{k}{m}npq\ldots\overset{2}{l}\overset{1}{s}\overset{0}{t} + \frac{\overset{0}{r_{k+1}}}{h}.$$

Praktische Stellung.

$$\overset{k}{\delta}\ \ \gamma\ \ \beta\ \ \alpha\ \dots\ c\ \ \ b\ \ \ a \;\Big|\; \frac{h}{\overset{k}{m}\ \overset{k-1}{n}}\ \overset{k-2}{p}\ \ \overset{k-3}{q}\ \dots\ \overset{k-(k-2)}{l}\ \ \overset{k-(k-1)}{s}\ \ \overset{k-k}{t}$$

$$\text{Denkt man}\quad h\,.\,\overset{k}{m}\ \text{numerisch} = \dots \underline{{}_1\overset{k}{\delta}}\ \ .\ \ .\ \ \ .\ \ \ .\ \ .$$

$$r_1\ \overset{k-1}{\gamma}\ \ .\ \ .\ \ \ .\ \ \ .\ \ .$$

$$\text{„ „}\quad h\,.\,\overset{k-1}{n}\ \text{numerisch} = \dots \underline{{}_1r\ \ {}_1\overset{k-1}{\gamma}\ \ .}\ \ .\ \ \ .\ \ \ .\ \ .$$

$$r_2\ \overset{k-2}{\beta}\ \ .\ \ \ .\ \ \ .\ \ .$$

$$\text{„ „}\quad h\,.\,\overset{k-2}{p}\ \text{numerisch} = \dots\ \underline{{}_2r\ \ {}_2\overset{k-2}{\beta}\ \ .}\ \ \ .\ \ \ .\ \ .$$

$$r_3\ \overset{k-3}{\alpha}\ \ \ .\ \ \ .\ \ .$$

$$\text{„ „}\quad h\,.\,\overset{k-3}{q}\ \text{numerisch} = \dots\dots \underline{{}_3r\ \ {}_3\overset{k-3}{\alpha}}\ \ \ .\ \ \ .\ \ .$$

$$\underline{\dots\dots\ \ .}\ \ \ .\ \ .$$

$$r_{k-2}\ \overset{k-(k-2)}{c}\ \ \ .\ \ .$$

$$\text{„ „}\quad h\,.\,\overset{k-(k-2)}{l}\ \text{numerisch} = \dots\dots\ \underline{{}_{k-2}r\ \ {}_{k-2}\overset{k-(k-2)}{c}\ \ \ .\ \ .}$$

$$r_{k-1}\ \overset{k-(k-1)}{b}\ \ .$$

$$\text{„ „}\quad h\,.\,\overset{k-(k-1)}{s}\ \text{numerisch} = \dots\dots\dots\ \underline{{}_{k-1}r\ \ {}_{k-1}\overset{k-(k-1)}{b}\ \ .}$$

$$r_k\ \overset{k-k}{a}$$

$$\text{„ „}\quad h\,.\,\overset{k-k}{t}\ \text{numerisch} = \dots\dots\dots\dots\ \underline{{}_kr\ \ {}_k\overset{k-k}{a}}$$

$$\overset{k-k}{r_{k+1}}$$

Wäre $\delta < h$, so nimmt man γ noch mit hinzu. Man übersieht hieraus auch leicht das Verfahren, wenn h mehr als einziffrig ist.

Um schnell im Dividiren fortkommen zu können, fügen wir folgende Tafel des Eins in Eins hinzu:

	Divisoren.									
	2	3	4	5		6	7	8	9	
Quotienten.	Dividenden.				Quotienten.	Dividenden.				Quotienten.
	Von	Von	Von	Von		Von	Von	Von	Von	
0	0 bis 1	1 bis 2	1 „ 3	1 bis 4	0	1 bis 5	1 bis 6	1 bis 7	1 bis 8	0
1	2 „ 3	3 „ 5	4 „ 7	5 „ 9	1	6 „ 11	7 „ 13	8 „ 15	9 „ 17	1
2	4 „ 5	6 „ 8	8 „ 11	10 „ 14	2	12 „ 17	14 „ 20	16 „ 23	18 „ 26	2
3	6 „ 7	9 „ 11	12 „ 15	15 „ 19	3	18 „ 23	21 „ 27	24 „ 31	27 „ 35	3
4	8 „ 9	12 „ 14	16 „ 19	20 „ 24	4	24 „ 29	28 „ 34	32 „ 39	36 „ 44	4
5	10 „ 11	15 „ 17	20 „ 23	25 „ 29	5	30 „ 35	35 „ 41	40 „ 47	45 „ 53	5
6	12 „ 13	18 „ 20	24 „ 27	30 „ 34	6	36 „ 41	42 „ 48	48 „ 55	54 „ 62	6
7	14 „ 15	21 „ 23	28 „ 31	35 „ 39	7	42 „ 47	49 „ 55	56 „ 63	63 „ 71	7
8	16 „ 17	24 „ 26	32 „ 35	40 „ 44	8	48 „ 53	56 „ 62	64 „ 71	72 „ 80	8
9	18 „ 19	27 „ 29	36 „ 39	45 „ 49	9	54 „ 59	63 „ 69	72 „ 79	81 „ 89	9

Der Gebrauch dieser Tafel leuchtet unmittelbar ein. Sie enthält blos die ganzzahligen Quotienten für das Dividiren jeder zweiziffrigen Zahl durch jede einziffrige von der 2 ab, sobald die zweiziffrige Zahl kleiner ist als das 10fache der einziffrigen.

Was die Reste anbetrifft, so entnimmt man sie durch eine leichte Subtraktion unmittelbar. Sucht man z. B.

85 : 9, so steht in der mit 9 überschriebenen Kolonne am Ende: 81 bis 89 | 9, also giebt 85, weil es zwischen 81 und 89 fällt, zum Quotienten 9 und zum Rest 85 — 81 = 4.

Aus diesem Grunde wäre es unnütz weitläuftig gewesen, wenn die Reste mit in die Tafel gebracht wären.

1) Beispiel. 7384568 : 9.

$$\overset{5}{73} = \overset{5}{8} . 9 + \overset{5}{1}$$
$$\overset{5}{1} + \overset{4}{8} = \overset{4}{18} = \overset{4}{2} . 9 + \overset{4}{0}$$
$$\overset{4}{0} + \overset{3}{4} = \overset{3}{4} = \overset{3}{0} . 9 + \overset{3}{4}$$
$$\overset{3}{4} + \overset{2}{5} = \overset{2}{45} = \overset{2}{5} . 9 + \overset{2}{0}$$
$$\overset{2}{0} + \overset{1}{6} = \overset{1}{6} = \overset{1}{0} . 9 + \overset{1}{6}$$
$$\overset{1}{6} + \overset{0}{8} = \overset{0}{68} = \overset{0}{7} . 9 + \overset{0}{5}.$$

also ist: $\frac{7384568}{9} = (\overset{5}{8} + \overset{4}{2} + \overset{3}{0} + \overset{2}{5} + \overset{1}{0} + \overset{0}{7}) . 9 + \overset{0}{5}$,

mithin: $\frac{7384568}{9} = 820507 \frac{5}{9}$.

Man kann auch so schließen:

$$\frac{7384568}{9} = \left\{\begin{matrix} 7200000 \\ 180000 \\ 4500 \\ 63 \\ 5 \end{matrix}\right\} : 9 = \frac{\overset{5}{72} + \overset{4}{18} + \overset{3}{0} + \overset{2}{45} + \overset{1}{0} + \overset{0}{63} + \overset{0}{5}}{9} =$$

$$\frac{\overset{5}{8}.9 + \overset{4}{2}.9 + \overset{3}{0}.9 + \overset{2}{5}.9 + \overset{1}{0}.9 + \overset{0}{7}.9 + \overset{0}{5}}{9} = \frac{820507 . 9 + 5}{9} = 820507 \frac{5}{9}.$$

Oder durch Anwendung der Gleichung $\frac{D}{d} = x + \frac{D - dx}{d}$ findet sich:

$$\frac{7384568}{9} = \overset{5}{8} + \frac{7384568 - \overset{5}{8}.9}{9} = \overset{5}{8} + \frac{7384568 - 7200000}{9} = \overset{5}{8} + \frac{184568}{9},$$

ferner:

$$\frac{184568}{9} = \overset{4}{2} + \frac{184568 - \overset{4}{2}.9}{9} = \overset{4}{2} + \frac{184568 - 180000}{9} = \overset{4}{2} + \frac{4568}{9},$$

ferner:

$$\frac{4568}{9} = \overset{2}{5} + \frac{4568 - \overset{2}{5}.9}{9} = \overset{2}{5} + \frac{4568 - 4500}{9} = \overset{2}{5} + \frac{68}{9},$$

endlich:

$$\frac{68}{9} = \overset{0}{7} + \frac{68 - \overset{0}{7}.9}{9} = \overset{0}{7} + \frac{68 - 63}{9} = \overset{0}{7} + \frac{5}{9};$$

demnach: $\frac{7384568}{9} = \overset{5}{8}+\overset{4}{2}+\overset{3}{0}+\overset{2}{5}+\overset{1}{0}+\overset{0}{7}+\frac{5}{9} = 820507\frac{5}{9}$.

Verfährt man nach der praktischen Aufstellung, so kommt:

$$
\begin{array}{lr|l}
 & & 9 \text{ Divisor} \\
\text{Dividend:} & 7384568 & 820507 \text{ ganzzahl. Quotienten-Glied} \\
 & 72\,.\,.\,.\,.\,. & \\
 & 18\,.\,.\,.\,. & \\
 & 18\,.\,.\,.\,. & \\
 & 45\,.\,. & \\
 & 45\,.\,. & \\
 & 68 & \\
 & 63 & \\
\text{Rest der Division:} & 5 &
\end{array}
$$

2) Beispiel.

$$
\begin{array}{l|l}
 & 7 \\
8976458654 & 1282351236 \\
7\,.\,.\,.\,.\,.\,.\,.\,.\,. & \\
19\,.\,.\,.\,.\,.\,.\,.\,. & \\
14\,.\,.\,.\,.\,.\,.\,.\,. & \\
57\,.\,.\,.\,.\,.\,.\,. & \\
56\,.\,.\,.\,.\,.\,.\,. & \\
16\,.\,.\,.\,.\,.\,. & \\
14\,.\,.\,.\,.\,.\,. & \\
24\,.\,.\,.\,.\,. & \\
21\,.\,.\,.\,.\,. & \\
35\,.\,.\,.\,. & \\
35\,.\,.\,.\,. & \\
8\,.\,.\,. & \\
7\,.\,.\,. & \\
16\,.\,. & \\
14\,.\,. & \\
25\,. & \\
21\,. & \\
44 & \\
42 & \\
2 &
\end{array}
$$

denn es ist:

$$
\begin{array}{rl}
\overset{9}{7} & = 7\,.\,\overset{9}{1} \\
\overset{8}{14} & = 7\,.\,\overset{8}{2} \\
\overset{7}{56} & = 7\,.\,\overset{7}{8} \\
\overset{6}{14} & = 7\,.\,\overset{6}{2} \\
\overset{5}{21} & = 7\,.\,\overset{5}{3} \\
\overset{4}{35} & = 7\,.\,\overset{4}{5} \\
\overset{3}{7} & = 7\,.\,\overset{3}{1} \\
\overset{2}{14} & = 7\,.\,\overset{2}{2} \\
\overset{1}{21} & = 7\,.\,\overset{1}{3} \\
\overset{0}{42} & = 7\,.\,\overset{0}{6} \\
\overset{0}{2} & = \quad\;\; \overset{0}{2}
\end{array}
$$

Addirt man die linken Seiten, so findet sich für diese Summe:

$$\begin{array}{cccccccccc}
7 & & & & & & & & & \\
1 & 4 & & & & & & & & \\
 & 5 & 6 & & & & & & & \\
 & & 1 & 4 & & & & & & \\
 & & & 2 & 1 & & & & & \\
 & & & & 3 & 5 & & & & \\
 & & & & & 0 & 7 & & & \\
 & & & & & & 1 & 4 & & \\
 & & & & & & & 2 & 1 & \\
 & & & & & & & & 4 & 2 \\
 & & & & & & & & & 2 \\
\hline
8 & 9 & 7 & 6 & 4 & 5 & 8 & 6 & 5 & 4;
\end{array}$$

ferner ist die Summe aus den rechten Seiten:

$$= (\overset{9}{1}+\overset{8}{2}+\overset{7}{8}+\overset{6}{2}+\overset{5}{3}+\overset{4}{5}+\overset{3}{1}+\overset{2}{2}+\overset{1}{3}+\overset{0}{6}).7+2 = 1282351236.7+2,$$

also: $8976458654 = 1282351236.7+2$,

daher: $8976458654 : 7 = 1282351236\frac{2}{7}$.

Wörtlich ausgedrückt kann man das ganze Verfahren so einsehn: 7 in 8 Einheiten 9ter Ordnung, giebt eine Einheit der 9ten Ordnung und bleibt übrig 8 — 7 oder 1 Einheit 9ter Ordnung, wozu 9 Einheiten 8ter Ordnung addirt, 19 Einheiten 8ter Ordnung giebt.

Nun hat man wieder: 7 in 19 Einheiten 8ter Ordnung, giebt 2 Einheiten 8ter Ordnung, und zu den übrig bleibenden 19 — 14 oder 5 Einheiten 8ter Ordnung, 7 Einheiten 7ter Ordnung addirt, giebt 57 Einheiten 7ter Ordnung. Also 7 in 57 Einheiten 7ter Ordnung, giebt 8 Einheiten 7ter Ordnung, und es bleibt $\overset{7}{57} - \overset{7}{56} = \overset{7}{1}$. Zu dieser Einheit der 7ten Ordnung die im Dividend folgenden 6 Einheiten 6ter Ordnung addirt, giebt 16 Einheiten 6ter Ordnung. Also 7 in 16 Einheiten 6ter Ordnung giebt 2 Einheiten 6ter Ordnung, und es bleiben $\overset{6}{16} - \overset{6}{14} = 2$ Einheiten 6ter Ordnung übrig. Zu letztern die folgenden 4 Einheiten 5ter Ordnung addirt, giebt 24 Einheiten 5ter Ordnung. Also 7 in 24 Einheiten 5ter Ordnung giebt 3 Einheiten 5ter Ordnung, und es bleiben 24 — 21 Einheiten 5ter Ordnung, oder 3 Einheiten 5ter Ordnung übrig; hierzu die im Dividend folgenden 5 Einheiten 4ter Ordnung addirt, giebt 35 Einheiten 4ter Ordnung. Also 7 in 35 Einheiten 4ter Ordnung, giebt 5 Einheiten 4ter

Ordnung, und es bleiben 0 Einheiten 4ter Ordnung übrig; hierzu die im Dividend folgenden 8 Einheiten 3ter Ordnung addirt, giebt 8 Einheiten dritter Ordnung. Also 7 in 8 Einheiten 3ter Ordnung, giebt eine Einheit 3ter Ordnung, und es bleibt eine Einheit 3ter Ordnung übrig; hierzu die im Dividend folgenden 6 Einheiten zweiter Ordnung addirt, giebt 16 Einheiten 2ter Ordnung. Also 7 in 16 Einheiten 2ter Ordnung, giebt 2 Einheiten 2ter Ordnung und es bleiben 2 Einheiten 2ter Ordnung übrig; hierzu die im Dividend folgenden 5 Einheiten erster Ordnung addirt, giebt 25 Einheiten erster Ordnung. Also 7 in 25 Einheiten erster Ordnung dividirt, giebt 3 Einheiten erster Ordnung und es bleiben 4 Einheiten erster Ordnung. Hierzu die im Dividend folgenden 4 Einheiten 0ter Ordnung addirt, giebt 44 Einheiten 0ter Ordnung. Also 7 in 44 Einheiten 0ter Ordnung dividirt, giebt 6 Einheiten 0ter Ordnung, und es bleiben noch 2 Einheiten 0ter Ordnung durch 7 zu dividiren übrig, d. h. $\frac{2}{7}$.

Vierter Fall. Da das Verfahren schon im Allgemeinen erklärt ist, so werden wir dasselbe an einigen speziellen Beispielen erläutern und hier noch im Besondern beweisen.

1) Beispiel.

```
           | 7837
8765403264 | 1118464
7837
 9284
 7837
 14470
  7837
  66333
  62696
   36372
   31348
    50246
    47022
     32244
     31348
       896
```

denn es ist:

$$\overset{6}{7837} = 7837 \cdot \overset{6}{1}$$
$$\overset{5}{7837} = 7837 \cdot \overset{5}{1}$$
$$\overset{4}{7837} = 7837 \cdot \overset{4}{1}$$
$$\overset{3}{62696} = 7837 \cdot \overset{3}{8}$$
$$\overset{2}{31348} = 7837 \cdot \overset{2}{4}$$
$$\overset{1}{47022} = 7837 \cdot \overset{1}{6}$$
$$31348 = 7837 \cdot \overset{0}{4}$$
$$896 = 896$$

die Summe aus den linken Seiten findet sich =

$$\begin{array}{r}
783\overset{6}{7}\\
783\overset{5}{7}\\
783\overset{4}{7}\\
6269\overset{3}{6}\\
3134\overset{2}{8}\\
4702\overset{1}{2}\\
31348\\
896\\
\hline
8765403264;
\end{array}$$

man hat also:

$$8765403264 = (\overset{6}{1}+\overset{5}{1}+\overset{4}{1}+\overset{3}{8}+\overset{2}{4}+\overset{1}{6}+\overset{0}{4}).7837+896,$$

demnach: $8765403264:7837 = 1118464+\frac{896}{7837} = 1118464\frac{896}{7837}$.

Da man eine mehrziffrige Zahl mit einer einziffrigen praktisch multipliziren kann, so findet man leicht, durch einige Versuche, welche Ziffern des ganzzahligen Quotienten-Gliedes kommen müssen.

Wörtliche Erklärung und Ableitung.

7837 in 8765 Millionen, giebt 1 .Millionen, und es bleiben 8765403264 — 7837000000 = 928403264 Einheiten durch 7837 zu dividiren übrig.

7837 in 9284 Hunderttausender, giebt 1 Hunderttausender, und es bleiben 928403264 — 783700000 = 144703264 Einheiten durch 7837 zu dividiren übrig.

7837 in 14470 Zehntausender, giebt 1 Zehntausender, und es bleiben 144703264 — 78370000 = 66333264 Einheiten durch 7837 zu dividiren übrig.

7837 in 66333 Tausender, giebt 8 Tausender, und es bleiben 66333264 — 62696000 = 3637264 Einheiten durch 7837 zu dividiren übrig.

7837 in 36372 Hunderter, giebt 4 Hunderter, und es bleiben 3637264 — 3134800 = 502464 Einheiten durch 7837 zu dividiren übrig.

7837 in 50246 Zehner, giebt 6 Zehner, und es bleiben 502464 — 470220 = 32244 Einheiten durch 7837 zu dividiren übrig.

7837 in 32244 Einheiten, giebt 4 Einheiten, und es bleiben noch $32244 - 31348 = 896$ Einheiten übrig.

7837 in 896 giebt $\frac{896}{7837}$.

Man hat demnach zum Resultat: $1118464\frac{896}{7837}$.

2) Beispiel.

```
7385426389750321 | 89753
718024           | 82286122912
------
 205186
 179506
 ------
  256803
  179506
  ------
   772978
   718024
   ------
    549549
    538518
    ------
     110317
      89753
     ------
      205645
      179506
      ------
       261390
       179506
       ------
        818843
        807777
        ------
         110662
          89753
         ------
          209091
          179506
          ------
           29585
```

denn es ist:

$71802\overset{10}{4} = 89753 \, . \, \overset{10}{8}$	$17950\overset{4}{6} = 89753 \, . \, \overset{4}{2}$
$17950\overset{9}{6} = 89753 \, . \, \overset{9}{2}$	$17950\overset{3}{6} = 89753 \, . \, \overset{3}{2}$
$17950\overset{8}{6} = 89753 \, . \, \overset{8}{2}$	$80777\overset{2}{7} = 89753 \, . \, \overset{2}{9}$
$71802\overset{7}{4} = 89753 \, . \, \overset{7}{8}$	$8975\overset{1}{3} = 89753 \, . \, \overset{1}{1}$
$53851\overset{6}{8} = 89753 \, . \, \overset{6}{6}$	$17950\overset{0}{6} = 89753 \, . \, \overset{0}{2}$
$8975\overset{5}{3} = 89753 \, . \, \overset{5}{1}$	$29585 = 29585.$

Die Summe aus den linken Seiten findet sich =

$$\begin{array}{r}
71802\overset{10}{4}\\
17950\overset{9}{6}\\
17950\overset{8}{6}\\
71802\overset{7}{4}\\
53851\overset{6}{8}\\
8975\overset{5}{3}\\
17950\overset{4}{6}\\
17950\overset{3}{6}\\
80777\overset{2}{7}\\
8975\overset{1}{3}\\
17950\overset{0}{6}\\
29585\\
\hline
7385426389750321
\end{array};$$

demnach ist:

$$7385426389750321 = (\overset{10}{8}+\overset{9}{2}+\overset{8}{2}+\overset{7}{8}+\overset{6}{6}+\overset{5}{1}+\overset{4}{2}+\overset{3}{2}+\overset{2}{9}+\overset{1}{1}+\overset{0}{2}) \,.\, 89753 + 29585,$$

mithin:

$$7385426389750321 : 89753 = 82286122912\frac{29585}{89753}.$$

Bemerkung. Wollte man nicht das Resultat des Produkts aus dem ganzen Divisor in das jedesmal gefundene einzelne Quotientenglied subtrahiren, so würde das Verfahren unnütz weitläufig werden.

So hat man z. B.:

$$\begin{array}{r|l}
 & 785 = 700 + 80 + 5 \\
\hline
4568734 & 5820\frac{34}{785} \\
\underline{35.....} & \\
1068... & \\
4... & \\
\underline{25...} & \\
6437.. & \\
56.. & \\
64\,.. & \\
\underline{4\,..} & \\
1573 & \\
14. & \\
16\,. & \\
\underline{1\,.} & \\
34 &
\end{array}$$

59. Was die allgemeinen Proben auf die hier abgehandelten vier Operationen mit bestimmten Zahlen betrifft, so mögen solche nach einander kurz aufgestellt folgen.

I. Für die Addition. Obgleich diese Operation die einfachste ist, so liegt es doch in ihrem Wesen, daß sich bei ihr am leichtesten Rechnungsfehler einschleichen, weil sich der Anfänger gewöhnlich hier nicht sowohl am sichersten glaubt, sondern weil das Zusammenzählen als primitives und einfachstes Postulat der Zahlenlehre alles Spätere auf sich zurückleitet und in seiner Realisation fast immer neu ist, wo hingegen z. B. die Multiplikation, die schon aus der Addition hervorgegangenen und fertigen Resultate, wie sie durch das Einmaleins gegeben sind, stets nur unmittelbar aus dem Gedächtnisse benutzt, und somit beim Festhalten ihrer nur geringen Anzahl sobald nicht gefehlt werden kann. Aus diesem Grunde muß man auch beim Addiren besonders aufmerksam sein.

Zur Prüfung dieser Operation beachte man folgende Punkte.

1) Man addire auch laut, indem dadurch gewissermaßen die Aufmerksamkeit erhöhet wird.

2) Man prüfe mit einem Blick, ob die Anzahl der Ziffern der gefundenen Summe richtig ist.

3) Man addire alle Posten bis auf einen, subtrahire die erhaltene Zahl von der zuerst erhaltenen Summe, so muß sich der fortgelassene Posten ergeben; denn aus $a+b+c+\ldots+\alpha=s$, folgt: $a=s-(b+c+\ldots+\alpha)$.

Beispiel.

	7845	
	9764	
	3898	
	765	
	984	
	23256	= der Summe aller Posten;
ab:	15411	= der Summe aller Posten, außer 7845,
	7845	= dem fortgelassenen obersten Posten 7845.

4) Hat man das erste Mal, von unten nach oben addirt, so addire man das zweite Mal von oben nach unten in derselben oder in anderer Ordnung, und schreite so fort.

5) Man verfahre wie folgt:

$$
\begin{array}{lr}
\text{ab: } \overset{3}{7}+\overset{3}{9}+\overset{3}{3} \quad = .. & 23256 \\
 & 19 \\ \hline
 & 4256 \\
\text{ab: } \overset{2}{8}+\overset{2}{7}+\overset{2}{8}+\overset{2}{7}+\overset{2}{9} = ... & 39 \\ \hline
 & 356 \\
\text{ab: } \overset{1}{4}+\overset{1}{6}+\overset{1}{9}+\overset{1}{6}+\overset{1}{8} = ... & 33 \\ \hline
 & 26 \\
\text{ab: } \overset{0}{5}+\overset{0}{4}+\overset{0}{8}+\overset{0}{5}+\overset{0}{4} = ... & 26 \\ \hline
 & 0
\end{array}
$$

Den Grund dieses Verfahrens sieht man mit einem Blicke ein.

6) Es ist:

(1) $(a_1+\varphi)+(a_2+\varphi)+(a_3+\varphi)+\ldots+(a_k+\varphi)=(a_1+a_2+\ldots+a_k)+\varphi k$

(2) $(a_1-\varphi)+(a_2-\varphi)+(a_3-\varphi)+\ldots+(a_k-\varphi)=(a_1+a_2+\ldots+a_k)-\varphi k$

(3) $(a_1\ .\ \varphi)+(a_2\ .\ \varphi)+(a_3\ .\ \varphi)+\ldots+(a_k\ .\ \varphi)=(a_1+a_2+\ldots+a_k)\ .\ \varphi$

(4) $(a_1 : \varphi)+(a_2 : \varphi)+(a_3 : \varphi)+\ldots+(a_k : \varphi)=(a_1+a_2+\ldots+a_k) : \varphi$

Durch Anwendung dieser Gleichungen ergeben sich beliebig viele Proben auf die Addition, indem man für φ jede beliebige wirkliche Zahl annehmen kann.

Um z. B. von [(4)] einen praktischen Gebrauch zu machen, sei:

$$
\left.\begin{array}{l}
a_1 = q_1\varphi + r_1 \\
a_2 = q_2\varphi + r_2 \\
a_3 = q_3\varphi + r_3 \\
\ldots\ldots \\
a_k = q_k\varphi + r_k
\end{array}\right\}
$$

Hier mögen $q_1, q_2, \ldots, q_k$ die ganzzahligen Quotienten-Glieder von $a_1:\varphi$; $a_2:\varphi$; $\ldots$; $a_k:\varphi$ und $r_1, r_2, \ldots, r_k$ die entsprechenden Divisions-Reste vorstellen.

Nun ist: $\dfrac{a_1+a_2+\ldots+a_k}{\varphi} = q_1+q_2+\ldots\varphi_k+\dfrac{r_1+r_2+\ldots+r_k}{\varphi}$.

Hiernach hat man z. B.

	7	9	11
7654	3	4	9
3268	6	1	1
4976	6	8	4
5897	3	2	1
6543	5	0	9
2689	1	7	5
31027	3	4	7
	3	4	7

Stimmt die Probe nicht, so ist das Resultat falsch; stimmt sie hingegen, so folgt daraus nicht, daß die Rechnung unbedingt richtig ist; denn man könnte sich ja um ein Vielfaches der Probezahl verrechnet haben. Der Grund hiervon liegt darin, daß a durch m dividirt denselben Rest giebt, wie $(a \pm m\varphi) : m$.

Diese Proben werden erst dann im vollsten Sinne praktisch, nachdem wir gezeigt haben werden, wie man auf eine höchst einfache Weise die Reste *) für irgend eine Resultante von φ bestimmen kann.

II. **Für die Multiplikation.** Hat man das Einmaleins gehörig im Geiste gegenwärtig, und achtet man namentlich darauf, daß man richtig zuzählt, so sind noch folgende Punkte zu berücksichtigen.

1) Zuerst prüfe man, ob das aufgelöste Produkt die gehörige Anzahl von Ziffern enthält, indem ein Produkt aus zwei Faktoren entwickelt, entweder eben so viele Ziffern, als beide Factoren zusammen, oder höchstens nur eine weniger hat.

Denn es sei der Multiplikand a, eine m ziffrige, und der Multiplikator b, eine n ziffrige Zahl, so hat man, da 10^{m-1}, 10^{n-1} bezüglich die kleinsten m und n ziffrigen Zahlen bezeichnen, und ebenso 10^{m}, 10^{n} bezüglich die kleinsten $m+1$ und $(n+1)$ ziffrigen Zahlen vorstellen, durch die Multiplikation:

$$\text{aus:}\ \frac{\left\{\begin{matrix} a \geqq 10^{m-1}, \\ b \geqq 10^{n-1} \end{matrix}\right\}}{ab \geqq 10^{m+n-2}} \quad \text{und} \quad \frac{\left\{\begin{matrix} a < 10^{m}, \\ b < 10^{n} \end{matrix}\right\}}{ab < 10^{m+n}.}$$

Da nun 10^{m+n-2} und 10^{m+n} bezüglich die kleinsten $m+n-1$ und $(m+n+1)$ ziffrigen Zahlen vorstellen,

so drückt: $ab \geqq 10^{m+n-2}$ aus, daß ab entweder = oder > der kleinsten $(m+n-1)$ ziffrigen Zahl ist.

eben so drückt: $ab < 10^{m+n}$ aus, daß ab < ist als die kleinste $(m+n+1)$ ziffrige Zahl.

Demnach ist ab entweder = der kleinsten $(m+n-1)$ ziffrigen Zahl, oder ab fällt zwischen die kleinste: $(m+n-1)$ ziffrige und $(m+n+1)$ ziffrige, Zahl, d. h. a.b ist entweder $(m+n-1)$ oder $(m+n)$ ziffrig.

Oder man kann auch u. A. für $m > n$ so schließen:

---

*) Ist r der Rest von φ dividirt in p, so möge dies das Zeichen:

$$\varphi \mathcal{R}\!:\, p = r$$

vorstellen. Ist p durch φ theilbar, so setzt man 0 statt r. Das obige Zeichen ist ein verzogenes r (Rest), und es würde noch als charakteristisch erscheinen, selbst wenn das Kolon fortbliebe.

Da $\underbrace{99\ldots99}_{m}$ und $\underbrace{99\ldots9}_{n}$ bezüglich die größesten m und n ziffrigen Zahlen vorstellen, und $10^m-1=\underbrace{99\ldots99}_{m}$, ferner $10^n-1=\underbrace{99\ldots99}_{n}$ ist, so hat man für $m>n$,

$$(10^m-1).(10^n-1)=(10^m-1).10^n-(10^m-1)=\underbrace{99..9}_{m}.10^n-\underbrace{99\ldots99}_{m}=$$

$$\begin{array}{rl} & \underbrace{99\ldots99}_{m+n}\ldots\ldots\underbrace{999\ldots9}_{m}\underbrace{000\ldots0}_{n}, \\ \text{ab:} & \phantom{\underbrace{99\ldots99}_{m+n}\ldots\ldots}\underbrace{999\ldots9}_{m}\underbrace{999\ldots9}_{n} \\ \hline \text{bleibt:} & \underbrace{99\ldots99\ldots98}_{m+n}\underbrace{999\ldots9}_{m}\underbrace{000..01}_{n}. \end{array}$$

Ist demnach a die größte m, und b die größte n ziffrige Zahl, so ist ab, $(m+n)$ ziffrig.

Ist ferner a die kleinste m, und b die kleinste n ziffrige Zahl, so ist ab, $(m+n-1)$ ziffrig, wie wir schon wissen.

Ist $m=n$, so hat man:

$$(10^m-1).(10^m-1)=\underbrace{99\ldots99}_{m}.10^m-\underbrace{99\ldots99}_{m},$$

$$\begin{array}{rl} \text{also:} & \underbrace{999\ldots99}_{2m}\underbrace{000\ldots00}_{m}, \\ \text{ab:} & \phantom{\underbrace{999\ldots99}_{2m}}\underbrace{999\ldots99}_{m} \\ \hline \text{bleibt:} & \underbrace{999\ldots98}_{2m}\underbrace{000\ldots01}_{m}. \end{array}$$

Demnach giebt die größte m ziffrige mit der größten m ziffrigen Zahl multiplizirt, wieder eine $m+m=2m$ ziffrige Zahl, und die kleinste m ziffrige mit der kleinsten m ziffrigen Zahl multiplizirt giebt: $10^{m-1}.10^{m-1}=10^{2m-2}$, d. h. eine $(2m-1)$ ziffrige Zahl.

Hieraus folgt nun die obige Wahrheit ebenfalls.

Ob endlich ein Produkt $(m+n-1)$ oder $(m+n)$ ziffrig ist, sieht man für jeden angegebenen Fall meistens sehr leicht an den in höchsten Stellen stehenden Ziffern der beiden Faktoren.

Bemerkung. Durch die vorhin aufgefundenen Gesetze kann man unmittelbar die Produkte:

$$\underbrace{99\ldots99}_{m}\times\underbrace{99\ldots9}_{n},$$

$$\text{und}\quad\underbrace{99\ldots99}_{m}\times\underbrace{99\ldots99}_{m}$$

entwickelt hinschreiben.

Man hat nach jenen Gesetzen z. B. aus der Gleichung:

$$\underbrace{99\ldots99}_{m}\times\underbrace{99\ldots99}_{n}=\underbrace{999\ldots98}_{m+n}\underbrace{99\ldots9}_{m}\underbrace{000\ldots01}_{n},$$

$$999999 \times 9999 = 9998990001$$

$$\underset{20}{99\ldots9} \times \underset{14}{99\ldots9} = 9999999999999899999900000000000001.$$

Eben so hat man nach der ersten Gleichung:

$$\underset{m}{99\ldots9}^2 = \underset{2m}{999\ldots9}8\underset{m}{000\ldots0}1,$$

$$\underset{20}{99\ldots9}^2 = \underset{40}{999\ldots9}8\underset{20}{000\ldots0}1.$$

Um die vorigen Gesetze mehr symbolisch auszudrücken, so bezeichne

$$\underset{\varphi}{\mathbf{Z}}$$

eine φziffrige Zahl, und man hat dann nach dem Vorstehenden,

$$\text{entweder: } {}^1\underset{\alpha}{\mathbf{Z}} \times {}^2\underset{\beta}{\mathbf{Z}} = \underset{\alpha+\beta-1}{\mathbf{Z}'},$$

$$\text{oder: } {}^1\underset{\alpha}{\mathbf{Z}} \times {}^2\underset{\beta}{\mathbf{Z}} = \underset{\alpha+\beta}{\mathbf{Z}''}.$$

Hiernach scheint nun, wenn die Summe der Ziffern aller Faktoren, nämlich $m_1 + \ldots + m_k$ mit s bezeichnet wird,

${}^1\underset{m_1}{\mathbf{Z}} \times {}^2\underset{m_2}{\mathbf{Z}} \times \ldots \times {}^{k-1}\underset{m_{k-1}}{\mathbf{Z}} \times {}^k\underset{m_k}{\mathbf{Z}}$ mindestens eine $[s-(k-1)]$ziffrige

und ${}^1\underset{m_1}{\mathbf{Z}} \times {}^2\underset{m_2}{\mathbf{Z}} \times \ldots \times {}^{k-1}\underset{m_{k-1}}{\mathbf{Z}} \times {}^k\underset{m_k}{\mathbf{Z}}$ höchstens eine s ziffrige Zahl zu geben, was sich leicht mittelst $[\Omega]$ bestätigt.

Als spezielle Anwendung geht hieraus hervor:

Ein Produkt aus drei Faktoren entwickelt, enthält höchstens eben so viele Ziffern, wie alle Faktoren deren sämmtlich haben, oder mindestens zwei Ziffern weniger.

Ein Produkt aus vier Faktoren enthält höchstens so viele Ziffern wie in allen Faktoren zusammen vorkommen, oder mindestens drei Ziffern weniger. U. s. w.

Hat man z. B. ein Produkt von 20 Faktoren, und erhalten sie bezüglich: 3, 7, 10, 15, 18, 5, 9, 13, 40, 27, 29, 38, 56, 14, 27, 36, 45, 16, 19, 31 Ziffern, so enthält das entwickelte Produkt, weil hier $s = 458$, mindestens: $458 - (20 - 1) = 439$,

und höchstens: 458 Ziffern.

Eben so giebt: $78456 \times 934 \times 58 \times 793 \times 859 \times 7693 \times 8976 \times 456 \times 89$ entwickelt eine Zahl von 28 Ziffern. Warum ließ sich die Anzahl der Ziffern für diesen Fall bestimmt angeben?

Es mögen hier noch einige Beispiele folgen, die dazu dienen sollen, um die Anzahl der Ziffern für jeden vorgegebenen bestimmten Fall feststellen zu können.

Ist in den gegebenen einzelnen Fällen das Produkt aus den in höchster Stelle stehenden einziffrigen Zahlen des Multiplikands und Multiplikators, zweiziffrig, so hat das Resultat offenbar so viele Ziffern, wie beide Faktoren zusammen Ziffern enthielten.

Denn ist das Produkt der beiden einziffrigen Zahlen m und p, nämlich m.p = einer zweiziffrigen Zahl, so giebt:

$$\underset{k}{m}\ldots\underset{2}{b}\underset{1}{a}\times p$$

eine (k+1) ziffrige, mithin liefert

$$\underset{k}{m}\ldots\underset{2}{b}\underset{1}{a}\times \underset{t}{p}000\ldots\underset{2}{0}\underset{1}{0}$$

eine $(k+1)+(t-1)=(k+t)$ ziffrige Zahl; also, da weder mehr noch weniger als $(k+t)$ Ziffern kommen können, so giebt die k ziffrige Zahl $\underset{k}{m}\ldots\underset{2}{b}\underset{1}{a}$ mit der t ziffrigen $\underset{t}{p}\ldots\underset{2}{\beta}\underset{1}{\alpha}$ multiplizirt, eine $(k+t)$ ziffrige Zahl, wenn nur das Produkt der beiden einziffrigen Zahlen m und p d. h. $m\times p$ = einer zweiziffrigen Zahl ist.

So erhält man hiernach bezüglich für

7834 × 473; 98134568 × 73452; 67312456 × 321452;

eine

7 ziffrige; 13 ziffrige; 14 ziffrige;

Zahl zum Produkte, weil

7 × 4; 9 × 7; 6 × 3;

zu zweiziffrigen Zahlen leiten.

Reichen die beiden höchsten Ziffern des Multiplikands und Multiplikators zur Anzahl-Bestimmung der Ziffern des Produkts nicht aus, so benutzt man so viele der höchsten Ziffern beider Faktoren, wie zur Erreichung des Zwecks erforderlich sind.

(1) Beispiel. Wie vielziffrig ist: 315487625 × 345628?

Hier multiplizire man die beiden in höchster Stelle stehenden Zahlen des Multiplikators mit der höchsten des Multiplikanden, so giebt: 34.3, wie man ohne die Ausführung der Multiplikation siehet, eine 2+1 = 3 ziffrige Zahl, also hat das Produkt 15 Ziffern.

(2) Beispiel. Wie vielziffrig ist: 135783421568 × 778543263?

Man sieht ohne Ausführung, daß 77.13 eine 4 ziffrige Zahl giebt, also ist das Produkt 21 ziffrig.

41*

(3) Beispiel. Wie vielziffrig ist:

$$10458372654389763 \times 8876543265\,?$$

Ohne große Rechnung ergiebt sich, daß das entwickelte Produkt nur $17+(10-1)=26$ziffrig sein muß; denn da sogar bei Erhöhung der höchsten Ziffer 8 des Multiplikators um 1, doch nur $10.9+x$, höchstens 99, also nur zweiziffrig ist, indem das zu 10.9 hinzuzunehmende x höchstens $=9$ sein könnte, so folgt das Übrige aus dem Festgestellten.

(4) Beispiel. Wie vielziffrig ist das entwickelte Produkt:

$$3333333333458 \times 316845678\,?$$

Man sieht, ohne Rechnung, daß wenn man den Multiplikand mit der in höchster Stelle stehenden Zahl 3 des Multiplikators multiplizirt denkt, daß dann — wegen der Endigung 458 — die erhaltene Zahl eine Ziffer mehr erhält als der Multiplikand Ziffern hat, weshalb das Produkt 22ziffrig sein muß.

(5) Beispiel. Wie vielziffrig ist das Produkt:

$$24879898764532684 \times 497583426 35\,?$$

Da hier 24×49 zu einer 4ziffrigen Zahl führt, so ist dies Produkt 28ziffrig.

Man sieht dies auch u. A. so ein: Es ist $24.10^{15} \times 49.10^{9} = 24.49.10^{24}$, also 28ziffrig; da nun die Faktoren noch größer sind, jedoch $17+11=28$ die höchste Anzahl sein kann, so ist 28 die Anzahl der Ziffern des entwickelten Produkts.

(6) Beispiel. Wie vielziffrig ist das Produkt:

$$135784567832167834 \times 77856432689768\,?$$

Da hier $77 \times 13 =$ einer vierziffrigen Zahl ist, so muß das Produkt $18+14=32$ziffrig sein*).

Um die vorstehenden speziellen Gesetze etwas allgemeiner zu fassen, sei:

$$h = \underset{m}{\beta} \ldots p\,\underset{v}{q} \ldots c\,b\,a,$$

$$k = \underset{n}{\beta'} \ldots p'\underset{s}{q'} \ldots c'b'a'.$$

Ist nun:

$$\underset{m}{\beta} \ldots p\,\underset{v}{q}\,0 \ldots 000 \times \underset{n}{\beta'} \ldots p'\underset{s}{q'}\,0 \ldots 000 = \underset{m+n}{\mathbf{z}},$$

*) Späterhin kann man auch die Anzahl der Ziffern eines entwickelten Produkts aus den Logarithmen der Faktoren desselben bestimmen, sobald nur die Logarithmentafeln für den gegebenen Fall ausreichen.

so ist auch h.k numerisch entwickelt = einer $(m+n)$ ziffrigen Zahl, weil $m+n$ die höchste Anzahl der Ziffern ist, selbst wenn keine Nullen, sondern Einheiten bedeutende Ziffern nach q und q' folgen.

Ist ferner:

$$\underset{m}{\beta}\ldots p\underset{v}{q}\ldots cba \times \underset{n}{\beta'}\ldots p'\{\underset{s}{(q+1)'}\}0\ldots 000 = \underset{(m+n)-1}{Z'},$$

so leuchtet ein, daß h.k numerisch entwickelt, zu einer $(m+n-1)$ ziffrigen Zahl führt.

Hiernach dürfen wir nun dreist behaupten, daß Demjenigen, der sich mit den hier gegebenen Andeutungen tüchtig befreundet hat, es auch leicht sein wird, jede hinsichtlich der Ziffern-Anzahlbestimmung gegebene Frage schnell zu beantworten.

2) Verwechselt man die Faktoren und erhält man dasselbe Produkt, so hat man auch hieran eine große Wahrscheinlichkeit, daß das gefundene Resultat richtig ist.

Beispiel.

$$\left.\begin{array}{r} 7843 \\ \times\, 2435 \\ \hline 39215 \\ 23529 \\ 31372 \\ 15686 \\ \hline 19097705 \end{array}\right\} \text{ und als Probe } \left\{\begin{array}{r} 2435 \\ \times\, 7843 \\ \hline 7305 \\ 9740 \\ 19480 \\ 17045 \\ \hline 19097705 \end{array}\right.$$

Weil die beiden höchsten Ziffern 7 und 2 mit einander multiplizirt, eine 2ziffrige Zahl geben, so mußte das Produkt 8ziffrig sein.

3) Da aus $a.b = c$, folgt: $a = c:b$, oder $b = c:a$, so kann man das erhaltene Produkt auch dadurch prüfen, daß man es durch einen seiner Faktoren, gewöhnlich am bequemsten durch den kleineren, dividirt, wodurch sich dann der andere ergeben muß.

Prüft man auf diese Weise das vorige Beispiel, so kommt:

$$\begin{array}{l|l} & 2435 \\ \cline{2-2} 19097705 & 7843 \\ \underline{17045} & \\ 20527 & \\ \underline{19480} & \\ 10470 & \\ \underline{9740} & \\ 7305 & \\ \underline{7305} & \\ 0 & \end{array}$$

also stimmt diese sogenannte Probe. Da jedoch dieselbe in den mehrsten Fällen mühsamer ist, als die Auflösung der gegebenen Aufgabe selbst, so verdient sie weniger für die Praxis berücksichtigt zu werden.

4) Hat man $a.b = c$ gefunden, so ist auch:

(1) $(a \times m)b = c \times m$; $(a\times m)(b\times n) = c.(m\times n)$; $\frac{a}{m}.(b.m) = c$; $\frac{a}{m}.\frac{b}{n} = \frac{c}{mn}$; $(a\pm m).b \mp b.m = c$.

(2) $\alpha.\beta = [(q_1 m + r_1)q_2 + q_1 r_2]m + r_1 r_2$, für $\alpha = q_1 m + r_1$ und $\beta = q_2 m + r_2$, wo r_1 und r_2 kleiner m genommen werden können.

Aus [(2)] scheint für:

$$a_1 = q_1 m + r_1$$
$$a_2 = q_2 m + r_2$$
$$\cdot \quad \cdot \quad \cdot \quad \cdot \quad \cdot \quad \cdot \quad \cdot$$
$$a_k = q_k m + r_k$$

zu folgen: $a_1 a_2 \times \ldots \times a_k = \psi . m + r_1 r_2 \times \ldots \times r_k$,
was durch Anwendung des Multiplikations-Gesetzes [S. 15 bis 17] einleuchtet, indem man

$$a_1 a_2 \times \ldots \times a_k = (q_1 m + r_1).(q_2 m + r_2) \times \ldots \times (q_k m + r_k)$$

für bestimmte numerische Resultanten von k entwickelt.

Wäre nun für $k = t$ wirklich:

$$a_1 a_2 \times \ldots \times a_t = \psi . m + r_1 r_2 \times \ldots \times r_t,$$

so hätte man, wenn $a_{t+1} = q_{t+1} m + r_{t+1}$ gesetzt wird, durch die Multipl.

$$\begin{aligned} a_1 a_2 \times \ldots \times a_t a_{t+1} &= (\psi m + r_1 r_2 \times \ldots \times r_t).(q_{t+1} m + r_{t+1}) \\ &= [(\psi m + r_1 r_2 \times \ldots \times r_t) q_{t+1} + \psi r_{t+1}]m + r_1 r_2 \times \ldots \times r_t r_{t+1} \\ &= \psi' m + r_1 r_2 \times \ldots \times r_t r_{t+1}, \end{aligned}$$

wo der Faktor von m, nämlich $(\psi m + r_1 r_2 \times \ldots \times r_t) q_{t+1} + \psi r_{t+1}$, mit ψ' bezeichnet ist. Gilt demnach unser Gesetz für $k = t$, so findet es auch für $k = t+1$ Statt.

Nun gilt es für $k=t=2$, also gilt es nach [Ω] ganz allgemein.

Man hat deshalb:

(3) $a_1 a_2 \times \ldots \times a_v = \varphi m + r_1 r_2 \times \ldots \times r_v$, wenn $a_1 = q_1 m + r_1; \ldots; a_v = q_v m + r_v$ gedacht ist.

Aus den durch [(1), (2), (3)] vorgestellten Gesetzen ergeben sich beliebig viele Proben, von denen man die für einen gegebenen Fall am mehrsten *praktische* leicht herausfinden wird; auch kann man dieselben mit den früheren in Verbindung zur Anwendung bringen.

[1] *Beispiel.*

$$\begin{array}{r} 956 \\ \times\ 243 \\ \hline 2868 \\ 3824 \\ 1912 \\ \hline 232308 \end{array} \qquad \begin{array}{rl} \multicolumn{2}{c}{\text{Probe.}} \\ 486 & = 243.2 \\ \times\ 478 & = 956:2 \\ \cline{1-1} 3888 & \\ 3402 & \\ 1944 & \\ \cline{1-1} 232308 & \end{array}$$

Oder nach [(3)] prüfe man so: Es lassen 956 und 243 durch 7 dividirt bezüglich die Reste $r_1 = 4$ und $r_2 = 5$, also $r_1 r_2 = 20$, Rest 6; ebenso läßt 232308 durch 7 dividirt den Rest 6. Das Resultat 232308 ist mithin richtig, weil man sich nicht um ein Vielfaches der willkürlich angenommenen Prüfungszahl 7 verrechnet hat. Stimmt diese Probe hingegen nicht, so ist das gefundene Resultat allemal *falsch*. Um durch Anwendung von [(3)] noch mehr Sicherheit zu erreichen, kann man mehrere Prüfungszahlen, und namentlich möglichst große, anwenden.

[2] *Beispiel.*

$$\begin{array}{r} 8347 \\ \times\ 5453 \\ \hline 25041 \\ 41735 \\ 33388 \\ 41735 \\ \hline 45516191 \\ 8347 \\ \hline 45524538 \end{array} \qquad \begin{array}{rl} \multicolumn{2}{c}{\text{Probe.}} \\ 8347 & \\ \times\ 2727 & \\ \cline{1-1} 58429 & \\ 16694 & \\ 58429 & \\ 16694 & \\ \cline{1-1} 22762269 & (2 \\ \cline{1-1} 45524538 & \end{array}$$

Oder durch 7 geprüft, sind die Reste vom Multiplikand und Multiplikator bezüglich 3 und 0, also giebt 3.0 durch 7 dividirt 0 zum Reste und das Resultat ebenfalls.

Prüft man hingegen durch 9, so hat man 4 und 8 für die Reste aus dem Multiplikanden und Multiplikator, also muß 4.8 oder 32 durch 9 dividirt denselben Rest lassen, wie das Resultat 45516191 durch 9 dividirt übrig läßt, was der Fall ist, in dem beide Mal 5 kommt.

[3] *Beispiel.*

$$\begin{array}{r} 87645 \\ \times\ 32142 \\ \hline 175290 \\ 350580 \\ 87645 \\ 175290 \\ 262935 \\ \hline 2817085590 \end{array} \qquad \begin{array}{rl} \multicolumn{2}{c}{\text{Probe.}} \\ 17529 & = 87645:5 \\ \times\ 16071 & = 32142:2 \\ \cline{1-1} 17529 & \\ 122703 & \\ 105174 & \\ 17529 & \\ \cline{1-1} 281708559 & = \tfrac{1}{10}\ \text{d. Res.} \end{array}$$

Oder durch 11 geprüft läßt der Multiplikator den Rest 0, also muß das Resultat durch 11 dividirt, auch den Rest 0 lassen, was der Fall ist. Läßt ein Faktor den Rest 0, so braucht man natürlich nicht den Rest des andern Faktors zu suchen; hier hatte man nicht nöthig den Rest des Multiplikanden zu bestimmen, weil der des Multiplikators = 0 war.

III. Für die Subtraktion. Da aus $a-b=c$, folgt: $a=b+c$, oder $a-c=b$, oder $a-b=(a\pm m)-(b\pm m)$, oder endlich, da

$$\begin{array}{l} \text{für } M = q_1 m + r_1 \\ \text{und } S = q_2 m + r_2 \text{ folgt:} \\ \hline \frac{M-S}{m} = (q_1 - q_2) + \frac{r_1 - r_2}{m}, \end{array}$$

so hat man hierdurch mehrere Proben auf die Subtraktion.

Beispiel.	784324 = M			895435 = M + 111111
ab:	356849 = S		ab:	467960 = S + 111111
	427475 = M—S=R			427475
Erste Probe:	784324 = R + S			**Vierte Probe.**
Zweite Probe:	356849 = M — R			673213 = M—111111
			ab:	245738 = S—111111
				427475

(Die rechte Spalte steht unter der Überschrift: Dritte Probe.)

Fünfte Probe.

		7=m	
	784324	2	
ab:	356849	3	2—3 = —1
	427475	6	6—7 = —1

Oder, da $a=b+c$, so ist der Rest von a, = dem Reste von $b+c$, also hat man die

Sechste Probe.

		9
	784324	1
ab:	356849	8
	427475	2

Also: Rest von $S+R$, = 1 und Rest von M, = 1. Man kann für m jede wirkliche Zahl annehmen. Da man m willkürlich bestimmen kann, so gehen hieraus beliebig viele Proben hervor, die um so praktischer sind, je schneller und sicherer man die Reste für ein angenommenes m finden kann, und je geringer die Wahrscheinlichkeit ist, daß man sich gerade um ein Vielfaches von m verrechnet habe.

IV. Für die Division.

1) Zuerst untersuche man ob der gefundene ganzzahlige Quotient die gehörige Anzahl von Stellen hat. Man siehet nämlich nach, wie viele Stellen vom Dividend noch übrig bleiben, nachdem das Produkt der höchsten Stelle des ganzzahligen Quotienten in den Divisor, vom Dividend abgezogen, und addirt zu dieser Zahl noch 1.

(1) Beispiel.

$$\begin{array}{r|l} & 987 \\ \cline{2-2} 8730456876435 & 8\ldots\ldots\ldots \\ \underline{7896} & \end{array}$$

Nachdem hier vom Dividend $987.8 = 7896$ subtrahirt ist, bleiben noch 9 Stellen des Dividends übrig, also hat der ganzzahlige Quotient $9+1 = 10$ Stellen.

Man übersieht die Anzahl der Stellen auch sogleich, wenn man den Divisor über den Dividend setzt. Ist z. B. 8765 der Divisor und 104568321 der Dividend, so hat man:

$$\begin{array}{l} 8765 \\ 104568321, \end{array}$$

also kommen 5 Stellen.

(2) Beispiel.

$$\begin{array}{r|l} & 2145 \\ \cline{2-2} 3456876543216834 & 1 \\ \underline{2145} & \end{array}$$

Es bleiben nun noch 12 Stellen vom Dividend übrig, also findet man $12+1 = 13$ Stellen.

2) Da aus $\frac{D}{d} = q + \frac{r}{d}$ folgt: $D = q.d + r$, so geht hieraus die Probe der Division hervor.

Beispiel.

$$\begin{array}{r|l} & 265 = d \\ \cline{2-2} D = 745321 & 2812 = q \\ \underline{530} & \\ 2153 & \\ \underline{2120} & \\ 332 & \\ \underline{265} & \\ 671 & \\ \underline{530} & \\ 141 = r. & \end{array}$$

Nach [1)] stimmt die Anzahl der Ziffern von q. Ferner hat man aus $D = qd + r$,

$$745321 = 2812 \times 265 + 141 = 745180 + 141.$$

3) Man kann auch folgende Beziehungen berücksichtigen:

$$D - r = qd, \qquad \frac{D-r}{q} = d, \qquad \frac{D-r}{d} = q,$$

$$\frac{D}{d} = \frac{D \stackrel{\times}{:} n}{d \stackrel{\times}{:} n}, \qquad \frac{D}{d} = \frac{D \stackrel{\times}{:} n}{d} \stackrel{:}{\times} n, \qquad \frac{D}{d} = \frac{D}{d \stackrel{\times}{:} n} \stackrel{\times}{:} n,$$

$$\frac{D}{d} = \frac{D \pm k}{d} \mp \frac{k}{d}, \text{ u. s. w.}$$

Welche unter diesen Proben die bequemste ist, muß der vorgelegte spezielle Fall entscheiden. Gewöhnlich bedient man sich der vorhin angewandten weitläuftigen Probe: $D = qd + r$.

Aus dieser Gleichung ergeben sich noch beliebig viele kürzere Proben; denn nach [Seite 646 (2)] hat man den Satz:

„Der Rest des ganzzahligen Quotientengliedes mit dem Rest des Divisors multiplizirt und hierzu den Rest vom Divisionsreste addirt, giebt eine Summe, die denselben Rest lassen muß, wie der Dividend".

Trifft diese Probe für irgend eine zur Prüfung angenommene wirkliche Zahl m nicht zu, so ist die Rechnung stets falsch; trifft sie zu, so braucht sie nicht nothwendig richtig zu sein, indem der Rest von a dividirt durch m noch derselbe bleibt, wenn man entweder ein Vielfaches von m zu a addirt, oder davon subtrahirt; d. h. a läßt durch m dividirt denselben Divisionsrest, wie $a \pm m\beta$ durch m dividirt übrig läßt, indem $(a \pm m\beta):m = a:m \pm \beta$ ist.

Nimmt man, um hiervon eine Anwendung zu geben, im vorigen Beispiele für m irgend eine wirkliche Zahl an, so hat man für $m = 11$:

Rest von 265 für 11 als Divisor: . . . = 1
Rest von 2812 für 11 als Divisor: . . . = 7
Rest von 141 für 11 als Divisor: . . . = 9
Rest für 11 als Divisor von $\overline{(1 \times 7 + 9)} = 5$
Rest von 745321 für 11 als Divisor . . . . = 5,

mithin stimmt die Probe, was nun aber auch der Fall sein würde, wenn man sich um irgend ein Vielfaches der angenommenen Prüfungszahl verrechnet hätte, indem $2812 \times 265 + 141$ durch 11 dividirt denselben Rest läßt, als $2812 \times 265 + 141 \pm 11\alpha$, wo für α beliebig 1, 2, 3, ... $\sim$ angenommen werden darf *).

*) Bei diesen Proben ist es von Wichtigkeit, daß man die Reste für jeden beliebigen Divisor m, ohne die Division zu verrichten, höchst einfach bestimmen kann.

Späterhin werden sich noch beliebig viele Proben aus der Theorie der Reste und den Rechnungsverkürzungen ergeben, die meistens bequemer und *praktischer* sind, als die hier behandelten. Von allen Proben kann man jedoch allgemein behaupten: war die Probe richtig gerechnet und stimmt sie nicht, so ist das gefundene Resultat stets falsch, stimmt sie, so erhält man nur eine Wahrscheinlichkeit, daß man richtig gerechnet habe, eben weil man sich in der Probe, sobald sie nicht höchst einfach ist, um so eher verrechnet haben kann, und bei den Restproben um ein Vielfaches der Prüfungszahl gefehlt werden konnte.

Je *leichter* und *sicherer* die Probe ist, um so mehr *praktischer* ist sie auch. Der Grad der erwähnten *Wahrscheinlichkeit* läßt sich leicht in jedem einzelnen Falle übersehen.

Da die vier Spezies das Fundament *alles Kalkulirens* ausmachen, so ist der Gedanke: „*solche auf das Gründlichste zu erfassen*", von *höchster* Bedeutung. Aus diesem Grunde wollen wir es in den nächsten Nummern versuchen, was in dieser Hinsicht geleistet werden kann.

60. Vortheile und Sicherheitsregeln bei der numerischen Addition.

1) Da das sichere und schnelle numerische Addiren von höchster Wichtigkeit ist, so hat man vor allen Dingen dafür zu sorgen, daß man sich darin eine sehr große Fertigkeit erwirbt, ehe man zu den übrigen Operationen fortschreitet.

Das sogenannte „*Kopfrechnen*" muß stets in der umfassend-

So findet man z. B. den Rest für den Divisor **11** von der Zahl **1428793243** wie folgt: **1** von **4** bleibt **3**; **3** von **2** bleibt **—1**; **—1** von **8** bleibt **9**; **9** von **7** bleibt **—2**; **—2** von **9** bleibt **0**; **0** von **3** bleibt **3**; **3** von **2** bleibt **—1**; **—1** von **4** bleibt **5**; **5** von **3** bleibt **—2**, also **9**. Diese Methode ist bei weitem einfacher, leichter und bequemer, als *jede* der mir bekannten, daß man z. B. von der Summe der in ungerader Stelle u. s. w. Derjenige, welcher mit den negativen Zahlen noch nicht schnell rechnen kann, möge so verfahren: **1** von **4** bleibt **3**; **3** von **13** bleibt **10**; **10** von **19** bleibt **9**; **9** von **18** bleibt **9**; **9** von **9** bleibt **0**; **0** von **3** bleibt **3**; **3** von **13** bleibt **10**; **10** von **15** bleibt **5**; **5** von **14** bleibt **9**.

Es wird nämlich stets **11** zum Minuend gezählt, wenn er kleiner sein sollte als der Subtrahend. Hierdurch geht aber der vorige Vortheil oft wieder verloren, und man muß, wie man hier mit Recht verlangen kann, die Rechnung mit negativen Zahlen vorher gründlich verstehen. Weiterhin wird gezeigt werden, daß gerade die zu obigem Zwecke *bisher als unbrauchbar verworfenen Prüfungszahlen* höchst *bequem* und *praktisch* angewendet werden können.

sten Gründlichkeit dem schriftlichen vorangehn und erst dann können und müssen beide mit einander in gehöriger Verbindung vorgetragen werden. Ersteres erhält einen um so größeren Umfang und Reiz, je mehr man sich mit den überall anzubringenden Kunstgriffen befreundet, welche ein vorangegangenes umfangreiches Wissen der Theorie hervorruft.

Man berücksichtige bei allem Rechnen folgende vier Hauptpunkte:

A) Vor allen Dingen ist zu empfehlen, daß man bei allen Rechnungen die höchste Akuratesse und Deutlichkeit im Schreiben der Zahlzeichen beobachtet, weil sich sonst leicht Fehler durch Undeutlichkeit einmischen.

B) Man suche die Operationen so durchzuführen, daß man dabei so wenig als irgend möglich rechnet und aufschreibt, indem man auf die gegenseitige Hülfe der Operationen, auf ihre gegenseitige Vernichtung und Aufhebung reflectirt.

C) Man übe sich durch einen Blick die einfach hervorgehenden Resultate gleich anzugeben, ohne erst zu wiederholen, was geschehen soll, indem dies nur störend und verwirrend einwirkt.

D) Kommen in einer Rechnung unbequeme Zahlen vor, so ist es oft vortheilhaft dieselben so umzuformen, daß man statt jener Zahlen solche einführt, mit denen leicht operirt werden kann. Hier sind namentlich die Potenzen von 10 zu berücksichtigen.

Hinsichtlich des numerischen Addirens bemerken wir zunächst:

a) Man übe sich im Zusammenzählen der einziffrigen Zahlen, indem man dieselben entweder auf eine gerade oder auf eine Kreislinie schreibt und nun so lange zusammen zählt, bis man sich die gehörige Fertigkeit im Addiren erworben hat. Man fangt bei diesem Zusammenzählen wechselsweise an verschiedenen Punkten an.

So hat man z. B. aus: 1, 2, 3, 4, 5, 6, 7, 8, 9 folgende Übung.

$1+2=3$, $+4$ giebt 7; $+5$ giebt 12; $+6$ giebt 18; $+7$ giebt 25; $+8$ giebt 33; $+9$ giebt 42; $+5$ giebt 47; $+6$ giebt 53 u. s. w.

b) Hierauf stelle man dieselben Übungen, jedoch zunächst nicht schriftlich, mit den zweiziffrigen Zahlen an.

c) Ähnliche Abkürzungen, wie sie sich schon beim numerischen Addiren einziffriger Zahlen z. B. bei:

$$8+3=(8+2)+1=11 \qquad 8+7=(8+2)+5=15$$
$$7+4=(7+3)+1=11 \qquad 9+7=(9+1)+6=16$$
$$9+5=(9+1)+4=14 \qquad 8+8=(8+2)+6=16$$
$$8+6=(8+2)+4=14 \qquad 9+8=(9+1)+7=17$$
$$9+6=(9+1)+5=15 \qquad 9+9=(9+1)+8=18$$

ergeben, wende man überall, wo es vortheilhaft ist, an.

Hat man zur zweiziffrigen Zahl ba die einziffrige α zu addiren und ist $a+\alpha$ über 9, so setze man den Überschuß als Einer und $b+1$ als Zehner numerisch unmittelbar hin.

Bei dem Addiren der beiden zweiziffrigen Zahlen $b'a'$ und ba blicke man auf die Zehner und setze $b'+b$ oder $b'+b+1$ als Zehner hin, je nachdem ein Überschuß aus den Einern erwächst oder nicht und stelle die kommenden Einer hinter die Zehner.

(1) **Beispiel.** Für 78 und 86 sage man: 16, 4 also 164, denn es kam 1 Zehner herüber zu den 7 und 8 oder 15 Zehnern.

(2) **Beispiel.** Für 98 und 57 sagt man: 15, 5 also 155. Noch kürzer: $(98+2)+55=155$.

(3) **Beispiel.** Für 897 und 987 heißt es 18, 8, 4 also 1884.

(4) **Beispiel.** Für $978+876+357$ heißt es 22, 1, 1 also ist das Resultat 2211. Oder: $(9+8+3)$ Hundert $+80.2+51=2211$.

Auf diese Weise kann man nach einiger Übung sehr schnell im Kopfe die Summe mehrerer vielziffriger Zahlen angeben.

Das Verfahren läßt sich jedoch im mündlichen Vortrage weit deutlicher angeben, indem sich das Wesen und die Schnelligkeit des rein praktischen Blicks, der Darstellung fast entzieht; man muß so *rechnen* sehen.

Weichen zwei numerisch zu addirende Zahlen wenig von einander ab, so kann man die kleinere verdoppeln und dazu den Unterschied beider addiren.

So hat man z. B.:

$$17+19=17.2+2=36; \quad 74+78=74.2+4=148+4=152.$$

Dies gilt auch für mehrere Zahlen: $28+29+32=28.3+5=84+5=89$.

Auch kann man sich die Addition oft dadurch erleichtern, daß man von dem einen Summanden eine oder mehrere Einheiten wegnimmt und sie dafür zum anderen Summanden wieder addirt:

$39+41=40+40=40.2=80$; $39+79=(40+80)-2=120-2=118$; $69+78=(70+80)-3=150-3=147$; $496+198+16=500+200+(16-6)=710$.

Hat man drei Zahlen von der Form a, $a+1$, $a+2$, so ist: $a+(a+1)+(a+2)=(a+1).3$.

So ist hiernach z. B. $17+18+19=18.3=54$; $84+85+86=85.3=255$; $326+327+328=327.3=981$.

Hier mögen noch einige Beispiele für die Addition zur Übung im sogenannten Kopfrechnen folgen:

19+19= 38	29+29= 58	49+39= 88	79+49=128	79+69=148
29+19= 48	39+29= 68	59+39= 98	89+49=138	89+69=158
39+19= 58	49+29= 78	69+39=108	99+49=148	99+69=168
49+19= 68	59+29= 88	79+39=118	59+59=118	79+79=158
59+19= 78	69+29= 98	89+39=128	69+59=128	89+79=168
69+19= 88	79+29=108	99+39=138	79+59=138	99+79=178
79+19= 98	89+29=118	49+49= 98	89+59=148	89+89=178
89+19=108	99+29=128	59+49=108	59+59=118	89+99=188
99+19=118	39+39= 78	69+49=118	69+69=138	99+99=198

Man berücksichtige zur Erläuterung und Übung folgende Beispiele: $39+29=(40+30)-2=68$; $29+19=(30+20)-2=48$ oder $=(29+20)-1$; $49+39=50+38=88$; $38+28=(40+30)-4=66=40+26$; $48+38=(50+40)-4=50+36=86$; $48+58=(50+50)+6=106$; $568+428=(570+430)-4=996$ oder $=(500+400)+(70+26)=(500+400)+(60+20)+(10+6)$ oder $=(900+80)+10+6$; $37+68+43+72=(40+70).2=220$ oder $=37+43+68+72=[(37+3)+(43-3)]+[(68+2)+(72-2)]$ oder $=40.2+70.2=(40+70).2=110.2=220$; $76+84+77+43=[(76+4)+(84-4)]+[(77+3)+40]=80.3+40=280$ oder so: $70+80+70+40$ ist $70.2+120=260$ und hierzu noch $6+4+7+3$ oder 10.2, giebt 280.

Auf diese Weise übe man sich, die gegebenen Zahlen zu behalten, und die Addition den gegebenen Andeutungen gemäß zu verrichten und es wird immer gelingen, sobald der festzuhaltenden Zahlen nicht so viele sind.

Hat man z. B. $4785+2634+3387$,
so heißt es:

4 Tausend und 2 Tausend und 3 Tausend sind 9 Tausend;
7 Hundert und 6 Hundert und 3 Hundert sind 16 Hundert oder 1 Tausend und 6 Hundert;

also zusammen: 10 Tausend und 6 Hundert;

ferner: achtzig und dreißig und achtzig sind zwei mal achtzig oder 160 und 30, sind 190,

also zusammen: 10 Tausend 700 und 90;

endlich: 5+4+7 sind 16,

also zusammen: 10 Tausend 800 und 6 oder 10806.

Nachdem man sich nun vermöge [a), b), c)] im nicht schriftlichen Addiren die gehörige Fertigkeit erworben hat, wird man von den nun noch folgenden Bemerkungen über diese Operation einen praktischen Gebrauch machen können.

2) Addirt man auf gewöhnliche oder auf irgend eine andere Weise, so ist es stets sicherer, wenn man hiezu der nächsten Kolonne hinüberzuzählenden Zahlen etwas tiefer mit kleiner Schrift unten anmerkt, wodurch man dem Gedächtnisse weniger überläßt und bei etwaniger Störung nicht immer wieder von vorn anzufangen braucht. Z. B.

```
 6849
 7883
 9768
 8768
 9878
-----
43146
 4 3 3
```

3) Hat man viele mehrziffrige Zahlen numerisch zu addiren, so rechnet man sicherer und bequemer, wenn man an der Stelle, wo man zehn Einheiten zusammengezählt hat, einen Punkt macht und wenn man über zehn Einheiten erhält, eben so mit dem Überschuß weiter rechnet. Hat man z. B.

```
 8·9·7·5·
 6·8·4 9·
 5 4 3 8
 9·7·6·8·
 3 4 7·6·
 8·5·9 7
 6·8 4·3·
 7 8·6 5
 4·9·8·4·
 9·7·6·8
---------
 7 2 5 6 3
   7 6 6
```

Wörtlich: 8 und 4 ist 12, also (·) und 2; 2 und 5+3 ist 10, also (·); 7 und 6 ist 13, also (·) und 3; 3 und 8 ist 11, also (·) und 1; 1 und 8 und 9 ist 18, also (·) und 8; 8 und 5 ist 13, also (·) und 3.

Demnach addirt man 6 Zehner, die durch die sechs Punkte gegeben sind, zur nächsten Kolonne: 6 und 6 ist (·) und 2; 8 und 2 ist (·) und fährt auf diese Weise bis zu Ende fort.

Beispiele.

(1)	(2)	(3)	(4)
6668·	71·8·9·4·7·36·5	5·7·89·	39·43568·
6·5·2·3	5·235·47682·	236·8·	8·9·23·7·6·8·
3478·	247·35·6·7·2·1	24·9·7·	88·8·9·213
8·6·4·2	14·7·657·9·32	2·563	2·24·78·9·5·
29·37·	7·282·6·25·24	18·2·7·	788·7·35·2
7·68·2	2321·25627·	26·65	5·213472
19·36	6·9·837·5·6·8·7·	239·4·	8·6·7·2·3·6·2
6·9·38·	342·13427·3	456·9·	576·78·7·9·
822·2	47·68·59·37·9·	1·2·34	23·69·175·
2·9·33·	8·426·5·7·123	567·8·	5·35·9·27·8
46·55	45·6·79·33·66·	18·76	59273962
153·7·	7·7·322282·3	5·43·2·	6 5 6 4 6 5
18·16	4·79·6·6·4·5·93	67·8·9	
1214·	55·6·7·8252·3·	18·53·	
18·00	6·7·8·9·2·7·3·27	2·6·5·7	
1·7·9·6	7903314945	50191	
68777	8 9 8 8 8 7 7 6	9 9 9	
10 6 7			

(5)	(6)	(7)	(8)
8·78·9·	6·7·9·8·34	7·7·8·6	147·8·9·32
7·8·56·	57657·9·	34·23·	5·9·6·7·656·
9·8·7·3	35·3·6·5·7·	5·96·8	7·8·889·8·9·
78·7·3·	3·7·38·32	43·27·	78·9·2·3·6·1
4·586	39301 6·	8·732	5·16·1718
78·9·7·	56·8·47·9·	49·6·6·	19·14131·
5·48·8·	6·6·8·8·27	1122	217·8·9·4·5
9·7·6·5	9·73225·	3·3·44·	32697·84
78·58·	6·8·9·346	556·6	5·36·27·9·8·
4·57·8·	85·26·6·7·	7·7·8·8·	35·7·9·46·8·
34·54	7·9·5·8·8·6·	9·9·11	7·9·345·7·3
6·8·5·8·	6·3219·8	2325·	8·9·8·4·231
8·9·7·5	7557546	6·7·8·9	61613586
93850	8 6 6 6 7	72047	7 8 7 7 6 5
9 9 8		8 6 6	

(9)	(10)
178·3·479·65·2365·62·9·	79·84·36·59·4·568·4·7·
37·9·84·6·5·7·6·8·42·7·6·38	7·8·4·65·34·7·69·5·347·
7·329·27·9·8·423·16627·	7·369·845736·8432
33·7·8·42938·25135·7·6·	76·3·2106·7·3·78·8·8·8·
9·19·9·7·68·8·45·361·245	7·449·8·9·5349·9·9·9·9
39·27·8·8·28·9·7·3·6·66·7·4·	382827485399513 *).
2·9·7·8·17·9·819·213243	3 2 3 2 2 2 3 2 3 3 3 3 3
1234657·8·8·79·8·1·9·21	
1559·4·3·5·4·6·5·7·6·879·8·	
16·3·2213243546·5·6·7	
36821792804861918	
5 6 7 4 5 7 6 6 5 4 4 5 5 5 5	

*) Dies Verfahren ist bei der Rechnung mit benannten Zahlen überall mit gro=

Es ist bequem, wechselsweise auch die einzelnen Posten von unten nach oben und umgekehrt zu addiren; also den 1sten von unten nach oben, den 2ten von oben nach unten, den 3ten von unten nach oben u. s. w. Man achte hierbei wesentlich darauf, die Zahlen, welche sich zu 10, 20, ... ergänzen, gleich zusammenzufassen.

Hat man z. B. $8+2+6+4+9+7+4$, so heißt es: 10, 20, 30, 36, 40. Da wo zwei Zahlen addirt über 10 geben, addirt man den Überschuß gleich zur nächsten. Nochmals machen wir aufmerksam, daß wir bei allen Operationen nur die zu verbindenden Zahlen ansehen, und das Resultat gleich angeben.

Bemerkung. Die Punkte müssen recht deutlich gesetzt werden, und man muß ihre Anzahl genau zählen. Man kann dies Zählen ver-

---

ßem Vortheil anzuwenden. Hat man z. B. 18 Sgr., 19 Sgr., 28 Sgr., 29 Sgr., 6 Sgr., 12 Sgr., 24 Sgr., 26 Sgr., 25 Sgr., 29 Sgr., 25 Sgr. zu vereinigen, so siehet die Ausrechnung so aus:

18 Sgr. (˙, 1); 19 Sgr. (˙); 28 Sgr. (˙); 29 Sgr. (˙); 6 Sgr.; 12 Sgr.; 24 Sgr. (˙); 26 Sgr. (˙); 25 Sgr. (˙); 29 Sgr. (˙); 25 Sgr.

Die Anzahl der Punkte beträgt 8, also haben wir 8 Thlr. 1 Sgr.

Nämlich von 25 Sgr., 1 Sgr. zu den 29 Sgr. giebt 1 Thlr., was der neben 29 Sgr. gesetzte Punkt anzeigt; von 24 Sgr., 5 Sgr. zu 25 Sgr. giebt (˙); von 19 Sgr., 4 Sgr. zu 26 Sgr. giebt (˙) u. s. w.

Um nicht nöthig zu haben die Punkte zu zählen, kann man noch u. A. wie folgt verfahren:

$\overbrace{18\text{ Sgr.};}^{8\text{ Thlr. }1\text{ Sgr.}}$ $\overbrace{19\text{ Sgr.};}^{7}$ $\overbrace{28\text{ Sgr.};}^{6}$ $\overbrace{29\text{ Sgr.};}^{5}$ 6 Sgr.; 12 Sgr.; $\overbrace{24\text{ Sgr.};}^{4}$

$\overbrace{26\text{ Sgr.};}^{3}$ $\overbrace{25\text{ Sgr.};}^{2}$ $\overbrace{29\text{ Sgr.};}^{1}$ 25 Sgr.

Soll man ferner addiren:

48 Thlr. 27 Sgr. 10 Pf.; 37 Thlr. 29 Sgr. 11 Pf.; 59 Thlr. 23 Sgr. 8 Pf.; 87 Thlr. 24 Sgr. 6 Pf.; 69 Thlr. 28 Sgr. 9 Pf.; 57 Thlr. 16 Sgr. 5 Pf., so hat man:

Pfennige:	10,	$\dot{11}$,	$\dot{8}$,	6,	$\dot{9}$,	$\dot{5}$	1 Pf.
Groschen:	$\dot{27}$,	$\dot{29}$,	23,	$\dot{24}$,	$\dot{28}$,	$\dot{16}$	1 Sgr.
Thaler:	$\underset{\cdot}{48}$,	$\underset{\cdot\cdot}{37}$,	$\underset{\cdot}{59}$,	$\underset{\cdot}{87}$,	$\underset{\cdot}{69}$,	$\underset{\cdot\cdot}{57}$	362 Thlr.

Das Resultat ist also: 362 Thlr. 1 Sgr. 1 Pf.

Die Rechnung geht auf diese Weise höchst bequem, schnell und sicher vor sich, indem man nur mit den über die Eintheilungszahlen fallenden Überschüssen zu operiren hat.

Wir werden späterhin hierauf zurückkommen und zeigen, daß der Vortheil derselbe ist, gleichgiltig ob die Eintheilungszahl 30 oder eine andere ist.

selben noch dadurch ersparen, daß man entweder neben der Rechnung selbst, oder auf einem besondern Papierstreifchen, statt: (˙), (˙), u. s. w., zugleich 1, 2, 3, 4, u. s. w. setzt, wo dann die zuletzt geschriebene Zahl die Anzahl aller Punkte in dem jedesmaligen Posten angiebt. Dies wäre namentlich bei großen Additionen zu berücksichtigen.

4) Leicht gewöhnt man sich daran die Summe zweier Zahlen auf einen Blick zu erkennen, und so kann man dann sehr schnell addiren. Dies soll durch folgendes Beispiel erklärt werden:

8	7	9	4
7	8	4	8
5	7	6	8
9	7	4	5
9	8	3	4
8	7	6	8
50	7	5	7
	4	3	3

Nämlich: 12 und 13 ist 25 und 12 ist 37; 12 und 10 ist 22 und 13 ist 35; 18 und 14 ist 32 und 15 ist 47; 21 und 14 ist 35 und 15 ist 50.

Bei der wirklichen Durchführung heißt es aber nicht 12 und 13 sind 25, sondern man sieht die Summanden an oder nennt gleich ihre Summe 25, indem das fortwährende Wiederholen störend einwirkt.

5) Durch einige Übung bringt man es auch bald dahin zwei Kolonnen auf ein Mal zu addiren. So hat man im vorigen Beispiele: $68+34=102$; $102+45=147$; $147+68=215$; $215+48=263$; $263+94=357$; 57 wird unter die beiden ersten Kolonnen gesetzt. Dann: $3+87+98=188$; $188+97=285$; $285+57=342$; $342+78=420$; $420+87=507$. Letztere Zahl 507 wird unter die beiden letzten Kolonnen gesetzt.

6) Kommen einander gleiche Ziffern öfter vor, so besteht ein Vortheil darin, daß man sie durch die Multiplikation zusammenzieht.

Z. B.

849
795
849
795
849
795
899
5831
5 5

Also: $9.4+3.5 = 36 + 15 = 51$;
$9.4+4.3+5 = 12.4 + 5 = 53$;
$8.4+7.3+5 = 32+21+5 = 58$.

Auch so: $[(849+795).3+900]-1 = 5831$.

Der Vortheil tritt nur dann ein, wenn lange Additions-Aufgaben, und viele gleiche Ziffern in jeder einzelnen Kolonne vorkommen.

Hierher gehören noch folgende Beispiele:

5 4 8	7 8 4 5
4 5 1	3 2 6 5
7 3 6	4 8 7 6
2 6 3	6 2 3 4
8 4 5	9 4 1 8
1 5 4	1 6 9 2
3 2 4	3 3 3 3 0
6 7 3	
3 9 9 4	

7) Bei sehr langen Additionen zerlegt man oft, um sicherer zu rechnen, die Aufgabe in zwei oder mehrere Theile.

8) Sind die zu addirenden Zahlen nur um wenige Einheiten von $a.10^m$ verschieden, so kann man wie folgt verfahren.

$$\begin{array}{rcl} 8999 & = & 9000 - 1 \\ 7998 & = & 8000 - 2 \\ 6999 & = & 7000 - 1 \\ 1996 & = & 2000 - 4 \\ 7995 & = & 8000 - 5 \\ 5999 & = & 6000 - 1 \\ 4998 & = & 5000 - 2 \\ 3999 & = & 4000 - 1 \\ 2997 & = & 3000 - 3 \\ 3999 & = & 4000 - 1 \\ \hline 55979 & = & 56000 - 21 = 55979. \end{array}$$

Beim praktischen Rechnen schreibt man gleich ohne weiteres $56000 - 21 = 55979$ hin ohne erst zu zerlegen.

Durch Anwendung der Multiplikation, in Betreff der gleichen Ziffern, wäre man hier fast eben so schnell zum Ziele gekommen.

Bemerkung. Da man in willkürlicher Ordnung addiren darf, so kann man mit jeder beliebigen Kolonne beginnen. Z. B.

7849	7849	7849
8976	8976	8976
4586	4586	4586
7345	7345	7345
26	25	26
25	26	25
23	26	23
26	23	26
28756	28756	28756

Die Addition von links nach rechts ist in der Praxis z. B. bei der Rechnung mit Dezimalbrüchen, wo man oft nur die höchsten Stellen braucht, sehr wichtig.

61. Vortheile und Sicherheitsregeln bei der Subtraktion.

Als einleitende Vorübungen für die Subtraktion berücksichtige man folgende Punkte.

a) Man übe sich vorher im nicht schriftlichen Subtrahiren und zwar erstens: der einziffrigen von den zweiziffrigen Zahlen, indem man von 99 herunter, wechselsweise bald 9, bald 8 u. s. w. subtrahirt, z. B. 99 — 9 = 90, — 8 = 82, — 7 = 75, — 4 = 71, — 6 = 65, — 4 = 61, — 2 = 59, — 3 = 56, — 9 = 47, — 8 = 39, — 5 = 34, — 6 = 28, — 4 = 24, u. s. w.

Man kann auch erst 9, dann 8, dann 7, u. s. w. als Subtrahend annehmen und so von 99 ab rückwärts schreiten.

Dieselben Übungen beginne man zweitens mit 999 und 2, 3, 4, 5, 6, 7, 8, 9.

b) Ähnliche Übungen wie in [a)] stelle man mit den zweiziffrigen Zahlen an; man nimmt 99 als Minuend und 10, 11, 12, . . . zu Subtrahenden an: 99 — 10 = 89, — 11 = 78, — 12 = 66, — 13 = 53 u. s. w.

c) Diese Übungen erweitere man, bis man mit Leichtigkeit die numerische Differenz zweier vielziffrigen Zahlen, ohne dieselben vorher aufzuschreiben, schnell angeben kann.

Um in Anwendung von [a), b), c)] schnell fortzukommen, berücksichtige man noch die Andeutungen:

56—38 = (56—36)—2 = 20—2 = 18, oder 56—38 = (56—40)+2 = 16+2 = 18, oder 56—38 = (60—40)—2 = 18.

d) Man hat: 78—9 = 79—10 = 69; 57—19 = 58—20 = 38; 67—38 = (67—37)—1 = 29; 91—67 = (91—61)—6 = 24; 78—49 = (78—50)+1 = 28+1 = 29, oder 78—49 = (80—50)—1 = 29, 357—268 = 100—11 = 89; 997—99 = 998—100 = 898.

Sucht man 5897 von 8734, so ist 5 Tausend von 8 Tausend = 3 Tausend; 1 Hunderter von 3 Tausender bleibt 2 Tausend 9 Hundert; 6 Zehner von 9 Hundert bleibt 8 Hundert und 4 Zehner; 3 Einer von 4 Zehner bleibt 3 Zehner und 7 Einer; also ist das Resultat = 2837.

Wir hatten nämlich: 8 Hundert von 7 Hundert bleibt — 1 Hundert; 9 Zehner von 3 Zehnern blieb — 6 Zehner; 7 Einer von 4 Einern blieb — 3 Einer, woraus sich die Rechnung erklärt.

Rechnet man in positiv, so heißt es:

5 Tausend von 7 Tausend bleibt 2 Tausend; 8 Hundert von 16 Hundert (besser: 9 Hundert von 17 Hundert) bleibt 8 Hundert; 9 Zehner von 12 Zehnern (besser: 10 Zehner von 13 Zehner) bleibt 3 Zehner; 7 Einer von 14 Einern bleibt 7 Einer.

Hiernach sind nun für die schriftliche Subtraktion noch folgende Punkte zu beachten.

1) Weil $a - b = (a + m) - (b + m)$ ist, so subtrahirt man wie im folgenden Beispiele gezeigt wird.

Beispiel. 7300452342343546
ab: 2·9·3·0·4·6·8·4·5·8·5·6·8 2 3·7
4369983883775309

Nämlich: 7 von 16 bleibt 9; 4 von 4 bleibt 0; 2 von 5 bleibt 3; 8 von 13 bleibt 5; 7 von 14 bleibt 7; 6 von 13 bleibt 7; 9 von 12 bleibt 3; 6 von 14 bleibt 8; 5 von 13 bleibt 8; 9 von 12 bleibt 3; 7 von 15 bleibt 8; 5 von 14 bleibt 9; 1 von 10 bleibt 9; 4 von 10 bleibt 6; 10 von 13 bleibt 3; 3 von 7 bleibt 4.

Man subtrahirt jede Ziffer des Subtrahends von jeder darüber stehenden des Minuends, so lange erstere nicht größer als letztere ist. Ist dies aber der Fall, so addire man vorher zur Ziffer des Minuends 10 Einheiten oder denke sich vor ihr zur Linken eine Eins, und subtrahire dann; dafür denke man sich aber für die folgende Ziffer des Subtrahends die nächst höhere, was durch den Punkt angezeigt wird und subtrahire nun wieder wie vorhin *).

*) Diese Subtraktion gewährt u. A. große Erleichterung bei den benannten Zahlen. Wir verbinden sie späterhin mit einem Vortheil, den wir am folgenden Beispiele berühren wollen:

783 Centner 57 Pfund 17 Loth 2 Quentchen
ab: 216 " 59 " 19 " 3 "

Wir rechnen wie folgt: 3 von 2 ist —1, also 3 Quentchen; 20 von 17 ist —3, also 29 Loth; 60 von 57 ist —3, also 107 Pfund; 7 von 13 ist 6; 2 von 8 ist 6; 2 von 7 ist 5, also: 566 Ctr. 107 Pfd. 29 Loth 3 Quent. als Rest.

Hierbei fällt das sogenannte „Borgen," das „unnütze Hinzuaddiren" gänzlich fort und man rechnet leichter, sicherer und bequemer.

Auch für Diejenigen, welche noch nicht rasch mit den negativen Zahlen (negativ benannte Zahlen existiren nicht) operiren können, werden wir eine Methode mittheilen, die ebenfalls kürzer als die gewöhnliche ist.

Bald bringt man es dahin, daß man die Punkte nicht mehr zu setzen braucht, indem man beim Subtrahiren von rechts nach links stets die Zifferzahl im Subtrahend um 1 größer ansieht, wenn bei der nächstvorhergehenden Subtraktion die Zifferzahl des Subtrahends größer war, oder wurde, als die darüber stehende des Minuends.

Hat man sich diese Methode gehörig eingeübt, so wird und muß man nicht mehr die gewöhnliche anwenden, weil letztere aus den von selbst in die Augen fallenden Gründen, und namentlich für höhere Rechnungen, unbequem und unsicherer ist.

2) Oft steht in den Anwendungen (z. B. beim Gebrauche der Logarith.-Tabelle) der Subtrahend oben und der Minuend unten. Deshalb übe man sich die Subtraktion auch in dieser Stellung eben so schnell und sicher zu vollziehen.

z. B. Subtrahend: 87342034123
Minuend: 92011023012
4668988889;

3 von 12 bleibt 9; 3 von 11 bleibt 8; 2 von 10 bleibt 8; 5 von 13 bleibt 8; 4 von 12 bleibt 8; 1 von 10 bleibt 9; 3 von 11 bleibt 8; 5 von 11 bleibt 6; 4 von 10 bleibt 6; 8 von 12 bleibt 4; 9 von 9 bleibt 0.

3) Hat der Minuend oder Subtrahend, oder haben beide, die Form $a.10^m - 1$, so kann man in solchen Fällen schnell zum Ziele gelangen.

So hat man: $256 - 99 = 257 - 100 = 157$; $326 - 98 = 328 - 100 = 228$; oder so: $326 - 98 = (326 - 100) + 2 = 228$. Ferner $23456 - 997 = 23459 - 1000 = 22459$.

(1) Beispiel.

7684321521
4599999999
3084321522

Man subtrahirt: 9 von 11 bleibt 2, und läßt hierauf die Ziffern 8432152 des Minuends folgen und subtrahirt dann 46 von 76 bleibt 30; denn man hatte:

7684321521
4600000000 — 1
3084321522

(2) Beispiel.

7562348 oder 7562348
3999994 — 4 + 6
3562354 3562354

Es ließen sich noch endlos viele Fälle anführen, in denen man kürzer als gewöhnlich subtrahiren kann. Wir lassen uns darauf nicht weiter ein, indem wir nur aufmerksam machen müssen, wann im Allgemeinen kürzere Wege im Operiren stattfinden.

4) Man übe sich an vielen Beispielen die Subtraktion statt von rechts nach links, im Gegentheile von links nach rechts zu vollziehen, weil es in vielen Anwendungen von wesentlichem Nutzen ist.

Beispiel.

```
 4503210432124
 2602673587689
──────────────
 1900536844435
```

Wörtlich: 3 von 4 bleibt 1; 6 von 15 bleibt 9; 0 von 0 bleibt 0; 3 von 3 bleibt 0; 7 von 12 bleibt 5; 8 von 11 bleibt 3; 4 von 10 bleibt 6; 6 von 14 bleibt 8; 9 von 13 bleibt 4; 8 von 12 bleibt 4; 7 von 11 bleibt 4; 9 von 12 bleibt 3; 9 von 14 bleibt 5.

Ein Blick nach rechts, zeigt nämlich gleich, ob im Subtrahend erhöhet werden muß oder nicht. Durch viele Übung bringt man es dahin, fast eben so schnell und sicher von links nach rechts zu subtrahiren.

```
(1)  9 8 0 0 3 0 0 2 1 3 2 0 0 1 3 2 1 4 2 1 )
     1·9 3·5·4·6·8·7·2·6·3·4·5·3·6·7·2 1·6·8 } , nämlich:
    ─────────────────────────────────────────
     7 8 6 4 8 3 1 4 8 6 8 5 4 7 6 4 9 2 5 3 )
```

2 von 9 bleibt 7; 10 v. 18 b. 8; 4 v. 10 b. 6; 6 v. 10 b. 4; 5 v. 13 b. 8; 7 v. 10 b. 3; 9 v. 10 b. 1; 8 v. 12 b. 4; 3 v. 11 b. 8; 7 v. 13 b. 6; 4 v. 12 b. 8; 5 v. 10 b. 5; 6 v. 10 b. 4; 4 v. 11 b. 7; u. s. w.

```
(2)  940023092879576000030273
     268435686992384757068 97
    ─────────────────────────
     671587405887191243233 76
```

```
(3)  9799797779999777779977997
     7977979999777999997799779
    ──────────────────────────
     1821817782221777782178218
```

```
(4)  6884235002670829973457368290
     2384226789029734468205608297
    ─────────────────────────────
     4500008213641095505251759993
```

```
(5)  8427368245946000253682793543
     2684739125687293465793829576
    ─────────────────────────────
     5742629120258706787888963967
```

```
(6)  935768472325666552534566234000567
     188888888889999999997777777777766489
    ─────────────────────────────────────
     746879583425666552555678845623407 8
```

Bemerkung 1. Es ist $a-b=(a-m)+(m-b)$.

Hieraus ergiebt sich die sogenannte dekadische Ergänzung, d. h. wenn beliebig viele Zahlen, theils durch die Addition, theils durch die Subtraktion mit einander verbunden sind, so hat man nicht erst nöthig die zu addirenden, und die zu subtrahirenden, besonders aufzuschreiben, jene so wie diese für sich zusammenzufassen, um dann die Summe der letztern von der der erstern zu subtrahiren: sondern man kann sich dies fast durch bloße Addition bedeutend erleichtern, und diese Erleichterung heißt nun die dekadische Ergänzung

Einige Beispiele werden dies deutlich machen.

(1) Bsp.
$$\begin{array}{rcll} +\ 4683 & = & +\ 4683 & =\ +\ \ 4683 \\ -\ 3215 & = & +(4000-3215)-4000 & =\ +\ \ \underline{4}785 \\ +\,72531 & = & +\,72531\ \ldots\ldots\ldots & =\ +\,72531 \\ -\ 2304 & = & +(3000-2304)-3000 & =\ +\ \ \underline{3}696 \\ \hline 71695 & & & \quad\ \ 71695 \\ & & & \quad\ \ \ \ 221 \end{array}$$

Hier bedeutet die unterstrichene 4, vier negative Einheiten der Ordnung in der sie steht. Eben so steht unterstrichen 3, für -3000.

Man addirt nun:

$$6+1+5+3=\overset{*}{1}5 \qquad (4+\overset{*}{2}+2)+(\underline{4}+\underline{3})=1$$
$$9+\overset{*}{1}+3+8+8=\overset{*}{2}9 \qquad 7=7$$
$$6+\overset{*}{2}+5+7+6=\overset{*}{2}6$$

Alle Vortheile würden aber verloren gehen, wenn man vorher diese Umformungen einführen wollte.

Da nun: $-(k.10^m+t.10^{m-1}+u.10^{m-2}+\ldots+c.10^2+b.10+a)=$
$-(k+1).10^m+[(k+1).10^m-(k.10^m+t.10^{m-1}+u.10^{m-2}+\ldots$
$\ldots+c.10^2+b.10+a)]=-(k+1).10^m+[(k.10^m+9.10^{m-1}+9.10^{m-2}+\ldots$
$\ldots+9.10^2+9.10+10)-(k.10^m+t.10^{m-1}+u.10^{m-2}+\ldots$
$\ldots+c.10^2+b.10+a)]=-(k+1).10^m+(9-t).10^{m-1}+(9-u).10^{m-2}+\ldots$
$\ldots+(9-c).10^2+(9-b).10+(10-a).10^0$

ist, so hat man z. B.:

$$-7654326=\underline{8}345674$$

denn es ist: $-8000000+345674=-(8000000-345674)$
$$=-7654326;$$

ferner: $-9876543=\underline{10}123457$.

Hiernach wird obige Aufgabe praktisch so gelöst:

$$\begin{array}{r} 4683 \\ -\overset{}{3}215 \\ {}^{*}\qquad \\ 72531 \\ -\,2304 \\ {}^{*}\qquad \\ \hline 71695 \\ 221 \end{array}$$

Erstens setzt man unter jede der höchsten Ziffern der negativen Zahlen einen Stern (oder Punkt, wie man will), was hier gleich geschehen ist, und er bedeute, daß man sich die Zahl unter der er steht um 1 größer denken soll.

Zweitens addirt man nun von rechts nach links wie folgt:

$$6+1+5+3 = \overset{*}{1}5 \qquad \overset{*}{2}-3+2-4+4 = 1$$

$$\overset{*}{1}+9+3+8+8 = \overset{*}{2}9 \qquad 7 = 7$$

$$\overset{*}{2}+6+5+7+6 = \overset{*}{2}6.$$

Die Einer-Zahl a der negativen Zahlen wird als 10 — a angesehen und jede höhere b wird gleich als 9 — b gelesen, außer der mit dem Stern, welche, wenn sie p ist, als —(p + 1) angenommen wird.

(2) Beispiel.

$$\left.\begin{array}{r} +\,117260817260881607 \\ -\,\underset{*}{5}863040863043 \\ +\,293152042 \\ -\,\underset{*}{1}4656 \\ \hline 117254954513155950 \\ \scriptstyle 1\,1\,2\,1\,1\,1\,1\,1\,1\,2 \end{array}\right\} \text{Also:} \left\{\begin{array}{r} 4+2+7+7 = \overset{*}{2}0 \\ \overset{*}{2}+4+4+5+0 = \overset{*}{1}5 \\ \overset{*}{1}+3+0+9+6 = \overset{*}{1}9 \\ \overset{*}{1}+5+2+6+1 = \overset{*}{1}5 \\ \overset{*}{1}-2+5+3+8 = \overset{*}{1}5 \\ \overset{*}{1}+1+1+8 = \overset{*}{1}1 \\ \overset{*}{1}+3+9+0 = \overset{*}{1}3 \\ \overset{*}{1}+9+5+6 = \overset{*}{2}1 \\ \overset{*}{2}+2+9+2 = \overset{*}{1}5 \\ \text{u. s. w.} \quad \text{u. s. w.} \end{array}\right.$$

(3) Beispiel.

$$\begin{array}{r} +\,7\,2\,0\,3\,4\,5\,6\,8 \\ -\,\underset{*}{9}\,3\,6\,8\,4\,2 \\ +\,8\,5\,6\,3\,4 \\ -\,\underset{*}{3}\,6\,2\,3\,4\,5\,7 \\ -\,\underset{*}{3}\,7\,8\,4\,6\,1\,2\,3\,4\,5 \\ +\,5\,1\,2\,3\,4\,3\,2\,6 \\ -\,\underset{*}{2}\,4\,3\,6\,7 \\ +\,8\,6\,4\,5\,8\,6\,2\,3\,5\,4\,8 \\ \hline 8\,2\,7\,9\,2\,7\,8\,1\,0\,6\,5 \\ \scriptstyle 1\,1\,0\,3\,4\,4\,3\,4 \end{array}$$

Nämlich kurz so:

$$8+3+6+5+3+4+8+8 = \overset{*}{4}5 \qquad 8+1+5-4+2 = \overset{*}{1}2$$

$$\overset{*}{4}+4+3+2+5+4+3+5+6 = \overset{*}{3}6 \qquad \overset{*}{1}+5+5+1+7 = \overset{*}{1}9$$

$$\overset{*}{3}+5+6+3+6+5+6+1+5 = \overset{*}{4}0 \qquad \overset{*}{1}+4+2 = 7$$

$$\overset{*}{4}+3+5+4+7+6+5+3+4 = \overset{*}{4}1 \qquad 6-4 = 2$$

$$\overset{*}{4}+2-3+3+8+7+8+6+3 = \overset{*}{3}8 \qquad 8 = 8$$

$$\overset{*}{3}+6+2+3+3-10 = 7$$

Auf dem gewöhnlichen Wege hätte man:

$$\begin{array}{rr@{\qquad\qquad}r} & \overbrace{\qquad\qquad}^{+} & \overbrace{\qquad\qquad}^{-} \\ & 86458623548 & 24367 \\ & 51234326 & 3784612345 \\ & 85634 & 3623457 \\ & 72034568 & 936842 \\ \hline & 86581978076 & 3789197011 \\ \text{ab:} & 3789197011 & \\ \hline & 82792781065 & \end{array}$$

Man entnimmt hieraus den großen Vortheil beim vorhergehenden Verfahren; indem, abgesehen von der Mühe, durch das öftere Abschreiben von Zahlen, sehr leicht Fehler entstehen können. Man hat beim Obigen nur genau auf + und — zu achten. Daß dort, wo in einer Rechnung solche Additionen und Subtraktionen entstehen, gleich unmittelbar die dekadische Ergänzung eingeführt wird, ohne erst die gedachten Zahlen auszuziehen, versteht sich von selbst.

(4) Beispiel.

$$\begin{array}{r} +\ 684325 \\ -\ \overset{}{\underset{*}{7}}342168 \\ +\ 96543567 \\ -\ \underset{*}{5}21646532 \\ \hline \underline{5}68239192 \\ \hline -\ 431760808 \end{array} \quad \text{auch} = 68239192 - \overset{8}{5}$$

Man hatte nämlich $\underline{5}68239192 = \left\{\begin{array}{r} -\ 500000000 \\ +\ 68239192 \\ \hline -\ 431760808 \end{array}\right\}$,

weshalb wir die äußerste 5 zur Linken unterstrichen haben.

Übersieht man, wie in diesem Falle, daß eine negative Zahl zum Resultat kommt, so kann man entweder wie oben gezeigt ist verfahren, oder so:

$$\begin{array}{lll@{\qquad}lll} 7+2+5 = 14 & \text{von } \overset{*}{2}2 = 8 & & 5+6+6 = 17, +\overset{*}{2} & \text{von } \overset{*}{2}6 = 7 \\ 6+3+2 = 11, +\overset{*}{2} & \text{„} \ \overset{*}{1}3 = 0 & & 6-8 = -2, +\overset{*}{2} & \text{„} \ 1 = 1 \\ 5+8+3 = 16, +\overset{*}{1} & \text{„} \ \overset{*}{2}5 = 8 & & 9 & \text{„} \ \overset{*}{1}2 = 3 \\ 3+7+4 = 14, +\overset{*}{2} & \text{„} \ \overset{*}{1}6 = 0 & & \overset{*}{1} & \text{„} \ 5 = 4 \\ 4+5+8 = 17, +\overset{*}{1} & \text{„} \ \overset{*}{2}4 = 6 & & & \end{array}$$

mithin als Resultat: — 431760808.

Den Grund dieses Verfahrens sieht man leicht ein, indem wir die drei obersten Zahlen, vermöge der dekadischen Ergänzung, addirten, und die kommende Zahl: 89885724 gleich zu: — 521646532 addirten.

Weil die Verbindung der vier ersten Operationen in bestimmten Zahlen erst einem späteren Theile überlassen werden soll, so haben wir Obiges unter dieser Bemerkung zusammengefaßt.

Bemerkung 2. Es möge hier in der Kürze der Grundcharakter anderer Zahlensysteme folgen.

Ist die Grundzahl $= 2$, so bedeutet 111011 dekadisch: $1.2^5 + 1.2^4 + 1.2^3 + 0.2^2 + 1.2 + 1$, also 59.

Will man nun wieder die dekadische Zahl 59 in eine dyadische (nach dem 2 theiligen System geschriebene Zahl) verwandeln, so nimmt man die höchste Potenz von 2 die in 59 liegt, von 59 fort, vom Reste wieder die höchste Potenz von 2 u. s. w. Man hat also:

$$\begin{array}{lr}
 & 59 \\
\text{ab: } 2^5 = & 32 \\ \hline
 & 27 \\
\text{ab: } 2^4 = & 16 \\ \hline
 & 11 \\
\text{ab: } 2^3 = & 8 \\ \hline
 & 3 \\
\text{ab: } 2^1 = & 2 \\ \hline
 & 1,
\end{array}$$

mithin ist: $1.2^5 + 1.2^4 + 1.2^3 + 0.2^2 + 1.2^1 + 1 = 111011$.

Man kann auch u. A. durch Division wie folgt verfahren:

$$\begin{array}{l|rl}
2) & 59 & \\ \hline
2) & 29 & \text{Rest } 1 \\ \hline
2) & 14 & \text{Rest } 1 \\ \hline
2) & 7 & \text{Rest } 0 \\ \hline
2) & 3 & \text{Rest } 1 \\ \hline
2) & 1 & \text{Rest } 1 \\ \hline
 & 0 & \text{Rest } 1,
\end{array}$$

also von unten auf hingeschrieben: 111011.

Bedeutet $53\wedge7\vee$ eine dodekadische (12 theilige) Zahl, wo $\wedge$ für 10 und $\vee$ für 11 steht, so ist sie dekadisch $= 5.12^4 + 3.12^3 + 10.12^2 + 7.12 + 11 = 110399$.

Will man nun wieder die dekadische Zahl 110399 in eine dodekadische verwandeln, so kann man entweder nach der erstern oder letztern Weise verfahren. Die höchste Potenz, die in dieser Zahl liegt, ist 12^4, und diese liegt 5 mal darin, also $110399 - 5.12^4 = 6719$ u. s. w.

Oder so:

$$\begin{array}{l|rl}
12) & 110399 & \\ \hline
12) & 9199 & \text{Rest } 11 \\ \hline
12) & 766 & \text{Rest } 7 \\ \hline
12) & 63 & \text{Rest } 10 \\ \hline
12) & 5 & \text{Rest } 3 \\ \hline
 & 0 & \text{Rest } 5
\end{array}$$

Also von unten auf: $5.12^4 + 3.12^3 + 10.12^2 + 7.12 + 11 = 53\wedge7\vee$.

Will man endlich eine m theilige Zahl in eine n theilige umformen, so verwandele man die m theilige zuerst in eine dekadische und diese in eine n theilige. Soll z. B. die dreitheilige Zahl 12101 in eine 4 theilige verwandelt werden, so hat man:

$12101 = 1.3^4 + 2.3^3 + 1.3^2 + 0.3 + 1 = 145$, also:

$$\begin{array}{r|l} 4)\overline{145} & \\ 4)\overline{36} & \text{Rest } 1 \\ 4)\overline{9} & \text{Rest } 0 \\ 4)\overline{2} & \text{Rest } 1 \\ 0 & \text{Rest } 2 \end{array}$$

d. h. 2101 im viertheiligen System, = 12101 im dreitheiligen.

Es giebt noch viel kürzere und directere Wege diese letztere Aufgabe zu lösen, die wir Jedem zu suchen überlassen.

Gleichzeitig bemerken wir noch, daß das dodekadische Zahlensystem, sobald es ein Mal eingeführt wäre, in vieler Hinsicht den Vorzug vor dem bestehenden dekadischen haben würde.

62. In Betreff der Abkürzungen bei der Multiplikation haben wir nach einer allgemeinen Methode gestrebt, vermöge welcher mit jedem zweiziffrigen Multiplikator erleichtert multiplizirt werden kann. Eben so gut hätten sich auch Gesetze für das unmittelbare Durchmultipliziren mit jedem mehrziffrigen Multiplikator auf ähnlichem Wege finden lassen.

Für das Multipliziren mit jedem zweiziffrigen Multiplikator hat man im Wesentlichen folgende Fälle zu unterscheiden und festzuhalten.

A. Für die Multiplikatoren: 5, 25.
B. " " " 9, 99.
B_1. " " " 19, 29, 39, 49, 59, 69, 79, 89.
B_2. " " " 91, 92, 93, 94, 95, 96, 97, 98.
B_3. " " " 18, 27, 36, 45, 54, 63, 72.
B_4. " " " 28, 37, 46, 64, 73, 82.
C. Für die Multiplikatoren: 35, 65, 75, 85.
C_1. " " " 51, 52, 53, 57, 58, 62.
D. Für den Multiplikator: 11.
D_1. Für die Multiplikatoren: 22, 33, 44, 55, 66, 77, 88.
D_2. " " " 32, 43, 76, 87.
D_3. " " " 23, 34, 56, 67, 78.
E. Für die Multiplikatoren: 12, 13, 14, 15, 16, 17.
E_1. " " " 21, 31, 41, 61, 71, 81.

F. Für die Multiplikatoren: 24, 26, 42, 48, 84.
G. „ „ „ 38, 68, 47, 74, 83, 86.

Man hat in Betreff von:

A, $5 = \frac{10}{2}$, $25 = \frac{100}{4}$.

B, $9 = 10 - 1$, $99 = 100 - 1$.

B_1, $19 = 10.1 + 9$ (verkürzt), ..., $89 = 10.8 + 9$ (verkürzt).

B_2, $91 = 1 + 10.9$ (verkürzt), ..., $98 = 8 + 10.9$ (verkürzt).

B_3, $18 = 9$ (verkürzt) . 2, ..., $72 = 9$ (verkürzt) . 8.

B_4, $28 = 9$ (verkürzt) . 3 + 1, ..., $82 = 9$ (verkürzt) . 9 (verk.) + 1.

C, $35 = 10.3 + \frac{10}{2}$, ..., $85 = 10.8 + \frac{10}{2}$.

C_1, $51 = \frac{100}{2} + 1$, ..., $62 = \frac{100}{2} + 12$ (verkürzt).

D, $11 = 10 + 1$.

D_1, $22 = 11$ (verkürzt) . 2, ..., $88 = 11$ (verkürzt) . 8.

D_2, $32 = 22$ (verkürzt) + 10, ..., $87 = 77$ (verkürzt) + 10.

D_3, $23 = 22$ (verkürzt) + 1, ..., $78 = 77$ (verkürzt) + 1.

E, $12 = 10 + 2$, ..., $17 = 10 + 7$.

E_1, $21 = 10.2 + 1$, ..., $81 = 10.8 + 1$.

F, $24 = 12$ (verkürzt) . 2; $26 = 13$ (verkürzt) . 2; $42 = 21$ (verk.) . 2;
$48 = 12$ (verkürzt) . 4; $84 = 21$ (verkürzt) . 4.

G, $38 = 10.3 + 8$, ..., $86 = 10.8 + 6$.

Für die noch übrigen zweiziffrigen Multiplikatoren 10, 20, 30, 40, 50, 60, 70, 80, 90 ist das Verfahren einfach: man multiplizirt mit den Zehnern und hängt dem Resultat eine Null zur Rechten an. Nur für 50 hat man kürzer $\frac{100}{2}$, und für 90, 9 (verkürzt) . 10.

Alles Multipliziren mit zweiziffrigen Zahlen kommt also im Wesentlichen auf die sieben Hauptfälle A, B, C, D, E, F, G zurück, die nun im Folgenden erläutert werden sollen.

Beispiele zu A.

$$2)\underline{3_1 2\,7_1 8\,9_1 7_1 6\,8\,7_1.} \times 5, = \tfrac{10}{2} \qquad\qquad 2)\underline{6472869046835357.} \times 5$$
$$\;\;\; 1\,6\,3\,9\,4\,8\,8\,4\,3\,5 \qquad\qquad\qquad\qquad\qquad 3236434523417678 5$$

Erläuterung:

2 in 3 giebt 1; 2 in 12 giebt 6; 2 in 7 giebt 3; 2 in 18 giebt 9; 2 in 9 giebt 4; 2 in 17 giebt 8; 2 in 16 giebt 8; 2 in 8 giebt 4; 2 in 7 giebt 3; 2 in 10 giebt 5.

Jeder hinter dem Multiplikand vorkommende Punkt bedeutet eine Null.

Die zum Theil vor den Ziffern des Multiplikands unten angesetzten kleinen Ziffern stellen die nach jeder einzelnen Division bleibenden Reste vor. Man setzt dieselben, weil es praktisch ist.

Bemerkung. Zur Probe für die Multiplikatoren 5 und 25 dient, daß man die gefundenen Resultate bezüglich 2, 4mal nimmt, wo sich dann das 10 oder 100 Fache des Multiplikands ergeben muß, weil $(a.5).2 = a.10$ und $(a.25).4 = a.100$ ist.

$$2)\frac{4\,8\,6\,9_1 4\,7_1 8\,3_1 6\,1_1 4\,3_1 2\,1_1.}{2\,4\,3\,4\,7\,3\,9\,1\,8\,0\,7\,1\,6\,0\,5} \times 5 = \frac{10}{2} \qquad 2)\frac{3684752936.}{18423764680} \times 5$$

$$4)\frac{480816\,..}{12020400} \times 25 \qquad 4)\frac{638475236882457\,..}{15961880922061425} \times 25$$

$$4)\frac{568437622330563\,..}{14210940558264075} \times 25 \qquad 4)\frac{638423696853\,..}{15960592421325} \times 25$$

$$4)\frac{4\,5_1 6\,8\,3_3 2\,1_1 7_1 8_2 3_3 2\,1_1 4_2 5\,6\,2_2 1_1 3_1 4_2 2_2 8\,3\;{}_3.\;{}_2.}{1\,1\,4\,2\,0\,8\,0\,4\,4\,5\,8\,0\,3\,6\,4\,0\,5\,3\,3\,5\,7\,0\,7\,5} \times 25, = \frac{100}{4}$$

$$4)\frac{7_3 8_2 6_2 4\,5_1 3_1 2\,1_1 4_2 2_2 6_2 8\,3_3 4_2 1_1 2\,1_1 8\,7_3 9_3 5_3 8_2 6_2 2_2 8\,7\;{}_3.\;{}_2.}{1\,9\,6\,6\,1\,3\,3\,0\,3\,5\,6\,7\,0\,8\,5\,3\,0\,4\,6\,9\,8\,9\,6\,5\,7\,1\,7\,5} \times 25, = \frac{100}{4}$$

Beispiele zu B.

$$\frac{.\,3542648}{31883832} \times 9, = 10-1 \qquad \frac{.\,13517654321765893 51}{121658888895893 04159} \times 9$$

nämlich so:

8 von 10 = 2; 5 von 8 = 3; 6 von 14 = 8; 3 von 6 = 3; 4 von 12 = 8; 6 von 14 = 8; 4 von 5 = 1; 0 von 3 = 3.

$$\frac{.\,358478}{3226302} \times 9 \qquad \frac{.\,1835183418332318769854321}{16516650764990868928688889} \times 9$$

$$\frac{.\,32578264321}{293204378889} \times 9 \qquad \frac{.\,3214032453253142621 3}{28926292079278283591 7} \times 9$$

$$\frac{.\,48653217643}{437878958787} \times 9 \qquad \frac{.\,98765432153176543217 65}{88888888893785888889 5885} \times 9$$

$$\frac{.\,3684572356987}{33161151212883} \times 9 \qquad \frac{.\,538476325686467352 3}{484628693117820617 07} \times 9$$

$$\frac{.\,3468572369753684}{31217151327783156} \times 9 \qquad \frac{.\,578934622686252}{5210411604176268} \times 9$$

$$\frac{.\,2364853647682}{21283682829138} \times 9 \qquad \frac{.\,64823567538464212 43}{58341210784617791 187} \times 9$$

. 43625469384756439 24 × 9
3926292244628079 5316

. 4375682132564 × 9
39381139193076

. 23456789136456 × 9
211111102228104

. 568432305368435362 × 9
5115890748315918258

. 35846849235262823 × 9
322621643117365407

. 812345623642357432 × 9
7311110612781216888 .

. 56345763482357923 4 × 9
507111871341221 3106

. 468345894323476 × 9
4215113048911284

. 8644567343725678 × 9
77801106093531102

. 53243648564321476 × 9
479192837078893284

. 345923684372314359 31 × 9
3113313159350829 23379

. 75324768533346975 3 × 9
677922916800122777 7

.. 45321542 × 99, = 100 − 1
4486832658; nämlich so:

.. 3684756435924635847 × 99
364790887156538948853

2 von 10 = 8; 5 von 10 = 5; 6 von 12 = 6; 2 von 4 = 2; 2 von 5 = 3;
3 von 11 = 8; 6 von 12 = 6; 5 von 13 = 8; 1 von 5 = 4; 0 von 4 = 4.

.. 2354682134568432076 42 × 99, = 100 − 1
233113531322274775 56558

.. 3512468 × 99
347734332

.. 5734694353684765636 2437 × 99
5677347410147917979881263

.. 9463568476343682527 2981 × 99
9368932791580245702025119

.. 32417483 × 99
3209330817

.. 15324521326581 × 99
1517127611331519

.. 8634576343635374 6859 × 99
854823058019902093 9041

.. 164357694683547638 6 × 99
1627141177367121622 14

.. 246357345683473923 5 × 99
2438937722266391842 65

.. 123456789009876543 21 × 99
1222222211197777777 779

.. 947356843769412568 273 × 99
9378832753317184425 9027

.. 7634563976843653214 358 × 99
7558218337075216682 21442

.. 4895463753845967384 657 × 99
4846509116307507710 81043

$$\begin{array}{l} ..8643576946853773438734 \times 99 \\ \hline 855714117738523570434666 \end{array}$$

Als Proben dienen die Gleichungen: $a.9+a=10a$; $a.99+a=100a$.

Beispiele zu B_1.

(1) $\begin{array}{l} .5345 \times 19, = 10.1+9 \text{ (verkürzt)} \\ \hline 101555; \end{array}$ nämlich:

$0+(5 \text{ von } 10) = 5$; $5+(5 \text{ von } 5) = 5$; $4+(3 \text{ von } 4) = 5$;

$3+(5 \text{ von } 13) = \overset{*}{1}1$; $5+(1 \text{ von } 5)+\overset{*}{1} = 10$.

Als Probe dient die Gleichung: $a.19+a = a.20$.

(2) $\begin{array}{l} .56897456 \times 29, = 10.2+9 \text{ (verkürzt)} \\ \hline 1650026224; \end{array}$ nämlich:

$0.2+(6 \text{ v. } 10) = 4$; $6.2+(6 \text{ v. } 6) = \overset{*}{1}2$; $5.2+(4 \text{ v. } 5)+\overset{*}{1}=\overset{*}{1}2$

$4.2+(7 \text{ v. } 14)+\overset{*}{1}=\overset{*}{1}6$; $7.2+(10 \text{ v. } 17)+\overset{*}{1}=\overset{*}{2}2$; $9.2+(9 \text{ v. } 9)+\overset{*}{2}=\overset{*}{2}0$

$8.2+(6 \text{ v. } 8)+\overset{*}{2}=\overset{*}{2}0$; $6.2+(5 \text{ v. } 6)+\overset{*}{2}=\overset{*}{1}5$; $5.2+(0 \text{ v. } 5)+\overset{*}{1}=16$

Als Probe dient die Gleichung: $a.29+a = a.30$.

(3) $\begin{array}{l} .435784 \times 39, = 10.3+9 \text{ (verkürzt)} \\ \hline 16995576; \end{array}$ nämlich:

$0.3+6 = 6$; $4.3+5 = \overset{*}{1}7$; $8.3+0+\overset{*}{1}=\overset{*}{2}5$; $7.3+2+\overset{*}{2}=\overset{*}{2}5$

$5.3+2+\overset{*}{2}=\overset{*}{1}9$; $3.3+9+\overset{*}{1}=\overset{*}{1}9$; $4.3+3+1=\overset{*}{1}6$.

Als Probe dient die Gleichung: $a.39+a = a.40$.

(4) $\begin{array}{l} .47853248543 \times 49, = 10.4+9 \text{ (verkürzt)} \\ \hline 2344809178607; \end{array}$ nämlich:

$0.4+7 = 7$; $3.4+8 = \overset{*}{2}0$; $4.4+8+\overset{*}{2}=\overset{*}{2}6$; $5.4+6+\overset{*}{2}=\overset{*}{2}8$

$8.4+3+\overset{*}{2}=\overset{*}{3}7$; $4.4+2+\overset{*}{3}=\overset{*}{2}1$; $2.4+9+\overset{*}{2}=\overset{*}{1}9$; $3.4+7+\overset{*}{1}=\overset{*}{2}0$

$5.4+6+\overset{*}{2}=\overset{*}{2}8$; $8.4+0+\overset{*}{2}=\overset{*}{3}4$; $7.4+3+\overset{*}{3}=\overset{*}{3}4$; $4.4+4+\overset{*}{3}=23$

Als Probe dient: $a.49+a = (100a):2$.

(5) $\begin{array}{l} .234254523 \times 59, = 10.5+9 \text{ (verkürzt)} \\ \hline 13821016857 \\ \quad\ 12233211 \end{array}$ *); nämlich:

$0.5+7 = 7$; $3.5+0 = \overset{*}{1}5$; $2.5+(7+\overset{*}{1})=\overset{*}{1}8$; $5.5+(0+\overset{*}{1})=\overset{*}{2}6$

$4.5+(9+\overset{*}{2})=\overset{*}{3}1$; $5.5+(2+\overset{*}{3})=\overset{*}{3}0$; $2.5+(8+\overset{*}{3})=\overset{*}{2}1$; $4.5+(0+\overset{*}{2})=\overset{*}{2}2$

$3.5+(1+\overset{*}{2})=\overset{*}{1}8$; $2.5+(2+\overset{*}{1})=\overset{*}{1}3$.

Als Probe dient: $a.59+a = 60a$.

---

*) Die unter dem Produkt stehenden kleinen Ziffern sind die Restzahlen, die man

(6) $\frac{.23546843 \times 69,}{1624732167;}$ $= 10.6+9$ (verkürzt) nämlich:
2334532

$0.6+7 = 7;\ 3.6+8 = \overset{*}{2}6;\ 4.6+(5+\overset{*}{2}) = \overset{*}{3}1;\ 8.6+(1+\overset{*}{3}) = \overset{*}{5}2$
$6.6+(2+\overset{*}{5}) = \overset{*}{4}3;\ 4.6+(9+\overset{*}{4}) = \overset{*}{3}7;\ 5.6+(1+\overset{*}{3}) = \overset{*}{3}4;\ 3.6+(1+\overset{*}{3}) = \overset{*}{2}2$
$2.6+(2+\overset{*}{2}) = 16.$

Als Probe dient: $a.69 + a = 70a.$

(7) $\frac{.1321543 \times 79,}{104401897;}$ $= 10.7+9$ (verkürzt) nämlich:

$0.7+7 = 7;\ 3.7+8 = \overset{*}{2}9;\ 4.7+(8+\overset{*}{2}) = \overset{*}{3}8;\ 5.7+(3+\overset{*}{3}) = \overset{*}{4}1$
$1.7+(9+\overset{*}{4}) = \overset{*}{2}0;\ 2.7+(8+\overset{*}{2}) = \overset{*}{2}4;\ 3.7+(1+\overset{*}{2}) = \overset{*}{2}4;\ 1.7+(1+\overset{*}{2}) = 10.$

Als Probe dient: $79a + a = 80a.$

(8) $\frac{.2345263 \times 89,}{208728407;}$ $= 10.8+9$ (verkürzt) nämlich:

$0.8+7 = 7;\ 3.8+6 = \overset{*}{3}0;\ 6.8+(3+\overset{*}{3}) = \overset{*}{5}4;\ 2.8+(7+\overset{*}{5}) = \overset{*}{2}8$
$5.8+(0+\overset{*}{2}) = \overset{*}{4}2;\ 4.8+(1+\overset{*}{4}) = \overset{*}{3}7;\ 3.8+(1+\overset{*}{3}) = \overset{*}{2}8;\ 2.8+(2+\overset{*}{2}) = 20.$

Als Probe dient: $a.89 + a = a.10.(10-1).$

Beispiele zu B_2.

(1) $\frac{.23546824 \times 91,}{2142760984;}$ $= 1+10.9$ (verkürzt) nämlich:

$4+0 = 4;\ 2+6 = 8;\ 8+1 = 9;\ 6+4 = \overset{*}{1}0;\ 4+1+\overset{*}{1} = 6$
$5+2 = 7;\ 3+9 = \overset{*}{1}2;\ 2+1+\overset{*}{1} = 4;\ 0+1 = 1;\ 2 = 2.$

Als Probe dient: $91a - a = a.(90$ verkürzt).

(2) $\frac{.45869 \times 92,}{4219948;}$ $= 2+10.9$ (verkürzt) nämlich:

$9.2+0 = \overset{*}{1}8;\ 6.2+(1+\overset{*}{1}) = \overset{*}{1}4;\ 8.2+(2+\overset{*}{1}) = \overset{*}{1}9;\ 5.2+(8+\overset{*}{1}) = \overset{*}{1}9$
$4.2+(2+\overset{*}{1}) = \overset{*}{1}1;\ 0.2+(1+\overset{*}{1}) = 2;\ 0$ von $4 = 4.$

überall, wo sie entstehen, in allen Multiplikationen unten ansetzt, ein Mal um schneller und sicherer im Multipliziren fortschreiten zu können, und ein anderes Mal, um leicht die Rechnung zu kontroliren; wo sie fehlen, ist es nur zur Erleichterung des Drucks geschehen. In den Gleichungen stehen Sterne über diesen Zahlen.

(3) $\underline{.\,45869 \times 93},\ = 3 + 10.9$ (verkürzt)
4265817; nämlich:

$9.3 + 0 \quad = \overset{*}{2}7;\ \ 6.3 + (1 + \overset{*}{2}) = \overset{*}{2}1;\ \ 8.3 + (2 + \overset{*}{2}) = \overset{*}{2}8;\ \ 5.3 + (8 + \overset{*}{2}) = \overset{*}{2}5$
$4.3 + (2 + \overset{*}{2}) = \overset{*}{1}6;\ \ 0.3 + (1 + \overset{*}{1}) = 2;$ 0 von 4 = 4.

(4) $\underline{.\,352143\,.} \times 94,\ = 4 + 10.9$ (verkürzt)
33101442; nämlich:

$3.4 + 0 \quad = \overset{*}{1}2;\ \ 4.4 + (7 + \overset{*}{1}) = \overset{*}{2}4;\ \ 1.4 + (8 + \overset{*}{2}) = \overset{*}{1}4;\ \ 2.4 + (2 + \overset{*}{1}) = \overset{*}{1}1;$
$5.4 + (9 + \overset{*}{1}) = \overset{*}{3}0;\ \ 3.4 + (6 + \overset{*}{3}) = \overset{*}{2}1;\ \ 0.4 + (1 + \overset{*}{2}) = 3;$ 0 von 3 = 3.

(5) $\underline{.\,25431\,.} \times 95,\ = 5 + 10.9$ (verkürzt)
2415945; nämlich:
2 3 2 2

$1.5 + 0 \quad = 5;\ \ 3.5 + 9 \quad = \overset{*}{2}4;\ \ 4.5 + (7 + \overset{*}{2}) = \overset{*}{2}9;\ \ 5.5 + (8 + \overset{*}{2}) = \overset{*}{3}5;$
$2.5 + (8 + \overset{*}{3}) = \overset{*}{2}1;\ \ 0.5 + (2 + \overset{*}{2}) = 4;$ 0 von 2 = 2.

(6) $\underline{.\,3425427\,.} \times 96,\ = 6 + 10.9$ (verkürzt)
328840992; nämlich:
2 2 2 4 2 1 4

$7.6 + 0 \quad = \overset{*}{4}2;\ \ 2.6 + (3 + \overset{*}{4}) = \overset{*}{1}9;\ \ 4.6 + (4 + \overset{*}{1}) = \overset{*}{2}9;\ \ 5.6 + (8 + \overset{*}{2}) = \overset{*}{4}0;$
$2.6 + (8 + \overset{*}{4}) = \overset{*}{2}4;\ \ 4.6 + (2 + \overset{*}{2}) = \overset{*}{2}8;\ \ 3.6 + (8 + \overset{*}{2}) = \overset{*}{2}8;\ \ 0.6 + (0 + \overset{*}{2}) = 2;$
0 von 3 = 3.

Als Probe dient: $96a + 4a = 100a$.

(7) $\underline{.\,2354634\,.} \times 97,\ = 7 + 10.9$ (verkürzt)
228399498; nämlich:

$28 + 0 \quad = \overset{*}{2}8;\ \ 21 + (6 + \overset{*}{2}) = \overset{*}{2}9;\ \ 42 + (0 + \overset{*}{2}) = \overset{*}{4}4;\ \ 28 + (7 + \overset{*}{4}) = \overset{*}{3}9;$
$35 + (1 + \overset{*}{3}) = \overset{*}{3}9;\ \ 21 + (9 + \overset{*}{3}) = \overset{*}{3}3;\ \ 14 + (1 + \overset{*}{3}) = \overset{*}{1}8;\ \ 0 + (1 + \overset{*}{1}) = 2;$
0 von 2 = 2.

Als Probe dient: $97a + 3a = 100a$.

(8) $\underline{.\,321423\,.} \times 98,\ = 8 + 10.9$ (verkürzt)
31499454; nämlich:
3 1 1 3 2 2

$24 + 0 \quad = \overset{*}{2}4;\ \ 16 + (7 + \overset{*}{2}) = \overset{*}{2}5;\ \ 32 + (0 + \overset{*}{2}) = \overset{*}{3}4;\ \ 8 + (8 + \overset{*}{3}) = \overset{*}{1}9;$
$16 + (2 + \overset{*}{1}) = \overset{*}{1}9;\ \ 24 + (9 + \overset{*}{1}) = \overset{*}{3}4;\ \ 0 + (8 + \overset{*}{3}) = \overset{*}{1}1;\ \ 0 + (2 + \overset{*}{1}) = 3.$

Zur Probe dient: $a.98 + a.2 = a.100$.

Beispiele zu B_3.

(1) $\underline{.4868 \times 18,} = 9$ (verkürzt) . 2
87624; nämlich:

8 von 10 = 2, . 2 = 4; 7 von 8 = 1, . 2 = 2; 8 von 16 = 8, . 2 = $\overset{*}{1}6$;
5 von 8 = 3, . 2, + $\overset{*}{1}$ = 7; 0 von 4 = 4, . 2 = 8.

Als Probe kann dienen: a . 18 + a . 2 = (a . 2) × 10; hier wird aber a . 2 nur einmal berechnet.

(2) $\underline{.5876899 \times 27,} = 9$ (verkürzt) . 3
158676273; nämlich:
  2 2   2

9 v. 10 = 1, . 3 = 3; 10 v. 19 = 9, . 3 = $\overset{*}{2}7$; 9 v. 9 = 0, . 3, + $\overset{*}{2}$ = 2;
6 v. 8 = 2, . 3 = 6; 7 v. 16 = 9, . 3 = $\overset{*}{2}7$; 9 v. 17 = 8, . 3, + $\overset{*}{2}$ = $\overset{*}{2}6$;
6 v. 8 = 2, . 3, + $\overset{*}{2}$ = 8; 0 v. 5 = 5, . 3 = 15.

Als Probe kann dienen: a . 27 + a . 3 = (a . 3) × 10; hier wird a . 3 nur einmal berechnet und dies gilt auch in ähnlichen Fällen für die folgenden Beispiele.

(3) $\underline{.52431 \times 36,} = 9$ (verkürzt) . 4
1887516; nämlich:
 2 3 3 3

1 von 10 = 9, . 4 = $\overset{*}{3}6$; 4 von 11 = 7, . 4, + $\overset{*}{3}$ = $\overset{*}{3}1$;
5 von 13 = 8, . 4, + $\overset{*}{3}$ = $\overset{*}{3}5$; 3 von 4 = 1, . 4, + $\overset{*}{3}$ = 7;
5 von 12 = 7, . 4 = $\overset{*}{2}8$; 1 von 5 = 4, . 4, + $\overset{*}{2}$ = 18.

Als Probe kann dienen: a . 36 + a . 4 = (a . 4) . 10.

(4) $\underline{.3521 \times 45,} = 9$ (verkürzt) . 5
158445; nämlich:

1 von 10 = 9, . 5 = $\overset{*}{4}5$; 3 von 11 = 8, . 5, + $\overset{*}{4}$ = $\overset{*}{4}4$;
6 von 12 = 6, . 5, + $\overset{*}{4}$ = $\overset{*}{3}4$; 4 von 5 = 1, . 5, + $\overset{*}{3}$ = 8;
0 von 3 = 3, . 5 = 15.

Als Probe: $a . 45 + \frac{a . 10}{2} = \frac{a . 10}{2} \times 10.$

(5) $\underline{.3521 \times 54,} = 9$ (verkürzt) . 6
190134; nämlich:

1 von 10 = 9, . 6 = $\overset{*}{5}4$; 3 von 11 = 8, . 6, + $\overset{*}{5}$ = $\overset{*}{5}3$;
6 von 12 = 6, . 6, + $\overset{*}{5}$ = $\overset{*}{4}1$; 4 von 5 = 1, . 6, + $\overset{*}{4}$ = $\overset{*}{1}0$;
0 von 3 = 3, . 6, + $\overset{*}{1}$ = 19.

Als Probe: Man multiplizire mit 6, das Resultat mit 9 verkürzt.

(6) $\underline{\quad .\,3521 \times 63,} = 9$ (verkürzt) . 7
221823; nämlich:
·1466

1 von 10 = 9, . 7 $= \overset{*}{6}3$; 3 von 11 = 8, . 7, + $\overset{*}{6} = \overset{*}{6}2$;

6 von 12 = 6, . 7, + $\overset{*}{6} = \overset{*}{4}8$; 4 von 5 = 1, . 7, + $\overset{*}{4} = \overset{*}{1}1$;

0 von 3 = 3, . 7, + $\overset{*}{1}$ = 22.

Als Probe dient: Man multiplizire zuerst mit 7, und das Resultat mit 9 verkürzt.

(7) $\underline{\quad .\,5642 \times 72,} = 9$ (verkürzt) . 8
406224; nämlich:
666

2 von 10 = 8, . 8 $= \overset{*}{6}4$; 5 von 12 = 7, . 8, + $\overset{*}{6} = \overset{*}{6}2$;

7 von 14 = 7, . 8, + $\overset{*}{6} = \overset{*}{6}2$; 6 von 6 = 0, . 8, + $\overset{*}{6}$ = 6;
0 von 5 = 5, . 8 = 40.

Als Probe: Man multiplizire mit 8, und das Resultat verkürzt mit 9.

Beispiele zu B_4.

(1) $\underline{\quad .\,2342 \times 28,} = 9$ (verkürzt) 3 + 1
65576; nämlich:
22

2 von 10 = 8, . 3, + 2 $= \overset{*}{2}6$; 5 von 12 = 7, . 3, + $(4 + \overset{*}{2}) = \overset{*}{2}7$;

4 von 4 = 0, . 3, + $(3 + \overset{*}{2})$ = 5; 2 von 3 = 1, . 3, + 2 = 5;
0 von 2 = 2, . 3, + 0 = 6.

Als Probe: a.28 + a.2 = a × 30 oder: = (a.2).10 + a.10, wo a.2 nur einmal berechnet wird.

(2) $\underline{\quad .\,4524 \times 37,} = 9$ (verkürzt) . 4 + 1
167388; nämlich:
0302

4 von 10 = 6, . 4, + 4 $= \overset{*}{2}8$; 3 von 4 = 1, . 4, + $(2 + \overset{*}{2})$ = 8;

5 von 12 = 7, . 4, + 5 $= \overset{*}{3}3$; 5 von 5 = 0, . 4, + $(4 + \overset{*}{3})$ = 7;
0 von 4 = 4, . 4, + 0 = 16.

Als Probe: a.37 + a.3 = a × 40.

(3) $\underline{\quad .\,2534 \times 46,} = 9$ (verkürzt) . 5 + 1
116564; nämlich:

4 von 10 = 6, . 5, + 4 $= \overset{*}{3}4$; 4 von 4 = 0, . 5, + $(3 + \overset{*}{3})$ = 6;

5 von 13 = 8, . 5, + 5 $= \overset{*}{4}5$; 3 von 5 = 2, . 5, + $(2 + \overset{*}{4}) = \overset{*}{1}6$;

0 von 2 = 2, . 5, + $(0 + \overset{*}{1})$ = 11.

Als Probe: a.46 + a.4 = (a.100) : 2.

(4) $\dfrac{.3246 \times 64,}{207744;}$ $= 9$ (verkürzt) $. 7 + 1$ nämlich:

6 von $10 = 4, . 7, + 6 = \overset{*}{3}4$; 5 von $6 = 1, . 7, + (4+\overset{*}{3}) = \overset{*}{1}4$;

2 von $4 = 2, . 7, + (2+\overset{*}{1}) = \overset{*}{1}7$; 3 von $12 = 9, . 7, + (3+\overset{*}{1}) = \overset{*}{6}7$;

1 von $3 = 2, . 7, + (0+\overset{*}{6}) = 20$.

Als Probe: $a . 64 + a . 6 = a \times 70$; oder $a . 64 = (a . 8) . 8$.

(5) $\dfrac{.5348 \times 73,}{390404;}$ $= 9$ (verkürzt) $. 8 + 1$ nämlich:

8 von $10 = 2, . 8, + 8 = \overset{*}{2}4$; 5 von $8 = 3, . 8, + (4+\overset{*}{2}) = \overset{*}{3}0$;

3 von $4 = 1, . 8, + (3+\overset{*}{3}) = \overset{*}{1}4$; 5 von $13 = 8, . 8, + (5+\overset{*}{1}) = \overset{*}{7}0$;

1 von $5 = 4, . 8, + (0+\overset{*}{7}) = 39$.

Als Probe: $a . 73 - a . 3 = a \times 70$.

(6) $\dfrac{.6789 \times 82,}{\underset{1101}{556698};}$ $= 9$ (verkürzt) $. 9 + 1$ nämlich:

9 von $10 = 1, . 9, + 9 = \overset{*}{1}8$; 9 von $9 = 0, . 9, + (8+\overset{*}{1}) = 9$;

7 von $8 = 1, . 9, + (7+\overset{*}{0}) = \overset{*}{1}6$; 6 von $7 = 1, . 9, + (6+\overset{*}{1}) = \overset{*}{1}6$;

0 von $6 = 6, . 9, + (0+\overset{*}{1}) = 55$.

Als Probe: $a . 82 - a . 2 = a \times 80$.

Beispiele zu C.

(1) $\dfrac{4537 \times 35,}{\underset{112}{158795};}$ $= 10 . 3 + \frac{10}{2}$ nämlich:

$0.3 + (2 \text{ in } 10) = 5$; $7.3 + (2 \text{ in } 17) = \overset{*}{2}9$; $3.3 + (2 \text{ in } 13) + \overset{*}{2} = \overset{*}{1}7$;

$5.3 + (2 \text{ in } 5) + \overset{*}{1} = \overset{*}{1}8$; $4.3 + (2 \text{ in } 4) + \overset{*}{1} = 15$.

Als Probe dient: $[(a . 10) : 2] \times 7 = a \times 35$.

(2) $\dfrac{.3872 \times 65,}{251680;}$ $= 10.6 + \frac{10}{2}$ nämlich:

$0.6 + (2 \text{ in } 0) = 0$; $2.6 + (2 \text{ in } 12) = \overset{*}{1}8$; $7.6 + (2 \text{ in } 7) + \overset{*}{1} = \overset{*}{4}6$;

$8.6 + (2 \text{ in } 18) + \overset{*}{4} = \overset{*}{6}1$; $3.6 + (2 \text{ in } 3) + \overset{*}{6} = 25$.

Als Probe: $a . 65 + (a . 10) : 2 = a \times 70$. Daß hier das Resultat: $a . 65 = 251680$, wie in ähnlichen Fällen, benutzt wird, versteht sich von selbst.

(3) $\underline{.2438} \times 75, = 10.7 + \frac{10}{2}$
182850; nämlich:

$0.7+(2\text{in}0) = 0$; $8.7+(2\text{in}18) = \overset{*}{6}5$; $3.7+(2\text{in}3)+\overset{*}{6}=\overset{*}{2}8$;
$4.7+(2\text{in}4)+\overset{*}{2}=\overset{*}{3}2$; $2.7+(2\text{in}\ 2)+\overset{*}{3}=18$.

Als Probe: $a.75+(a.10):2 = a \times 80$.

(4) $\underline{.4043} \times 85, = 10.8 + \frac{10}{2}$
343655; nämlich:
0320

$0.8+(2\text{in}10) = 5$; $3.8+(2\text{in}3)=\overset{*}{2}5$; $4.8+(2\text{in}4)+\overset{*}{2}=\overset{*}{3}6$;
$0.8+(2\text{in}\ 0)+\overset{*}{3}=3$; $4.8+(2\text{in}4) = 34$.

Als Probe: $a.85+(a.10):2 = a.(90$ verkürzt).

Beispiele zu C_1.

(1) $\underline{..8597} \times 51, = \frac{100}{2}+1$
438447; nämlich:

$(2\text{in}\ 0)+7 = 7$; $(2\text{in}10)+9 =\overset{*}{1}4$; $(2\text{in}17)+(5+\overset{*}{1})=\overset{*}{1}4$;
$(2\text{in}19)+(8+\overset{*}{1})=\overset{*}{1}8$; $(2\text{in}\ 5)+(0+\overset{*}{1})= 3$; $(2\text{in}\ 8)+(0+\overset{*}{0})= 4$.

Als Probe: Nach gewöhnlicher Methode.

(2) $\underline{..2483} \times 52, = \frac{100}{2}+2$
129116; nämlich:

$(2\text{in}0)+6 = 6$; $(2\text{in}10)+16 =\overset{*}{2}1$; $(2\text{in}3)+(8+\overset{*}{2})=\overset{*}{1}1$;
$(2\text{in}8)+(4+\overset{*}{1})=9$; $(2\text{in}\ 4)+(0+\overset{*}{0})= 2$; $(2\text{in}2)+(0+\overset{*}{0})= 1$.

Als Probe: $a \times 52 - a.2 = (a \times 100):2$.

(3) $\underline{..5873} \times 53, = \frac{100}{2}+3$
311269; nämlich:

$(2\text{in}0)+9 = 9$; $(2\text{in}10)+21 =\overset{*}{2}6$; $(2\text{in}13)+(24+\overset{*}{2})=\overset{*}{3}2$;
$(2\text{in}7)+(15+\overset{*}{3})=\overset{*}{2}1$; $(2\text{in}18)+(0+\overset{*}{2})=\overset{*}{1}1$; $(2\text{in}\ 5)+(\ 0+\overset{*}{1})= 3$.

Als Probe: $a.53 - a.3 = (a \times 100):2$.

(4) $\underline{..4352} \times 57, = \frac{100}{2}+7$
248064; nämlich:

$(2\text{in}\ 0)+14 =\overset{*}{1}4$; $(2\text{in}\ 0)+(35+\overset{*}{1})=\overset{*}{3}6$; $(2\text{in}12)+(21+\overset{*}{3})=\overset{*}{3}0$;
$(2\text{in}15)+(28+\overset{*}{3})=\overset{*}{3}8$; $(2\text{in}\ 3)+(\ 0+\overset{*}{3})= 4$; $(2\text{in}\ 4)+(\ 0+\overset{*}{0})= 2$.

Als Probe: $a.57+a.3 = a \times 60$.

(5) $\dfrac{..6305 \times 58,}{365690}$; nämlich: $= \frac{100}{2} + 8$

$(2 \text{ in } 0) + 40 = \overset{*}{4}0$; $(2 \text{ in } 10) + (0 + \overset{*}{4}) = 9$; $(2 \text{ in } 5) + (24 + \overset{*}{0}) = \overset{*}{2}6$;
$(2 \text{ in } 10) + (48 + \overset{*}{2}) = \overset{*}{5}5$; $(2 \text{ in } 3) + (0 + \overset{*}{5}) = 6$; $(2 \text{ in } 6) + (0 + \overset{*}{0}) = 3$.

Als Probe: $a.58 + a.2 = a \times 60$.

(6) $\dfrac{..4234 \times 62,}{\underset{1110}{262508}}$; nämlich: $= \frac{100}{2} + (10 + 2)$

$(2 \text{ in } 0) + 4.2 = 8$; $(2 \text{ in } 0) + (3.2 + 4) = 10$;
$(2 \text{ in } 14) + (2.2 + 3 + \overset{*}{1}) = \overset{*}{1}5$; $(2 \text{ in } 3) + (4.2 + 2 + \overset{*}{1}) = \overset{*}{1}2$;
$(2 \text{ in } 2) + (0.2 + 4 + \overset{*}{1}) = 6$; $(2 \text{ in } 4) + (0.2 + 0 + \overset{*}{0}) = 2$.

Als Probe: $a.62 - a.2 = a \times 60$.

Beispiele für D.

(1) $\dfrac{.23578 \times 11,}{\underset{11}{259358}}$; nämlich: $= 10 + 1$

$8 = 8$; $7 + 8 = \overset{*}{1}5$; $5 + (7 + \overset{*}{1}) = \overset{*}{1}3$; $3 + (5 + \overset{*}{1}) = 9$;
$2 + 3 = 5$; $0 + 2 = 2$.

Die Probe hat man, wenn vom Resultat der Multiplikand (von oben nach unten) subtrahirt wird, wo sich dann der 10fache Multiplikand ergeben muß.

(2) $\dfrac{.78878 \times 11}{\underset{1111}{867658}}$

Nämlich: 8 ist 8; 7 und 8 ist 15, 5 hin 1 unten; 8 und (7 und 1) ist 16, 6 hin, 1 unten; 8 und (8 und 1) ist 17, 7 hin, 1 unten; 7 und 9 ist 16, 6 hin, 1 unten; 0 und (7 und 1) ist 8.

Oder kurz so: 8 hin; 7 und 8 ist 15, 5 hin; 8 und 8 ist 16, 6 hin; 8 und 9 ist 17, 7 hin; 7 und 9 ist 16, 6 hin; 0 und 8 ist 8, 8 hin.

Noch kürzer dadurch, daß man den bleibenden Rest zur links folgenden Zahl des Multiplikands addirt, also: 8 ist 8; 7 und 8 ist 15, 5 hin; 9 und 7 ist 16, 6 hin; 9 und 8 ist 17, 7 hin; 8 und 8 ist 16, 6 hin; 1 und 7 ist 8, 8 hin.

Beispiele für D_1.

(1) $\underline{.5483 \times 22,} = 11$ (verkürzt) $.\ 2$

$\underset{2\,2\,2}{120626}$; nämlich:

$3.2 = 6;\ 11.2 = \overset{*}{2}2;\ 12.2 + \overset{*}{2} = \overset{*}{2}6;\ 9.2 + \overset{*}{2} = \overset{*}{2}0;\ 5.2 + \overset{*}{2} = 12.$

Als Probe: $a \times 22 - a.2 = (a.2).10.$

(2) $\underline{.2389 \times 33,} = 11$ (verkürzt) $.\ 3$

$\underset{1\,3\,5\,2}{78837}$; nämlich:

$9.3 = \overset{*}{2}7;\ (8+9).3 + \overset{*}{2} = \overset{*}{5}3;\ (3+8).3 + \overset{*}{5} = \overset{*}{3}8;$
$(2+3).3 + \overset{*}{3} = \overset{*}{1}8;\ (0+2).3 + \overset{*}{1} = 7.$

Als Probe: $a \times 33 - a.3 = (a \times 3).10.$

(3) $\underline{.4256 \times 44,} = 11$ (verkürzt) $.\ 4$

$\underset{2\,3\,4\,2}{187264}$; nämlich:

$6.4 = \overset{*}{2}4;\ 11.4 + \overset{*}{2} = \overset{*}{4}6;\ 7.4 + \overset{*}{4} = \overset{*}{3}2;\ 6.4 + \overset{*}{3} = \overset{*}{2}7;\ 4.4 + \overset{*}{2} = 18.$

Als Probe: $a.44 - a.4 = (a \times 4).10$

(4) $\underline{.3245 \times 55,} = 11$ (verkürzt) $.\ 5$

$\underset{2\,3\,4\,2}{178475}$; nämlich:

$5.5 = \overset{*}{2}5;\ 9.5 + \overset{*}{2} = \overset{*}{4}7;\ 6.5 + \overset{*}{4} = \overset{*}{3}4;\ 5.5 + \overset{*}{3} = \overset{*}{2}8;\ 3.5 + \overset{*}{2} = 17.$

Als Probe: $a.55 - (a \times 10):2 = [(a \times 10):2].10.$

(5) $\underline{.3274 \times 66,} = 11$ (verkürzt) $.\ 6$

$\underset{3\,0\,6\,2}{216084}$; nämlich:

$4.6 = \overset{*}{2}4;\ 11.6 + \overset{*}{2} = \overset{*}{6}8;\ 9.6 + \overset{*}{6} = \overset{*}{6}0;\ 5.6 + \overset{*}{6} = \overset{*}{3}6;\ 3.6 + \overset{*}{3} = 21.$

Als Probe: $a.66 + a.4 = a \times 70$, oder kürzer: $a.66 - a.6 = (a.6).10$; hier wird $a.6$ natürlich nur einmal berechnet.

(6) $\underline{.4835 \times 77,} = 11$ (verkürzt) $.\ 7$

$\underset{9\,8\,5\,3}{372295}$; nämlich:

$5.7 = \overset{*}{3}5;\ 8.7 + \overset{*}{3} = \overset{*}{5}9;\ 11.7 + \overset{*}{5} = \overset{*}{8}2;\ 12.7 + \overset{*}{8} = \overset{*}{9}2;\ 4.7 + \overset{*}{9} = 37.$

Probe: $a.77 + a.3 = a \times 80$; oder erst mit 7 und dann mit 11 verkürzt.

(7) $\underline{.2354 \times 88}$, $=$ 11 (verkürzt) . 8
207152; nämlich:
$\scriptstyle 4\,7\,7\,3$

$4.8 = \overset{*}{3}2$; $9.8 + \overset{*}{3} = \overset{*}{7}5$; $8.8 + \overset{*}{7} = \overset{*}{7}1$; $5.8 + \overset{*}{7} = \overset{*}{4}7$; $2.8 + \overset{*}{4} = 20$.
Probe: a.88 + a.2 = a.(90 verkürzt); oder: (a.8).11 (verkürzt).

Beispiele für D_2.

(1) $\underline{.4327 \times 32}$, $=$ 22 (verkürzt) + 10
138464; nämlich:
$\scriptstyle 1\,1\,2\,1$

$7.2 + 0 = \overset{*}{1}4$; $9.2 + (7 + \overset{*}{1}) = \overset{*}{2}6$; $5.2 + (2 + \overset{*}{2}) = \overset{*}{1}4$;
$7.2 + (3 + \overset{*}{1}) = \overset{*}{1}8$; $4.2 + (4 + \overset{*}{1}) = 13$.

Probe: a.32 − a.2 = a × 30, oder kürzer: = (a.2)10 + a.10, wo a.2 nur einmal berechnet wird; oder: a.32 = (a.8).4.

(2) $\underline{.5248 \times 43}$, $=$ 33 (verkürzt) + 10
225664; nämlich:
$\scriptstyle 2\,2\,4\,2$

$8.3 + 0 = \overset{*}{2}4$; $12.3 + (8 + \overset{*}{2}) = \overset{*}{4}6$; $6.3 + (4 + \overset{*}{4}) = \overset{*}{2}6$;
$7.3 + (2 + \overset{*}{2}) = \overset{*}{2}5$; $5.3 + (5 + \overset{*}{2}) = 22$.

Probe: a.43 − a.3 = a × 40, oder kürzer: = (a.3).10 + a.10, wo a.3 nur einmal berechnet wird.

(3) $\underline{.4637 \times 76}$, $=$ 66 (verkürzt) + 10
352412; nämlich:

$7.6 + 0 = \overset{*}{4}2$; $10.6 + (7 + \overset{*}{4}) = \overset{*}{7}1$; $9.6 + (3 + \overset{*}{7}) = \overset{*}{6}4$;
$10.6 + (6 + \overset{*}{6}) = \overset{*}{7}2$; $4.6 + (4 + \overset{*}{7}) = 35$.

Probe: a.76 + a.4 = a × 80; oder kürzer: = (a.4).20. Daß man a.4 gleich unter das Produkt a.76 schreibt, versteht sich von selbst. So verfährt man in allen ähnlichen Fällen.

(4) $\underline{.3682 \times 87}$, $=$ 77 (verkürzt) + 10
320334; nämlich:
$\scriptstyle 8\;11\;7\;1$

$2.7 + 0 = \overset{*}{1}4$; $10.7 + (2 + \overset{*}{1}) = \overset{*}{7}3$; $14.7 + (8 + \overset{*}{7}) = \overline{11}3$;
$9.7 + (6 + \overline{11}) = \overset{*}{8}0$; $3.7 + (3 + \overset{*}{8}) = 32$.

Probe: a.87 + a.3 = a × (90 verkürzt), oder: = (a.3).30, wo a.3 nur einmal berechnet wird.

Beispiele zu D_3.

(1) $\underline{.5382 \times 23,} = 22$ (verkürzt) $+ 1$
$\underset{2\,2\,2}{123786}$; nämlich:

$2.2+2 = 6$; $10.2+8 = \overset{*}{2}8$; $11.2+(3+\overset{*}{2}) = \overset{*}{2}7$;
$8.2+(5+\overset{*}{2}) = \overset{*}{2}3$; $5.2+(0+\overset{*}{2}) = 12$.

Probe: $a.23 - a.3 = a \times 20$; oder kürzer: $= (a \times 3).10 - a.10$.

(2) $\underline{.2534 \times 34,} = 33$ (verkürzt) $+ 1$
$\underset{2\,3\,2\,1}{86156}$; nämlich:

$4.3+4 = \overset{*}{1}6$; $7.3+(3+\overset{*}{1}) = \overset{*}{2}5$; $8.3+(5+\overset{*}{2}) = \overset{*}{3}1$;
$7.3+(2+\overset{*}{3}) = \overset{*}{2}6$; $2.3+(0+\overset{*}{2}) = 8$.

Probe: $a.34 - a.4 = a \times 30$, oder: $= (a.4).10 - a.10$, wo $a.4$ nur einmal berechnet wird.

(3) $\underline{.5842 \times 56,} = 55$ (verkürzt) $+ 1$
327152; nämlich:

$2.5+2 = \overset{*}{1}2$; $6.5+(4+\overset{*}{1}) = \overset{*}{3}5$; $12.5+(8+\overset{*}{3}) = \overset{*}{7}1$;
$13.5+(5+\overset{*}{7}) = \overset{*}{7}7$; $5.5+(0+\overset{*}{7}) = 32$.

Probe: $a.56 + a.4 = a \times 60$.

(4) $\underline{.4327 \times 67,} = 66$ (verkürzt) $+ 1$
289909; nämlich:

$7.6+7 = \overset{*}{4}9$; $9.6+(2+\overset{*}{4}) = \overset{*}{6}0$; $5.6+(3+\overset{*}{6}) = \overset{*}{3}9$;
$7.6+(4+\overset{*}{3}) = \overset{*}{4}9$; $4.6+(0+\overset{*}{4}) = 28$.

Probe: $a.67 + a.3 = a \times 70$.

(5) $\underline{.5348 \times 78,} = 77$ (verkürzt) $+ 1$
$\underset{6\,6\,9\,6}{417144}$; nämlich:

$8.7+8 = \overset{*}{6}4$; $12.7+(4+\overset{*}{6}) = \overset{*}{9}4$; $7.7+(3+\overset{*}{9}) = \overset{*}{6}1$;
$8.7+(5+\overset{*}{6}) = \overset{*}{6}7$; $5.7+(0+\overset{*}{6}) = 41$.

Probe: $a.78 + a.2 = a \times 80 = (a.2).40$, wo $a.2$ nur einmal berechnet wird.

Beispiele zu E.

(1) $\underline{.3567 \times 12,} = 10 + 2$
$\underset{1\,1\,2\,1}{42804}$; nämlich:

$7.2 = \overset{*}{1}4$; $6.2+(7+\overset{*}{1}) = \overset{*}{2}0$; $5.2+(6+\overset{*}{2}) = \overset{*}{1}8$;
$3.2+(5+\overset{*}{1}) = \overset{*}{1}2$; $0.2+(3+\overset{*}{1}) = 4$.

Probe: $a.12 - a.2 = a \times 10$, oder $a.12 = (a.4).3$.

(2) $\underline{.3847 \times 13}$, $= 10+3$
50011; nämlich:

$7.3 = \overset{*}{2}1$; $4.3+(7+\overset{*}{2}) = \overset{*}{2}1$; $8.3+(4+\overset{*}{2}) = \overset{*}{3}0$;
$3.3+(8+\overset{*}{3}) = \overset{*}{2}0$; $0.3+(3+\overset{*}{2}) = 5$.

Probe: $a.13 - a.3 = a \times 10$.

(3) $\underline{.2437 \times 14}$, $= 10+4$
34118; nämlich:

$7.4 = \overset{*}{2}8$; $3.4+(7+\overset{*}{2}) = \overset{*}{2}1$; $4.4+(3+\overset{*}{2}) = \overset{*}{2}1$;
$2.4+(4+\overset{*}{2}) = \overset{*}{1}4$; $0.4+(2+\overset{*}{1}) = 3$.

Probe: $a.14 - a.4 = a \times 10$.

(4) $\underline{.5234 \times 16}$, $= 10+6$
83744; nämlich:

$4.6 = \overset{*}{2}4$; $3.6+(4+\overset{*}{2}) = \overset{*}{2}4$; $2.6+(3+\overset{*}{2}) = \overset{*}{1}7$;
$5.6+(2+\overset{*}{1}) = \overset{*}{3}3$; $0.6+(5+\overset{*}{3}) = 8$.

Probe: $a.16 + a.4 = a \times 20$, oder: $= (a.2).20 - a.20$, wo $a.2$ nur einmal berechnet wird.

(5) $\underline{.5184 \times 17}$, $= 10+7$
88128; nämlich:
3262

$4.7 = \overset{*}{2}8$; $8.7+(4+\overset{*}{2}) = \overset{*}{6}2$; $1.7+(8+\overset{*}{6}) = \overset{*}{2}1$;
$5.7+(1+\overset{*}{2}) = \overset{*}{3}8$; $0.7+(5+\overset{*}{3}) = 8$.

Probe: $a.17 + a.3 = a \times 20$, oder: $= (a.3).10 - a.10$, wo $a.3$ nur einmal berechnet wird.

Beispiele zu E_1.

(1) $\underline{8794. \times 21}$, $= 10.2+1$
184674; nämlich:
2210

$0.2+4 = 4$; $4.2+9 = \overset{*}{1}7$; $9.2+(7+\overset{*}{1}) = \overset{*}{2}6$;
$7.2+(8+\overset{*}{2}) = \overset{*}{2}4$; $8.2+\overset{*}{2} = 18$.

Probe: $a.21 - a = a \times 20$.

(2) $\underline{43254\,.} \times 31, = 10\,.\,3+1$
1340874; nämlich:

$0.3+4 = 4$; $4.3+5 = \overset{*}{1}7$; $5.3+(2+\overset{*}{1}) = \overset{*}{1}8$;
$2.3+(3+\overset{*}{1}) = \overset{*}{1}0$; $3.3+(4+\overset{*}{1}) = \overset{*}{1}4$; $4.3+\overset{*}{1} = 13$.

Probe: $a.31 - a = a \times 30$. Daß in solchen und ähnlichen Fällen der Multiplikand unmittelbar von dem darunter stehenden Produkt subtrahirt wird, versteht sich von selbst.

(3) $\underline{23548\,.} \times 41, = 10\,.\,4+1$
965468; nämlich:

$0.4+8 = 8$; $8.4+4 = \overset{*}{3}6$; $4.4+(5+\overset{*}{3}) = \overset{*}{2}4$;
$5.4+(3+\overset{*}{2}) = \overset{*}{2}5$; $3.4+(2+\overset{*}{2}) = \overset{*}{1}6$; $2.4+\overset{*}{1} = 9$.

Probe: $a.41 - a = a \times 40$.

(4) $\underline{53246\,.} \times 61, = 10\,.\,6+1$
3248006; nämlich:

$0.6+6 = 6$; $6.6+4 = \overset{*}{4}0$; $4.6+(2+\overset{*}{4}) = \overset{*}{3}0$;
$2.6+(3+\overset{*}{3}) = \overset{*}{1}8$; $3.6+(5+\overset{*}{1}) = \overset{*}{2}4$; $5.6+\overset{*}{2} = 32$.

Probe: $a.61 - a = a \times 60$.

(5) $\underline{23462\,.} \times 71, = 10\,.\,7+1$
1665802; nämlich:

$0.7+2 = 2$; $2.7+6 = \overset{*}{2}0$; $6.7+(4+\overset{*}{2}) = \overset{*}{4}8$;
$4.7+(3+\overset{*}{4}) = \overset{*}{3}5$; $3.7+(2+\overset{*}{3}) = \overset{*}{2}6$; $2.7+\overset{*}{2} = 16$.

Probe: $a.71 - a = a \times 70$.

(6) $\underline{42132\,.} \times 81, = 10\,.\,8+1$
3412692; nämlich:
21210

$0.8+2 = 2$; $2.8+3 = \overset{*}{1}9$; $3.8+(1+\overset{*}{1}) = \overset{*}{2}6$;
$1.8+(2+\overset{*}{2}) = \overset{*}{1}2$; $2.8+(4+\overset{*}{1}) = \overset{*}{2}1$; $4.8+\overset{*}{2} = 34$.

Probe: $a.81 - a = a.80$; oder: $a.81 = (a.9$ verk.$).9$ (verk.).

Beispiele zu F.

(1) $\underline{84563} \times 24, = 12$ (verkürzt) $.\,2$
2029512; nämlich:
42331

$3.2 = 6, .2 = \overset{*}{1}2$; $6.2+3 = 15, .2, +\overset{*}{1} = \overset{*}{3}1$;
$5.2+6 = 16, .2, +\overset{*}{3} = \overset{*}{3}5$; $4.2+5 = 13, .2, +\overset{*}{3} = \overset{*}{2}9$;
$8.2+4 = 20, .2, +\overset{*}{2} = \overset{*}{4}2$; $0.2+8 = 8, .2, +\overset{*}{4} = 20$.

Probe: $a.24 - a.4 = a \times 20$; oder: $a.24 = (a.6).4$.

(2) $\underline{.54326 \times 26,} = 13$ (verkürzt) . 2
$\overline{1412476}$; nämlich:
43223

$6.3 = 18,.2 = \overset{*}{3}6$; $\quad 2.3+6 = 12,.2,+\overset{*}{3} = \overset{*}{2}7$;

$3.3+2 = 11,.2,+\overset{*}{2} = \overset{*}{2}4$; $\quad 4.3+3 = 15,.2,+\overset{*}{2} = \overset{*}{3}2$;

$5.3+4 = 19,.2,+\overset{*}{3} = \overset{*}{4}1$; $\quad 0.3+5 = 5,.2,+\overset{*}{4} = 14$.

Probe: $a.26+a.4 = a\times30$; oder: $= (a.4).10 - a.10$, wo $a.4$ nur einmal berechnet wird.

(3) $\underline{43256.\times 42,} = 21$ (verkürzt) . 2
$\overline{1816752}$; nämlich:

$0.2+6 = 6,.2 = \overset{*}{1}2$; $\quad 6.2+5 = 17,.2,+\overset{*}{1} = \overset{*}{3}5$;

$5.2+2 = 12,.2,+\overset{*}{3} = \overset{*}{2}7$; $\quad 2.2+3 = 7,.2,+\overset{*}{2} = \overset{*}{1}6$;

$3.2+4 = 10,.2,+\overset{*}{1} = \overset{*}{2}1$; $\quad 4.2+0 = 8,.2,+\overset{*}{2} = 18$.

Probe: $a.42 - a.2 = a.40$, oder: $= (a\times2).20$, wo $a.2$ nur einmal berechnet wird.

(4) $\underline{.36254.\times 48,} = 12$ (verkürzt) . 4
$\overline{1740192}$; nämlich:

$4.2 = 8,.4 = \overset{*}{3}2$; $\quad 5.2+4 = 14,.4,+\overset{*}{3} = \overset{*}{5}9$;

$2.2+5 = 9,.4,+\overset{*}{5} = \overset{*}{4}1$; $\quad 6.2+2 = 14,.4,+\overset{*}{4} = \overset{*}{6}0$;

$3.2+6 = 12,.4,+\overset{*}{6} = \overset{*}{5}4$; $\quad 0.2+3 = 3,.4,+\overset{*}{5} = 17$.

Probe: $a.48+a.2 = (a\times100):2$.

(5) $\underline{26843.\times 84,} = 21$ (verkürzt) . 4
$\overline{2254812}$; nämlich:
69641

$0.2+3 = 3,.4 = \overset{*}{1}2$; $\quad 3.2+4 = 10,.4,+\overset{*}{1} = \overset{*}{4}1$;

$4.2+8 = 16,.4,+\overset{*}{4} = \overset{*}{6}8$; $\quad 8.2+6 = 22,.4,+\overset{*}{6} = \overset{*}{9}4$;

$6.2+2 = 14,.4,+\overset{*}{9} = \overset{*}{6}5$; $\quad 2.2+0 = 4,.4,+\overset{*}{6} = 22$.

Probe: $a.84 - a.4 = (a.4).20$, wo $a.4$ nur einmal berechnet wird.

Beispiele zu G.

(1) $\underline{.3456\times 38,} = 10.3+8$
$\overline{131328}$; nämlich:
4564

$0.3+6.8 = \overset{*}{4}8$; $\quad 6.3+5.8+\overset{*}{4} = \overset{*}{6}2$; $\quad 5.3+4.8+\overset{*}{6} = \overset{*}{5}3$;

$4.3+3.8+\overset{*}{5} = \overset{*}{4}1$; $\quad 3.3+0.8+\overset{*}{4} = 13$.

Probe: $a.38+a.2 = a\times40$, oder: $= (a.2).20$, wo $a.2$ nur einmal berechnet wird.

(2) $\underline{.\,2143 \times 68,} = 10.6+8$
145724; nämlich:
2 3 5 2

$0.6+3.8 \quad = \overset{*}{2}4$; $3.6+4.8+\overset{*}{2} = \overset{*}{5}2$; $4.6+1.8+\overset{*}{5} = \overset{*}{3}7$;
$1.6+2.8+\overset{*}{3} = \overset{*}{2}5$; $2.6+0.8+\overset{*}{2} = 14$.

Probe: $a.68+a.2 = a \times 70$.

(3) $\underline{.\,3251 \times 47,} = 10.4+7$
152797; nämlich:

$0.4+1.7 \quad = 7$; $1.4+5.7 \quad = \overset{*}{3}9$; $5.4+2.7+\overset{*}{3} = \overset{*}{3}7$;
$2.4+3.7+\overset{*}{3} = \overset{*}{3}2$; $3.4+0.7+\overset{*}{3} = 15$.

Probe: $a.47+a.3 = (a.100):2$.

(4) $\underline{.\,4208 \times 74,} = 10.7+4$
311392; nämlich:

$0.7+8.4 \quad = \overset{*}{3}2$; $8.7+0.4+\overset{*}{3} = \overset{*}{5}9$; $0.7+2.4+\overset{*}{5} = \overset{*}{1}3$;
$2.7+4.4+\overset{*}{1} = \overset{*}{3}1$; $4.7+0.4+\overset{*}{3} = 31$.

Probe: $a.74+a = a.100 - \frac{1}{4}(a.100)$.

(5) $\underline{.\,1248 \times 83,} = 10.8+3$
103584; nämlich:

$0.8+8.3 \quad = \overset{*}{2}4$; $8.8+4.3+\overset{*}{2} = \overset{*}{7}8$; $4.8+2.3+\overset{*}{7} = \overset{*}{4}5$;
$2.8+1.3+\overset{*}{4} = \overset{*}{2}3$; $1.8+0.3+\overset{*}{2} = 10$.

Probe: $a.83 - a.3 = a.80$.

(6) $\underline{.\,2408 \times 86,} = 10.8+6$
207088; nämlich:
4 3 6 4

$0.8+8.6 \quad = \overset{*}{4}8$; $8.8+0.6+\overset{*}{4} = \overset{*}{6}8$; $0.8+4.6+\overset{*}{6} = \overset{*}{3}0$;
$4.8+2.6+\overset{*}{3} = \overset{*}{4}7$; $2.8+0.6+\overset{*}{4} = 20$.

Probe: $a.86+a.3 = a.$(90 verkürzt) $-$ a.

Auf die Weise kann man mit jeder zweiziffrigen Zahl multipliziren, weil $\alpha\beta = \alpha.10+\beta$ ist.

Was vom Multipliziren mit den Zahlen 20, 30, 40, 50, 60, 70, 80, 90 gilt, weiß man, indem $a \times \alpha 0 = (a.\alpha).10$ ist; man multiplizirt also mit den Zehnern (α) und fügt an das Produkt zur Rechten eine Null. Nur für das Multipliziren mit 50 und 90 kann man die für 5 und 9 gelehrten Abkürzungen anwenden.

$$2)\frac{7534587..\times 50, = \frac{100}{2}}{376729350}$$

Probe: (a.50).2 = a.100.

$$\frac{.784376459\times 90,=9(\text{verk.}).10.}{70593881310}$$

Probe: a.90+a.10=a.100.

Bemerkung 1. Daß man die unter jeder Aufgabe stehenden Gleichungen beim wirklichen Rechnen nicht hinsetzt, versteht sich von selbst, indem die Aufstellung nur dient, um das Wesen der Rechnung bildlich zu zeigen.

Bemerkung 2. Die Probe kann man auch dadurch machen, daß man u. A. auf gewöhnlichem Wege multiplizirt. Eben so dienen auch wieder alle abgekürzten Rechnungen als Proben für die auf gemeine Weise durchgeführten. Erst späterhin ergeben sich weit bequemere Proben.

63. Nachdem nun gelehrt ist, wie man mit den einziffrigen Zahlen 5 und 9 und ferner mit allen zweiziffrigen verkürzt auf ein Mal durchmultiplizirt was auch für alle dreiziffrigen geschehen konnte, ist es nun leicht in allen Fällen verkürzt zu multipliziren.

Ehe wir aber zum allgemeinen Falle übergehn, wird es nützlich sein, noch specielle Zerlegungen für das Multipliziren mit allen ein- und zweiziffrigen Zahlen aufzustellen. Für manche Multiplikatoren werden sich noch kürzere Wege zeigen, als die im Vorhergehenden gelehrten. Diese Fälle konnten aber vorhin nicht berücksichtigt werden, weil wir sonst fast für jede Zahl ein besonderes Multiplikations-Gesetz hätten aufstellen müssen. Da, wo aber die kürzeren Wege nicht erwählt sind, vielleicht das Verfahren hin und wieder weitläuftiger als auf die gewöhnliche Art ausfallen sollte, sind die Beispiele blos der Übung wegen angeführt worden; auch sind in dieser Hinsicht oft nur Zerlegungen angegeben. Im Allgemeinen ist es schwierig die Behauptung zu rechtfertigen, daß dieser oder jener Weg der kürzeste sei, dem Einen ist oft das leicht, was dem Andern schwer ist. Da es jedoch leicht ist, diejenigen Fälle unter mehreren Methoden anzugeben, für welche in ihren Entwickelungen die kleinsten Zahlen entstehn, so muß der Weg der kürzeste sein, wo in den Entwickelungen nicht nur die wenigsten und kleinsten Zahlen entstehn, sondern wo diese zugleich am leichtesten und sichersten gebildet werden, und somit das Gesuchte am bequemsten hervorgeht.

Was die Proben auf die folgenden Beispiele anbetrifft, so richte man sich nach dem Vorhergehenden.

$$\begin{array}{l} 1)\ \ \underline{7894} \times 6, = \tfrac{10}{2}+1 \\ \quad 47364;\ \text{nämlich:} \\ \quad \scriptstyle 1\,1\,1 \end{array}$$

(2 in 0)+4 = 4; (2 in 14)+9 = $\overset{*}{1}6$; (2 in 9)+8+$\overset{*}{1}$ = $\overset{*}{1}3$;
(2 in 18)+7+$\overset{*}{1}$ = $\overset{*}{1}7$; (2 in 7)+0+$\overset{*}{1}$ = 4.

Oder so: $\begin{array}{r} 7894 \times 6, = 10-4 \\ \text{ab: } \underline{31576} \\ 47364 \end{array}$ Oder so: $\begin{array}{r} 7894 \times 6, = 3.2 \\ \underline{\times 3} \\ \underline{23682} \\ 47364\,(2 \end{array}$

Oder so: $\begin{array}{l} \underline{7894} \times 6, = 10-4 \\ 47364;\ \text{nämlich:} \end{array}$

4.4 =16, von $\overset{*}{2}0$=4; 9.4+$\overset{*}{2}$=38, von $\overset{*}{4}4$=6; 8.4+$\overset{*}{4}$=36, von $\overset{*}{3}9$=3;
7.4+$\overset{*}{3}$=31, von $\overset{*}{3}8$=7; 0.4+$\overset{*}{3}$= 3, von 7=4.

$$\begin{array}{l} 2)\ \ \underline{4365} \times 7, = \tfrac{10}{2}+2 \\ \quad 30555;\ \text{nämlich:} \\ \quad \scriptstyle 1\,1\,1\,1 \end{array}$$

(2 in 10)+10 = $\overset{*}{1}5$; (2 in 5)+12+$\overset{*}{1}$ = $\overset{*}{1}5$; (2 in 16)+6+$\overset{*}{1}$ = $\overset{*}{1}5$;
(2 in 3)+ 8+$\overset{*}{1}$ = $\overset{*}{1}0$; (2 in 4)+ 0+$\overset{*}{1}$ = 3.

Oder so: $\begin{array}{l} \underline{4365} \times 7, = 10-3 \\ 30555;\ \text{nämlich:} \end{array}$

5.3 =15, von $\overset{*}{2}0$=5; 6.3+$\overset{*}{2}$=20, von $\overset{*}{2}5$=5; 3.3+$\overset{*}{2}$=11, von $\overset{*}{1}6$=5;
4.3+$\overset{*}{1}$=13, von $\overset{*}{1}3$=0; 0.3+$\overset{*}{1}$= 1, von 4=3.

Oder so: $\begin{array}{r} 4365 \times 7, = 10-3 \\ \text{ab: } \underline{13095} \\ 30555 \end{array}$

Oder so: $\begin{array}{l} \underline{4365} \times 7, = 9\ (\text{verkürzt}) - 2 \\ 30555;\ \text{nämlich:} \end{array}$

5 von 10 = 5, 10 von $\overset{*}{1}5$ = 5; 7 von 15 = 8, 12+$\overset{*}{1}$ von $\overset{*}{1}8$ = 5;
4 von 6 = 2, 6+$\overset{*}{1}$ von $\overset{*}{1}2$ = 5; 4 von 13 = 9, 8+$\overset{*}{1}$ von 9 = 0;
1 von 4 = 3, 0 von 3 = 3.

3) Für 8 als Multiplikator hat man: 8 = $\frac{10}{2}$+3, oder = 10—2 = 9 (verk.)—1 oder = 4.2.

Z. B. $\begin{array}{l} \underline{47893} \times 8, = 10-2 \\ 383144;\ \text{nämlich:} \\ \scriptstyle 1\,1\,1\,2\,1 \end{array}$

3.2 = 6, v. $\overset{*}{1}0$=4; 9.2+$\overset{*}{1}$=19, v. $\overset{*}{2}3$=4; 8.2+$\overset{*}{2}$=18, v. $\overset{*}{1}9$=1;
7.2+$\overset{*}{1}$=15, v. $\overset{*}{1}8$=3; 4.2+$\overset{*}{1}$= 9, v. $\overset{*}{1}7$=8; 0.2+$\overset{*}{1}$= 1, v. 4=3.

4) $\underline{4325 \times 11}$
47575; nämlich:
$\;\;325$

$5.11 = \overset{*}{5}5;\; 2.11+\overset{*}{5} = \overset{*}{2}7;\; 3.11+\overset{*}{2} = \overset{*}{3}5;\; 4.11+\overset{*}{3} = 47.$

Oder so: $\begin{array}{r} 4325 \times 11 \\ 4325 \\ \hline 47575 \end{array}$

5) $\underline{3584 \times 12}$, $= 9$ (verkürzt) $+ 3$
43008; nämlich:
$\;\;1231$

$6+12 = \overset{*}{1}8;\; 5+24+\overset{*}{1} = \overset{*}{3}0;\; 2+15+\overset{*}{3} = \overset{*}{2}0;\; 2+9+\overset{*}{2} = \overset{*}{1}3;$
$3+0+\overset{*}{1} = 4.$

Oder so: $\begin{array}{r} 3584 \times 12 \\ 7168 \\ \hline 43008 \end{array}$

Oder indem man mit 12 durchmultiplizirt. Oder: $12 = 6.2 = 4.3$.

6) Für 13 [vergl. 5)].

7) $\underline{5234 \times 14}$, $= \frac{10}{2} + 9$ (verkürzt)
73276; nämlich:

$0+6 = 6;\; 7+0 = 7;\; 1+1 = 2;\; 6+7 = \overset{*}{1}3;\; 2+4+\overset{*}{1} = 7.$

Im übrigen vergleiche [5)].

8) $\underline{4835 \times 15}$, $= \frac{10}{2} + 10$
72525; nämlich:

$(2 \text{ in } 10)+0 = 5;\; (2 \text{ in } 15)+5 = \overset{*}{1}2;\; (2 \text{ in } 3)+3+\overset{*}{1} = 5;$
$(2 \text{ in } 8)+8 = \overset{*}{1}2;\; (2 \text{ in } 4)+4+\overset{*}{1} = 7.$

Oder so: $\underline{4835 \times 15}$, $= \frac{10}{2} . 3$
72525; nämlich:

$2 \text{ in } 10 = 5,.3 = \overset{*}{1}5;\; 2 \text{ in } 15 = 7,.3,+\overset{*}{1} = \overset{*}{2}2;\; 2 \text{ in } 3 = 1,.3,+2 = 5;$
$2 \text{ in } 8 = 4,.3 = \overset{*}{1}2;\; 2 \text{ in } 4 = 2,.3,+\overset{*}{1} = 7.$

Oder so: $\begin{array}{r} 4835 \times 15 \\ \times 3 \\ \hline 2)\,14505 \\ \hline 72525 \end{array}$ Oder so: $\begin{array}{r} 4835 \times 15, = 10 + \frac{1}{2}10 \\ 24175 \\ \hline 72525 \end{array}$

Im übrigen vergleiche [5)].

9) $16 = \frac{10}{2} + 11$(verk.) $= \frac{10}{2} . 3 + 1 = 9$(verk.) $+ 7 = 4.4 = 16$(durchm.).
Im übrigen wie in [5)].

10) $\underline{5432} \times 17, = 9$ (verkürzt) $. 2 - 1$
92344; nämlich:

2 von $10 = 8,.2 \quad = \overset{*}{1}6, - 12 = 4$; 4 von $12 = 8,.2, + \overset{*}{1} = \overset{*}{1}7, - 13 = 4$;
5 von $13 = 8,.2, + \overset{*}{1} = \overset{*}{1}7, - 14 = 3$; 6 von $14 = 8,.2, + \overset{*}{1} = \overset{*}{1}7, - 15 = 2$;
1 von $5 = 4,.2, + \overset{*}{1} = 9, - 0 = 9$.

Dann hat man noch die Zerlegungen:
$17 = \frac{10}{2} + 12$ (verk.) $= 9$(verk.) $+ 8 = \frac{10}{2} + 12$(durchm.) $= 20 - 3$.
Im Übrigen vergleiche [5)].

11) $\underline{4583} \times 18, = \left(\frac{10}{2} + 1\right) . 3$
82494; nämlich:

$(5+3) . 3 \quad = \overset{*}{2}4$; $(1+8) . 3 + \overset{*}{2} = \overset{*}{2}9$; $(9+5) . 3 + \overset{*}{2} = \overset{*}{4}4$;
$(2+4) . 3 + \overset{*}{4} = \overset{*}{2}2$; $(2+0) . 3 + \overset{*}{2} = 8$.

Oder so: $\underline{4583} \times 9$ (verkürzt) $. 2$
$\underline{41247}$
82494 (2

Dann hat man noch die Zerlegungen: $18 = 20 - 2 = 6.3$.
Im Übrigen vergleiche [5)].

12) $\underline{5436} \times 19, = 10 . 2 - 1$
103284; nämlich:

$0.2 = 0,6$ v. $\overset{*}{1}0 = 4$; $6.2 = 12,3 + \overset{*}{1}$ v. $\overset{*}{1}2 = 8$; $3.2 + \overset{*}{1} = 7,4 + \overset{*}{1}$ v. $7 = 2$;
$4.2 = 8,5$ v. $8 = 3$; $5.2 = 10,0$ v. $10 = 10$.

Oder so: 5436×19
$\underline{48924}$ (verk. mit 9 den Multiplikand)
103284

Oder so: $\underline{5436} \times 19, = 20 - 1$
$\underline{108720}$ hiervon ab den Multiplikand.
103284

Andere Zerlegungen: $19 = 9$ (verkürzt) $. 2 + 1 = 20 - 1$.
Im Übrigen wie in [5)].

13) $\underline{4453} \times 21, = 11$ (verkürzt) $+ 10$
93513; nämlich:

$3 + 0 \quad = 3$; $8 + 3 = \overset{*}{1}1$; $9 + 5 + \overset{*}{1} = \overset{*}{1}5$; $8 + 4 + \overset{*}{1} = \overset{*}{1}3$;
$4 + 4 + \overset{*}{1} = 9$.

Oder so:
$$\begin{array}{l} \;\;4453 \times 21 \\ \underline{8906} \\ 93513 \end{array}$$

Andere Zerlegungen: $21 = \frac{10}{2} . 4 + 1 = 12$ (durchm.) $+ 9$ (verk.) $= 12$(verk) $+ 9$(verk.) $= 9$(verk.)$. 2 + 3 = 7 . \overset{*}{3}$.

Man kann auch mit 21 durchmultipliziren.

14) $\underline{4536 \times 22}, = 12$ (verkürzt) $+ 10$
$\overline{99792}$; nämlich:

$6.2+0 \qquad = \overset{*}{1}2$; $3.2+6+6+\overset{*}{1} = \overset{*}{1}9$; $5.2+3+3+\overset{*}{1} = \overset{*}{1}7$; $4.2+5+5+\overset{*}{1} = \overset{*}{1}9$; $0.2+4+4+\overset{*}{1} = 9$.

Oder so:
$$\begin{array}{l} 4536 \;\; \times 22 \\ \overline{9072} \\ \;\underline{9072} \text{ (das 2fache ist benutzt)} \\ 99792 \end{array}$$

Oder so:
$$\begin{array}{l} .\,4536 \times 22 \\ \;\underline{\times 11} \text{ (verkürzt)} \\ \underline{49896} \\ 99792 \,(2 \end{array}$$

Oder: $22 = 13$(verk.)$+ 9$ (verk.) $= 22$(durchm.) $= 9$(verk.)$. 2 + 4$ $= \frac{110 \text{ (verk.)}}{5} = (9 \text{ verk.} + 2) . 2$.

15) $\underline{4652 \times 23}, = 9$ (verk.)$. 2 + \frac{10}{2}$
106996; nämlich:

$16+0 = \overset{*}{1}6$; $12+6+\overset{*}{1} = \overset{*}{1}9$; $16+2+\overset{*}{1} = \overset{*}{1}9$; $2+3+\overset{*}{1} = 6$; $8+2 = 10$.

Oder so:
$$\begin{array}{l} \;4652 \times 23 \\ \overline{\;9304} \text{ hierzu das 1fache des Multiplikanden addirt:} \\ \;\underline{13956} \\ 106996 \end{array}$$

Oder: $23 = 13$ (verkürzt) $+ 10$.

16) $\underline{5346 \times 24}, = \left(\frac{10}{2} + 1\right) . 4$
128304; nämlich:

$(0+6) . 4 \qquad = \overset{*}{2}4$; $(3+4) . 4 + \overset{*}{2} = \overset{*}{3}0$; $(7+3) . 4 + \overset{*}{3} = \overset{*}{4}3$; $(6+5) . 4 + \overset{*}{4} = \overset{*}{4}8$; $(2+0) . 4 + \overset{*}{4} = 12$.

Oder so: $\dfrac{5346 \times 24, = 3.8}{128304;}$ nämlich:

$6.3 = \dot{1}8,\ 8.8 = \overset{*}{6}4;\ 4.3+\dot{1} = \dot{1}3,\ 3.8+\overset{*}{6} = \overset{*}{3}0;$
$3.3+\dot{1} = \dot{1}0,\ 0.8+\overset{*}{3} = 3;\ 5.3+\dot{1} = \dot{1}6,\ 6.8+\overset{*}{0} = \overset{*}{4}8;$
$0.3+\dot{1} = 1,\ 1.8+\overset{*}{4} = 12.$

Oder so:

$$\begin{array}{rl} 5346 & \times\ 24 \\ \hline 10692 & \text{das 2fache} \\ 21384 & \text{das 2fache} \times 2 \\ \hline 128304 & \end{array}$$

Oder: $24 = 9\,(\text{verk.}) + \frac{10}{2} + 10 = 14\,(\text{verk.}) + 10 = \frac{1}{4}.100 - 1$
$= 6.4 = 12\,(\text{verk.}).2.$

Man kann auch unmittelbar mit 24 durchmultipliziren.

17) $\dfrac{5437 \times 25, = 10.2 + \frac{10}{2}}{135925;}$ nämlich:

$0.2+5 = 5;\ 7.2+8 = \overset{*}{2}2;\ 3.2+1+\overset{*}{2} = 9;\ 4.2+7 = \overset{*}{1}5;$
$5.2+2+\overset{*}{1} = 13.$

Oder so:

$$\begin{array}{rl} 2)\ 5437 & \times\ 25 \\ \hline 27185 & \\ 10874 & \\ \hline 135925 & \end{array}$$

Oder: $25 = \frac{10}{2}.5 = 11\,(\text{verk.}) + 9\,(\text{verk.}) + \frac{10}{2} = 5.5.$

18) $\dfrac{4356 \times 26, = \frac{100}{4} + 1}{113256;}$ nämlich:

4 in $0=0,+6 = 6$; 4 in $0=0,+5 = 5$; 4 in $36=9,+3 = \overset{*}{1}2$;
4 in $35=8,+4+\overset{*}{1}=\overset{*}{1}3$; 4 in $3=0,+0+\overset{*}{1}=1$; 4 in $4=1,+0+\overset{*}{0}= 1$.

Oder indem man von rechts nach links durch 4 dividirt und den Multiplikand gleich hinzu addirt:

$\dfrac{4356\,.\,.\ \times 26, = \frac{100}{4} + 1}{113256;}$ nämlich:

4 in $4 = 1, +0 = 1$; 4 in $3 = 0, +0 = 0$; 4 in $35 = 8, +4 = 12$;
4 in $36 = 9, +3 = 12$; 4 in $0 = 0, +5 = 5$; 4 in $0 = 0, +6 = 6$.

Man hat also: $10\,\overline{12}\,\overline{12}\,56 = 113256$ zum Resultat.

Oder so: $\frac{4356 \times 26,}{113256;}$ $= 21$ (verkürzt) $+ \frac{10}{2}$ nämlich:

$0.2+6+0 = 6$; $6.2+5+8 = \overset{*}{2}5$; $5.2+3+7+\overset{*}{2} = \overset{*}{2}2$;
$3.2+4+1+\overset{*}{2} = \overset{*}{1}3$; $4.2+0+2+\overset{*}{1} = 11$.

Oder so:
$$\begin{array}{rl} 4356 & \times\ 26 \\ \hline 8712 & \text{das 2fache} \\ 26136 & \text{das 2fache} \times 3 \\ \hline 113256 & \end{array}$$

Oder: $26 = 16$(verk.) $+ 10 = 9$(verk.) $. 3 - 1 = 30 - 4$.

19) $\frac{5634 \times 27,}{152118;}$ $= \frac{100}{4} + 2$ nämlich:

$(4 \text{ in } 0) + 8 = 8$; $(4 \text{ in } 20) + 6 = \overset{*}{1}1$; $(4 \text{ in } 34) + 12 + \overset{*}{1} = \overset{*}{2}1$;
$(4 \text{ in } 3) + 10 + \overset{*}{2} = \overset{*}{1}2$; $(4 \text{ in } 16) + 0 + \overset{*}{1} = 5$; $(4 \text{ in } 5) + 0 + \overset{*}{0} = 1$.

Oder so:
$$\begin{array}{rl} 4)\,5634 & \times\ 27, = \tfrac{1}{4}.100+2 \\ \hline 140850 & \\ 11268 & \\ \hline 152118 & \end{array}$$

Oder so:
$$\begin{array}{rl} 5634 & \times\ 27, = 3 \,.\, 9 \text{ (verkürzt)} \\ \times 3 & \\ \hline 16902 & \\ \hline 152118 & (9 \text{ verkürzt} \end{array}$$

Oder: $27 = 17$(verk.) $+10 = 22$(verk.) $+\frac{10}{2} = 22$(verk.)$+5 = 30-3$.

20) $\frac{4367 \times 28,}{122276;}$ $= 9$ (verkürzt) $. 2 + 10$ nämlich:

$6+0=6$; $0+7=7$; $6+6=\overset{*}{1}2$; $18+3+\overset{*}{1}=\overset{*}{2}2$; $6+4+\overset{*}{2}=12$.

Oder so:
$$\begin{array}{rl} 4367 & \times\ 28, = 7 \,.\, 4 \\ \times 7 & \\ \hline 30569 & \\ \hline 122276 & (4 \end{array}$$

Oder so: $\frac{4367 \times 28,}{122276;}$ $= 7 \,.\, 4$ nämlich:

$7 \,.\, 7 = \dot{4}9$, $9 \,.\, 4 = \overset{*}{3}6$; $6 \,.\, 7 + \dot{4} = \dot{4}6$, $6 \,.\, 4 + \overset{*}{3} = \overset{*}{2}7$;
$3 \,.\, 7 + \dot{4} = \dot{2}5$, $5 \,.\, 4 + \overset{*}{2} = \overset{*}{2}2$; $4 \,.\, 7 + \dot{2} = \dot{3}0$, $0 \,.\, 4 + \overset{*}{2} = 2$;
$0 \,.\, 7 + \dot{3} = 3$, $3 \,.\, 4 = 12$.

Oder so:

$$\begin{array}{ll} \underline{4367} & \times\ 28 \\ 8734 & \text{das 2fache} \\ \underline{34936} & \text{das 2fache} \times 4 \\ 122276 & \end{array}$$

Oder: $28 = 14\,(\text{verk.}) . 2 = 10 . 3 - 2 = 30 - 2 = 11\,(\text{verk.}) . 2 + 6$
$= \left(9 \text{ verkürzt} + \frac{10}{2}\right) . 2 = \frac{100}{4} + 3.$

21) $\underline{4367} \times 29, = 10 . 3 - 1$
126643; nämlich:

$0 . 3 = 0,\ 7 \text{ von } \overset{*}{1}0 = 3;\ 7 . 3 = 21,\ 6 + \overset{*}{1} \text{ von } \overset{*}{1}1 = 4;$
$6 . 3 + 2 = 20,\ 3 + \overset{*}{1} \text{ von } \overset{*}{1}0 = 6;\ 3 . 3 + 2 = 11,\ 4 + \overset{*}{1} \text{ von } \overset{*}{1}1 = 6;$
$4 . 3 + 1 = 13,\ 0 + \overset{*}{1} \text{ von } 13 = 12.$

Oder noch nach folgenden Methoden:

$$\begin{array}{ll} \underline{4367} & \times\ 29 \\ 8734 & \\ \underline{39303} & (\text{mit 9 verk.}) \\ 126643 & \end{array} \qquad \begin{array}{ll} 4367 & \times\ 29, = 30 - 1 \\ \underline{131010} & \text{ab den Multiplikand} \\ 126643 & \end{array}$$

$\underline{4367} \times 29, = 10 . 3 - 1$
126643; nämlich:

$0 . 3 = 0,\ 7 \text{ von } 10 = 3;\ 7 . 3 = 21,\ 7 \text{ von } 21 = \overset{*}{1}4;$
$6 . 3 + \overset{*}{1} = 19,\ 3 \text{ von } 19 = \overset{*}{1}6;\ 3 . 3 + \overset{*}{1} = 10,\ 4 \text{ von } 10 = 6;$
$4 . 3 = 12,\ 0 \text{ von } 12 = 12.$

Oder: $29 = \frac{100}{4} + 4 = 11\,(\text{verk.}) + 9\,(\text{verk.}) . 2 = 9\,(\text{verk.}) . 3 + 2$
$= 24\,(\text{durchm.}) + \frac{10}{2} = 22\,(\text{verk.}) + 7 = 7 . 4 + 1.$

22) 4631×31
$\underline{13893}$
143561

Oder: $31 = 21\,(\text{verk.}) + 10 = 10 . 2 + 11\,(\text{verk.}) = \frac{10}{2} . 6 + 1$
$= 9(\text{verk.}) . 2 + 13(\text{verk.}) = 9(\text{verk.}) . 3 + 4 = 9(\text{verk.}) + 22(\text{verk}).$

23) $\underline{5364} \times 32, = 16\,(\text{verkürzt}) . 2$
171648; nämlich:

$4 . 6 = 24, . 2, = \overset{*}{4}8;\ 6 . 6 + 4 = 40, . 2, + \overset{*}{4} = \overset{*}{8}4;$
$3 . 6 + 6 = 24, . 2, + \overset{*}{8} = \overset{*}{5}6;\ 5 . 6 + 3 = 33, . 2, + \overset{*}{5} = \overset{*}{7}1;$
$0 . 6 + 5 = 5, . 2, + \overset{*}{7} = 17.$

Oder noch nach folgenden Methoden:

$$\begin{array}{rl} 5364 & \\ \times 8 & \\ \hline 42912 & \\ \hline 171648 & (4 \end{array} \qquad\qquad \begin{array}{rl} 5364 & \times\ 32 \\ \hline 10728 & \text{das 2fache} \\ 16092 & \text{das } (2+1)\text{fache} \\ \hline 171648 & \end{array}$$

Oder: $32 = 9$ (verk.) $. \, 3 + \frac{10}{2} = 24$ (durchmultiplizirt) $+ 8$.

$$\begin{array}{lrl} 24) & 5634 & \times\ 33, \;=\; \tfrac{1}{3}(100-1) \\ & \text{ab: } 5634 & \\ \hline & 557766 & \\ 3) & \overline{185922} & \end{array}$$

Oder so: $\begin{array}{rl} 5634 & \times\ 33, \;=\; 3\,.\,11 \text{ (verkürzt)} \\ \hline 16902 & \\ \hline 185922 & (11 \text{ verkürzt} \end{array}$

Oder: $33 = \frac{100}{4} + 8 = (9 \text{ verk.} + 2).3 = 9 \text{ verk. } 2 + \left(\frac{10}{2} + 10\right)$

$= 24$ (durchm.) $+ 9$ (verk.) $=$ 3fache $+$ (3 fache)$.10$.

$$\begin{array}{lrl} 25) & 5263 & \times\ 34, \;=\; \frac{100}{4} + 9 \text{ (verkürzt)} \\ \hline & 178942; & \text{nämlich:} \end{array}$$

4 in $20=5,+7=\overset{*}{1}2$; 4 in $30=7,+6+\overset{*}{1}=\overset{*}{1}4$; 4 in $23=5,+3+\overset{*}{1}=9$;
4 in $6=1,+7=8$; 4 in $12=3,+4=7$; 4 in $5=1,+0=1$.

Oder so: $\begin{array}{rl} 5263 & \times\ 34, \;=\; 17 \text{ (verkürzt)}\,.\,2 \\ \hline 178942; & \text{nämlich:} \end{array}$

$3\,.\,7 = 21,.\,2 = \overset{*}{4}2$; $6\,.\,7 + 3 = 45,.\,2, + \overset{*}{4} = \overset{*}{9}4$;
$2\,.\,7 + 6 = 20,.\,2, + \overset{*}{9} = \overset{*}{4}9$; $5\,.\,7 + 2 = 37,.\,2, + \overset{*}{4} = \overset{*}{7}8$;
$0\,.\,7 + 5 = 5,.\,2, + \overset{*}{7} = 17$.

Oder so: $\begin{array}{rl} 5263 & \times\ 34 \\ \hline 15789 & \text{das 3fache} \\ 21052 & \text{das } (3+1)\text{fache} \\ \hline 178942 & \end{array}$

Oder: $34 = 9$(verk.)$.3 + 7 = 24$(durchm.)$+ 10 = 10.2 + 14$(verk.)
$= 10\,.\,2 + 9$ (verk.) $+ \frac{10}{2} = 9$ (verk.) $.\,2 + 16$ (verk.)
$= 22$ (verk.) $+ 12$ (verkürzt).

$$\begin{array}{lrl} 26) & 4368 & \times\ 35, \;=\; \frac{10}{2}\,.\,7 \\ \hline & 152880 & \end{array}$$

2 in $0=0,.7 = 0$; 2 in $8=4,.7 = \overset{*}{2}8$; 2 in $16=8,.7+\overset{*}{2}=\overset{*}{5}8$;
2 in $3=1,.7+\overset{*}{5}=\overset{*}{1}2$; 2 in $4=2,.7,+\overset{*}{1}=15$.

Oder noch nach folgenden Methoden:

$$\frac{4368 \times 35,}{152880;} = \frac{100}{4} + 10$$ mithin:

4 in 0 = 0, + 0 = 0; 4 in 0 = 0, + 8 = 8; 4 in 8 = 2, + 6 = 8;
4 in 36 = 9, + 3 = $\overset{*}{1}$2; 4 in 3 = 0, + 4 + $\overset{*}{1}$ = 5; 4 in 4 = 1, + 0 = 1.

4368 × 35	4368 × 7	2) 4368 × 35
13104	30576	21840
21840 (verk. mit 5)	2) 152880	13104
152880		152880

$$\frac{4368 \times 35,}{152880;} = 9 \text{ verk. } 4 - 1$$ nämlich:

8, 8 von 8 = 0; 4, 6 von $\overset{*}{1}$4 = 8; 12, 3 + $\overset{*}{1}$ von 12 = 8;
37, 4 + $\overset{*}{1}$ von 7 = 2; 15, 0 von 15 = 15.

Oder so: 35 = 11 (verk.) . 3 + 2 = 14 (verk.) + 21 (verk.)
= 21 (verk.) + 9 (verk.) + $\frac{10}{2}$.

27)

5438 × 36	
16314	das 3fache
32628	das 3fache × 2
195768	

Oder so:

5438 × $\overset{*}{4}$
21752
195768 (9 verkürzt)

Oder so: $$\frac{5438 \times 36,}{195768;} = \frac{100}{4} + 11 \text{ (verkürzt)}$$ nämlich:

4 in 0 = 0, + 8 = 8; 4 in 20 = 5, + 11 = $\overset{*}{1}$6;
4 in 38 = 9, + 7 + $\overset{*}{1}$ = $\overset{*}{1}$7; 4 in 23 = 5, + 9 + $\overset{*}{1}$ = $\overset{*}{1}$5;
4 in 14 = 3, + 5 + $\overset{*}{1}$ = 9; 4 in 5 = 1, + 0 = 1.

Oder so: 36 = 12 (verk.) . 3 = 31 (verk.) + $\frac{10}{2}$ = 11 (verk.) . 3 + 3
= 11 (verk.) . 2 + (9 (verk.) + $\frac{10}{2}$).

28) $$\frac{3658 \times 37,}{135346;} = 9 \text{ (verkürzt) } . 3 + 10$$ nämlich:

8 von 10 = 2, . 3, + 0 = 6; 6 von 8 = 2, . 3, + 8 = $\overset{*}{1}$4;
6 von 15 = 9, . 3, + 5 + $\overset{*}{1}$ = $\overset{*}{3}$3; 4 von 6 = 2, . 3, + 6 + $\overset{*}{3}$ = $\overset{*}{1}$5;
0 von 3 = 3, . 3, + 3 + $\overset{*}{1}$ = 13.

Oder so: 37 = 11 (verk.) . 3 + 4 = 12 (verk.) . 3 + 1 = $\frac{100}{4}$ + 12 (verk.)
= 10 . 4 − 3 = $\frac{100}{4}$ + 12 (durchmultiplizirt).

29) $\underline{4628} \times 38, = [10+9(\text{verkürzt})]2$

175864; nämlich:

$(0+2).2 = 4;\ (8+5).2 = \overset{*}{2}6;\ (2+6).2+\overset{*}{2} = \overset{*}{1}8;$

$(6+1).2+\overset{*}{1} = \overset{*}{1}5;\ (4+4).2+\overset{*}{1} = 17.$

Oder so: $\underline{4628} \times 38, = 40-2$

9256 das 2fache

$\underline{185120}$ das 2fache $\times 20$

175864

Oder: $38 = 10.2+9(\text{verk.}).2 = 9(\text{verk.}).4+2 = 9(\text{verk.}).3+11(\text{verk.})$

$= \frac{100}{4} + 13(\text{verk.}) = \frac{10}{2}.7+3 = 11(\text{verk.}).3+5$

$= 11(\text{verk.}).3+\frac{10}{2} = 10.4-2 = (10.2-1).2$

$= (9\ \text{verk.}\ 2+1).2 = 19(\text{verk.}).2.$

30) $\underline{4568} \times 39, = 10.4-1$

178152; nämlich:

$0.4 = 0,8$ von $\overset{*}{1}0 = 2;\ 8.4 = 32, 6+\overset{*}{1}$ von $\overset{*}{1}2 = 5;$

$6.4+3 = 27, 5+\overset{*}{1}$ von $7 = 1;\ 5.4+2 = 22, 4$ von $\overset{*}{1}2 = 8;$

$4.4+2 = 18, 0+\overset{*}{1}$ von $18 = 17.$

Oder noch nach folgenden Methoden:

$\underline{4568} \times 39, = 10.4-1$

178152; nämlich:

$0.4 = 0,8$ von $10 = 2;\ 8.4 = 32, 7$ von $32 = \overset{*}{2}5;$

$6.4+\overset{*}{2} = 26, 5$ von $26 = \overset{*}{2}1;\ 5.4+\overset{*}{2} = 22, 4$ von $22 = \overset{*}{1}8;$

$4.4+\overset{*}{1} = 17, 0$ von $17 = 17.$

$\underline{4568} \times 39$

13704 das 3fache

$\underline{41112}$ das 3fache $\times 3$

178152

$4568 \times 39, = 40-1$

$\underline{182720}$ Multiplikand ab

178152

$\underline{4568} \times 39$

$\underline{13704}$

$\underline{41112}$ (verkürzt mit 9)

178152

Oder so: $39 = 13(\text{verk.}).3 = 9(\text{verk.}).2+21(\text{verk.})$

$= 9(\text{verk.}).3+12(\text{verk.}) = 9(\text{verk.}).4+3$

$= 33(\text{verk.})+6 = \frac{100}{4}+14(\text{verk.}) = \frac{100}{4}+9(\text{verk.})+\frac{10}{2}.$

31) $\begin{array}{r} 3456 \times 41 \\ 13824 \\ \hline 141696 \end{array}$

Oder so: $\dfrac{3456 \times 41,}{141696;}$ $= 10.3 + 11$ (verkürzt) nämlich:

$0.3 + 6 = 6$; $6.3 + 11 = \overset{*}{2}9$; $5.3 + 9 + \overset{*}{2} = \overset{*}{2}6$;
$4.3 + 7 + \overset{*}{2} = \overset{*}{2}1$; $3.3 + 3 + \overset{*}{2} = 14$.

Oder so: $41 = \frac{10}{2}.8 + 1 = \frac{10}{2} + 9$ (verk.)$.4 = 11$ (verk.)$.3 + 8$
$= 9$ (verk.)$.3 + 14$ (verkürzt).

32) $\dfrac{4563 \times 42,}{191646;}$ $= 10.2 + 22$ (verkürzt) nämlich:

$0.2 + 6 = 6$; $3.2 + 18 = \overset{*}{2}4$; $6.2 + 22 + \overset{*}{2} = \overset{*}{3}6$;
$5.2 + 18 + \overset{*}{3} = \overset{*}{3}1$; $4.2 + 8 + \overset{*}{3} = 19$.

Oder so: $\begin{array}{rl} 4563 \times 42 & \\ \hline 9126 & \text{das 2fache} \\ 18252 & \text{das 2fache} \times 2 \\ \hline 191646 & \end{array}$

Oder: $42 = 33$ (verk.) $+ 9$ (verk.) $= 9$ (verk.) $. 3 + 10 + \frac{10}{2}$
$= [9$(verk.) $2+3].2 = 11$(verk.)$+31$(verk.)$= 10.3 + 12$(verk.)
$= \frac{100}{4} + 17$(verk.)$= \frac{100}{4} + \left(\frac{10}{2} + 10 + 2\right) = 14$(verk.)$.3 = 7 \times 6$.

33) $\dfrac{4563 \times 43,}{196209;}$ $= 10.2 + \left(9 \text{ verk.} 2 + \frac{10}{2}\right)$ nämlich:

$0.2 + (14+5) = \overset{*}{1}9$; $3.2 + (12+1) + \overset{*}{1} = \overset{*}{2}0$; $6.2 + (0+8) + \overset{*}{2} = \overset{*}{2}2$;
$5.2 + (2+2) + \overset{*}{2} = \overset{*}{1}6$; $4.2 + (8+2) + \overset{*}{1} = 19$.

Oder so: $\dfrac{4563 \times 43,}{196209;}$ $= 11$ (verkürzt)$.4 - 1$ nämlich:

$3.4 - 3 = 9$; $9.4 - 6 = \overset{*}{3}0$; $11.4 - (5 - \overset{*}{3}) = \overset{*}{4}2$;
$9.4 - (4 - \overset{*}{4}) = \overset{*}{3}6$; $4.4 - (0 - \overset{*}{3}) = 19$.

Oder so: $\begin{array}{rl} 4563 \times 43 & \\ \hline 13689 & \text{das 3fache} \\ 18252 & \text{das } (3+1)\text{fache} \\ \hline 196209 & \end{array}$

Oder so: $\dfrac{4563 \times 43,}{196209;}$ $= \frac{100}{4} + 9$ (verkürzt)$.2$ nämlich:

4 in $20 = 5, +14 = \overset{*}{1}9$; 4 in $30 = 7, +12 + \overset{*}{1} = \overset{*}{2}0$; 4 in $3 = 0, +0 + \overset{*}{2} = 2$;
4 in $16 = 4, +2 = 6$; 4 in $5 = 1, +8 = 9$; 4 in $4 = 1, +0 = 1$.

Oder so: $43 = 9$(verk.)$.4 + 7 = 22$(verk.)$+ 21$(verk.)$= \frac{100}{2} - 7$.

34) $\frac{6358 \times 44,}{279752;}$ $= \left[\frac{10}{2} + 9(\text{verkürzt})\right] + 10.3$ nämlich:

$(0+2)+0.3 = 2$; $(9+2)+8.3 = \overset{*}{3}5$; $(7+2)+5.3+\overset{*}{3} = \overset{*}{2}7$;
$(1+7)+3.3+\overset{*}{2} = \overset{*}{1}9$; $(3+5)+6.3+\overset{*}{1} = 27$.

Oder so:

$$\begin{array}{r} 6358 \times 44 \\ \times 4 \\ \hline 25432 \\ \hline 279752 \end{array} \text{(11 verkürzt}$$

Oder so: $44 = \frac{10}{2}.9(\text{verk.}) - 1 = 10.3 + 14(\text{verk.}) = 9(\text{verk.}).4 + 8$
$= \frac{100}{2} - 6.$

35) $\frac{5684 \times 45,}{255780;}$ $= 10.4 + 5(\text{verkürzt})$ nämlich:

$0.4+(2 \text{ in } 0) = 0$; $4.4+(2 \text{ in } 4) = \overset{*}{1}8$; $8.4+(2 \text{ in } 8)+\overset{*}{1} = \overset{*}{3}7$;
$6.4+(2 \text{ in } 16)+\overset{*}{3} = \overset{*}{3}5$; $5.4+(2 \text{ in } 5)+\overset{*}{3} = 25$.

Oder noch nach folgenden Methoden:

$\frac{5684 \times 45,}{255780;}$ $= \frac{10}{2}.9(\text{verkürzt})$ nämlich:

2 in $0 = 0$, von $0 = 0$; 2 in $4 = 2$, von $\overset{*}{1}0 = 8$;
2 in $8 = 4, + \overset{*}{1}$ von $\overset{*}{1}2 = 7$; 2 in $16 = 8, + \overset{*}{1}$ von $\overset{*}{1}4 = 5$;
2 in $5 = 2, + \overset{*}{1}$ von $8 = 5$; 2 in $0 = 0$ von $2 = 2$.

$\frac{5684 \times 45,}{255780;}$ $= \left(10 + \frac{10}{2}\right).3$ nämlich:

$(0+0).3 = 0$; $(4+2).3 = \overset{*}{1}8$; $(8+4).3+\overset{*}{1} = \overset{*}{3}7$;
$(6+8).3+\overset{*}{3} = \overset{*}{4}5$; $(5+2).3+\overset{*}{4} = 25$.

$$\begin{array}{r} 5684 \times 45 \\ \times 9 \text{ verkürzt} \\ \hline 51156 \\ \hline 2)\ 255780 \end{array} \qquad \begin{array}{rl} 5684 & \times 45 \\ \hline 22736 & \text{das 4fache} \\ 28420 & \text{das (4+1)fache, od. mit 5 verk.} \\ \hline 255780 & \end{array}$$

$$\begin{array}{rl} 5684 & \times 45 \\ \hline 22736 & \\ 28420 & \left(\text{verk. mit } 5, = \frac{10}{2}\right) \\ \hline 255780 & \end{array}$$

Oder so: $45 = 11(\text{verk.}).4 + 1 = 10.2 + \frac{100}{4} = \frac{1}{2}(100 - 10)$
$= \frac{100}{4} + \frac{100}{5} = 15 \text{ verk. } 3 = \frac{10}{2}.9 = \frac{1}{2}.90.$

36) $\underline{5684} \times 46, = 9\,(\text{verk.}) . 4+10$
261464; nämlich:

$24+0 = \overset{*}{2}4$; $20+(4+\overset{*}{2}) = \overset{*}{2}6$; $4+(8+\overset{*}{2}) = \overset{*}{1}4$; $4+(6+\overset{*}{1}) = \overset{*}{1}1$; $20+(5+\overset{*}{1}) = 26$.

Oder so: $\underline{5684} \times 46, = (11.2+1).2$
261464; nämlich:

$8+4 = 12, .2 = \overset{*}{2}4$; $24+8 = 32, .2, +\overset{*}{2} = \overset{*}{6}6$;
$28+6 = 34, .2, +\overset{*}{6} = \overset{*}{7}4$; $22+\overset{*}{5} = \overset{*}{2}7, .2, +\overset{*}{7} = \overset{*}{6}1$;
$10+0 = 10, .2, +\overset{*}{6} = 26$.

Oder so: $46 = \frac{10}{2}.9\,(\text{verk.})+1 = \frac{100}{4}+21\,(\text{verk.}) = \frac{100}{4}+\frac{100}{5}+1$
$= 11\,(\text{verk.}).4+2 = \frac{100}{2} - 4$.

37) $\underline{5368} \times 47, = \frac{10}{2}.9\,(\text{verkürzt})+2$
252296; nämlich:

2 in $0 = 0, 0$ von $0 = 0, +16 = \overset{*}{1}6$;
2 in $8 = 4, 4$ von $\dot{1}0 = 6, +12+\overset{*}{1} = \overset{*}{1}9$;
2 in $16 = 8, 8+\dot{1}$ von $\dot{1}4 = 5, +\ 6+\overset{*}{1} = \overset{*}{1}2$;
2 in $13 = 6, 6+\dot{1}$ von $8 = 1, +10+\overset{*}{1} = \overset{*}{1}2$;
2 in $5 = 2, 2$ von $6 = 4, +\ 0+\overset{*}{1} = 5$;
2 in $0 = 0, 0$ von $2 = 2, +\ 0 = 2$.

Oder so: $\underline{5368} \times 47 = 10.2+9\,(\text{verk.}).3$
252296; nämlich:

$0.2+6 = 6$; $8.2+3 = \overset{*}{1}9$; $6.2+(9+\overset{*}{1}) = \overset{*}{2}2$;
$3.2+(24+\overset{*}{2}) = 32$; $5.2+(12+\overset{*}{3}) = 25$.

Oder so: 2) $\underline{5368} \times 47, = \frac{1}{2}.100-3$
268400
ab: $\underline{16104}$
252296

Oder so:

2 in $0=0,8.3 = 24$ von $\overset{*}{3}0=6$; 2 in $0=0,6.3+\overset{*}{3}=21$ von $\overset{*}{3}0=9$;
2 in $8=4,3.3+\overset{*}{3}=12$ von $\overset{*}{1}4=2$; 2 in $16=8,3.5+\overset{*}{1}=16$ von $\overset{*}{1}8=2$;
2 in $13=6,0.3+\overset{*}{1}=1$ von $6=5$; 2 in $5=2,0.3 = 0$ von $2=2$.

Oder: $47 = \frac{100}{4}+22\,(\text{verk.}) = 11\,(\text{verk.})+9\,(\text{verk.}).4 = 11\,(\text{verk.}).4+3$
$= \frac{100}{2}-3 = 9\,(\text{verk.}).5+2 = \frac{10}{2}.9\,(\text{verk.})+2$.

38) 4635 × 48, = 9 (verkürzt).2+10.3
222480; nämlich:

$10+0.3 = \overset{*}{1}0;\ 2+5.3+\overset{*}{1} = \overset{*}{1}8;\ 14+3.3+\overset{*}{1} = \overset{*}{2}4;$
$2+6.3+\overset{*}{2} = \overset{*}{2}2;\ 8+4.3+\overset{*}{2} = 22.$

Oder so:

```
 4635   × 48
18540   das 4fache
  37080 das 4fache × 2
222480
```

Oder so: 48 = 9 (verk.) 3 + 21 (verk.) = $\frac{10}{2}$. 9 (verk.) + 3
= 33(verk.)+(10+$\frac{10}{2}$)=$\frac{100}{2}$ −2=[9(verk.)—1].6=8.6.

39)

```
 4638   × 49
18552
  41742 (9 verk.)
227262
```

Oder:

```
4638 × 49, = 50—1
231900 ab den Multiplikand
227262
```

Oder so: 4638 × 49, = $\frac{100}{2}$ —1
227262; nämlich:

2 in 0 = 0, 8 von $\overset{*}{1}0$ = 2; 2 in 0 = 0, 3 + $\overset{*}{1}$ von $\overset{*}{1}0$ = 6;
2 in 18 = 9, 6 + $\overset{*}{1}$ von 9 = 2; 2 in 3 = 1, 4 von $\overset{*}{1}1$ = 7;
2 in 6 = 3, 0 + $\overset{*}{1}$ von 3 = 2; 2 in 4 = 2, 0 von 2 = 2.

Oder so: 4638 × 49, = 10.5—1
227262; nämlich:

0.5 = 0, 8 von $\overset{*}{1}0$ = 2; 8.5 = 40, 3+$\overset{*}{1}$ von $\overset{*}{1}0$ = 6;
3.5+4 = 19, 6+$\overset{*}{1}$ von 9 = 2; 6.5+1 = 31, 4 von $\overset{*}{1}1$ = 7;
4.5+3 = 23, 1 von 23 = 22.

Oder so: 4638 × 49, = 10.5—1
227262; nämlich:

0.5 = 0, 8 von 10 = 2; 8.5 = 40, 4 von 40 = $\overset{*}{3}6$;
3.5+$\overset{*}{3}$ = 18, 6 von 18 = $\overset{*}{1}2$; 6.5+$\overset{*}{1}$ = 31, 4 von 31 = $\overset{*}{2}7$;
4.5+$\overset{*}{2}$ = 22, 0 von 22 = 22.

Oder: 49 = 9 (verk.) . 2+31 (verk.) = 9 (verk.) . 3+22 (verk.)
= $\frac{10}{2}$. 9 (verk.)+4 = 11 (verk.) . 4+$\frac{10}{2}$ = 9 (verk.) . 5+4
= 11 (verk.) . 4+5.

40) $\underline{\quad 4563} \times 51, = 10.4+11$ (verkürzt)
232713; nämlich:

$0.4+3 = 3;\ 3.4+9 = \overset{*}{2}1;\ 6.4+(11+\overset{*}{2}) = \overset{*}{3}7;$
$5.4+(9+\overset{*}{3}) = \overset{*}{3}2;\ 4.4+(4+\overset{*}{3}) = \overset{*}{2}3;\ 0.4+(\ 0+\overset{*}{2}) = 2.$

Oder so: $\begin{array}{l} 4563 \times 51 \\ \underline{22815} \text{ (5 verkürzt)} \\ 232713 \end{array}$

Oder so: $51 = 9$ (verk.) $.\,2 + 33$ (verk.) $= 9$ (verk.) $.\,4 + 10 + \frac{10}{2}$
$= 17$ (verk.) $.\,3 = 11$ (verk.) $.\,4+7 = \frac{10}{2}$ (9 verk.) $+6$
$= 9$ (verk.) $4 + 15$ (verk.)

41) $\underline{\quad 7635} \times 52, = 11$ (verk.) $.2+10.3$
397020; nämlich:

$10+0.3 = \overset{*}{1}0;\ 16+5.3+\overset{*}{1} = \overset{*}{3}2;\ 18+3.3+\overset{*}{3} = \overset{*}{3}0;$
$26+6.3+\overset{*}{3} = \overset{*}{4}7;\ 14+7.3+\overset{*}{4} = 39.$

Oder so: $\begin{array}{l} \underline{7635} \times 52 \\ 38175 \text{ (verkürzt mit 5)} \\ \underline{\ 15270} \\ 397020 \end{array}$

Oder so: $52 = 13$ (verk.) $.\,4 = \frac{100}{4} + 9$ (verk.) $.\,3.$

42) $\begin{array}{l} \underline{4683} \times 53 \\ 23415 \text{ (verkürzt mit 5)} \\ \underline{\ 14049} \\ 248199 \end{array}$

Oder so: $\underline{\quad 4683} \times 53, = 10.2+33$ (verkürzt)
248199; nämlich:

$0.2+9 = 9;\ 3.2+33 = \overset{*}{3}9;\ 8.2+42+\overset{*}{3} = \overset{*}{6}1;\ 6.2+30+\overset{*}{6} = \overset{*}{4}8;$
$4.2+12+\overset{*}{4} = 24.$

Oder so: $53 = 44$ (verk.) $+9$ (verk.) $= \frac{10}{2}.9$ (verk.) $+8 = 9$ (verk.) $.6-1$
$= \frac{10}{2}.11$ (verk.) $-2 = 11$ (verk.) $.5-2 = 9$ (verk.) $.5+8.$

43) $\underline{\quad 7634} \times 54, = \frac{100}{2} + 4$
412236; nämlich:

$2\text{in}0=0,+16 = \overset{*}{1}6;\ 2\text{in}\ 0=0,+12+\overset{*}{1} = \overset{*}{1}3;\ 2\text{in}14=7,+24+\overset{*}{1} = \overset{*}{3}2;$
$2\text{in}3=1,+28+\overset{*}{3} = \overset{*}{3}2;\ 2\text{in}16=8,+\ 0+\overset{*}{3} = \overset{*}{1}1;\ 2\text{in}\ 7=3,+\ 0+\overset{*}{1} = 4.$

Oder noch nach folgenden Methoden:

$$\begin{array}{l} \underline{7634} \quad \times\ 54 \\ \underline{38170}\ (\text{verk. mit } 5) \\ \ \ \underline{30536} \\ 412236 \end{array} \qquad\qquad \begin{array}{r} 7634 \times 54 \\ \underline{\times 6} \\ \underline{.\,45804} \\ 412236 \end{array} (9\ \text{verkürzt}$$

$$\frac{7634}{412236;} \times 54, = 11\,(\text{verkürzt}).4+10 \quad \text{nämlich:}$$

$16+0 \quad = \overset{*}{1}6;\ 28+(4+\overset{*}{1}) = \overset{*}{3}3;\ 36+(3+\overset{*}{3}) = \overset{*}{4}2;\ 52+(6+\overset{*}{4}) = \overset{*}{6}2;$
$28+(7+\overset{*}{6}) = 41.$

$$\frac{7634}{412236;} \times 54, = (9\ \text{verkürzt}\,.\,3)\,.\,2 \quad \text{nämlich:}$$

$18.2 = \overset{*}{3}6;\ 0.2+\overset{*}{3} = 3;\ 21.2 = \overset{*}{4}2;\ 24.2+\overset{*}{4} = \overset{*}{5}2;\ 18.2+\overset{*}{5} = 41.$

Oder so: $54 = 55(\text{verk.}) - 1 = 10.4 + 14(\text{verk.}) = 10.4 + \frac{10}{2} + 9(\text{verk.})$
$= (10.2+7).2.$

44) $$\frac{3468}{190740;} + 55, = \frac{100}{2} + \frac{10}{2} \quad \text{nämlich:}$$

$(2\,\text{in}\,0)+(2\,\text{in}\ 0) = 0;\ (2\,\text{in}\ 0)+(2\,\text{in}\,8) \quad = 4;\ (2\,\text{in}\,8)+(2\,\text{in}\,6) = 7;$
$(2\,\text{in}\,6)+(2\,\text{in}\,14) = \overset{*}{1}0;\ (2\,\text{in}\,14)+(2\,\text{in}\,3)+\overset{*}{1} = 9;\ (2\,\text{in}\,3)+(2\,\text{in}\,0) = 1.$

Oder noch nach folgenden Methoden:

$$\frac{3468}{190740;} \times 55, = \frac{10}{2}.\,11\,(\text{verkürzt}) \quad \text{nämlich:}$$

$2\ \text{in}\ 0 = 0, 0 \quad = \ 0;\ 2\ \text{in}\ 8 = 4, +0 \quad = 4;\ 2\ \text{in}\ 6 = 3, +4 = 7;$
$2\ \text{in}\ 14 = 7, +3 = \overset{*}{1}0;\ 2\ \text{in}\ 3 = 1, +7+\overset{*}{1} = 9;\ 2\ \text{in}\ 0 = 0, +1 = 1.$

$$2)\begin{array}{l} \underline{3468} \ \times 55, = \frac{10}{2}.\,11\,(\text{verk.}) \\ \underline{17340} \\ 190740 \end{array} (11\ \text{verkürzt} \qquad\qquad 2)\begin{array}{r} \underline{3468} \ \times 55 \\ 17340 \\ \underline{17340}\ \text{ab das Vorige} \\ 190740 \end{array}$$

Oder so: $55 = \frac{100}{2} + 5 = 9(\text{verk.}).6+1 = \frac{10}{2}.9(\text{verk.})+10 = 10.5 + \frac{10}{2}$
$= \frac{10}{2} + \frac{10}{2}.\,10 = \frac{10}{4} + 10.3 = 10.6 - \frac{10}{2}.$

45) $$\frac{5638}{315728;} \times 56, = \frac{100}{2} + 6 \quad \text{nämlich:}$$

$2\ \text{in}\ \ 0 = 0, +48 \quad = \overset{*}{4}8;\ 2\ \text{in}\ 0 = 0, +18+\overset{*}{4} = \overset{*}{2}2;$
$2\ \text{in}\ 18 = 9, +36+\overset{*}{2} = \overset{*}{4}7;\ 2\ \text{in}\ 3 = 1, +30+\overset{*}{4} = \overset{*}{3}5;$
$2\ \text{in}\ 16 = 8, +\ \ 0+\overset{*}{3} = \overset{*}{1}1;\ 2\ \text{in}\ 5 = 2, +\ 0+\overset{*}{1} = \ 3.$

Oder noch nach folgenden Methoden:

5638 × 56, = 8 . 7
315728; nämlich:

$8.8 \;\; =\dot{6}4,\ 4.7=\overset{*}{2}8;\ 3.8+\dot{6}=\dot{3}0,\ 0.7+\overset{*}{2}=\ 2;\ 6.8+\dot{3}=\dot{5}1,\ 1.7=7;$
$5.8+\dot{5}=\dot{4}5,\ 5.7=\overset{*}{3}5;\ 0.8+\dot{4}=\ 4,\ 4.7+\overset{*}{3}=31.$

5638 × 56
28190 mit 5 verkürzt
33828 das (5+1)fache
315728

5638 × 56, = 60—4
338280
ab: 22552
315728

5638 × 56
33828
28190 = 5638 × $\frac{10}{2}$
315728

5638
×8
45104
315728(7

Oder: 56 = 14 (verk.).4 = 9 (verk.) . 6+2 = 10 . 2+9 (verk.).4
$= \frac{10}{2}$.9(verk.)+11(verk.)$= \frac{10}{2}$.11(verk.)+1$= \frac{100}{4}$ +31(verk.).

46) 3456 × 57, = [10+9 (verkürzt)] . 3
196992; nämlich:

$0+4=4,.3 \;\; =\overset{*}{1}2;\ 6+0=6,.3,+\overset{*}{1}=\overset{*}{1}9;\ 5+1=6,.3,+\overset{*}{1}=\overset{*}{1}9;$
$4+1=5,.3,+\overset{*}{1}=\overset{*}{1}6;\ 3+3=6,.3,+\overset{*}{1}=19.$

Oder noch nach folgenden Methoden:

2) 3456 × 57
17280 (verk. mit 5)
24192
196992

3456 × 57, = 60 — 3
207360 hiervon ab:
10368
196992

3456 × 57, = (20 — 1) . 3
69120 hiervon ab den Multiplikand
65664
196992(3

Oder: 57=9 (verk.).3+10.3$= \frac{10}{2}$.9 (verk.)+12 (verk.)=9(verk.).6+3
$= \frac{10}{2}$. 11 (verk.)+2 = (9 verk. 2 + 1) . 3 = 11 (verk.). 5+2.

47) 2) 4567 × 58
22835 (verkürzt mit 5)
36536
264886

Oder so: 4567 × 58, = 60 − 2 oder (30 − 1).2

```
    4567 × 58
  274020
ab: 9134
  264886
```

Oder so: 4567 × 58, = 10.4 + 9 (verkürzt).2

264886; nämlich:

0.4+6 = 6; 7.4+0 = $\overset{*}{2}$8; 6.4+2+$\overset{*}{2}$ = $\overset{*}{2}$8;

5.4+2+$\overset{*}{2}$ = $\overset{*}{2}$4; 4.4+8+$\overset{*}{2}$ = 26.

Oder: 58 = 9(verk.).4+22(verk.) = 9(verk.).6+4 = [9(verk.).3+2].2

= $\frac{100}{4}$ +33 (verk.) = 11 (verk.). 5+3 = $\frac{10}{2}$.11 (verk.)+3

= [10.2+9(verk.)].2 = (10.3−1).2 = [9(vrk.).2+11(vrk.)].2.

48) 5638 × 59, = $\frac{100}{2}$ + 9 (verkürzt)

332642; nämlich:

2 in 0=0, +2 =2; 2 in 0=0, +4= 4; 2 in 18=9, +7 =$\overset{*}{1}$6;

2 in 3=1, +0+$\overset{*}{1}$=2; 2 in 16=8, +5=$\overset{*}{1}$3; 2 in 5=2, +0+$\overset{*}{1}$= 3.

Oder noch nach folgenden Methoden:

```
 5638 × 59
28190 = M *). (10:2)
 50742 = M.(9 verk.)
332642
```

```
 5638 × 59, = 60—1
338280 ab M, giebt:
332642
```

```
2) 5638   × 59, = ½.100+9 (verkürzt)
  281900
   50742
  332642
```

5638 × 59, = 10.6 − 1

332642; nämlich:

0.6 = 0, 8 von $\overset{*}{1}$0 = 2; 8.6 = 48, 3 + $\overset{*}{1}$ von 8 = 4;

3.6 + 4 = 22, 6 von $\overset{*}{1}$2 = 6; 6.6+2 = 38, 5 + $\overset{*}{1}$ von 8 = 2;

5.6 + 3 = 33, 0 von 33 = 33.

5638 × 59, = 10.6 − 1

332642; nämlich:

0.6 = 0, 8 von 10 = 2; 8.6 = 48, 4 von 48 = $\overset{*}{4}$4;

3.6 + $\overset{*}{4}$ = 22, 6 von 22 = $\overset{*}{1}$6; 6.6 + $\overset{*}{1}$ = 37, 5 von 37 = $\overset{*}{3}$2;

5.6 + $\overset{*}{3}$ = 33, 0 von 33 = 33.

*) Der Multiplikand soll hier der Kürze wegen mit M bezeichnet sein.

$$\begin{array}{l} \underline{5638 \times 59,} = 9\,(\text{verkürzt}).6 + \frac{10}{2} \\ 332642; \text{ nämlich:} \end{array}$$

$12+0 = \overset{*}{1}2;\ 24+9+\overset{*}{1} = \overset{*}{3}4;\ 42+1+\overset{*}{3} = \overset{*}{4}6;\ 0+8+\overset{*}{4} = \overset{*}{1}2;$
$30+2+\overset{*}{1} = 33.$

Oder so: $59 = 9\,(\text{verk.}) \,.\, 2 + 41\,(\text{verk.}) = \frac{10}{2} \,.\, 9\,(\text{verk.}) + 14\,(\text{verk.})$
$= 44\,(\text{verk.}) + 10 + \frac{10}{2} = \frac{10}{2} \,.\, 11\,(\text{verk.}) + 4 = 9\,(\text{verk.}).6 + 5$
$= 11(\text{verk.}).5 + 4 = 60 - 1 = \frac{10}{2}.9(\text{verk.}) + \left[\frac{10}{2} + 9(\text{verk.})\right].$

49) $$\begin{array}{l} \underline{7638 \times 61} \\ \underline{45828} \\ 465918 \end{array}$$

Oder so: $$\begin{array}{l} \underline{7638 \times 61,} = \frac{100}{2} + 11\,(\text{verkürzt}) \\ 465918; \text{ nämlich:} \end{array}$$

$2 \text{ in } 0 = 0, + 8 = 8;\ 2 \text{ in } 0 = 0, + 11 = \overset{*}{1}1;$
$2 \text{ in } 18 = 9, + 9 + \overset{*}{1} = \overset{*}{1}9;\ 2 \text{ in } 3 = 1, + 13 + \overset{*}{1} = \overset{*}{1}5;$
$2 \text{ in } 16 = 8, + 7 + \overset{*}{1} = \overset{*}{1}6;\ 2 \text{ in } 7 = 3, + 0 + \overset{*}{1} = 4.$

Oder: $61 = \frac{100}{4} + 9\,(\text{verk.}).4 = 9\,(\text{verk.}).6 + 7 = \frac{10}{2}.9\,(\text{verk.}) + 16\,(\text{verk.})$
$= \frac{10}{2}.12\,(\text{verk.}) + 1 = \frac{10}{2}.11\,(\text{verk.}) + 6 = 9\,(\text{verk.}).7 - 2.$

50) $$\begin{array}{ll} \underline{7834 \times 62} & \\ 15668 & = M.2 \\ \underline{47004} & = (2.M).3 \\ 485708 & \end{array}$$

Oder so: $$\begin{array}{l} \underline{7834 \times 62,} = \frac{100}{2} + 12 \\ 485708; \text{ nämlich:} \end{array}$$

$2 \text{ in } 0 = 0, + 48 = \overset{*}{4}8;\ 2 \text{ in } 0 = 0, + 36 + \overset{*}{4} = \overset{*}{4}0;$
$2 \text{ in } 14 = 7, + 96 + \overset{*}{4} = \overline{10}7;\ 2 \text{ in } 3 = 1, + 84 + \overline{10} = \overset{*}{9}5;$
$2 \text{ in } 18 = 9, + 0 + \overset{*}{9} = \overset{*}{1}8;\ 2 \text{ in } 7 = 3, + 0 + \overset{*}{1} = 4.$

Oder so: $62 = 31\,(\text{verk.}).2 = 9\,(\text{verk.}).7 - 1 = [11\,(\text{verk.}) + 10.2].2$
$= 9\,(\text{verk.}).2 + 11\,(\text{verk.}).4 = \frac{100}{4} + 9\,(\text{verk.}).3 + 10$
$= 12\,(\text{verk.})5 + 2 = \left(\frac{10}{2}.6 + 1\right).2 = \frac{100}{2} + 12\,(\text{verk.}).$

51) $$\begin{array}{ll} \underline{4568 \times 63} & \\ 13704 & = M.3 \\ \underline{27408} & = (M.3).2 \\ 287784 & \end{array}$$

Oder so: 4568 × 63, = 21 (verkürzt) . 3
287784; nämlich:

$0.2+8 = 8,.3 = \overset{*}{2}4;\quad 8.2+6 = 22,.3,+\overset{*}{2} = \overset{*}{6}8;$

$6.2+5 = 17,.3,+\overset{*}{6} = \overset{*}{5}7;\quad 5.2+4 = 14,.3,+\overset{*}{5} = \overset{*}{4}7;$

$4.2+0 = 8,.3,+\overset{*}{4} = 28.$

Oder so: 4568 × 63, = 7 . 9 (verkürzt)
× 7
31976
287784 (9 verkürzt

Oder so: $63 = \frac{100}{2} + 13$ (verk.) $= 33$ (verk.) $+ 10.3 = \frac{10}{2}.11$ (verk.)$+8$
$= \left(\frac{10}{2}.4+1\right).3 = \frac{10}{2}.12$ (verk.)$+3.$

52) 5368 × 64, = $\frac{100}{2} + \left[\frac{10}{2} + 9\right.$ (verkürzt)$\left.\right]$
343552; nämlich:

(2 in 0) + (2 in 0)+2 = 2; (2 in 0) + (2 in 8) +1 = 5;

(2 in 8) + (2 in 16)+3 = $\overset{*}{1}5$; (2 in 16) + (2 in 13) +8+$\overset{*}{1}$ = $\overset{*}{2}3$;

(2 in 13) + (2 in 5)+4+$\overset{*}{2}$ = $\overset{*}{1}4$; (2 in 5) + (2 in 0) +$\overset{*}{1}$ = 3.

Oder so: 64=16(verk.).4 = $\frac{100}{2}$+14(verk.) = 11 (verk.).5+9(verk.)
= 9 (verk.) . 6 + 10 = 44 (verk.) + 10 . 2
= $\frac{10}{2}$. 11(verk.) + 9(verk.) = 8.8 = [22(verk.)+10].2.

53) 7835 × 65
2) 39175 = M . (5 verkürzt)
47010 das (5+1)fache M
509275

Oder so: 7835 × 65, = $\frac{10}{2}$. 11 (verkürzt) + 10
509275; nämlich:

2 in 10 = 5, 5+0 = 5; 2 in 15 = 7, 7+5+5 = $\overset{*}{1}7$;

2 in 3 = 1, 1+7+3+$\overset{*}{1}$ = $\overset{*}{1}2$; 2 in 18 = 9, 9+1+8+$\overset{*}{1}$ = $\overset{*}{1}9$;

2 in 7 = 3, 3+9+7+$\overset{*}{1}$ = $\overset{*}{2}0$; 2 in 0 = 0, 0+3+0+$\overset{*}{2}$ = 5.

Oder so: 7835 × 65, = $\frac{100}{2} + \frac{10}{2} + 10$
509275; nämlich:

(2 in 0) + (2 in 10) +0 = 5; (2 in 10) + (2 in 15) +5 = $\overset{*}{1}7$;

(2 in 15) + (2 in 3) +3+$\overset{*}{1}$ = $\overset{*}{1}2$; (2 in 3) + (2 in 18) +8+$\overset{*}{1}$ = $\overset{*}{1}9$;

(2 in 18) + (2 in 7) +7+$\overset{*}{1}$ = $\overset{*}{2}0$; (2 in 7) + (2 in 0) +0+$\overset{*}{2}$ = 5.

Oder so: $\begin{array}{l} \underline{7835} \times 65, = \frac{100}{4} + 10.4 \\ 509275; \text{ nämlich:} \end{array}$

4 in 20 = 5, + 0 . 4 = 5; 4 in 30 = 7, + 5 . 4 = $\overset{*}{2}7$;
4 in 35 = 8, + 3 . 4 + $\overset{*}{2}$ = $\overset{*}{2}2$; 4 in 23 = 5, + 8 . 4 + $\overset{*}{2}$ = $\overset{*}{3}9$;
4 in 38 = 9, + 7 . 4 + $\overset{*}{3}$ = $\overset{*}{4}0$; 4 in 7 = 1, + 0 . 4 + $\overset{*}{4}$ = 5.

Oder: $65 = \frac{10}{2}$. 13 (verk.) = $\frac{10}{2}$. 9(verk.) + 10 . 2 = 9(verk.) . 6 + 11(verk.)
= 9 (verk.) . 7 + 2 = $\frac{100}{2}$ + 15 (verk.) = 55 (verk.) + 10
= 13 (verk.) . 5 = $\frac{100}{4} + \frac{10}{2}$. 8.

54) $\begin{array}{l} \underline{5436} \times 66, = 10.3 + 9(\text{verkürzt}).4 \\ 358776; \text{ nämlich:} \end{array}$

0 . 3 + 16 = $\overset{*}{1}6$; 6 . 3 + 8 + $\overset{*}{1}$ = $\overset{*}{2}7$; 3 . 3 + 36 + $\overset{*}{2}$ = $\overset{*}{4}7$;
4 . 3 + 32 + $\overset{*}{4}$ = $\overset{*}{4}8$; 5 . 3 + 16 + $\overset{*}{4}$ = 35.

Oder so: $\begin{array}{r} 5436 \times 66 \\ \underline{\times 6} \\ \underline{32616} \\ 358776 \end{array}$ (11 verkürzt)

Oder so: $\begin{array}{rl} \underline{5436} \times 66 & \\ 32616 & = M.6 \\ \underline{32616} & = M.6 \\ 358776 & \end{array}$

Oder so: 66 = $\frac{100}{2}$ + 16(verk.) = $\frac{10}{2}$.9(verk.) + 21(verk.) = 9(verk.).7 + 3
= $\frac{10}{2}$.(13 verk.) + 1 = $\frac{100}{4}$ + 41 (verk.) = 70 − 4.

55) $\begin{array}{rl} \underline{5348} & \times 67 \\ 32088 & \text{das 6fache M} \\ \underline{37436} & \text{das (6+1)fache M} \\ 358316 & \end{array}$

Oder: $\begin{array}{rr} & \underline{5348} \times 67, = 70-3 \\ & 374360 \\ \text{ab:} & \underline{16044} \\ & 358316 \end{array}$

Oder so: $\begin{array}{l} \underline{5348} \times 67, = 10.4 + 9(\text{verkürzt}).3 \\ 358316; \text{ nämlich:} \end{array}$

0.4 + 6 = 6; 8.4 + 9 = $\overset{*}{4}1$; 4.4 + 3 + $\overset{*}{4}$ = $\overset{*}{2}3$; 3.4 + 24 + $\overset{*}{2}$ = $\overset{*}{3}8$;
5.4 + 12 + $\overset{*}{3}$ = 35.

Oder so: 67 = $\frac{100}{2}$ + 17 (verk.) = $\frac{10}{2}$. 9 (verk.) + 22 (verk.)
= 9 (verk.) . 4 + 31 (verk.) = 9 (verk.) . 7 + 4
= $\frac{10}{2}$. 11 (verk.) + 12 (verk.) = 9 (verk.) . 6 + 13 (verk.).

56) $\begin{array}{l} \underline{4356} \times 68, = \frac{100}{2} + 9(\text{verkürzt}).2 \\ 296208; \text{ nämlich:} \end{array}$

2 in 0 = 0, + 8 = 8; 2 in 0 = 0, + 0 = 0; 2 in 16 = 8, + 4 = $\overset{*}{1}2$;
2 in 15 = 7, + 18 + $\overset{*}{1}$ = $\overset{*}{2}6$; 2 in 3 = 1, + 6 + $\overset{*}{2}$ = 9; 2 in 4 = 2, + 0 + $\overset{*}{0}$ = 2.

Oder so: $\underline{4356} \times 68, = 9$ (verkürzt)$.7+\frac{10}{2}$
296208; nämlich:

28+0 = $\overset{*}{2}8$; 0+8+$\overset{*}{2}$ = $\overset{*}{1}0$; 14+7+$\overset{*}{1}$ = $\overset{*}{2}2$; 63+1+$\overset{*}{2}$ = $\overset{*}{6}6$; 21+2+$\overset{*}{6}$ = 29.

Oder so: $\underline{4356} \times 68, = 11$ (verkürzt)$.6+2$
296208; nämlich:

6.6+6.2 = $\overset{*}{4}8$; 11.6+5.2+$\overset{*}{4}$ = $\overset{*}{8}0$; 8.6+3.2+$\overset{*}{8}$ = $\overset{*}{6}2$; 7.6+4.2+$\overset{*}{6}$ = $\overset{*}{5}6$; 4.6+0.2+$\overset{*}{5}$ = 29.

Oder so: $\underline{4356} \times 68, = 70-2$
304920
ab: $\underline{8712}$
296208

Oder so: 68 = [11 (verk.) 3 + 1].2 = 17 (verk.) .4.

57) $\underline{4568} \times 69, = 10.7-1$
315192; nämlich:

0.7 = 0, 8 von $\overset{*}{1}0$ = 2; 8.7 = 56, 6+$\overset{*}{1}$ von $\overset{*}{1}6$ = 9;
6.7+5 = 47, 5+$\overset{*}{1}$ von 7 = 1; 5.7+4 = 39, 4 von 9 = 5;
4.7+3 = 31, 0 von 31 = 31.

Oder so: $\underline{4568} \times 69, = 10.7-1$
315192; nämlich:

0.7 = 0, 8 von $\overset{*}{1}0$ = 2; 8.7 = 56, 7 von 56 = $\overset{*}{4}9$;
6.7 + $\overset{*}{4}$ = 46, 5 von 46 = $\overset{*}{4}1$; 5.7 + $\overset{*}{4}$ = 39, 4 von 39 = $\overset{*}{3}5$;
4.7 + $\overset{*}{3}$ = 31, 0 von 31 = 31.

Oder so: $\underline{4568} \times 69, = \frac{100}{2} + 9$ (verkürzt)$.2+1$
315192; nämlich:

2 in 0 = 0, +4+8 = $\overset{*}{1}2$; 2 in 0 = 0, +2+6+$\overset{*}{1}$ = 9;
2 in 8 = 4, +2+5 = $\overset{*}{1}1$; 2 in 16 = 8, +2+4+$\overset{*}{1}$ = $\overset{*}{1}5$;
2 in 5 = 2, +8+0+$\overset{*}{1}$ = $\overset{*}{1}1$; 2 in 4 = 2, +0+0+$\overset{*}{1}$ = 3.

Oder so: $\underline{4568} \times 69$
27408
$\underline{41112}$ (M verkürzt mit 9)
315192

Oder so: $\underline{4568 \times 69}$, $= \frac{100}{2} + 10 + 9$ (verkürzt)
315192; nämlich:

2 in $0 = 0, +0+2 = 2$; 2 in $0 = 0, +8+1 = 9$;
2 in $8 = 4, +6+1 = \overset{*}{1}1$; 2 in $16 = 8, +5+1+\overset{*}{1} = \overset{*}{1}5$;
2 in $5 = 2, +4+4+\overset{*}{1} = \overset{*}{1}1$; 2 in $4 = 2, +0+0+\overset{*}{1} = 3$.

Oder so: $\underline{4568 \times 69}$, $= \frac{100}{4} + 11$ (verkürzt) . 4
315192; nämlich:

4 in $0 = 0, +32 = \overset{*}{3}2$; 4 in $0 = 0, + 56 + \overset{*}{3} = \overset{*}{5}9$;
4 in $8 = 2, +44+\overset{*}{5} = \overset{*}{5}1$; 4 in $16 = 4, + 36 + \overset{*}{5} = \overset{*}{4}5$;
4 in $5 = 1, +16+\overset{*}{4} = \overset{*}{2}1$; 4 in $4 = 1, + 0 + \overset{*}{2} = 3$.

Oder so: $\underline{4568 \times 69}$, $= 70 - 1$
$\underline{319760}$ unmittelbar ab M, giebt:
315192

Oder so: $69 = 9$ (verk.) . $4 + 11$ (verk.) . $3 = 11$ (verk.) . $6 + 3$
$= 9$ (verk.) . $7+6 = (10.2+3) . 3 = [11$(verk.)$.2+1].3$.

58) 5368×71
$\underline{37576}$
381128

Oder so: $\underline{5368 \times 71}$, $= \frac{100}{2} + 21$ (verkürzt)
381128; nämlich:

2 in $0 = 0, + 8 = 8$; 2 in $0 = 0, + 22 = \overset{*}{2}2$;
2 in $8 = 4, + 15 + \overset{*}{2} = \overset{*}{2}1$; 2 in $16 = 8, + 11 + \overset{*}{2} = \overset{*}{2}1$;
2 in $13 = 6, + 10 + \overset{*}{2} = \overset{*}{1}8$; 2 in $5 = 2, + 0 + \overset{*}{1} = 3$.

Oder so: $\underline{5368 \times 71}$, $= 10.6 + 11$ (verkürzt)
381128; nämlich:

$0.6+8 = 8$; $8.6+14 = \overset{*}{6}2$; $6.6+9+\overset{*}{6} = \overset{*}{5}1$; $3.6+8+\overset{*}{5} = \overset{*}{3}1$;
$5.6+5+\overset{*}{3} = 38$.

Oder so: $71 = 11$ (verk.) . $4 + 9$ (verk.) . $3 = 11$ (verk.) . $6 + 5$
$= \frac{100}{2} + \left(\frac{10}{2}.4 + 1\right) = 9$(verk.)$.7 + 8 = 9$(verk.)$.8 - 1$
$= 11$(verk.)$.6 + \frac{10}{2} = \frac{10}{2}.14$(verk.)$+1 = \frac{100}{2} + 21$(verk.)
$= 9$(verk.)$.6 + 17$(verk.) $= \frac{10}{2}.11$(verk.)$+ 16$(verk.).

59) $5837 \times 72, = 8 . 9$ (verkürzt)
$\times 8$
46696
420264 (9 verkürzt

Oder so: $5837 \times 72, = \frac{100}{2} + 22$ (verkürzt)
420264; nämlich:

2 in $0 = 0, + 14 = \overset{*}{1}4$; 2 in $10 = 5, + 20 + \overset{*}{1} = \overset{*}{2}6$;
2 in $17 = 8, + 22 + \overset{*}{2} = \overset{*}{3}2$; 2 in $3 = 1, + 26 + \overset{*}{3} = \overset{*}{3}0$;
2 in $18 = 9, + 10 + \overset{*}{3} = \overset{*}{2}2$; 2 in $5 = 2, + 0 + \overset{*}{2} = 4$.

Oder so: $72 = 12$ (verk.)$.6 = 24$ (durchm.)$.3 = 61$ (verk.)$+ 11$ (verk.) $= 18$ (verk.)$. 4$.

60) $5637 \times 73, = \frac{10}{2} . 11$ (verk.)$+ 9$ (verk.)$.2$
411501; nämlich:

2 in $10=5, +0= 5, + 6 =\overset{*}{1}1$; 2 in $17=8, +5=13, +6+\overset{*}{1}=\overset{*}{2}0$;
2 in $3=1, +8= 9, +14+\overset{*}{2}=\overset{*}{2}5$; 2 in $16=8, +1= 9, +0+\overset{*}{2}=\overset{*}{1}1$;
2 in $5=2, +8=10, +10+\overset{*}{1}=\overset{*}{2}1$; 2 in $0=0, +2= 2, +0+\overset{*}{2}= 4$.

Oder so: $5637 \times 73, = 9$ (verkürzt)$. 7+10$
411501; nämlich:

7 von $10=3,.7=21, +0 =\overset{*}{2}1$; 4 von $7=3,.7=21, +7+\overset{*}{2}=\overset{*}{3}0$;
6 von $13=7,.7=49, +3+\overset{*}{3}=\overset{*}{5}5$; 6 von $6=0,.7= 0, +6+\overset{*}{5}=\overset{*}{1}1$;
0 von $5=5,.7=35, +5+\overset{*}{1}=41$.

Oder so: $73 = 12$(verk.)$.6+1 = 11$(verk.)$.3+10.4$.

61) $7839 \times 74, = 100 - \left(\frac{100}{4} + 1\right)$
580086; nämlich:

4 in $20=5, +9=14,$ von $\overset{*}{2}0=6$; 4 in $30=7,+3=10,+\overset{*}{2}$ von $\overset{*}{2}0=8$;
4 in $39=9,+8=17,+\overset{*}{2}$ von $\overset{*}{1}9=0$; 4 in $23=5,+7=12,+\overset{*}{1}$ von $\overset{*}{1}3=0$;
4 in $38=9,+0= 9,+\overset{*}{1}$ von $\overset{*}{1}8=8$; 4 in $7=1,+0= 1,+\overset{*}{1}$ von $7=5$.

Oder so: $7839 \times 74, = \frac{100}{2} + 12$ (verkürzt)$.2$
580086; nämlich:

2 in $0 = 0, + 36 = \overset{*}{3}6$; 2 in $10 = 5, + 30 + \overset{*}{3} = \overset{*}{3}8$;
2 in $19 = 9, + 38 + \overset{*}{3} = \overset{*}{5}0$; 2 in $3 = 1, + 44 + \overset{*}{5} = \overset{*}{5}0$;
2 in $18 = 9, + 14 + \overset{*}{5} = \overset{*}{2}8$; 2 in $7 = 3, + 0 + \overset{*}{2} = 5$.

Oder so: $74 = 10 . 2 + 9\,(\text{verk.}) . 6 = 9\,(\text{verk.}) . 7 + 11\,(\text{verk.})$
$= 9\,(\text{verk.}) . 8 + 2 = 10 . 3 + 11\,(\text{verk.}) . 4 = [9(\text{verk.}) . 4 + 1] . 2$
$= 11\,(\text{verk.}) . 6 + 8 = \frac{100}{4} . 3 - 1 = \frac{100}{2} + \frac{100}{4} - 1$
$= 10 . 6 + 14\,(\text{verk.}) = 10 . 6 + \frac{10}{2} + 9\,(\text{verk.})$
$= 100 - \left(\frac{100}{4} + 1\right) = \frac{100}{2} + 24$ (durchmultiplizirt).

62) 7839 × 75
54873
 39195 (M verkürzt mit 5)
587925

Oder noch nach folgenden Methoden:

4) 7839 × 75, $= \frac{100}{4} . 3$
195975
587925 (3

2) 7839 × 75
39195
54873
587925

ab $\frac{1}{4}$ vom 100fachen: 7839 × 75, $= 100 - \frac{1}{4} . 100$
195975
587925

7839 × 75, $= 100 - \frac{1}{4} . 100$
587925; nämlich:

4 in 20 = 5, von $\overset{*}{1}0$ = 5; 4 in 30 = 7, + $\overset{*}{1}$ von $\overset{*}{1}0$ = 2;
4 in 39 = 9, + $\overset{*}{1}$ von $\overset{*}{1}9$ = 9; 4 in 23 = 5, + $\overset{*}{1}$ von $\overset{*}{1}3$ = 7;
4 in 38 = 9, + $\overset{*}{1}$ von $\overset{*}{1}8$ = 8; 4 in 7 = 1, + $\overset{*}{1}$ von 7 = 5.

7839 × 75, $= \frac{100}{4} . 3$
587925; nämlich:

4 in 20 = 5, . 3 = $\overset{*}{1}5$; 4 in 30 = 7, . 3, + $\overset{*}{1}$ = $\overset{*}{2}2$; 4 in 39 = 9, . 3, + $\overset{*}{2}$ = $\overset{*}{2}9$;
4 in 23 = 5, . 3 + $\overset{*}{2}$ = $\overset{*}{1}7$; 4 in 38 = 9, . 3, + $\overset{*}{1}$ = $\overset{*}{2}8$; 4 in 7 = 1, . 3, + $\overset{*}{2}$ = 5.

7839 × 75, $= \frac{100}{2} + \frac{100}{4}$
587925; nämlich:

(2 in 0) + (4 in 20) = 5; (2 in 10) + (4 in 30) = $\overset{*}{1}2$;
(2 in 19) + (4 in 39) + $\overset{*}{1}$ = $\overset{*}{1}9$; (2 in 3) + (4 in 23) + $\overset{*}{1}$ = 7;
(2 in 18) + (4 in 38) = $\overset{*}{1}8$; (2 in 7) + (4 in 7) + $\overset{*}{1}$ = 5.

7839 × 75, $= 11$ (verkürzt) $. 7 - 2$
587925; nämlich:

$9.7 - 9.2 = \overset{*}{4}5;\ 12.7-(3.2-\overset{*}{4}) = \overset{*}{8}2;\ 11.7-(8.2-\overset{*}{8}) = \overset{*}{6}9;$
$15.7-(7.2-\overset{*}{6}) = \overset{*}{9}7;\ \ 7.7-(0.2-\overset{*}{9}) = 58.$

Oder so: $75 = 11\,(\text{verk.}) . 6 + 9\,(\text{verk.}) = \frac{10}{2} . 9\,(\text{verk.}) + 10 . 3$
$= 9\,(\text{verk.}) . 8 + 3 = \frac{10}{2} . 11\,(\text{verk.}) + 10 . 2 = (5+10) . 5$
$= \frac{10}{2} \cdot \left(\frac{10}{2} + 10\right) = (1 - \frac{1}{4}) . 100 = 10 . 3 + 9\,(\text{verk.}) . 5$
$= 10 . 2 + 11\,(\text{verk.}) . 5 = \frac{10}{2} . 15\,(\text{verk.}).$

63)
$$\begin{array}{rl} \underline{7834} & \times\ 76 \\ 47004 & \text{das 6fache M} \\ \underline{54838} & \text{das } (6+1)\text{fache M} \\ 595384 & \end{array}$$

Oder so: $\dfrac{7834 \times 76,}{595384;}$ $= [10 + 9\,(\text{verkürzt})] . 4$ nämlich:

$(0+6) . 4 = \overset{*}{2}4;\ (4+0) . 4 + \overset{*}{2} = \overset{*}{1}8;\ (3+5) . 4 + \overset{*}{1} = \overset{*}{3}3;$
$(8+0) . 4 + \overset{*}{3} = \overset{*}{3}5;\ (7+7) . 4 + \overset{*}{3} = 59.$

Oder so: $\dfrac{7834 \times 76,}{595384;}$ $= \frac{100}{4} + \frac{100}{2} + 1$ nämlich:

$(4 \text{ in } 0) + (2 \text{ in } 0) + 4 = 4;\ (4 \text{ in } 20) + (2 \text{ in } 0) + 3 = 8;$
$(4 \text{ in } 34) + (2 \text{ in } 14) + 8 = \overset{*}{2}3;\ (4 \text{ in } 23) + (2 \text{ in } 3) + 7 + \overset{*}{2} = \overset{*}{1}5;$
$(4 \text{ in } 38) + (2 \text{ in } 18) + 0 + \overset{*}{1} = \overset{*}{1}9;\ (4 \text{ in } 7) + (2 \text{ in } 7) + 0 + \overset{*}{1} = 5.$

Oder so:
$$\begin{array}{rl} \underline{7834} & \times\ 76, = (20-1) . 4 \\ \underline{156680} & \text{ab M} \\ \underline{148846} & \\ 595384 & (4 \end{array}$$

Oder so: $76 = 9\,(\text{verk.}) . 4 + 10 . 4 = \frac{10}{2} . 9\,(\text{verk.}) + 31\,(\text{verk.})$
$= 9\,(\text{verk.}) . 6 + 22\,(\text{verk.}) = 9\,(\text{verk.}) . 8 + 4$
$= \frac{10}{2} . 11\,(\text{verk.}) + 21\,(\text{verk.}) = \frac{100}{4} + 51\,(\text{verk.})$
$= 55\,(\text{verk.}) + 21\,(\text{verk.}) = 80 - 4$

64) $\dfrac{4837 \times 77,}{372449;}$ $= \frac{1000}{2} + 9\,(\text{verkürzt}) . 3$ nämlich:

$(2 \text{ in } 0) + 9 = 9;\ (2 \text{ in } 10) + 9 = \overset{*}{1}4;\ (2 \text{ in } 17) + 15 + \overset{*}{1} = \overset{*}{2}4;$
$(2 \text{ in } 3) + 9 + \overset{*}{2} = \overset{*}{1}2;\ (2 \text{ in } 8) + 12 + \overset{*}{1} = \overset{*}{1}7;\ (2 \text{ in } 4) + 0 + \overset{*}{1} = 3.$

Oder noch nach folgenden Methoden:

$4837 \times 77, = 7 . 11$ (verk.)

$\times 7$

33859

372449 (11 verkürzt

$4837 \times 77, = 80 - 3$

386960

ab: 14511

372449

4837×77

$33859 = M . 7$

$33859 = M . 7$ als Abschrift

372449

Oder so: $77 = 9$(verk.)$.8 + \frac{10}{2} = \frac{10}{2} . 15$(verk.)$+ 2$.

65) 5387×78

37709 das 7fache M

43096 das $(7+1)$fache M

420186

Oder so: $5387 \times 78, = \frac{100}{2} + \frac{100}{4} + 3$

420186; nämlich:

$(2 \text{ in } 0) + (4 \text{ in } 20) + 21 = \overset{*}{2}6$; $(2 \text{ in } 10) + (4 \text{ in } 30) + 24 + \overset{*}{2} = \overset{*}{3}8$;

$(2 \text{ in } 7) + (4 \text{ in } 27) + 9 + \overset{*}{3} = \overset{*}{2}1$; $(2 \text{ in } 18) + (4 \text{ in } 18) + 15 + \overset{*}{2} = \overset{*}{3}0$;

$(2 \text{ in } 13) + (4 \text{ in } 13) + 0 + \overset{*}{3} = \overset{*}{1}2$; $(2 \text{ in } 5) + (4 \text{ in } 5) + 0 + \overset{*}{1} = 4$.

Oder so: $5387 \times 78, = 80 - 2 = (40 - 1) . 2$

215480 ab den Multiplikand

210093

420186 (2

Oder so: $5387 \times 78, = \frac{100}{2} + 9$(verkürzt)$.3 + 1$

420186; nämlich:

$(2 \text{ in } 0) + 9 + 7 = \overset{*}{1}6$; $(2 \text{ in } 10) + 24 + 8 + \overset{*}{1} = \overset{*}{3}8$;

$(2 \text{ in } 7) + 12 + 3 + \overset{*}{3} = \overset{*}{2}1$; $(2 \text{ in } 18) + 24 + 5 + \overset{*}{2} = \overset{*}{4}0$;

$(2 \text{ in } 13) + 12 + 0 + \overset{*}{4} = \overset{*}{2}2$; $(2 \text{ in } 5) + 0 + 0 + \overset{*}{2} = 4$.

Oder so: $78 = 10 . 6 + 9$ (verk.)$. 2 = \frac{10}{2} . 9$ (verk.) $+ 11$ (verk.)$. 3$

$= 9$(verk.)$.7 + \frac{10}{2} + 10 = 10.8 - 2 = 9$(verk.)$.3 + 51$(verk.)

$= 9$(verk.)$. 5 + 33$ (verk.) $= 9$ (verk.)$. 7 + 15$ (verk.)

$= 9$(verk.)$.8 + 6 = (10.4 - 1).2 = 11$(verk.)$.6 + 12$(verk.).

Die erste von diesen Zerlegungen führt höchstens zur Zahl 72; die zweite höchstens zu 63, die dritte höchstens zur Zahl 81; die vierte führt höchstens zur Zahl 72. Warum?

$$\begin{array}{rl} 66)\quad \underline{4587} & \times\ 79 \\ \underline{32109} & \\ \underline{41283} & = \mathrm{M}\,.\,9\ (\text{verk.}) \\ 362373 & \end{array}$$

Oder so:
$$\begin{array}{rl} \underline{4587} & \times\ 79,\ =\ 80-1 \\ \underline{366960} & \text{unmittelbar ab M, giebt:} \\ 362373 & \end{array}$$

Daher kürzer so:
$$\begin{array}{rl} \underline{4587} & \times\ 79,\ =\ 10.8-1 \\ 362373; & \text{nämlich:} \end{array}$$

$0.8 = 0,7$ von $\overset{*}{10} = 3$; $7.8 = 56,8+\overset{*}{1}$ von $\overset{*}{16} = 7$;
$8.8+5 = 69,5+\overset{*}{1}$ von $9 = 3$; $5.8+6 = 46,4$ von $6 = 2$;
$4.8+4 = 36,0$ von $36 = 36$.

Oder so:
$$\begin{array}{rl} \underline{4587} & \times\ 79,\ =\ 10.8-1 \\ 362373; & \text{nämlich:} \end{array}$$

$0.8 = 0,7$ von $10 = 3$; $7.8 = 56,9$ von $56 = \overset{*}{4}7$;
$8.8+\overset{*}{4} = 68,5$ von $68 = \overset{*}{6}3$; $5.8+\overset{*}{6} = 46,4$ von $46 = \overset{*}{4}2$;
$4.8+\overset{*}{4} = 36,0$ von $36 = 36$.

Oder so:
$$\begin{array}{rl} \underline{4587} & \times\ 79,\ =\ 100-21\ (\text{verkürzt}) \\ 362373; & \text{nämlich:} \\ \scriptstyle 1\,1\,2\,3\,1 & \end{array}$$

7 von $\overset{*}{1}0 = 3$; $22+\overset{*}{1}$ von $\overset{*}{3}0 = 7$; $21+\overset{*}{3}$ von $\overset{*}{2}7 = 3$;
$14+\overset{*}{2}$ von $\overset{*}{1}8 = 2$; $8+\overset{*}{1}$ von $\overset{*}{1}5 = 6$; $0+\overset{*}{1}$ von $4 = 3$.

Oder so:
$$\begin{array}{rl} 4587 & \times\ 79,\ =\ (100-\tfrac{1}{4}100)+4 \\ \text{ab: } \underline{114675} & = \tfrac{1}{4}(100\ \mathrm{M}) \\ \underline{344025} & \\ \underline{18348} & = \mathrm{M}\,.\,4 \\ 362373 & \end{array}$$

Oder so: $79 = \frac{100}{2} + \frac{100}{4} + 4 = \frac{100}{2} + 9(\text{verk.}).3+2 = \frac{100}{4} + 9(\text{verk.}).6$
$= 11(\text{verk.}).7+2 = 9(\text{verk.}).8+7 = 9(\text{verk.}).8+\frac{10}{2}+2$
$= 80-1 = 9(\text{verk.})\times 7+16(\text{verk.}) = 9(\text{verk.})\times 2+61(\text{verk.})$
$= 81(\text{verk.})-2 = 9(\text{verk.})\times 9(\text{verk.})-2 = 88(\text{verk.})-9(\text{verk.})$
$= 90(\text{verk.})-11(\text{verk.}) = 99(\text{verk.})-20.$

$$\begin{array}{rl} 67)\quad 5683 & \times\ 81 \\ \underline{45464} & \\ 460323 & \end{array}$$

Oder so: $\underline{5683 \times 81}$, $= 9\,(\text{verk.}) \,.\, 9\,(\text{verk.})$
460323; nämlich:

3 von $10 = 7$, von $\overset{*}{10} = 3$; 9 von $13 = 4, + \overset{*}{1}$ von $7 = 2$;
7 von $8 = 1$, von $4 = 3$; 5 von $6 = 1$, von $1 = 0$;
0 von $5 = 5$, von $\overset{*}{11} = 6$; 0 von $0 = 0, + \overset{*}{1}$ von $5 = 4$.

Oder so: $81 = 10.7 + 11\,(\text{verk.}) = 11\,(\text{verk.}).7 + 4 = \frac{100}{2} + 31\,(\text{verk.})$
$= 11\,(\text{verk.}) \,.\, 6 + 10 + \frac{10}{2} = \frac{10}{2} \,.\, 16\,(\text{verk.}) + 1$
$= 9\,(\text{verk.}) \,.\, 4 + \frac{10}{2}(9\,\text{verk.}) = (100 - \frac{1}{4}100) + 6$
$= 100 - 19\,(\text{verk.}) =$ dem 9fachen $\times 10$, weniger dem 9fachen $= (100 - \frac{1}{4}.100) + (10:2) + 1$.

68) $\underline{4879 \times 82}$
9758 das 2fache
$\underline{39032}$ das 2fache $\times 4$
400078

Oder so: $\underline{4879 \times 82}$, $= 10.6 + 22\,(\text{verkürzt})$
400078; nämlich:

$0.6 + 18 = \overset{*}{18}$; $9.6 + 32 + \overset{*}{1} = \overset{*}{87}$; $7.6 + 30 + \overset{*}{8} = \overset{*}{80}$;
$8.6 + 24 + \overset{*}{8} = \overset{*}{80}$; $4.6 + 8 + \overset{*}{8} = \overset{*}{40}$; $0.6 + 0 + \overset{*}{4} = 4$.

Oder so: $\underline{4879 \times 82}$, $= 100 - 9\,(\text{verkürzt}) \,.\, 2$
400078; nämlich:
1 1 1

2 von $\overset{*}{10} = 8$; $2 + \overset{*}{1}$ von $\overset{*}{10} = 7$; $18 + \overset{*}{1}$ von $\overset{*}{19} = 0$; $6 + \overset{*}{1}$ von $7 = 0$;
8 von $8 = 0$; 0 von $4 = 4$.

Oder: $82 = 41\,(\text{verk.}).2 = 9\,(\text{verk.}).3 + \frac{10}{2}.11\,(\text{verk}) = \left(\frac{10}{2}.8 + 1\right).2$
$= 9\,(\text{verk.}).8 + 10 = \frac{10}{2}(10 + 6) + 2 = 10.9\,(\text{verk.}) - 8$
$= 81\,(\text{verk.}) + 1 = 11\,(\text{verk.}).7 + \frac{10}{2} = 9\,(\text{verk.}).9\,(\text{verk.}) + 1$
$= 16\,(\text{verk.}) \,.\, 5 + 2 = (100 - \frac{1}{4}100) + (10:2) + 2$
$= 9\,(\text{verk.}) \times 7 + 19\,(\text{verk.}) = (100 - \frac{1}{4}100) + 7$.

69) $\underline{7543 \times 83}$, $= \frac{100}{2} + 11\,(\text{verkürzt}).3$
626069; nämlich:

$(2 \text{ in } 0) + 9 = 9$; $(2 \text{ in } 10) + 21 = \overset{*}{26}$; $(2 \text{ in } 3) + 27 + \overset{*}{2} = \overset{*}{30}$;
$(2 \text{ in } 14) + 36 + \overset{*}{3} = \overset{*}{46}$; $(2 \text{ in } 15) + 21 + \overset{*}{4} = \overset{*}{32}$; $(2 \text{ in } 7) + 0 + \overset{*}{3} = 6$.

Oder so: $\frac{7543 \times 83,}{626069;}$ $= 10.2+9$(verkürzt)$.7$ nämlich:

$0.2+49 = \overset{*}{4}9$; $3.2+56+\overset{*}{4}=\overset{*}{6}6$; $4.2+56+\overset{*}{6}=\overset{*}{7}0$; $5.2+49+\overset{*}{7}=\overset{*}{6}6$; $7.2+42+\overset{*}{6}=62$.

Oder so: $83 = 9$ (verk.) $. 9$ (verk.) $+ 2 = 9$ (verk.) $. 8 + 11$ (verk.)
$= 11$(verk.)$.7+6=11$(verk.)$.7+\frac{10}{2}+1=\frac{10}{2}.16$(verk.)$+3$
$= (100-\frac{1}{4}100)+8=90$(verk.)$-7=100-17$(verk.).

70) 5387 × 84
21548 das 4fache M
43096 das (4fache M) . 2
452508

Oder: 5387 × 84, = 7×12(verk.)
× 7
37709
452508 (12 verkürzt

Oder so: $\frac{5387 \times 84,}{452508;}$ $= 100 - 16$ (verkürzt) nämlich:
3 3 6 5

42 von $\overset{*}{5}0 = 8$; $55+\overset{*}{5}$ von $\overset{*}{6}0 = 0$; $26+\overset{*}{6}$ von $\overset{*}{3}7 = 5$; $33+\overset{*}{3}$ von $\overset{*}{3}8 = 2$; $5+\overset{*}{3}$ von $53 = 45$.

Oder so: $\frac{5387 \times 84,}{452508;}$ $= \frac{100}{2}+\frac{100}{4}+9$ (verkürzt) nämlich:

(2 in 0) + (4 in 20) + 3 $= 8$; (2 in 10) + (4 in 30) + 8 $= \overset{*}{2}0$;
(2 in 7) + (4 in 27) + $4+\overset{*}{2} = \overset{*}{1}5$; (2 in 18) + (4 in 18) + $8+\overset{*}{1} = \overset{*}{2}2$;
(2 in 13) + (4 in 13) + $4+\overset{*}{2} = \overset{*}{1}5$; (2 in 5) + (4 in 5) + $0+\overset{*}{1} = 4$.

Oder so: $\frac{5387 \times 84,}{452508;}$ $= 12$ (verkürzt)$.7$ nämlich:

$7.2 = 14,.7, = \overset{*}{9}8$; $8.2+7 = 23,.7,+\overset{*}{9} = \overline{17}0$;
$3.2+8 = 14,.7,+\overline{17} = \overline{11}5$; $5.2+3 = 13,.7,+\overline{11} = \overline{10}2$;
$0.2+5 = 5,.7,+10 = 45$.

Oder so: $\frac{5387 \times 84,}{452508;}$ $= 10.3+9$(verkürzt)$.6$ nämlich:

$0.3+18 = \overset{*}{1}8$; $7.3+48+\overset{*}{1} = \overset{*}{7}0$; $8.3+24+\overset{*}{7} = \overset{*}{5}5$;
$3.3+48+\overset{*}{5} = \overset{*}{6}2$; $5.3+24+\overset{*}{6} = 45$.

Oder so: $84 = \frac{100}{2} + 9$ (verk.) $. 3 + 7 = 9$ (verk.) $. 7 + 21$ (verk.)
$= 9$ (verk.) $. 9$ (verk.) $+ 3 = \frac{100}{2} + 33$ (verk.) $+ 1$
$= 11$ (verk.) $. 4 + 10 . 4 = 11$ (verk.) $. 6 + 9$ (verk.)$.2$
$= (100 - \frac{1}{4}100) + 9$ (verk.) $= 90$ (verk.) $- 6$
$= 14$ (verk.) $\times 6 = [11$ (verk.)$.3+9$(verk.)$].2$.

71) $\underline{5837} \times 85$
$\ 46696$
$\ \underline{29185} = M$ verkürzt mit 5
$\ 496145$

Oder noch nach folgenden Methoden:

$\underline{5837 \times 85,} = \frac{100}{4} + 10 . 6$
496145; nämlich:

$4 \text{ in } 20 = 5, + 0 = 5;\ 4 \text{ in } 10 = 2, + 42 = \overset{*}{4}4;$
$4 \text{ in } 37 = 9, + 18 + \overset{*}{4} = \overset{*}{3}1;\ 4 \text{ in } 23 = 5, + 48 + \overset{*}{3} = \overset{*}{5}6;$
$4 \text{ in } 18 = 4, + 30 + \overset{*}{5} = \overset{*}{3}9;\ 4 \text{ in } 5 = 1, + 0 + \overset{*}{3} = 4.$

$\underline{5837 \times 85,} = \frac{10}{2} . 11$ (verkürzt) $+ 10 . 3$
496145; nämlich:

$2 \text{ in } 10 = 5, + 0 = 5, + 0 = 5;\ 2 \text{ in } 17 = 8, + 5 = 13, + 21 = \overset{*}{3}4;$
$2 \text{ in } 3 = 1, + 8 = 9, + 9 + \overset{*}{3} = \overset{*}{2}1;\ 2 \text{ in } 18 = 9, + 1 = 10, + 24 + \overset{*}{2} = \overset{*}{3}6;$
$2 \text{ in } 5 = 2, + 9 = 11, + 15 + \overset{*}{3} = \overset{*}{2}9;\ 2 \text{ in } 0 = 0, + 2 = 2, + 0 + \overset{*}{2} = 4.$

$5837 \times 85, = (100 - \frac{1}{4}100) + 10$
ab: $145925 = \frac{1}{4}(100\,M)$
zu: $\underline{58370} = 10\,M$
496145; nämlich;

$-5 + \overset{*}{1}0 = 5;\ -2 - \overset{*}{1} + 7 = 4;\ 3 - 9 + 7 = 1;\ 8 - 5 + 3 = 6;$
$5 - 4 + 8 = 9;\ 5 - 1 = 4.$

$\underline{5837 \times 85,} = 100 - 15$ (verkürzt)
496145; nämlich:

$35 \text{ von } \overset{*}{4}0 = 5;\ 22 + \overset{*}{4} \text{ von } \overset{*}{3}0 = 4;\ 43 + \overset{*}{3} \text{ von } \overset{*}{4}7 = 1;$
$33 + \overset{*}{4} \text{ von } \overset{*}{4}3 = 6;\ 5 + \overset{*}{4} \text{ von } 58 = 49.$

$\underline{5837} \times 85, = 90$(verk.)$-5$(verk.)
525330
ab: $\underline{29185}$
496145

2) $\underline{5837} \times 85$
$29185 = M . \frac{10}{2}$
$\underline{\overset{*}{4}6696} = M . 8$
496145

Oder so: $85 = \frac{10}{2} . 17$(verk.)$= \frac{10}{2} . 9$(verk.)$+ 10.4 = 9$(verk.)$.7 + 22$(verk.)
$= 9$ (verk.) $. 9$ (verk.) $+ 4 = \frac{100}{2} + 11$ (verk.) $. 3 + 2$
$= 10 + \frac{100}{2} + \frac{100}{4} = 11$(verk.)$.7 + 8 = 9$(verk.)$.8 + 13$(verk.)
$= 55$ (verk.) $+ 30 = [11$ (verk.)$ + 6] . \frac{10}{2}.$

72) $\underline{5684} \times 86, = \frac{100}{2} + 9$ (verkürzt) . 4
488824; nämlich:

$2 \text{ in } 0 = 0, +24 = \overset{*}{2}4$; $2 \text{ in } 0 = 0, +20 + \overset{*}{2} = \overset{*}{2}2$; $2 \text{ in } 4 = 2, +4 + \overset{*}{2} = 8$;
$2 \text{ in } 8 = 4, +\ 4 = \ 8$; $2 \text{ in } 16 = 8, +20 \quad = \overset{*}{2}8$; $2 \text{ in } 5 = 2, +0 + \overset{*}{2} = 4$.

Oder so: $\underline{5684} \times 86, = \frac{100}{2} + \frac{100}{4} + 11$ (verkürzt)
488824; nämlich:

$(2 \text{ in } 0) + (4 \text{ in } 0) + 4 \quad = 4$; $(2 \text{ in } 0) + (4 \text{ in } 0) + 12 \quad = \overset{*}{1}2$;
$(2 \text{ in } 4) + (4 \text{ in } 4) + 14 + \overset{*}{1} = \overset{*}{1}8$; $(2 \text{ in } 8) + (4 \text{ in } 8) + 11 + \overset{*}{1} = \overset{*}{1}8$;
$(2 \text{ in } 16) + (4 \text{ in } 16) + 5 + \overset{*}{1} = \overset{*}{1}8$; $(2 \text{ in } 5) + (4 \text{ in } 5) + 0 + \overset{*}{1} = 4$.

Oder so: $\underline{5684} \times 86, = 90$ (verkürzt) $- 4$
$ \ \underline{511560}$
ab: $\underline{22736}$
$ \ 488824$

Oder so: $5684 \times 86, = (100 - \frac{1}{4} 100) + 11$ (verkürzt)
ab: $142100 = \frac{1}{4}(100\ M)$
zu: $\underline{62524}$
488824; nämlich:

24 hin; $5 - 1 + 4 = 8$; $2 - 2 + 8 = 8$; $6 - 4 + 6 = 8$; $5 - 1 = 4$.

Bemerkung. Hierdurch erscheint die Methode: „beliebig viele Zahlen theils zu addiren, theils zu subtrahiren“ in einer Weise, die wohl die am mehrsten praktische ist. Es mögen deshalb hier noch ein Paar Beispiele folgen. Vergleiche Seite 664. Bemerk. 1.

1) Beispiel.

−	3	4	8	5	6
+	8	6	8	4	5
−		3	7	5	7
+		8	4	7	3
	5	6	7	0	5
			−1		−1

2) Beispiel.

+	5	6	4	3	2
+			2	7	8
−		2	6	3	4
+		4	5	3	6
−			5	8	5
−			4	6	8
	5	7	5	5	9
			−1	−1	−1

; nämlich:

$-8 - 5 + 6 - 4 + 8 + 2 \qquad = -1$, also 9, Rest $-\overset{*}{1}$;
$-6 - \overset{*}{1} - 8 + 3 - 3 + 7 + 3 = -5$, also 5, Rest $-\overset{*}{1}$;
$-4 - \overset{*}{1} - 5 + 5 - 6 + 2 + 4 = -5$, also 5, Rest $-\overset{*}{1}$;
$+4 - \overset{*}{1} - 2 + 6 = \ 7$;
$5 = \ 5$.

Oder so: $16 - 17 = -1$, also 9, Rest $-\overset{*}{1}$;

$10 - 15 = -5$, also 5, Rest $-\overset{*}{1}$;

-5, also 5, Rest $-\overset{*}{1}$;

$10 - 3 = 7; \quad 5 = 5.$

3) Beispiel.

$$\left.\begin{array}{rcccc} - & 8 & 5 & 4 & 6 \\ + & 9 & 4 & 3 & 2 \\ - & 4 & 3 & 2 & 6 \\ + & 6 & 5 & 2 & 4 \\ \hline & 3 & 0 & 8 & 4 \\ & & & -1 & -1 \end{array}\right\} ;\ \text{nämlich:}$$

$4 - 6 + 2 - 6 = -6$, also 6 von 10 = 4 und Rest $-\overset{*}{1}$;

$-\overset{*}{1} + 2 - 2 + 3 - 4 = -2$, also 2 von 10 = 8 und Rest $-\overset{*}{1}$;

$-\overset{*}{1} + 5 - 3 + 4 - 5 = 0$

$6 - 4 + 9 - 8 = 3.$

Oder so: $+6 - 6 - 6 = -6$, also 4 und Rest $-\overset{*}{1}$;

$5 - (6 + \overset{*}{1}) = -2$, also 8 und Rest $-\overset{*}{1}$;

$4 - (3 + \overset{*}{1}) = 0$

$15 - 12 = 3.$

Will man von links nach rechts operiren, so kann man auch wie folgt verfahren:

$$\begin{array}{rcccc} - & 8 & 5 & 4 & 6 \\ + & 9 & 4 & 3 & 2 \\ - & 4 & 3 & 2 & 6 \\ + & 6 & 5 & 2 & 4 \\ \hline & 3, & 1, & -1, & -6, \\ \hline & 3 & 0 & 8 & 4; \end{array}$$

oder numerisch geschrieben: 3 0 8 4; weil $10 - 6 = 4$; $10 - 2 = 8$; $1 - 1 = 0$; $3 = 3$ ist.

Man sieht dies auch so ein:

$$3.10^3 + 1.10^2 - 1.10 - 6 = 3.10^3 + 0.10^2 + (9.10 - 1.10) + (1.10 - 6)$$
$$= 3084.$$

4) Beispiel.

$$\begin{array}{rcccc} - & 5 & 4 & 3 & 2 \\ + & 9 & 2 & 4 & 5 \\ - & 3 & 6 & 5 & 7 \\ - & 4 & 7 & 8 & 5 \\ \hline & -3, & -15, & -12, & -9 \\ \hline & -4 & 6 & 2 & 9 \end{array}$$

numerisch: $-4\ 6\ 2\ 9 = -4629$

Oder so: $5684 \times 86, = 100 - 14$ (verkürzt)

488824; nämlich:

16 von $\overset{*}{2}0 = 4$; $36 + \overset{*}{2}$ von $\overset{*}{4}0 = 2$; $32 + \overset{*}{4}$ von $\overset{*}{4}4 = 8$; $26 + \overset{*}{4}$ von $\overset{*}{3}8 = 8$; $5 + \overset{*}{3}$ von $56 = 48.$

Oder so: $86 = 10.8 + \frac{10}{2} + 1 = 11\,(\text{verk.}) . 7 + 9\,(\text{verk.})$
$= \frac{10}{2} . 9\,(\text{verk.}) + 41(\text{verk.}) = 9\,(\text{verk.}) . 9\,(\text{verk.}) + \frac{10}{2}$
$= \frac{100}{2} + 12\,(\text{verk.}) . 3 = 11\,(\text{verk.}) . 6 + 10 . 2$
$= 9\,(\text{verk.}) . 8 + 14\,(\text{verk.}) = \frac{10}{2} . 17\,(\text{verk.}) + 1$
$= 81(\text{verk.}) + \frac{10}{2} = \frac{100}{2} + 9(\text{verk.}).4 = 9(\text{verk.}).9(\text{verk.}) + 5$
$= \frac{100}{4} + 61\,(\text{verk.}) = 10.9\,(\text{verk.}) - 4.$

73) $\underline{5837 \times 87}$
40859 das 7fache M
$\underline{46696}$ das (7+1)fache M
507819

Oder noch nach folgenden Methoden:

$\underline{5837} \times 87, = 10.6 + 9\,(\text{verkürzt}).3$
507819; nämlich:

$0.6 + 9 = 9;\ 7.6 + 9 = \overset{*}{5}1;\ 3.6 + 15 + \overset{*}{5} = \overset{*}{3}8;\ 8.6 + 6 + \overset{*}{3} = \overset{*}{5}7;$
$5.6 + 15 + \overset{*}{5} = 50.$

$\underline{5837} \times 87, = 11\,(\text{verkürzt}).8 - 1$
507819; nämlich:

$7.8 - 7 = \overset{*}{4}9;\ 10.8 - (3 - \overset{*}{4}) = \overset{*}{8}1;\ 11.8 - (8 - \overset{*}{8}) = \overset{*}{8}8;$
$13.8 - (5 - \overset{*}{8}) = \overline{10}7;\ 5.8 - (0 - \overline{10}) = 50.$

$\underline{5837 \times 87}, = 90\,(\text{verk.}) - 3$
525330
ab: $\underline{17511}$
507819

$5837 \times 87, = 90 - 3$
$\underline{\times 3}$
$-\ 17511 = -\ 3M$
$\underline{+\ 525330} = 3M \times 30$
507819

$\underline{5837} \times 87, = 100 - 13\,(\text{verkürzt})$
507819; nämlich:

$21 \text{ von } \overset{*}{3}0 = 9;\ 16 + \overset{*}{3} \text{ von } \overset{*}{2}0 = 1;\ 27 + \overset{*}{2} \text{ von } \overset{*}{3}7 = 8;\ 23 + \overset{*}{3} \text{ von } \overset{*}{3}3 = 7;$
$5 + \overset{*}{3} \text{ von } 58 = 50.$

Oder so: $87 = \frac{100}{2} + 9(\text{verk.}) . 4 + 1 = 9\,(\text{verk.}).6 + 33\,(\text{verk.})$
$= [9\,(\text{verk.}).2 + 11\,(\text{verk.})].3 = 9(\text{verk.}).9(\text{verk.}) + \frac{10}{2} + 1$
$= \frac{100}{2} + 11\,(\text{verk.}) . 3 + 4 = 11\,(\text{verk.}) \times 7 + 10$
$= \frac{10}{2} . 17\,(\text{verk.}) + 2 = 9\,(\text{verk.}) . 4 + 51\,(\text{verk.})$
$= 9\,(\text{verk.}) . 8 + 10 + \frac{10}{2} = 9\,(\text{verk.}) . 9\,(\text{verk.}) + 6$
$= 9\,(\text{verk.}) . 8 + 15\,(\text{verk.}) = 11(\text{verk.}) . 6 + 21\,(\text{verk.})$
$= 81\,(\text{verk.}) + 6 = (100 - \frac{1}{4}.100) + 12\,(\text{verk.}).$

74) 7638 × 88, = 8.11 (verkürzt)

$$\begin{array}{r} 7638 \\ \times 8 \\ \hline 61104 \\ \hline 672144 \end{array}$$ (11 verkürzt

Oder noch nach folgenden Methoden:

$\frac{7638 \times 88,}{672144;}$ = 10.7+9 (verkürzt).2 nämlich:

$0.7+4 = 4$; $8.7+8=\overset{*}{6}4$; $3.7+14+\overset{*}{6}=\overset{*}{4}1$; $6.7+16+\overset{*}{4}=\overset{*}{6}2$; $7.7+12+\overset{*}{6}=67$.

$\frac{7638 \times 88,}{672144;}$ = 100 — 12 (verkürzt) nämlich:

16 von $\overset{*}{2}0 = 4$; $14+\overset{*}{2}$ von $\overset{*}{2}0 = 4$; $15+\overset{*}{2}$ von $\overset{*}{1}8 = 1$; $20+\overset{*}{1}$ von $\overset{*}{2}3 = 2$; $7+\overset{*}{2}$ von $76 = 67$.

$\frac{7638 \times 88,}{672144;}$ = 100 — 12 nämlich:

96 von $\overline{100} = 4$; $36+\overline{10}$ von $\overset{*}{5}0 = 4$; $72+\overset{*}{5}$ von $\overset{*}{7}8 = 1$; $84+\overset{*}{7}$ von $\overset{*}{9}3 = 2$; $\overset{*}{9}$ von $76 = 67$.

$\frac{7638 \times 88,}{672144;}$ = 10.9 (verkürzt) — 2 nämlich:

0von 0=0,8.2=16, von$\overset{*}{2}$0=4; 8von10=2,3.2= 6,+$\overset{*}{2}$,von$\overset{*}{1}$2=4; 4von 8=4,6.2=12,+$\overset{*}{1}$,von$\overset{*}{1}$4=1; 6von13=7,7.2=14,+$\overset{*}{1}$,von$\overset{*}{1}$7=2; 8von16=8,0.2= 0,+$\overset{*}{1}$von 8=7; 1von 7=6,0.2= 0, von 6=6.

7638 × 88, = 90 (verk.) — 2

$$\begin{array}{r} 7638 \\ \hline 687420 \\ \text{ab: } 15276 \\ \hline 672144 \end{array} \qquad \begin{array}{r} 7638 \times 88 \\ \hline 61104 = M.8 \\ 61104 = M.8 \\ \hline 672144 \end{array}$$

Oder so: $88 = \frac{100}{4} + 9$ (verk.) $.7 = (100 - \frac{1}{4}100) + 13$ (verk.)
$= 81$ (verk.) $+ 7 = 9$ (verk.) $. 8 + 16$ (verk.) $= 10.9 - 2$
$= \frac{10}{2} . 17$ (verk.) $+ 3$.

75) 8436 × 89

$$\begin{array}{rl} 8436 & \times 89 \\ \hline 67488 & \text{das 8fache M} \\ 75924 & \text{das (8+1)fache M, oder mit 9 verkürzt} \\ \hline 750804 & \end{array}$$

Oder so: $\begin{array}{l} 8436 \times 89, = 10.9\,(\text{verk.}) - 1 \\ \hline 759240 \text{ ab M} \\ \hline 750804 \end{array}$

Daher kürzer so: $\begin{array}{l} 8436 \times 89, = 10.9\,(\text{verkürzt}) - 1 \\ \hline 750804; \end{array}$ nämlich:

0 v. 0=0,6 v.$\overset{*}{1}$0=4; 6 v.10=4,3+$\overset{*}{1}$ v.4=0; 4v.6=2,4v.$\overset{*}{1}$2=8; 4v.13=9,8+$\overset{*}{1}$ v. 9=0; 9v.14=5,0 v.5=5; 1v.8=7,0v. 7=7.

Oder so: $\begin{array}{l} 8436 \times 89, = 10.9 - 1 \\ \hline 750804; \end{array}$ nämlich:

0.9 = 0, 6 von 10 = 4; 6.9 =.54, 4 von 54 = $\overset{*}{5}$0;
3.9+$\overset{*}{5}$ = 32, 4 von 32 = $\overset{*}{2}$8; 4.9+$\overset{*}{2}$ = 38, 8 von 38 = $\overset{*}{3}$0;
8.9+$\overset{*}{3}$ = 75, 0 von 75 = 75.

Oder so: $\begin{array}{l} 8436 \times 89, = 100 - 11\,(\text{verkürzt}) \\ \hline 750804; \end{array}$ nämlich:

6 von $\overset{*}{1}$0= 4; 9+$\overset{*}{1}$ von $\overset{*}{1}$0=0; 7+$\overset{*}{1}$ von $\overset{*}{1}$6=8; 12+$\overset{*}{1}$ von $\overset{*}{1}$3=0; 8+$\overset{*}{1}$ von 84=75.

Oder so: $\begin{array}{l} 8436 \times 89, = 100 - 11 \\ \hline 750804; \end{array}$ nämlich:

66 von $\overset{*}{7}$0 = 4; 33 + $\overset{*}{7}$ von $\overset{*}{4}$0 = 0; 44 + $\overset{*}{4}$ von $\overset{*}{5}$6 = 8;
88 + $\overset{*}{5}$ von $\overset{*}{9}$3 = 0; $\overset{*}{9}$ von 84 = 75.

Oder so: $\begin{array}{l} 8436 \times 89, = \frac{100}{2} + \frac{100}{4} + \frac{10}{2} + 9\,(\text{verkürzt}) \\ \hline 750804; \end{array}$ nämlich:

(2 in 0) + (4 in 0) + (2 in 0) + 4 = 4;
(2 in 0) + (4 in 0) + (2 in 16) + 2 = $\overset{*}{1}$0;
(2 in 16) + (4 in 36) + (2 in 3) + 9 + $\overset{*}{1}$ = $\overset{*}{2}$8;
(2 in 3) + (4 in 3) + (2 in 4) + 5 + $\overset{*}{2}$ = $\overset{*}{1}$0;
(2 in 4) + (4 in 4) + (2 in 8) + 7 + $\overset{*}{1}$ = $\overset{*}{1}$5;
(2 in 8) + (4 in 8) + (2 in 0) + 0 + $\overset{*}{1}$ = 7.

Oder so: 89 = 9 (verk.) . 4 + $\frac{100}{2}$ + 3 = $\frac{10}{2}$. 9 (verk.) + 11 (verk.) 4
= 11 (verk.) . 8 + 1 = 9 (verk.) . 9 (verk.) + 8
= 12 (verk.) . 7 + $\frac{10}{2}$ = 90 − 1 = $\frac{100}{2}$ + 9 (verk.) + 10 . 3
= 11 (verk.) 4 + 9 (verk.) . 5 = 9 (verk.) . (9 verk.) + (10 : 2) + 3.

Es versteht sich von selbst, daß man sowohl bei den vorhergehenden als auch nachfolgenden numerischen Rechnungen nur die unentbehrlichsten Zahlen niederschreibt. Hier werden fast durchweg mehr geschrieben, als nöthig sind, was aber geschehen muß, um die Folge der Operationen bemerkbar zu machen.

76) $\begin{array}{r} 7384 \times 91 \\ \underline{66456} \\ 671944 \end{array}$ (M verkürzt mit 9)

Oder so: $\dfrac{7384 \times 91,}{671944;}$ $= 100 - 9$ (verkürzt) nämlich:

6 von $\overset{*}{1}0 = 4$; $5 + \overset{*}{1}$ von $\overset{*}{1}0 = 4$; $4 + \overset{*}{1}$, von $\overset{*}{1}4 = 9$; $6 + \overset{*}{1}$, von $8 = 1$;
6 von $\overset{*}{1}3 = 7$; $0 + \overset{*}{1}$, von $7 = 6$.

Oder so: $\dfrac{7384 \times 91,}{671944;}$ $= 100 - 9$ nämlich:

36 von $\overset{*}{4}0 = 4$; $72 + \overset{*}{4}$ von $\overset{*}{8}0 = 4$; $27 + \overset{*}{8}$ von $\overset{*}{4}4 = 9$; $63 + \overset{*}{4}$ von $\overset{*}{6}8 = 1$;
$\overset{*}{6}$ von $73 = 67$.

Oder so: $91 = 13$ (verk.) $. 7 = \frac{10}{2} . 11$ (verk.) $+ 9$ (verk.) $. 4$
$= 9$ (verk.) $. 9$ (verk.) $+ 10 = 10 . 8 + 11$ (verk.)
$= \frac{100}{4} + 66$ (verk.) $= 11$ (verk.) $. 8 + 3 = \frac{100}{2} + 41$ (verk.)
$= \frac{100}{2} + \frac{10}{2} . 8 + 1$.

77) $\begin{array}{r} \underline{4568 \times 92} \\ 41112 \\ \underline{9136} \\ 420256 \end{array}$ (M verkürzt mit 9)

Oder so: $\begin{array}{r} 4568 \\ \text{ab: } \underline{36544} \\ 420256 \end{array}$ $\times 92, = 100 - 8$

Oder kürzer so: $\dfrac{4568 \times 92,}{420256;}$ $= 100 - 8$ nämlich:

$8.8 = 64, 4$ von $\overset{*}{1}0 = 6$; $6.8 + 6 = 54, 4 + \overset{*}{1}$ von $\overset{*}{1}0 = 5$;
$5.8 + 5 = 45, 5 + \overset{*}{1}$ von $8 = 2$; $4.8 + 4 = 36, 6$ von $6 = 0$;
$0.8 + 3 = 3$, 3 von $45 = 42$.

Noch kürzer so: $\dfrac{4568 \times 92,}{420256}$ $= 100 - 8$

8.8=64 v.$\overset{*}{7}0$=6; 6.8=48,+$\overset{*}{7}$,v.$\overset{*}{6}0$= 5; 5.8=40,+$\overset{*}{6}$,v.$\overset{*}{4}8$=2;
4.8=32,+4,v.$\overset{*}{3}6$=0; 0.8= 0,+3,v.45=42.

Oder: 92=10.9+2=10.2+9 (verk.).8=9(verk.).9(verk.)+11(verk.)
=10.7+22(verk.) = 11 (verk.).7+10+$\frac{10}{2}$=11(verk.).8+4
=(10.2+3).4=[11(verk.).2+1].4=91(verk.)+1.

78) 7858 × 93
23574
70722 = M.9(verk.) od.(3M).3
730794

Oder: 7858 × 93,=100—7
ab: 55006
730794

Kürzer so: 7858 × 93, = 100 — 7
730794; nämlich:

8.7=56 v.$\overset{*}{6}0$=4; 5.7=35,+$\overset{*}{6}$,v.$\overset{*}{5}0$= 9; 8.7=56,+$\overset{*}{5}$,v.$\overset{*}{6}8$=7;
7.7=49,+6,v.$\overset{*}{5}5$=0; 0.7= 0,+$\overset{*}{5}$,v.78=73.

Oder so: 93 = 9 (verk.) + 12 (verk.) . 7 = $\frac{100}{2}$ + $\frac{100}{4}$ + 9 (verk.).2
= 11 (verk.).6+9(verk.).3 = [11(verk.).2+9(verk.)].3
= 9 (verk.) . 7 + 10 . 3 = 9 (verk.) . 8 + 21 (verk.)
= 9 (verk.).9(verk.) + 12(verk.) = 11 (verk.).3 + 10.6
= 11 (verk.).8 + $\frac{10}{2}$ = 31 (verk.).3 = 11 (verk.) . 8+5.

79) 7839 × 94
70551 (M verk. mit 9)
31356
736866

Oder: 7839 × 94,=100—6
ab: 47034
736866

Oder so: 7839 × 94, = 100— 6
736866; nämlich:

9.6=54 v.$\overset{*}{6}0$=0, 3.6=18,+$\overset{*}{6}$,v.$\overset{*}{3}0$= 6; 8.6=48,+$\overset{*}{3}$,v.$\overset{*}{5}9$=8;
7.6=42,+5,v.$\overset{*}{5}3$=6; 0.6= 0,+$\overset{*}{5}$,v.78=73.

Oder so: 94 = $\frac{100}{2}$ + 11 (verk.) . 4 = 10 . 4 + 9 (verk.) . 6
= 9 (verk.).8+11(verk.).2=[9(verk.).4+11(verk.)].2
= 9 (verk.).9 (verk.) + 13 (verk.) = 11 (verk.).8+6
= [11 (verk.).4+3].2= (10.4+7).2=10.5+11(verk.).4.

80) 7843 × 95
70587 = M.(verk. 9)
39215 = M.(verk. 5)
745085

Oder: 7843 × 95,=100—5
ab: 39215 (verk. mit 5)
745085

Oder so: $\dfrac{7843 \times 95,}{745085;}$ $= 100-5$ nämlich:

$3.5=15 \quad v.\overset{*}{2}0=5;\ 4.5=20,+\overset{*}{2},v.\overset{*}{3}0=\ 8;\ 8.5=40,+\overset{*}{3},v.\overset{*}{4}3=0;$
$7.5=35,+\overset{*}{4},v.\overset{*}{4}4=5;\ 0.5=\ 0,+\overset{*}{4},v.78=74.$

Oder so: $\dfrac{7843 \times 95,}{745085;}$ $= 100-\frac{10}{2}$ nämlich:

$2 \text{ in } 10=5,v.\overset{*}{1}0=5;\ 2 \text{ in } 3=1,+\overset{*}{1},v.\ \overset{*}{1}0=\ 8;\ 2 \text{ in } 4=2,+\overset{*}{1},v.\overset{*}{3}=0;$
$2 \text{ in } 18=9,v.\overset{*}{1}4=5;\ 2 \text{ in } 7=3,+\overset{*}{1},v.\ 78=74.$

Oder so: $\dfrac{7843 \times 95,}{745085;}$ $= \frac{10}{2}+10.9$ (verkürzt) nämlich:

$2 \text{ in } 10=5,+0\ =\ 5;\ 2 \text{ in } 3=1,+7\ =8;\ 2 \text{ in } 4=2,+8=\overset{*}{1}0;$
$2 \text{ in } 18=9,+5+\overset{*}{1}=\overset{*}{1}5;\ 2 \text{ in } 7=3,+0+\overset{*}{1}=4;\ 2 \text{ in } 0=0,+7=\ 7.$

Oder so: $95 = \frac{10}{2}.[10+9\,(\text{verk.})] = [10+9\,(\text{verk.})].5$
$= \frac{100}{2}+\frac{10}{2}.9(\text{verk})=10.7+\frac{100}{4}=11(\text{verk.}).7+9(\text{verk.}).2$
$= 11\,(\text{verk.}).4+\frac{100}{2}+1 = \frac{10}{2}.11\,(\text{verk.})+10.4$
$= 11\,(\text{verk.}).8+7 = 11\,(\text{verk.}).8+\frac{10}{2}+2$
$= (100-5)\,\text{durchm.} = 80+15\,(\text{verk.}) = \frac{10}{2}.19(\text{verk.})$
$= 10.4+55\,(\text{verk.}) = 10.5+9(\text{verk.}).5.$

81) 7836×96
$70524 = M$ (verk. mit 9)
47016
752256

Oder: $7836 \times 96,=100-4$
ab: 31344
752256

Oder so: $\dfrac{7836 \times 96,}{752256;}$ $= 100-4$ nämlich:

$6.4=24, \quad v.\overset{*}{3}0=6;\ 3.4=12,+\overset{*}{3},v.\overset{*}{2}0=\ 5;\ 8.4=32,+\overset{*}{2},v.\overset{*}{3}6=2;$
$7.4=28,+\overset{*}{3},v.\overset{*}{3}3=2;\ 0.4=\ 0,+\overset{*}{3},v.78=75.$

Oder so: $96 = 10.6+9\,(\text{verk.}).4 = \frac{10}{2}.9\,(\text{verk.})+\frac{100}{2}+1$
$= 9\,(\text{verk.}).7+11\,(\text{verk.}).3 = 12\,(\text{verk.}).8$
$= 9\,(\text{verk.}).9\,(\text{verk.})+10+\frac{10}{2} = 11\,(\text{verk.}).6+10.3$
$= \frac{100}{4}+71\,(\text{verk.}) = [11(\text{verk.}).2+10].3 = 16(\text{verk.}).6$
$= 24\,(\text{durchm.}).4 = (10.4+8).2 = (10.3+2).3.$

82) 8793 × 97
79137 = M.9(verk.)
61551
852921

Oder: 8793 × 97, = 100−3
ab: 26379
852921

Oder so: 8793 × 97, = 100 −− 3
852921; nämlich:

3.3= 9, von $\overset{*}{1}0$ = 1; 9.3 = 27, + $\overset{*}{1}$, v. $\overset{*}{3}0$ = 2; 7.3 = 21, + $\overset{*}{3}$, v. $\overset{*}{3}3$ = 9;
8.3 = 24, + $\overset{*}{3}$, v. $\overset{*}{2}9$ = 2; 0.3 = 0, + $\overset{*}{2}$, v. 87 = 85.

Oder so: $97 = 11\,(\text{verk.}) . 8 + 9\,(\text{verk.}) = 10 . 7 + 9\,(\text{verk.}) . 3$
$= \frac{10}{2} . 9\,(\text{verk.}) + \frac{100}{2} + 2 = \frac{100}{4} + 9\,(\text{verk.}) . 8$
$= \frac{100}{2} + \frac{100}{4} + 11\,(\text{verk.}) . 2 = 10 . 2 + 11\,(\text{verk.}) . 7$
$= (100 - \frac{1}{4} . 100) + 22\,(\text{verk.}) = 99\,(\text{verk.}) - 2.$

83) 7358 × 98
66222 = M(verk. mit 9)
58864
721084

Oder: 7358 × 98, = 100−2
14716
721084

Oder so: 7358 × 98, = 100 − 2
721084; nämlich:

8.2 = 16, von $\overset{*}{2}0$ = 4; 5.2 = 10, + $\overset{*}{2}$ von $\overset{*}{2}0$ = 8; 3.2 = 6, + $\overset{*}{2}$ von $\overset{*}{8}$ = 0;
7.2 = 14, von $\overset{*}{1}5$ = 1; 0.2 = 0, + $\overset{*}{1}$ von 73 = 72.

Oder so: $98 = \frac{100}{2} + \frac{10}{2} + 9(\text{verk.}) . 4 + 7 = 14(\text{verk.}) . 7 = \left(9\,\text{verk.} + \frac{10}{2}\right) . 7$
$= 9\,(\text{verk.}) . 6 + 11\,(\text{verk.}) . 4 = 11\,(\text{verk.}) . 8 + 10$
$= 9\,(\text{verk.}) . 2 + 10 . 8 = 9\,(\text{verk.}) . 3 + 71\,(\text{verk.})$
$= 9\,(\text{verk.}) . 11\,(\text{verk.}) - 1 = [10 . 4 + 9\,(\text{verk.})] . 2.$

84) 5468 × 99, = 100 − 1
ab: 5468
541332

Oder so: 5468 × 99, = 11 (verk.) . (9 verk.)
× 11
60148
541332 (9

Zusätze. Es mögen hier noch nachträglich zur Übung einige Beispiele folgen.

1) Beispiel. 4563 × 13, = 2 + 11 (verkürzt)
59319; nämlich:
1 2 2

6+3 = 9; 12+9 = $\overset{*}{2}1$; 10+11+$\overset{*}{2}$ = $\overset{*}{2}3$; 8+9+$\overset{*}{2}$ = $\overset{*}{1}9$; 4+$\overset{*}{1}$ = 5.

Oder so: $4563 \times 13, = 4+9$ (verkürzt)
59319; nämlich:
$\scriptstyle 1\,2\,3\,1$

$12+7=\overset{*}{1}9;\ 24+6+\overset{*}{1}=\overset{*}{3}1;\ 20+0+\overset{*}{3}=\overset{*}{2}3;\ 16+1+\overset{*}{2}=\overset{*}{1}9;\ \overset{*}{1}+4=5.$

2) Beispiel. $3243 \times 15, = 4+11$ (verkürzt)
48645; nämlich:
$\scriptstyle 1\,1\,2\,1$

$12+3=\overset{*}{1}5;\ 16+7+\overset{*}{1}=\overset{*}{2}4;\ 8+6+\overset{*}{2}=\overset{*}{1}6;\ 12+5+\overset{*}{1}=\overset{*}{1}8;\ 3+\overset{*}{1}=4.$

3) Beispiel. $4232 \times 17, = 6+11$ (verkürzt)
71944; nämlich:
$\scriptstyle 3\,1\,2\,1$

$12+\overset{*}{2}=\overset{*}{1}4;\ 18+5+\overset{*}{1}=\overset{*}{2}4;\ 12+5+\overset{*}{2}=\overset{*}{1}9;\ 24+6+\overset{*}{1}=\overset{*}{3}1;\ 4+\overset{*}{3}=7.$

4) Beispiel. $43215 \times 19, = 100-81$ (verkürzt)
821085; nämlich:
$\scriptstyle 3\,2\,1\,5\,1$

$5 \text{ v. } \overset{*}{1}0=5;\ 41+\overset{*}{1} \text{ v. } \overset{*}{5}0=8;\ 10+\overset{*}{5} \text{ v. } \overset{*}{1}5=0;\ 19+\overset{*}{1} \text{ v. } \overset{*}{2}1=1;$
$28+\overset{*}{2} \text{ v. } \overset{*}{3}2=2;\ 32+\overset{*}{3} \text{ v. } 43=8.$

5) Beispiel. $2453 \times 23, = 100-11$ (verkürzt)$.7$
56419; nämlich:
$\scriptstyle 5\,7\,6\,3$

$21 \text{ v. } \overset{*}{3}0=9;\ 56+\overset{*}{3} \text{ v. } \overset{*}{6}0=1;\ 63+\overset{*}{6} \text{ v. } \overset{*}{7}3=4;\ 42+\overset{*}{7} \text{ v. } \overset{*}{5}5=6;$
$14+\overset{*}{5} \text{ v. } 24=5.$

6) Beispiel.
$$\begin{array}{l} 4)\ 48523 \times 26, = \tfrac{1}{4}\cdot 100+1 \\ \quad 1213075 = \tfrac{1}{4}(100\,M) \\ \quad 1261598 = M + \frac{100\,M}{4} \end{array}$$

7) Beispiel. $3254 \times 28, = 100-9$ (verk.)$.8$
91112; nämlich:
$\scriptstyle 7\,2\,7\,5$

$48 \text{ v. } \overset{*}{5}0=2;\ 64+\overset{*}{5} \text{ v. } \overset{*}{7}0=1;\ 16+\overset{*}{7} \text{ v. } \overset{*}{2}4=1;\ 72+\overset{*}{2} \text{ v. } \overset{*}{7}5=1;$
$16+\overset{*}{7} \text{ v. } 32=9.$

8) Beispiel. $5632 \times 29, = 100-71$ (verkürzt)
163328; nämlich:
$\scriptstyle 5\,0\,2\,1$

$2 \text{ v. } \overset{*}{1}0=8;\ 17+\overset{*}{1} \text{ v. } \overset{*}{2}0=2;\ 27+\overset{*}{2} \text{ v. } \overset{*}{3}2=3;\ 47+\overset{*}{3} \text{ v. } \overset{*}{5}3=3;$
$35+\overset{*}{5} \text{ v. } 56=16.$

9) Beispiel. 5324 × 34, = 100 − 11 (verk.) . 6
181016; nämlich:
5 3 4 3

24 v. $\overset{*}{3}0$ = 6; 36+$\overset{*}{3}$ v. $\overset{*}{4}0$=1; 30+$\overset{*}{4}$ v. $\overset{*}{3}4$=0; 48+$\overset{*}{3}$ v. $\overset{*}{5}2$=1;
30+$\overset{*}{5}$ v. 53 = 18.

10) Beispiel. 3658 × 37, = 100 − 9 (verkürzt) . 7
135346; nämlich:
2 6 2 2

14 v. $\overset{*}{2}0$ = 6; 14+$\overset{*}{2}$ v. $\overset{*}{2}0$=4; 63+$\overset{*}{2}$ v. $\overset{*}{6}8$=3; 14+$\overset{*}{6}$ v. $\overset{*}{2}5$=5;
21+$\overset{*}{2}$ v. 36 = 13.

11) Beispiel. 4568 × 39, = 100 − 61 (verkürzt)
178152; nämlich:
4 4 6 1

8 v. $\overset{*}{1}0$ = 2; 54+$\overset{*}{1}$ v. $\overset{*}{6}0$=5; 41+$\overset{*}{6}$ v. $\overset{*}{4}8$=1; 34+$\overset{*}{4}$ v. $\overset{*}{4}6$=8;
24+$\overset{*}{4}$ v. 45 = 17.

12) Beispiel. 5684 × 45, = 100 − 11 (verk.) . 5
255780; nämlich:
3 6 8 7 2

20 v. $\overset{*}{2}0$ = 0; 60+$\overset{*}{2}$ v. $\overset{*}{7}0$ = 8; 70+$\overset{*}{7}$ v. $\overset{*}{8}4$ = 7; 55+$\overset{*}{8}$ v. $\overset{*}{6}8$=5;
25+$\overset{*}{6}$ v. $\overset{*}{3}6$ = 5; $\overset{*}{3}$ v. 5 = 2.

13) Beispiel. 5684 × 46, = 100 − 9 (verkürzt) . 6
261464
1 4 4

36 v. $\overset{*}{4}0$=4; 30+$\overset{*}{4}$ v. $\overset{*}{4}0$=6; 6+$\overset{*}{4}$ v. $\overset{*}{1}4$=4; 6+$\overset{*}{1}$ v. 8=1; 30 v. 56=26.

14) Beispiel. 4638 × 49, = 100 − 51 (verkürzt)
227262; nämlich:
4 2 5 1

8 v. $\overset{*}{1}0$=2; 43+$\overset{*}{1}$ v. $\overset{*}{5}0$ = 6; 21+$\overset{*}{5}$ v. $\overset{*}{2}8$ = 2; 34+$\overset{*}{2}$ v. $\overset{*}{4}3$=7;
20+$\overset{*}{4}$ v. 46 = 22.

15) Beispiel. 7634 × 54
30536 = 4 M
38170 = 4 M + M
412236

16) Beispiel. 5638 × 56, = 100 − 11 (verk.) . 4
315728; nämlich:
5 4 5 4

32 v. $\overset{*}{4}0$ = 8; 44+$\overset{*}{4}$ v. $\overset{*}{5}0$=2; 36+$\overset{*}{5}$ v. $\overset{*}{4}8$=7; 44+$\overset{*}{4}$ v. $\overset{*}{5}3$=5;
20+$\overset{*}{5}$ v. 56 = 31.

17) Beispiel. $3456 \times 57, = -3+(3.2).10$

$-10368 = -3M$

$+207360 = [(3.M).2].10$

196992

18) Beispiel. $4567 \times 58, = -2+(2.3).10$

$-9134 = -(2M)$

$+274020 = [(2M).3].10$

264886

19) Beispiel. $3452 \times 59, = 100-41$ (verkürzt)

203668; nämlich:

2 3 2 1

2 v. $\overset{*}{1}0 = 8$; $13+\overset{*}{1}$ v. $\overset{*}{2}0 = 6$; $24+\overset{*}{2}$ v. $\overset{*}{3}2 = 6$; $19+\overset{*}{3}$ v. $\overset{*}{2}5 = 3$; $12+\overset{*}{2}$ v. $34 = 20$.

20) Beispiel. $4326 \times 62, = 9$ (verk.)$.7-1$

268212; nämlich:

5 6 2 2

$28-6 = \overset{*}{2}2$; $21+2-\overset{*}{2} = \overset{*}{2}1$; $63-3+\overset{*}{2} = \overset{*}{6}2$; $56-4+\overset{*}{6} = \overset{*}{5}8$; $21+\overset{*}{5} = 26$.

21) Beispiel. $3246 \times 64, = 100-9$ (verk.)$.4$

207744; nämlich:

4 1 1 2

16 v. $\overset{*}{2}0 = 4$; $4+\overset{*}{2}$ v. $\overset{*}{1}0 = 4$; $8+\overset{*}{1}$ v. $\overset{*}{1}6 = 7$; $36+\overset{*}{1}$ v. $\overset{*}{4}4 = 7$; $8+\overset{*}{4}$ v. $32 = 20$.

22) Beispiel. $4)\,3872 \times 65, = \frac{1}{4}.100+40$

96800

154880

251680

23) Beispiel. $4327 \times 67, = 100-11$ (verk.)$.3$

289909; nämlich:

3 2 3 3

21 v. $\overset{*}{3}0 = 9$; $27+\overset{*}{3}$ v. $\overset{*}{3}0 = 0$; $15+\overset{*}{3}$ v. $\overset{*}{2}7 = 9$; $21+\overset{*}{2}$ v. $\overset{*}{3}2 = 9$; $12+\overset{*}{3}$ v. $43 = 28$.

24) Beispiel. $3456 \times 69, = 100-31$ (verkürzt)

238464; nämlich:

2 2 3 1

6 v. $\overset{*}{1}0 = 4$; $23+\overset{*}{1}$ v. $\overset{*}{3}0 = 6$; $19+\overset{*}{3}$ v. $\overset{*}{2}6 = 4$; $15+\overset{*}{2}$ v. $\overset{*}{2}5 = 8$; $9+\overset{*}{2}$ v. $34 = 23$.

25) Beispiel. $\dfrac{5348 \times 73,}{390404} = 100 - 9\,(\text{verk.}) . 3$; nämlich:

$6\,\text{v.}\,\overset{*}{1}0 = 4;\ 9 + \overset{*}{1}\,\text{v.}\,\overset{*}{1}0 = 0;\ 3 + \overset{*}{1}\,\text{v.}\,\overset{*}{8} = 4;\ 24\,\text{v.}\,\overset{*}{2}4 = 0;\ 12 + \overset{*}{2}\,\text{v.}\,53 = 39.$

26) Beispiel. $\dfrac{5348 \times 78,}{\underset{2\,1\,3\,2}{417144}} = 100 - 11\,(\text{verk.}) . 2$; nämlich:

$16\,\text{v.}\,\overset{*}{2}0 = 4;\ 24 + \overset{*}{2}\,\text{v.}\,\overset{*}{3}0 = 4;\ 14 + \overset{*}{3}\,\text{v.}\,\overset{*}{1}8 = 1;\ 16 + \overset{*}{1}\,\text{v.}\,\overset{*}{2}4 = 7;$
$10 + \overset{*}{2}\,\text{v.}\,53 = 41.$

Oder so:

$$\begin{array}{rl} 5348 & \times\ 78 \\ \hline 37436 & = 7\,M \\ 42784 & = 7\,M + M \\ \hline 417144 & \end{array}$$

Außerdem hat man noch:

$74 = [10 + 9\,(\text{verk.}) . 3] . 2 = [11\,(\text{verk.}) . 3 + 4] . 2;$

$76 = [9\,(\text{verk.}) . 3 + 11\,(\text{verk.})] . 2 = [9\,(\text{verk.}) . 2 + 1] . 4;$

$78 = [10 . 3 + 9\,(\text{verk.})] . 2 = [9\,(\text{verk.}) + 17\,(\text{verk.})] . 3 = [9\,(\text{verk.}) . 4 + 3] . 2;$
$= [11\,(\text{verk.}) + 2] . 6;$

$79 = [9\,(\text{verk.}) . 4 + 1] . 2 + \frac{10}{2};$

$85 = \left[11\,(\text{verk.}) + \frac{10}{2} + 1\right] \cdot \frac{10}{2} = 11\,(\text{verk.}) \cdot \frac{10}{2} + \frac{100}{4} + \frac{10}{2};$
$= 11\,(\text{verk.}) \cdot \frac{10}{2} + \left(\frac{10}{2} \cdot 10\right) : 2 + \frac{10}{2}.$

Fast alle Abkürzungen und Übungen für das Multipliziren mit zweiziffrigen Zahlen ergeben sich dadurch, daß man zunächst jede derselben in eine Summe von zwei Summanden oder in eine Differenz zerlegt und dann unter allen diesen Zerlegungen diejenigen beibehält, für welche sich Vereinfachungen der Rechnung vorfinden. Mit mehreren der angegebenen Umformungen der Multiplikatoren kann man auch auf dem gewöhnlichen Wege — ohne unmittelbar mit ihnen durchzumultipliziren — oft vortheilhaft multipliziren. So ist z. B. $M \times 63 = [M \times 9\,(\text{verk.})] . 7$, und dies Verfahren ist doch noch kürzer als das bekannte gewöhnliche. Man hat also schon hierbei einen Vortheil, wenn man selbst nicht ein Mal den kürzesten Weg, auf welchem mit 63 unmittelbar durchmultiplizirt wird [siehe S. 676 (6)] erwählt.

Multiplizirt man hinter einander mit Faktoren, so ist es im Allgemeinen am bequemsten der Reihe nach mit den größeren zuerst zu multipliziren. Öfter erhält man eine Abkürzung dadurch, daß man statt einiger Faktoren ihr Produkt setzt, insofern man öfter mit letzterem sehr leicht multipliziren kann.

64. Obgleich es nun leicht ist, jede Zahl mit jeder mehrziffrigen, verkürzt zu multipliziren, indem letztere von rechts nach links (oder umgekehrt) in Klassen abgetheilt werden kann, wo jede Klasse (ausgenommen die letzte) eine zweiziffrige Zahl enthält, so wollen wir doch vorher auf einige derjenigen Fälle aufmerksam machen, in denen man mit einem mehrziffrigen Multiplikator noch kürzer multipliziren kann, als nach der eben erwähnten allgemeinen Methode. Da dies jedoch nur für einzelne Zahlen gilt, so wird die Vorführung einiger derselben vollkommen dazu dienen, solche in andern Fällen gleich zu erkennen, um mit ihnen auf dem kürzesten Wege zu multipliziren. In dieser Hinsicht hat man namentlich die Faktoren von der Form: $\alpha.10^m$, $\alpha.10^m \pm \beta$, $(\alpha.10^m \pm \beta):\gamma$ zu berücksichtigen.

1) Da $M.5^m = M.\left(\frac{5.2}{2}\right)^m = \frac{M.10^m}{2^m}$, so hat man eine Zahl mit 5^m multiplizirt, nachdem man sich an sie zur Rechten m Nullen gehängt und das Resultat durch 2^m dividirt denkt.

Setzt man also m = 1, 2, 3, 4, ..., so multiplizirt man eine Zahl

mit	5,	wenn man eine	Null	anhängt,	dies	durch	2	dividirt
„	25	„ „	2	„	„	„ „	4	„
„	125	„ „	3	„	„	„ „	8	„
„	625	„ „	4	„	„	„ „	16	„
„	3125	„ „	5	„	„	„ „	32	„
„	15625	„ „	6	„	„	„ „	64	„
	u. s. w.		u. s. w.				u. s. w.	

Beispiele.

$8)\underline{81032168\ldots} \times 125$ $\quad$ $8)\underline{36842380532\ldots} \times 125$
10129021000 $\quad$ 4605297566500

$8)\underline{48684584328\ldots} \times 125, = \frac{1}{8}.(1000)$
6085573041000

Da $125 = 100 + \frac{1}{4}.100$, so hätte man auch — etwas unbequemer — so verfahren können:

48684584328 .. = dem 100fachen M
$\underline{12171146082\ ..}$ = $\frac{1}{4}$ vom 100fachen M
6085573041000

Das Addiren und Dividiren konnte auch auf ein Mal geschehen. Auch hätte man u. A. verkürzt mit 120 multipliziren und dazu das $(5=\frac{10}{2})$fache gleich addiren können; jedoch ist der erstere Weg der kürzeste.

$$8)\frac{426084392532268\ldots \times 125}{53260549066533500}$$

$$8)\frac{416328104568327684232\ldots \times 125}{52041013071040960529000} \qquad 16)\frac{81680\ldots\ldots \times 625}{51050000}$$

$$16)\frac{347684325008\ldots\ldots \times 625}{217302703130000} \qquad 16)\frac{6843563906\ldots\ldots \times 625}{4277227441250}$$

$$16)\frac{721684324284328484\ldots\ldots \times 625}{451052702677705302500}$$

Da $625 = 600 + \frac{1}{4}.100$, so kann man auch wie folgt verfahren:

$$\frac{721684324284328484 \quad \times 625, = 600+\frac{1}{4}.100}{451052702677705302500}$$

es wird nämlich M.($\frac{1}{4}$.100) gleich zum 600fachen — indem man durch 4 von rechts nach links dividirt — addirt.

$$\begin{array}{rl} & 486543284\ldots\ldots \times 3125 \\ 4) & \overline{12163582100000} \\ 8) & \overline{1520447762500} \end{array} \qquad \text{Oder: } \begin{array}{r} 486543284\ldots \times 3125 \\ \hline 1459629852000 \\ 60817910500 \\ \hline 1520447762500 \end{array}$$

$$\begin{array}{rl} & 326484268768432548632\ldots\ldots \times 3125 \\ 4) & \overline{8162106719210813715800000} \\ 8) & \overline{1020263339901351714475000;} \end{array} \text{ weil } \frac{M}{32} = \frac{M}{4.8} = \frac{M}{4} : 8 \text{ ist.}$$

Durch den kleinern Faktor zuerst zu dividiren ist gewöhnlich am vortheilhaftesten.

Oder so:

$$\begin{array}{rl} 326484268768432548632 & \times 3125, = 3000+\frac{1}{8}.1000 \\ \hline 979452806305297645896000 & = \text{dem 3000fachen M} \\ 40810533596054068579000 & = \frac{1}{8} \text{ vom 1000fachen M} \\ \hline 1020263339901351714475000 & \end{array}$$

Oder u. A. noch so:

$$\begin{array}{rl} 4)\ 326484268768432548632\ldots\ldots & \times 3125, = \frac{1}{4}\cdot 10000 + \frac{1}{4}(\frac{1}{4}\cdot 10000) \\ \hline 816210671921081371580000 & = \frac{1}{4} \text{ vom 10000fachen M} \\ 204052667980270342895000 & = \frac{1}{4} \text{ vom } [\frac{1}{4}.10000\text{fachen M}] \\ \hline 1020263339901351714475000 & \end{array}$$

$$\begin{array}{rl} & 5384205682314\ldots\ldots \times 15625, = 10^6 : 64 \\ 8) & \overline{673025710289250000} \\ 8) & \overline{84128213786156250} \end{array}$$

684753468023...... × 15625
8) 85594183502875000
8) 10699272937859375

453218602543216448164..... × 15625, $= \frac{1}{8}\cdot 10^5 + \frac{1}{4}\cdot(\frac{1}{8}\cdot 10^5)$
8) 5665232531790205602050000 $= \frac{1}{8}\cdot 10^5$fache M
1416308132947551400512500 $= \frac{1}{4}\cdot(\frac{1}{8}\cdot 10^5 M)$
7081540664737757002562500

Oder u. A. noch so:

453218602543216448164...... × 15625, $= 10^6 : (8\cdot 8)$
8) 56652325317902056020500000
8) 7081540664737757002562500 auch=M.15(vk.).10^3+M.(625 vk.)

Hinsichtlich der Proben hat man, wegen

$$M\cdot 5^m = (M\cdot 10^m) : 2^m, [(M\cdot 10^m) : 2^m]\cdot 2^m = M\cdot 10^m.$$

Ist demnach eine Zahl M mit 5^m multiplizirt, so muß das erhaltene Resultat mit 2^m multiplizirt den Multiplikanden M mit m Nullen zur Rechten versehen, geben, d. h. es ist $= M\underbrace{00\ldots0}_{m}$.

2) Da

$$M\times 999 = M\cdot(10^3 - 1) = M\cdot 10^3 - M,$$
$$M\times 9999 = M\cdot(10^4 - 1) = M\cdot 10^4 - M,$$
$$\ldots\ldots\ldots\ldots$$
$$M\times \underbrace{99\cdots9}_{m} = M\cdot(10^m - 1) = M\cdot 10^m - M,$$

ist, so geht hieraus eine Abkürzung für den Multiplikator $\underbrace{99\cdots9}_{m}$ hervor.

Die Probe auf $M\times\underbrace{99\cdots9}_{m}$ hat man an der Gleichung:

$$M\times\underbrace{99\cdots9}_{m} + M = M\cdot 10^m.$$

Beispiele.

5436872 ... × 999
ab: 5436872
5431435128

, also kürzer so: {... 5436872 × 999 / 5431435128} ; nämlich:

2 von $\overset{*}{1}0$=8; 7+$\overset{*}{1}$ von 10=2; 8+$\overset{*}{1}$ von 10=1; 6+$\overset{*}{1}$ von $\overset{*}{1}2$=5; 3+$\overset{*}{1}$ von 7=3; 4 von 8=4; 5 von 6=1; 0 von 3=3; 0 von 4=4; 0 von 5=5.

...345210216582 × 999, = 1000 − 1
344865006365418; nämlich:

2v.10bleibt8; 9v.10b.1; 6v.10b.4; 7v.12b.5; 2v.8b.6; 2v.5b.3; 0v.6b.6; 1v.1b.0; 2v.2b.0; 5v.10b.5; 5v.11b.6; 4v.12b.8; 1v.5b.4; 0v.4b.4; 0v.3b.3.

Addirt man zum Resultat den darüber stehenden Multiplikand, so ergiebt sich das 1000fache des letzteren, mithin hat man daran die Probe.

...36845973476384293 × 999
36809127502907908707

...46823573469357345682 × 999
46776749895887988336318

...6473568437694682321 × 999
6467094869256987638679

...3684567943756847321 × 999
3680883375813090473679

...2469568437726384536 × 999
2467098869288658151464

...1234567890098765431 × 999
1233333322208666665569

...73854369768435437685 × 999
73780515398667002247315

...84379368473584765364 × 999
84294989105111180598636

...94371258637246843621 × 999
94276887378609596777379

...3572468436247368437213 × 999
3568895967811121068775787

....32143141753 × 9999, = 10000 — 1
321399274388247; nämlich:

3 von 10 bleibt 7; 6 v. 10 b. 4; 8 v. 10 b. 2; 2 v. 10 b. 8; 5 v. 13 b. 8; 2 v. 5 b. 3; 3 v. 7 b. 4; 4 v. 11 b. 7; 2 v. 4 b. 2; 2 v. 11 b. 9; 4 v. 13 b. 9; 1 v. 4 b. 3; 1, 2, 3.

Da nämlich der Multiplikator aus 4 Neunen besteht, so denkt man sich über jeder der vier niedrigsten Ziffern des Multiplikands die Zahl 10 stehend und subtrahirt 1753 von 10000, also: 3 v. 10 b. 7; 6 v. 10 b. 4; 8 v. 10 b. 2; 2 v. 10 b. 8. Hierauf subtrahirt man 00003214315 von 32143141753, was jedoch in horizontaler Stellung unmittelbar geschieht, indem man hier 4 — 1 = 3 Ziffern des Multiplikands überspringt, wobei dann die übergestellten Punkte anzeigen können, wo man in der Subtraktion stehen geblieben ist. Je mehr Neunen der Multiplikator enthält, um so leichter findet man, im Vergleich mit der gewöhnlichen Methode, das Resultat, indem die höchsten Ziffern desselben unmittelbar hingeschrieben werden können.

$$\underline{\ldots.6783456738645736} \times 9999$$
$$6782778392971871 4264$$

$$\underline{\ldots.7684563643210347 69} \times 9999$$
$$7683795186846026655231$$

$$\underline{\ldots.4983460213373527 35} \times 9999$$
$$4982961867352189997265$$

$$\underline{\ldots.8432106467892732526} \times 9999$$
$$8431263257245943252 7474$$

$$\underline{\ldots.9368452347692653233} \times 9999$$
$$93675155024578839676767$$

$$\underline{\ldots.5843269046823673 1234} \times 9999$$
$$5842784719918990756087 66$$

$$\underline{\ldots\ldots43258468} \times 999999$$
$$43258424741532$$

$$\underline{\ldots\ldots4387536439723 56} \times 999999$$
$$438753205218712027644$$

$$\underline{\ldots\ldots737475684394324 1} \times 999999$$
$$737474946918639705675 9$$

$$\underline{\ldots\ldots667332147285326 3} \times 999999$$
$$667331479953179014673 7$$

$$\underline{\ldots\ldots899868934326845 9} \times 999999$$
$$899868034457911573154 1$$

$$\underline{\ldots\ldots376495634735684 39} \times 999999$$
$$376495258240049654315 61$$

$$\underline{\ldots\ldots567843723684597 36} \times 999999$$
$$567843155840873675402 64$$

$$\underline{\ldots\ldots.73425684365} \times 9999999, = 10000000-1$$
$7342567702243156 35$; nämlich:

5 von $\overset{*}{1}0=5$; $6+\overset{*}{1}$ von $\overset{*}{1}0=3$; $3+\overset{*}{1}$ von $\overset{*}{1}0=6$; $4+\overset{*}{1}$ von $\overset{*}{1}0=5$; $8+\overset{*}{1}$ von $\overset{*}{1}0=1$; $6+\overset{*}{1}$ von $\overset{*}{1}0=3$; $5+\overset{*}{1}$ von $\overset{*}{1}0=4$; $2+\overset{*}{1}$ von $5=2$; 4 von $6=2$; 3 von $3=0$; 7 von $\overset{*}{1}4=7$; 7342567 als Endigung.

$$\underline{\ldots\ldots..2345842684} \times 99999999$$
$$234584266054157316$$

$$\underline{\ldots\ldots..3468476359468423568 43903} \times 99999999$$
$$34684763247836599737547943156097$$

$$\begin{array}{r} \underline{\ldots\ldots\ldots 246846202684026444668868684} \times 99999999 \\ 2468462002155644178286042373113131 6 \end{array}$$

$$\begin{array}{r} \underline{\ldots\ldots\ldots 351799175335737591314} \times 999999999 \\ 351799174983938415978262408686 \end{array}$$

$$\begin{array}{r} \underline{\ldots\ldots\ldots 369333699985496726843725684} \times 999999999 \\ 369333699616163026858228957156274316 \end{array}$$

$$\begin{array}{r} \underline{\ldots\ldots\ldots\ldots\ldots\ldots 15234687845604328 4832} \times 10^{20}-1 \\ 1523468784560432848304765312154395671516 8\phantom{\times 10^{20}-1} \end{array}$$

Auf dem gewöhnlichen Wege hätte man den Multiplikand 9mal nehmen müssen und die erhaltene Zahl wäre dann 20mal gehörig untereinander zu setzen; dann ist noch eine große Addition zu verrichten. Hier hingegen wurde das Resultat fast ohne alle Rechnung unmittelbar hingeschrieben.

Bemerkung. Da $\underset{m}{999\ldots9} \times \underset{n}{999\ldots9} = (10^m-1).(10^n-1) = (10^{m+n}+1)-(10^m+10^n)$ ist, so geht hieraus eine Abkürzung für diesen Fall der Multiplikation hervor. Wäre $m = n$, so hat man $\underset{m}{99\ldots9}^2 = (10^{2m}+1)-2.10^m$. Man vergleiche hiermit die hierher gehörende Gesetze Seite 641. Vermöge derselben kann man nun auch $\underset{m}{aa\ldots a} \times \underset{n}{bb\ldots b} = \frac{ab}{9.9}[\underset{m}{99\ldots9} \times \underset{n}{99\ldots9}]$ oder $[ab(\underset{m}{11\ldots1}).\underset{n}{99\ldots9}]:9$ sehr schnell entwickelt hinschreiben. Späterhin kommen wir hierauf noch ein Mal zurück.

3) Hat man den Multiplikator $\underset{m}{11\ldots1}$, so ist:

$a \times \underset{m}{11\ldots1} = (a \times \underset{m}{99\ldots9}):9$, auch $=(a:9).\underset{m}{99\ldots9}$ und letzteres Produkt ist mitunter bequem zu entwickeln, wo $a:9 =$ einer ganzen Zahl ist.

Man kann aber auch nachdem durch:

$$\begin{array}{l} \gamma\beta\alpha\ldots edcba \times \underset{n}{11\ldots1} \\ 0\gamma\beta\alpha\ldots edcba \\ 00\gamma\beta\alpha\ldots edcba \\ \ldots\ldots\ldots\ldots \end{array}$$

vorgestellten Schema verfahren.

So findet sich hiernach:

f	e	d	c	b	a × 111		
0	f	e	d	c	b	a	
0	0	f	e	d	c	b	a
0+0+f	0+f+e	f+e+d	e+d+c	d+c+b	c+b+a	b+a	a

Deshalb hat man:

$$\left.\begin{array}{l} 7898754 \quad \times 111 \\ \;\;7898754 \\ \;\;\;\;7898754 \\ \hline = 876761694 \\ \;\;\;\;\scriptstyle 1\,2\,2\,2\,2\,1 \end{array}\right\}, \text{ also kürzer so: } \left\{\begin{array}{l} ..7898754 \times 111 \\ \hline 876761694 \\ \scriptstyle 1\,2\,2\,2\,2\,1 \end{array}\right\}; \text{ nämlich:}$$

$$4 = 4;\; 5+4 = 9;\; 7+5+4 = \overset{*}{1}6;$$
$$8+(7+\overset{*}{1})+5 = \overset{*}{2}1;\; 9+(8+\overset{*}{2})+7 = \overset{*}{2}6;\; 8+(9+\overset{*}{2})+8 = \overset{*}{2}7;$$
$$7+(8+\overset{*}{2})+9 = \overset{*}{2}6;\; 0+(7+\overset{*}{2})+8 = \overset{*}{1}7;\; 0+(0+\overset{*}{1})+7 = 8.$$

$$\begin{array}{l} ..4530268721 34 \times 111 \\ \hline 50285982806874 \end{array} \qquad \begin{array}{l} ..67235684372648692739268 \times 111 \\ \hline 74631609653640048940587 48 \end{array}$$

$$\begin{array}{l} ..8649372564738654372684321 23 \times 111 \\ \hline 9600803546859906353679596 5653 \end{array}$$

$$\begin{array}{l} ..2253647781243562372 \times 111 \\ \hline 250154903718035423292 \end{array}$$

$$\begin{array}{l} ..368145935468823653190 4725 \times 111 \\ \hline 408641988370394255041424475 \end{array}$$

$$\begin{array}{l} ..8217546372546323225223618 \times 111 \\ \hline 912147647352641877999821598 \end{array}$$

$$\begin{array}{l} ..7243218144232252276 3254 \times 111 \\ \hline 803997214009780002672 1194 \end{array}$$

$$\begin{array}{l} ..6381444112262123472 \times 111 \\ \hline 708340296461095705392 \end{array}$$

Ferner hat man:

f	e	d	c	b	a × 1111			
0	f	e	d	c	b	a		
0	0	f	e	d	c	b	a	
0	0	0	f	e	d	c	b	a
f	f+e	f+e+d	f+e+d+c	e+d+c+b	d+c+b+a	c+b+a	b+a	a

...367258122323452743113421 × 1111
408023773901355997599010731

...223232134752638109 × 1111
248010901710180939099

...3465234728189283622572 × 1111
3849875783018294104677492

...52223432134235238162342 × 1111
58020233101135349598361962

...33342372812744135172 × 1111
37043376194958734176092

...6381444112262123472 × 1111
7089784408723219177392

....1023124321 × 11111
11367934330631

....3222162523890273 × 11111
35801447802944823303

....475232314932546381023472 × 11111
5280306251215522839551797392

....63223114642232542272 × 11111
702472026789845777184192

....336213522432432456246 × 11111
3735668447746757021349306

....453026872134 × 11111
5033581576280874

.....3682902752624423 × 111111
409211007746852263953

......243225234752236101532 × 1111111
270250233810791807009322052

.......5211332343672353154243 × 11111111
57903692128433663527994093973

........235762031453252 × 111111111
26195781246387774282972

.........123002432122 × 1111111111
136669369010777507542

Man kann auch, so wie am folgenden Beispiele zu ersehen ist, verfahren:

587689752 × 11111
6529820834472; nämlich:

$$2 = 2; \quad 5+2 = 7; \quad 7+7 = 14;$$
$$14+9 = 23; \quad 23+8 = 31; \quad (31-2)+6 = 35;$$
$$(35-5)+7 = 37; \quad (37-7)+8 = 38; \quad (38-9)+5 = 34;$$
$$(34-8)+0 = 26; \quad (26-6)+0 = 20; \quad (20-7)+0 = 13;$$
$$(13-8)+0 = 5;$$ und aus:

bildet sich: $\dfrac{5,\ 13,\ 20,\ 26,\ 34,\ 38,\ 37,\ 35,\ 31,\ 23,\ 14,\ 7,\ 2}{6\quad 5\quad 2\quad 9\quad 8\quad 2\quad 0\quad 8\quad 3\quad 4\quad 4\quad 7\quad 2}$

Hieraus ergiebt sich nun, namentlich wenn viele Einsen im Multiplikator vorkommen, folgendes kurze Verfahren:

$$2 = 2; \quad 2+5 = 7;$$
$$7+7 = \overset{*}{1}4; \quad (14+\overset{*}{1}-0)+9 = \overset{*}{2}4;$$
$$(24+\overset{*}{2}-\overset{*}{1})+8 = \overset{*}{3}3; \quad (33+\overset{*}{3}-\overset{*}{2})+6-\dot{2} = \overset{*}{3}8;$$
$$38+7-\dot{5} = \overset{*}{4}0; \quad (40+\overset{*}{4}-\overset{*}{3})+8-\dot{7} = \overset{*}{4}2;$$
$$42+5-\dot{9} = \overset{*}{3}8; \quad (38+\overset{*}{3}-\overset{*}{4})+0-\dot{8} = \overset{*}{2}9;$$
$$(29+\overset{*}{2}-\overset{*}{3})+0-\dot{6} = \overset{*}{2}2; \quad 22+0-\dot{7} = \overset{*}{1}5;$$
$$(15+\overset{*}{1}-\overset{*}{2})+0-\dot{8} = 6.$$

Oder dadurch kürzer, daß man blos die Zahlen festhält, welche nach der Reduction der Reste zurückbleiben:

$$2 = 2; \quad 2+5 = 7;$$
$$7+7 = 14; \quad (14+\overset{*}{1})+9 = \overset{*}{2}4;$$
$$(24+1)+8 = 33; \quad (33+1)+6-\dot{2} = 38;$$
$$38+7-\dot{5} = 40; \quad (40+1)+8-\dot{7} = 42;$$
$$42+5-\dot{9} = 38; \quad (38-1)+0-\dot{8} = 29;$$
$$(29-1)+0-\dot{6} = 22; \quad 22+0-\dot{7} = 15;$$
$$(15-1)+0-\dot{8} = 6.$$

Oder als kürzestes Verfahren, namentlich für viele Einsen:

$$\begin{array}{l} \underline{.\ .\ .\ .\ .\ 5\,8\,7\,6\ 8\ \ 9\ \ 7\ \ 5\,2} \times 11111, = \tfrac{1}{9}\cdot 99999\,(\text{verk.}) \\ 9)\underline{5\,8\,{}_4 7\,{}_2 6\,{}_8 8\,{}_7 3\,8\,7\,5\,{}_3 1\,{}_4 0\,{}_4 2\,{}_6 4\,8} \\ \quad 6\ \ 5\ \ 2\ \ 9\ \ 8\,2\,0\,8\ 3\ \ 4\ \ 4\ \ 7\,2 \end{array}$$

Hier mögen noch einige Beispiele folgen.

$$\begin{array}{l} \underline{\ldots\ldots 1345678} \times 1111111 \\ 1495197628258; \text{ nämlich:} \\ \quad {\scriptstyle 1\ 2\ 2\ 3\ 3\ 3\ 2\ 2\ 1} \end{array}$$

$8 = 8$; $\quad 8 + 7 = \overset{*}{1}5$;
$(15 + \overset{*}{1}) + 6 = \overset{*}{2}2$; $\quad (22 + \overset{*}{2} - \overset{*}{1}) + 5 = \overset{*}{2}8$;
$28 + 4 = \overset{*}{3}2$; $\quad (32 + \overset{*}{3} - \overset{*}{2}) + 3 = \overset{*}{3}6$;
$36 + 1 = \overset{*}{3}7$; $\quad 37 + 0 - \dot{8} = \overset{*}{2}9$;
$(29 + \overset{*}{2} - \overset{*}{3}) + 0 - \dot{7} = \overset{*}{2}1$; $\quad 21 + 0 - \dot{6} = \overset{*}{1}5$;
$(15 + \overset{*}{1} - \overset{*}{2}) + 0 - \dot{5} = 9$; $\quad (9 + 0 - \overset{*}{1}) - \dot{4} = 4$;
$4 + 0 - \dot{3} = 1.$

Oder so:

$. \; . \; . \; . \; . \; . \; . \; 1 \; 3 \; 4 \; 5 \; 6 \; 7 \; 8 \times 1111111, = \frac{1}{9} \cdot 9999999$ (verk.)
$9)\; 1\;3\;{}_4 4\;{}_8 5\;{}_4 6\;{}_1 7\;{}_8 7\;{}_6 8\;{}_5 6\;{}_2 5\;{}_7 4\;{}_2 3\;{}_5 2\;2$
$\quad 1\;4\;9\;5\;1\;9\;7\;6\;2\;8\;2\;5\;8$

$.\,.\,.\,.\,.\,.\,.\,.\,.\,.\,.\,.\,897654878976896876845 \times 1111111111111$
$\overline{997394309974230123730113678124795}$; nämlich:

$5=5$; $5+4=9$; $9+8=\overset{*}{1}7$; $(17+\overset{*}{1}-0)+6=\overset{*}{2}4$; $(24+\overset{*}{2}-\overset{*}{1})+7=\overset{*}{3}2$;
$(32+\overset{*}{3}-\overset{*}{2})+8=\overset{*}{4}1$; $(41+\overset{*}{4}-\overset{*}{3})+6=\overset{*}{4}8$; $48+9=\overset{*}{5}7$;
$(57+\overset{*}{5}-\overset{*}{4})+8=\overset{*}{6}6$; $(66+\overset{*}{6}-\overset{*}{5})+6=\overset{*}{7}3$; $(73+\overset{*}{7}-\overset{*}{6})+7=\overset{*}{8}1$;
$(81+\overset{*}{8}-\overset{*}{7})+9=\overset{*}{9}1$; $(91+\overset{*}{9}-\overset{*}{8})+8=\overline{100}$; $(100+\overline{10}-\overset{*}{9})+7-\dot{5}=\overline{103}$;
$103+8-\dot{4}=\overline{107}$; $107+4-\dot{8}=\overline{103}$; $103+5-\dot{6}=\overline{102}$;
$102+6-\dot{7}=\overline{101}$; $101+7-\dot{8}=\overline{100}$; $100+9-\dot{6}=\overline{103}$;
$103+8-\dot{9}=\overline{102}$; $102+0-\dot{8}=\overset{*}{9}4$; $(94+\overset{*}{9}-\overline{10})+0-\dot{6}=\overset{*}{8}7$;
$(87+\overset{*}{8}-\overset{*}{9})+0-\dot{7}=\overset{*}{7}9$; $(79+\overset{*}{7}-\overset{*}{8})+0-\dot{9}=\overset{*}{6}9$;
$(69+\overset{*}{6}-\overset{*}{7})+0-\dot{8}=\overset{*}{6}0$; $60+\overset{*}{0}-\overset{*}{7}=\overset{*}{5}3$; $(53+\overset{*}{5}-\overset{*}{6})+0-\dot{8}=\overset{*}{4}4$;
$(44+\overset{*}{4}-\overset{*}{5})+0-\dot{4}=\overset{*}{3}9$; $(39+\overset{*}{3}-\overset{*}{4})+0-\dot{5}=\overset{*}{3}3$; $33+0-\dot{6}=\overset{*}{2}7$;
$(27+\overset{*}{2}-\overset{*}{3})+0-\dot{7}=\overset{*}{1}9$; $(19+\overset{*}{1}-\overset{*}{2})+0-\dot{9}=9.$

Oder kürzer so:

$.\,.\,.\,.\,.\,.\,.\,.\,.\,.\,.\,.\,.\,897654878976896876845 \times 9999999999999$
$9)\; \overline{897654878976807111357102310312315 5}$
$\quad 997394309974230123730113678124795$

$$\frac{\ldots\ldots 1345678}{1495197628258} \times 1111111$$
; nämlich:

1 2 2 3 3 3 2 2 1

$$8 = 8;\quad 7+8=\overset{*}{1}5;\quad (6+\overset{*}{1})+15=\overset{*}{2}2;$$
$$(5+\overset{*}{2})+21=\overset{*}{2}8;\quad (4+\overset{*}{2})+26=\overset{*}{3}2;\quad (3+\overset{*}{3})+30=\overset{*}{3}6;\quad (1+\overset{*}{3})+33=\overset{*}{3}7;$$
$$(0+\overset{*}{3})+26=\overset{*}{2}9;\quad (0+\overset{*}{2})+19=\overset{*}{2}1;\quad (0+\overset{*}{2})+13=\overset{*}{1}5;\quad (0+\overset{*}{1})+8=9;$$
$$0+4=4;\quad 0+1=1.$$

In der vierten Gleichung: $(5+\overset{*}{2})+21=\overset{*}{2}8$ bildet man 21 dadurch, daß man von 22 den durch $\overset{*}{1}5$ gegebenen Rest $\overset{*}{1}$ von 22 subtrahirt; ebenso $28-2=26$; $32-2=30$; $36-3=33$. In der achten Gleichung bildet man 26 dadurch, daß man von 37 den vorhergehen Rest 3 subtrahirt und dann hiervon noch die 8 Einer des Multiplikanden. Das übrige versteht sich von selbst.

Dies Verfahren ist blos eine Zusammenziehung des vorigen und es möge noch im folgenden Beispiele angewendet werden.

$$\frac{\ldots\ldots\ldots\ldots\ldots\ldots 132456321413434 5}{1471736904593716519492976207295} \times 111111111111111$$
; nämlich:

1 1 2 2 2 3 3 3 3 4 4 5 5 5 5 4 4 3 3 2 2 2 2 2 1 1

$$5=5;\quad 4+5=9;\quad 3+9=\overset{*}{1}2;\quad (4+\overset{*}{1})+12=\overset{*}{1}7;$$
$$(3+\overset{*}{1})+16=\overset{*}{2}0;\quad (1+\overset{*}{2})+19=\overset{*}{2}2;\quad (4+\overset{*}{2})+20=\overset{*}{2}6;\quad (1+\overset{*}{2})+24=\overset{*}{2}7;$$
$$(2+\overset{*}{2})+25=\overset{*}{2}9;\quad (3+\overset{*}{2})+27=\overset{*}{3}2;\quad (6+\overset{*}{3})+30=\overset{*}{3}9;\quad (5+\overset{*}{3})+36=\overset{*}{4}4;$$
$$(4+\overset{*}{4})+41=\overset{*}{4}9;\quad (2+\overset{*}{4})+45=\overset{*}{5}1;\quad (3+\overset{*}{5})+47=\overset{*}{5}5;\quad (1+\overset{*}{5})+50=\overset{*}{5}6;$$
$$(0+\overset{*}{5})+46=\overset{*}{5}1;\quad (0+\overset{*}{5})+42=\overset{*}{4}7;\quad (0+\overset{*}{4})+39=\overset{*}{4}3;\quad (0+\overset{*}{4})+35=\overset{*}{3}9;$$
$$(0+\overset{*}{3})+32=\overset{*}{3}5;\quad (0+\overset{*}{3})+31=\overset{*}{3}4;\quad (0+\overset{*}{3})+27=\overset{*}{3}0;\quad (0+\overset{*}{3})+26=\overset{*}{2}9;$$
$$(0+\overset{*}{2})+24=\overset{*}{2}6;\quad (0+\overset{*}{2})+21=\overset{*}{2}3;\quad (0+\overset{*}{2})+15=\overset{*}{1}7;\quad (0+\overset{*}{1})+10=\overset{*}{1}1;$$
$$(0+\overset{*}{1})+6=7;\quad 0+4=4;\quad 0+1=1.$$

Die Zahl 46 in der 17ten Gleichung, bestimmt man dadurch, daß man von der rechten Seite 56 der vorhergehenden Gleichung den Rest 5 der in der 15ten Gleichung vorkommt, subtrahirt, welches $56-5=51$ giebt, und hiervon sind die 5 Einer des Multiplikanden zu subtrahiren. Eben so findet man $46-4=42$; $42-3=39$; $39-4=35$; $35-3=32$; $32-1=31$; $31-4=27$; u. s. w., wo 4, 3, 4, 3, 1, 4 u. s. w., bezüglich die Zehner, Hunderter, . . . des Multiplikanden sind.

4) Für den Multiplikator $n\,n \ldots n$, wo n nach und nach 1, 2, 3, 4, 5, 6, 7, 8, 9 bedeutet, kann man ein ähnliches Verfahren, wie nach obigem Schema erwählen; jedoch liefert im Allgemeinen die Gleichung $a \times \underset{m}{n\,n \ldots n} = (a\,n \times \underset{m}{9\,9 \ldots 9}) : 9$ den kürzesten Weg. Da das schematisirende Verfahren, wenn auch nicht immer für die Praxis, aber doch an sich selbst interessant ist, so möge ein Beispiel der Art folgen:

$$\begin{array}{l} \ldots\ldots\ldots\ldots\ldots 8\,6\,5\,7\,3\,4\,8\,6\,5\,8\,4\,3\,6 \times 2222222222222 \\ \hline 1\,9\,2\,3\,8\,5\,5\,2\,5\,7\,4\,3\,0\,0\,2\,9\,8\,3\,6\,6\,9\,6\,4\,7\,9\,2;\ \text{nämlich:} \\ \quad {\scriptstyle 3\;4\;5\;6\;7\;9\;10\;11\;13\;14\;15\;16\;14\;12\;11\;10\;9\;8\;6\;5\;4\;2\;1\;1} \end{array}$$

$$\begin{array}{rl} 6 = 6,\cdot 2 \qquad = \overset{*}{12}; & 6 + 3 = 9,\cdot 2, + \overset{*}{1} = \overset{*}{19}; \\ 9 + 4 = 13,\cdot 2, + \overset{*}{1} = \overset{*}{27}; & 13 + 8 = 21,\cdot 2, + \overset{*}{2} = \overset{*}{44}; \\ 21 + 5 = 26,\cdot 2, + \overset{*}{4} = \overset{*}{56}; & 26 + 6 = 32,\cdot 2, + \overset{*}{5} = \overset{*}{69}; \\ 32 + 8 = 40,\cdot 2, + \overset{*}{6} = \overset{*}{86}; & 40 + 4 = 44,\cdot 2, + \overset{*}{8} = \overset{*}{96}; \\ 44 + 3 = 47,\cdot 2, + \overset{*}{9} = \overline{103}; & 47 + 7 = 54,\cdot 2, + \overline{10} = \overline{118}; \\ 54 + 5 = 59,\cdot 2, + \overline{11} = \overline{129}; & 59 + 6 = 65,\cdot 2, + \overline{12} = \overline{142}; \\ 65 + 8 = 73,\cdot 2, + \overline{14} = \overline{160}; & 73 - \dot{6} = 67,\cdot 2, + \overline{16} = \overline{150}; \\ 67 - \dot{3} = 64,\cdot 2, + \overline{15} = \overline{143}; & 64 - \dot{4} = 60,\cdot 2, + \overline{14} = \overline{134}; \\ 60 - \dot{8} = 52,\cdot 2, + \overline{13} = \overline{117}; & 52 - \dot{5} = 47,\cdot 2, + \overline{11} = \overline{105}; \\ 47 - \dot{6} = 41,\cdot 2, + \overline{10} = \overset{*}{92}; & 41 - \dot{8} = 33,\cdot 2, + \overset{*}{9} = \overset{*}{75}; \\ 33 - \dot{4} = 29,\cdot 2, + \overset{*}{7} = \overset{*}{65}; & 29 - \dot{3} = 26,\cdot 2, + \overset{*}{6} = \overset{*}{58}; \\ 26 - \dot{7} = 19,\cdot 2, + \overset{*}{5} = \overset{*}{43}; & 19 - \dot{5} = 14,\cdot 2, + \overset{*}{4} = \overset{*}{32}; \\ 14 - \dot{6} = 8,\cdot 2, + \overset{*}{3} = 19. & \end{array}$$

Oder so:

$$\begin{array}{r} 8\,6\,5\,7\,3\,4\,8\,6\,5\,8\,4\,3\,6 \\ \times [(10^{13} - 1) : 9] \cdot 2 \\ \hline 9)\overline{8\,6_5 5_1 7_8 3_2 4_3 8_5 6_2 5_7 8_6 4_1 3_4 5\,1\,3_4 4_8 2_1 6_7 5_3 1_4 3_7 4_2 1_3 5_8 6\,4} \\ \overline{9\,6\,1\,9\,2\,7\,6\,2\,8\,7\,1\,5\,0\,1\,4\,9\,1\,8\,3\,4\,8\,2\,3\,9\,6}(2 \\ \hline 1\,9\,2\,3\,8\,5\,5\,2\,5\,7\,4\,3\,0\,0\,2\,9\,8\,3\,6\,6\,9\,6\,4\,7\,9\,2 \end{array}$$

5) Wir wollen hier noch die Multiplikation mit den Faktoren $1\,1 \ldots 1_k\,\alpha$ und $\alpha\,1\,1 \ldots 1_k$ an einigen Beispielen erklären.

Man hat zunächst:

$$\begin{array}{cccccc} d & c & b & a \times & 11k & \\ & d & c & b & a & \\ & & dk & ck & bk & ak \\ \hline \multicolumn{6}{l}{d.10^5 + (d+c).10^4 + (dk+c+b).10^3 + (ck+b+a).10^2 + (bk+a).10 + ak} \end{array}$$

Eben so hat man:

$$\begin{array}{cccccc} & & d & c & b & a \times k11 \\ & d & c & b & a & \\ dk & ck & bk & ak & & \\ \hline \multicolumn{6}{l}{dk.10^5+(ck+d).10^4+(bk+c+d).10^3+(ak+b+c).10^2+(b+a).10+a} \end{array}$$

Die Gesetze der allgemeinen Entwickelungen von:

$a_m \ldots a_4\, a_3\, a_2\, a_1 \times 111 \ldots 1_k \alpha$ und $a_m \ldots a_4\, a_3\, a_2\, a_1 \times \alpha 111 \ldots 1_k$

sind leicht zu finden. Welches sind sie?

Hiernach mögen einige Beispiele zur Erläuterung folgen:

$\begin{array}{l} \underline{..351203} \times 112 \\ 39334736 \end{array}$ $\begin{array}{l} \underline{..432152} \times 113 \\ 48833176 \end{array}$ $\begin{array}{l} \underline{..32224364} \times 114 \\ 3673577496 \end{array}$

$\begin{array}{l} \underline{..47695325} \times 115 \\ 5484962375 \end{array}$ $\begin{array}{l} \underline{..6732522} \times 116 \\ 780972552 \end{array}$ $\begin{array}{l} \underline{..246357} \times 117 \\ 28823769 \end{array}$

$\begin{array}{l} \underline{..576332154} \times 118 \\ 68007194172 \end{array}$ $\begin{array}{l} \underline{..3372352281} \times 119 \\ 401309921439 \end{array}$

$\begin{array}{l} \underline{\ldots 36432522432} \times 1112 \\ 40512964944384 \end{array}$ $\begin{array}{l} \underline{\ldots 2435227433522} \times 1113 \\ 2710408133509986 \end{array}$

$\begin{array}{l} \underline{\ldots 47432232243} \times 1114 \\ 52839506718702 \end{array}$ $\begin{array}{l} \underline{\ldots 6384332231145} \times 1115 \\ 7118530437726675 \end{array}$

$\begin{array}{l} \underline{\ldots 47432232243} \times 1116 \\ 52934371183188 \end{array}$ $\begin{array}{l} \underline{\ldots 6384332231145} \times 1117 \\ 7131299102188965 \end{array}$

$\begin{array}{l} \underline{\ldots 332152224354} \times 1118 \\ 371346186827772 \end{array}$ $\begin{array}{l} \underline{\ldots 53147734232463} \times 1119 \\ 59472314606126097 \end{array}$

$\begin{array}{l} \underline{\ldots\ldots 12345678} \times 111114 \\ 1371777665292 \\ \quad\;\; {\scriptstyle 1\,1\,2\,3\,4\,4\,4\,4\,3\,3} \end{array}$; denn man hat die Gleichungen:

$$\begin{array}{llll} 8.4 & = \overset{*}{3}2; & 7.4+8+\overset{*}{3} & = \overset{*}{3}9; \\ 6.4+8+7+\overset{*}{3} & = \overset{*}{4}2; & 5.4+8+7+6+\overset{*}{4} & = \overset{*}{4}5; \\ 4.4+8+7+6+5+\overset{*}{4} & = \overset{*}{4}6; & 3.4+8+7+6+5+4+\overset{*}{4} & = \overset{*}{4}6; \\ 2.4+7+6+5+4+3+\overset{*}{4} & = \overset{*}{3}7; & 1.4+6+5+4+3+2+\overset{*}{3} & = \overset{*}{2}7; \\ 0.4+5+4+3+2+1+\overset{*}{2} & = \overset{*}{1}7; & 0.4+4+3+2+1+0+\overset{*}{1} & = \overset{*}{1}1; \\ 0.4+3+2+1+0+0+\overset{*}{1} & = \overset{*}{7}; & 0.4+2+1+0+0+0+\overset{*}{0} & = 3; \\ 0.4+1+0+0+0+0+\overset{*}{0} & = 1. & & \end{array}$$

Man entnimmt hieraus leicht folgendes Verfahren, welches — namentlich bei großen Zahlen — zu empfehlen ist.

$8.4 = \overset{*}{3}2;\quad 7.4+8+\overset{*}{3} = \overset{*}{3}9;$

$6.4+(7+8=15)+\overset{*}{3} = \overset{*}{4}2;\quad 5.4+(15+6=21)+\overset{*}{4} = \overset{*}{4}5;$

$4.4+(21+5=26)+\overset{*}{4} = \overset{*}{4}6;\quad 3.4+(26+4=30)+\overset{*}{4} = \overset{*}{4}6;$

$2.4+(30-8+3=25)+\overset{*}{4} = \overset{*}{3}7;\quad 1.4+(25-7+2=20)+\overset{*}{3} = \overset{*}{2}7;$

$0.4+(20-6+1=15)+\overset{*}{2} = \overset{*}{1}7;\quad 0.4+(15-5+0=10)+\overset{*}{1} = \overset{*}{1}1;$

$0.4+(10-4+0=6)+\overset{*}{1} = 7;\quad 0.4+(6-3+0=3)+\overset{*}{0} = 3;$

$0.4+(3-2+0=1)+\overset{*}{0} = 1.$

$$
\begin{array}{r}
1\,6\,7\,8\,3\,2\,5\,4\,6\,8\,3\,4\,2\,5\,6\,8\,3\,5\,9\,3\,4\,8 \\
\times\, 1111111111111113 \\
\hline
1\,8\,6\,4\,8\,0\,6\,0\,7\,5\,9\,3\,6\,1\,8\,7\,3\,8\,2\,9\,5\,9\,2\,5\,5\,1\,3\,1\,3\,7\,4\,0\,2\,3\,4\,3\,2\,4 \\
\scriptstyle 1\;2\;2\;3\;3\;4\;4\;5\;5\;6\;6\;7\;7\;8\;9\;10\;11\;10\;9\;9\;10\;9\;9\;9\;7\;7\;6\;6\;6\;6\;4\;4\;4\;2\;2\;2
\end{array}
$$

$8.3 = \overset{*}{2}4;\quad 4.3+8+\overset{*}{2} = \overset{*}{2}2;$

$3.3+(4+8=12)+\overset{*}{2} = \overset{*}{2}3;\quad 9.3+(12+3=15)+\overset{*}{2} = \overset{*}{4}4;$

$5.3+(15+9=24)+\overset{*}{4} = \overset{*}{4}3;\quad 3.3+(24+5=29)+\overset{*}{4} = \overset{*}{4}2;$

$8.3+(29+3=32)+\overset{*}{4} = \overset{*}{6}0;\quad 6.3+(32+8=40)+\overset{*}{6} = \overset{*}{6}4;$

$5.3+(40+6=46)+\overset{*}{6} = \overset{*}{6}7;\quad 2.3+(46+5=51)+\overset{*}{6} = \overset{*}{6}3;$

$4.3+(51+2=53)+\overset{*}{6} = \overset{*}{7}1;\quad 3.3+(53+4=57)+\overset{*}{7} = \overset{*}{7}3;$

$8.3+(57+3=60)+\overset{*}{7} = \overset{*}{9}1;\quad 6.3+(60+8=68)+\overset{*}{9} = \overset{*}{9}5;$

$4.3+(68+6=74)+\overset{*}{9} = \overset{*}{9}5;\quad 5.3+(74+4=78)+\overset{*}{9} = \overline{10}2;$

$2.3+(78+5=83)+\overline{10} = \overset{*}{9}9;\quad 3.3+(83-8+2=77)+\overset{*}{9} = \overset{*}{9}5;$

$8.3+(77-4+3=76)+\overset{*}{9} = \overline{10}9;\quad 7.3+(76-3+8=81)+\overline{10} = \overline{11}2;$

$6.3+(81-9+7=79)+\overline{11} = \overline{10}8;\quad 1.3+(79-5+6=80)+\overline{10} = \overset{*}{9}3;$

$0.3+(80-3+1=78)+\overset{*}{9} = \overset{*}{8}7;\quad 0.3+(78-8+0=70)+\overset{*}{8} = \overset{*}{7}8;$

$0.3+(70-6+0=64)+\overset{*}{7} = \overset{*}{7}1;\quad 0.3+(64-5+0=59)+\overset{*}{7} = \overset{*}{6}6;$

$0.3+(59-2+0=57)+\overset{*}{6} = \overset{*}{6}3;\quad 0.3+(57-4+0=53)+\overset{*}{6} = \overset{*}{5}9;$

$0.3+(53-3+0=50)+\overset{*}{5} = \overset{*}{5}5;\quad 0.3+(50-8+0=42)+\overset{*}{5} = \overset{*}{4}7;$

$0.3+(42-6+0=36)+\overset{*}{4} = \overset{*}{4}0;\quad 0.3+(36-4+0=32)+\overset{*}{4} = \overset{*}{3}6;$

$0.3+(32-5+0=27)+\overset{*}{3} = \overset{*}{3}0;\quad 0.3+(27-2+0=25)+\overset{*}{3} = \overset{*}{2}8;$

$0.3+(25-3+0=22)+\overset{*}{2} = \overset{*}{2}4;\quad 0.3+(22-8+0=14)+\overset{*}{2} = \overset{*}{1}6;$

$0.3+(14-7+0=7)+\overset{*}{1} = 8;\quad 0.3+(7-6+0=1)+0 = 1.$

Man hat auch u. A.:

$$M \times \underset{k+1}{1}\,1\,1\ldots 1a = M.[\tfrac{1}{9}.(\underset{k+1}{9}\,9\,9\ldots 9\,0) + a]$$

$$= \frac{M \times \underset{k+1}{9}\,9\,9\ldots 9\,0}{9} + M.a = [M.\underset{k+1}{9}\ldots 9]:9 + M(a-1)$$

$\underline{..230456} \times 211$
48626216

$\underline{..31425435652} \times 311$
9773310487772

$\underline{...42255634167} \times 411$
17367065642637

$\underline{...522423044163} \times 511$
266958175567293

$\underline{...3245224734} \times 611$
1982832312474

$\underline{...43234254522} \times 711$
30739554965142

$\underline{...5634729081} \times 811$
4569765284691

$\underline{...461763098145} \times 911$
420666182410095

$\underline{...2304213} \times 2111$
4864193643

$\underline{....32571634522536} \times 3111$
101330354999609496

$\underline{....3647435941044} \times 4111$
14994609153631884

$\underline{....5224321404342} \times 5111$
26701506697591962

$\underline{....623435224176} \times 6111$
3809812654939536

$\underline{....5764326345} \times 7111$
40990124639295

$\underline{....815490094644} \times 8111$
6614440157657484

$\underline{....576452214} \times 9111$
5252056121754

$\underline{.......587648328} \times 2111111$
1240590849372408; nämlich:

$8 = 8$; $2+8 = \overset{*}{1}0$;
$3+2+8+\overset{*}{1} = \overset{*}{1}4$; $8+3+2+8+\overset{*}{1} = \overset{*}{2}2$;
$4+8+3+2+8+\overset{*}{2} = \overset{*}{2}7$; $6+4+8+3+2+8+\overset{*}{2} = \overset{*}{3}3$;
$8.2+2+3+8+4+6+7+\overset{*}{3} = \overset{*}{4}9$; $2.2+3+8+4+6+7+8+\overset{*}{4} = \overset{*}{4}4$;
$3.2+8+4+6+7+8+5+\overset{*}{4} = \overset{*}{4}8$; $8.2+4+6+7+8+5+0+\overset{*}{4} = \overset{*}{5}0$;
$4.2+6+7+8+5+0+0+\overset{*}{5} = \overset{*}{3}9$; $6.2+7+8+5+0+0+0+\overset{*}{3} = \overset{*}{3}5$;
$7.2+8+5+0+0+0+0+\overset{*}{3} = \overset{*}{3}0$; $8.2+5+0+0+0+0+0+\overset{*}{3} = \overset{*}{2}4$;
$5.2+0+0+0+0+0+0+\overset{*}{2} = 12$.

Oder so: $\underline{.......587648328} \times 2111111$
1240590849372408; nämlich:

$8 = 8;\quad 2+8 = \overset{*}{1}0;$

$10+3+1 = \overset{*}{1}4;\quad 14+8 = \overset{*}{2}2;$

$22+4+\overset{*}{2}-\overset{*}{1} = \overset{*}{2}7;\quad 27+6 = \overset{*}{3}3;$

$8.2+(33-8+7+\overset{*}{3}-\overset{*}{2}=33)=\overset{*}{4}9;\quad 2.2+(33-2+8+\overset{*}{4}-\overset{*}{3}=40)=\overset{*}{4}4;$

$3.2+(40-3+5=42) = \overset{*}{4}8;\quad 8.2+(42-8+0=34) = \overset{*}{5}0;$

$4.2+(34-4+0+\overset{*}{5}-\overset{*}{4}=31)=\overset{*}{3}9;\quad 6.2+(31-6+0+\overset{*}{3}-\overset{*}{5}=23)=\overset{*}{3}5;$

$7.2+(23-7+0 =16)=\overset{*}{3}0;\quad 8.2+(16-8+0 = 8)=\overset{*}{2}4;$

$5.2+(\ 8-5+0+\overset{*}{2}-\overset{*}{3}= 2)=12.$

$$\underline{\ldots\ldots\ldots\ldots 853568743587 63 \times 3111111111}$$
$$2655547202177785695 15693;$$

nämlich nach letzterer Methode so:

$3 = 3;\quad 6+3 = 9;$

$9+7 = \overset{*}{1}6;\quad 16+8+\overset{*}{1} = \overset{*}{2}5;$

$25+5+\overset{*}{2}-\overset{*}{1} = \overset{*}{3}1;\quad 31+3+\overset{*}{3}-\overset{*}{2} = \overset{*}{3}5;$

$35+4 = \overset{*}{3}9;\quad 39+7 = \overset{*}{4}6;$

$46+8+\overset{*}{4}-\overset{*}{3} = \overset{*}{5}5;\quad 3.3+(55+6-3+\overset{*}{5}-\overset{*}{4}=59)= \overset{*}{6}8;$

$6.3+(59+5-6+\overset{*}{6}-\overset{*}{5}=59)=\overset{*}{7}7;\quad 7.3+(59+3-7+\overset{*}{7}-\overset{*}{6}=56)=\overset{*}{7}7;$

$8.3+(56+5-8=53) = \overset{*}{7}7;\quad 5.3+(53+8-5=56) = \overset{*}{7}1;$

$3.3+(56+0-3=53) = \overset{*}{6}2;\quad 4.3+(53+0-4+\overset{*}{6}-\overset{*}{7}=48)= \overset{*}{6}0;$

$7.3+(48+0-7=41) = \overset{*}{6}2;\quad 8.3+(41+0-8 =33)= \overset{*}{5}7;$

$6.3+(33+0-6+5-\overset{*}{6}=26)=\overset{*}{4}4;\quad 5.3+(26+0-5+\overset{*}{4}-\overset{*}{5}=20)=\overset{*}{3}5;$

$3.3+(20+0-3+\overset{*}{3}-\overset{*}{4}=16)=\overset{*}{2}5;\quad 5.3+(16+0-5+\overset{*}{2}-\overset{*}{3}=10)=\overset{*}{2}5;$

$8.3+(10+0-8 = 2)=26.$

Man hat auch u. A.: $M \times a\underset{k+1}{11\ldots 1} =$

$$[M.\underset{k+1}{9\ldots9}]:9 + M(a-1).10^k = M.a.10^k + \tfrac{1}{9}[M.(\underset{k}{9}99\ldots9 \text{ verk.})].$$

Diese Verfahren lassen sich noch nach der Methode in [4) sechstes Beispiel] etwas abkürzen. Es ist hier absichtlich nicht geschehen, um es dem Anfänger zu überlassen. Beim Rechnen hält man blos die Gesetze fest, und hat dann höchst wenige Zahlen im Kopfe zu behalten, die man stets im entstehenden Resultat unten durch kleine Ziffern anhängt, wie dies schon öfter angedeutet ist.

Bemerkung. Hat man für irgend einen Multiplikator eine Abkürzung gefunden, so liefert sie auch für jedes Vielfache desselben eine solche.

6) Sind die Faktoren eines Produkts symmetrisch, d. h. nach einem bestimmten Gesetze gebildet, so muß diese Symmetrie in dem Produkte wieder aufzufinden sein.

Wir wollen uns hier nur mit den einfachsten Fällen beschäftigen.

Man sucht das Gesetz der Bildung von

$$111\ldots1_n \times 111\ldots1_k,$$

wo n nicht kleiner k sein möge, und wo das jedes Mal unten zur Rechten tiefer stehende Zahlzeichen als Wiederholungszeiger, vorstellen möge, daß der Ausdruck an dem er steht eben so oft wiederholt gedacht werden soll.

Ist zunächst erstens: k entweder = oder < 9, so übersieht man leicht das Resultat:

$$123\ldots\underline{k-2}\;\underline{k-1}\;k\;k\ldots k_{n-(k-1)}\;\underline{k-1}\;\underline{k-2}\ldots321;$$

d. h. man schreibt von links nach rechts die Ziffern $1, 2, 3, \ldots, k-1$ in natürlicher Ordnung neben einander, läßt hierauf die Ziffer k so oft folgen, wie der Wiederholungszeiger $n-(k-1)$ Einheiten enthält; hierauf läßt man die Ziffern $k-1$, $k-2$, ..., 3, 2, 1 in natürlicher Ordnung folgen.

Beispiel.

$$11\ldots1_{20} \times 11\ldots1_8 = 1234567888888888888887654321$$

Es sei zweitens $k > 9$, so hat man:

$$11\ldots1_n \times 11\ldots1_k = \frac{99\ldots9_n}{9} \times \frac{99\ldots9_k}{9} = \frac{(10^n-1).(10^k-1)}{9.9}$$

$$= \frac{10^{n+k}-(10^n+10^k)+1}{9.9}.$$

Nun ist:

$$\begin{array}{lcllllllll}
10^{n+k} & = & 1000\ldots & 0_{kte}\ 0_{(k+1)te}\ \ldots & 0_{nte} & 0_{(n+1)te} & \ldots & 0_{(n+k)te} & \\
10^{n} & = & & 1\ \ 0\ \ \ldots & 0 & 0 & \ldots & 0_{n} & \left.\right\} \text{subtrahirt, giebt:} \\
10^{k} & = & & & 1 & 0 & \ldots & 0_{kte} & \\
\hline
 & & 99\ldots 99_{(k-1)mal}\,8 & 9\ \ \ldots & 999_{(n-k)mal} & 0 & \ldots & 0_{k\,mal} & \\
 & & & & & & & 1 & \text{addirt} \\
\hline
 & & 99\ldots 99_{(k-1)mal}\,8 & 9\ \ \ldots & 999_{(n-k)mal} & 0 & \ldots & 00_{(k-1)mal}\,1; &
\end{array}$$

d. h. es folgen von links nach rechts $(k-1)$ Neunen; dann folgt 8; dann folgen $(n-k)$ Neunen; dann folgen $(k-1)$ Nullen und dann folgt 1. Dies Gesetz ist schon [Seite 641] auf einem ähnlichen Wege gefunden worden.

Dividirt man dies durch 9, so kommt:

$$11\ldots 1_{(k-1)mal}\ 0\ 99\ldots 9_{(n-k)mal}\ 88\ldots 8_{(k-1)mal}\ 9.$$

Setzt man nun:

$$k-1 = 9t+r,$$

wo $r < 9$ ist, so hat man dafür:

$$\underbrace{111111111}_{1mal}\ldots\underbrace{111111111}_{tmal}\ 111\ldots 1_r\ 0\ 99\ldots 9_{(n-k)mal}\underbrace{888888888}_{1mal}\ldots\underbrace{888888888}_{tmal}\ 888\ldots 8_r 9$$

Dividirt man diese Zahl durch 9, so erhält man bezüglich:

für $r = 8$

$$12345679\ \underbrace{012345679}_{1mal}\ldots\underbrace{012345679}_{(t-1)mal}\ 01234567\ 8\ 99\ldots 9_{(n-k)mal}\ \underbrace{987654320}_{1mal}\ldots\underbrace{987654320}_{tmal}\ 987654321\ldots (A)$$

für r = 7

$$12345679\ \underbrace{012345679}_{1\text{mal}}\ldots\underbrace{012345679}_{(t-1)\text{mal}}\ 0123456\ 7\ 88\ldots 8_{n-k}\ \underbrace{876543209}_{1\text{mal}}\ldots\underbrace{876543209}_{t\text{mal}}\ 87654321\ldots\quad[B]$$

für r = 6

$$12345679\ \underbrace{012385679}_{1\text{mal}}\ldots\underbrace{012345679}_{(t-1)\text{mal}}\ 012345\ 6\ 77\ldots 7_{n-k}\ \underbrace{765432098}_{1\text{mal}}\ldots\underbrace{765432098}_{t\text{mal}}\ 7654321\ldots\quad[C]$$

für r = 5

$$12345679\ \underbrace{012345679}_{1\text{mal}}\ldots\underbrace{012345679}_{(t-1)\text{mal}}\ 01234\ 5\ 66\ldots 6_{n-k}\ \underbrace{654320987}_{1\text{mal}}\ldots\underbrace{654320987}_{t\text{mal}}\ 654321\ldots\quad[D]$$

für r = 4

$$12345679\ \underbrace{012345679}_{1\text{mal}}\ldots\underbrace{012345679}_{(t-1)\text{mal}}\ 0123\ 4\ 55\ldots 5_{n-k}\ \underbrace{543209876}_{1\text{mal}}\ldots\underbrace{543209876}_{t\text{mal}}\ 54321\ldots\quad[E]$$

für r = 3

$$12345679\ \underbrace{012345679}_{1\text{mal}}\ldots\underbrace{012345679}_{(t-1)\text{mal}}\ 012\ 3\ 44\ldots 4_{n-k}\ \underbrace{432098765}_{1\text{mal}}\ldots\underbrace{432098765}_{t\text{mal}}\ 4321\ldots\quad[F]$$

für r = 2

$$12345679\ \underbrace{012345679}_{1\text{mal}}\ldots\underbrace{012345679}_{(t-1)\text{mal}}\ 01\ 2\ 33\ldots 3_{n-k}\ \underbrace{320987654}_{1\text{mal}}\ldots\underbrace{320987654}_{t\text{mal}}\ 321\ldots\quad[G]$$

für r = 1

$$12345679\ \underbrace{012345679}_{1\text{mal}}\ldots\underbrace{012345679}_{(t-1)\text{mal}}\ 0\qquad 1\ 22\ldots 2_{n-k}\ \underbrace{209876543}_{1\text{mal}}\ldots\underbrace{209876543}_{t\text{mal}}\ 21\qquad\ldots\ [H]$$

für r = 0

$$12345679\ \underbrace{012345679}_{1\text{mal}}\ldots\underbrace{012345679}_{(t-1)\text{mal}}\ 0\qquad 1\ 1\ldots 1_{n-k}\ \underbrace{098765432}_{1\text{mal}}\ldots\underbrace{098765432}_{t\text{mal}}\ 1\qquad\ldots\ [I]$$

d. h. z. B. für r = 4 läßt man von links nach rechts nach 123456790 folgen 012545679 und zwar (t—1)mal; hierauf folgt 0123; hierauf 4; hierauf n—kmal die Zahl 5; hierauf folgt tmal hinter einander 543209876 und endlich folgt hierauf 54321.

Setzt man endlich in dem vorstehenden Ausdrucke:

$$\underbrace{111111111}_{1\text{mal}}\ldots\underbrace{111111111}_{t\text{mal}}\ 11\ldots 1_r\ 0\ 99\ldots 9_{n-k}\ \underbrace{888888888}_{1\text{mal}}\ldots\underbrace{888888888}_{t\text{mal}}\ 888\ldots 8_r 9$$

n = k, so ersieht man leicht, daß:

$$(11\ldots 1)^2 = \left[\underbrace{111111111}_{1\text{mal}}\ldots\underbrace{111111111}_{t\text{mal}}\ 11\ldots 1_r\ 0\ \underbrace{888888888}_{1\text{mal}}\ldots\underbrace{888888888}_{t\text{mal}}\ 888\ldots 8_r 9\right] : 9$$

wird, und man erhält bezüglich:

für r = 8

$$12345679\ \underbrace{012345679}_{1\text{mal}}\ldots\underbrace{012345679}_{(t-1)\text{mal}}\ 01234567\ \ 8\ \underbrace{987654320}_{1\text{mal}}\ldots\underbrace{987654320}_{t\text{mal}}\ 987654321\ \ldots\ [A']$$

für r = 7

$$12345679\ \underbrace{012345679}_{1\text{mal}}\ldots\underbrace{012345679}_{(t-1)\text{mal}}\ 0123456\quad 7\ \underbrace{876543209}_{1\text{mal}}\ldots\underbrace{876543209}_{t\text{mal}}\ 87654321\quad\ldots\quad[B']$$

für r = 6

$$12345679\ \underbrace{012345679}_{1\text{mal}}\ldots\underbrace{012345679}_{(t-1)\text{mal}}\ 012345\quad 6\ \underbrace{765432098}_{1\text{mal}}\ldots\underbrace{765432098}_{t\text{mal}}\ 7654321\quad\ldots\quad[C']$$

für r = 5

$$12345679\ \underbrace{012345679}_{1\text{mal}}\ldots\underbrace{012345679}_{(t-1)\text{mal}}\ 01234\quad 5\ \underbrace{654320987}_{1\text{mal}}\ldots\underbrace{654320987}_{t\text{mal}}\ 654321\quad\ldots\quad[D']$$

für r = 4

$$12345679\ \underbrace{012345679}_{1\text{mal}}\ldots\underbrace{012345679}_{(t-1)\text{mal}}\ 0123\quad 4\ \underbrace{543209876}_{1\text{mal}}\ldots\underbrace{543209876}_{t\text{mal}}\ 54321\quad\ldots\quad[E']$$

für r = 3

$$12345679\ \underbrace{012345679}_{1\text{mal}}\ldots\underbrace{012345679}_{(t-1)\text{mal}}\ 012\quad 3\ \underbrace{432098765}_{1\text{mal}}\ldots\underbrace{432098765}_{t\text{mal}}\ 4321\quad\ldots\quad[F']$$

für r = 2

$$12345679\ \underbrace{012345679}_{1\text{mal}}\ldots\underbrace{012345679}_{(t-1)\text{mal}}\ 01\quad 2\ \underbrace{320987654}_{1\text{mal}}\ldots\underbrace{320987654}_{t\text{mal}}\ 321\quad\ldots\quad[G']$$

für r = 1

$$12345679 \quad \underbrace{012345679}_{1\text{mal}} \ldots \underbrace{012345679}_{(t-1)\text{mal}} \quad 0 \qquad 1 \quad \underbrace{209876543}_{1\text{mal}} \ldots \underbrace{209876543}_{t\text{mal}} \quad 21 \qquad \ldots \quad [H']$$

endlich für r = 0 ersieht man:

$$12345679 \quad \underbrace{012345679}_{1\text{mal}} \ldots \underbrace{012345679}_{(t-1)\text{mal}} \quad 0 \qquad \underbrace{098765432}_{1\text{mal}} \ldots \underbrace{098765432}_{t\text{mal}} \quad 1 \qquad \ldots \quad [I']$$

Beispiele.

(1) Man sucht: $11\ldots1_{26} \times 11\ldots1_{22}$.

Hier ist: n=26, k=22, also k—1=21=9.2+3, also t=2 und r=3, ferner t—1=1, endlich n—k=26—22=4. Man hat demnach aus [F]:

$$11\ldots1_{26} \times 11\ldots1_{22} = 12345679\ 012345679\ 012\ 3\ 4444\ 432098765\ 432098765\ 4321.$$

(2) Man sucht: $11\ldots1_{80} \times 11\ldots1_{63}$.

Hier ist: n=80, k=63, also k—1=62=9.6+8, also t=6 und r=8, ferner n—k=80—63=17 und t—1=5. Man hat deshalb nach [A]:

12345679012345679012345679012345679012345679012345679012345678999999999999999999876543209876543209876543209876543209876543209876543209876543 21.

Das Resultat hat, wie es sein muß, hier 80+(63—1)=142 Ziffern, nicht aber (80+63) Ziffern, was man aus den Faktoren ersieht.

(3) Man sucht: $11\ldots1_{40} \times 11\ldots1_{28}$.

Hier ist: n=40, k=28, also k—1=27=9.3, also t=3 und r=0, t—1=2, n—k=40—28=12.

Man hat deshalb nach [I] zum Resultat:

123456790123456790123456790111111111110987654320987654320987654321.

Man überzeugt sich von der Richtigkeit des Resultats u. A. noch dadurch, daß man von rechts nach links die Zahlen in natürlicher Ordnung von der 1 ab bis 28 hinschreibt, dann 28 noch 12mal folgen läßt, hierauf 27, 26, ... bis 1 in natürlicher abnehmender Ordnung dahinter setzt und endlich das Erhaltene umschreibt d. h. in eine numerische Zahl umformt.

(4) Man sucht: $(11 \ldots 1_{60})^2$.

Hier ist: $k = 60$, also $k - 1 = 59 = 9.6 + 5$, also $t = 6$, und $t - 1 = 5$ und $r = 5$.

Man hat deshalb nach [D′]:

123456790123456790123456790123456790123456790123456790123456543209876543209876543209876543209876543209876543210987654321.

(5) Man sucht: $(11 \ldots 1_{100})^2$.

Hier ist: $k = 100$, also $k - 1 = 99 = 9 . 11$; mithin $t = 11$, $t - 1 = 10$, $r = 0$.

Man hat also nach [I′] zum Resultat:

1234567901234567901234567901234567901234567901234567901234567901234567901234567901234567900987654320987654320987654320987654320987654320987654320987654320987654320987654320987654321.

Endlich kann man noch u. A. zum Gesetze für $(11 \ldots 1_k)^2$ dadurch nach und nach gelangen, daß man 11^2, 111^2, 1111^2, ... durch die verkürzte Multiplikation entwickelt.

Stellen wir die Mittelzahlen der Potenzen $(11 \ldots 1_{10})^2$, bis $(11 \ldots 1_{31})^2$ hin, so haben wir:

1234567 9009 87654321

. . . . . 901209 . . . . . .

90123209

9012343209

901234543209

90123456543209

9012345676543209

901234567876543209

90123456789876543209

9012345679009876543209

901234567901209876543209

90123456790123209876543209

9012345679012343209876543209

901234567901234543209876543209

90123456790123456543209876543209

9012345679012345676543209876543209

901234567901234567876543209876543209

90123456790123456789876543209876543209

9012345679012345679009876543209876543209

901234567901234567901209876543209876543209

90123456790123456790123209876543209876543209

9012345679012345679012343209876543209876543209

. . . .

Fügt man zu jeder Mittelzahl zur Linken 1234567 und zur Rechten 87654321 hinzu, so ist die erste Zahl $= (11 \ldots 1_{10})^2$, die zweite $(11 \ldots 1_{11})^2$ u. s. f., endlich die letzte $= (11 \ldots 1_{31})^2$.

7) Nach [6)] ist es nun auch leicht das Produkt:

$$mm \ldots m_n \times pp \ldots p_k$$

zu entwickeln, wo der Multiplikand ein und dieselbe Ziffer m, der Multiplikator ebenfalls eine gleiche Ziffer p hat.

Es ist nämlich:

$$mm \ldots m_n \times pp \ldots p_k = mp(11 \ldots 1_n) \times (11 \ldots 1_k),$$

hierdurch haben wir diese Aufgabe auf die vorige zurückgeführt.

Beispiel.

Man sucht: $22\ldots2_{53}\times33\ldots3_{47}$.

Es ist: $22\ldots2_{53}\times33\ldots3_{47}=[2.(11\ldots1_{53})].[3.(11\ldots1_{47})]=6[11\ldots1_{53}\times11\ldots1_{47}]$.

Um nun $11\ldots1_{53}\times11\ldots1_{47}$ unmittelbar entwickelt hinzuschreiben, hat man:

$$n=53,\ k=47,\ n-k=53-47=6,\ k-1=46=9.5+1,\ \text{also: } t=5,\ t-1=4,\ r=1.$$

Also nach [H] ist: $11\ldots1_{53}\times11\ldots1_{47}=$

1234567901234567901234567901234567901234567901222222098765432098765432098765432098765432098765432 1

und diese Zahl hat man nur noch mit 6 zu multipliziren.

Man hätte auch für: $mm\ldots m_n\times pp\ldots p_k$ ein d i r e c t e s Gesetz ableiten können, worin dann $m=p$ gesetzt, das für $mm\ldots m_n\times mm\ldots m_k=m^2(11\ldots1_n\times11\ldots1_k)$ liefert. Nimmt man dann wieder in letzterm Gesetze $n=k$ an, so entsteht ein Gesetz, nach welchem man $(mm\ldots m_n)^2$ unmittelbar entwickelt hinschreiben kann, was hier erst durch die Gleichung $(mm\ldots m_n)^2=m^2(11\ldots1_n)^2$ zu bewirken ist.

Die Auffindung dieser Gesetze hat keine Schwierigkeit, weshalb wir dies dem Leser zur Übung überlassen.

8) Es ergiebt sich aus der gewöhnlichen Multiplikation, für $t>9$,

$$[\overset{1}{\breve{1}}00..0_k\overset{2}{\breve{1}}00..0_k\overset{3}{\breve{1}}00..0_k\overset{4}{\breve{1}}\ldots\overset{t-1}{\breve{1}}00\ldots0_k\overset{t}{\breve{1}}]^2=$$

$$10..0_k20..0_k30..0_k40..0_k50..0_k60..0_k70..0_k80..0_k90..0_{k-1}\overline{10}0..0_{k-1}\overline{11}..\overline{t-1}0..0_{k-1}\overline{t}0..0_{k-1}\overline{t-1}\ldots\overline{11}0..0_{k-1}\overline{10}0..0_k90..0_k$$
$$80..0_k70..0_k60..0_k50..0_k40..0_k30..0_k20..0_k1;$$

als bereits bis $t=99$ n u m e r i s c h e s geordnetes Resultat. Ist t, h ziffrig, so geht man bis t mit $h-(k-1)$ Nullen.

Wörtlich lautet dies Gesetz von links nach rechts *):

*) Die im Dignanden über den Einheiten stehenden kleinen Zahlen sollen anzeigen, wie oft die Einheit in ihm vorkommt.

Hat man im Dignanden 1, hiernach k Nullen, dann zum 2ten mal 1, hiernach k Nullen u. s. f., dann zum (t—1)mal 1, hierauf k Nullen und endlich zum tten mal 1, so findet man die 2te Potenz unmittelbar numerisch geordnet dadurch, daß man:
1 setzt, darauf k Nullen zur Rechten folgen läßt, dann 2 setzt, darauf wieder k Nullen folgen läßt und so fort bis $8\,0\,..\,0_k$. Dann folgt 9 mit (k—1) Nullen, dann 10 mit (k—1) Nullen u. s. f. bis t mit (k—1) Nullen. Dann folgt (t—1) mit (k—1) Nullen und so abnehmend in natürlicher Ordnung fort bis 11 mit (k—1) Nullen. Dann folgt 10 mit k Nullen, dann 9 mit k Nullen und so wieder in natürlicher Ordnung abnehmend fort bis 2 mit k Nullen. Dann folgt zum Schluß 1.

Ist $t \overline{\overline{<}}\, 9$, so schreibt man von rechts nach links: 1 hin, hierauf k Nullen, dann 2, hierauf k Nullen, ..., dann t, hierauf k Nullen; dann t—1, hierauf k Nullen und so in nutürlicher Ordnung abnehmend bis 2, hierauf k Nullen und zum Schluß 1.

Sehr einfach erkennt man dies Gesetz u. A. an dem Schema:

$$(1..1..1..1..\overset{t}{\breve{1}})^2 = \left.\begin{array}{r} 1..1..1..1..1..1...1..\overset{t}{\breve{1}} \\ 1..1..1..1..1...1..1..\overset{t}{\breve{1}} \\ 1..1..1..1...1..1..1..\overset{t}{\breve{1}} \\ 1..1..1...1..1..1..1..\overset{t}{\breve{1}} \\ \cdot\;\cdot\;\cdot\;\cdot\;\cdot\;\cdot\;\cdot\;\cdot\;\cdot \\ \cdot\;\cdot\;\cdot\;\cdot\;\cdot\;\cdot\;\cdot \end{array}\right\}\text{addirt,}$$

wo die zwischen die Einsen gesetzten zwei Punkte, der Kürze wegen, die jedesmal vorkommenden Nullen vorstellen mögen.

Beispiel. Man sucht: (10000100001000010000100001000010000100001000010000100001000010000100001000010000100001)².

Da hier t = 16 und k = 4 ist, so hat man als Resultat nach vorstehendem allgemeinen Gesetze:
1000020000300004000050000600007000080000900010000110001200013000140001500016000150001400013000120001100010000090000800007000060000500004000030000200001.

9) Man sucht:

$$\Bigg[\underbrace{ab\ldots\alpha_{k+1}}_{\text{1mal}}\;\underbrace{ab\ldots\alpha_{k+1}}_{\text{2mal}}\;\ldots\;\underbrace{ab\ldots\alpha_{k+1}}_{\text{tmal}}\Bigg]^2,$$

wo $ab\ldots\alpha_{k+1}$ irgend eine Zahl von $(k+1)$ Ziffern vorstellt, welche tmal hinter einander gesetzt ist.

Man hat zunächst durch die Division:

$$ab\ldots\alpha_{k+1})\underbrace{ab\ldots\alpha_{k+1}}_{1\text{mal}}\;\underbrace{ab\ldots\alpha_{k+1}}_{2\text{mal}}\;\ldots\ldots\ldots\;\underbrace{ab\ldots\alpha_{k+1}}_{t\text{mal}}\Big(\overset{1}{1}\,00\ldots\underset{k}{0}\,\overset{2}{1}\,00\ldots\underset{k}{0}\,\overset{3}{1}\ldots100\ldots\underset{k}{0}\,\overset{t-1}{1}\;\;\overset{t}{1}$$

Es ist demnach:

$$\Big[\underbrace{ab\ldots\alpha_{k+1}}_{1\text{mal}}\;\underbrace{ab\ldots\alpha_{k+1}}_{2\text{mal}}\;\ldots\;\underbrace{ab\ldots\alpha_{k+1}}_{t\text{mal}}\Big]^2$$

$$= (ab\ldots\alpha_{k+1})^2.\,[\overset{1}{1}\,00\ldots\underset{k}{0}\,\overset{2}{1}\,00\ldots\underset{k}{0}\,\overset{3}{1}\ldots\overset{t-1}{1}\,00\ldots\underset{k}{0}\,\overset{t}{1}]^2.$$

Hierdurch ist die Auflösung auf [8)] zurückgeführt.

Man sucht: 123412341234^2.

Es ist $123412341234^2 = 1234^2 \times 100010001^2$

$= 1234^2 \times 10002000300020001 = 15230605968857256642756.$

Wie läßt sich das Resultat von $[357\,\overbrace{6843}^{1\text{mal}}\,\overbrace{6843}^{2\text{mal}}\,\overbrace{6843}^{3\text{mal}}\ldots\overbrace{6843}^{100\text{mal}}]^2$ unmittelbar hinschreiben, ohne vorher 6843^{100} zu berechnen?

Eben so leicht kann man auch ein einfaches Gesetz für die Produkte:

$$\Big[mn\ldots p\;\underbrace{ab\ldots\alpha_k}_{1\text{mal}}\ldots\underbrace{ab\ldots\alpha_k}_{t\text{mal}}\Big].\Big[m'n'\ldots p'\;\underbrace{a'b'\ldots\alpha'_v}_{1\text{mal}}\ldots\underbrace{a'b'\ldots\alpha'_v}_{h\text{mal}}\Big];$$

$$[a\;\underbrace{a+2\Delta}\;\underbrace{a+3\Delta}\ldots\underbrace{a+(n-1)\Delta}].[a'\;\underbrace{a'+2\Delta'}\ldots\underbrace{a'+(n'-1)\Delta'}]$$

finden; wir übergehen jedoch die weiteren interessanten Untersuchungen, in Betreff der *symmetrischen Produkte*, ein Mal der Kürze wegen, und ein anderes Mal, weil wir diesen Gegenstand hoffentlich in einem eigenen Werke bearbeiten werden.

Man möge sich vorläufig an der Beantwortung folgender Frage üben: Wie läßt sich das Resultat von:

$$[578348\;\overbrace{76543169}^{1\text{mal}}\;\overbrace{76543169}^{2\text{mal}}\ldots\overbrace{76543169}^{100\text{mal}}]^2$$

unmittelbar ohne *alle* Rechnung numerisch hinschreiben, und wie lautet das betreffende Gesetz u. s. w.

Zur Übung möge noch folgendes Beispiel dienen:

Man sucht: $625625625625625625625625625625625^2$.

Es ist diese Potenz $= 1001001001001001001001001001001^2 \times 625^2$.

Hier ist $t = 11$, $k = 2$, also hat man für den Multiplikand nach [8)]:

$$1002003004005006007008009010011010009008007006005004003002001.$$

Ferner ist $625^2 = (10000 : 16)^2 = 100000000 : 16^2$.

Mithin hat man:

$$\begin{array}{r} 16)\underline{100200300400500600700800901001101000900800700600500400300200100000000} \\ 16)\underline{6262518775031287543800056312568812556300043787531275018762506250000} \\ 391407423439455471487503519535550784768752736720704688672656640625 \end{array}$$

65. Mit Hülfe des Vorhergehenden ist man im Stande alle vorkommenden Multiplikationen, wenn nicht um mehr, doch wenigstens um die Hälfte, hinsichtlich des Schreibens und Bildens der stets nothwendigen Ziffern, abzukürzen, indem der Multiplikator entweder ein= oder zwei= oder mehrziffrig ist, also allemal in eine Summe zerlegbar ist, in der kein Summand mehr als zwei Ziffern enthält, und nun bereits mit jeder zweiziffrigen Zahl, nach der gegebenen Anleitung, verkürzt multiplizirt werden kann.

Noch vortheilhafter ist die Multiplikation zu verrichten, wenn sich der Multiplikator unmittelbar auf Formen zurückführen läßt, für welche schon oben besondere Verkürzungs=Gesetze aufgestellt worden sind. Mitunter kann man auch beide Methoden vortheilhaft mit einander verbinden, wie sich z. B. bei dem Multiplikator 7511149937 zeigt, indem $7511149937 = 75 \cdot 10^8 + 1114 \cdot 10^4 + 99 \cdot 10^2 + 37$ ist, wo man mit 75, 1114, 99, 37 unmittelbar verkürzt durchmultiplizirt. Überhaupt liefert hier, so wie überall, ein scharfer Blick das Wesentlichste, insofern alle bisher gelehrten Abkürzungen gehörig in Anspruch genommen werden sollen.

So unendlich viele verschiedene Zahlformen existiren, fast eben so viele Regeln, hinsichtlich der verkürzten Operation mit ihnen, lassen sich auch aufstellen. Eine solche Durchführung würde daher nicht nur unmöglich, sondern auch ganz zwecklos sein, weshalb wir nur dahin streben können, mit möglichst wenigen Gesetzen, doch die möglichst größeste Wirkung hervorzubringen.

Nun mögen hier noch einige Beispiele folgen, an welchen die im Vorhergehenden gelehrten Methoden, namentlich die für zweiziffrige Faktoren [Seite 668 bis 687] aufgestellten, in Anwendung treten.

Beispiele.

684397 × 4563
30797865
43117011
3122903511

Oder so: 2) 684397... × 4563
342198500 = M . 10³ : 2
4790779 = M . 7
346989279
3122903511 (9 verk.

weil nämlich 4563 = 4500 + 63 ist, so mußte man um zwei Stellen nach rechts ausrücken; übrigens ist mit 45 und auch mit 63 nach den gelehrten Methoden auf die kürzeste Weise durchmultiplizirt. Dies gilt von allen übrigen Beispielen.

57339684 × 6849
3899098512
2809644516
392719495716

46536827 × 293857
1349567983
1768399426
2652599139
13675172371739

3456843 × 263239
89877918
110618976
134816877
909975894477

6579368 × 728154
473714496
532928808
355285872
4790793126672

65794536 × 847566
5526741024
4934590200
4342439376
55765211699376

546398172 × 365428
15299148816
29505501288
19670334192
199669191197616

817263342 × 738967
59660223966
72736437438
54756643914
603930640047714

543643272 × 873625
47296964664
19571157792
13591081800
474940353501000

$$\begin{array}{l}
63945621 \times 376798 \\
\hline
2365987977 \\
\quad 4284356607 \\
\qquad 6266670858 \\
\hline
24094582101558
\end{array}$$

$$\begin{array}{l}
531635498172 \times 45326845 \\
\hline
23923597417740 = \alpha \\
\quad 17012335941504 \\
\qquad 36151213875696 \\
\qquad\quad 23923597417740 = \alpha \\
\hline
24097359822140027340
\end{array}$$

$$\begin{array}{l}
43281432936 \times 67859321 \\
\hline
2899856006712 \\
\quad 3378921799560 \\
\qquad 4025173263048 \\
\qquad\quad 908910091656 \\
\hline
293404865094399645б
\end{array}$$

$$\begin{array}{l}
23546821464 \times 43269517 \\
\hline
1012513322952 \\
\quad 612217358064 \\
\qquad 2236948039080 \\
\qquad\quad 400295964888 \\
\hline
1018859591632512888
\end{array}$$

$$\begin{array}{l}
43265469214832 \\
\quad \times 9127653264 \\
\hline
3937157698549712 \\
\quad 1168167668800464 \\
\qquad 2812255498964080 \\
\qquad\quad 1384495014874624 = \alpha \\
\qquad\qquad 2768990029749248 = 2\alpha \\
\hline
394912201297252822011648
\end{array}$$

$$\begin{array}{l}
45367625436201 \\
\quad \times 6349853642 \\
\hline
2858160402480663 \\
\quad 2223013646373849 \\
\qquad 3856248162077085 \\
\qquad\quad 1633234515703236 \\
\qquad\qquad 1905440268320442 \\
\hline
288077781604952758494042
\end{array}$$

$$\begin{array}{l}
546732915360264351 \times 6342184392632 \\
\hline
3444417366769665411З = \alpha \\
\quad 22962782445131102742 = \beta \\
\qquad 9841192476484758318 \\
\qquad\quad 23509515360491367093 = M + \beta \\
\qquad\qquad 50299428213144320292 \\
\qquad\qquad\quad 34444173667696654113 = \alpha \\
\qquad\qquad\qquad 1093465830720528702 \\
\hline
3467480962736060826413896661832
\end{array}$$

$$\begin{array}{l}
123445324082 \times 125111999 \\
\hline
15430665510250 \ldots\ldots \text{das 125fache M} \\
\quad 13702430973102 \ldots \text{das 111fache M} \\
\qquad 123321878757918 = 111\,M\,.\,9\,(\text{verk.}) \\
\hline
15444491263101859918
\end{array}$$

$$\begin{array}{l}
57234685235544637443522 \times 12521199 \\
\hline
7154335654443079680440250 \quad \text{das 125fache M} \\
\quad 12076518584699918500583142 \quad \text{das 211fache M} \\
\qquad 5666233838318919106908678 \quad \text{das 99fache M} \\
\hline
716646883536616278813190222878
\end{array}$$

$$\begin{array}{l}
644435143254332163 \times 2481112999 \\
\hline
1598916410940750692683086837 = M.31\,(\text{verk.})\,8.10^7 + M.1112.10^3 \\
\qquad + M.999\,(\text{verk.})
\end{array}$$

$$
\begin{array}{r l}
\underline{3152435224230432} \times 311121119999 & \\
9807225982580873952 \ldots\ldots\ldots & \text{das 3111fache M} \\
6654790758350441952 \ldots\ldots & \text{das 2111fache M} \\
\underline{3152119980708008956 8} & \text{das 9999fache M} \\
980789177686870706699609568 &
\end{array}
$$

$$
\begin{array}{r l}
\underline{4263342314452234 2} \times 999911119999 & \\
4262915980220788976 58 = \alpha & \\
4736573311356432196 2 = \alpha\ (9\,\text{verk.}) & \\
\underline{4262915980220788976 58} = \alpha & \\
426296338858306234310985176 58 &
\end{array}
$$

66. Da es in vielen Fällen auch vortheilhaft ist, die Ziffern des Resultats der Multiplikation unmittelbar zu bilden und dazu nur erforderlich ist, daß man schnell und sicher zwei Zahlen, ohne sie erst aufzuschreiben, addiren kann, so wollen wir diese Methode entwickeln. Es leuchtet ein, daß es hierbei blos darauf ankommt, diejenigen Verbindungen schnell zusammenzufassen, welche bezüglich die Einer, Zehner, Hunderter u. s. w. des Resultats liefern.

Bei dieser Untersuchung möge von den einfacheren zu den zusammengesetzteren Fällen fortgeschritten werden.

1) Für zweiziffrige Zahlen.

$$
\begin{array}{r l l l}
\text{Man hat:} & & b\,.\,10 & +\,a \text{ multiplizirt} \\
\text{mit:} & & \underline{b'\,.\,10} & \underline{+\,a'} \\
 & & b\,.\,a'\,.\,10 & +\,a\,.\,a' \\
 & b\,.\,b'\,.\,10^2 \;+ & a\,.\,b'\,.\,10 & \\
\hline
\text{giebt:} & \multicolumn{3}{l}{b\,.\,b' \text{ Hunderter } (b\,.\,a' + a\,.\,b') \text{ Zehner } + a\,.\,a' \text{ Einer, als Resultat.}}
\end{array}
$$

Beispiele.

$$
\begin{array}{r}
34 \\
\times 28 \\
\hline
952
\end{array}
\text{; nämlich so:}
$$

(unter 5 und 2 je eine kleine 3)

4.8 = 32, also 2 hin und 3 unten bemerkt; 3.8 ist 24 und hierzu 4.2, giebt 32 und hierzu die unten stehenden 3, giebt 35, also 5 hin und 3 unten bemerkt; 3.2 ist 6 und hierzu die unter 5 bemerkte 3, giebt 9.

Da man über die unten zu bemerkenden Zuschlagzahlen einen Stern setzt, so übersieht man das Verfahren einfacher an den folgenden Gleichungen:

$$4.8 = \overset{*}{3}2;\; 3.8+4.2+\overset{*}{3} = \overset{*}{3}5;\; 3.2+\overset{*}{3} = 9.$$

$$\begin{array}{r} 54 \\ \times 37 \\ \hline 1998 \\ {\scriptstyle 4\;2} \end{array};\ \text{nämlich:}$$

$$4.7 = \overset{*}{2}8;\ 5.7+4.3+\overset{*}{2} = \overset{*}{4}9;\ 5.3+\overset{*}{4} = 19.$$

Ferner:

$$\begin{array}{r} 87 \\ \times 76 \\ \hline 6612 \\ {\scriptstyle 10\;4} \end{array}$$

$$7.6 = \overset{*}{4}2;\ 8.6+7.7+\overset{*}{4} = \overline{10}1;\ 8.7+\overline{10} = 66.$$

Hier addire man so: $48+49+4 = 48.2+5 = 96+5 = 101$; oder u. A. so: $48+49+4 = 50\times2+1 = 101$, indem man nämlich von den 4 Einheiten erst 2 Einheiten zu 48 und eine Einheit zu 49 addirt, wodurch man 100 erhält, und da von den 4 Einheiten nur noch 1 übrig blieb, so hat man 101. Oft ist es vortheilhaft immer 10 Einheiten zu addiren. Hat man z. B. zu 56 zu addiren 38, so heißt es 56, 66, 76, 86 und 8 sind 94. Oder: 50 und 30 sind 80 und 10 sind 90, und 4 sind 94. Hat man zu 38, 27 zu addiren, so heißt es: 38, 48, 58, und 7 sind 65. Oder: 38, 48, 58, 68, —3 sind 65. Oder: $(40+30)-5 = 70-5 = 65$. Oder: 30 und 20 und 10 und 5 sind 65. Oder, da wir 3 und 2 Zehner haben, aber 1 Zehner herüber kommt, so heißt es: 6 Zehner und 5 Einer, d. h. 65.

Man berücksichtige bei diesem Addiren überall [Seite 651 bis 660].

2) Für das Multipliziren zweier dreiziffrigen, oder einer 3ziffrigen mit einer 2ziffrigen Zahl.

Man hat:

$$\begin{array}{rrrrr} & & c.10^2 & +\ b.10 & +\ a \ \text{multiplizirt} \\ & \text{mit:} & c'.10^2 & +\ b'.10 & +\ a' \\ \hline & & c.a'.10^2 & +\ b.a'.10 & +\ a.a' \\ & c.b'.10^3 & +\ b.b'.10^2 & +\ a.b'.10 & \\ c.c'.10^4 & +\ b.c'.10^3 & +\ a.c'.10^2 & & \\ \hline \end{array}$$

giebt: c.c′ Zehntausender + (c.b′+b.c′) Tausender + (c.a′+b.b′+a.c′) Hunderter + (b.a′+a.b′) Zehner + a.a′ Einer, als Resultat.

Beispiele.

$$\begin{array}{r l} 532 & = M \\ \times 413 & = M' \\ \hline 219716 & = R \text{ als Resultat; nämlich:} \\ {\scriptstyle 1\,2\,1} & \end{array}$$

$2.3 = 6$; $3.3+2.1=\overset{*}{1}1$; $5.3+3.1+2.4+\overset{*}{1}=\overset{*}{2}7$; $5.1+3.4+\overset{*}{2}=\overset{*}{1}9$; $5.4+\overset{*}{1}=21$.

Zur Erläuterung kann noch dienen:

Die Einer von M mnltiplizirt mit den Einern von M′, giebt die Einer von R; siehe die erste Gleichung.

Die Zehner von M multiplizirt mit den Einern von M′, hierzu die Einer von M multiplizirt mit den Zehnern von M′, giebt die Zehner von R; siehe die zweite Gleichung.

Die Hunderter von M multiplizirt mit den Einern von M′, hierzu die Zehner von M multiplizirt mit den Zehnern von M′, hierzu die Einer von M multiplizirt mit den Hunderten von M′, giebt die Hunderter von R; siehe die dritte Gleichung.

Die Hunderter von M multiplizirt mit den Zehnern von M′, hierzu die Zehner von M multiplizirt mit den Hundertern von M′, giebt die Tausender von R; siehe die vierte Gleichung.

Die Hunderter von M multiplizirt mit den Hundertern von M′, giebt die Zehntausender von R; siehe die fünfte Gleichung.

$$\begin{array}{r} 524 \\ \times 326 \\ \hline 170824 \\ {\scriptstyle 2\,4\,2\,2} \end{array}$$

4 mal 6 ist 24, 4 hin und $\overset{*}{2}$ unten; 2 mal 6 ist 12 und 4 mal 2 ist 8, macht 20, und $\overset{*}{2}$ macht $\overset{*}{2}2$, 2 hin und $\overset{*}{2}$ unten bemerkt; 5 m. 6 ist 30 u. 2 m. 2 ist 4, macht 34 u. 4.3 ist 12, macht 46, u. $\overset{*}{2}$ macht 48, 8 hin u. $\overset{*}{4}$ unten bemerkt; 5 m. 2 ist 10, u. 2.3 ist 6, macht 16, u. $\overset{*}{4}$ macht $\overset{*}{2}0$, 0 hin u. $\overset{*}{2}$ unten bemerkt; 5 m.3 ist 15 u. 2 macht 17, 17 hin.

$$\begin{array}{r} 746 \\ \times 304 \\ \hline 226784 \\ {\scriptstyle 1\,4\,1\,2} \end{array}$$

$6.4 = \overset{*}{2}4$; $4.4+6.0+\overset{*}{2} = \overset{*}{1}8$; $7.4+4.0+6.3+\overset{*}{1} = \overset{*}{4}7$;
$7.0+4.3+\overset{*}{4} = \overset{*}{1}6$; $7.3+\overset{*}{1} = 12$.

$$\begin{array}{r} 843 \\ \times 526 \\ \hline 443418 \\ {\scriptstyle 4\,7\,3\,1} \end{array}$$

$3.6 = \overset{*}{1}8$; $4.6+3.2+\overset{*}{1} = \overset{*}{3}1$; $8.6+4.2+3.5+\overset{*}{3} = \overset{*}{7}4$;
$8.2+4.5+\overset{*}{7} = \overset{*}{4}3$; $8.5+\overset{*}{4} = 44$.

$$\begin{array}{r} 768 \\ \times 354 \\ \hline 271872 \\ {\scriptstyle 6\,8\,6\,3} \end{array}$$

kürzer: $\overset{*}{3}2$; $24+40+\overset{*}{3} = \overset{*}{6}7$; $28+30+24+\overset{*}{6} = \overset{*}{8}8$;
$35+18+\overset{*}{8} = \overset{*}{6}1$; $21+\overset{*}{6} = 27$.

$$\begin{array}{r} 539 \\ \times 465 \\ \hline 250635 \\ {\scriptstyle 5\,8\,7\,4} \end{array}$$

$\overset{*}{4}5$; $15+54+\overset{*}{4}=\overset{*}{7}3$; $25+18+36+\overset{*}{7}=\overset{*}{8}6$; $30+12+\overset{*}{8}=\overset{*}{5}0$;
$5.4+\overset{*}{5}=25$.

$$\begin{array}{r} 452 \\ \times 037 \\ \hline 16724 \\ {\scriptstyle 4\,4\,1} \end{array}$$

$2.7 = \overset{*}{1}4$; $5.7+2.3+\overset{*}{1} = \overset{*}{4}2$; $4.7+5.3+2.0+\overset{*}{4} = \overset{*}{4}7$;
$4.3+5.0+\overset{*}{4} = \overset{*}{1}6$; $4.0+\overset{*}{1} = 1$;
also kürzer so:
$\overset{*}{1}4$; $35+6+\overset{*}{1}=\overset{*}{4}2$; $28+15+\overset{*}{4}=\overset{*}{4}7$; $12+\overset{*}{4}=16$.

$$\begin{array}{r} 876 \\ \times 047 \\ \hline 41172 \\ {\scriptstyle 4\,9\,7\,4} \end{array}$$

$6.7 = \overset{*}{4}2$; $7.7+6.4+\overset{*}{4} = \overset{*}{7}7$; $8.7+7.4+6.0+\overset{*}{7} = \overset{*}{9}1$;
$8.4+7.0+\overset{*}{9} = \overset{*}{4}1$; $8.0+\overset{*}{4} = 4$;
oder kürzer so:
$\overset{*}{4}2$; $49+24+\overset{*}{4} = \overset{*}{7}7$; $56+28+\overset{*}{7} = \overset{*}{9}1$; $32+\overset{*}{9} = 41$.

$$\begin{array}{r} 897 \\ \times 884 \\ \hline 792948 \\ {\scriptstyle 15\;16\,9\,3} \end{array}$$

$\overset{*}{2}8$; $36 + 56 + \overset{*}{2} = \overset{*}{9}4$; $32 + 72 + 56 + \overset{*}{9} = \overline{16}9$;
$64 + 72 + \overline{16} = \overline{15}2$; $64 + \overline{15} = 79$.

$$\begin{array}{r} 908 \\ \times 73 \\ \hline 66284 \\ {\scriptstyle 3\,5\,2} \end{array}$$

$8.3 = \overset{*}{2}4$; $0.3+8.7+\overset{*}{2} = \overset{*}{5}8$; $9.3+0.7+8.0+\overset{*}{5} = \overset{*}{3}2$;
$9.7+\overset{*}{3} = 66$;
also kürzer so:
$\overset{*}{2}4$; $56+\overset{*}{2} = \overset{*}{5}8$; $27+\overset{*}{5} = \overset{*}{3}2$; $63+\overset{*}{3} = 66$.

$$\begin{array}{r} 570 \\ \times 83 \\ \hline 47310 \\ {\scriptstyle 7\,2} \end{array}$$

$\overset{*}{2}1$; $15+56+\overset{*}{2} = \overset{*}{7}3$; $40+\overset{*}{7} = 47$.

Man multiplizirte nämlich die zweiziffrigen Zahlen 57 und 83 mit einander nach [1)] und setzte eine Null hinzu; die hier befolgte Stellung: 83 unter 57, ist die bequemste.

$$\begin{array}{r} 803 \\ \times 232 \\ \hline 186296 \\ {\scriptstyle 2\,2} \end{array}$$

$3.2 = 6$; $0.2+3.3 = 9$; $8.2+0.3+3.2 = \overset{*}{2}2$;
$8.3+0.2+\overset{*}{2} = \overset{*}{2}6$; $8.2+\overset{*}{2} = 18$;
also kürzer so:
6; 9; $16+6 = \overset{*}{2}2$; $24+\overset{*}{2} = \overset{*}{2}6$; $16+\overset{*}{2} = 18$.

$$\left.\begin{array}{r} 560\\ \times\, 370\\ \hline 207200\\ {\scriptstyle 5\;4}\end{array}\right\}\ \overset{*}{4}2;\ 35+18+\overset{*}{4}=\overset{*}{5}7;\ 15+\overset{*}{5}=20.$$

Hier multiplizirten wir 56 mit 37 nach [1)] und fügten dem Resultat 2072 noch zwei Nullen zur Rechten hinzu, wodurch sich 207200 ergab.

$$\left.\begin{array}{r} 703\\ \times\, 504\\ \hline 354312\\ {\scriptstyle 1\;\;1}\end{array}\right\}\ \begin{array}{l} 3.4=\overset{*}{1}2;\ 0.4+3.0+\overset{*}{1}=1;\ 7.4+0.0+3.5=\overset{*}{4}3;\\ \qquad\qquad 7.0+0.5+\overset{*}{4}=4;\ 7.5 \qquad\qquad =35;\\ \qquad\qquad\qquad \text{daher kürzer so:}\\ \overset{*}{1}2;\ 1;\ 28+15=\overset{*}{4}3;\ 4;\ 35.\end{array}$$

$$\left.\begin{array}{r} 504\\ \times\, 0320\\ \hline 161280\\ {\scriptstyle 1\,1\;\;}\end{array}\right\}\ \begin{array}{l} 4.2 \qquad\qquad =8;\ \ 5.0+0.2+4.3=\overset{*}{1}2;\\ 5.2+0.3+\overset{*}{1}=\overset{*}{1}1;\ \ 5.3+\overset{*}{1} \qquad\qquad =16;\\ \qquad\qquad\qquad \text{also kürzer so:}\\ 8;\ \overset{*}{1}2;\ 10+\overset{*}{1}=\overset{*}{1}1;\ 15+\overset{*}{1}=16.\end{array}$$

Man suchte 504 × 320. Wir erwählten um bequem operiren zu können die angenommene Stellung, multiplizire 504 mit 32 und füge dem Resultat eine Null zur Rechten hinzu.

$$\left.\begin{array}{r} 462\\ \times\, 203\\ \hline 93786\\ {\scriptstyle 1\,1\,1\;\;}\end{array}\right\}\ \begin{array}{l} 2.3=6;\ 6.3=\overset{*}{1}8;\ 4.3+2.2+\overset{*}{1}=\overset{*}{1}7;\ 6.2+\overset{*}{1}=\overset{*}{1}3;\\ \qquad 4.2+1=9.\end{array}$$

$$\left.\begin{array}{r} 406\\ \times\, 0230\\ \hline 93380\\ {\scriptstyle 1\,1\,1\;\;\;}\end{array}\right\}\ 6.3=\overset{*}{1}8;\ 6.2+\overset{*}{1}=\overset{*}{1}3;\ 4.3+\overset{*}{1}=\overset{*}{1}3;\ 4.2+\overset{*}{1}=9.$$

Zur Übung löse man folgende 144 Multiplikations-Aufgaben

436; 784; 536; 543; 976; 758; 879; 703; 654; 734; 908; 876
243; 685; 302; 406; 735; 462; 731; 405; 506; 213; 412; 265

auf, indem man jede der oberen Zahlen mit jeder der unteren durch Multiplikation verbindet.

3) Eine vierziffrige Zahl soll mit einer vier-, drei- oder zweiziffrigen Zahl durchmultiplizirt werden.

Man hat zunächst:

$$\begin{array}{rrrrrrrl}
 & & & d.10^3 & + c.10^2 & + b.10 & + a & \text{multiplizirt} \\
 & & \text{mit:} & d'.10^3 & + c'.10^2 & + b'.10 & + a' & \\
\hline
 & & & d.a'.10^3 & + c.a'.10^2 & + b.a'.10 & + a.a' & \\
 & & d.b'.10^4 & + c.b'.10^3 & + b.b'.10^2 & + a.b'.10 & & \\
 & d.c'.10^5 + & c.c'.10^4 & + b.c'.10^3 & + a.c'.10^2 & & & \\
d.d'.10^6 + & c.d'.10^5 + & b.d'.10^4 & + a.d'.10^3 & & & & \\
\hline
\end{array}$$

$$\text{giebt: } \underbrace{d.d'}_{\text{Millioner}} + \underbrace{(d.c'+c.d')}_{\text{Hunderttausender}} + \underbrace{(d.b'+c.c'+b.d')}_{\text{Zehntausender}} + \underbrace{(d.a'+c.b'+b.c'+a.d')}_{\text{Tausender}} + \underbrace{(c.a'+b.b'+a.c')}_{\text{Hunderter}} + \underbrace{(b.a'+a.b')}_{\text{Zehner}} + \underbrace{a.a'}_{\text{Einer}}, \text{ als Resultat.}$$

Beispiele.

$$\left.\begin{array}{r} 3124 \\ \times\, 2453 \\ \hline 7663172 \\ {\scriptstyle 1\,2\,3\,3\,2\,1} \end{array}\right\} ; \; 4.3 = \overset{*}{1}2;\; 2.3+4.5+\overset{*}{1} = \overset{*}{2}7;\; 1.3+2.5+4.4+\overset{*}{2} = \overset{*}{3}1;\; 3.3+1.5+2.4+4.2+\overset{*}{3} = \overset{*}{3}3;\; 3.5+1.4+2.2+\overset{*}{3} = \overset{*}{2}6;\; 3.4+1.2+\overset{*}{2} = \overset{*}{1}6;\; 3.2+\overset{*}{1} = 7.$$

In praktischer Weise heißt es: $\overset{*}{1}2$, 2 hin, 1 unten; 6 und 20 sind 26 und $\overset{*}{1}$ sind $\overset{*}{2}7$, 7 hin, 2 unten; 3 und 10 ist 13 und 16 ist 29 und $\overset{*}{2}$ ist $\overset{*}{3}1$, 1 hin, 3 unten; 9 und 5 ist 14 und 8 ist 22 und 8 ist 30 und $\overset{*}{3}$ ist $\overset{*}{3}3$, 3 hin, 3 unten; 15 u. 4 ist 19 u. 4 ist 23 u. $\overset{*}{3}$ ist $\overset{*}{2}6$, 6 hin, 2 unten; 12 u. 2 ist 14 u. $\overset{*}{2}$ ist $\overset{*}{1}6$, 6 hin, 1 unten; 6 u. $\overset{*}{1}$ ist 7, 7 hin.

$$\left.\begin{array}{r} 5632 \\ \times\, 4853 \\ \hline 27332096 \\ {\scriptstyle 7\,9\,8\,5\,1} \end{array}\right\} ; \; 2.3 = 6;\; 3.3+2.5 = \overset{*}{1}9;\; 6.3+3.5+2.8+\overset{*}{1} = \overset{*}{5}0;\; 5.3+6.5+3.8+2.4+\overset{*}{5} = \overset{*}{8}2;\; 5.5+6.8+3.4+\overset{*}{8} = \overset{*}{9}3;\; 5.8+6.4+\overset{*}{9} = \overset{*}{7}3;\; 5.4+\overset{*}{7} = 27.$$

$$\begin{array}{r} 3024 \\ \times\,2003 \\ \hline 6057072 \\ \scriptstyle 1\quad\;\; 1 \end{array}$$

$4.3 = \overset{*}{1}2;\ 2.3+4.0+\overset{*}{1} = 7;\ 0.3+2.0+4.0 = 0;$

$3.3+0.0+2.0+4.2 = \overset{*}{1}7;\ 3.0+2.2+\overset{*}{1} = 5;$

$3.0+0.2 = 0;\ 3.2 = 6;$

also kurz so:

$4.3=\overset{*}{1}2;\ 6+\overset{*}{1}=7;\ 0;\ 3.3+4.2=\overset{*}{1}7;\ 2.2+\overset{*}{1}=5;\ 0;\ 6.$

$$\begin{array}{r} 5203 \\ \times\,4052 \\ \hline 21082556 \\ \scriptstyle 1\,2\,3\quad 1 \end{array}$$

$6;\ \overset{*}{1}5;\ 4+\overset{*}{1} = 5;\ 10+10+12 = \overset{*}{3}2;\ 25+\overset{*}{3} = \overset{*}{2}8;$

$8+\overset{*}{2} = \overset{*}{1}0;\ 20+\overset{*}{1} = 21.$

$$\begin{array}{r} 4008 \\ \times\,3004 \\ \hline 12040032 \\ \scriptstyle 4\quad\; 3 \end{array}$$

$8.4=\overset{*}{3}2;\ 0.4+8.0+\overset{*}{3} = 3;\ 0.4+0.0+8.0 =0;$

$4.4+0.0+0.0+8.3=\overset{*}{4}0;\ 4.0+0.0+0.3+\overset{*}{4}=4;$

$4.0+0.3 = 0;\ 4.3 =12;$

also kurz so:

$8.4 = \overset{*}{3}2;\ 0+\overset{*}{3} = 3;\ 0 = 0;\ 4.4+8.3 = \overset{*}{4}0;\ 0+\overset{*}{4}=4;$

$0 = 0;\ 3\,.\,4 = 12.$

$$\begin{array}{r} 5426 \\ \times\,0243 \\ \hline 1318518 \\ \scriptstyle 1\,3\,3\,3\,3\,1 \end{array}$$

$6.3 = \overset{*}{1}8;\ 2.3+6.4+\overset{*}{1} = \overset{*}{3}1;\ 4.3+2.4+6.2+\overset{*}{3} = \overset{*}{3}5;$

$5.3+4.4+2.2+6.0+\overset{*}{3} = \overset{*}{3}8;\ 5.4+4.2+2.0+\overset{*}{3} = \overset{*}{3}1;$

$5.2+4.0+\overset{*}{3} = \overset{*}{1}3;\ 0.5+\overset{*}{1} = 1;$

also kurz so:

$\overset{*}{1}8;\ 6+24+\overset{*}{1}=\overset{*}{3}1;\ 12+8+12+\overset{*}{3}=\overset{*}{3}5;\ 15+16+4+\overset{*}{3}=\overset{*}{3}8;$

$20+8+\overset{*}{3}=\overset{*}{3}1;\ 10+\overset{*}{3}=\overset{*}{1}3;\ \overset{*}{1}=1.$

$$\begin{array}{r} 2432 \\ \times\,0047 \\ \hline 114304 \\ \scriptstyle 3\,4\,3\,1 \end{array}$$

$;\ 2.7 = \overset{*}{1}4;\ 3.7+2.4+\overset{*}{1} = \overset{*}{3}0;\ 4.7+3.4+\overset{*}{3} = \overset{*}{4}3;$

$2.7+4.4+\overset{*}{4} = \overset{*}{3}4;\ 2.4+\overset{*}{3} = 11;$

$$\begin{array}{r} 8234 \\ \times\,3267 \\ \hline 26900478 \\ \scriptstyle 2\,7\,9\,4\,9\,2 \end{array}$$

$4.7 = \overset{*}{2}8;\ 3.7+4.6+\overset{*}{2} = \overset{*}{4}7;\ 2.7+3.6+4.2+\overset{*}{4} = \overset{*}{4}4;$

$8.7+2.6+3.2+4.3+\overset{*}{4} = \overset{*}{9}0;\ 8.6+2.2+3.3+\overset{*}{9} = \overset{*}{7}0;$

$8.2+2.3+\overset{*}{7} = \overset{*}{2}9;\ 8.3+\overset{*}{2} = 26.$

$$\begin{array}{r} 9235 \\ \times\,4653 \\ \hline 42970455 \\ \scriptstyle 6\,7\,8\,5\,3\,1 \end{array}$$

$5.3=\overset{*}{1}5;\ 3.3+5.5+\overset{*}{1} = \overset{*}{3}5;\ 2.3+3.5+5.6+\overset{*}{3} = \overset{*}{5}4;$

$9.3+2.5+3.6+5.4+\overset{*}{5} = \overset{*}{8}0;\ 9.5+2.6+3.4+\overset{*}{8} = \overset{*}{7}7;$

$9.6+2.4+\overset{*}{7} = \overset{*}{6}9;\ 9.4+\overset{*}{6} = 42.$

$$\begin{array}{r} 8\,5\,6\,4 \\ \times 7\,5\,8\,3 \\ \hline 6\,4\,9\,4\,0\,8\,1\,2 \\ {\scriptstyle 8\;14\;13\;8\;5\;1} \end{array} \left\{ \begin{array}{l} 4.3=\overset{*}{12};\ 6.3+4.8+\overset{*}{1}=\overset{*}{51};\ 5.3+6.8+5.4+\overset{*}{5}=\overset{*}{88}; \\ 8.3+5.8+6.5+4.7+\overset{*}{8}=\overline{130};\ 8.8+5.5+6.7+\overline{13}=\overline{144}; \\ 8.5+5.7+\overline{14} = \overset{*}{89};\ 8.7+\overset{*}{8} = 64. \end{array} \right.$$

$$\begin{array}{r} 7\,6\,4\,8 \\ \times 3\,5\,6\,7 \\ \hline 2\,7\,2\,8\,0\,4\,1\,6 \\ {\scriptstyle 6\;9\;14\;11\;8\;5} \end{array} \left\{ \begin{array}{l} 8.7=\overset{*}{56};\ 4.7+8.6+\overset{*}{5}=\overset{*}{81};\ 6.7+4.6+8.5+\overset{*}{8}=\overline{114}; \\ 7.7+6.6+4.5+8.3+\overline{11}=\overline{140};\ 7.6+6.5+4.3+\overline{14}=\overset{*}{98}; \\ 7.5+6.3+\overset{*}{9} = \overset{*}{62};\ 7.3+\overset{*}{6} = 27. \end{array} \right.$$

$$\begin{array}{r} 8\,5\,3\,6 \\ \times 0\,4\,8\,2 \\ \hline 4\,1\,1\,4\,3\,5\,2 \\ {\scriptstyle 4\;9\;7\;6\;5\;1} \end{array} \left\{ \begin{array}{l} 6.2=\overset{*}{12};\ 3.2+6.8+\overset{*}{1}=\overset{*}{55};\ 5.2+3.8+6.4+\overset{*}{5}=\overset{*}{63}; \\ 8.2+3.4+5.8+\overset{*}{6}=\overset{*}{74};\ 8.8+5.4+\overset{*}{7}=\overset{*}{91}; \\ 8.4+\overset{*}{9}=\overset{*}{41};\ \overset{*}{4}=4. \end{array} \right.$$

$$\begin{array}{r} 6\,8\,4\,9 \\ \times 8\,5 \\ \hline 5\,8\,2\,1\,6\,5 \\ {\scriptstyle 5\;10\;8\;9\;4} \end{array} \left\{ \begin{array}{l} 9.5=\overset{*}{45};\ 4.5+9.8+\overset{*}{4}=\overset{*}{96};\ 8.5+4.8+\overset{*}{9}=\overset{*}{81}; \\ 6.5+8.8+\overset{*}{8}=\overline{102};\ 6.8+\overline{10}=\overset{*}{58};\ \overset{*}{5}=5. \end{array} \right.$$

Die Abkürzungen für die Fälle, wo eine vierziffrige Zahl mit einer drei- oder zweiziffrigen zu multipliziren ist, fallen nach Vorstehendem von selbst in die Augen.

Wenn dem Anfänger die hier vorkommenden nicht schriftlichen Additionen zuerst etwas schwer werden sollten, in so fern er die Resultate nicht gleich unmittelbar anzugeben vermag, so kann er vorläufig von 10 zu 10 Einheiten addiren, wie wir schon bemerkt haben. Z. B. $78+24=[(78+10)+10]+4=(88+10)+4=98+4=102$. Kürzer hat man 10, 2 also 102. Im Allgemeinen addire man zur größeren Zahl die kleinere.

4) Um eine mehr als vierziffrige mit einer eben so viel oder weniger ziffrigen Zahl numerisch zu multipliziren, wollen wir das hier obwaltende Gesetz wie folgt allgemeiner auffassen.

Es möge dabei der Kürze wegen, der Multiplikand „die obere" und der Multiplikator „die untere" Zahl heißen, und m sei die Anzahl der Ziffern eines jeden der beiden Faktoren.

Die 1ste von oben mit der 1sten von unten, giebt die Einer oder Einheiten der 0ten Ordnung.

die 2te von oben mit der 1sten von unten, und
die 1ste von oben mit der 2ten von unten
giebt die Einheiten 1ster Ordnung;

die 3te von oben mit der 1sten von unten, und
die 2te von oben mit der 2ten von unten, und
die 1ste von oben mit der 3ten von unten
giebt die Einheiten 2ter Ordnung;

die 4te von oben mit der 1sten von unten, und
die 3te von oben mit der 2ten von unten, und
die 2te von oben mit der 3ten von unten, und
die 1ste von oben mit der 4ten von unten
giebt die Einheiten 3ter Ordnung;

die 5te von oben mit der 1sten von unten, und
die 4te von oben mit der 2ten von unten, und
die 3te von oben mit der 3ten von unten, und
die 2te von oben mit der 4ten von unten, und
die 1ste von oben mit der 5ten von unten
giebt die Einheiten 4ter Ordnung;

die 6te von oben mit der 1sten von unten, und
die 5te von oben mit der 2ten von unten, und
die 4te von oben mit der 3ten von unten, und
die 3te von oben mit der 4ten von unten, und
die 2te von oben mit der 5ten von unten, und
die 1ste von oben mit der 6ten von unten
giebt die Einheiten 5ter Ordnung;

. . . .

endlich, wenn die mte Ziffer die letzte ist:

die mte von oben mit der 1sten von unten, und
die (m—1)te von oben mit der 2ten von unten, und
die (m—2)te von oben mit der 3ten von unten, und
. . . .
die 2te von oben mit der (m—1)ten von unten, und
die 1ste von oben mit der mten von unten
giebt die Einheiten (m—1)ter Ordnung;

die mte von oben mit der 2ten von unten, und
die (m—1)te von oben mit der 3ten von unten, und
die (m—2)te von oben mit der 4ten von unten, und
. . . .
die 2te von oben mit der mten von unten
giebt die Einheiten mter Ordnung;

$\left.\begin{array}{l}\text{die mte von oben mit der 3ten von unten, und}\\ \text{die (m—1)te von oben mit der 4ten von unten, und}\\ \text{die (m—2)te von oben mit der 5ten von unten, und}\\ \ldots\ldots\ldots\ldots\\ \text{die 3te von oben mit der mten von unten}\end{array}\right\}$ giebt die Einheiten (m+1)ter Ordnung;

. . . .

$\left.\begin{array}{l}\text{die mte von oben mit der (m—1)ten von unten, und}\\ \text{die (m—1)te von oben mit der mten von unten}\end{array}\right\}$ giebt Einh. d. (2m-3)ten Ordnung;

die mte von oben mit der mten von unten multiplizirt, giebt Einheiten der (2m—2)ten Ordnung.

Kommen in einem Faktor weniger Ziffern als im andern vor, so kann man sich bei dem der n Ziffern weniger hat, zu seiner Linken, d. h. nach seiner höchsten Stelle, n Nullen denken, wodurch sich dies Gesetz nicht ändert.

Soll die Multiplikation von links nach rechts zu verrichtet werden, so hat man nur nöthig dem Gesetze von unten auf zu folgen und das Erhaltene in eine numerische Zahl umzuformen.

Beispiele.

$$\begin{array}{r}43452\\ \times\ 25347\\ \hline 1101377844\\ {\scriptstyle 34686541}\end{array}\text{; nämlich:}$$

$2.7=\overset{*}{1}4$; $5.7+2.4+\overset{*}{1}=\overset{*}{4}4$; $4.7+5.4+2.3+\overset{*}{4}=\overset{*}{5}8$;
$3.7+4.4+5.3+5.2+\overset{*}{5}=\overset{*}{6}7$; $4.7+3.4+4.3+5.5+2.2+\overset{*}{6}=\overset{*}{8}7$;
$4.4+3.3+4.5+5.2+\overset{*}{8}=\overset{*}{6}3$; $4.3+3.5+4.2+\overset{*}{6}=\overset{*}{4}1$;
$4.5+3.2+\overset{*}{4}=\overset{*}{3}0$; $4.2+\overset{*}{3}=11$.

$$\begin{array}{r}63245\\ \times\ 02437\\ \hline 154128065\\ {\scriptstyle 3475543}\end{array}\text{; nämlich:}$$

$5.7=\overset{*}{3}5$; $4.7+5.3+\overset{*}{3}=\overset{*}{4}6$; $2.7+4.3+5.4+\overset{*}{4}=\overset{*}{5}0$;
$3.7+2.3+4.4+5.2+\overset{*}{5}=\overset{*}{5}8$; $6.7+3.3+2.4+4.2+\overset{*}{5}=\overset{*}{7}2$;
$6.3+3.4+2.2+\overset{*}{7}=\overset{*}{4}1$; $6.4+3.2+\overset{*}{4}=\overset{*}{3}4$; $6.2+\overset{*}{3}=15$.

$$\begin{array}{r} 78436 \\ \times\, 00548 \\ \hline 42982928 \\ {\scriptstyle 7\;11\;10\;7\;5\;4} \end{array}$$ nämlich:

$6.8 = \overset{*}{4}8$; $3.8+6.4+\overset{*}{4} = \overset{*}{5}2$; $4.8+3.4+6.5+\overset{*}{5} = \overset{*}{7}9$;
$8.8+4.4+5.3+\overset{*}{7} = \overline{10}2$; $7.8+8.4+5.4+\overline{10} = \overline{11}8$;
$7.4+8.5+\overline{11} = \overset{*}{7}9$; $7.5+\overset{*}{7} = 42$.

$$\begin{array}{r} 23104 \\ \times\, 00302 \\ \hline 6977408 \\ {\scriptstyle 1\;\;\;\;\;\;\;\;} \end{array}$$ nämlich:

$4.2 = 8$; $0 = 0$; $1.2+4.3 = \overset{*}{1}4$; $3.2+\overset{*}{1} = 7$; $2.2+1.3 = 7$;
$2.2+1.3 = 7$; $3.3 = 9$; $2.3 = 6$.

$$\begin{array}{r} 204102 \\ \times\, 010203 \\ \hline 2082452706 \\ {\scriptstyle 1\;\;\;\;\;\;\;\;\;\;\;\;} \end{array}$$ nämlich:

$2.3=6$; $0=0$; $1.3+2.2=7$; $4.3=\overset{*}{1}2$; $1.2+2.1+\overset{*}{1}=5$; u. s. w. f.

$$\begin{array}{r} 6040301 \\ \times\, 201003 \\ \hline 1214118621903 \end{array}$$

$$\begin{array}{r} 836458 \\ \times\, 532732 \\ \hline 445607943256 \\ {\scriptstyle 4\;6\;11\;10\;13\;9\;8\;8\;3\;1} \end{array}$$ nämlich;

$$\begin{array}{ll}
8.2 & = \overset{*}{1}6; \\
5.2+8.3+\overset{*}{1} & = \overset{*}{3}5; \\
4.2+5.3+8.7+\overset{*}{3} & = \overset{*}{8}2; \\
6.2+4.3+5.7+8.2+\overset{*}{8} & = \overset{*}{8}3; \\
3.2+6.3+4.7+5.2+8.3+\overset{*}{8} & = \overset{*}{9}4; \\
8.2+3.3+6.7+4.2+5.3+8.5+\overset{*}{9} & = \overline{13}9; \\
8.3+3.7+6.2+4.3+5.5+\overline{13} & = \overline{10}7; \\
8.7+3.2+6.3+4.5+\overline{10} & = \overline{11}0; \\
8.2+3.3+6.5+\overline{11} & = \overset{*}{6}6; \\
8.3+3.5+\overset{*}{6} & = \overset{*}{4}5; \\
8.5+\overset{*}{4} & = 44.
\end{array}$$

$$\begin{array}{r} 6\,5\,3\,4\,2\,6\,3\,5\,2\,3 \\ \times 4\,2\,3\,0\,5\,2\,4\,4\,3\,5 \\ \hline 2\,7\,6\,4\,3\,3\,6\,1\,4\,9\,8\,7\,8\,0\,6\,8\,4\,5\,0\,5 \end{array}$$; nämlich:

3 4 4 6 8 9 12 10 14 10 10 9 8 7 5 4 2 1

$$3.5 = \overset{*}{1}5;$$

$$2.5+3.3+\overset{*}{1} = \overset{*}{2}0;$$

$$5.5+2.3+3.4+\overset{*}{2} = \overset{*}{4}5;$$

$$3.5+5.3+2.4+3.4+\overset{*}{4} = \overset{*}{5}4;$$

$$6.5+3.3+5.4+2.4+3.2+\overset{*}{5} = \overset{*}{7}8;$$

$$2.5+6.3+3.4+5.4+2.2+3.5+\overset{*}{7} = \overset{*}{8}6;$$

$$4.5+2.3+6.4+3.4+5.2+2.5+3.0+\overset{*}{8} = \overset{*}{9}0;$$

$$3.5+4.3+2.4+6.4+3.2+5.5+2.0+3.3+\overset{*}{9} = \overline{10}8;$$

$$5.5+3.3+4.4+2.4+6.2+3.5+5.0+2.3+3.2+\overline{10} = \overline{10}7;$$

$$6.5+5.3+3.4+4.4+2.2+6.5+3.0+5.3+2.2+3.4+\overline{10} = \overline{14}8;$$

$$6.3+5.4+3.4+4.2+2.5+6.0+3.3+5.2+2.4+\overline{14} = \overline{10}9;$$

$$6.4+5.4+3.2+4.5+2.0+6.3+3.2+5.4+\overline{10} = \overline{12}4;$$

$$6.4+5.2+3.5+4.0+2.3+6.2+3.4+\overline{12} = \overset{*}{9}1;$$

$$6.2+5.5+3.0+4.3+2.2+6.4+\overset{*}{9} = \overset{*}{8}6;$$

$$6.5+5.0+3.3+4.2+2.4+\overset{*}{8} = \overset{*}{6}3;$$

$$6.0+5.3+3.2+4.4+\overset{*}{6} = \overset{*}{4}3;$$

$$6.3+5.2+3.4+\overset{*}{4} = \overset{*}{4}4;$$

$$6.2+5.4+\overset{*}{4} = \overset{*}{3}6;$$

$$6.4+\overset{*}{3} = 27.$$

Es versteht sich von selbst, daß bei der praktischen Ausrechnung keine dieser Gleichung hingeschrieben wird, sondern man formirt das Resultat von rechts nach links zu unmittelbar, und es tritt sehr schnell hervor, sobald man erstens das Operationsgesetz gehörig kennt, und zweitens im Zusammenzählen tüchtig geübt ist.

$$
\begin{array}{r}
3\;1\;4\;1\;5\;9\;2\;6\;5\;3\;5\;8\;9\;7\;9\;3\;2\;3\;8\;4\;6 \\
\times\;2\;7\;1\;8\;2\;8\;1\;8\;2\;8\;4\;5\;9\;0\;4\;5\;2\;3\;5\;3\;6 \\
\hline
8\;5\;3\;9\;7\;3\;4\;2\;2\;2\;6\;7\;3\;5\;6\;7\;0\;6\;5\;4\;5\;5\;4\;6\;2\;2\;9\;0\;9\;2\;2\;6\;0\;7\;3\;0\;3\;9\;4\;5\;6 \\
{\scriptstyle 2\;\;2\;\;5\;\;4\;\;12\;\;11\;\;15\;\;18\;\;20\;\;22\;\;25\;\;33\;\;32\;\;41\;\;40\;\;43\;\;46\;\;41\;\;52\;\;48\;\;51\;\;48\;\;52\;\;43\;\;46\;\;36\;\;37\;\;31\;\;33\;\;30\;\;25\;\;25\;\;16\;\;15\;\;11\;\;9\;\;8\;\;9\;\;4\;\;3}
\end{array}
$$

$$6\cdot6 = 36;$$

$$4\cdot6+6\cdot3+\overset{*}{3} = \overset{*}{4}5;$$

$$8\cdot6+4\cdot3+6\cdot5+\overset{*}{4} = \overset{*}{9}4;$$

$$3\cdot6+8\cdot3+4\cdot5+6\cdot3+\overset{*}{9} = \overset{*}{8}9;$$

$$2\cdot6+3\cdot3+8\cdot5+4\cdot3+6\cdot2+\overset{*}{8} = \overset{*}{9}3;$$

$$3\cdot6+2\cdot3+3\cdot5+8\cdot3+4\cdot2+6\cdot5+\overset{*}{9} = \overline{11}0;$$

$$9\cdot6+3\cdot3+2\cdot5+3\cdot3+8\cdot2+4\cdot5+6\cdot4+\overline{11} = \overline{15}3;$$

$$7\cdot6+9\cdot3+3\cdot5+2\cdot3+3\cdot2+8\cdot5+4\cdot4+6\cdot0+\overline{15} = \overline{16}7;$$

$$9\cdot6+7\cdot3+9\cdot5+3\cdot3+2\cdot2+3\cdot5+8\cdot4+4\cdot0+6\cdot9+\overline{16} = \overline{25}0;$$

$$8\cdot6+9\cdot3+7\cdot5+9\cdot3+3\cdot2+2\cdot5+3\cdot4+8\cdot0+4\cdot9+6\cdot5+\overline{25} = \overline{25}6;$$

$$5\cdot6+8\cdot3+9\cdot5+7\cdot3+9\cdot2+3\cdot5+2\cdot4+3\cdot0+8\cdot9+4\cdot5+6\cdot4+\overline{25} = \overline{30}2;$$

$$3\cdot6+5\cdot3+8\cdot5+9\cdot3+7\cdot2+9\cdot5+3\cdot4+2\cdot0+3\cdot9+8\cdot5+4\cdot4+6\cdot8+\overline{30} = \overline{33}2;$$

$$5\cdot6+3\cdot3+5\cdot5+8\cdot3+9\cdot2+7\cdot5+9\cdot4+3\cdot0+2\cdot9+3\cdot5+8\cdot4+4\cdot8+6\cdot2+\overline{33} = \overline{31}9;$$

$$6\cdot6+5\cdot3+3\cdot5+5\cdot3+8\cdot2+9\cdot5+7\cdot4+9\cdot0+3\cdot9+2\cdot5+3\cdot4+8\cdot8+4\cdot2+6\cdot8+\overline{31} = \overline{37}0;$$

$$2\cdot6+6\cdot3+5\cdot5+3\cdot3+5\cdot2+8\cdot5+9\cdot4+7\cdot0+9\cdot9+3\cdot5+2\cdot4+3\cdot8+8\cdot2+4\cdot8+6\cdot1+\overline{37} = \overline{36}9;$$

$$9\cdot6+2\cdot3+6\cdot5+5\cdot3+3\cdot2+5\cdot5+8\cdot4+9\cdot0+7\cdot9+9\cdot5+3\cdot4+2\cdot8+3\cdot2+8\cdot8+4\cdot1+6\cdot8+\overline{36} = \overline{46}2;$$

$$5\cdot6+9\cdot3+2\cdot5+6\cdot3+5\cdot2+3\cdot5+5\cdot4+8\cdot0+9\cdot9+7\cdot5+9\cdot4+3\cdot8+2\cdot2+3\cdot8+8\cdot1+4\cdot8+6\cdot2+\overline{46} = \overline{43}2;$$

$$1\cdot6+5\cdot3+9\cdot5+2\cdot3+6\cdot2+5\cdot5+3\cdot4+5\cdot0+8\cdot9+9\cdot5+7\cdot4+9\cdot8+3\cdot2+2\cdot8+3\cdot1+8\cdot8+4\cdot2+6\cdot8+\overline{43} = \overline{52}6;$$

$$1\cdot6+4\cdot3+1\cdot5+5\cdot3+9\cdot2+2\cdot5+6\cdot4+5\cdot0+3\cdot9+5\cdot5+8\cdot4+9\cdot8+7\cdot2+9\cdot8+3\cdot1+2\cdot8+3\cdot2+8\cdot8+4\cdot1+6\cdot7+\overline{48} = \overline{515};$$
$$3\cdot6+1\cdot3+4\cdot5+1\cdot3+5\cdot2+9\cdot5+2\cdot4+6\cdot0+5\cdot9+3\cdot5+5\cdot4+8\cdot8+9\cdot2+7\cdot8+9\cdot1+3\cdot8+2\cdot2+3\cdot8+8\cdot1+4\cdot7+6\cdot2+\overline{51} = \overline{485};$$
$$3\cdot3+1\cdot5+4\cdot3+1\cdot2+5\cdot5+9\cdot4+2\cdot0+6\cdot9+5\cdot5+3\cdot4+5\cdot8+8\cdot2+9\cdot8+7\cdot1+9\cdot8+3\cdot2+2\cdot8+3\cdot1+8\cdot7+4\cdot2+\overline{48} = \overline{524};$$
$$3\cdot5+1\cdot3+4\cdot2+1\cdot5+5\cdot4+9\cdot0+2\cdot9+6\cdot5+5\cdot4+3\cdot8+5\cdot2+8\cdot8+9\cdot1+7\cdot8+9\cdot2+3\cdot8+2\cdot1+3\cdot7+8\cdot2+\overline{52} = \overline{415};$$
$$3\cdot3+1\cdot2+4\cdot5+1\cdot4+5\cdot0+9\cdot9+2\cdot5+6\cdot4+5\cdot8+3\cdot2+5\cdot8+8\cdot1+9\cdot8+7\cdot2+9\cdot8+3\cdot1+2\cdot7+3\cdot2+\overline{41} = \overline{466};$$
$$3\cdot2+1\cdot5+4\cdot4+1\cdot0+5\cdot9+9\cdot5+2\cdot4+6\cdot8+5\cdot2+3\cdot8+5\cdot1+8\cdot8+9\cdot2+7\cdot8+9\cdot1+3\cdot7+2\cdot2+\overline{46} = \overline{430};$$
$$3\cdot5+1\cdot4+4\cdot0+1\cdot9+5\cdot5+9\cdot4+2\cdot8+6\cdot2+5\cdot8+3\cdot1+5\cdot8+8\cdot2+9\cdot8+7\cdot1+9\cdot7+3\cdot2+\overline{43} = \overline{407};$$
$$3\cdot4+1\cdot0+4\cdot9+1\cdot5+5\cdot4+9\cdot8+2\cdot2+6\cdot8+5\cdot1+3\cdot8+5\cdot2+8\cdot8+9\cdot1+7\cdot7+9\cdot2+\overline{40} = \overline{416};$$
$$3\cdot0+1\cdot9+4\cdot5+1\cdot4+5\cdot8+9\cdot2+2\cdot8+6\cdot1+5\cdot8+3\cdot2+5\cdot8+8\cdot1+9\cdot7+7\cdot2+\overline{41} = \overline{325};$$
$$3\cdot9+1\cdot5+4\cdot4+1\cdot8+5\cdot2+9\cdot8+2\cdot1+6\cdot8+5\cdot2+3\cdot8+5\cdot1+8\cdot7+9\cdot2+\overline{32} = \overline{333};$$
$$3\cdot5+1\cdot4+4\cdot8+1\cdot2+5\cdot8+9\cdot1+2\cdot8+6\cdot2+5\cdot8+3\cdot1+5\cdot7+8\cdot2+\overline{33} = \overline{257};$$
$$3\cdot4+1\cdot8+4\cdot2+1\cdot8+5\cdot1+9\cdot8+2\cdot2+6\cdot8+5\cdot1+3\cdot7+5\cdot2+\overline{25} = \overline{226};$$
$$3\cdot8+1\cdot2+4\cdot8+1\cdot1+5\cdot8+9\cdot2+2\cdot8+6\cdot1+5\cdot7+3\cdot2+\overline{22} = \overline{202};$$
$$3\cdot2+1\cdot8+4\cdot1+1\cdot8+5\cdot2+9\cdot8+2\cdot1+6\cdot7+5\cdot2+\overline{20} = \overline{182};$$
$$3\cdot8+1\cdot1+4\cdot8+1\cdot2+5\cdot8+9\cdot1+2\cdot7+6\cdot2+\overline{18} = \overline{152};$$
$$3\cdot1+1\cdot8+4\cdot2+1\cdot8+5\cdot1+9\cdot7+2\cdot2+\overline{15} = \overline{114};$$
$$3\cdot8+1\cdot2+4\cdot8+1\cdot1+5\cdot7+9\cdot2+\overline{11} = \overline{123};$$
$$3\cdot2+1\cdot8+4\cdot1+1\cdot7+5\cdot2+\overline{12} = \overset{*}{4}7;$$
$$3\cdot8+1\cdot1+4\cdot7+1\cdot2+\overset{*}{4} = \overset{*}{5}9;$$
$$3\cdot1+1\cdot7+4\cdot2+\overset{*}{5} = \overset{*}{2}3;$$
$$3\cdot7+1\cdot2+\overset{*}{2} = \overset{*}{2}5;$$
$$3\cdot2+\overset{*}{2} = 8.$$

Um bei dem Fortgange im Multipliziren jedesmal zu wissen, bei welcher Ziffer man im Multiplikand steht, kann man einen Punkt über die betreffende Ziffer setzen.

Stellen wir eine Vergleichung mit der gewöhnlichen Methode an, so hat man:

```
                    314159265358979323846
                  × 271828182845904523536
                   ----------------------
                   1884955592153875943076
                   942477796076937971538
                 1570796326794896619230
                 942477796076937971538
                628318530717958647692
              1570796326794896619230
             1256637061435917295384
           2827433388230813914614
          1570796326794896619230
         1256637061435917295384
        2513274122871834590768
        628318530717958647692
      2513274122871834590768
      314159265358979323846
    2513274122871834590768
    628318530717958647692
  2513274122871834590768
  314159265358979323846
2199114857512855266922
628318530717958647692
-----------------------------------------
85397342226735670654554622909226073039456
  2 1 1 2 3 4 3 5 4 5 6 7 7 8 8 9 9 13 9 11 9 10 9 9 7 9 6 6 6 4 5 4 3 4 1 1   1 1
```

Die Anzahl der Ziffern des Produkts stimmt, auch treffen die Proben zu, mithin ist die Rechnung richtig *).

Wenn man bei der letzteren Ausrechnung alle zu den höhern Einheiten hinzuzuzählenden Zahlen sämmtlich hingeschrieben hätte, so würde die schriftliche Darstellung eben so lang sein, wie bei der erstern Rechnung. Nach beiden Methoden sind gleichviel Partialprodukte zu berechnen, jedoch lassen sich bei der gewöhnlichen stets eine Menge Vortheile anbringen, die nach der ersteren häufig fortfallen. Die erstere ist für Diejenigen, die nicht schnell und sicher im Kopfe

*) Hiernach findet man näherungsweise für $\pi . e$ die Zahl:

8,5397342226735670654554622909226073039456

wovon in der höheren Analysis Gebrauch gemacht werden kann.

addiren können, bei kleinen Multiplikationen, höchstens bis zu sechsziffrigen Faktoren, zu empfehlen. Wer hingegen schnell und sicher mit dem nicht schriftlichen Addiren zum Ziele kommen kann, wird nicht Veranlassung finden dieselbe um deswillen zu verwerfen, weil bei ihr das Schreiben der einzelnen Vielfachen des Multiplikands gänzlich vermieden wird.

Um eine Vergleichung mit der Methode [Seite 668, 62.] anstellen zu können, so möge die Ausrechnung des letzteren Beispiels noch nach derselben folgen.

```
                    314159265358979323846
                  × 271828182845904523536
────────────────────────────────────────────
8482300164692441743842 . . . . . . . . . .
  5654866776461627829228 . . . . . . . . .
    8796459430051421067688 . . . . . . . .
      5654866776461627829228 . . . . . . .
        8796459430051421067688 . . . . . .
          14137166941154069573070 . . . . .
            28274333882308139146140 . . . .
              14137166941154069573070 . . .
                 7225663103256524448458 . .
                  1570796326794896619230 .
                    11309733552923255658456
────────────────────────────────────────────
85397342226735670654554622909226073039456
   1 2 2 3 3 4 3 3 3 3 4 4 3 5 4 5 5 3 4 4 3 5 3 4 3 2 2 1 2 2 1 1
```

Bezeichnen wir das Produkt mit P, so ist P wie folgt gebildet:

$$P = M.27\,(\text{verk.}).10^{19} + M.18\,(\text{verk.}).10^{17} + M.28\,(\text{verk.}).10^{15} + M.18\,(\text{verk.}).10^{13} + M.28\,(\text{verk.}).10^{11} + M.45\,(\text{verk.}).10^{9} + [(M.45)2].10^{7} + (M.45).10^{5} + M.23\,(\text{verk.}).10^{3} + M.5\,(\text{verk.}).10^{2} + (M.18).2.10^{0}.$$

Es ist demnach auf verkürztem Wege berechnet: M.27, M.18, M.23, M.5; ferner fanden wir: M.28=M.27+M, M.45=M.27+M.18, M.90=(M.45).2, M.5=(M.10):2, M.36=(M.18).2.

Bemerkung. Nach obiger Methode kann man auch die Ziffern eines Produkts von links nach rechts zu bilden.

So hat man z. B.:

	Nach gewöhnlicher Methode:
3624	3624
× 3458	× 3458
9	10872
30	14496
45....	18120
74...	28992
74..	12531792 *)
36.	1211
32	
12531792	

67. Der Fall, wo Multiplikand und Multiplikator einander gleich sind, vereinfacht sich um etwas. Hat man das Multiplikationsgesetz tüchtig eingeübt, so übersieht man leicht die Entwickelung folgender Beispiele.

$$(1)\quad \begin{array}{r} 37 \\ \times\, 37 \\ \hline 1369, \\ {\scriptstyle 44} \end{array}$$

nämlich: $7.7=49$, also 9 hin und 4 bemerkt; $3.2=6, .7=42, +4=46$, also 6 hin und 4 bemerkt; $3.3=9, +4=13$ hin.

Oder so: $7.7=\overset{*}{4}9$; $(3.2).7=42, +\overset{*}{4}=\overset{*}{4}6$; $3.3=9, +\overset{*}{4}=13$.

$$(2)\quad \begin{array}{r} 78 \\ \times\, 78 \\ \hline 6084 \\ {\scriptstyle 11\,6} \end{array}\text{; nämlich:}$$

$8.8=\overset{*}{6}4$; $(2.7).8=112, +\overset{*}{6}=\overline{11}8$; $7.7=49, +\overline{11}=60$.

$$(3)\quad \begin{array}{r} 83 \\ \times\, 83 \\ \hline 6889 \\ {\scriptstyle 4\quad} \end{array}\text{; nämlich:}$$

$3.3=9$; $(8.2).3=\overset{*}{4}8$; $8.8+\overset{*}{4}=68$.

$$(4)\quad \begin{array}{r} 432 \\ \times\, 432 \\ \hline 186624 \\ {\scriptstyle 221\quad} \end{array}\text{; nämlich:}$$

$2^2=4$; $(3.2).2=\overset{*}{1}2$; $(4.2).2+3^2=25, +\overset{*}{1}=\overset{*}{2}6$; $(4.2).3=24, +\overset{*}{2}=\overset{*}{2}6$; $4^2=16, +\overset{*}{2}=18$.

*) Das Multipliziren von links nach rechts läßt sich nach der erstern Methode so vervollkommnen, daß man zur Bildung einer Stellenzahl im Resultat nur die durchaus nöthigen Ziffern der Faktoren benutzt, indem sich nämlich aus den dazu nöthigen Ziffern der Faktoren Relationen für die Zuschlagzahlen bil-

$$(5)\qquad \begin{array}{r} 7\,8\,6 \\ \times\, 7\,8\,6 \\ \hline 6\,1\,7\,7\,9\,6 \\ {\scriptstyle 12\;15\;9\;3} \end{array}\text{; nämlich:}$$

$$6^2 = \overset{*}{3}6;\ (2.8).6 = 96, +\overset{*}{3} = \overset{*}{9}9;\ (2.7).6+8^2 = 148, + \overset{*}{9} = \overline{15}7;$$
$$(2.7).8 = 112, +\overline{15} = \overline{12}7;\qquad 7^2 = 49, +\overline{12} = 61.$$

$$(6)\qquad \begin{array}{r} 1248 \\ \times\, 1248 \\ \hline 1557504 \\ {\scriptstyle 1\,3\,5\,7\,6} \end{array}$$

$$(7)\qquad \begin{array}{r} 3452 \\ \times\, 3452 \\ \hline 11916304 \\ {\scriptstyle 2\,5\,5\,4\,2} \end{array}\text{; nämlich:}$$

$$2^2 = 4;\ (2.5).2 = \overset{*}{2}0;\ (2.4).2 + 5^2 = 41, +\overset{*}{2} = \overset{*}{4}3;$$
$$2(3.2+4.5) = 52, +\overset{*}{4} = \overset{*}{5}6;\ (2.3).5 + 4^2 = 46, +\overset{*}{5} = \overset{*}{5}1;$$
$$(2.3).4 = 24, +\overset{*}{5} = \overset{*}{2}9;\qquad 3^2 = 9, +\overset{*}{2} = 11.$$

$$(8)\qquad \begin{array}{r} 5\,3\,7\,5\,6 \\ \times\, 5\,3\,7\,5\,6 \\ \hline 2\,8\,8\,9\,7\,0\,7\,5\,3\,6 \\ {\scriptstyle 2\;3\;8\;10\;15\;11\;11\;6\;3} \end{array}$$

$$(9)\qquad \begin{array}{r} 8\,7\,5\,4\,3\,6 \\ \times\, 8\,7\,5\,4\,3\,6 \\ \hline 7\,6\,6\,3\,8\,8\,1\,9\,0\,0\,9\,6 \\ {\scriptstyle 12\;14\;14\;14\;19\;13\;9\;6\;3\;3} \end{array}\text{; nämlich:}$$

$$6^2 = \overset{*}{3}6;\quad (2.3).6 + \overset{*}{3} = \overset{*}{3}9;$$
$$(2.4).6 + 3^2 + \overset{*}{3} = \overset{*}{6}0;\quad 2.(5.6+4.3) + \overset{*}{6} = \overset{*}{9}0;$$
$$2.(7.6+5.3) + 4^2 + \overset{*}{9} = \overline{13}9;\quad 2.(8.6+7.3+5.4) + \overline{13} = \overline{19}1;$$
$$2.(8.3+7.4) + 5^2 + \overline{19} = \overline{14}8;\quad 2.(8.4+7.5) + \overline{14} = \overline{14}8;$$
$$(2.8).5 + 7^2 + \overline{14} = \overline{14}3;\quad (2.8).7 + \overline{14} = \overline{12}6;$$
$$8^2 + \overline{12} = 76.$$

---

den lassen. Hiernach kann man dann auch jede beliebige Stellenzahl des Produkts sicher angeben. Wir werden späterhin, bei den Dezimalbrüchen, hiervon handeln. Hinsichtlich der Division fallen dann auch alle entbehrlichen Ziffern, die nämlich keinen weiteren Einfluß auf die im Quotienten kommenden haben, fort.

Das Gesetz der Bildung ergiebt sich aus der Entwickelung von:

$$(\dots k.10^9+i.10^8+h.10^7+g.10^6+f.10^5+e.10^4+d.10^3+c.10^2+b.10+a)^2$$
$$= \dots + k^2.10^{18}+2ki.10^{17}+(2kh+i^2).10^{16}+2.(kg+ih).10^{15}$$
$$+[2.(kf+ig)+h^2].10^{14}+[2.(ke+if+hg)].10^{13}+[2.(kd+ie+hf)+g^2].10^{12}$$
$$+[2.(kc+id+he+gf)].10^{11}+[2.(kb+ic+hd+ge)+f^2].10^{10}$$
$$+[2.(ka+ib+hc+gd+fe)].10^9+[2.(ia+hb+gc+fd+e^2)].10^8$$
$$+[2.(ha+gb+fc+ed)].10^7+[2.(ga+fb+ec)+d^2].10^6$$
$$+[2.(fa+eb+dc)].10^5+[2.(ea+db)+c^2].10^4+[2.(da+cb)].10^3$$
$$+[2ca+b^2].10^2+2ba.10+a^2.$$

Der Fortgang dieses Gesetzes fällt in die Augen und man kann nach demselben auch die einzelnen Stellenzahlen des Resultats von links nach rechts zu, bilden *).

$$\begin{array}{lr} (10) & 754638 \\ & \times\ 754638 \\ \hline & 569478511044 \\ & {\scriptstyle 7\ 9\ 13\ 13\ 20\ 15\ 11\ 11\ 5\ 6} \end{array} \text{; nämlich:}$$

$$\begin{array}{lrcl} 8^2 & & = & \overset{*}{6}4; \\ 6.8 & = 48, + \overset{*}{6} & = & \overset{*}{5}4; \\ 12.8+3^2 & = 105, + \overset{*}{5} & = & \overline{11}0; \\ 2.(4.8+6.3) & = 100, + \overline{11} & = & \overline{11}1; \\ 2.(5.8+4.3)+6^2 & = 140, + \overline{11} & = & \overline{15}1; \\ 2.(7.8+5.3+4.6) & = 190, + \overline{15} & = & \overline{20}5; \\ 14.3+10.6+4^2 & = 118, + \overline{20} & = & \overline{13}8; \\ 14.6+10.4 & = 124, + \overline{13} & = & \overline{13}7; \\ 14.4+5^2 & = 81, + \overline{13} & = & \overset{*}{9}4; \\ 14.5 & = 70, + \overset{*}{9} & = & \overset{*}{7}9; \\ 7^2 & = 49, + \overset{*}{7} & = & 56. \end{array}$$

Hier sind die Resultate von 3.2, 6.2 gleich hingeschrieben; es ist aber übersichtlicher sie beim Lehren der Entwicklung beizubehalten.

$$\begin{array}{lr} (11) & 8476354 \\ & \times\ 8476354 \\ \hline & 71848577133316 \\ & {\scriptstyle 7\ 14\ 16\ 16\ 20\ 19\ 15\ 13\ 8\ 5\ 4\ 1} \end{array} \text{; nämlich:}$$

*) Hieraus ergiebt sich eine neue Methode der Wurzelausziehung, die von der gewöhnlichen ganz verschieden ist und nach der man das Resultat ohne viele Nebenrechnungen leicht von links nach rechts zu, hinschreiben kann.

$4^2 = \overset{*}{1}6$; $(5.2).4+\overset{*}{1} = \overset{*}{4}1$;
$(3.2).4+5^2+\overset{*}{4} = \overset{*}{5}3$; $2.(6.4+3.5)+\overset{*}{5} = \overset{*}{8}3$;
$2.(7.4+6.5)+3^2+\overset{*}{8} = \overline{133}$; $2.(4.4+7.5+6.3)+\overline{13} = \overline{151}$;
$2.(8.4+4.5+7.3)+6^2+\overline{15} = \overline{197}$; $2.(8.5+4.3+7.6)+\overline{19} = \overline{207}$;
$2.(8.3+4.6)+7^2+\overline{20} = \overline{165}$; $2.(8.6+4.7)+\overline{16} = \overline{168}$;
$(8.2).7+4^2+\overline{16} = \overline{144}$; $(8.2).4+\overline{14} = \overset{*}{7}8$;
$8^2+7 = 71$.

$$(12)\qquad \begin{array}{r} 98765345 \\ \times\ 98765345 \\ \hline 9754593372969025 \\ {\scriptstyle 16\ 21\ 24\ 25\ 24\ 25\ 27\ 21\ 15\ 11\ 7\ 5\ 4\ 2} \end{array}$$

$5^2 = \overset{*}{2}5$; $(4.2).5+\overset{*}{2} = \overset{*}{4}2$;
$(3.2).5+4^2+\overset{*}{4} = \overset{*}{5}0$; $2.(5.5+3.4)+\overset{*}{5} = \overset{*}{7}9$;
$2.(6.5+5.4)+3^2+\overset{*}{7} = \overline{116}$; $2.(7.5+6.4+5.3)+\overline{11} = \overline{159}$;
$2.(8.5+7.4+6.3)+5^2+\overline{15} = \overline{212}$; $2.(9.5+8.4+7.3+6.5)+\overline{21} = \overline{277}$;
$2.(9.4+8.3+7.5)+6^2+\overline{27} = \overline{253}$; $2.(9.3+8.5+7.6)+\overline{25} = \overline{243}$;
$2.(9.5+8.6)+7^2+\overline{24} = \overline{259}$; $2.(9.6+8.7)+\overline{25} = \overline{245}$;
$(9.2).7+8^2+\overline{24} = \overline{214}$; $(9.2).8+\overline{21} = 165$;
$9^2+\overline{16} = 97$.

$$(13)\qquad \begin{array}{r} 8975467837 \\ \times\ 8975467837 \\ \hline 80559022893021458569 \\ {\scriptstyle 16\ 21\ 22\ 23\ 27\ 34\ 41\ 40\ 43\ 37\ 30\ 26\ 22\ 20\ 15\ 12\ 4\ 4} \end{array}$$ nämlich:

$7^2 = \overset{*}{4}9$;
$(3.2).7+\overset{*}{4} = \overset{*}{4}6$;
$(8.2).7+3^2+\overset{*}{4} = \overline{125}$;
$2.(7.7+8.3)+\overline{12} = \overline{158}$;
$2.(6.7+7.3)+8^2+\overline{15} = \overline{205}$;
$2.(4.7+6.3+7.8)+\overline{20} = \overline{224}$;
$2.(5.7+4.3+6.8)+7^2+\overline{22} = \overline{261}$;
$2.(7.7+5.3+4.8+6.7)+\overline{26} = \overline{302}$;
$2.(9.7+7.3+5.8+4.7)+6^2+\overline{30} = \overline{370}$;
$2.(8.7+9.3+7.8+5.7+4.6)+\overline{37} = \overline{433}$;
$2.(8.3+9.8+7.7+5.6)+4^2+\overline{43} = \overline{409}$;

$$2.(8.8+9.7+7.6+5.4)+\overline{40} = \overline{41}8;$$
$$2.(8.7+9.6+7.4)+5^2+\overline{41} = \overline{34}2;$$
$$2.(8.6+9.4+7.5)+\overline{34} = \overline{27}2;$$
$$2.(8.4+9.5)+7^2+\overline{27} = \overline{23}0;$$
$$2.(8.5+9.7)+\overline{23} = \overline{22}9;$$
$$(8.2).7+9^2+\overline{22} = \overline{21}5;$$
$$(8.2).9+\overline{21} = \overline{16}5;$$
$$8^2+\overline{16} = 80.$$

Zusätze. Hier mögen noch einige spezielle Abkürzungen folgen:

1) Um die dritte Potenz der zweiziffrigen Zahl $b.10+a$ zu entwickeln, multiplizirt man die zweite, nämlich $b^2.10^2+2ab.10+a^2$ wieder mit $b.10+a$ und erhält:

$$(b.10+a)^3 = b^3.10^3+3ab^2.10^2+3a^2b.10+a^3.$$

Hiernach hat man z. B.:

$$\frac{3\;5^3}{4\;2\;8\;7\;5}; \text{ nämlich:}$$
$$\scriptstyle 15\;23\;12$$

$$a^3 = 5^3 = \overline{12}5;$$
$$3a^2b = 3.5^2.3 = 225,+\overline{12} = \overline{23}7;$$
$$3ab^2 = 3.5.3^2 = 135,+\overline{23} = \overline{15}8;$$
$$b^3 = 3^3 = 27,+\overline{15} = 42.$$

Um nicht 3ab doppelt zu berechnen, setze man $3ab=\alpha$, so kommt:

$$(b.10+a)^3 = b^3.10^3+b\alpha.10^2+a\alpha.10+a^3.$$

In unserm Beispiele ist $3ab = 3.3.5 = 45$, also

$$\frac{3\;5^3}{4\;2\;8\;7\;5}; \text{ nämlich:}$$
$$\scriptstyle 15\;23\;12$$

$$a^3 = 5^3 = \quad = \overline{12}5;$$
$$a.\alpha = 45.5 = 225,+\overline{12} = \overline{23}7;$$
$$b.\alpha = 45.3 = 135,+\overline{23} = \overline{15}8;$$
$$b^3 = 3^3 = 72,+\overline{15} = 42.$$

Man hat auch u. A.: $35^3 = \left(\frac{70}{2}\right)^3 = \frac{343000}{8} = 42875.$

2) Ferner hat man:

$$(c.10^2+b.10+a)^3 =$$

$$c^3.10^6+bc\alpha.10^5+\alpha\gamma.10^4+(2\alpha\delta+b^3).10^3+\gamma\beta.10^2+\delta\beta.10+a^3,$$

wenn man der Kürze wegen

$$\begin{aligned} 3c &= \alpha, \\ 3a &= \beta, \\ b^2+ac &= \gamma, \\ ab &= \delta \end{aligned}$$

setzt.

Beispiel. Man sucht 347^3. Hier ist $\alpha=3.3=9$, $\beta=7.3=21$, $\gamma=4^2+3.7=37$, $\delta=4.7=28$.

$$\begin{array}{c} 3\ 4\ 7^3 \\ \hline 4\ 1\ 7\ 8\ 1\ 9\ 2\ 3; \\ \scriptstyle 14\ 39\ 65\ 83\ 62\ 34 \end{array}$$

$a^3= \quad 7^3 \quad =\overline{343}$; $\delta\beta \quad = \quad 28.21 \quad =588,+\overline{34}=\overline{622}$;

$\gamma\beta=37.21=777,+\overline{62}=\overline{839}$; $2\alpha\delta+b^3=2.7.4.9+4^3=568,+\overline{83}=\overline{651}$;

$\alpha\gamma= 9.37=333,+\overline{65}=\overline{398}$; $b.c.\alpha \quad = \quad 4.3.9 \quad =108,+\overline{39}=\overline{147}$;

$c^3= 27 = 27,+\overline{14}= 41$.

Auf diesem Wege fortschreitend ist es leicht, einfache Gesetze für die höheren Potenzen zu finden.

Wir führen nun noch an: $(d.10^3+c.10^2+b.10+a)^3$

$$= d^3.10^9+\beta cd.10^8+\beta(c^2+db).10^7+(\beta\alpha+c^3).10^6+\beta[\delta+a(c+d)].10^5$$

$$+3(b\alpha+c^2a).10^4+[\gamma(\alpha+bc)+b^3].10^3+\gamma\delta.10^2+\gamma ba.10+a^3,$$

wenn man:

$$\begin{aligned} ad+bc &= \alpha, \\ 3d &= \beta, \\ 3a &= \gamma \text{ und} \\ b^2+ca &= \delta \end{aligned}$$

setzt.

3) Denkt man sich die Gleichung:

$$(a.10+b)^3 = a^3.10^3+3a^2.b.10^2+3ab^2.10+b^3$$

wiederholt in Anwendung gebracht, um die dritte Potenz einer mehrziffrigen Zahl nach und nach zu bilden, so führt diese Betrachtung zu einer wesentlichen Abkürzung. Um dies leicht einzusehn, wollen wir die Entwicklung von 54768 ... betrachten.

$$\begin{aligned} 54^3 &= (5.10+4)^3 = 5^3.10^3+3.5^2.4.10^2+3.5.4^2.10+4^3; \\ 547^3 &= (54.10+7)^3 = 54^3.10^3+3.54^2.7.10^2+3.54.7^2.10+7^3; \\ 5476^3 &= (547.10+6)^3 = 547^3.10^3+3.547^2.6.10^2+3.547.6^2.10+6^3; \\ 54768^3 &= (5476.10+8)^3 = 5476^3.10^3+3.5476^2.8.10^2+3.5476.8^2.10+8^3. \end{aligned}$$

Man sieht hieraus, daß die Rechnung namentlich dadurch weitläuftig wird, daß man fortwährend zu berechnen hat.

$$3 \,.\, 5^2,\ 3 \,.\, 54^2,\ 3 \,.\, 547^2,\ 3 \,.\, 5476^2, \ldots$$

und $3 \,.\, 5,\ 3 \,.\, 54,\ 3 \,.\, 547,\ 3 \,.\, 5476, \ldots$

Es erhellet, daß hier leicht jedes folgende Produkt, sowohl in der oberen als auch in der unteren Reihe durch das nächstvorhergehende leicht bestimmt werden kann; denn es ist:

$$3 \,.\, 54^2 = 3 \,.\, (5 \,.\, 10 + 4)^2;\ 3 \,.\, 54 = 3 \,.\, (5 \,.\, 10 + 4);$$
$$3 \,.\, 547^2 = 3 \,.\, (54 \,.\, 10 + 7)^2;\ 3 \,.\, 547 = 3 \,.\, (54 \,.\, 10 + 7)$$

. . . .

Es fragt sich also blos, wie man aus dem schon bekannten $3 \,.\, a^2$ und $3a$ ableitet: $3 \,.\, (a \,.\, 10 + \Delta)^2$ und $3 \,.\, (a \,.\, 10 + \Delta)$, wenn Δ die neu hinzugetretene Zahl vorstellt.

Nun ist aber:

$$3 \,.\, (a \,.\, 10 + \Delta)^2 = 3a^2 \,.\, 10^2 + 6a\Delta \,.\, 10 + 3\Delta^2,$$
$$3 \,.\, (a \,.\, 10 + \Delta) = 3a \,.\, 10 + 3\Delta.$$

Bezeichnet man nun das schon bekannte alte $3a^2$ mit h und das neue $3a$, nämlich $3 \,.\, (a \,.\, 10 + \Delta)$ mit h'; ferner das schon bekannte alte $3a$ mit k und das daraus hervorgehende neue $3 \,.\, (a \,.\, 10 + \Delta)$ mit k', so kommt:

$$\text{A)}\ h' = h \,.\, 10^2 + 2k \,.\, \Delta \,.\, 10 + 3\Delta^2,$$
$$\text{B)}\ k' = k \,.\, 10 + 3\Delta.$$

Nach diesen beiden Formeln kann nun leicht die dritte Potenz jeder beliebigen Zahl gebildet werden, wenn man nicht etwa nach dem allgemeinen Multiplikationsgesetz erst die zweite Potenz formiren will, um dann diese nochmals verkürzt mit der gegebenen Zahl zu multipliziren.

Beispiel. Man sucht: 56843278^3 und zugleich die einzelnen Potenzen 56^3, 568^3, 5684^3, 56843^3, 568432^3, 5684327^3.

Man hat nun nach vorstehenden Gleichungen:

h′

75
18
108
9408 .... $= 3 \cdot 56^2$
2688
192
967872 .... $= 3 \cdot 568^2$
13632
48
96923568 ..... $= 3 \cdot 5684^2$
102312
27
9693379947 ... $= 3 \cdot 56843^2$
682116
12
969345815872.. $= 3 \cdot 568432^2$
23874144
147
96934720328787 $= 3 \cdot 5684327^2$

125
45
54
216
175616 .... $= 56^3$
75264
10752
512
183250432 .... $= 568^3$
3871488
27264
64
183637853504 .... $= 5684^3$
290770704
153468
27
183666932109107 .... $= 56843^3$
19386759894
682116
8
183668870791917568 ..... $= 568432^3$
6785413711104
83559504
343
183669549334124273783 .. $= 5684327^3$
775477762630296
1091390784
512
183669626881911450720952 $= 56843278^3$

k′

15
18
168
24
1704
12
17052
9
170529
6
1705296
21
17052981

*) Diese Methode ist nur da mit Nutzen anzuwenden, wo nicht blos 56843278^3 verlangt wird, sondern wo man wissen will, was 5^3, 56^3, 568^3, 5684^3, 56843^3, 568432^3, 5684327^3, 56843278^3 giebt, um jede folgende Potenz leicht aus der nächstvorhergehenden auf obige Weise berechnen zu können. Beim praktischen Wurzelausziehen ist sie sehr brauchbar, indem man bei $\sqrt[3]{a}$ nicht immer wieder von neuem $3a^2$, $3a$ zu berechnen hat.

Hiernach suche man zur Übung:

$$31415926535897932384626433832795^3\ ?$$

4) Es ist:

$$(b_2.10+a_2)^2+(b_1.10+a_1)^2=(b_2^2+b_1^2).10^2+2(b_2a_2+b_1a_1).10+(a_2^2+a_1^2),$$

ferner:

$$(b_3.10+a_3)^2+(b_2.10+a_2)^2+(b_1.10+a_1)^2$$
$$=(b_3^2+b_2^2+b_1^2).10^2+2(b_3a_3+b_2a_2+b_1a_1).10+(a_3^2+a_2^2+a_1^2)$$

. . . .

$$(b_m.10+a_m)^2+(b_{m-1}.10+a_{m-1})^2+\dots+(b_3.10+a_3)^2+(b_2.10+a_2)$$
$$+(b_1.10+a_1)^2 = (b_m^2+b_{m-1}^2+\dots+b_3^2+b_2^2+b_1^2).10^2$$
$$+2(b_ma_m+b_{m-1}a_{m-1}+\dots+b_3a_3+b_2a_2+b_1a_1).10$$
$$+(a_m^2+a_{m-1}^2+\dots+a_3^2+a_2^2+a_1^2).$$

Beispiele.

$$\begin{array}{r} 35^2\\ +\ 74^2\\ \hline 6701\\ {\scriptstyle 9\ 4} \end{array}\left\{\begin{array}{lll} 4^2+5^2 & =16+25 & =\overset{*}{4}1;\\ (3.5+7.4)2+\overset{*}{4} & =86+\overset{*}{4} & =\overset{*}{9}0;\\ 3^2+7^2+\overset{*}{9} & =58+\overset{*}{9} & =67. \end{array}\right.$$

$$\begin{array}{r} 24^2\\ +\ 38^2\\ +\ 43^2\\ \hline 3869\\ {\scriptstyle 9\ 8} \end{array}\left\{\begin{array}{ll} 4^2+8^2+3^2 & =\overset{*}{8}9;\\ 2.(2.4+3.8+4.3)+\overset{*}{8} & =\overset{*}{9}6;\\ 2^2+3^2+4^2+\overset{*}{9} & =\overset{*}{3}8. \end{array}\right.$$

$$\begin{array}{r} 3\,5^2\\ +\ 6\,4^2\\ +\ 8\,5^2\\ +\ 5\,7^2\\ +\ 4\,9^2\\ \hline 1\,8\,1\,9\,6\\ {\scriptstyle 31\ 19} \end{array}\left\{\begin{array}{ll} 5^2+4^2+5^2+7^2+9^2 & =\overline{19}6;\\ 2(3.5+6.4+8.5+5.7+4.9)+\overline{19} & =\overline{31}9;\\ 3^2+6^2+8^2+5^2+4^2+\overline{31} & =181. \end{array}\right.$$

5) Es ist:

$$(c_m.10^2+b_m.10+a_m)^2+(c_{m-1}.10^2+b_{m-1}.10+a_{m-1})^2+\dots$$
$$\dots+(c_2.10^2+b_2.10+a_2)+(c_1.10^2+b_1.10+a_1)^2$$
$$=(c_m^2+c_{m-1}^2+\dots+c_2^2+c_1^2).10^4+2(c_mb_m+c_{m-1}b_{m-1}+\dots+c_2b_2+c_1b_1).10^3$$
$$+[2(c_ma_m+c_{m-1}a_{m-1}+\dots+c_2a_2+c_1a_1)+b_m^2+\dots+b_2^2+b_1^2].10^2$$
$$+2[b_ma_m+b_{m-1}a_{m-1}+\dots+b_2a_2+b_1a_1].10+(a_m^2+a_{m-1}^2+\dots+a_2^2+a_1^2).$$

Beispiel.

$$\begin{array}{r} 3\,4\,2^2\\ +\ 5\,3\,4^2\\ +\ 6\,4\,3^2\\ +\ 2\,1\,6^2\\ \hline 8\,6\,2\,2\,2\,5\\ {\scriptstyle 12\ 16\ 8\ 6} \end{array}\left\{\begin{array}{ll} 2^2+4^2+3^2+6^2 & =\overset{*}{6}5;\\ 2[4.2+3.4+4.3+1.6]+\overset{*}{6} & =\overset{*}{8}2;\\ 2[3.2+5.4+6.3+2.6]+4^2+3^2+4^2+1^2+\overset{*}{8} & =\overline{16}2;\\ 2(3.4+5.3+6.4+2.1)+\overline{16} & =\overline{12}2;\\ 3^2+5^2+6^2+2^2+\overline{12} & =86. \end{array}\right.$$

6) Endlich hat man für die Summe von beliebig vielen zweiten Potenzen 4ziffriger Zahlen:

$$(d_m.10^3+c_m.10^2+b_m.10+a_m)^2+(d_{m-1}.10^3+c_{m-1}.10^2+b_{m-1}.10+a_{m-1})^2$$
$$+\ldots+(d_2.10^3+c_2.10^2+b_2.10+a_2)^2+(d_1.10^3+c_1.10^2+b_1.10+a_1)^2$$
$$=(d_m^2+d_{m-1}^2+\ldots+d_2^2+d_1^2).10^6+2(d_m c_m+d_{m-1}c_{m-1}+\ldots$$
$$\ldots+d_2c_2+d_1c_1).10^5+[2(d_m b_m+d_{m-1}b_{m-1}+\ldots+d_2b_2+d_1b_1)$$
$$+c_m+c_{m-1}^2+\ldots+c_2^2+c_1^2].10^4+2(d_m a_m+d_{m-1}a_{m-1}+\ldots+d_2a_2+d_1a_1$$
$$+c_m b_m+c_{m-1}b_{m-1}+\ldots+c_2b_2+c_1b_1).10^3+[2(c_m a_m+c_{m-1}a_{m-1}+\ldots$$
$$\ldots+c_2a_2+c_1a_1)+b_m^2+b_{m-1}^2+\ldots+b_2^2+b_1^2].10^2+2(b_m a_m+b_{m-1}a_{m-1}+\ldots$$
$$\ldots+b_2a_2+b_1a_1).10+(a_m^2+a_{m-1}^2+\ldots+a_2^2+a_1^2).$$

$$\begin{array}{rrrrrrrrr}
 & & & & & 5 & 3 & 6 & 4^2 \\
 & & & & & 8 & 4 & 9 & 3^2 \\
 & & & & & 6 & 5 & 4 & 5^2 \\
 & & & & & 8 & 3 & 9 & 7^2 \\
 & & & & & 6 & 8 & 4 & 3^2 \\
 & & & & & 4 & 5 & 6 & 6^2 \\
\hline
2 & 8 & 1 & 9 & 2 & 5 & 1 & 8 & 4 \\
 & & & {\scriptstyle 40} & {\scriptstyle 71} & {\scriptstyle 72} & {\scriptstyle 55} & {\scriptstyle 37} & {\scriptstyle 14}
\end{array}$$

Nach dem allgemeinen Gesetze, die 2te Potenz einer Zahl zu bilden, hat man:

$$4^2+3^2+5^2+7^2+3^2+6^2 = \overline{144};$$
$$2.(6.4+9.3+4.5+9.7+4.3+6.6)+\overline{14} = \overline{378};$$
$$2.(3.4+4.3+5.5+3.7+8.3+5.6)+6^2+9^2+4^2+9^2+4^2+6^2+\overline{37} = \overline{551};$$
$$2.(5.4+3.6+8.3+4.9+6.5+5.4+8.7+3.9+6.3+8.4+4.6+5.6)+\overline{55} = \overline{725};$$
$$2.(5.6+8.9+6.4+8.9+6.4+4.6)+3^2+4^2+5^2+3^2+8^2+5^2+\overline{72} = \overline{712};$$
$$2.(5.3+8.4+6.5+8.3+6.8+4.5)+\overline{71} = \overline{409};$$
$$5^2+8^2+6^2+8^2+6^2+4^2+\overline{40} = 281.$$

Wegen der öfter vorkommenden gleichen Potenzen, gleichen Produkte u. s. w. hätten die linken Seiten der Gleichungen bedeutend zusammengezogen werden können. Da man dies aber leicht für jeden einzelnen Fall übersieht, so ist es der Kürze wegen unterblieben. So ist z. B. für die letzte Gleichung: $4^2+5^2+2.(6^2+8^2)+\overline{40}=281$.

Daß übrigens diese Entwicklungen nicht etwa nach den allgemeinen Gleichungen durch Substitution vorgenommen werden, versteht sich von selbst, indem wir nur das darin liegende Gesetz unmittelbar anwenden. Dies gilt in allen ähnlichen Fällen. Deshalb würde es auch zu einer unnützen Weitläuftigkeit führen, wenn wir die allgemeine Gleichung für die Summe der zweiten Potenzen willkürlich vieler, beliebig vielziffriger Zahlen aufstellen wollten.

7) Sind die gegebenen Zahlen nicht gleich vielziffrig, so bleibt die Entwicklung noch dieselbe; denn sucht man z. B. $34^2 + 673^2 + 4683^2 + 57264^2$, so kann man dafür denken: $00034^2 + 00673^2 + 04683^2 + 57264^2$ und man hat nun:

$$\begin{array}{r} 0\;0\;0\;3\;4^2 \\ 0\;0\;6\;7\;3^2 \\ 0\;4\;6\;8\;3^2 \\ 5\;7\;2\;6\;4^2 \\ \hline 3\;3\;0\;1\;5\;5\;0\;2\;7\;0 \\ {\scriptstyle 8\;\;10\;\;16\;\;29\;\;31\;\;26\;\;16\;\;5} \end{array}$$ nämlich:

$$4^2 + 3^2 + 3^2 + 4^2 = \overset{*}{50};$$
$$2.(3.4 + 7.3 + 8.3 + 6.4) + \overset{*}{5} = \overline{167};$$
$$2.(6.3 + 6.3 + 2.4) + 3^2 + 7^2 + 8^2 + 6^2 + \overline{16} = \overline{262};$$
$$2.(4.3 + 7.4 + 6.7 + 6.8 + 2.6) + \overline{26} = \overline{310};$$
$$2.(5.4 + 4.8 + 7.6) + 6^2 + 6^2 + 2^2 + \overline{31} = \overline{295};$$
$$2.(5.6 + 4.6 + 7.2) + \overline{29} = \overline{165};$$
$$2.(5.2) + 4^2 + 7^2 + \overline{16} = \overline{101};$$
$$2.(5.7) + \overline{10} = \overset{*}{80};$$
$$5^2 + \overset{*}{8} = 33.$$

8) Es ist:

$$(b_m.10+a_m)^3+(b_{m-1}.10+a_{m-1})^3+\ldots+(b_2.10+a_2)^3+(b_1.10+a_1)^3$$
$$= (b_m^3+b_{m-1}^3+\ldots+b_2^3+b_1^3).10^3+3(b_m^2a_m+b_{m-1}^2a_{m-1}+\ldots$$
$$+b_2^2a_2+b_1^2a_1).10^2+3(b_ma_m^2+b_{m-1}a_{m-1}^2+\ldots+b_2a_2^2+b_1a_1^2).10$$
$$+(a_m^3+a_{m-1}^3+\ldots+a_2^3+a_1^3).$$

Beispiel.

$$\begin{array}{r} 5\;7^3 \\ 4\;8^3 \\ 6\;7^3 \\ 3\;8^3 \\ \hline 6\;5\;1\;4\;2\;0 \\ {\scriptstyle 219\;313\;171} \end{array}$$ nämlich:

$$7^3 + 8^3 + 7^3 + 8^3 = 2.(7^3+8^3) = \overline{1710};$$
$$3.(5.7^2+4.8^2+6.7^2+3.8^2)+\overline{171} = 3.7.(77+64)+\overline{171} = \overline{3132};$$
$$3.(5^2.7+4^2.8+6^2.7+3^2.8)+\overline{313} = 3[(5^2+6^2).7+(3^2+4^2).8]+\overline{313}$$
$$= \overline{2194};$$
$$5^3 + 4^3 + 6^3 + 3^3 + \overline{219} = (2^3+1).3^3+4^3+5^3+219 = 651.$$

9) Es ist: $a^2 - b^2 = (a+b).(a-b)$.

Beispiel. $98^2 - 26^2 = (98+26).(98-26) = 124 \times 72$
$= 124.[9(\text{verk.}).8] = 8928$.

Oder so: $\frac{98^2}{9604}$, $\frac{26^2}{676}$, oder so: $\frac{124 \times 9 \text{ verk.} 8}{8928}$
2 3
ab: $\frac{676}{8928}$

Die zweiten Potenzen sind unmittelbar verkürzt gefunden.

Oder so:

$$98^2 - 26^2 = (9^2 - 2^2).10^2 + 2.(9.8 - 2.6).10 + (8^2 - 6^2) = 8928.$$
2 2 1

Nach dem Vorhergehenden gelangt man zuletzt dahin einen Ausdruck von der Form

$$\pm \alpha \ldots \pm c \pm b \pm a,$$

wo a, b, ..., α beliebige Potenzen oder zum Theil — oder gänzlich — Produkte vorstellen, numerisch auf einmal zu entwickeln.

10) Es mögen hier noch einige einzelne Fälle folgen, in denen man sehr leicht das Produkt zweier Zahlen finden kann.

(1) Es ist: $(b.10+5)^2 = b^2.10^2 + b.10^2 + 25 = b.(b+1).100 + 25$.

Beispiele. $\frac{85^2}{7225}$; $\frac{65^2}{4225}$; $\frac{95^2}{9025}$.

Man setzt im ersten Beispiele $5^2 = 25$ hin, und daneben zur Linken $8.(8+1) = 8.9 = 72$. Eben so verfährt man in den beiden andern Fällen.

Hiernach ist nun auch:

$$[c.10^2 + (b.10+5)]^2 = c^2.10^4 + c(2b+1).10^3 + b(b+1).10^2 + 25;$$

mithin: $\frac{485^2}{235225}$ $\frac{695^2}{483025}$
7 7 12 9

Setzt man $b+1 = \alpha$, so ist:

$$[c.10^2 + (b.10+5)]^2 = c^2.10^4 + c.(\alpha+b) + b\alpha.10^2 + 25.$$

Wäre $c = b$, so hätte man für $b^2 + b = \beta = b(b+1)$ gesetzt:

$$[b.10^2 + (b.10+5)]^2 = b^2.10^4 + (2b+1).b.10^3 + b(b+1).10^2 + 25$$
$$= b^2.10^4 + (b^2+\beta).10^3 + \beta.10^2 + 25;$$

mithin: $\frac{445^2}{198025}$ $\frac{665^2}{442225}$ $\frac{885^2}{783225}$
3 2 8 4 14 7

In Betreff des vorletzten Beispiels setzt man $5^2 = 25$ hin, bildet $\beta[=6.(6+1) = 6.7 = 42]$ und läßt die Einer von β zur Linken nach 25 folgen und bemerkt die Zehner von β unten, also 2 hin, 4 unten; ferner ist $b^2+\beta = 36+42 = 78$ und hierzu die unten stehenden 4 Einheiten, giebt 82, also 2 hin und 8 unten; endlich: $6^2+8 = 44$.

Obige Methode kann man leicht auf mehr als dreiziffrige Zahlen ausdehnen, wenn sich solche mit einer 5 zur Rechten endigen.

(2) Nach [(1)] hat man nun auch:

$$(b.10+5\pm\Delta)^2$$
$$= [(b.10+5)\pm\Delta]^2 = [b(b+1)].10^2 \pm [(2b+1)\Delta].10 + (25+\Delta^2).$$

Beispiele.

$$\frac{78^2}{\underset{4\ 3}{6084}};\qquad \frac{67^2}{\underset{2\ 2}{4489}};\qquad \frac{86^2}{\underset{1\ 2}{7396}}.$$

Beim dritten Beispiele hat man nämlich: $25+\overset{*}{1} = \overset{*}{2}6$; $(2.8+1).1+\overset{*}{2} = \overset{*}{1}9$; $8.(8+1)+\overset{*}{1} = 73$.

Dies Verfahren läßt sich auch auf mehr als zweiziffrige Zahlen ausdehnen.

(3) Es ist: $(b.10+5).(a.10+5) = a.b.100+5.(a+b).10+25$ oder $= [ab+\frac{1}{2}(a+b)].100+25$ oder $= ab.100+[5(a+b)+2].10+5$.

Also:

$$\begin{array}{r}85\\ \underline{65}\\ 5525\end{array};\ \text{nämlich:}\qquad\qquad \begin{array}{r}75\\ \underline{65}\\ \underset{6}{4875}\end{array};\ \text{nämlich:}$$

25 hin; $8.6+\frac{1}{2}(8+6) = 55$ hin. 5 hin; $5(7+6)+2 = \overset{*}{6}7$; $6.7+\overset{*}{6} = 48$.

Auch dies Verfahren läßt sich mit Vortheil auf zwei mehrziffrige Zahlen ausdehnen, die mit 5 endigen.

(4) Es ist: $(5.10+a).(5.10+b)$
$= 25.100+5.(a+b).10+ab$ oder $= [25+\frac{1}{2}(a+b)].100+ab$.

Also:

$$\begin{array}{r}56\\ \underline{\times 53}\\ \underset{4\ 1}{2968}.\end{array}\qquad\qquad \begin{array}{r}58\\ \underline{\times 56}\\ 3248\end{array};\ \text{nämlich:}$$

$8.6 = 48$ hin; $25+\frac{1}{2}(8+6) = 32$ hin.

Setzt man $a = b$, so kommt: $(5.10+a)^2 = (25+a).100+a^2$.

Also:

$$\frac{53^2}{2809};\qquad \frac{59^2}{3481};\qquad \frac{57^2}{3249}.$$

Beim ersten Beispiele heißt es: $25+3=28$ hin; $3^2=09$ hin. Beim zweiten: $25+9=34$ hin, $9^2=81$ rechts neben 34 hin.

(5) Es ist: $(c.10^2+5.10+a)^2=[(c.10+5)^2+(2c+1)a].100+a^2$.

Also: $\dfrac{753^2}{567009}$; nämlich nach [(1)] ist:

$75^2=5625$, hinzu: 15.3, giebt 5670 hin, und $3^2=09$ hin.

(6) Überhaupt ergeben sich leicht eine unzählige Menge von Abkürzungen für die Multiplikation, wenn die Faktoren am Anfang oder am Ende, oder zwischen Anfang und Ende solche Zahlen enthalten mit welchen sich leicht multipliziren läßt. In dieser Hinsicht sind namentlich die Zahlen, welche in $k.(10^m\pm1)$, $(10^m-1).(n:9)$, $5^m.k$ u. s. w. liegen, zu berücksichtigen, sobald sie in erwähnter Hinsicht in den Faktoren erscheinen.

Beispiele. $\dfrac{225^2}{\underset{1}{5}0625}$ $\dfrac{725^2}{\underset{3}{5}25625}$ $\dfrac{825^2}{6\underset{4}{8}0625}$

Man hat nämlich: $(a.10^2+25)^2=a^2.10^4+5a.10^3+625$.

Hiernach wird z. B. 825^2 so berechnet: 625 hin; $5.a=5.8=\overset{*}{4}0$; $8^2+\overset{*}{4}=68$.

Ferner hat man:

$$(a.10^3+125)^2=a^2.10^6+2a.10^5+(5a+1).10^4+5625.$$

Also: $\dfrac{7125^2}{50765625;}$ (1 3) $\dfrac{9125^2}{83265625;}$ (2 4) $\dfrac{75125^2}{5643765625}$ (18 37)

Für das erste Beispiel setzt man unmittelbar 5625 hin; dann ist $5a+1=7.5+1=\overset{*}{3}6$; also 6 hin; $2a=7.2=14,+\overset{*}{3}=\overset{*}{1}7$; endlich $7^2+\overset{*}{1}=50$.

Im dritten Beispiele wendet man den Vortheil in [(1)], an und rechnet wie folgt:

Man setzt 5625 unmittelbar hin; dann ist $5a+1=75.5+1=\overline{37}6$, also 6 hin und 37 unten; dann: $2a=75.2=150$ und hierzu $\overline{37}$, giebt $\overline{18}7$, also 7 hin und 18 unten; endlich ist $75^2=5625$ und hierzu $\overline{18}$, giebt 5643.

Wäre $a=4m$, so kann man das Resultat noch bequemer erhalten, denn es ist:

$$\begin{aligned}(4m.10^3+125)^2&=(16m^2+m).10^6+15625\\&=[(16m+1)m].10^6+15625.\end{aligned}$$

Hiernach ist z. B. $32125^2 = 1032015625$; es ist nämlich: $m = 8$, also $(16m+1)m \,.\, 10^6 = 129 \,.\, 8 \,.\, 10^6 = 1032000000$ und hierzu 15625, giebt 1032015625.

Ferner ist:

$$(a.10^3+625)^2 = a.(a+1).10^6+2a.10^5+(5a+39).10^4+0.10^3+625.$$

Hiernach hat man z. B.:

$$\begin{array}{r} 7625^2 \\ \hline 58140625 \\ {\scriptstyle 2\;7\quad\;\;\;} \end{array} \qquad\qquad \begin{array}{r} 75625^2 \\ \hline 5719\,140625 \\ {\scriptstyle 19\;41\quad\;\;\;\;} \end{array}$$

Beim ersten Beispiele hat man 0625 hin zu setzen, dann ist: $5a+39 = 7.5+39 = 35+40-1 = \overset{*}{7}4$, also 4 hin und 7 unten; dann ist $2a = 7.2 = 14$, hierzu $\overset{*}{7}$ giebt $\overset{*}{2}1$, also 1 hin und 2 unten; dann $7.8+\overset{*}{2} = 58$ hin.

Bei dem zweiten Beispiele setzt man 0625 hin; ferner ist: $5a+39 = 75.5+39 = \overline{41}4$, also 4 hin und 41 unten; dann $2a+\overline{41} = 75.2+41 = \overline{19}1$, also 1 hin und 19 unten; endlich ist: $a(a+1) = a^2+a = 75^2+75+\overline{19} = 5625+75+\overline{19} = 5719$ nach [·1)], also hin.

Man verlangt: 7562599999999999^2.

Nach dem letztern Beispiele ist:

$$\begin{array}{rcr} (75625 \,.\, 10^{12})^2 & = & 5719140625^{\;14} \\ 15125.10^{13}.(10^{12}-1) & = & 15124999999984875^{\;13} \\ (10^{12}-1)^2 & = & 999999999998000000000001 \\ \hline \text{Nach (S. 641) ist:} & & 571929187599999984874800000000000001 \\ & & \text{auch} = (75626 \,.\, 10^{12}-1)^2 \end{array}$$

Auf ähnlichen Wegen findet man auch u. A. eine Abkürzung zur Entwickelung der Produkte:

$(a.10^3+625).(b.10^3+625)$, $(a.10^4+3125).(b.10^4+3125)$, . . . , $(a.10^m+5^n).(b.10^p+5^k)$, $(5^m.10^n+a).(5^k.10^t+b)$, $(2^m.10^k+5^n)^2.\alpha$

Durch die gehörige Verbindung der hier gelehrten Methoden unter sich, und mit dem Früheren, gehen eine unzählige Menge spezieller Abkürzungen hervor. Unsere Zusätze haben jedoch nur den Zweck, auf solche Untersuchungen hinzuleiten, damit man stets den kürzesten Weg im numerischen Operiren zu nehmen sucht.

68. In dieser Nummer möge noch auf das gewöhnliche Verfahren bei der Multiplikation Rücksicht genommen, und die einzelnen Vortheile die dabei anzubringen sind, aufgestellt werden.

1) Man rückt die Ziffern der sich beim multipliziren ergebenden Theilprodukte entweder nach links oder nach rechts, je nachdem die niedrigste oder höchste Ziffer des Multiplikators die Einheit ist. In diesem Falle wird der Multiplikator rechts neben den Multiplikand gestellt.

(1) Beisp. 345 × 137
```
1035
 2415
47265
```

(2) Beisp. 345 × 731
```
  1035
 2415
252195
```

Dies gewährt den Vortheil, daß man den Multiplikand, nicht noch ein Mal besonders hinstellt.

2) Kommt eine Ziffer im Multiplikator öfter vor, so bilde man das Produkt aus dieser Ziffer und dem Multiplikanden nur ein Mal und benutze dies $(k-1)$mal, wenn diese gleiche Ziffer $k$mal im Multiplikator erscheint.

3) Kommt eine Ziffer t im Multiplikator vor und außerdem ihr 2, 3, ..., m faches, so multiplizire man den Multiplikanden mit t, und bestimme das tmfache des Multiplikanden, indem man das schon gefundene $t$fache $m$mal nimmt und dies in die gehörige Stelle setzt.

4) Auf ähnliche Weise wie in [3)] kann man auch das Addiren anwenden, d. h. das Zusammensetzen der Ziffern des Multiplikators durch addiren. Zum 1fachen des Multiplikand, wieder den Multiplikand addirt, giebt das 2fache desselben, und zum $m$fachen Multiplikand, sein $k$faches addirt, giebt das $(k+m)$fache des Multiplikanden. Man kann auch Addition und Multiplikation mit einander oft vortheilhaft verbinden.

5) In der Regel wird es von Nutzen sein, die kleinere Zahl zum Multiplikator zu erwählen, wenn sich nicht die größere durch ihre besondere bequemere Form besser dazu eignen sollte.

6) Kommen viele Nullen im Multiplikand und Multiplikator oder auch nur in einem von beiden Faktoren vor, so kann man sich oft mit Vortheil der Ordnungszeiger bedienen.

7) Sind mit einer und derselben Zahl viele verschiedene Zahlen zu multipliziren, so bilde man aus dem beständigen Multiplikator die

Vielfachen bis zum 9fachen durch Addiren oder Multipliziren, wie es am bequemsten ist. Die Probe der Richtigkeit dieser Tafel hat man dann daran (wenn man die Addition anwandte), daß zum 9fachen das Einfache des Multiplikators addirt, das Zehnfache des Multiplikators entstehen muß.

8) Oft ist es bequem, wenn man die Faktoren des Multiplikators kennt, mit denselben nach und nach zu multipliziren, wobei man gewöhnlich am vortheilhaftesten verfährt, wenn man die unbequemeren größeren Faktoren zuerst in Anwendung bringt und dann die kleineren bequemeren folgen läßt.

9) Hat man $\alpha \times \ldots \times c \,.\, b \,.\, a$ zu entwickeln, so ist es mitunter bequem, die Multiplikation in anderer Ordnung zu vollziehen oder dabei auch noch Zerlegungen der Faktoren vorzunehmen; oder statt einiger Faktoren ihr Produkt zu setzen, z. B.:

$$8.15.35.15 = (8.5^3).63 = 1000.63 = 63000.$$

10) Mitunter kann man auch leicht den Multiplikator in eine Summe oder Differenz zerlegen und man muß dabei die Summanden und Differenzianden (Minuend und Subtrahend) so zu nehmen suchen, daß damit leichter als auf dem gewöhnlichen Wege zu operiren ist.

11) Beim Addiren, Multipliziren, Subtrahiren und Dividiren, sind die kleinen Zuschlagzahlen (die gewöhnlich mit einem Stern vorkommenden) in den Rechnungen wo sie zur Erleichterung oder zur Sicherheit dienen, stets mit hinzuzuschreiben. Man hängt sie den Hauptzahlen unten an und schreibt sie etwas kleiner. Zur Raumersparniß sind solche öfter fortgelassen, also da, wo sie im erwähnten Sinne fehlen, allemal hinzuzudenken.

12) Die Verkürzungen mit $9, 99, \ldots, 10^k - 1$, ferner mit 11, 111, ... und anderen Zahlen, liefern wieder Verkürzungen für die Vielfachen dieser Zahlen. Hat man eine Verkürzung für den Multiplikator a, so hat man auch dadurch öfter leicht eine solche für den Multiplikator $a \,.\, m \pm k$.

13) Es ist: $a \,.\, mm \ldots m_k = \frac{a \,.\, (10^k - 1)}{9} \,.\, m$, $a.33 \ldots 3_k = \frac{a.(10^k - 1)}{3}$, $a.66 \ldots 6_k = a.(10^k - 1) - \frac{1}{3}[a(10^k - 1)]$. Hat in der ersten Gleichung a oder m, mit 9 einen Faktor gemeinschaftlich, so schafft man ihn vorher fort; ist in der zweiten und dritten Gleichung, a durch 3 theilbar, so erwählt man vorher die Division durch 3.

14) Viele Abkürzungen ergeben sich aus:

$$\frac{m}{n} \cdot 10^p = \frac{m \cdot 10^p}{n} \text{ und } \frac{m}{n} \cdot (10^p \pm k) = \frac{m \cdot (10^p \pm k)}{n}.$$

15) Es ist $(10^m - \Delta) \cdot (10^n - \Delta') = (10^{m+n} + \Delta \cdot \Delta') - (\Delta \cdot 10^n + \Delta' \cdot 10^m)$. Diese Gleichung führt zu Vortheilen, wenn Δ und Δ' nicht zu große Zahlen bezeichnen.

Es ist nämlich oft bequem, namentlich wenn die mehrsten einzelnen Stellenzahlen des einen oder der beiden Faktoren 5, 6, 7, 8, 9 sind, den einen oder beide Faktoren von solchen Zahlen zu subtrahiren oder zu ihnen zu addiren, mit denen leicht multiplizirt werden kann. Hinsichtlich des Subtrahirens sind die jedesmal nächst größeren Potenzen von 10 zu berücksichtigen.

Soll man z. B. mit den Multiplikatoren: 8978; 687987; 887756; 8786879 multipliziren, so nehme man statt dessen bezüglich: $10^4 - 1022$; $10^6 - 312013$; $10^6 - 112244$; $10^7 - 1213121$.

16) Es ist:

$$a \cdot b = \frac{(a+b)^2 - (a-b)^2}{4} \text{ oder } = \left(\frac{a+b}{2}\right)^2 - \left(\frac{a-b}{2}\right)^2;$$

$$a \cdot b \cdot c = \frac{\left(\frac{a+b+c}{2}\right)^3 - \left[\left(\frac{a+b-c}{2}\right)^3 + \left(\frac{a-b+c}{2}\right)^0 + \left(\frac{-a+b+c}{2}\right)^3\right]}{3}$$

$$= \frac{(a+b+c)^3 - [(a+b-c)^3 + (a-b+c)^3 + (-a+b+c)^3]}{4 \cdot 6}.$$

Hat man nämlich möglichst weit hinaus reichende sogenannte Quadrate und Kubik-Tafeln, so kann man auch dieselben oft bequem anwenden *).

Nach der ersteren Gleichung erzielt man mitunter in Vergleichung mit der gewöhnlichen Methode einen Vortheil. Durch wiederholte Anwendung derselben kann man $abc \times \ldots$ entwickeln; denn setzt man $ab = \alpha$, so ist $\alpha \cdot c$ zu suchen, also $= \frac{1}{4}[(\alpha + c)^2 - (\alpha - c)^2]$ u. s. w. Die Anwendung auf ein Produkt von mehr als drei Faktoren läßt sich auch aus der zweiten Gleichung ziehen.

*) Ehe man sich nicht die gehörige Fertigkeit im Rechnen erworben hat, muß man zu keinen Hülfstafeln, oder sogenannten faulen Knechten, schreiten. Dann giebt es eine Menge Tafeln z. B. von den verdienstvollen Mathematikern: Crelle, Grüson. Der Gebrauch ist dort leicht zu ersehen. Übrigens muß man von der Richtigkeit aller ähnlichen Tafeln vorher überzeugt sein, wenn man sich nicht wundern will, oft zu falschen Resultaten zu gelangen.

17) Mitunter ist es vortheilhaft Nebenzahlen in die Rechnung einzuschieben, um andere, gesuchte, daraus leicht abzuleiten und dann die ersteren zu durchstreichen. Man kann auch erstere auf ein schmales Streifchen Papier schreiben, was man unterschiebt, um auf eine bequeme Weise die Hauptzahlen zu entnehmen.

18) Gehörige Verbindung aller bisher gelehrten Abkürzungen mit der gewöhnlichen Multiplikations-Methode.

Es mögen zum Schluß der Multiplikation noch einige Beispiele, in Betreff mehrerer unter den vorstehenden Andeutungen, zur Erläuterung folgen.

(1) 83284765×13002013

```
249854295
     166569530
          83284765
          249854295  als Abschrift der 2ten Reihe
--------------------------
1082869597231945
  1 1 1 1 2 2 2 2 1 1   1
```

(2) Soll man jede der Zahlen z. B. 45372; 45683; 65278 u. s. w. mit 31459 multipliziren, so verschaffe man sich erst folgende Tafel der Vielfachen des beständigen Multiplikators 31459, auf nachstehende Weise.

31459	das 1fache			
62918	= 2 =			
94377	= 3 =	oder (2+1)fache		
125836	= 4 =	= (2 . 2) =	oder (3+1)fache	
157295	= 5 =	= (10 : 2) =	= (4+1) =	oder 3fache +2fache
188754	= 6 =	= (3 . 2) =	= (5+1) =	= 4 = +2 =
220213	= 7 =	= (6+1) =	= (5+2) =	
251672	= 8 =	= (4 . 2) =	= (7+1) =	= 5 = +3 =
283131	= 9 =	= (10-1) =	= (8+1) =	= 3 = . 3 =
314590	= 10 =	= (9+1) =	als Probe.	

Oder u. A. so:

.31459	das 1fache		
283131	= 9 =	verkürzt gefunden und durch Addition geprüft.	
251672	= (9-1) =	= das 9fache — 1fache	
220213	= (8-1) =	= = 8 = — 1 =	
188754	= (7-1) =	= = 7 = — 1 =	
157295	= (6-1) =	= = 6 = — 1 =	oder (10 : 2)fache
125836	= (5-1) =	= = 5 = — 1 =	= (8 : 2) =
94377	= (4-1) =	= = 4 = — 1 =	= (6 : 2) =
62918	= (3-1) =	= = 3 = — 1 =	= (4 : 2) =
31459	= (2-1) =	als Probe.	

Am bequemsten ist es bis zum 6fachen durch Subtraktion zu rechnen und vom 5fachen abwärts die Division anzuwenden, indem 5 = 10:2, 4 = 8:2, 3 = 6:2, 2 = 4:2 ist.

Man hat nun nach diesem Täfelchen:

45372	45683	65278
31459	× 31459	× 31459
62918 das 2fache	94377	251672
220213 „ 7 „	251672	220213
94377 „ 3 „	188754	62918
157295 „ 5 „	157295	157295
125836 „ 4 „	125836	188754
1427357748	1437141497	2053580602
121211	122321	11212111

Soll eine und dieselbe Zahl einzeln mit vielen verschiedenen Zahlen multiplizirt werden, so bildet man eben so die 1 bis 9fachen des unverändert bleibenden Multiplikanden. Auch bei Potenzerhebungen läßt sich u. A. öfter eine Tafel der Vielfachen mit Nutzen anwenden.

(3) 853217378495532×1248163264

1706434756990064........	das 2fache	M	
3412869513980128.......	„ 2 „	M × 2 oder	4 M
6825739027960256......	„ 4 „	M × 2 „	8 M
13651478055920512....	„ 8 „	M × 2 „	16 M
27302956111840024..	„ 16 „	M × 2 „	32 M
54605912223680048	„ 32 „	M × 2 „	64 M
1064954588044242019924 48			
11113333344442222			

Daß man bei 16 zwei Stellen herausrückt, ist nach dem gewöhnlichen Verfahren klar.

(4) 24837654×283432

49675308..... = 2M

99350616.. = 4M = (2M).2

74512962... = 3M

198701232.... = 8M = (4M).2

794804928 = 32M = (8M).4

7039785948528

22221121 1

Oder so: 24837654 × 283432

49675308..... = 2M

99350616.. = 4M = (2M).2

198701232.... = 8M = (4M).2

794804928 = 32M = (8M).4

74512962 = 3M

7039785948528

22222121 1

(5)   483264536
      $\times$ 7352946

966529072. . . $= 2M = \alpha$

1449793608 . . . $= 3M = \beta$ auch $= \alpha + M$

1933058144. $= 4M = 2\alpha$ auch $= \beta + M = \gamma$

2416322680 $= 5M = (10:2)M$ auch $= \gamma + M = \delta$

2899587216 $= 6M = 2\beta$ auch $= \delta + M = \varepsilon$

3382851752 $= 7M = \varepsilon + M$

4349380824 $= 9M = 3\beta$ auch $= (9$ verk.$)M$

3553418036923056

1 1 3 3 3 4 3 3 2 3 1 1.

Stellt man bei diesem Verfahren die Ziffern etwas auseinander, so wird es nach einiger Übung eine große Erleichterung gewähren, namentlich für Diejenigen, die sich nicht gern anstrengen; denn man braucht in der Regel höchstens nur ein Paar Vielfache des Multiplikands auf die leichteste Weise zu berechnen, um daraus die noch fehlenden durch einfache Addition, Subtraktion, Multiplikation oder Division (durch 2) abzuleiten. Stehen die hierbei zu addirenden oder von einander zu subtrahirenden Zahlen nicht untereinander, so stört dies den nur etwas geübten Rechner nicht, indem er sich im erforderlichen Falle an die Einer, Zehner u. s. w. der durch die eine oder andere von beiden Operationen zu verbindenden Zahlen Punkte setzt. Will man sich bei größeren Multiplikationen nicht etwa einer Tafel der Vielfachen des Multiplikands bedienen, so ist es vortheilhaft dieselben auf ein schmales Papierstreifchen zu schreiben und dies jedesmal gehörig über dasjenige schon berechnete mfache zu legen, aus dem man entweder das $(m+1)$ oder $(m-1)$fache ableiten will. Ist z. B. 97854 der Multiplikator, so suche man zuerst $M.5 = (M.10):2 = \alpha$, über die Ziffern des α halte man das auf jenem Streifchen stehende M, so daß Ziffern gleicher Ordnung untereinander stehen, und bilde $\alpha - M = M.4$, indem man von oben nach unten subtrahirt. Dann bilde man $M.8$, indem man das vorige 4fache, 2 mal nimmt. Ferner formire man $M.7 = 8M - M$, indem man wieder jenes Streifchen über 8M legt und hiervon M subtrahirt. Endlich bilde man $M.9 = 8M + M$, indem man über die Ziffern, oder vielmehr längs den Ziffern von 8M das Streifchen legt und nun zu 8M das M addirt. Das 5fache $= (10:2)$fache wurde zuerst gesucht, indem es auf angegebene Weise leichter zu finden war als das 4fache.

Man hat hiernach:

```
(6)
          7 6 3 5 8 4 3
            × 9 7 8 5 4
-----------------------
      3 8 1 7 9 2 1 5
       (7 6 3 5 8 4 3)
        3 0 5 4 3 3 7 2
    6 1 0 8 6 7 4 4
   (7 6 3 5 8 4 3)
  5 3 4 5 0 9 0 1
6 8 7 2 2 5 8 7
-----------------------
7 4 7 1 9 7 7 8 0 9 2 2
  1 1 1 1 1 3 2 1   1
```

```
(7)
          5 6 3 4 6 8
        × 7 8 3 4 2
---------------------
        1 1 2 6 9 3 6
      2 2 5 3 8 7 2
    1 6 9 0 4 0 4
   (5 6 3 4 6 8)
  4 5 0 7 7 4 4
3 9 4 4 2 7 6
---------------------
4 4 1 4 3 2 1 0 0 5 6
  1 1 1 2 2 2 2 2
```

Bei dem 6ten Beispiele ist zuerst mit 5 multiplizirt, da nämlich 7 die höchste Ziffer von M ist, so ist M.5 = einer 8ziffrigen Zahl, wie dies der bloße Anblick zeigt. Deshalb zählen wir von den Zehnern des Multiplikators an, von rechts nach links zu 8 Ziffern ab, denken uns hinter den 3 Einern des M eine Null stehend und dividiren nun: 2 in 7 giebt 3; 2 in 16 g. 8; 2 in 3 g. 1; 2 in 15 g. 7; 2 in 18 g. 9; 2 in 4 g. 2; 2 in 3 g. 1; 2 in 10 g. 5, wo die beiden höchsten Ziffern 38, der herausgekommenen Zahl: 38179215, wie in der Auflösung zu sehen, gehörig herausgerückt sind.

Hiernach suchen wir M.4 dadurch, daß wir unter (oder über) 5M das auf dem Streifchen stehende M legen und 5M — M = 4M = 30543372 hinschreiben, wo die jedesmal kommende niedrigste Ziffer der Partialprodukte (hier 2) gerade unter der Ziffer des Multiplikators zu stehen kommt (hier unter 4) mit der wir multiplizirt haben.

Nun bilden wir M.8 indem wir das schon vorhandene M.4 = 30543372 mit 2 multipliziren, wodurch wir 61086744 erhalten und die niedrigste Ziffer hiervon, nämlich 4, senkrecht unter die Ziffer 8 des Multiplikators setzen. Ferner formiren wir M.7, indem wir das Streifchen entweder unter 8M oder darüber legen und von 8M subtrahiren M. Endlich bilden wir M.9 entweder mittelst des Verfahrens, daß wir über 8M, M legen und addiren, oder bequemer dadurch, daß wir M verkürzt mit 9 multipliziren. In unserer Auflösung sollen die mit kleinen Ziffern geschriebenen und eingeschlossenen Zahlen das anzuwendende Streifchen vorstellen. Sind die Multiplikationen nicht sehr lang, so daß das Streifchen nicht sehr oft anzuwenden ist, so kann man auch jedesmal den Multiplikand d. h. M da mit ganz kleinen Ziffern unterschreiben, wo er gebraucht wird, um ein neues Partialprodukt abzuleiten.

Wollte man beim Multipliziren mit 5 = 10:2, jenes einfache

Abzählen ersparen, so könnte man den mit 10 multiplizirt gedachten Multiplikand von rechts nach links durch 2 dividiren, was ebenfalls, nach einiger Übung, sehr leicht geht; denn man hätte: 2 in 10 giebt 5; 2 in 3 g. 1; 2 in 4 g. 2; 2 in 18 g. 9; 2 in 15 g. 7; 2 in 3 g. 1; 2 in 16 g. 8; 2 in 7 g. 3. Wollten wir bei unserem Exempel zuerst mit 4 multiplizíren, also M.4 bilden, so ergab sich daraus M.5 = M.4 + M entweder durch Anwendung des Streifchens oder durch Dazwischenschreibung des M u. s. w.

Bei dem 7ten Beispiele bildeten wir M.2 = 1126936, dann M.4 = 1126936.2 = 2253872; dann M.3, indem wir zu M.2 = 1126936 entweder den unmittelbar darüber stehenden Multiplikand 563468 addiren, oder letzteren mit 3 multiplizirten; dann hatten wir 8M = 4M . 2 = 2253872 × 2 = 4507744; aus letzterem 8M bilden wir 7M entweder durch Anwendung jenes Verfahrens, daß wir nämlich von 8M das M subtrahiren, oder daß wir von 8M unmittelbar M, durch das Setzen jener in [(5) Beispiel] erwähnten Punkte subtrahiren.

```
(8) 75834976×28643
    ---------------
     151669952....
        303339904.
      606679808  .
         227504928
       455009856
    ---------------
     2172141217568
     1  2223 3221
```

```
(9)     7684321654
           × 2579
        ----------
        69158894886=M.9(verk.)
    15368643308    =M.2
      53790251578  =9M—2M
     38421608270   =7M—2M
    --------------
    19817865545666
     1221 1121211
```

```
Oder so:      7684321654
                 × 2579
          --------------
          192108041350
           (6 1 4 7 4 5 7 3 2 3 2 0)
             60706141 0666
          --------------
          19817865545666
```

auch $= \frac{1}{4}(10000\,M) + (80\,M - M)$.

Bei dem 8ten Beispiele bildete man zuerst M.2 = α, hieraus 2α = M.4 = β, dann hieraus M.8 = 2β; ferner M.3 = γ [oder auch α + M], endlich M.6 = 2γ. Die Einer der kommenden Partialprodukte werden, wie hier, stets senkrecht unter die Ziffer des Multiplikators gesetzt, mit der multiplizirt ist.

Beim 9ten Beispiele ist erst mit 9 verkürzt multiplizirt, dann ist

2M gebildet; ferner ist M.7 aus 9M—2M dadurch leicht erzeugt, daß wir uns des Ansetzens von Markirpunkten bedienten. Eben so konnten wir M.5 = 7M — 2M finden, es war jedoch bequemer an den Multiplikand M eine Null zu denken und durch 2 von links nach rechts, oder umgekehrt, zu dividiren.

Bei der zweiten Auflösung des 9ten Beispiels multiplizirten wir M zuerst mit 25 verkürzt, indem wir uns nur zwei Nullen nach M folgend dachten, und nun $M.10^2$ durch 4 dividirten. Da das kommende Partialprodukt 2 Ziffern (wegen der Endigung: 00 und 4 in 7 giebt 1) mehr als der Multiplikand, also 12 Ziffern haben muß, und die niedrigste Ziffer desselben, nämlich Null, unter den 5 Hundertern des Multiplikators zu stehen kommt, so zählen wir von hier nur 12 Stellen nach links zu ab, weshalb die durch die Division erfolgenden vier Ziffern 1921 vorgesetzt wurden. Endlich multiplizirten wir M mit 80, schrieben die kommende Zahl mit kleinen Ziffern, und subtrahirten von ihr den in der dritten Reihe nach oben zu stehenden Multiplikand unmittelbar.

```
(10)        857385975547
            × 392781243
-------------------------
257215792641........
 771647377923.......
  2314942133769.....
    6944826401307...
     20834479203921
-------------------------
336765129175587410921
 11  1232222211  1  1
```

```
(11)     325272823526
            × 535245
---------------------
 1626364117630
  11384548823410
      79691841763870
---------------------
 174100652428173870
    2211121  1
```

Bei dem 10ten Beispiele hat man aus $M.3 = \alpha$, $3\alpha = 9M = \beta$, $3\beta = 27M = \gamma$, $3\gamma = 81M = \delta$, $3\delta = 243M = 20834479203921$.

Bei dem 11ten Beispiele hatte man aus $10M : 2 = 5M = \alpha$, $7\alpha = 35M = \beta$, $7\beta = 245M = 79691841763870$. Was hier das nach rechts zu Herausrücken betrifft, so weiß man, daß für eine Ziffer im Multiplikator, das zugehörige Partialprodukt ebenfalls um eine, für zwei Ziffern, um 2, . . . , und für m Ziffern um m Stellen nach rechts zu herausgerückt werden muß. Da wir nun in unserem Beispiele an 35 zwei Ziffern hatten, so rückten wir um zwei und bei 245 um 3 Stellen heraus.

(12)
5 2 3 0 0 0 0 0 0 3 4
× 2 3 0 0 0 0 7 3 2
1 0 4 6 . . . . . . 6 8
1 5 6 9 . . . . . 1 0 2
3 6 6 1 . . . . . 2 3 8
1 5 6 9 . . . . . 1 0 2
1 0 4 6 . . . . . . 6 8
1 2 0 2 9 0 3 8 2 9 1 4 2 0 0 2 4 8 8 8
1 1 1 2 1

Hier ist erst M.2 gesucht, dann der darüber stehende Multiplikand M zu 2M addirt, oder M mit 3 multiplizirt, dann ist M.7 bestimmt und das 3 und 2fache ist wieder für die beiden letzten Reihen benutzt.

Einfacher hat man durch den Gebrauch der Ordnungszeiger:

$$(52\overset{8}{3} + 34) . (2\overset{7}{3} + 732) = 12029038291420024888.$$

(13)
847595 *)
× 34839
15
2720
153640
21207215
1228402745
2416561581
32322145
641263
2436
72
29529362205

Oder so:
847595
× 34839
2542785.... = 3M = α
3390380... = α+M = β
6780760.. = 8M = 2β
2542785. = 3M = α
7628355 = 3α oder M(10−1)
29529362205
1 2 2 2 2 2 1 1

(14)
82001021
× 20033
2003
400603
2003006
400600030
160240600
24
1642726453693

Oder so:
82001021
× 20033
164012042....
2706033693 = M(33 verk.) od. durchmult.
1642726453693

*) Die Beispiele (13), (14), (15) und (16) sind aus Crelle's Lehrbuch der Arithmetik und Algebra. Berlin, 1825 bei G. Reimer entnommen. Die zweite Ausrechnung derselben, da wo es heißt: „Oder so:" habe ich zur Vergleichung der Methoden hinzugefügt.

```
(15)           7800000583
            × 3480000000021
            ---------------
              9
             2412
            153224.......6
    24.....2064......16.3
  2132.....40......10.8
    2864.......16.....5
      56.......14.8.....
                 7
  ------------------------
  27144002029003800012243
   21        111111      11
```

Oder so:

```
3480000000021 × 7800000583
-------------
2436000000147              = 7M    = α
 2784000000168             = α+M = β
       1740000000105       = 10M : 2
         2784000000168     = β
          1044000000063    = 3M
--------------------------
2714400202900 3800012243
  11      11  111       11
```

Oder so:

```
3480000000021×7800000583
--------------------------
 271440000001638........ = M × (78 verk.)
       201840000001218.  = M × (58 verk.)
         1044 0000000063 = M × 3
--------------------------
 271440020290 0 3800012243
               11         1
```

Oder so: $(34\overset{10}{8} + 21).(\overset{8}{78} + 583) = \begin{cases} 2714400202884 \\ 163800012243 \\ \hline 27144002029003800012243 \end{cases}$

```
(16)        540006300829
           18008430000089
           --------------
            9
           272.72
          816.1636
        3..64.64.827....72
       624.24..32.6....1681
  4...48.4812..24....6418
 532.32...2409....24..72
 40.4016...18....4827..
      2021....32...54
        15....4036...
             45
 -------------------------
 972466566808604903077378 1
```

Oder so:

```
              18008430000089
            × 540006300829
            ─────────────────
            36016860000178.     = 2M = α
        54025290000267.....     = 3M = α+M = β
   72033720000356..........     = 4M = 2α   = γ
 90042150000445............     = 5M = (10:2)M = γ+M
     108050580000534.......     = 6M = 2β
         144067440000712..      = 8M = 2γ
           162075870000801      = 9M = 3β.3 oderM(9verk.)
 ──────────────────────────
 97246656680860490307773781
     2     222221211     1
```

Oder so:

```
             18008430000089
           × 540006300829
           ─────────────────
           162075870000801  = M . (9 verk.) = α
           36016860000178   = M . 2 = β
        144067440000712     = β . 4
    1134531090005607        = α . 7
 972455220004806            = α . 6
 ──────────────────────────
 97246656680860490307773781
            11212121     1
```

Oder so:

```
             ..............
             18008430000089
           × 540006300829
           ─────────────────
           162075870000801  = M . (9 verk.) = α
        1476691260007298    = α . 9+M
    1134531090005607        = α . 7
 972455220004806            = α . 6
 ──────────────────────────
 97246656680860490307773781
            11211  21    1
```

```
(17)  89999956 × 784                    Oder so:  89999956 ×(100-2).8
      ────────                                    ──────────
      90000056 — 100                              8819995688
 ─────────────────── (789verk.            ────────────(8
  70560043904                             70559965504
ab:       78400
  ─────────────
  70559965504
```

Man hatte hier in der ersten Ausrechnung blos 784 mit 56 verkürzt und 784 mit 9 verkürzt zu multiplizieren und dann noch eine leichte Subtraktion. In der zweiten Ausrechnung subtrahirten wir unmittelbar von 100M, 2M und multiplizirten den Rest mit 8.

```
              Differenz              Diff.                    Diff.
(18)     94 │ 6          (19)    93 │ 7         (20)     987 │13
       × 89 │11                × 88 │12                × 988 │12
       ──────                  ──────                ───────
       8366                    8184                  975156

                          Differenz
          (21)      999983 │ 17
                  × 999879 │121
          ─────────────────
            999862002057
```

Der Grund der Auflösung der Beispiele (18) bis (21) liegt in der Gleichung:

$$(10^m - a) \cdot (10^m - b) = [10^m - (a+b)] \cdot 10^m + ab,$$

deshalb heißt es bei [(18)]: $100-94=6$, $100-89=11$, also $11.6=66$ und $100-(11+6)=83$. Bei [(20)]: $1000-987=13$, $1000-988=12$, also $13\times 12=156$ und $1000-(13+12)=975$. Bei [(21)]: $1000000-999983=17$, $1000000-999879=121$, also $121\times(17$ durchm.$)=002057$ und $1000000-(121+17)=999862$.

(22)
$$\begin{array}{l} 7654 \times 3 \\ \underline{15308} = M.2 \\ 22962 \end{array}$$

(23)
$$\begin{array}{l} 2)\overline{8863} \times 6 \\ \underline{44315} = M.5 \text{ (verk.)} \\ 53178 = 5M + M \end{array}$$

(24)
$$\begin{array}{l} 2)\overline{7655} \times 7 \\ 38275 = M.(5 \text{ verk.}) \\ \underline{15310} = M.2 \\ 53585 \end{array}$$

(25)
$$\begin{array}{l} 76549 \times 8 \\ \text{ab: } \underline{153098} = 2M \\ 612392 \end{array}$$

(26)
$$\begin{array}{l} 765432 \times 9989 \\ \text{ab: } M.(11 \text{ verk.}) = \underline{8419752} \\ 7645900248 \end{array}$$

(27)
$$\begin{array}{l} \overline{7\,6\,4\,3\,2} \times 275, = \tfrac{1}{4}.1100 \\ 8\,4\,0\,7_3 5_3 2\,0\,0 \\ 4)\overline{2\,1\,0\,1\,8\,8\,0\,0} \end{array}$$

(28)
$$\begin{array}{l} \overline{6\,8\,4\,5\,3} \times 225, = \tfrac{1}{4}.900 \\ 6_2 1_1 6\,0\,7_3 7_1 0_2 0 \\ 4)\overline{1\,5\,4\,0\,1\,9\,2\,5} \end{array}$$

(29)
$$\begin{array}{l} \overline{7\,6\,8\,4\,3} \times 375, = \tfrac{1}{8}.3000 \\ 2\,3_7 0_6 5_1 2_4 9_1 0_2 0_4 0 \\ 8)\overline{2\,8\,8\,1\,6\,1\,2\,5} \end{array}$$

(30)
$$\begin{array}{l} \overline{7\,3\,4\,5} \times 175, = \tfrac{1}{4}.700 \\ 5_1 1_3 4_2 1_1 5_3 0_2 0 \\ 4)\overline{1\,2\,8\,5\,3\,7\,5} \end{array}$$

(31)
$$\begin{array}{l} \overline{2346} \times 398, = 400-2 \\ -4692 = -[M.2 = \alpha] \\ \underline{938400} = 2\alpha.100 \\ 933708 \end{array}$$

(32)
$$\begin{array}{l} 2)\overline{84321} \times 4989, = (\tfrac{1}{2}.10000 - 11)M \\ 421605000 \\ \text{ab: } \underline{927531} = M.(11 \text{ verk.}) \\ 420677469 \end{array}$$

(33)
$$\begin{array}{l} \overline{7643} \times 855, = 900 - \tfrac{1}{2}.90 \\ 6878700 = [M.(90 \text{ verk.}) = \alpha].10 \\ \text{ab: } \underline{343935} = \tfrac{1}{2}\alpha \\ 6534765 \end{array}$$

(34)
$$\begin{array}{l} 7846 \times 875, = 1000 - \tfrac{1}{8}.1000 \\ \text{ab: } \underline{980750} = \tfrac{1}{8}.1000M \\ 6865250 \end{array}$$

(35) $7643 \times 525, = 600 - \frac{1}{8}.600$
$4585800 = 600M = \alpha$
ab: $573225 = \frac{1}{8}\alpha$
4012575

Oder so: 7643
$\times 525$
$38215 = M(\text{verk.}5) = \alpha$
$191075 = \alpha.(5\,\text{verk.})$
4012575

(36) $4326 \times 175, = 200 - \frac{1}{8}.200$
$865200 = M.200 = \alpha$
ab: $108150 = \frac{1}{8}\alpha$
757050

(37) $7643 \times 249, = \frac{1}{4}.1000 - 1$
$1910750 = \frac{1}{4}.1000M = \alpha$
$1903107 = \alpha - M$

(38) $4)\,4628 \times 247, = \frac{1}{4}.1000 - 3$
$1157000 = \frac{1}{4}(1000M)$
ab: $13884 = M.3$
1143116

(39) 45263
$\times 2114$
$90526 = M.2 = \alpha$
$497893 = M.(11\,\text{verk.})$
$181052 = 2\alpha$
95685982

Oder so: 45263
$\times 2114$
$9550493 = M.211\,(\text{verk.})$
$181052 = M.4$
95685982

(40) $4)\,64324 \times 925$
$1608100 = \frac{1}{4}(100M)$
$57891600 = M.(9\,\text{verk.}).10^2$
59499700

(41) $4)\,7684 \times 251$
$1921 = \frac{1}{4}(100M) = \alpha$
$1928684 = \alpha + M$

(42) $8)\,8168 \times 1252$
$1021000 = \frac{1}{8}.(1000M)$
$16336 = M.2$
10226336

(43) 2343×675
$1405800 = 600M = \alpha$
$175725 = \frac{1}{8}\alpha$
1581525

(44) 4233×756
$25398 = 6M = \alpha$
$3174750 = \frac{1}{8}(100\alpha)$
$3200148 = (M.7).10^2 + (M.7).8$

(45) 7368×6175
$44208000 = (600M = \alpha).10$
$552600 = \frac{1}{8}\alpha$
45497400
1 1 1

(46) 6453×9974
$64336410 = [(1000 - 3)M].10$
$25812 = M.4$
64362222

(47) 64342×1923
$5919464 = (100 - 8)M$
$193026 = 3M$
123729666

(48) 6843×4398
$27372000 = (M.400 = \alpha).10$
$2723514 = \alpha - 2M$
30095514

(49) 65234×17689
$456638\ldots = (700M = \alpha).10$
$44946226 = \alpha - M.(11\,\text{verk.})$
1153924226
1 1 1 1 1

(50)
25364 × 567
177548 $= M.7 = \alpha$
14203840 $= \alpha.80$
14381388

(51)
13426 × 642
80556 $= M.6 = \alpha$
563892 $= \alpha.7$
8619492
1 1

(52)
42631 × 756
298417 $= M.7 = \alpha$
2387336 $= \alpha.8$
32229036

(53)
212342 × 11661
2335762 $= M.(11$ verk.$) = \alpha$
14014572 $= \alpha.6$
2476120062
111

(54)
823426132 × 11882641
9057687452 . . . . . . $= M.(11$ verk.$) = \alpha$
72461499616 . . . . $= \alpha.8 = \beta$
217384498848 $= \beta.3$
9784477116574612
1111321111 1

(55)
9234 × 7254
(83106) $= M.(9$ verk.$) = \alpha$
664848 $= \alpha.8$
498636 $= \alpha.6$
66983436
111

(56)
845362723456
× [27540217944 =3060024216.9]
25360881170368 . . . $= M.3 = \alpha$
50721176340736 . . $= \alpha.2 = \beta$
20288705362944 . $= \beta.4 = \gamma$
182598348266496 $= \gamma($verk.9$)$
258683040507907121049 6
23281473645711640894464 (9 verk.

Nach der gewöhnlichen Rechnungsweise wären 10 Kolonnen nöthig gewesen, hier hingegen nur 4.

(57)
7643214327
× 8726456
61145714616 . . . $= M.8 = \alpha$
550311431544 . . $= \alpha.(9$ verk.$)$
489165716928 . $= \alpha.8$
428020002312 $= \alpha.7$
66698173523135112
12 211111 1

(58) 3235472458379694
× 7219635654287

22648307208657858 . . . . $= M.7 = \alpha$
67944921625973574. . . . . . $= \alpha.3 = \beta$
29119252125417246 . . . . $= M.(9\,\text{verk.}) = \gamma$
20383476487792O722 . . . $= \beta.3$
181186457669262864 . . $= \alpha.8 = \delta$
174715512752503476 . $= \gamma.6$
90593228834631432 $= \alpha.4$ oder $\frac{1}{2}\delta$
22648307208657858 $= \alpha$

23358932318981650467564848178
1 1 2 1 4 1 2 3 3 2 5 5 3 5 3 2 3 1 1 2 1 1 1 1

(59) 23435 × 126, $= \frac{1}{8}.1000 + 1$
2929375
2952810
1 1 1

(60) 7347 × 375
4) 8081700 $= M.11(\text{vk.}).100 = \alpha$
2020425 $= \frac{1}{4}\alpha$
2755125 $= M.100 + \frac{1}{4}\alpha$

(61) 25437 × 1376
27980700 $= M.11(\text{verk.}).100 = \alpha$
6995175 $= \frac{1}{4}\alpha$
35001312
1 2 2 1 1 1 1

(62) 26433 × 2253
33041250 $= (\frac{1}{8}1000M).10$
79299 $= M.3$
59553549
1 1 1

(63) 436253 × 3259
3926277 $= M.9 = \alpha$
981569250 $= \frac{1}{4}(1000.\alpha)$
1421748527
1 1 1 1 1 1

(64) 456326 × 63, $= 70 - 7$
3194282 $= M.7 = \alpha$
ab: 3194282 $= \alpha$
28748538

(65) 52432 × 36, $= 40 - 4$
209728 $= M.4 = \alpha$
ab: 209728 $= \alpha$
1887552

(66) 2456 × 18, $= 20 - 2$
4912 $= M.2 = \alpha$
ab: 4912 $= \alpha$
44208

(67) 23457 × 45, $= 50 - 5$
117285 $= M.5 = \alpha$
ab: 117285 $= \alpha$
1055565

Oder so: 2) 23457 × $\frac{1}{2}.100 - \frac{1}{2}.10$
1172850 $= \frac{1}{2}(100M) = \alpha$
ab: 117285 $= \frac{1}{10}\alpha$
1055565

(68) 3425 × 27, $= 30 - 3$
10275 $= M.3 = \alpha$
ab: 10275 $= \alpha$
92475

(69) 23524 × 54, $= 60 - 6$
141144 $= M.6 = \alpha$
ab: 141144 $= \alpha$
1270296

(70) 3424 × 72, $= 80 - 8$
27392 $= M.8 = \alpha$
ab: 27392 $= \alpha$
246528

(71) 43212 × 81, $= 90(\text{vk.}) - 9(\text{vk.})$
388908 $= M.9\,\text{verk.} = \alpha$
ab: 388908 $= \alpha$
3500172

(72) $432152 \times 49, = \frac{100}{2} - 1$

2) $21607600 = \frac{1}{2}(100M) = \alpha$

$21175448 = \alpha$ ab: unmittelbar M.

(73) 1 2 3 0 0 2 4 3 2 1 2 2 × 1111111111

ab: 1 2 3 0 0 2 4 3 2 1 2 2

9) $1\ 2_3 3_6 0_6 0_6 2_8 4_3 3_6 2_8 1\ 0\ 9\ 6\ 9_6 9_6 7_4 5\ 6\ 7_4 8_3 7_1 8$

1 3 6 6 6 9 3 6 9 0 1 0 7 7 7 5 0 7 5 4 2

(74) 4321562436 × 9999999

ab: 4321562436

43215620038437564

(75) 8 6 5 7 3 4 8 6 5 8 4 3 6 (2 × 2222222222222

1 7 3 1 4 6 9 7 3 1 6 8 7 2 . . . .

ab: 1 7 3 1 4 6 9 7 3 1 6 8 7 2

9) $1\ 7_8 3_2 1_3 4_7 6_4 9_4 7_2 3_5 1_6 6_3 8_2 7\ 0\ 2\ 6_8 8_7 5_3 3_6 0_6 2_8 6_5 8_4 3_7 1_8 2_1 8$

1 9 2 3 8 5 5 2 5 7 4 3 0 0 2 9 8 3 6 6 9 6 4 7 9 2 vgl. S.743.

(76) 1 6 7 8 3 2 5 4 6 8 3 4 2 5 6 8 3 5 9 3 4 8 × 11111111111111113

ab: 1 6 7 8 3 2 5 4 6 8 3 4 2 5 6 8 3 5 9 3 4 8

9) $1\ 6_7 7_5 8_4 3_7 2\ 5\ 4\ 6\ 8_5 3_8 4_3 2_5 5_1 6_7 8_6 1_7 9_7 1_8 5_4 1_5 5_1 4_5 5_1 3_4 1_5 6_2 5_7 7_5 4\ 3\ 1_4 6_1 4_5 0_5 6_2 5_7 2$

1 8 6 4 8 0 6 0 7 5 9 3 6 1 8 6 8 7 9 4 6 1 6 1 4 6 2 8 6 0 3 5 1 5 6 2 8

addirt: 5 0 3 4 9 7 6 4 0 5 0 2 7 7 0 5 0 7 8 0 4 4

1 8 6 4 8 0 6 0 7 5 9 3 6 1 8 7 3 8 2 9 5 9 2 5 5 1 3 1 3 7 4 0 2 3 4 3 2 4 vgl. S.745.

(77) 8 5 3 5 6 8 7 4 3 5 8 7 6 3 × 3111111111

ab: 8 5 3 5 6 8 7 4 3 5 8 7 6 3

9) $8\ 5_4 3_7 5_3 6\ 8\ 7_6 4_1 2_3 7_1 3_4 4_8 0_8 6_5 1_6 2_8 5_4 6_1 4_5 1_6 2_8 3_2 7$

9 4 8 4 0 9 7 1 4 1 4 8 9 5 6 9 5 1 5 6 9 3

addirt: 2 5 6 0 7 0 6 2 3 0 7 6 2 8 9

2 6 5 5 5 4 7 2 0 2 1 7 7 7 8 5 6 9 5 1 5 6 9 3 vgl. S. 747.

(78) 3 2 5 6 3 4 5 6 × 333333
ab: 3 2 5 6 3 4 5 6
$3)\ 3\ 2\ 5_1 6_1 3_1 4_2 2_1 3_1 4_2 3_2 6_2 5_1 4_2 4$
1 0 8 5 4 4 7 4 4 7 8 8 4 8

Es ist: $333333333 \times 222222222 = (1 - \frac{1}{3}).[111111111 \times (10^9 - 1)]$.

Man hat also: 111111111
ab: 111111111
$111111110888888889 = \alpha$
ab: $\frac{1}{3}\alpha =$ 37037036962962963
74074073925925926

(79) $16)\ 8\ 2_2 0_4 0_8 1_1 6\ 4\ 8\ 0\ 6\ 4\ 8\ 0\ 1\ 6$ $\times 1875, = \frac{3}{16}.10^4$
5 1 2 5 1 0 3 0 0 4 0 5 0 1 0 0 0 0
1 5 3 7 5 3 0 9 0 1 2 1 5 0 3 0 0 0 0 (3

(80) 16) 4016848 × 4375
2510530000
17573710000 (7

Oder: 2) 4016848 × 4375
$20084240000 = \frac{1}{2}(10^4 M) = \alpha$
ab $\frac{1}{8}\alpha =$ 2510530000
17573710000

(81) 2) 320648 × 5625
$1603240000 = \frac{1}{2}(10^4 M) = \alpha$
addirt: $200405000 = \frac{1}{8}\alpha$
1803645000

Oder: 16) 320648 × 5625
200405000
1803645000 (9 verk.

(82) 16) 48016 × 6875
30010000
330110000 (11 verk.

(83) 4) 84816 × 28125
$2120400000 = \frac{1}{4}(10^5 M) = \alpha$
addirt: $265050000 = \frac{1}{8}\alpha$
2385450000

(84) 1648016 × 9375
ab: 1030010000
15450150000

(85) 8) 72456 × 15625
$905700000 = \frac{1}{8}(10^5 M) = \alpha$
addirt: $226425000 = \frac{1}{4}\alpha$
1132125000

(86) 32456 × 1249
$40570000 = \frac{1}{8}(10^4 M) = \alpha$
$40537544 = \alpha - M$

(87) 16048 × 124
$2006000 = \frac{1}{8}(10^3 M) = \alpha$
$1989952 = \alpha - M$

(88) 4) 481632 × 6275
12040800
30102
3022240800

(89) 7843 × 429
$313720 = 40\,M = \alpha$
$\alpha - M =$ 305877
3364647 (11 verk.

(90) 86453 × 6327
77807700
544653900 (7
addirt: 2334231 = 3α
546988131

(91) 432142 × 648
2 59285200 = $(6M = \alpha).10^2$
addirt: 20742816 = 8α
280028016

(92) 41234 × 7175
288638 = 7M = α
7215950 = $\frac{1}{4}(100\alpha)$
295853950

(93) 123243 × 5497
677836500 = M.(5500 verk.)
ab: 369729 = 3M
677466771

(94) 312454 × 636
187472400 = $(6M = \alpha).100$
addirt: 11248344 = 6α
198720744

(95) 13214 × 1322
171782 = M.13 verk.
290708 = M.22 verk.
17468908

(96) 342141 × 735
239498700 = $(M.7 = \alpha).100$
11974935 = $\frac{1}{2}(10\alpha)$
251473635

(97) 23421 × 11331
257631000 = $[M.(11\,\text{verk.}) = \alpha].10^3$
7728930 = $\alpha.30$
265383351

(98) 2) 314268 × 5033
1571340000 = $\frac{1}{2}(10^4M)$
10370844 = M(33 verk.)
1581710844

(99) 34568 × 349
3422232 = M.(99 verk.)
8642000 = $\frac{1}{4}(1000M)$
12064232

(100) 4) 34268432 × 2497
85671080000 = $\frac{1}{4}(10^4M)$
ab: 102805296 = 3M
85568274704

(101) 320481664 × 6376
40060208 = $\frac{1}{8}M = \alpha$
20030104 = $\frac{1}{2}\alpha$
2043391089664

(102) 8) 1234567 × 9125
154320875 = $\frac{1}{8}(1000M)$
11111103 = M.(9 verk.)
11265423875

(103) 34214 × 649
2052840 hiervon M
2018626
22204886 (11 verk.

Oder so: 2) 34214 × 649
1710700
22239100 (13 verk.
22204886 = $\frac{1}{2}(1300M) - M$

Als Spezialfall von $M = a.\frac{10^\alpha . c}{b}$ hat man folgendes Beispiel:

(104) 21345 × 375
64035000 = M.3000 = α
8) 8004375 = $\frac{1}{8}\alpha$

$$\begin{array}{rl} (105) & \underline{12456} \times 594 \\ \text{M.(99 verk.)} = & \underline{1233144}(6 \\ & 7398864 \end{array}$$

Oder so: $\dfrac{12456 \times 594}{\underset{111\ \ 22}{7398864}}$; nämlich:

6 von10=4,.6=$\overset{*}{2}$4; 6 von10=4,.6,+$\overset{*}{2}$=$\overset{*}{2}$6; 5 von 6=1,.6,+$\overset{*}{2}$= 8; 2 von 5=3,.6=$\overset{*}{1}$8; 1 von 4=3,.6,+$\overset{*}{1}$=$\overset{*}{1}$9; 0 von 2=2,.6,+$\overset{*}{1}$=$\overset{*}{1}$3; 0 von 1=1,.6+$\overset{*}{1}$=7.

$$\begin{array}{rl} \text{Oder so:} & \underline{12456 \quad} \times 594 \\ & 74736 \quad = 6M \\ \text{ab:} & \underline{\quad 74736} = 6M \\ & 7398864 \end{array}$$

Mit allen Faktoren von der Form:

$$(10^m - 1).k \pm v; \quad [\tfrac{1}{t}t(10^m - 1)].k \pm v$$

kann man, wenn k, v, t einziffrig sind, auf einmal durchmultipliziren; eben so mit (b.10+a).k ± v, wenn b.10+a eine zweiziffrige, und k so wie v eine einziffrige Zahl vorstellt, in dem man die für die zweiziffrigen Faktoren gelehrten Abkürzungen in Anwendung bringt.

Will man auf gewöhnlichem Wege multipliziren, so hat man:

$$M.[(10^m - 1)k] = Mk.10^m - Mk \text{ oder auch } = [M.(10^m - 1)].k.$$

Zum Schluß der Multiplikation mögen noch einige Beispiele zu [10), 15) u. 16)] folgen.

$$(1)\quad 7643 \times 2189 = \frac{(7643+2189)^2 - (7643-2189)^2}{4}.$$

$$\begin{array}{rl} \text{Nun ist:} & 7643 = a \\ \text{addirt:} & \underline{2189} = b \\ a+b = & 9832 \\ \text{und } a-b = & 5454 \end{array} \qquad \begin{array}{rl} \text{ferner:} & \dfrac{a+b}{2} = 4916 \\ \text{und} & \dfrac{a-b}{2} = 2727 \end{array}$$

$$\begin{array}{rrl} \text{daher:} & 7643 \times 2189 = & 4916^2 - 2722^2 \\ & 4916^2 = & 24167056 \\ \text{ab:} & 2727^2 = & \underline{\ \ 7436529} \\ & & 16730527 \end{array}$$

$$\begin{array}{lrl} \text{Oder so:} & 9832^2 = & 9\,6\,6\,6\,8\,2\,2\,4 \\ & \text{ab: } 5454^2 = & \underline{2\,9\,7\,4\,6\,1\,1\,6} \\ & & 6_2 6_2 9_1 2\,2\,1_1 0_2 8 \\ & 4) & \overline{1\,6\,7\,3\,0\,5\,2\,7} \end{array}$$

(2) $85647 \times 78542 = (85640+7)(78540+2)$.

Weil die vorliegenden Quadrattafeln nur bis 10000 gehn, so verfahre man wie folgt:

Zunächst bestimme man: 8564×7854.

Also: $8564 = a$
$7854 = b$
$16418 = a+b$
$710 = a-b$

ferner: $\left(\frac{a+b}{2}\right)^2 = 8209^2 = 67387681$
ab: $\left(\frac{a-b}{2}\right)^2 = 355^2 = 126025$
$67261656..$
hierzu kommt: $78542 \times 7 = \;.\;.\;.\; 549794$
$85640 \,.\, 2 = \;.\;.\;.\; 171280$
6726886674

Durch die gewöhnliche Multiplikation findet man:

$$\begin{array}{rl}
85647 & \\
\times\ 78542 & \\
\hline
171294 & = M.2 = \alpha \\
342588 & = 2\alpha = \beta \\
428235 & = \tfrac{1}{2}(10M) \text{ oder } \beta+M = \gamma \\
685176 & = 2\beta = \delta \\
599529 & = \alpha+\gamma \text{ oder } \delta - M \text{ oder } M.7 \\
\hline
6726886674 & \\
12112111 &
\end{array}$$

(3) Man sucht: 24647×7806.

Hier ist: $24647 = a$
addirt: $7806 = b$
$32453 = a+b$
$16841 = a-b$

Um noch die Tafeln anwenden zu können, bestimme man: $\frac{a+b}{4}$ und $\frac{a-b}{4}$; denn es ist:

$$a \,.\, b = \left[\left(\frac{a+b}{4}\right)^2 - \left(\frac{a-b}{4}\right)^2\right].4.$$

Man hat demnach:

$$24647 \times 7806 = \left[\left(\frac{32453}{4}\right)^2 - \left(\frac{16841}{4}\right)^2\right].4 = [(8113\tfrac{1}{4})^2 - (4210\tfrac{1}{4})^2].4$$

$8113^2 = 65820769$
addirt: $8113.\frac{1}{2} = 4056\frac{1}{2}$
addirt: $(\frac{1}{4})^2 = \frac{1}{16}$
$65824825\frac{9}{16}$
ab: $17726205\frac{1}{16}$
$48098620\frac{1}{2}(4$
192394482

$4210^2 = 17724100$
$4210.\frac{1}{2} = 2105$
$(\frac{1}{4})^2 = \frac{1}{16}$
$17726205\frac{1}{16}$

Oder so: $24647 \times 7806 = (24640 + 7) \,.\, 7806.$

$$\begin{array}{rrcr} \text{Nun ist:} & 2464 \times 7806 & = & 5135^2 - 2671^2, \\ & 5135^2 & = & 26368225 \\ \text{ab:} & 2671^2 & = & \underline{7134241} \\ & & & 19233984 \\ \text{hinzu:} & 7806 \,.\, 7 & = & \underline{54642} \\ & & & 192394482. \end{array}$$

Oder so: $24647 \times 7806 = 3 \,.\, 7806^2 + 1229 \,.\, 7806.$

Nun ist:

$$7806 \times 1229 = \frac{(7806+1229)^2 - (7806-1229)^2}{4} = \frac{9035^2 - 6577^2}{4},$$

$$\begin{array}{rrcl} & 9035^2 & = & 8\;1\;6\;3\;1\;2\;2\;5, \\ \text{ab:} & 6577^2 & = & \underline{4\;3\;2\;5\;6\;9\;2\;9} \\ & & 4) & \underline{3\;8_2 3_3 7_1 4_2 2_2 9_1 6} \\ & & & \;\;\;9\;5\;9\;3\;5\;7\;4 \\ \text{addirt:} & 3 \,.\, 7806^2 & = & \underline{1\;8\;2\;8\;0\;0\;9\;0\;8} \\ & & & 1\;9\;2\;3\;9\;4\;4\;8\;2 \end{array}$$

Wenn die Aufgabe die Grenze der Tafel überschreitet, so kann man sich oft mit Nutzen der Gleichung

$$a \,.\, b = \left[\left(\frac{a+b}{m}\right)^2 - \left(\frac{a-b}{m}\right)^2\right] . \frac{m^2}{4}$$

bedienen, wenn man m geschickt erwählt.

Hat man ein Produkt von mehr als zwei Faktoren, so kann man die Quadrat-Tafeln wiederholt anwenden.

(4) Man sucht: $3287 \times 1584 \times 2073.$

$$\begin{array}{rrcl} \text{Hier ist:} & a & = & 3287, \\ & b & = & 1584, \\ & c & = & 2073. \end{array}$$

Vermöge der dekadischen Ergänzung hat man:

$$a + b + c = 6944; \qquad a - b + c = 3776;$$
$$a + b - c = 2798; \qquad -a + b + c = 370.$$

Ferner: $\frac{1}{2}.(a + b + c) = 3472; \qquad \frac{1}{2}.(a - b + c) = 1888;$

$\frac{1}{2}.(a + b - c) = 1399; \qquad \frac{1}{2}.(-a+b+c) = 185;$

und nun mittelst der Gleichung in [16)]:

$$3287 \times 1584 \times 2073 = [3472^3 - (1399^3 + 1888^3 + 185^3)] \,.\, 3.$$

Nun ist vermöge der sogenannten Kubiktafeln:

$$\begin{array}{rcl} 1399^3 & = & 2738124199; \\ 1888^3 & = & 6729859072; \\ 185^3 & = & 6331625 \\ \hline & & 9474314896 \text{ ab von:} \\ 3472^3 & = & 41854210048 \\ \hline & & 32379895152 \\ & 3) & 10793298384 \end{array}$$

In diesem Beispiele wäre man mit den Tafeln bis 10000 ausgekommen, auch wenn man vorher nicht durch 2 dividirt hätte.

Es lassen sich auch hier mehrere wesentliche Abkürzungen anbringen, und namentlich für die Fälle, wo die Tafeln nicht ausreichen; wir überlassen dies dem eigenen Nachdenken. Ohne sich der Tafeln zu bedienen, die gleich den vierten Theil der Quadrate enthalten, hat man selten einen Vortheil, durch den Gebrauch der gewöhnlichen Quadrattafel, beim Multipliziren, wie aus Obigem hinreichend erhellet. Es kam uns hier nur vielmehr auf die Methode an.

Es ist nach [15)]:

$$(10^m - \Delta).(10^n - \Delta') = (10^{m+n} + \Delta\Delta') - (\Delta.10^n + \Delta'.10^m).$$

(1) Beisp. $9673 \times 879 = (10^4 - 327).(10^3 - 121).$

$$\begin{array}{rcl} \text{Nun ist:}\quad 10^7 + \Delta\Delta' & = & 10039567 \\ \text{ab:}\quad \Delta.10^3 + \Delta'.10^4 & = & 1537 \\ \hline \text{Auch } M.10^3 - M(121 \text{ verk.}) & = & 8502567 \end{array}$$

(2) Beisp. $8978589 \times 9996897 = (10^7 - 1021411).(10^7 - 3103).$

$$\begin{array}{rcl} \text{Hier ist:}\quad 10^{14} + \Delta\Delta' & = & 100003169438333 \\ & & 1024514....... \\ \hline \text{ab:}\quad (\Delta.\Delta')10^7 & = & 89758029438333 \end{array}$$

Man kann dies Verfahren leicht für ein Produkt von mehr als zwei Faktoren ausdehnen.

Kommen ferner im Multiplikator (oder auch im Multiplikand oder in beiden) viele hohe Ziffern, namentlich Neunen, wiederholt vor und ist die höchste Ziffer zur Linken in ihm $= a$, so subtrahire man ihn von $(a+1).10^n$, wenn a von der nten Ordnung ist, oder man subtrahirt den Multiplikator von 10^{n+1}. So hat man z. B.:

$$p.789999965499999859969997$$
$$= 8p.10^{24} - p.1000003450000001400300 03,$$

wo nun hier die Multiplikation der Zahl p mit 1000003450000000140030003 vermöge der Bezeichnung durch Ordnungszeiger, höchst einfach ist. Dieser Abkürzung kann man sich auch bedienen, sobald nur in einem Theile des Multiplikators hohe Ziffern vorkommen.

Es ist hiernach:

$$p\,.\;897687 = p\,.\,9(\text{verk.})\,.\,10^5 - p\,.\;2313 \text{ oder auch}$$
$$= p\,.\,10^6 - p\,.\,102313;$$
$$p\,.\,89668978 = p\,.\,9(\text{verk.})\,.\,10^7 - p\,.\,331022 \text{ oder auch}$$
$$= p\,.\,10^8 - p\,.\,10331022$$

Mitunter liefert auch die Gleichung $a.b = (a.m).(b:m)$, wenn $b:m$ eine ganze Zahl ist, eine erleichternde Multiplikation.

Da die große Nützlichkeit der Tafel der Vielfachen an kleinen Beispielen nicht deutlich hervortritt, so möge noch folgendes Platz finden.

Man sucht: $31415926535897932384626433832795^2$.

Für die Vielfachen des Dignanden bis zum 9fachen, hat man:

$$\begin{aligned}
31415926535897932384626433832795 &= 1M\\
62831853071795864769252867665590 &= 2M = \alpha\\
94247779607693797153879301498385 &= 3M = 1M + 2M = \beta\\
125663706143591729538505735331180 &= 4M = M + \beta \text{ oder } = 2\alpha = \gamma\\
157079632679489661923132169163975 &= 5M = \alpha + \beta \text{ od.} (10:2)M = \delta\\
188495559215387594307758602996770 &= 6M = 2\beta\\
219911485751285526692385036829565 &= 7M = \beta + \gamma\\
251327412287183459077011470662360 &= 8M = \beta + \delta \text{ oder } = 2\gamma\\
282743338823081391461637904495155 &= 9M = \gamma + \delta \text{ oder } = \beta\,.\,3\\
&\quad \text{oder } M\,.\,9(\text{verk.}).
\end{aligned}$$

Durch Benutzung dieser Tafel kommt:

```
  3 1 4 1 5 9 2 6 5 3 5 8 9 7 9 3 2 3 8 4 6 2 6 4 3 3 8 3 2 7 9 5
× 3 1 4 1 5 9 2 6 5 3 5 8 9 7 9 3 2 3 8 4 6 2 6 4 3 3 8 3 2 7 9 5
1 5·7·0 7·9·6·3 2 6 7·9·4·8·9·6 6·1 9·2 3·1 3 2 1·6·9·1 6·3·9·7·5
2 8·2 7·4·3 3·3 8·8·2 3 0 8·1 3 9·1 4·6·1 6 3·7·9·0 4 4 9·5 1 5·5
2 1 9·9·1 1 4·8 5·7·5 1·2 8·5 5 2·6·6·9·2 3·8·5 0 3 6 8·2 9·5·6 5
6 2 8 3 1 8 5 3·0 7·1 7 9·5 8·6·4 7 6 9 2 5 2 8·6·7·6·6·5·5 9·0
9 4·2 4·7·7·7·9·6 0 7 6·9·3 7·9·7·1 5·3·8·7·9·3·0 1 4·9·8 3 8·5
2 5 1·3 2·7·4 1·2 2 8·7 1 8·3 4·5·9·0 7·7·0 1 1 4·7 0 6 6 2 3 6·0
9·4 2 4·7 7 7·9 6·0 7·6·9·3 7·9·7 1 5 3 8 7·9·3 0 1 4 9·8·3 8·5
9·4 2·4 7 7·7·9·6·0 7·6 9·3·7·9·7 1 5 3 8·7·9·3·0 1 4·9·8·3 8·5
1 2 5·6·6 3 7·0 6·1 4 3 5·9·1 7 2 9·5·3·8·5 0 5·7·3 5·3 3 1 1 8·0
1 8·8·4 9·5·5·5 9·2 1 5·3·8 7·5 9·4 3 0 7 7·5 8·6 0 2 9 9·6·7·7·0
6·2 8 3·1 8·5 3·0 7 1 7·9 5·8·6·4·7·6·9·2·5 2·8·6·7·6·6·5 5 9·0
1 8·8·4·9·5 5 5 9·2 1 5·3·8 7·5 9·4 3 0 7 7·5 8·6 0 2 9·9·6·7·7·0
1 2 5 6 6 3·7·0 6·1 4 3 5 9 1·7·2·9·5·3 8·5·0 5·7·3 5 3 3·1 1 8·0
2·5 1 3·2 7·4 1 2 2 8·7·1 8·3·4 5 9·0 7·7·0 1 1 4 7 0 6.6·2 3 6 0
9 4·2 4 7·7·7·9·6·0 7·6·9·3·7 9·7·1 5 3 8·7·9·3 0 1·4·9·8·3 8·5·
6 2·8 3·1 8·5 3 0 7·1 7·9 5·8 6·4 7·6 9·2 5 2 8·6·7·6 6 5 5 9·0
9·4·2 4·7 7·7·9·6·0 7 6·9·3 7·9·7·1 5 3·8·7·9·3 0 1 4 9·8·3 8·5·
2 8·2 7·4 3 3·3 8 8·2 3 0 8 1 3 9 1 4 6·1 6 3 7 9·0 4 4 9·5·1 5·5·
2 1 9·9·1 1 4·8 5·7·5 1 2 8·5·5 2 6·6·9·2 3·8·5·0 3 6·8·2 9·5 6·5·
2 8·2·7 4 3 3·3 8·8·2 3·0 8·1 3 9·1 4 6·1 6·3 7·9 0 4·4 9·5·1 5·5·
2·5 1 3 2·7·4 1 2 2 8 7·1 8·3 4·5·9·0 7·7 0 1 1 4 7·0 6 6·2 3 6·0
1 5 7·0 7·9 6 3·2 6·7·9·4 8 9·6·6 1 9·2·3 1 3 2 1 6·9·1·6·3 9·7·5·
9·4·2 4 7 7·7·9·6·0 7·6·9·3·7 9·7·1 5 3 8·7·9·3 0 1 4 9 8·3 8·5·
1 5·7·0 7·9·6·3 2 6 7 9·4 8·9·6 6·1 9·2 3·1 3·2 1 6·9·1 6·3·9·7·5·
1 8·8·4 9 5 5 5 9·2 1 5·3 8·7 5·9·4 3 0 7·7 5·8 6·0 2 9·9·6·7 7 0·
6·2 8·3·1·8·5·3·0 7·1 7 9·5 8·6 4·7·6·9·2 5·2 8·6 7·6·6·5 5 9·0·
2 8·2 7·4 3 3 3·8·8·2·3 0 8·1 3·9·1 4 6·1 6 3 7·9·0 4·4·9·5 1 5·5:
1 5·7·0 7·9·6·3 2 6 7 9 4·8·9·6 6 1 9·2 3 1 3·2 1 6 9·1 6 3 9·7·5·
3 1 4 1 5 9·2 6·5 3·5·8 9·7·9·3·2·3 8·4·6 2 6 4·3 3·8·3 2 7·9·5:
1 2 5 6 6·3 7·0 6 1 4·3 5 9·1 7·2 9·5 3·8·5 0 5·7·3 5 3 3 1 1 8 0·
3 1 4·1 5 9·2 6 5·3 5 8·9·7·9·3 2 3 8·4 6 2 6·4 3 3 8·3 2 7·9·5:
9 4 2 4 7·7·7·9·6·0 7·6·9·3·7·9·7·1·5·3·8:7:9:3·0·1·4:9:8:3:8:5:
------------------------------------------------------------------
9 8 6 9 6 0 4 4 0 1 0 8 9 3 5 8 6 1 8 8 3 4 4 9 0 9 9 9 8 7 6 1 3 3 0 1 3 3 6 8 4 2 1 6 2 8 1 3 4 3 0 2 3 4 0 1 7 5 1 2 0 2 5
      1 2 4 3 5 6 5 5 6 7 8 10 9 8 9 9 10 13 15 13 12 11 13 11 16 13 15 18 16 16 15 16 19 13 16 11 14 11 12 13 9 10 11 9 8 7 6 6 5 5 5 4 5 3 3 3 1 2 1
```

Das Addiren ist sowohl der Sicherheit als auch zur Bequemlichkeit von zehn zu zehn geschehen *).

Zur Prüfung des Resultats haben wir:

31	415926	535897	932384	626433	832795
	57	951854	884239	510673	343469

Nun ist:

$$343469 \times 343469$$
$$1\,1\,6_2 7_2 7_2 9_3 4_5 6_3 = \mathrm{M.}(34\,\text{verk.}) = \alpha$$
$$1\,1\,6\,7\,7\,9\,4\,6 = \alpha$$
$$2\,3\,6\,9\,9\,3\,6\,1 = 2\alpha + \mathrm{M}$$
$$1\,1\,7\,9\,7\,0\,9\,5\,3\,9\,6\,1$$
$$7\,1\,9\,3\,2 = \text{dem Rest, den } \mathrm{M}^2 \text{ durch } 999999 \text{ dividirt läßt.}$$

Ferner:

986	960440	108935	861883	449099	987613	301336
	961426	70362	932245	381345	368959	670295

842162	813430	234017	512025
512458	325889	559906	71932

mithin stimmt der zuletzt gefundene Rest des Resultats mit dem Reste von M^2 überein, d. h. er ist in beiden Fällen = 71932, woraus hervorgeht, daß die Auflösung richtig ist, wenn man sich nicht etwa um ein Vielfaches von 999999 verrechnet hat, was jedoch nicht so leicht zu erwarten ist **).

Um auch denen zu entsprechen, welche gern Erleichterungs-Tafeln anwenden, so theilen wir hier folgende übersichtliche Zusammenstellung der einzelnen Resultate von $a \cdot b + c$ mit, wo a bedeutet 2 bis 9 und b = 2 ist, und c Null bis 9 vorstellt; dann bedeutet a wieder 2 bis 9, b hingegen 3 und c Null bis 9 u. s. w. Endlich sind a und b = 9 und c bedeutet 0 bis 9.

Hiernach hat man nun:

---

*) Die Ausrechnung der Multiplikation rührt von einem meiner wackersten Schüler (Herrn Albert Hesse aus Rostock) her und ich habe sie nur kontrolirt und die darauf folgende Probe gemacht.

**) Wenn man diese Probe nach der sonst bekannten Weise in Anwendung bringen will, so wird sie fast mühsamer als die Rechnung selbst, und schwerlich dürfte die hier gelehrte Umformung noch einer großen Abkürzung unterliegen.

Wir haben dieselbe hier absichtlich ohne weitere Begründung mitgetheilt, damit der Anfänger zum weiteren Nachdenken gereizt wird.

	+	0	1	2	3	4	5	6	7	8	9
2mal	2	4	5	6	7	8	9	10	11	12	13
	3	6	7	8	9	10	11	12	13	14	15
	4	8	9	10	11	12	13	14	15	16	17
	5	10	11	12	13	14	15	16	17	18	19
	6	12	13	14	15	16	17	18	19	20	21
	7	14	15	16	17	18	19	20	21	22	23
	8	16	17	18	19	20	21	22	23	24	25
	9	18	19	20	21	22	23	24	25	26	27
3mal	3	9	10	11	12	13	14	15	16	17	18
	4	12	13	14	15	16	17	18	19	20	21
	5	15	16	17	18	19	20	21	22	23	24
	6	18	19	20	21	22	23	24	25	26	27
	7	21	22	23	24	25	26	27	28	29	30
	8	24	25	26	27	28	29	30	31	32	33
	9	27	28	29	30	31	32	33	34	35	36
4mal	4	16	17	18	19	20	21	22	23	24	25
	5	20	21	22	23	24	25	26	27	28	29
	6	24	25	26	27	28	29	30	31	32	33
	7	28	29	30	31	32	33	34	35	36	37
	8	32	33	34	35	36	37	38	39	40	41
	9	36	37	38	39	40	41	42	43	44	45
5mal	5	25	26	27	28	29	30	31	32	33	34
	6	30	31	32	33	34	35	36	37	38	39
	7	35	36	37	38	39	40	41	42	43	44
	8	40	41	42	43	44	45	46	47	48	49
	9	45	46	47	48	49	50	51	52	53	54
6mal	6	36	37	38	39	40	41	42	43	44	45
	7	42	43	44	45	46	47	48	49	50	51
	8	48	49	50	51	52	53	54	55	56	57
	9	54	55	56	57	58	59	60	61	62	63
7mal	7	49	50	51	52	53	54	55	56	57	58
	8	56	57	58	59	60	61	62	63	64	65
	9	63	64	65	66	67	68	69	70	71	72
8mal	8	64	65	66	67	68	69	70	71	72	73
	9	72	73	74	75	76	77	78	79	80	81
9mal	9	81	82	83	84	85	86	87	88	89	90
	+	0	1	2	3	4	5	6	7	8	9

Durch Anwendung dieser Tafel kann man jede Multiplikation durch ein bloßes Abschreiben verrichten.

Zur Erläuterung möge nur ein Beispiel folgen:

$$\begin{array}{r} \underline{7684} \times 8 \\ 61472 \\ {\scriptstyle 563} \end{array}$$

Man sucht stets den kleineren Faktor — wenn nicht beide einander gleich sind. —

Hier ist: $4.8 = \overset{*}{3}2$ aus [4], also 2 hin und 3 unten;

$8.8 + \overset{*}{3} = \overset{*}{6}7$ aus [8], also 7 hin und 6 unten;

$6.8 + \overset{*}{6} = \overset{*}{5}4$ aus [6], also 4 hin und 5 unten;

$7.8 + \overset{*}{5} = 61$ aus [7], also 61 hin.

Hat man zwei mehrziffrige Zahlen mit einander zu multipliziren, so kommt dieser Fall auf den vorigen zurück, nur daß man die bleibenden Restzahlen nicht unter die Hauptzahlen, sondern ganz klein rechts nach unten zu setzt, wie aus folgendem Beispiele erhellt.

$$\begin{array}{r} 4\,5\,8\,6 \times 674 \\ \hline 1\,8\,3_2 4_3 4_2\qquad\quad \\ 3\,2\,1_4 0_6 2_4\qquad\qquad \\ 2\,7\,5_3 1_5 6_3\qquad\qquad\qquad \\ \hline 3\,0\,9\,0\,9\,6\,4\qquad\quad \end{array}$$

Da das einzige Unbequeme beim Gebrauche der vorigen Tafel darin besteht, daß man das Gesuchte mitunter an etwas zu entfernten Orten zu entnehmen hat, so werden wir bei Gelegenheit dies in einer anderen Tafel beseitigen *).

Beispiel.

$$\begin{array}{r} 5\,6\,3\,4\,8 \times 7534 \\ \hline 2\,2\,5_2 3_1 9_1 2_3\qquad\quad \\ 1\,6\,9_1 0_1 4_1 4_2\qquad\qquad \\ 2\,8\,1_3 7_1 4_2 0_4\qquad\qquad\qquad \\ 3\,9\,4_4 4_2 3_3 6_5\qquad\qquad\qquad\qquad \\ \hline 4\,2\,4\,5\,2\,5\,8\,3\,2\qquad\quad \\ \;\;1\;\,1\;\,1\;\,2\;\,1\;\;\;\;\;1\;\;\;\;\qquad\quad \end{array}$$

Die erste, zweite, dritte, vierte Reihe ist bezüglich aus den Tafeln für die Multiplikatoren 4, 3, 5, 7 entnommen.

---

*) Wer im gesammten Kalkul überhaupt etwas Tüchtiges leisten will, muß dahin streben, daß er erstens das Ganze in einer organischen mit Nothwendigkeit sich weitertreibenden Entwicklung erblickt, und daß er zweitens im Stande ist, jedem Resultate auf die kürzeste Weise die bequemste und einfachste Form zu geben. Was ersteren Punkt anbetrifft, so halte ich mich für überzeugt, daß die von mir erfundene und 1838 herausgegebene Methode (Wissenschaft der Mathematik, bei Dümmler) die wahrhaft der Natur des Geistes angemessene, also die absolute Methode ist, und ich fordere deshalb jeden Mathematiker auf, mir etwas Besseres zu zeigen. In Betreff des zweiten Punktes bemerken wir, daß wol Niemand in den sogenannten höheren Disciplinen dem angegebenen Ideal nachzustreben vermag, der nicht im Stande ist, die elementaren Operationen auf die kürzeste Weise durchzuführen, eben weil die Behandlung des Zusammengesetzteren die des Einfachen voraussetzt.

Schreibt man beim Rechnen die unten (rechts) angesetzten Ziffern ganz klein und deutlich, so können sie beim nachherigen Addiren durchaus nicht stören und etwa zu Irrungen Veranlassung geben.

69. Unter dieser Nummer soll nun die Division etwas vollständiger als bisher abgehandelt werden. Es mögen hier erst eine Menge einzelner Fälle vorgeführt werden, indem man oft kürzer, als auf dem gewöhnlichen Wege dividiren kann und dann wollen wir es versuchen, ob wir zu einer etwas allgemeineren und zugleich erleichternden Divisions-Methode gelangen können. Da $\frac{a}{b} = a \cdot \frac{1}{b}$ ist, so gehen viele Abkürzungen für die Division aus denen für die Multiplikation hervor.

1) Für einziffrige Divisoren.

```
                               | 8
Beispiel.   47867342156843     | 5983417769605
            40............
             78...........
             72...........
              66..........
              64..........
               27.........
               24.........
                33........
                32........
                 14.......
                  8.......
                  62......
                  56......
                   61.....
                   56.....
                    55....
                    48....
                     76...
                     72...
                      48..
                      48..
                       43.
                       40.
                        3
```

Dies ist die ganz gewöhnliche Methode. Sie wird bei großen Dividenden weitläuftig; es müssen sehr viele Zahlen bei ihr geschrieben werden, weshalb das Verschreiben leichter möglich ist als wenn man mit denselben Prinzipien weniger Zahlen zu bilden nöthig hat. Außerdem geht dabei viel Zeit und Raum verloren.

Subtrahirt man gleich die Theil-Produkte, so kürzt man dadurch das vorige Verfahren um die Hälfte, wie folgt ab:

```
                     | 8
47867342156843 | 5983417769605
 78...........
  66..........
   27.........
    33........
     14.......
      62......
       61.....
        55....
         76...
          48..
           43.
            3
```

Hat man Divisoren, deren Vielfache bis zum Neunfachen einem bekannt sind, so verfährt man noch kürzer und bequemer so:

$$8)\frac{4\;7_7\;8_6\;6_2\;7_3\;3_1\;4_6\;2_6\;1_5\;5_7\;6_4\;8\;4\;3}{5\;9\;8\;3\;4\;1\;7\;7\;6\;9\;6\;0\;5\tfrac{3}{8}}$$

2) Für mehrziffrige Divisoren deren Faktoren gegeben sind.

Kennt man die Faktoren des Divisors oder kann man sie schnell finden (oder aus den Faktoren-Tafeln entnehmen) so läßt sich dies letztere Verfahren bei einem vielziffrigen Dividend mit Vortheil anwenden, wenn die Faktoren entweder einziffrig sind, oder man ihre Vielfache kennt. Im Allgemeinen ist es hierbei vortheilhaft mit den kleinen bequemen Faktoren zuerst zu dividiren. Der Grund des Verfahrens liegt in der Gleichung:

$$\alpha : (k \times \ldots \times cba) = (\ldots(((\alpha : a) : b) : c) \ldots) : k.$$

(1) Beispiel. Der Divisor sei $= 336 = 6.7.8$ und der Dividend sei $= 4568734$.

Man hat:

$$\begin{array}{l} 6)\underline{4\;5_3\;6\;8_2\;7_3\;3_3\;4} \\ 7)\underline{\;\;7\;6_6\;1_5\;4_5\;5_6\;5\tfrac{2}{3}} \\ 8)\underline{\;\;1\;0_2\;8_4\;7_7\;7_5\;9\tfrac{8}{21}} \\ \qquad 1\;3\;5\;9\;7\tfrac{71}{168} \end{array}$$

Beim Divisor 6 heißt es am Ende: 6 in 34 giebt $5\frac{4}{6}$ oder $5\frac{2}{3}$
„ „ 7 „ „ „ „ 7 „ 65 „ 9 bleibt $2\frac{2}{3}$ sind
$\frac{2.3+2}{3} = \frac{8}{3}$, durch 7 giebt $\frac{8}{21}$ u. s. w.

Will man den Rest haben, der für den Divisor 336 geblieben wäre, so achte man auf die Bildung des letzten Nenners 168, = 3.7.8; da nun der Divisor 6.7.8 ist, so hat man nur nöthig den Zähler 71 mit 2 zu multipliziren, giebt 142 als Rest. Man hätte dann $13597\frac{142}{336} = 13597\frac{71}{168}$. Dies gilt in allen Fällen, wo der Rest verkürzt wurde, in Rücksicht des gegebenen Divisors.

(2) Beispiel.

$$7)\ 3\ 4_6 5_2 6_5 8_2 4_3 3_5 2_3 1_3 4_6 3\ 2\ 1\ 5\ 6\ 8_1 7_3 6_1 4\ 3_3 2_4 1_6 4 \text{ durch } 49, = 7.7$$
$$7)\ 4\ 9\ 3_3 8_3 3_5 4_5 7_1 4\ 4\ 9\ 0\ 3\ 0_2 8\ 1_1 2_5 5_6 2_6 0_4 4_2 5_4 9\tfrac{1}{7}$$
$$7\ 0\ 5\ 4\ 7\ 8\ 2\ 0\ 7\ 0\ 0\ 4\ 4\ 0\ 1\ 7\ 8\ 8\ 6\ 3\ 7\tfrac{1}{49}$$

Hier tritt der Vortheil dieses Verfahrens in Vergleichung mit dem gewöhnlichen bedeutend hervor.

Da $D = (q+1)d + (r-d)$ ist, so hat man z. B. 7 in 34 giebt 5, zum nächst größeren ganzzahligen Quotientengliede, ferner 34 − 35 = −1, hinzu den Divisor 7, giebt zum Rest 6; also geht 4mal und Rest 6. Ferner: 8 in 71 giebt 8; da nun 71 − 72 = −1, so ist der Rest = 8 − 1 = 7.

Hat man sich hieran gewöhnt, so bestimmt man in diesen und ähnlichen Fällen den Rest leichter, indem man sich ein für allemal merkt, daß der Rest in diesen Fällen um 1 kleiner ist als der Divisor.

3) Ist der Divisor eine mehrziffrige Zahl, und ist es bequemer (namentlich da, wo der Dividend nicht etwa eine bedeutend große Zahl ist, und der Divisor Faktoren hat durch welche sehr leicht unmittelbar durchdividirt werden kann) durch ihn selbst als durch seine Faktoren zu dividiren, was man durch einige Übung gleich und besser erkennt, als wenn man vorher eine Menge Regeln aufstellen wollte, so läßt sich das gewöhnliche Verfahren in [1)] stets um die Hälfte abkürzen, indem man die Theilprodukte, ohne sie erst hinzusetzen, unmittelbar subtrahirt.

(1) **Beispiel.**

$$\begin{array}{l|l} & 7354 \\ \hline 4\,5\,6\,8\,7\,3\,4\,5\,8\,6\,2 & 6212584 \\ \quad 1\,5_2 6_3 3_2 3\;.\;.\;.\;.\;. & \\ \qquad 9\,2_1 5_1 4\;.\;.\;.\;. & \\ \qquad 1\,9_1 0\,0\,5\;.\;.\;. & \\ \qquad\quad 4\,2_1 9_2 7_1 8\;.\;. & \\ \qquad\qquad 6\,2_1 0_2 8_2 6\;. & \\ \qquad\qquad\quad 3\,2_3 5_4 4_3 2 & \\ \qquad\qquad\qquad 3\,1_1 2_2 6_2 & \end{array}$$

Resultat: $6212584\frac{3126}{7354} = 621584\frac{1563}{3677}$.

Da der Grund des Verfahrens leicht erhellet, so wollen wir dasselbe nur kurz an diesem Beispiel erläutern.

Erstens geht 6mal; dann hat man:
$4.6 = 24$ von $\overset{*}{2}7$ bleibt 3; $5.6 = 30, +\overset{*}{2} = 32$ von $\overset{*}{3}8$ bleibt 6; $3.6 = 18, +\overset{*}{3} = \overset{*}{2}1$ von $\overset{*}{2}6$ bleibt 5; $7.6 = 42, +\overset{*}{2} = 44$ von 45 bleibt 1.

Zweitens geht 2mal; dann hat man:
$2.4 = 8$ von $\overset{*}{1}3 = 5$; $5.2 = 10, +\overset{*}{1} = 11$ von $\overset{*}{1}3 = 2$; $3.2 = 6, +\overset{*}{1} = 7$ von $\overset{*}{1}6 = 9$; $7.2 = 14, +\overset{*}{1} = 15$ von 15 giebt 0.

Drittens geht 1mal; dann hat man:
4 von 4 bleibt 0; 5 von 5 bleibt 0, 3 von $\overset{*}{1}2 = 9$; $7 + \overset{*}{1} = 8$ von 9 bleibt 1.

Viertens geht 2mal; dann hat man:
$2.4 = 8$ von $\overset{*}{1}5 = 7$; $5.2 = 10, +\overset{*}{1} = 11$ von $\overset{*}{2}0 = 9$; $3.2 = 6, +\overset{*}{2} = 8$ von $\overset{*}{1}0 = 2$; $7.2 = 14, +\overset{*}{1} = 15$ von 19 bleibt 4.

Fünftens geht 5mal; dann hat man:
$4.5 = 20$ von $\overset{*}{2}8$ bleibt 8; $5.5 = 25, +\overset{*}{2} = 27$ von $\overset{*}{2}7 = 0$; $3.5 = 15, +\overset{*}{2} = 17$ von $\overset{*}{1}9 = 2$; $7.5 = 35, +\overset{*}{1} = 36$ von 42 bleibt 6.

Sechstens geht 8mal; dann hat man:
$4.8 = 32$ von $\overset{*}{3}6 = 4$; $5.8 = 40, +\overset{*}{3} = 43$ von $\overset{*}{4}8 = 5$; $3.8 = 24, +\overset{*}{4} = 28$ von $\overset{*}{3}0 = 2$; $7.8 = 56, +\overset{*}{3} = 59$ von 62 bleibt 3.

Siebentens geht 4mal; dann hat man:
$4.4 = 16$ von $\overset{*}{2}2$ bleibt 6; $5.4 = 20, +\overset{*}{2} = 22$ von $\overset{*}{2}4$ bleibt 2; $3.4 = 12, +\overset{*}{2} = 14$ von $\overset{*}{1}5$ bleibt 1; $4.7 = 28, +\overset{*}{1} = 29$ von 32 bleibt 3.

Die Ziffern über welchen ein Stern steht, sind in der vorstehenden Division die kleinen tiefgestellten Zahlen, welche zur leichten Kontrole dienen, und welche, wenn sie ganz klein geschrieben werden, durchaus im Rechnen nicht stören. Wem es bequemer scheint, der möge sie fortlassen.

Dies Verfahren ist namentlich bei den gewöhnlichen Divisionen anwendbar, wo man die Faktoren des Divisors entweder nicht kennt, oder im Falle Faktoren von ihm existiren, dieselben zum unmittelbaren durchdividiren nicht geeignet sind.

Nach dem gewöhnlichen Verfahren hat man, wenn der Divisor mit d bezeichnet wird:

$$
\begin{array}{lr|l}
 & & 7354 \\
 & 45687345862 & 6212584 \\
d\times 6 = \ldots\ldots & 44124\ldots\ldots & \\
 & 15633\ldots\ldots & \\
d\times 2 = \alpha = \ldots\ldots & 14708\ldots\ldots & \\
 & 9254\ldots\ldots & \\
d\times 1 = \ldots\ldots & 7354\ldots\ldots & \\
 & 19005\ldots & \\
\alpha = \ldots\ldots & 14708\ldots & \\
 & 42978\ldots & \\
d\times 5 = (d.10):2 = \ldots & 36770\ldots & \\
 & 62086. & \\
d\times 8 = \alpha\times 4 = \ldots & 58832. & \\
 & 32542 & \\
d\times 4 = \alpha\times 2 = \ldots & 29416 & \\
 & 3126 &
\end{array}
$$

Daß man überall verkürzt (durch Zuzählung) subtrahirt, versteht sich von selbst; ferner benutzt man beim multipliziren des Divisors die Vortheile für 5 und 9; endlich addirt man der Sicherheit wegen stets den Rest in Gedanken zum Subtrahend, um zu sehen ob richtig subtrahirt ist. Überhaupt führe man jede einzelne Theilrechnung überall gleich zwei Mal durch.

Die Vortheile dieses gewöhnlichen Verfahrens gegen das nächst vorstehende bestehen wesentlich in Folgendem:

Erstens. Kommt ein Vielfaches des Divisors öfter vor, so hat man dasselbe nur ein Mal zu bilden und kann es dann fortwährend so oft es auch nachher vorkommt, benutzen.

Zweitens. Die Vortheile das 5 und 9fache des Divisors zu finden, lassen sich anwenden.

Drittens. Kennt man das mfache des Divisors, so läßt sich

das (m—n)fache leicht daraus bilden, und so geht aus dem 2fachen das 4, 6, 8fache hervor, wenn man ersteres bezüglich 2, 3, 4mal nimmt; ebenso aus dem 3fachen das 6, 9fache; aus dem 4fachen das 8fache. Ein Blick lehrt oft, wenn es bequemer ist, selbst rückwärts aus dem (mn)fachen das mfache abzuleiten.

Viertens. Mitunter kann man auch leicht das gesuchte Vielfache durch Verbindung der Multiplikation und der Addition und Subtraktion ableiten. Man kann überhaupt sämmtliche bisher gelehrte Vortheile, namentlich der verkürzten Multiplikation, anwenden.

Fünftens. Am schon vorhandenen mfachen kann man leicht mit einem Blick sehen, ob mn oder mn+kmal der Divisor im Dividend enthalten ist oder nicht.

So einleuchtend auch diese Vortheile sind, die in vielen einzelnen Fällen eintreten können, so verdient doch jene Methode bei der man im Allgemeinen nur die Hälfte der Ziffern hinschreibt, meistens den Vorzug, und nur Derjenige, welcher sich dieselbe erst tüchtig angeeignet hat, wird dies vollkommen erkennen.

4) Wir wollen nun die Fälle untersuchen, wo am Ende des Divisors oder des Dividenden, oder am Ende von beiden, Nullen vorkommen.

(1) Ist der Divisor $= 10^m$ und ist die höchste Ziffer des Dividends von der (m+n)ten Ordnung, so hat man:

$$\frac{N}{10^m} = \frac{t.10^{m+n} + \ldots + k.10^m + h.10^{m-1} + \ldots + b.10 + a}{10^m}$$

$$= \frac{(t.10^n + \ldots + k).10^m}{10^m} + \frac{h.10^{m-1} + \ldots + b.10 + a}{10^m};$$

$$\text{also: } \frac{N}{10^m} = t.10^n + \ldots + k + \frac{h.10^{m-1} + \ldots + b.10 + a}{10^m}.$$

Hieraus geht hervor:

Um eine aus (m+n+1)Ziffern bestehende Zahl durch 10^m zu dividiren, hat man nur nöthig unter die letzten m Ziffern zur Rechten 10^m als Divisor zu setzen und die bleibenden Ziffern zur Linken für das ganzzahlige Quotientenglied zu nehmen.

So ist hiernach: $\frac{7856432167}{10^4} = 785643\frac{2167}{10000}$;

denn man hat: $\frac{7856432167}{10^4} = \frac{785643.10^4+2167}{10^4} = 785643 + \frac{2167}{10^4}$.

Für n=0, entsteht: $k + \frac{h.10^{m-1}+\ldots+b.10+a}{10^m}$.

Man sucht 34568432167 : 10000. Es ist:

$$345684|32167 \left| \frac{100000}{345684\frac{32167}{100000}} \right. \text{ als Resultat.}$$

Ferner für 76432167 : 10⁷ ist:

$$7|6432167 \left| \frac{10000000}{7\frac{6432167}{10000000}} \right. \text{ als Resultat.}$$

Ist endlich der Divisor = 10^m und ist die höchste Ziffer des Dividends von einer niedrigeren als der mten Ordnung, so hat man nur nöthig 10^m als Divisor unter den Dividend zu setzen, weil in diesem Falle der Divisor größer als der Dividend ist.

So ist 577 dividirt durch 10000, $= \frac{577}{10000}$.

Der Fall, wo auch am Ende des Dividends Nullen vorkommen, ist schon in [(1)] mit begriffen.

Es ist nämlich: $\frac{a.10^m}{10^m} = a$; ferner $\frac{a.10^{m+n}}{10^m} = a.10^n$ und $\frac{a.10^m}{10^{m+n}} = \frac{a}{10^n}$;

mithin: $\frac{7340000}{1000} = 734$; ferner $\frac{58600000}{1000} = 58600$; und $\frac{785700000}{10000000} = 78\frac{57}{100}$,

wo man im ersten Falle die 3 Nullen oben und unten gegen einander ausstreicht, im zweiten hingegen oben so viele Nullen ausstreicht, wie sich unten befinden, im dritten oben und unten 5 Nullen (so viele oben sind) fortstreicht und dann von dem zurückgebliebenen Dividend 7857 die beiden letzten (so viele wie unten Nullen übrig bleiben) Ziffern absondert.

(2) Wenn alles bleibt wie in [(1)], nur daß der Divisor von der Form $a.10^n$ ist, so ersieht man nach der Gleichung: $\frac{b}{a.10^n} = \frac{b}{10^n} : a$, leicht den Grund der Rechnung bei folgenden Beispielen.

Erstes Beispiel.

$$\begin{array}{cccccccc|l} & & & & & & & & 327000 \\ 8 & 5 & 3 & 6 & 8 & 4 & 2 & 7 & 261 \\ \hline 1 & 9_1 & 9_2 & 6 & . & & . & & \\ & & 3_1 & 4_4 & 8 & & . & & \\ \hline & & & 2 & 1 & 4 & 2 & 7 & \end{array}$$

also ist das Resultat $= 261\frac{21427}{327000}$.

Wir haben nämlich 85368427 zuerst durch 1000 dadurch dividirt, daß wir die drei letzten Ziffern zur Rechten, nämlich 427 absonderten, demnach:

$$\frac{85368427}{327000} = \frac{85368427}{1000} : 327 = \left(85368 + \frac{427}{1000}\right) : 327 =$$

$$\frac{85368}{327} + \frac{427}{327000} = 261 + \frac{2100 \quad + \quad 427}{327000} = 261\frac{21427}{327000},$$

wo wir den Zähler 21427 dadurch bestimmen, daß wir nach dem Rest 21 die drei abgeschnittenen Ziffern 427 unmittelbar folgen lassen.

Zweites Beispiel. $85368427000 \,|\, 327000000$

Läßt man nun vorher aus dem Divisor so viele Nullen zur Rechten fort, wie im Dividend vorkommen, so hat man:

$$85368427 \,|\, 327000$$

wieder den vorigen Fall.

Drittes Beispiel. $5758430000 \,|\, 43170000$

Hier dividirt man nach Fortlassung der gleich vielen Nullen, 575843 durch 4317 nach bekannter Weise.

Viertes Beispiel. $98773456000000 \,|\, 785700000000$

demnach:

$$\begin{array}{cccccccc|l} & & & & & & & & 785700 \\ 9 & 8 & 7 & 7 & 3 & 4 & 5 & 6 & 125\frac{560956}{785700} \\ \hline 2 & 0 & 2 & 0 & 3 & . & . & & \\ \hline & 4 & 4_2 & 8_2 & 9_2 & 4 & . & & \\ \hline & & 5 & 6_4 & 0_2 & 9_4 & 5 & 6 & \end{array}$$

5) Hat man sich noch keine große Fertigkeit in der Division erworben, so kommt es wol öfter vor, daß man die einzelnen Ziffern des ganzzahligen Quotientengliedes bald zu groß, bald zu klein bestimmt

und es ist dann unangenehm, das schon gewonnene Theilprodukt, als zu groß oder als zu klein, zu verwerfen.

Ein ganz einfaches und durchaus für alle Fälle geltendes Verfahren läßt sich jedoch schwerlich finden. Wer sich übrigens die im Folgenden aufgestellten Vorschriften gehörig aneignet, wird in allen Fällen schnell zum Ziele gelangen.

A. Sind a, b, q ganze Zahlen und findet man:

$$\frac{a}{q} > b,$$

$$\frac{a}{q+1} < b,$$

also $a > qb$ und zugleich $a < (q+1)b$,

so ist bekanntlich q das ganzzahlige Quotienten-Glied von $\frac{a}{b}$.

(1) Beispiel. 543867 | 8765

Man sagt: 8 in 54 geht 6 mal; um zu wissen ob 6 richtig ist, dividirt man den Dividend durch die angenommene 6 und zwar so weit, bis man sieht, ob die hervorgehende Zahl schon größer ist als der Divisor 8765. Da nun 6 in 54 = 9 ist, also schon größer als die erste Ziffer 8 des Divisors, so geht 6 mal sicher; daß nicht 7 mal geht, sieht man mit dem ersten Blick, weil 7.8 schon 56 ist.

Zur Erläuterung der Theorie hat man:

$$\frac{54386}{6} > 8765; \quad 54386 > 8765 . 6;$$

$$\frac{54386}{7} < 8765; \quad 54386 < 8765 . 7;$$

also ist $q = 6$.

Man nimmt also stets den ganzzahligen Quotienten und findet sonach, ob er nicht zu groß ist. Der ganzzahlige Quotient von 54 durch 8 ist 6 (nicht 7), weil 8 in 54 nur 6 mal geht.

Ist dann der ganzzahlige Quotient aus der höchsten Ziffer des Divisors in die höchste oder in die beiden höchsten Ziffern des Dividenden noch zu groß, was man auf die vorhin angegebene Weise bestimmt, so nimmt man rückwärts schreitend, statt desselben stets eine um die Einheit kleinere Zahl, bis man zum Erstenmal auf eine Zahl kommt, die nicht mehr zu groß ist.

(2) Beispiel. $973498\ldots \big| 9998$

Da 9 als höchste Ziffer des Divisors in 97, 9 mal geht und wenn man 97349 durch 9 dividiren will, eine 5ziffrige Zahl, also eine größere als der Divisor entsteht, so geht 9 mal.

(3) Beispiel. $36158\ldots \big| 9784$

Also: 9 in 36 = 4, aber 4 in 361... giebt 90..., also eine kleinere Zahl als der Divisor, daher ist 4 zu groß.

Versuchen wir 3, so giebt 36158:3 schon eine 5ziffrige Zahl, also geht 3 mal.

(4) Beispiel. $1693\ldots \big| 268$

Also: 2 in 16 giebt 8, aber 8 in 169... giebt 21..., also ist 8 zu groß, weil eine kleinere Zahl als der Divisor kommt.

Versuchen wir 7 in 169..., giebt 24..., also ist 7 auch noch zu groß.

Versuchen wir 6 in 169..., giebt 28..., kommt mehr als 268, also ist 6 richtig.

(5) Beispiel. $1934\ldots \big| 298$

Also: 2 in 19 giebt 9, aber 9 in 193..., giebt 21..., also ist 9 zu groß, weil eine kleinere Zahl als der Divisor kommt.

Versuchen wir 8 in 193..., giebt 24..., also ist auch 8 noch zu groß.

Versuchen wir 7 in 193..., giebt 27..., also ist auch 7 zu groß.

Versuchen wir 6 in 193..., giebt 32..., also ist 6 richtig.

A′. Diese Versuche lassen sich jedoch durch gehörige Berücksichtigung folgender drei Gesetze bedeutend einschränken.

$$\left\{\begin{array}{l}\frac{a}{b+\alpha} < \frac{a}{b} \\ \frac{a}{b-\alpha} > \frac{a}{b}\end{array}\right\}, \quad \left\{\begin{array}{l}\frac{a-\alpha}{b} < \frac{a}{b} \\ \frac{a+\alpha}{b} > \frac{a}{b}\end{array}\right\}, \quad \left\{\begin{array}{l}\frac{a-\alpha}{b+\beta} < \frac{a}{b} \\ \frac{a+\alpha}{b-\beta} > \frac{a}{b}\end{array}\right\},$$

wo jedoch $\alpha < b$ und in der letzten Ungleichung $\beta < b$ sein muß.

Durch Verbindung dieser sechs Beziehungen gehen noch folgende sechs hervor:

$$\left\{\begin{matrix} \frac{a}{b+\alpha} < \frac{a}{b} \\ \frac{a+\alpha}{b} > \frac{a}{b} \end{matrix}\right\}, \quad \left\{\begin{matrix} \frac{a}{b+\alpha} < \frac{a}{b} \\ \frac{a+\alpha}{b-\beta} > \frac{a}{b} \end{matrix}\right\}, \quad \left\{\begin{matrix} \frac{a-\alpha}{b} < \frac{a}{b} \\ \frac{a}{b-\alpha} > \frac{a}{b} \end{matrix}\right\}, \quad \left\{\begin{matrix} \frac{a-\alpha}{b} < \frac{a}{b} \\ \frac{a+\alpha}{b-\beta} > \frac{a}{b} \end{matrix}\right\},$$

$$\left\{\begin{matrix} \frac{a-\alpha}{b+\beta} < \frac{a}{b} \\ \frac{a}{b-\alpha} > \frac{a}{b} \end{matrix}\right\}, \quad \left\{\begin{matrix} \frac{a-\alpha}{b+\beta} < \frac{a}{b} \\ \frac{a+\alpha}{b} > \frac{a}{b} \end{matrix}\right\}.$$

Wörtlich lauten diese Beziehungen:

{Bleibt der Dividend derselbe und wird der Divisor größer, so kommt kleiner;
Bleibt der Dividend derselbe und wird der Divisor kleiner, so kommt größer.}

{Bleibt der Divisor derselbe und wird der Dividend kleiner, so kommt kleiner;
Bleibt der Divisor derselbe und wird der Dividend größer, so kommt größer.}

{Wird der Dividend kleiner und der Divisor größer, so kommt kleiner;
Wird der Dividend größer und der Divisor kleiner, so kommt größer.}

{Bleibt der Dividend derselbe und wird der Divisor größer, so kommt kleiner;
Bleibt der Divisor derselbe und wird der Dividend größer, so kommt größer.}

{Bleibt der Dividend derselbe und wird der Divisor größer, so kommt kleiner;
Wird der Dividend größer aber der Divisor kleiner, so kommt größer.}

{Wird der Dividend kleiner und bleibt der Divisor, so kommt kleiner;
Bleibt der Dividend derselbe und wird der Divisor kleiner, so kommt größer.}

{Wird der Dividend kleiner und bleibt der Divisor, so kommt kleiner;
Wird der Dividend größer aber der Divisor kleiner, so kommt größer.}

{Wird der Dividend kleiner aber der Divisor größer, so kommt kleiner;
Bleibt der Dividend derselbe, wird aber der Divisor kleiner, so kommt größer.}

{Wird der Dividend kleiner, der Divisor aber größer, so kommt kleiner;
Wird der Dividend größer und bleibt der Divisor, so kommt größer.}

Beim ersten Beispiele hatten wir:

8 in 54... = 6..., also kann 6 zu groß sein;
8 + 1 oder 9 in 54... = 6..., also ist 6 richtig.

Beim zweiten Beispiele hatten wir:

9 in 97... = 9..., also kann 9 zu groß sein;
9 + 1 oder 10 in 97... = 10..., also ist 9 richtig.

Beim dritten Beispiele hatten wir:

9 in 36... = 4..., also kann 4 zu groß sein, und 4 ist zu groß, weil 4 in 361... = 90... giebt;
9 + 1 oder 10 in 36... = 3... und 3... konnte zu klein sein, was aber nicht angeht, da 4 zu groß ist.

Da ferner 9000 in 36158 viermal geht aber 10000 in 36158 nur dreimal geht, und da 10000 dem Divisor näher liegt als 9000, so ist 3 auch dem Gesuchten näher als 4 und da 4 zu groß ist, so ist 3 richtig.

Beim vierten Beispiele hatten wir:

2 in 16... = 8..., also kann 8 zu groß sein;
2 + 1 oder 3 in 16... = 5..., also kann 5 zu klein sein.

Nimmt man deshalb in allen solchen Fällen das Mittel zwischen diesen Resultaten 8 und 5, so kommt 6 und 6 in 169... giebt 28..., also geht 6 mal, und 6 ist richtig, weil 7 zu groß ist.

Man konnte auch so schließen: da 200 in 1693, 8mal und 300 in 1693 nur 5mal geht und da 300 dem Divisor 268 näher liegt als 200, so liegt auch das Gesuchte der 5 näher als der 8. Man versuche also 6.

Beim fünften Beispiele hat man:

2 in 19... = 9..., also kann 9 zu groß sein;
2 + 1 oder 3 in 19... = 6..., also kann 6 zu klein sein.

Versucht man nun 7 als das Mittel zwischen 6 + 9 so kommt: 7 in 193... = 27..., also ist 7 zu groß, mithin ist 6 richtig.

Auch so könnte man schließen: da 200 in 1934, 9mal geht und 300 in 1934 nur 6mal geht, und da 300 dem Divisor näher als 200 liegt, so liegt auch das Gesuchte der 6 näher als der 9. Man findet wieder 6 als richtig.

B. Mit den Vorschriften in [A und A′] verbinde man das nicht schriftliche Multiplizieren der höchsten Ziffern des Divisors mit der jedesmal angenommenen Zahl und sehe nach, ob das kommende Produkt zu groß oder zu klein ist.

Findet man hiernach, daß das $(n+1)$fache der höchsten Ziffern des Divisors zu groß, das $n$fache des Divisors (oder der um 1 erhöhten Ziffer desselben) hingegen subtrahirt werden kann, so ist n richtig.

Multiplizirt man die höchsten Ziffern des Divisors mit der angenommenen Zahl und kann man dabei leicht die Zuschlagzahl bestimmen, die durch die Multiplikation der noch übrigen Ziffern des Divisors hervorgeht (ohne diese aber wirklich zu multipliziren), so liegt auch hierin ein Vortheil.

Öfter gelangt man auch dadurch leichter zum Ziele, daß man vor dieser Multiplikation die höchste Ziffer des Divisors um 1 erhöht, wenn die darauf folgende entweder 5 (und die nach 5 kommenden nicht etwa lauter Nullen sind) oder noch besser, wenn sie über 5 ist.

Beispiel. $1695769\ldots \big| \underline{26873}$

Nimmt man 2 in $16 = 8$, so ist 8 zu groß, weil 26×8 schon $= 208$ ist; nimmt man 7, so ist $26 \times 7 = 182$ (oder $= 208 - 26$), also auch 7 zu groß; nimmt man 6, so ist $26 \times 6 = 156$ ($= 182 - 26$), also kann 6mal gehn; ob nun 6mal geht, ergiebt sich mittelst [A], nämlich 6 in $169\ldots = 28\ldots$, also ist 6 richtig.

Hier hätte man wie folgt kürzer verfahren:

2 in $16\ldots = 8\ldots$, weshalb 8 zu groß sein kann;
$2+1$ oder 3 in $16\ldots = 5\ldots$, weshalb 5 zu klein sein kann.

Versucht man nun 6 als das Mittel zwischen den Resultaten 8 und 5, so kommt 6, und 6 ist richtig, weil 6 in $169\ldots = 28\ldots$ und 7 zu groß ist.

Mit diesen Vorschriften verbinde man noch folgende.

C. Man kann auch öfter dadurch kurz zum Ziele gelangen, daß man zunächst die höchsten Ziffern des Dividends und Divisors durch eine einziffrige Zahl, die möglichst gleiche Reste liefert, dividirt. Die Zahl 2 ist hierzu oft bequem.

Im vorigen Beispiel hat man:

$$2 \text{ in } 169\ldots = 84\ldots$$
$$2 \text{ in } 26\ldots = 13\ldots$$

und 13 in 84 giebt 6, also stelle man den Versuch mit 6 an.

So haben wir hier nach bezüglich für das 3te, 4te und 5te Beispiel in [A]

2 in 361 ... = 180 ...
2 in 97 ... = 48 ...
also 48 in 180 ... = 3.

Prüfen wir nun, ob 3 nicht zu groß oder zu klein ist, so ergiebt sich 3 als richtig.

Ferner: 2 in 169 ... = 84 ...
2 in 26 ... = 13 ...
also 13 ... in 84 ... = 6.

Prüfen wir nun 6, so kommt:

6 in 169 ... = 28 ...,
aber 7 in 169 ... = 24 ...

also ist 7 zu groß und 6 ist nicht zu klein, mithin 6 richtig.

Endlich: 2 in 193 ... = 96 ...
2 in 29 ... = 14 ...
also 14 ... in 96 ... = 6.

Prüfen wir nun wie vorhin die Zahl 6, so findet sich 6 als richtig.

D. Das hier unter D eingeschobene Verfahren rührt von Crelle her und ist aus seiner Arithmetik (Seite 73 bis 74) wörtlich abgedruckt. Es lautet:

„Man sehe nun bloß zu, daß man einen Quotienten nimmt, der nicht zu klein ist. Ob er zu groß sei, läßt sich leicht entdecken, wenn man mit demselben die Ziffern des Divisors in umgekehrter Ordnung von der Linken zur Rechten multiplicirt und die einzelnen Producte von den darüber stehenden Zahlen abzieht. Sobald irgend ein Abziehen nicht angeht, ist der Quotient offenbar zu groß. Z. B. wenn man angenommen hätte, der Quotient von 11089 dividirt durch 1298 sei 9, so sage man 9 mal 1, von 11 abgezogen, läßt 2, also 20 Einheiten der folgenden Stelle. Ferner 9 mal 2 (die zweite Ziffer des Quotienten) oder 18 von 20 abgezogen, läßt 2, also mit der folgenden Ziffer des Dividenden zusammengenommen, 28. Aber 9 mal 9 die dritte Ziffer des Quotienten giebt 81, welches sich von 28 nicht mehr abziehen läßt. Daraus folgt schon, ohne noch weiter zu gehen, daß der angenommene Quotient 9 zu groß ist, und man muß Eins weniger nehmen, folglich 8. Man wird selten bis zu Ende dividiren dürfen, um den Fehler zu entdecken. Man versuche nun den nächst kleinern Quotienten, nämlich 8. Ist derselbe nicht zu groß, so ist es wiederum selten nöthig bis zu Ende zu rechnen; denn sobald nur ein Rest größer ist, als der Divisor, kann kein anderer Rest mehr kleiner sein, weil die folgende Ziffer des Divisors sogar größer als 10 sein könnte. Z. B. im obigen Falle sage man 8 mal 1 von 11 abgezogen, läßt 3, also mit der folgenden Null zusammen 30. Hierauf läßt 8 mal 2, oder 16, von 30 abgezogen, 14, welches schon größer ist, als 8; also kann kein folgender Rest mehr kleiner sein, als 8. Denn die 14 mit der folgenden Ziffer des Dividenden 8 zusammengenommen, giebt 148 und dieses ist mehr als das Zehnfache von 8, so daß die folgende Ziffer des Divisors 1298 nicht bloß 9, sondern selbst größer sein könnte als 10, und folglich der Divisor 1298 gewiß kleiner ist, als der achte Theil von 11089 und folglich 8 mal 1298 gewiß nicht mehr giebt als 11089. Da nun 9 zu groß war, 8 aber nicht, so ist 8 der gesuchte Quotient, weil zwischen 8 und 9 keine andere Zahl liegt."

Dies Verfahren ist sinnreich, jedoch scheint mir das unter [A] angegebene, ihm ähnliche, einfacher zu sein.

E. Ist man im Zweifel, ob 5 im ganzzahligen Quotienten genommen zu groß sein würde, so denkt man sich an den Divisor eine Null und dividirt ihn soweit durch 2, wie zu diesem Zwecke nöthig ist.

F. Will man prüfen, ob 9 im ganzzahligen Quotienten genommen nicht etwa zu groß ist, so kann man auch statt der in [A] angegebenen Methode wie folgt verfahren.

Statt die höchsten oder, wo es nöthig ist, alle Ziffern des Divisors mit 9 von rechts nach links verkürzt zu multipliziren, kann man dieselbe Methode von links nach rechts zu in Anwendung bringen. Man hat dann eine höchst einfache Subtraktion statt der Multiplikation mit 9, und man setzt dieselbe nur so weit fort, wie gerade nöthig ist. Die erhaltenen Ziffern benutzt man, wenn auf die gewöhnliche Weise dividirt wird und 9 mal ging.

G. Will man prüfen, ob 8 im ganzzahligen Quotienten genommen nicht etwa zu groß ist, so geschieht dies entweder nach [A] oder durch Multiplikation, oder indem man hier das 1000fache des Divisors durch 125 dividirt, weil $8 = 1000 : 125$ ist.

Da $4 = 100 : 25$ und $2 = \frac{10}{5}$, so kann man hiernach auch prüfen ob bezüglich 4 oder 2 nicht zu groß sein wird.

H. Sind die Divisoren von der Form 90 . . ., 91 . . ., 92 . . . bis 94 . . ., ist überhaupt die höchste Ziffer mindestens doppelt so groß, so dividire man mit der höchsten Ziffer des Divisors in die höchste, oder wenn es leicht angeht, in die beiden höchsten Ziffern des Dividends, und es geht dann gewöhnlich so oft. Haben umgekehrt die Divisoren die Form 19 . . ., 18 . . . bis 16 . . ., so dividire man durch 2 und es ist wahrscheinlich, daß man dem Gesuchten ziemlich nahe kommt.

I. In vielen Fällen, namentlich in denen, wo man nicht schnell übersehen kann, welche Ziffer im ganzzahligen Quotienten genommen werden muß, ist es vortheilhaft gleich mit den beiden höchsten Ziffern oder mit der um 1 größeren Zahl (wenn nämlich die dritte höchste über 5 ist) in die höchsten Ziffern des Dividends zu dividiren und nun nach [A] zu prüfen ob die gefundene einziffrige Zahl richtig ist.

Beispiel 1. 763456 . . . | 1567

Weil 15 in 76, 5 mal geht, so hat man, um zu prüfen, ob 5 nicht zu groß ist. 2 in 15670 = 78 . . . also ist 5 zu groß; versucht man 4, so kommt 4 in 763 . . . = 19 . . ., also mehr als der Divisor, mithin ist 4 richtig.

Da 1600 dem Divisor 1567 näher liegt als 1500, so muß 1600 in 763456 . . ., also 4 dem Gesuchten näher liegen als 1500 in 763456. Daß nun 4 (76 : 4 = 19) richtig ist, folgt, weil 5 zu groß war.

Beispiel 2. 786578 . . . | 8753

Da 8 in 78, 9 mal geht, so prüfen wir ob $8753 \times 9 < 78657$ ist, wie folgt:

. 8753
787 . . (9

nämlich: 1 von 8 bleibt 7; 9 von 17 bleibt 8; 8 von 15 bleibt 7, also ist 9 zu groß.

Versuchen wir 8, so kommt nach [A], 8 in 78 . . = 9 . ., also ist 8 richtig.

Noch ein Paar Beispiele:

11472 | 1296

Um den ganzzahligen Quotienten zu finden, wäre es weitläuftig die Zahlen 1, 2, 3, 4, 5, 6, 7, 8, 9 zu versuchen.

Man kann daher besser wie folgt schließen:

Nimmt man statt 1296 die kleinere Zahl 1200 zum Divisor, so ist:

$$11472 : 1200 > 11472 : 1296 \text{ d. h. } 8 + \frac{p}{q} > 11472 : 1296.$$

Nimmt man statt 1296 die größere Zahl 1300 zum Divisor: so kommt:

$$11472 : 1300 < 11472 : 1296 \text{ d. h. } 8 + \frac{p'}{q'} < 11472 : 1296,$$

mithin ist 8 richtig.

Man hätte dies auf einen Blick gesehen, da 12 sowohl als 13 in 114, 8 mal geht.

Hat man ferner: 7465 | 783

$$\text{Da } 7465 : 700 > 7465 : 783 \text{ oder } 10 + \frac{465}{700} > 7465 : 783, \text{ und}$$

$$7465 : 800 < 7465 : 783 \text{ oder } 9 + \frac{265}{800} < 7465 : 783,$$

so ist 9 richtig.

Ferner: 9257 . . . | 269

Weil die Zehner des Divisors = 6, also über 5 sind, mithin der Divisor näher an 300 als an 200 liegt, so versuche man gleich 3, und daß 3 nicht zu klein ist, folgt aus 4 in 92 . . = 23 . .

Ferner: 22354 . . . | 297

Aus demselben Grunde wie beim vorigen Beispiele heißt es 3 in 22 giebt 7, daß nun 7 nicht zu klein ist, sieht man an 8 in 223 . . . = 28 . ., weil weniger kommt als der Divisor beträgt.

Ferner: 17509276 | 375856

Auch hier heißt es gleich: 4 in 17 giebt 4 zum ganzzahligen Quotienten; daß nun 4 nicht zu klein ist, siehet man an: 5 : 175 . . . = 35 . . . Man hatte auch hier: 2 in 37 . . . = 18 . . .

Ferner: 16538973753 | 293678735

Hier heißt es gleich: 3 in 16 giebt 5; ob 5 nicht zu klein ist, siehet man an: 6 in 165 ... = 27 ..., oder noch in diesem Falle an: 2 in 29 ... = 14 ...

Ferner: 2308582728 ... | 384763694

Hier heißt es: 4 in 23 = $5\frac{3}{4}$; versucht man deshalb 6, so findet sich, daß 6 weder zu groß noch zu klein, mithin 6 richtig ist.

Endlich hat man noch: 27184567 | 3885

Hier heißt es: 4 in 27 ... = 6 ..., und es findet sich, daß 6 nicht zu klein, aber 7 zu groß; weshalb 6 richtig ist.

6) Hat man große Divisionen zu verrichten, so ist meistens das gewöhnliche Verfahren, verbunden mit allen erwähnten Abkürzungen, hierzu am geeignetsten.

Weil man bei demselben nicht gerade immer alle Vielfache (vom 1 bis 9fachen) des Divisors nöthig hat, so ist es in solchen Fällen vortheilhaft, wenn man nur diejenigen wirklich berechnet, die durchaus gebraucht werden.

Um jedoch leicht mit ziemlicher Sicherheit das „Wieviel mal" zu erkennen, so berechne man sich eine Tafel, welche nur die 2, 3, 4, ... höchsten Ziffern der Vielfachen des Divisors enthält. Im Fall dann ein vollständiges Vielfaches gebraucht wird, kann man leicht die noch fehlenden Ziffern anschließen.

Wäre z. B. 798563738 der Divisor, so bestimme man zunächst die 4 höchsten Ziffern seines 9fachen. Da man sieht, daß schon vier Ziffern kommen, sobald man 798 mit 9 multiplizirt (wegen 9.7 = 63), so multiplizire man 798 verkürzt mit 9, also

. 798
7182
hierzu als Zuschlag . . . 5, wegen der Endigung 0563
7187.

Dies sind die gesuchten vier höchsten Ziffern vom 9fachen des Divisors.

Die Zuschlagzahl bestimmt man durch einen Blick auf den Divisor, mittelst einfacher Subtraktion.

Aus den vier höchsten Ziffern 7187 des 9fachen entnimmt man die vier höchsten Ziffern des 3fachen vom Divisor, indem man 7187 durch 3 dividirt, also

$$3)\frac{7\,{}_1 1\,{}_2 8\,{}_1 7}{2\;\;3\;\;9\;\;5}$$

Um die vier höchsten Ziffern des 8fachen Divisors zu finden, hat man

$$\begin{array}{r} 7\;9\;8 \\ \hline 6\;3\;8_7\,4_6 \end{array}(8$$

hierzu 125 in 563, $= \begin{array}{r} 4 \\ \hline 6\;3\;8\;8, \end{array}$ als Zuschlag,

mithin sind die vier höchsten Ziffern des 8fachen Divisors 6388.

Weil nämlich 125 = 1000 : 8 ist, so hatte man hier nur nöthig die dreiziffrige Zahl 563 durch 125 zu dividiren.

Ferner hat man:

$$\begin{array}{l} {}^{2)}\underline{6\;3_1\,8\;8} \\ {}^{2)}\underline{3_1\,1_1\,9_1\,4} = \text{den 4 höchsten Ziffern des 4fachen Divisors, und} \\ \;\;1\;5\;9\;7 = \text{den 4 höchsten Ziffern des 2fachen Divisors.} \end{array}$$

Ferner, da 5 = 10 : 2, so hat man:

$$2)\frac{7_1\,9_1\,8\;5}{3\;9\;9\;2,}\text{ als die vier höchsten Ziffern des 5fachen Divisors.}$$

Zur Bestimmung der vier höchsten Ziffern des 6fachen Divisors hat man:

$$\begin{array}{r} 7\,9\,8 \\ \hline 4\,7\,8\,8 \end{array}(6$$

und hierzu: $\begin{array}{r} 3 \\ \hline 4\,7\,9\,1, \end{array}$ als Zuschlag

als die 4 höchsten Ziffern des 6fachen Divisors.

Da nämlich die 4te höchste Ziffer des Divisors 5 ist und 5.6 = 30 aber auch 6.6 = 36 giebt, so ist die Zuschlagzahl hier 3.

Endlich hat man zur Bestimmung der vier höchsten Ziffern des 7fachen Divisors:

$$\begin{array}{r} 7\;9\;8 \\ \hline 5\;5\;8_6\,6_5 \end{array}(7$$

und hierzu: $\begin{array}{r} 3 \\ \hline 5\;5\;8\;9 \end{array}$ als Zuschlag, giebt

als die vier höchsten Ziffern des 7fachen Divisors.

Daß hier 3 als Zuschlagzahl kommt, ersieht man ebenfalls mit einem Blick, da 6.7 = 42 und 7.7 = 49 ist.

Einen zweiten Beweis, daß die vier höchsten Ziffern gedachter Vielfachen richtig sind, hat man noch an:

798	563738	= 1d			
7187	073642	= 9d (verk.)			
6388	509904	= 8d	= 9d ab das darüberstehende	d	
5589	946166	= 7d	= 8d „ „ „	d	
4791	382428	= 6d	= 7d „ „ „	d	
3992	818690	= 5d	= 6d „ „ „	d	oder $\frac{1}{2}$ (d.10)
3194	254952	= 4d	= 5d „ „ „	d	oder $\frac{1}{2}$ (8d)
2395	691214	= 3d	= 4d „ „ „	d	oder $\frac{1}{2}$ (6d)
1597	127476	= 2d	= 3d „ „ „	d	oder $\frac{1}{2}$ (4d)

Bei einiger Übung gelingt es sehr leicht, auch ohne alle Kunstgriffe, die verlangten höchsten Ziffern der Vielfachen des Divisors, durch gewöhnliche Multiplikation desselben mit der Zahl des Vielfachen, zu finden und zwar ohne dabei nöthig zu haben den ganzen Divisor mit letzterer zu multipliziren. Man multiplizirt nämlich die n — 1 oder n höchsten Ziffern des Divisors mit der Zahl des Vielfachen, je nachdem letztere mit der höchsten Ziffer im Divisor multiplizirt eine 2 oder 1ziffrige Zahl giebt und addirt die aus einer oder einigen folgenden Ziffern leicht zu erkennende Zuschlagzahl gleich im Anfange dieser Multiplikation hinzu. Auch in diesem Falle wird man die verlangten höchsten Ziffern des 9fachen Divisors durch bloße Subtraktion bestimmen. Einfacher ist es jedoch, wenn man aus dem 9fachen, 8fachen, 7fachen und 6fachen die übrigen Vielfachen unmittelbar ableitet.

So hat man zur Übung noch folgendes Beispiel:

763456891	
6871112019	das 9fache,
6107655128	„ 8 „
5344198237	„ 7 „
4580741346	„ 6 „
3817284455	„ 5 „
3053827564	„ 4 „
2290370673	„ 3 „
1526913782	„ 2 „

Zuerst wird die gegebene Zahl mit 9 verkürzt multiplizirt, und das Resultat durch Subtraktion bestimmt. Vom 9fachen das darüber stehende 1fache subtrahirt giebt das 8fache. Vom 8fachen das darüber stehende 1fache subtrahirt, giebt das 7fache. Vom letzteren das darüber stehende 1fache subtrahirt, giebt das 6fache. An das 1fache eine Null gedacht und durch 2 dividirt giebt das 5fache. Das 8fache durch 2 dividirt, oder vom 5fachen das 1fache subtrahirt, oder das 1fache mit 4 multiplizirt, giebt das 4fache. Das 6fache durch 2 dividirt, oder vom 4fachen das 1fache subtrahirt, oder das 1fache mit 3 multiplizirt, giebt das 3fache. Das 4fache durch 2 dividirt oder das 1fache 2mal genommen, oder vom 3fachen das 1fache subtrahirt, giebt das 2fache.

9, Anzahl der Ziffern.

Divisor: 798563738 = d

Quotient: 937777203422857156499398477

7488748689765432055342106432154321 76

9d = 7187073642

3016750477

3d = 2395691214

6210592636

7d = 5589946166

6206464705

7d = . 5589946166

6165185394

7d = . . 5589946166

5752392283

7d = . . . 5589946166

1624461172

2d = . . . 1597127476

2733369605

3d = ... 2395691214

3376783915

4d = ... 3194254952

1825289633

2d = ... 1597127476

2281621574

2d = ... 1597127476

6844940982

8d = ... 6388509904

4564310781

5d = ... 3992818690

5714920910

7d = ... 5589946166

1249747446

1d = ... 798563738

4511837084

5d = ... 3992818690

5190183943

6d = ... 4791382428

3988015152

4d = ... 3194254952

7937602001

9d = ... 7187073642

7505283595

9d = ... 7187073642

3182099534

3d = ... 2395691214

7864083203

9d = ... 7187073642

6770095612

8d = ... 6388509904

3815857081

4d = ... 3194254952

6216021297

7d = ... 5589946166

6260751316

7d = ... 5589946166

670805150

Die vier höchsten Ziffern	des
7187	9fachen d
6388	8 " "
5589	7 " "
4791	6 " "
3992	5 " "
3194	4 " "
2395	3 " "
1597	2 " "

Erstens. Bemerke man sich die Anzahl der Ziffern des Divisors; sie ist hier 9 und ist über den Divisor geschrieben. Der Nutzen hiervon ist einleuchtend; denn man ersieht dadurch u. A. gleich, ob noch mehr als eine Ziffer vom Dividend herunterzusetzen ist.

Zweitens. Man sieht mit einem Blick aus der nebengestellten Tafel, daß 9 mal geht. Ohne die Tafel hätte man letztere 9 so bestimmt: da der Divisor mit 79... anfangt, so sage man 7+1 oder 8 in 74 giebt 9 und da auch 7 in 74 auch höchstens 9 liefern kann, so ist 9 richtig.

Da nun das 9fache gebraucht wird, so schreibe man die vier höchsten Ziffern desselben gehörig unter dem Dividend und fülle die Lücke dadurch aus, daß man den Divisor verkürzt mit 9 multiplizirt, bis sich die Zahl schließt.

Drittens. Subtrahire man jedes Mal verkürzt, und kontrolire diese Subtraktion durch Addition.

Viertens. Als Rest blieb 301675047 wozu 7 aus dem Dividend gesetzt 3016750477 giebt. Man sage 8 in 30 giebt 3 und dies trifft nach der Tafel zu. Man benutze nun wieder die vier Ziffern 2395 aus der Tafel, und setzt die folgenden durch Multiplikation dahinter, subtrahire und kontrolire durch Addition.

Fünftens. Es blieb 621059263; also 7+1 oder 8 in 62 giebt 7; die Tafel zeigt, daß 7 hier richtig ist, und man verfahre wie vorhin, indem man die vier Ziffern 5589 gehörig links unter den gebliebenen Rest setzt und die fehlenden durch Multiplikation mit 7 ausfüllt.

Sechstens. Vergleicht man den jetzt gebliebenen Rest 620646470 mit dem vorigen, so sieht man, ohne auf die Tafel zu blicken, daß wieder 7 mal geht und nun das darüber stehende 7fache gleich wieder benutzt werden kann.

Siebentes. Bei jedem gewonnenen neuen Vielfachen, bemerke man zur Linken die Zahl des Vielfachen, um, wenn es wiederkehren sollte, sofort davon Gebrauch machen zu können.

Achtens. Hat man ein schon in die Rechnung eingetragenes Vielfache nochmals zu benutzen, so blicke man in der Rechnung nur von unten auf, und entnehme es da, wo es zunächst vorkommt, weil dies bequemer ist, als erst nach links zu in die Tafel zu sehen.

Ist der Divisor sehr groß und sollten nur sehr wenige verschiedene Vielfache erforderlich sein, so ist diese Art zu rechnen bequem, weil es doch dann mühsam wird, alle Vielfache, von denen man doch einige gar nicht nöthig hat, zu berechnen.

Bei sehr großen Divisionen kommen gewöhnlich alle Vielfachen vor. Berechnet man sich dann eine vollständige Tafel, so gewinnt man doch, im Grunde genommen, gegen obige Art zu rechnen nichts.

Bei langen Divisionen und da wo ein Divisor öfter gebraucht wird, ist es höchst vortheilhaft jedes einzelne Vielfache des Divisors auf ein schmales Streifchen Papier zu schreiben, um es da, wo es gebraucht wird, unmittelbar zum subtrahiren unterzuschieben. Man kann sie auch auf ein Blättchen untereinander schreiben, und solches zwischen jedem Vielfachen kniffen.

Nach einiger Übung ist es aber auch leicht — wenn auch nicht so sicher — die Vielfachen unmittelbar aus der Tafel zu subtrahiren, ohne sie nämlich erst vorher gehörigen Orts unter zu setzen.

Mitunter lassen sich Divisionen vorher dadurch abkürzen, daß man den Divisor und Dividend durch einen beiden gemeinschaftlichen Faktor dividirt.

Beispiele.

6773456832125 (8 | 6543125 (8

5 : 54187654657 (2 | 52345... (2

108375309931$\frac{2}{5}$ | 104690

36853.... | 1035202$\frac{5967}{52345}$

54460...

21159..

22131

1193$\frac{2}{5}$

54321 6878125 (128 verk. | 78125 (128 verk.

6953176|04 | 10000000

6953176$\frac{1}{25}$ als Resultat.

Führt man die vorige Rechnung so durch, daß man die vollständig berechneten Vielfachen benutzt und durch einen Blick nach dieser Tafel stets die in Rechnung kommenden subtrahirt, so hat man:

9, Anzahl der Ziffern.

Divisor: 798563738 = d

Quotient: 937777203422857156499398477

74887486897654320553421064321543217 6
3016750477
6210592636
6206464705
6165185394
5752392283
1624461172
2733369605
3376783915
1825289633
2281621574
6844940982
4564310781
5714920910
1249747446
4511837084
5190183943
3988015152
7937602001
7505283595
3182099534
7864083203
6770095612
3815857081
6216021297
6260751316
670805150

Die vier höchsten Ziffern	des
7187	9fachen d
6388	8 " "
5589	7 " "
4791	6 " "
3992	5 " "
3194	4 " "
2395	3 " "
1597	2 " "

70. Nachdem nun die allgemeineren Divisions-Methoden abgehandelt sind, sollen theils speziellere, theils einzelne Verkürzungen dieser Operation, die ebenfalls von hohem Nutzen sind, aufgestellt werden.

Um Verkürzungen zu erzielen, wird man in Folge der Gleichung $a . (b : c) = a : (c : b)$, das was in dieser Hinsicht vom Multipliziren gelehrt worden ist, auf indirecte Weise beim Dividiren in Anwendung zu bringen suchen. Man wird also beide Quotianden (Dividend und Divisor), vermöge $a : b = (a \times \alpha) : (b \times \alpha)$, aber namentlich den Divisor möglichst auf Zahlformen zurückzuführen suchen, durch welche sich leicht dividiren läßt, und die dann wieder wesentlich in $(a:10^m):b$ begriffenen liegen.

1) Ist der Divisor von der Form $5^m.k$, so hat man:

$$\frac{a}{5^m.k} = \frac{a.2^m}{5^m.2^m.k} = \frac{a.2^m}{(5.2)^m.k} = \frac{(a:k).2^m}{10^m} = \frac{a.2^m}{10^m}:k;$$

daher hat man für $m = 1, 2, 3, 4, 5, 6, 7, 8, 9, \ldots$ bezüglich:

$$\frac{a}{5.k} = \frac{a.2}{10.k}; \quad \frac{a}{25.k} = \frac{a.2^2}{100.k}; \quad \frac{a}{125.k} = \frac{a.2^3}{1000.k}; \quad \frac{a}{625} = \frac{a.2^4}{10000.k};$$

$$\frac{a}{3125.k} = \frac{a.32}{10^5.k}; \quad \frac{a}{15625.k} = \frac{a.64}{10^6.k}; \quad \frac{a}{78125.k} = \frac{a.128}{10^7.k};$$

$$\frac{a}{390625.k} = \frac{a.256}{10^8.k} \text{ u. s. w.};$$

demnach für $k = 1$,

$$\frac{a}{5} = \frac{2a}{10}; \quad \frac{a}{25} = \frac{4a}{100}; \quad \frac{a}{125} = \frac{8a}{1000}; \quad \frac{a}{625} = \frac{16a}{10000};$$

$$\frac{a}{3125} = \frac{32a}{10^5}; \quad \frac{a}{15625} = \frac{64a}{10^6}; \quad \frac{a}{78125} = \frac{128a}{10^7}; \quad \frac{a}{390625} = \frac{256a}{10^8}; \text{ rc.}$$

Für $k = 3$,

$$\frac{a}{15} = \frac{2a}{30}; \quad \frac{a}{75} = \frac{4a}{300}; \quad \frac{a}{375} = \frac{8a}{3000}; \quad \frac{a}{1875} = \frac{16a}{30000};$$

$$\frac{a}{9375} = \frac{32a}{300000}; \quad \frac{a}{46875} = \frac{64a}{3000000}; \text{ u. s. w.}$$

Oder um in manchen Fällen bequemer rechnen zu können:

$$\frac{a}{15} = \frac{a}{10} - \frac{a}{10}:3; \quad \frac{a}{75} = \frac{a}{100} + \frac{a}{100}:3; \quad \frac{a}{375} = \frac{3a}{1000} - \frac{a}{1000}:3;$$

$$\frac{a}{1875} = \frac{(a.10):2}{10000} + \frac{a}{10000}:3; \quad \frac{a}{9375} = \frac{a \times 11 \text{ (verk.)}}{100000} - \frac{a}{100000}:3;$$

$$\frac{a}{46875} = \frac{21a}{1000000} + \frac{a}{1000000}:3; \text{ u. s. w.}$$

Für $k = 7$,

$$\frac{a}{35} = \frac{2a}{70}; \quad \frac{a}{175} = \frac{4a}{700}; \quad \frac{a}{875} = \frac{8a}{7000}; \quad \frac{a}{4375} = \frac{16a}{70000};$$

$$\frac{a}{21875} = \frac{32a}{700000},$$

wo man auch,

$$\frac{a}{875} = \frac{a}{1000} + \frac{a}{1000} : 7; \quad \frac{a}{4375} = \frac{2a}{10000} + \frac{2a}{10000} : 7$$
$$= \tfrac{1}{2}\left(\frac{a}{10000} + \frac{a}{10000} : 7\right) \text{ u. s. w.}$$

setzen kann.

Für $k = 9$,

$$\frac{a}{45} = \frac{2a}{90}; \quad \frac{a}{225} = \frac{4a}{900}; \quad \frac{a}{1125} = \frac{8a}{9000}; \quad \frac{a}{5625} = \frac{16a}{90000};$$
$$\frac{a}{28125} = \frac{32a}{900000}; \text{ u. s. w.}$$

oder auch:

$$\frac{a}{1125} = \frac{a}{1000} - \frac{a}{1000} : 9; \quad \frac{a}{5625} = \frac{2a}{10000} - \frac{2a}{10000} : 9$$
$$= \tfrac{1}{2}\left[\frac{a}{10000} - \frac{a}{10000} : 9\right]; \quad \frac{a}{28125} = \frac{4a}{100000} - \frac{4a}{100000} : 9$$
$$\text{oder } = \tfrac{1}{4}\left[\frac{a}{100000} - \frac{a}{100000} : 9\right].$$

Für $k = 11$,

$$\frac{a}{55} = \frac{2a}{110}; \quad \frac{a}{275} = \frac{4a}{1100}; \quad \frac{a}{1375} = \frac{8a}{11000}; \quad \frac{a}{6875} = \frac{16a}{110000};$$
$$\frac{a}{34375} = \frac{32a}{1100000};$$

oder auch:

$$\frac{a}{55} = \frac{2a}{10} : 11; \quad \frac{a}{275} = \frac{4a}{100} : 11; \quad \frac{a}{1375} = \frac{a}{1000} - \frac{3a}{1000} : 11;$$
$$\frac{a}{6875} = \frac{a}{10000} + \frac{\frac{1}{2}.(a.10)}{10000} : 11; \quad \frac{a}{34375} = \frac{3a}{100000} - \frac{a}{100000} : 11; \text{ etc.}$$

Für $k = 13$,

$$\frac{a}{65} = \frac{2a}{10} : 13; \quad \frac{a}{325} = \frac{4a}{100} : 13; \quad \frac{a}{1625} = \frac{8a}{1000} : 13; \text{ u. s. w.}$$

Für $k = 17$,

$$\frac{a}{85} = \frac{2a}{10} : 17; \quad \frac{a}{425} = \frac{4a}{100} : 17; \text{ u. s. w.}$$

Für $k = 19$,

$$\frac{a}{95} = \frac{2a}{10} : 19; \quad \frac{a}{475} = \frac{4a}{100} : 19; \text{ u. s. w.}$$

U. s. w. U. s. w. U. s. w.

Beispiele hierzu:

$$(1)\quad \frac{45783976343}{9156795268\frac{3}{5}}(2 \quad :5$$

der Dividend wird durch 10 dividirt, indem man die 3 Einer abgeschnitten denkt (giebt $4578397634\frac{3}{10}$) und dann mit 2 multiplizirt und bemerkt, daß $\frac{3}{10}.2 = \frac{3}{10:2} = \frac{3}{5}$ ist.

Da $\frac{\ldots+\beta.10^{m+2}+\alpha.10^{m+1}+t.10^{m}+\ldots+b.10+a}{5^{m}.k}$

$$= \frac{[(\ldots+\beta.10^{2}+\alpha.10)2^{m}].10^{m}+(t.10^{m}+\ldots+b.10+a).2^{m}}{10^{m}.k}$$

$$= \left[(\ldots+\beta.10^{2}+\alpha.10).2^{m}+\frac{t.10^{m}+\ldots+b.10+a}{5^{m}}\right]:k,$$

so kann man, um eine gegebene Zahl z durch $5^{m}.k$ zu dividiren, statt $[(z:10^{m}).2^{m}]:k$ oder $[(z.2^{m}):10^{m}]:k$ zu entwickeln, zunächst unter die niedrigsten m Ziffern zur Rechten entweder $5^{1}(=5)$ oder $5^{2}(=25)$, oder $5^{3}(=125)$, ..., oder 5^{m} (numerisch ausgedrückt) setzen, je nachdem $m = 1, 2, 3, \ldots, m$ ist. Dann multiplizirt man die nach jenen niedrigsten m Ziffern zur Linken folgende Zahl mit der ebenfalls numerisch ausgedrückten betreffenden Potenz von 2, nimmt aber gleich im Anfange dieser Multiplikation die Ganzen mit hinüber, wenn jener Bruch zur Rechten dergleichen noch enthalten sollte. Diese letzteren Ganzen sieht man mit einem Blick und bestimmt den Rest, also den Zähler des kommenden ächten Bruchs dadurch, daß man multiplizirt und unmittelbar subtrahirt. Der herausgekommene Ausdruck wird nun noch durch k dividirt. Diese Methode ist jedoch nur da von wesentlichem Nutzen, wo die letzten m Ziffern der gegebenen Zahl kleiner als die entsprechende Potenz von 2 ist, oder wo man unmittelbar die in jenem unächten Bruch liegenden Ganzen erkennt. Im entgegengesetzten Falle verfährt man wie oben.

$$(2)\quad \frac{579839}{115967\frac{4}{5}}(2 \quad :5$$

nämlich: 5 von 9 bleibt 4, mithin $\frac{4}{5}$ und $3.2+1=7$ u. s. w.

$$\text{Oder so:}\quad \frac{57983\,9}{115967\underbrace{\tfrac{8}{10}}_{\tfrac{4}{5}}}(2 \quad :5$$

$$(3)\quad \frac{453212341}{18128493\tfrac{16}{25}}(4 \quad :25$$

d. h. man subtrahirt: 25 von 41 giebt 16 und $3.4+1=13$ u. s. w.

Oder so: $$\frac{4532123\;41}{18128493\underbrace{\tfrac{64}{100}}_{\tfrac{16}{25}}}(4 \quad :25$$

$$(4)\quad \frac{768376898}{30735075\tfrac{23}{25}}(4 \quad :25$$

nämlich: 25 in 98 giebt 3 und $98-75=23$, ferner $8.4+3=35$ u. s. w.

Oder so: $$\frac{7683768\;98}{30735075\underbrace{\tfrac{92}{100}}_{\tfrac{23}{25}}}(4 \quad :25$$

$$(5)\quad \frac{232105432152}{1856843457\tfrac{27}{125}}(8 \quad :125$$

nämlich: 125 in 152 giebt 1 u. $152-125=27$ u. $2.8+1=17$ u. s. w.

Oder so: $$\frac{232105432\;152}{1856843457\underbrace{\tfrac{216}{1000}}_{\tfrac{27}{125}}}(8 \quad :125$$

$$(6)\quad \frac{75483456897}{603867655\tfrac{22}{125}}(8 \quad :125$$

nämlich: 125 in 897 giebt 7, also $5.7=\overset{*}{3}5$, von $37=2$; $2.7+\overset{*}{3}=17$, von $19=2$; $6.8+7=55$ u. s. w.

Oder so: $$\frac{75483456\;897}{603867655\underbrace{\tfrac{176}{1000}}_{\tfrac{22}{125}}}(8 \quad :125$$

$$(7)\quad \frac{1203211320121}{192513811 2\;\tfrac{121}{625}}(16 \quad :625$$

da $121 < 625$, so wird gleich $\tfrac{121}{625}$ hingesetzt.

Oder so: $$\frac{120321132\;0121}{1925138112\underbrace{\tfrac{1936}{10000}}_{\tfrac{121}{625}}}(16 \quad :625$$

hier ist die Berechnung umständlicher als vorhin.

$$(8)\quad \frac{5643256878}{9029211\;\tfrac{3}{625}}(16 \quad :625$$

nämlich: 6 in 68 g. 11, also: $5.11=55$, v. $58=3$; $5.16+11=91$ u.s.w.

Oder so: $$\frac{5643256878}{9029211\;\underbrace{\tfrac{48}{10000}}_{\tfrac{3}{625}}}(16 \quad :625$$

(9) $\dfrac{12342152121021}{3949488678\frac{2271}{3125};}(32 \quad :3125$

nämlich: 3125 in 21021 giebt 6; also $5.6 = 30$, von $3\overset{*}{1} = 1$; $2.6+3 = 15$, von $2\overset{*}{2} = 7$; $1.6+\overset{*}{2} = 8$, von $1\overset{*}{0} = 2$; $3.6+\overset{*}{1} = 19$, von $21 = 2$; $1.32+6 = 38$ u. s. w.

Oder so: $\dfrac{12342152121021}{3949488678\underbrace{\tfrac{72672}{100000}}_{\frac{2271}{3125}}}(32 \quad :3125$

(10) $\dfrac{3456843215432168432154 3}{22123796578765877796\underbrace{\tfrac{578752}{1000000}}_{\frac{9043}{15625}}}(64 \quad :15625$

(11) $$\begin{array}{r} 4\ 3\ 2\ 1\ 5\ 2\,(\tfrac{2}{10} \quad :15 \\ 3)\overline{8_2 6_2 4\ 3\ 0\ \tfrac{2}{5}} \\ \overline{2\ 8\ 8\ 1\ 0\tfrac{2}{15}} \end{array}$$; nämlich:

unter die 2 Einer wird 5 gesetzt. Sind die Einer a, > 5, so subtrahirt man 5 von ihnen, nimmt den Rest als Zähler und rechnet 1 mit hinzu.

Oder so: $$\begin{array}{rl} & 4\ 3\ 2\ 1\ 5\,\tfrac{1}{5} : 15, = (1-\tfrac{1}{3}).\tfrac{1}{10} \\ \text{ab:} & 1\ 4\ 4\ 0\ 5\tfrac{1}{15} \\ \hline & 2\ 8\ 8\ 1\ 0\tfrac{2}{15} \end{array}$$

(12) $$\begin{array}{r} 7\ 6\ 4\ 3\ 2\ 1\ 5\ 4\ 3\ 8\ 6\ 4\ 2\ 8\ 5\ 6\ 4\ 3\ 9\,(\tfrac{2}{10} \quad :15 \\ 3)\overline{1\ 5\ 2\ 8_1 6_1 4_2 3_2 0_2 8_1 7_2 7\ 2\ 8_1 5\ 7_1 1_2 2_1 8\ 7\ \tfrac{4}{5}} \\ \overline{5\ 0\ 9\ 5\ 4\ 7\ 6\ 9\ 5\ 9\ 0\ 9\ 5\ 2\ 3\ 7\ 6\ 2\,\tfrac{3}{5}} \end{array}$$; da

nämlich am Ende 3 in 7, 2 mal geht und 1 bleibt, so heißt es: $\dfrac{(1.5+4):3}{5} = \dfrac{3}{5}$.

Oder so: $$\begin{array}{rl} & 7\,6\,4\,3\,2\,1\,5\,4\,3\,8\,6\,4\,2\,8\,5\,6\,4\,3\tfrac{9}{10} \quad : 15 \\ \text{ab:} & 2\,5\,4\,7\,7\,3\,8\,4\,7\,9\,5\,4\,7\,6\,1\,8\,8\,1\tfrac{3}{10} \\ \hline & 5\,0\,9\,5\,4\,7\,6\,9\,5\,9\,0\,9\,5\,2\,3\,7\,6\,2\tfrac{3}{5} \end{array}$$

(13) $$\begin{array}{r} 8\,7\,6\,5\,5\ 3\,(\tfrac{2}{10} \quad :15 \\ 3)\overline{1\,7\,5\,3\,1\,0\ \tfrac{3}{5}} \\ \overline{5\,8\,4\,3\,6\,\tfrac{13}{15}} \end{array}$$; unter die 3 Einer setzt man 5, und

da 2 bei der Division durch 3 übrig bleibt, so heißt es $\dfrac{2.5+3}{5.3} = \dfrac{13}{15}$.

(14) $\begin{array}{r} 788349 \\ \hline 1576694\frac{4}{5} \\ \hline 52556\frac{3}{5} \end{array}(\frac{2}{10}\quad :15$; 3) man hat $\frac{9}{5} = 1 + \frac{4}{5}$; $4.2+1 = 9$ u. s. w. Bei der Division durch 3 heißt es am Ende $\frac{(1.5+4):3}{5} = \frac{3}{5}$.

(15) $\begin{array}{r} 34562432152 1649 \\ \hline 69_6 1_5 2_3 4_6 8_5 643_1 0_3 4_6 329\frac{4}{5} \\ \hline 98749806149 04\frac{9}{35} \end{array}(\frac{2}{10}\quad :35$; 7) nämlich: $9-5=4$, also $\frac{4}{5}$; beim dividiren durch 7 heißt es am Ende: 7 in 29 giebt 4 und Rest 1, $\frac{1.5+4}{5}:7 = \frac{9}{35}$.

(16) $\begin{array}{r} 78563432 \\ \hline 314253728 \\ \hline 1047512\frac{128}{300} \end{array}(4\quad :75$; 300) $\{\frac{32}{75}$; man multiplizirt zuerst mit 4; dann dividirt man durch 300 dadurch, daß man sich die beiden letzten Ziffern 28 abgesondert und blos 3142537 durch 3 dividirt, den bleibenden Rest der hier 1 ist, an 28 herangesetzt denkt und dem so entstandenen Zähler, hier 128, den Nenner 300 giebt.

Oder so: $\begin{array}{r} 78563432 \\ \hline 3142537\frac{7}{25} \\ \hline 1047512\frac{32}{75} \end{array}(\frac{4}{100}\quad :75$; 3) nämlich: $32-25=7$, also $\frac{7}{25}$; $4.4+1 = 17$ u. s. w.; dann heißt es bei der Division durch 3 am Ende: 3 in 7 giebt 2 und Rest 1, $\frac{1.25+7}{25.3} = \frac{32}{75}$.

Oder so: $785634\frac{8}{25}\ :75$ addirt: $\begin{array}{r} 261878\frac{8}{75} \\ \hline 1047512\frac{32}{75} \end{array}$

Oder: $\begin{array}{r} 78563432 \\ \hline 314253728 \\ \hline 1047512\frac{128}{300} \end{array}(4\quad :75$; 3) $\{\frac{32}{75}$.

Oder u. A. so: $\begin{array}{r} 785634\,32 \\ 261878\,10\frac{2}{3} \\ \hline 1047512|42\frac{2}{3} \end{array}\ :75$ $\{\frac{21\frac{1}{3}}{50} = \frac{32}{75}$.

(17) $\begin{array}{r} 2143215843217684321 56 \\ \hline 857286337287073728 6\frac{6}{25} \\ \hline 285762112429024576 2\frac{2}{75} \end{array}(\frac{4}{100}\quad :75$; 3) nämlich: 25 in 56 giebt 2 und $56-2.25 = 6$, also $\frac{6}{25}$; dann heißt es: $1.4+2 = 6$; $2.4 = 8$ u. s. w.

$$\begin{array}{rl} \text{Oder so:} & 2143215843217684321\,56 = D \\ +\tfrac{1}{3}D = & \underline{714405281072561440\,52} \\ & 2857621124290245762|08\{\tfrac{2}{25}; \end{array}$$ nämlich: wir haben $\frac{1}{3}D$ addirt und den Rest durch 100 dividirt.

$$\begin{array}{rl} (18) & \underline{764321543568764321564843215}\left(\tfrac{4}{100}\right. \quad :75 \\ 3) & \underline{305728617427505728625937 28\tfrac{3}{5}} \\ & 101909539142501909541979 09\tfrac{8}{15}; \end{array}$$ nämlich: am Ende heißt es: 3 in 28 giebt 9, Rest 1, $\frac{1.5+3}{5.3} = \frac{8}{15}$.

$$\begin{array}{rl} \text{Oder so:} & 7643215435687643215648432\,15 = D \\ +\tfrac{1}{3}D = & \underline{2547738478562547738549477\,38\tfrac{1}{3}} \\ & 1019095391425019095419790 9|53\tfrac{1}{3}\{\tfrac{8}{15}; \end{array}$$ nämlich: $\frac{53\frac{1}{3}}{100}$, also $3.3+1$ ist $\overset{*}{1}0$, $5.3+\overset{*}{1} = 16$, mithin $\frac{160}{300} = \frac{8}{15}$.

$$\begin{array}{rl} (19) & \underline{2145687432158}\left(\tfrac{8}{1000}\right. \quad :375 \\ 3) & \underline{17165499457\tfrac{33}{125}} \\ & 5721833152\tfrac{158}{375}; \end{array}$$

hier ist 158 nicht mit 8 multiplizirt, weil $158 < 3.125$ ist.

$$\begin{array}{rl} \text{Oder so:} & \underline{2145687432158}(8 \quad :375 \\ 3000) & \underline{17165499457264} \\ & 5721833152\tfrac{1264}{3000}\{\tfrac{158}{375}; \end{array}$$

es ist nämlich erst mit 8 multiplizirt, dann durch 3 bis auf die letzten drei Ziffern (264) dividirt; der Rest von 7 durch 3, also 1 wurde gleich links vor 264 gesetzt, gab 1264, also $\frac{1264}{3000} = \frac{158}{375}$.

$$\begin{array}{rl} \text{Oder so:} & \underline{2145687432158}(3 = D \\ & 6437062296474 \\ \text{ab } \tfrac{1}{3}D = & \underline{715229144052\tfrac{2}{3}} \\ & 5721833152|421\tfrac{1}{3} \\ & \qquad\qquad\;\; \overline{\quad 8 \quad} \\ & \qquad\qquad\;\; \tfrac{1264}{3000}\Big|\tfrac{158}{375} \end{array}$$

$$\begin{array}{rl} (20) & \underline{345621432564532156}(16 \quad :1875 \\ 3) & \underline{5529942921032514496} \\ & 1843314307010 83\tfrac{24496}{30000}\{\tfrac{1531}{1875}; \end{array}$$ nämlich am Ende der Division durch 3 blieb der Rest 2, welcher unmittelbar an 4496 herangesetzt und so 24496 bildet.

Oder so:

$$\begin{array}{rl} & 345621432564532156 \;\big(\tfrac{16}{10000} \quad : 1875 \\ \hline 3) & 552994292103251\,\tfrac{281}{625} \\ \hline & 184331430701083\tfrac{1531}{1875}; \text{ nämlich} \end{array}$$

da $\frac{16}{10000} = \frac{1}{625}$, so heißt es 625 in 2156 giebt 3 und Rest 281, dann $3.16+3 = 51$ u. s. w. Am Ende der Division durch 3 heißt es: $\dfrac{625.2+281}{625.3} = \dfrac{1531}{1875}$.

Oder so:

$$\begin{array}{rl} & 345621432564532156 \;\big(\tfrac{1}{2000} \quad : 1875 \\ \hline & 172810716282266\,\tfrac{78}{1000} \\ +\tfrac{1}{30000}D = & 115207144188177\tfrac{22156}{30000} \\ \hline & 184331430701083\,\tfrac{1531}{1875} \end{array}$$

$$\begin{array}{rl} (21) & 34568432156 \;\big(\tfrac{4}{100} \quad : 175 \\ \hline 7) & 1382737286\,\tfrac{6}{25} \\ \hline & 197533898\tfrac{6}{175}; \end{array}$$

da nämlich $\frac{4}{100} = \frac{1}{25}$, so heißt es 25 in 56 giebt 2 und Rest 6, also $\frac{6}{25}$; ferner $1.4+2 = 6$ u. s. w.

$$\begin{array}{rl} (22) & 1428564935637014 \;\big(\tfrac{8}{1000} \quad : 875 \\ \hline 7) & 114285194850 96\tfrac{14}{125}. \\ \hline & 163264564 0728\tfrac{2}{125}; \end{array}$$

nämlich $\frac{8}{1000} = \frac{1}{125}$, also $\frac{14}{125}$.

Oder so:

$$\begin{array}{rl} & 1428564935637\;014 \quad : 875 \\ +\tfrac{1}{7}D = & 204080705091\;002 \\ \hline & 1632645640728\big|\tfrac{16}{1000}\big\{\tfrac{2}{125}. \end{array}$$

$$\begin{array}{rl} (23) & 123014213002123 \;\big(16 \quad : 4375 \\ \hline 70000) & 1968227408033968 \\ \hline & 28117534400\tfrac{33968}{70000}\big\{\tfrac{2123}{4375}; \text{ nämlich} \end{array}$$

man multiplizirt zuerst mit 16; dann dividirt man die herausgekommene Zahl bis auf ihre vier niedrigsten Ziffern durch 7 und setzt den bleibenden Rest 3 gleich vor die vier niedrigsten Ziffern, giebt: 33968 u s. w.

Oder so:

$$\begin{array}{rl} & 123014213002123 \;\big(\tfrac{16}{100000} \quad : 4375 \\ \hline 7) & 196822740800\,\tfrac{2123}{625} \\ \hline & 28117534400\tfrac{2123}{4375}. \end{array}$$

Oder so:

$$\begin{array}{rl} & 123014213002123 \quad : 4375 \\ +\tfrac{1}{7}D = & 17573459000303\tfrac{2}{7} \\ \hline & 140587672002426\tfrac{2}{7} \\ \hline & 28117534400\tfrac{2123}{4375} \;\big(\tfrac{2}{10000} \end{array}$$

$$\begin{array}{rl} (24) & \underline{345216483215624356}\left(\tfrac{2}{10}\right. \quad :45 \\ 9) & \underline{69043296643124871\tfrac{1}{5}} \\ & 7671477404791652\tfrac{16}{45}\text{; nämlich} \end{array}$$

da $\frac{2}{10} = \frac{1}{5}$, so heißt es $\frac{6}{5} = 1\frac{1}{5}$, $5.2+1 = 11$ u. s. w. Bei der Division durch 9 heißt es am Ende: Rest 3, also $\frac{3.5+1}{5.9} = \frac{16}{45}$.

$$\begin{array}{rl} (25) & 364590634581423 \quad :45 \\ 9) & \underline{\overline{40510070509047}} \\ & 81020141018809\tfrac{2}{5}\left(\tfrac{2}{10}\right.\text{; nämlich} \end{array}$$

$\frac{7}{5} = 1\frac{2}{5}$, $4.2+1 = 9$ u. s. w.

$$\begin{array}{rl} (26) & \underline{1\;2\;3\;4\;5\;6\;8\;6\;2\;1\;5\;4\;3}\left(\tfrac{4}{100}\right. \quad :225 \\ 9) & \underline{4\;9_4 3_7 8_6 2_8 7_6 4_1 4_5 8_4 6_1 1\,\tfrac{18}{25}} \\ & 5\;4\;8\;6\;9\;7\;1\;6\;5\;1\tfrac{68}{225}\text{; nämlich} \end{array}$$

25 in 43 giebt 1 und Rest 18, also $5.4+1 = 21$ u. s. w. Beim Dividiren durch 9 bleibt 2 Rest, also $\frac{2.25+18}{25.9} = \frac{68}{225}$.

$$\begin{array}{rl} (27) & \underline{3\;4\;2\;7\;2\;8\;1\;3\;6\;5\;3\;1\;7\;2\;9\;1\;8\;6\;3}\left(\tfrac{8}{1000}\right. \quad :1125 \\ 9) & \underline{2\;7\;4\;1_5 8_4 2_6 5_2 0_2 9_2 2_4 2_6 5_2 3_5 8_4 3_7 3_1 4\,\tfrac{113}{125}} \\ & 3\;0\;4\;6\;4\;7\;2\;3\;2\;4\;7\;2\;6\;4\;8\;1\tfrac{738}{1125}\left\{\tfrac{82}{125}\right.\text{;} \end{array}$$

nämlich 125 in 863 giebt 6, also $1.8+6 = 14$ u. s. w. Bei der Division durch 9 heißt es am Ende: Rest 5, also $\frac{5.125+113}{125.9} = \frac{738}{1125}$.

$$\begin{array}{rl} \text{Oder so:} & 3427281365317291863 \quad :1125 \\ \text{ab: } \frac{1}{9}D = & \underline{380809040590810207} \\ & 3046472324726481\left|\tfrac{656}{1000}\right.\left\{\tfrac{82}{125}\right.\text{;} \end{array}$$

nämlich man subtrahirt vom Dividend D, $\frac{1}{9}$ desselben und dividirt durch 1000.

$$\begin{array}{rl} (28) & \underline{8765349}\left(\tfrac{2}{10}\right. \quad :55 \\ 11) & \underline{1753069\tfrac{4}{5}} \\ & 159369\tfrac{54}{55}\text{; nämlich} \end{array}$$

5 in 9 giebt 1 und Rest 4, also $\frac{4}{5}$, $4.2+1 = 9$ u. s. w. Bei der Division durch 11 heißt es am Ende: Rest 10, mithin $\frac{10.5+4}{5.11} = \frac{54}{55}$.

$$\begin{array}{rl} (29) & \underline{7834563}\left(\tfrac{4}{100}\right. \quad :275 \\ 11) & \underline{313382\tfrac{13}{25}} \\ & 28489\tfrac{88}{275}\text{; nämlich} \end{array}$$

25 in 63 giebt 2 und Rest 13 (weil $\frac{4}{100} = \frac{1}{25}$) also $\frac{13}{25}$. Beim Dividiren durch 11 bleibt am Ende der Rest 3, also $\frac{3.25+13}{25.11} = \frac{88}{275}$.

$$\begin{array}{rl} (30) & \underline{73456842}\,(8 \qquad :1375 \\ 11000) & \underline{587654736} \\ & 53423\tfrac{1736}{11000}\Big\{\tfrac{217}{1375}; \end{array}$$ nämlich

es wird mit 8 multiplizirt, dann wird durch 11 dividirt bis auf die letzten 3 Ziffern, wegen des Faktors 1000; da der Rest 1 ist, so wird er unmittelbar vor 736 gesetzt, giebt 1736 als Zähler des Bruchs $\frac{1736}{1100}$.

Oder so: $$\begin{array}{rl} & \underline{73456842}\,(\tfrac{8}{1000} \qquad :1375 \\ 11) & \underline{587654\,\tfrac{92}{125}} \\ & 53423\tfrac{217}{1375}; \end{array}$$ nämlich

$\frac{8}{1000} = \frac{1}{125}$, so hat man 125 in 846 giebt 6 und Rest 92. Bei der Division durch 11 bleibt am Ende der Rest 1, also $\dfrac{125.1+92}{125.11} = \dfrac{217}{1375}$. Die Multiplikationen und Additionen werden überall zugleich vollzogen und so rechnet man z. B. bei $345.7+643$ so: 5 mal 7 ist 35 und 3 ist 38, 8 hin und 3 bemerkt; 4 mal 7 ist 28 und 3 ist 31 und 4 ist 35, also 5 hin und 3 bemerkt; 3 mal 7 ist 21 und 3 ist 24 und 6 ist 30, also 30 hin.

$$\begin{array}{rl} (31) & \underline{7\;8\;5\;4\;3\;2}\,(\tfrac{2}{10} \qquad :65 \\ 13) & \underline{1\;5_2 7_1 0\;8_4 6\;\tfrac{2}{5}} \\ & 1\;2\;0\;8\;3\,\tfrac{37}{65}; \end{array}$$

da $\frac{2}{10} = \frac{1}{5}$, so heißt es gleich $\frac{2}{5}$. Bei der Division durch 13 bleibt aber Rest 7, also $\dfrac{7.5+2}{5.13} = \dfrac{37}{65}$.

$$\begin{array}{rl} (32) & \underline{8\;5\;4\;\;3\;2\;8}\,(\tfrac{4}{100} \qquad :325 \\ 13) & \underline{3\;4_8 1_3 7_{11} 3\;\tfrac{3}{25}} \\ & 2\;6\;2\;\;8\,\tfrac{228}{325}; \end{array}$$ nämlich

25 in 28 giebt 1 und Rest 3, also $\frac{3}{25}$, ferner $3.4+1 = 13$ u. s. w. Bei der Division durch 13 bleibt der Rest 9, also $\dfrac{25.9+3}{25.13}$. Hier entwickelt man $25.9+3$ so: 5 von 10 bleibt 5 und 3 ist 8, hin; 3 von 5 bleibt 2, hin, 0 von 2 bleibt 2, hin.

$$\begin{array}{rl} (33) & \underline{1486123}\,(\tfrac{8}{1000} \qquad :1625 \\ 13) & \underline{11888\,\tfrac{123}{125}} \\ & 914\tfrac{873}{1625}; \end{array}$$

da nämlich $123 < 125$, so setzt man unmittelbar $\frac{123}{125}$ hin. Bei der Division durch 13 bleibt am Ende Rest 6, also $\dfrac{125.6+123}{125.13}$. Die Multiplikation und Addition wird bei $125.6+123$ auf ein Mal vollzogen. Man hat auch dafür $125.7-2 = 873$.

(34)
$$\begin{array}{r} 762102 \;(\tfrac{2}{10} \quad :95 \\ \hline 19)\;152420\tfrac{2}{5} \\ \hline 8022\tfrac{12}{95}. \end{array}$$

(35)
$$\begin{array}{r|l} 1235\,5623 & :1875 \\ \hline 411\,8541 & :625 \\ \hline 6589 & 6656 \\ & \text{als} \\ & \tfrac{416}{625} \end{array}$$

(36)
$$\begin{array}{l} 3\;4\;5\;6\;8\;4\;3\;2\;1\;5\;6 \;(\tfrac{4}{100} \quad :175 \\ \hline 7)\;1\;3_6 8_5 2_3 7_2 3_2 7_6 2_6 8_5 6\;\tfrac{6}{25} \\ \hline \;\;1\;9\;7\;5\;3\;3\;8\;9\;8\tfrac{6}{175}; \end{array}$$

bei der Multiplikation mit $\frac{4}{100}$ hieß es 25 in 56 giebt 2, bleibt 6, also $\frac{6}{25}$ u. s. w.

(37)
$$\begin{array}{r} 623102 \;(\tfrac{4}{100} \quad :475 \\ \hline 19)\;24924\tfrac{2}{25} \\ \hline 1311\tfrac{377}{475}. \end{array}$$

2) Man kann eben so wie bei einem einziffrigen Divisor auch durch einen beliebig ziffrigen, jede Zahl auf ein Mal (querdurch) dividiren; es ist dabei weiter nichts zu beobachten als daß man erstens das „Wie viel mal“ sicher und schnell in Anwendung bringt, daß man zweitens die Multiplikation und Subtraktion auf ein Mal verrichtet, endlich drittens die Ziffern des Dividends etwas weiter auseinander rückt und die Restzahlen sehr klein aber doch deutlich unten ansetzt. Man hat dadurch den Vortheil nicht unnütz viele Zahlen zu schreiben. Einige Beispiele werden dies erläutern.

(1)
$$\begin{array}{l} 29)\;7\;\;3_{15}4_{9}5_{8}6_{28}8_{27}4_{13}3 \\ \hline \quad\;\;2\;\;5\;\;3\;\;2\;\;9\;\;9\;\;4\tfrac{17}{29}; \end{array}$$ nämlich

29 in 73 giebt 2, 9.2 ist 18, von $\overset{*}{2}3$ bleibt 5; 2.2 + $\overset{*}{2}$ = 6, von 7 bleibt 1;
29 in 154 giebt 5, 9.5 ist 45, von $\overset{*}{5}4$ bleibt 9; 2.5 + $\overset{*}{5}$ = 15, von 15 bleibt 0;
29 in 95 giebt 3, 9.3 ist 27, von $\overset{*}{3}5$ bleibt 8; 2.3 + $\overset{*}{3}$ = 9, von 9 bleibt 0;
29 in 86 giebt 2, 9.2 ist 18, von $\overset{*}{2}6$ bleibt 8; 2.2 + $\overset{*}{2}$ = 6, von 8 bleibt 2;
29 in 288 giebt 9, 9.9 ist 81, von $\overset{*}{8}8$ bleibt 7; 2.9 + $\overset{*}{8}$ = 26, von 28 bleibt 2;
29 in 274 giebt 9, 9.9 ist 81, von $\overset{*}{8}4$ bleibt 3; 2.9 + $\overset{*}{8}$ = 26, von 27 bleibt 1;
29 in 133 giebt 4, 9.4 ist 36, von $\overset{*}{4}3$ bleibt 7; 2.4 + $\overset{*}{4}$ = 12, von 13 bleibt 1.

Auf diese Weise rechnet man die übrigen Beispiele.

(2)
$$\begin{array}{l} 7)\;2\;\;4\;\;7\;\;3\;\;6\;\;5\;\;8\;\;4\;\;3\;\;8\;\;7 \quad :553 \\ \hline 79)\;\;3\;\;5\;\;3_{37}3_{57}7_{24}9_{12}7_{48}7_{13}6_{57}9\;\tfrac{4}{7} \\ \hline \qquad\;\;4\;\;4\;\;7\;\;3\;\;1\;\;6\;\;1\;\;7\tfrac{186}{553} \end{array}$$

(3)
$$\begin{array}{r l}
 & 7\;2\;3\;4\;5\;6\;8\;4\;3\;2\;1\;5\;4\;3\;2\;6\;(\tfrac{8}{1000} \qquad :34125\\
 & 5\;7\;8\;7\;6\;5\;4\;7\;4\;5\;7\;2\;3\;2\;\tfrac{328}{125}\\
3) & 1\;9\;{}_5 2\;{}_3 9\;{}_4 2\;1\;8\;{}_4 2\;4\;8\;{}_6 5\;{}_2 7\;{}_6 4\;{}_1 4\;\tfrac{326}{375}\\
7) & 2\;7\;{}_1 5\;{}_2 6\;0\;2\;6\;0\;6\;9\;{}_4 3\;{}_4 9\;{}_{10} 2\;\tfrac{701}{2625}\\
13) & 2\;1\;2\;0\;0\;2\;0\;0\;5\;3\;3\;7\;\tfrac{29201}{34125}
\end{array}$$

(4)
$$\begin{array}{r l}
67) & 6\;8\;{}_1 9\;7\;{}_{63} 4\;{}_{31} 3\;{}_{45} 2\;{}_{50} 5\;{}_{36} 6\;{}_{31} 3\;{}_{45} 4\;{}_{52} 5\;{}_{56} 6\;{}_{30} 8\;{}_{40} 7\;{}_5 3\;5\;{}_{66} 4\;{}_{61} 8\;{}_{15} 9 \qquad :5963\\
89) & 1\;0\;2\;{}_{13} 9\;{}_{50} 4\;{}_{59} 6\;{}_{62} 7\;{}_4 5\;4\;{}_9 6\;{}_7 7\;8\;{}_{66} 4\;{}_{41} 6\;{}_{60} 0\;{}_{66} 7\;{}_{44} 9\;{}_4 9\;2\;\tfrac{25}{67}\\
 & 1\;1\;5\;6\;7\;0\;5\;1\;0\;8\;7\;4\;6\;7\;5\;0\;5\;\tfrac{3174}{5963};
\end{array}$$

bei der Division durch 89 bleibt am Ende 47 übrig; man hatte also: $67.47 + 25 = 3174$, 89×67 gab den Divisor, weshalb diese Multiplikation erspart werden konnte.

(5)
$$\begin{array}{r l}
263) & 4\;5\;6\;{}_{193} 8\;{}_{97} 7\;{}_{188} 3\;{}_{42} 6\;{}_{163} 8\;{}_{60} 0\;{}_{74} 4\;{}_{218} 3\;{}_{79} 2\;{}_3 5\;4\;{}_{91} 3\;{}_{124} 6\;{}_{194} 8\;{}_{107} 4\;{}_{22} 3\;2\;{}_{128} 1\;{}_{229} 6\;{}_{192} 7\;{}_{86} 5\;{}_{76} 4\\
 & 1\;7\;3\;7\;1\;6\;2\;2\;8\;3\;0\;1\;3\;4\;7\;4\;0\;8\;4\;8\;7\;3\;2\tfrac{238}{263}
\end{array}$$

(6)
$$\begin{array}{r l}
10463) & 76843\;{}_{3602} 2\;{}_{4633} 1\;{}_{4479} 5\;{}_{2943} 6\;{}_{8570} 8\;{}_{1404} 4\;{}_{3581} 3\;{}_{4424} 6\;{}_{2394} 8\;{}_{3022} 4\;{}_{9298} 3\;{}_{9279} 2\;{}_{9088} 1\;{}_{7177} 5\;{}_{8997} 4\;{}_{6270} 3\;{}_{10388} 2\;{}_{97151} 1\;{}_{2984} 6\;{}_{8920} 4\;{}_{5500} 3\\
 & 7\;3\;4\;4\;2\;8\;1\;3\;4\;2\;2\;8\;8\;8\;6\;8\;5\;9\;9\;2\;8\;5\tfrac{2688}{10463}
\end{array}$$

Bei der Quer-Division erspart man blos Raum in Vergleich mit der gewöhnlichen Ausrechnung. Übrigens erhellt, daß man jede Division mit einer Reihe nach dieser Weise durchführen kann.

(7)
$$\begin{array}{r l}
823) & 6\;8\;4\;5\;{}_{261} 3\;{}_{144} 7\;{}_{624} 9\;{}_{488} 8\;{}_{773} 2\;{}_{325} 1\;{}_{782} 7\;{}_{420} 4\;{}_{89} 3\;{}_{70} 1\;2\;{}_{428} 5\\
 & 8\;3\;1\;7\;5\;9\;3\;9\;5\;1\;0\;8\;5\tfrac{170}{823}
\end{array}$$

(8)
$$\begin{array}{r l}
 & 5\;4\;9\;3\;7\;8\;6\;5\;3\;2\;9\;8\;7\;3\;(\tfrac{2}{10} \qquad :695\\
139) & 1\;0\;9\;8\;{}_{125} 7\;{}_6 5\;7\;{}_{101} 3\;{}_{40} 0\;{}_{122} 6\;{}_{114} 5\;{}_{33} 9\;{}_{61} 7\;{}_{61} 4\;\tfrac{3}{5}\\
 & 7\;9\;0\;4\;7\;2\;8\;8\;2\;4\;4\;\tfrac{293}{795}
\end{array}$$

(9) $17)\overline{3\ \ 6\ {}_{2}8\ {}_{11}5\ {}_{13}2\ {}_{13}3\ {}_{14}1\ {}_{5}8\ {}_{7}9\ {}_{11}7\ {}_{15}5\ {}_{2}6\ {}_{9}9\ {}_{14}3}$
$\quad 2\ 1\ 6\ 7\ 7\ 8\ 3\ 4\ 6\ 9\ 1\ 5\ 8\tfrac{7}{17}.$

(10) $3261)\overline{8\ \ 7\ \ 3\ \ 5\ {}_{2213}4\ {}_{2568}9\ {}_{2862}3\ {}_{2535}2\ {}_{2525}1\ {}_{2424}8\ {}_{1421}0}$
$\quad 2\ \ 6\ \ 7\ \ 8\ \ 7\ \ 7\ \ 7\ \ 4\tfrac{1166}{3261}.$

(11) $62148)\overline{5\ \ 6\ \ 3\ \ 6\ \ 8\ \ 9\ {}_{43573}3\ \ 7\ {}_{701}4\ \ 3\ {}_{7995}2\ {}_{17804}1\ {}_{53745}2\ {}_{40268}3\ {}_{29795}7\ {}_{49365}5\ {}_{58619}3\ {}_{26861}9}$
$\quad 9\ \ 0\ \ 7\ \ 0\ \ 1\ \ 1\ \ 2\ \ 8\ \ 6\ \ 4\ \ 7\ \ 9\ \ 4\tfrac{20027}{62148}.$

(12) $844221)\overline{5\ \ 7\ \ 8\ \ 3\ \ 2\ \ 9\ \ 6\ {}_{717970}9\ {}_{425941}4\ {}_{383090}0\ {}_{454919}3\ \ 0\ {}_{319085}7}$
$\quad 6\ \ 8\ \ 5\ \ 0\ \ 4\ \ 5\ \ 3\tfrac{658194}{844221}.$

Man vergleiche hiermit die folgenden Stellungen:

(13)
```
87354932180 | 3261
            | 26787774
22134
 25689
  28623
   25352
    25251
     24248
      14210
       1166 Rest.
```

(14)
```
5636893743212375 39 | 62148
                    | 9070112864794
435737
  70143
   79952
   178041
    537452
     402683
      297957
       493655
        586193
         268619
          20027 Rest.
```

```
                         | 844221
(14)   5783296940307     | 6850453
        7179709
         4259414
          3830903
           4549190
            3190857
             658194 Rest.

                         | 163264
(15)   368452390284056   | 2256788944
        419243
         927159
         1108390
          1288062
           1452148
            1460364
             1542520
               731445
                783896
                130840 Rest.

                                 | 25643
(16)   786593208517692135607489 | 30674773174655544811
        173032
         191740
          122398
           198265
            187641
              81407
               44786
               191439
                119382
                 168101
                  142433
                   142185
                    139706
                     114910
                      123387
                       208154
                         30108
                          44659
                          19016 Rest.
```

```
                                                | 8523803265
(17) 385218936047932153768769386923 | 45193316184302167111
       44266805447
        16477891229
         79540879643
          28266502582
           26950927871
            13795180765
             52713775003
              15709554137
               71857508726
                36670826068
                 25756130087
                  18472029269
                   14244227393
                    57204241288
                     60614216986
                       9475941319
                        9521380532
                         9975772773
                         1541969508 Rest.
```

71. Zum Schlusse mögen noch einige specielle Divisionen für Divisoren von den Formen 10^m-1, 10^m-k, $k.10^m-p$ aufgestellt werden.

1) Dividirt man ...fedcba durch 9 oder $10-1$, so kommt:

```
                               | 1 — 10
...fedcba                      | ...fedcb+(...fedc)+(...fed)+(...fe)+(..f).
...fedcb0 — ...fedcb
...fedcb +        a
...fedc0 — ...fedc
...fedc + b + a
...fed0 — ... fed
...fed0 + c + b + a
...fe0 — ... fe
...fe + d + c + b + a
...f0 — ... f
...f + e + d + c + b + a
```

Ganz allgemein findet man:

$$
\begin{array}{l|l}
a & \dfrac{10^m-1}{\dfrac{a}{10^m}+\dfrac{a}{10^{2m}}+\dfrac{a}{10^{3m}}+\cdots+\dfrac{a}{10^{km}}+\dfrac{a}{10^{km}(10^m-1)}} \\
a-\dfrac{a}{10^m} & \\
\hline
\dfrac{a}{10^m} & \\
\dfrac{a}{10^m}-\dfrac{a}{10^{2m}} & \\
\hline
\dfrac{a}{10^{2m}} & \\
\dfrac{a}{10^{2m}}-\dfrac{a}{10^{3m}} & \\
\hline
\cdots\cdots\cdots & \\
\hline
\dfrac{a}{10^{(k-1)m}} & \\
\dfrac{a}{10^{(k-1)m}}-\dfrac{a}{10^{km}} & \\
\hline
\dfrac{a}{10^{km}}. &
\end{array}
$$

Nach dem vorhergehenden Schema hat man kurz zusammengefaßt:

$$
\begin{array}{r|l}
\ldots f\,e\,d\,c\,b & a \\
\ldots f\,e\,d\,c & b \\
\ldots f\,e\,d & c \\
\ldots f\,e & d \\
\ldots f & e \\
\ldots & f \\
\ldots & \ldots \\
\hline
 &
\end{array}
$$

Demnach addirt man die Zahlen a, b, c, d, e, f, ..., zieht den ganzzahligen Quotienten für den Divisor heraus (d. h. durch Anwendung desselben Verfahrens ohne Division) und setzt den bleibenden Rest rechts vom Vertikalstrich unter die letzte Vertikalreihe zur Rechten. Den gefundenen ganzzahligen Quotienten rechnet man links mit hinzu.

Bemerkung. Hieraus folgt ganz einfach, daß eine Zahl durch 9 dividirt denselben Rest giebt, den ihre Quersumme durch 9 dividirt übrig läßt. Und weil a durch 9 noch den Rest giebt, den $a.9-9t$ durch 9 läßt, so kann man bei dieser Restbestimmung 9 oder Vielfache von 9 fortlassen. So heißt es z. B. 7245346 läßt durch 9 den Rest 4, was sich auf einen Blick ergiebt, indem $7+2$, $4+5$, $3+6$, fortgelassen wird.

Beispiele.

(1) Man sucht 1234621 : 9

Erste Methode.

$$\begin{array}{r|l} 123462 & 1 \\ 12346 & 2 \\ 1234 & 6 \\ 123 & 4 \\ 12 & 3 \\ 1 & 2 \\ & 1 \\ \hline 137180 & \frac{1}{9}; \text{ nämlich} \end{array}$$

$1+2+6+4+3+2+1=19$ und 19 läßt Rest $1+9=10$, also $1+0=1$; oder kürzer: $1+2+6$ giebt Rest 0 und $4+3+2$ ebenfalls, also Rest 1.

Zweite Methode, die gewöhnliche:

$$9)\frac{1234621}{137180\frac{1}{9}}$$

Das wiederholte Addiren kann man durch die Subtraktion ersparen, man bezeichne nämlich die Summe aller Zahlen aus denen der Dividend besteht mit S.

Hier ist $S=1+2+3+4+6+2+1=19$.

Dritte Methode:

S angenommen als $\overset{*}{2}\frac{1}{9}$; $10-4=6$, hierzu 1 giebt 7;

$S-1=18$, hierzu $2\frac{1}{9}$ giebt $\overset{*}{2}0\frac{1}{9}$; $6-3=3$, „ 0 „ 3;

$18-2=16$, „ $\overset{*}{2}$ „ $\overset{*}{1}8$; $3-2=1$, „ 0 „ 1.

$16-6=10$, „ $\overset{*}{1}$ „ $\overset{*}{1}1$;

Es kommt demnach zum Resultat: $137180\frac{1}{9}$.

Betrachtet man die erste Methode und denkt man sich die Einheiten der Vertikalreihen statt von rechts nach links, von links nach rechts zusammengezogen, so ergiebt sich die

Vierte Methode:

$$\begin{array}{ccccccc} 1 & 2 & 3 & 4 & 6 & 2 & 1 \\ \hline 1 & & & & & & \\ & 3 & & & & & \\ & & 6 & & & & \\ & & 1 & 0 & & & \\ & & & 1 & 6 & & \\ & & & & 1 & 8 & \\ & & & & & 2 & \frac{1}{9} \\ \hline 1 & 3 & 7 & 1 & 8 & 0 & \frac{1}{9} \end{array}$$

Man setzt die erste Ziffer zur Linken hin, nämlich 1; darunter die Summe der beiden ersten, indem man zu der 1 die darüber stehende 2 addirt, giebt 3. Um die Summe der drei ersten Ziffern links, nämlich 1+2+3 leicht zu bilden, setze man zur eben gefundenen 3 die darüber stehende 3, giebt 6; hierzu die darüber stehende 4, giebt 10; hierzu die darüber stehende 6, giebt 16; hierzu die darüber stehende 2, giebt 18; hierzu die darüber stehende 1, giebt 19. Nun bestimme man 19 : 9 auf dieselbe Weise

1	9
	1
2	1

und setze $2\frac{1}{9}$ hinzu und addire.

Um aber Raum zu ersparen erwählen wir die horizontale Stellung und erhalten die

Fünfte Methode:

```
 1234621
 ───────
  136068
     1 1 1 2 1/9
 ───────
  137180 1/9
```

Von links nach rechts so:

Die erste Ziffer 1 unter 2; zur 1 die nun darüber stehende 2, giebt 3; zu dieser 3 die darüber stehende 3, giebt 6; zur 6 die darüber stehende 4, giebt 10. Den einen Zehner von der 10 setzen wir unter 6 und die 0 Einer von 10 unter 6 des Dividends, dann 10 und 6 = 16; 6 rechts hin, unter 2, und 1 unter 0; 16 + 2 = 18, 8 hin und den einen Zehner von 18 unter 6; 18+1 = 19, 19 durch 9 (auf dieselbe Weise bestimmt) giebt $2\frac{1}{9}$. Nun wird addirt.

Nach einiger Übung gelingt es bald, auch selbst letztere Addition zu entbehren, indem man nach rechts zu hinblickt, um zu sehen, ob links noch hinzugezählt werden muß. —

Sonach ist diese Methode leichter als die zweite, die Division durch 9 zu verrichten.

(2) Man sucht 234567345 : 9.

Nach der ersten Methode:

23456734	5
2345673	4
234567	3
23456	7
2345	6
234	5
23	4
2	3
	2
26063038	$\frac{1}{9}$

Nach der zweiten Methode:

```
9)234567345
  26063038⅓
```

Nach der vierten Methode:

```
2 3 4 5 6 7 3 4 5
-----------------
2 . . . . . . . .
  5 . . . . . . .
    9 . . . . . .
    1 4 . . . . .
      2 0 . . . .
        2 7 . . .
          3 0 . .
            3 4 .
              4⅓ für (34+5):9 oder 39:9
-----------------
2 6 0 6 3 0 3 8⅓
```

Nach der fünften Methode kurz so:

```
2 3 4 5 6 7 3 4 5
-----------------
2 5 9 4 0 7 0 4
    1 2 2 3 3 4⅓
-----------------
2 6 0 6 3 0 3 8⅓
```

```
(3) 78589 : 9                 (4) 473215362 : 9
    7508                          41467251
     1224⅑                        1111223 3⅔
    8732⅑                         525794 84⅔
```

```
(5) 1203421321 : 9
    133602368
       111112⅑
    133713480⅑
```

```
(6) 789456876594897878848 : 9
    7548397405486520753 7
    1 2 2 3 3 4 5 6 6 7 7 8 9 10 11 11 12 13 13 16⅑
    87717430732766430983⅑; nämlich
```

7+8 sind 15, 5 hin u. 1 unter 7; 15 u. 9 sind 24, 4 hin u. 2 unter 5;
24 u. 4 sind 28, 8 hin u. 2 unter 4; 28 u. 5 sind 33, 3 hin u. 3 unter 8;
33 u. 6 sind 39, 9 hin u. 3 unter 3; 39 u. 8 sind 47, 7 hin u. 4 unter 9;
47 u. 7 sind 54, 4 hin u. 5 unter 7; 54 u. 6 sind 60, 0 hin u. 6 unter 4;
60 u. 5 sind 65, 5 hin u. 6 unter 0; 65 u. 9 sind 74, 4 hin u. 7 unter 5;
74 u. 4 sind 78, 8 hin u. 7 unter 4; 78 u. 8 sind 86, 8 hin u. 6 unter 8;
86 u. 9 sind 95, 5 hin u. 9 unter 6; 95 u. 7 sind 102, 2 hin u. 10 unter 5;
102 u. 8 sind 110, 0 hin u. 11 unter 2; 110 u. 7 sind 117, 7 hin u. 11 unter 0;
117 u. 8 sind 125, 5 hin u. 12 unter 7; 125 u. 8 sind 133, 3 hin u. 13 unter 5;
133 u. 4 sind 137, 7 hin u. 13 unter 3; 137 u. 8 sind 145 und nun

```
1 4 5
-----
  1 5
   1⅑
-----
  1 6⅑
```

welche 16⅑ unter 7 gesetzt wird.

(7) 45634213024 5321 : 9
4958245880 4924
1 1 2 2 2 2 2 3 3 3 4 4 5
5070468113 8369

(8) 13210421532144132 1214 : 9
14677134924593479023
1 1 1 1 2 2 2 3 3 3 3 4 4 5 $\frac{2}{9}$
14678246146826813468 $\frac{2}{9}$

(9) 102346284315627843254324687643210623 : 9
113606860349574269160359530603566 24
1 1 1 2 3 3 3 3 4 4 5 6 6 5 7 7 8 8 8 8 9 10 11 11 12 12 12 12 12 13 13 15 $\frac{2}{9}$
113718093684030936949249652936900069 $\frac{2}{9}$

(10) 3458643564321421324152634 2 : 9
372060384813480146016847 1
1 2 2 3 3 3 4 4 5 5 5 5 6 6 6 6 7 7 7 7 8 8 9 10 $\frac{1}{3}$
384293729369046813794737 1 $\frac{1}{3}$

(11) 8976547869403218976845327843215684532 6843 : 9
87405964093368976397169186035617594795 37
1 2 3 3 3 4 5 6 6 7 7 7 7 7 8 9 10 10 11 12 12 12 13 13 14 15 15 15 15 16 16 17 17 18 18 18 20 20 20 23 $\frac{1}{3}$
99739420771146877520503642702396494807 60 $\frac{1}{3}$

Will man von rechts nach links rechnen, so wird die Quersumme erforderlich sein und dadurch der Vortheil verloren gehen.

2) Für den Divisor $99 = 100 - 1$ findet man auf demselben Wege wie in [1)] die Gründe der an folgenden Beispielen gegebenen Methoden.

(1) Erste Methode.

$$\begin{array}{r|l} 134562 & 13 \\ 1345 & 62 \\ 13 & 45 \\ & 13 \\ \hline 135921 & 1|33 \\ & \;\;\;1 \\ \cline{2-2} & \;\;\;34 \\ & \;\;\;\overline{99} \end{array}$$

Zweite Methode. $\underline{13|45|62|13} \quad :99$

$13\;59\;21\frac{34}{99}$; also so:

$$3+2+5+3 = \overset{*}{1}3;$$

$$1+6+4+1+\overset{*}{1} = \overset{*}{1}3, \text{ also } 133 \text{ als } \overset{*}{1}\tfrac{34}{99};$$

ferner: $2+5+3+\overset{*}{1} = \overset{*}{1}1; \quad 4+1=5;$

$$6+4+1+\overset{*}{1} = \overset{*}{1}2; \quad 13=13;$$

$$5+3+\overset{*}{1} = 9$$

Resultat: $135921\frac{34}{99}$.

Dritte Methode.

$$\begin{array}{l} \underline{13456213} \quad :99 \\ 13 \\ \quad 58 \\ \quad\; 120 \\ \quad\quad\; 1\frac{34}{99} \\ \hline 135921\frac{34}{99} \end{array}$$

Vierte Methode.

$$\begin{array}{l} \underline{13|45|62|13} \quad :99 \\ 13\;58\;20\,\frac{34}{99} \\ \quad\;\; 1\quad 1 \\ \hline 13\;59\;21\,\frac{34}{99}; \text{ nämlich} \end{array}$$

13 hin; $13+45=58$, 58 hin; $58+62=120$, 20 hin und 1 unter 8; $120+13=133$, also $1\,|\,33$

$$\begin{array}{|l} 1 \\ \hline \frac{34}{99} \end{array}$$

Will man das ganze Resultat von $a:9$ haben und nicht blos eine Anzahl höchster Ziffern desselben, so rechnet man am kürzesten bei kleineren Beispielen nach der dritten Methode (Seite 861) wie folgt:

$$545687:9$$

Nimm die Quersumme $5+4+5+6+8+7$, kommt 35, also $3\,\overline{3+5}$ d. h. $\overset{*}{3}$ als g. Quotient und 8 als Rest. Ferner $35-7=28, +\overset{*}{3}=\overset{*}{3}1$

also 1 Einer hin; $28 - 8 = 20, + \overset{*}{3} = \overset{*}{2}3$ also 3 Zehner hin; $20 - 6 = 14, + \overset{*}{2} = \overset{*}{1}6$ also 6 Hunderter hin; $14 - 5 = 9, + \overset{*}{1} = \overset{*}{1}0$ also 0 Tausender hin; $9 - 4 = 5, + \overset{*}{1} = 6$ Zehntausender hin.

Die ganze Ausrechnung siehet hiernach so aus:

$$\begin{array}{cccccc}
5 & 4 & 5 & 6 & 8 & 7 \quad :9 \\
 & {\scriptstyle 9} & {\scriptstyle 14} & {\scriptstyle 20} & {\scriptstyle 28} & {\scriptstyle 35} \\
\hline
 & 6 & 0 & 6 & 3 & 1\tfrac{8}{9}
\end{array}$$

(2) 7 8 9 4 5 6 8 7 6 5 9 4 8 9 7 8 7 8 8 4 8 :99

Nach der dritten Methode:

$$\begin{array}{rcl}
7 & = & 7 \\
7 + 89 & = & .96 \\
96 + 45 & = & ..141 \\
141 + 68 & = & ....209 \\
209 + 76 & = & ......285 \\
285 + 59 & = & ....344 \\
344 + 48 & = & ....392 \\
392 + 97 & = & ....489 \\
489 + 87 & = & ....576 \\
576 + 88 & = & ....664 \\
664 + 48 & \text{als} & ....7\tfrac{19}{99} \\
\hline
 & & 7974311884796948271\tfrac{19}{99}
\end{array}$$

Nach der vierten Methode:

$$\begin{array}{ccccccccccc}
7 & 89 & 45 & 68 & 76 & 59 & 48 & 97 & 87 & 88 & 48 \quad :99 \\
\hline
7 & 96 & 41 & 09 & 85 & 44 & 92 & 89 & 76 & 64 & \\
 & {\scriptstyle 1} & {\scriptstyle 2} & {\scriptstyle 2} & {\scriptstyle 3} & {\scriptstyle 3} & {\scriptstyle 4} & {\scriptstyle 5} & {\scriptstyle 6} & {\scriptstyle 7\frac{19}{99}} & \\
\hline
7 & 97 & 43 & 11 & 88 & 47 & 96 & 94 & 82 & 71\tfrac{19}{99}. &
\end{array}$$

Nachdem man in Klassen von zwei Ziffern von rechts nach links abgetheilt hat, rechnet man nämlich so:

7 hin; $89 + 7 = 96$ hin; $96 + 45 = 141$, 41 hin und 1 unter 6; $141 + 68 = 209$, 09 hin und 2 unter 1; $209 + 76 = 285$, 85 hin und 2 unter 9; $285 + 59 = 344$, 44 hin und 3 unter 5 u. s. w.

(3) 2 35 42 63 42 10 23 45 62 34 : 99

$$
\begin{array}{rcl}
2 & = & 2 \\
2+35 & = & 37 \\
37+42 & = & 79 \\
79+63 & = & 142 \\
142+42 & = & 184 \\
184+10 & = & 194 \\
194+23 & = & 217 \\
217+45 & = & 262 \\
262+62 & = & 324 \\
324+34 & \text{als} & 3\tfrac{61}{99} \\
\hline
 & & 23780438596196527\tfrac{61}{99},
\end{array}
$$

indem man nach der dritten Methode stets nur zwei Ziffern nach rechts herausrückt.

Nach der vierten Methode:

$$
\begin{array}{l}
2\,3\,5\,4\,2\,6\,3\,4\,2\,1\,0\,2\,3\,4\,5\,6\,2\,3\,4 \quad :99 \\
\hline
2\,3\,7\,7\,9\,4\,2\,8\,4\,9\,4\,1\,7\,6\,2\,2\,4 \\
\quad\quad 1 \quad 1 \quad 1 \quad 2 \quad 2 \quad 3 \quad 3\tfrac{61}{99} \\
\hline
2\,3\,7\,8\,0\,4\,3\,8\,5\,9\,6\,1\,9\,6\,5\,2\,7\tfrac{61}{99}.
\end{array}
$$

Was die Probe für den Divisor von der Form $10^m - 1$ anbetrifft, so ist:

$$a.(10^m - 1) + r = (a.10^m + r) - a.$$

Hinsichtlich des vorstehenden Beispiels multiplizirt man den herausgekommenen ganzzahligen Quotienten verkürzt mit 99 und rechnet gleich im Anfange den Zähler des gebliebenen Bruchs mit hinzu.

Bequemer noch rechnet man so:

7 von 1$\overset{*}{1}$ bleibt 4; (2+$\overset{*}{1}$) von 6 bleibt 3; 5 von 7 bleibt 2; 6 von $\overset{*}{1}$2 bleibt 6; (9+$\overset{*}{1}$) von $\overset{*}{1}$5 bleibt 5; (1+$\overset{*}{1}$) von 6 bleibt 4; 6 von 9 bleibt 3; 9 von $\overset{*}{1}$1 bleibt 2; (5+$\overset{*}{1}$) von 6 bleibt 0; 8 von 9 bleibt 1; 3 von 5 bleibt 2; 4 von 8 bleibt 4; 0 von 3 bleibt 3; 8 von $\overset{*}{1}$4 bleibt 6; (7+$\overset{*}{1}$) von $\overset{*}{1}$0 bleibt 2; (3+$\overset{*}{1}$) von 8 bleibt 4; 2 von 7 bleibt 5; 0 von 3 bleibt 3; 0 von 2 bleibt 2.

(4) 8 71 32 76 84 53 97 64 56 84 32 15 43 27 89 45 76 43 21 78 49 76 45 : 99

8 = 8
8 + 71 = .79
79 + 32 = ..111
111 + 76 = ...187
187 + 84 = ...271
271 + 53 = ...324
324 + 97 = ...421
421 + 64 = ...485
485 + 56 = ...541
541 + 84 = ...625
625 + 32 = ...657
657 + 15 = ...672
672 + 43 = ...715
715 + 27 = ...742
742 + 89 = ...831
831 + 45 = ...876
876 + 76 = ...952
952 + 43 = ...995
995 + 21 = ...1016
1016 + 78 = ...1094
1094 + 49 = ...1143
1143 + 76 = ...1219
1264 + 45 als ....12$\frac{76}{99}$

8801289742825904731637922503985620527055531$\frac{76}{99}$.

Nach gewöhnlicher Methode:

$$\begin{array}{r} 9)\underline{87132768453976456843215432789457643217849764 5} \\ 11)\underline{9681418717108495204801714754384182579761084 9\tfrac{4}{9}} \\ 880128974282590473163792250398562052705553 1\tfrac{76}{99}. \end{array}$$

Oder kurz so:

$$\begin{array}{l} \underline{8\ 71\ 32\ 76\ 84\ 53\ 97\ 64\ 56\ 84\ 32\ 15\ 43\ 27\ 89\ 45\ 76\ 43\ 21\ 78\ 49\ 76\ 45}\ :99 \\ 8\ 79\ 11\ 87\ 71\ 24\ 21\ 85\ 41\ 25\ 57\ 72\ 15\ 42\ 31\ 76\ 52\ 95\ 16\ 94\ 43\ 19 \\ \underline{\quad 1\ 1\ 2\ 3\ 4\ 4\ 5\ 6\ 6\ 6\ 7\ 7\ 8\ 8\ 9\ 9\ 10\ 10\ 11\ 12\ 12\tfrac{76}{99}} \\ 8\ 80\ 12\ 89\ 74\ 28\ 25\ 90\ 47\ 31\ 63\ 79\ 22\ 50\ 39\ 85\ 62\ 05\ 27\ 05\ 55\ 31\tfrac{76}{99}. \end{array}$$

$$(5)\quad \begin{array}{l} \underline{2\ 64\ 32\ 14\ 50\ 32\ 14\ 62\ 30\ 21\ 43\ 21\ 62\ 14\ 32\ 16\ 13\ 45\ 62\ 41\ 32\ 14\ 21\ 62\ 13\ 42\ 12\ 13}\ :99 \\ 2\ 66\ 98\ 12\ 62\ 94\ 08\ 70\ 00\ 21\ 64\ 85\ 47\ 61\ 93\ 09\ 22\ 67\ 29\ 70\ 02\ 16\ 37\ 99\ 12\ 54\ 66 \\ \underline{\quad 1\ 1\ 1\ 2\ 2\ 3\ 3\ 3\ 3\ 4\ 4\ 4\ 5\ 5\ 5\ 6\ 6\ 7\ 7\ 7\ 7\ 8\ 8\ 8\ 8\tfrac{29}{33}} \\ 2\ 66\ 99\ 13\ 63\ 96\ 10\ 73\ 03\ 24\ 67\ 89\ 51\ 65\ 98\ 14\ 27\ 73\ 35\ 77\ 09\ 23\ 45\ 07\ 20\ 62\ 74\tfrac{29}{33}. \end{array}$$

Am Ende hieß es: $\left.\begin{array}{r} 866 \\ \underline{13} \\ 8|79 \\ \underline{8} \\ 87 \end{array}\right\}$, also $8\tfrac{87}{99} = 8\tfrac{29}{33}$.

Zur Vergleichung des Resultats wollen wir auf gewöhnlichem Wege durch 11.9 dividiren.

$$\begin{array}{r} 9)\underline{26432145032146230214321621432161345624132142162134212 13} \\ 11)\underline{2936905003571803357146846825795705069348015795792690 23\tfrac{2}{3}} \\ 266991363961073032467895165981427733577092345072062 74\tfrac{29}{33}. \end{array}$$

3) Für den Divisor 999 = 1000 — 1 gilt, wie aus [1)] folgt, dasselbe. Wir theilen den gegebenen Dividenden von rechts nach links in Klassen ab und geben jeder derselben drei Ziffern.

Beispiele.

(1) Man sucht 345684378 : 999

Erstens so:

$$\begin{array}{r|l} 345684 & 378 \\ 345 & 684 \\ & 345 \\ \hline 346030 & 1|407 \\ & \quad 1 \\ \cline{2-2} & 408 \end{array}$$

Resultat: $346030\frac{408}{999}\Big|\frac{136}{333}$ (mit 3 über dem Strich).

Zweitens so: $\underline{345\ 684\ 378}$: 999

$$\begin{array}{l} 345 \\ \quad 1029 \\ \quad (378) \\ \qquad 1\frac{136}{333} \\ \hline 346030\frac{136}{333} \end{array}$$

wo die eingeklammerten kleinen Zahlen nicht mit addirt werden.

Oder drittens so: $\underline{345|684|378}$: 999

$$\begin{array}{l} 345\,029 \\ \quad 1 \qquad 1\frac{136}{999} \\ \hline 346\,030\frac{136}{999}. \end{array}$$

Nämlich 345 wird als 1ste Klasse hingeschrieben; dazu addirt man die schräg darüber stehende zweite Klasse 684, giebt 1029, den Tausender hiervon setzt man unter 5, dann addirt man zu 1029 die letzte schräg darüber stehende Klasse 378, giebt 1407. Um dies durch 999 zu dividiren, verfährt man wieder wie zu Anfang, nämlich:

$$\begin{array}{r} 1|407 \\ 1 \\ \hline 1\frac{408}{999}\Big|\frac{136}{333} \end{array}$$

(mit 3 über dem Strich). Dann wird addirt.

(2) $\underline{8|794|897|654|897|868}$: 999

$$\begin{array}{l} 8 \\ (794) \\ \quad 802 \\ \quad (897) \\ \qquad 1699 \\ \qquad (654) \\ \qquad\quad 2353 \\ \qquad\quad (897) \\ \qquad\qquad 3250 \\ \qquad\qquad (868) \\ \qquad\quad \text{als:}\ \ 4\frac{122}{999} \\ \hline 8803701356254\frac{122}{999} \end{array}$$

Oder so: 8|794|897|654|897|868 : 999

8 802 699 353 250

1 2 3 $4\frac{122}{999}$

8 803 701 356 $254\frac{122}{999}$

Umständlicher so:

8	794	897	654	897	868	: 999
	8	802	1699	2353	3250	
	8802	699	.353	.250	.118	
	1.	2.	3.	4.	4	
	8803	701	356	$254\frac{122}{999}$		

(3) 7|839|764|538|645|321|768|432|568|453|217|684|372|843 : 999

7
(8 3 9)
846
(7 6 4)
1610
(5 3 8)
2148
(6 4 5)
2793
(3 2 1)
3114
(7 6 8)
3882
(4 3 2)
4314
(5 6 8)
4882
(4 5 3)
5335
(2 1 7)
5552
(6 8 4)
6236
(3 7 2)
6608
(8 4 3)
als: $7\frac{458}{999}$

$7847612150796117886318887340558242615\frac{458}{999}$

Oder kurz so:

7 839 764 538 645 321 768 432 568 453 217 684 372 843 : 999

7 846 610 148 793 114 882 314 882 335 552 236 608

1 2 2 3 3 4 4 5 5 6 6 $7\frac{458}{999}$

7 847 612 150 796 117 886 318 887 340 558 242 $615\frac{458}{999}$

$$
\begin{array}{l}
(4)\quad 68|432|154|321|684|321|645|843|216|843|214|532|168|425|684|356|483|245|365|438|621|432|168|432 \quad : 999 \\
\hline
68\,500\,654\,975\,659\,980\,625\,468\,684\,527\,741\,273\,441\,866\,550\,906\,389\,634\,999\,437\,058\,490\,658 \\
\quad 1\;1\;2\;3\;3\;4\;4\;5\;5\;5\;6\;6\;7\;7\;7\;8\;9\;9\;9\;10\tfrac{100}{999} \\
\hline
68\,500\,654\,976\,660\,982\,628\,471\,688\,531\,746\,278\,446\,872\,556\,913\,396\,642\,007\,446\,067\,499\,668\tfrac{100}{999}
\end{array}
$$

4) Für den Divisor 9999 geben wir folgende Beispiele zur Erläuterung.

$$
\begin{array}{rr|r}
(1) & 57864534 & 2683 \quad : 9999 \\
 & 5786 & 4534 \\
 & & 5786 \\
\cline{2-3}
 & 57870321 & 1|3003 \\
 & & 1 \\
\cline{3-3}
 & & 3004
\end{array}
$$

Resultat $57870321\frac{3004}{9999}$

Oder so:

$$
\begin{array}{r}
5786|4534|2683 \\
\hline
5786\,0320 \\
1 \qquad 1\tfrac{3004}{9999} \\
\hline
5787\,0321\tfrac{3004}{9999}
\end{array}
$$

Weil $999 = 27 \times 37$, so ist auch u. A. $a:37 = [a.27\,(\text{verk.})]:999\,(\text{verk.})$. So hat man z. B.:

$$
\begin{array}{r}
39\,768\,493\,713 \quad : 37 \\
\hline
1|073|749|330|251^{(27\,\text{verk.}} \\
\hline
1\,074\,824\,154\,\tfrac{15}{37}
\end{array}
$$

Hat man überhaupt eine Divisions-Abkürzung für einen Divisor a und ist $a = pqr \times \ldots$, so führt dies in vielen Fällen zu verkürzten Divisionen für die Faktoren p, q, r, . . .

```
(1)  456 8734 2168 4536 5987 6894 3215 4386 7453 8645 6827 4531  : 9999
    (8734)
       9190
      (2168)
        11358
        (4536)
          15894
          (5987)
            21881
            (6894)
              28775
              (3215)
                31990
                (4386)
                  36376
                  (7453)
                    43829
                    (8645)
                      52474
                      (6827)
                        59301
                        (4531)
                   als:  6 38/99
    ------------------------------------------
    4569191135958961883877819936380383424799307 38/99
```

Oder kurz so:

```
456|8734|2168|4536|5987|6894|3215|4386|7453|8645|6827|4531  : 9999
--------------------------------------------------------------
456 9190 1358 5894 1881 8775 1990 6376 3829 2474 9301
  '    1    1    2    2    3    3    4    5    5    6 38/99
--------------------------------------------------------------
456 9191 1359 5896 1883 8778 1993 6380 3834 2479 9307 38/99
```

(2) 63|4543|2102|1645|3214|5216|3215|4683|2140|2164|1234|1563|4283|1415|9262|1452|7183|2154|3214 : 9999

63 4606 6708 8353 1567 6783 9998 4681 6821 8985 0219 1782 6065 7480 6742 8194 5377 7531

1 1 2 2 2 2 3 3 3 3 4 4 5 5 6 $\frac{751}{9999}$

63 4606 6708 8354 1568 6785 0000 4683 6823 8988 0222 1785 6068 7484 6746 8199 5382 7537 $\frac{751}{9999}$

5) Für den Divisor $10^5 - 1 = 99999$.

(1) 45683|46283|21322 | 30213 : 99999

45683 46283 | 21322

45683 | 46283

| 45683

45683 91967 13289 | 1|43501

1

44502

Oder so: 45683|46283|21322|30213 : 99999

45683 91966 13288

1 1 $\frac{43502}{99999}$

45683 91967 13289 $\frac{43502}{99999}$

Resultat: 45683919671 3289 $\frac{44502}{99999}$ | $\frac{14834}{33333}$

Man hat auch nicht nöthig die Zahlen vorher, wie hier, untereinander zu setzen, indem man sich nur den Dividend in die gehörigen Klassen abgetheilt denkt und nun unmittelbar die betreffenden Zahlen addirt.

So fallen in die Einer: $2+3+3=8$, in die Zehner: $2+8+8$, in die Hunderter: $3+2+6$, d. h. bezüglich die ersten Ziffern der 2ten, 3ten, 4ten Klasse u. s. w. So ergiebt sich z. B. der Rest von 432|546 durch 999, wenn man bildet: $6+2=8$, $4+3=7$, $5+4=9$, also 978.

Da $99999 = 3^2.41.271$ ist, so hat man hierdurch nicht blos abgekürzte Divisionen für die Divisoren 41 und 271, sondern auch einfache Restbestimmungen für diese Zahlen.

(2) 4|56879|45632|13217|45323|45894|32156|43278|43564|28326|54976|84536|21743 : 99999

56883

(45632)

102515

(13217)

115732

(45323)

161055

(45894)

206949

(32156)

239105

(43278)

282383

(43564)

325947

(28326)

354273

(54976)

409249

(84536)

493785

(21743)

als $5\frac{15533}{99999}$

$45688402516157336105706951391078238625950542770925393790\frac{15533}{99999}$

Oder so: 4|56879|45632|13217|45323|45894|32156|43278|43564|28326|54976|84536|21743 : 99999

4 56883 02515 15732 61055 06949 39105 82383 25947 54273 09249 93785

1 1 1 2 2 2 3 3 4 4 $5\frac{15533}{99999}$

4 56884 02516 15733 61057 06951 39107 82386 25950 54277 09253 $93790\frac{15533}{99999}$

Das Verfahren ist höchst einfach, indem man sehr leicht zwei Zahlen die schräg über einander stehen addiren kann. Wollte man sich hingegen eine unnütze Weitläuftigkeit machen, und sie über einander setzen, um die Operationen scheinbar bequemer und sicherer zu verrichten, so hätte man:

56879	282383
4	43564
56883	325947
45632	28326
102515	354273
13217	54976
115732	409249
45323	84536
161055	493785
45894	21743
206949	5|15528
32156	5
239105	15533
43278	

Hieraus kann man nun ebenfalls das Resultat abschreiben und dabei ist dann dieser Weg doch noch bei weitem einfacher als der gewöhnliche.

Auch hier kann man, wie schon in [5) Beispiel (1)] bemerkt ist, die einzelnen Zahlen der Klassen unmittelbar addiren, so daß also das Resultat ohne weiteres gleich hingeschrieben wird.

6) Für den Divisor $10^9 - 1 = 999999999$.

835763297653497612253465789934651143678	934886732
835763297653497612253465789934	651143678
835763297653497612253	465789934
835763297653	497612253
835	763297653
	835
835763298489260910742726700677377844356	312731085
	3
	312731088 | $\overset{3}{1}04243696$
	999999999 | 333333333

Oder kürzer so:

835|763297653|497612253|465789934|651143678|934886732 : 999999999

835 763298488 260910741 726700675 377844353

${}^{1}\quad{}^{1}\quad{}^{2}\quad 3\tfrac{312731088}{999999999}$

835 763298489 260910742 726700677 $377844356\tfrac{104243696}{333333333}$.

72. Der Divisor sei von der Form $10^m - k$ und man findet:

$$\begin{array}{l|l}
a & \underline{10^m - k} \\
a - \frac{a}{10^m}\cdot k & \frac{a}{10^m} + \frac{a}{10^{2m}}k + \frac{a}{10^{3m}}k^2 + \ldots + \frac{a}{10^{vm}}k^{v-1} + \frac{ak^{v-1}}{10^{vm}(10^m - k)} \\
\hline
\frac{a}{10^m}k & \\
\frac{a}{10^m}k - \frac{a}{10^m}k^2 & \\
\hline
\frac{a}{10^{2m}}k^2 & \\
\frac{a}{10^{2m}}k^2 - \frac{a}{10^{3m}}k^3 & \\
\hline
\ldots\ldots\ldots\ldots & \\
\frac{a}{10^{(v-1)m}}k^{v-2} & \\
\frac{a}{10^{(v-1)m}}k^{v-2} - \frac{a}{10^{vm}}k^{v-1} & \\
\hline
\frac{a}{10^{vm}}k^{v-1} &
\end{array}$$

Ist der Divisor $\frac{m}{n}(10^h - k)$, so hat man $a : \left[\frac{m}{n}(10^h - k)\right] = \frac{a}{10^h - k}\cdot\frac{n}{m} = \frac{an}{(10^h - k)m} = \frac{(a:m)n}{10^h - k}$ u. s. w. wie es gerade für einen speziellen Fall am bequemsten ist.

Ist der Divisor $mm\ldots m_k$, so hat man $mm\ldots m_k = \frac{m}{9}(99\ldots 9_k)$, also $a:(mm\ldots m_k) = \frac{a}{99\ldots 9_k}\cdot\frac{9}{m} = \frac{9.a}{m.99\ldots 9_k}$ u. s. w. wie es am vortheilhaftesten ist.

Was die Probe hinsichtlich des Divisors von der Form $10^m - k$ betrifft, so kann man bereits

$$a\,(10^m - k)$$

auf ein Mal entwickeln und hierzu addirt man dann unmittelbar den Zähler des etwa zurückgebliebenen Bruchs.

```
                                  | 100 — 2
                                  |--------
12345671                          | 123456
12345600 — 246912                 |   2469
---------------------------------|     50
      71                                  1
  246912                          ----------
  ------                          125976 + 23/98
  246983
  246900 — 4938
  -------------
      83
    4938
    ----
    5021
    5000 — 100
    ----------
      21
     100
     ---
     121
     100 — 2
     -------
      21
       2
      --
      23
```

Hieraus entnimmt man nun leicht die Gründe für die Ausrechnung folgender Beispiele:

```
               | 98
               |----
(1)  123456    | 71        Oder so:          12 = 12
       2469    | 12            2.12 = 24
         49    | 38                 + 34
               | 98                 ----
   ----------  |----                ...... =     58
     125976    |2|19            58.2 = 116
               |   4                 +  56
               |  --                    ---
                  23                  ..... =     172
                               172.2 = 344
                                     +  71
                                     ---
                                   ..... als      4 23/98
                                              -----------
                                              125976 23/98
```

Oder kurz so:

```
 12|34|56|71   : 98
 -----------
 12 58 72
     als 4 23/98
 -----------
 12 59 76 23/98
```

Das Verfahren hierbei lag in:

```
1  2  3  4    5  6   7  1
      2  4  . 1  6  . 4  4
      ----    ----    ----
      5  8 ·  7  2 ·  1  5
         1·      4·      8
--------------------------
1  2  5  9    7  6 23/98
```

(2) 453|217|645|321|468|793 : 997, als 1000 — 3

453 . . . = 453
$\times 3$
1359
$+ 217$
1576 . . . = 1576
$\times 3$
4728
$+ 645$
5373 . . . = . . . 5373
$\times 3$
16119
$+ 321$
16440 . . . = ... 16440
$\times 3$
49320
$+ 468$
49788 . . . = ... 49788
$\times 3$
149364
$+ 793$
150|157 . . . . als $150\frac{607}{997}$
|450 ——— $454581389489938\frac{607}{997}$.
607

Oder so: 453|217|645|321|468|793 | 997
453 576 373 440 788
1 5 16 49
als $150\frac{607}{997}$
$454\,581\,389\,489\,938\frac{607}{997}$

Man sucht 432156843216 : 888. Multiplizirt man hier den Dividend und Divisor mit $\frac{9}{8} = 1 + \frac{1}{8}$, so kommt:

432 156 843 216
54 019 605 402 | 999
486|176|448|618
486 662 110
1
als $1\frac{729}{999}$ | $\frac{9}{}$ | $\frac{3}{}$
$486\,663\,111\frac{729}{999}$ | $\frac{81}{111}$ | $\frac{27}{37}$

Zur Vergleichung:

$$
\begin{array}{l|l}
 & \overline{888}\quad\quad\ \ \overline{24} \\
432156843216 & 48666311\tfrac{6}{8}\tfrac{4}{8}\tfrac{8}{8}\,|\,\tfrac{2}{3}\tfrac{7}{7} \\
\ \ 7695 & \\
\ \ \ 5916 & \\
\ \ \ \ 5888 & \\
\ \ \ \ \ 5604 & \\
\ \ \ \ \ \ 2763 & \\
\ \ \ \ \ \ \ \ 992 & \\
\ \ \ \ \ \ \ \ 1041 & \\
\ \ \ \ \ \ \ \ \ 1536 & \\
\ \ \ \ \ \ \ \ \ \ 648 &
\end{array}
$$

$$
\begin{array}{ll}
(3) & \underline{45|2634|2568|4321|7684|3215}\ \Big|\ \underline{3333 = \tfrac{1}{3}.9999} \\
 & 45\,2679\,5247\,9568\,7252 \\
 & \qquad\qquad\qquad\qquad\ \ \ 1\qquad\ \ 2\,\tfrac{4}{9}\tfrac{6}{9}\tfrac{9}{9}\tfrac{}{9} \\
 & \overline{45\,2679\,5247\,9569\,7254\tfrac{4}{9}\tfrac{6}{9}\tfrac{9}{9}\tfrac{}{9}} \\
 & \overline{135\,8038\,5743\,8709\,1762\tfrac{4}{3}\tfrac{6}{3}\tfrac{}{3}\tfrac{9}{3}}\ (3
\end{array}
$$

$$
\begin{array}{ll}
(4) & 1325\,43215\,68432\ \Big|\ \underline{66666 = 99999.\tfrac{2}{3}} \\
 & \ \ 662\,71607\,84216 \\
 & \overline{1988|14823|52648} \\
 & \overline{1988\,16811\tfrac{2}{3}\tfrac{3}{3}\tfrac{1}{3}\tfrac{5}{3}\tfrac{3}{3}}.
\end{array}
$$

$$
\begin{array}{ll}
(5) & \underline{235|42317|21543|24121}\ \Big|\ \underline{55555 = \tfrac{5}{9}.99999} \\
 & 235\,42552\,64095\tfrac{8}{9}\tfrac{8}{9}\tfrac{2}{9}\tfrac{1}{9}\tfrac{6}{9}\ (9 \\
 & \overline{2118\,82973\,76862\tfrac{1}{1}\tfrac{0}{1}\tfrac{4}{1}\tfrac{3}{1}\tfrac{9}{1}} \\
5) & \overline{423\,76594\,75372\tfrac{3}{5}\tfrac{2}{5}\tfrac{6}{5}\tfrac{6}{5}\tfrac{1}{5}}
\end{array}
$$

Statt mit $\frac{9}{5}$ zu multipliziren konnte man vom Multiplikator $\frac{1}{10}$ desselben subtrahiren und das Kommende 2 mal nehmen, weil $\frac{9}{5} = 2-\frac{1}{5} = 2-\frac{2}{10} = 2(1-\frac{1}{10})$ ist.

Als gewöhnliche Probe hat man:

$$
\begin{array}{r}
4237659475372 \times 55555\ (\text{verk.}) \\
\hline
23542317215429146\,0 \\
\text{addirt:}\ \ 32661 \\
\hline
235423172154324121
\end{array}
$$

$$\begin{array}{rl}
 & \hspace{20em} 888888888888 \text{ Divisor} \\
(6) & 4532164|532164832162|743215468943|215643215432|163141592643|215432166432|154321621543 \\
 & 4532164\ 532169364326\ 275384833269\ 491028048701\ 654169641344\ 869601807776 \\
 & 11112\tfrac{239234293 21}{999999999999} \\
a = & 4532164\ 532169364327\ 275384833270\ 491028048702\ 654169641345\ 869601807778\tfrac{239234293 21}{999999999999} \\
\tfrac{1}{8}a = & 566520\ 566521170540\ 909423104158\ 811378506087\ 831771205168\ 233700225972\tfrac{2023923429319}{999999999999 \times 8} \\
 & 5098685\ 098690534868\ 184807937429\ 302406554790\ 485940846514\ 103302033750\tfrac{246145651543}{888888888888}
\end{array}$$

Man sieht den bedeutenden Vortheil, den man gegen das gewöhnliche Verfahren hat, leicht ein.

$$\begin{array}{rl}
(7) & 12|3421|3521|3425|6231 \;\Big|\; 9998 = 10000-2 \\
 & \\
 & 12 = 12 \\
 & 12.2 + 3421 = \quad 3445 \\
 & 3445.2 + 3521 = \ldots\ 10411 \\
 & 10411.2 + 3425 = \ldots\ldots\ 24247 \\
 & 24247.2 + 6231 \text{ als } \ldots\ldots\ldots\ 5\tfrac{4735}{9998} \\
 & \hline
 & 12344604134252\tfrac{4735}{9998}
\end{array}$$

Oder so:

$$\begin{array}{l}
12|3421|3521|3425|6231 \;\Big|\; 9998 \\
\hline
12\ 3445\ 0411\ 4247 \\
125\tfrac{4735}{9998} \\
\hline
12\ 3446\ 0413\ 4252\tfrac{4735}{9998}
\end{array}$$

Hat man die beiden vier numerischen Operationen: Addition, Multiplikation, Subtraktion und Division gelehrten Abkürzungen gut aufgefaßt, so wird man ohne Zweifel, selbst bei nur geringem Kombinations-Talent, jeden gegebenen Fall auf die kürzeste, bequemste und zugleich sicherste Weise durchführen können.

(8) 3214|21341|65213|42145|61243 | 99998

3214
27769
120751
283647
als $6\frac{28549}{99998}$
$3214277702075383653\frac{28549}{99998}$

Oder so: 3214|21341|65213|42145|61243 | 99998

3214 27769 20751 83647
1 2 $6\frac{28549}{99998}$
3214 27770 20753 $83653\frac{28549}{99998}$

(9) 213421|321232|145632|043215 | 999998

213421
748074
1641780
als $3\frac{326781}{999998}$
$213421748075641783\frac{326781}{999998}$

Oder so: 213421|321232|145632|043215 | 999998

213421 748074 641780
1 $3\frac{326781}{999998}$
213421 748075 $641783\frac{326781}{999998}$

(10) 9|8789897|7897894|7676897|6897989 | 9999996

9
8789933
43057626
179907401
als $72\frac{6527881}{9999996}$
$98789937305764399074473\frac{6527881}{9999996}$

Oder so: 9|8789897|7897894|7676897|6897989 | 9999996

9 8789933 3057626 9907401
4 17 $72\frac{6527881}{9999996}$
9 8789937 3057643 $9907473\frac{6527881}{9999996}$

73. Für den Divisor $k.10^m - 1$ findet sich:

$$a \Big| \frac{k.10^m - 1}{\frac{a}{k.10^m} + \frac{a}{k^2.10^{2m}} + \frac{a}{k^3.10^{3m}} + \ldots + \frac{a}{k^v.10^{vm}} + \frac{\frac{a}{k^v.10^{vm}}}{k.10^m - 1}}$$

$$a - \frac{a}{k.10^m}$$

$$\frac{a}{k.10^m}$$

$$\frac{a}{k.10^m} - \frac{a}{k^2.10^{2m}}$$

$$\frac{a}{k^2.10^{2m}}$$

$$\frac{a}{k^2.10^{2m}} - \frac{a}{k^3.10^{3m}}$$

$$\ldots\ldots\ldots\ldots$$

$$\frac{a}{k^{v-1}.10^{(v-1)m}}$$

$$\frac{a}{k^{v-1}.10^{(v-1)m}} - \frac{a}{k^v.10^{vm}}$$

$$\frac{a}{k^v.10^{vm}}$$

Könnte man durch $k.10^m - 1$ leichter als auf dem gewöhnlichen Wege dividiren, so hätte man $a : \left[\frac{p}{q}(k.10^m - 1)\right] = \frac{aq}{p} : (k.10^m - 1)$.

Mitunter sind auch folgende Umformungen bequemer:

$$\frac{a}{k.10^m \pm 1} = \frac{a:k}{10^m \pm \frac{1}{k}},$$

$$\frac{a}{k.10^m \pm t} = \frac{a:k}{10^m \pm \frac{t}{k}} = \frac{a:t}{\frac{k}{t}.10^m \pm 1}.$$

(1) Beispiel.

$$200)\frac{34564876}{172824} \Big| 199 = 200 - 1$$

(76)

(900)

864

(100)

(964)

$4\frac{168}{199}$

$173692\frac{168}{199}$

Dies Verfahren erhellet so:

$$
\begin{array}{r|l}
 & 200-1 \\
34564876 & \overline{172824} \\
34564800 - 172824 & \\
\hline
172824 & \\
+76 & \\
\hline
172900 & +864 \\
172800 - 864 & \\
\hline
100 & +\ \ 4 \\
864 & \\
\hline
964 & \\
800 - 4 & \\
\hline
164 & \\
4 & \\
\hline
168 & 173692\tfrac{168}{199}
\end{array}
$$

(2)

$$
\begin{array}{l}
1999 = 2000-1 \\
2000)\underline{34215|643} \\
\quad 17107 \\
\quad (1643) \\
\quad (8750) \\
\quad 9\tfrac{759}{1999} \\
\hline
\quad 17116\tfrac{759}{1999}
\end{array}
$$

Grund:

$$
\begin{array}{r|l}
 & 2000-1 \\
34215643 & \\
34214000 - 17107 & 17107 \\
\hline
1643 & \\
17107 & \\
\hline
18750 & +\ 9\tfrac{759}{1999} \\
18000 - 9 & \overline{17116\tfrac{759}{1999}} \\
\hline
750 & \\
9 & \\
\hline
759 &
\end{array}
$$

(3)

$$
\begin{array}{l}
4999 = 5000-1 \\
5000)\underline{2434564321} \\
\quad 486912 \\
\quad (91233) \\
\quad 98\tfrac{1331}{4999} \\
\hline
\quad 487010\tfrac{1331}{4999}
\end{array}
$$

(4)

$$
\begin{array}{l}
799 = 800-1 \\
8)\underline{345768432} \\
\quad 432210 \\
\quad (642) \\
\quad 540 \\
\quad (1182) \\
\quad 1\tfrac{383}{799} \\
\hline
\quad 432751\tfrac{383}{799}
\end{array}
$$

(5) $4999 = 5000 - 1$

$5000)\,2534264532321$

506852906

(5227)

101371

(598)

$20\frac{1618}{4999}$

$506954297\frac{1618}{4999}$

(6) $2999 = 3000 - 1$

$3000)\,234321547632$

78107182

(1632)

(8814)

26036

(850)

$8\frac{2858}{2999}$

$78133226\frac{2858}{2999}$

(7) $2999 = 3000 - 1$

$3000)\,789789876887789$

26326329229

(31018)

8775443

(7461)

2925

$1\frac{2387}{2999}$

$263351075 98\frac{2387}{2999}$

(8) $39999 = 40000 - 1$

$40000)\,234212302143215621 41$

585530755358039

(60180)

14638268884

(9064)

365956

(95020)

$9\frac{35029}{39999}$

$585545393992888\frac{35029}{39999}$

(9) $39999 = 40000 - 1$

$40000)\,457321432156821434215642 15$

114330358039205358553 9

(4215)

(9754)

2858258950980 1339

(3|1093)

71456473|7745

(6|8838)

1786|4119

(72957)

$446\frac{33403}{39999}$

$1143332163696145989188\frac{33403}{39999}$

(10) 235462134215432176345264312643215432 | 199999999

1177310671077160881726321563
(4 3 2 1 5 4 3 2)
(6 9 5 3 6 9 9 5)
58865533553858044408
(1|5 5 3 4 1 4 0 3)
294|32766777
(5|8 8 1 0 8 1 8 0)
$147\frac{188108327}{199999999}$

$1177310676963714266544892895\frac{188108327}{199999999}$

(11) 456321543217632143215213231468432154326 | $12.10^{10}-1$

380267952681360119346011026
(4|6 1 8 9 2 2 6 4 5 8)
316889|9605678001
(9 2 5 7 9 4 9 0 4 4 5 9)
$26407\frac{85794930866}{119999999999}$

$380267952684529018951715434\frac{85794930866}{119999999999}$

(12) 43214023456432156421431314159264521345621432123421543213131415926547321 34 : $2.10^{12}-1$

2160701172821607821071565707963226067281071606171077160656570
(2|6 6 9 8 1 5 3 9 8 7 0 4)
108035058641080391053578285398161303 3|640535803086
(4|3 1 0 3 5 1 1 9 1 7 9 0)
540175293205401955267891 426990806517
(7|3 7 3 4 1 9 9 8 3 0 7)
270087646602|700977633945
(4|4 3 8 3 1 9 6 3 2 2 5 2)
$|135043823302\frac{573363455554}{1999999999999}$

$2160701172822688171657977052049055055807096133698980708723420\frac{573363455554}{1999999999999}$

1 1 2, 1 2 1 1 1 1 1 1 1 1 2 2 2 1 2 1 2 1 1 1 1 2 2 3 1 3 1 2 2 2 2

74. Für den Divisor $k.10^m - p$ mögen folgende Beispiele zur Erläuterung dienen:

$$
\begin{array}{l|l}
(1)\quad 13421521 & 197 = 200 - 3 \\
\quad 67107 & \\
\quad (20\ 1\ 4|4\ 2) & \\
\quad 1007 & \\
\quad (3\ 0\ 6\ 3) & \\
\quad 15\frac{108}{197} & \\
\hline
\quad 68129\frac{108}{197} &
\end{array}
$$

Der Grund liegt in:

$$
\begin{array}{r|l}
 & 197 = 200 - 3 \\
13421521 & 67107 \\
13421400 - 201321 & 1007 \\
\hline
121 & 15 \\
201321 & 68129\frac{108}{197} \\
\hline
201442 & \\
201400 & \\
\hline
42 & \\
3021 & \\
\hline
3063 & \\
3000 - 45 & \\
\hline
63 & \\
45 & \\
\hline
108 &
\end{array}
$$

$$
\begin{array}{l|l}
(2)\quad 234526345621321 & 19997 = 20000 - 3 \\
\quad 11726317281 & \\
\quad (3\ 5\ 1\ 7\ 8\ 9\ 5|3\ 1\ 6\ 4) & \\
\quad 1758947 & \\
\quad (5\ 2\ 9\ 0\ 0\ 0\ 5) & \\
\quad 264\frac{10797}{19997} & \\
\hline
\quad 11728076492\frac{10797}{19997} &
\end{array}
$$

Der Grund liegt in:

$$
\begin{array}{r|l}
 & 20000 - 3 \\
234526345621321 & 11726317281 \\
234526345620000 - 35178951843 & 1758947 \\
\hline
1321 & 264 \\
35178951843 & 11728076492\frac{10797}{19997} \\
\hline
35178953164 & \\
35178940000 - 5276841 & \\
\hline
13164 & \\
5276841 & \\
\hline
5290005 & \\
5280000 - 792 & \\
\hline
10005 & \\
792 & \\
\hline
10797 &
\end{array}
$$

$$
\begin{array}{ll}
\text{(3)} & 102321421562143212321232321 \;\big|\; 799999998 = 8.10^8 - 2 \\
 & 127901776952679015 \\
 & (2558035542265963 51) \\
 & 319754442 \\
 & (1266099235) \\
 & 1\frac{466099237}{799999998} \\
\hline
 & 127901777272433458\frac{466099237}{799999998}
\end{array}
$$

Oder so:

$$
\begin{array}{ll}
 & 102321421562143212321232321 \;\big|\; 400000000 - 1 \\
 & 255803553905358030 \\
 & (226590351) \\
 & 6|39508885 \\
 & (8|66099236) \\
 & 2\frac{66099238}{399999999} \\
\hline
 & 2)\,255803554544866917\frac{66099238}{399999999} \\
\hline
 & 127901777272433458\frac{466099237}{799999998}
\end{array}
$$

$$
\begin{array}{ll}
 & \qquad 3.10^{20} - 2 \\
\text{(4)} & 12321521322142132121342342132143212345622132121 \;\big| \\
 & 4107173774047377373780 7807 \\
 & (821435076241598930977 47735) \\
 & 273811\frac{207624159893098295357}{299999999999999999998} \\
\hline
 & 41071737740473773738081618\frac{207624159893098295357}{299999999999999999998}
\end{array}
$$

Als gewöhnliche Probe auf vorstehende Division dient:

$$
\begin{array}{r}
41071737740473773738081618 \times 3.10^{20} - 2 \\
\hline
12321521322142132121424485 4 \\
\text{ab:}\quad 82143475480947547476163236 \\
\hline
12321521322142132121342341924519052452523836764 \\
+\; 207624159893098295357 \\
\hline
12321521322142132121342342132143212345622132121
\end{array}
$$

Auf ähnliche Weise stellt man die gewöhnliche Probe auf die vorkommenden Divisionen an.

$$(5)\quad 232142132154321524321542132154331245325643215432132143213524325623478344\,32 \;\Big|\; 7.10^{24}-2$$

$$\begin{array}{r}
\underline{331631617363316463316488760220473207608061736331 6}\\
(66326323472663292663297764187308165847235825 61064)\\
947518906752332752332825\,\frac{3313769630089389087226714}{6999999999999999999999998}\\
\hline
3316316173633164633164888549723638828413369696141\,\frac{1656884315044694543613357}{3499999999999999999999999}
\end{array}$$

75. Für den Divisor 10^m+1 findet sich

$$\begin{array}{l|l}
 & 10^m+1 \\ \hline
a & \frac{a}{10^m} - \frac{a}{10^{2m}} + \frac{a}{10^{3m}} \pm \ldots \pm \frac{a}{10^{vm}} \mp \frac{a:10^{vm}}{10^m+1} \\
\underline{a + \frac{a}{10^m}} & \\
-\frac{a}{10^m} & \\
\underline{-\frac{a}{10^m} - \frac{a}{10^{2m}}} & \\
\ldots\ldots\ldots\ldots & \\
\quad \frac{a}{10^{(v-1)m}} & \\
\quad \underline{\frac{a}{10^{(m-1)m}} \pm \frac{a}{10^{vm}}} & \\
\qquad \pm \frac{a}{10^{vm}} &
\end{array}$$

So hat man z. B.:

```
                          | 10+1
fedcba                    |------
fedcba + fedcb            | fedcb
---------------           | — fedc
— fedcb + a               | + fed
— fedc0 — fedc            | — fe
---------------           | + f
fedc — b + a
fed0 + fed
---------------
— fed + c — b + a
— fe0 — fe
-------------------
fe — d + c — b + a
f0 + f
-------------------
— f + e — d + c — b + a
```

Resultat: $\text{fedcb} - \text{fedc} + \text{fed} - \text{fe} + \text{f} + \frac{-\text{f}+\text{e}-\text{d}+\text{c}-\text{b}+\text{a}}{11}$.

In bestimmten Zahlen:

```
                      | 10+1
43215                 |------
43210 + 4321          | 4321
---------------       | — 432
— 4321 + 5            | + 43
— 4320 — 432          | — 4
---------------
432 — 1 + 5
430 + 43
---------------
— 43 + 2 — 1 + 5
— 40 — 4
---------------
4 — 3 + 2 — 1 + 5
```

Die Gründe der Ausrechnung der folgenden Beispiele wird man nun leicht ersehen.

1) Für den Divisor 11.

(1) Beispiel.

$$\begin{array}{l} 34513412 \quad : 11 \\ \hline 314\underset{\cdot}{3}6\underset{\cdot}{2}3\frac{1}{11} \\ \hline 3137582\frac{10}{11} \end{array}$$

Nämlich: 0 von 3 = 3; 3 von 4 = 1; 1 von 5 = 4; 4 von 1 = —3; —3 von 3 = 6; 6 von 4 = —2; —2 von 1 = 3; 3 von 2 = —1.

Die negativen Zahlen sind unterpunktirt und der hier am Ende entstandene negative Bruch $-\frac{1}{11}$ ist durch den Doppelstrich angezeigt.

Hat man nun, wie eben gezeigt ist, die zweite Horizontalreihe

$$314\underset{\cdot}{3}6\underset{\cdot}{2}3\frac{1}{11}$$

gebildet, so verfährt man von rechts nach links so:

$\frac{1}{11}$ von $\frac{11}{11}$ bleibt $\frac{10}{11}$, wird hingeschrieben;
dann wird 2 hingeschrieben, weil aus 3 eine 2 wird, wegen $-\frac{1}{11}$;
dann 2, als zweite Ziffer von rechts nach links, von 10 bleibt 8, weil 2 unterpunktirt ist, die 8 hin;
dann 1 von 6 bleibt 5, weil 2 neben 6 steht, die 5 hin;
dann 3 von 10 bleibt 7, weil 3 unterpunktirt ist, also 7 hin;
dann 3 hin, weil aus der 4 die nach 3 steht, eine 3 wird;
dann 1 hin und endlich 3 hin.

$$(2)\quad \begin{array}{l} \underline{234578323} \quad : 11 \\ 213253302\frac{1}{11} \end{array}$$

So: 2 hin, oder 0 von 2 = 2; 2 von 3 = 1, von 4 = 3, von 5 = 2, von 7 = 5, von 8 = 3, von 3 = 0, von 2 = 2, von 3 = 1, als $\frac{1}{11}$.

$$(3)\quad \begin{array}{l} \underline{623543826052} \quad : 11 \\ 64726302449\frac{7}{11} \\ \;\cdot\;\;\cdot\;\;\cdot\;\;\;\;\;\;\cdot \\ \underline{\quad\;\; +1 \qquad\qquad} \\ 56685802368\frac{4}{11}; \end{array}$$

weil hier -3 von $8 = 11$ ist, so muß die tiefgestellte Einheit $(+1)$ zur darüberstehenden -3 hinzugezählt werden, bevor man subtrahirt; also $-3+1=-2$ und 2 von 10 bleibt 8.

$$(4)\quad \begin{array}{l} \underline{80804523061} \quad : 11 \\ 8855946333\frac{2}{11} \\ \underline{\;\cdot\;\;\cdot\;\;\cdot\;\;\cdot\qquad\qquad} \\ 7345865732\frac{9}{11}; \end{array}$$

nämlich: 0 von 8 = 8; 8 von 0 = -8; -8 von 8 = 16 und da 16 durch 11 den Rest $6-1=5$ läßt, so ist 5 die dritte Ziffer von links nach rechts; der Einer von 15 mußte unter 8 gestellt werden.

Nachdem wir nun die scheinbaren Schwierigkeiten beseitigt haben, gehen wir zu größeren Aufgaben über.

$$(5)\quad \begin{array}{l} \underline{5142312143216581463254316804321421563} \quad : 11 \\ 548698122110619815241301533746597839\frac{6}{11} \\ \underline{\;\cdot\;\;\cdot\;\;\cdot\cdot\qquad\qquad\;\cdot\;\;\cdot\;\;\cdot\qquad\qquad\;\cdot\;\;\cdot\;\;\cdot\;\;\cdot\;\;\cdot\;\;} \\ 467482922110598314841301527665583778\frac{5}{11} \end{array}$$

Auf gewöhnlichem Wege hat man:

$$11)\overline{5\,1_7 4_8 2_5 3_9 1_3 2_{10} 1_2 4_2 3_1 2_1 1\,6\,5_{10} 8_9 1_3 4_1 6_5 3_9 2_4 5_1 4_3 3\,1\,6_5 8_3 0_8 4_7 3_7 2_6 1_6 4_9 2_4 1_8 5_8 6_9 3}$$
$$4\,6\,7\,4\,8\,2\;\;9\,2\,2\,1\,1\,0\,5\;\;9\,8\,3\,1\,4\,8\,4\,1\,3\,0\,1\,5\,2\,7\,6\,6\,5\,5\,8\,3\,7\,7\,8\tfrac{5}{11}$$

Bemerkung. Hieraus folgt auch u. A., daß man den Rest, welchen eine Zahl durch 11 dividirt läßt, am einfachsten so findet, wie aus dem folgenden Beispiel zu entnehmen ist.

Man sucht den Rest, welchen 356434320134 durch 11 läßt.
3 von 5=2, von 6=4, von 4=0, 0 von 3=3, von 4=1, von 3=2, von 2=0, von 0=0, von 1=1, von 3=2, von 4=2.

Oder den Rest, welchen 7813620326520 durch 11 läßt:
7 von 8 = 1, von 1 = 0, von 3 = 3, von 6 = 3, von 2 = —1, von 0 =1, von 3=2, von 2=0, von 6=6, von 5=—1, von 2=3 von 0 = —3, also —3+11 = 8; indem man am Ende gleich sagt: 3 von 11 giebt 8.

So ist es am bequemsten. — Anfänger können auch so rechnen:
7 von 8=1, von 1=0, von 3=3, von 6=3, von 13=10, von 11=1, von 3=2, von 2=0, von 6=6, v. 16=10, v. 13=3, v. 11=8.

Nach der gewöhnlichen Methode muß man von der Summe der in ungeraden Stellen (von rechts nach links gerechnet) stehenden Zahlen, die Summe der in geraden Stellen befindlichen subtrahiren u. s. w. (Vergl. S. 651).

(6) 9123079010913999824100000290919909683 : 11

98144099118711119701111136643188608$\tfrac{5}{11}$

829370819173999984009090935538173607$\tfrac{6}{11}$

Zur Vergleichung:

$$11)\overline{9\,1_3 2_{10} 3_4 0_7 7\,9_9 0_2 1_{10} 0_1 9_8 1_4 3_{10} 9_{10} 9_{10} 9_{10} 8_9 2_4 4\,1\,0\,0\,0\,0\,0\,2_3 9_6 0_5 9_4 1_8 9_1 9_8 0_3 9_6 6\,8\,3}$$
$$8\,2\;\;9\,3\,7\,0\,8\,1\;\;9\,1\,7\,3\;\;9\;\;9\;\;9\;\;9\,8\,4\,0\,0\,9\,0\,9\,0\,9\,3\,5\,5\,3\,8\,1\,7\,3\,6\,0\,7\tfrac{6}{11}$$

(7) 135462034216215432162131415926432718543215632154682132154321562 : 11

12315330423312312015341221631736401726354936450426452438475617$\tfrac{5}{11}$

12314730383292312014739219629675701685746875650425648377665596$\tfrac{6}{11}$

Zur Vergleichung:

$$11)\frac{135462034216215432162131415926432718543215632154682132154321562}{1231473038329231201473921962967570168574687565042564837766559 6\frac{6}{11}}$$

2) Für den Divisor 101 mögen folgende Beispiele als Erläuterung dienen:

(1) $\frac{13|52|76|43}{13\ 39\ 37\frac{6}{101}}$: 101; nämlich: 13 hin; 13 von 52 (also 3 von 12=9 und 2 von 5=3) bleibt 39; 39 von 76 bleibt 37; 37 von 43 bleibt 6, demnach $\frac{6}{101}$.

(2) $\frac{12|34|56|78|94|56}{12\ 22\ 34\ 44\ 50\frac{6}{101}}$: 101; nämlich 12 hin; 12 von 34=22; 22 von 56=34; 34 von 78=44; 44 von 94=50; 50 von 56=6.

Gewöhnliche Weise zur Vergleichung: 123456789456 | 101 | $1222344450\frac{6}{101}$

```
123456789456
101
 224
 202
  225
  202
   236
   202
    347
    303
     448
     404
      449
```

Fortsetzung der Rechnung:

```
449
404
 454
 404
  505
  505
    6
```

(3) 88|43|55|36 : 101
88 45 01$\frac{37}{101}$
1
87 55 99$\frac{37}{101}$

da nämlich —45 von 55 = 100 gab, so setzten wir 101 in 100 giebt 1 und Rest —01. Vergl. [(1) und (5) Beisp.]

(4) 78|23|11 : 101
78 55$\frac{66}{101}$
77 45$\frac{66}{101}$; nämlich

78 von 23 bleibt —(78—23) = —55, und —55 von 11 giebt 66. Dann wird $\frac{66}{101}$ hingeschrieben, ferner 5 von 10 bleibt 5; 6 von 10 bleibt 4, 1 von 8 bleibt 7, 0 von 7 bleibt 7.

(5) 98|76|45|98 : 101
98 22 67$\frac{31}{101}$
79 78 67$\frac{31}{101}$

(6) 99|01|99|96|99|27 : 101
99 98 96 00 99$\frac{72}{105}$
1
98 03 96 00 98$\frac{29}{101}$,
weil —98 von 99 = 197 und 197 = 1.101 + 96 u. s. w.

(7) 54|32|45|26|78|13 : 101
54 22 67 41 18$\frac{5}{101}$
1
53 78 66 60 17$\frac{79}{101}$

(8) 7|83|47|21|68|97 : 101
7 76 29 50 18$\frac{79}{101}$
7 75 71 50 18$\frac{79}{101}$

(9) 87|63|32|75|63|24|22|53|16 : 101
87 24 56 19 44 20 42 11$\frac{5}{101}$
86 76 56 19 43 80 42 11$\frac{5}{101}$

(10) 34|52|64|32|15|21|42|32|56|41|21|32|45|26|78|13 : 101
34 18 46 14 29 08 50 18 74 33 54 22 67 41 18$\frac{5}{101}$
1
34 18 45 86 28 92 49 82 73 67 53 78 66 60 17$\frac{96}{101}$

(11) 23|45|62|14|32|56|43|61|54|32|15|21|63|45|21 : 101
23 22 40 26 58 02 45 16 38 06 21 00 63 18$\frac{39}{101}$
23 22 39 74 57 98 45 16 37 94 21 00 62 82$\frac{39}{101}$

(12) 27|36|45|98|78|97|88|79|45 : 101
27 09 36 62 16 81 07 72$\frac{27}{101}$
27 09 36 62 16 81 07 71$\frac{74}{101}$

(13) 12|13|14|15|21|23|43|75|78|94|97|98|99 : 101

12 01 13 02 19 04 39 36 42 52 45 53 $\frac{46}{101}$

(14) 99|69|89|90|08|97|99|69|49|89|78|99|89|68|99|89 : 101

90 30 18 72 64 60 39 30 19 70 08 91 02 70 29 $\frac{60}{101}$

· · · · · ·

98 71 18 71 37 60 39 30 19 70 08 90 98 70 29 $\frac{60}{101}$

(15) 99|99|99|00|00|01|99|00|89|02|97|78|23|00|98|01 : 101

99 00 99 99 99 98 96 96 84 82 78 00 23 23 23 $\frac{19}{101}$

· · · · · · · · · ·

1 1 1 1

99 00 98 01 98 03 95 05 83 19 78 00 22 78 19 $\frac{82}{101}$

(16) 2|34|52|63|45|62|84|32|15|46|28|45|62|78|43|21|64|32|15|62 : 101

2 32 20 43 02 60 24 08 07 39 11 56 06 72 29 50 14 18 03 $\frac{65}{101}$

· · · · · ·

2 32 20 43 02 60 24 08 07 38 89 56 06 71 71 50 14 17 97 $\frac{65}{101}$

3) Für die Division 1001, 10001 u. s. w. gelten die nämlichen Vorschriften und mögen noch kurz die folgenden Beispiele zur Erläuterung und zur Übung beigesetzt werden:

(1) 123|456|543|687 : 1001

123 333 210 $\frac{477}{1001}$

(2) 485|342|989|201 : 1001

485 143 131 $\frac{70}{1001}$

· · ·

+1

484 858 131 $\frac{70}{1001}$

(3) 345|214|999|000|888|016|213|001 : 1001

345 131 129 129 016 000 213 $\frac{212}{1001}$

· · · · · ·

1 1

344 870 128 872 016 000 212 $\frac{789}{1001}$

(4) 2345|3256|4578|5764|6842|7943|8563 : 10001

2345 0911 8667 2097 4745 3198 $\frac{5365}{10001}$

(5) 1345|0000|9999|0001|8659|7321|4568 : 10001

1345 1345 1343 1342 0000 7321 $\frac{2753}{10001}$

· · · · · · · ·

1 1

1344 8656 1342 8659 0000 7320 $\frac{7248}{10001}$

(6) 2345|2145|9800|9999|0000|0003|5312 : 10001

2345 0200 0001 0001 0001 0002 $\frac{5310}{10001}$

· · · · · · · · · · · ·

1 1

2344 9800 9999 9999 0001 0002 $\frac{5310}{10001}$

$$(7)\quad 9840|0023|9976|2322|2522|7435|2346|4911|9999|9999|9999|0001|9999|2346 \;:\; 10001$$
$$9849\;9826\;9801\;7479\;0000\;7435\;5089\;0001\;0001\;0001\;0001\;0002\;9997\tfrac{7651}{10001}$$
$$9848\;0175\;9800\;2522\;0000\;7434\;4911\;9999\;9999\;9999\;9999\;0002\;2996\tfrac{2350}{10001}$$

$$(8)\quad 23454|12321|88868|26431|00000|73569|99999 \;:\; 100001$$
$$23454\;11133\;00000\;26431\;26431\;00001\tfrac{100000}{100001}$$
$$23453\;88868\;00000\;26430\;73569\;99999\tfrac{100000}{100001}$$

$$(9)\quad 13471|03452|89981|99999|99999|99999|98789|99879|99999|00000|99999 \;:\; 100001$$
$$13471\;10019\;00001\;00001\;00001\;00001\;98790\;01089\;98910\;98910\tfrac{98908}{100001}$$
$$13470\;89981\;99999\;99999\;99999\;99999\;98790\;01089\;98909\;01091\tfrac{98908}{100001}$$

So wie in den letzten Paragraphen die speciellen Divisionen für Divisoren von den Formen 10^m-1, 10^m-k, $k.10^m-1$, $k.10^m-p$, 10^m+1 abgehandelt worden sind, so könnten hier noch Beispiele für die Divisoren 10^m+k u. s. w. aufgestellt werden; da jedoch die hierbei anzuwendenden Regeln den früheren ganz ähnlich sind und aus dem bis jetzt Gesagten leicht erkannt werden können, so mag die weitere Ausführung dieser Fälle dem eigenen Nachdenken des Lesers überlassen bleiben.